中国深层、超深层油气勘探开发关键技术与装备交流研讨会论文集

徐凤银　康　剑　张　舒　黄　凌　等编

中国石化出版社

图书在版编目(CIP)数据

中国深层、超深层油气勘探开发关键技术与装备交流研讨会论文集 / 徐凤银等编. — 北京 : 中国石化出版社, 2023.9

ISBN 978-7-5114-7238-0

Ⅰ. ①中… Ⅱ. ①徐… Ⅲ. ①油气勘探-中国-学术会议-文集 ②油气田开发-中国-学术会议-文集 Ⅳ. ①TE-53

中国国家版本馆 CIP 数据核字(2023)第 176014 号

中国石化出版社出版发行

地址:北京市东城区安定门外大街 58 号

邮编:100011 电话:(010)57512500

发行部电话:(010)57512575

http://www.sinopec-press.com

E-mail:press@sinopec.com

北京科信印刷有限公司印刷

全国各地新华书店经销

*

880 毫米×1230 毫米 16 开本 44 印张 1319 千字

2023 年 9 月第 1 版 2023 年 9 月第 1 次印刷

定价:280.00 元

序

习近平总书记高度重视深空、深海、深地领域的探索研究，指出“向地球深部进军是我们必须解决的战略科技问题”，作出关于“大力提升国内油气勘探开发力度”、“能源的饭碗必须端在自己手里”等重要指示批示，为新时代我国石油工业指明了前进方向。党的二十大报告提出“加大油气资源勘探开发和增储上产力度”，为推动我国石油工业高质量发展、增强能源安全保障能力指明了前进方向、提供了根本遵循。

近十年，中国陆地深层和超深层油气勘探取得巨大成效并展示出广阔发展前景，近海中深层油气勘探开发取得重大突破，推动了深海油气勘探的进程。但深层和超深层普遍处于高温高压的地质环境，使得流体相态复杂、油气运聚成藏机理不清、地震分辨率低、有利勘探目标预测困难、钻井难度大等系列问题。中国石油学会认真贯彻中国科协“科创中国”行动计划，充分发挥全国一级学会的纽带桥梁和平台优势，为了更好服务于深地科学战略，推动深层、超深层油气勘探开发高效绿色发展，举办了本次“中国深层、超深层油气勘探开发关键技术与装备交流会”。

大会邀请了中国工程院、中国科学院院士，中国石油、中国石化、中国海油、延长石油、中国地质调查局油气资源调查中心等单位主管领导和勘探开发领域专家、国内外大学和研究机构知名教授、学者与会，重点围绕中国海域和陆上深层、超深层油气勘探开发关键技术和装备展开学术研讨，进一步丰富我国深层、超深层油气勘探理论和提高油气勘探开发技术水平，不断夯实高质量发展资源基础，助力中国油气储量和产量快速提升，缓解目前国家能源面临的短缺压力。

本次大会论文集系统梳理了近年来我国海域和陆上深层、超深层油气勘探、油气开发、油气工程等领域的研究成果与关键技术，提出了一系列创新理论认识和具有广阔应用前景的先进技术，分享了油气勘探理论新认识、技术创新研发、突破升级的成功经验，对持续推动我国油气深层、超深层资源勘探，具有十分重要的理论和实际意义。特向参与论文撰写和编写出版做出积极贡献的同志表示祝贺，向参与本次大会的各油气田公司、高校、研究院所及相关单位领导、专家与科技工作者表示衷心的感谢。

贾承造

中国科学院院士

2023 年 9 月

前言

在“世界之变、时代之变、历史之变”背景下，习近平总书记始终高度重视国家能源安全，指出“能源保障和安全事关国计民生”，要求“大力提升国内油气勘探开发力度，努力保障国家能源安全”，并发出了“向地球深部进军”的时代强音。近十年来，油气勘探开发领域的广大工作者牢记嘱托、响应号召，在拓展深层油气资源方面取得了可喜成绩。自主研发一系列深层、超深层油气勘探开发关键技术与装备，发现深层、超深层油气资源量671亿吨油当量(占我国油气资源总量的34%)，探明油气地质储量占据主体地位，有力支撑国内油气发挥“压舱石”作用。

为进一步贯彻习近平总书记重要指示，汇集深层、超深层油气勘探开发关键技术与装备最新成果，相互交流、相互促进，大力推动深层、超深层油气勘探开发高效绿色发展，中国石油学会联合中国石油油气和新能源分公司、中国石化油田勘探开发事业部、中国海洋石油有限公司勘探开发部等单位，以“协同创新，共赢未来，驱动深层、超深层油气勘探开发高效绿色发展”为主题，于2023年9月21日-23日在四川省宜宾市召开“中国深层、超深层油气勘探开发关键技术与装备交流会”。研讨深层、超深层油气勘探开发关键技术与装备最新成果，把握深层、超深层油气勘探开发技术与装备发展方向，集思广益、凝心聚力，为促进我国深层、超深层油气勘探开发事业高质量发展、支撑国内油气增储上产更进一步贡献智慧力量。

大会得到了国家有关部委、中国石油、中国石化、中国海油、延长石油、中国地质调查局以及有关高等院校和科研院所等各单位各领域广大油气勘探开发专家和科技工作者的大力支持。会前共征集论文230余篇，中国石油学会学术交流部组织专家认真审核，择优收入94论文篇辑册成集并公开出版发行。全集共分三篇，分别为深层、超深层油气勘探篇；深层、超深层油气开发篇；深层、超深层油气工程篇，由徐凤银整体策划，康剑、张舒、黄凌等负责审稿排版，徐凤银最终审定。

本论文集的作者均是奋斗在我国油气勘探开发领域的科研生产骨干，其中有老一辈的大家宗师，也有新生代的教授学者，他们为大会提供的创新理论、技术与方法，代表国内近年来深层、超深层油气勘探开发领域取得的重大成果并展现了其未来发展方向，无疑将有力推动行业高效绿色发展，有效支撑油气增储上产。

本书编委会

2023 年 9 月

目　　录

第一篇　深层、超深层油气勘探篇

第二篇　深层、超深层油气开发篇

第三篇 深层、超深层油气工程篇

第一篇　深层、超深层油气勘探篇

深层、超深层是中国深地领域探索的重要组成部分，也是保障我国能源供应安全的重要途径。近年来，中国在深层、超深层油气勘探连续取得重大突破，油气资源占全国油气资源总量的34%，揭示了深层、超深层巨大的油气资源勘探前景。但深层、超深层油气资源勘探面临地震与测井分辨率低、有效储层及油气分布预测困难，导致勘探进程受限。本部分依次列举了深层、超深层成烃、成储、成藏机制、油气分布规律及资源评价理论方法。

北黄海盆地东部坳陷油气成藏地质特征及资源远景

王建强　陈建文　梁杰　张银国　龚建明　杨长清　孙　晶

（1. 中国地质调查局青岛海洋地质研究所；2. 青岛崂山实验室海洋矿产资源评价与探测功能实验室）

摘　要　北黄海是中国与邻国共享的海域，受多种历史原因的影响，北黄海盆地油气资源勘探程度较低。北黄海盆地是我国海域油气勘探的新区。北黄海盆地主要经历了晚侏罗世—早白垩世断陷、古近纪叠加断陷和新近纪拗陷3期构造演化阶段，形成了多旋回构造-沉积组合特征。盆地内主要发育始新统灰色泥岩、下白垩统暗色泥岩和上侏罗统黑色泥页岩3套烃源岩；储层类型主要为砂岩和前中生界裂缝性碳酸盐为主；盖层主要为广泛分布的区域性泥质岩段。这种良好的源储配置关系，为油气生成提供了良好的物质基础。东部坳陷是北黄海盆地勘探潜力最好的一个远景区，对未来海洋油气资源进一步勘察和开发规划布局具有借鉴意义。

关键词　北黄海盆地；构造演化；东部坳陷；远景区

北黄海位于山东半岛、辽东半岛和朝鲜半岛之间，为中国成山角至朝鲜长山串连线以北的黄海区域，南至成山角、东至朝鲜半岛西海岸、西至渤海、北至鸭绿江口，是一个半封闭、呈北东向展布的浅海大陆架海区。北黄海所处的地理位置对东北亚地区安全和发展有着重要的战略意义。20世纪80年代开始，朝鲜已在北黄海盆地东部坳陷钻井10余口，并盆地东部中生界中钻获工业性油气流。2005年以来，中朝两国开始北黄海联合勘探，新一轮探井也取得了油气发现。截至目前，北黄海海域历经50多年油气勘探已有钻井25口，且多口钻井已在中生界发现了良好的油气显示或工业油气流，但油气勘探程度仍较低，至今尚未取得油气勘探的重大突破。本文拟通过分析北黄海盆地东部坳陷烃源岩、储层、盖层等石油地质条件，进一步明确其油气勘探前景。

1　地质背景

北黄海盆地夹持在山东、辽东以及朝鲜三个半岛之间，属于一个半封闭海，水深大约在30~80m之间。构造位置处于中朝板块东南部，属华北地块向海的延伸部分，西邻渤海湾盆地，北为辽东隆起，东近朝鲜地块，南接胶北-刘公岛隆起。

北黄海盆地是印支—燕山运动时期在华北地块东延部分的区域隆起背景之上发育的中、新生代陆内断陷盆地，包括东部坳陷、东部隆起、中部坳陷、中西部隆起、西部坳陷和南部凹陷群等6个二级构造单元，其中东部坳陷中生代地层最发育，面积大约5200km²（图1）（袁书坤等，2010）。盆地基底为中—深变质的太古界、元古界和低变质—未变质的古生界，沉积盖层为中—上侏罗统、下白垩统、始新统、渐新统、中新统和第四系等地层，厚度最大约8100m。其中，中生界厚度5300m，古近系厚度100~3500m，均为河流/冲积扇—三角洲相湖相碎屑岩系（图2）。盆地经历了燕山期和喜马拉雅期多幕构造运动。断层主要发育EW向、NW向和NE-NNE向3组断裂，以正断层为主，局部发育逆断层。

2　构造演化特征

北黄海盆地东部坳陷在盆地的演化过程中经历了多期区域性构造运动，形成了多个不整合面（T_g、T_5、T_4、T_3、T_2）。根据东部坳陷的构造和沉积特征，以区域性T_2、T_4、T_g不整合面为界，可将盆地自下而上划分为中生代断陷阶段（下构造层）、古近纪叠加断陷阶段（中构造层）和新近纪的拗陷阶段（上构造层）。

2.1　中生代断陷阶段

北黄海盆地东部坳陷的构造演化始于三叠纪，到晚侏罗世早期，由于太平洋板块的俯冲引

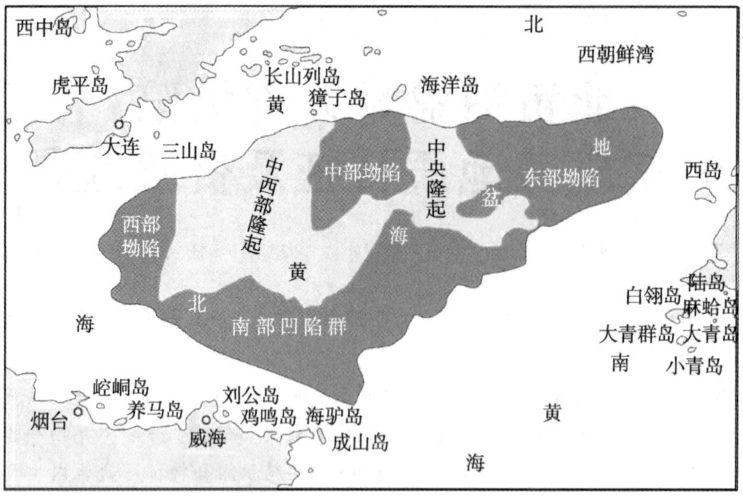

图 1　北黄海盆地地理位置及构造分区

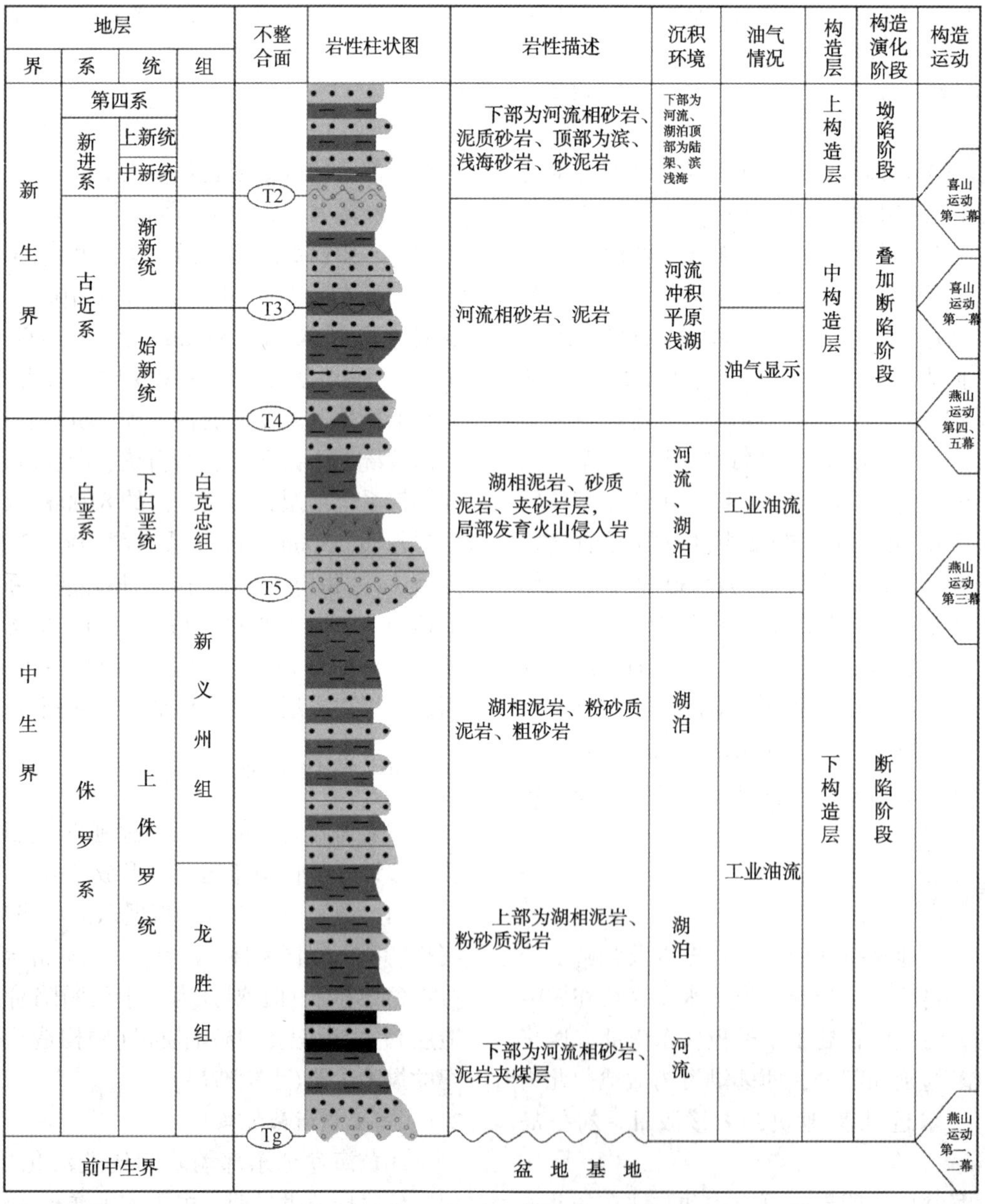

图 2　北黄海盆地东部坳陷综合柱状图

起中国东部大陆边缘的弧后拉张，形成了一系列近 EW-NE 向的张性正断层，受其控制在东部坳陷形成了一系列的地堑和半地堑。到晚侏罗世末，受燕山运动第三幕的影响，在东部坳陷发生了挤压，引起构造反转使先期形成的地层遭受剥蚀(图 3)。早白垩世，早期形成的近 EW-NE 向的张性正断层继续发育，断陷作用继续活动，东部坳陷继续沉降接受沉积，形成东薄西厚的下白垩统断陷沉积层。

晚白垩世，由于太平洋板块俯冲方向的改变使得中朝板块的东部区域构造应力场由区域性拉张变为区域性 NNW-SSE 向挤压，引起东部坳陷的第二次构造反转。受其影响在东部坳陷发生了大规模的挤压抬升使得下白垩统遭受剥蚀，引起沉积间断，使得研究区内缺少上白垩统沉积(图 3)。

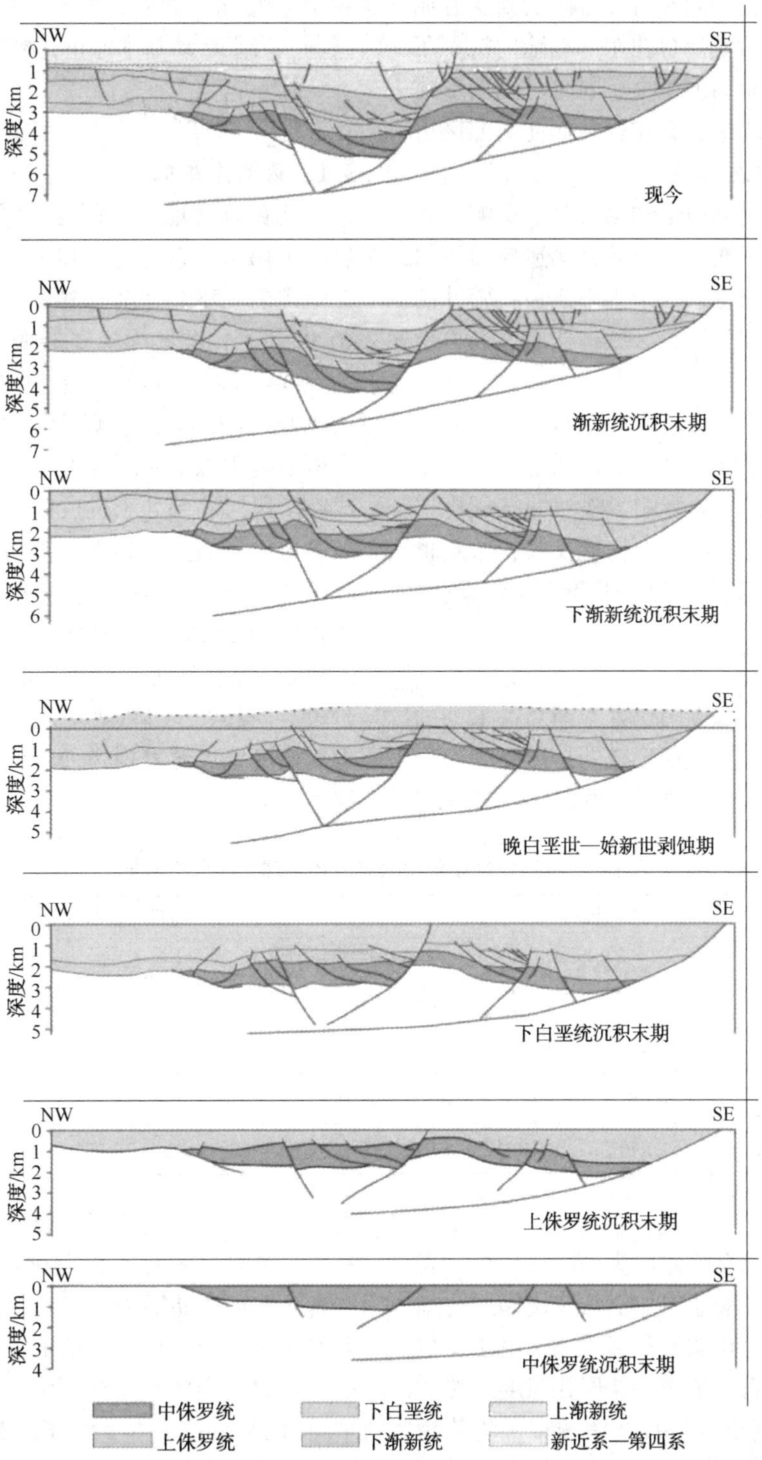

图 3　北黄海盆地东部坳陷构造演化(杜民等，2016)

2.2 古近纪叠加断陷阶段

从古新世开始东部坳陷进入喜山构造运动时期，研究区内拱张差异断陷活动及张性断裂作用活跃，形成一系列 NNE 向正断层。受其影响，研究区内地幔不断上涌，使先期形成的地层不断隆起，继而遭受剥蚀，使得研究区缺少古新统沉积。从始新世开始，太平洋板块向欧亚板块的俯冲运动减慢或处于间歇阶段，受其影响东部坳陷的挤压作用基本停止。同时研究区内的断层开始强烈活动，断层的活动使得在东部坳陷内沉积了厚约 50~3346m 的断陷沉积物，同时对先期形成的中生代地层不断改造、叠加，从而使研究区进入叠加断陷演化阶段(图 3)。

始新世末期，受喜山运动第一幕的影响，在研究区内发生了第三次构造反转，构造应力场由挤压变为拉张。渐新世，由于太平洋板块俯冲活动的间歇和弧后张裂作用，区域构造应力场再次转变为拉张。

北黄海地区的差异断陷活动基本继承了始新世的特点，但活动强度明显减弱。到了渐新世末期，受喜山运动第二幕的影响，强烈的挤压构造运动导致东部坳陷发生第四次构造反转，始新世和渐新世地层普遍遭受明显的褶皱变形和剥蚀作用。

2.3 新近纪拗陷阶段

中新世早期，东部坳陷仍处于渐新世末期的挤压应力环境中，使得先期形成的地层隆升，先期的褶皱构造出露地表，进而遭受剥蚀。挤压作用的发生使盆地边缘的边界断层在局部层位发生反转，断层性质也随之发生变化，由原来的正断层变为逆断层。中新世中晚期・上新世期间，东部坳陷进入区域沉降拗陷阶段，盆地范围内的热衰减差别较小，主要形成了浅湖、泻湖相以及三角洲相沉积，以填平补齐为特点(图 3)。

更新世东部坳陷发生了大规模的海侵，在研究区内形成一套厚约 200~600m 的陆架滨浅海相稳定沉积，以席状披盖整个盆地，断裂活动明显减弱，岩浆活动基本停止，拗陷作用明显(图 3)。

3 石油地质条件

3.1 烃源岩特征

北黄海盆地东部坳陷发育有始新统灰色泥岩、下白垩统暗色泥岩和上侏罗统黑色泥页岩 3 套烃源岩(表 1)(金仁植等，2006；蔡来星等，2020)。上侏罗统为主要烃源岩，泥岩厚度一般为 600~1600m(局部可达 2000m)，有机碳含量为 0.9%~3.5%，总烃含量为 0.08%~0.10%，有机质类型以Ⅱ-Ⅲ型为主，现今处于成熟-高成熟阶段，局部处于过成熟阶段，具有良好的生烃潜力。下白垩统为次要烃源岩(主要分布在坳陷东南部地区)，泥岩厚度为 400~1000m，有机碳含量为 1.06%~1.60%，总烃含量为 0.10%~0.18%，有机质类型为Ⅱ-Ⅲ型，现今处于成熟阶段，局部处于高成熟阶段，具有一定的生烃潜力。始新统烃源岩现今处于成熟阶段早期，生烃潜力较低。

表 1　北黄海盆地东部源岩有机质地球化学分析数据

生油岩时代	有机碳			有机质成熟度			有机质类型
	有机碳/%	氯仿沥青"A"/%	生油潜能/($kg \cdot t^{-1}$)	R_o/%	热变指数	最高热解峰温/℃	
渐新世	<0.5 或 0.87	$n\times10^{-3}$~$n\times10^{-2}$	>0.2	>0.6	1~2	>430	Ⅱ—Ⅲ
早白垩世	0.5~1.6	$n\times10^{-3}$~2.03×10^{-1}	>0.1 或<3.0	0.73~0.80	2~3	430~440	Ⅱ
晚侏罗世	1~2.16	4.53×10^{-3}~1.02×10^{-1}	0.3~2.3	0.50~1.66	2~4	430~470	Ⅱ或Ⅲ

3.2 储层特征

北黄海盆地东部坳陷储层为中、新生界砂岩和前中生界裂缝性碳酸盐岩。上侏罗统储层为细粒砂岩，储层类型为孔隙型和裂缝型，由于孔隙中具有大量的高岭石胶结物，储层孔隙度、渗透率一般较低(孔隙度小于 13%，渗透率平均值为 25mD)。下白垩统储层为细、粗砂岩及砂质砾岩，储层类型为孔隙型和裂缝型，孔隙度 11%~25%，渗透率最大可达 1600mD，一般为 200mD 左右。古近系储层为始新统、渐新统砂岩，储层类型为孔隙型，孔隙中粘土含量低，储集物性良好，孔隙度 20%~35%，渗透率 100~5000mD，平均值 1125mD。古生界储层为裂缝型灰岩。孔隙度和渗透率整体上由浅变深而呈现由大到小趋势，在深度为3000~3020m和3140~3250m时出现异常高值，孔隙度与渗透率的异常高值带是次生孔隙发育带。目前，已于上侏罗统和下白垩统砂岩储层获工业性油气流，古近系和前中生界储层仅见油气显示。

3.3 盖层特征

北黄海盆地东部坳陷古近纪地层(尤其是始新统)发育冲积扇-冲积平原-三角洲-湖泊沉积体系，地层厚度最大可达3200m(一般为400~1200m)，地层砂岩百分含量一般为25%~50%(局部小于25%)，泥岩发育，泥岩单层厚度一般为20~30m，为中生界油气藏的区域盖层。此外，在勘探目的层中生界还发育有良好的局部盖层。上侏罗统顶部和下白垩统顶部局部盖层：在始新世期间，构造圈闭进一步演化定型，上侏罗统和下白垩统局部盖层初步形成，在岩性上主要为湖相的暗色泥岩，厚达数百米，且上覆地层对其有较强的压实作用，为上侏罗统和下白垩统内的油气聚集提供了良好的局部盖层。

4 成藏组合特征

研究区主要发育了侏罗系、白垩系扇三角洲、三角洲、滨湖相砂岩2套勘探层系，纵向上主要发育3套有利的成藏组合。

4.1 上侏罗统成藏组合

由上侏罗统主力烃源岩、上侏罗统储层和上侏罗统顶部局部盖层所组成的自生自储型组合(图4)。在晚侏罗世末期，上侏罗统主力烃源岩开始形成少量的油气，并开始向上侏罗统的圈闭内少量聚集；到早白垩世，上侏罗统顶部局部盖层已具有一定的封堵能力，上侏罗统烃源岩在主生烃期早期(早白垩世)形成的油气开始向上侏罗统内的圈闭内聚集；在始新世期间，上侏罗统顶部局部盖层进一步压实，具有良好的封堵能力，上侏罗统烃源岩在主生烃期晚期形成的油气向上侏罗统内的圈闭中大量聚集；始新世之后这套烃源岩向上侏罗统内的油气聚集开始下降，到古近纪早期基本结束，最终形成油气藏。但是由于上侏罗统的储层物性较差，孔隙度一般小于10%，成为制约上侏罗统内油气勘探的关键因素。

4.2 下白垩统成藏组合

由上侏罗统主力烃源岩和下白垩统次要烃源岩、下白垩统储层和区域盖层所组成的古生新储或自生自储型组合(图4)。在早白垩世晚期，下白垩统底部局部盖层初步形成，上侏罗统主力烃

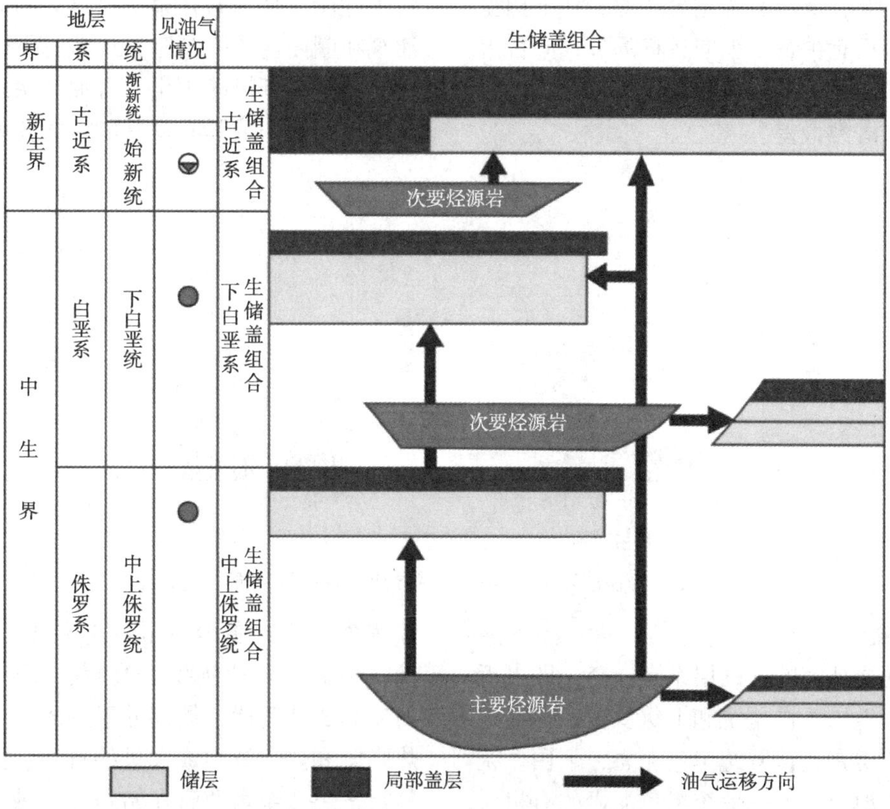

图4　北黄海盆地生储盖组合

源岩和下白垩统次要烃源岩油气开始向上侏罗统的圈闭内少量聚集；到始新世晚期，局部盖层初步形成，上侏罗统和下白垩统两套烃源岩在主排烃期所排出的油气，以纵向运移为主、侧向运移为辅的运移方式向下白垩统的圈闭内大量聚集；到渐新世末，局部盖层进一步压实，区域盖层及局部盖层均具有良好的封盖性能，上侏罗统、下白垩统和始新统3套烃源岩生成的油气进一步排出，并不断向下白垩统的构造圈闭内大量聚集；下白垩统生、储、盖组合内的各个成藏要素之间具有良好的匹配关系，储层物性较好，且有两套烃源岩向下白垩统内的储层供烃。

4.3　古近系成藏组合

由上侏罗统主力烃源岩、下白垩统次要烃源岩和始新统烃源岩、古近系储层所组成的自生自储或古生新储型组合(图4)。到始新世晚期，区域盖层初步形成，上侏罗统、下白垩统和始新统3套烃源岩开始向古近系内的圈闭中少量聚集；到渐新世末，区域盖层进一步压实，具有良好的封盖性能，上侏罗统、下白垩统和始新统3套烃源岩生成的油气进一步排出，并不断向下古近系内的圈闭中聚集。古近系生、储、盖组合内的各个成藏要素之间的匹配关系较好，但始新统烃源岩生烃潜力很低，上侏罗统主力烃源岩和下白垩统次要烃源岩只有少量以纵向运移的方式向古近系内的圈闭中少量聚集，因此，古近系生、储、盖组合的勘探潜力最差。

5　油气前景

5.1　油气成藏匹配关系

在早白垩世晚期，东部坳陷中生界局部构造初步定型，局部盖层(尤其是上侏罗统)已具有一定的封闭能力，上侏罗统烃源岩在主生烃期早期形成的油气开始在基底古潜山圈闭和上侏罗统构造圈闭中聚集；随后在含油气系统形成的关键时刻—始新世期间，构造圈闭进一步演化定型，区域盖层初步形成，下白垩统局部盖层具有一定的封盖能力，而上侏罗统局部盖层则具有较强的封盖能力，上侏罗统和下白垩统两套烃源岩在主排烃期所排出的油气，以纵向运移为主、侧向运移为辅的油气运移方式，向坳陷中部和东南部的构造圈闭和地层岩性圈闭的冲积扇、三角洲和滨浅湖等砂体储层中聚集，形成油气藏；渐新世末，发生了较强烈的构造运动，构造圈闭最终定型，构造应力场促进上侏罗统、下白垩统和始新统3套烃源岩生成的油气进一步排出，并与部分早期形成的构造圈闭油气藏中的油气一起，向坳陷南部晚期形成的构造圈闭中聚集，形成油气藏；在中新世—全新世地层沉积后，盆地区域盖层最终形成，区域盖层及局部盖层均具有良好的封盖性能，烃源岩在第2次排烃高峰期所形成的油气在圈闭内进一步富集成藏(图5)。因此，北黄海盆地东部坳陷中生界含油气系统的油气生成与构造圈闭形成具有良好的匹配关系(图6)。

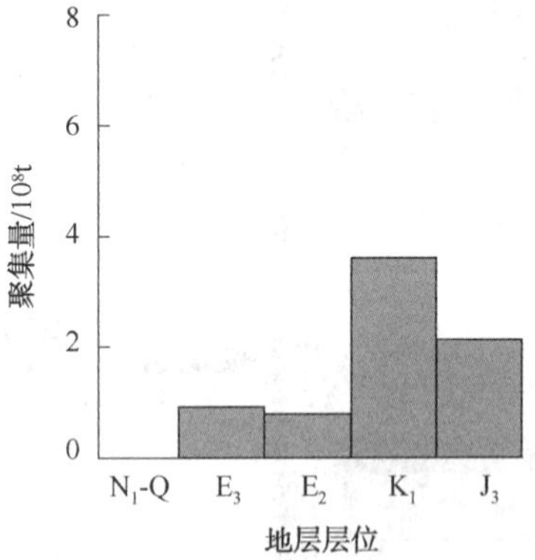

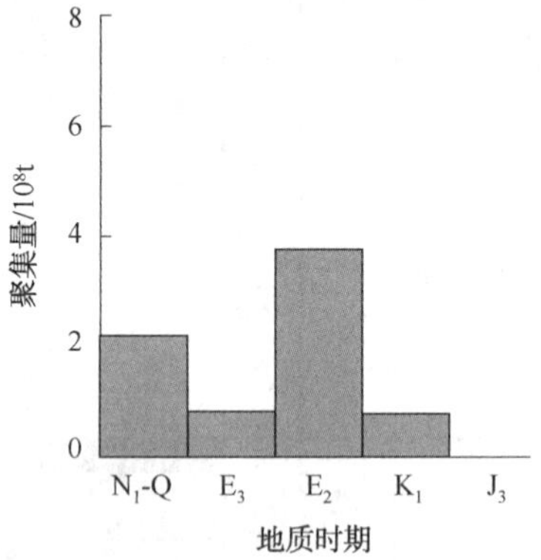

图5　北黄海盆地东部坳陷中生界含油气系统油气充注直方图

5.2　勘探前景

目前经勘探征实的含油层系有3套，即古近系渐新统、中生界下白垩统和上侏罗统。在盆地的内主要生油层是上侏罗统黑色泥岩、下白垩统与古近系泥岩地层。上侏罗统黑色泥岩的有机质含量比较高。研究表明，北黄海盆地东部坳陷上侏罗统烃源岩在早白垩世进入生烃门限开始生油，始新世末达到生烃高峰，现今整体处于成熟—高成熟阶段，局部处于过成熟阶段，有机质热降解和热裂解生成大量的石油、轻质油和天然气；下白垩统烃源岩在始新世末进入生烃门限开始生油，目前处于成熟阶段，局部达到生烃高

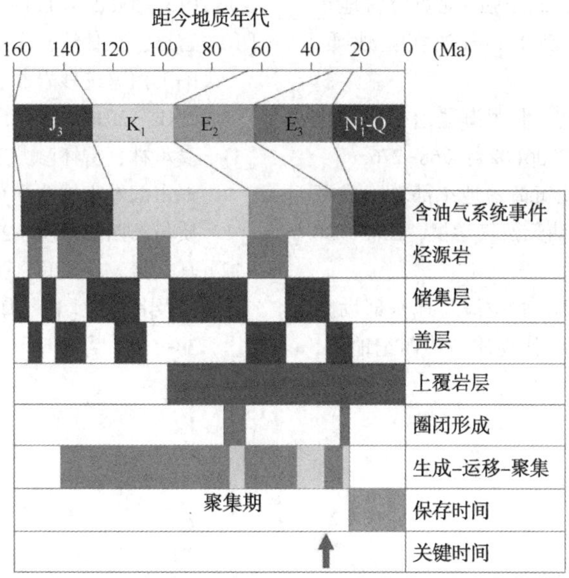

图 6　北黄海盆地东部坳陷中生界含油气系统地质事件分析图

峰；始新统烃源岩在渐新世末进入生烃门限，现今局部地区仍处于成熟阶段早期。根据盆地数值模拟分析，上侏罗统、下白垩统和始新统 3 套烃源岩的生烃量分别为 106.32×10^8t、12.86×10^8t 和 5.1×10^8t，分别占总生烃量的 85.%、10.3% 和 4.2%。因此，北黄海盆地东部坳陷具备形成油气田的物质基础。

北黄海盆地中生界烃源岩无论从地层的分布，还是烃源岩丰度和成熟度分析，均为良好的生烃层系。研究表明，中生界源岩目前均已进入生烃窗，各凹陷均有一定的生烃量，但主要集中在东部坳陷的中部、东部。古近系渐新统广泛分布，但由于埋藏浅，故古近系源岩的生烃量较小。然而在局部构造发育的很深位置，具有充分的生油条件，故预测渐新统地层中的局部构造形成原生油气藏的概率较小，若有深达中生界的继承性断层提供油气运移的良好通道，也完全具有成藏的可能性。此外。盆地具有良好的保存条件，由于晚新生代泥岩层较厚且泥质含量较高，可成为研究区内含油气组合良好的盖层。另外，上奥陶统碳酸盐岩地层中的油气显示，为研究区的油气勘探提供新的领域。近年，随着渤海基岩油气藏突破，北黄海盆地与渤海盆地同属华北板块，具有相似的构造沉积特征。因此，基岩油气藏勘探也是北黄海盆地重要的勘探方向之一。

6　结论

（1）北黄海盆地东部坳陷存在 3 套含油气系统。其中，上侏罗统黑色泥岩为主要烃源岩，下白垩统暗色泥岩为次要烃源岩。储层主要为上侏罗统和下白垩统发育的扇三角洲、三角洲、冲积扇、滨湖相砂岩及前中生代裂缝性风化基岩。盖层主要为始新统泥岩。

（2）北黄海盆地东部具有很好的油气保存条件，证实了侏罗系、白垩系扇三角洲、三角洲、滨湖相砂岩 2 套勘探层系。坳陷中、东部烃源岩生烃潜力大，油气资源前景良好。古近系的局部构造与上奥陶统碳酸盐岩地层也是需要关注的重要勘探对象。

参 考 文 献

[1] YANG S Y, JUNG H S, LIM D I, et al. A review on the provenance discrimination of sediments in the Yellow Sea[J]. Earth science reviews, 2003, 63(1): 93-120.

[2] KANG J, WOO H J, JANG S, et al. Rare earth element fingerprints in Korean coastal bay sediments: Association with provenance discrimination [J]. Ocean Science Journal, 2016, 51(3): 305-316.

[3] 王建忠，李富兵，黄书君，等. “一带一路”沿线国家油气合作进展与合作建议[J]. 中国矿业，2019, 28(2): 21-27.

[4] 刘振湖，高红芳，胡小强，等. 北黄海盆地东部坳陷中生界含油气系统研究[J]. 中国海上油气，2007(04): 229-233.

[5] 陈亮，金庆焕，刘振湖，等. 太阳盆地中新生代断裂特征及成因机制[J]. 海洋地质与第四纪地质，2008(02): 53-60.

[6] 刘振湖，王飞宇，刘金萍，胡小强. 北黄海盆地东部坳陷油气成藏时间研究[J]. 石油实验地质，2014，36(05)：550-554.
[7] 李文勇，李东旭，夏斌，等. 北黄海盆地构造演化特征分析[J]. 现代地质，2006(02)：268-276.
[8] 王辉，林小云，肖国林. 北黄海盆地东部坳陷成藏要素及其作用研究[J]. 石油天然气学报，2008，30(6)：221-224.
[9] 梁杰，温珍河，肖国林，等. 北黄海盆地东部坳陷储层特征及影响因素[J]. 海洋地质与第四纪地质，2013，33(2)：111-119.
[10] 宫辰，程日辉，沈艳杰，高丹. 北黄海盆地东部坳陷下白垩统砂岩成岩作用及其储层意义[J]. 世界地质，2018，37(01)：171-184.
[11] 龚承林，雷怀彦，王英民，刘振湖，等. 北黄海盆地东部坳陷构造演化与油气地质特征[J]. 海洋地质与第四纪地质，2009，29(01)：79-86.
[12] 马文涛，於文辉，张世晖. 北黄海盆地地质构造特征及其演化[J]. 海洋地质动态，2005(11)：28-34+5-6.

滨里海盆地盐下深层油气勘探领域与方向

黄先雄[1] 计智锋[2] 汪望泉[1] 莫午零[2] 张艺琼[2] 朱晓辉[1] 张明军[2] 王 震[2]

(1. 中国石油国际勘探开发有限公司；2. 中国石油勘探开发研究院)

摘 要 滨里海盆地油气资源十分丰富，已发现油气探明储量的90%分布在盐下深层领域。由于盆地埋深大，发育巨厚盐丘，存在碳酸盐岩台地及礁滩体预测难、油气成藏及主控因素认识不明确等问题，亟需对盐下深层油气成藏条件和富集规律进行再认识。本文基于地震、钻井等资料及研究成果，系统梳理5期构造沉积演化阶段，提出盐下深层油气田4大主控因素，预测未来5类深层油气勘探领域与方向，为滨里海盆地下一步深层勘探部署打下坚实基础。

关键词 滨里海盆地；构造演化；油气成藏条件；盐下深层；富集规律；勘探领域

1 引言

滨里海盆地位于里海北部及其北缘，轮廓呈近似椭圆形东西方向延伸，长约1000km，最宽650km，盆地面积约$58\times10^4km^2$。盆地主要位于哈萨克斯坦西部(盆地中央及东南大部分，约占盆地总面积85%)，小部分位于俄罗斯南部(盆地北缘-西缘，约占15%)。滨里海盆地是哈萨克斯坦油气资源最为丰富、已探明油气储量巨大的沉积盆地，也是近年来外国石油公司重点关注、最有勘探潜力的大型含油气盆地之一，共发现油气田274个，主要位于盆地的东缘与南缘，共发现可采储量石油为47亿吨、天然气为5.26万亿方，盐下碳酸盐台地是油气的主要富集区域，占80%的石油储量和97%的天然气储量。已发现的卡沙甘、田吉兹、卡拉恰干纳克等世界级巨型油田，不仅是滨里海盆地的主力油田，也是支撑哈萨克斯坦产量增长的基础。

滨里海盆地埋藏深度大，基底埋深达到20km，同时受巨厚盐丘影响，地球物理勘探盐下构造识别难度大，圈闭识别、储层预测难度大。周缘造山带经历盆山耦合的形成和演化，盆地边缘受后期前陆碰撞改造程度大，盆地内部和边缘受古地理环境影响沉积体系差异较大。盐下深层油气勘探存在盆地碳酸盐岩台地及礁滩体预测难、油气成藏及主控因素认识不明确等问题，亟需针对以上问题对该盆地盐下深层油气成藏条件和富集规律进行再认识。本文基于已有地震、钻井等资料及多年研究成果，梳理了盆地构造沉积演化特征，厘清了油气成藏条件及其油气富集规律，指明了盆地深层有利勘探领域与方向。

2 区域地质及石油地质条件

滨里海盆地位于波罗的板块东南缘，东邻乌拉尔造山带，东南沿南恩巴(隆起)断层与北乌斯秋尔特盆地分开，南部为卡宾斯基褶皱带，西部和北部沿中石炭统-下二叠统碳酸盐台地边缘与伏尔加-乌拉尔盆地相邻(图1)。根据滨里海盆地基底埋深，将滨里海盆地分为5个二级构造单元，由北向南依次为北部断阶带、中央坳陷带、阿斯特拉罕-阿克托别隆起带、东南坳陷带和南部隆起带，呈现“三隆两坳”的构造沉积格局。

滨里海盆地的烃源岩主要分布在盐下地层，发育四套主要的烃源岩(图2~图3)，分别是中泥盆统艾斐尔阶泥质灰岩与硅质页岩、上泥盆统弗拉阶页岩与泥质灰岩、中下石炭统泥质灰岩与页岩、上石炭统至下二叠统泥岩与泥质灰岩。

滨里海盆地已证实的储集层从中泥盆统到新近系都有发育。根据其发育层位与盐岩的关系将储集层分为盐上储集层和盐下储集层。其中，盐下储集层是整个盆地最主要的储集层，中-上泥盆统的碎屑岩和碳酸盐岩是主要的储集层，上泥盆统-下二叠统的碳酸盐岩是盆地东南部的重要储集层。

滨里海盆地最主要的盖层是下二叠统孔谷阶盐岩层，是盐下储层的区域性盖层，其分布范围几乎覆盖整个盆地，只在盆地东缘和南缘很窄的范围内缺失。厚层盐岩层将盆地在纵向上分隔成盐上与盐下两大构造层，形成了截然不同的两套

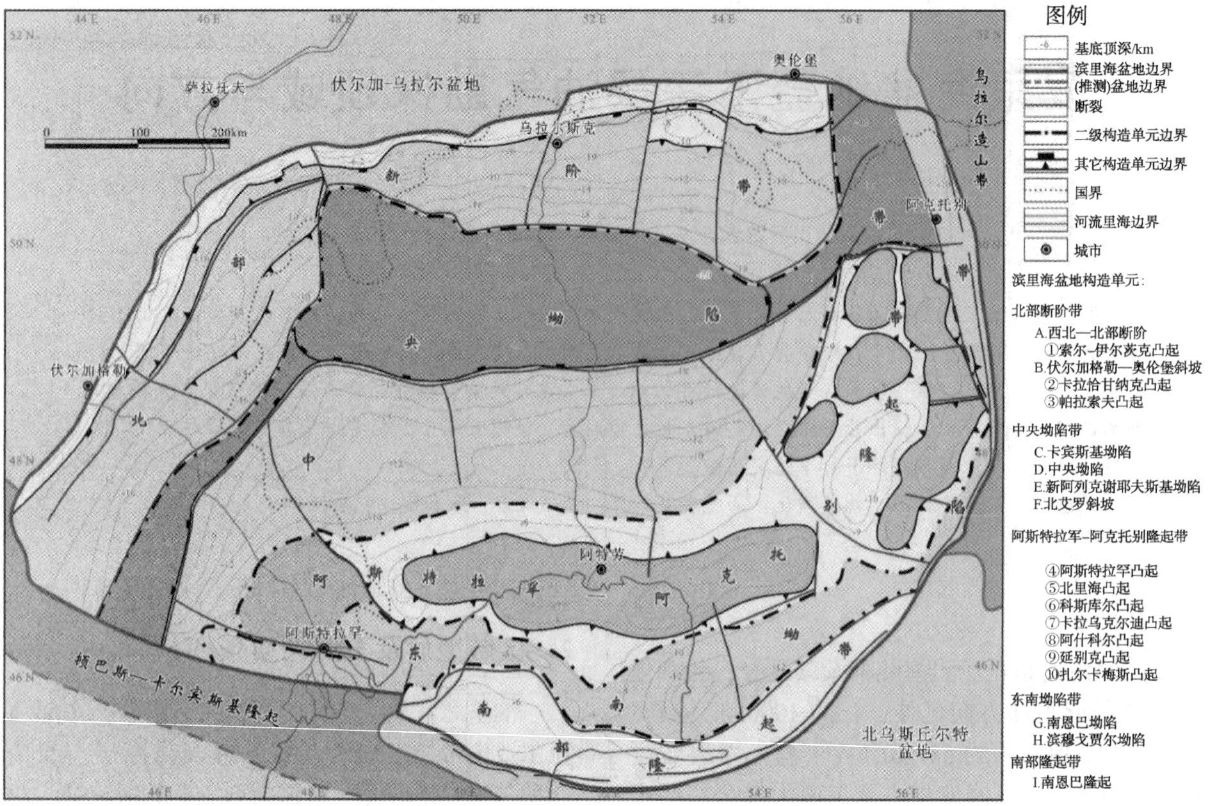

图1　滨里海盆地构造区划图

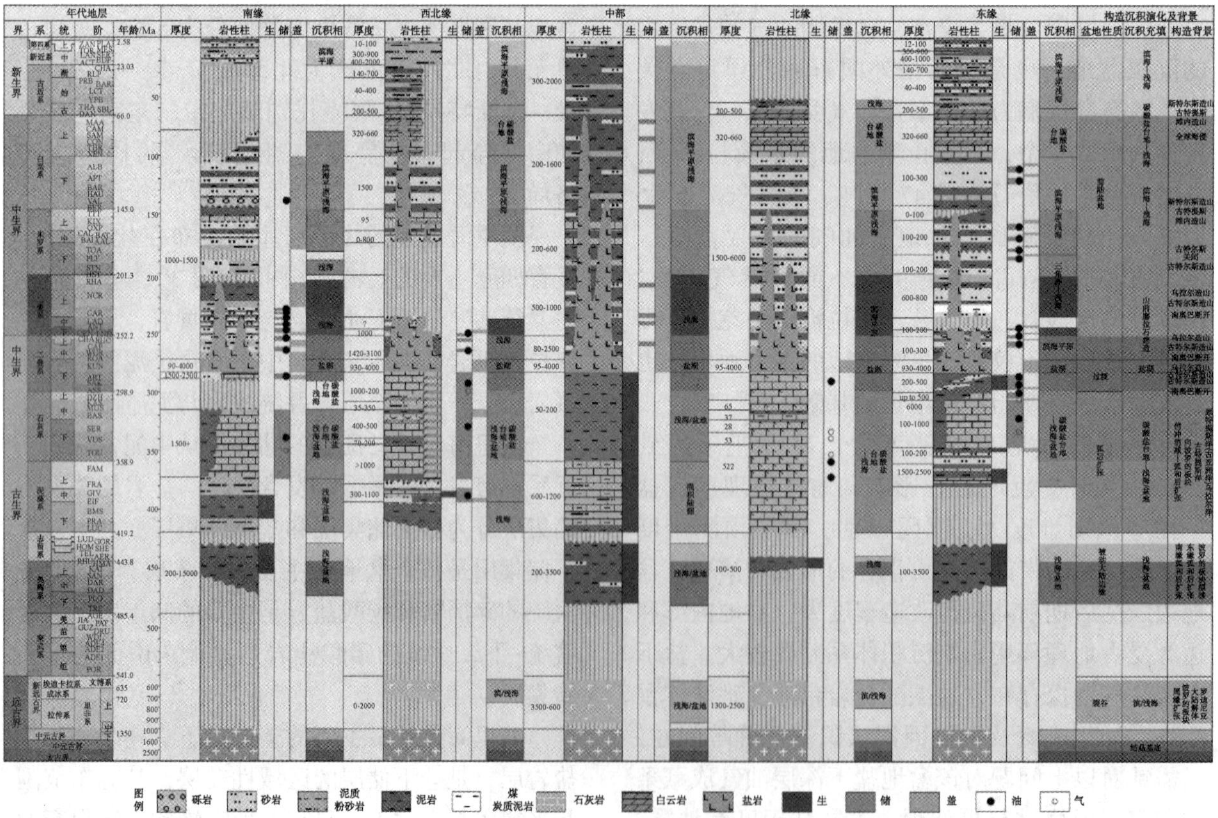

图2　滨里海盆地地层综合柱状图

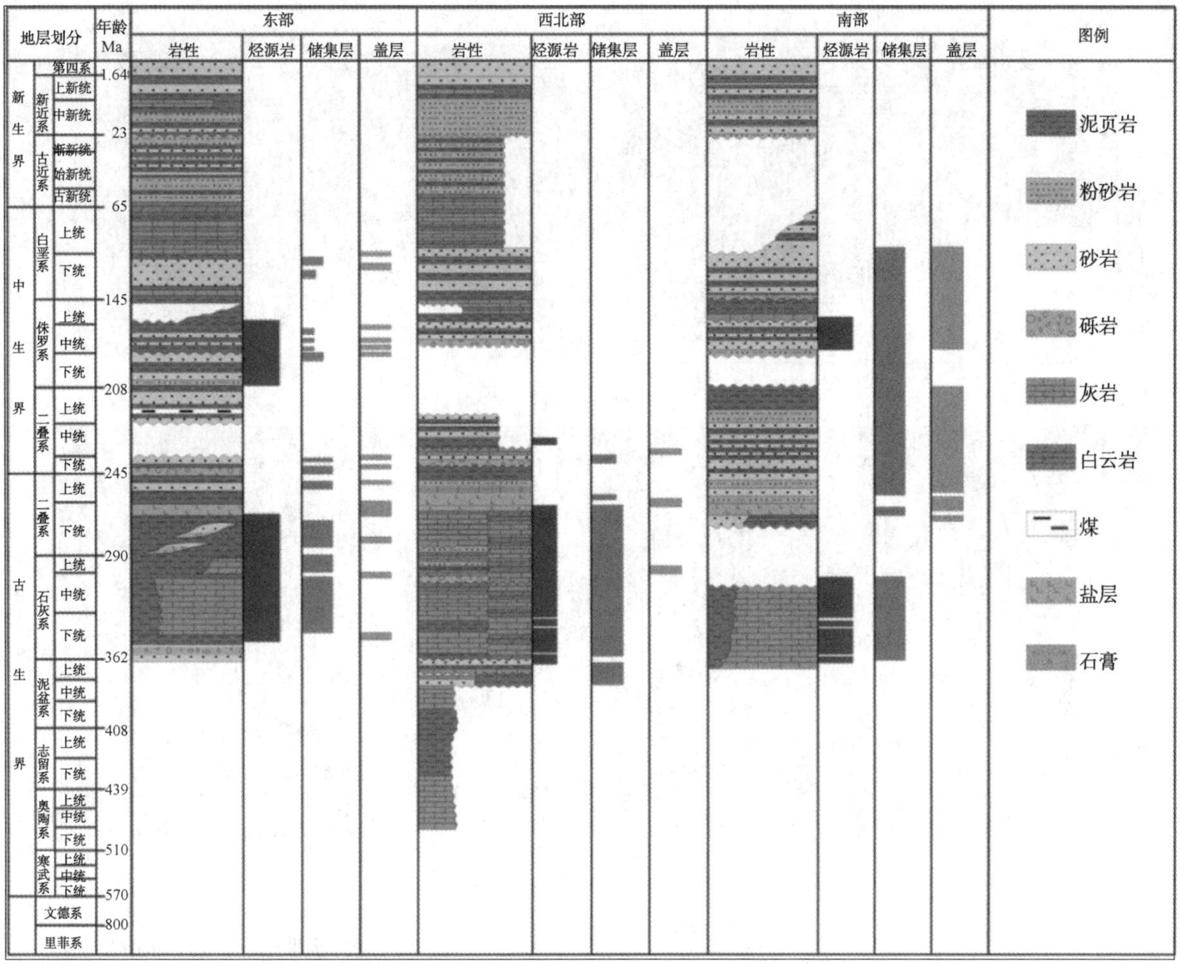

图 3　滨里海盆地生储盖组合特征

油气成藏体系。此外，盆地内还发育有下石炭统泥页岩、上石炭统及下二叠统泥页岩、侏罗系及白垩系泥岩等多套半区域性或局部盖层，从封盖性能来看，各局部和半区域性的盐下泥页岩盖层不如盐岩层有效，各油气成藏系统中具有各自的封盖层。

盐下层系是滨里海盆地油气分布的主体，目前发现的油气藏主要分布在泥盆系、石炭系及下二叠统。盐下层系主要烃源岩为中泥盆统、上泥盆统、石炭系和下二叠统泥质岩；储层分布层位集中在中-上泥盆统、石炭系和下二叠统；最主要的区域性盖层为全盆地分布的下二叠统孔谷阶盐岩，下二叠统阿丁斯克阶泥页岩和中石炭统泥页岩也在一些油气藏中充当局部盖层。据此，盐下层系划分出 6 套成藏组合：下二叠统碎屑岩、下二叠统碳酸盐岩、石炭系碎屑岩、石炭系碳酸盐岩、泥盆系碎屑岩、泥盆系碳酸盐岩(图 4)。

3　构造沉积演化特征

滨里海盆地构造沉积演化是其所在波罗的板块演化的构造响应，其构造沉积演化阶段特征明显，主要受东缘乌拉尔造山带及南缘古特提斯造山带构造演化的双重影响。综合分析板块构造背景及其构造沉积演化特征，将滨里海盆地构造沉积演化划分为 5 个阶段，即前寒武纪裂谷阶段、早古生代被动大陆边缘阶段、泥盆纪-石炭纪弧后裂陷阶段、早二叠世过渡阶段、中二叠世—中生代-新生代前陆盆地阶段(图 5)。

裂谷阶段：中-新元古代伴随罗迪尼亚大陆解体，波罗的板块发生裂谷作用，主要发育 6 条裂谷系。滨里海盆地形成中央坳陷裂谷，裂谷长约 600km，窄处宽约 15～30km，最宽约 120km。裂谷大致呈北东-南西向，将滨里海盆地一分二。中央坳陷裂谷充填了巨厚的中-新元古代裂谷沉积，是有利的烃源岩发育区。

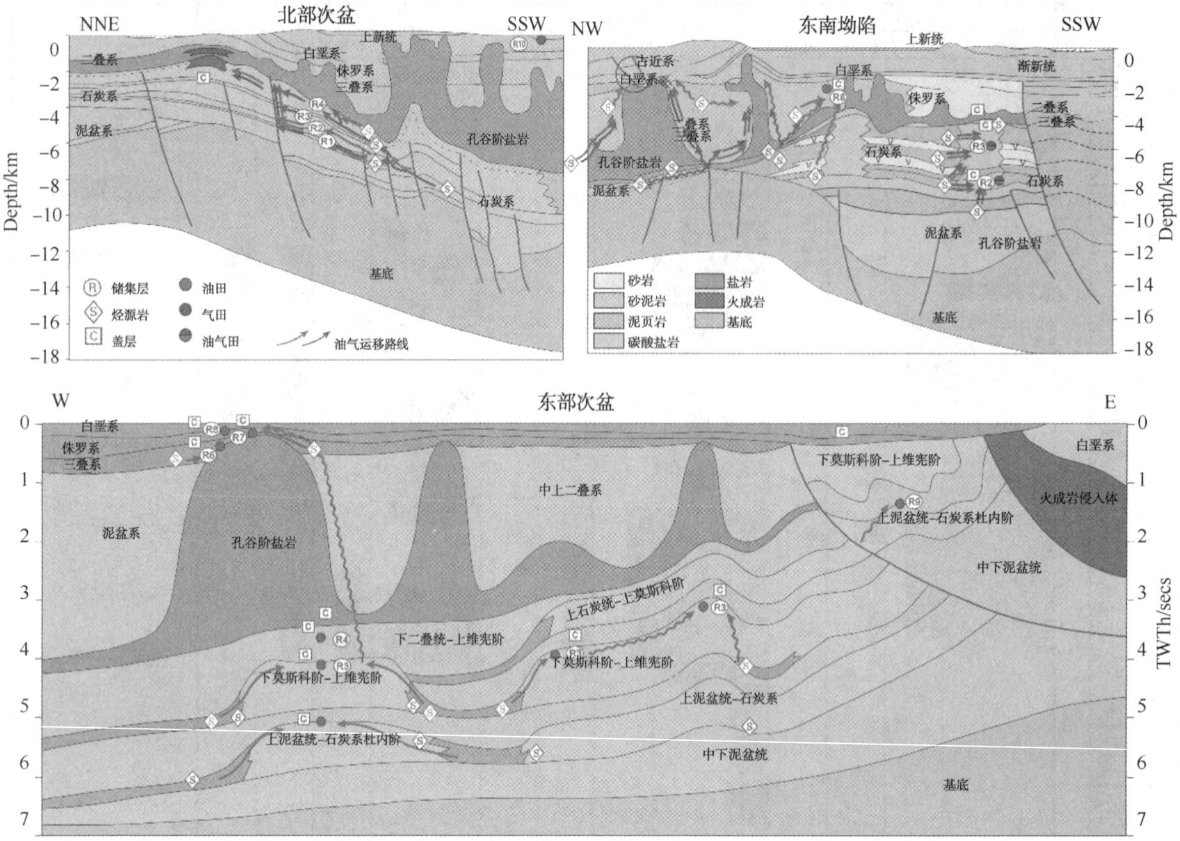

图 4　滨里海盆地典型油气藏成藏模式

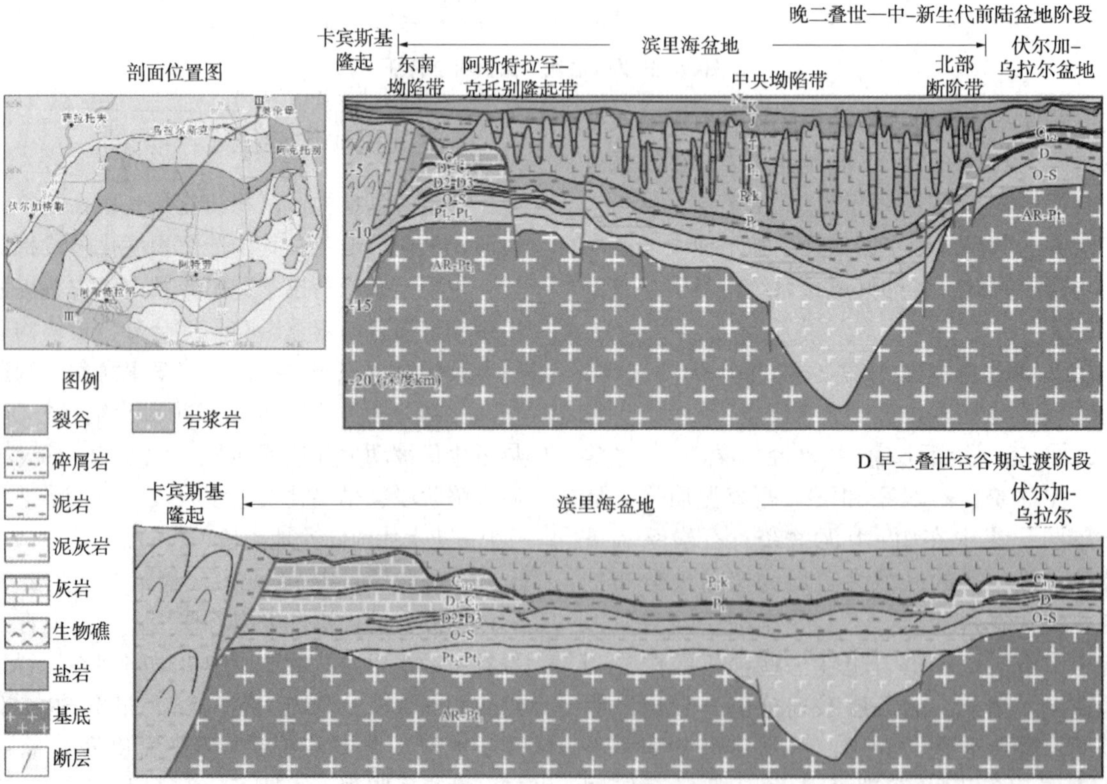

图 5　滨里海盆地近北东–南西向构造沉积演化剖面

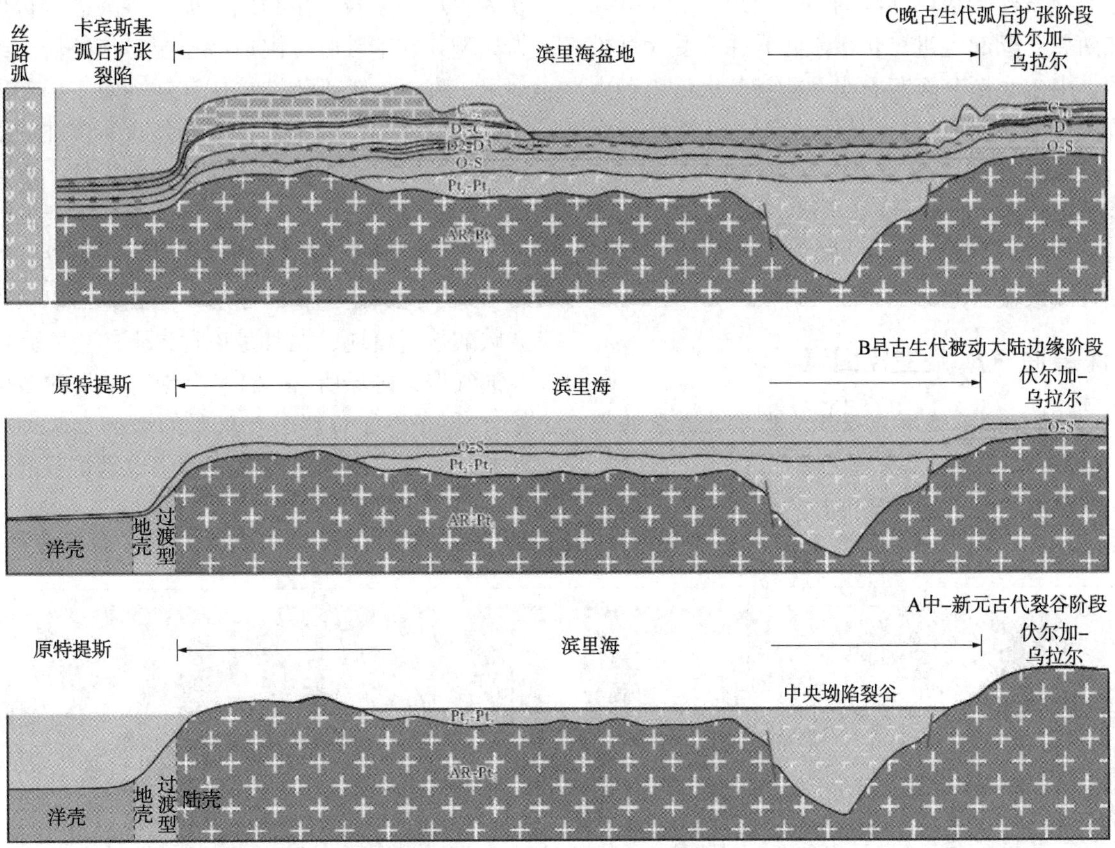

图 5　滨里海盆地近北东-南西向构造沉积演化剖面(续)

被动大陆边缘阶段：早古生代波罗的板块(含滨里海盆地)由于东缘原特提斯洋向西俯冲形成的钦察弧弧后扩张，进入被动大陆边缘阶段。寒武纪时期，滨里海盆地周缘无沉积或被后期剥蚀，但中央坳陷推测存在寒武纪沉积。奥陶纪-志留纪时期，滨里海盆地发育海相细粒碎屑岩。盆地边缘为浅海相细粒碎屑岩，中央坳陷为盆地相细粒碎屑岩。

弧后裂陷阶段：在丝路弧与乌拉尔洋的两个方向俯冲的共同影响下，波罗的板块东南边缘晚古生代的伸展拉张，滨里海盆地内部构造单元成型，并且对晚古生代沉积格局具明显控制作用。在此构造背景下，在盆地中央坳陷带和东南坳陷带内，沉积了中泥盆统、下二叠统泥页岩为主体的优质烃源岩，在坳陷带内地震剖面上可见密集反射段，广泛分布于上述坳陷内。特别是东南坳陷的两侧，由于埋藏相对适中，目前已经发现了卡沙甘、阿斯特拉罕、田吉兹、扎纳若尔等世界级巨型油气田。田吉兹油田含油井段现已超过1500m，尚未揭示油水界面，油藏呈块状，分布在上泥盆统至下石炭统碳酸盐岩中，埋深3900~5400m。产油面积为580km^2，气柱高度为283m，原油地质储量为46.53亿吨，石油最高产能达1000吨/天。阿斯特拉罕碳酸油气田面积2867.5km^2，天然气地质储量为3万亿方，凝析油地质储量为15亿吨。上述油气田的发现，与东南坳陷在弧后扩张期形成的优质陆棚泥质沉积密切相关，为世界级油气田的形成提供了充足的油气来源。上述各大油气田紧邻东南坳陷，油气呈现以垂向运移为主、侧向运移为辅的特点(图4)。

过渡阶段：阿瑟尔期—亚丁斯克期，滨里海盆地性质开始向前陆盆地转化。东缘为乌拉尔造山带，南缘为卡尔宾斯基隆起、南恩巴隆起。东南坳陷带为前渊，发育半深海-浅海泥质沉积及浊积岩沉积，向造山带或隆起一侧过渡为粗粒碎屑沉积。空谷期滨里海盆地被东缘乌拉尔造山带和南缘卡宾斯基隆起、南恩巴隆起围限，南缘2个隆起间与古特提斯洋连通，盆地有海水补给，加之气候变化开始干旱，盆地发育巨厚的蒸发岩化学沉淀，厚度约100~2000m，是盆地最重要的区域盖层。

前陆盆地阶段：滨里海盆地东缘乌拉尔造山带褶皱隆升并遭受强烈剥蚀，为盆地东缘和前乌拉尔磨拉石建造提供陆源物质。南缘卡宾斯基隆起和南恩巴隆起也进一步褶皱隆升并遭受大规模剥蚀，卡尔宾斯基隆起石炭系褶皱基底覆盖了中二叠统滨浅海碎屑岩，南恩巴隆起和东南坳陷南部石炭系褶皱基底覆盖了侏罗系(缺失二叠系-三叠系)地层。中生代-新生代滨里海盆地为浅海-滨海平原碎屑岩沉积，晚白垩世全球海侵时期发育碳酸盐台地。

4　深层油气成藏主控因素

4.1　礁滩相储层发育的规模奠定了特大型油气田的储集空间及分布范围

滨里海盆地构造对碳酸盐岩台地的影响多表现为台地的生长。生物礁、孤立碳酸盐岩台地最为典型，在卡沙甘、阿斯特拉罕、卡拉恰甘纳克都可以发现，外部构造挤压和逆冲对于内部碳酸盐台地的变形影响不是特别剧烈，所以在考虑成藏因素的时候可以将构造因素影响降低，重点考虑沉积和储层方向的控制作用。盆地主要的储层多数为古隆起或者东南坳陷背景下的孤立碳酸盐岩台地，尤其是生物礁储层。因此，可以认为孤立碳酸盐岩台地，尤其是该背景下的生物礁储层是油气聚集的场所(图6)。台地背景下的多层不整合/层序界面对储层有重要的影响，这种反复淋滤、溶蚀对生物礁的改造作用也是重要的因素之一。

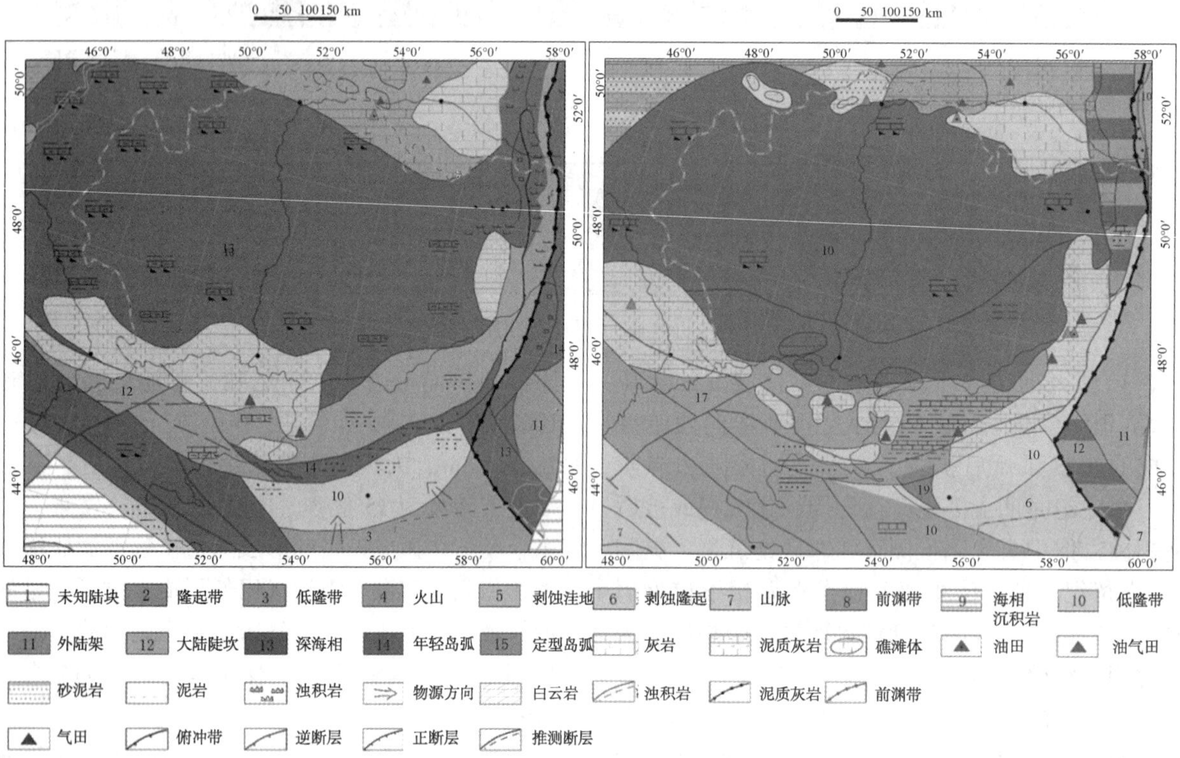

图6　滨里海盆地盐下深层岩相古地理图

(左图：晚泥盆纪-早维宪期；右图：维宪期-巴什基尔期)

4.2　继承性古隆起背景下的碳酸盐岩台地是油气运移聚集的有利指向区

构造沉积演化表明，从前寒武纪裂谷阶段到早古生代被动大陆边缘阶段时期，盆地南北两侧就发育古隆起构造高部位(图7)，之后一直处于隆起区。到晚泥盆世-中维宪期，盆地中部发生了活跃的扩张作用，与此同时在盆地边缘古隆起构造高部位发育了障壁礁和塔礁系统，在阿斯特拉罕-阿克纠宾斯克隆起带上发育了浅水台地。浅水区的碳酸盐岩台地和生物礁的演化一直持续到早二叠世，形成了大型的盐下隆起构造，构成了滨里海盆地最重要的含油气构造。这类含油气构造发育的初期与裂谷作用过程中形成的掀斜断块、基底隆起或盆地侧翼的裂谷肩有关，构成了浅水碳酸盐岩台地或生物礁发育的基础。古构造演化史表明，这些碳酸盐岩台地长期处于古隆起区构造高部位，是油气运移聚集的最有利的指向区，对油气田的形成与分布控制明显，加上断层不发育，保存条件好，是大型、特大型油气田成藏的关键因素。

4.3 二叠系含盐层系及泥岩盖层决定了油气的最终聚集和圈闭发育区

由于碳酸盐岩热传导系数比蒸发岩热传导系数低，所以在较厚的含盐地层中，地温梯度会大幅度降低。滨里海盆地盐岩分布广、厚度大，对盆地盐下烃源岩的成熟过程有着明显的控制作用，盐层的存在延缓了盐下泥盆-石炭系烃源岩的生烃演化进程，使得烃源岩生烃高峰与其圈闭形成期匹配良好，有利于油气的捕获和保存。盆地内最重要的区域性盖层即下二叠统孔谷阶的含盐层系覆盖了整个滨里海盆地，将盆地中的绝大部分油气资源封闭在盐下层系之中(图 3、图 5、图 6)。盐下层系中一些碳酸盐岩构造油气藏内高位含水的原因很可能就是因为油气在盐岩层的缺失区域运移到了上覆的盐上地层中。下二叠统泥岩在很多油气藏中均可作为有效盖层存在。在勘探中，相对上方空谷阶的盐岩，二叠系的泥岩更应该着重考虑，该层系对封盖有重要作用。

5 深层勘探领域与潜在目标区

通过梳理滨里海盆地的勘探现状，并考虑油气生成和聚集环境的综合因素，结合剩余资源评价结果，研究认为在以下 5 类深层领域是滨里海盆地的未来勘探潜在目标区(图 7)。

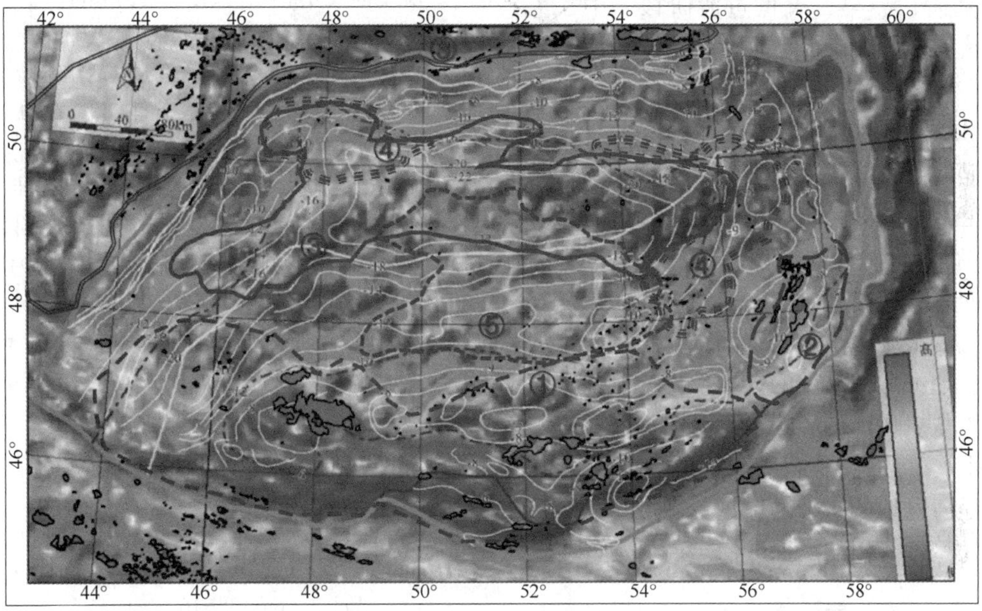

图 7　滨里海盆地重力异常图(5 类深层领域在图中编号①~⑤)

(1) 盆地南缘阿斯特拉罕东鼻状凸起-田吉兹南碳酸盐岩深层孤立台地领域。该区域具有位于优质的烃源岩及储层有利分布范围，受特提斯域的构造和沉积作用控制，盆地南缘的冲断破碎程度小于盆地北缘和东缘，保留了南部裂谷断陷阶梯状的构造基底，其上发育的碳酸盐岩孤立台地是油气良好的储集空间。

(2) 盆地东缘大型古隆起的高部位石炭系杜内阶成排分布的碳酸盐岩礁体领域。盆地东缘在区域构造上位于乌拉尔造山带的南缘最末端，受到多期微陆块拼合作用的影响较小，成排分布的碳酸盐岩礁、滩体从北部伏尔加-乌拉尔盆地向南延伸。在滨里海盆地东缘的地震剖面中，大型古隆起的高部位显示出成排分布的碳酸盐岩礁、滩体反射特征。东缘构造于海西期定型，层间区域性泥岩起到了良好的封盖作用。

(3) 盆地中央裂谷控制的断阶高部位发育的深层碳酸盐岩台地领域。重力异常资料显示，滨里海盆地中央发育深层裂谷坳陷，油气的聚集与分布主要受继承性稳定发育的大型古隆起控制，沿古裂陷槽两侧，推测发育碳酸盐岩镶边台地与丘滩体储层，并被巨厚的盐岩有效封堵。

(4) 盆地中央古隆起部位控制的泥盆-石炭系碎屑岩斜坡扇领域。分布于古隆起周缘的斜坡部位，受重力及沉积作用影响，易发育大型碎屑岩滑塌体，是有利的油气储集空间，且斜坡地区发育厚层优质烃源岩，具有源内油气运聚成藏模式。这种岩性油气藏主要受控于有效储层，资源量分布非均质性较高。

(5) 盆地中央的深层盐相关构造-岩性油气

藏领域。受到盐岩-其它地层均衡调整的影响，盆地中心分布有巨厚的膏盐岩，盐层厚度可能大于5000米，在裂陷槽生烃中心之上，由于源储距离近，对垂向运移的断裂要求相对较低，因而油气运聚条件优越。随着后期受到断裂调整，盐焊接、盐窗等附近有效储层易形成相对独立的盐相关油气藏。

6 结论

本文基于已有研究成果，将滨里海盆地构造沉积演化划分为5个阶段，即前寒武纪裂谷阶段、早古生代被动大陆边缘阶段、泥盆纪-石炭纪弧后裂陷阶段、早二叠世过渡阶段、中二叠世—中生代-新生代前陆盆地阶段。滨里海盆地泥盆纪-石炭纪弧后扩张期的优质烃源岩为盆地油气田提供了充足的油气源；泥盆系-石炭系礁、滩相储集层大规模发育奠定了盆地油气田形成的储集空间和分布；长期继承性古隆起背景下的泥盆系-石炭系碳酸盐岩台地是油气运移聚集的有利指向区；二叠系含盐层系及泥岩盖层决定了盆地油气的最终聚集。盐下油气成藏组合具有发育大型、超大型油气田的成藏条件，且盐下深层层系未受盐岩运动的影响，发育大规模的碳酸盐台地和生物礁建造，油气储量巨大。5类深层领域是滨里海盆地的未来勘探重要领域，是今后盆地寻找大型油气田的勘探方向。

参 考 文 献

[1] 王雪柯，王震，计智锋，尹微，姜仁，侯珏，张艺琼. 滨里海盆地东缘石炭系盐下碳酸盐岩油气藏成藏规律与勘探技术[J]. 岩性油气藏，2023：1673-8926.

[2] 梁爽，郑俊章，张玉攀. 滨里海盆地东南缘晚古生代碳酸盐岩台地特征及控制因素[J]. 地质科技情报，2013，第32卷(3)：52-58.

[3] 刘洛夫，朱毅秀，熊正祥，孙建平，陈利新，朱胜利，孔祥宇. 滨里海盆地的岩相古地理特征及其演化[J]. 古地理学报，2003，(3)：279-290.

[4] Л. П. Мстиславская，任俞译. 滨里海巨型台向斜东南部油气聚集的古构造条件[J]. 新疆石油地质，2002，第23卷(4)：351-354.

[5] 邓西里，汪红，鲍志东，孙乃达，张小涛. 滨里海盆地油气分布规律及勘探潜力分析[J]. 中国石油勘探，2012，(5)：36-47，82-83.

[6] 李永宏，Burlin Y K. 滨里海盆地南部盐下大型油气田石油地质特征及形成条件[J]. 石油与天然气地质，2005，第26卷(6)：840-846.

[7] 周生友，杨秀梅，马艳，孔凡军，陈桂菊. 滨里海盆地北部盐下油气成藏条件与模式研究[J]. 西北大学学报·自然科学版，2010b，(2)：304-308.

[8] V. V. Pairazian; A review of the petroleum geochemistry of the Precaspian Basin. Petroleum Geoscience 1999; 5(4)：361-369.

[9] Daukeyev, S., Votsalevskiy, E. S., Shlygin, D. A., Pilifosov, V. M., Paragulgov, K. K., Kolomiyets, V. P. and Komarov, V. P., 2002, "Glubinnoye stroyeniye i mineralnye resursyKazakhstana(Deep structure and mineral resources ofKazakhstan)," Oil and Gas, Vol. 3, pp. 138-162.

中国(超)深层断裂控烃理论及其油气勘探实践

罗　群[1]　蒲秀刚[2]

[1. 中国石油大学(北京)非常规油气科学技术研究院；2. 中国石油大港油田分公司]

摘　要　明确了深层超深层油气勘探存在的主要科学问题，提出了断裂是控制深层超深层复杂油气藏形成与富集及分布的根本原因，断裂控制常规油气藏的形成与分布，裂缝控制非常规油气藏的富集与甜点展布，总结了不同地质条件下断裂控运、控储、控藏的机理与模式。提出了深层超深层地质信息有限，可利用地质信息为约束，地震技术及其成果为主要依据，进行油气藏形成机理、分布规律的地震成藏研究理念，可大大提高勘探效率，提出了地震成藏学的理论框架，为深层超深层油气藏的高效勘探提供了理论依据。

关键词　深层；超深层；油气勘探；断裂控烃理念；油气勘探实践

油气资源是国民经济和国家安全的命脉。我国石油对外依存度2021年就达到72%，55%石油来自有美国驻军的马六甲海峡，形势严峻。我国剩余油气潜力巨大，可采资源量达555亿吨以上(新一轮资源评价，2022)，60%以上赋存于(超)深层，探明率均低于10%。(超)深层已逐渐成为我国油气重大发现主阵地(塔里木盆地近10年新增储量，7500米超深层占90%以上)。勘探面临三大挑战：成藏机理更加复杂，勘探成本更高，理论更落后于实践。

要降低风险，深层油气勘探必须解决三大科学问题：控制深层油气藏形成分布与富集的根本因素是什么？这个根本因素是如何控制油气藏的形成与分布的，其控制规律是什么？如何利用这个根本因素的控制规律来高效寻找深层油气藏？

要有效解决科学问题，提出相应技术思路(图1)：

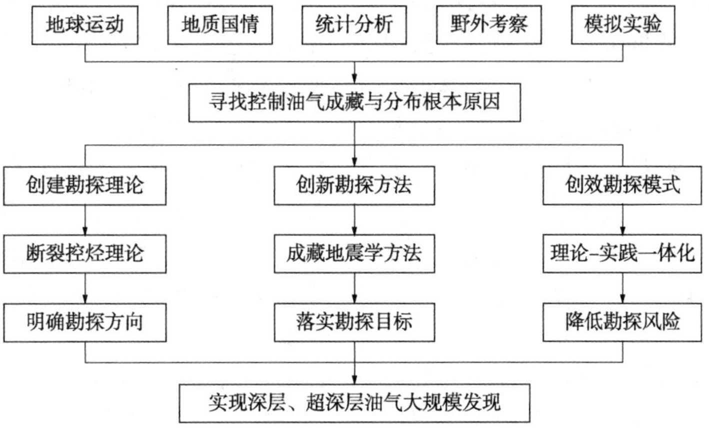

图1　研究技术思路

依托国家重大专项、973等项目，发挥“产-学-研-用”一体化优势，历经三十多年，取得(超)深层复杂与非常规油气藏地质理论和方法的重大突破。创新形成“断裂控藏、裂缝控富、以震究藏、高效勘探”为核心的(超)深层勘探理论技术-断裂控烃理论技术，取得重大经济社会效益，为(超)深层油气高效勘探奠定了理论和方法基础。

1. 创立了“断层控制常规油气藏形成与分布”的断裂控烃理论：突破了传统断裂控藏的碎片化、笼统和定性的认识；丰富和发展了油气成藏理论。

1.1　明确了断裂控藏核心科学问题：断层对盆地及油气成藏与分布的控制机理

断裂控藏是一个古老的命题，本研究开始(1990年)时，虽然人们已经认识到断裂对油气成藏与分布具有重要控制作用，并总结一系列理论认识，如复式油气聚集理论，但断裂是如何控盆、控运、控藏，认识并不清楚，尤其是深层条件下其控制的机理与模式，研究非常薄弱，制约着深层超深层油气勘探。具体科学问题是：(1)断裂到底在多大程度上控制了盆地与油气的形成与分布。(2)断裂是如何控制油气盆地的形成与分布的。(3)断裂如何控制油气的运移的。(4)断裂如何控制油气的聚集与分布——油气藏何时分布在断裂的上盘、何时分布在断裂下盘。(5)断层本身能否形成商业油气藏。如何聚集成藏。(6)断裂对隐蔽(岩性地层)油气藏形成分布是否有控制和如何作用。经过三十多年刻苦攻关，取得一系列断裂控盆、控运与控藏机理与规律的原创性理论认识。

1.2　揭示了深大断裂是控制盆地及油气藏形成和分布的根本原因

断裂对盆地和油气成藏和分布有重要的控制作用，这已经成为共识，但其控制程度有多大(第1个科学问题)，几乎没有人研究。通过地球圈层深部流体活动、地质国情分析、大量地质统计、野外地质考察和物理模拟实验，提出了深大断裂是控制(东西部)盆地、油气生、运、聚、散和分布的根本原因的观点。

众所周知，形成油气藏需要六大要素：生、储、盖、运、圈、保。依据唯物辩证法，导致一个事物发展的因素有很多，但必定有一个是最根本的，它控制、支配其他因素。那么，哪一个是影响油气藏形成与演化的最根本的因素呢。六大因素中没有一个能制约其它五个。

能否存在第七个因素——一个制约这六个控油因素的主控因素，我们做了五个方面工作。

(1) 地球圈层与深部流体活动分析

针对“问题1-断裂多大程度控制成盆、成藏与分布”，开展了地球多圈层相互作用、深部流体活动、石油成因的综合研究，总结出地球深部流体具有10大断控成藏效应的认识，并提出了深层石油形成的双机耦合断控成因解释。

地球存在多圈层相互作用，即地壳、地幔、地核、岩石圈、软流圈等等，地球具有多圈层结构。地球是一个富含流体的行星。地球深部流体：沉积盆地基底之下和沉积盆地外的所有来源于中下地壳、地幔和地核的、能够流动的物质。地球深部流体具有超强大的活动能力-动能、势能、热能、化学能等，其强大的纵向穿透能力是深大断裂形成的根本原因。地球深部流体的活动是断裂控盆控烃控藏的根源。深部流体十大断控成藏效应：①拆离成盆，②破裂开道，③运载输导，④增能传能，⑤溶蚀扩容，⑥萃取富集，⑦聚烃成藏，⑧促进产力，⑨加氢催化，⑩保存破坏。因此，中国东部盆地和油气的形成，深大断裂发挥了主导作用。

(2) 地质国情分析。中国的大地构造背景决定了断裂极为发育是中国的基本地质特征，为断裂控盆控藏提供了地质依据。根据块体的构成、油气地质特征差异结合区域构造背景、基底性质与活动性等因素将中国大陆初步划分为23个大的块体油气地质体，它们是陆上的准噶尔、塔里木、祁连、四川、鄂尔多斯、松辽、海拉尔、二连等20个块体油气地质体以及海域的黄海、东海和南海块体油气地质体(翟光明等，2009)。块体的边界就是深大断裂。中国的大地构造背景决定了断裂极为发育是中国的基本地质特征，为断裂控盆控藏提供了地质依据。

(3) 地质统计。18个大中型陆相盆地和75个大中型油气田，断裂明显控制了它们形成分布。统计分析表明，无论东部还是西部、陆相盆地断裂控盆控烃控藏特征显著。

(4) 野外(柴达木盆地)地质调查。寻找到了断裂控盆控藏的直接证据(柴达木，准噶尔，酒泉等多个盆地野外考察)。

(5) 物理模拟实验。开展不同盆地20组100余次油气运聚物理实验，证实了断裂对纵向控运移和各类油气藏具有重要控制作用。

结论：控制生储盖运圈保六个因素的总控因素(第七个因素)存在，就是断裂。断裂是控制盆地及油气藏形成和分布根本原因(100%控制——回答了第1个科学问题)。

1.3　揭示和构建了深层复杂地质条件下断裂控盆-控运-控藏的机理与模式

(1) 断裂控盆：明确了断裂的控盆机理与模式

针对第2个问题：断裂如何控制盆地形成的？基于板块运动、中国大陆大地构造位置及前人对中国构造分区构造特征成果、中国陆相盆地形成演化的综合分析，总结出中国陆相盆地断裂控盆的机理与模式。东部：深部流体活动，洋壳俯冲，地幔上隆，引张裂陷，正断裂控盆。西部：陆陆碰撞，压扭走滑，逆断层控盆。中部：东、西部成盆机制的过渡。

(2) 断裂控运：发现了深层断面优势运移通道及其追踪方法

针对第3个科学问题：断层如何控制油气运移？通过断层面流体势分析，发现断裂主要通过其油气流体势形成的优势通道控制油气的运移，并提出断面优势运移通道的追踪方法，提高了断控圈闭的勘探成功率。

以往提出了“沿断裂、打高点”的勘探思路，多有成功，也往往失利，为什么？除了储层等问题外，圈闭是否位于断层优势运移通道上也是一个重要原因。断裂控油气的纵向运移，但并非均匀运移。研究结果：发现油气沿断裂运移是极不均一的，断层面的油气的流体势控制了油气运移，提出了断面优势运移通道概念和运聚模型，丰富和发展了油气优势运移通道理论，为准确预测断裂带圈闭的含油提供依据。断面优势通道提出有效降低了断裂带勘探风险，在油气勘探中得到广泛应用。

(3) 断裂控藏：总结了正逆断层带分带结构的运聚控藏模式

针对第4个科学问题：断裂如何控制油气的分布？即油气藏何时分布在断裂的上盘、何时分布在断裂下盘？提出断裂带内部结构控制了上下盘对油气的输导和遮挡能力，总结了断层带的分带结构控藏机理模式，断裂带勘探成功率由原来的45%提高到76%。统计表明，断裂控聚比例87.5%，但油气聚集于上盘还是下盘，不确定。

岩心与综合研究表明，断裂具有内部结构，其输导渗透特征控制了两盘的油气的运移与聚集效应。逆断裂的上盘诱导裂缝带渗透性，要好于正、逆断层的下盘。建立了单一断裂的结构分带控藏基本模式：上盘(或主动盘)以输导油气纵向运移为主，下盘(或被动盘)以遮挡横向油气成藏为主。建立了不同类型断裂组合的结构分带控藏基本模式(2)，断裂组合决定了油气在两盘的聚集规律，明确了油气什么情况下聚集上(或左)盘，什么情况下聚集于下(或右)盘，聚集多少。该模式的建立，合理解释了断裂上下盘油气差异聚集效应，为科学分析断裂上下盘圈闭成藏可能性提供了依据，从而可有效降低断裂上下盘油气勘探风险。

1.4 创立了复杂地质条件下断裂控盆–控烃–控藏地质理论，奠定了中国深层、超深层油气藏高效勘探的理论基础。

前面成果的集成创新，经过30多年坚持，提出并完善断裂控烃理论(也称断裂控藏理论)，是断裂对油气生、运、聚、散和分布规律系统的理论总结。提出断裂控烃理论勘探思路是顺藤摸瓜。

中石油、中石化、中海油的深层超深层勘探实践，证实断裂控烃理论适用于深层超深层油气勘探，中石油十三五期间的十大重大勘探成果(贾承造，2022.4)，除了3个页岩油气藏外，7个油气藏(包括6个深层油气藏)成藏分布特征，均符合断裂控烃规律，证实了断裂控烃理论的观点。中海油十三五油气勘探6大重大成果(谢玉洪，2021.1)，5个为深层，断裂均起到重要控制作用。

2. 针对深层非常规油气富集高产主控因素不清科学问题，创新了裂缝主控非常规油气富集高产的裂缝富烃理论认识及评价方法。突破了传统的非常规油气富集高产主控因素不明确的现状，丰富和发展了非常规油气富集理论。

(1) 统计表明裂缝控制了非常规油气的富集和高产

准噶尔盆地吉木萨尔凹陷芦草沟组页岩油试油产量与裂缝综合发育指数关系可知，裂缝发育程度控制页岩油–致密油藏富集与产能。层内裂缝越发育，石油越富集、越高产。裂缝产状控制致密油–页岩油富集与产能。北东向裂缝最富集，北西向裂缝含气性最差。酒泉盆地青西凹陷深层下沟组产量与致密油储层裂缝密度关系表明，裂缝发育程度控制页岩油、致密油藏富集与产能。层内裂缝越发育，石油越富集、越高产。裂缝发育程度控制致密气藏富集与产能。裂缝越发育，气井越高产。日产量100万方的气层，其裂缝的贡献率达95%以上。

野外、岩心、镜下、模拟实验证实了裂缝控制了致密油、页岩油的富集，石油最富集的地方是裂缝最发育的地方。裂缝对页岩气的富集与高产有重要控制作用：断裂及穿层裂缝起破坏作用，层内裂缝有利于富集。穿层剪切缝对页岩气藏起破坏作用，发育程度越高，含气性越差；层内张裂缝有利于改善储集空间，和页岩气的保存和富集，发育程度越高，含气性相对较好。

（2）提出了非常规油气“源储组合成单元、源（储）缝压差为动力、优势缝喉促输导、缝孔耦合控富集”裂缝主控成藏富烃理论观点，提高了非常规油气甜点预测的效率。

① 源储组合成单元

提出一套源储组合就是一个相对独立的致密（页岩）油成藏单元。总结出 3 类 8 种源储组合类型，以“三明治”型最有利，其次是上源下储和下源上储型，为优势源储组合；薄互层型和源储一体型最差。石油从源到储的富集，受裂缝为主导的源缝-储缝压差、缝喉输导通道和缝孔耦合空间的共同制约。

② 源缝（储缝）压差为动力—微运移与运移动力

模拟实验揭示了石油充注成藏的“启动压力驱动，源缝储缝压差推进、多尺度缝孔阶梯式成藏”的动力学机制”。

③ 优势喉缝促输导

提出了在源缝储缝压差作用下，烃源岩内部“排油”、源储对接带“注油”、储层甜点区“聚油”，均通过优势喉-缝网络作为致密油运聚的优势通道的观点。

④ 缝孔耦合控富集—富集空间与富集结果

通过野外、岩心、镜下、模拟实验，证实了致密储层中石油最富集的地方是缝孔耦合最好的的地方。

截止到 2019 年，裂缝富烃理论认识成果在玉门、新疆、胜利等油田运用，取得了显著的勘探成效和经济效益。

3. 针对（超）深层断裂复杂、地质信息缺乏（少井或无井），油气成藏研究难度大问题，创建了研究（超）深层油气成藏新的理论方法，即成藏地震学及其方法，突破了传统以地质信息为主、地震信息为辅的油气成藏研究理念，丰富和发展了成藏理论。

3.1 创新了油气成藏研究理念，为（超）深层复杂断控油气藏的成藏研究提供了新的研究途径。

（1）研究背景与问题的提出

我国深层（大于 4500m）、超深层（大于 6000m）油气资源相当丰富（1294 亿油当量），绝大部分受断裂（断层和裂缝）控制或与断裂密切有关，已经成为油气增储上产的主体。

深层特点与问题：深层、超深层断裂更加发育，断裂对油气成藏、富集与分布的控制程度更大。深层、超深层钻井少，地质信息缺乏，油气成藏研究与分布预测的难度更大。如何在地质信息相对缺乏的情况下，充分利用地震信息开展（超）深层油气成藏与分布的高效研究，成为目前中国深层超深层油气勘探面临的迫在眉睫需要解决的重大科学问题。

（2）创新了油气成藏研究的理念

“成藏地震研究”思路的提出：由于深层、超深层因钻井稀少但地震信息丰富，提出转换研究思路，以地震信息为主要研究依据，结合地质信息（与传统油气成藏研究理念相反）来进行油气成藏与分布的研究思路。成藏地震研究，即充分利用地震信息，结合钻井、测井、地化等地质信息约束，来进行（超）深层复杂油气藏形成机制、演化过程和分布（富集）规律的研究。

（3）明确了成藏地震研究主要内容—为深层断裂控盆控运控藏和油气富集提供地震信息支撑

① 深层复杂与隐伏断裂（带）的合理解释—为断裂控烃研究提供线索。

首先要建立解释模式：通过断裂系统的解释模式的建立来实现，为断裂控烃研究奠定基础。二是寻找控盆断裂—寻找深层隐伏油气盆地（凹陷），依据断裂控烃理论，运用地震构造解释成果，可落实隐伏盆缘深大断裂，进而落实隐伏盆地（断陷、凹陷）的位置、规模、产状。

② 深层断裂控源及生储盖组合的成藏地震地质研究：寻找和评价烃源岩，落实生储盖及其组合。运用断裂解释与地震岩性反演，结合钻井、地化等资料，确定生烃凹的位置及其规模和质量，及生储盖及其组合，从而科学的预测油气勘探潜力及进行前景分析。

③ 深层断裂控运的成藏地震地质研究：依据地震断裂解释结果和岩性反演成果、编制油源断裂流体势（构造图）图，可确定断面优势运移通道，从而合理评估其上倾方向圈闭的含油性。

④ 深层断裂控圈的成藏地震地质研究：利用地震（断裂）构造精细解释成果，岩性（储层）反演结果，可落实深层构造、地层、岩性及复合型等各类圈闭的位置、规模、产状。

3.2 初步创立了成藏地震研究的知识体系—成藏地震理论认识框架，开拓了以地震信息为主进行油气成藏研究的新领域，为深（超深）层断裂控烃研究提供了新的理论依据。

(1) 成藏地震学概念

成藏地震学(以往叫地震成藏学)是深层条件下，利用地震信息研究断裂控烃规律和先进的地震勘探技术与断裂控烃等地质理论相融合形成的一门学科，即运用断裂控理论等现代油气成藏理论的原理、方法，对先进的地震勘探技术成果进行合理、科学的地质解释，从而获得对深层超深层油气生成、运移、聚集、保存与分布(富集)规律性的理论总结。

(2) 成藏地震理论认识内涵与内容

地震信息中隐含有大量与断裂及其控制的油气藏形成、分布相关的地震信息，通过关键地震技术获得地震信息，结合地质信息的约束，建立地震信息与油气成藏要素之间的映射关系，获得相关成藏要素，运用断裂控烃等现代油气成藏理论，深入、全面、动态地揭示油气成藏机理、恢复油气成藏过程，有效预测油气藏分布和甜点。

地震勘探技术及其成果、断裂控烃等理论的原理与方法及其与前者结合形成的认识与成果以及它们之间的必然联系，共同构成成藏地震理论认识。

(3) 成藏地震学意义

弥补了传统成藏理论地震信息应用不足弱点，从地震资料中更充分获得油气成藏信息，对深层超深层钻井稀少地区油气成藏研究与勘探具有重大理论与现实意义。

截止到2018年，成藏地震学研究成果已经在渤海湾、江汉、柴达木、辽河、东海等多个盆地推广使用，取得良好的经济与社会效益。成藏地震理论认识的提出，为深(超深)层复杂断控油气藏成藏研究提供了新的理论依据和方法技术

4 结语

中国(超)深层断裂十分发育，断层控制了常规油气藏形成与分布，裂缝控制了非常规油气藏的富集与高产。断裂控烃理论正是断层控藏、裂缝富烃规律性的理论总结，相信断裂控烃理论及其方法技术(包括成藏地震学理论技术)，将对中国乃至世界仍然蕴藏着的巨量的(超)深层油气资源的高效勘探，发挥重要的作用。

参 考 文 献

[1] LuJialan, FuJiamo, ZhangHuizhi, LiuDehan. Study On Simulation Of Natural Gas Migration. In Different Conditions, OIL and GAS GEOLOGY, 1991, 12(2): 153-160.

[2] Lu Shuangfang, Zhao Xigu, Huang Difan. Modelling Experimention The Generation and Migration Of Coal-derived Hydrocarbons, Experiental Petroleum Ceology, 1994, 16(3): 290-295.

[3] Jin Zhijun, Zhang Jinchuan. Two typical types of mechanisms and models for gas accumulations, ACTA PETROLEI SINICA, 2003, 24(4): 13-18.

[4] Liu Jiyu, Wang Mingming, Li Jingming. Status Of Simulation Study Of Gas Migration And Accumulation Process, Natural Gas Industry, 2006, 26(7): 28-32.

[5] Shi Ji. an, Lu Longfei, Wang Jinpeng, Physical Modeling Tests And Results of Natural Gas Migration, Natural Gas Industry, 2004, 24(12): 32-34.

[6] Shi Jian, Sun Xiujian, Wang Jinpeng. Physical Simulating Experiment Of Natural Gas Migration And Its Characteristics Of Composition Differentiation And Carbon Isotope Fractionation, Petroleum Geology & Experiment, 2005, 27(3): 293-297.

[7] ZHANG Hong, PANG Xiongqi, JIANG Zhenxue. Physical Simulation Experiment Study on the Natural Gas Accumulation, GEOLOGICAL REVIEW, 2004, 50(6): 644-648.

[8] Jiang Lin, Hong Feng, Liu Shao-Bo. Physical Simulationof Oil and Natural Gas Secondary Migration, NATURAL GAS GEOSCIENCE, 2011, 22(5): 784-788.

[9] Gong Yanjie, Liu Shaobo, Jiang Lin, et al. Research progress in visual physical simulation experiment technology of secondary hydrocarbon migration, Fault-Block Oil & Gas Field, 2014, 21(4): 458-462.

[10] Munn M J. Studies in the application of the anticlinal theory of oil and gas accumulation [J]. Economic Geology, 1909, 4(3): 141-157.

[11] Hill V G. Geochemical prospecting for nickel in the Blue Mountain Area, Jamaica, W. I. [J]. AAPG Bulletin, 1961, 56(6): 1025-1032.

[12] Catalan L, Fu X W, Chatzis I, et al. An experimental study of secondary oil migration[J]. AAPG Bulletin, 1992, 76(5): 638-650.

[13] Lenormand R, Touboul E, Zarcone C. Numerical models and experimentson immiscible displacements in porous media[J]. Journal of FluidMechanics, 1988, 189: 165-187.

[14] Emmoons W H. Experiments on accumulation of oil in sands[J]. AAPG Bulletin, 1924, 5(1): 103-104.

[15] Dembicki H, Anderson M J. Secondary migration of oil: Experiments supporting efficient movement of separate, buoyant oil phase along limited conduits [J].

AAPG Bulletin, 1989, 73(8): 1018-1021.

[16] Munn M J. Studies in the application of the anticlinal theory of oil and gas accumulation [J]. Economic Geology, 1909, 4(3): 141-157.

[17] Hubbert M K. Entrapment of petroleum under hygrodynamic conditions[J]. AAPG Bulletin, 1953, 37(8): 1954-2026.

[18] JIANG Zhen-xue, PANG Xiong-qi, ZENG Jian-hui, et al. Research on types of the dominant migration pathways and their physical simulation experiments. Earth Science Frontiers, 2005, 12(4): 507-516.

[19] Chen Yicai, Wang Bo, Zhang Sheng, The Discussion Of Mechanismand Pattern Of Hydrocarbon Accumulation Of Gas-Filling In Sulige Region Of The 8 Member of Xiashihezi Formation, Journal of Oil and Gas Technology, 2010, 32(4): 7-11.

[20] MI Jing-kui, ZHANG Shui-chang, LI Xin-hu. Xperimental Simulation For The Forming Mechanism Of Deep Basin Gas Trap, Natural Gas Geoscience,, 2005, 16(3): 14-19.

[21] Luo Xiaorong, Sun Ying, Wang Liqun. Dynamics of hydrocarbon accumulation in the west section of the northern margin of the Qaidam Basin, NW China, PETROLEUM EXPLORATION AND DEVELOPMENT, 2013, 40(2): 159-165.

四川盆地震旦系灯影组碳酸盐岩岩碎成储机制的发现及意义

王文之 文 龙 周 刚 马 奎 唐志娟 张 新 钱红杉 黄茂轩

（中国石油西南油气田分公司勘探开发研究院）

摘 要 通过对灯影组岩石学的系统研究，发现灯影组普遍发育岩碎现象，泥晶凝块石是判别岩碎的主要依据，同位素分析表明泥晶凝块石主要组构的稳定碳同位素基本一致，属于沉积期产物；岩碎作用形成大量内碎屑，粒径普遍大于2mm，形成大量原生的砾间或粒间孔洞能承受多期胶结物的充填，是深层碳酸盐岩优质储层发育的关键。该现象的发现及新的成储机制有助于传统油气勘探思路，为深层-超深层碳酸盐岩油气勘探提供理论依据和新技术方法。

关键词 四川盆地；震旦系；灯影组；岩碎；储层；机制；模式；意义

Folk（1962）描述了两种再沉积颗粒，包括沉积盆地外剥蚀并搬运至沉积区的外源碎屑（extraclast）和沉积盆地内同沉积期半固结沉积物碎片经改造之后再沉积下来的内源碎屑（简称内碎屑intraclast）。Tucker 和 Wright（1990）认为碳酸盐岩碎屑属于一种非骨骼颗粒，可分为内碎屑和外碎屑两类，其中内碎屑是典型的较弱固结沉积物碎屑，在沉积区域内再沉积的产物；而外碎屑由不代表沉积区域的岩石构成。Flügel（2010）同样认为内碎屑和外碎屑是再沉积作用的产物。再沉积作用是在海洋和非海洋环境中，由已存在的碳酸盐沉积物和岩石物质发生再次沉积的沉积作用。内碎屑常见于浅海环境，但也会被搬运至深水环境中沉积下来。发育内碎屑的浅海以波浪作用为主，并伴有潮汐作用，它们持续不断地改造碳酸盐。朱筱敏（2008）将碳酸盐岩中的颗粒，按照是否在沉积盆地中形成分为内颗粒和外颗粒。内碎屑主要是沉积盆地中沉积不久的、半固结或固结的各种碳酸盐沉积物，受波浪、潮汐水流、风暴流、重力流等的作用，破碎、搬运、磨蚀、再沉积而成的，其地质营力是水动力。本文认为碳酸盐岩在沉积过程中周期性发生岩碎作用是内碎屑形成的主要原因，属于内因，而非传统认为来自水动力。

1 岩碎现象及特征

1.1 岩石学特征

岩石学特征是记录沉积、成岩作用的最直接证据，记录四川盆地震旦系灯影组岩碎现象的岩石学证据主要有三种岩石，分别是凝块云岩、含凝块砂屑云岩和粘连状云岩，其中凝块云岩是岩碎现象最直接的证据。

1.1.1 泥晶凝块石

“凝块”一词，来源于希腊字thrombos，意思是血凝块，Aitken（1967）首次提出凝块石（thrombolite）的概念——“一种与叠层石有关的、但缺乏纹层的、具有宏观凝块结构的隐藻结构”，1983年刘效曾将“凝块石”一词引入国内，并认为是潮下带的隐藻类的微生物碳酸盐岩，被国内多数专家所接受。但张荫本（1996）在制定粘结岩分类命名的行业标准时，对四川盆地灯影组主要岩石类型进行了详细研究，并认为凝块石不属于微生物碳酸盐岩，且无自身特有的识别标志，建议不使用此术语；但后来被高校、石油行业人员内广泛使用这一特殊的岩石类型，大多归于微生物粘连成因。

野外露头研究发现凝块云岩与泥晶云岩不等厚互层与钻井岩心具有良好的对应关系（图1-c、d）。露头上，可见凝块组构有近距离搬运的现象，并发育包卷构造（图1-a）；微观上，凝块大小不一，粒径常大于2mm，与砂屑混杂堆砌，结构成熟度低；其次，凝块的边缘发生塑性变形与开裂（图1-b），这说明凝块的母岩尚处在早成岩的阶段就发生了搬运，属于异地沉积物，由于其分选性差，不同环境的凝块组构快速堆积在一起，因此在岩心上，凝块岩的颜色通常较为斑杂；由颗粒粒径大于 2mm，因此凝块云岩常形成中、小溶洞(图 1-e、f)。无论是宏观的岩心、露头上还是微观的镜下，该类岩石的成因与生物成因关联性差，推测该类岩石的成因是碳酸盐岩泥在弱固结状态下被近距离搬运后再沉积的一类颗粒岩。

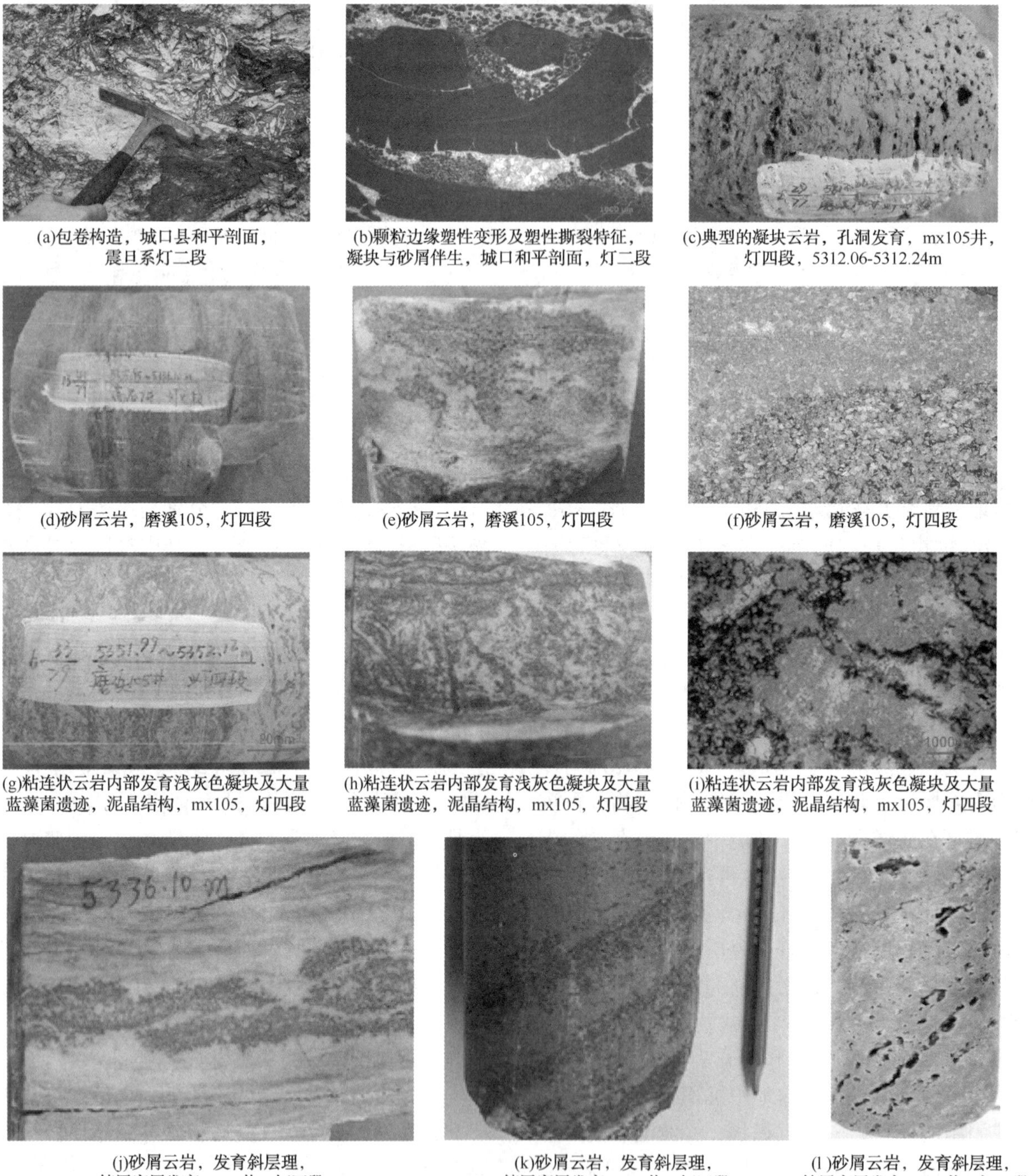

(a)包卷构造，城口县和平剖面，震旦系灯二段

(b)颗粒边缘塑性变形及塑性撕裂特征，凝块与砂屑伴生，城口和平剖面，灯二段

(c)典型的凝块云岩，孔洞发育，mx105井，灯四段，5312.06-5312.24m

(d)砂屑云岩，磨溪105，灯四段

(e)砂屑云岩，磨溪105，灯四段

(f)砂屑云岩，磨溪105，灯四段

(g)粘连状云岩内部发育浅灰色凝块及大量蓝藻菌遗迹，泥晶结构，mx105，灯四段

(h)粘连状云岩内部发育浅灰色凝块及大量蓝藻菌遗迹，泥晶结构，mx105，灯四段

(i)粘连状云岩内部发育浅灰色凝块及大量蓝藻菌遗迹，泥晶结构，mx105，灯四段

(j)砂屑云岩，发育斜层理，储层穿层发育，gs7井，灯四段

(k)砂屑云岩，发育斜层理，储层穿层发育，gs7井，灯四段

(l)砂屑云岩，发育斜层理，储层穿层发育，gs7井，灯四段

图 1　四川盆地震旦系灯影组典型岩碎特征

1.1.2　砂屑云岩

碳酸盐岩砂屑云岩粒径 2~0.125m，灯影组砂屑云岩砂屑的含量 60%~90%，大小混杂，粒径介于 0.25~2mm，以 0.4~1mm 居多，磨圆度和分选性均较好，并夹有 5%~10%的泥晶凝块。由于分选性相对好，在岩心上，该类岩石的颜色较为单一，由于颗粒粒径以小于 2mm 为主，因此砂屑云岩针孔发育，而中小溶洞欠发育，与凝块云岩形成鲜明的对比。砂屑云岩中总含有一定量的凝块组构，推测凝块云岩在沉积期被一定距离搬运或在稳定的强水动力环境改造的结果。

1.1.3　粘连状云岩

灯影组粘连状云岩颜色较为斑杂，多为泥晶结构，无论是手标本，还是普通显微镜下都可见大量的蓝藻菌或藻类遗留的形态，较为杂乱，没有明显的规律，疏密不均(图 2-g)。藻粘结灰泥形成凝块，凝块发育形状大小不一，凝块呈条带状-层状、极不规则(图 2-h)。镜下观察，常见少量砂屑颗粒(图 2-i)，其胶结物以泥晶结构为主，局部可见亮晶结构，推测凝块组构及砂屑组构经过长距离搬运到相对较为稳定且富藻的的低能沉积环境再沉积的结果。

1.2　储层特征

四川盆地震旦系灯影组储集岩类主要是凝块云岩、砂屑云岩及少量藻云岩。凝块云岩的储集空间主要是孔和洞，手标本上岩心观察面孔面洞率集中在 3%～6%左右，洞内常见石英晶柱生长，洞壁上常发育细-粗晶或马鞍状白云岩、沥青、萤石等后期流体的充填；砂屑云岩的粒径 2～0.125m，在手标本上，该类岩石的颜色均一性好，颜色均一，储集空间以针孔为主，缺乏中小溶洞，与凝块云岩形成鲜明的对比。在镜下，胶结物多为粉晶-细晶胶结，缺乏粗晶和马鞍状白云石的充填，与凝块云岩的储集空间差别明显；藻云岩的主要储集空间类型为藻丝体腐烂后形成的鸟眼孔洞或窗格孔洞，具顺层分布的特征；总之，三类储集岩岩石学特征明显，储集空间类型各异。

统计表明储层岩心柱塞样品孔隙度总体分布在 1.15%～12.78%之间，其中凝块云岩孔隙度主要分布在 4%～6%之间，总体平均为 5.09%；砂屑云岩孔隙度主要分布在 2%～4%，总体平均为 2.78%；藻云岩孔隙度主要分布在 1%～2%之间，总体平均为 1.92%；岩心柱塞样品渗透率统计结果看，渗透率主要分布在 0.01～1mD 之间，占样品总数的 56.94%，平均值为 1.02mD；岩心全直径样品垂直方向渗透率主要分布在 0.1～1mD 之间，平均 0.57mD，而水平方向渗透率，主要分布在 1～10mD 之间，平均达 4.19mD，灯四段储层为低渗储层，水平渗透率明显高于垂直渗透率，而垂直渗透率凝块云岩明显好于砂屑，藻云岩次之。总之物性最好的岩石类型为凝块云岩，呈层状分布，受控于沉积期岩碎作用。

1.3　岩碎现象普遍发育

在四川盆地众多碳酸盐岩领域中，岩碎现象普遍发育，比如寒武系龙王庙组、洗象池组、二叠系栖霞组以及长兴组、飞仙关组均可见岩碎的现象。寒武系龙王庙组岩碎现象主要出现在花斑云岩中，花斑云岩是主要储集岩类，其主要储集空间是大于 2mm 的洞。通过对其微区稳定碳同位素分析，样品 A(图 2-A)浅色白斑(凝块)稳定碳、氧同位素为(-1.08‰，-7.14‰)，深色基值稳定碳、氧同位素为(-1.1‰，-7.16‰)；样品 B(图 2-B)浅色白斑(凝块)稳定碳、氧同位素为(-1.15‰，-7.45‰)，深色基值稳定碳、氧同位素为(-1.3‰，-8.6‰)，结果表明凝块与基质的流体性质基本一致，这说明他们为同期流体不同环境的产物。二叠系栖霞组发育大量“豹斑”，通过对岩心及薄片分析表明，黑色斑块(凝块)为白云质，浅灰色斑块(凝块)为灰质，同一地区的豹斑灰质部分与云质部分的稳定碳氧同位素差别不明显，说明成岩流体性质相似，为同期不同沉积微相沉积物的再次混合。

2　岩碎主控因素探讨

2.1　古地貌

岩碎现象通常发生在碳酸盐岩台地边缘或有同沉积断层发育的附近，因为这些地方坡度较大，弱固结的碳酸盐岩沉积物更容易失稳，向更低洼的区域进积；其次就是同沉积断层发育的区，在同沉积断层上盘是岩碎作用的主要场所，岩碎作用的下盘会零星发育或发生沉积亚相级别的变化。以川中高磨地区磨溪①号断层为例(图 3)，断层北部灯 3+4 段厚度明显增加，北侧实钻厚度 427m，南侧实钻厚 397m；北侧地震相以上超为主，南侧以进积为主，反射特征差异大；大量钻探证实，两侧的滩体发育程度差异大，北侧滩体主要发育在距顶部 80m 以内，南侧的凝块岩在灯四上、下亚段均发育，储层距离灯影组顶部最深可达 300m，总之，在同沉积断附近或古地貌急剧变化的坡折带是岩碎现象发育的有利区。

2.2　古海平面

本文在前人的研究基础上利用测井数据定量计算灯影组可容纳空间升降模型(图 4)，在台地上，可容纳空间曲线负飘，则预示可容纳空间变小，指示海平面相对下降，水体变浅，因此可容

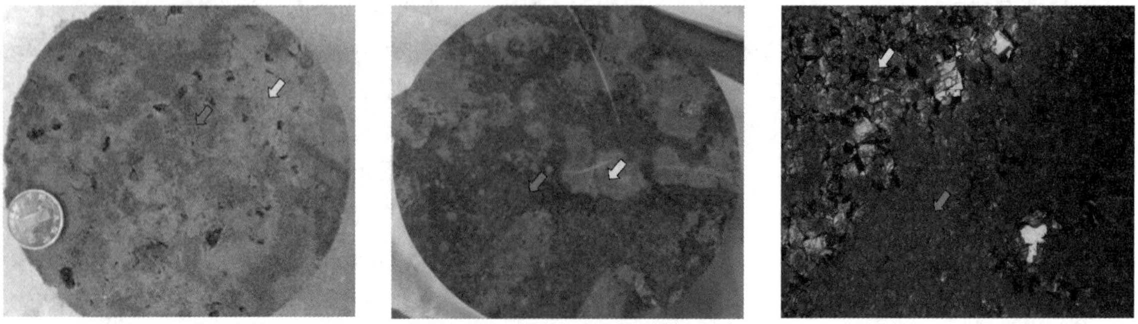

(a)花斑云岩，龙王庙组，磨溪20井 4612.76m　(b)花斑白云岩，固结程度极低的塑性角砾，龙王庙组，高石10井，4623.94m　(c)花斑云岩，红色为泥晶结构，黄色为细晶云岩，高石10井，4623.94m

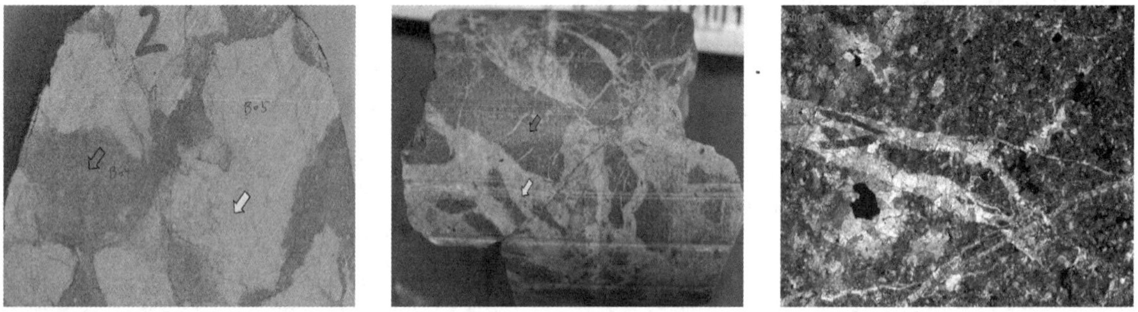

(d)灰质豹斑云岩，红色为白云岩，黄色为灰质，7735.95m；双探9，栖霞组　(e)灰质豹斑云岩，红色为白云岩，黄色为灰质，7735.95m；双探9，栖霞组　(f)灰质豹斑云岩，红色为白云岩，黄色为灰质，7735.95m；双探9，栖霞组

图 2　四川盆地寒武系龙王庙组、二叠系栖霞组岩碎现象及岩石学特征

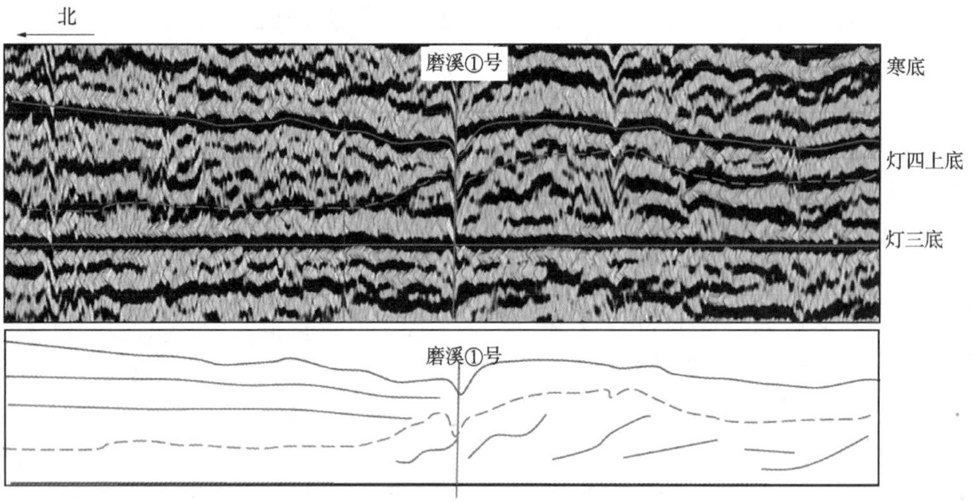

图 3　川中震旦系磨溪①号同沉积断层控地震反射剖面图

纳空间变化可近似于古海平面升降规律。通过对高石 7 井的系统取样分析，利用锶同位素和可容纳空间分析技术共同矫正灯 3+4 期的古海平面升降模型，古海平面经过快速海侵，缓慢海退，然后再次缓慢海侵，快速海退，因此在同沉积正断层的下盘发育两期岩碎作用，形成两期滩相储层。

井震结合，综合分析认为，海平面快速上升，水体相对较深，岩性组合以砂岩、泥岩、泥质碳酸盐为主，快速海侵体系域沉积速率小于可容纳空间的增速，水体相对变深。当到达最大海平面之后，沉积速率逐渐大于可容纳空间增速，水体相对变浅，沉积物必然向可容纳空间大的低洼区进积或加积，前期在古地貌高部位沉积的大量正化学岩被近距离搬运(图 1-j、k、l))，在这一过程便是岩碎作用，伴随大量内碎屑的产生，岩性以砂屑云岩、凝块云岩为主，在地震剖面上表现为进积特征(图 4)，取心资料证实岩碎作用客观存在，且运动方向与水平面呈斜交关系(图 1-j、k、l)，岩碎作用在地球物理上表现进积反射特征(图 5)。

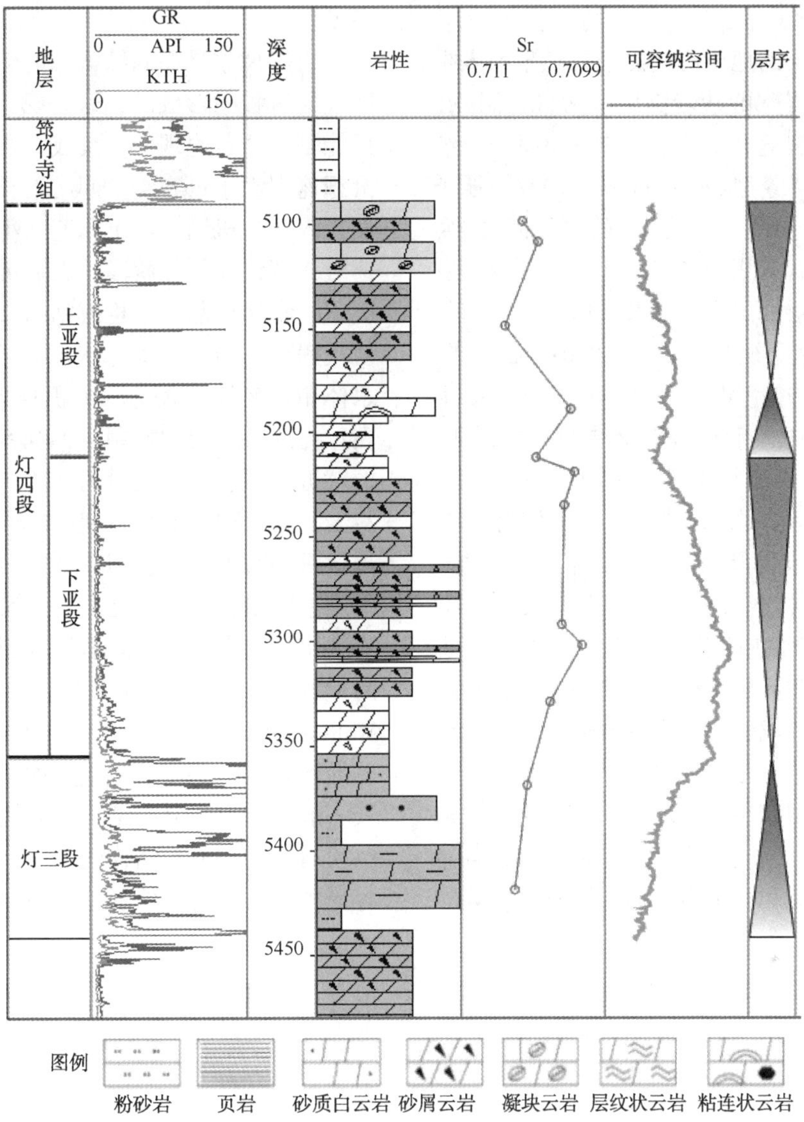

图4　川中 GS7 井震旦系灯影组岩性综合柱状图

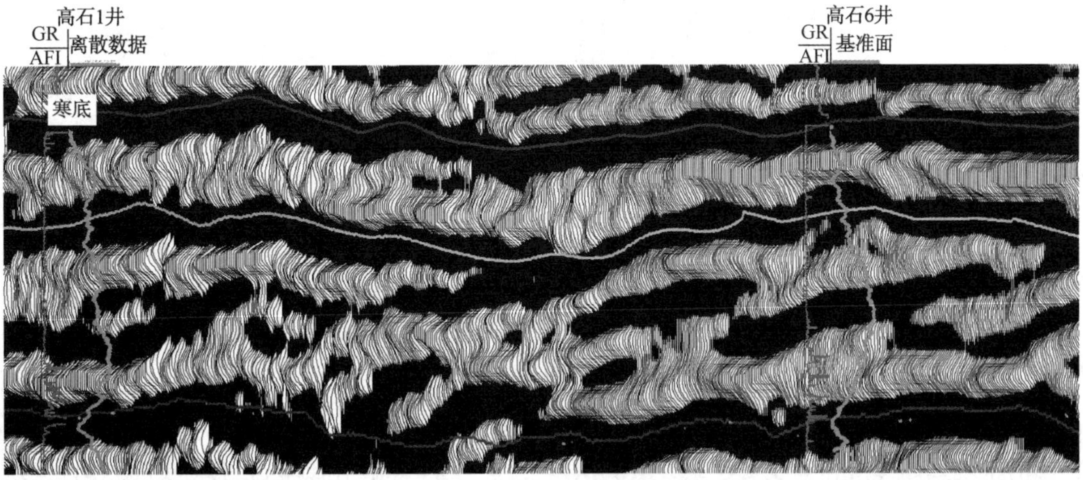

图5　过 GS1-GS6 地震反射剖面图

3 岩碎成储机制

碳酸盐岩储层的地质历史复杂，最早前人根据储集空间类型将碳酸盐岩储层分为，孔洞-孔隙型，孔隙型，裂缝孔隙型，孔隙-裂缝型，纯裂缝型和孔洞-裂缝型（Bacpinhira，1977，强子同，1998），这种分类方法主要服务于油气的生产。随着碳酸盐岩沉积相和成岩作用等领域的发展，碳酸盐岩储层的沉积环境及其所经历的演化历史逐渐被学者重视（Tucker，1990；强子同，1998；Lucia，1999；Moore，1999）。马永生（2000）总结了国内外碳酸盐岩储层的基本特征，将碳酸盐岩储层分为粒屑滩（礁）孔隙型储层，生物礁溶孔型灰岩、白云岩储层，溶孔型滩相、藻坪相灰岩、白云岩储层，古风化溶蚀型灰岩、白云岩储层和裂缝型灰岩、白云岩储层五种类型。赵文智（2012）在此基础之上，突出了沉积作用和成岩作用对储层的影响，将碳酸盐岩储层分为沉积型储层，成岩型储层和改造型储层三种类型，其中沉积型储层包括礁/滩储层和潮坪白云岩储层，成岩型储层包括埋藏白云岩储层和构造热液白云岩储层，改造型储层包括层间岩溶储层、顺层岩溶储层和潜山岩溶储层。总之，碳酸盐岩储层可以简单分为两大类，相控型和非相控型。

岩碎现象是弱固结状态的碳酸盐岩泥向低洼区迁移过程中形成的，这一现象在碳酸盐岩地层可能是一个普遍现象。其成因机制是当碳酸盐岩沉积速率大于可容纳空间的增长速率时，就会触发岩碎这一机制。当沉积速率小于可容纳空间增速时，即快速海侵阶段，碳酸沉积物则原地就近沉积，常形成晶粒结构或粘结岩，几乎不发生大规模搬运；当沉积速率大于可容纳空间增速时，水体相对变浅，大量的沉积物无法在原地堆积，在重力或古地貌的控制下，沉积物会发生大规模的就近半圆，产生大量的内碎屑，形成大量的颗粒岩，是大规模的成滩期（图6）。这一现象，在现代沉积观察中也被观察到，根据对巴哈马台地的观察，最大海泛面之后，过快的碳酸盐岩沉积物产率使得大量的碳酸盐岩沉积物被搬运至附近的低洼区（Neumann，1975，Hine 等，1981，Mullins1986），也反映了岩碎作用的普遍性。岩碎导致岩石结构发生变化，并且有一定的规律，其一般规律是由晶粒结构→凝块结构→砂屑结构→粉屑结构→晶粒结构的过程，使得沉积学家更容易预测有利地质体的分布规律。

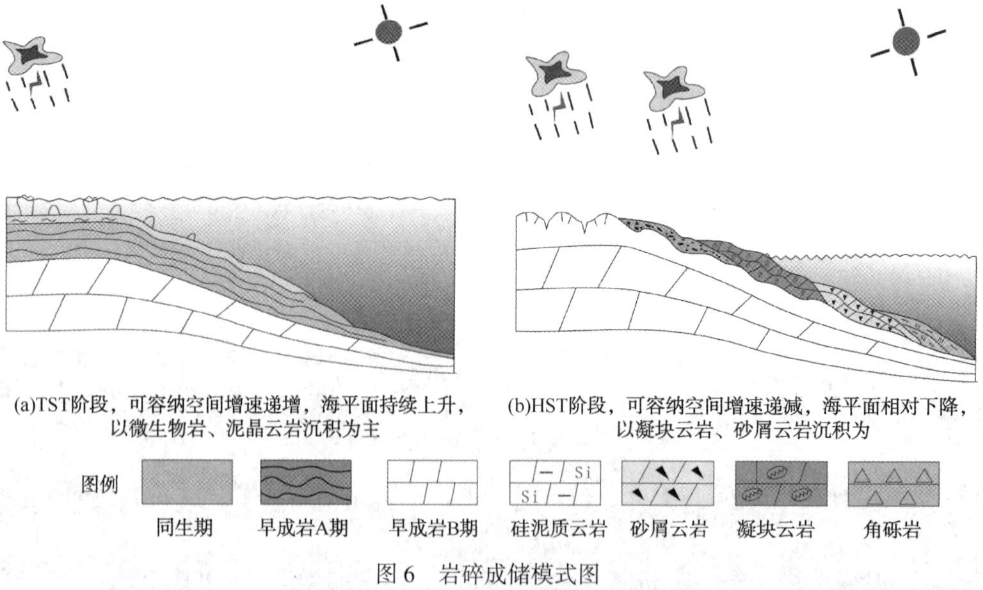

图6 岩碎成储模式图

4 结论

（1）岩碎是一种沉积现象，常发育在每一个沉积旋回的中晚期。碳酸盐岩工厂产生大量沉积物堆积在古地貌相对较高的部位，当海平面下降或水体逐渐变浅，弱固结的沉积物失稳、垮塌，被搬运到紧邻的低洼区的过程，这种现象非常普遍，可能是内碎屑的主要来源，而非来自水体能量的作用。

（2）岩碎在碳酸盐岩地层中规律性出现，为沉积相、储层的预测提供了新的思路和方法。岩碎作用的主要控制因素是海平面的和古地貌。纵向上，岩碎现象通常出现在最大海泛面之后，古海平面相对下降期，即高位体系域；横向上，总是出现在古地貌急剧变化的坡折带或同沉积正断层的上盘。

(3) 超深层或古老碳酸盐岩优质储层的发育和保持在很大程度上取决于岩碎作用的规模，特别是岩碎过程中形成的凝块岩是裂缝-孔洞型储层形成的关键。超深层古老碳酸盐岩经过漫长历史演化，孔隙型储层抗致密化能力差，只有凝块岩发育的孔洞型储层能承受多期胶结物的充填，仍能保持大量有效储集空间。

(4) 岩碎是碳酸盐岩地层中一种常见的沉积现象，岩碎长期被当做早成岩期岩溶现象对待，阻碍了对沉积作用的深化研究。新概念的建立有助于摆脱沉积带和古侵蚀面的束缚，拓宽油气勘探领域，促进新的勘探技术方法。

参 考 文 献

[1] Folk, R. L. (1962): Spectral subdivision of limestones types. In: Ham, W. E. (ed.): Classification of carbonate rocks. American Association of Petroleum Geologists, Memoir, 1, 62-84.

[2] Tucker, M. E., Wright, V. P. (1990): Carbonate sedimentology. 482 pp., Oxford(Blackwell).

[3] Flügel, E. (2010): Microfacies of carbonate rocks: analysis, interpretation and application. 984 pp., Springer, Berlin, Heidelberg.

[4] 朱筱敏. (2008): 沉积岩石学(第四版)[M]. 北京: 石油工业出版社.

[5] 强子同. 碳酸盐岩储层地质学[M]. 北京: 中国石油大学出版社, 1998.

[6] Carbonate reservoir characterization. jerry Lucia. springer, berlin, germany, 1999.

[7] 克莱德H. 莫尔. (1999). 碳酸盐岩储层: 层序地层格架中的成岩作用和孔隙演化. 石油工业出版社.

[8] 文龙, 王文之, 张健, 等. 川中高石梯-磨溪地区震旦系灯影组碳酸盐岩岩石类型及分布规律[J], 岩石学报, 2017, 33(4): 1285-1294.

[9] 马永生. (2000). 碳酸盐岩储层沉积学[M]. 北京: 地质出版社.

[10] Tucker, & MauriceE. (1990). Carbonate Sedimentology. Blackwell Scientific.

[11] 赵文智, 沈安江, 胡素云, 等. 中国碳酸盐岩储集层大型化发育的地质条件与分布特征[J]. 石油勘探与开发, 2012(01): 1-12.

[12] Esteban,M., and Wilson, J. E., 1993. Introduction to karst systems and paleokarst reservoirs. In: Fritz, R. D., Wilson, J. L., Yurewicz, D. A., (Eds.), Paleokarst related hydrocarbon reservoirs. SEPM, Tulsa, pp. 1-9.

[13] 赵文智, 沈安江, 潘文庆, 等. 碳酸盐岩岩溶储层类型研究及对勘探的指导意义——以塔里木盆地岩溶储层为例[J]. 岩石学报, 2013, 29(09): 3213-3222.

[14] 谭秀成, 肖笛, 陈景山, 等. 早成岩期喀斯特化研究新进展及意义[J]. 古地理学报. 2015(04): 441-456.

[15] Ford, D., Williams, P. W., 2007. Karst hydrogeology and geomorphology. Wiley, New York.

[16] Vacher, H. L., Mylroie, J. E., 2002. Eogenetic karst from the perspective of an equivalent porous medium. Carbonates Evaporites. 17, 182-196.

[17] Robert G. Loucks, J. Frederick Sarg. AAPG 专辑, 第57号碳酸盐岩层序地层学——近期进展及应用.

深层全粒级储集体形成与分布：以济阳坳陷为例

姜在兴　杨叶芃

[中国地质大学(北京)能源学院]

摘　要　济阳坳陷是我国东部典型含油气陆相断陷盆地，发育了砾岩、砂岩、粉砂岩、泥岩、碳酸盐岩和蒸发岩在内的全粒级储集体，陆源输入、盆内自生、深源热液注入以及混合来源为全粒级储集体提供了物质基础，牵引流、浊流、异重流、风暴作用、生物-化学作用、化学作用为其提供了多元沉积动力，两者在沉积及沉积后的耦合作用形成了全粒级储集体的多源沉积模式，控制了全粒级储集体的形成与分布特征，进一步影响了其油气富集机制和储层性质。

关键词　济阳坳陷；深层；全粒级储集体；物质来源；多源沉积模式

随着油气勘探开发力度的不断深入，深部油气资源的巨大潜力逐渐被石油地质学家所重视。我国深层油气资源丰富，勘探开发程度低，中西部叠合盆地深层发育的多套油气成藏组合、东部断陷盆地深洼区岩性与前中-新生界古潜山油气藏、深层页岩气等资源潜力巨大，勘探开发前景广阔，是未来重点研究领域，这些油气藏中包含了中-粗粒沉积、细粒沉积、碳酸盐岩沉积、蒸发岩沉积在内的全粒级储层，长期以来，研究工作往往对各类沉积分别独立展开，忽视了他们作为盆地内同时期沉积产物而具有的内在联系与相互影响，导致在对单一类型储集体的勘探中遇到了诸多问题。因此，对盆地展开全粒级储层的形成与分布研究，有助于理解常规储层与非常规储层的纵向叠置和平面交错现象，建立全粒级储集体在成因上的联系和空间分布规律，具有重要的科学和生产意义。

1　区域地质背景

济阳坳陷是胜利油田的主力产区之一，位于渤海湾盆地东南缘，郯庐断裂带西侧，是在晚白垩世末期开始的上地幔上隆所导致的伸展裂陷作用的构造背景上发育起来的断陷盆地。坳陷南临鲁西隆起，东接郯庐断裂带，北部和西部则为埕宁隆起带，总面积 26500km^2。坳陷在总体形态上明显呈现出在郯庐大断裂带和兰考-埕西大断裂带的挟持下，围绕鲁西隆起北缘形成逆时针方向左旋走滑扭动的面貌，凸起及其凹陷间的边界断层向西南收敛，向东撒开(图 1)。

济阳坳陷内共包括 9 个凸起和 4 个凹陷，由北往南分别是：埕子口凸起、车镇凹陷、义和庄凸起、沾化凹陷、无棣凸起、陈家庄凸起、宁津凸起、滨县凸起、垦东-青坨子凸起、东营凹陷、惠民凹陷、青城凸起、广饶凸起(图 1)。古近纪是济阳坳陷的主要发展时期，这一时期，坳陷内部凹陷呈现出低水位分割、高水位连通的盆地格局。各凹陷北部的大断裂通常处于强活动期，断层落差大，而南部断层则活动较弱，落差小，因此在每个凹陷内均形成北陡南缓的箕状断陷盆地格局。由于每个凹陷内构造活动强弱不同，造成其箕状形态也各有不同，其中以东营凹陷北陡南缓的构造特点最为明显。

济阳坳陷古近系(图 2)分布广泛，厚度大，深度可达 7000m 以上，向边缘地带厚度减薄，至凸起处厚度仅为数米。根据岩石学和古生物特征，自下而上依次分为孔店组、沙河街组和东营组。

2　多源沉积模式

2.1　多源物质供给

济阳坳陷古近系发育了一套湖相沉积，包括砾岩、砂岩、粉砂岩、泥岩、碳酸盐岩和蒸发岩，对不同粒级沉积物质来源的分析是建立全粒级储集体概念的基础。

2.1.1　陆源

陆源物质是指来源于陆上物源区的物质，是物源区母岩或植被等受到物理、化学风化作用后形成的碎屑颗粒，多表现为不规则的几何外形，矿物的自形程度低。由盆地边缘到盆地中心，随着搬运距离增大，碎屑颗粒磨圆程度逐渐提高，粒度逐渐变小。研究区主要陆源碎屑包括岩屑、矿物碎屑、植物碎屑等。岩屑类型主要是变质岩岩屑，可见少量岩浆岩和沉积岩岩屑。矿物碎屑主要包括石英、长石、黏土矿物以及重矿物等（图3）。

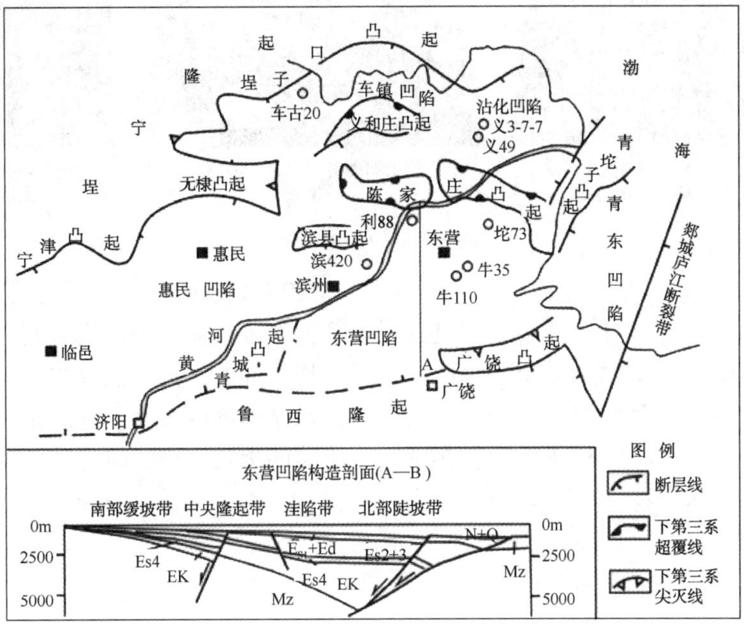

图1　济阳坳陷构造分区图

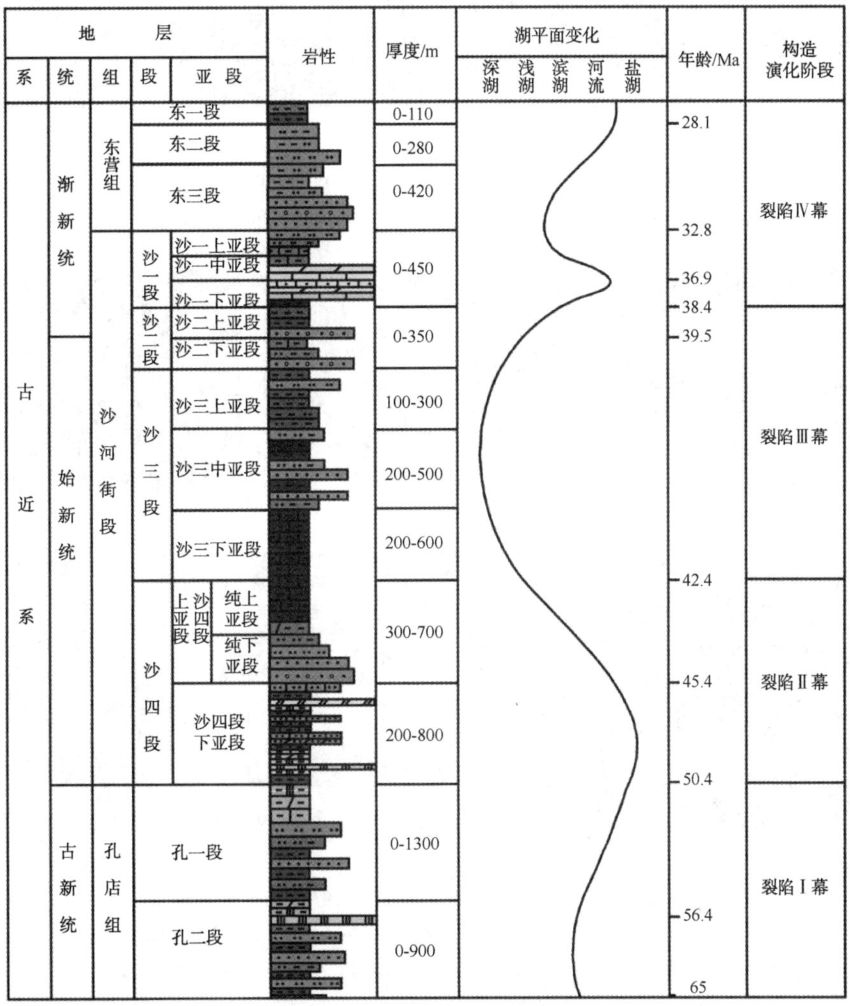

图2　济阳坳陷古近系地层简表

(a)永937井，3112.30m，火山岩砾石　(b)牛55-斜1井，3567.40m，碳屑　(c)博104井，2192.8m，单偏光　(d)博104井，2192.8m，正交偏光，变质岩岩屑、石英、长石

图 3　陆源碎屑颗粒

2.1.2　内源

内源物质是指湖盆内部自生的物质，广义的内源物质包括盆内原生物质及成岩过程产生的物质。研究区自生矿物包括方解石、白云石、石膏、硬石膏和黄铁矿等(图 4)，与成岩过程相关的矿物主要有方解石、伊利石、伊蒙混层和石英。

2.1.3　深源

深源物质是指火山喷发或沿断层喷流的深部热液带来的物质。深源热液富含 Ca^{2+}、Mg^{2+} 等离子，注入水体后创造出有利于碳酸盐物质结晶的环境。同时，深源热液与周围水体混合后导致局部水体温度的提高，在一定程度上促进了区域内生物的生长发育。研究区的深源物质主要为铁白云石、石膏、重晶石和石英(图 5)。

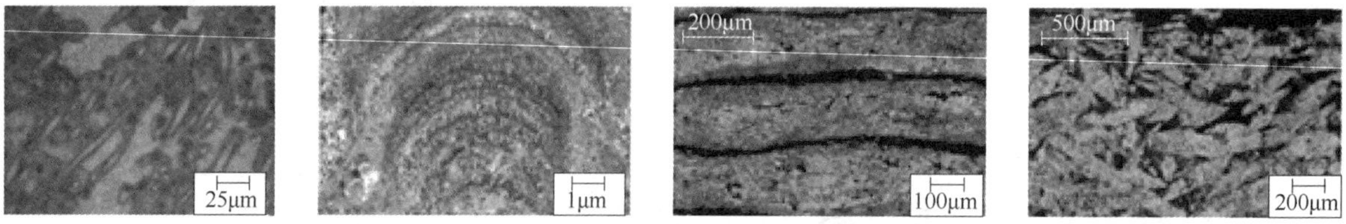

(a)　(b)　(c)　(d)

图 4　A. 滨 80，1451.4m，骨架灰岩，单偏光；B. 滨 432c，1569.4m，叠层石(粘结灰岩)，薄片扫描照片；C. 樊页 1 井，3414.6m，亮晶方解石，单偏光；D. 牛页 1 井，3496. 43m，硬石膏，正交偏光。

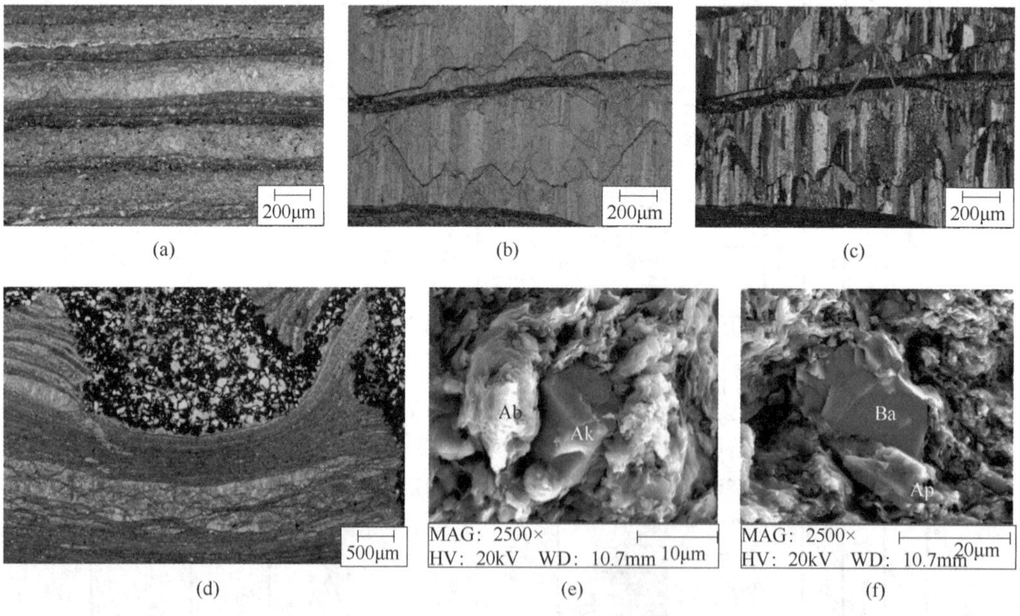

(a)　(b)　(c)

(d)　(e)　(f)

图 5　A. 牛斜 55 井，3784. 8m，单偏光，铁白云石纹层，经铁氰化钾和茜素红 S 混合染色剂染色呈蓝色；B. 牛 55-斜 1 井，3588. 6m，单偏光，铁白云石纹层；C. 牛 55 斜-1 井，3588. 6m，B 的正交偏光，铁白云石纹层中可见石膏双晶；D. 牛 55 斜-1 井，3324. 25m，钠长石、铁白云石；E. 牛 55 斜-1 井，3426m，重晶石、磷灰石。

2.1.4　混源

不同来源的物质可能同时存在于同一区域内，从而形成混合来源的沉积物质。研究区内多见陆源碎屑与内源碳酸盐、蒸发盐的混合，以及深源热液矿物、内源碳酸盐、陆源碎屑的混合。

2.2　多元沉积动力

2.2.1　物理沉积作用

物理沉积作用是指在沉积过程中以机械搬运为主，是陆源物质沉积的重要动力。在牵引流、碎屑流、浊流、异重流、滑动滑塌、风暴及地震等作用下，形成了滩坝、三角洲、扇三角洲、近岸水下扇、湖底扇、风暴砂坝、浊积砂坝等沉积类型。

2.2.2　化学沉积作用

化学沉积作用的主要沉积动力是化学结晶作用，多形成于强烈的蒸发作用或热液涌入导致的局部离子浓度过饱和。研究区化学沉积作用的主要产物是石盐沉积以及含有硬石膏的细粒沉积岩。

2.2.3　生物-化学沉积作用

生物-化学沉积作用在湖盆中广泛发生，当气候温暖湿润、水体盐度适宜时，湖泊中多种微生物勃发，其代谢活动导致了水体中 CO_2 浓度降低，从而促进了水体中 HCO^{3-} 向 $CO_3^{\ 2-}$ 转化，有利于方解石、白云石的形成。此外，由古潜山或正断层形成的水下高地，使得局部形成了适宜生物生长繁育的温暖、陆源输入较弱的、清澈的浅水环境，有利于造礁生物的生长繁育，从而形成生物礁沉积。

2.3　多源沉积模式

湖盆内的多源供给是形成全粒级储集体的物质基础，沉积过程中的多元沉积动力是形成全粒级储集体的重要机制，两者在沉积及沉积后的耦合作用，形成了全粒级储集体的多源沉积模式，控制了湖盆中不同区域、不同时期内沉积物的成因模式与分布特征。如图 6 所示。

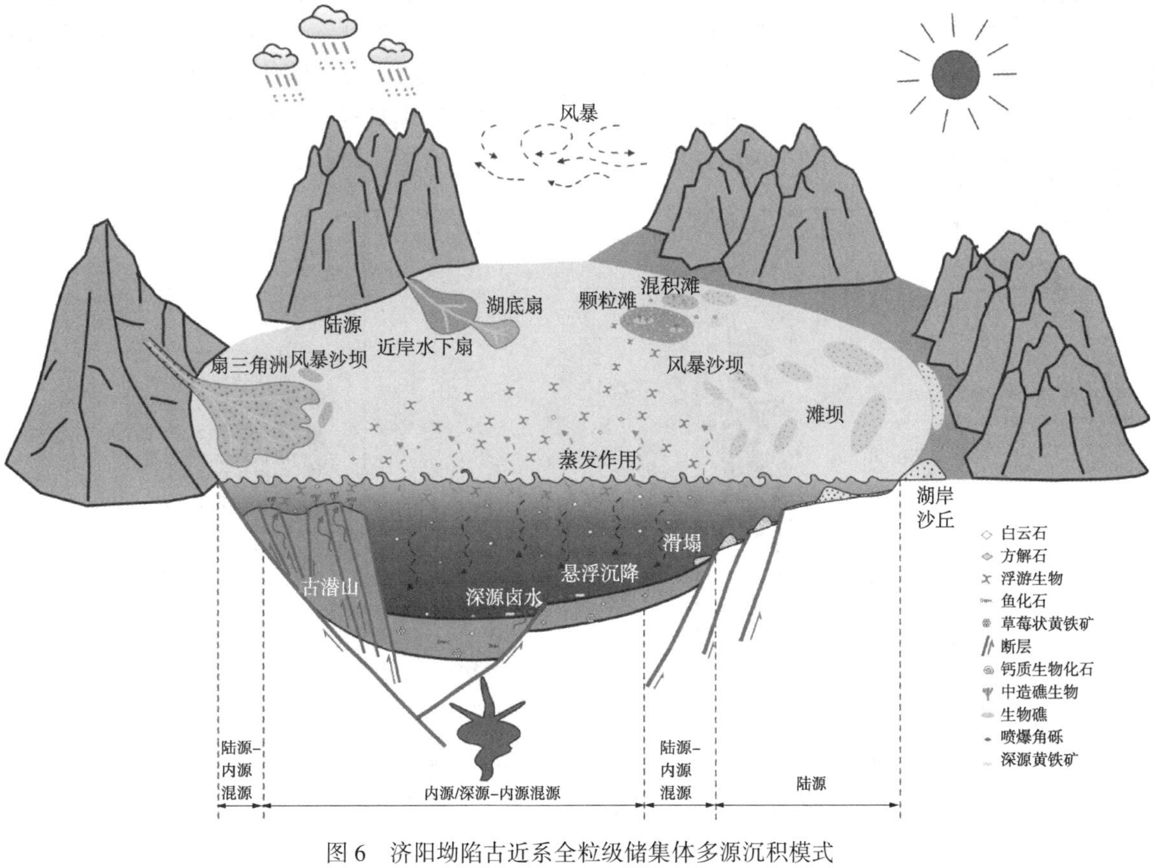

图 6　济阳坳陷古近系全粒级储集体多源沉积模式

在济阳坳陷古近系早期，气候较为干旱，降水量少，蒸发量大，湖泊整体水平面较低，加之深源卤水沿断层上涌注入，导致该时期湖泊内水体盐度较大，不利于生物勃发。平缓开阔的缓坡带滨、浅湖区，周缘隆起带来大量陆源碎屑颗粒输入，形成大面积滩坝沉积为主。在靠近边界断层的陡坡带，陆源碎屑颗粒在活跃的断层活动影响下，多以重力流的方式进入湖盆内，从而形成了近岸水下扇沉积、扇三角洲沉积。向湖盆中心方向靠近，陆源输入影响逐渐减弱，内源物质增多，细粒陆源碎屑以悬浮沉降的方式与内源自生矿物形成有规律的季节纹层。高盐度水体条件导致部分矿物过饱和析出，形成了石盐和硬石膏沉积。

当气候变得温暖湿润，降水量增多，蒸发量降低，伴随着裂陷活动的持续作用，湖盆不断扩张，可容纳空间增加，湖平面上升，水深增加，水体盐度下降。在靠近边界断层的陡坡带，近岸水下扇沉积依然发育，但在强降水为山洪的发育提供了有利条件。高能的洪水具有更强、更持续的搬运作用，携带大量陆源物质直接进入深水区，形成湖底扇沉积。由于断层活动较早期更加活跃，深部卤水持续为湖泊内提供 Ca^{2+}、Mg^{2+}、CO_3^{2-}等离子。同时，在温暖湿润的气候条件及适宜的水体条件下，湖泊内微生物大量勃发，在其生命活动的诱导下，湖泊内形成了大量碳酸盐矿物及有机质。在古潜山等水下高地，多种生物大量繁育，形成了生物礁、颗粒滩等碳酸盐岩沉积。风暴广泛作用于全盆范围内，在滨、浅湖区形成多处风暴砂坝，在半深水区，风暴浪使得未固结的沉积物被侵蚀、再悬浮和再沉积，形成风暴改造沉积。强烈的断层活动不仅诱发地震，造成多处滑动滑塌沉积的发育，还引起了局部的喷爆作用，从而形成了小范围的热水沉积。

3 储层特征

3.1 有机质富集机制

受不同物质来源和沉积过程的影响，烃源岩具有不同的有机质类型。如图 7 所示，济阳坳陷古近系烃源岩中的有机质类型包括有Ⅰ型、Ⅱ型、Ⅱ-Ⅲ型、Ⅲ-Ⅱ型和Ⅲ型。其中，最主要的类型为Ⅰ型，其次为Ⅱ型，广泛分布于碳酸盐岩、纹层状灰(云)质泥岩、薄层状灰(云)质泥岩、块状灰(云)质泥岩、纹层状膏质泥岩、纹层状混合质泥岩、薄层状混合质泥岩和块状混合质泥岩中。Ⅱ-Ⅲ型、Ⅲ-Ⅱ型和Ⅲ型较少，主要存在于块状黏土岩、纹层状黏土岩、块状长英质泥岩、薄层状混合质泥岩和块状混合质泥岩中。因此，在内源沉积、深源沉积、内源-深源混合沉积、陆源-内源混合沉积中的有机质主要来源为盆内水生生物，而在陆源沉积和部分陆源-内源混合沉积中，以陆源输入有机质为主。陆源有机质分布范围具有一定的局限性，与事件性的强陆源输入有关，如洪水引起的异重流沉积。

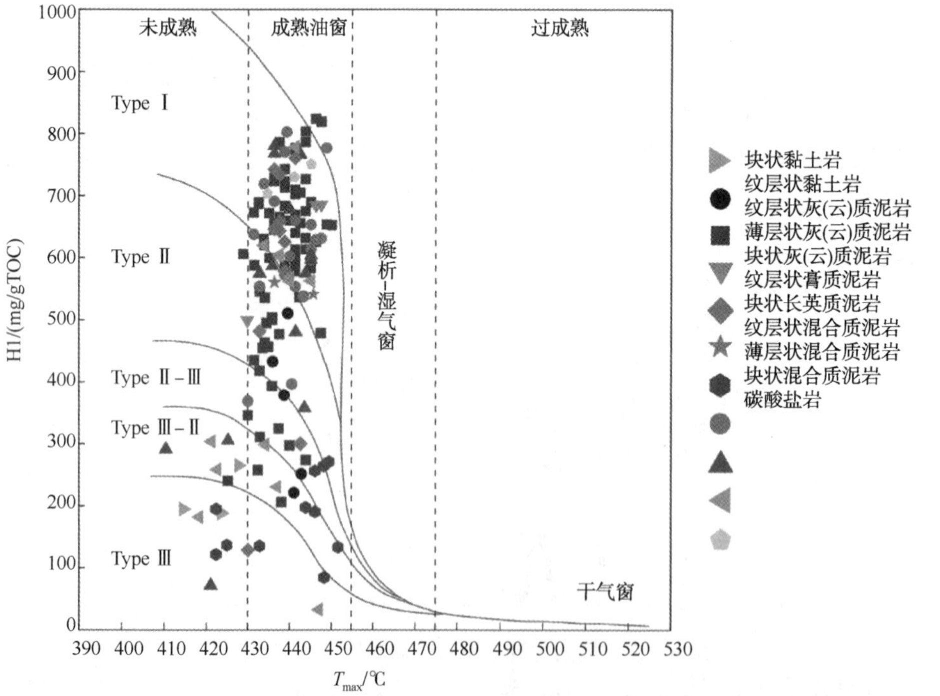

图 7　济阳坳陷古近系全粒级储集体中的有机质类型

由于深层储层整体埋深大，济阳坳陷古近系中的烃源岩有机质多处于成熟阶段，部分处于过成熟阶段，Ro 的范围 0.5%~1.2%，整体上表现出随深度增大的特征，但局部出现异常值，如

图 8 所示，3300～3350m 处 Ro 较深处大，经研究，该段发育有热水沉积，推测局部的深部热液活动促进了区域有机质的成熟。

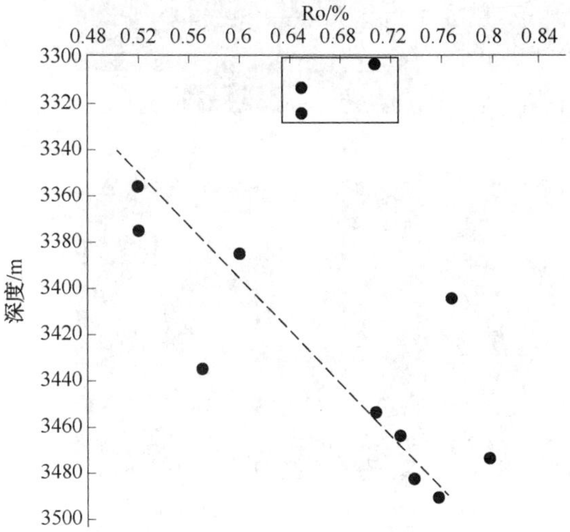

图 8　牛页 1 井 Ro 随深度变化图

3.2　储集空间

通过岩心、薄片和扫描电镜的观察，济阳坳陷古近系全粒级储层中的储集空间类型多样，孔、缝、洞均有发育，孔隙类型主要包括粒间孔和粒内孔，缝隙类型主要为纹层缝和裂缝，碳酸盐岩储层中多发育有溶洞。

粒间孔是分布最为广泛的孔隙类型，其存在于各种类型的全粒级储集体中，进一步分为颗粒间孔和晶体间孔。颗粒间孔主要发育于陆源碎屑颗粒、生物碎屑、砂屑、砾屑、球粒等颗粒之间，在砾岩、砂岩、粉砂岩、泥岩、骨架灰(云)岩、颗粒灰(云)岩和混积岩中均有发育，砾岩、砂岩、粉砂岩、骨架灰(云)岩、颗粒灰(云)岩和混积岩中颗粒间孔的孔径远大于泥岩，是研究区最主要的储集空间。晶体间孔主要发育于灰泥灰(云)岩、纹层状黏土岩、纹层状灰(云)质泥岩、纹层状膏质泥岩和纹层状混合质泥岩中，形成于方解石、白云石、黄铁矿等矿物晶体之间。粒间孔中常充填有机质，是有效的油气储集空间。此外，在部分纹层状灰质泥岩中，还可见被溶蚀作用改造的晶间孔，该类孔隙孔径远大于原生晶体间孔，且多富含有机质。

粒内孔发育于单个颗粒内部，包括颗粒内溶蚀孔、生物体腔孔、黄铁矿集合体晶间孔和黏土矿物集合体矿片间孔，是研究区另一重要孔隙类型。

纹层缝主要存在于纹层状泥岩中，其成因与相邻纹层不同的物质组成相关，常见于碳酸盐纹层与富含黏土矿物的陆源碎屑纹层之间，宽度多在 2μm～6μm。纹层缝侧向连续性良好，沟通了不同纹层间的粒间孔和粒内孔，不仅是储集空间，还是重要的油气运移通道。

裂缝在研究区各类沉积中广泛发育，从成因机制上可以分为构造裂缝和异常压力缝。受构造活动影响，构造裂缝在研究区中十分常见，多表现为 45°～90°的高角度裂缝，既有岩心上肉眼可见的宏观裂缝，也具有镜下可见的微观裂缝。裂缝良好地连接了粒间孔、粒内孔、纹层缝等其他孔隙类型，是重要的油气运移通道。部分裂缝被碳酸盐脉体充填，是深部热液上涌的通道。异常压力缝隙主要形成于排烃过程导致的局部超压，多见于纹层状泥岩中(图 9)。

溶洞是肉眼可见的宏观孔洞，主要发育于碳酸盐岩中，以骨架灰(云)岩、颗粒灰(云)岩、粘结灰(云)岩中较为常见，是碳酸盐岩中重要的储集空间。

4　结论

基于对济阳坳陷古近系全粒级储集体物质组成的赋存状态、组合特征、地化参数的分析，得到其物质来源类型有陆源、内源、深源和混源。多源物质供给与多元沉积动力耦合形成了全粒级储层的多源沉积模式。物质来源直接影响了烃源岩中的有机质类型。不同物质来源、沉积动力下形成的储层具有不同的颗粒类型、粒径大小和排列方式，进而具有了不同的孔隙形态、孔径分布、抗压实能力和抗溶蚀能力等储层性质，导致储层孔隙度和渗透率的巨大差异。因此，多源沉积模式对全粒级储层的有机质富集机制和储层性质起到了基础性的控制作用。

参　考　文　献

[1] 李阳，薛兆杰，程喆，蒋海军，王濡岳. 中国深层油气勘探开发进展与发展方向[J]. 中国石油勘探，2020，25(1)：45-57.

[2] 胜利油田石油地质志编写组. 中国石油地质志：胜利油田[M]. 北京：石油工业出版社，1993：11.

[3] 年涛，姜在兴，刘惠民，黄壹铭，邓有根，孟嘉轶，李扬. 东营凹陷孔一段“红-灰”岩层旋回沉积记录：以王家岗地区王 46 井为例[J]. 地质科技通报，2022，41(3)：32-43.

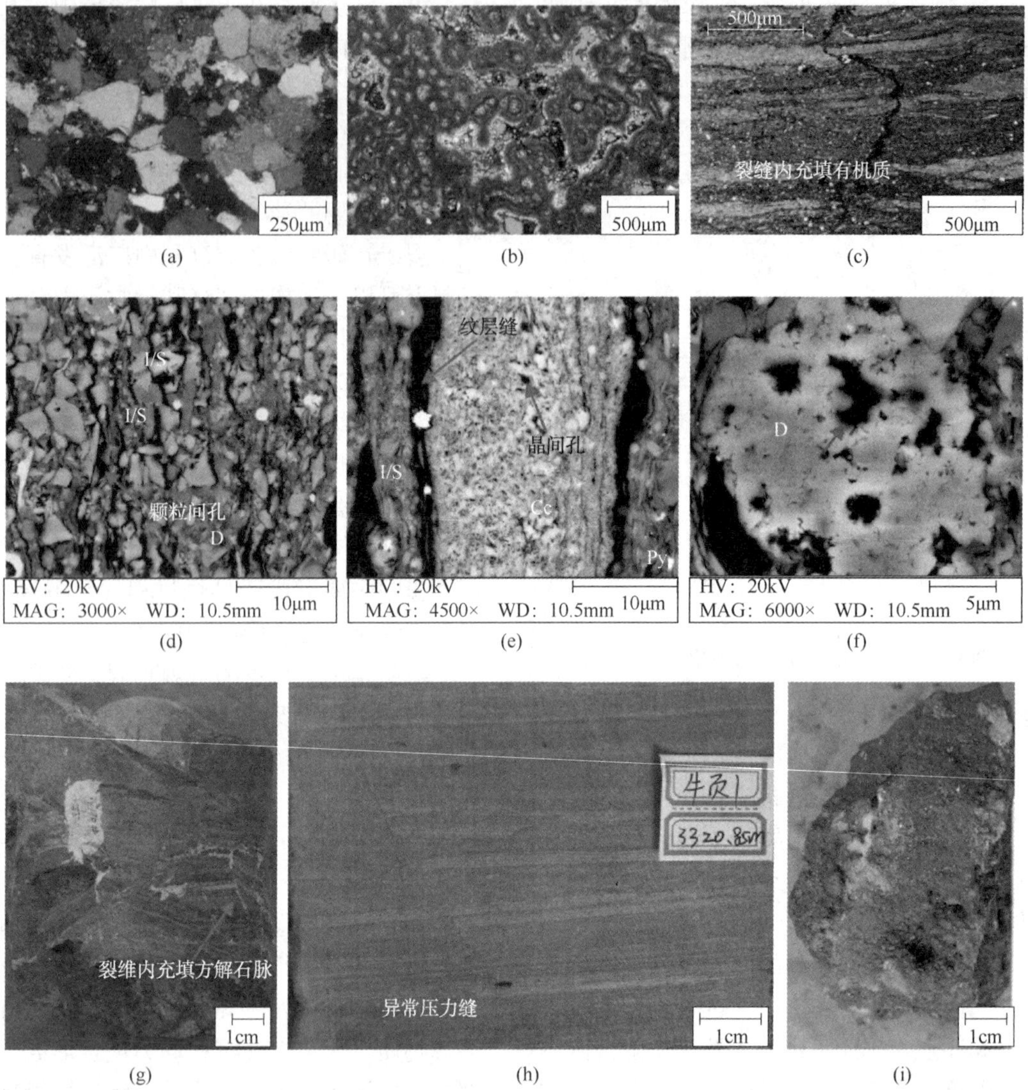

图9　A. 滨76井，1521m，正交偏光，砂岩中粒间孔；B. 滨182井，1632.50m，单偏光，骨架灰岩孔隙中可见碳酸盐胶结物；C. 牛页1井，3443.55m，裂缝，有机质运移通道；D. 官斜27井，2317.29m，泥岩中的颗粒间孔；E. 官斜27井，2313.75m，方解石晶间孔、纹层缝；F. 官斜27井，2317.29m，白云石晶体内溶蚀孔；G. 坨170井，3007.80m，方解石充填裂缝；H. 牛页1经，3320.85m，异常压力缝；I：滨432侧井，1569.90m，溶洞。

[4] Kong X., Jiang Z., Cai Y. Orbital and sub-orbital pacing of mudstones in the Dongying Depression, eastern China: Implications for middle Eocene East Asian climate evolution[J]. GSA Bulletin, 2023.

[5] 姜在兴，孔祥鑫，杨叶芃，张建国，张元福，王力，袁晓冬. 陆相碳酸盐质细粒沉积岩及油气甜点多源成因[J]. 石油勘探与开发，2021，48(1)：26-37.

[6] 孔祥鑫. 湖相含碳酸盐细粒沉积岩特征、成因与油气聚集[D]. 北京：中国地质大学(北京)，2020：1.

[7] 柳益群，周鼎武，焦鑫，等. 深源物质参与湖相烃源岩生烃作用的初步研究——以准噶尔盆地吉木萨尔凹陷二叠系黑色岩系为例[J]. 古地理学报，2019，21(6)：983-998.

[8] 鄢继华，邓远，蒲秀刚，周立宏，陈世悦，焦玉玺. 渤海湾盆地沧东凹陷孔二段细粒混合沉积岩特征及控制因素[J]. 石油与天然气地质，2017，38(1)：98-109.

[9] 栾国强，董春梅，林承焰，等. 异重流发育条件、演化过程及沉积特征[J]. 石油与天然气地质，2018，39(6)：438-453.

[10] 姜在兴，王雯雯，王俊辉. 风动力场对沉积体系的作用[J]. 沉积学报，2017，35(5)：863-876.

[11] 魏小洁，姜在兴，李一凡，等. 渤海湾盆地东营凹陷利津洼陷古近系沙河街组湖相风暴沉积特征及控制因素[J]. 古地理学报，2014，16(3)：377-384.

[12] 鄢继华，陈世悦，姜在兴. 东营凹陷北部陡坡带近岸水下扇沉积特征[J]. 石油大学学报(自然科学

版)，2005，29(12-16).
[13] 吴靖，姜在兴，潘悦文，等. 湖相细粒沉积模式——以东营凹陷古近系沙河街组四段上亚段为例[J]. 石油学报，2016，37(9)：1080-1089.
[14] Dittrich M., Obst, M. Are picoplankton responsible for calcite precipitation in lakes? [J]. Ambio, 2004, 33(8): 559-564.
[15] 杜韫华. 渤海湾地区下第三系湖相碳酸盐岩及沉积模式[J]. 石油与天然气地质，1990，11(4)：373-392.
[16] Lazar O. R., Bohacs K. M., Macquaker J. H. S., et al. Capturing key attributes of fine-grained sedimentary rocks in outcrops, cores, and thin sections: nomenclature and description guidelines. [J]. Journal of Sedimentary Research, 2015, 85(3): 230-246.
[17] Loucks R. G., Reed R. M., Ruppel S. C., et al. Spectrum of pore types and networks in mudrocks and a descriptive classification for matrix - related mudrock pores[J]. Aapg Bulletin, 2012, 96(6): 1071-1098.

玛东斜坡致密砾岩油藏主控因素及甜点评价

李秀彬　石巧资　胡张明　李　晨　恒丽婷　刘　洋

（中国石油集团西部钻探工程有限公司地质研究院）

摘　要　针对准噶尔盆地玛湖凹陷玛东斜坡 D13 区块目的层百口泉组致密砾岩油藏非均质性强、甜点识别困难及主控因素不清等难题。本文通过开展 D13 区块油藏地质综合研究，对该区致密砾岩油藏主控因素进行总结，从地质“甜点”和工程“甜点”两方面建立“甜点”评价指标，落实百口泉组“甜点”有利区；首次将生产井产能与地层压力相结合，并综合多项“甜点”评价参数将开发主体区划分为Ⅰ、Ⅱ、Ⅲ类甜点区，为该区致密油开发提供依据。

关键词　致密油；百口泉组；砾岩油藏；主控因素；甜点评价

玛湖凹陷是准噶尔盆地最富生烃凹陷，凹陷斜坡区处于油气运移优势指向区，20 世纪 90 年代，在玛湖凹陷发现了玛北油田，由于低渗储集层改造工艺的制约未能有效开发；2012 年以来，按照“跳出断裂带，走向斜坡区”的勘探思路，在玛北、玛西斜坡区先后发现了 M131、M18、FN4、AH2、MH1 等多个三叠系百口泉组油藏，充分展示了玛湖富烃凹陷广阔的勘探开发远景。玛湖凹陷斜坡区整体研究认为玛东斜坡区具备与玛西斜坡相似的成藏条件，深入研究后，落实了玛东斜坡夏盐扇、达巴松扇两大扇体有利储层分布范围，2015 年在玛东斜坡达巴松扇有利前缘相带部署 D13 井，试油获工业油流，从而发现了玛东斜坡 D13 井区三叠系百口泉组油藏（图 1），区块内相继钻探多口探、评井，主体区产能较好，外围含水明显，目前仍处于开发初期阶段。

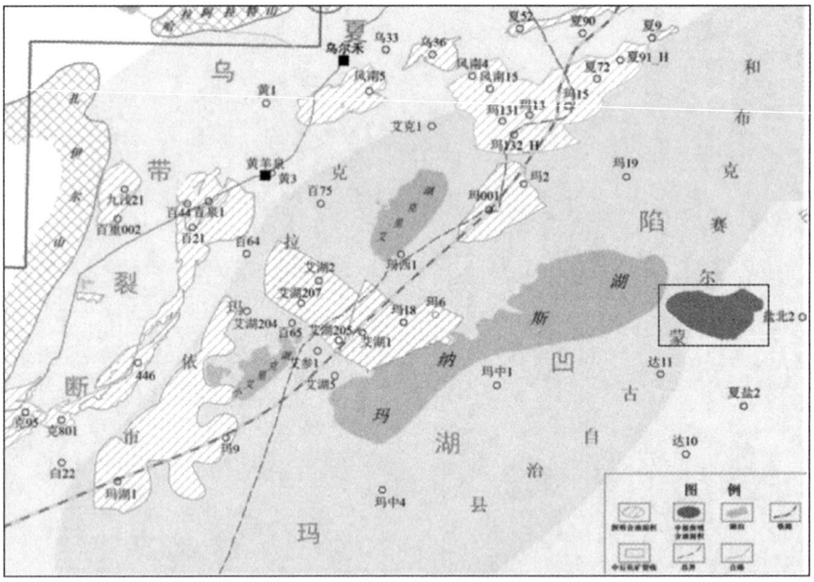

图 1　研究区位置图

前人研究表明，玛湖砂砾岩储层是扇三角洲近源沉积，砂砾泥混杂堆积，储层非均质性极强，致使油水分布复杂、产能差异大，甜点描述和预测难度极大。为了提高研究区开发效率，加深致密油藏认识，本文主要从地层、油源断裂、沉积微相、储层特征、生产效果、脆性、断缝体、地层压力等方面开展相关研究，确定该区油气主控因素，并对百口泉组致密砾岩油藏地质特征进行分析，建立地质甜点、工程甜点评价标准，对开发主体区进行甜点分区，该研究成果对于优化致密砾岩油藏的开发模式，提高生产效益具有重要的实用价值。

1　研究区概况

研究区地层自下而上发育二叠系下乌尔禾组，三叠系百口泉组、克拉玛依组、白碱滩组，侏罗系八道湾组、三工河组、西山窑组、头屯河组及白垩系吐谷鲁群；二叠系与三叠系、三叠系与侏罗系、侏罗系与白垩系均为区域性不整合接触。

目的层百口泉组角度不整合沉积在下乌尔禾组之上，埋深 4094m～4277m，自下而上细分为百口泉组一段、二段和三段，其中百二段为开发层系；构造形态为向南倾的单斜，局部发育小型鼻凸，地层平缓、倾角小，D13 井北断裂(通源断裂)以北区域为洼槽构造，南部 D13 井断块为鞍部构造，向南过渡为平缓单斜；储层岩性主要为砂质细砾岩、小砾岩，其次为中-粗砂岩，以粒间孔、粒内溶孔为主，有效喉道不发育，渗透性差，为低孔-特低渗和特低孔-特低渗储层。

2　油气主控因素分析

玛湖凹陷发育三套烃源岩，烃源岩厚度 25～75m，研究区百口泉组油藏位于玛湖凹陷含油系统东翼，受构造影响，烃源岩油气主要供应西北缘，而东翼油气供应量小，研究区相对西北缘成藏条件存在先天不足，油气充注程度低。

前人研究表明，玛湖凹陷百口泉组油气主要来自于下二叠统风城组烃源岩，玛湖凹陷深大断裂是油气垂向运移的主要通道，同时裂缝发育程度是能否获得高产的重要因素，因此，断裂对玛湖凹陷百口泉组成藏起到关键作用。研究区内断裂发育，油气沿 D13 井北通源断裂向百口泉组充注，并沿断裂附近富集；由于生烃动力不足，且受充注程度低影响，油藏内外无明显油水界面，表现为构造高部位、断裂南部及远离通源断裂普遍含水。同时，油气沿砂体搬运距离远，分选、物性相对较好的河口坝、水下分流河道优势相带聚集。该区地层压力系数 1.50～1.74，异常高压成因为构造挤压和流体充注，通过开展地层压力与油气产能相关性分析，地层压力与产能具正相关，是该区油气主控因素之一。综合研究认为 D13 区块是受异常高压、通源断裂、优势砂体控制的断层-岩性油藏(图 2)。

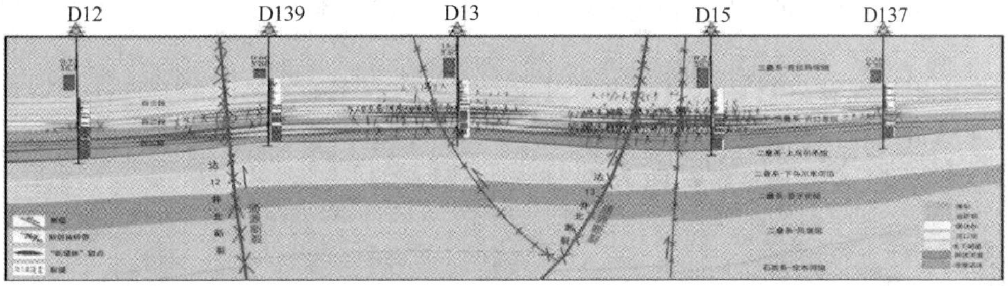

图 2　研究区百口泉组二段($T_1b_2^2$)油藏成藏模式图

3　甜点综合评价

致密油勘探开发的重点在于“甜点区”优选，储层甜点评价主要包括地质与工程“甜点”两部分，地质“甜点”是根据地质理论分析认定致密油富集的区块和层段，可分为物性“甜点”和含油性“甜点”两个方面，其中物性“甜点”指致密油储层具有较好的孔隙结构、较高的孔隙度和渗透率，含油性“甜点”指含油饱和度较高的储层；工程“甜点”是指储层中脆性矿物含量较高，在投产开发前通过体积压裂可形成复杂的缝网，为油气提供快速流动的运移通道。

3.1　地质甜点评价

3.1.1　优质储层展布

为识别纵向优质储集层，根据岩、电性特征，按照“标志层约束、等沉积旋回、分级控制”原则，逐级划分对比，多井闭合进行地层格架统层，将百口泉组各段自下而上分别划分为三个砂层：$T_1b_1^3$、$T_1b_1^2$、$T_1b_1^1$；$T_1b_2^3$、$T_1b_2^2$、$T_1b_2^1$；$T_1b_3^3$、$T_1b_3^2$、$T_1b_3^1$，其中 $T_1b_2^2$ 为目标砂层。

为精准识别优势目标砂体，利用岩性和等厚比例原则细化小层，以岩性变化为界线，井间对比，多井闭合，将目标砂层 $T_1b_2^2$ 细分三个小层，自下而上分别为 $T_1b_2^{2-3}$，$T_1b_2^{2-2}$、$T_1b_2^{2-1}$，其中 $T_1b_2^{2-1}$ 为一套泥岩，$T_1b_2^{2-2}$ 为一套灰色砂、砾岩储层，物性好、含油丰度高，为该区优势储层，$T_1b_2^{2-3}$ 为一套砂砾岩，储层致密。综合判别纵向上优势甜点为 $T_1b_2^{2-2}$ 砂层(图 3)。

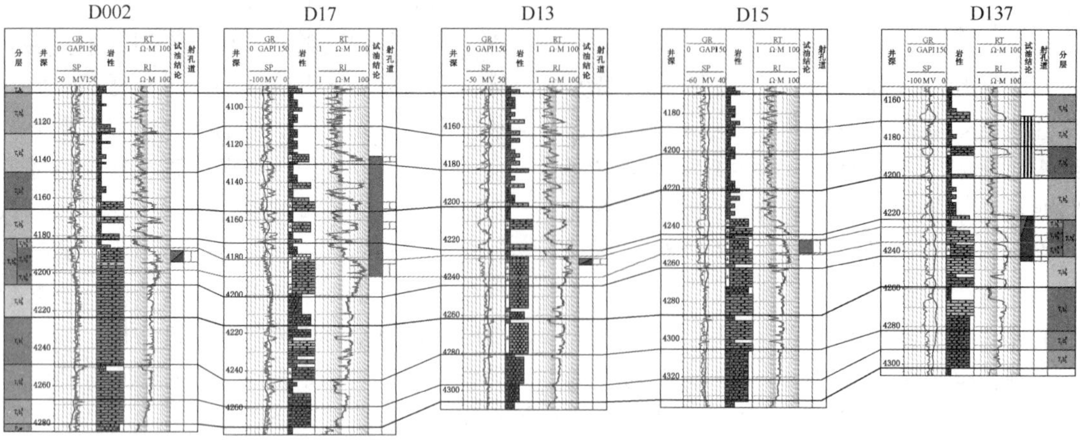

图 3　研究区优质储层展布

3.1.2　优势相带圈定

纵向上，研究区百口泉组自下而上整体为湖侵的退积体系，百一段—百二段逐渐由扇三角洲平原亚相过渡到前缘亚相，其中百一段以辫状河道、漫滩沼泽微相为主，局部发育前缘砂质碎屑流；百二段位于前缘亚相，规模砂体发育，主体区为水下分流河道与河口坝微相，为该区优势相带；百三段为前三角洲亚相—滨浅湖相，整体为滨浅湖泥，局部发育水下分流河道、分流间湾和滩坝。

平面上，重矿物统计分析显示 D13 井区主体矿物类型为绿帘石、白钛矿，与 M19 井区相似度较高，推测物源主要来自北部夏子街扇，主槽延伸距离远，D13 井区处于核心有利部位，是其含油性最好的主要原因；与 YB2、D18 一带井具有一定的相似性和差异性，指示该区存在混源特征，东侧存在夏盐、达巴松扇次一级小规模物源（图 4）；基于重矿物分析、岩心观察、砂地比、地震波形聚类等明确该区为混源沉积体系，主要受长轴缓坡夏子街扇物源和短轴陡坡夏盐扇物源供给影响。主力油层段（$T_1b_2^2$）主要受工区北部夏子街物源体系影响，砂体搬运距离远，分选、物性较好，纵向上百二段二砂层、平面上主体区（D003-D002-D13-D15-D135-D17）发育的水下分流河道和河口坝微相为该区的优势相带（图 4）。

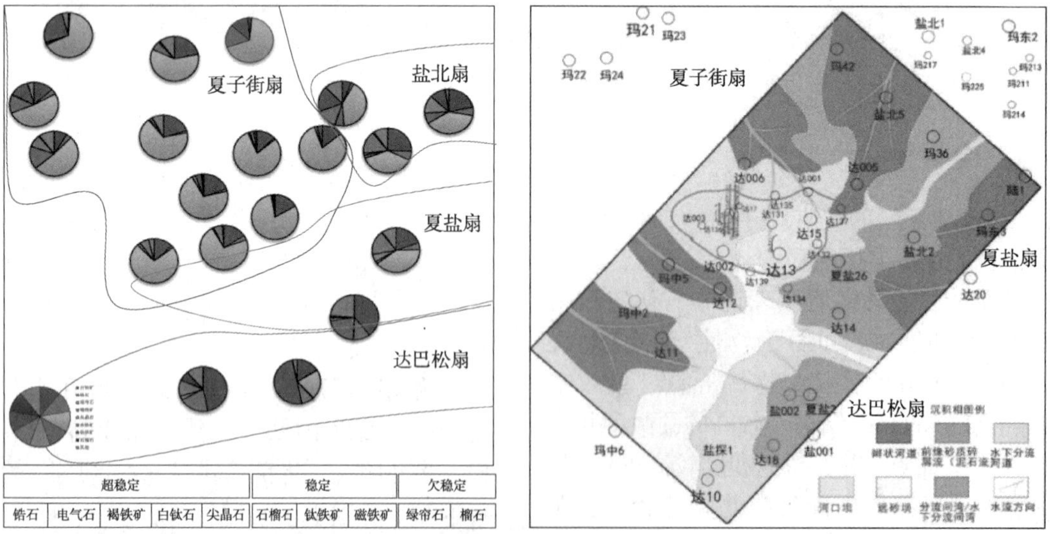

图 4　玛东斜坡（T_1b_2）重矿物饼状分布图、研究区（$T_1b_2^2$）沉积相平面图

3.1.3　优质砂体识别

通过研究区油层标准孔隙度下限刻画目的层百口泉组二段有效渗透性砂岩，纵向上，百二段二砂层（$T_1b_2^2$）有效砂体最发育，一砂层（$T_1b_2^1$）次之，三砂层（$T_1b_2^3$）物性差，有效砂体欠发育，与沉积特征一致，根据有效砂体厚度将目的层百

二段二砂层($T_1b_2^2$)主体区划分为三类；利用岩心分析渗透率与孔隙度建立相关性，阿尔奇公式计算含油饱和度，并根据油层标准下限，计算主体区各井油层有效厚度、有效孔隙度、含油饱和度及渗透率。按砂体厚度、油层有效厚度、物性与含油性“甜点”将百口泉组二段二砂层($T_1b_2^2$)综合划分三类(表1)。

表1　百口泉组二段二砂层储层分类

储层分类	Ⅰ类	Ⅱ类	Ⅲ类
砂体厚度/m	12-24	15-20	8-15
有效厚度/m	>11	>6	>4.5
有效孔隙度/%	>13	>11	>8.4
渗透率/μm	>3	>0.5	>0.1
含油饱和度/%	>55	>50	>45

3.1.4　生产效果(产能分析)

开发主体区内直井试油9井9层，投产7井，根据试油期间日产油、日产水量，试采一年期累产油、累产水量、单井生产周期累产油、平均日产油划分为三类(见表2、图5、图6)，并结合生产井产能分类开展研究区甜点分区。

表2　百口泉组二段试油试采产能分类

产能分类		Ⅰ类	Ⅱ类	Ⅲ类
试油	产油量/(t/d)	>15	>10	>3
	出水量/(m^3/d)	<10	<20	<30
试采	一年期累产油量/t	>2200	>1000	>400
	一年期累产水量/m^3	<400	<1000	<2000
	累产油/t	>10000	>5000	<5000
	平均日产油/(t/d)	>6	>3	<3

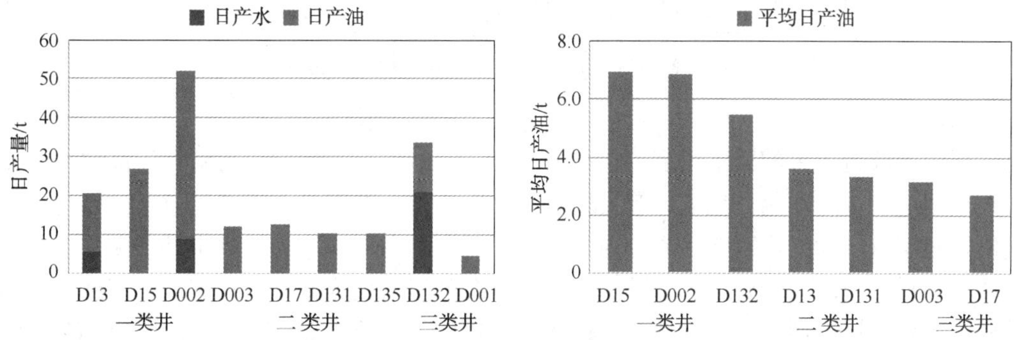

图5　研究区百口泉组二段试油产能、平均日产能分类图

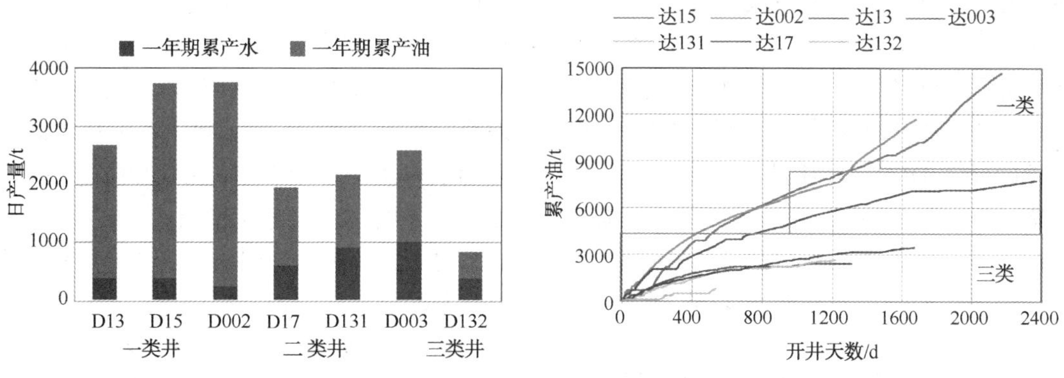

图6　研究区百口泉组二段试采井一年期累产、累产分类图

3.2　工程甜点评价

3.2.1　断缝体精细刻画

断缝体是由走滑断裂及其伴生的脆性破碎带及裂缝化的砂砾岩带共同构成的储集体，其上部及侧面均有非渗透泥质岩、致密层等封挡。受海西晚期和印支早期构造运动影响，发育的两组走滑-压扭逆断裂控制了研究区的构造格局，主体部位构造背景好，基于高精度断层检测体在D13井北断裂周缘发现不同程度的断缝带(图7)。

基于第五代高精度似然断层概率体和机器学习刻画断缝发育区，天然断缝发育区进一步改善了储层基质渗流特征，通过对产能分析，单井产量与主通源断裂分布的天然断缝发育区呈一定程度正相关，邻近通源断裂和断缝体发育区域，产能普遍较好；结合水平井组的压裂情况，断缝体与漏失点、溢流点吻合较好，且邻井出现压裂窜扰，表明压裂形成的人工裂缝易激活断缝。

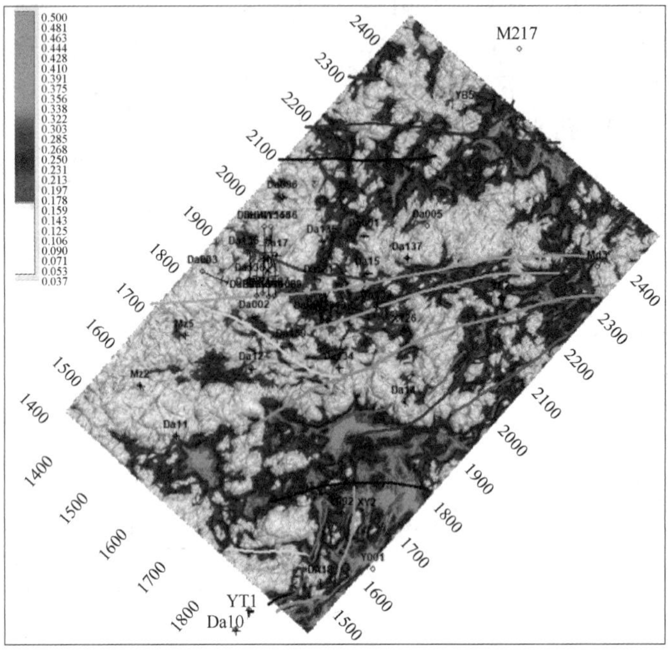

图7　研究区百口泉组二段断缝体预测分布图

3.2.2　储层脆性

影响储层压裂改造效果的因素很多，包括岩石脆性、天然裂缝、成岩作用、地应力等，而岩石脆性是影响地层可压性的最重要因素。通常情况下，地层脆性指数越高，岩石越容易破裂，压裂效果越好。因此，可以使用岩石脆性对储层的可压裂性进行表征。

根据岩心实验数据分析，D13 区块表现出岩石强度高、水平最小主应力高，弹性模量高、泊松比低、岩石脆性较好，两向应力差大等特点。结合测井解释脆性平面展布，D13 区块 $T_1b_2^2$ 油层脆性指数 D17-D131-D001 井区域较高，全区脆性指数 68.8%~84.6%，平均 77.1%。根据脆性平面分布，将主体区脆性大于 65%划分为一类区，主体区外围脆性较低处划分为二三类（图 8）。

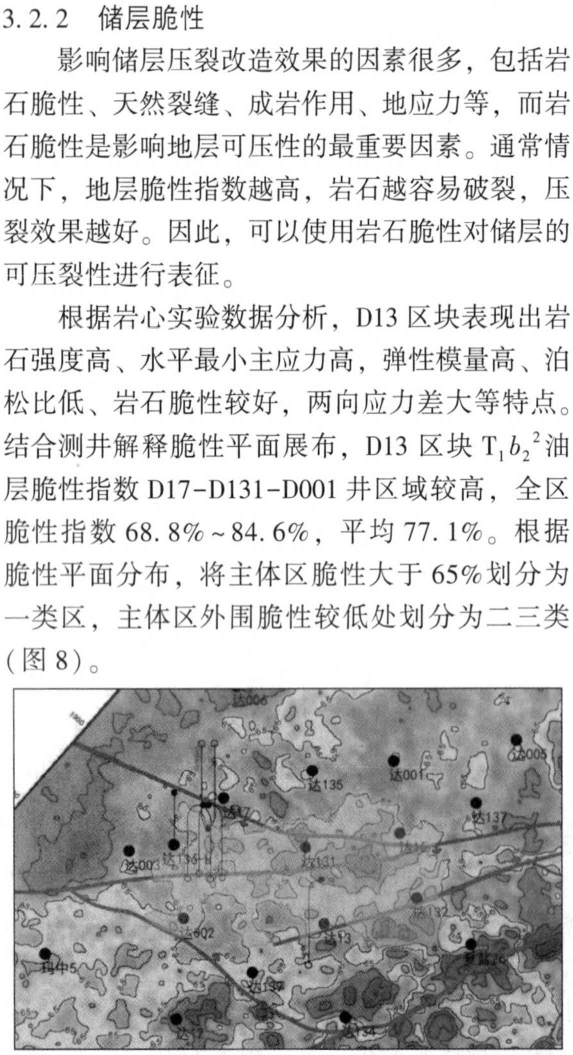

图8　研究区百口泉组二段脆性分布图

3.2.3　地层压力

准确预测地层压力对优质高效安全钻井、储层压裂改造等具有重要的意义。目前，预测地层压力的方法有多种，其中基于测井资料预测地层孔隙压力最为常用。根据研究区已钻井的录、测资料，结合试油压力，综合评价各单井地层压力，建立区域各井精细地层压力剖面，D13 区块目的层百口泉组整体为异常高压，地层压力系数 1.50~1.76。

通过开展 D13 区块声速-密度、声速-应力综合分析，声速-密度正常压实沉积加载曲线方程为：$y=0.6827e^{0.6416x}$，D13 井声速-应力正常压实沉积加载曲线方程为：$y=0.501\ln(x)+1.7732$；认为百口泉组异常高压形成机理为构造挤压与流体膨胀（流体充注）共同作用（图 9）。

通过开展 D13 区块产能影响因素分析，地层压力是该区产能影响的重要因素，地层压力与产能具正相关性（图 10）。研究区百口泉组地层压力由西向东方向受断层遮挡，D002 以东方向出现异常高压区，异常高压远离断层方向逐渐降低，由北向南方向受挤压应力与断层遮挡，D131 井区域表现为局部异常高压。压力分布特点为距离 D13 井北断裂附近 1.5km 左右为高压区；断裂南部地层压力整体高于北部。整体按区域地层压力分布可划分为三个带，北部低压带地层压力系数 1.40~1.50，中部超高压带地层压力系数 1.50～1.78；南部低压带地层压力系数 1.50～1.55，与油气产能具有较好的对应性。

3.3 甜点综合评价

3.3.1 甜点划分标准

根据地质甜点与工程甜点相关参数，结合 D13 区块致密砾岩油藏特征，从距油源断裂距离、沉积特征、油层厚度、物性甜点、含油性甜点、生产效果、断裂、断缝体发育情况等方面，开展百口泉组二段二砂组（$T_1b_2^2$）甜点综合评价，建立 D13 区块地质甜点与工程甜点划分标准（表 3），将研究区百口泉组二段（$T_1b_2^2$）油藏整体划分为Ⅰ类、Ⅱ类、Ⅲ类甜点区。

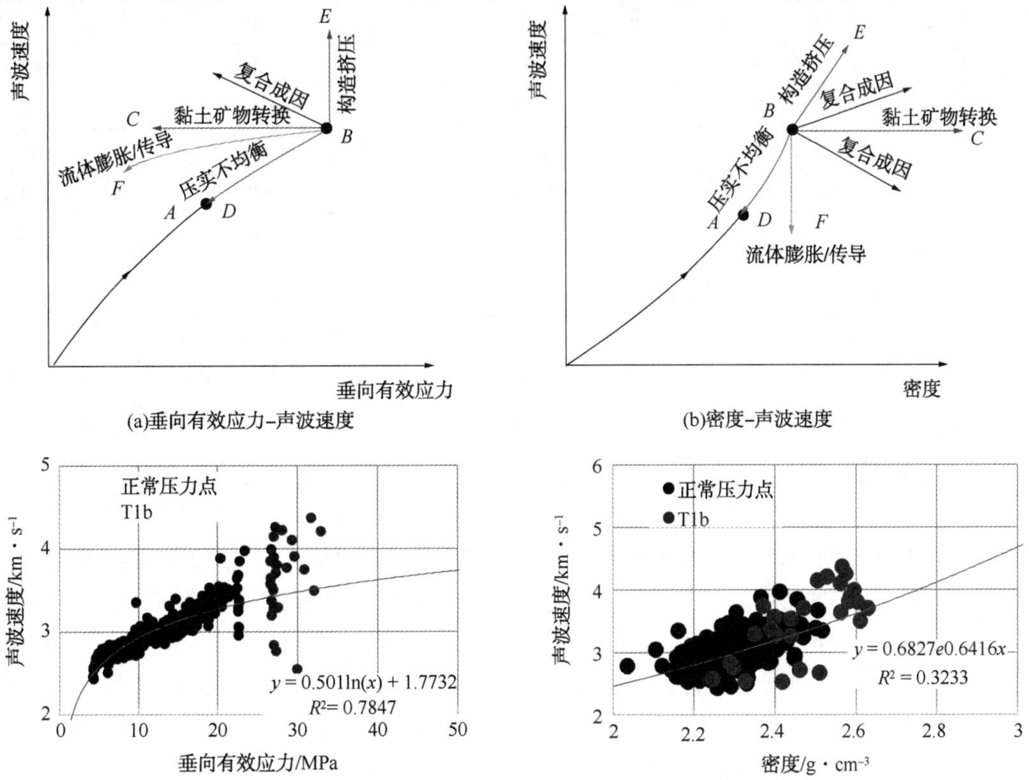

图 9 D13 区块地层压力形成机理分析

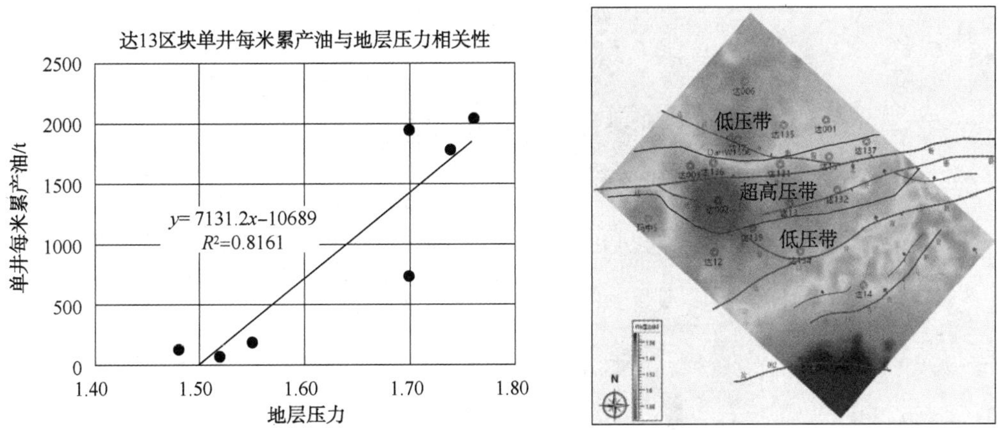

图 10 研究区地层压力与产能相关性及地层压力分布图

表 3 研究区地质、工程“甜点”有利区划分标准表

地质甜点				
甜点分类		Ⅰ类甜点区	Ⅱ类甜点区	Ⅲ类甜点区
油源断裂	距离/km	<2	2~4	>4
沉积特征	沉积微相	水下分流河道、河口坝	远砂坝、前缘砂质碎屑流	辫状河道
	砂体厚度/m	12~24	15~20	8月15日

续表

地质甜点				
油层厚度	有效厚度/m	>11	>6	>4.5
物性含油性甜点	孔隙度/%	>13	>11	>8.4
	渗透率/mD	>3	0.5~3	0.1~0.5
	含油饱和度/%	>55	>50	>45
产能	试油产油量/(t/d)	>15	>10	>3
	试油出水量/(m^3/d)	<10	<20	<30
	一年期累产油量/t	>2200	>1000	>400
	一年期累产水量/m^3	<400	<1000	<2000
	累产油/t	>10000	>5000	<5000
	平均日产油/(t/d)	>6	>3	<3
工程甜点				
断缝体		发育区>0.2	不发育区<0.2	
脆性		>65	<65	
地层压力		>1.70	<1.70	

3.3.2　甜点综合评价

Ⅰ类甜点区为D13井北断裂附近，距油源断裂小于2km，近油源断裂油气充注充分，位于水下分流河道、河口坝的优势岩相区，储层孔、渗好，含油性好，砂体厚度、储层有效厚度大，产能较高，含水率低，且断缝体发育，地层压力高，总体面积18.46km^2。Ⅱ类甜点区主体为D15井区偏北部区域，距油源断裂2km~4km，位于远砂坝、前缘砂质碎屑流，储层厚度较大，储层孔、渗较好，产能相对较低，局部断缝体较发育，总体面积18.37km^2；Ⅲ类甜点区为D13区块南部和东部区域以及D15井区外围，距油源断裂大于4km，为辫状河道沉积，储层厚度薄，孔、渗条件较差，含水率高，生产效果较差，断缝体相对不发育，总体面积12.21km^2(图11)。

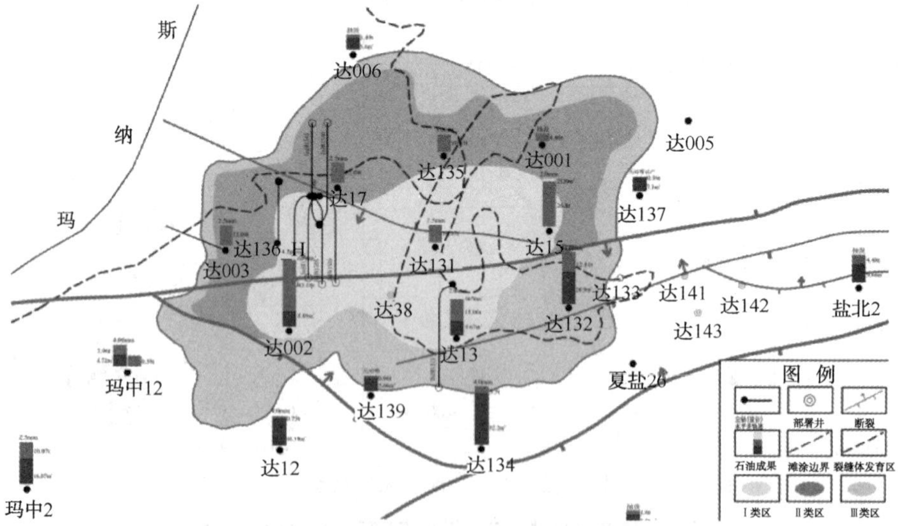

图11　研究区百口泉组油藏($T_1b_2^2$)甜点分区图

4　结论

(1)研究分析认为，研究区油气产能与储层有效厚度、物性、含油性等具有较强的正相关性，且受控于油源断裂、断缝体、异常高压；通过区域油气主控因素分析，明确研究区油气成藏规律，确定油水分布特征及产能影响因素，有效指导该区非常规致密砾岩油藏规模开发。

（2）针对致密砾岩油藏非均质性强，“甜点”预测难度大的问题，综合地质甜点与工程甜点，结合区域油藏主控因素进行甜点综合评价，制定了该区“甜点”分类评价标准，综合划分Ⅰ类、Ⅱ类、Ⅲ类甜点区。

（3）储层“甜点”评价是非常规油藏勘探开发工作中的一项重要技术工作，针对非常规致密油藏“低品位资源、高效益开发”的难题，结合研究区百口泉组油藏开发难点，甜点分区可优化油藏开发模式，有效指导井位部署、水平井轨迹优化和提高优质储层钻遇率，提高油气产量，降低开发成本，对实现效益开发具有重要的实用价值。

参考文献

[1] 匡立春，唐勇，雷德文，等. 准噶尔盆地玛湖凹陷斜坡区三叠系百口泉组扇控岩性油藏勘探实践[J]. 中国石油勘探，2014，19(6)：14-23.

[2] 单祥，徐洋，郭华军，等. 准噶尔盆地玛湖凹陷北斜坡玛131井区块三叠系百口泉组储层敏感性评价[J]. 地质科技情报，2017，36(1)：176-182.

[3] 雷德文，瞿建华，安志渊，等. 玛湖凹陷百口泉组低渗砂砾岩油气藏成藏条件及富集规律[J]. 新疆石油地质，2015，36(6)：642-647.

[4] 瞿建华，张顺存，李辉，等. 准噶尔盆地玛北地区三叠系百口泉组油藏成藏控制因素[J]. 特种油气藏，2013，20(5)：51-56.

[5] 陈刚强，阿布力米提，白雷，等. 准噶尔盆地玛湖凹陷东斜坡深层成藏领域研究[J]. 西南石油大学学报：自然科学版，2013，35(6)：31-38.

[6] 田伟超. 砂砾岩致密油藏地质“甜点”评价标准研究及应用—以玛湖地区为例. 中国石油大学（华东），2020.

[7] 朱江坤. 玛湖凹陷东斜坡百口泉组构造特征分析及有利区预测[D]. 西南石油大学，2018.

[8] 刘松泽. X区块致密油储层综合甜点评价研究[D]. 东北石油大学，2022.

[9] 刘振峰，刘忠群，郭元岭，等. “断缝体”概念、地质模式及其在裂缝预测中的应用——以四川盆地川西坳陷新场地区须家河组二段致密砂岩气藏为例[J]. 石油天然气地质，2021，42(04)：973-980.

[10] 傅成玉. 非常规油气资源勘探开发[J]. 北京：中国石化出版社，2015，1-8.

[11] 任岩，曹宏等. 吉木萨尔致密油储层脆性及可压裂性预测[J]. 石油地球物理勘探，2018，53(03)：511-519.

[12] 熊健，林海宇等. 砂砾岩油藏影响压裂效果关键地质力学因素研究及应用[J]. 石油地球物理勘探，2019，56(5)：1048-1059.

[13] 杨韬政，刘成林，田继先，等. 柴达木盆地大风山凸起地层压力预测及成因分析[J]. 岩性油气藏，2023，35(01)：96-107.

海相页岩有机质富集的条件–浅陆封

毛小平[1,*]　陈修蓉[2]　李书现[1]　李　振[1]　杨　帆[1]　杨岳兴[1]　王志京[1]

[1. 中国地质大学(北京)能源学院；2. 清华大学]

摘　要　页岩储层中的含气量与页岩地层中有机质的丰度具有正相关关系，因而把握页岩在沉积时有机质的富集环境很有必要、重要。目前一般认为四川盆地五峰组—龙马溪组页岩发育于深水环境，但这和实际勘探成果存在一定差异，因而有必要深入剖析有机质富集的沉积环境。本文通过类比煤的成矿模式，结合不同水体初级生产力的空间分布，以及沉积相、古地貌、盐度等特征，研究了有机质富集在空间、时间上的分布特征。研究发现，越浅越封闭的水体初级生产力越高；页岩气与煤具有相同的成矿模式，离陆地越近有机质越好，黑色页岩与浅水环境的煤、蒸发盐岩等共生；水体中有机质以陆源为主；海侵只能稀释有机质；五峰组—龙马溪组黑色页岩从微量元素上看为低盐度潟湖环境，而其下部的临湘组灰岩和中间的观音桥段介壳灰岩为正常盐度。得出，五峰组—龙马溪组富有机质页岩发育于海退环境而非海进，为受古陆、水下低隆限制的潟湖、较封闭海湾等浅水海陆过渡相环境；提出海相页岩中有机质富集的三大主控因素，浅、陆、封。

关键词　黑色页岩；沉积环境；深水陆棚；潟湖；生态学；初级生产力

黑色页岩的沉积环境，既关系到页岩油气勘探本身，也关系到相关其它学科。例如，多种沉积型矿产，如铝土矿、磷矿、锰矿、重晶石等常与黑色页岩共生，页岩的发育是其重要环境指示标志或找矿标志；大火成岩省、大洋缺氧事件、古气候等也以它作为参照，甚至大洋缺氧事件的最重要的证据就是黑色页岩的发育；目前的碳中和等也需研究碳的埋藏。因此，本文对页岩的发育及其有机质的富集沉积环境的研究，具有重大意义。

关于中上扬子地区五峰-龙马溪组黑色页岩的形成环境，有多种观点，生成于陆表浅海(耿良玉，1984)、半封闭的浅水海盆(穆恩之，1954，1957；陈旭，1986)、远洋成因(盛莘夫，1974；黄志诚等，1991)、半深海至较深海(姜在兴等，1989)等。但随着1989年我国开始引入层序地层学(张选阳，1989)，及1995年之后层序地层学大量引入国内并应用于沉积环境的分析之后，这些看法逐渐被统一，认为有机质的主要发育于深水环境，如深水陆棚；盆地最大海泛期，沉积缓慢，产生凝缩层，并富含有机质(徐怀大，1997；顾家裕等，2005)，并将粒度细的富有机质页岩层序定义为水体相对较深的海侵体系域或高位体系域(郭旭升，2017)；蔡雄飞(1995)，肖传桃和潘云唐(1996)等用最大海泛面来解释五峰期页岩富含有机质的现象。因此，目前的主流观点均认为，黑色页岩发育于较深水环境，主要为深水陆棚(于炳松，1995；王治平，2021；王同等，2018；聂海宽等，2017；邹才能等，2010)；陆相则以深湖-半深湖为最佳环境，因为水体越深，一般还原性越强，对烃源岩的评价中往往认为深湖-半深湖能发育优质烃源岩、半深湖-浅湖可以发育好烃源岩(胡见义，1991；朱筱敏，2008；林春明，2019；黄东，2018；何江林，2022)。但大量实际勘探证实，往往盆地中心却并不富有机质，而是离陆越近越富集。本文结合生态学、化石、沉积构造等论述了页岩沉积时有机质的富集环境。提出海相页岩油气富集必须具备三个特征：浅、陆、封。浅指浅水水体；陆是指近陆远水和陆源有机质的贡献占主导；封是指水体封闭性较好。

1　浅-指浅水环境

受水体溶解氧、光照的影响，初级生产力在浅水环境最高，各类有机质均发育于极浅水环境(<20~40m)(俞焰，2017)，而非深水陆棚60~200m；林志裕(2011)研究了夏季黄、东海初级生产力的分布及其变化，在40m水深以下，将降至1/8~1/30，最大值为400mg/(m^{2}d)。

富有机质页岩与浅水环境的煤(石煤)、蒸

发盐岩、斑脱岩共生、互层。煤中靠近油页岩富氢，油页岩层靠近煤层富高等植物，这就决定了煤层和油页岩并非截然不同的沉积环境。

含笔石黑色页岩具浅水特征的沉积构造。野外观察结合地震剖面发现，威远地区五峰-龙马溪组含笔石页岩发育了具有浅水特征的沉积构造及向上超覆于川中古隆起。页岩与粉砂岩互层，生物扰动、交错纹层、波状纹层、粒序纹理、泥砾定向排列、底部侵蚀面等沉积构造，浅水特征（据陈雷，2023）。

2　陆-近陆和陆源

“近陆”表示离陆地越近越好；“陆源”表示有机质以陆地来源为主。页岩和煤具有相同的成矿模式、相同的有机质类型演化进程和爆发时代，反映了陆源物质的贡献；具近陆远水特征，越靠近陆地，有机质越富集，和煤层一样，离岸距离越远，则越不富集。这些特征和现代海洋初级生产力是一致的，从南海初级生产力分布平面图（图1）可以看出，离大陆越近，初级生产力越高（据马文涛，2022 编辑），且初级生产力>500mg/（m^2d）主要分布于水深<60m 范围内。从图中可以看出，这种高初级生产力和上升流没有关系。实际上，夏季渤海出现的冷水团、秘鲁西太平洋海域冷水团的温度与当年春季最低温度具

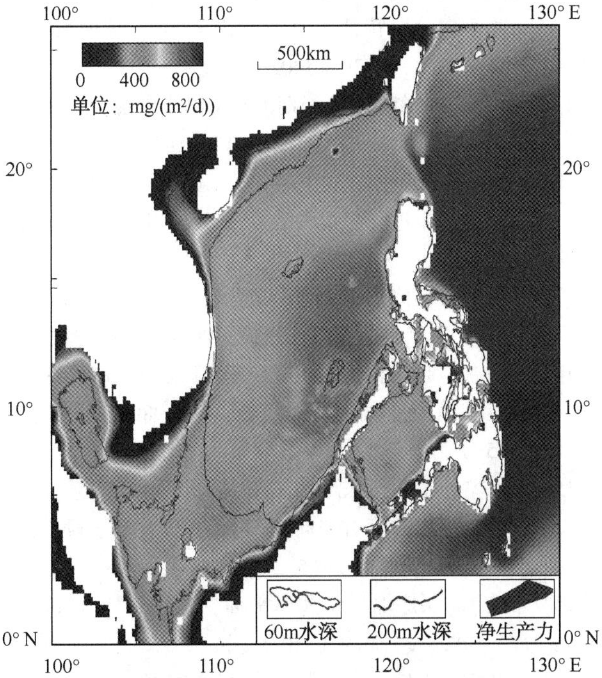

图1　南海初级生产力分布平面图

［单位：mg/（m^2d）］［据马文涛（2022）编辑］

有很强的相关性。本文统计了秘鲁 2014 年 1 月至 2017 年 1 月共三年利马地区的气温与海温剖面发现，海温与气候的冷热波动呈正相关关系，但有大约一个季度（九十天）的时间滞后，和大陆地区变温带中下部温度波动因热传导滞后于地面气温形成“冬暖夏凉”的现象是完全一致的，因为海水和地层的加热都是滞后于大气。因而，上升流的定义及上升流会极大促进水体初级生产力的推断存在诸多疑问。“上升洋流”压根儿就没有流体在向上运动。

陆源有机质的贡献占主导有很多现代元素分析证据。有大量碳同位素说明现代湖泊、海洋的有机质外源（陆源）占 80%~90%，且可以由陆源提供富氢有机质。Bade（2004）用多种同位素估算了 Peter 湖的 DOC 来源，得出 80%~90%来自于陆地；Cole 等（2002）通过^{13}C 示踪，发现在富含腐殖质的美国 East Long 湖泊中，外源性 DOC 在总有机碳中所占比例高达 90%。在瑞典 12 个湖泊中研究发现，细菌二级生产力和呼吸作用均与外源性 DOC 显著正相关（Wetzel，2001）。也有学者在湖泊中心部位测得内源性 DOC 占比高，但处于开阔水体，总的 DOC 含量较低。在莱州湾海域，其陆源 POC 和 DOC 显著大于海源（张明亮，2018）。

从类型演化角度，元古-早古生代所发育的页岩、煤，均为Ⅰ型；泥盆纪之后煤和页岩均以腐殖型为主，这得宜于生物大爆发，大规模森林出现，出现了许多高大的乔木类型，构成大面积的沼泽森林景观，在数量上立即辗压原先的藻类等低等植物。也就是说，陆上生物演化决定了有机质的类型，间接说明陆源有机质的贡献占主导。

3　封-封闭性较好的水体

主要指富有机质页岩发育于海湾、潟湖等较封闭的环境。绝大多数黑色页岩微量元素分析为低盐度湖泊或低盐度潟湖环境。中上扬子地区五峰组 Sr/Ba 比值<0. 15（冯洪真，1993），指示为淡化海环境，发育多层斑脱岩（尹海鉴等，2012），无海绿石；而其基底宝塔组、临湘组 Sr/Ba>3（谢尚克，2010）为开阔海域的碳酸盐台地，指示为正常盐度，无斑脱岩，砂岩段含海绿石，海绿石指示为海侵或深水环境。封闭环境可以是低盐度和高盐度，但低盐度环境一定是较封闭的环

境。斑脱岩和有机质一样，也需要较封闭的环境才能得以保存，五峰-龙马溪组页岩内部发育多套斑脱岩，且有机质丰度与斑脱岩发育的频次呈现相关关系，被认为是火山灰促进了生产力（Frogner 等，2001；Duggen 等，2007；Jones 等，2008；Lin 等，2011；Olgun 等，2011；Olgun，2013；Achterberg 等，2013），但这更有可能是封闭性较好，火山灰才能得以较好的保存，而非真正促进了生产力。铜仁地区南华系大塘坡组锰矿的母岩为碳质页岩，TOC 高达 2.0%～3.7%，据硫同位素 $\delta^{34}S$ 判断为封闭水体（裴浩翔，2020）。开阳大型磷矿床就富集于具有水下低隆局限水体（刘建中等，2019）。贵州北部正安县东下二叠统大竹园组铝土矿层之上分为发育梁山组黑色页岩，局部为煤，和栖霞组灰岩，反映水体由陆、封闭水体至开阔水体的渐变过程。

综上所述，得出以下 6 个主要结论。

（1）水体越深越还原存疑；强还原环境并不是页岩有机质的富集的必要条件，在弱氧化的封闭环境也能富集有机质。

（2）最大洪泛期 mfs 密集段贫有机质；深水陆棚、浅水陆棚环境贫有机质；

（3）富含有机质的页岩环境不能按粒度来推断相序。

（4）页岩油气和煤具有相同的成矿模式，以异地源为主；

（5）海相富有机质页岩发育于浅、陆、封环境。极浅水、封闭的沼泽、海湾。面积越小越封闭越好；越开阔或越大越贫。

（6）较封闭的水体环境是有机质富集的充分条件，应作为页岩油气资源评价或战略选区的重要参数。

参　考　文　献

[1] Hu X M, Luba J, Massimo S(2005). Mid-Cretaceous oceanic red beds in the Umbria-Marche basin, central Italy: Constraints on paleoceanography and paleoclimate. Palaeogeography, Palaeoclimatology, Palaeoecology, 233: 163-186.

[2] Frogner P, Gíslason S R, Óskarsson N. Fertilizing potential of volcanic ash in ocean surface water[J]. Geology, 2001, 29(6): 487-490.

[3] Duggen S, Croot P, Schacht U, et al. Subduction zone volcanicash can fertilize the surface ocean and stimulate phytoplankton growth: Evidence from biogeochemical experiments and satellite data[J]. Geophysical Research Letters, 2007, 34(1): L01612.

[4] Jones M T, Gislason S R. Rapid releases of metal salts and nutrients following the deposition of volcanic ash into aqueous environments[J]. Geochimica et osmochimica Acta, 2008, 72(15): 3661-3680.

[5] Lin I I, Hu C M, Li Y H, et al. Fertilization potential of volcanic dust in the low - nutrient low - chlorophyll Western North Pacific subtropical gyre: Satellite vidence and laboratory study[J]. Global Biogeochemical Cycles, 2011, 25(1): GB 1006.

[6] Olgun N, Duggen S, Croot P L, et al. Surface ocean iron fertilization: The role of airborne volcanic ash from subduction zone and hot spot volcanoes and related iron fluxes into the Pacific Ocean [J]. Global Biogeochemical Cycles, 2011, 25(4): GB 4001.

[7] Olgun N, Duggen S, Andronico D, et al. Possible impacts of volcanic ash emissions of Mount Etna on the primary productivity in the oligotrophic Mediterranean Sea: Results from nutrient- release experiments in seawater [J]. Marine Chemistry, 2013, 152: 32-42.

[8] Achterberg E P, Moore C M, Henson S A, et al. Natural iron fertilization by the Eyjafjallajökull volcanic eruption[J]. Geophysical Research Letters, 2013, 40(5): 921-926.

[9] 于炳松. 密集段的地球化学标志[J]. 矿物学报, 1995, 15(2): 205-209.

[10] 俞焰，刘德富，杨正健，等. 千岛湖溶解氧与浮游植物垂向分层特征及其影响因素[J]. 环境科学, 2017, 38(4): 1393-1402.

[11] 冯洪真，俞剑华. 五峰期上扬子海古盐度分析[J]. 地层学杂志, 1993, 17(3): 179-185.

[12] 刘建中，唐嗣刚，付芝康，等. 贵州开阳地区富磷矿成矿作用过程与找矿潜力[J]. 贵州地质, 2019, 36(1): 10-17.

[13] 刘昕羽，胡修棉，李娟. 白垩纪大洋缺氧事件与富氧事件[J]. 自然杂志, 2020, 42(4): 247-354.

[14] 姜在兴，赵澂林，熊继辉. 皖中下志留统的等深积岩及其地质意义[J]. 科学通报, 1989, 34(20): 1575-1576.

[15] 尹海鉴，王约，陈洪德，等. 黔北桐梓奥陶系五峰组黑色页岩的笔石定向性[J]. 贵州大学学报: 自然科学版, 2012, 29(5): 31-35. 4

[16] 张选阳. 层序地层学和海平面变化[J]. 岩相古地理, 1989, 39(1): 1-10.

[17] 徐怀大. 陆相层序地层学研究中的某些问题[J]. 石油与天然气地质, 1997, 18(002): 83-89.

[18] 朱筱敏. 2008. 沉积岩石学(第四版). 北京: 石油

工业出版社，289.
[19] 林春明，2019. 沉积岩石学. 北京：科学出版社，303-304.
[20] 江林，陈正辉，董大忠等，2022. 川东地区东岳庙段沉积环境演化及其页岩油气富集主控因素分析. 沉积与特提斯地质，42(3)：385-397.
[21] 王同，张克银，熊亮，等. 四川自贡地区五峰组—龙马溪组下段古地貌刻画及其油气意义[J]. 石油实验地质，2018，40(6)：764-770.
[22] 王治平，张庆，刘子平，等. 斜坡型强非均质页岩气藏高效开发技术——以川南威远地区龙马溪组页岩气藏为例[J]. 天然气工业，2021，41(4)：72-81.
[23] 盛莘夫. 中国奥陶系的划分与对比[M]. 北京：地质出版社，1974，53-68.
[24] 穆恩之. 论五峰页岩[J]. 古生物学报，1954，2：153-170.
[25] 穆恩之. 谈谈笔石的生活环境[J]. 地质知识，1957，6：22-25.
[26] 马文涛，修鹏，于溢，等. 南海溶解有机碳生产的定量评估. 中国科学：地球科学，2022，52(3)：559-573.
[27] 耿明会，宋海斌，关永贤等. 南海北部东沙海域巨型水下沙丘的分布及特征[J]. 地球物理学报，2017，60(2)：628-638.
[28] 耿良玉. 论上扬子区五峰页岩的陆表海成因———兼评远洋成因论[M]. 中国古生物学会主编，中国古生物学会第十三、十四届学术年会论文集. 合肥：中国科学技术大学出版社，1984，103-114.
[29] 聂海宽，金之钧，马鑫，等. 四川盆地及邻区上奥陶统五峰组—下志留统龙马溪组底部笔石带及沉积特征[J]. 石油学报，2017，38(2)：160-174.
[30] 肖传桃，潘云唐. 湖北宜昌地区奥陶纪层序地层及扬子地区五峰组沉积环境的讨论[J]. 高校地质学报，1996，2(3)：339-347.
[31] 胡见义，黄第藩，徐树宝等，1991. 中国陆相石油地质理论基础. 北京：石油工业出版社，173.
[32] 蔡雄飞. 凝缩段的地质意义和作用[J]. 地层学杂志，1995，19(1)：72-76.
[33] 裴浩翔，李延河，付勇等. 贵州铜仁高地"大塘坡式"锰矿的成矿机制——硫，碳同位素制约[J]. 地球学报，2020，41(5)：651-662.
[34] 谢尚克，汪正江，王剑，等. 綦江观音桥中上奥陶统微量元素地球化学特征[J]. 沉积与特提斯地质，2010，30(4)：60-65.
[35] 邹才能，董大忠，王社教，等. 中国页岩气形成机理、地质特征及资源潜力[J]. 石油勘探与开发，2010，37(6)：641-653.
[36] 郭旭升. 上扬子地区五峰组-龙马溪组页岩层序地层及演化模式[J]. 地球科学：中国地质大学学报，2017，42(7)：1069-1082.
[37] 陈旭，丘金玉. 宜昌奥陶纪的古环境演变[J]. 地层学杂志，1986，10(1)：1-15.
[38] 顾家裕，郭彬程，张兴阳. 中国陆相盆地层序地层格架及模式[J]. 石油勘探与开发，2005，32(5)：11-15.
[39] 黄东，段勇，李育聪，等，2018. 淡水湖相页岩油气有机碳含量下限研究——以四川盆地侏罗系大安寨段为例[J]. 中国石油勘探，23(6)：38-45.
[40] 黄志诚，黄钟瑾，陈智娜. 下扬子区五峰组火山碎屑岩与放射虫硅质岩[J]. 沉积学报，1991(02)：1-15.

库车山前深层复杂构造速度精细描述技术及成效

裴家定　高现俊　袁　燎　刘晓光　张　伟

（中国石油集团东方地球物理勘探有限责任公司公司）

摘　要　库车山前油气资源丰富，已知圈闭基本全部上钻，目前具备较大勘探潜力的圈闭破碎，规模较小，但该区属于典型"双复杂"探区，地表起伏剧烈，深层构造特征复杂，新生代冲积扇砾岩广泛发育，速度纵横向变化剧烈，直接导致叠前深度偏移准确成像难度极大。本文针对该区特有的地表地下地质特征，坚持以问题为导向，强化理念创新+攻关驱动，创新形成了基于地震波场保持的静校正、地质露头引导的一体化构造建模、多学科多方法井相联控速度建模、多方位网格层析速度优化等配套技术系列，有效提高了速度场的精度，改善了偏移成像质量，在生产实践中取得了明显效果，具有推广应用价值。

关键词　叠前深度偏移；波场保持；构造建模；层深度；多方位网格层析

1　引言

库车山前位于塔里木盆地北部、天山南缘东段，油气资源十分丰富，生储盖组合优良，是塔里木盆地油气勘探的重点区域，也是"西气东输"的主力气源地。油气勘探主要对象是背斜圈闭，勘探目的层为古近系、白垩系及侏罗系陆相碎屑岩地层，其主要特点是埋藏深度深、构造复杂、断裂特征发育。从2004年至2022年，库车山前勘探开发伴随着采集、处理方法，解释地质理论与方法的进步不断向前发展，有力推动了克拉-迪那、克深、博孜-大北高效勘探、规模建产与高效开发，成果丰硕。截止目前，克拉苏构造带已实现三维全覆盖，已知圈闭基本全部上钻，可上钻圈闭数量少，面临无可上钻圈闭的困局。

为此，本文围绕库车山前构造带的勘探难题，加大处理技术创新力度，通过地震波场保持处理、地震与地质联合、处理解释一体化相结合，开展了高精度建模技术研究，形成了一套适用于库车山前深层复杂构造的速度精细描述技术，并在实际生产中取得较好的应用效果。

2　问题分析

克拉苏构造带目前具备较大勘探潜力的圈闭主要集中在博孜-大北、大北-克深变换带，圈闭破碎，规模较小，现有资料主要存在以下不足：一是工区北部位于双复杂区，地震资料信噪比低，构造形态和断块接触关系不清楚，难以满足圈闭落实需求；二是中南部单复杂区相对简单，但目前剩余圈闭均为小断块圈闭，地震资料成像精度存在不足，难以完全满足小断块圈闭精细落实要求，如bz17井区不同年度资料（2013年资料南倾12°，2019年资料南倾5°，2020年资料位于构造顶部）与实钻产状（北倾4°）均不一致（如图1所示）；三是克深5西北部等复杂区中、浅层构造高陡，砾石层发育，高速砾岩与周围高陡、复杂地质结构形成了具有速度突变特征的速度模型，克希霍夫叠前深度偏移成果偏移画弧较为严重、成像精度不足，难以满足精细解释及圈闭研究需求。

速度精细描述一直是地震成像的核心工作，其精度对构造评价，钻井设计，深度预测等环节具有重要影响，直接关系到勘探成败。研究区属于双复杂山地条件，速度纵横向变化异常剧烈，速度规律难以准确把握，导致深层目的层地震层位预测和圈闭落实精度大大降低。

3　技术思路及对策

深层复杂构造高精度成像是一项系统工程，地震采集是基础，信号处理是关键，全层系速度建模是核心。坚持以问题为导向，强化理念创新+攻关驱动，由传统的提高静校正精度为目标的偏前道集预处理，转变为基于地震波场保持的静校正技术；由常规的沿层层析+网格层析，升级为露头数字化的从"头"开始处理新理念，地质露头引导的一体化构造建模、多学科多方法井相联控速度建模技术、多方位网格层析速度优化

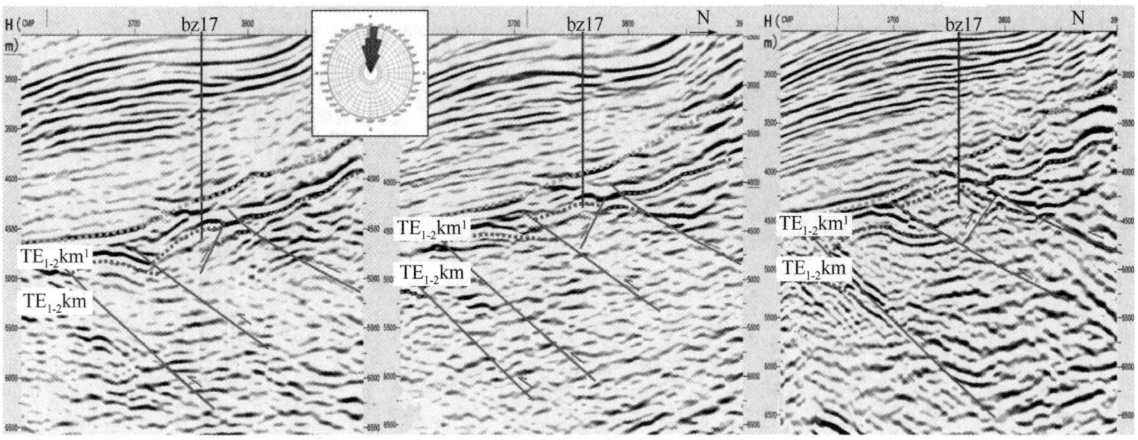

(a)2013年深度域成果　　(b)2019年深度域成果　　(c)2021年深度域成果

图 1　克拉苏中南部复杂区叠前深度偏移成果

等配套技术系列，如图 2 技术流程所示，不断提升库车山前深层地震成像精度。

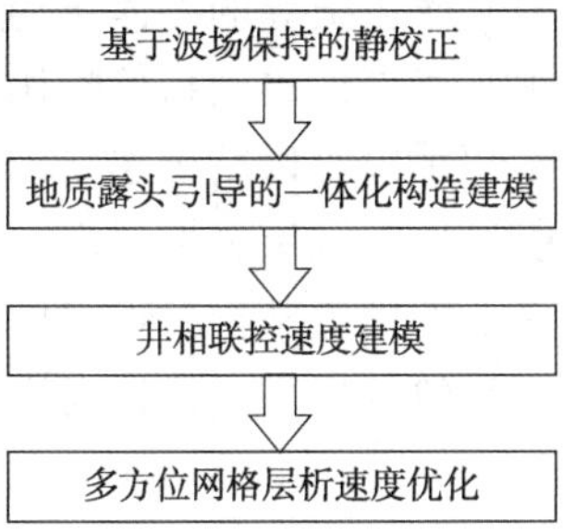

图 2　技术流程

3.1　基于波场保持的静校正技术

当一个水平地层的上覆浅表层存在横向的速度剧烈变化时，即使解决了低降速带造成的静校正问题，但如果高速顶以下的浅层存在横向速度的剧烈变化，静校正后时距曲线仍然不是双曲线，因此叠加效果依然不甚满意，按照常规思路我们首先想到去如何解决静校正问题，去改善偏移道集的品质，常会使用一些诸如强化基准面静校正和剩余静校正等手段提高同相轴连续性，改善叠加成像质量，此时如果处理不当会使本身相对正确的地震波场得到破坏，也就如图 3(c) 中所示的时距曲线更符合双曲规律，但真实的地震波场图 3(b) 被改造了，导致速度不能准确收敛，很难通过速度模型实现地下真实构造形态的成像。

因此，需要开展基于波场保持的静校正技术。即静校正只解决高速顶之上的低降速带造成同相轴高频抖动问题，高速顶之下由于局部高速砾岩造成时间域同相轴错断、不连续等现象不作为静校正问题，后期利用浅表层模型精细描述在深度域解决。

图 4 是波场保持静校正应用前后速度场及偏移剖面，可以看出，过度静校正后浅层高速基本上被等效成低速，叠前深度偏移同相轴仍然破碎，效果较差，基于波场保持静校正处理后浅层速度场符合地质认识，偏移成像效果较好，同相轴联系，构造特征清楚。

3.2　地质露头引导的一体化构造建模技术

浅表层对地下成像起到至关重要的作用，浅表层建模精度的高低，直接决定了地下地震资料品质好坏，但由于库车山地地表情况复杂、地形起伏剧烈、地表高差大、特殊岩性体出露等多重困难干扰，导致浅表层速度建模难度呈指数性提高。

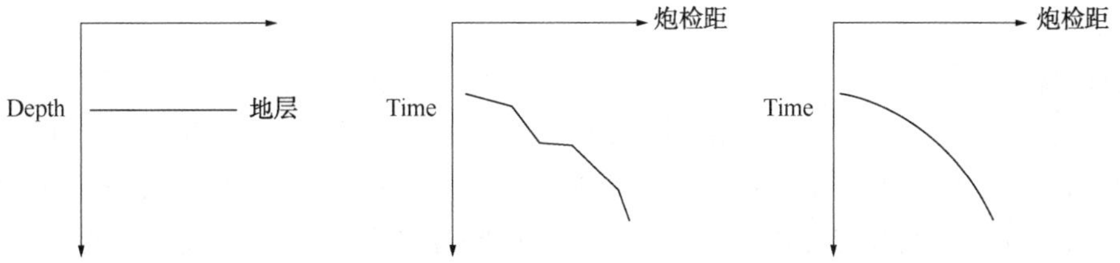

(a)真实地层　　(b)真实地震波场　　(c)改造后地震波场

图 3　地震波场改造前后示意图

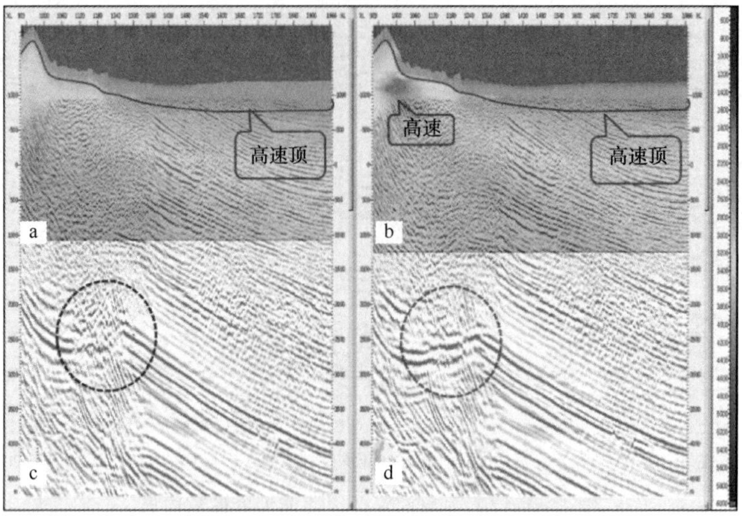

图 4　波场保持静校正应用前后速度场及偏移剖面

（a：过度静校正浅层速度；b：精确描述的浅层速度；c：过度静校正浅层速度偏移剖面；d：精确描述的浅层速度偏移剖面）

因此，针对库车山前复杂表层情况，创新形成了地质露头引导的一体化构造建模技术，树立从“头”开始的新理念、新思路。该技术充分利用野外踏勘的地质露头信息，在室内进行数字化建库，投影到地震剖面上，精细标定岩性界面，开展地质戴帽的构造建模和表层模型精细刻画。

图 5 是地质露头引导的一体化构造建模效果图，可以看出，浅层地震资料信噪比低，构造特征不清楚，常规手段难以精确建立构造模型，通过地质露头引导后，浅层岩性界面标识清楚，实现了真正定义上的地质戴帽，可以更好的刻画表层结构特征，有效的提高了构造建模的合理性和准确性。

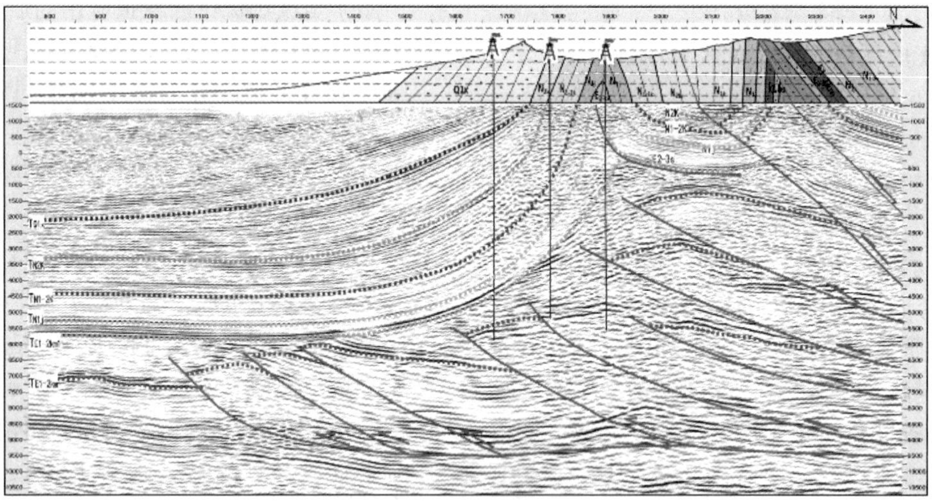

图 5　地质露头引导的一体化构造建模效果

3.3　井相联控速度建模技术

库车山前地震资料信噪比低，砾岩、膏盐岩等特殊岩性体发育，速度纵、横向变化剧烈。常规的叠前深度偏移速度建模方法主要利用地震资料的反射波信息进行速度模型的优化迭代，手段单一，其精度受制于地震资料的信噪比，往往达不到预期效果。

经过近几年持续处理攻关，综合应用地质、钻井、VSP、非地震等先验信息约束，形成了具有库车山前特色的井相联控约束速度场建模方法。在速度建模过程中，充分利用反射波信息，结合测井资料，相控约束，宏观调控。在速度场调整过程中，沿层抽取各个速度控制层层速度，与砾岩研究雕刻及平面研究成果叠合显示，调整速度横向变化规律，同时结合测井资料，对纵向速度进行优化调整，该过程需要不断迭代更新，使得沿层的剩余延迟基本为零，速度场趋势合理，成像形态符合地质规律。

图6是井相联控优化前后速度场，可以看出，井相联控速度建模技术对高速砾岩的刻画能力更强，优势明显，速度精度较高，趋势合理，符合地质认识。

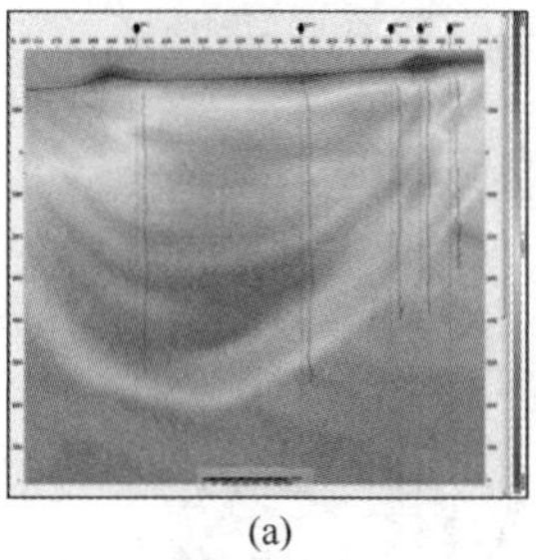

图6　井相联控优化前(a)后(b)速度场

3.4　多方位网格层析速度优化技术

网格层析技术作为一项数据驱动的速度更新技术，有着人为因素小、应用方便、效率高的优势。若把地下划分为许多具有速度信息的立方体小格，则可以得到一个矩阵，见式(1)。

$$\begin{bmatrix}\delta t_1\\ \delta t_2\\ \delta t_3\\ \vdots\\ \delta t_m\end{bmatrix}=\begin{bmatrix}D_{10} & D_{11} & \cdots & D_{1n}\\ D_{20} & D_{21} & \cdots & D_{2n}\\ D_{30} & D_{31} & \cdots & D_{3n}\\ \vdots & \vdots & \cdots & \vdots\\ D_{m0} & D_{m1} & \cdots & D_{mn}\end{bmatrix}\begin{bmatrix}\delta s_0\\ \delta s_1\\ \delta s_2\\ \vdots\\ \delta s_n\end{bmatrix}\qquad(1)$$

式中，δt_i 为CMP道集中第 i 道的走时误差；D_{ij} 为CMP道集中第 i 道在第 j 个网格中的射线路径长度；δs_j 为第 j 个网格中的慢度误差。

每个网格中的传播速度建模方法都是基于射线的，一般称其为“层析成像反演”或“层析成像”。

多方位网格层析速度建模技术是以网格层析技术为基础，充分利用不同方位道集射线信息，综合进行射线追踪与反演，有利于提高深度域速度建模精度。具体实现过程：首先将偏前CMP道集分成3~6个子方位角道集并利用现有速度模型分别进行叠前深度偏移，然后在各自的叠前深度偏移结果上进行剩余时差、反射层倾角、同相轴连续性等属性的拾取与优化。将不同方位得到的属性数据作为多方位网格层析反演过程的输入，通过交互射线追踪等方式选择合适的参数建立和求解矩阵，并最终得到一个更新后的速度模型。若新速度模型能使CRP道集平直且符合地质规律，则可以将其作为深度偏移最终速度模型。反之，再进行新一轮多方位网格层析工作。按照这种方法一致迭代下去，直到新速度模型满足要求。

图7是多方位网格层析速度优化前后速度场和叠前深度偏移剖面，可以明显看出，图7(b)砾岩速度刻画更加精细，不同时期发育的砾岩边界及速度特征更加清楚，井震吻合度更高，速度精度较高，叠前深度偏移剖面有明显改善。

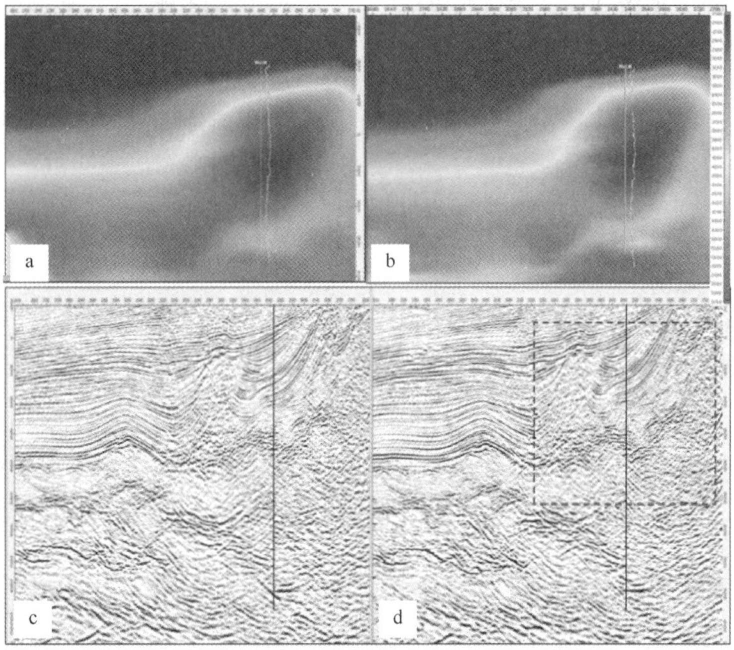

图7　多方位网格层析前后速度场及剖面

(a：网格层析前层速度；b：网格层析后层速度；c：网格层析前偏移剖面；d：网格层析后偏移剖面)

4　应用成效

深层复杂构造速度建模精细描述技术在库车山前得到广泛推广应用，速度场变化规律比原来更符合地质认识，地震成果资料品质有了大幅提高，构造形态明显变好，如图 8 所示。

该技术有效支撑了国内面积最大的山地克拉苏Ⅰ-Ⅱ-Ⅲ段地震资料叠前深度偏移连片项目，资料品质大幅提高。在克拉苏目标滚动处理中发挥了重要作用，复杂构造叠前深度偏移成像精度获得了实质性突破，构造关系清楚，有利的支撑了重点圈闭的落实。

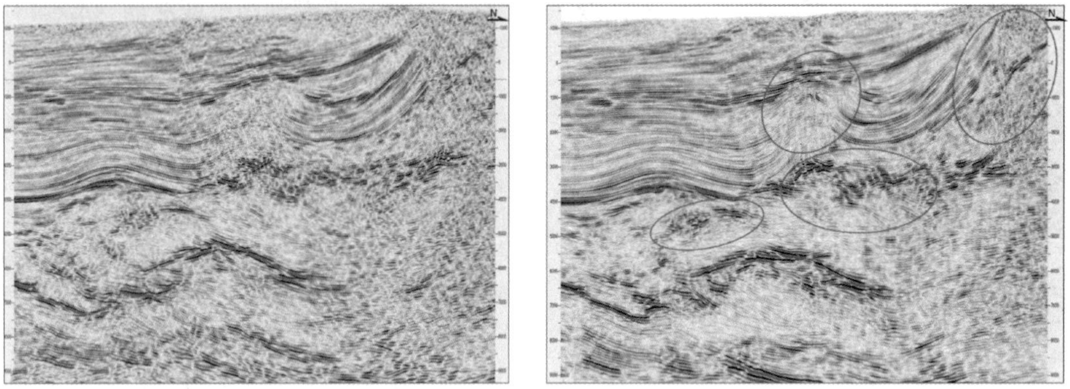

(a)以往叠前深度偏移剖面　　(b)新叠前深度偏移剖面

图 8　新老叠前深度偏移剖面效果对比

5　结论

（1）深层复杂构造速度建模是多信息、多学科协同“挖掘”速度信息的过程，该技术在库车地区取得一定效果，为塔里木盆地库车坳陷区带研究、圈闭落实提供了相对较高品质的地震资料，天然气勘探提供了坚实技术保障；

（2）在提高速度建模精度的同时，还需要紧跟前沿技术，正交晶系介质叠前深度偏移成像技术、逆时偏移成像技术和 FWI 全波形反演技术是未来的主攻方向。

参 考 文 献

[1] 梁顺军等. 地震勘探技术发展在库车前陆盆地潜伏背斜气田群发现中的实践与意义[J]. 中国石油勘探，2016，21(6)：98-109.

[2] 冯许魁等. 库车前陆冲断带构造变形特征物理模型[J]. 河南理工大学学报(自然科学版)，2015，34(3)：339-343.

[3] 宁飞等. 挤压区局部构造转换带类型及石油地质意义[J]. 现代地质，2009，23(3)：394-400.

[4] 马彦彦，李国发，张星宇，田纳新，祝文亮，翟桐立. 叠前深度偏移速度建模方法分析[J]. 石油地球物理勘探，2014，49(04)：687-693+3.

[5] 刘志宏，卢华复，李西建，等. 库车再生前陆盆地的构造演化[J]. 地质科学，2000，35(4)：482-492.

[6] 王永兴，王树基. 天山南北麓山前坳陷的第四纪构造变动[J]. 干旱区地理，1994，17(4)：38-45.

[7] 何登发，李德生，何金有，等. 塔里木盆地库车坳陷和塔西南坳陷油气地质特征类比及勘探启示[J]. 石油学报，2013，34(2)：201-218.

[8] 方勇，温铁民，李虹，李隆梅，孟杰，杨侃，高现俊. 多方位网格层析成像技术及应用效果[J]. 物探化探计算技术，2016，38(05)：677-680.

[9] 王兆旗，庄锡进，陈见伟，等. 地震资料叠前深度偏移连片处理关键技术[J]. 地物理学展，2014，29(1)：0318-0323.

[10] 孔祥占. 网格层析速度建模方法在潜山勘探中的应用[J]. 石化技术，2018，25(02)：121.

[11] 赵玲芝，金守利，王成祥，等. 多信息多技术深度速度建模技术在复杂构造中的应用研究[J]. 物探化探计算技术，2019，041(003)：419-425.

龙门山冲断带超深层地震研究进展与下步勘探方向

徐宝亮[1] 段 杰[1] 臧殿光[1] 巫芙蓉[1] 朱亚东[2] 梁 虹[1] 刁永波[1] 李幸运[2] 宋继胜[1]

(1. 中国石油东方地球物理公司研究院西南物探研究院；
2. 中国石油东方地球物理公司研究院)

摘 要 四川盆地深层-超深层天然气资源丰富，勘探潜力大。龙门山冲断带生储盖条件优越，是重要超深层勘探领域。近些年，东方物探公司持续开展龙门山冲断带地震采集处理解释技术攻关，地震成像逐渐提升，构造圈闭更加落实，相带特征更加清晰，支撑了平探1井勘探发现、双鱼石气田产能建设及万米科探井部署实施。

关键词 四川盆地；龙门山冲断带；超深层；地震成像；双鱼石；万米科探井

四川盆地常规气总资源量14.33万亿，深层-超深层常规气资源量9.68万亿，占比67.56%。深层-超深层海相天然气资源丰富，但探明储量低，尤其是扬子地块西缘、龙门山冲断带，圈闭众多、纵向发育多套储层、烃源丰富、生储盖条件优越，具备多源多疏导体系组合成藏条件。

龙门山构造带具有地表地质条件复杂、构造变形强烈，储层埋深大、非均质性强等地质特点，勘探面临地震资料信噪比低、成像精度不够、构造模式复杂等技术难题。前期对龙门山冲断带超深层研究相对薄弱以及二维地震资料的限制性，对超深层的沉积特征、构造规模、储层特征等认识不清和针对龙门山冲断带地震勘探配套技术的缺乏，制约了龙门山冲断带超深层油气勘探的关键地质问题和技术瓶颈。

1 研究区概况

1.1 区域地质概况

四川盆地属于环青藏高原盆山体系，位于处于扬子地块西缘，东邻七曜山，西接龙门山，南靠峨眉瓦山，北抵米仓山、大巴山，面积约26万平方千米(图1)。

根据构造特征可将川西地区分为松潘——甘孜褶皱带、龙门山冲断带、前陆盆地区(图2)。龙门山构造带，呈SW-NE向展布，南起泸定，向北经都江堰-汶川、广元等地延入陕西勉县，全长约500km，东西宽30~50km。

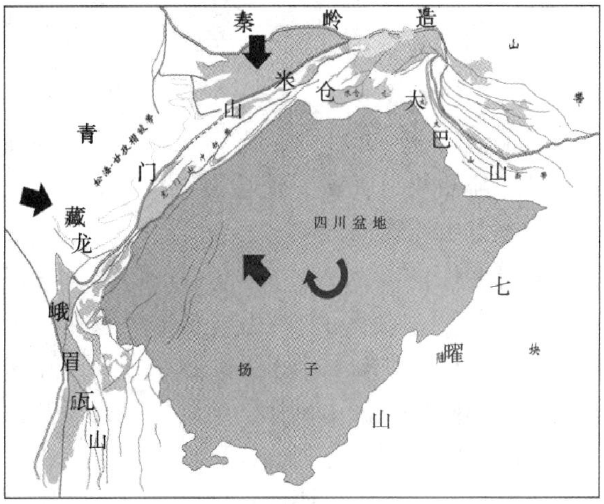

图1 四川盆地区域构造背景图

1.2 勘探概况

龙门构造带油气资源丰富，勘探层系众多，但因受中新生代以来的强烈的龙门山造山运动的影响，区内地质情况特殊，油气成藏复杂，长期作为四川油气勘探的后备战场。随着对前陆盆地油气富集规律认识程度逐渐加深，勘探综合配套技术日臻成熟，近年来在海相碳酸盐岩勘探方面取得重要进展，龙门山冲断带勘探也展现了良好的勘探前景。

川西地区早期主要以地面构造钻探为主，先后经历了“四上”海棠铺，“三上”厚坝，“二上”龙泉山阶段，一直未能钻获工业油气。

70年代，中坝气田的发现是川西地区油气勘探的一个转折点，从而结束了沿龙门山以地面构造为勘探对象的历史，转入到山前构造带进行油气勘探。在此基础上，随着勘探手段进步和地

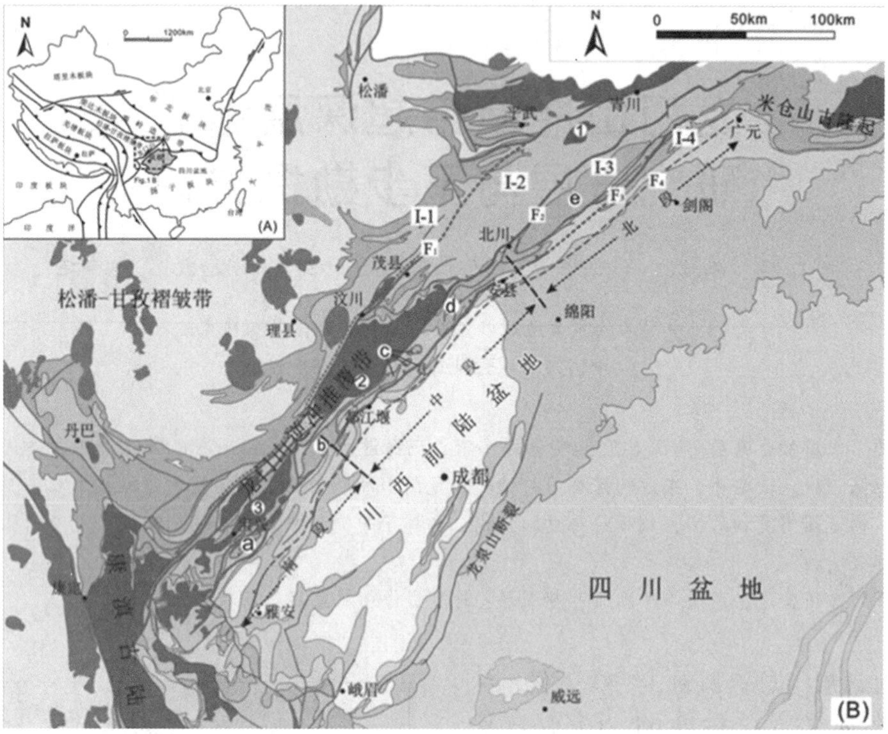

图 2　川西地区构造单元简图

质研究工作的进一步深入，先后于发现平落坝须二气藏、邛西须二气藏、莲花山-张家坪须二气藏以及九龙山珍珠冲气藏。

随着勘探的深入，区内油气勘探从“陆相”向“海相”转移，确立了“突出海相求突破，积极探索新领域”的勘探工作思路。以裂缝-孔隙型储层，以大中型气藏为目标，突出风险勘探和预探，同时加强地质研究和物探工作的投入，先后发现了双鱼石气田和川西南部地区平探 1 井栖霞组气藏，勘探取得重大突破。

2022 年，红星 1 井逆冲推覆构造带下盘栖霞组原地构造获工业气流，标志着龙门构造带勘探进一步拓展了勘探区带。

2　地震研究进展及认识

2.1　地震面临的挑战

(1) 地表地震地质条件

龙门山构造带地表具有典型高难山地地貌，山体切割厉害，高差上千米。地表出露震旦系、寒武系、志留系、泥盆系、石炭系、三叠系飞仙关组、雷口坡组、须家河组、侏罗系地层，山前带出露岩性以变质岩、灰岩、千枚岩、石英砂岩为主，岩层破碎，堆积垮塌严重。推覆体构造位置地表岩层倾角大于 60°，其中老地层主要位于马角坝断裂以北的推覆体上盘区域，岩性以灰岩、变质岩为主，激发接收条件较差(图 3)。

图 3　龙门山前带典型地表特征图

(2) 地腹地质条件

受龙门山推覆作用影响，山前带地腹构造非常复杂，地层倾角大，构造变形强烈，推覆逆断裂十分发育(图4)。总体看，逆冲推覆构造带及下盘逆掩带剖面成像差，背冲背斜带及超深层原地构造资料成像相对较好。

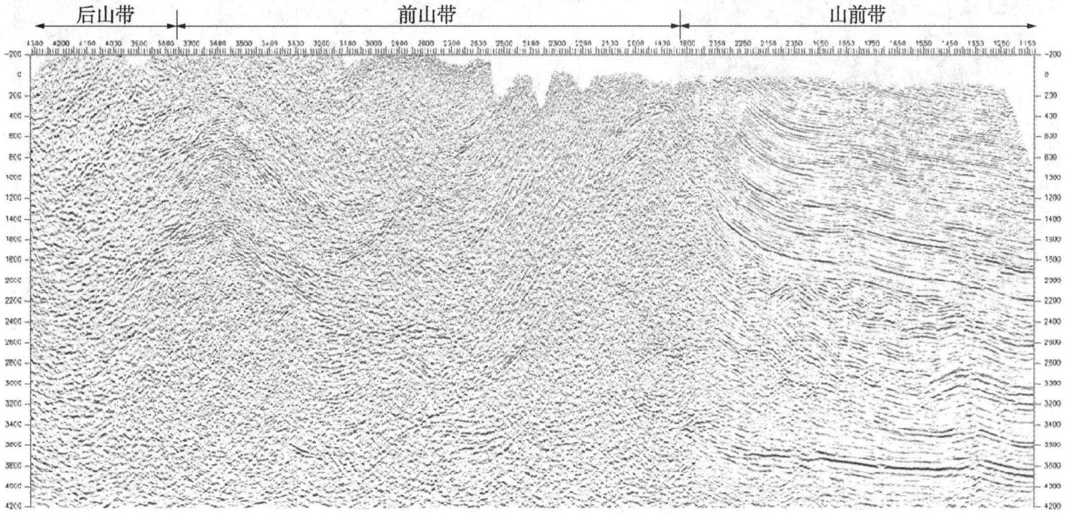

图4 龙门山构造带典型地腹构造地震剖面

结合区域地表地腹特征，区域地震资料采集、处理、解释的重点难点及相关需求主要有以下方面：

① 龙门山构造带推覆作用强烈，地表相对高差较大，灰岩老地层出露，尤其工区西北部地层切割严重，陡崖众多，野外采集施工困难，灰岩区地震信号接收难度大；

② 龙门山构造带变形强烈，目的层埋藏深且存在上覆膏盐强屏蔽层，导致地震波传播路径复杂，偏移成像困难，成像精度不足；

③ 推覆体及其下盘背冲背斜带内多个潜伏构造呈北东向展布，地腹构造褶皱强烈，断层极为发育，速度场建立困难；

④ 研究区面临碳酸盐岩储层埋藏深、储层非均质性强等特殊地质条件，结合地震原始记录信噪比不高、成像精度不足，导致储层有效识别困难。

2.2 物探技术攻关进展与成效

针对龙门山构造带地震勘探面临的难题和挑战，东方物探公司持续多年攻关，实现了山地常规二维向山地高密度二维、山地宽方位三维地震技术的升级，龙门山构造带复杂构造的发现、落实能力不断提高。

(1) 龙门山构造带高难山地三维采集配套技术

针对“双复杂”采集难点，创新集成优化设计观测系统、优选激发参数等高难山地三维采集配套技术，首次落实了“两宽一高”在高难山地的野外实施。龙门山构造带采集施工重点为提高深层-超深层目的层地震资料的信噪比、分辨率，根据所面临的难点，针对性地形成了：

① 面向目标的山地宽方位三维观测系统优化设计

首次在山前带探索出基于三维波动方程正演模拟，面向复杂地质目标叠前深度偏移的三维地震观测系统优化设计技术。该技术通过高精度三维建模、多种参数的三维波动方程正演模拟以及基于正演结果的偏移处理分析，得到多个偏移结果，完成观测系统参数优选(图5)。

② 基于地表岩性与高程因素综合分析的激发接收参数优选

根据地表出露岩性分布，结合地表高程因素，在不同岩性间开展了系统的激发参数优选试验，通过定性定量对比分析，获得了有利于提高目的层资料品质的较优激发参数，并在工区内相应岩性区推广应用。

③ 束线三维观测系统优化设计等技术

针对川西北部龙门山构造带地质构造目标体的特征，优化设计小面元、小线距、高炮道密度、较高性价比的束线三维观测系统方案，有效改善了该区地震成像效果。

复杂山地高密度三维采集技术持续攻关，大幅提高了该区地震原始单炮品质，主频提高5~11Hz，频带范围拓展5~15Hz(图6)。

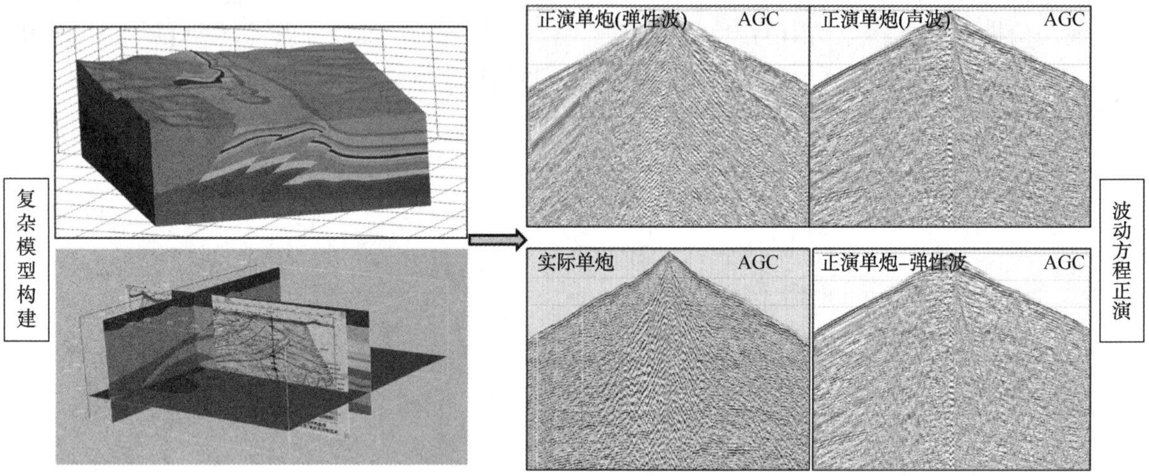

图 5　面向目标的山地宽方位三维观测系统优化设计

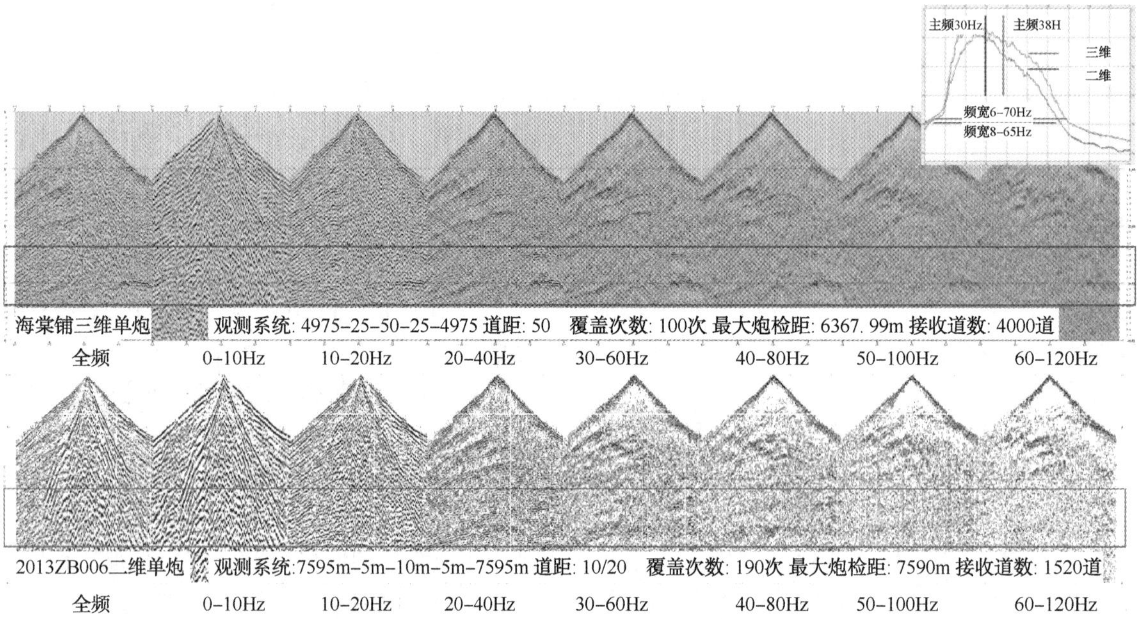

图 6　龙门山构造带二三维采集单炮对比图

(2) 龙门山构造带复杂构造叠前深度偏移处理攻关

龙门山构造带变形强烈、碳酸盐岩储层埋藏深且存在上覆膏盐强屏蔽层、储层非均质性强等特殊地质特点，主要针对性的资料攻关处理思路：以高保真高分辨率地震处理技术为指导思想、深入提高地震资料成像品质为目标，保护和恢复弱反射有效信号，建立精确地震层速度模型，准确落实构造轴线及高点纵横向位置、目的层地层产状及倾角，提高地震资料空间分辨率，为后续构造模式建立及储层识别提供有力技术支撑，并形成了针对性的关键技术方法：

微测井+合成初至拟合约束的层析静校正技术：将表层数据和大炮初至结合并相互约束，建立准确可靠的近地表速度模型，解决龙门山山前带基础静校正问题，并为后续深度域层速度模型建立提供资料基础(图 7)。

叠前多属性交汇陡倾信号保护噪声压制技术：利用干扰波与有效波在振幅、频率等各方面的差异，统计并计算门槛值，进行精准噪声压制，保真保幅提高资料信噪比，同时保护陡倾弱反射有效信号，为后续深度域地层产状及倾角准确成像奠定资料基础(图 8)。

井控、处理-解释一体化 TTI 各向异性叠前深度偏移技术：针对龙门山构造带地震地质复杂，区域浅中深各层沉积存在较大差异性的实际

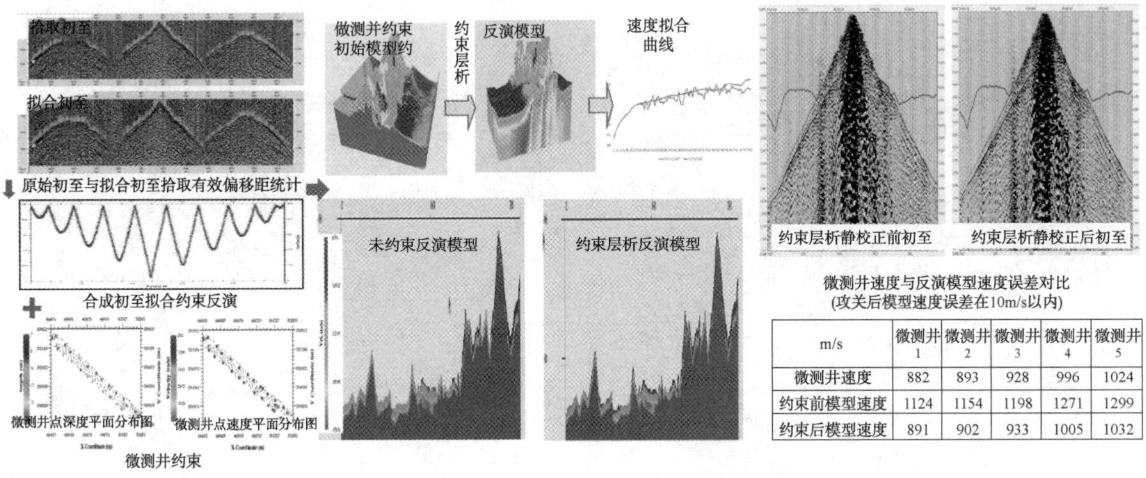

m/s	微测井1	微测井2	微测井3	微测井4	微测井5
微测井速度	882	893	928	996	1024
约束前模型速度	1124	1154	1198	1271	1299
约束后模型速度	891	902	933	1005	1032

图 7　微测井+合成初至拟合约束的层析静校正

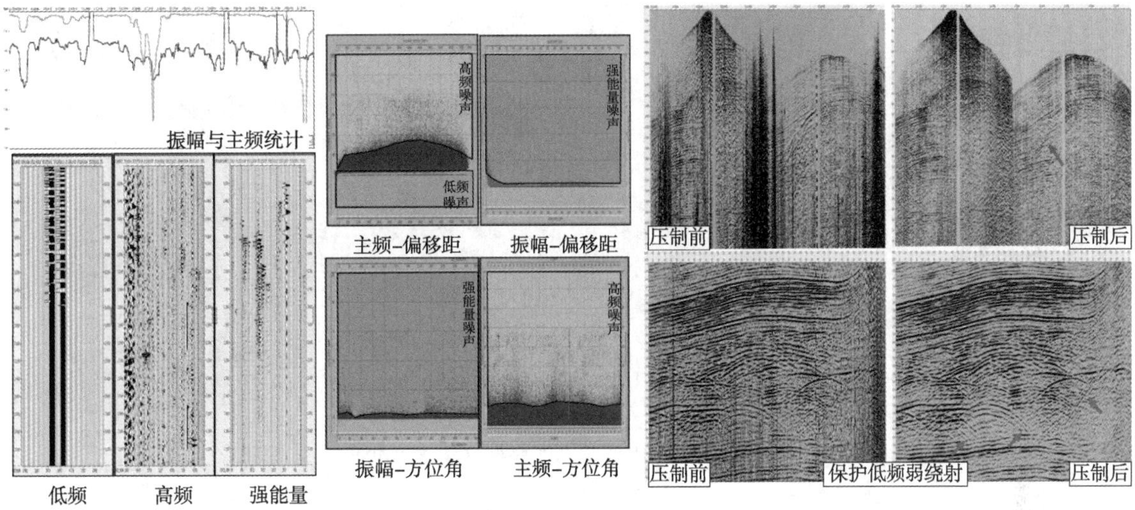

图 8　叠前多属性交汇陡倾信号保护噪声压制

情况，在综合考虑多方面信息的情况下，实施好主要关键措施，包括采用“地震+非地震+地表露头+钻井”综合约束速度信息缺乏区，指导速度建模，保障速度模型精度；全地层速度“陷阱”识别，指导精细速度建场。基于井震一体化建立与更新速度模型，进行 TTI 各向异性叠前深偏。利用井约束更新 δ、ε、倾角、方位角场，基于全入射角数据 TTI 各向异性网格层析优化速度模型，实现剩余动较正量归零、井震深度吻合，最后开展各向异性叠前深度偏移成像(图 9)，成像效果与实钻井吻合程度高，支撑了井位部署及钻探。

(3) 解释进展认识与成效

东方物探公司持续开展川西地区二三维地震采集处理解释攻关及综合地质研究，深化了龙门山构造带深层–超深层整体研究认识，支撑了勘探开发：

① 明确了龙门山具备“三层三段三带”的结构特征。纵向上须家河以上为上构造层，雷口坡–寒武系为中构造层，震旦系以下为下构造层(图 10)；横向上南北分段，东西分带，自南向北可分为南段、中段、北段，自西向东可划分后山带、前山带、山前带(图 11)。

重新落实川西地区栖霞组顶界构造特征(图 12)，构造圈闭 122 个，面积 2296.6km^2，其中山前带构造圈闭 84 个，面积 1353.6km^2，未钻探构造圈闭 74 个，面积 792.1km^2，剩余圈闭资源量 1980 亿方。

② 四川盆地栖霞组有利相带呈“一缘一环带”展布，滩体叠加早期溶蚀形成规模白云岩储层。龙门山构造带位于栖霞组台缘带，栖霞组白云岩储层分布面积广，厚 20~50m；川中地区栖霞组台内滩相白云岩储层沿加里东古隆起周缘呈环带状展布，厚 10~25m，勘探潜力大。

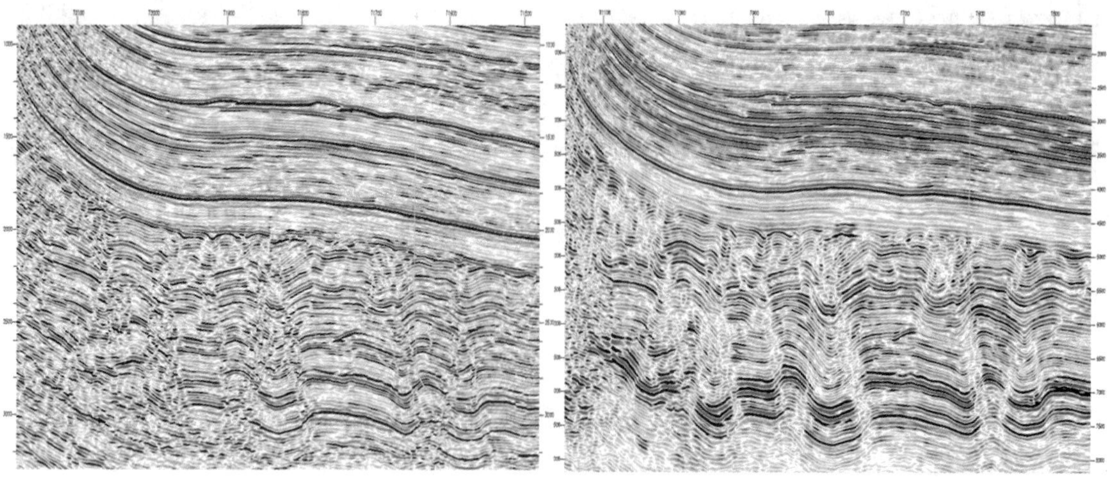

图9　双鱼石三维叠前深度偏移与叠前时间偏移对比剖面

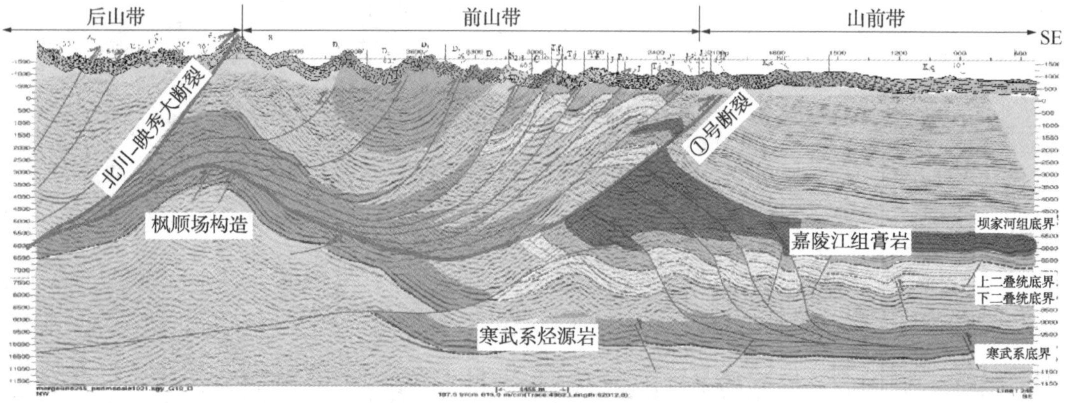

图10　龙门山山前带纵向典型分层示意剖面

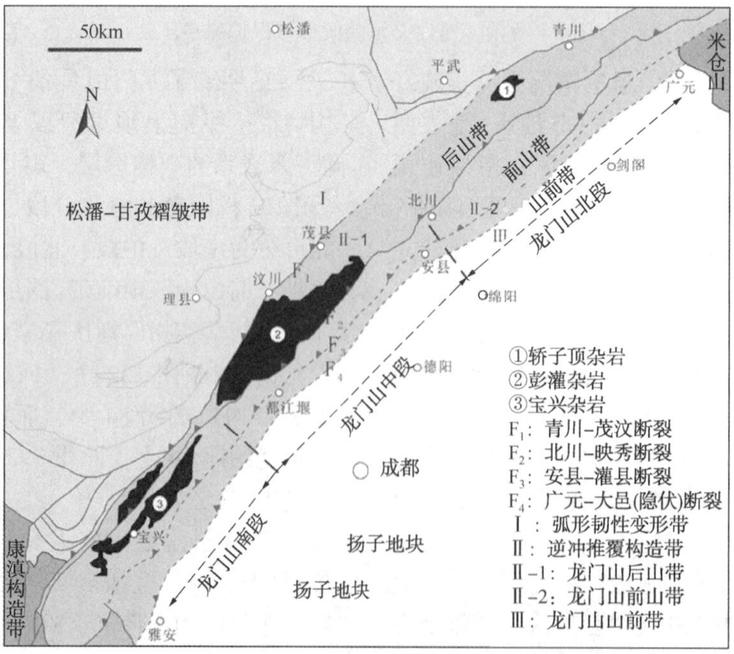

图11　龙门山山前带横向典型分段分带示意图

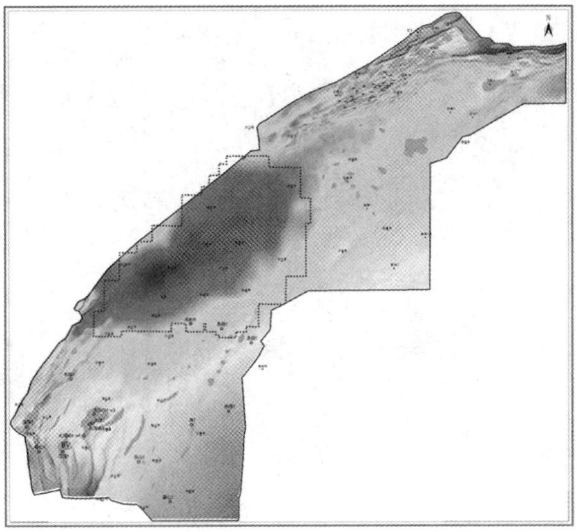

图 12　川西地区二叠系栖霞组顶界构造图

利用叠前地震数据中不同方位的地震数据在振幅等属性上会存在一定差异的特征开展裂缝及储层预测研究，形成了基于叠前波形方位各向异性缝洞预测技术；基于地震波形横向差异性的地震相变化，利用波形的纵横向变化信息代替传统地质统计学反演的基于变差函数进行样本选样的过程，实现叠前弹性参数的变差函数变程及样本井在初始模型建立的权值设定等关键参数的有效选取，形成薄储层高精度叠前相控地质统计学反演技术，预测符合率达到85%以上(图 13)。

③ 龙门山构造带寒武系烃源岩厚度最大，灯影组储层发育，是超深层勘探重要接替领域区带。顺德阳-安岳裂陷槽地震剖面来看，从川中到川西北地区，寒武系及麦地坪组优质烃源逐渐加厚。川西北部地区紧邻裂陷内寒武系生烃强度中心，其灯二台缘带成藏条件优越(图 14)。川西地区野外露头及钻井表明，灯影组灯四段、灯二段储层十分发育，勘探潜力大。川西北部地区沉积特征明显，与裂陷槽中南部地震反射特征差异明显，灯影组灯二、灯四两期台缘特征明显，滩体储层发育。整体来说，川西地区灯影组台缘丘滩体发育，灯四段有利区面积2322km^2，灯二段有利区面积7858km^2(图 15)，目前已支撑部署万米科探井。

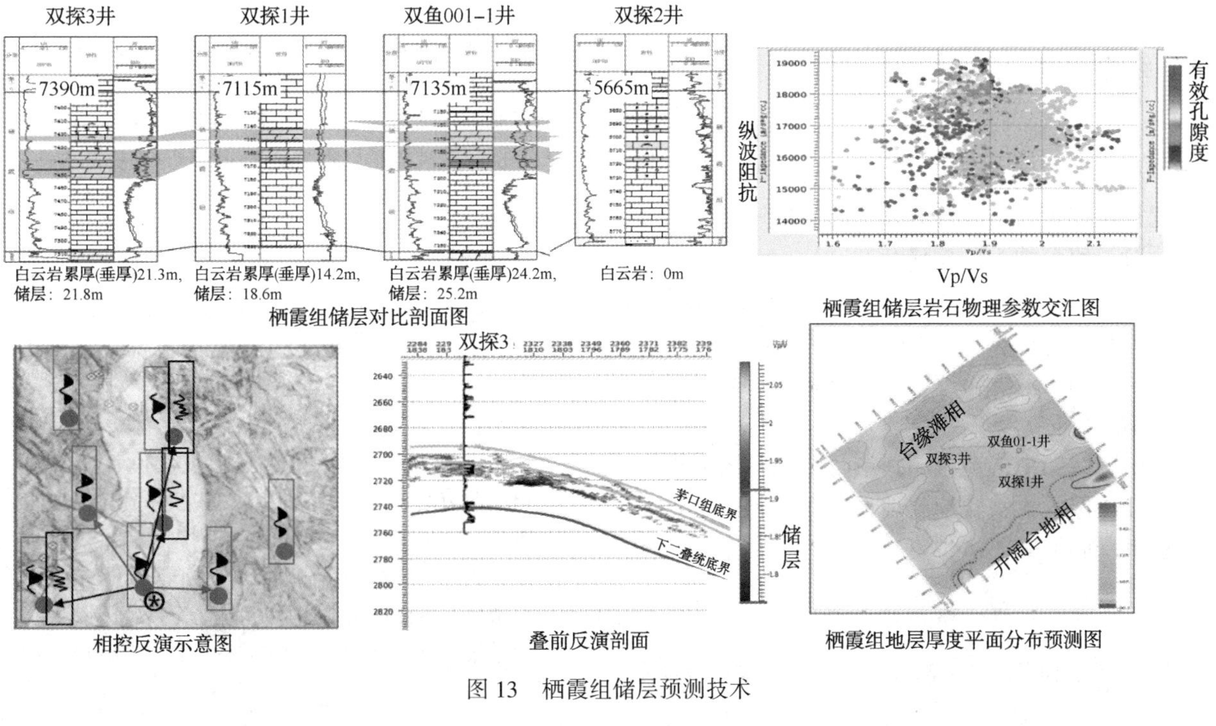

图 13　栖霞组储层预测技术

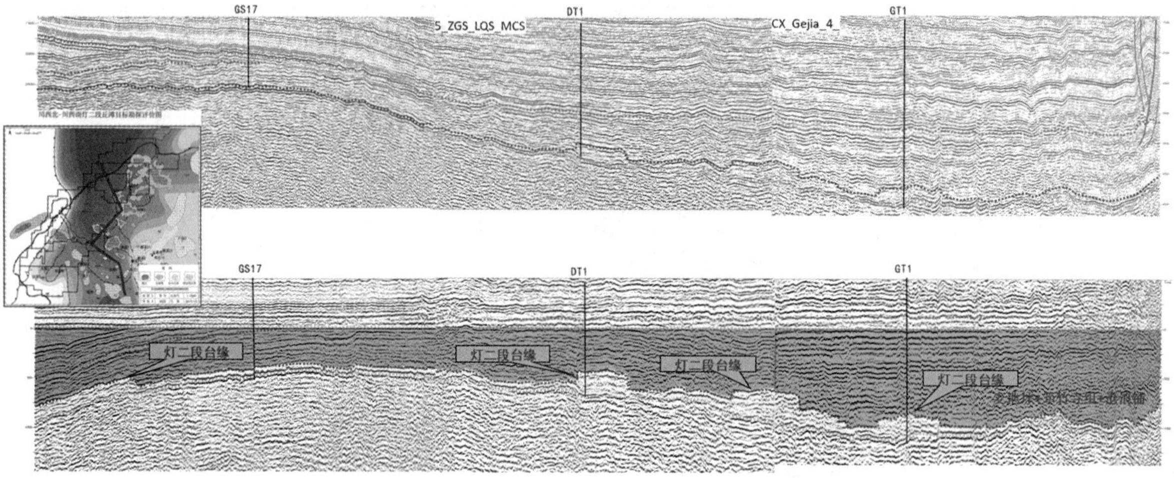

图 14　川中-川西北部老关庙地震剖面

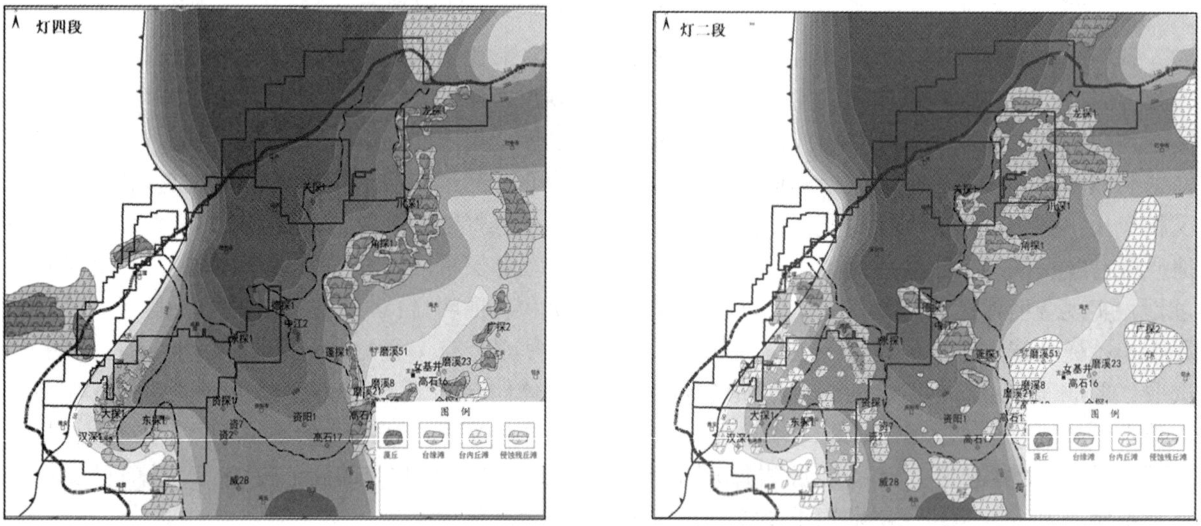

图 15　川西地区灯影组有利勘探区带评价图

3　结论

（1）龙门山构造带油气勘探是一个世界级难题，从山地常规二维向山地高密度二维、山地宽方位三维地震技术的升级，龙门山构造带原始地震资料品质得到了持续提升。

（2）基于井震一体化建立与更新速度模型，持续的复杂构造带 TTI 各向异性叠前深度偏移技术攻关，构造成像精度进一步提升，支撑了双鱼石气田建设。

（3）龙门山构造带超深层灯影组台缘带规模大，储层厚度大，含油气地质条件优越，是寻找后备勘探领域重要区带。

参 考 文 献

[1] 马新华，杨雨，文龙等. 四川盆地海相碳酸盐岩大中型气田分布规律及勘探方向[J]. 石油勘探与开发，2019，46(01)：1-13.

[2] 梁顺军，段杰，彭业君，等. 逆冲断褶带大断层下盘层间褶皱特征及油气成藏—以库车克拉苏构造带和龙门山构造带北段油气勘探为例[J].《复杂油气藏》，2021，04. 001：67-74.

[3] 王晓阳，张孟，陈江力，等. 2017. Application_and_effects_of_swath_3D_technique_in_marine_carbonates_in_western_Sichuan_Basin，SEG International Exposition And 87th Annual Meeting，Houston.

[4] 段杰，刘属闵，李昱瑶，郑虹，等. 深层复杂冲断褶皱带大斜度井随钻导向技术及其在川西北部龙门山山前带双鱼石气田的应用. SEG 地球物理-地质-工程一体化技术研讨会，2023.

[5] 李智武，刘树根，陈洪德，等. 龙门山冲断带分段-分带性构造格局及其差异变形特征[J]. 成都理工大学学报(自然科学版)，2008，35(4)：440-454.

超深层断控油藏构型地震刻画技术与成效

刘永雷　李相文*　但光箭　杜仲元　张　磊

（中国石油集团东方地球物理勘探有限责任公司公司）

摘　要　塔里木盆地在中国最快、最早进入超深层勘探阶段，超深层仍然可以形成连片的大型油气富集带，是着重探索的重要领域。地震处理解释一体化技术在超深层勘探阶段得到快速发展。针对超深层断裂控领域，形成基于GeoEast系统的全层系断裂高效解释和走滑断裂破碎带AI预测、致密灰岩相控储层反演、基于时频分析的油柱高度识别等技术为核心的走滑断控目标构型描述与评价技术体系。支持碳酸盐岩钻井成功率由75%提升到97%，高效井比例由58.9%提升到78.3%，有效支撑富满油田10亿吨级断控型油气田的发现与建设。相关技术可被相似盆地借鉴推广应用。

关键词　断控油藏构型；非均质碳酸盐岩；超深层；地震技术；塔里木盆地

中国西部的塔里木盆地油气资源丰富，塔里木盆地碳酸盐岩油气藏是我国深层油气勘探开发的重点领域之一，是国家油气能源建设的重点对象。塔里木油田建设3500万吨大油气田是稳定国家能源战略的重要举措，需要天然气和原油“双引擎”驱动，“十三五”期间建成克拉、哈拉哈塘、塔中Ⅰ号等大型油气田。其中，塔北富油气区带探明天然气2407亿方，探明石油6.59亿吨，区带资源量天然气8315亿方，石油20.57亿吨；塔中北斜坡富油气区带探明天然气4310亿方，探明石油3.07亿吨，区带资源量天然气1.12万亿方，石油5.99亿吨。近年来，在塔里木盆地富满地区奥陶系超深层海相碳酸盐岩走滑断裂带相继获得油气勘探发现，研究表明走滑断裂破碎带对奥陶系碳酸盐岩具有明显的“控储、控藏、控富”的作用。随着勘探开发进程的深入，围绕重点油田上产稳产、提高采收率两项工程和开辟新的接替领域是有效稳产和增产的关键对策和措施，地震处理解释一体化技术在超深层勘探阶段发挥重要作用。

针对目标的处理解释技术在现阶段是油田稳产3500万吨的重要提质增效的方案之一。地震处理解释一体化方案是超深层精细目标落实的法宝，其中一体化包含地震地质一体化、处理解释一体化、地质工程一体化。针对超深层断裂控领域，形成基于GeoEast系统的全层系断裂高效解释和走滑断裂破碎带AI预测、致密灰岩相控储层反演、基于时频分析的油柱高度识别等技术为核心的走滑断控目标构型描述与评价技术体系，在塔北塔中超深层断缝体的精细解剖中发挥重要作用，特别是对富满油田的勘探与评价开发，支撑着油田快速上产。同时，围绕复杂山前构造与超深层断缝体的研究中，形成了针对两大领域目标的地质工程一体化随钻跟踪技术，也为建产提质提速贡献了重要力量。

1　关键技术

塔里木是一体化技术的发源地，随着研究目标的复杂化，地震处理解释一体化方案有了新的含义，由处理解释一体化延伸到地震地质一体化、地质工程一体化、前后方一体化、甲乙方一体化。通过基于GeoEast系统的全层系断裂高效解释，进一步理清走滑断裂破碎体系，为高效勘探奠定坚实基础；通过走滑断裂破碎带内部构型AI预测，进一步落实断裂破碎带内部缝网脉络特征；通过致密灰岩相控储层反演技术，进一步提升非均质储层预测精度，为落实断裂破碎带非规则形态奠定基础；通过油柱高度的预测，进一步落实深部油水关系，为立体井网的构建提供依据。上述方法的应用，使得缝洞体描述精度不断提升，特别是在断裂破碎带内部构型中发挥重要作用，支持钻井成功率的不断提升、高效井比例不断提升。

1.1　基于GeoEast系统的全层系断裂高效解释

断裂是控制油气分布和聚集的重要因素，决定构造的规模和圈闭的形成，是整个构造解释的关键，其解释的合理性直接影响构造解释的精度。在断裂解释过程中探索更加高效地解释技术方案，克服常规方法的不足，极大地提高复杂密集断裂解释的效率和准确性。GeoEast 提供了全层系断裂高效解释方案(图 1)，可将综合多种属性解释出的断层插值成断面，再抽稀成任意精度以达到解释需求。

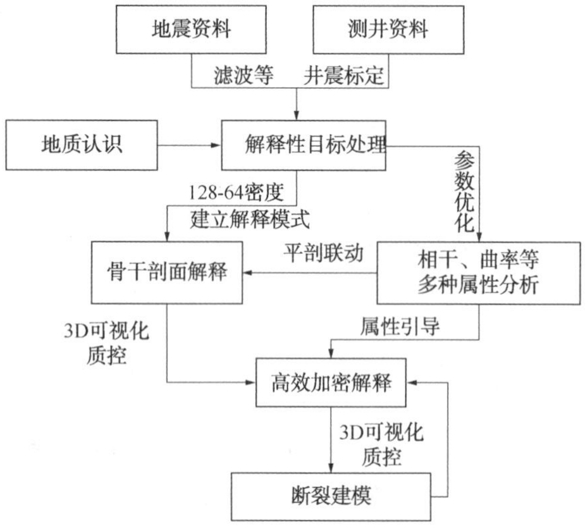

图 1　塔北地区断裂体系解释流程

具体实施流程如图 1 所示，在对地震资料和测井资料进行分析后，首先建立密度为 64 的骨架网，在骨干剖面进行解释方案基础上，利用时间相干切片、曲率、蚂蚁体等技术实现平面-剖面联动空间闭合，并根据剖面断裂形态自动加密与质控修改；质控后再通过 Framework 三角网格建模，形成断层面。依此完成剖面上全层系解释，层层质控，大大节省人工手动解释时间，较其它方法的解释精度和效率更优势，保证断裂体系的空间一致性。该方案可以实施多区块断裂体系的整体认识，并首次高质量支持了塔北塔中地区Ⅰ、Ⅱ级断裂体系的整体成图，进一步了认识了整个区带的断裂空间特征，为关键成藏期的储层、油气疏导等研究奠定基础。

基于该成果认识，进一步深化塔北塔中断裂体系的结构关系。塔北地区因受北部南天山洋俯冲消减，北部应力作用大，向南应力作用减小，造成北东、北西共轭走滑断裂向南逐步减弱，最终消亡。塔中地区受南部阿尔金洋与昆仑洋活动，控制形成从塔中到塔北由南向北发育的大型走滑断裂，在阿满过度带，主干走滑断裂转这段应力变化，分支断裂由南向北生长消亡。(图 2、图 3)。

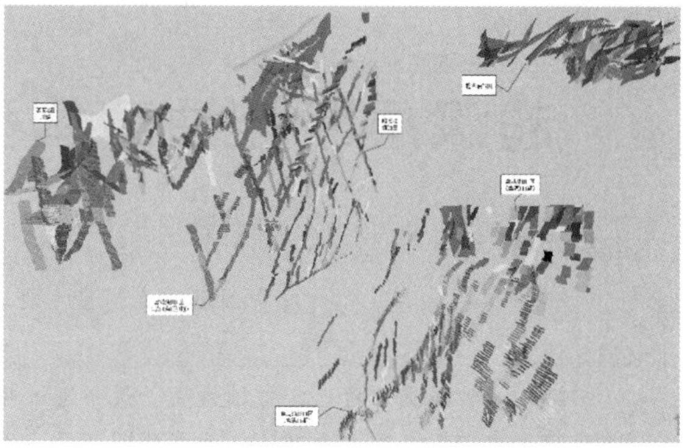

图 2　塔北地区全层系断裂系统立体可视化图

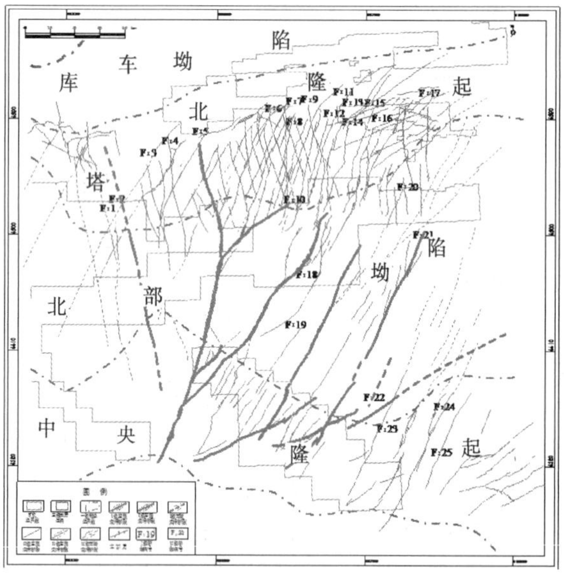

图 3　塔北塔中地区奥陶系灰岩断裂纲要图

1.2　走滑断裂破碎带内部构型 AI 预测

在地质条件或者地质构造复杂区域，地震响应与地下介质的储层参数之间关系非常复杂。从复杂地震特征中分辨出断裂破碎带的内部构型特征是一件非常困难的工作。本章主要关注手动识别断层的有效利用，即从地震资料中解译出不同级别断裂破碎带的特征，搭建起断裂系统框架，采用弱监督学习方法的工作流程来生成基于人类推理的数据集，构建出典型断裂破碎带实际地震特征标签并结合模型正演地震波形分析，采用 AI 学习方法对不同尺度的断裂破碎带特征进行识别，并对其实现三维空间的量化雕刻。

在解释任务中，地球科学家通常综合地震、地质背景和他们自己的经验来圈定断层位置。在研究中，提出了使用人类推理的方法将人工解释断层转换为上一节中提到的训练数据集，用于 CNN 训练。研究中使用 3D CNN 注册 3D 断层概率立方体。它是一个实时框架，可以即时交付结果，并且不会消耗大量计算资源。之后，通过引入掩码标签和稀疏损失函数，进一步确认如何在

3D CNN 上直接使用 3D 人类推理。这样，一个经过预训练的三维 CNN 模型可以很容易地进行微调，以适应特殊的地震调查，结果可满足地球科学家的期望(图 4)。

ESP 模块是基于卷积分解理论，以“降维变换合并”策略而设计，是一种因式分解的卷积，将标准的卷积分解为逐点和扩展两种卷积的空间金字塔，作为 ESPNet 的核心部分。将四个不同膨胀率的膨胀卷积层连接到第一个逐点卷积层。不同的颜色代表不同膨胀率的卷积层。在研究中，通过“逐元素求和”将输入特征映射添加到最终输出特征映射，以改进信息传输。首先使用 1×1 卷积(逐点卷积)将高维特征映射投影到低维空间(降维处理)。然后，扩张卷积的空间金字塔通过同时使用 K n×n 扩张卷积核对低维特征图进行重采样，每个核的扩张率为 2^{k-1}，$k=\{1,\cdots,K\}$ 在此步骤中，“分割变换”将获得相同大小的 K 个特征映射。这种因式分解大大减少了 ESP 模块所需的参数数量和内存，同时保留了较大的有效 RF$[(n-1)2^{K-1}+1]^2$。被称为扩张卷积的空间金字塔。由于每个扩张卷积核在学习时均具有不同感受野的权重，因此，类似于空间金字塔。层次特征融合则是根据特定规则(此处求和)将上一步中获得的相同大小的 K 个特征映射串联起来，以获得最终输出特征，该特征对应于最后一步“合并”。

应用该方法，不仅提高了断裂解释的效率，在短时间内精细描绘出该地区走滑断裂破碎带的发育特征和规律，以数据驱动为主，其结果较人工解释更加准确，断裂破碎带空间特征更为清晰，细节更加突出，进一步刻画出断裂破碎带纵向的发育差异(图 5)。

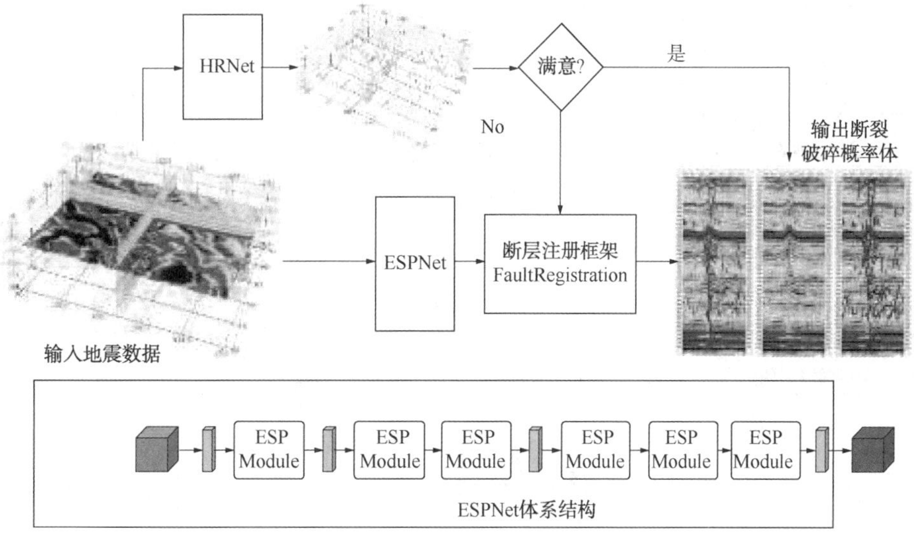

图 4　用于走滑断裂破碎带检测的网络架构和改进 ESPNet 体系结构

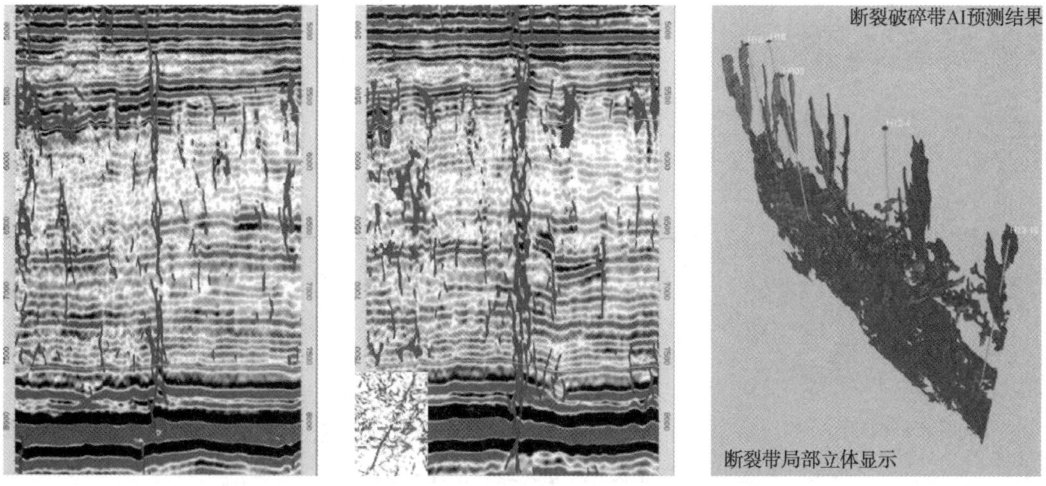

图 5　垂直断裂破碎带深度学习断裂破碎带属性叠合地震剖面图

1.3　致密灰岩相控储层反演

塔里木盆地塔北-塔中地区超深层奥陶系灰岩组合地层缝洞型储层非常发育。目前这种断裂破碎带的地震响应主要是次一级反射强度和中-小规模的串珠群反射集合，也有不少与周围反射差异较大的弱反射特征。在常规地震地质综合解释中，往往注重的是等时沉积体系的研究。层序地层分析将相与沉积体系的研究在统一的等时地层格架中进行，因而更有利于揭示其空间配置规律，对查明含油气盆地中的生、储、盖层的配套和沉积、层控矿产的分布规律有重大价值。针对超深层弱走滑断裂断控非均质储层预测，认为在等时沉积的基础上，经过断裂的多期破碎作用后，可等效为等时破碎的状态。因此，为更真实地反映地下非均质储层特征，需要建立与实际地质认识更匹配的地层格架——“双等时”格架，用于储层反演工作中。本文提出应用与断裂破碎相关的局部地震波场特征数据构建非均质模型的方法，通过局部区域内反映地层遭受断裂破坏或溶蚀的非均质数据体，在标定匹配到等时沉积的格架基础上实现双等时格架的建立。

同时，提出一种多次迭代反演流程方法，主要是从地震偏移处理数据中提取反映非均质特征的反射信息，建立与走滑断裂带特征相关的“双等时”非均质低频模型，并进行迭代式稀疏脉冲反演以获得纵波阻抗。最后，进行了叠后地质统计学反演。迭代过程的每个环节都有与井震相匹配的质量控制(图6)。

在富满Ⅱ区块开展了应用，一间房组顶面的相控反演波阻抗平面红色的洞穴型储层和绿黄色孔洞型储层的刻画更为清晰，储层发育规律特征明显。相控反演对于解决本区类型碳酸盐岩非均质性储层的精细预测效果明显(图7)。

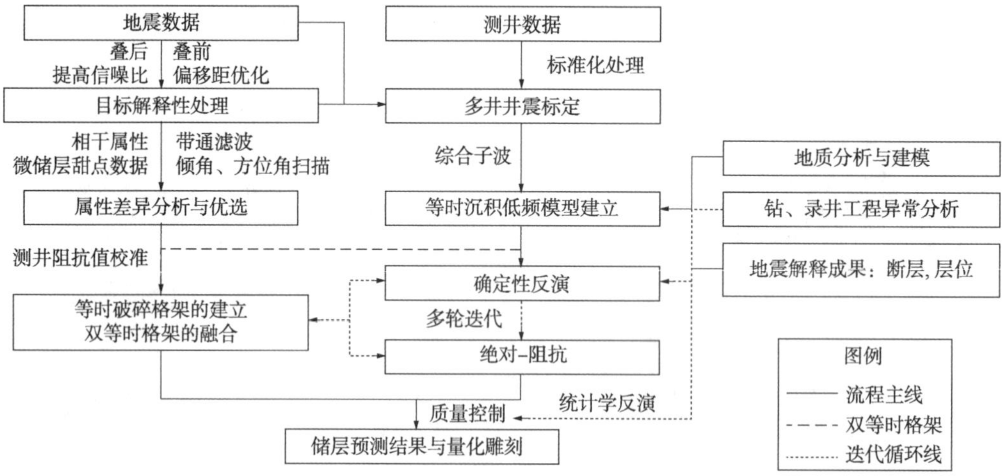

图6　基于“双等时”格架约束地震预测方法关键流程

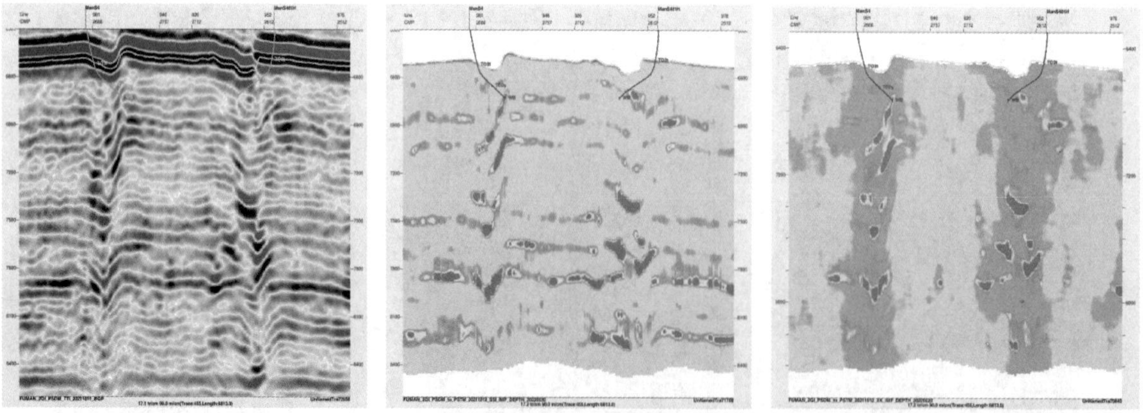

(a)原始地震数据　(b)常规反演波阻抗属性数据　(c)“双等时”相控反演波阻抗属性数据

图7　富满Ⅱ区地震剖面对比

1.4　基于时频分析的油柱高度识别等技术

时频分析是一类用于处理非平稳信号的方法，它主要关注信号在时域和频域上的能量分布，以实现噪声分析、定位、剔除或压制。这些方法包括基于短时傅里叶变换、连续小波变换、匹配追踪方法和S变换等。广义S变换是短时傅里叶变换的一种特殊形式，它是S变换的改进版本。短时傅里叶变换通过对信号进行窗函数处理，然后再进行傅里叶变换，从而可以描述信号的振幅和相位随时间和频率的变化，具备了分析信号局部频谱的能力。

为了实现基于"两宽一高"三维地震勘探叠后成果数据的高效率的频率解释，首先需要有针对性的完成对每一个地震道目标层段范围内的频谱分解和存储；其次对分解的结果进行解释，实现对频率衰减的判定，支持含油气性或油柱高度的分辨。此外，通过将三维地震数据每一地震道变换为一个二维时频剖面，其中包含了四个维度的信息，即线、道、时间和频率。这样的数据体可以更好地展示地震数据在不同频率下的特征，并提供更全面的频率解释，完成对所需信息空间分布规律有效的把控，有助于揭示地下油气资源的分布、储集条件以及潜在勘探目标的识别(图8)。

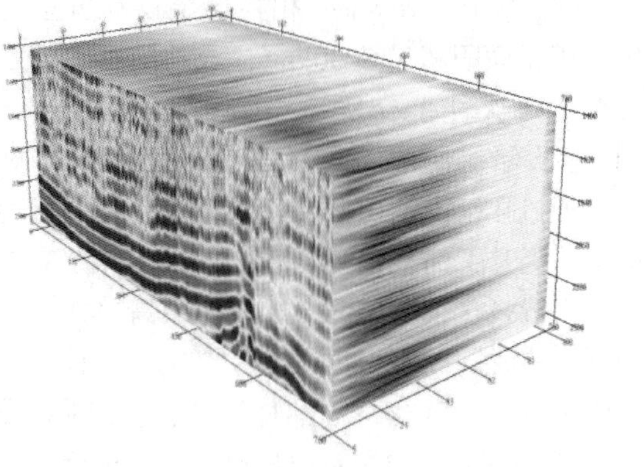

图8　时频分析三维数据体立体图

本文基于地震数据开展断裂带板状油藏内油水界面预测的研究思路主体分为三步。第一步，基于地震数据开展进行时频能量包络分析并获得高频衰减的时间厚度；第二步，对研究区储层顶面进行刻画，得到沿断裂分布的储层顶面构造图；第三步，利用沿断裂分布的储层顶面构造累加预测的油层厚度获得断裂带油水界面深度。

在工业应用方面，可完成整个断裂破碎带的时频分析，对断裂破碎带内储层有利靶点进行的油层厚度的识别，用于评价该断裂破碎带的油气开发潜力。图9为研究区内某断裂破碎带油层厚度预测结果的横向对比图，自北向南的高频衰减幅度由70ms增加到140ms，折算油柱厚度为200m~520m，整体表现为同一断裂带南部油气充注更加强烈。基于预测数据对该断裂破碎带的油层厚度和油水界面进行校正成图。

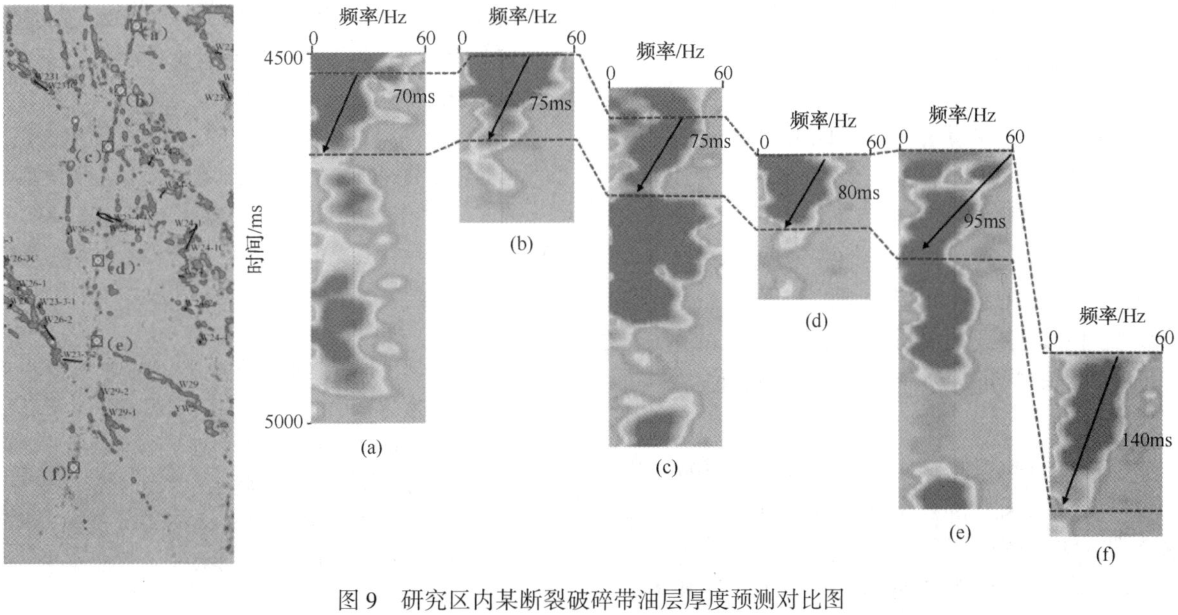

图9　研究区内某断裂破碎带油层厚度预测对比图

2　应用成效

配套地震技术有效支撑富满油田10亿吨级断控型油气田的发现与建设。在富满油田跃满20-跃满23、富源210H、满深1等完成5个探明、2个控制、4个预测共计11个区块的储量研究工作，完成“双等时”相控储层反演方法的推广应用，面积超过 8000km^2，成功向有关储量管理单位一次性上交优质三级(探明、控制、预测)地质储层原油超 4 亿吨、天然气超 1000 亿方。通过在富满油田开展断裂破碎带构型研究与应用，提升了油藏描述的精度，并支撑 WMS3 井试获得折日产油 1610.9 方/天的最高单井日产油记录，支撑 WMS2 井实钻 550m 油柱高度、WMS301H 井实钻 639m 油柱高度($F_1$17 断裂带)、WFY302H 井实钻 420m 油柱高度($F_1$16 断裂带)、WMS71 井实钻 517m 油柱高度(F_1 19 断裂带)，支撑近两年诞生 WMS3、WMS4、WMS502H、WMS503H、WFY3、WMS72、WMS8、WMS71、WMS3-H7 等 9 口日产油气当量过千吨的高产井，支持富满油田碳酸盐岩钻井成功率由 75% 提升到 95% 以上，高效井比例由 20% 提升到 75%(图 10)。

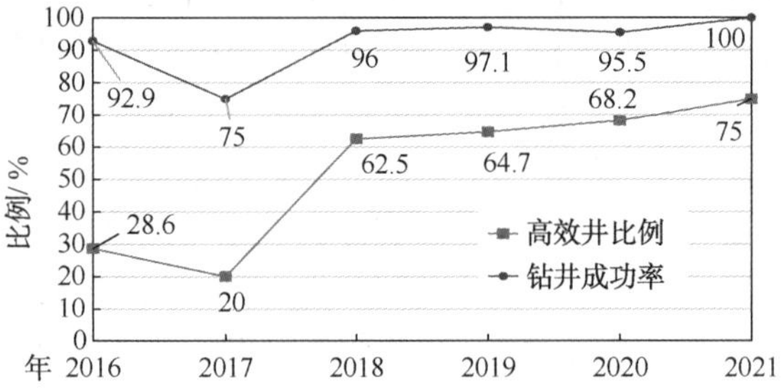

图 10　近年来的钻井成功率和高效井率
(据塔里木油田公司)

3　结论与认识

经过不断探索与实践，形成了走滑断控目标构型描述与评价技术体系，总结全文研究工作，具体结论和认识如下：

(1) 在断裂破碎带精细地震地质解译中，从宏观规律上把握走滑断裂体系的伸展特征，是进一步梳理清楚断裂与破碎体系之间关系的基础，更是应用地球物理方法解决地质、油藏描述等问题的基础；

(2) 针对断裂破碎体系内部构型的预测，在地震尺度的框架下，对比分析目前市面上主要地球物理方法或图像处理等，通过基于地震数据的断裂破碎带内部构型自动识别方法在塔里木盆地富满油田及周缘多区块的实际应用，其结果突破了以往二维或三维“线性”特征描述瓶颈，能实现走滑断裂空间构造体的量化表征；

(3) 针对断裂破碎带内非均质储层的预测，最核心的问题是构建起能符合实际地质特征的低频模型，后续精细工作都是建立在这一项工作的基础之上，包括确定性反演和地质统计学反演等方法实施。研究中巧妙有效地建立了等时沉积和等时破碎的非均质低频模型，并将其应用于确定性反演中进行迭代，提高不同尺度碳酸盐岩缝洞储层的空间分辨率；

(4) 应用基于时频特征包络分析方法可有效预测断控油藏的油柱高度，进而完成油水界面的刻画，在塔里木盆地富满油田某区应用具有明显效果，当实际油柱高度大于等于 150m 时，地震预测与实际误差明显较小；当实际油柱高度小于 150m 时，地震预测结果稍偏大，需要进行校正。

技术取得一定进展，但与目标导向的精细化处理解释还有发展空间，后期在地震技术与缝洞型油藏注水开发、空间结构井网优化、靶向酸压等工程主面有更多的发展。

参 考 文 献

[1] 赵文智，汪泽成，胡素云，等. 中国陆上三大克拉通盆地海相碳酸盐岩油气藏大型化成藏条件与特征[J]. 石油学报，2012，33(增刊 2)：1-10.

[2] 马永生，黎茂稳，蔡勋育，等. 中国海相深层油气富集机理与勘探开发：研究现状、关键技术瓶颈与基础科学问题[J]. 石油与天然气地质，2020，41(4)：655-672.

[3] 田军，王清华，杨海军，等. 塔里木盆地油气勘探历程与启示[J]. 新疆石油地质，2021，42(3)：272-282.

[4] 杨海军，邓兴梁，张银涛，等. 塔里木盆地满深 1 井奥陶系超深断控碳酸盐岩油气藏勘探重大发现及意义[J]. 中国石油勘探，2020，25(3)：13-23.

[5] 王清华，杨海军，张银涛，等. 塔里木盆地富满油田富东 1 井奥陶系重大发现及意义[J]. 中国石油勘探，2023，28(1)：47-58.

[6] 刘亚森，邹雯，董建雄，孙鹏. 人工智能技术在地震资料快速解释中的应用[A]. 中国石油学会石油物探专业委员会、中国地球物理学会勘探地球物理委员会. 2022 年中国石油物探学术年会论文集(中册)[C]. 中国石油学会石油物探专业委员会、中国地球物理学会勘探地球物理委员会：石油地球物理勘探编辑部，2022：65-68.

[7] MCCARTHY J，MINSKY M L，ROCHESTER N，et al. A proposal for the Dartmouth summer research project on artificial intelligence[J]. AI Magazine，2006，27(4)：12-14.

[8] REN Yili, GONG Renbin, FENG Zhou, et al. Valuable data extraction for resistivity imaging logging interpretation [J]. Tsinghua Science and Technology, 2020, 25(2): 281-293.

[9] Wang F, Chen S. Residual learning of deep convolutional neural network for seismic random noise attenuation[J]. IEEE Geoscience and Remote Sensing Letters, 2019, 16(8): 1314-1318.

[10] Dong X T, Li Y, Yang B J. Desert low-frequency noise suppression by using adap tive DnCNNs based on the determination of high-order statistic[J]. Geophysical Journal International, 2019, 219(2): 1281-1299.

[11] 常德宽, 雍学善, 王一惠, 等. 基于深度卷积神经网络的地震数据断层识别方法[J]. 石油地球物理勘探, 2021, 56(1): 1-8.

[12] 陈芊澍, 文晓涛, 何健, 等. 基于极限学习机的裂缝带预测[J]. 石油物探, 2021, 60(1): 149-156.

[13] 赵邦六, 雍学善, 高建虎, 等. 中国石油智能地震处理解释技术进展与发展方向思考[J]. 中国石油勘探, 2021, 26(5): 12-23.

[14] 杜金虎, 周新源, 李启明, 等. 塔里木盆地碳酸盐岩大油气区特征与主控因素[J]. 石油勘探与开发, 2011, 38(6): 652-661.

[15] 邬光辉, 庞雄奇, 李启明, 等. 克拉通碳酸盐岩构造与油气: 以塔里木盆地为例[M]. 北京: 科学出版社, 2016.

[16] 韩剑发, 苏洲, 陈利新, 等. 塔里木盆地台盆区走滑断裂控储控藏作用及勘探潜力[J]. 石油学报, 2019, 40(11): 1296-1310.

[17] 刘立峰, 孙赞东, 杨海军, 等. 缝洞型碳酸盐岩储层地震综合预测—以塔里木盆地中古21井区为例[J]. 中南大学学报: 自然科学版, 2011, 42(6): 1731-1737.

[18] 温志新, 王红漫, 漆立新, 等. 塔河油田奥陶系缝洞型碳酸盐岩储层预测研究[J]. 地学前缘, 2008, 15(1): 94-100.

[19] 王世星, 曹辉兰, 靳文芳, 等. 碳酸盐岩缝洞系统地震响应特征分析和塔中卡1区缝洞储层预测[J]. 石油物探, 2005, 44(5): 421-427.

[20] 高君, 黄捍东, 季敏, 等. 碳酸盐岩储层地震相控非线性反演技术及应用[J]. 石油物探, 2020, 59(3): 396-403.

[21] 张明, 李相文, 金梦, 等. 超深断控缝洞型储层迭代反演方法——以富满油田为例[J]. 物探与化探, 2023, 47(1): 22-30.

[22] 李相文, 刘永雷, 陶春峰, 等. 基于断裂破碎带地质约束的超深致密灰岩非均质储层迭代反演方法[A]. 中国地球科学联合学术年会. 2021年中国地球科学联合学术年会论文集(九)-专题二十五应用地球物理前沿、专题二十六 油气田与煤田地球物理勘探、专题二十七 水资源地球物理精细探测与多场数据融合[C]. 中国地球物理学会, 2021: 159-162.

[23] 李振春, 刁瑞, 韩文功, 等. 线性时频分析方法综述[J]. 勘探地球物理进展, 2010, 33(4): 239-246.

[24] 李传辉, 张繁昌, 印兴耀. 三种线性时频分析方法的影响因素及精度分析[J]. 石油天然气学报: 江汉石油学院学报, 2010, 32(4): 239-242.

[25] Qian S, Chen D. Discrete Gabor transform[J]. IEEE Transactions on Signal Processing, 1993, 41(7): 2429-2439.

[26] Sinha S, Routh P, Anno P. Instantaneous spectral attributes using scales in continuous wavelet transform [J]. Geophysics, 2009, 74(2): 137-142.

[27] 张金强. 基于正则化理论的时频分析方法及应用[J]. 物探与化探, 2023, 47(04): 965-974.

多信息联合速度建模技术在四川盆地超深层碳酸盐岩高精度成像中的应用

张菽芮　刘属闵　龙虹萤　羊秋黎　刁永波　李光鹏　杜佳骏

（中国石油集团东方地球物理勘探有限责任公司公司西南物探研究院）

摘　要　四川盆地川中地区下古-震旦系灯影组台缘带及龙王庙组构造-岩性圈闭是近年重点勘探目标，埋深普遍约七千米，地层横向非均质性强，同时上覆广泛发育的塑性膏盐岩层，造成深层碳酸盐岩地层不能准确成像。本文提出了一种多信息联合速度建模技术，充分利用单炮初至、微测井、VSP 测井和钻测井成果，同时准确拾取塑性膏盐岩地层层位来提高速度模型的准确度，实现超深层非均质储层准确成像。

关键词　超深层；多信息约束；速度建模；叠前深度偏移；膏盐岩层

四川盆地川中地区超深层震旦系灯影组具备良好的生、储、盖组合，含油气地质条件较好，勘探潜力巨大。川中地区的深层碳酸盐岩由于地层埋藏深，横向非均质性强，受上覆地层的构造和岩性差异的影响，在地震勘探剖面上难以准确成像。当速度存在剧烈的横向变化，以及速度分界面不是水平层状时，叠前深度偏移技术成像效果比叠前时间偏移更精确，能够让复杂构造或速度横向变化较大的地震资料准确成像。在已知精确速度模型的情况下，叠前深度偏移被认为是精确获得复杂构造内部成像最有效的手段，是一种真正的全三维叠前成像技术。

四川盆地有多套膏盐岩层发育，膏盐岩是海相油气优质盖层，横向分布范围较广。膏盐熔点较低，处于 3000m 深度的地层超过膏盐熔点，因此处于熔融或蠕动状态的膏盐岩层有较强的塑性，受构造运动或周围围岩的影响，膏盐岩层表面大都凹凸不平，横向上厚度变化较大。对于川中地区深层的地震资料，下古震旦系地层由于埋深大和上覆膏盐岩层的存在，使得深、浅层构造样式不一，形成“双层楼”构造，常规的速度建模方法无法准确获取盐下地层的速度，造成同相轴下拉或断层假象，无法准确成像（图 1）。

根据以上情况，本文提出一种针对川中地区超深层下古-震旦系成像的多信息联合速度建模技术，在地层产状及速度存在纵横向变化时，结合微测井、VSP 测井、单炮初至和钻测井成果，同时对膏盐岩层进行精细的地质层位拾取，高精度层速度建模，实现共反射点的叠加和绕射点的准确归位，超深地层准确成像。

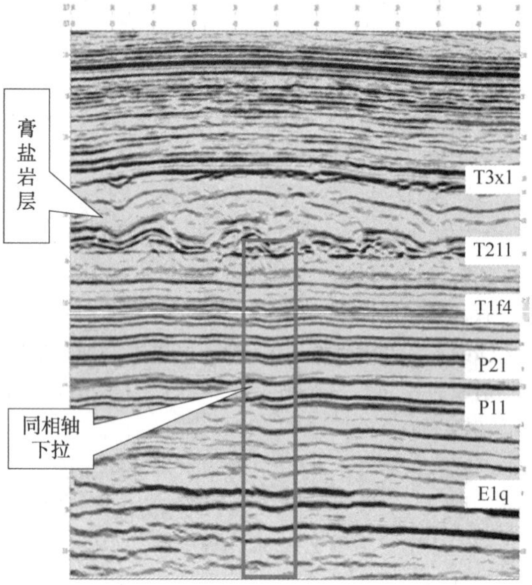

图 1　川中地区常规深度建模后叠前深度偏移深层剖面

1　技术思路

速度建模是影响偏移成像的重要因素。初始速度模型需要一个准确的趋势，趋势偏差过大是难以通过后续层析反演速度更新来修正的，同时速度上的误差具有累计效应，某层的速度不准确会影响到更深地层的速度计算，造成成像效果变差和成像误差。所以采用从浅至深逐步建模的思路，同时结合多方面的地质信息约束，来达到准确建立深度域速度模型的目的。针对川中地区超深层下古-震旦系地层的成像，本文提出了一种多信息联合速度建模技术。对于浅层部分的速度建模，近地表部分采用微测井信息约束层析反演进行近地表速度建模，浅层速度建模采用 VSP 测井信息约束速度建模。对于中深层速度建模，高密度地质层位控制，针对四川盆地分布广泛的膏盐岩层，进行精细地质层位拾取并结合多方位网格层析技术进行速度模型的更新。流程方案如图 2 所示。

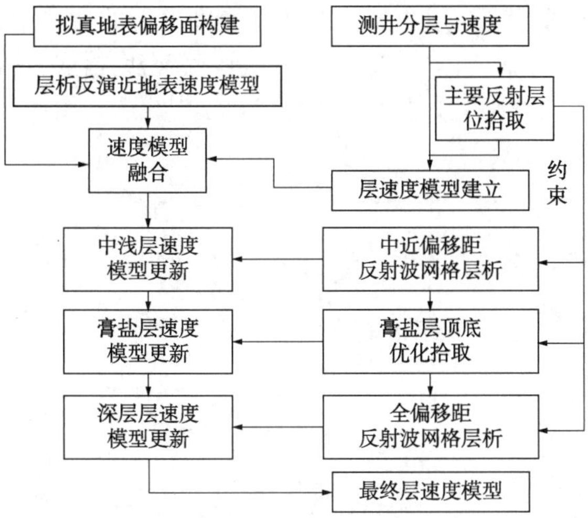

图 2　多信息联合速度建模技术处理流程

1.1　浅层速度建模

目前在四川地区使用的深度域速度建模方法大都是通过区域层速度填充构造实体模型建立初始速度模型，浅层速度不够准确。同时，异常速度所在位置越浅，对深层的成像影响越大。因此获取准确的浅层速度，尤其是近地表速度对深层成像至关重要。

目前工业生产上广泛使用的速度模型更新方法是剩余曲率分析法。剩余曲率分析法是分析偏后道集（CIP）同相轴的拉平程度来进行速度模型更新的方法。从偏移后的道集上看，浅层的地震反射信息较少（图 3），对浅层同相轴的剩余曲率分析无法获取一个准确的浅层速度。

VSP 近地表速度融合建模技术可以建立一个较为准确的浅层速度模型。近地表速度建模采用的方法是在低降速带速度模型基础上，增大反演偏移距，获取一个较深的近地表速度模型。如图 4 所示为利用层析反演进行近地表速度建模时的射线路径图。建立近地表低降速带速度模型采用了单炮初至的近中偏移距进行层析反演，射线

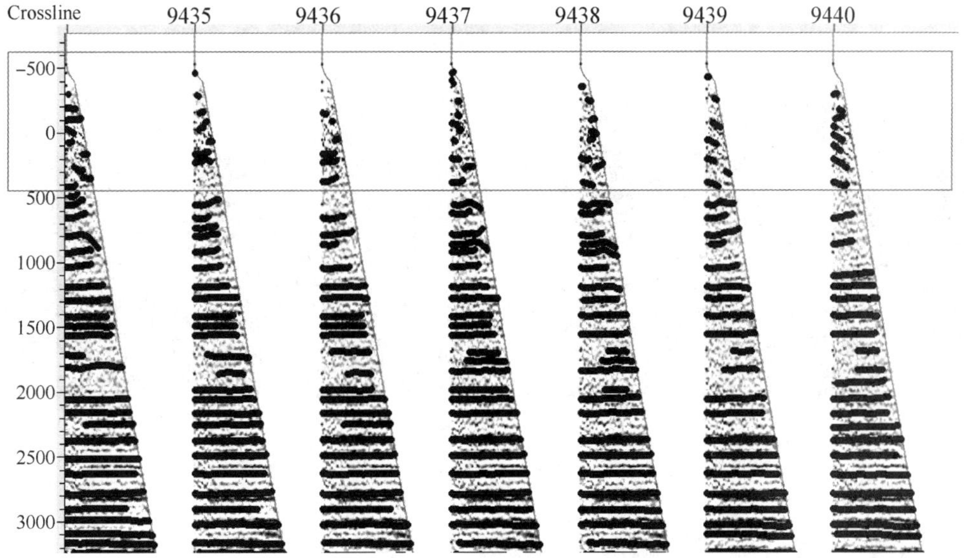

图 3　叠前深度偏移偏后道集及剩余时差拾取

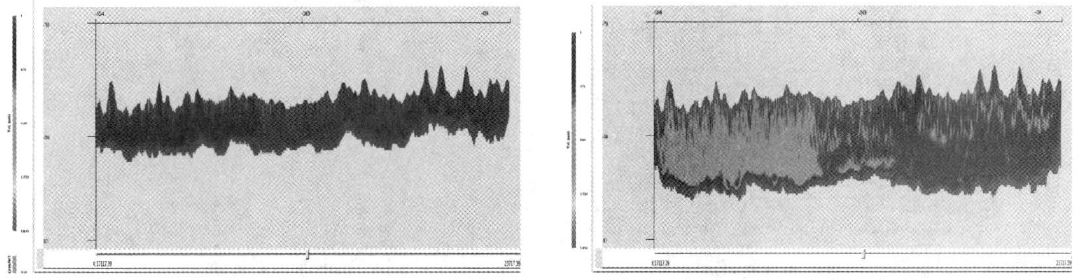

(a)采用2000m偏移距的单炮初至　　(b)采用5000m偏移距的单炮初至

图 4　近地表速度建模层析反演射线追踪路径

到达深度较浅。近地表速度模型深度需要达到偏移后道集上反射波信息较为充足的深度，所以需要加大偏移距进行层析反演，这样就能获得一个相对更深的近地表速度模型。同时结合微测井信息进行约束，让近地表速度模型更准确。

利用区内的 VSP 测井信息获得一个浅层的初始层速度模型，将层析反演的近地表速度模型与这个初始层速度模型进行融合，得到一个融合后的浅层速度模型(图 5)。融合时需要选取合适的拼接面和融合时窗，设计过渡带，并对融合后的近地表速度模型进行编辑、平滑和插值处理，避免出现速度突变的情况。通过对比融合前后叠前深度偏移剖面，可以看出近地表速度模型融合后，叠前深度偏移剖面浅层部分成像质量提高(图 6)，为初始深层速度模型的建立打下基础。

1.2 中深层速度建模

川中地区中层地层为陆相沉积，具有横向岩性变化较大、裂缝发育的特点。为了让速度模型能够准确沿层更新，在初始速度模型的建立中，对区内资料主要波阻抗界面进行高密度拾取，引入测井速度，根据地质分层建立中浅层初始速度模型(图 7)。

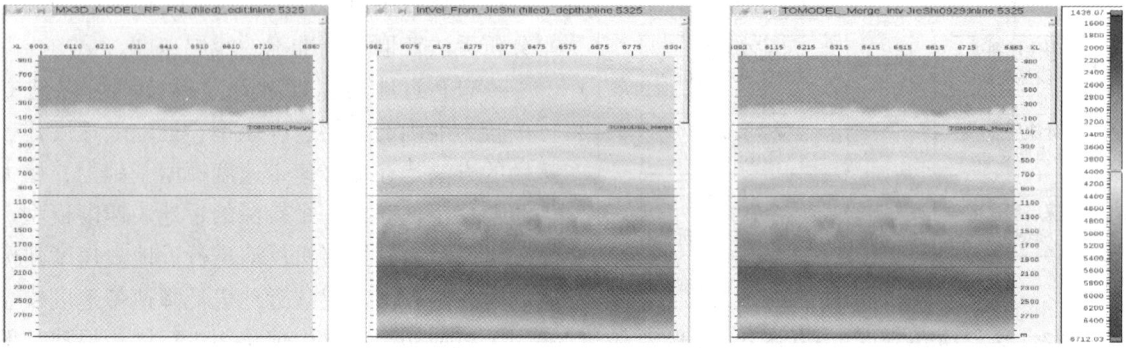

(a)层析反演近地表速度模型　　(b)利用VSP测井信息得到的初至速度模型　　(c)融合速度模型

图 5　浅层速度模型

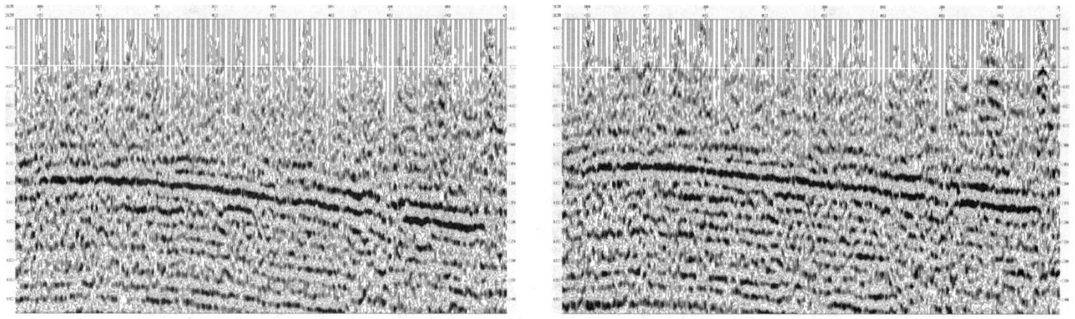

(a)近地表速度融合前　　(b)近地表速度融合后

图 6　近地表速度模型融合前后局部深度偏移剖面对比

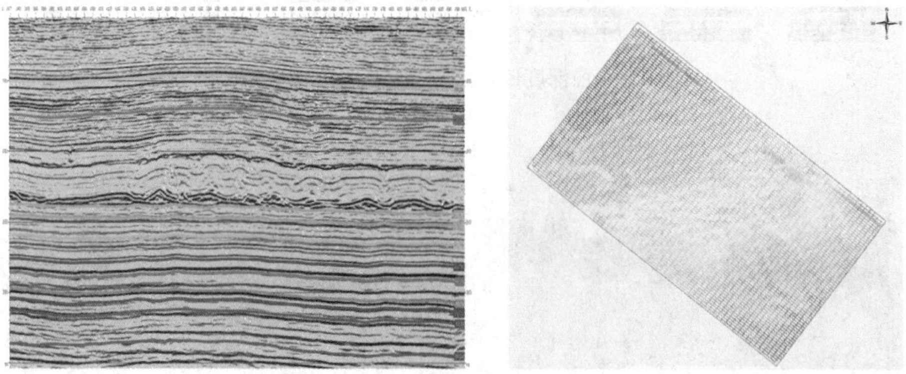

(a)波阻抗界面拾取　　(b)拾取空间密度

图 7　波阻抗界面拾取及拾取空间密度

图8为叠前深度偏移剖面与速度模型的叠合图，从图中可以看出，更新后的速度模型与深度偏移剖面纵向变化吻合更好。在剖面成像上，断层、裂缝成像更加清晰，下覆地层成像也有一定程度的改善(图9)。

在四川盆地川中地区广泛发育膏盐岩层，让地震剖面成像出现“双层楼”构造样式，是一套与膏盐岩层相关的统一构造系统，而非盐上、盐下独立的两套构造体系。从测井信息上看膏盐岩层为低速带，在速度模型上看存在速度突变。为了让膏盐岩层准确成像，首先对膏盐岩层进行准确的地质层位拾取(图10)，然后根据测井信息对膏盐岩层内部进行等效速度填充(图11)，再利用多方位网格层析，利用其能够在存在局部地质异常体的情况下，克服传统克希霍夫算法对偏移道集剩余延迟无法有效统计的缺陷，将速度横向突变两边的剩余延迟区别开并进行更新，同时通过测井信息对膏盐岩层的地质层位进行调整，让速度模型与真实地下介质情况更加吻合。从剖面成像上看，在膏盐岩层位置的同相轴更聚焦，成像质量得到提高(图12)，说明速度模型的准确性得到有效提高。

川中地区深层海相沉积较为稳定，在中浅层层位约束的基础上，在深层速度模型更新的同时利用测井信息进行井约束，能够确保深层稳定沉积层的准确成像。

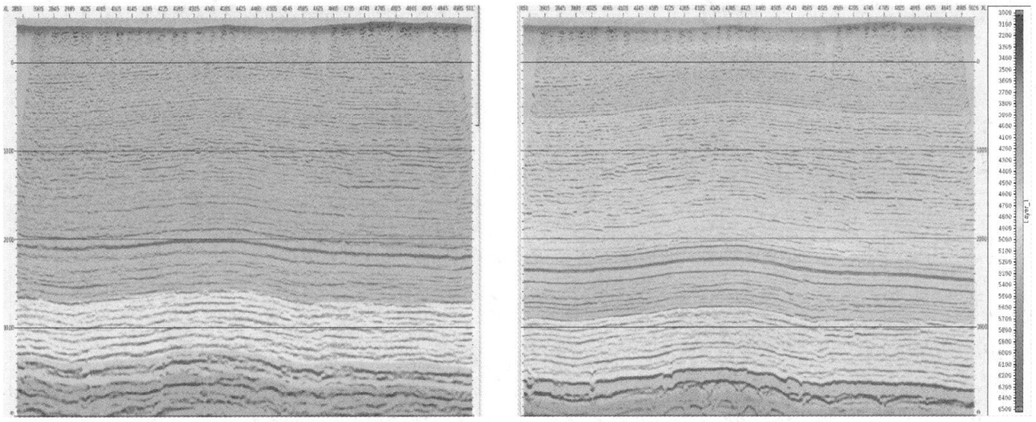

(a)更新前　(b)更新后

图8　叠前深度偏移剖面与速度模型叠合图

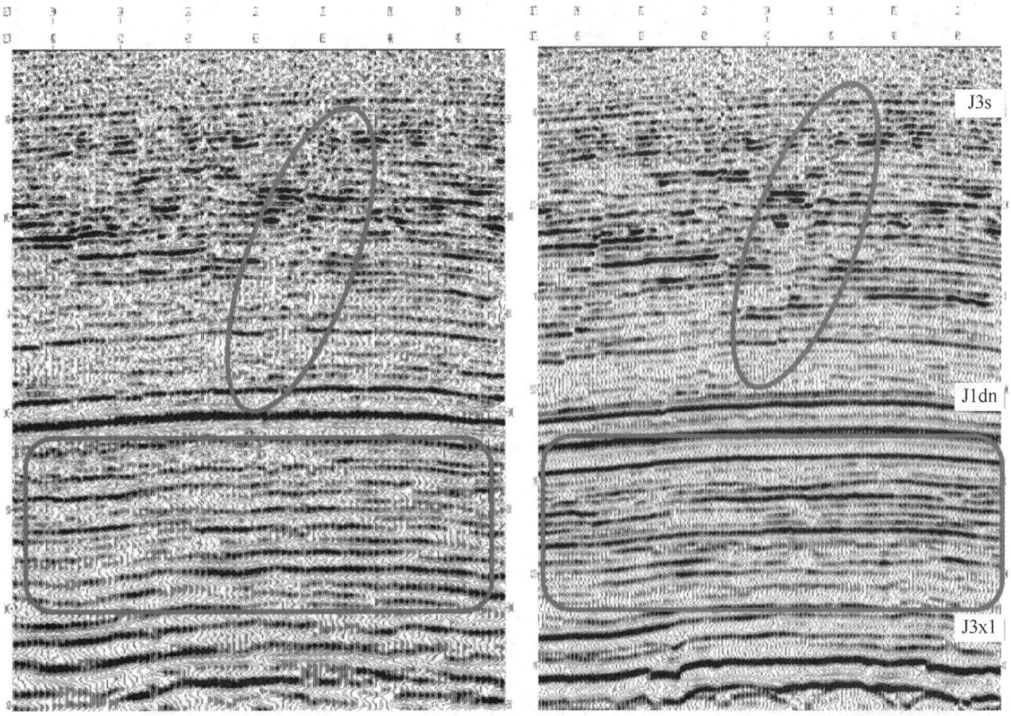

图9　中浅层陆相沉积地层模型更新前后深度偏移剖面对比

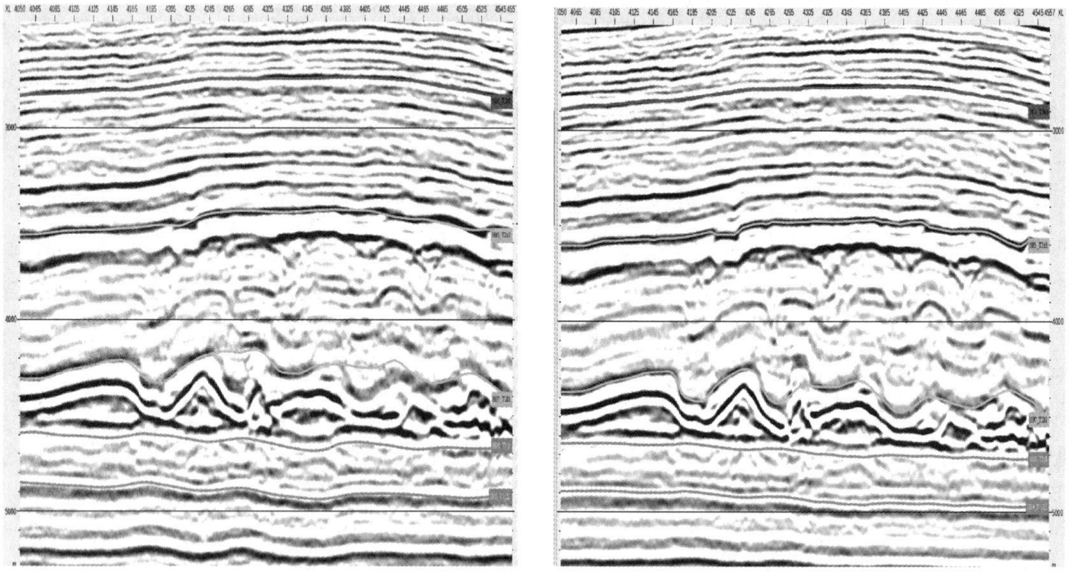

(a)层位调整前　　(b)层位调整后

图 10　膏盐岩揉皱层层位拾取

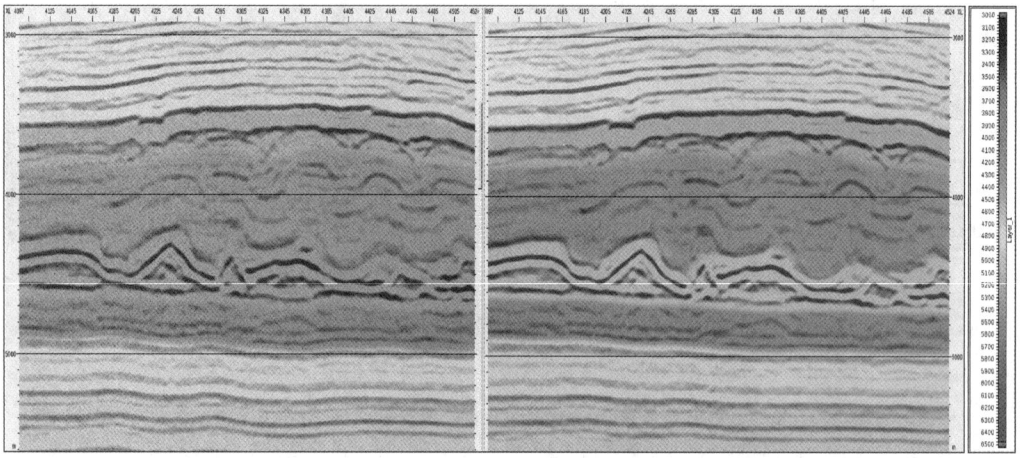

(a)填充前　　(b)填充后

图 11　膏盐岩揉皱层部分速度模型与叠前深度偏移剖面叠合图

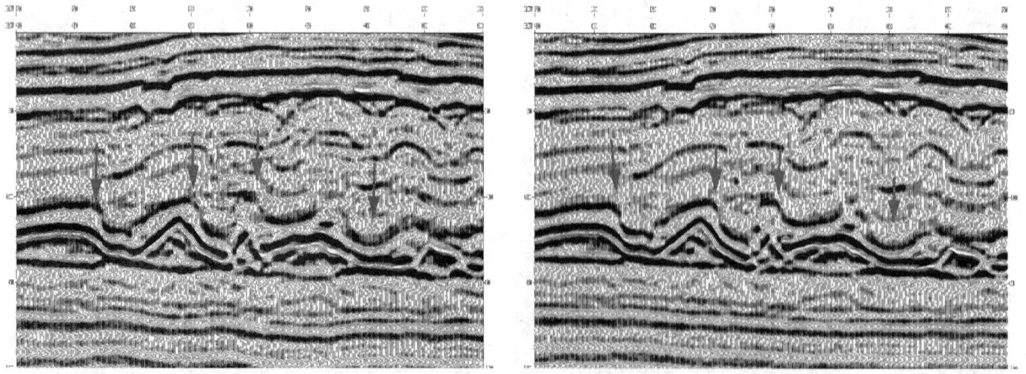

(a)更新前　　(b)更新后

图 12　更新前后叠前深度剖面

2　应用效果

应用多信息联合速度建模技术到四川盆地川中某地区。在叠前深度偏移剖面上看，浅层成像更加清晰，断层和裂缝成像更加准确，在膏盐岩下的深层碳酸盐岩地层成像上，同相轴下拉等成像畸变得到很好的校正(图 13)，成像更符合海相地层的沉积特征。在与测井信息的对比中，井震误差控制在 0.2%以内(图 14)，表明该成果剖面的成像是准确合理的。

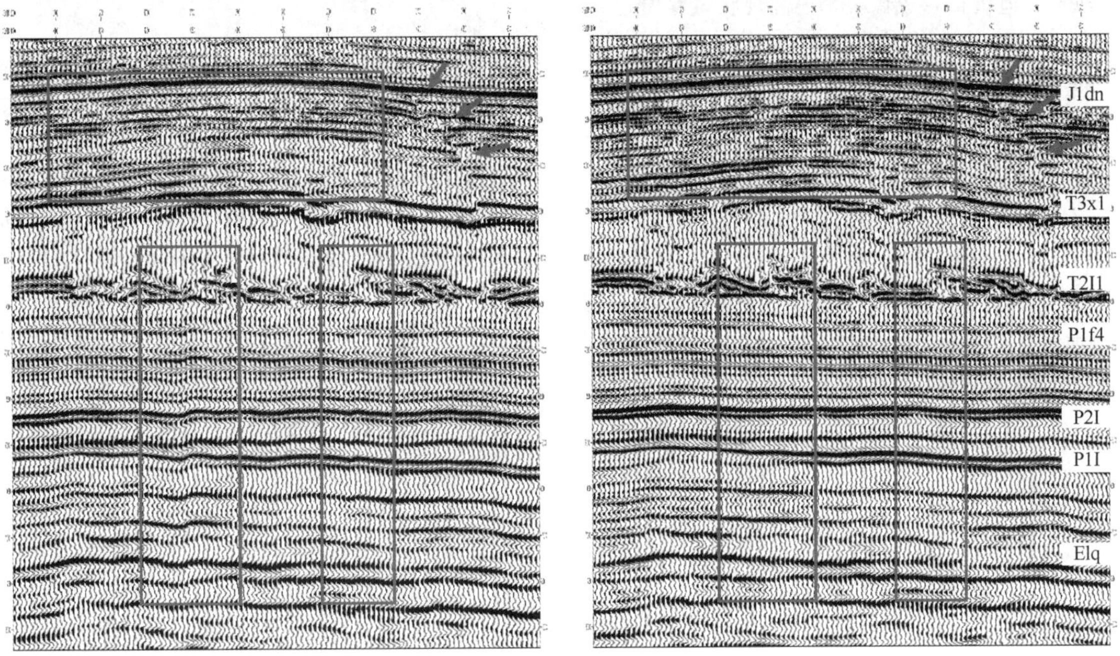

(a)常规深度域速度建模　　(b)多信息联合速度建模

图 13　叠前深度偏移剖面对比

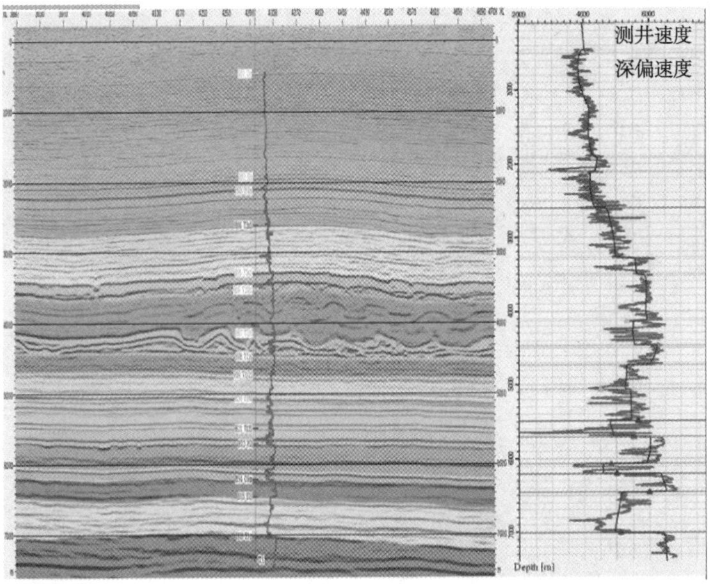

层位	钻井海拔/米	钻井海拔垂深/米	深度误差/米	误差率/%
J3s	462	461	1	0.2
J2s	1924	1922	2	0.1
J1dn	2118	2117	1	0.0
T3x5	2607	2605	2	0.1
T3x1	3281	3279	2	0.1
T2141	3530	3528	2	0.1
T211	4139	4135	4	0.1
T1j4	4472	4475	−3	−0.1
T1j22	4735	4733	2	0.0
T1f4	5067	5066	1	0.0
T1f1	5496	5495	1	0.0
P21	5713	5710	3	0.1
P11	6078	6074	4	0.1
O1m	6212	6211	1	0.0
E11	6459	6452	7	0.1
E1q	7018	7013	5	0.1

图 14　多信息联合速度建模后井震吻合度及误差统计

3　结论

多信息联合速度建模技术在常规叠前深度偏移速度建模基础上，将地质信息与地震数据充分结合，从近地表开始到深层逐步获取一个较为准确的速度模型。其中对于膏盐岩层这种厚度变化大的地层进行精细的地质层位拾取，结合多方位网格层析技术和测井信息进一步提高速度模型的准确度。运用这样的速度模型进行叠前深度偏移让共反射点更准确的归位，提高了成果剖面的成像质量，实现了超深层碳酸盐岩更为精细、更高可靠度的成像，在川中地区超深层勘探的生产实践中有突出的应用效果。

参 考 文 献

[1] 李振春. 地震偏移成像技术研究现状与发展趋势[J]. 石油地球物理勘探，2014，49(1)：1-21.

[2] 黄东，杨光，杨天泉等. 四川盆地中三叠世盐盆分布与演化特征研究[J]. 西南石油大学学报(自然科学版)，2013，35(2)：37-42.

[3] 段曾宁，葛汉清. 低频信号在膏盐覆盖区成像中的应用研究[J]. 勘探地球物理进展，2009，32(4)：286-290.

[4] 卞青，陈琰，张国卿等. 柴达木盆地膏盐岩层岩石物理特征及其对构造变形的影响[J]. 石油学报，2020，41(2)：197-204.

[5] 文冉，樊骐铖，衡德等. 长宁页岩气开发随钻跟踪叠前深度偏移建模方法及应用效果. 石油地球物理勘探，2022，57(增刊2)：46-52，69.

[6] 谢练兵，严建实，魏庆辉，伊会生，景芳等. 联合速度建模技术在浅水区深度域偏移成像中的应用[A]. SPG/SEG南京2020年国际地球物理会议论文集：326-329.

[7] 方勇，温铁民，李虹等. 多方位网格层析成像技术及应用效果[J]. 物探化探计算技术，2016，28(05)，677-680.

[8] Bian Qing，ZhangDaowei，YuXiangjiang，et. Transpressional salt tectonic system in western QaidamBasin，Western China[J]. AAPG Bullelin，2019，103(3)：547-568.

[9] AL-YAHYA K. Velocity analysis by iterative profile migration[J]. Geophysics，1989，54(6)：718-729.

渤海中生界优质火山岩储层控制因素及预测方法

张　藜　黄晓波　刘晓健　贾　业　潘　凯

[石油(中国)有限公司天津分公司]

摘　要　渤海中生界火山岩整体储量规模小，成效不佳，优质储层分布是火山岩勘探的核心问题。本文基于钻测井、薄片、扫描电镜、地球化学等资料，系统分析了渤海中生界火山岩的岩性、岩相、主要储集空间类型和分布，确定渤海火山岩储层为中孔-低渗、特低渗储层，主要储集空间包括三类10种，最主要的储集空间为脱玻化孔、裂缝、基质溶孔。在构造、岩性岩相分析基础上，明确了渤海火山岩优质储层发育主要受控三个要素：构造活动是高孔渗储层形成的最关键要素；风化淋滤控制了有效储层的总厚度；火山机构近源相带叠加有利岩相是原生孔缝发育和后期储层改造的必要条件。提出环渤中地区火山岩优质储层发育有两种模式，为环渤中地区有利火山岩目标搜索提供依据。

关键词　火山岩；中生界；优质储层；主控因素；渤中凹陷

我国在上世纪70年代开始先后在渤海湾辽河东部凹陷、松辽盆地、准噶尔盆地等火山岩中勘探发现徐深、克拉美丽等亿吨级规模油气田，火山岩勘探成为储量增长的重要领域。但由于目前也火山岩储集层通常属于中低孔-中低渗、小孔喉储层，且非均质性极强，甚至在局部盆地成为致密储层。但即使这样，由于火山岩储层物性下限较低，往往低于相同层位的沉积岩，且火山岩储层物性受深度影响较小，在4500m以下碎屑岩徐深气田测试产能仍能高达50.6m^3/d，说明火山岩作为有效储层在勘探深度较深的地区具有明显优于碎屑岩的勘探潜力。渤海海域前新生界基底70%以上被中生界地层所覆盖，尤其是环渤中凹陷地区这一比例占到90%，且岩性主要为中生界火山岩类。但由于目前并未将火山岩作为主要目的层开展大规模的勘探，仅在局部高凸起区有24口钻井钻遇中生界火山岩，发现428西、秦皇岛30等中小型火山岩油气田，储量规模小、勘探成熟度较低。但渤中凹陷是渤海湾盆地沉积沉降的中心，新生界沉积地层厚度大，潜山埋深较深，而渤中凹陷是目前渤海海域油气勘探最重要的富生烃凹陷，其沙三段和沙一段和东三段已证实为成熟的优质烃源岩，周围已有秦皇岛32-6、蓬莱19-3等多个亿吨级油田及中小型油田证实来源于此。沙河街组与东营组烃源岩与火山岩侧向直接对接，同时上覆的超压东营组盖层也为油气充注提供动力，是否具备优质的火山岩储层，成为环渤中凹陷地区火山岩勘探的核心问题。但中生界火山岩因其具有物性上的优势效果，即储层物性随着埋深增加有减少的趋势，但还有较多的原生孔隙能得到保存，这一点在在渤海海域火山岩储层中也可见到，局部也可发育高孔-中高渗储集层，孔隙度达到30%以上，渗透率高于100mD，探索这类优质储层分布规律往往是火山岩油气勘探的重点和难点，同时也是火山岩油气勘探领域研究的热点。

众多火山岩研究成果表明：火山熔岩类的储层性能明显优于火山碎屑岩和碎屑岩类；火山岩储层通常分布在地下3km以内；在特定的区块有利岩性带存在差异，但偏酸性的流纹岩、粗面岩类是更为有利的岩性带；火山岩-近火山口储层质量较好，距离喷发中心距离远则差；风化界面150m以内有利储层可能较大；主要储集空间为气孔等原生孔、次生溶蚀孔隙等。本文针对环渤中凹陷地区火山岩开展研究，发现该区火山岩岩性主要为粗面岩、粗安岩等碱性火山岩系列，缺乏酸性火山岩系列，主要储集空间为裂缝-次生孔隙，占比达到60%以上，这与松辽盆地等地区火酸性流纹岩为主的火山岩储层和原生孔隙为主的储集空间类型完全不同，相比松辽盆地构造裂缝对火山岩有效储层总孔隙度的贡献仅为0.2%~1%，渤海海域裂缝及后期的次生溶蚀对火山岩的成储具有重要意义。因此本文基于岩石学特征、测井分析、元素分析等探讨了渤海中生界优质火山岩储层的特征和主要储集空间类型，据此探讨优质储层的成因机制，以期对环渤中凹陷及整个海域低位火山岩潜山勘探提供依据。

1　区域地质概况

受“印支运动”、“燕山运动”影响，经历了强烈的构造变形、抬升、剥蚀等，构造演化复杂。尤其在燕山中期，受伊泽奈崎板块俯冲作用，使得 NNE 向郯庐断裂发生大规模的左旋走滑，盐山-歧口—兰聊断裂带也开始活动，该时期也是中国东部岩石圈减薄的峰期，同时可能出现地幔柱活动，伴随着软流圈的隆升。在上述两种机制的联合作用下，中国东部进入大规模的裂陷或断陷盆地发育阶段，沉积了较厚的 J_3+K_1 地层，并伴有强烈的火山活动，在渤海海域广泛发育火山岩地层。锆石测年显示渤海海域火山活动主喷发期主要集中在 150～100Ma，大部地区以义县组火山岩为主，测年集中在 136～105Ma 之间，而西部则多为侏罗系火山岩，测点集中在 163～175Ma 之间。总体表现为基性旋回-中基性旋回-中酸性旋回-碱性旋回的过渡，火山岩、火山碎屑岩厚度等值线长轴与燕山中期 NE 向、NWW 向的基底断裂一致。研究区白垩纪火山岩多为 SiO_2 含量范围在 61.66wt～67.32wt.%的中性岩浆。元素分析及同位素测定表明，研究区样品并非来自地幔源区，而可能与古老地壳的深熔作用相关。且向东火山岩年龄变新，可能与古太平洋板块后撤，热点东移相关。

晚白垩世，库拉-太平洋板块洋中脊与欧亚大陆东缘碰撞俯冲造成的挤压变形以及古近系强烈断陷伴随的翘倾作用，火山岩体遭受强烈改造，高部位剥蚀夷平及侧向断层切割，使得火山口附近岩体不同程度缺失，形成改造型火山机构，在海域多口钻井中均有钻遇。但在环渤中地区，由于新生界构造活动较弱，构造改造作用较小，因此成为渤海海域火山岩厚度最大、喷发期次最多，保存最完整的地区。

环渤中凹陷中生界钻井共 24 口井，埋藏深度在 1000～4500m 之间，揭示火山岩总厚度 6126m，单井揭示火山岩厚度最大 1050m。共揭示 13 种岩性，主要为粗面岩、粗安岩、英安岩、安山岩、英安质及安山质隐爆角砾岩等，其次为玄武岩、英安质熔结凝灰岩、晶屑玻屑凝灰岩和沉火山碎屑岩。主要喷发模式有中心式喷发和裂隙式喷发两种，其中，优质火山岩储层隶属于爆发相、溢流相和侵出相。已发现火山岩油气藏多为构造-岩性复合油气藏。

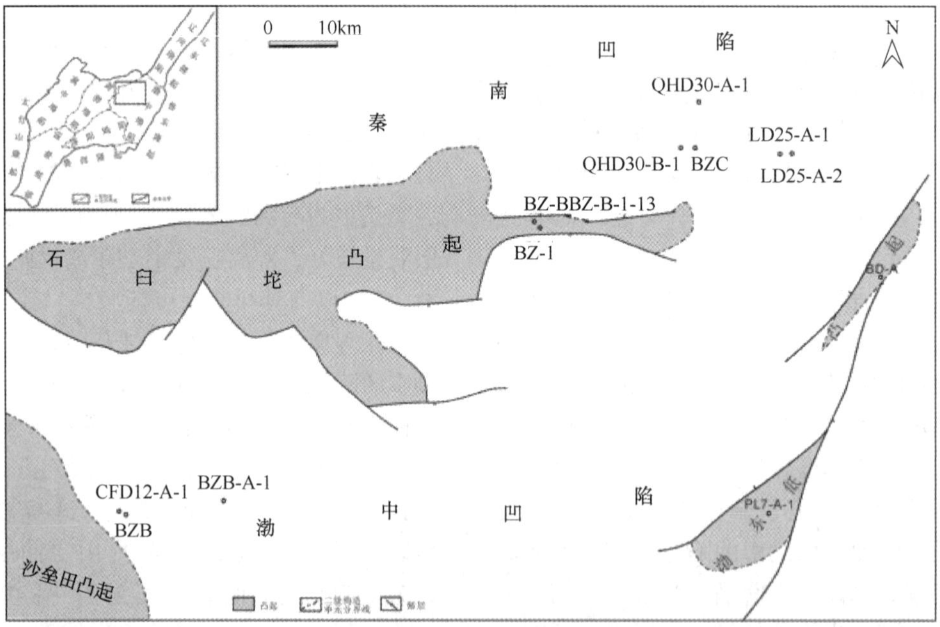

图 1　区域位置图

2　火山岩储层特征

2.1　火山岩岩性特征

根据主量元素分析结果，渤海海域环渤中凹陷地区中生界火山岩 SiO_2 含量介于 38.47～73.04wt.%之间，平均值 60.11wt.%；Na_2O 和 K_2O 为主的碱质含量高，值分布在 3.13～13.39%之间，均值 9.35%。主要为偏中性的钙碱性和碱性火山岩（图 2）。而根据微量元素 Y/Cr 投图显示，该区火山岩所处的构造环境主要为碰撞的岛弧火山岩，Sr 同位素与 εNd(t) 投图中样品与前寒武结晶基底相似，表明该区较中性的岩浆可能来源于较老的地壳源区。

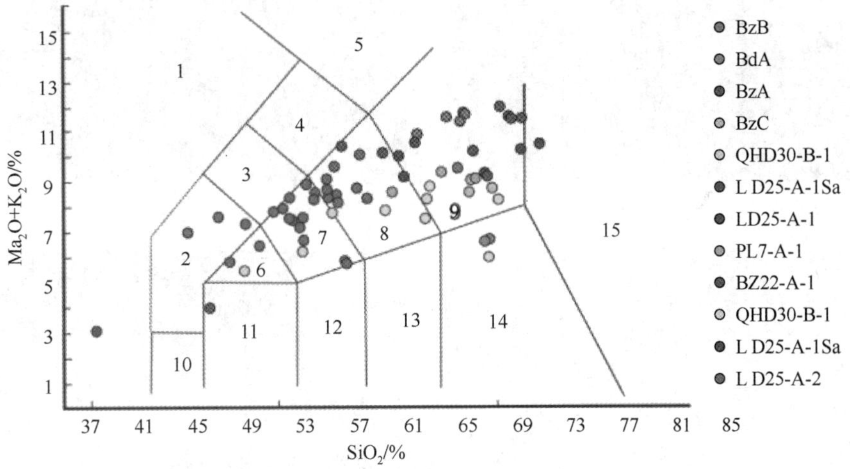

1 副长石岩 2 碱玄岩、碧玄岩 3 响岩质碱玄岩 4 碱玄质响岩 5 响岩
6 粗面玄武岩 7 玄武粗安岩 8 粗安岩 9 粗面岩、粗面英安岩
10 苦橄玄武岩 11 玄武岩 12 玄武安山岩 13 安山岩 14 英安岩 15 流纹岩

图 2　渤海海域环渤中凹陷火山岩 TAS 图版

2.2　火山岩岩石学特征

根据钻井岩心观察、薄片鉴定等，将环渤中凹陷中生界火山岩分为火山熔岩类、火山碎屑熔岩类和火山碎屑岩三大类。其中火山熔岩类主要为玄武岩（图 3-a）、粗面玄武岩、玄武粗安岩、粗安岩（图 3-b）、粗面岩、粗面英安岩等组成。火山碎屑熔岩类包括玄武质碎屑熔岩、安山质碎屑熔岩和英安质碎屑熔岩及隐爆角砾岩，主要为火山碎屑结构，晶屑主要为石英和长石，次棱角状，浆屑多呈拉丝状，顺层分布（图 3-c），基质为玄武质、安山质和英安质、流纹质熔岩，胶结物为脱玻化的火山灰。另外还可见隐爆角砾岩，为富含挥发分的岩浆入侵到岩石破碎带时由于压力释放又不完全释放在地下爆炸形成的，多为后期岩浆对早期岩浆的改造形成，多具有隐爆角砾结构，自碎结构和碎裂结构，呈枝丫状、裂缝充填状，角砾间的胶结物与角砾成分相同或相近的岩汁，往往可拼合呈原岩（图 3-d）。火山碎屑岩类主要为玄武质碎屑岩和安山质碎屑岩，如图 3-e 中火山角砾岩中碎屑为安山质，见火山角砾结构，角砾岩中碎屑物质主要为粒径较大（2～64mm）的岩屑组成，胶结物为火山灰。还可见粒度较细的具有火山凝灰结构的凝灰岩类，碎屑物质可见晶屑、玻屑和岩屑及火山尘类（图 3-f）。

2.3　储集空间特征

环渤中凹陷火山岩储层储集空间可分为原生孔隙、次生孔隙和裂缝 3 类，共 10 种储集空间类型。其中原生孔隙包括熔浆中的挥发分脱气产生的原生气孔（图 2a）、颗粒间孔（图 2b）和杏仁体内孔为主，原生孔相对孤立，连通性差，不同程度遭受充填，但局部微裂缝发育可沟通原生气孔，形成有效储集空间。次生溶蚀孔隙包括铸模孔（图 2c）、斑晶溶孔（图 2d）、晶间溶孔、杏仁体溶孔和脱玻化孔、基质溶孔等（图 2l），次生孔隙中以脱玻化孔和基质溶蚀孔发育为主，斑晶溶蚀孔和杏仁体溶蚀孔次之。斑晶溶蚀孔隙和杏仁体溶蚀孔隙较为规则，储集空间较独立，如图 2c 中辉石被完全溶解形成的铸模孔，孔隙间连通性较差。但基质也不同程度遭受溶蚀形成海绵状细小溶蚀孔隙（图 2l），玻璃状成分发生脱玻化作用形成大量的脱玻化孔（图 2h），极大程度的改善了孤立孔隙的连通性，对改善整体渗流能力具有重要意义。研究区裂缝包含熔浆膨胀炸裂形成的炸裂缝（图 2e）、构造作用形成的构造缝（图 2f）、火山通道相隐爆角砾岩亚相中隐爆作用形成的隐爆缝（图 2g）和后期溶蚀改造的溶蚀缝（图 2i）等，其中构造缝多见，尤其是多见明显的剪切裂缝，裂缝平直，可切穿角砾，延伸较远。总体来说各种裂缝系统交织，原生、次生孔隙一同形成较好的火山岩缝网系统。

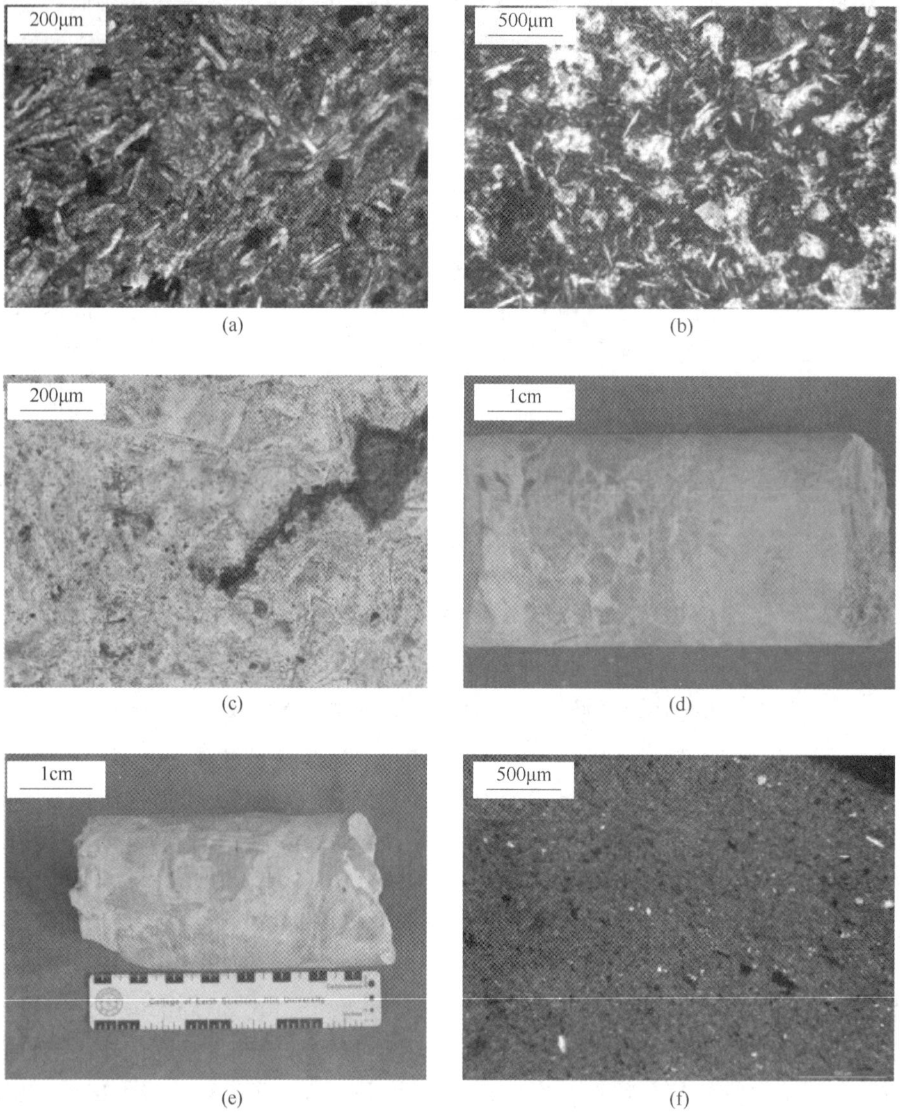

图 3　火山岩岩石学特征

a. 玄武岩，BZB 井-3079~3082m，斑晶为橄榄石、辉石，橄榄石多发生伊丁石化、蛇纹石化。基质间粒结构，板条状斜长石格架间充填辉石。正交，5×10。b. 气孔杏仁粗安岩，BDA 井-3273m，粗面结构，气孔杏仁构造，杏仁体主要成分为碳酸盐矿物，主要矿物为碱性长石，其次为斜长石。整体碳酸盐化严重，裂缝发育，内充填碳酸盐矿物，正交，5×10。c. 流纹质晶屑浆屑凝灰岩：BZA-3178-3186m，火山碎屑结构，晶屑主要为石英和长石，次棱角状；浆屑多呈拉丝状，基质为流纹质熔岩。胶结物为脱玻化的火山灰。d. 隐爆角砾岩：QHD30-B-1-3375-3376.3m，隐爆角砾结构，英安岩质原岩受后期岩汁侵入影响，炸裂成粒度不同的角砾且角砾成分相同，角砾被后期岩汁所胶结，呈棱角状。e. 火山角砾岩：QHD30-B-1-3376.3-3378.3m，火山角砾结构，角砾岩中碎屑物质主要为粒径较大(2~64mm)的岩屑组成，胶结物为火山灰。f. 安山质晶屑凝灰岩：QHD30-B-1-3200m，凝灰结构，晶屑为斜长石、石英，颗粒较小，呈次棱角状。原岩为安山质。岩石蚀变强烈，粘土化，火山尘胶结。

研究区火山岩主要储集空间占比分别为：原生孔隙(1%)，杏仁体内孔(0.4%)，各类斑晶溶孔(2.5%)，基质溶孔(2~2.1%)，脱玻化孔(2.5~4.5%)，裂缝(3~3.3%)，可见脱玻化孔、裂缝、基质溶孔是最主要的储集空间，而裂缝中主要为构造缝、溶蚀缝和炸裂缝(图 5)。

2.4　火山岩储层物性特征

在对 7 口钻井中生界 99 个火山岩样品实测物性数据分析得出，该区孔隙度最大为 30.3%，最小值为 2.17%，平均值为 11.6%。渗透率最大值为 15.8mD，最小值为 0.0013mD，平均值为 1.34mD。总体表现为中-孔、低-特低渗特征(图 6)。在储集空间分析中可见虽然储层整体孔隙发育较好，但由于原生及次生孔隙部分多为孤立斑晶、不规则状，连通性差，渗透率总体较差，但由于脱玻化作用、基质溶蚀作用和各类裂缝的沟通，整体储层基质具有一定的渗透性和连通性，因此孔渗具有一定的相关性。

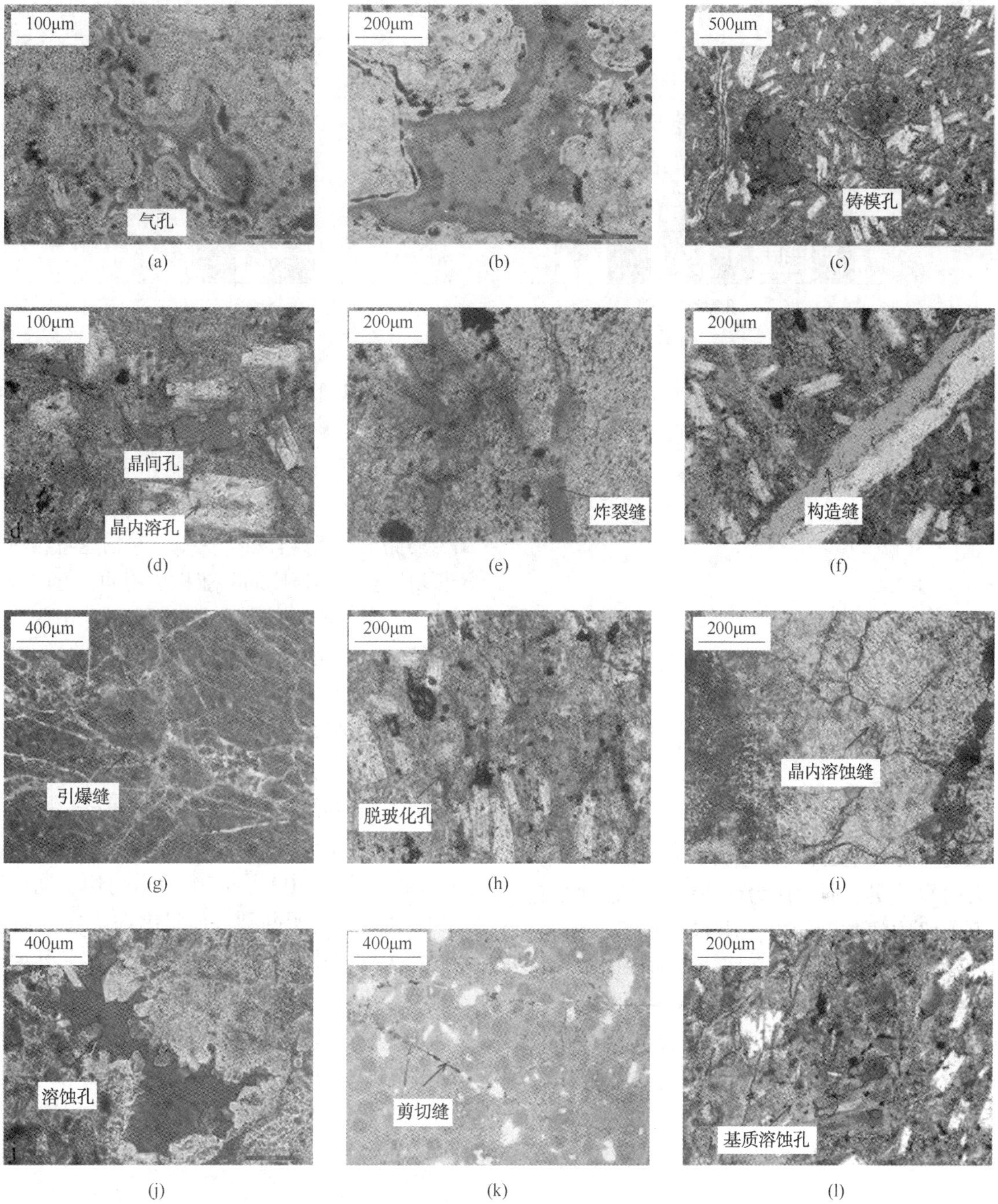

图 4　火山岩储集空间特征

a. 粗安质隐爆角砾岩，BZC 井–3464.8m，斑晶主要为斜长石，少见碱性长石，基质具有霏细结构，主要成分为长石和石英。气孔发育。单偏，20×10。b. 粗安质隐爆角砾岩，BZC 井–3465.0m，粗安质隐爆角砾岩，岩石具有自碎结构，岩石自碎破裂形成的火山角砾被粗安质熔岩熔结，多斑结构，基质气孔发育，气孔边部可见方解石晶体，裂缝充填方解石。单偏，10×10。c. 安山岩：BZA–3178–3186m，辉石被完全溶解形成铸模孔。d. 安山岩：QHD30–A–1–3378.0m，发育斜长石晶间孔、晶内孔，整体碳酸盐化强烈。e. 火山角砾岩：QHD30–B–1–3376.3–3378.3m，火山角砾结构，发育火山碎屑内的炸裂缝，裂缝连通性好；f. 安山岩：构造缝发育，g. 隐爆角砾岩 LD25–1–1Sa–3426.5m，隐晶玻璃质分布于碱性长石微晶间。岩石内见多条微裂缝，呈“网状”分布，裂缝内被自生石英充填或半充填。裂缝窄，缝宽在 0.01–0.1mm 之间，残余裂缝面孔率约占 2%左右。h. 安山岩，QHD30–A–1–3392.0m，斑晶主要为自形程度较好的斜长石，基质由火山玻璃和斜长石微晶构成玻晶交织结构。发育晶内溶孔、脱玻化孔。i. 安山岩，QHD30–A–1–3390.12m，裂缝发育，内充填亮晶方解石，见方解石溶蚀形成裂缝。j. QHD30–A–1–3389.5m，自碎角砾或隐爆角砾，火山碎屑结构，原岩为安山岩，发生破碎后被后期岩汁所溶解，发育溶蚀孔。k. 隐爆角砾岩：LD25–1–1Sa–3445.0m，3445m 粗面岩剪切缝切穿砾石 l. QHD30–A–1–3391.1m，安山岩，基质溶蚀孔。

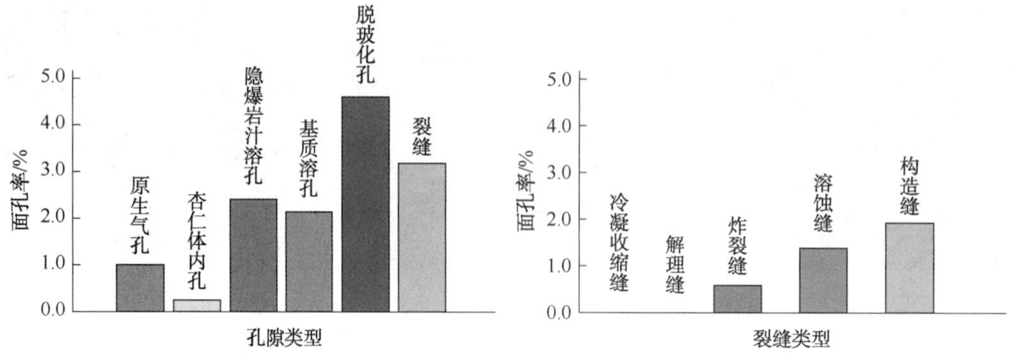

图 5　孔隙和裂缝类型分布图

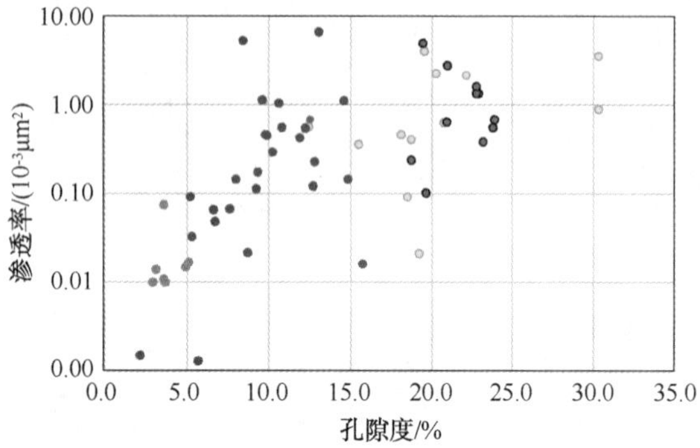

图 6　实测火山岩孔隙度和渗透率分布图

3　优质火山岩储层成因

孔缝发育且连通性较好的火山岩储集体为优质的火山岩储层。通常认为优质储层主控因素包括：火山机构的类型、岩性岩相、旋回界面等，另外构造作用、风化淋滤和流体溶蚀作用等也可对储层进行改造，不同地区储层性能和改造差异明显。基于对研究区火山岩储层特征的分析认为，渤海中生界火山岩优质储层主要受控于三个方面：

3.1　构造作用是火山岩中高孔渗储层形成的最关键要素

构造作用对火山岩的控制作用包括两个方面，它不仅控制了火山活动和火山机构的分布，也对火山岩的储集性能具有较大影响。早白垩世，伊泽奈崎板块以更快的速度向欧亚板块俯冲，方向为北及北北西，引发地幔底辟及岩石圈减薄，引起剧烈的火山喷发。从 150～100Ma 间，岩浆沿燕山期断裂向上多期次喷发于地表，使研究区形成一系列北东向排布的锥状和穹状火山机构，呈串珠状分布，并在后期成岩作用和构造改造的影响下，最终形成研究区火山机构堆叠和岩性、岩相分布。从可识别火山口的分布与燕山期断裂的叠合图可以看出，渤中凹陷地区火山口分布沿北东向燕山期伸展断裂和近南北向走滑断裂方向呈串珠状分布(图 7)，与此相关的火山机构也呈带状分布。另外由于白垩系下部火山岩以熔岩穹隆为主，另外也发育层状火山机构，不管哪种机构类型，其有利的近-中源相带均发育于近火山通道的近-中源相带，因此燕山期断裂控制了有利的岩性-岩相的宏观展布。

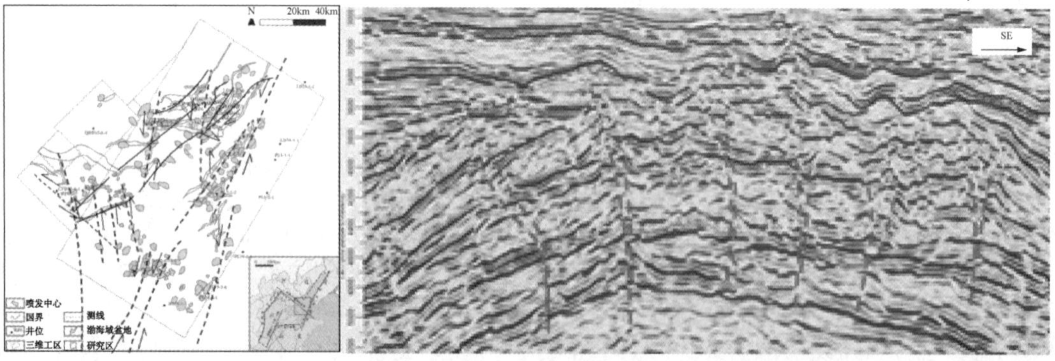

图 7　环渤中凹陷地区火山口与燕山期断裂分布

构造作用对对储集性能的改善作用表现在，构造变形中产生的裂缝可成为火山岩储层的主要储集空间和渗流通道，多期次、不同规模的裂缝对沟通孤立原生气孔，增加有效孔隙和改善储集性能具有重要作用。断裂带的存在和断裂活动可使得风化作用影响的深度范围变大。

在早白垩世强烈伸展和走滑伴生时期，其盆内应力场应为北东-南西向左行剪切应力场，断裂主要为北北东至近南北向左行断裂。伸展和近东西方向的伸展为主，在该应力场作用下，盆内的断裂控制下的伸展裂缝发育应该表现为北东向和近东西方向，在研究区典型钻井成像测井结果分析表明，其火山岩中最主要的高导裂缝方向为北东向和近东西方向，与燕山晚期伸展应力方向一致，表明燕山晚期是最主要的有效裂缝的造缝期。同时，在局部近东西向断裂，从成像测井中仅发育东西向断裂这组方向断裂的深度段 3430~3440m 的岩石薄片中，发现这组裂缝大多为未充填裂缝，断裂面较平直，同时其两盘地层表现出一定的左行走滑特征，而且往往切穿砾石(图 8)，表现为较明显的剪切属性断裂特征，与燕山期剪切应力方向垂直，推测与燕山期断裂关系不明显，而与喜山期右行走滑的应力属性一致，在近东西方向伸展走滑分量具有左行性质，同时，在大量薄片中也见到在原始裂缝被充填的基础上重新活化形成新的有效裂缝，成为新的储集裂缝。从渗透率极高的样品数据来看，基质溶蚀孔隙发育的岩心、壁心上均发育丰富的裂缝，推测基质溶蚀孔隙的发育与构造破碎带密切相关，而正是由于整个基质的溶蚀孔隙发育才会真正造成渗透性强烈改善，形成高渗透储层。因此认为，构造活动构造活动对该区有效裂缝的发育具有重要贡献。

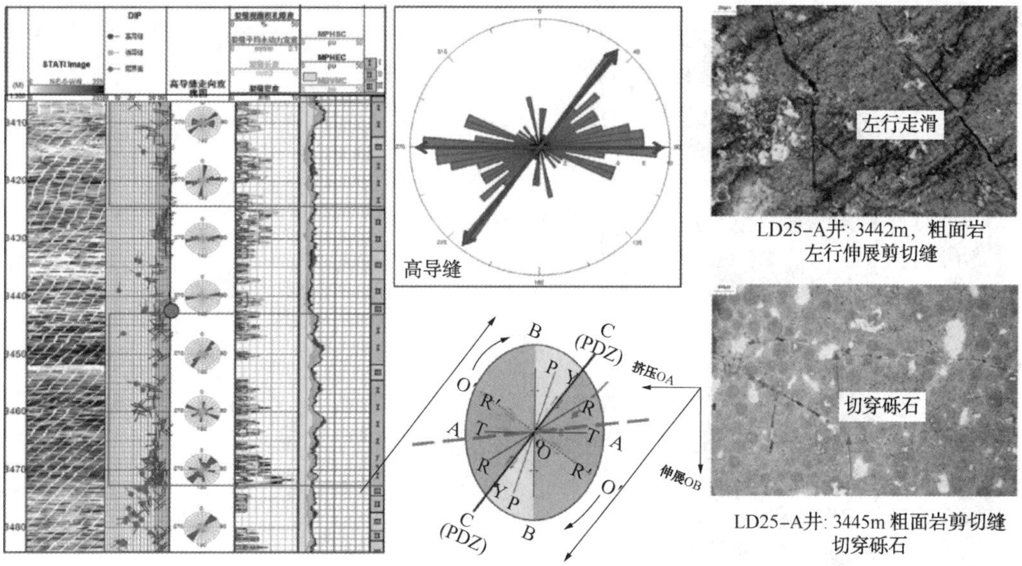

图 8　LD25-A 粗面岩成像测井及喜山期右行走滑断裂改造证据

3.2　风化淋滤控制了有效储层的总厚度

火山岩储层受孔隙发育程度与风化淋滤作用密切相关，淋滤作用不但可以使岩石破碎形成裂缝，也可以使岩石的化学成分发生显著变化，进而产生新的孔、缝、洞，使储层物性变好。与松辽盆地相比，渤海湾盆地火山岩体形成后又经历了燕山末期的抬升剥蚀及局部喜山期的断陷翘倾改造，风化改造作用的控制更加明显。研究表明，优质火山岩储层往往分布于风化壳的发育范围之内，距离界面越近，面孔率相对高值部分所占比例越大，储层物性越好，随着储层距离风化壳顶面距离的增加，风化淋滤作用越来越弱，裂缝的充填作用越来越强，储层物性变得越来越差，有利储层大多发育在不整合面 200m 以内，少数发育在不整合面 500m 以内。而多数油层、气层等有效储层更是集中在不整合界面 100m 范围内，因此不整合面以下 100m 范围应该是火山岩油气勘探的最重要层位。松辽盆地、准噶尔盆地多项研究也表明不整合面之下储层具有明显的分带性，自上而下可划分为土壤层、水解带和溶蚀带、崩解带和母岩层，其中水解带和溶蚀带孔隙最发育。渤中凹陷中生界火山岩有效储层大部分也发育在不整合界面 150m 以内，从不整合界面与火山岩储层关系中可以看出，该区不整合面之下储层自上而下可划分为水解带、溶蚀带和母岩层，其中溶蚀带又可划分为局部弱溶蚀带和强溶蚀带(图 9)。水解带平均厚度约 59m，以泥岩和破碎岩为主，该段以蚀变作用为主，往往非储集层-Ⅲ类储集层。溶蚀带岩石半破碎，溶蚀孔及溶蚀缝较发育，风化淋滤蚀变作用强，构造碎裂，完整性差，局部强溶蚀带孔缝较发育，可发育Ⅰ类储集层；弱溶蚀带发育一定规模的溶蚀孔缝，发育Ⅱ-Ⅲ类储集层母岩层为固结岩石，结构完整，孔洞缝发育较差，为非储集层-Ⅲ类储集层(图9)。

3.3 火山机构近源相带叠加有利岩相是原生孔缝发育和后期储层改造的必要条件

按照岩性、岩相和地层产状进行分类，火山机构从火山口-近火山口相带、近源相带到远源相带，整体储层厚度降低，物性变差，储层质量与距离喷发中心距离呈反比。而在某一个单一的火山机构相带里又包含多个与特定岩石组构相关的岩相，这一岩石组构特征与火山岩储层的好坏关系密切，通常认为火山通道火山颈亚相、喷溢相上部亚相及爆发相热碎屑流亚相等被证实可以可形成高孔高渗的有利储层。不同岩相决定了其储集空间类型、组合和发育程度，并间接影响次生改造作用(如构造作用和溶蚀作用)的方式和强度，最终控制火成岩的储集物性和储层有效性。有利的岩性岩相控制着火山岩储层甜点的形成，火山机构通过控制岩相展布、岩性组合和裂缝分布控制甜点的横间分布。本文认为，既要考虑单一火山机构的相带分布，也要考虑同一相带中不同岩相对储层的影响，认为近源相带叠加有利岩相是原生孔缝发育和后期储层改造的必要条件。

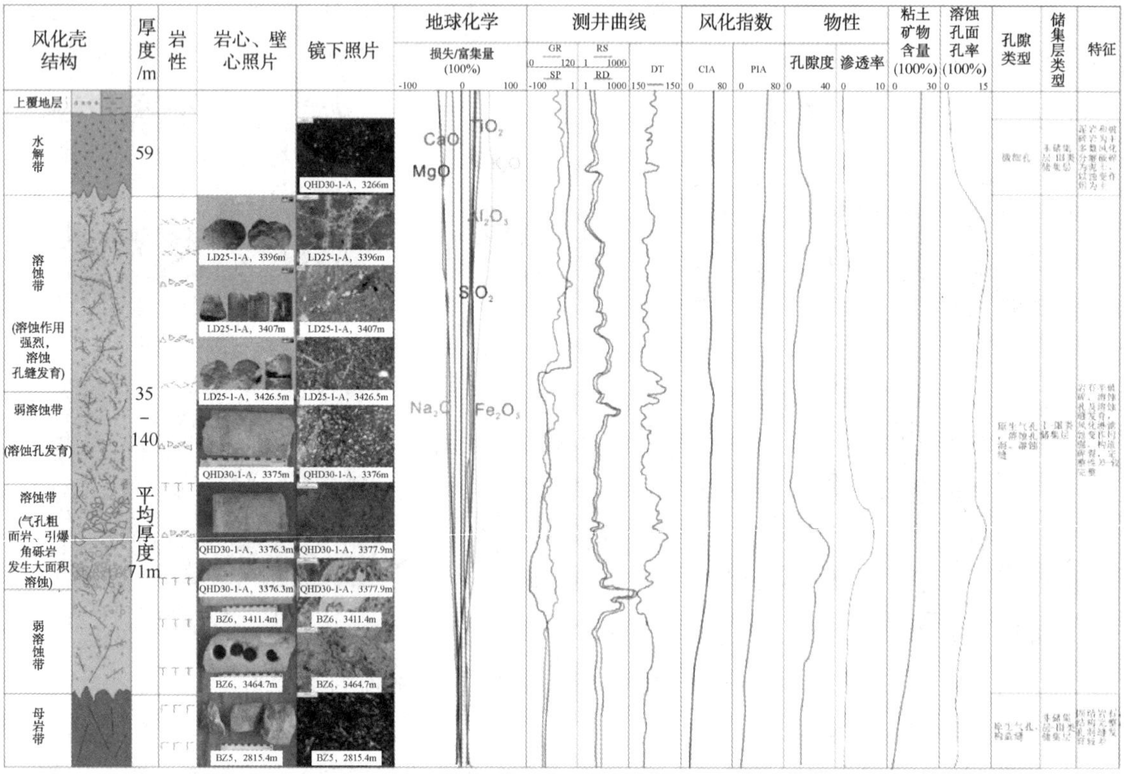

图9 渤中凹陷中生界不整合界面与火山岩储层关系

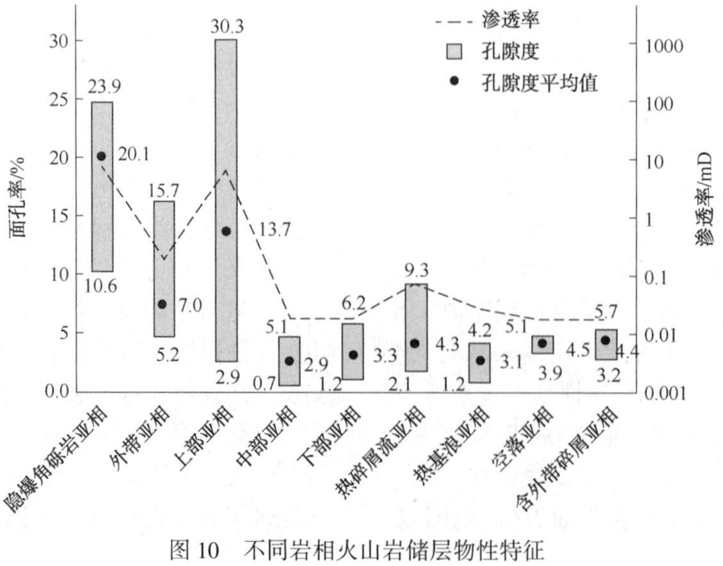

图10 不同岩相火山岩储层物性特征

近源相带通常发育火山通道相隐爆角砾岩亚相、溢流相上部亚相和中酸性气孔熔岩是渤海形成风化壳局部储层甜点的有利岩性，隐爆角砾岩亚相因其本身具有大量的隐爆炸裂缝，其岩汁容易形成脱玻化和溶蚀孔及裂缝，而中酸性气孔熔岩原生气孔和脱玻化孔发育，在本身具有良好储集性能的情况下，又为溶蚀作用提供了较大的液/岩接触面积和渗流通道，促进次生溶蚀孔隙形成。从研究区不同岩相的火山岩储层物性分布来看，近源火山通道相中隐爆角砾岩亚相与溢流相上部亚相在该区证实为优质的储集岩相，最大孔隙度可达 23. 9 ~ 30. 3%，平均孔隙度 13. 7 ~ 20. 1%；近源侵出相外带亚相及爆发相热碎屑流亚相次之，最大孔隙度可达 12. 7 ~ 15. 7%，平均孔隙度 7. 0 ~ 9. 8%，其余相带均较差，平均孔隙度不足 6%；测井资料表明研究区旅大 25-1-A 地区，生产测井证实产油气段以隐爆角砾岩和中酸性侵出相、喷溢相熔岩为主；爆发相凝灰岩及喷溢相下部基性熔岩为非产油气段。除了岩相本身具有有利的储集层形成条件外，优质岩相也被证实更容易对构造破碎作用产生响应，比如国内火山岩勘探证实炸裂缝、节理缝等原生裂缝发育的近火山口相带更容易发生构造破碎。在研究区 LD25-1 构造 A 井为火山通道相隐爆角砾岩，原生裂缝极其发育，形成缝网型储层，B 井溢流相中部亚相为主，裂缝整体不发育，但在局部发育隐爆角砾亚相处可以见到很好的裂缝系统，物性明显改善。这就意味着距离仅不足 2km 近的两口井，构造作用以及距离断层的远近相当时，处在好的相带才会有好的裂缝发育。

4　优质火山岩储层发育模式

基于以上对火山岩储层特征和发育机制的分析认为，火山机构近源相带叠加的有利岩相是形成原生孔缝和后期储层改造的必要条件，构造改造作用是渤海火山岩中高孔渗储层形成的最关键要素，最终有效储层的总厚度由风化淋滤所控制。结合研究区钻井情况来看，环渤中地区火山岩优质储层发育有两种模式：(1) 自身处于机构近源相带有利岩相，如旅大 25-A-1 井隐爆角砾岩亚相和 BZ6 井等溢流相上部亚相，本身原生孔缝较发育，又在一定的构造破碎作用下沟通多尺度孤立孔隙，改善渗流能力，从而极大提高储集性能，是渤海海域高孔渗储层形成的最常见模式（图 11、图 12）其中 BZ6 井在 3425. 25 ~ 3468. 9m 测试原油产能 383. 1m^3/d，BZ5 井在 2848 ~ 2909m 安山岩中测试日产油 431. 4m^3，是目前渤海海域最高产能的火山岩钻井。另外在 CFD12-A-1 井钻遇机构远源相带中的热碎屑流亚相及火山沉积相，原生孔缝发育较差，但在强烈的构造破碎作用下，形成以裂缝为主伴生孔隙的裂缝型储层，局部发育构造溶蚀孔隙，孔隙度最好可达 10%以上，但渗透性从顶部 $10\times10^{-3}\mu m^2$ 在距离风化壳表层 100m 左右降至 $0.1\times10^{-3}\mu m^2$。

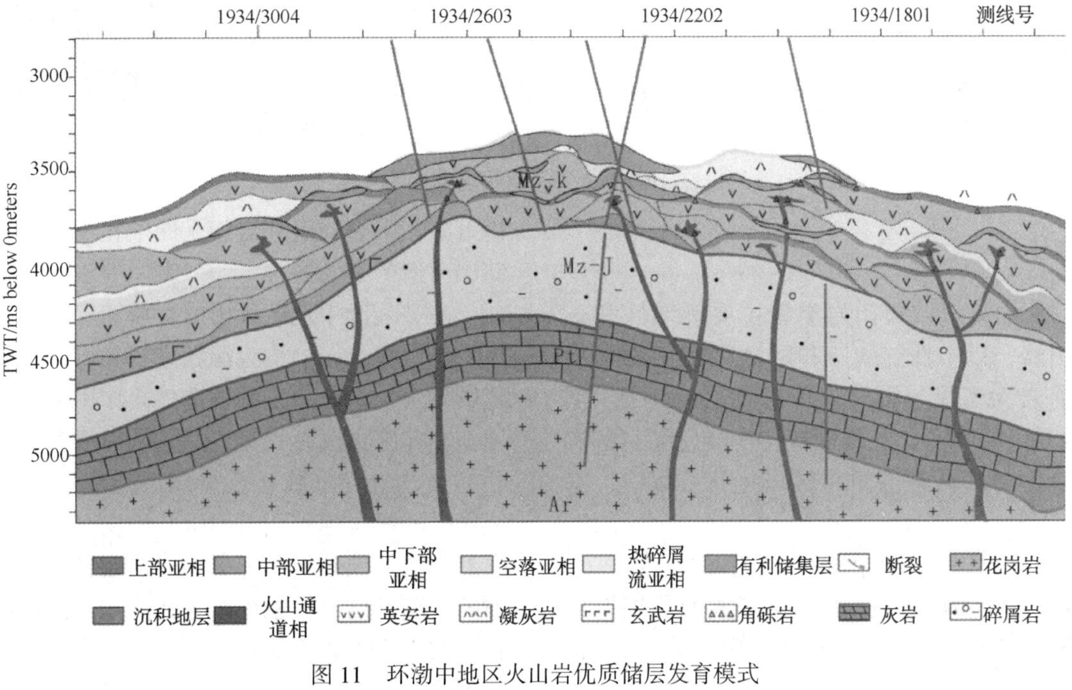

图 11　环渤中地区火山岩优质储层发育模式

构造破碎作用是此类非有利机构岩相区火山岩优质储层形成的关键要素，同时在表层叠加风化淋滤，更好的改善孔渗条件，也可形成厚度较大的火山岩优质储层，在该段测试原油产能可达 $70m^3/d$，也具备极大的火山岩油气勘探潜力（图 11 至图 13）。

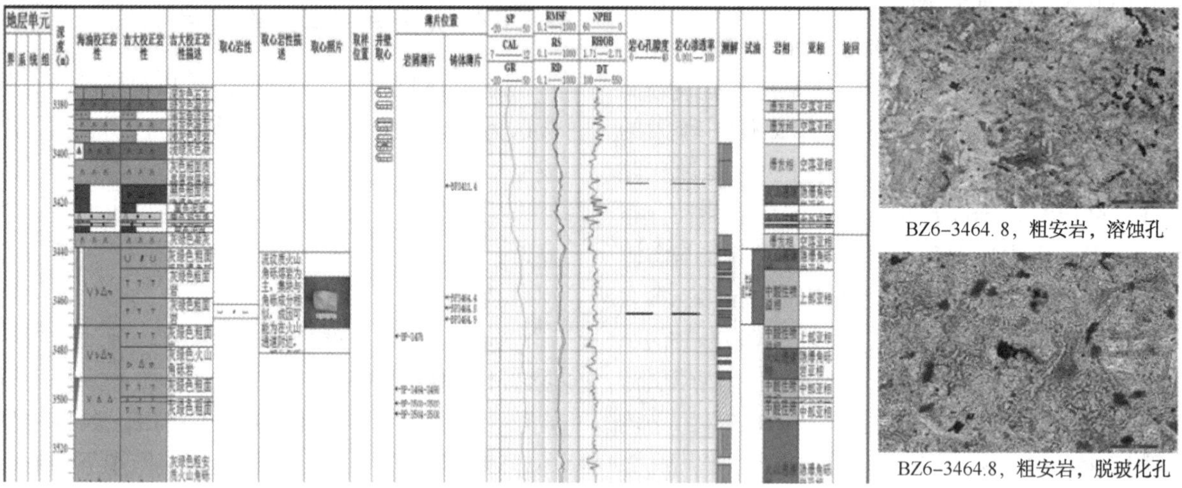

图 12　BZ6 井火山岩储层综合图

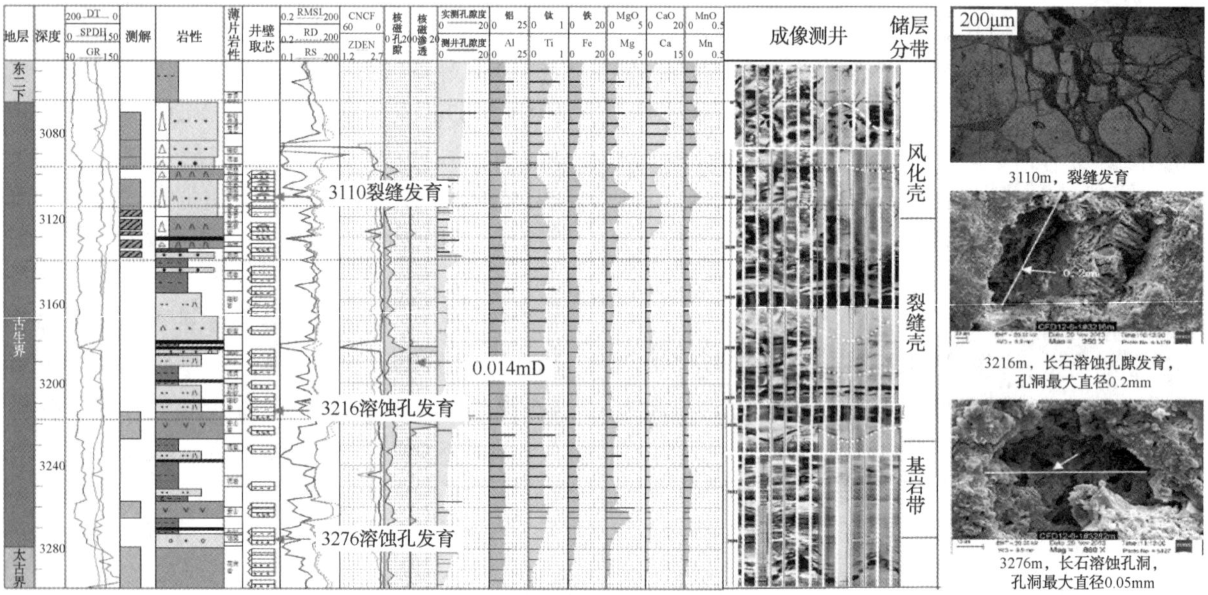

图 13　BZ12-A-1 井火山岩储层综合图

5　结论

（1）渤海海域火山岩类型主要钙碱性和碱性火山岩，以中性、基性和酸性火山熔岩和火山碎屑岩为多见。渤海火山岩储层为中孔-低渗、特低渗储层，主要储集空间包括三类 10 种，最主要的储集空间为脱玻化孔、裂缝、基质溶孔。

（2）渤海火山岩优质储层发育主要受控三个要素：构造活动是高孔渗储层形成的最关键要素；风化淋滤控制了有效储层的总厚度；火山机构近源相带叠加有利岩相是原生孔缝发育和后期储层改造的必要条件。

（3）环渤中地区火山岩优质储层发育有两种模式：自身处于机构近源相带有利岩相，原生孔缝较发育，又在一定的构造破碎作用下沟通多尺度孤立孔隙，改善渗流能力，从而极大提高储集性能，是渤海海域高孔渗储层形成的最常见模式；另外机构远源相带原生孔缝发育较差，但在强烈的构造破碎作用下，形成以裂缝为主伴生孔隙的裂缝型储层，也可改善孔渗条件，形成厚度较大的火山岩优质储层。

参 考 文 献

[1] 王洛，李江海，师永民，等. 准噶尔盆地滴西地区石炭系火山岩储集性能分布规律研究[J]. 岩石学报，2016，32(2)：877-891.

[2] 王璞珺，冯志强，等. 盆地火山岩——岩性、岩相、储层、气藏、勘探[M]. 科学出版社：北京，2013.

[3] 周心怀，张如才，李慧勇，等. 渤海湾盆地渤中凹陷深埋古潜山天然气成藏主控因素探讨[J]. 中国石油大学学报(自然科学版)，2017，41(1)：42-50.

[4] 蔡冬梅，叶涛，鲁凤婷，等. 渤海海域中生界火山岩岩相特征及其识别方法[J]. 岩性油气藏，2018，30(1)：112-120.

[5] 唐华风，王璞珺，边伟华，等. 火山岩储层地质研究回顾[J]. 石油学报，2020，41(12)：1744-1773.

[6] 王京红，靳久强，朱如凯，等. 新疆北部石炭系火山岩风化壳有效储层特征及分布规律[J]. 石油学报，2011，32(5)：757-760.

[7] 汤小燕. 克拉玛依九区火山岩储层主控因素与物性下限[J]. 西南石油大学学报：自然科学版，2011，33(6)：7-12.

[8] 王璞珺，庞颜明，唐华风，等. 松辽盆地白垩系营城组古火山机构特征[J]. 吉林大学学报(地球科学版)，2007，37(6)：1064-1073.

[9] WANG Pujun，Chen Shunmin. Cretaceous volcanic reservoirs and their exploration in the Songliao Basin, northeast China[J]. AAPG Bulletin，2015，99(3)：499-523.

[10] 张勇，唐勇，查明，等. 克拉美丽气田石炭系火山机构与大型天然气藏[J]. 新疆石油地质，2013，34(1)：50-52.

[11] 张藜，徐长贵，王国强，等. 渤中8-A构造火山岩岩相识别及有利储层预测[J]. 石油钻采工艺，2018，40(增刊)：24-27.

[12] 王璞珺，吴河勇，庞颜明，等. 松辽盆地火山岩相：相序、相模式与储层物性的定量关系[J]. 吉林大学学报(自然科学版)，2006，37(4)：726-733.

[13] 王璞珺，迟元林，刘万洙，等. 松辽盆地火山岩相：类型、特征和储层意义[J]. 吉林大学学报(地球科学版)，2003，33(4)：449-456.

[14] 王璞珺，吴河勇，庞颜明，等. 松辽盆地火山岩相：相序、相模式与储层物性的定量关系[J]. 吉林大学学报(地球科学版)，2006，36(5)：805-812.

[15] 叶涛，韦阿娟，祝春荣，王粤川，高坤顺，曾金昌. 渤海海域基底“改造型火山机构”特征及油气成藏意义[J]. 石油学报，2016，37(11)：1370-1380.

[16] 漆家福，于福生，陆克政，等. 渤海湾地区的中生代盆地构造概论. 地学前缘，2003，10(增刊1)：199-206.

[17] 吴庆勋，高坤顺，吴昊明，等. 渤海海域前新生代基底特征及其油气勘探意义[J]. 现代地质，2019，33(4)：802-810.

[18] 姜慧超，张勇，任凤楼，等. 济阳、临清坳陷及鲁西地区中新生代构造演化对比分析. [J]. 中国地质，2008，35(5)：963-974.

[19] 吴智平，侯旭波，李伟，等. 华北东部地区中生代盆地格局及演化过程探讨[J]. 大地构造与成矿学，2007，31(4)：385~399.

[20] 蔡冬梅，叶涛，鲁凤婷，等. 渤海海域中生界火山岩岩相特征及其识别方法[J]. 岩性油气藏，2018，30(1)：112-120.

[21] 程日辉，王璞珺，刘万洙，等. 徐家围子断阶带对火山岩体和沉积相带的控制[J]. 石油与天然气地质，2003，24〔2)：126.

[22] 贺电，李江海，刘守偈. 松辽盆地北部徐家围子断陷下白垩 统营城组火山机构类型与喷发模式研究[J]. 岩石学报，2009，25(3)：659-666.

[23] 肖述光，吕丁友，侯明才，等. 渤海海域西南部中生代构造演化过程与潜山形成机制[J]. 天然气工业，2019，39(05)：34-44.

[24] 徐宏节，陆建林，于文修，等. 长岭断陷火山岩储层形成及控藏作用[J]. 石油实验地质，2011，33(3)：239-243.

[25] 张明洁，杨品. 准噶尔盆地石炭系(油)气藏特征及成藏条件分析[J]. 新疆石油学院学报，2000，12(2)：8-13.

[26] 王京红，靳久强，朱如凯，等. 新疆北部石炭系火山岩风化壳有效储层特征及分布规律[J]. 石油学报，2011，32(5)：757-766.

[27] 赵然磊，王璞珺，赵慧，等. 火山地层界面的储层意义—以松辽盆地南部火石岭组为例[J]. 石油学报，2016，37(4)：454-463.

[28] 马尚伟，陈春勇，罗静兰，等. 准噶尔盆地西泉地区石炭系火山岩有利储层主控因素研究[J]. 高校地质学报，2019，25(2)：197-205.

[29] 王晨杰，张新涛，徐春强，等. 渤中凹陷北部中生界火山岩储层发育特征及主控因素[J]. 中国海上油气，2021，3(3)48-57.

[30] 徐春强，张新涛，王晨杰，等. 渤中凹陷中生界火山岩特征及优质储层控制因素[J]. 吉林大学学报(地球科学版)，2022，52(4)：1027-1036.

鄂尔多斯地区中元古界长城系深层天然气成藏潜力分析

白海峰[1,2]　刘　刚[1,2]　张才利[1,2]　包洪平[1,2]

(1. 中国石油长庆油田分公司勘探开发研究院；
2. 低渗透油气田勘探开发国家工程实验室)

摘　要　鄂尔多斯盆地中元古界长城系是盆地的第三套含油气系统，否发育烃源岩是寻找气藏的关键，能否形成原生油气藏取决于自身生烃能力。经过 10 多年的勘探及研究，在鄂尔多斯盆地北缘、南缘中元古界长城系规模发育灰色泥岩、黑色板岩、炭质板岩，地化分析研究表明存在较高丰度的烃源岩，但演化程度较高，达到了过成熟阶段，已变质。而在盆地东南缘的中条山长城系崔庄组，以及盆地内部的桃 59 井、济探 1 井、合探 14 等井在长城系钻遇有效的烃源岩，有机碳含量较高，显示了盆地内部长城系的生烃能力，为寻找中新元古界古老天然气藏奠定了物质基础，与长城系裂陷槽顶部形成风化壳储层源储配置形成自生自储的天然气藏。

关键词　鄂尔多斯地区；长城系；崔庄组；烃源岩；有机碳

1　引言

鄂尔多斯盆地是在太古宙-古元古代变质结晶基底之上发育起来的一个多旋回沉积的叠合盆地，位于华北地台西部，横跨陕、甘、宁、蒙、晋等五个省(区)，面积约 32 万平方公里。盆地内部沉积地层发育全，元古界、古生界、中生界、新生界均有沉积，而中元古界长城系为盆地变质结晶基底之上的第一套沉积盖层，是盆地潜在的含气系统(图 1)，除盆地东北部鄂尔多斯-神木一线缺失外，盆地内部大范围展布(图 2)，分布范围广，平面上呈北东-南西向隆凹相间的沉积格局，整体向西南方向加厚，最厚可达 1500 米以上。

鄂尔多斯盆地中元古界自身是否发育烃源岩是寻找气藏的关键，能否形成原生油气藏取决于自身生烃能力。地化分析试验数据结果表明鄂尔多斯盆地北缘、南缘中元古界长城系发育的灰色泥岩、黑色板岩、炭质板岩，存在较高丰度的烃源岩。在盆地内部的桃 59 井、合探 14，以及运城盆地永济凹陷的济探 1 井等井均在长城系钻遇有效烃源岩。

本文在鄂尔多斯盆地及周边中元古界长城系可能的烃源岩地化分析的基础上，对盆地长城系烃源岩进行系统评价，分析深层天然气成藏潜力，为盆地深层潜在油气系统的勘探提供基本的地化依据。

2　地层特征

鄂尔多斯地区中新元古界长城系在盆地南缘、北缘、西缘以及盆地内部，沉积差异特征明显。盆地南部沉积高山河群，中条山地区沉积汝阳群，贺兰山地区沉积黄旗口群，各地区地层完整性较差，沉积环境具有较强的区域性，同华北地区蓟县标准剖面存在差异。在系统分析岩性、沉积环境的基础上，结合区域地质特别是盆地东南缘中条山长城系小层岩性组合特征，对比分析盆地内部深井(济探 1、桃 59、合探 14)及钻穿长城系探井资料(庆深 1、靖探 1 等)，对鄂尔多斯本部长城系进行地层小层划分，从底到顶部依次为白草坪组、百大尖组、崔庄组和洛峪口组，由于受钻井深度和目前认识所限，不排除在长城系裂陷槽底部存在长城系下部云梦山组(?)的可能。而同燕山地区相比，燕山地区缺失盆地本部及中条山地区长城系底部的白草坪组及云梦山组沉积，洛峪口组对比团山子组、崔庄组对比串岭沟组、北大尖组对比常州沟组(表 1)。

洛峪口组与下覆地层崔庄组呈整合接触，为一套淡红色、紫红色中-厚层状粉晶白云岩、含

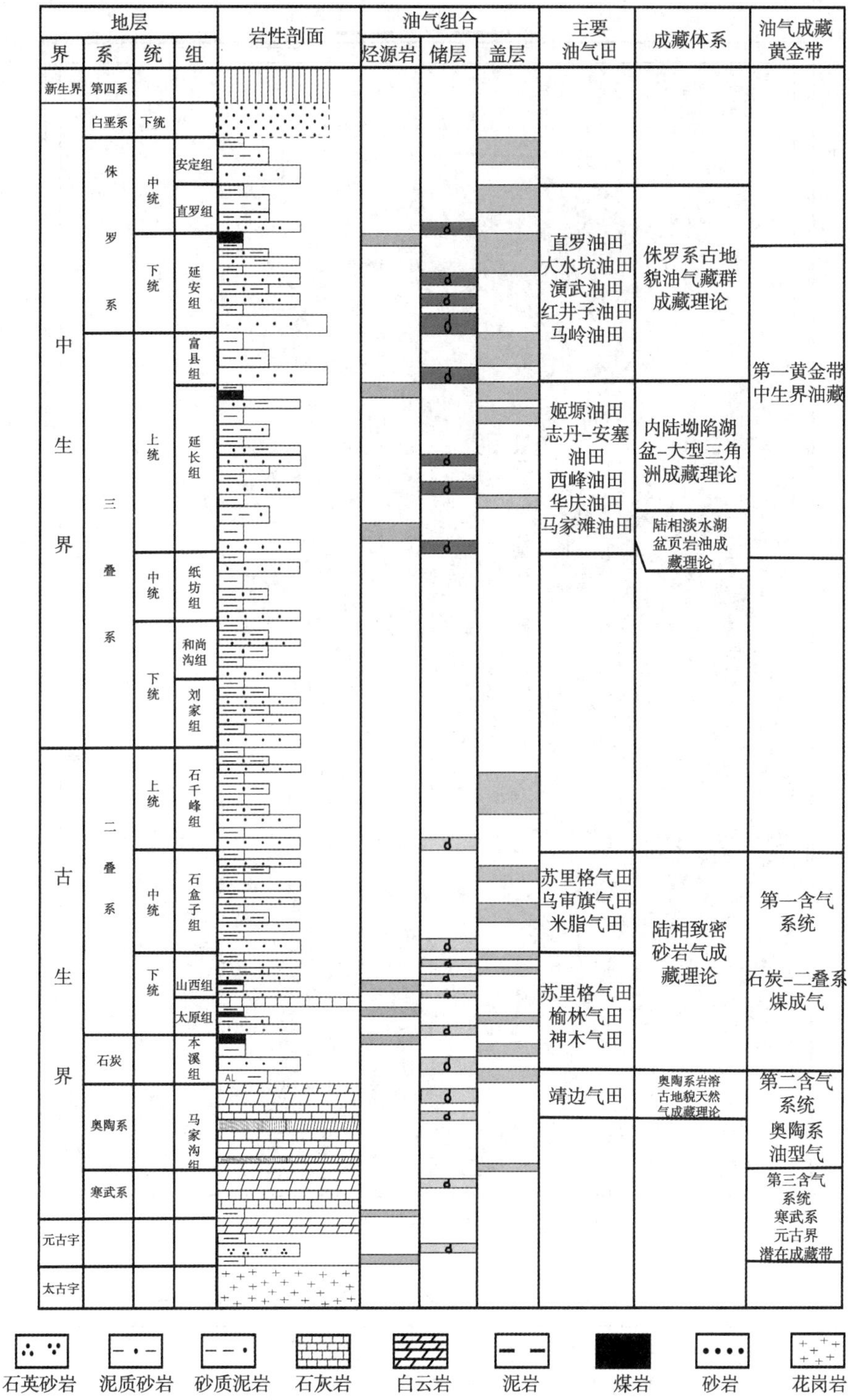

图 1　鄂尔多斯盆地油气成藏黄金带分布图

叠层石白云岩；崔庄组下部为黑色页岩夹褐灰色薄层细粒砂岩，中部为紫红色页岩夹灰绿色页岩、紫红色薄层粉砂岩、灰黑色泥岩，上部为一套灰绿色页岩；北大尖组主要为一套厚层的石英岩，中上部夹薄层泥岩，顶部发育中–厚层状白云质砂岩；白草坪组为一套呈互层状的紫红色页岩、砂岩及黄褐色砂岩(图 3)。

3　长城系烃源岩特征

鄂尔多斯盆地周缘造山带地区的地质调查及取样分析表明，在盆地北缘的阴山地区及南缘秦岭造山带长城系均发育有烃源岩。而盆地内部的桃 59 井、济探 1 井、合探 14 等井在长城系也钻遇泥质烃源岩(图 4)。

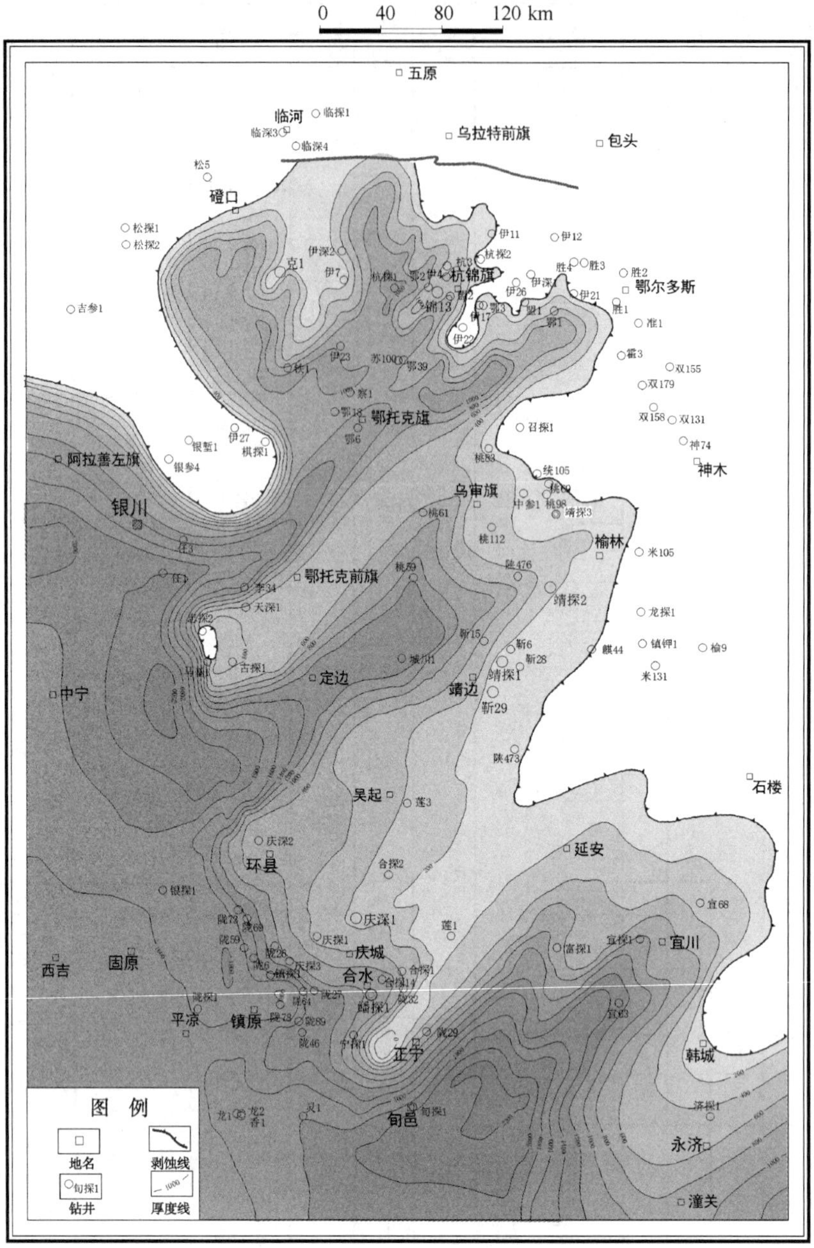

图 2　鄂尔多斯盆地长城系地层分布图

表 1　鄂尔多斯地区中新元古代长城纪地层划分与对比表

地层		燕山地区	鄂尔多斯东南缘		鄂尔多斯南缘		鄂尔多斯西缘	鄂尔多斯北缘		鄂尔多斯本部
界	系		永济中条山		洛南巡检司		贺兰山	固阳北		
中元古界	蓟县系	高于庄组		龙家园组	洛南群	龙家园组	王全口群	渣尔泰群	哈拉霍疙特组	龙家园组
	长城系	大红峪组	汝阳群		高山河群				尖山组	
		团山子组		洛峪口组		陈家涧组	黄旗口群			洛峪口组
		串岭沟组		崔庄组						崔庄组
		常州沟组		北大尖组		二道河组			都拉哈拉组	北大尖组
				白草坪组		鳖盖子组				白草坪组
				云梦山组						云梦山组(?)
古元古界	固结系	桑干群		涑水群	秦岭群		贺兰山群			滹沱群

(a)庆深1井 长城系洛峪口组4229.05m，泥粉晶云岩

(b)济探1井 长城系崔庄组2115.1m，灰黑色泥岩

(c)桃59井 长城系北大尖组4611.20m，石英砂岩

(d)中条山 长城系白草坪组，砂、泥互层

图3　鄂尔多斯地区长城系岩性特征

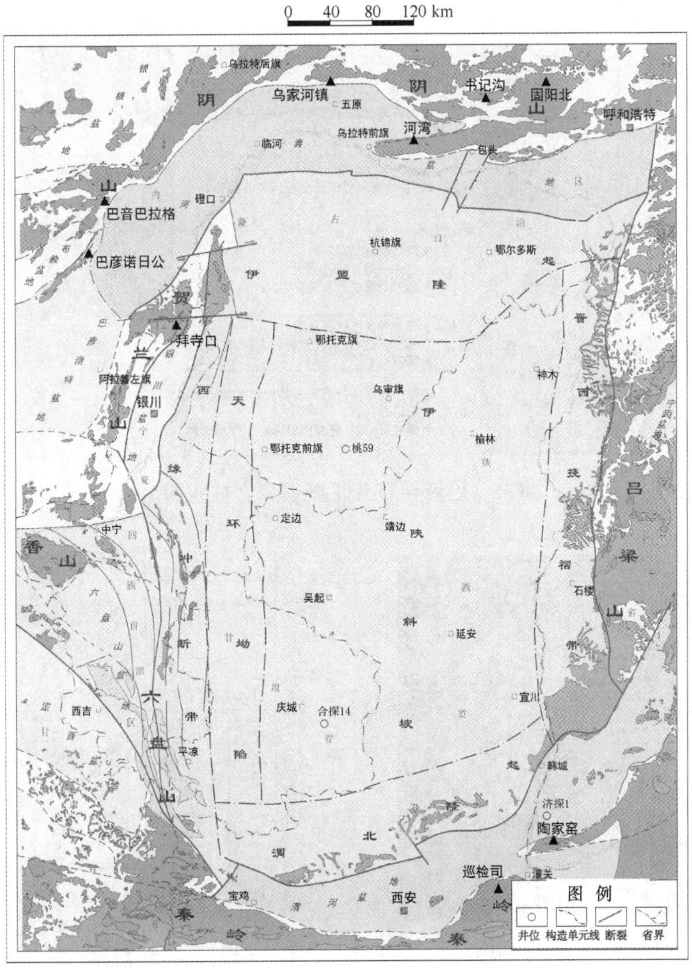

图4　长城系烃源岩采样点分布图

3.1　鄂尔多斯盆地周缘造山带（地区）长城纪发育烃源岩

3.1.1　盆地北缘

盆地北缘的阴山、狼山等地区地质露头进行实地考察后发现，在巴彦诺日公、乌加河镇、河湾村、固阳北等地区长城系广泛发育较厚暗色烃源岩，具备一定的生烃物质基础。表明在长城纪鄂尔多斯盆地周缘的已有早期生命活动痕迹，具备形成区域性有效烃源岩的构造、气候及沉积环境条件。

1）巴彦诺日公

巴彦诺日公位于阿拉善左旗，中元古界长城系主要发育碎屑岩沉积，部分层段夹有碳酸盐岩，中部发育一套黑色板岩（图 5、6）。共采集样品 7 个，有机碳含量较高，在 1.39~2.48%之间，平均 1.83%（图 7）。

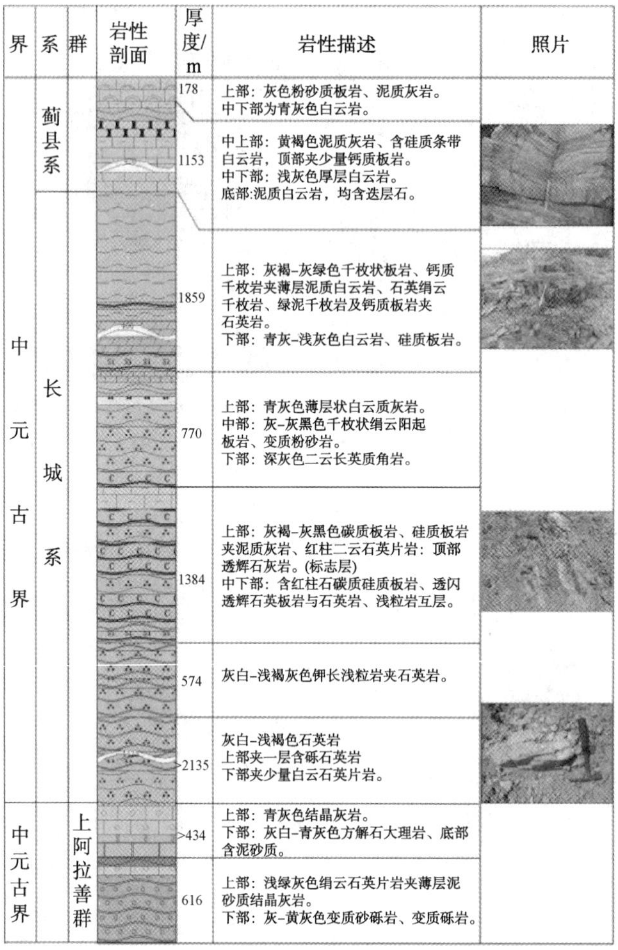

图 5　巴彦诺日公长城系综合柱状图

图 6　巴彦诺日公长城系黑色板岩

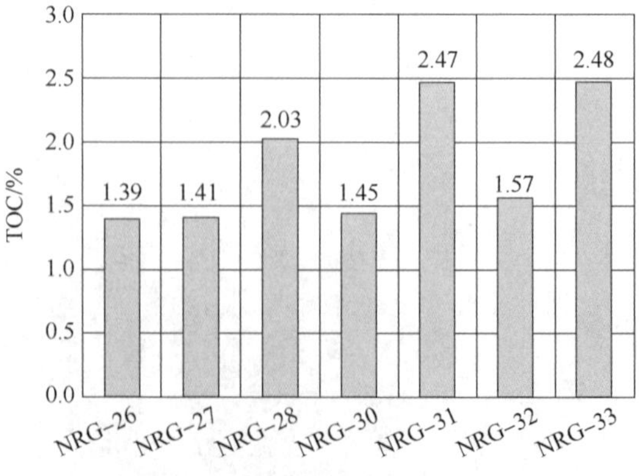

图 7　巴彦诺日公长城系烃源岩 TOC 分布图

2）乌加河镇

乌加河镇位于巴彦淖尔市乌拉特中旗，元古界长城系为渣尔泰群，主要发育碎屑岩沉积，部分层段夹碳酸盐岩。在渣尔泰群下部发育数层灰黑色板岩，是潜在的烃源岩层段(图 8、9)。共采集样品 17 个，有机碳含量较高，分布在 0.1~2.75% 之间，平均 0.86%，其中 TOC 值大于 0.5% 的样品比例达 76.5%(图 10)。

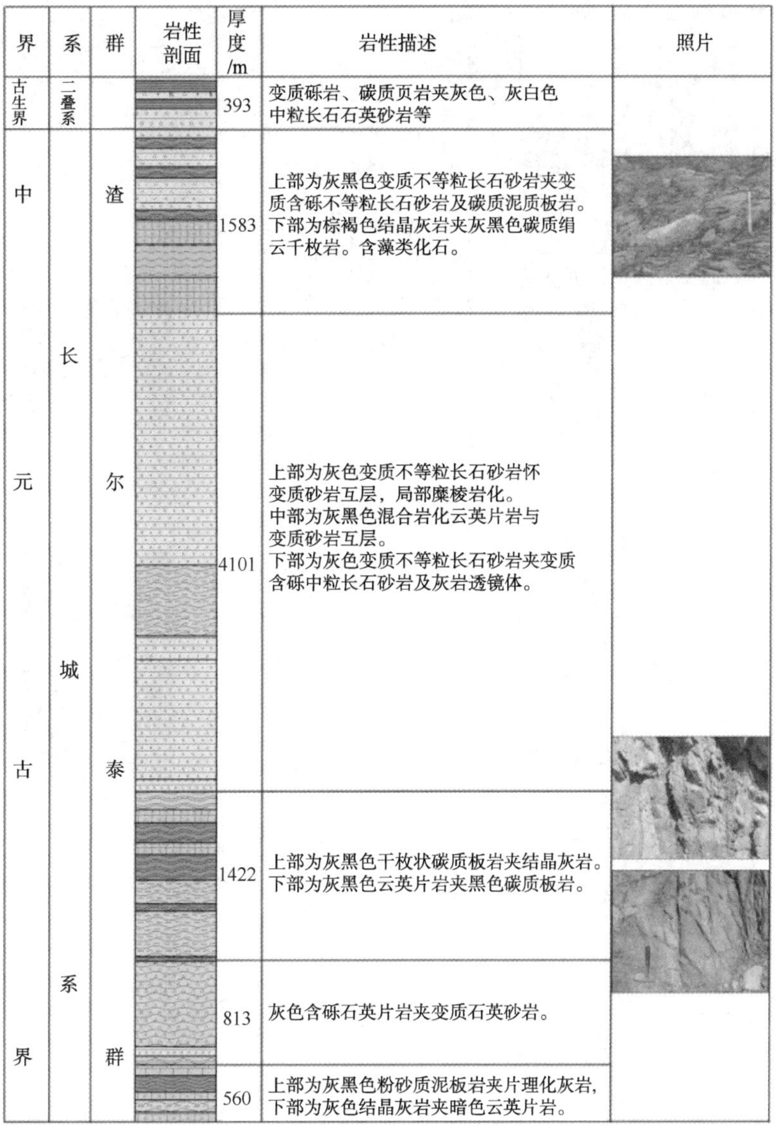

图 8　乌加河镇长城系综合柱状图

图 9　乌加河镇长城系灰黑色板岩

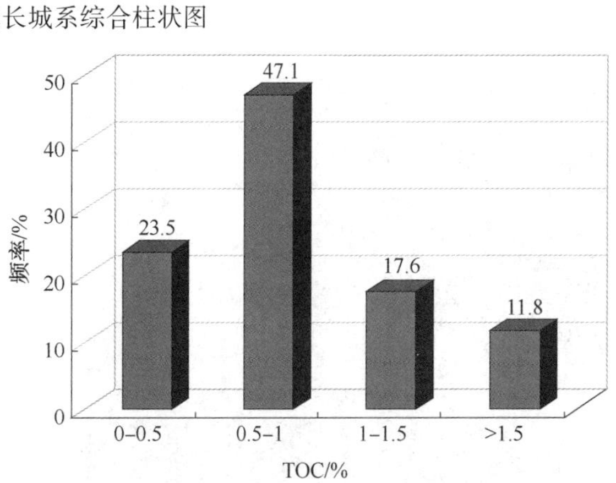

图 10　乌家河镇长城系烃源岩 TOC 频率分布图

3）乌拉特前旗

乌拉特前旗地区中元古界长城系为渣尔泰群，主要发育碎屑岩沉积，夹少量碳酸盐岩，碎屑岩沉积中发育厚层黑色板岩、炭质板岩，是有利的烃源岩层段，分布范围广，河湾村、书记沟与小佘太乡等地区均发育该套地层(图 11、12)。采样分析表明有机碳含量高，分布在 1.02～7.71%之间，平均 3.33%，其中 TOC 值大于 3%的样品比例达 53.1%(图 13)。

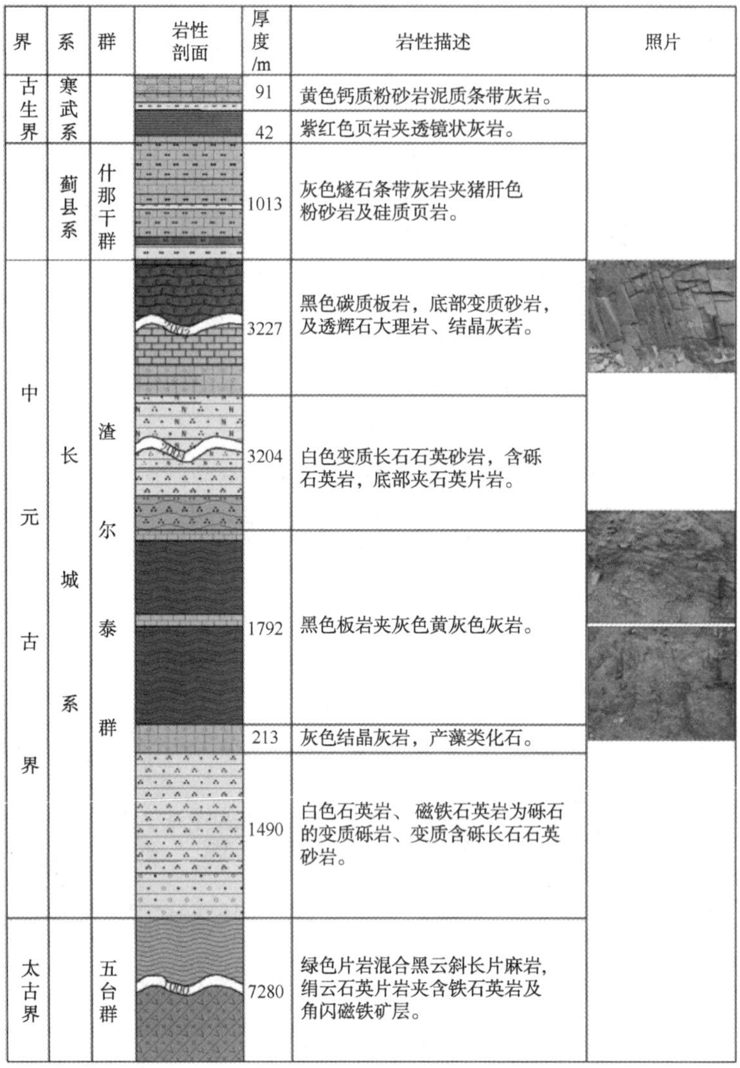

图 11　乌拉特前旗长城系综合柱状图

图 12　河湾村长城系黑色炭质板岩

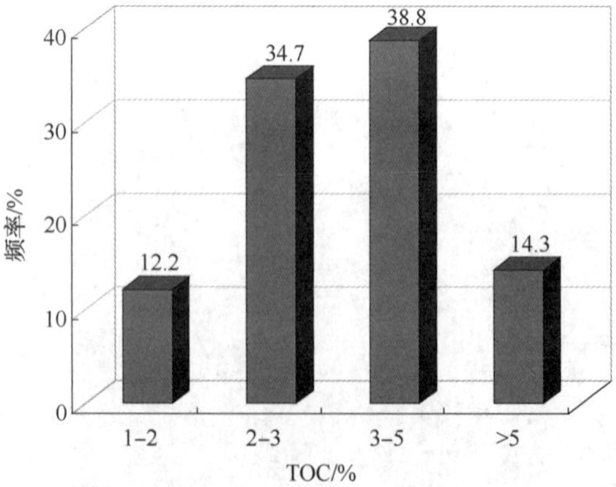

图 13　乌拉特前旗长城系烃源岩 TOC 频率分布图

4) 固阳北

包头市固阳县北部中元古界长城系为渣尔泰群，主要发育石英岩、板岩和结晶灰岩。烃源岩主要发育于渣尔泰群中上部，岩性为黑色板岩、炭质板岩(图 14、15)，有机碳含量很高，分布在 1.58～16.99%之间，平均 7.52%，其中 TOC 值大于 5%的样品比例已经过半，达 62.8%(图 16)。

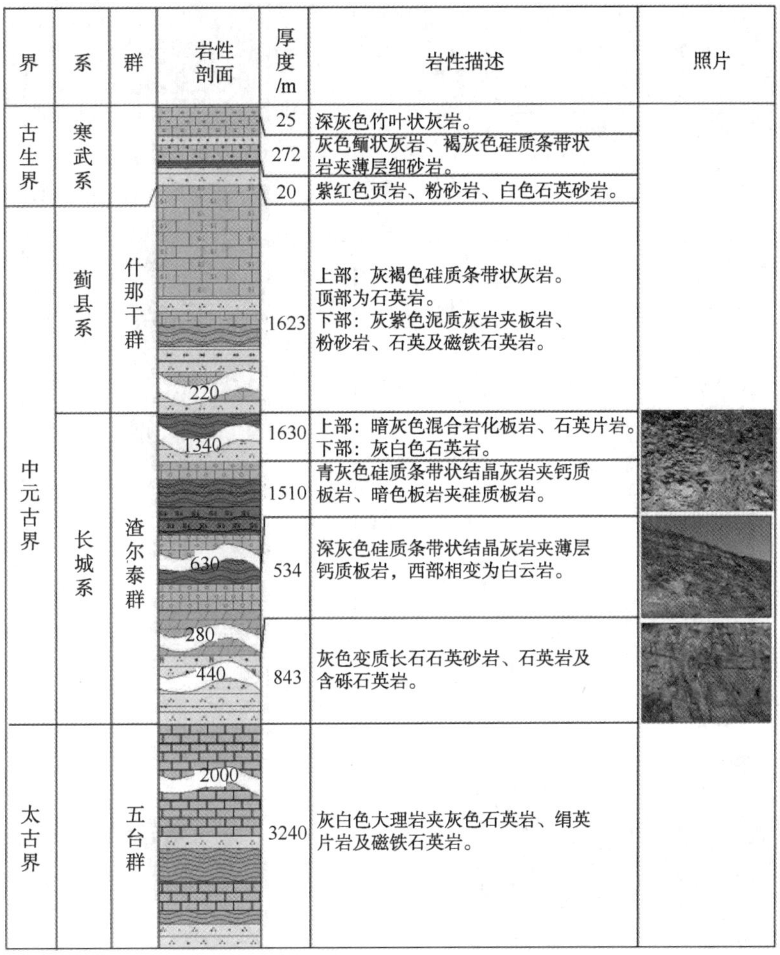

图 14　固阳北长城系综合柱状图

图 15　固阳县北部长城系黑色板岩

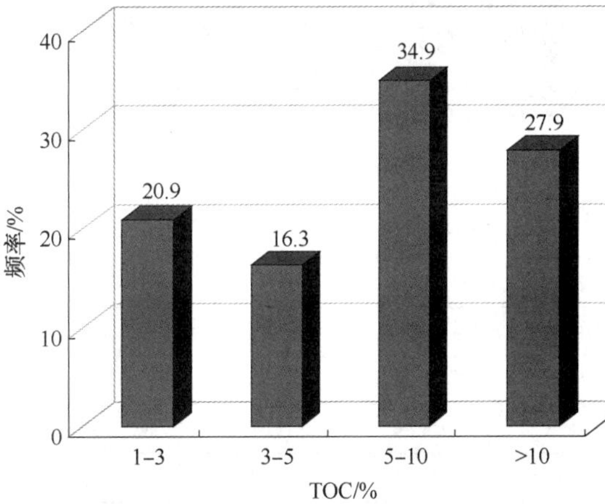

图 16　固阳北长城系烃源岩 TOC 频率分布图

盆地北缘长城系烃源岩热演化程度普遍较高，Rob 值介于 2.03～5.86%之间，均处于过成熟演化阶段(表 2)。其中固阳北地区热演化程度相对更高，Rob 值平均 4.54%，河湾、乌加河和小佘太地区热演化程度较固阳北地区稍低，Rob 值平均 2.65%。

表 2　盆地北缘地质露头长城系烃源岩 Rob 统计表

剖面	样号	层位	岩性	Rob/%
巴音布拉格	BYBLG-6	长城系	黑色板岩	5.86
固阳北	GYB-17	长城系	黑色板岩	4.33
	GYB-21	长城系	黑色板岩	4.45
	GYB-34	长城系	黑色板岩	4.32
	GYB-37	长城系	黑色板岩	4.52
	GYB-50	长城系	黑色板岩	5.09
书记沟	SJG-6	长城系	黑色板岩	3.57
河湾	HW-6	长城系	黑色炭质板岩	3.13
	HW-12	长城系	黑色炭质板岩	2.83
	HW-33	长城系	黑色板岩	3.04
乌加河	WLH-5	长城系	灰黑色板岩	2.03
	WLH-12	长城系	灰黑色板岩	2.15
小佘太	XST-4	长城系	黑色板岩	2.74
	XST-7	长城系	黑色板岩	2.63

3.1.2　盆地西缘

盆地西缘中新元古界烃源岩总体不发育，仅在贺兰山拜寺口长城系(黄旗口群)发育厚 10 余米的黑色板岩，有机碳较低，最高为 0.15%，平均为 0.097%(图 17，表 3)。

图 17　贺兰山拜寺口长城系黑色板岩

表 3　贺兰山拜寺口长城系有机碳分析表

样品编号	采样点	岩性	TOC/%
HLS2019-1	贺兰山	黑色粉砂质板岩	0.08404
HLS2019-4	贺兰山	深灰色粉砂质板岩	0.07468
HLS2019-5	贺兰山	灰绿色粉砂质板岩	0.1474
HLS2019-6	贺兰山	黑色粉砂质板岩	0.08482

3.1.3　盆地南缘洛南-中条山

1) 有机质丰度

洛南县巡检司镇中元古界长城系(高山河群)底部发育碳酸盐岩沉积，上部发育碎屑岩沉积(图 18)。顶部发育一套泻湖相暗色泥岩，是潜在烃源层段，对暗色泥岩段密集取样，结果显示 TOC 范围为 0.08~1.52%，平均 0.4%，超过 0.4%的样品占总样品的比例达到 44.8%(图 19)。

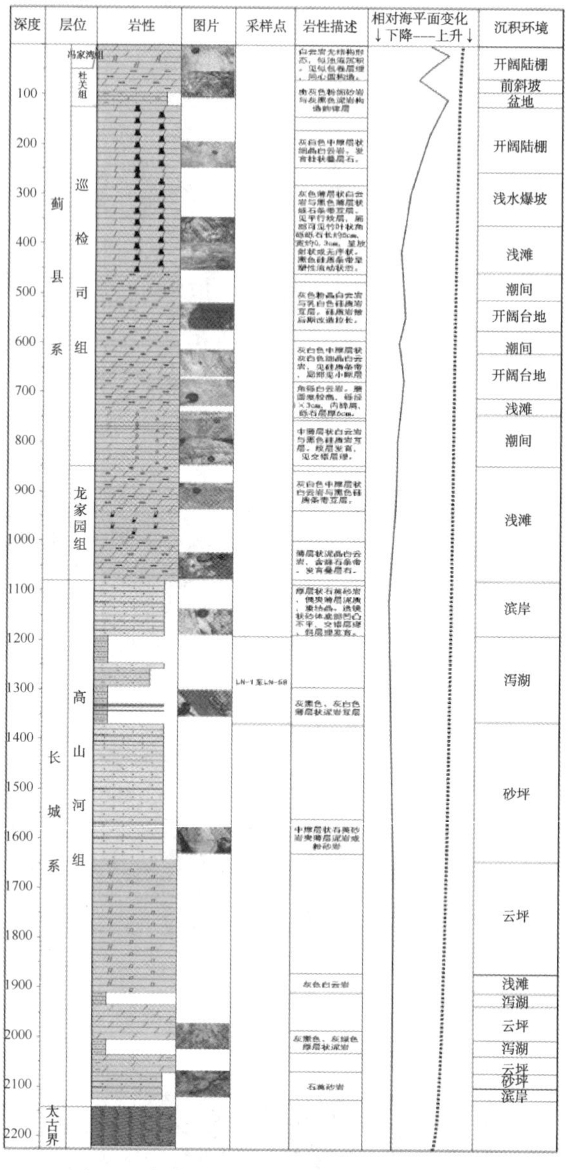

图 18　洛南巡检司镇中元古界综合柱状图

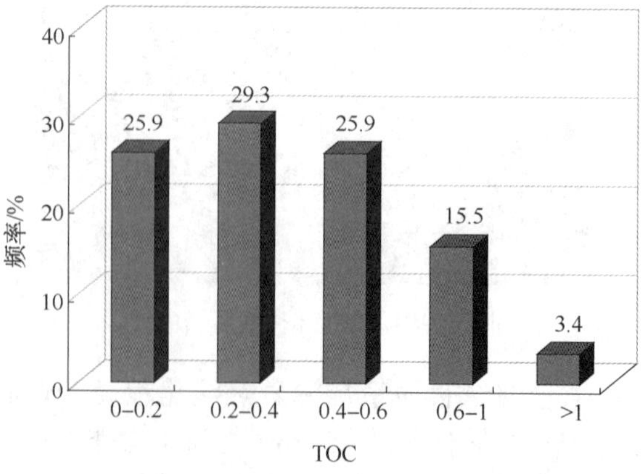

图 19　洛南巡检司镇烃源岩 TOC 频率分布图

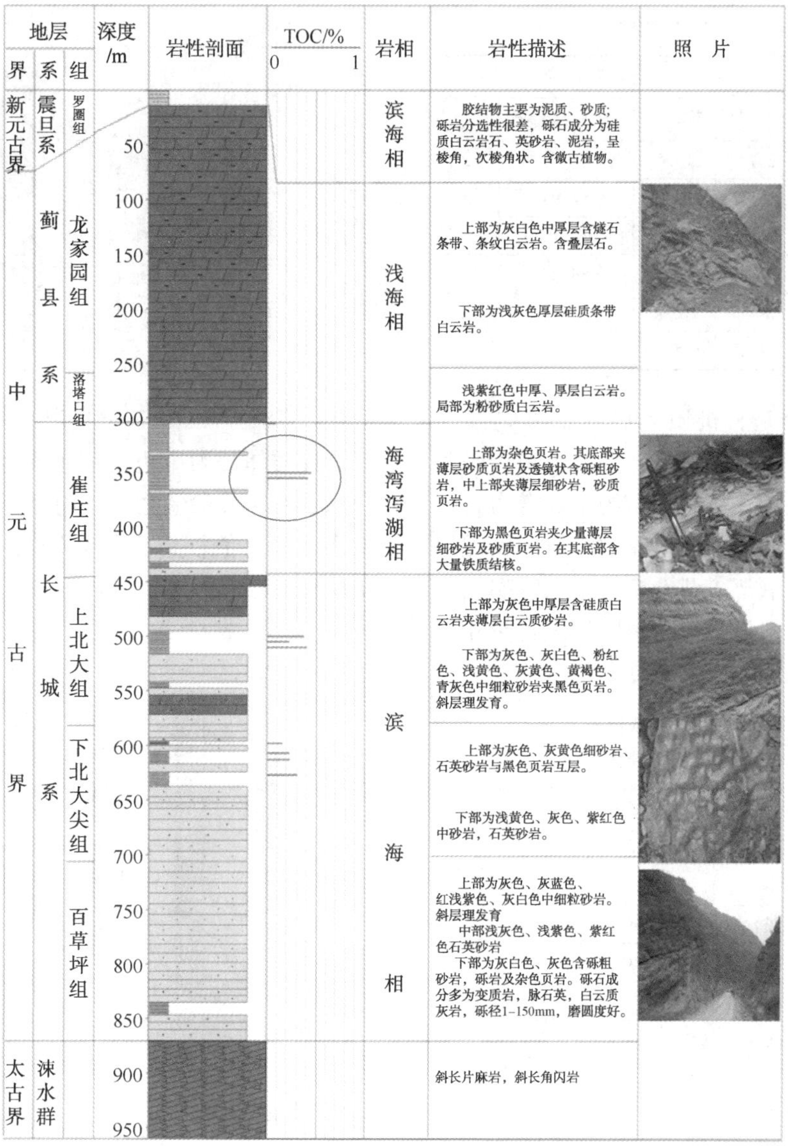

图 20　中条山陶家窑中元古界综合柱状图

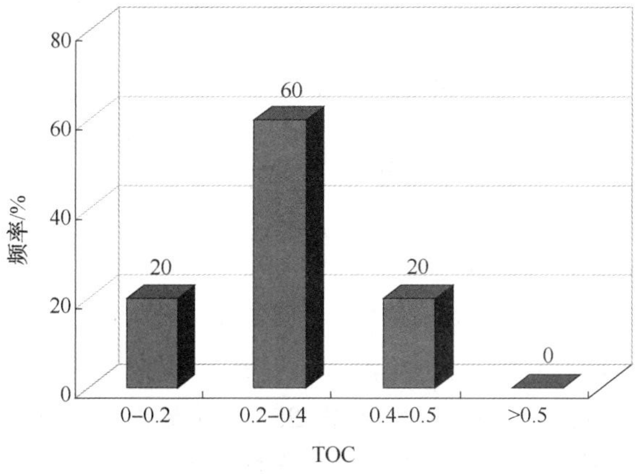

图 21　中条山陶家窑烃源岩 TOC 频率分布图

中条山陶家窑剖面中元古界长城系自下而上发育百草坪组、北大尖组、崔庄组及洛峪口组。暗色泥岩段主要发育崔庄组和北大尖组(图 20)，有机碳范围为 0.10～0.44%，平均 0.28%(图 21)。虽然烃源岩 TOC 值整体不高，大于 0.4%的两个样品均分布在崔庄组，崔庄组为海湾泻湖相沉积，处在还原环境，有利于有机质的保存。

2）有机质类型

对洛南六个样品进行氯仿沥青“A”族组成分析，饱和烃含量范围 21.52～37.5%，介于 20～40%之间；饱和烃/芳烃值范围 1～2.5，介于 1.0～3.0 之间；非烃+沥青质含量范围 43.5～70.88%，基本介于 40～60%之间。判断其为混合性干酪根类型即Ⅱ型干酪根，并且以Ⅱ1 型为主(表 4)。

表4　洛南巡检司烃源岩沥青质含量及其族组成基础地球化学数据表

样号	TOC/%	比值（总）	族组分相对含量			
			饱和烃	芳香烃	非烃+沥青质	饱芳比
GP-23	0.57	0.0073	37.5	18.5	43.5	2
GP-27	0.73	0.0061	21.52	21.52	57.94	1
GP-29	0.8	0.0074	33.33	19.47	47.19	1.75
GP-30	0.78	0.0074	29.11	11.64	58.23	2.5
GP-31	1.07	0.0062	33.33	16.66	50	2
GP-34	0.51	0.0051	29.11	0	70.88	—

有机显微组分是有机质生烃的基本物质单元。其中腐泥组属于富氢组分，主要来源于藻类和其它低等水生生物，具有较高的生烃潜力。

洛南长城系烃源岩干酪根显微组分中腐泥组含量均高于90%，属于Ⅰ型干酪根，永济陶家窑长城系烃源岩干酪根显微组分中腐泥组含量相对较低，平均80.4%，属于Ⅱ1型干酪根(表5)。

表5　巡检司、陶家窑长城系烃源岩干酪根显微组分统计表

剖面点	层位	岩性	组分/%				干酪根类型
			腐泥组	壳质组	镜质组	惰质组	
巡检司	高山河组	泥岩	92.4	0.0	5.6	2.0	Ⅰ
巡检司	高山河组	泥岩	91.6	0.0	3.9	4.5	Ⅰ
巡检司	高山河组	泥岩	95.6	0.0	2.7	1.8	Ⅰ
巡检司	高山河组	泥岩	95.6	0.0	2.2	2.2	Ⅰ
巡检司	高山河组	泥岩	93.2	0.0	2.5	4.3	Ⅰ
陶家窑	崔庄组	黑色泥岩	76.9	0.0	21.8	1.3	Ⅱ1
陶家窑	崔庄组	黑色泥岩	84.0	0.0	14.1	1.9	Ⅱ1

3）有机质成熟度

洛南与中条山剖面中新元古界黑色板岩Tmax值介于583~601℃，均处于过成熟阶段，以生成干气为主(图22、23)。

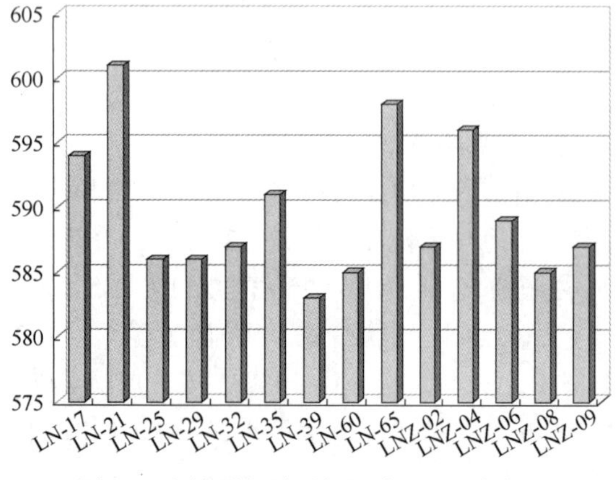

图22　巡检司长城系烃源岩Tmax分布图

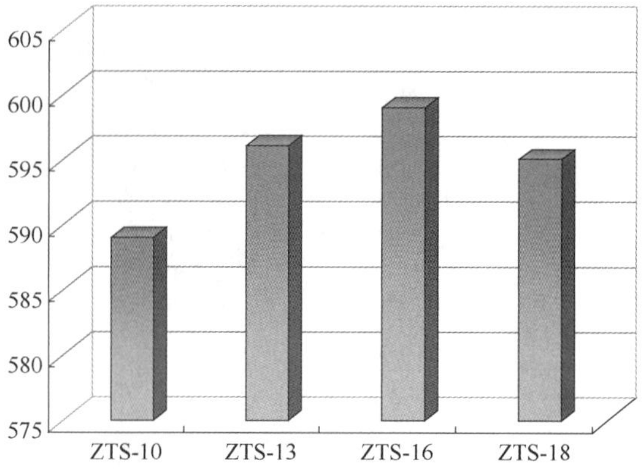

图23　陶家窑长城系烃源岩Tmax分布图

镜质体反射率也反映了类似的情况，Rob值介于2.77~4.82%之间，均处于过成熟阶段，其中洛南Rob值较高，介于4.78~4.82%，中条山Rob值较低，为2.77%(图24)。

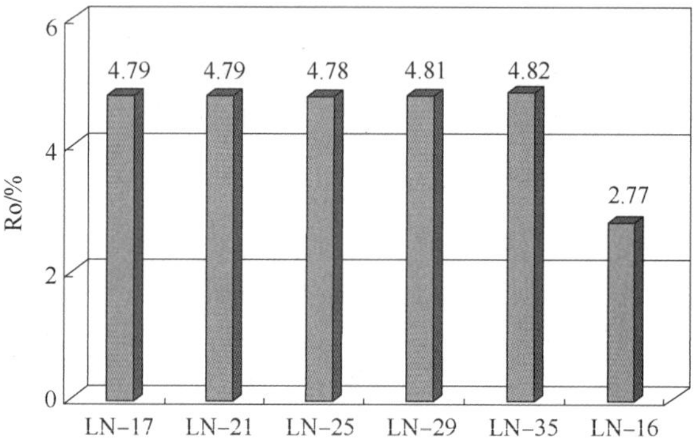

图24　鄂尔多斯盆地南缘长城系烃源岩Ro分布图

3.2　盆地内部

鄂尔多斯盆地内部长城系的探井较少，杭探1、克1井位于盆地北部伊盟地区，地层主要由砂岩组成，少量薄层紫红色泥质岩有机质丰度低，不具备生烃条件，杭探1井3262.28m实测有机碳含量TOC仅0.07%。而在盆地内钻探的桃59井、合探14、运城盆地永济凹陷钻探的济探1井的长城系分别钻遇有效的烃源岩，证明了盆地内部长城系发育有效的烃源岩。

3.2.1　桃59

桃59井位于伊陕斜坡中部，在长城系取心段(4461.00~4462.40m)，岩性为浅棕色石英砂岩夹薄层深灰色泥岩(图25)，深灰色泥岩的有机碳含量较高，两个样品有机碳含量分别为0.39%、0.46%，表明鄂尔多斯盆地中部长城系具有发育有效烃源岩的地质条件，有可能发育规模的烃源岩层。

图 25　桃 59 井长城系北大尖组
石英砂岩夹薄层泥岩 4461. 30m

3. 2. 2　济探 1

济探 1 井位于运城盆地永济凹陷，完钻层位为长城系北大尖组。钻遇崔庄组 91. 2m，岩性上部为厚 65. 2m 的灰绿色夹紫红色的杂色泥岩，下部为厚 22m 的灰黑色含粉砂质泥岩，底部为 4m 厚的泥质砂岩。上部的杂色泥岩的有机碳 TOC 为 0. 08~0. 18%；而下部黑色泥岩的有机碳 TOC 含量较高，TOC = 0. 22~0. 95%，平均 0. 62%（表 6、图 3b、图 26），揭示了运城盆地长城系发育良好泥质烃源岩层，为长城系天然气成藏提供可能的烃源岩供给。

表 6　济探 1 井长城系崔庄组有机碳分析表

井号	深度/m	层位	岩性	TOC/%	Ro/%
济探 1	2089. 7	长城系崔庄组	灰绿色泥岩	0. 11	
济探 1	2090. 7	长城系崔庄组	灰绿色泥岩	0. 08	
济探 1	2092. 7	长城系崔庄组	灰绿色泥岩	0. 18	
济探 1	2114. 98	长城系崔庄组	灰黑色泥岩	0. 48	
济探 1	2115. 29	长城系崔庄组	灰黑色泥岩	0. 91	2. 39
济探 1	2115. 58	长城系崔庄组	灰黑色泥岩	0. 7	
济探 1	2116. 6	长城系崔庄组	灰黑色泥岩	0. 49	
济探 1	2116. 91	长城系崔庄组	灰黑色泥岩	0. 57	
济探 1	2117. 55	长城系崔庄组	灰黑色泥岩	0. 62	2. 4
济探 1	2117. 93	长城系崔庄组	灰黑色泥岩	0. 95	
济探 1	2118. 27	长城系崔庄组	灰黑色泥岩	0. 22	2. 39

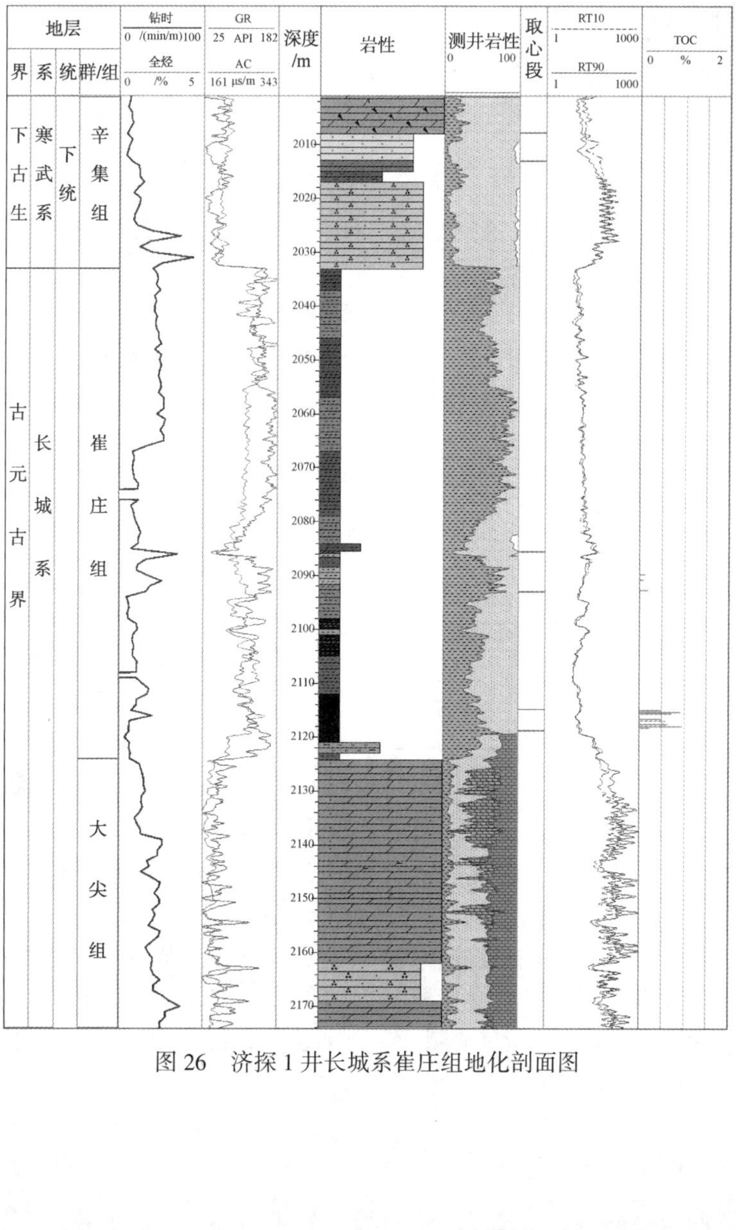

图 26　济探 1 井长城系崔庄组地化剖面图

3.2.3　合探 14

合探 14 井位于盆地西南部，完钻层位为长城系北大尖组。钻遇崔庄组 121m，岩性为浅灰色细砂岩、暗色泥岩、灰色泥质云岩、云质泥岩，其中暗色泥岩厚 29m，有机碳为 0.11～1.01%，平均 0.28%(表 7、图 27)，Rob(%)为 2.6%，处于过成熟阶段，证明了在盆地西南部长城系也发育良好泥质烃源岩层，为早期天然气成藏提供可能的烃源岩供给。

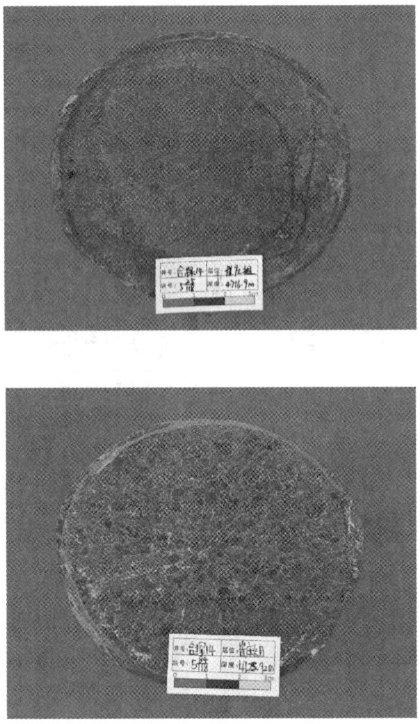

合探14井，崔庄组，深灰色泥岩

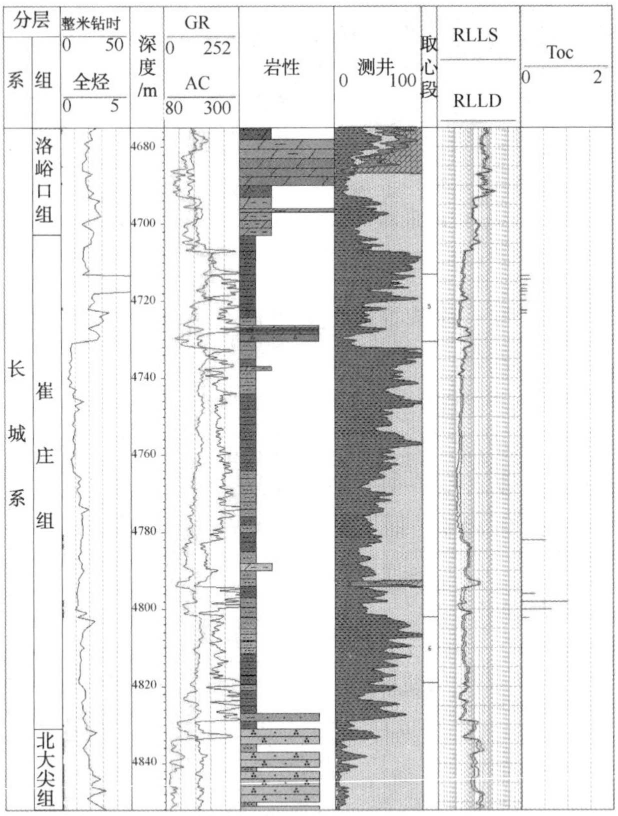

图 27　合探 14 井长城系崔庄组综合剖面图

表 7　合探 14 井长城系崔庄组有机碳分析表

深度/m	岩性	TOC/%	Ro/%	深度/m	岩性	TOC/%	Ro/%
4713.37	深灰色泥岩	0.19	2.6	4722.42	深灰色泥岩	0.12	
4714.36	深灰色泥岩	0.21		4723.22	深灰色泥岩	0.12	
4715.8	深灰色泥岩	0.14		4782	深灰色泥岩	0.52	
4716.75	深灰色泥岩	0.13		4796	深灰色泥岩	0.28	
4717.43	深灰色泥岩	0.14		4798	深灰色泥岩	1.01	
4718.38	深灰色泥岩	0.11		4800	深灰色泥岩	0.66	
4719.8	深灰色泥岩	0.12		4802.2	深灰色泥岩	0.16	

4　成藏潜力分析

长城系是鄂尔多斯盆地最为古老的沉积层系，是第一套沉积盖层。近年来的勘探和研究工作已基本可以证实，元古界可以做为有效的生烃母源层形成工业性油气聚集(王铁冠和韩克猷，2011；孙枢和王铁冠 2016)，如扬子克拉通新元古界南华系大塘坡组、震旦系陡山沱组黑色页岩，被证实是四川盆地川中古隆起上安岳大气田的主要烃源层。王铁冠曾论证了华北克拉通中新元古界油苗(燕山地区)的原生属性，认为存在 13 亿年前的元古界古油藏(王铁冠和龚剑明，2018)。由此可见，中新元古界确实具有较大的烃源岩潜力，对鄂尔多斯盆地元古界长城系而言，崔庄组的泥质岩类有机碳含量较高，具有一定的生烃能力，但能否大量的生排烃并聚集成藏，目前认为已有的资料还不能充分说明，但作为一个值得探索的全新领域，还需要大量的研究和勘探工作来证实。

4.1　盆地内部烃源岩未变质，具有一定的生烃潜力

中新元古界地层时代老，埋藏深，在地质历史过程中经历了多期构造运动，发生了广泛的变质作用，使得烃源岩热演化程度普遍较高。在盆

地北缘固阳北固阳北地区构造活动强烈，地层普遍发生褶皱变形，热演化程度相对更高，沥青质反射率(Rob)值为4.33~5.09%，巴音布拉格沥青质反射率(Rob)值则高达5.86%，南缘洛南县巡检司黑色板岩的沥青质反射率(Rob)值为4.80%，北缘和南缘的沥青质反射率(Rob)值均超过了4%(表7)，达到了过成熟阶段，已变质。

表7　鄂尔多斯地区北缘及南缘长城系烃源岩特征统计表

地区	剖面点	岩性	TOC/%	Rob/%
			平均/最大(样品数)	平均/最大(样品数)
盆地南缘	洛南巡检司	黑色板岩	0.40/1.52(58)	4.80/4.82(5)
	永济陶家窑	黑色板岩	0.28/0.44(10)	2.77(1)
盆地北缘	巴彦诺日公	黑色板岩	1.83/2.48(7)	
	乌加河	灰黑色板岩	0.86/2.75(17)	
	乌拉特前旗河湾	黑色板岩、碳质板岩	3.65/7.71(29)	
	书记沟	黑色板岩	3.50/4.29(8)	
	小佘太乡	黑色板岩	2.44/3.56(12)	
	巴音布拉格	黑色板岩	1.56/2.82(15)	5.86(1)
	固阳北	黑色板岩、碳质板岩	7.52/16.99(43)	4.33~5.09(2)
盆地内部	桃59	黑色泥岩	0.39~0.46(2)	2.24(1)
	济探1	黑色泥岩	0.62/0.95(8)	2.40(3)
	合探14	灰黑色泥岩	0.28/1.01	2.60/2.69(5)

从盆地构造演化史分析，盆地内部长城系沉积后虽经历过多次构造运动，蓟县系沉积后又经历了9亿年的隆升，其后的埋藏演化史与下古生界相似，未遭受过区域性变质作用，长城系在盆地内部的暗色烃源岩均未变质。桃59井、济探1井、合探14及中条山永济陶家窑剖面的暗色烃源物质的沥青质反射率(Rob)值分别为2.24%、2.40%、2.60%、2.77%(表7)，仅达到过成熟干气生成阶段，证实了盆地内部长城系具备天然气成藏的烃源岩条件。

4.2　盆地西南部崔庄组泥质岩类分布稳定，具有一定的规模

前述分析表明，鄂尔多斯盆地长城系泥质烃源岩主要发育在崔庄组，区域上分布稳定、可以追踪对比。从东南部运城中条山地区向盆地西南部延伸，济探1、合探14、旬探1等井均钻遇崔庄组，地层厚度在80~120m之间，具有一定的规模，表明盆地内部长城系可能存在规模良好烃源岩的潜力。

崔庄组地层主要分布在盆地南部，延安-定边以北地区缺失，主要为海湾泻湖相沉积(图28)，岩性主要表现为灰黑色、黑色、灰绿色、紫红色泥页岩，夹薄层粉砂岩，水平层理发育为低能环境下的沉积产物。说明在有利烃源岩发育的相带，仍然可以存在有效烃源岩。

4.3　长城系拗拉槽泥质岩类发育，利于形成自生自储的成藏组合

在明确勘探方向和主要层系的基础上，本着向源勘探的思路，以寻找盆地内部长城系烃源岩为目标，鄂尔多斯盆地长城系顶部沉积间断形成的风化壳可以形成储层，源储配置成长城系自生自储天然气藏。盆地中北部定边地区和西南部最有可能成为长城系天然气成藏的有利目标区带。

5　结论

(1)鄂尔多斯周缘造山带及盆地内部长城系均发育泥质类烃源岩。

(2)鄂尔多斯盆地周缘长城系泥质岩类的演化程度高，已变质，而盆地内部仅达到过成熟干气生成阶段，具备天然气成藏的烃源岩条件。

(3)鄂尔多斯盆地南部长城系崔庄组分布稳定，具有一定的规模，具有形成规模烃源岩的物质基础。

(4)鄂尔多斯盆地长城系顶部沉积间断形成的风化壳可以形成储层，源储配置成长城系自生

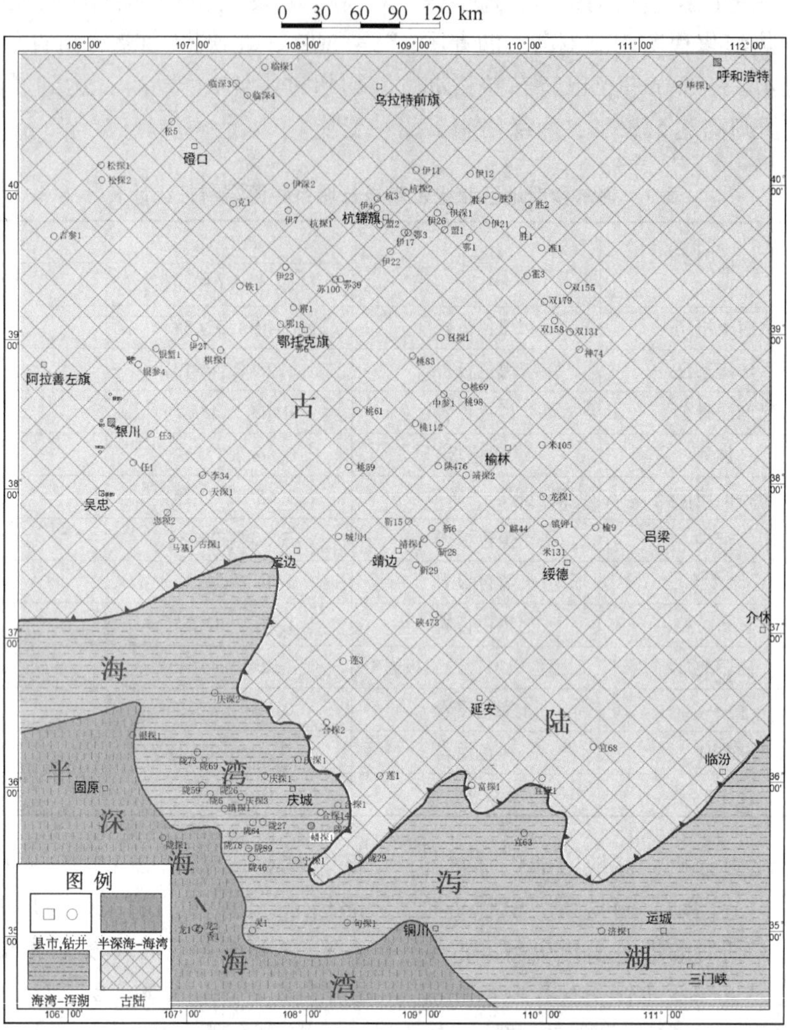

图 28　鄂尔多斯地区长城纪崔庄组沉积相平面展布图

自储天然气藏。盆地中北部定边地区和西南部最有可能成为长城系天然气成藏的有利目标区带。

参 考 文 献

[1] 王坤，王铜山，汪泽成，罗平，李秋芬，方杰，马奎，2018. 华北克拉通南缘长城系裂谷特征与油气地质条件. 石油学报，

[2] 赵文智，胡素云，汪泽成，张水昌，王铜山，2018. 中国元古界—寒武系油气地质条件与勘探地位. 石油勘探与开发，45

[3] 霍福臣，潘行适，尤国林，郑昭昌. 1989. 宁夏地质概论. 北京：科学出版社，1-302. [Huo F C, Pan X S, Zhen Z C. 1989.

[4] 郝石生，高耀斌等，1990. 华北北部中-上元古界石油地质学. 东营：石油大学出版社，1-160. HaoShisheng, Gao Yaobin，关保德，耿午辰，戎治权，杜慧英. 1988. 河南省东秦岭北坡中-上元古界. 郑州：河南科学技术出版社，1-210. Guan Baode，王铁冠，韩克猷，2011. 论中-新元古界的原生油气资源. 石油学报，32(1)：1-7.

[5] 王铁冠，钟宁宁，王春江，朱毅秀，刘岩，宋到福，2016. 冀北坳陷下马岭组底砂岩古油藏成藏演变历史与烃源剖析. 石油科学通报，1(1)：24-37.

[6] 王铁冠，龚剑明，2018. 中国中—新元古界地质学与油气资源勘探前景. 中国石油勘探，23(6)：1-9.

[7] 全国地层委员会，2002：中国区域年代地层(地质年代)表说明书北京：地质出版社.

[8] 冯娟萍，丁雪峰，欧阳征健，2015 鄂尔多斯盆地南缘中元古界长城系烃源岩地球化学特征. 西安科技大学学报.

[9] 欧阳征健，冯娟萍，马海勇，李文厚，2020. 鄂尔多斯地区中元古界长城系沉积特征研究. 西北大学学报(自然科学版).

[10] 郝松立，孙六一，包洪平，刘刚，章贵松，2016. 鄂尔多斯盆地中—新元古界勘探方向及潜力. 天然气地球科学.

基于录测联合的“双古”复杂储层快速评价方法
——以珠江口盆地(东部)惠州26-6构造为例

熊 亭 蒋钱涛 关利军

[中海石油(中国)有限公司深圳分公司]

摘 要 深层古潜山、古近系储层受岩性复杂、储集空间类型及流体多样的影响,导致储层油气区分、流体性质判断及缝洞的有效性评价困难。本文创新性建立了基于FLAIR流体录井、测井参数在油气区分、缝洞识别、物性评价及含油气丰度评价方面的优势:①应用FLAIR流体录井WH-BH烃组分比值识别图版、气油比指数评价方法解决临界流体识别;②利用测压流度刻度随钻密度建立有效性指数与FLAIR含油气丰度指数联合,建立录测结合的低孔渗流体识别图版;③针对潜山缝洞型储层,依据成像、元素、FLAIR等资料构建了基于元素-FLAIR-成像的缝洞有效性井筒识别技术方法。实践表明,该套评价方法能够有效解决“双古”勘探作业中临界油气区分、低孔渗流体性质识别、潜山缝洞储层精细刻画及有效性评价难题,为后续作业方案制定和快速决策提供关键技术支撑。

关键词 古潜山古近系;复杂储层;油气区分;流体评价;有效性识别

随着勘探程度的不断提高,珠江口盆地油气勘探逐步走向深层“双古”(古近系-古潜山)领域。近年来,在珠江口盆地惠州26-6构造中生代古潜山、古近系文昌组、恩平组取得了重大突破,揭示了“双古”复杂储层巨大的勘探潜力。复杂储层多指储层岩性、物性、储集空间类型的复杂多样,使其在油气水层识别、有效性评价等方面与常规储层的录井、测井响应特征存在明显差异,导致现有的评价技术不适用,给储层快速评价带来了巨大挑战。

惠州26-6构造位于惠西南成熟油区,发育在惠州26洼南部边界断层二台阶上,由两条北西西向断层共同控制的断块。其含油气层系为古近系文昌组、恩平组砂砾岩、含砾中-粗岩储层及中生代古潜山缝洞型储层,古近系文昌组、恩平组储层孔隙度介于8.8%~16.9%之间,渗透率介于0.1~31.6mD,属于典型低孔低渗储层,中生界潜山储层风化带溶蚀孔洞与裂缝发育,内幕带以裂缝为主。MDT泵抽取样及地层测试证实地层流体以凝析气、轻质油为主,且纵向上油气多期充注成藏。由于岩性、物性、储集空间类型及复杂流体多重因素的叠加影响,导致了传统的、单一的录测井储层评价方法无法快速、准确识别流体类型及评价储层有效性,严重制约了后续地质作业方案制定以及地质储量的落实,直接影响到油气田的勘探开发进程。

针对惠州26-6构造复杂储层评价面临的问题,综合运用录井、测井资料各自在储层评价上优势,通过录测井深入融合,建立了一套有效的流体类型识别、低孔渗流体性质识别及潜山缝洞型储层有效性井筒评价方法,现场实践应用取得了良好的效果,直接指导勘探作业决策。本文以不同石油地质背景油气藏、不同流体类型具有不同的烃组分特征理论为基础

1 凝析气与轻质油识别

惠州26-6构造“双古”复杂储层流体以凝析气、轻质油为主,受储层复杂和临界流体,导致传统录井、测井评价方法难以准确识别地层流体。气测录井技术通过检测上返钻井液中油气储集层的烃组分,可以直接反映地层流体特征。相较于常规气测录井,法国地质服务公司推出的最新一代FLAIR(Fluid Logging & Analysis In Real time)实时流体录井技术具有定量、恒温脱气、专用气管线、负压传送、双气路、色谱、质谱检测等特点,其检测精度较常规气测录井更高(C_1~C_8),数据质量更可靠,在临界流体识别上具有更好的优势。在对该构造8口探井气、凝析气、不同油质油层的FLAIR流体录井烃组分开展对比研究,建立了基于FLAIR烃组分比值识

别方法和气油比的定量预测方法。

1.1　基于 FLAIR 烃组分比值识别图版

传统的 3H 比值法也叫烃湿度比值法。3H 比值法可以对采集的气体数据进行实时分析，选择的参数为湿度比(WH)、平衡比(BH)、特征比(CH)，然后根据三者比值的大小，以及数据的组合方式，综合判断地层含油气情况。

其计算公式如下：

湿度比：$WH=\frac{c_2+c_3+c_4+c_5}{c_1+c_2+c_3+c_4+c_5}$　无量纲

平衡比：$BH=\frac{c_1+c_2}{c_3+c_4+c_5}$　无量纲

特征比：$CH=\frac{c_4+c_5}{c_3}$　无量纲

惠州 26-6 构造干气、凝析气、轻质油属于同一油源，不同演化阶段下的产物，区域内横向不同井区和纵向不同层系的 FLAIR 烃组分对比发现，由干气到油，轻烃组分占比逐渐减少，重烃组分占比逐渐增加(图 1)，反映地层流体湿度逐渐增大，因此优选了湿度比(WH)、平衡比(BH)作为评价参数。利用区域测井解释、取样点、测试层的 FLAIR 流体录井数据，建立起基于 BH、WH 气测衍生参数流体识别图版(图 2)，从图中可知，干气、凝析气、油分区分带明显，随着流体变重 BH 逐渐变小，WH 逐渐增加。结合图版分区统计，干气：BH 大于 20，WH 小于 11；凝析气：BH 大于 15，WH 小于 19；油：BH 小于 15，WH 大于 19。

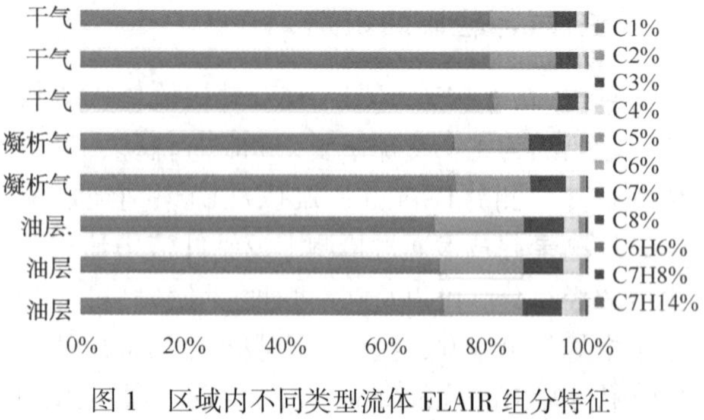

图 1　区域内不同类型流体 FLAIR 组分特征

1.2　基于 FLAIR 流体录井气油比指数评价

电缆、钻杆地层测试通过直接获取井下地层流体样品，利用实验手段获取地层流体不同烃组分占比，计算得到油气藏的气油比，利用气油比的大小实现对地层流体性质的判识。相较于地层测试，FLAIR 流体录井在获得油气藏烃组分方式、分析原理、时间点上存在诸多不同，但都是以油气藏的烃组分为研究对象，二者本质是相同的。研究表明，通过开展 FLAIR 流体录井烃组分敏感参数优选、参数归一化处理、泵抽取样气油比数据质控、关系模型的建立，可以实现连续气油比的定量计算，达到流体性质快速、连续与定量识别的目的。

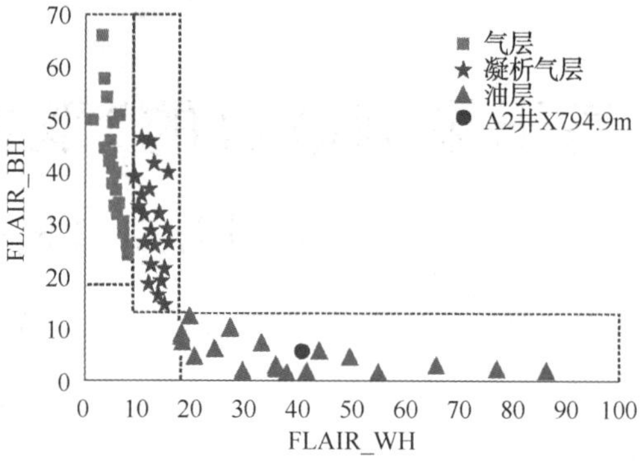

图 2　FLAIR 湿度比-平衡比识别图版

通过对研究区电缆泵抽取样及测试的凝析气与轻质油 FLAIR 各烃组分相对含量平均值作相对含量趋势线进行烃组分敏感参数优选，凝析气与轻质油的 C_1、C_2 相对百分含量高且较为相近，而轻质油的重组分(C_3~C_8)含量略有增加，较凝析气高，考虑到 C_7~C_8 组分相对含量低(小于 0.05)且部分凝析气缺失该烃组分，优选(C_1+C_2)、($C_3+C_4+C_5+C_6$)分别代表气指数、油指数，利用气油比的计算原理(气/油)，建立气油比指数，即(C_1+C_2)/($C_3+C_4+C_5+C_6$)。

统计区域内 12 口井 44 个电缆泵抽取样点气油比数据与对应深度点 FLAIR 流体录井气油比指数((C_1+C_2)/($C_3+C_4+C_5+C_6$))参数建立关系模型，建模后得到的相关系数达 0.8794(图 3)，证实基于 FLAIR 流体录井的气油比指数与泵抽取样的气油比具有很好的相关性。其相关性计算公式为：

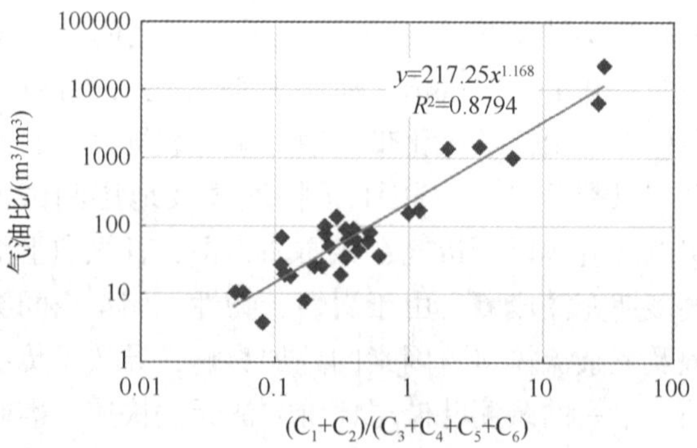

图 3　FLAIR 流体录井气油比指数与电缆地层测试气油比关系模型

$$y=217.25x^{1.168}$$

式中，y 为电缆地层测试气油比；x 为 FLAIR 流体录井计算的油气比指数。

根据以上建立的模型，结合杨宝善(1985)提出的气油比油气藏类型划分标准(表1)，可利用本方法计算的气油比参数进行储层流体性质的定量识别与气油界面的快速划分。

表1　气油比油气藏类型划分标准(据杨宝善)

油气藏类型	气油比
气层	$r_{og}>26715$
凝析气层	$534.3\leq r_{og}\leq 26715$
油层	$r_{og}<534.3$

2　低孔渗储层评价

低孔渗储层电性受物性差、孔隙结构的影响过大，导致油水干层电阻率差异不大、孔隙度与渗透率相关性差，常规均质储层电阻率含油性与孔隙度评价结合的测井解释模型不再适应，本文利用 FLAIR 流体录井能够直接检测地层含油气性的优势与测压直接反映地层渗流能力相结合，建立了录测一体化的低孔渗储层评价新方法。

2.1　基于测压流度刻度下储层有效性评价

现阶段在低孔渗储层中，一般采用电缆式地层测试技术进行连续测压来获得地层的流度，用于判断储层的有效性，但深层低渗测压作业面临“复杂情况多、处理周期长、作业费用高昂”等多方面挑战，而且还存在有些井不具备测压作业条件的问题。如何快速、准确判断低渗储层有效性是深层古近系油气勘探一道难题。

针对上述问题，本次研究基于地层测压流度数据，对储层孔隙度与测压流度进行了统计，结果如下：当孔隙度大于 14%时，测压流度普遍大于 1md/cp，多为有效点；孔隙度小于 8%时，测压流度普遍为致密点；但孔隙度在 8%-14%范围内，不仅分布了有效点、致密点，还分布了大量低渗点，在这段范围内难以利用孔隙度值判断储层的有效性(图4a)。相比于孔隙度值，随钻密度测量值与储层有效性之间具有较好的相关性(图4b)。当密度小于 2.45g/cm³时，储层的流度普遍大于 1md/cp，多为有效点；当密度在 2.45~2.49g/cm³之间时，储层的流度一般介于 0.01~1md/cp 之间，多为低渗点；密度大于 2.49g/cm³时，普遍为致密点。

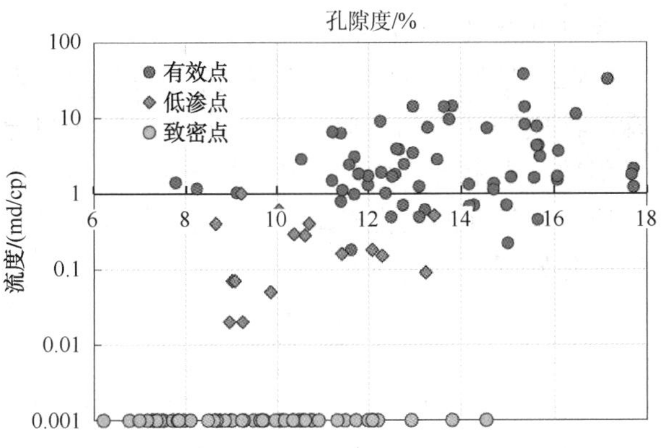

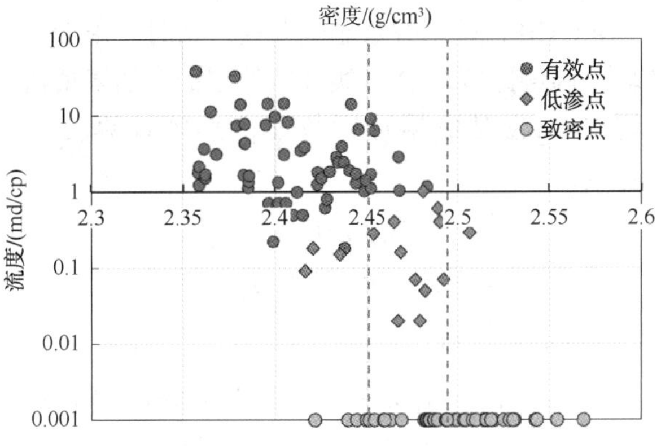

图4　构造孔隙度、密度与测压流度关系散点图

介于上述分析，选择随钻密度值作为储层有效性评价参数，利用极差公式建立储层有效性指数，根据测压结果，以 2.45g/cm³ 和 2.49g/cm³ 作为有效储层、低渗储层和致密储层的界限，建立储层有效性划分指标。

其中有效性指数：$IDEN = 2.45 - DEN/2.45 - DEN_{min}$

式中：DEN 为实测密度值(g/cm³)，DEN_{min} 为储层密度最小值，为 2.35g/cm³。

当有效性指数大于 0 时，储层有效性评价为Ⅰ类；在-0.4~0 之间，有效性评价为Ⅱ类；小于-0.4 时为三类。据此可以对储层有效性进行快速评价，并指导测压取样点的选取。在 B1 井利用密度建立储层有效性指数的评价示意图如下(图5)所示，基于该方法的储层有效性评价得到了电缆测压结果的证实，有效性评价为Ⅰ类的储层，电缆测压结果均为有效点；有效性评价为Ⅱ类的储层，电缆测压结果均为低渗点；而有效性评价为Ⅲ类的储层，电缆测压结果均为低渗，证实了该方法的可行性。

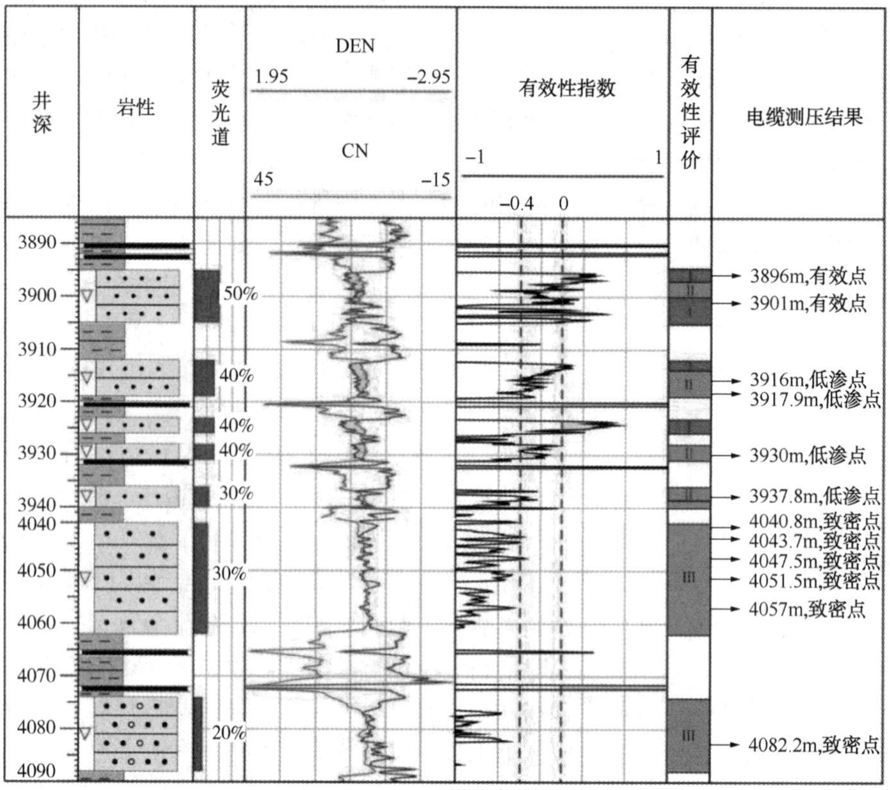

图 5　B1 井储层有效性指数与评价结果

2.2　基于 FLAIR 技术的储层含油饱和度定量评价方法

FLAIR 流体录井数据受井径、钻时、排量等参数的影响，为了更真实反映储层的含油气量信息，首先应对数据进行校正，具体计算方法如下：

$$V_0 = \pi D^2/4$$

$$E = (Ft + V_0)/Q_0$$

$$VOL\_C_1 = EC_1/V_0 = (Ft + V_0)C_1/(Q_0V_0) \quad (1)$$

式中，V_0为钻进 1m 时钻头破碎的岩石体积，m^3；D 为钻头尺寸，m；F 钻井液量，m^3/min；E 为冲淡系数，无量纲；Q_0为脱气器抽取的钻井液量，为常量，m^3；VOL_C_1为校正后单位体积($1m^3$)岩石甲烷含量，%。

(1) 表征参数计算及归一化：异常倍数法可以表征储层的含油气丰度，若该参数变化明显，则说明储层内部压力高、烃类丰富，利用此参数来评价储层的含油饱和度，具体计算公式如下：

$$NVOL\_C_1 = FG(VOL\_C_1)/BG(VOL\_C_1) \quad (2)$$

式中：$NVOL\_C_1$ 为 VOL_C_1 异常倍数，无量纲；$FG(VOL_C_1)$为储集层内 C_1 最大值的一组数据作为异常显示层气测代表数据，ppm；$BG(VOL_C_1)$为离异常显示储集层上部最近的一段厚度大于 5m 的非储集层其各气测组分的平均值作为基准背景值，ppm。

(2) 参数归一化：由于不同油层受层位、埋深、油质等因素的影响，造成其 FLAIR 气测异常倍数在数量级上存在一定的差异，为了更好的反应含油气性的变化规律，需要对表征参数进行归一化处理。公式如下：

$$X = \frac{X_m - X_{mm}}{X_{max} - X_{mm}} \quad (3)$$

式中，X 指储层含油气丰度指数，无量纲；X_m 为该储层实际 VOL_C_1 异常倍数；X_{min}为该区域储层 VOL_C_1异常倍数的最小值；X_{max}为该区域储层 VOL_C_1异常倍数。

(3) 利用研究区常规储层 FLAIR 参数 X 与测井解释含油饱和度建立相关模型(图 6)，可以看出二者之间具有较好的相关性，表明在常规储层中 FLAIR 含油气丰度指数可以较好的反映储层含油饱和度。由于 FLAIR 流体录井资料不受岩石类型、孔隙结构的影响，直接检测地层中的烃类信息，因此在低孔渗地层中可以采用 FLAIR 含油气丰度指数 X 来定量计算储层含油饱和度。

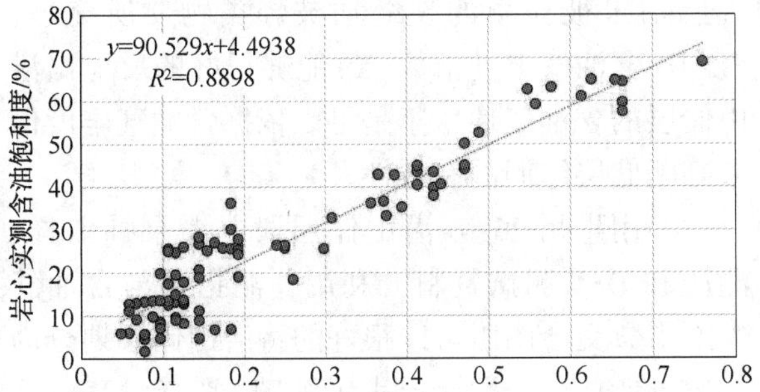

图 6 B1 井常规储层中 FLAIR 含油饱和度指数与测井解释饱和度之间的关系

以 0.3 为界限来对低孔渗储层的含油饱和度进行定量评价，当含油饱和度指数大于 0.3 时，含油性评价指标为Ⅰ类；当含油饱和度指数小于 0.3 时，含油性评价指标为Ⅱ类。下图为 FLAIR 含油饱和度指数评价示意 B2 井的评价示意(图 7)，可见在 3515m、3572.8m、3693m、3726m 及 3850m 处，储层含油饱和度指数 X 均大于 0.3，含油性评价为Ⅰ类，而电缆取样测试均为油层；在 3578.7m 处，储层的含油饱和度指数小于 0.3，电缆取样为水层。

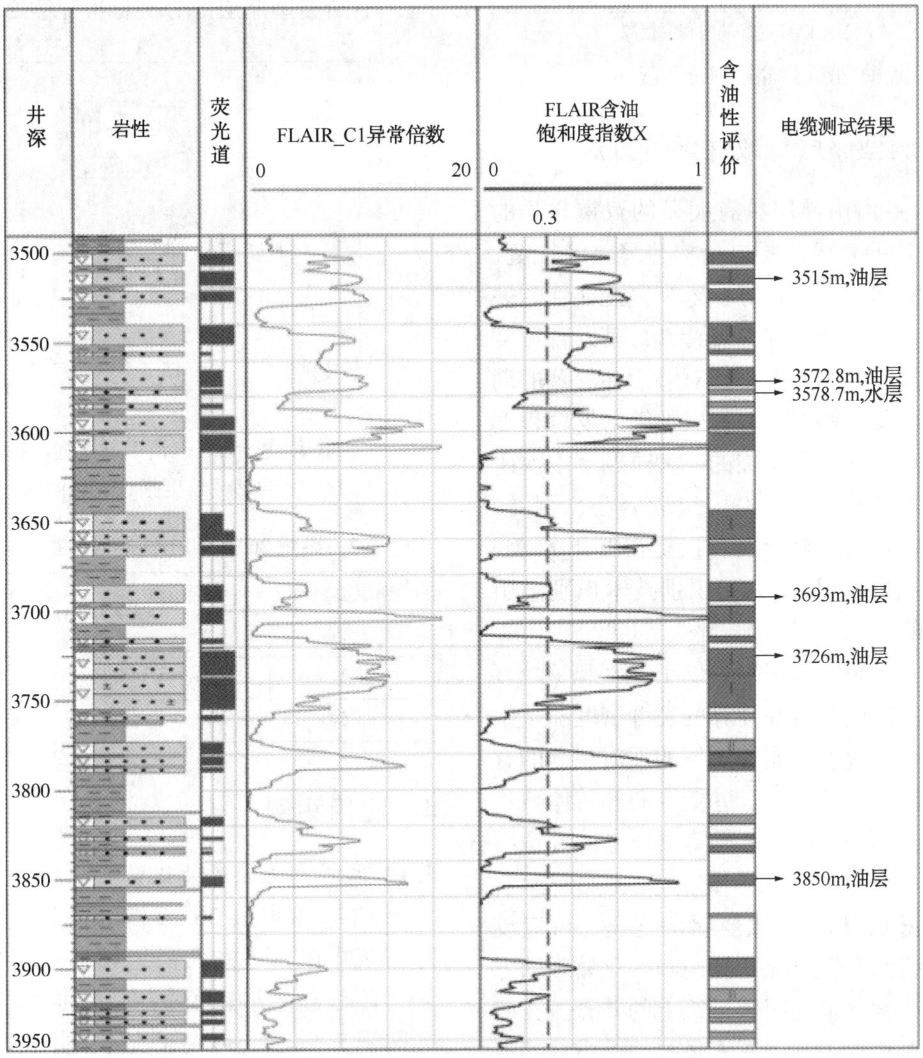

图 7 B2 井含油性评价示意图

2.3 低孔渗储层录测结合评价方法

将储层有效性评价与含油气性评价方法相结合，形成录测结合评价方法。首先通过选取具有代表性的取样、测压、测试等结论证实的点，计算其有效性指数和含油气性指数，并建立解释图版(图 8)。依据解释图版确定解释指标，当有效性指数大于 0、含油性指数大于 0.3 时，储层评价均为Ⅰ类，说明储层的物性和含油气性均较好，录测综合解释为油层；当有效性指数大于 0、含油性指数小于 0.3 时，物性评价为Ⅰ类、含油气性评价为Ⅱ类，说明储层物性较好，但含油气丰度较低，应评价为含油水层；当有效性指数小于 0、含油性指数大于 0.3 时，物性为Ⅱ类、含油气性为Ⅰ类，说明储层含油气性较好，但物性差，应解释为差油层，当物性为Ⅱ类及Ⅲ类、含油气性为Ⅱ类时，说明储层物性及含油气丰度均较差，应解释为干层。

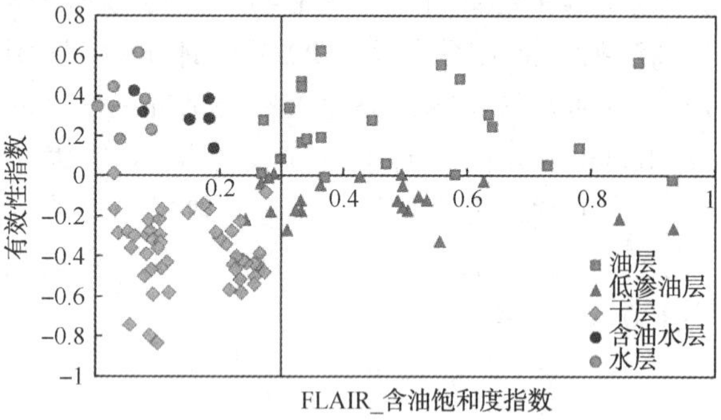

图 8　低孔渗储层评价图版

3　潜山缝洞型储层有效性评价方法

惠州 26-6 潜山储层具有明显的双重介质的特点，储集空间类型主要包括构造缝、溶蚀缝、次生溶蚀孔隙和晶内溶孔等。未被完全充填的裂缝能极大改善潜山储层的渗流特性，其发育程度直接决定了储层的产能大小，对潜山油气藏的勘探开发具有重要的作用，但有效裂缝的发育程度一直是潜山储层评价所面临的一大难题，本次研究在系统分析惠州 26-6 潜山层段岩心、测井、录井和测试资料的基础上，首次提出基于元素-气测-成像的裂缝有效性井筒识别技术识别潜山储层缝洞有效性。

成像测井为裂缝的识别提供了最直观、最直接的手段，应用成像测井计算的裂缝密度和次生孔隙的面孔率组合参数能够较好的反应裂缝的有效性发育程度。钻井取心、井壁取心和铸体薄片资料均表明惠州 26-6 潜山段储层裂缝以方解石充填为主，而孔洞发育段，多存在黄铁矿的富集，因此依据 Ca 和 S 元素含量的变化，可以反映潜山储层缝洞发育情况。利用归一化处理的方法消除不同元素含量之间数量级上的差异。在归一化的基础上建立了基于元素录井的潜山缝洞评价指数。计算公式为：

$$NF=S+Ca+R \tag{4}$$

$$R=PORf+DENF \tag{5}$$

式中，NF 为计算缝洞指数；S 为归一化后值；Ca 为归一化后值；$PORf$ 为次生孔面孔率；$DENf$ 为裂缝密度；R 为 $PORf$ 与 $DENf$ 求和后归一化值。

薄片和扫描电镜资料表明惠州 26-6 潜山油气层中未被充填的裂缝均被烃类物质所充填，FLAIR 含油气丰度指数(X)能够很好的反应出潜山储层的含油气性，于是可以依据含油气丰度值来判断储层缝洞的有效性。

利用惠州 26-6 潜山储层段电缆泵抽取样、测压和 DST 测试资料，利用缝洞指数与含油气丰度指数交会图版可以很好的将潜山储层划分为三类(图 9)。一类储层表示孔隙-裂缝发育，且含油气性好；三类储层表示孔隙裂缝不发育，且含油气性差；二类储层介于一类和三类储层之间，不同类型储层的分类标准见表 2。

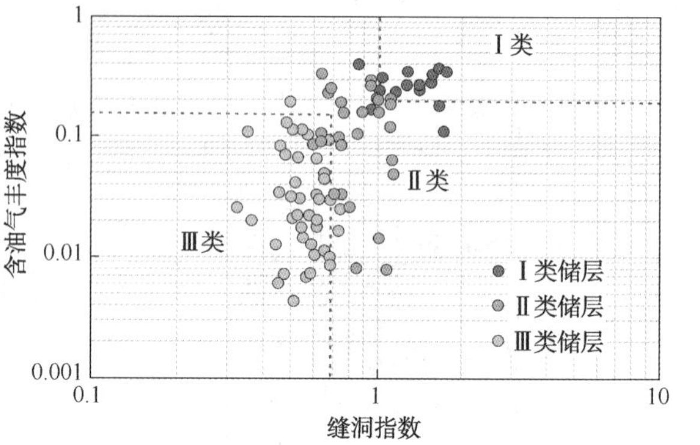

图 9　惠州 26-6 潜山储层缝洞指数和含油气丰度指数交会图版

表 2　惠州 26-6 潜山储层有效性分类评价标准

储层类型	缝洞指数	含油气丰度指数
Ⅰ类	大于 1	大于 0.2
Ⅱ类	0.65-1	0.2-0.1
Ⅲ类	小于 0.65	小于 0.1

4　应用案例

4.1　凝析气与轻质油识别

A2 井为惠州 26-6 构造西北部的一口评价井，该井在古近系文昌组钻遇凝灰岩、含砾砂岩、砂砾岩、火山角砾岩，且油气显示丰富，荧光面积 5~30%，FLAIR 流体录井表现为高 C1 绝对值和高 C1 百分比；测井中子密度曲线交汇明显(图 10)，流体性质判断难度大。

为此，利用前述 FLAIR 流体录井资料(图 10)计算气测异常明显、形态饱满、组分齐全段数据点的湿度比(WH)、平衡比(BH)、气油比，结合湿度比-平衡比图版投点(图 3)及气油比划分标准(表 1)，判断流体性质为油层。现场为了证实该段流体性质，在 X794.9m 处进行泵抽取样，取样结果为油层，取样分析气油比为330(由于物性差，取样过程中存在分相，实际气油比略要小于330)。该段GR值为80~180API之间，平均120API，电阻率值为2~20欧姆．米，密度2.35~2.4g/cm^3，FLAIR气测显示各组分含量较为清楚，C1最高在4000~16000ppm，C2在500~1500ppm，C3在1000ppm以内，其他轻组分含量较少(图6)，利用FLAIR流体录井预测，计算气油比值为310m^3/m^3，与取样值相比相差(330−310)/330=6%，证实了该方法的可靠性。

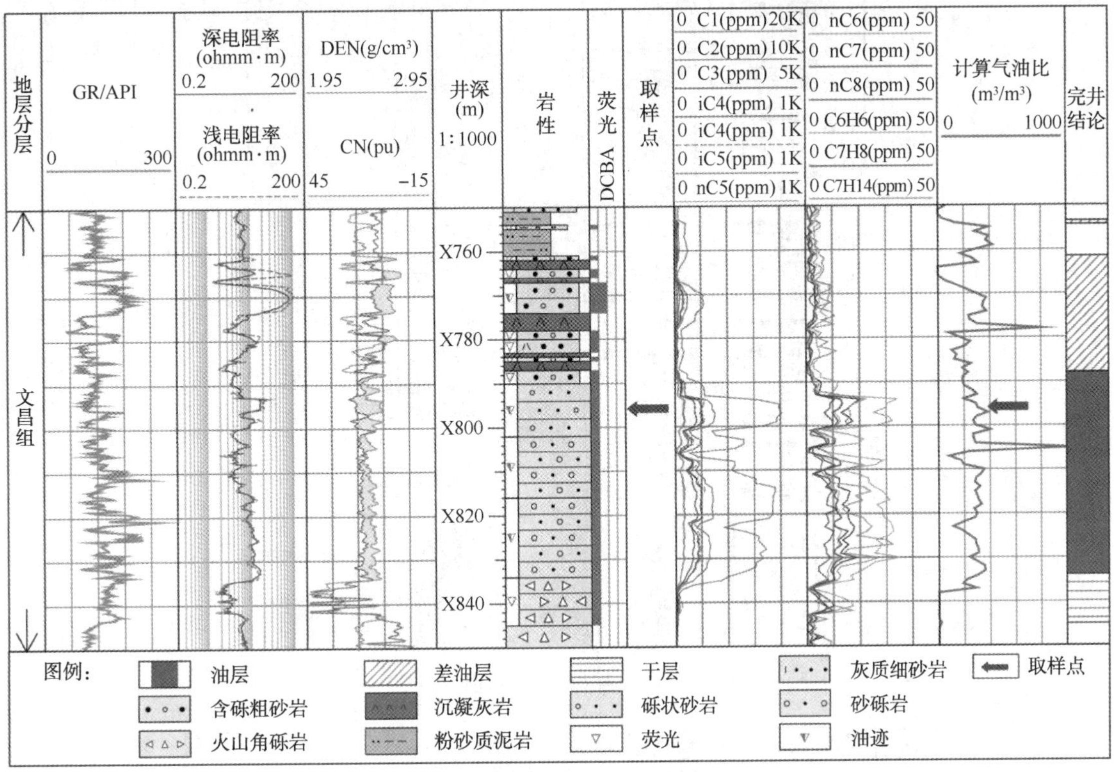

图10　A2井文昌组连续气油比计算剖面图

4.2　低孔渗储层评价

随着对储层的认识更加深入，研究区低孔渗储层评价方法更加丰富，解释符合率较以往有明显的提升。后续井测压取样数量明显减少，平均单井减少超过80%，起到了降本增效的作用，间接降低了工程安全风险。

以A3井为例，进行解释方法应用。A3井在古近系文昌组钻遇多套油气显示，由于埋深较大、岩性变化大，测井电阻率较高，解释为油层，但气测值较低，变化不明显。因此，利用有效性和含油气性评价方法进行评价，4241m~4254m，有效性指数为0.08，含油饱和度指数为0.80，有效性及含油气性评价均为Ⅰ类，综合解释为油层。钻后该层进行了三次测压，均为有效点；4394m~4425m，有效性指数为−0.31，含油饱和度指数为0.06，储层有效性评价为Ⅱ类，含油气性评价Ⅱ类为主，依据该方法综合解释以干层为主，该层进行了两次泵抽取样，均未取到地层流体，进行了一次电缆测压，结论为低渗点，解释结论与测压、取样结果较为相符，证实了解释方法可行性。

4.3　潜山缝洞型储层有效性评价

以A1井为例(图12)，在井段3584~3816m井段整体表现为缝洞指数大，储层含油气丰度指数大，指示储层物性和含油气性好，结合缝洞指数和含油气丰度指数交会图版整体以一类和二类储层为主，局部为三类储层。该井段在3705.1m处进行MDT取样为凝析气，后续在进行DST测试获得较高产能。井段3850~4250m井段整体表现为储层缝洞指数变小，含油气丰度指数下降，指数储层物性和含油气性变差，以二类和三类储层为主，局部一类储层。该井段在4057.7m进行MDT泵抽取样，取到10mL原油，后续进行DST测试较上部DST明显变差。取样及测试结论与基于元素−气测−成像的裂缝有效性井筒识别技术认识一致，证实了该方法具有很好实用性和可靠性。

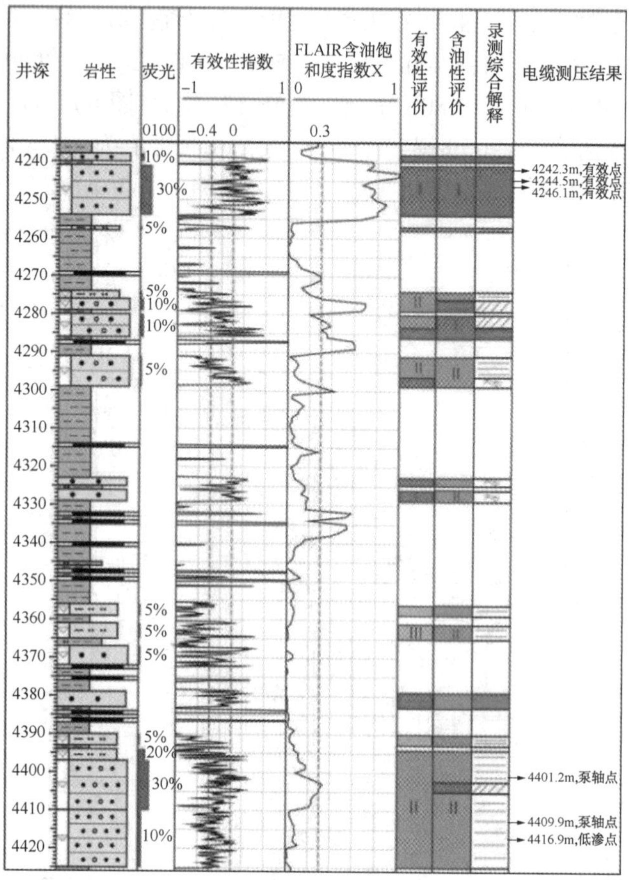

图 11　A3 井储层录、测评价柱状图

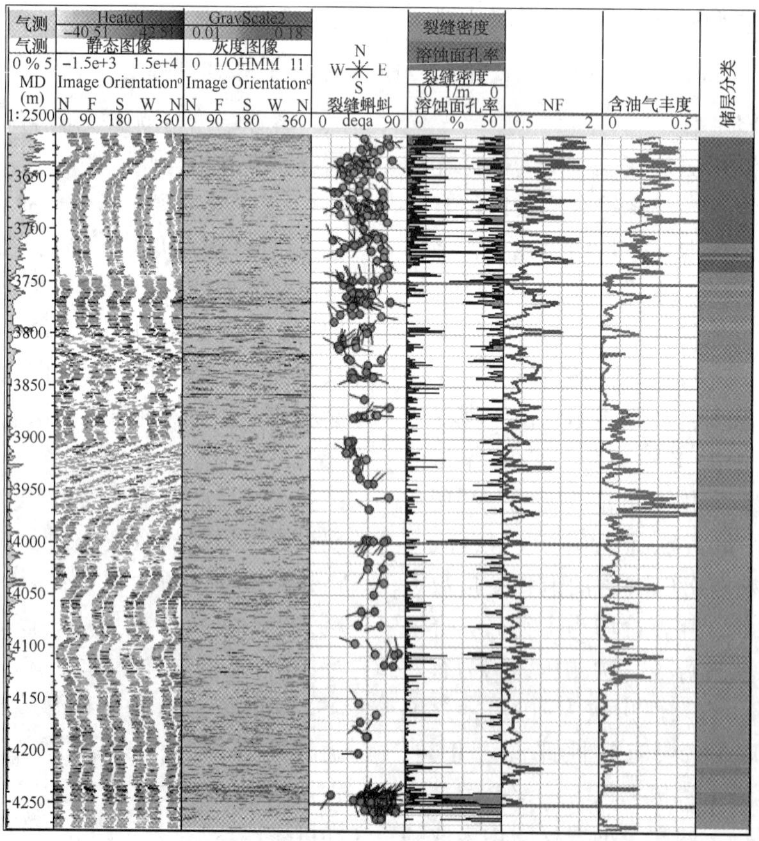

图 12　A1 井有效性裂缝元素-气测-成像三因子融合成果图

5 结论

（1）不同区块、不同流体类型湿度比(WH)与平衡比(BH)均表现为统一特征，即随钻地层流体变重，其湿度比(WH)值变大，平衡比(BH)值变小，以区域测井、测试资料为基础首次建立起基于FLAIR资料的湿度比(WH)与平衡比(BH)的交汇图版，并实现了干气、凝析气、油的定量表征。以气油比计算原理为基础，建立FLAIR含油气丰度指数与泵抽取样、测试气油比之间的关系模式，实现连续气油比的定量计算和干气、凝析气、油的定量表征。

（2）利用录、测井手段进行优势互补，将储层的有效性及含油气性评价相结合。通过选取具有代表性的取样、测压、测试等结论证实的点，计算其有效性指数和含油气性指数，建立了适用于研究区低孔渗储层的解释图版和指标。该方法进行应用后，后续井测压取样数量明显减少，平均单井减少超过80%，起到了降本增效的作用，间接降低了工程安全风险，具有较强的推广意义和价值。

（3）综合录井气测、元素和测井成像资料，建立元素-气测-成像的裂缝有效性井筒识别技术，能及时准确评价潜山储层有效性，为作业决策提供依据。

参 考 文 献

[1] 吴艳婷，邓宏文，芮志锋，等. 珠江口盆地惠州凹陷西区珠江组层序地层学研究[J]. 科学技术与工程，2014，14(07)：111-116.

[2] 田立新，刘杰，张向涛，等. 珠江口盆地惠州26-6大中型泛潜山油气田勘探发现及成藏模式[J]. 中国海上油气，2020，32(04)：1-11.

[3] 田立新，施和生，刘杰，等. 珠江口盆地惠州凹陷新领域勘探重大发现及意义[J]. 中国石油勘探，2020，25(04)：22-30.

[4] 苑坤，方欣欣. 珠江口盆地惠州凹陷HZ21区岩性地层油气藏分布特征[J]. 科学技术与工程，2016，16(22)：143-148+161.

[5] 刘杰，徐国盛，温华华. 珠江口盆地惠州26-6构造古潜山—古近系油气成藏主控因素[J]. 天然气工业，2021，41(11)：54-63

[6] 熊亭，毛敏，关利军. 惠州凹陷古近系文昌组、恩平组录井解释方法研究[J]. 海洋地质前沿，2019，35(01)：67-73.

[7] 严伟丽，高楚桥，赵彬，等. 基于气测录井资料的气油比定量计算方法[J]. 科学技术与工程，2020，20(23)：9287-9292.

[8] 张鹏浩，张占松，张超谟，等. 轻质油的测录井综合识别方法[J]. 科学技术与工程，2020，20(15)：5954-5959+596.

[9] 杨宝善. 凝析气藏开发工程[M]. 北京：石油工业出版社，1995：247-248.

[10] 深层超压低孔渗、致密砂岩储层物性新认识[J]. 天然气地球科学，2022，33(10)：1628-1636.

珠江口盆地(东部)深层–超深层油气勘探进展及攻关方向

彭光荣[1,2]

[1. 中海石油(中国)有限公司深圳分公司；2. 中海石油深海开发有限公司]

摘　要　地质理论的创新和关键技术的突破为珠江口盆地(东部)深层–超深层油气勘探发现提供了理论指导和技术保障。2019年至今，珠江口盆地(东部)逐渐加大深层–超深层油气勘探力度，取得了四个方面重要发现：1)在恩平组新层系，深化富砂层系储盖研究，取得惠州26–6北和番禺10–6等优质大中型油气田的突破；2)在文昌组新类型，通过精细源汇体系分析，取得陆丰13–8和西江24–2等规模性商业发现；3)在古潜山新领域，通过成岩–成山–成储–成藏分析，取得惠州26–6南海东部首个古潜山油气田发现；4)在深水区新洼陷，创新洼陷结构与烃源岩认识，取得开平凹陷南带近亿吨级油田群重大突破。珠江口盆地(东部)深层–超深层面临着规模有效储层预测、油气成藏规律、现场测录作业、经济产能释放方面的挑战，需进一步深化深层–超深层油气勘探理论与技术攻关，为向深层油气进军奠定坚实基础。

关键词　珠江口盆地(东部)；深层–超深层；油气勘探进展；古近系；古潜山

1　前言

随着中国近海盆地中浅层油气勘探开发程度的逐渐升高，深层逐渐成为未来油气勘探的重要增储领域之一。国内外的勘探实践表明，深层条件下油气形成和调整作用依然活跃，油气成藏的地质条件不一定如想象的苛刻。中国近海主要盆地“十三五”资源评价结果也表明，中深层石油资源量占比44%，天然气资源量占比86%，因此深层(本文指埋深大于3500m的地层)逐渐成为海洋油气勘探的重点方向和领域，走向深层是长远发展的必然选择。

珠江口盆地(东部)是南海北部发育的新生代陆缘裂谷盆地，中浅层珠江组、韩江组勘探程度越来越高，规模构造圈闭越来越少；同时以中浅层为主力油层的各油田采出程度不断提高，老油田综合含水率普遍超过95%，亟需新的规模化储量发现。在此形势下，深层–超深层逐渐成为油气勘探重要的方向之一。在“碳达峰、碳中和”目标背景下，以及“矿权核减”压力下，必须加快深层的勘探开发节奏，然而深层整体上地震资料成像品质差，储层物性较差，非均质性强等特征，因此迫切需要转变勘探思路，突破传统认识，破解关键技术，积极攻克深层储层、成藏、作业、产能等挑战，找寻优质储层作为油气勘探的甜点。

珠江口盆地(东部)初期深层勘探集中在浅水区陆丰南、惠西南等富洼，层系以文昌组为主，受不同凹陷、不同层系源储条件差异影响，寻找新的规模富集区、拓展新层系面临挑战。2019年以来，珠江口盆地(东部)加大深层油气勘探开发力度，主攻浅水区富烃洼陷，甩开深水区深层构造，加强地质与地球物理方面认识创新，逐步形成南海东部特色的深层–超深层油气勘探技术体系，有效指导了油气勘探实践，在惠西南、陆丰南、番禺4洼等地区的新层系、新类型、新领域与开平凹陷接连获得勘探重要突破，南海东部深层勘探成效阶段性加速上升，为深圳分公司稳产2000万吨开辟了新的储量接替领域。

2　珠江口盆地(东部)深层–超深层重要发现进展

2.1　深化富砂层系储盖研究，珠海–恩平组新层系接连获突破

古近系珠海组至恩平组作为断拗转换期过渡层系，湖广盆浅，物源体系复杂，含砂率高，有利储盖空间展布预测难，但目的层埋深多小于4000m，具备发育规模优质储层条件，紧邻文昌组优质烃源岩，具有“下生上储、近源成藏”的优势。基于“源–储–盖–聚”精细地质分析，形成

高含砂率背景下恩平组油藏综合评价技术，实现惠州、番禺等大中型商业突破，新增探明储量约1亿吨，打开了盆地珠海–恩平组新层系勘探局面。

惠州26–6北构造主要由惠州26大型转换带供源，发育大型扇三角洲–辫状河三角洲复合沉积体系(图1)。通过砂层组沉积微相精细刻画及优质储层预测，初步建立扇三角洲沉积体系勘探技术系列，认识到扇三角洲构造–岩性复合油气藏具有“含油分带”特征，储层物性控制含油气性，扇三角洲前缘为油气规模富集区，分流河道是规模甜点储层集中发育区，在惠州26–6北恩平组探明原油地质储量超5000万吨，进一步夯实了惠州26亿吨级油田群。

番禺10–6构造位于已证实富生烃洼陷番禺4洼，该洼陷为强改造型残留洼陷，文昌组遭受强烈剥蚀和构造变形，源汇体系恢复难度大。基于地质模型的砂体及储盖预测攻关，认识到洼陷中心沉积地层厚度明显增大，沉积旋回增多，具备发育优质储盖组合的条件。同时控圈断层主要呈近东西向，与现今应力场斜交，可有效降低高含砂率地层断层封堵风险。在上述认识基础上，创新建立富砂层系“古构造–沉积–气候三要素耦合联控、早泥晚钙双盖层接续发育”地质模式(图2)，甩开勘探番禺10–6构造探明原油地质储量超2000万吨。

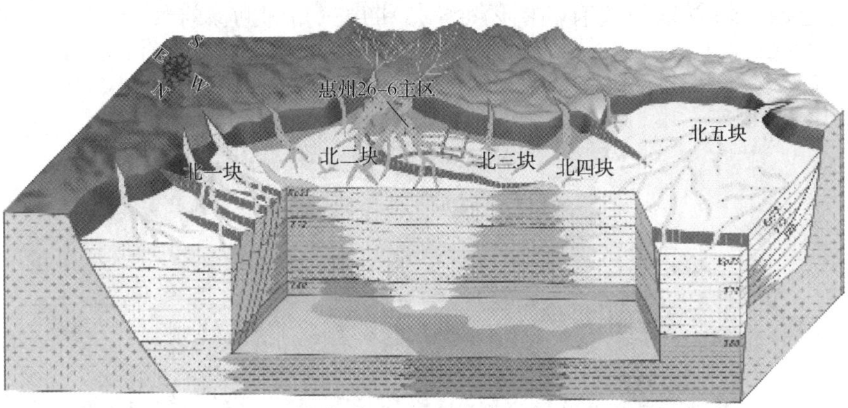

图1　惠州26–6北及周边沉积模式

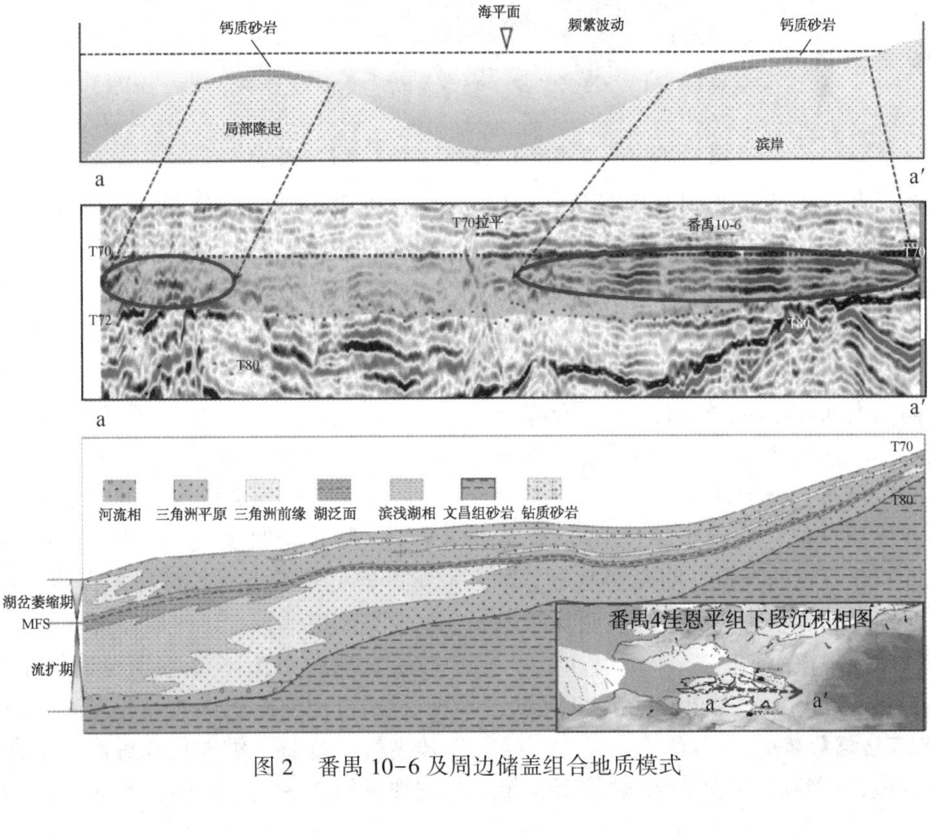

图2　番禺10–6及周边储盖组合地质模式

2.2 精细源汇体系分析，文昌组多类型砂体展现规模潜力

早期源汇分析推动陆丰南大型辫状河三角洲规模商业突破，随着勘探逐渐深入，受不同洼陷源汇条件差异影响，文昌组有利沉积相带有待进一步拓展。通过创新建立基于原型盆地恢复的源汇体系分析技术，主攻针对不同类型砂体的储层预测技术，实现滩坝、陡坡扇三角洲、小物源辫状河三角洲、湖底扇等多类型砂体商业突破，目前文昌组三级储量 2.4 亿吨油当量，展现巨大勘探潜力。

陆丰南早期围绕陆丰东低凸起等大型辫状河三角洲，实现陆丰 14-4、陆丰 14-8、陆丰 8-1 等古近系油田群建产，随着东凸起有利圈闭变少，2021 年起逐渐转变思路，向着惠陆低凸起寻找突破。传统认为惠陆低凸起小源对小汇，湖盆演化作用下物源不稳定，较难发育规模砂体。通过原型盆地恢复重塑古地貌格局，揭示陆丰 13-8 井区多物源联合供砂，指导文昌组获规模油气发现，三级储量近 4000 万吨，展现小型源汇体系规模勘探潜力（图 3）。通过形成转换带源-汇控砂、洼间脊汇聚控藏的认识，打破洼陷长轴方向油气运聚不利的思维束缚，成功指导陆丰 15-5 文昌组勘探突破，新增三级储量超 2000 万吨。陆丰 15-5 构造主力油层 WC410 压裂测试成功，压裂后原油日产量提升了 12.8 倍，首次实现海上原油探井压裂商业产能突破，揭示转换带扇三角洲勘探前景。

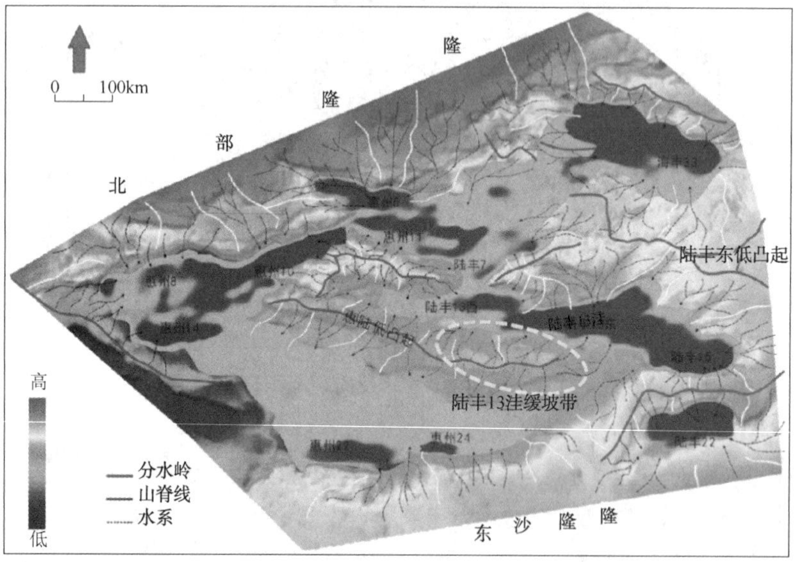

图 3　陆丰南文昌组小型源汇系统原型盆地恢复模式

惠西南深层勘探以往主要围绕扇三角洲-辫状河三角洲复合沉积体系，通过精细源汇体系分析认为，三角洲侧翼具有水下低隆起-开阔窄陡型消能带沉积背景，且水下低隆起往往具有高能水动力环境，湖浪改造作用强，具备滩坝砂发育条件，逐步揭示出西江 24-2 构造水下低隆起滩坝沉积模式（图 4），通过叠前反演储层定量刻画滩坝砂优质储层分布，推动西江 24-2 构造取得商业突破并获优质产能，文昌组 WC410 油层单层探明储量近 500 万吨油当量，明确湖浪改造作用是优质储层发育的有利条件，进一步明确滩坝砂有利勘探领域及规模潜力。

2.3 2.3 惠州 26-6 大中型潜山油气田突破，开辟深层勘探新领域

珠江口盆地（东部）基岩年龄相对较新，传统认为风化成储条件较弱，潜山成岩-成山-成储-成藏过程复杂，机制不明。2019 年之后，钻探的惠州 21-1、惠州 21-3、惠州 21-4 构造均在潜山钻遇了丰富的油气显示，揭示了惠州凹陷潜山具有较大勘探潜力。

在“古潜山-古近系”联合勘探的新模式指导下，优选出位于惠州 26 洼南部的惠州 26-6 构造，由两条断层共同控制的断块构造。通过建立中生代陆缘岩浆弧成岩-成山-成储模式，阐明“断-岩-溶”交互式控储机制，明确惠州 26-6 发育两类储层体系，油气层厚度在 600 米以上，突破了盆地古潜山不具备规模成储条件的传统认识。通过构建湖相优质烃源岩油气兼生、晚期高效生气、宽窗强供、复合封盖的成藏模式，指导发现惠州 26-6 大中型凝析油气田，探明储量超

4000万吨，三级储量超7000万吨油当量(图5)，首次在惠州地区古近系砂砾岩体发现了优质油藏，首次在古潜山探明高产凝析气藏，成为了珠江口盆地(东部)深层-超深层领域油气勘探的重大突破，开辟了古近系砂砾岩体与古潜山勘探新阵地。

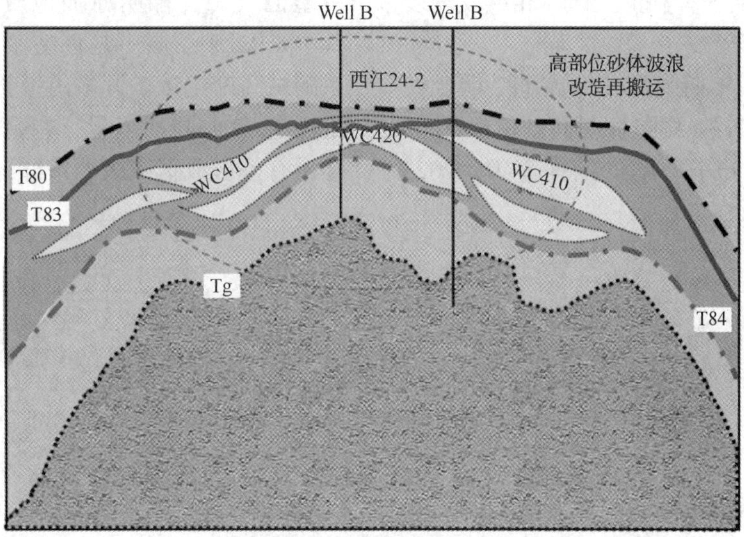

图4　西江24-2水下低隆起滩坝沉积模式

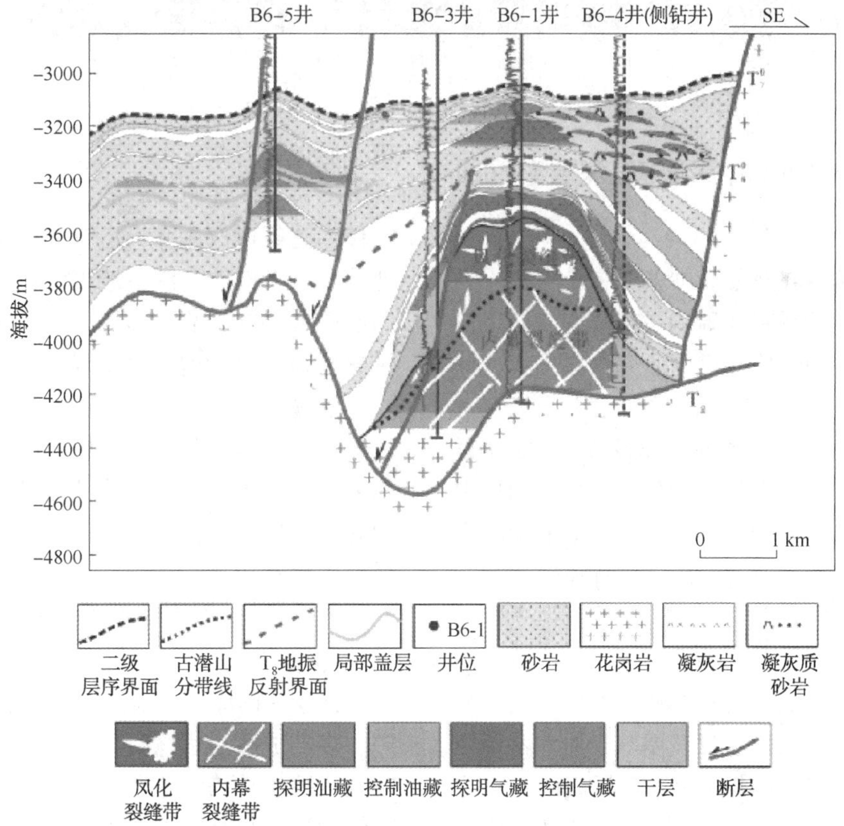

图5　惠州26-6油气藏剖面图

2.4　开平凹陷深层接连突破，深水区新洼陷有望形成亿吨级油田群

开平凹陷为珠二坳陷西侧的一个边缘凹陷，构造极为复杂。传统认为南海深水边缘型凹陷规模较小、生烃潜力有限，长期以来没有获得勘探突破。近些年，通过研究创新提出南海拆离型盆地“深断成湖-拆离控盆-高温增热”耦合强生烃机制，开平凹陷资源潜力大幅提升了近2倍。洼陷结构再认识明确开平凹陷“北断南超、先断后拆”复合半地堑，源储分析明确南部斜坡带为有

利区带(图6)。通过深入原型盆地恢复研究，结合已钻井认识，进一步明确了开平凹陷烃源岩展布范围和生烃潜力，结合烃源岩展布、断裂发育和构造抬升，落实油气有利汇聚区，相继发现多个含油构造。

2021年至2022年期间深化”源-断“耦合控藏认识，落实开平11-4构造探明储量超3000万吨油当量，证实了开平凹陷的勘探潜力。2023年，加大南向甩开勘探力度，钻遇文昌组高丰度湖相泥岩，有效烃源岩范围不断南扩，认识到“源-断-盖”耦合控制富集成藏，再获开平18-1中型油气田，探明原油地质储量近3000万吨，其中EP220油层更是创造了南海东部探井古近系测试高产纪录。开平南带整体探明原油地质储量近9000万吨油当量，剩余圈闭资源量近2亿吨，有望形成亿吨级油田群，早日立架见产。

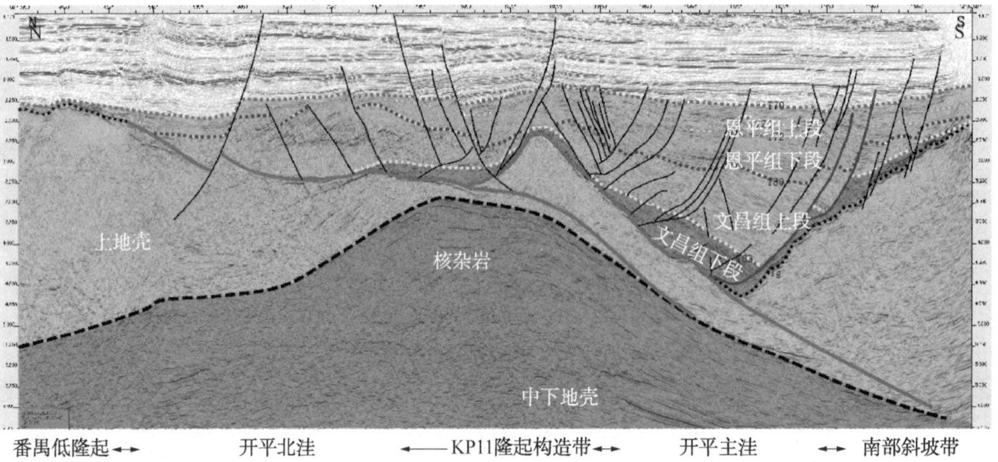

图6　开平凹陷洼陷结构剖面示意图

3　珠江口盆地(东部)深层-超深层勘探面临挑战及攻关方向

3.1　深层-超深层规模有效储层预测

南海东部古近系有利砂体展布及有效储层发育机理、古潜山构造控储机制研究存在挑战，一是古近系原型盆地恢复难、母岩类型差异大、沉积相变快，制约古源汇系统重建及成岩-成储过程恢复；二是古潜山岩浆活动复杂、先存构造识别难度大，中-新生代构造演化控储作用及潜山成储机理不明。有必要进一步攻关优质储层刻画问题，逐步形成“源-汇-岩-储”一体化优质储层刻画技术，宏微观结合明确深层优质储层分布规律。一是通过母岩类型展布及差异控储研究，明确甜点发育模式；二是通过开展基于原型盆地恢复的源-汇系统差异重建及砂体定量刻画；三是通过加强溶蚀成岩相刻画，明确有利岩相-成岩相展布规律；四是通过结合断裂及构造应力分析，探索裂缝及溶缝型储层类型。

从地球物理技术角度，部分地区中深层地震资料品质改善效果有限、不同类型有效储层识别预测难。由于深层地震资料品质较差，地层内幕和断裂成像不清，针对性地震采集处理技术待深化，通过针对性二次三维采集、OBN处理技术攻关，对不同地质问题的针对性优化处理及综合解释，有望形成采集-处理-解释一体化地球物理技术，有效改善深层地震资料品质。由于深部储层类型多样、岩性复杂，地震响应机理不明、多解性强，有效储层、薄盖层、油气识别预测难，通过开展有效储层地震响应机理分析，针对岩石物理技术，基于地质模型的有效储层综合预测技术开展攻关，有望形成地质-地球物理结合的有效储层综合预测技术系列，推动重点靶区有效储层精细预测。

3.2　深层-超深层油气差异聚集机制及富集区带预测

深层-超深层复杂温压条件下多相态、多源、多期成藏过程恢复难，复杂断裂差异控藏机制及成藏主控因素不明，一是不同层系、不同洼陷烃源岩成烃特征差异大，油气资源潜力及对深层成藏贡献有待深入；二是深层超压普遍发育、多期油气充注，成藏动力及过程不清；储层非均质性强，源-断-砂-盖匹配关系复杂。有必要进一步攻关油气差异聚集机制及富集区带预测问题，通过开展构造差异控烃及烃源岩识别、生排烃过程潜力及资源规模、成藏动力及油气充注过程、主控因素及差异聚集规律等方面的研究，有望形成深层油气成藏过程综合评价技术，有效指导有利成藏区带优选。

3.3 深层储层有效测录识别及低渗储层产能释放

南海东部深层-超深层油气勘探还面临着储层压裂实施效果不佳、测录有效识别难的挑战，一是深层低渗储层普遍发育，但不同地区压裂改造实施效果差异较大，低渗储层产能释放有待深入研究；二是深层储层岩性、矿物组合复杂，储层物性表征、流体评价困难，测录识别准确率低，难以快速、准确、精细评价。有必要进一步攻关低渗储层产能释放及深层储层有效测录识别问题，基于低渗储层主控因素分析，开展低渗储层可改造性地质综合评价和分级，深入研究低渗储层伤害机理，优选有利层段开展压裂，有望形成地质-工程一体化可压性综合评价技术，有效释放深层-超深层低渗产能。

4 结论

2019 年至今，珠江口盆地(东部)深层-超深层油气勘探取得重要进展且成效显著，对增储上产、技术推广应用做出重要贡献，实现多层系、多凹陷全面突破。但由于不同盆地结构构造、沉积充填和成藏条件差异大，仍面临着规模有效储层预测、油气成藏规律、现场测录作业、经济产能释放等方面的难点问题，仍需从地质与地球物理专业角度继续深入深层-超深层油气勘探技术研究攻关，以寻找深层规模有效储集体为核心，以深化深层油气成藏规律研究为基础，以现场高效作业和经济产能释放为举措，为海域深层-超深层油气勘探提供理论指导与技术支撑，逐步开创形成南海东部特色的深层-超深层油气勘探技术体系，助力公司高质量发展，争取为保障国家能源安全作出更大贡献。

参 考 文 献

[1] 吴克强，谢晓军，廖计华等. 中国近海古近纪碎屑岩储层特征与溶蚀作用规律[J]. 地球科学，2023，48(2)：385-397.

[2] 谢晓军，蔡露露，熊连桥等. 中国近海深层碎屑岩储层综合预测技术探讨[J]. 中国海上油气，2021，33(4)：1-13.

[3] 朱光有，张水昌. 中国深层油气成藏条件与勘探潜力[J]. 石油学报，2009，30(6)：793-802.

[4] 何治亮，金晓辉，沃玉进等. 中国海相超深层碳酸盐岩油气成藏特点及勘探领域[J]. 中国石油勘探，2016，21(1)：3-14.

[5] 马永生，黎茂稳，蔡勋育等. 中国海相深层油气富集机理与勘探开发：研究现状、关键技术瓶颈与基础科学问题[J]. 石油与天然气地质，2020，41(4)：655-672，683.

[6] 罗晓容，张立宽，付晓飞等. 深层油气成藏动力学研究进展[J]. 矿物岩石地球化学通报，2016a. 35(5)：876-889.

[7] 罗晓容，杨海军，王震亮等. 深层-超深层碎屑岩储层非均质性特征与油气成藏模式[J/OL]. 地质学报，2022. https://doi.org/10.19762/j.cnki.dizhixuebao.2023207.

[8] 舒誉，施和生，杜家元等. 珠一坳陷古近系油气成藏特征及勘探方向[J]. 中国海上油气，2014，26(3)：37-42.

[9] 谢玉洪，袁全社. 中国近海深水深层油气地球物理勘探实践与展望[J]. 石油物探，2023，62(2)：183-193.

[10] 田立新，刘杰，张向涛等. 珠江口盆地惠州 26-6 大中型泛潜山油气田勘探发现及成藏模式[J]. 中国海上油气，2020，32(4)：1-11.

[11] 刘杰，徐国盛，温华华等. 珠江口盆地惠州 26-6 构造古潜山-古近系油气成藏主控因素[J]. 天然气工业，2021，41(11)：54-63.

[12] Jiang Hang，Pang Xiongqi，Chen di，et al. Characteristics of source rock controlling hydrocarbon distribution in Huizhou De - pression of Pearl River Mouth Basin，South China Sea[J]. Journal of Petroleum Science and Engineering，2018，171：1260-1268.

[13] 施和生，高阳东，刘军，等. 珠江口盆地惠州 26 洼“源-汇-聚”特征与惠州 26-6 大油气田发现启示[J]. 石油与天然气地质，2022，43(4)：777-791.

[14] 高阳东，彭光荣，陈兆明等. 珠江口盆地开平凹陷深水古近系勘探重大发现及意义[J]. 石油学报，2023，44(7)：1029-1040.

[15] 冯佳睿，高志勇，崔京钢，等. 深层、超深层碎屑岩储层勘探现状与研究进展[J]. 地球科学进展，2016，31(7)：718-736.

塔里木盆地新元古代裂谷结构及深层油气意义

尚　凯　耿　锋　兰明杰　徐勤琪　韩　勇　廖启丰

（中国石化西北油田分公司勘探开发研究院）

摘　要　受罗迪尼亚超大陆裂解的影响，新元古代塔里木地块广泛发育裂谷盆地。综合盆地周缘露头、钻井资料和地震剖面信息，指出受张性断裂控制，南华纪-震旦纪经历了断陷-坳陷的演化过程，发育陆源碎屑岩-碳酸盐岩的沉积组合。除了满加尔裂谷和塔西南裂谷以外，局部发育多个裂陷群。裂谷的演化可划分为开启期、扩张期和坳陷期。深部裂谷的存在控制了新元古界-寒武系烃源岩和生烃中心、台缘礁滩储层和近源成藏组合，对盆地晚期构造演化及深层-特深层油气分布均具有重要的控制作用。

关键词　陆内裂谷；新元古代；结构特征；近源成藏；塔里木盆地

板块构造理论认为裂谷代表了威尔逊旋回的初始阶段，是地幔柱活动与大陆裂解的产物。历时约5亿年的新元古代是地球演化的重要阶段，中-新元古代 Rodinia 超大陆解体背景下发生了全球性的裂谷事件，中国华北、扬子和塔里木古陆在该阶段发生的拉张裂陷，形成了巨厚的裂陷期沉积充填，并且普遍伴有强烈的火山喷发活动，在此拉张背景下，发育塔里木盆地南华系裂谷、四川盆地南华纪裂谷、康滇裂谷、鄂湘桂裂谷和鄂尔多斯盆地长城系等前寒武纪裂谷。这类裂谷最终可能拉开形成大洋，其两侧的被动大陆边缘盆地既是裂谷演化的一个阶段，同时也是目前全球已发现油气数量最多的地区。

近年来，不少研究机构和学者对于塔里木盆地新元古代裂谷进行了诸多探索性的研究。吴林等提出新元古代塔里木克拉通发育塔北古陆和塔里木古陆，两者中间夹持走向的新元古代弧后裂谷盆地，早南华世-晚震旦世北部裂谷盆地总体由深海演化至滨浅海环境。易士威等认为塔里木盆地前寒武系经历了南华纪断陷构造沉降和震旦纪坳陷热沉降2个阶段，发育众多不同走向、不同规模的古裂谷，并进一步划分为台间古裂谷和台内古裂谷2种类型。何碧竹等认为新元古代塔里木陆块不同部位分别处于 NNE-SSW、NNW-SSE 向拉张古应力场，并伴有顺时针旋扭作用，盆地深层存在约20个大小不等的南华纪-晚震旦世裂陷，构造属性多以大陆裂谷及陆内断陷为主，裂陷发育受正断层控制呈半地堑、不对称地堑及垒堑相间的构造样式。杨鑫等新元古代塔里木盆地呈隆、坳相间格局，北部裂陷带和塔西南裂陷带均以 NWW 向裂谷为主，纵向上表现为断坳结构，在平面上构成大型垒堑结构，裂谷形成演化和同沉积断裂的分布与基底岩相组成以及基底断裂分布密切相关。

现今对于塔里木盆地内部存在新元古代裂谷已达成共识，但受限于盆内未有南华系-震旦系出露，钻井资料少，对于裂谷的结构、分布仍有待进一步深入研究。本文以盆地周缘露头、近期新钻井和地震资料为基础，结合前人重磁电研究资料，明确塔里木盆地南华纪-震旦纪盆地地质结构，恢复其演化过程，探讨裂谷成因及油气地质意义，以期为塔里木盆地深层-超深层油气勘探提供支撑。

1　区域地质背景与地层特征

塔里木盆地具有古老大陆地壳基底，是自元古宙超大陆裂解出来的、古生代独立的古陆块。现今塔里木盆地夹持于天山、西昆仑山和阿尔金山3大褶皱造山带之间，整体呈菱形，东西向展布。盆地周缘发育4个隆起带，包括塔西北部柯坪断隆、塔西南部铁克里克隆起带、塔东北部库鲁克塔格隆起带和塔东南部阿尔金断隆。根据前人对盆地构造分区的研究，将塔里木盆地划分为沙雅隆起、顺托果勒低隆、巴楚隆起、卡塔克隆起、古城墟隆起5个隆起；库车坳陷、阿瓦提坳陷、满加尔坳陷、塘古巴斯坳陷4个坳陷，以及孔雀河斜坡和麦盖提斜坡2个斜坡，共11个一级构造单元，整体具有隆-坳相间的特征(图1)。

1.1　区域构造背景

塔里木盆地构造活动复杂，主要经历了加里

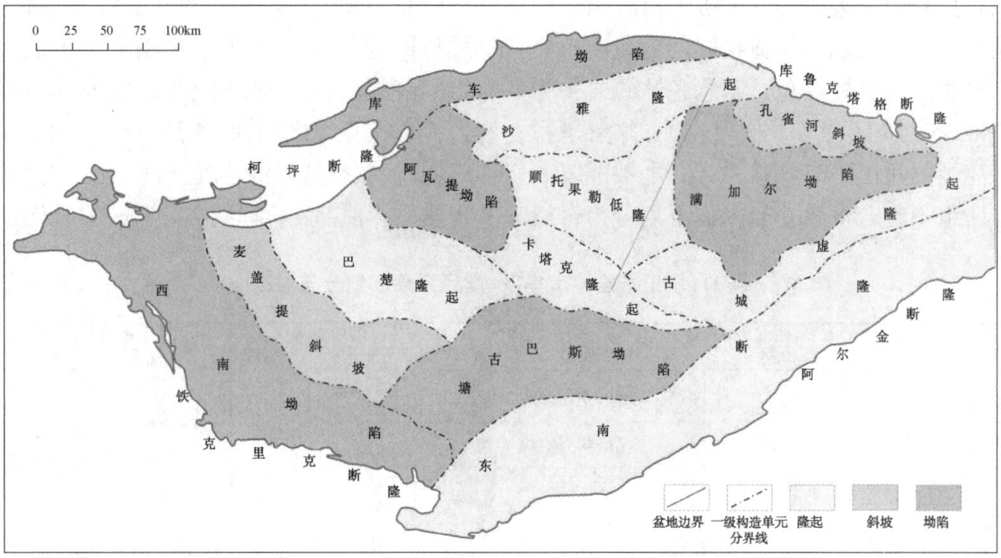

图1 塔里木盆地构造单元分布图(据文献[1])

东期–喜马拉雅期多期构造旋回，发育多期不整合面，形成了多套储盖组合。新元古代早期(900～700Ma，相当于青白口纪–南华纪)，Rodinia超大陆发生裂解，形成了众多的裂谷带。塔里木盆地真正的变质结晶基底为青白口系阿克苏群(或苏库罗克群)，而南华系和震旦系则是正常的沉积岩。整体拉张背景下，裂陷内南华系主要为碎屑岩沉积，发育多期冰碛砾岩及火山岩；震旦纪盆地进入坳陷阶段，震旦系下部以碎屑岩沉积为主，上部以碳酸盐岩沉积为主，在塔东北库鲁克塔格地区发育冰碛岩。震旦纪末期发生柯坪运动，构造运动以垂直升降为主。晚震旦世奇格布拉克组(或汉格尔乔克组)沉积晚期，台地普遍抬升遭受剥蚀。与南华纪裂陷阶段相比，震旦纪坳陷阶段盆地沉积具有厚度相对较小、分布面积大的特点。

1.2 南华系–震旦系地层特征

新元古界南华系、震旦系地层特征在裂陷槽内有广泛分布，在塔西北、塔西南、塔东北的周缘露头及盆地主体区钻井中均有很好的揭示。

塔西北新元古界南华系在柯坪地区发育巧恩布拉克群和尤尔美那克组。南华系未见底，与下伏地层之间关系不清楚。巧恩布拉克群为一套滨岸–陆棚环境沉积，中部发育深水浊积岩和冰川沉积。尤尔美那克组为一套紫红色、灰绿色大陆冰川冰碛岩。

塔西南新元古界南华系在雨塘剖面分为下统牙拉古孜组和中上统恰克马克力克群(包括波龙组、克里西组和雨塘组)。其中牙拉古孜组为冰积砾岩、砂砾岩混杂沉积，波龙组下部为杂色或紫红色泥岩，中上部冰积碎屑岩夹浊积砂岩和泥岩，克里西组为厚层状粉砂质硅质泥岩、硅质粉砂岩。雨塘组主要为冰成混积岩夹硅质泥岩、粉砂岩、页岩和浊积岩。

塔东北新元古界南华系在库鲁克塔格分为下统贝义西组和照壁山组，中统阿勒统沟组和黄羊沟组，上统特瑞艾肯组。贝义西组主要为砂岩、粉砂岩、泥岩夹冰碛砾岩及含砾泥岩。照壁山组为浅海相陆源碎屑岩，粉砂质泥板岩夹细砂岩。阿勒统沟组为间冰期冰水沉积粉砂岩、泥岩、砂岩及砾纹泥岩，黄羊沟组为灰色或杂色泥岩或粉砂质泥岩。特瑞艾肯组主要为冰碛砾岩。

震旦系在塔里木盆地及周缘区地层分布广泛，其中下统为碎屑岩沉积，上统为薄层到厚层碳酸盐岩、白云岩沉积。塔西北下统为苏盖特布拉克组，上统为奇格布拉克组，顶部有沉积间断。塔西南下统为库尔长克组，上统为克孜苏胡木组。塔东北下统为扎摩克提组、育肯沟组，上统为水泉组和汉格尔乔克组，其中汉格尔乔克组为冰积岩沉积。

2 裂谷结构特征

2.1 野外揭示的裂谷充填序列

目前盆地内部揭示新元古界的钻井很少，南华系–寒武系主要见于在塔西北阿克苏–乌什、塔东北库鲁克塔格和塔西南铁克里克地区3个露头区。

塔西北地区阿克苏–乌什地区南华系未见

底。巧恩布拉克组主要为滨岸-陆棚相沉积；尤尔美那克组与下伏巧恩布拉克组之间为角度不整合接触，整体为一套紫红色、灰绿色冰碛岩，为大陆冰川堆积。震旦系与下伏阿克苏群/南华系尤尔美那克组为角度不整合接触，其上被下寒武统玉尔吐斯组不整合覆盖，自上而下划分为奇格布拉克组和苏盖特布拉克组。苏盖特布拉克组下段整体为一套紫红色砂岩沉积，发育一套碎屑岩-碳酸盐岩混合沉积体系。奇格布拉克组与苏盖特布拉克组之间为平行不整合接触，底部发育碎屑岩-碳酸盐岩混合沉积，之上发育碳酸盐岩沉积体系，顶部发育厚约 20~40m 的风化壳(图 2)。

表 1　塔里木盆地南华系-震旦系地层划分与对比

地层系统 国际		地层系统 中国		年代界限(Ma)	塔西北地区 地层	塔西北地区 岩性	塔东北地区 地层	塔东北地区 岩性	塔西南地区 地层	塔西南地区 岩性	扬子地区 地层	扬子地区 岩性	冰期
古生界	寒武系	寒武系	下统	541			西山布拉克组				笻竹寺组		
新元古界	埃迪卡拉系	震旦系	上统	580			汉格尔乔克组		克孜苏胡木组		灯影组		Gaskiers冰期
							水泉组						
			下统	635			育肯沟组		库尔卡克组 上段		陡山沱组		
							扎摩克提组		库尔卡克组 下段				
	成冰系	南华系	上统	660			特瑞艾肯组		恰克马克力克群 雨塘组		南沱组		Marinoan冰期
			中统	725			阿勒通沟组		恰克马克力克群 克里西组		大塘坡组		
									恰克马克力克群 波龙组		古城组		Sturtian冰期
			下统	780			照壁山组		牙拉古孜组		富禄组		
							贝义西组				长安组		Kaigas冰期
	拉伸系	青白口系					帕尔岗塔格群		苏库罗克群		板溪群		

砾岩　砂砾岩　砂岩　粉砂岩　泥质粉砂岩　泥岩/页岩　斑脱岩　硅质页岩　碳质页岩　冰碛岩　火山岩　花岗岩　花岗片麻岩　白云岩　灰岩　基性岩墙

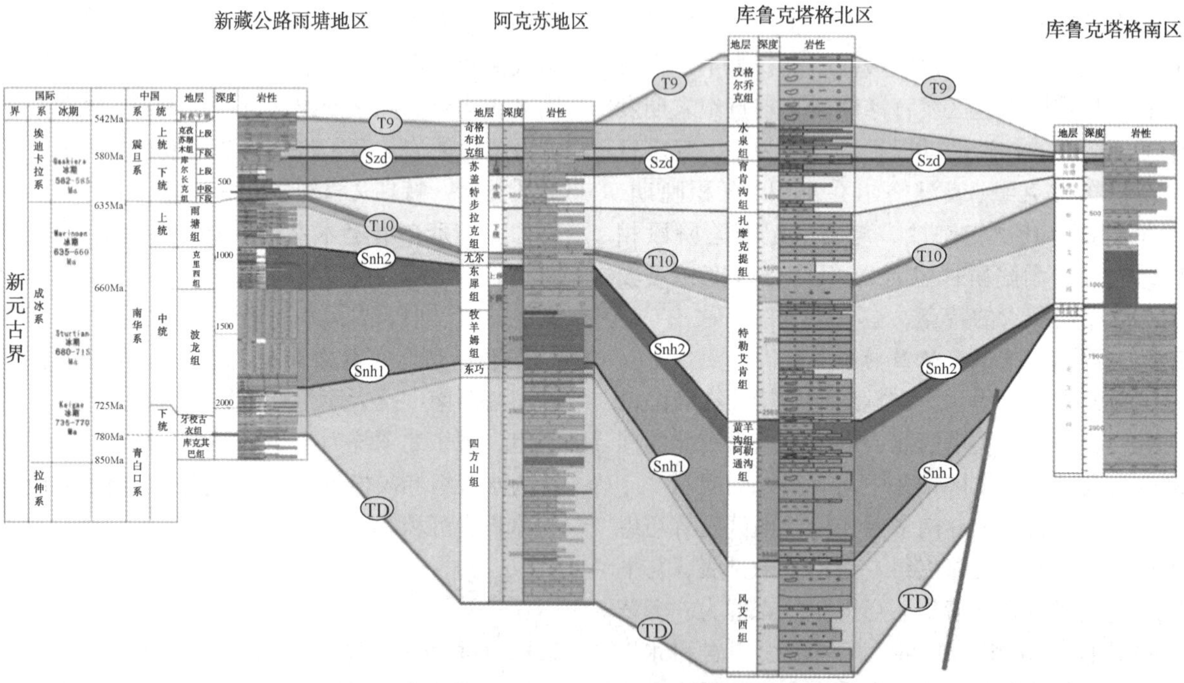

图 2　塔里木盆地周缘南华系-震旦系地层序列对比

塔里木盆地东北库鲁克塔格地区南华系以火山岩、冰川沉积和陆源碎屑沉积为主，不整合覆盖于下伏地层之上。贝义西组为第一期冰川沉积，与扬子地区长安冰期相当；照壁山组为间冰期沉积；阿勒通沟组下部为第二期冰川沉积，上部为间冰期沉积，与扬子地区古城冰期—大塘坡间冰期对应；特瑞艾肯组为第三期冰川沉积，与扬子地区南沱冰期对应。从分布上看，该区南华纪地层具有北厚南薄的特征，在南区火山作用强烈，为火山活动中心，北区火山作用较弱，为裂陷沉积中心。从沉积特征上看，南区发育三角洲-陆棚沉积体系，北区为滨岸-陆棚沉积体系。震旦系自下而上发育扎摩克提组、育肯沟组、水泉组、汉格尔乔克组。扎摩克提组与南华系特瑞艾肯组之间为平行不整合，北区厚200~650m，底部发育2~10m厚"盖帽碳酸盐岩"，岩性为泥粉晶白云岩或灰岩，具纹层状构造，为潮坪环境沉积；下部为灰色薄-中层粗-细粒岩屑砂岩、粉砂质泥岩、粉砂岩互层，中部为灰色薄-中层细粒岩屑砂岩、薄-中层粉砂岩互层，整体为陆棚相沉积；上部发育玄武岩、火山集块岩及火山角砾岩，为火山岩相。

塔里木盆地西南地区新藏公路一带南华系牙拉古孜组上部岩性以灰绿、紫灰色纹层状硅质岩、硅质泥岩为主，底部硅质泥岩与岩屑长石砂岩、粉砂岩互层，发育极细密的水平纹层，表明形成于深水陆棚环境。波龙组为冰川混杂堆积夹纹层状硅质泥岩，硅质泥岩中发育极细密的水平纹理，为冰海相夹陆棚相沉积。克里西组为冰川消融后的间冰期陆棚-滨岸环境沉积。雨塘组下部为灰绿色状纹层硅质泥岩、粉砂质泥岩，夹紫褐色块状冰川混杂堆积，表明为一次冰川作用沉积；上部暗紫色、紫灰色长石石英砂岩、石英砂岩夹含砾砂岩，发育平行层理及交错层理，为冰川消融后的滨岸环境沉积。

2.2 裂谷地震剖面结构特征

为了查明塔里木盆地不同裂陷槽的结构特征，研究利用新拼接处理的区域地震大剖面对前寒武裂谷的地震反射特征进行了识别。T_9^0是寒武系和震旦系的分界线，其连续性好，幅度较强，能量较强，波形稳定，在剖面中大部分区域特征稳定、易于识别，整个盆地内均可追踪(图3)。

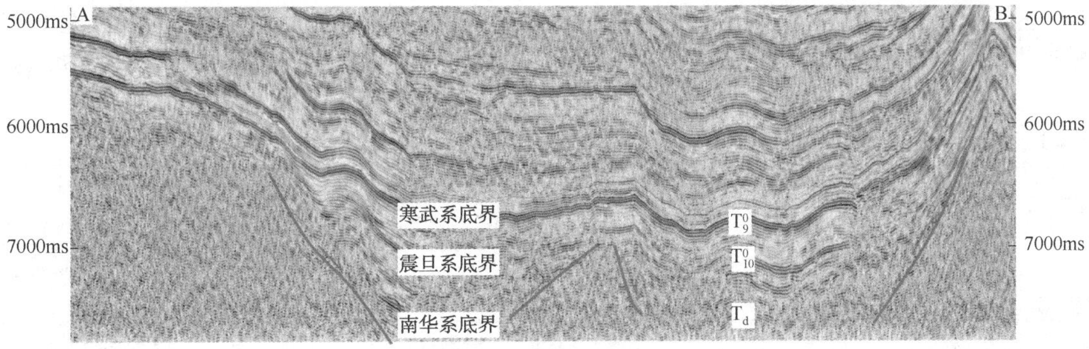

图3　新元古代裂谷典型地震剖面特征(剖面位置见图1)

震旦系位于寒武系强反射之下，表现为平行反射且连续性中等、低-中频、中弱振幅地震反射，厚度主要在200~800m。震旦系底界为T_{10}^0界面，其连续性一般，振幅中等，波形行对。

南华系分布较局限，整体表现为大套厚层的连续性一般，幅度中等，波形较稳定的地震反射特征。南华系因埋深大、地震反射能量弱，其与基底的之间的界限T_D较难识别，但裂谷边界的拉张性基底断裂往往在区域地震大剖面上表现出断面波特征。

3　裂谷构造-沉积演化

整体而言，南华纪—震旦纪伴随着Rodinia超大陆的解体，塔里木盆地周缘处于拉张构造背景，为大陆裂谷发育时期，并经历了3个演化阶段。

南华纪表现为裂谷开启期，从地震剖面上可以清楚地看到在塔中以北-满加尔-库鲁克塔格地区南华纪裂陷，及阿瓦提-柯坪地区南华纪裂陷发育特征。南部整体为基底隆起，在麦盖提地区形成NW-SE向裂陷。主要表现为断陷背景下的火山岩、火山碎屑岩混杂沉积。

震旦纪早期为裂谷扩张期，体现为"裂-拗"体系的转变阶段，持续的拉张作用及海侵过程，使得早-中南华世发育的相互孤立的裂陷逐渐相互连通，沉积范围逐渐扩大，塔北地区逐渐连片，仅在北部存在残余古陆。塔西南地区整体构造活动较弱，沉降及海侵作用使得皮山古陆位于海平面之下接受沉积，同时早-中南华世发育的塔西南裂陷与整个塔西南连通，形成统一的被动大陆边缘沉积背景。

震旦纪晚期坳陷演化阶段，塔里木盆地处于

稳定的构造背景之下，塔北地区为克拉通内拗陷演化阶段，以热沉降为主，持续的海侵使得塔北残余古陆逐渐消失，塔北地区整体接受沉积，稳定的构造背景以及陆源碎屑的减少，开始发育碳酸盐岩沉积体系。塔西南地区继承早期被动大陆边缘沉积背景，同样以碳酸盐岩沉积为主。震旦纪末期，整个塔里木盆地经历了一次构造抬升及海退过程，震旦系遭受长期风化剥蚀作用，形成了塔西北地区震旦系顶部的风化壳岩溶，以及麦盖提-塔西南地区震旦系在大部分地区缺失(图4)。

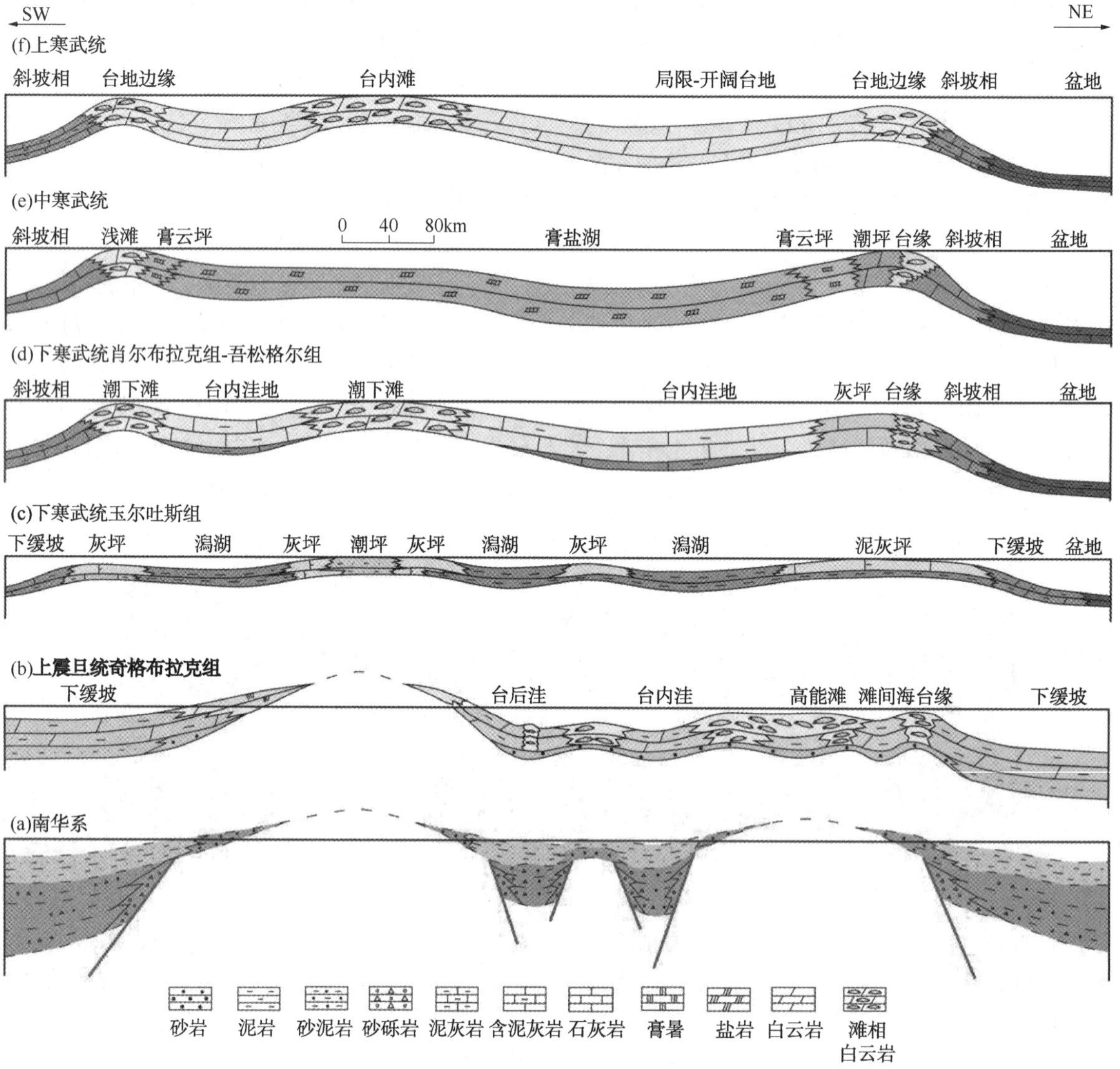

图4　塔里木盆地南华系-寒武系沉积演化模式(据文献修改)

4　深层油气意义

4.1　裂谷控制烃源岩和生烃中心分布

四川盆地震旦系-寒武系勘探实践证明，克拉通内裂陷对于大气田的形成具有非常重要的意义。内裂陷发育槽盆相烃源岩在厚度、有机碳含量和生烃强度等方面均优于邻区裂陷周缘，控制了震旦系-寒武系的生烃中心。

寒武纪初期，雪球事件已经结束，海平面大幅度上升，生命大爆发开始，宏观藻类与浮游生物也开始繁盛，形成了全球广泛分布的黑色泥页岩。受震旦纪末期古地貌的影响，寒武系从裂陷槽低部位向高部位逐渐超覆沉积，构造相对低部位发育了陆棚体系为主的富含有机质黑色泥页岩(图4)。下寒武统玉尔吐斯组海相优质烃源岩是塔里木盆地目前研究程度最高、也是台盆区碳酸盐岩油气藏的主力烃源岩，在塔西北露头区黑色页岩岩性组合稳定，厚度10~15m，有机碳值高达4%~16%，是中国目前发现的有机碳值最高的海相烃源岩。这套泥页岩主要形成于浅水-深水陆棚沉积环境，优质烃源岩的发育与寒武纪早期快速海侵过程中的热水活动-上升洋流-缺氧事件有关。目前盆地内部多口井钻揭这套烃源岩，结合古地质背景和地震资料，这套烃源岩在塔里木盆地北部广泛分布，分布受新元古代盆地发育特征的控制，继承南北分异的格局，具有良好生烃潜力，塔北、顺北和塔中地区已发现的海相油气主要来自于这套烃源岩。

塔里木盆地罗迪尼亚超大陆裂解期，南华系—震旦系间冰期并盖层融化，海水中富含海洋浮游生物和原核生物，以及多细胞水生植物、菌类开始大量出现，并且具备稳定的还原环境，构成了新元古界烃源岩的基础。裂陷槽内发育深水沉积物的烃源岩，如东西伯利亚盆地与四川盆地均已发现了与南华系—震旦系台内裂陷烃源岩有关的大型油气田。塔里木盆地与上述两个盆地具有相同的构造与沉积充填，可推测盆地内部裂陷槽内发育南华系-震旦系优质烃源岩。目前盆地周缘塔西北、塔西南和塔东北露头均已发现新元古烃源岩，但是烃源岩品质差异差异较大，以塔东北库鲁克塔格地区最好。

4.2　裂谷控制台缘带礁滩体及优质储层分布

岩相古地理和沉积相研究表明，塔里木盆地上震旦统和寒武系主体发育浅水碳酸盐岩台地，台地边缘发育大型台缘带礁滩建造，主要为凝块石、叠层石和薄膜面层白云岩等微生物岩。同时由于满加尔裂陷槽的存在和差异沉降，导致沉积相带分异特征明显。东部裂陷区发育较深水-深水欠补偿盆地，岩性为灰色泥岩、泥灰岩和含泥灰岩；裂陷槽边部断层上升盘为浅水高能相带，发育规模巨大的厚层的台地边缘礁滩复合体，岩性主要为微生物白云岩和颗粒白云岩，地震剖面为丘状、杂乱-弱反射特征。

研究表明，寒武系台缘带具有储层厚度大，物性条件好、油气显示活跃的特点，储层主要沿台缘带成带状分布特征。钻井取心缝洞发育，岩心见轻质油。岩相学和地球化学分析表明，孔洞主要为藻格架孔隙，为(准)同生期形成，储层发育和礁滩相带关系密切。

4.3　裂谷控制深层近源成藏组合

塔里木盆地南华系—寒武系目前已证实的烃源岩和储集层主要形成于后裂谷期被动大陆边缘发育阶段。受前寒武系隆坳格局发育的控制，震旦系-寒武系具有 3 种类型的成藏组合：(1)寒武系发育多套储集体，特别是肖尔布拉克组在野外和井下均已发现优质白云岩储层，储集岩类以藻云岩、残余颗粒白云岩和晶粒白云岩为主，台内相区以寒武系盐下肖尔布拉克组白云岩为储集层，膏盐岩为盖层的“下生上储”型组合；(2)台内相区上震旦统颗粒白云岩、微生物白云岩发育，遭受柯坪运动的强烈剥蚀，发育风化壳型和微生物白云岩型储层，下寒武统泥岩为盖层的“旁生侧储”型组合，不整合面是主要油气运移通道；(3)塔河-古城台缘带礁滩体规模大，发育多套储集层，紧邻满加尔裂陷生烃中心，具备近源成藏的有利条件，构成“原地烃源岩+旁生侧储”型成藏组合。

5　结论

(1) 塔里木盆地南华系-震旦系裂谷演化序列是新元古代区域拉张活动的产物，在层序上表现出明显的断陷-坳陷二元结构，裂谷的演化可划分为开启期、扩张期和坳陷期。

(2) 裂谷盆地的形成和发育上覆地层沉积和生储盖配置具有控制作用，围绕裂谷周缘是塔里木盆地深层-特深层未来勘探的有利地区。

参 考 文 献

[1] 漆立新，李宗杰，吕海涛，等. 塔里木叠合盆地构造沉积演化与油气勘探[M]. 科学出版社，2020.

[2] 管树巍，吴林，任荣，等. 中国主要克拉通前寒武纪裂谷分布与油气勘探前景[J]. 石油学报，2017，38(1)：9-22.

[3] 杨鑫，徐旭辉，陈强路，等. 塔里木盆地前寒武纪古构造格局及其对下寒武统烃源岩发育的控制作用[J]. 天然气地球科学，2014，25(8)：1164-1171.

[4] 吴林，管树巍，任荣，等. 塔里木盆地寒武系玉尔吐斯组优质烃源岩的发现及其基本特征[J]. 天然气地球科学，2016，27(1)：8-21.

[5] 易士威，李明鹏，郭绪杰，等. 塔里木盆地南华纪古裂谷对寒武系沉积的控制及勘探意义[J]. 石油学报，2020，41(11)：1293-1308.

[6] 何碧竹，焦存礼，黄太柱，等. 2019. 塔里木盆地新元古代裂陷群结构构造及其形成动力学. 中国科学：地球科学，2019，49(4)：635-655.

[7] 杨鑫，赵永强，兰明杰，等. 塔里木新元古代原型盆地与深层油气勘探意义[J]. 地质学报，2021，95(5)：1426-1447.

[8] 樊太亮，高志前，吴俊. 塔里木盆地深层碳酸盐岩建造-改造作用与多类型储层有序性分布[J]. 地学前缘，2023，30(4)：1-18.

[9] 刘若涵，何碧竹，焦存礼. 新疆阿克苏地区新元古

代沉积特征对裂谷发育过程的指示[J]. 岩石学报，2020，36(10)：3225-3242.

[10] 石开波，刘波，姜伟民，等. 塔里木盆地南华纪-震旦纪过谁阿-沉积格局[J]. 石油与天然气地质，2018，39(5)：862-877.

[11] 杨海军，陈永权，潘文庆，等. 塔里木盆地南华纪-中寒武世构造沉积演化及其盐下勘探选区意义[J]. 中国石油勘探，2021，26(4)：84-98.

[12] 杜金虎，汪泽成，邹才能，等. 上扬子克拉通内裂陷的发现及对安岳特大型气田形成的控制作用[J]. 石油学报，2016，37(1)：1-16.

[13] 朱光有，陈斐然，陈志勇，等. 塔里木盆地寒武系玉尔吐斯组优质烃源岩的发现及其基本特征[J]. 天然气地球科学，2016，27(1)：8-21.

[14] 田雷，张虎权，刘军，等. 塔里木盆地西南部南华纪—震旦纪裂谷分布及原型盆地演化[J]. 石油勘探与开发，2020，47(6)：1122-1133.

[15] 翟晓先，顾忆，钱一雄，等. 塔里木盆地塔深1井寒武系油气地球化学特征[J]. 石油实验地质，2007，29(4)：329-333.

塔里木盆地顺北超深层碳酸盐岩断控裂缝-洞穴型储层发育特征与地球物理精细表征：理论技术进展与勘探成效

黄　诚

（中国石化西北油田分公司）

摘　要　顺北油气田是国际少有、国内仅有的超深断控型油气田，不同于其他知名的大中型碳酸盐岩油气田，其储集层为走滑断裂构造破碎形成缝洞型储集体，形成、演化与断裂活动关系密切，储集系统的基本构成和规模储集层分布不受水-岩作用影响，与溶蚀缝洞型储集层存在本质区别。本文详细介绍了断控凝析气藏形成的地质背景、构造断裂特征、储层地质模型及储层地球物理预测技术，形成了走滑断裂带综合解析评价技术。在此基础上，利用断控储集层三维体雕刻、断裂带相控反演等创新方法技术，实现了对大型走滑断裂带断控油气藏的地质储量评价，对推动埋深超7300m的顺北油气田实现中长期发展奠定了基础，为塔里木盆地台盆区超深层领域寻找中大型油气田指明了方向。

关键词　断控油气藏；走滑断裂；顺北油气田；塔里木盆地

在20世纪50年代，专家学者越来越认识到碳酸盐岩油气藏的重要性，国家新一轮油气资源评价表明，中国陆上海相碳酸盐岩油气资源丰富，预测石油地质资源量为340×10^8t，天然气地质资源量为$24.3\times10^{12}m^3$。

国内外碳酸盐岩储层有较大差异。中东大油气区碳酸盐岩以中-新生界为主，埋深集中分布在2000-4500m，孔隙度多在8%-25%之间。中国海相碳酸盐岩时代古老、埋藏较深，经历长期构造演化，决定了碳酸盐岩储集层的形成和分布与国外有很大不同，具有特殊性。首先分布层位多为叠合沉积盆地的深层，时代多为古生界和中生界，如塔里木盆地寒武系-奥陶系、鄂尔多斯盆地下奥陶统、四川盆地古生界和三叠系等[2-3]。其次，碳酸盐岩规模储集体分布不受埋深控制，大都经历了多期构造运动和埋藏成岩作用的叠加改造，具有沉积类型多样、储集体成因复杂的特点。

近20年来，我国先后在塔里木盆地和四川盆地的深层-超深层领域发现了多个大中型油气田。以鄂尔多斯盆地靖边气田、塔里木盆地塔河油田和顺北油田、四川盆地普光气田、安岳气田的发现为标志。我国在海相碳酸盐岩领域的地质研究取得明显进展，开展了岩溶、礁滩、白云岩、裂缝性储集层的形成与分布研究，创新提出了古喀斯特岩溶系统、准同生岩溶礁滩系统、深埋热液溶蚀系统、白云岩化缝洞系统和断裂破碎成储系统等，丰富了叠合盆地深层-超深层碳酸盐岩成储机制的勘探实例，完善了古老碳酸盐岩的成储理论。

近7年来，中石化西北油田分公司经过地质理论认识探索和地震钻井等技术攻关，在塔里木盆地塔北、塔中两大古隆起构造鞍部7300m以深的奥陶系碳酸盐岩层系中发现了沿克拉通内中小尺度走滑断裂带富集油气的断控型油气藏，形成十亿吨级大型油气田。顺北油气田的发现丰富了叠合盆地超深层碳酸盐岩成储机制的勘探实例，证实走滑断裂带构造破裂可以形成商业性储集体和有效岩性圈闭。本文详细论述了顺北超深层碳酸盐岩断控裂缝-洞穴型储层特征与地球物理精细表征方面的理论技术进展与勘探成效，希望能够进一步丰富和完善中国超深层海相碳酸盐岩油气勘探理论和技术，以期为其他盆地超深层碳酸盐岩油气勘探提供新的启示。

1　研究背景

1.1　顺北油气田概况

顺北油气田主体位于塔里木盆地腹部顺托果勒低隆起。该低隆起北邻塔北隆起，南接卡塔克隆起，东西位于阿瓦提坳陷与满加尔坳陷之间，位于构造相对较低的“鞍部”。顺托果勒低隆起历经加里东早期克拉通内弱伸展背景下的稳定构造沉降、加里东中晚期-海西早期区域挤压背景下的低隆起形成和发育、海西中晚期和印支期以来的调整改造，形成现今构造格局。

顺托果勒低隆起经历早古生代海相、晚古生代早期海陆过渡相、晚古生代晚期和中新生代陆相沉积演化过程，自上而下发育新生界第四系、新近系、古近系、中生界白垩系、三叠系、古生界二叠系、石炭系、泥盆系、志留系、奥陶系、寒武系等多套地层，除整体缺失侏罗系外，各时代地层仅部分组段不同程度缺失，地层发育相对齐全。其中，早寒武世初期发育的一套斜坡-陆棚相泥岩为优质烃源岩(玉尔吐斯组)，晚寒武世-中奥陶世经历了长期的碳酸盐岩台地建造，形成了巨厚的(>2500m)碳酸盐岩地层，晚奥陶世在大规模海侵背景下沉积了巨厚(1500-2500m)的陆棚相泥岩，三者共同构建了烃源岩-储集层-区域盖层的物质基础。

由于在长期水下碳酸盐岩建造过程中鲜有事件性的暴露溶蚀，因此中下奥陶统岩溶作用欠发育。但在多期构造运动背景下发育了不同级别、不同走向、不同期次叠加的克拉通内中小尺度走滑断裂，断裂多期活动导致巨厚的碳酸盐岩地层发生构造破碎，形成规模的裂缝-洞穴型储集体，在两侧致密碳酸盐岩侧封和上覆巨厚泥岩区域盖层顶封下，形成断控缝洞型圈闭。同时，走滑断裂垂向向下断至震旦系，沟通下寒武统玉尔吐斯组烃源岩，油气向上运移到断控缝洞圈闭内聚集成藏，形成特殊油气藏——超深断控缝洞型油气藏。

1.2 油气田勘探历程

1984年沙参2井在塔里木盆地奥陶系海相碳酸盐岩中取得油气勘探发现。之后历经十余年的坚持探索，1997年发现典型的不整合岩溶缝洞型大型油田——塔河油田。此后，中国石油化工集团有限公司(简称中国石化)借鉴塔河油田的成功经验和模式，按照“逼近主力烃源岩，立足大型古隆起、古斜坡”寻找大型油气田的勘探思路，在卡塔克隆起、巴楚隆起、和田古隆起展开探索，未获规模性油气发现。2010年以来，中国石化进一步深化叠合盆地油气成藏关键因素“源-储-盖-藏”的动态演化研究，逐渐认识到台盆区沙雅、卡塔克两大古隆起的斜坡区和构造低部位发育中下寒武统优质烃源岩，上覆中上奥陶统厚层泥质岩盖层，具有优越的“源-盖”条件。同时，在塔河油田及外围的勘探开发实践中，发现多期活动的走滑断裂具有明显的控储、控藏作用，由此认识到斜坡区和构造低部位发育的走滑断裂体系可能是有利的勘探领域，值得进一步探索。

2013年顺北1号走滑断裂带上实施顺北1井，测试见油气，实现了新区首次油气发现。顺北1井见油气证实了在巨厚桑塔木组覆盖、地层极其平缓、岩溶作用不明显地质背景下，中下奥陶碳酸盐岩仍发育缝洞型储集体，并存在油气成藏过程，并以喜山晚期轻质油气充注为主。随后在顺北1号断裂带滚动部署了7口评价井，在钻至断裂带附近均发生放空或漏失，测试全部获得百吨以上高产油气流，宣告了顺北油气田的发现(图1)。

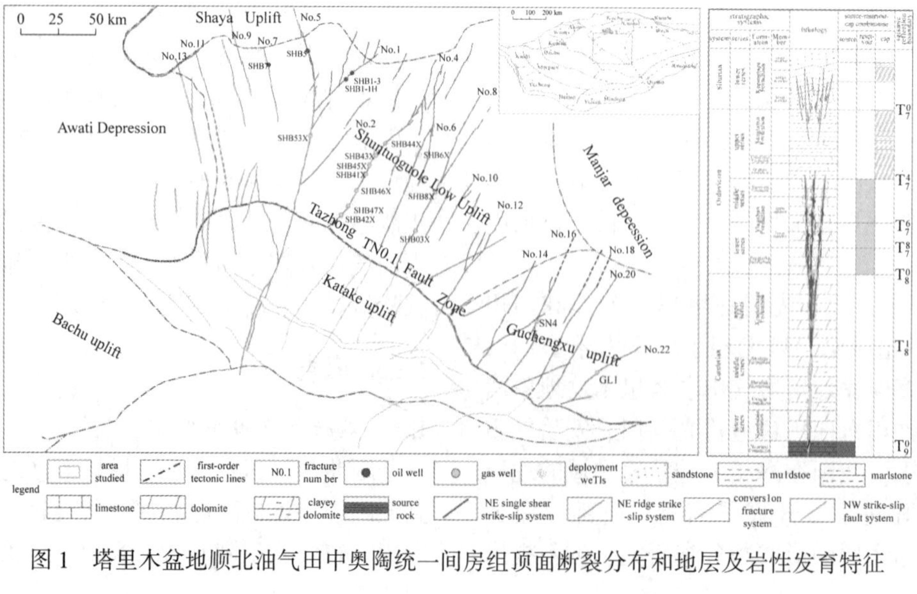

图1　塔里木盆地顺北油气田中奥陶统一间房组顶面断裂分布和地层及岩性发育特征

2 断控型储层特征及形成机制

2.1 储层发育地质背景

顺北地区主力勘探层系自下而上为中下奥陶统蓬莱坝组、鹰山组和一间房组，以鹰山组下段顶部为界，其下主要为白云岩、灰岩互层或夹白云岩灰岩沉积，其上以纯石灰岩为主，几乎不含碎屑岩或混积岩等非碳酸盐岩沉积，整体岩性相对均一。在早-中奥陶世大幅度海侵背景下，出现多次较小的海退海进过程，表现出水体环境比较动荡，晚期为较典型淹没层序，无明显海平面回落，整体缺乏不整合暴露下的淡水流体改造事件影响(图2)。

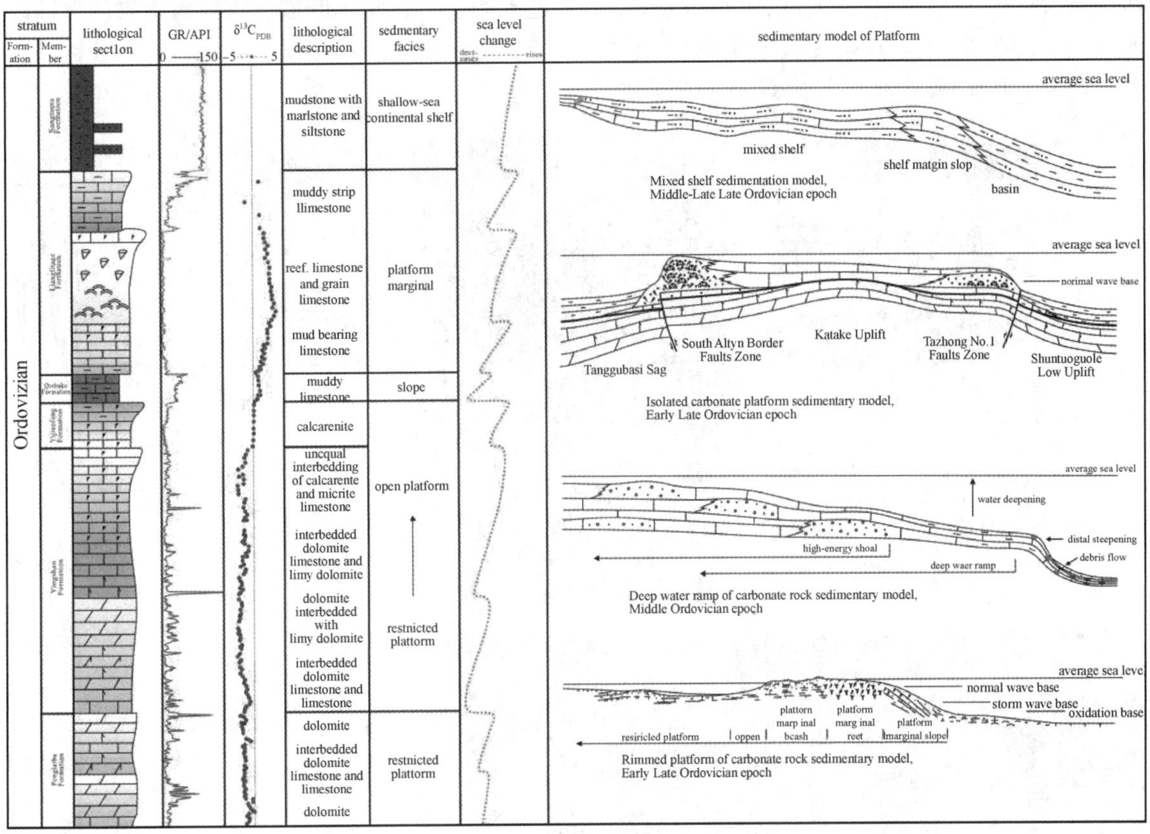

图2 塔里木盆地顺北油气田中下奥陶统沉积背景及台地演化模式图

走滑断裂在巨厚单一脆性岩石内幕发生构造破碎，形成沿断裂分布的裂缝-洞穴型储集体，由于受断裂影响下的构造-流体环境因素影响，海西晚期受岩浆热驱动的低盐度富 SO_4^{2-} 流体沿走滑断裂带对断控储层产生轻微的溶蚀改造。此外，烃类及时侵位储集空间，也一定程度上抑制了次生孔隙在长期深埋历程中的压实作用、胶结作用。在走滑断裂多期活动和烃类流体幕式充注过程的共同配置下，最终形成了地层破裂增储和烃类抑制成岩同步进行的闭环式储层演化史，有利于断控储层的持续生成和保存，最终形成商业储层。

2.2 储层表征及内部结构

碳酸盐岩断控缝洞型储层的主要储集空间由断裂空腔(洞穴)、构造缝、沿缝溶蚀孔洞以及小型洞穴等次生孔隙组成，断裂活动产生的地层应力挤压、拉张作用形成了断裂空腔洞穴、断裂破碎带以及裂隙带等储集类型(3A-D)，其分布主要受断层控制，表现为侧钻井在断面附近普遍钻遇放空或规模钻井液漏失(图3-A)，但空腔型洞穴横向宽度较小，大部分在几十厘米至2m之间。随着顺北油气田勘探实践的深入，明确了走滑断裂对研究地区超深层碳酸盐岩规模储集体的控制规律，认为优质储层在平面上主要沿走滑断裂带成带状、线状或羽状分布，在剖面上沿走滑断裂成板状分布，形成由断层核部和破碎带共同组成的“核-带”储层结构。在盆地周缘野外露头，可见单一岩性下断裂活动形成的断裂空腔、角砾破碎带以及裂缝带形成的走滑断裂内部典型“核-带结构”样式(图3-B，C)。基于实际测

录井、取芯资料同样记录着断裂带内部复杂三维储集空间结构特征，

断控缝洞储层具有极强的非均质性，在地震上呈“串珠状”地震异常响应，随钻普遍发生放空和漏失(图3-A)。断层核部的成像测井资料为多组中-高角度开启裂缝形成的暗色低阻带，压力恢复双对数曲线呈A型，指示径向流流体运移特征(图3-D)；破碎角砾带在成像测井上呈现“砾状亮斑”特征，岩心见破碎角砾以及砾间胶结现象，压力恢复双对数曲线呈B型曲线形态，指示径向流通周期短的双线性流通，代表破碎与裂隙流体介质过渡的类型(图3-E)；裂缝发育带可见成像测井、岩心上多组高角度缝发育，压力恢复双对数曲线呈C型特征，与流体的双线性流动有关(图3-F)，岩心和镜下观察断裂面较为平直，被方解石、泥质、硅质或黄铁矿等次生矿物半-全充填，少见热液溶蚀次生改造孔洞发育，指示断裂内流体对围岩的溶蚀改造较弱。

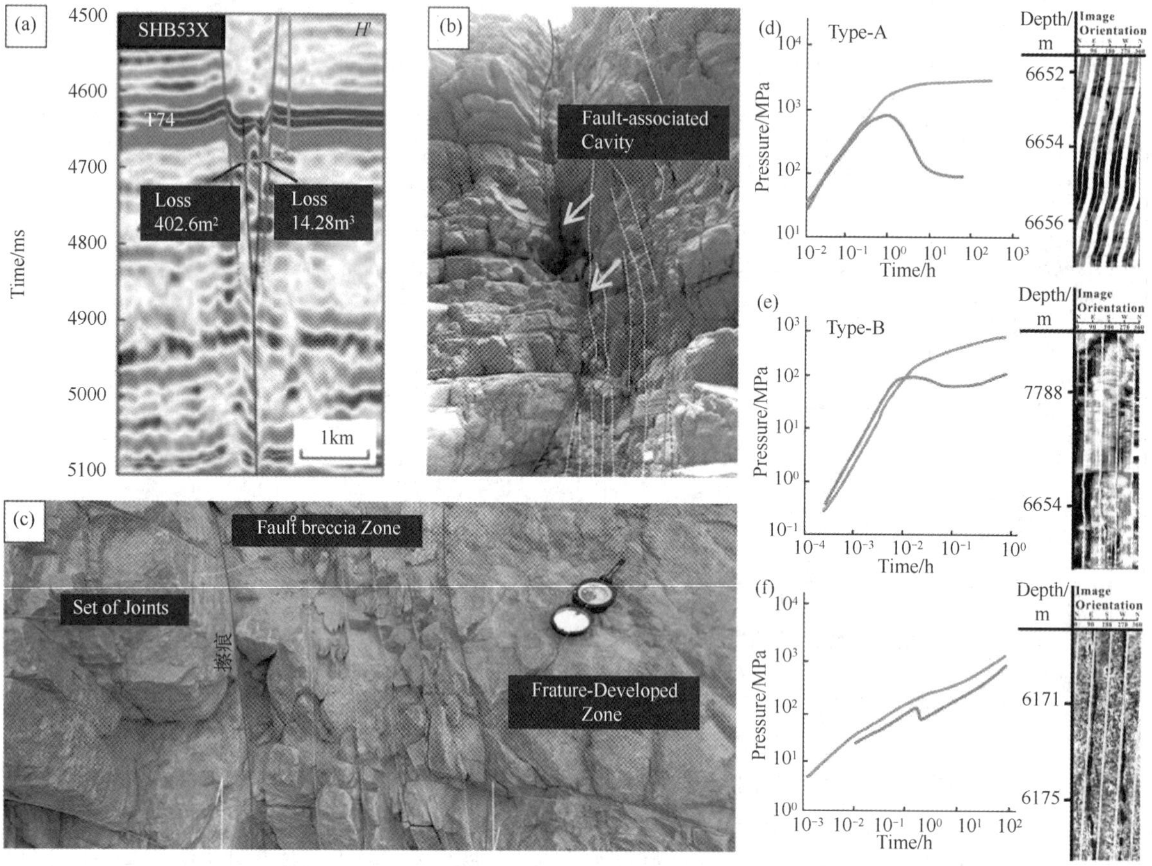

图3　储集空间类型及特征

(A)地震响应上断裂发育带呈“串珠状”相应也正；(B)野外露头走滑断裂核部可见断裂空腔洞穴；(C)野外露头依次发育断裂破碎带和裂缝带；(D)试井压力恢复双对数曲线(A型)，指示断裂核部空腔径向流流体活动特征，相应成像测井特征呈开启裂缝(洞穴)呈暗色；(E)试井压力恢复双对数曲线(B型)，指示径向流通周期短的双线性流通，代表破碎与裂隙流体介质过渡的类型，指示断裂角砾带响应特征，相应成像测井特征可见破碎角砾岩亮斑；(F)试井压力恢复双对数曲线(B型)，指示流体的双线性流动，为裂缝带发育特征，相应成像特征可见系列高陡裂缝发育。

在垂向上形成高角度的裂缝内部充填(半充填)多期方解石、石英以及白云石，指示流体活动差异性及对储层进一步改造效应。经对断缝体内充填物岩石学、地球化学分析，北部区域多见方解石充填，具有与围岩基质相似$^{87}Sr/^{86}Sr$分布范围(0.7085~0.7091)以及相似的稀土配分曲线特征(图4-A，B，E)，指示海源地层流体沉淀成因，部分包裹体低盐度、偏轻氧同位素特征指示部分大气淡水活动证据；顺南地区，断层内以深部来源的热液流体性为主，充填方解石具富$^{87}Sr/^{86}Sr$(0.7091~0.7097)、Eu正异常稀土配分特征，此外沉淀鞍型白云石、石英等热液矿物(图4-C，D，F)，进一步指示后期热液活动蚀变增强。

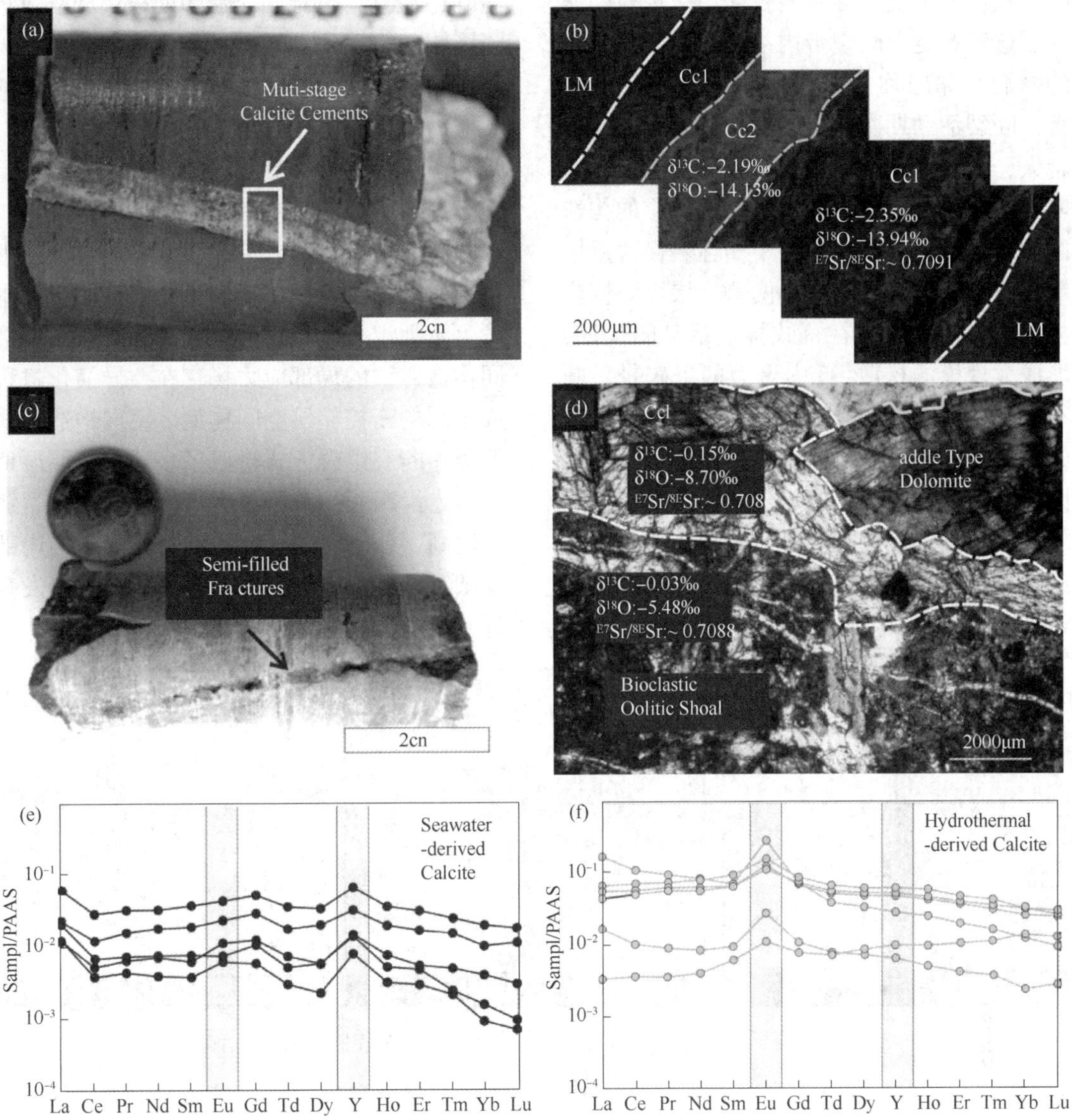

图 4　顺北裂缝充填物岩石学及地球化学特征

(A)裂缝内充填多期方解石，裂缝边缘平直；(B)图(A)中充填物阴极发光特征，可见两期方解石(Cc1&Cc2)沉淀，分别显示暗色阴极发光和亮色阴极发光特征；(C)半充填裂缝充填特征，裂缝边缘为港湾状现象；(D)图(C)中依次充填方解石和热液鞍型白云石，指示后期热液活动；(E)海源地层水成因方解石稀土配分曲线特征；(F)热液成因方解石稀土配分曲线特征

综上，研究区储集空间的发育程度与断裂发育规模呈正相关，活动强度大的断裂带在断面内部通常发育多组“核-带结构”，若干组“核-带结构”的集合，在空间上形成了纵向连同，横向间隔的“栅状”储层发育模式。如横穿顺北 4 号断裂带内顺北 41X 可见 3 组“核带结构”发育，统计破碎角砾带宽度总计 3.48～8.45m，裂缝带宽度总计 2.98m；在纵向上顺北地区走滑断裂带具有“分层变形、多期叠加”的多阶段活动分布特征，平面上断裂内部流体活动具有北部多沉淀同期海源方解石，南部深层热液活动逐渐增强的差异性，且地层岩性(能干性差异)差异很可能加剧断控规模储集体差异性。

2.3　成储机制及地质模型

断裂带是一个具有复杂内部结构的三维地质体，其结构分析涉及断裂带的三维要素，如厚度、几何学特征以及断裂活动面的连续性。传统断裂分析中用“断层核部”及“破碎带”来描述断层内部特征。而走滑断裂带本身是地层多次滑动累积的结果，其每次滑动并不遵循同一个滑动面，因此断裂带内部通常发育单一的断层核部或者相互交织的多重断层核部，断层核部之外的破碎带则是裂缝、派生断裂和变形相关特征发育区，具有高于原岩的渗透率。破碎带的宽度远远大于断层核部的宽度，导致断控储层呈现空间非均质性。这种在走滑断裂带内部因构造破裂增容形成的缝洞型储层称为“断控缝洞型储层”。总体而言，断裂活动期次越多、变形强度越大，位移量越大，越有利于形成规模断控储层。

断裂活动时可形成具备规模储集效应的构造破碎区域，巨厚碳酸盐岩地层中塑性岩性含量极少，断层滑动面反复运动时，两侧岩层以脆性应变为主，侧向伸展应力在幕式构造活动峰值期，可以形成大规模的松散-低内聚力的破碎带，断层滑动面开启程度高，有利于沿滑动面形成尺度不一的断层“空腔”，在构造活动平静期得以保存。因此，断裂带内部可以形成并保留具有一定规模的断控缝洞单元。断层承受的正应力状态与断层产状关系密切，断层倾角越陡，在断层上产生的正压应力越小，越有利于断控储层的保存。

另外，在喜马拉雅期，受印度板块和欧亚板块碰撞影响，塔里木盆地整体受北东-南西方向水平挤压应场控制，顺北油气田现今地应力场的最大主应力方向为 NE 向 45°，NE 和 NEE 走向裂缝带处于激活状态，具备较好的开启性能也是顺北地区储层形成的关键因素之一。

顺北地区走滑断裂属于克拉通内中-小滑移距的扭动走滑断裂，断裂沿走向延伸过程中，会发生阶列组合、拼接，形成三段式花状构造，不同构造样式的局部应力场存在差异演化过程，造成不同的断控储层空间构型。不同构造样式内部低级序断裂组合方式形成了多样化的储层地质模型。走滑断裂拉分段，内部结构简单，裂缝开启程度高，最有利于流体活动；压隆段，内部结构复杂，裂缝发育最密集，平移段，裂缝发育程度低，裂缝化影响范围较小(图5)。

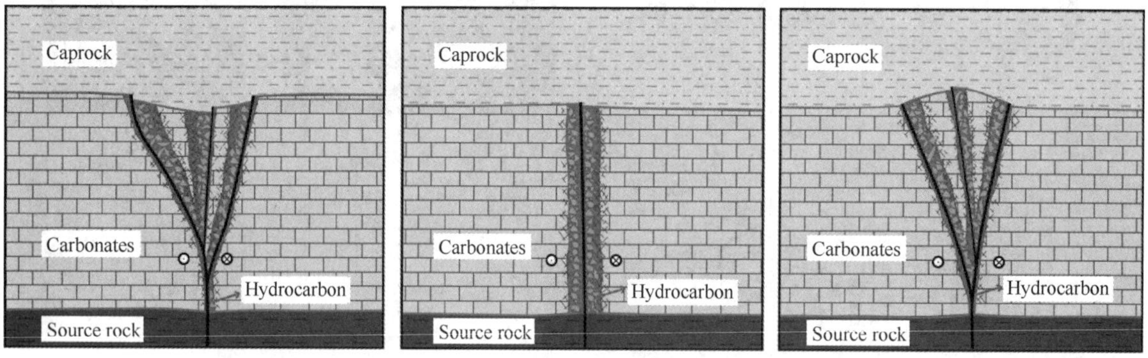

图5　塔里木盆地顺北油气田不同构造样式的断控储层地质模型

拉分段，主要派生剪切应力及拉张应力作用，构造应变以两类断裂作用和两类裂缝作用为主。两类断裂作用包括拉分段两侧的平移断层作用和内部的正断层作用，两类裂缝作用是指平移走滑两侧的派生裂缝和正断层派生裂缝作用，局部拉张导致在内部以张性缝发育为主，更易于碳酸盐岩储层裂缝发育和流体活动，是裂缝-洞穴型储层发育和流体聚集的有利部位。且流体势能在拉分段区域较低，促使油气向拉分区域运移、成藏。压隆段，主要派生剪切应力及挤压应力作用，构造应变也有两类断裂作用和两类裂缝作用。其中，两类断裂作用包括叠接外两侧平移断层作用和内部的逆断层作用，两类裂缝是指平移走滑两侧的派生裂缝集合体和逆断层派生的压剪裂缝集合体。同时，局部压隆形成的地层褶皱作用还会形成部分张性裂缝。因此，在压隆段，多种裂缝作用的叠加，对于改造碳酸盐岩储层十分有利。平直走滑段，断裂活动以平移断层作用为主，裂缝发育也以平移作用派生的剪切破裂(R与R8）为主,8裂缝化作用影响的范围较小，密集程度不如拉分段和压隆段。平直走滑断层尾部，常发育系列与主走滑带(PDZ)斜交的小型正断层或在一个三角区域内形成系列同向或反向小型滑移断层。若受小型正断层控制，会派生系列张性缝，进一步改造了走滑断层尾部的地层，形成较好的裂缝集合体。

裂缝预测结果表明，裂缝发育密度大小与断层垂向断距具明显正相关关系，走滑断裂拉分下凹段与挤压隆升段，断层垂向断距大，对应派生裂缝发育程度高。综合应用平面单位面积裂缝分布系数、裂缝加权密度及垂向优势裂缝分布范围三项参数评价裂缝型储层规模，认为沿主干断裂裂缝型储层规模明显大于次级断裂，且在主干分支断裂交汇部位及拉分段内储层规模更大。

3　断控型储层地球物理预测技术进展

3.1 断控储集体地震响应特征分析

依据顺北油气田实际情况结合地震标定、钻测井特征、断裂带储层发育地质模型等研究成果，使用“栅状结构”表征断裂带、缝洞体组合模型，图6截取的是SHB47X斜井段的井轨迹部分，从地质模式图可以看出，SHB47X共存在四类储层，同时存在多个漏失点。根据测井、录井资料用计算出的各类储层的实际速度作为基础，根据实际地质体的长宽比例建立正演模型。再以此进行单井的正演模型，通过正演模拟结果可以看出，依据“栅状结构”建立的模型，正演结果和实际地震剖面相似度很高(图7)。

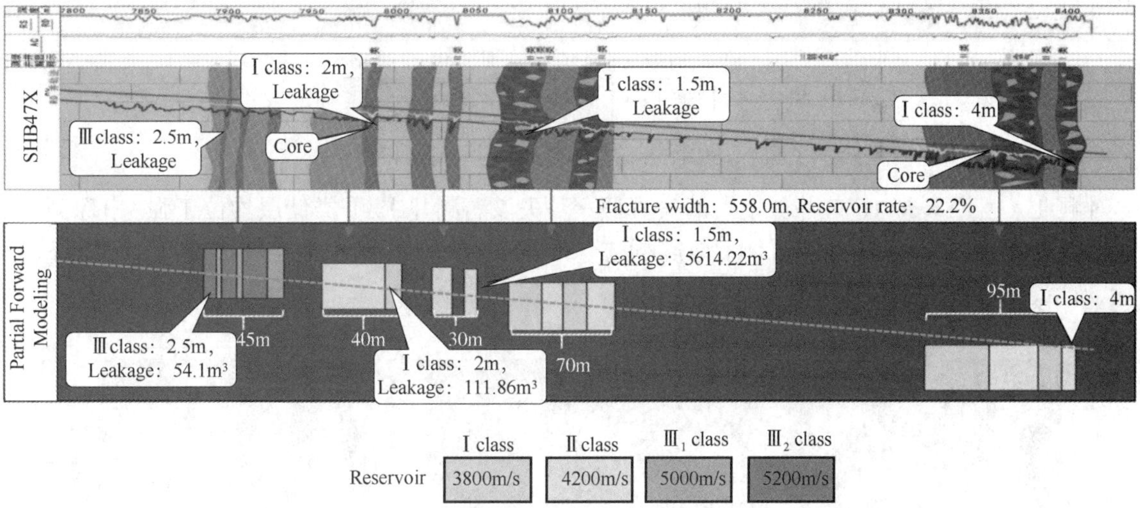

图6　SHB47X斜井段栅状结构模式图及正演模型局部放大

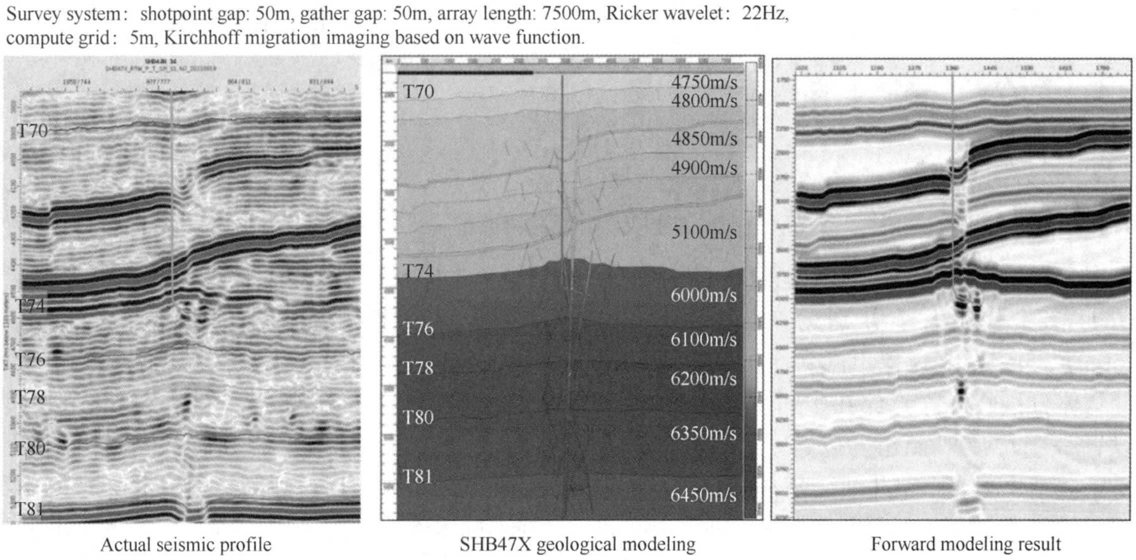

图7　SHB47X单井正演模拟成果图

根据图6的研究结果，继续设计了等效模型Ⅰ-Ⅳ(图8)，等效模型Ⅰ为将测井解释结果的实际模型内各个单栅的速度取平均，用平均速度等效替代各个单栅内的速度。等效模型Ⅱ-Ⅳ分别调整Ⅰ类储层的位置，在等效模型Ⅱ中将Ⅰ类储层放在模型左侧，可以看出正演结果上对应位置的振幅值明显升高，在等效模型Ⅲ中将Ⅰ类储层放在模型中间，可以看出振幅高值呈现同样规律，在等效模型Ⅳ中无Ⅰ类储层，可以看出正演结果中无振幅特别高值即无放空漏失，可知即使破碎带内储集体存在横向非均质性，由于储集体尺度较小，不同类型的储集体形成的地震波形依然相似，虽然难以仅依靠波形确定放空漏失点，但能确定振幅能量大的部位钻遇放空漏失的概率较大。

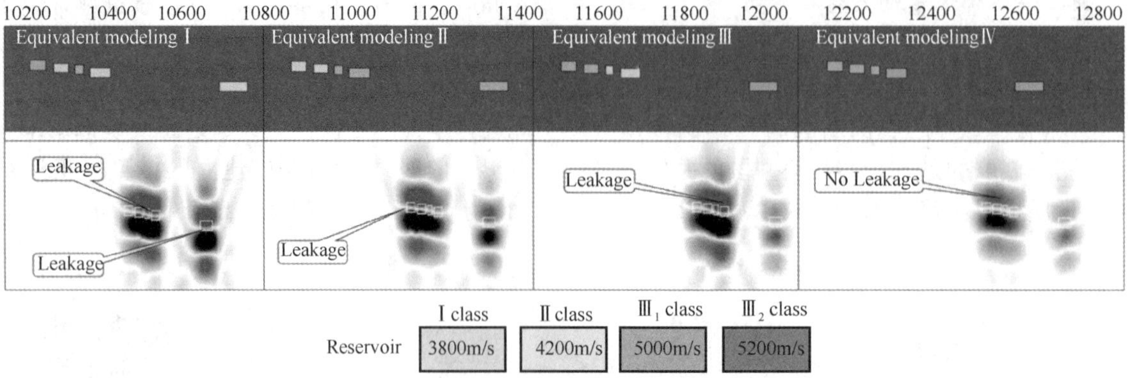

图 8　SHB47X 储集体模型及其它等效模型

对顺北 4 号断裂带 16 口井放空、漏失真假判别后，进行了一间房组顶界面（T_{74}地震标志波）、放空漏失、测井储层精细标定，放空/漏失段、测井Ⅰ/Ⅱ类储层均位于强“串珠”地震异常反射部位，其中放空段多位于“红波谷”中心偏下部位。

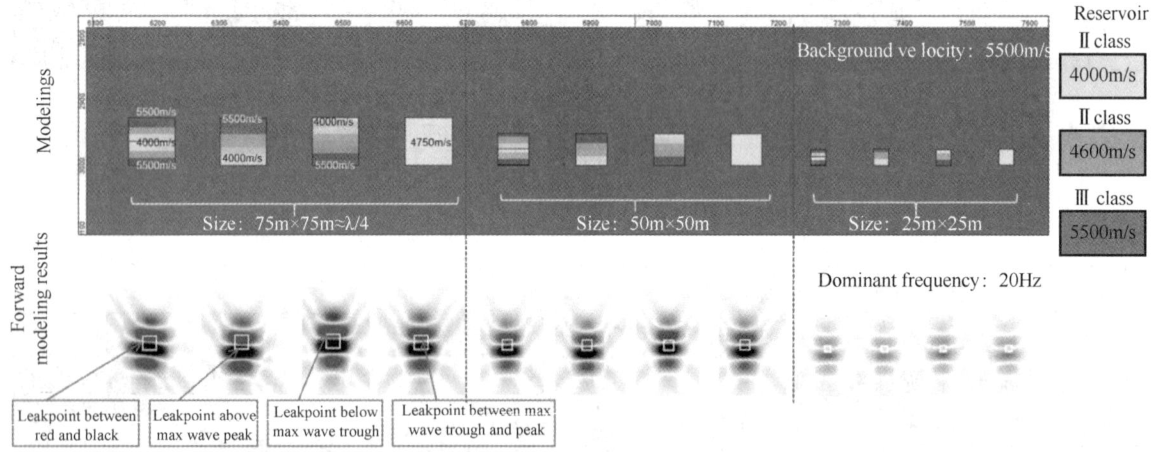

图 9　断控储集体结构研究正演模型

据此设计正演模型，分别设置三组每组四个正方形储集体，大小分别为 75x75m（λ/4），50x50m，25x25m 来模拟不同大小的储集体。每组储集体分别将漏失点放在中间、下部、上部，另设置一个均质对照组。以第一组 75x75m 为例，正演结果与实际钻井结果基本符合，当Ⅰ类储层在储集体中间时，漏失点在红黑轴正中间和对照组相同，当Ⅰ类储层在储集体下部时，漏失点在波峰最大值偏上位置，当Ⅰ类储层在储集体上部时，漏失点在波谷最大值偏下位置。其他大小的储集体在正演结果中呈现同样规律。

在实际地质体中，因储集体存在纵向非均质性，单层厚度大多小于 1/4 波长，受薄层干涉作用，储集体的顶底界面不严格对应波峰或波谷，因此放空漏失点在波谷、波峰都有可能，但可以得出在强波谷偏下位置钻遇放空漏失概率较大。

3.2　走滑断裂带空间立体解释技术

3.2.1　断裂检测与地震识别模式

地震数据在采集和处理的过程中不可避免地会受到各种因素的影响，导致地震资料的信噪比降低，形成噪音干扰、断层特征模糊，尤其是断裂规模较小时，通过裂缝检测技术识别的断裂存在不确定性，因此采用适当的断层增强处理是必要的。倾角断层增强技术（DSE）利用倾角及方位角的变化计算相邻道的相似性，可以有效压制噪音，提高地震资料的信噪比，增强断层刻画能力，优化断裂及缝洞体的检测效果。

对地震资料采用不连续性属性分析（包括相干、曲率等），是对裂缝、缝洞体储层进行检测的常用手段。常规相干、曲率等技术由于受到采集脚印和沿层线性干扰等影响，断裂检测效果具有一定的局限性。频率域多尺度断裂检测技术通过对地震数据进行高分辨率频谱分解得到不同频率的数据体，提取各个数据体振幅、频率以及相位的不连续性属性和边缘增强属性，增加了频率域的多种不连续信息，使地震反射中的不连续性更为准确、清楚，从而使地震数据对断裂系统有更清楚的反映，基于断层增强数据数据体进行频率域多尺度断裂检测，能够得到更加清晰、连续性更好的断裂检测效果。

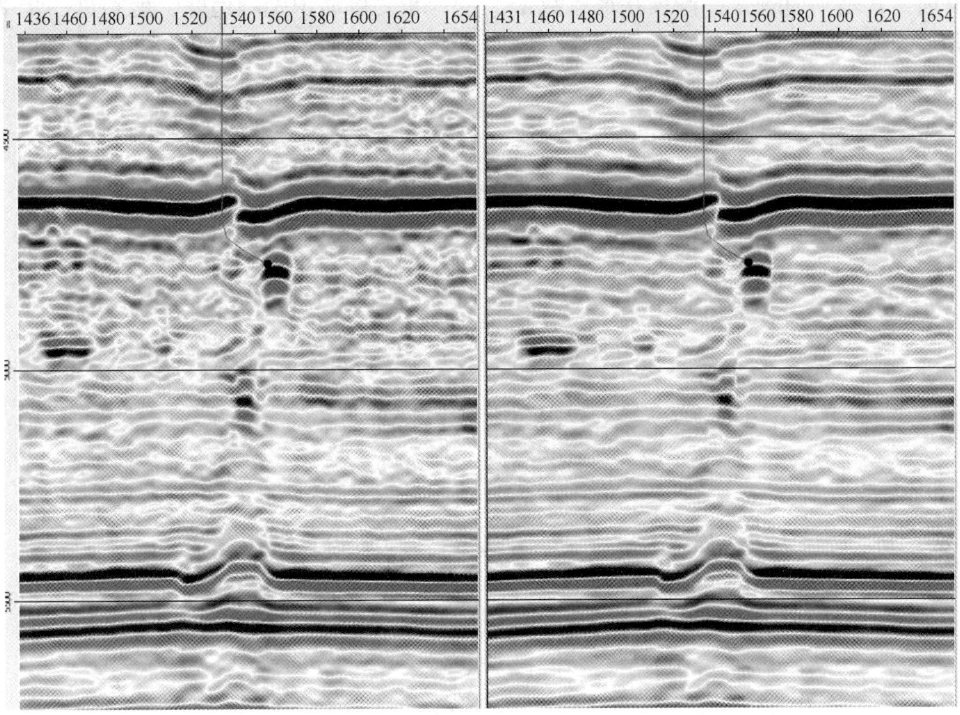

图 10　原始地震剖面(左)与 DSE 剖面(右)对比

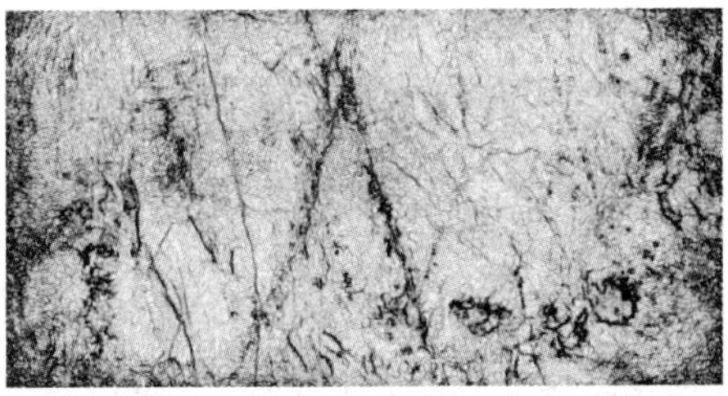
T 74: 10Hz max. curvature(upward 0ms -downward 5ms)

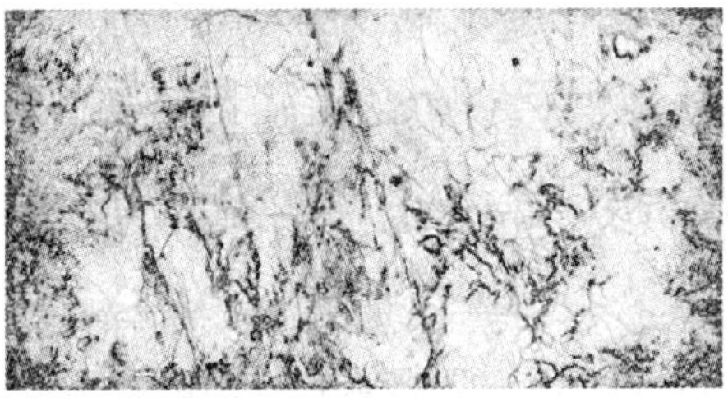
T 74: 15Hz max. curvature(upward 0ms -downward 5ms)

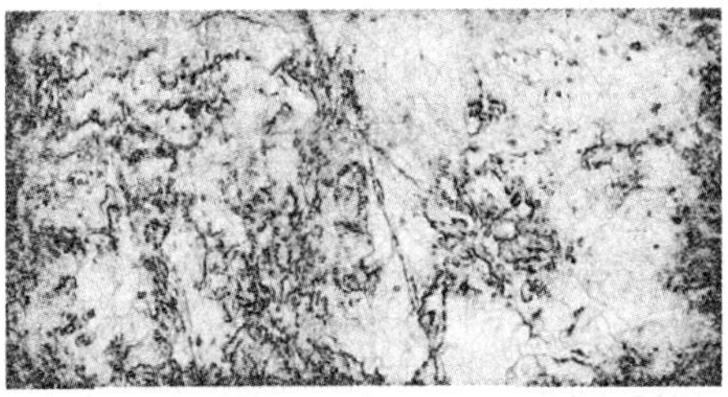
T 74: 25Hz max. curvature(upward 0ms -downward 5ms)

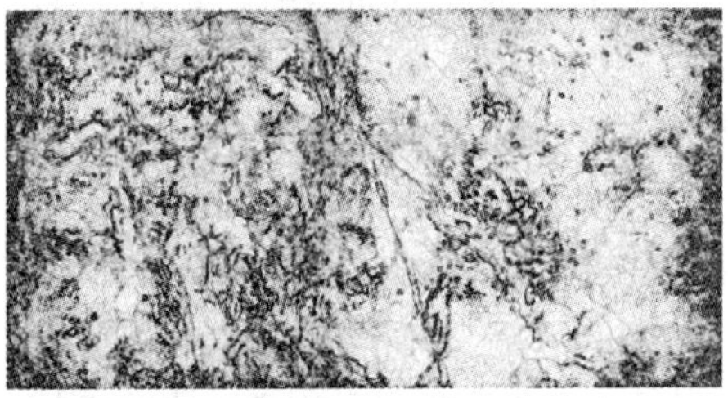
T 74: 30Hz max. curvature(upward 0ms -downward 5ms)

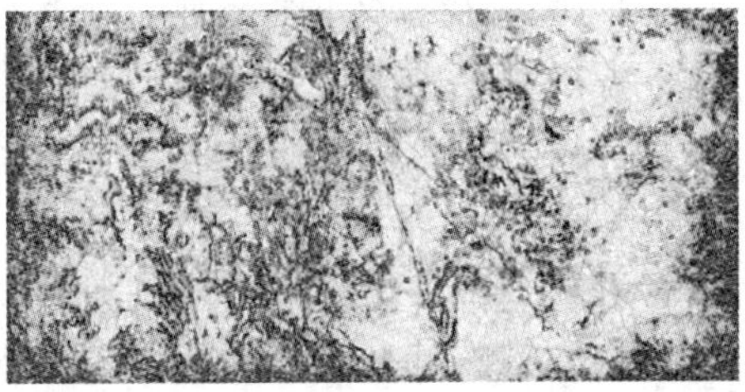
T 74: 40Hz max. curvature(upward 0ms -downward 5ms)

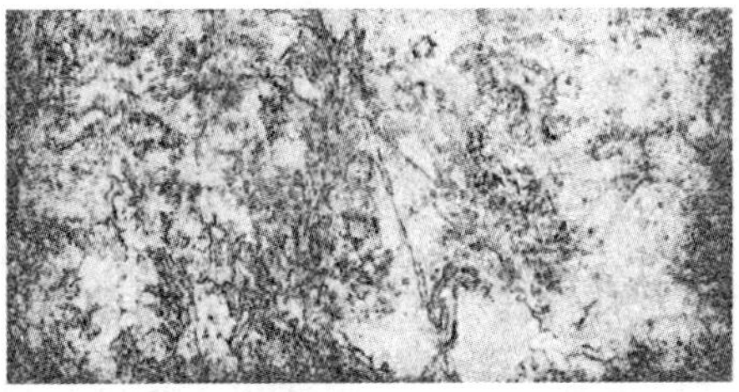
T 74: 50Hz max. curvature(upward 0ms -downward 5ms)

图 11　不同频率尺度的最大曲率对比效果

3.2.2　走滑断裂带空间立体解析

蚂蚁追踪算法是一种受蚁群觅食行为研究启发而提出的路径自动寻优算法，最早应用在解决旅行商问题。在地球物理领域常用于断裂系统自动分析、识别，其基本原理是：假设在地震数据体中播散大量的蚂蚁，那么在地震振幅属性体中发现满足预设断裂条件的断裂痕迹的蚂蚁将“释放”某种信号，召集其他区域的蚂蚁集中在该断裂处对其进行追踪，直到完成该断裂的追踪和识别。以频率域多尺度断裂检测数据体为基础，进行断裂自动识别和追踪，能够进一步增强断裂连续性，更加精确的描述断裂三维空间特征。

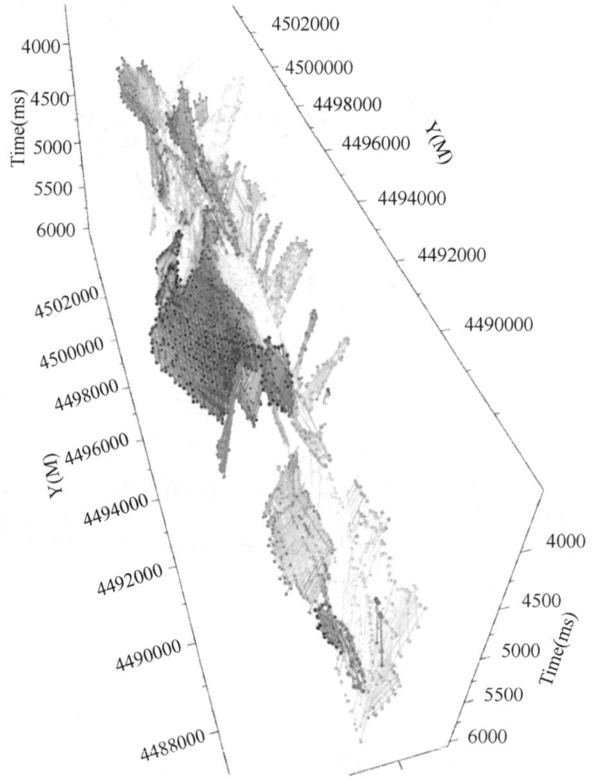

图 12　基于蚂蚁追踪算法的三维断裂解析效果图

3.3　断控储集体量化描述与三维雕刻技术

3.3.1　断控储集体地震识别模式与储层类型

顺北地区断控储集体是受构造运动影响，沿断裂破碎带形成的，地震响应特征主要表现为“断裂+串珠”、“断裂+杂乱”和“断裂+线性弱反射”三种类型，根据储层放空漏失、测井、岩芯及薄片等信息，以及储层储渗空间的几何形态、大小和成因分析，断控储集体主要分为洞穴型、孔洞型和裂缝型三种储集类型，分别对应“串珠”、“杂乱”和“线性弱反射”三种地震反射特征。

通过大量地震属性结合实钻井放空、漏失信息分析，瞬时能量属性对于表征“串珠”形态地震反射特征效果较好，能够有效刻画规模较大的洞穴型和孔洞型储集体；杂乱属性是一种估算地震数据中局部方差的方法，能较好地识别出地震信号的不连续性特征，可以有效刻画规模较小的洞穴型和孔洞型储集体；而通过频率域断裂检测技术得到不连续性属性体对于裂缝型储集体的表征效果较好，与测井解释的裂缝吻合度较高(图 13)。

基于放空漏失信息和测井解释结果对三种类型储层进行精细标定，分别获取瞬时能量属性、杂乱属性和不连续属性门槛值，量化表征断控储集体规模，在此基础上，通过开展断控储集体三维立体刻画，描述不同类型储集体空间几何形态和展布特征。

3.3.2　断控储集体相控波阻抗反演

常规叠后波阻抗反演方法是进行储层预测、岩性识别常用的技术手段，此类反演方法以层状介质为基础，研究目标多是层状储层，而碳酸盐岩断控缝洞型储层具有非规则形态、非均匀散布的特征，常规波阻抗反演技术有其不适应之处。

相控波阻抗反演为基于模型的确定性叠后反演(图 14)，其基本思路是以断控储集体结构刻画为基础，利用分形分维算法兼顾测井和地震信息，构建空间非均质性强的断控储集体反演初始模型，获得波阻抗、速度等信息，用于估算断控储集体参数。相控波阻抗反演主要分为断控储集体地震相识别、多属性融合断控储集体模型建立和基于模型的波阻抗反演 3 个步骤，其中断控储集体模型建立是相控波阻抗反演的关键部分。

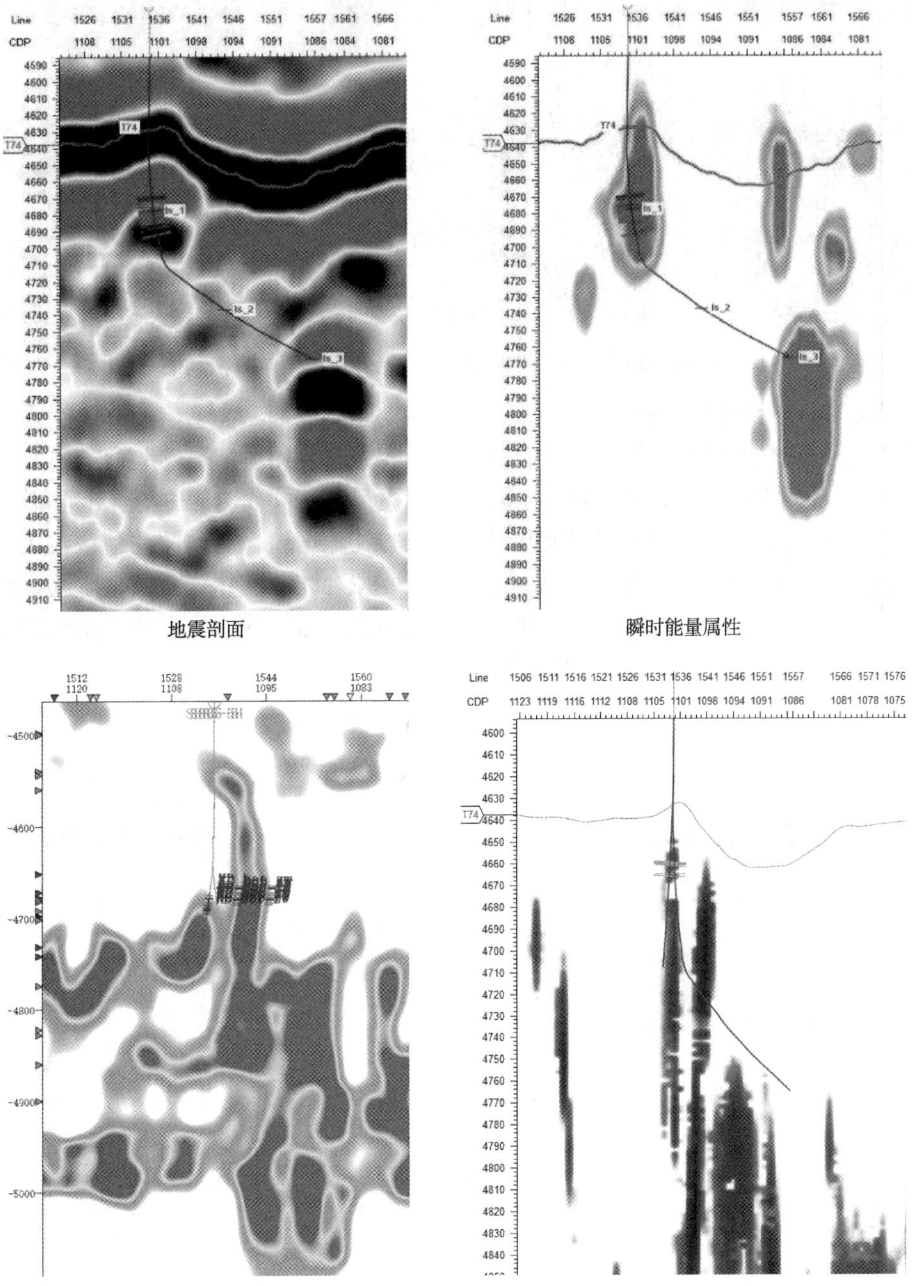

图 13　走滑断裂带的不同属性剖面图

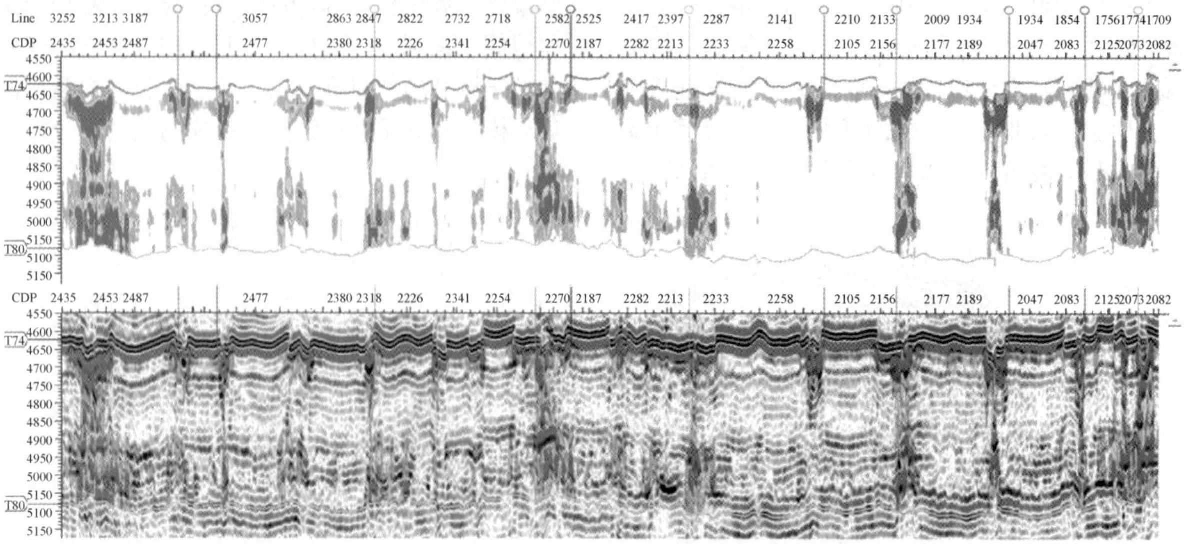

图 14　顺北地区走滑断裂带内部地震剖面与相控波阻抗反演剖面对比图

3.3.3　断控储集体孔隙度量化表征

在钻井过程中，研究区多数井发生放空、漏失现象，为洞穴型储集体特征，对放空和大量漏失井，通常未进行电性测井，缺少洞穴的测井解释孔隙度，测井解释最大孔隙度为 15% 左右，不能表征放空、漏失井段的真实孔隙度。顺北地区与托甫台地区的主干断裂带在断裂活动期次、活动强度、油藏类型以及流体性质等地质条上较为相似，利用塔河与顺北背景相似实钻井且放空漏失后有测井作为样本点，求取不同井的波阻抗值与孔隙度值，制作顺北地区波阻抗-孔隙度量版并拟合孔隙度计算公式。通过对比可以看出实钻井实测值与理论模型结果较吻合(图 15)。

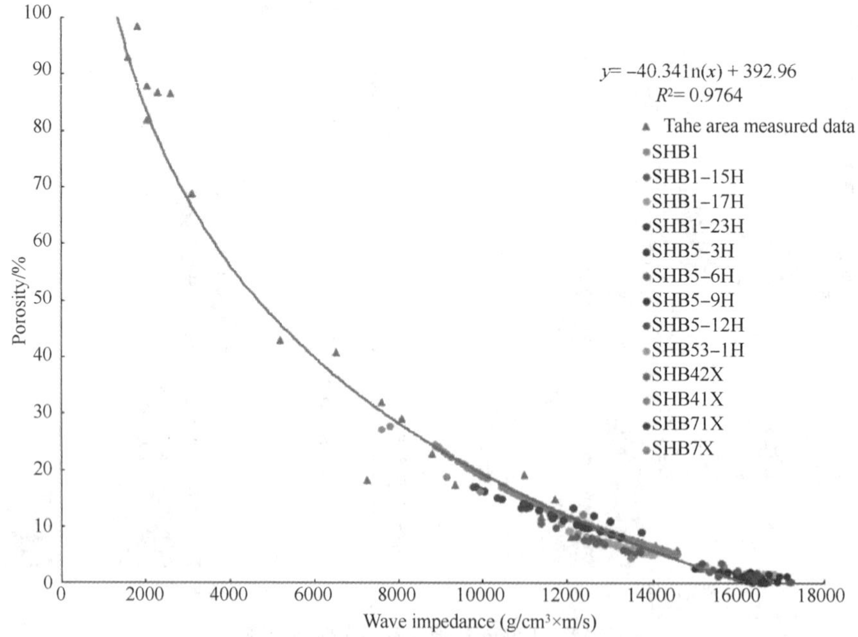

图 15　顺北地区断控缝洞型储层的波阻抗-孔隙度量版

3.3.4　断控储集体三维雕刻技术

三维可视化就是通过调整或者改变可视化参数-透明度、颜色或者光源等来完成凸显某些特殊地质体。其原理是感兴趣的目标或地质现象被采样或者分割成上百万个组成数据块的小立方体，这些小立方体除了地震属性外，每一个小立方体还有用户定义决定的透明度等级的变量。可视化研究的基本思路是：通过时间或者层位对目标表层段进行数据体截取，再对数据体进行可视化后通过调节异常体门槛值和透明度进行地质体雕刻。

实钻井结果表明，不同类型储集体测井孔隙度门槛值不同，其中洞穴型储集体孔隙度不小于5%，孔洞型储集体孔隙度为2%~5%，裂缝型储集体孔隙度不大于2%。结合瞬时能量属性、杂乱属性、不连续性属性和孔隙度数据体进行洞穴型、孔洞型和裂缝型储集体分类三维立体雕刻，并根据雕刻结果，结合速度体，利用网格积分法计算出研究区3类储集的有效孔隙体积（图16）。

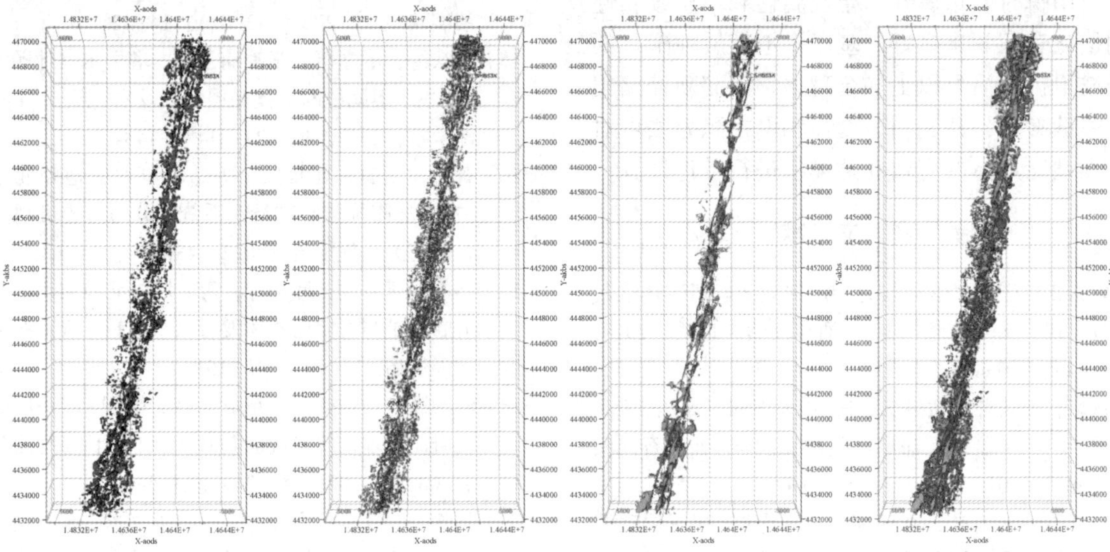

图16　断裂带内部不同储集类型三维立体雕刻图

4　勘探实践成效

随着顺北1号、2号、3号、5号、7号等不同样式、不同级别断裂带的突破，深化断裂体系与区带评价，形成“北东向走滑断裂体系活动时间长、裂缝开启程度高、储层连通性好、资源规模大、成藏条件优越”的重要认识，加快顺北4号、8号断裂带整体评价。4号、8号断裂带完钻21口井全部高产，其中“千吨井”15口，实现顺北4号、8号断裂带重大油气突破，发现了两个规模超亿吨级的大型凝析气藏。

近5年，顺北油气田累计探明储量石油2.38亿吨，天然气1890亿方，单井发现储量由277↑491万吨油气当量；探明储量发现成本持续下降，由38.33↓22.56元/吨油气当量。年产油气当量由61万吨上升至242万吨，目前日产原油3430t，日产气518万方，开启了顺北油气田高质量发展新征程。

5　结论

（1）研究区储集空间的发育程度与断裂发育规模呈正相关，在横向上断裂带内部可发育多组“核带结构”呈组系组合形成的“栅状”储层结构；在纵向上顺北地区走滑断裂带具有“分层变形、多期叠加”的多阶段活动分布特征。平面上断裂内部流体活动具有北部同期海源多期方解石沉淀，南部深层热液活动增强的差异性。

（2）顺北地区走滑断裂属于克拉通内中-小滑移距的扭动走滑断裂，断裂沿走向延伸过程中，会发生阶列组合、拼接，形成三段式花状构造，不同构造样式的局部应力场存在差异演化过程，造成不同的断控储层空间构型。不同构造样式内部低级序断裂组合方式形成了多样化的储层地质模型。总体而言，断裂活动期次越多、变形强度越大，位移量越大，越有利于形成规模断控储层。

（3）频率域多尺度断裂检测技术增加了频率域的多种不连续信息，能够得到更加清晰、连续性更好的断裂检测效果。蚂蚁追踪算法以频率域多尺度断裂检测数据体为基础，能够进行断裂自动识别和追踪，精确描述断裂三维空间特征。

（4）根据顺北地区奥陶系断控储集体特征，建立起“栅状结构”模型以表征断裂带、缝洞体的组合样式；并通过模型正演结果与实际地震剖面对比的一致性验证了“栅状结构”模型的合理性。结合实际测井解释模型设计的等效模型正演结果，在振幅能量大的部位钻遇优质储层的概率较大。

（5）断控储集体由洞穴型、孔洞型和裂缝型三种基本类型构成，并对应“断裂+串珠”、“断裂+杂乱”和“断裂+线性弱反射”三类地震响应特征，应用瞬时能量属性、杂乱属性和不连续属性分别量化表征效果良好，基于多地震属性融合的相控波阻抗反演可以更加合理地预测储断控储集体的关键参数，并利用速度体和网格积分法可对不同类型储集体的有效孔隙体积进行量化计算。

参 考 文 献

[1] 焦方正．塔里木盆地顺北特深碳酸盐岩断溶体油气藏发现意义与前景[J]．石油与天然气地质，2018，39(2)：207-216.

[2] 顾忆，万旸璐，黄继文，等．“大埋深、高压力”条件下塔里木盆地超深层油气勘探前景［J］．石油实验地质，2019，41(3)：157-164.

[3] 马永生，何治亮，赵培荣，等．深层-超深层碳酸盐岩储层形成机理新进展[J]．石油学报，2019，40(12)：1-10.

[4] 漆立新．塔里木盆地下古生界碳酸盐岩大油气田勘探实践与展望[J]．石油与天然气地质，2014，36(6)：771-779.

[5] 漆立新．塔里木盆地顺北超深断溶体油藏特征与启示[J]．中国石油勘探，2020，25(1)：102-111.

[6] 黄诚．叠合盆地内部小尺度走滑断裂幕式活动特征及期次判别：以塔里木盆地顺北地区为例[J]．石油实验地质，2019，41(3)：379-389.

[7] 焦方正．塔里木盆地顺托果勒地区北东向走滑断裂带的油气勘探意义[J]．石油与天然气地质，2017，38(5)：831-839.

[8] 赵锐，赵腾，李慧莉，等．塔里木盆地顺北油气田断控缝洞型储层特征与主控因素[J]．特种油气藏，2019，26(05)：8-13.

[9] 陈红汉，鲁子野，曹自成，等．塔里木盆地塔中地区北坡奥陶系热液蚀变作用[J]．石油学报，2016，37(1)：43-63.

[10] 李培军，陈红汉，唐大卿，等，苏奥，魏华动．塔里木盆地顺南地区中-下奥陶统 NE 向走滑断裂及其与深成岩溶作用的耦合关系［J］．地球科学，2017，42(1)：93-104.

[11] 朱东亚，金之钧，胡文瑄，等．塔里木盆地深部流体对碳酸盐岩储层影响[J]．地质论评，2008(3)：348-354+434-436.

[12] 金之钧，朱东亚，胡文瑄，等．塔里木盆地热液活动地质地球化学特征及其对储层影响[J]．地质学报，2006(02)：245-253，314.

[13] 漆立新．塔里木盆地顺托果勒隆起奥陶系碳酸盐岩超深层油气突破及其意义［J］．中国石油勘探，2016，21(3)：38-50.

[14] 吕海涛，韩俊，张继标，等．塔里木盆地顺北地区超深碳酸盐岩断溶体发育特征与形成机制[J]．石油实验地质，2021，43(01)：14-22.

[15] 李映涛，漆立新，张哨楠，等．塔里木盆地顺北地区中-下奥陶统断溶体储层特征及发育模式[J]．石油学报，2019，40(12)：1470-1484.

[16] 黄诚，云露，曹自成，等．塔里木盆地顺北地区中-下奥陶统“断控”缝洞系统划分与形成机制[J]．石油与天然气地质，2022，43(01)：54-68.

[17] 韩俊，曹自成，邱华标，等．塔中北斜坡奥陶系走滑断裂带与岩溶储集体发育模式［J］．新疆石油地质，2016，37(2)：145-151.

[18] 何治亮，马永生，朱东亚，等．深层-超深层碳酸盐岩储层理论技术进展与攻关方向[J]．石油与天然气地质，2021，42(3)：533-546.

[19] 李映涛，叶宁，袁晓宇，等．塔里木盆地顺南 4 井中硅化热液的地质与地球化学特征[J]．石油与天然气地质，2015，36(6)：934-944.

[20] 朱秀，朱红涛，陈红汉，等．塔里木盆地顺南地区中-下奥陶统深成岩溶特征[J]．石油与天然气地质，2016，37(5)：653-662.

[21] 鲁子野，陈红汉，云露，等．塔中顺南缓坡奥陶系热流体活动与天然气成藏的耦合关系[J]．地球科学，2016，41(3)：487-498.

[22] 王清华，杨海军，汪如军，等．塔里木盆地超深层走滑断裂断控大油气田的勘探发现与技术创新[J]．中国石油勘探，2021，26(4)：58-71.

[23] 漆立新，云露．塔里木台盆区碳酸盐岩成藏模式与勘探实践[J]．石油实验地质，2020，42(05)：867-877

[24] 马永生，蔡勋育，云露，等．塔里木盆地顺北超深层碳酸盐岩油气田勘探开发实践与理论技术进展[J]．石油勘探与开发，2022，49(01)：1-17.

[25] 鲁新便，胡文革，汪彦，等．塔河地区碳酸盐岩断溶体油藏特征与开发实践[J]．石油与天然气地质，2015，36(3)：347-355.

[26] 王坤，刘伟，黄擎宇，等．多资料约束下的塔里木盆地寒武系层序地层划分与对比[J]．海相油气地质，2016，21(3)：1-12.

[27] 陈绪云，李慧莉，吕海涛，等．塔里木盆地孔雀河斜坡孔探 1 井奥陶系综合地层学[J]．地层学杂志，2017，41(2)：134-141.

[28] 朱东亚，孟庆强，胡文瑄，等．塔里木盆地塔北和塔中地区流体作用环境差异性分析[J]．地球化学，

2013，42(01)：82-94.

[29] 王嗣敏，金之钧，解启来．塔里木盆地塔中45井区碳酸盐岩储层的深部流体改造作用[J]．地质论评，2004(5)：543-547.

[30] 李海英，刘军，龚伟，等．顺北地区走滑断裂与断溶体圈闭识别描述技术[J]．中国石油勘探，2020，25(3)：107-120.

[31] 刘宝增，漆立新，李宗杰，等．顺北地区超深层断溶体储层空间雕刻及量化描述技术[J]．石油学报，2020，41(04)：412-420.

[32] 孟万斌，刘家铎，何建军，等．塔河托甫台地区中奥陶统一间房组储层特征与地震预测[J]．矿物岩石，2009，29(04)：104-110.

[33] 云露，邓尚．塔里木盆地深层走滑断裂差异变形与控储控藏特征——以顺北油气田为例[J]．石油学报，2022，43(06)：770-787.

[34] 云露．顺北东部北东向走滑断裂体系控储控藏作用与突破意义[J]．中国石油勘探，2021，26(03)：41-52.

[35] 邓尚，李慧莉，张仲培，等．塔里木盆地顺北及邻区主干走滑断裂带差异活动特征及其与油气富集的关系[J]．石油与天然气地质，2018，39(5)：38-48.

[36] 司文朋，薛诗桂，马灵伟，等．顺北走滑断裂-断溶体物理模拟及地震响应特征分析[J]．石油物探，2019，58(6)：911-919.

[37] Deng Shang，Li Huili，Zhang Zhongpei，et al. Structural characterization of intracratonic strike-slip faults in the central Tarim basin[J]. AAPG Bulletin，2019，103(1)：109-137.

[38] 邓尚，刘雨晴，刘军，等．克拉通盆地内部走滑断裂发育、演化特征及其石油地质意义：以塔里木盆地顺北地区为例[J]．大地构造与成矿学：1-16.

[39] 云露．顺北地区奥陶系超深断溶体油气成藏条件[J]．新疆石油地质，2021，42(02)：136-143.

[40] 刘军，李伟，龚伟，等．顺北地区超深断控储集体地震识别与描述[J]．新疆石油地质，2021，42(2)：238-245.

准噶尔盆地东部隆起区磁场特征及对火山岩油气藏勘探的指示

李新宁[1]　林　潼[2]　焦立新[1]　杨玉忠[3]

（1. 中国石油吐哈油田分公司勘探开发研究院；2. 中国石油勘探开发研究院；
3. 中国石油招标中心新疆分中心）

摘　要　火山岩型油气藏是准噶尔盆地十分重要的油气藏类型，近年来针对该类型油气藏的勘探在准东地区呈现出多点开花的场面。为了加快推进准东地区石炭系火山岩油气藏的勘探，本文通过高精度航磁、区域重力、地震和钻井资料对准噶尔盆地东部的断裂系统进行推断与解释，重点对该区磁性体的埋深开展分析。基于航磁计算的磁性体深度显示，准噶尔盆地东部隆起区磁性体最小埋深在0.5–2.2km之间，清晰地呈现出南北分带，东西分块的构造格局。以隆起区中部一条近南北向深大断裂为界，东部和西部磁性体的深度、规模和形态存在明显差异，受次一级断裂的影响，东部磁性体呈北东向展布，西部磁性体呈北西向和近东西向展布。依据断裂系统和磁性体埋藏深度对火山岩体油气成藏的控制，结合石炭系烃源岩生烃强度的展布，在准东地区预测出三个有利的火山岩油气藏勘探区带。

关键词　磁场；磁性体；准噶尔盆地

准噶尔盆地是我国第二大内陆含油气盆地，油气资源丰富，从石炭系到新近系地层均发现油气产层。其中石炭系地层是准噶尔盆地十分重要的油气勘探目的层，特别是石炭系火山岩地层，其探明天然气储量占整个准噶尔盆地天然气储量的52%，盆地内最大的气田也是第一个探明储量超1000亿方的大气田——克拉美丽气田就位于石炭系火山岩地层中。随着油气勘探的不断深入，针对火山岩油气藏的勘探领域不断扩张，近年来相续在准噶尔盆地东部地区的阜康凹陷东斜坡、吉木萨尔凹陷的北斜坡以及石钱滩凹陷的石炭系地层中勘探获得新发现，部分井获得了高产油气流，进一步展示了石炭系油气资源的富集度与勘探的潜力。

然而，石炭系火山岩勘探呈现多点开花的场面，但是始终未能再取得类似克拉美丽大气田一样的重大发现。其原因除了目前对石炭系烃源岩的分布范围尚未完全落实以外，火山岩有效储层的分布预测难度大是其中的重要原因。火山岩储层主要受有利相带的发育和风化壳控制，二者共同控制的叠置区是最有利的储层发育区。已发现的火山岩油气藏主要形成于受这两种因素控制的储层中。中国东部盆地的火山岩气藏多数形成于有利的火山岩相带中，例如松辽盆地的升平气田，其火山岩储层为酸性溢流相流纹岩，岩心上可见大量线状排列的气孔构造，储集性能好，是优质的油气储集体；西部盆地火山岩油气藏主要形成于风化壳型的火山岩体中，典型的例子就是克拉美丽气田，其天然气储集体的岩性具有多样性，既有基性的玄武岩、中基性的安山岩、侵入体的花岗岩，也有原本致密的凝灰岩，但在这些岩性的火山岩内都发育基质溶蚀孔，其主要原因是风化壳内不同岩性体长期遭受地表水淋滤溶蚀作用，造成了致密火山岩体内可溶物质不断地流失，从而形成有效的油气储集空间。准东地区石炭系火山岩与克拉美丽地区同属性相同的构造背景，都经历了克拉美丽古洋盆俯冲消减、与闭合、陆陆碰撞造山阶以及以深成岩浆活动为特征后碰撞阶段，因此对准东地区的火山岩油气勘探，重点工作是寻找有利于长期风化淋滤的火山岩风化壳，特别是那些靠近生烃中心或者发育沟通源岩层的优势通道附近的风化壳火山岩。

本文以航磁资料为基础，通过位场转换完成不同场源信息的提取，结合地面实测物性和钻井资料综合反演磁性地质体最小埋藏深度和分布范围，间接反映准东火山岩的分布特别是现今埋藏深度所反映的火山岩遭受风化淋滤时间的长短。同时分析盆地的断裂构造格架，研究断裂对火山岩分布的影响及对源储优势运移通道的作用，为下一步火山岩油气藏的勘探指明方向。

1　区域地质背景特征

准噶尔盆地东部地区以沙帐断褶带和北三台凸起为界，向东的隆起区称为准东地区。区域形态呈向东收敛的三角形，相比准噶尔盆地的中西部，准东地区的构造特征更加复杂，凹陷走向多为近南北向或北东向，发育 NE 向和 NW 向两组断裂，整体构造格局呈棋盘式的隆凹格局，断裂十分发育，可进一步划分为 6 个凹陷、6 个凸起和 1 个断褶带(图 1)。

准东地区石炭-二叠系经历洋盆关闭、伸展断陷、断凹转换 3 期构造演化。泥盆纪-早石炭世，准东地区受克拉美丽洋盆关闭影响进入陆相盆地演化阶段，克拉美丽山前带发育大量的磨拉石建造，区域总体为前陆冲断带，烃源岩沉积广范发育；早石炭世晚期-晚石炭世早期，准东为碰撞期后伸展断陷阶段，发育规模火山岩-沉积岩建造，现今石炭系所发现的油气藏主要位于该期所形成的火山岩体中；石炭纪末期再次碰撞造山火山活动强烈；在石炭纪以后，准噶尔盆地经历了晚海西期、印支期、燕山期及喜马拉雅期构造运动，多期构造运动的叠加，特别是石炭-三叠纪 EW/NE 向构造和中侏罗世以来 NE 向构造相叠加的结果，造成了准东地区现今复杂的构造特征。

该区自下而上发育石炭系、二叠系、三叠系、侏罗系、白垩系与新生界，石炭系主要为泥岩、火山岩和火山碎屑岩，其他层系主要为砂岩、泥岩和粉砂岩互层。准噶尔盆地东部火山岩分布广泛，盆地北部与克拉美丽造山带邻接处，分布大量的火山岩，岩性主要为闪长岩、辉长岩和玄武岩等，局部地区分布有蛇绿岩。南部与博格达构造带邻接处，岩性主要为辉长岩、辉绿玢岩、闪长玢岩。

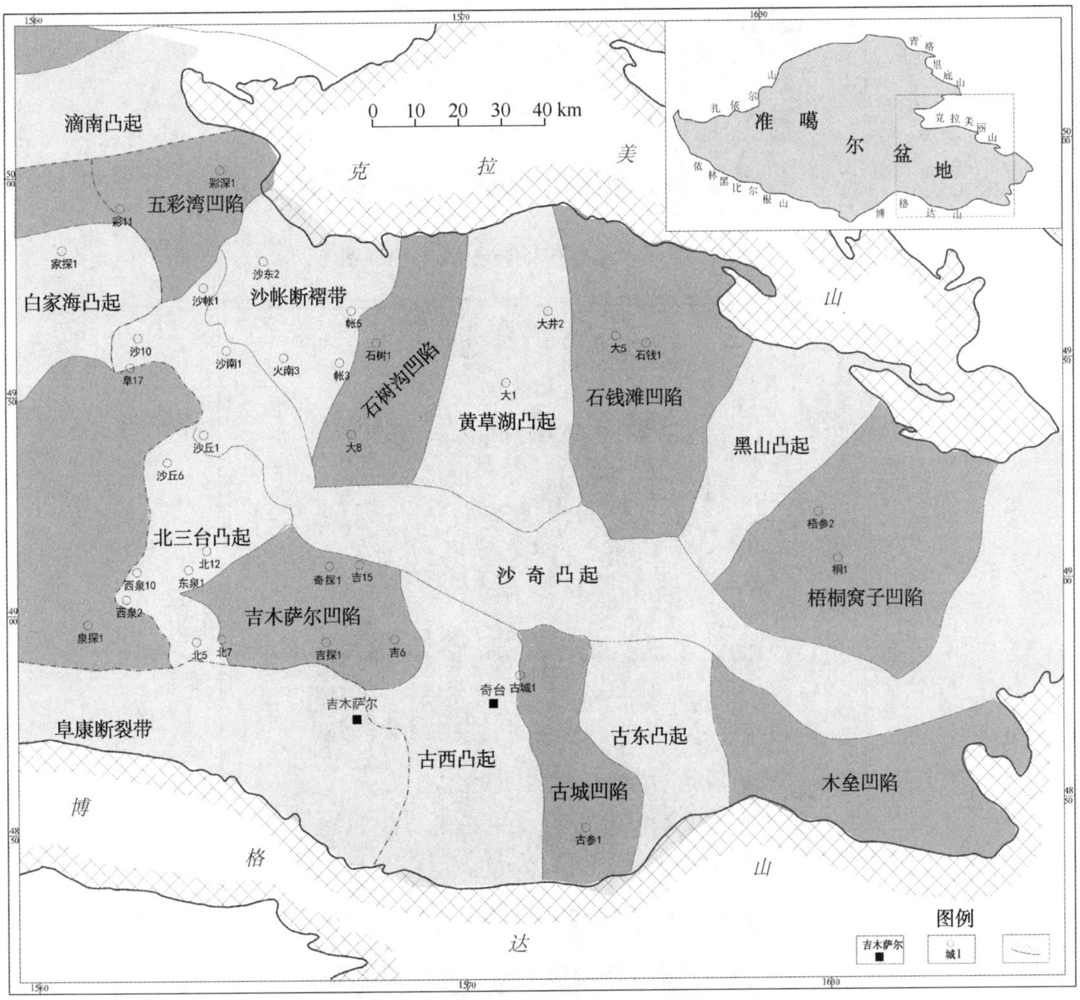

图 1　准噶尔盆地东部构造区划

2 数据处理与研究方法

2.1 数据来源与处理

本文的研究范围为东经 88°00′00″至 91°10′00″，北纬 43°00′00″至 45°30′00″，几乎覆盖准噶尔盆地东部隆起区，采用中国自然资源航空物探遥感中心实测航磁数据经切割线调平、手动调平和微调后交点均方差±0. 05nT，采用克里金方法进行网格化处理后形成 1km × 1km 网格数据(图 2)，为消除斜磁化产生的影响，使磁异常能更好的和地质体对应，采用频率域偶层位全变倾角化极方法进行化极处理(图 3)。

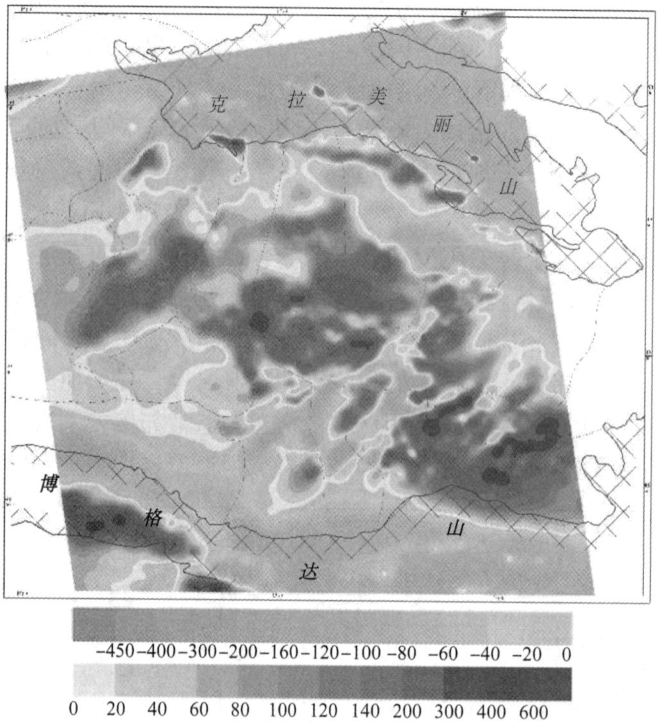

图 2　准噶尔盆地东部航磁 ΔT 等值线图

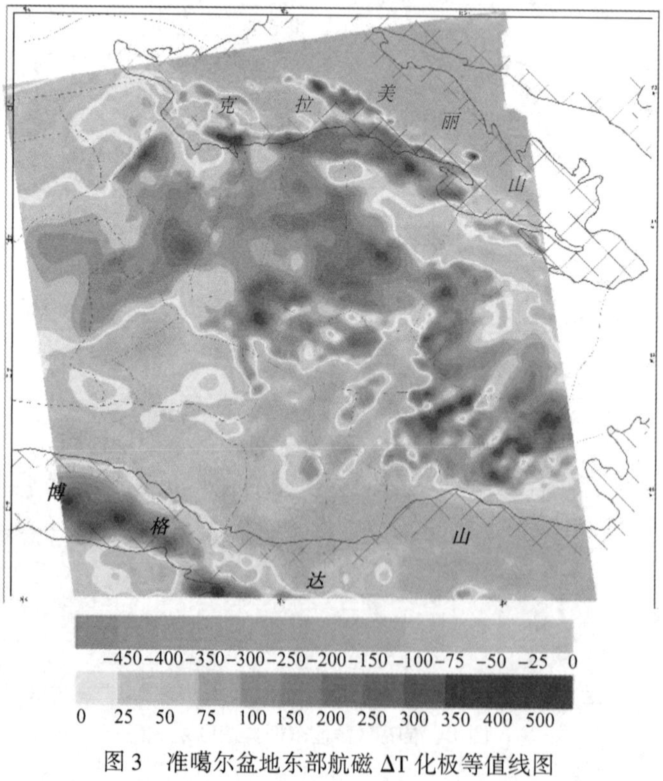

图 3　准噶尔盆地东部航磁 ΔT 化极等值线图

2.2 磁性体深度计算

航磁异常是不同时代、不同深度、不同规模的磁性体在磁场图上的综合反映，航磁计算的深度值也是各种磁性体的顶面深度。所以磁性体最小埋藏深度图就是不同时代各类磁性体顶面深度的综合反映，而不是某一地质界面的深度。准噶尔盆地东部火山岩分布广泛，根据区域地质和实测物性资料，沉积岩和沉积变质岩层主要为无磁性或弱磁性岩石，具有磁性的岩石主要火山岩、侵入岩和火成变质岩。元古宇变质岩具有一定的磁性，普遍在 500×10^{-5}SI 左右。古生代中-基性火山熔岩磁性较强，磁化率普遍在 2000×10^{-5}SI 以上，能够引起比较明显的磁异常。古生代侵入岩磁性变化较大，其中，酸性侵入岩磁化率相对较弱，多在 500×10^{-5}SI 以下，主要引起低幅度磁异常，中-基性侵入岩普遍具有强磁性，磁化率普遍在 1500×10^{-5}SI 以上，能引起强磁异常。因此磁性体埋藏深度可近似看作是火山岩顶面埋深，磁性体起伏形态可间接反映沉积盆地内部构造单元的形态特征。

磁性体深度反演计算方法主要分为有约束和无约束两类，如切线法、欧拉反褶积法、外奎尔法等，多年实践表明，在斜磁化条件下对于大面积计算磁异常深度，选择切线法具有速度快、精度高、简便易行等优势，本文采用中国自然资源航空物探遥感中心研制的"人机交互航磁异常深度计算切线法程序"软件对磁异常进行反演计算。实际计算过程中，磁异常既有基底产生的宽缓区域异常，也有岩浆岩产生的局部异常，为准确计算出火山岩的深度，必须结合其他资料，经过反复对比试验共选择 2270 个磁异常进行深度计算。为检验航磁异常计算深度方法的可靠性，选取分布在准噶尔盆地东部不同地区钻遇火山岩的 5 口钻遇火山岩深度值进行对比(表 1，钻遇深图与计算深度对比表)，可知本区磁性体深度计算误差小于±10%的占 80%，误差范围在±10%~±20%的占 20%，说明磁性体深度计算结果精度较高。

表 1　准噶尔盆地东部钻遇火山岩深度与计算深度对比表

钻井编号	钻遇岩性	井深(m)	计算深度(m)	差值	相对误差
吉 15 井	凝灰岩	2842	2600	242	8.5%
大 9 井	安山岩	2176	2200	24	1.1%
石树 104 井	安山岩	2627	2500	127	4.8%
吉阜 1 井	凝灰岩	3324	3500	176	5.2%
吉新 1 井	火山角砾岩	5444	6000	556	10.2%

3 准东地区磁性体埋深及断裂构造特征

3.1 磁场特征分析

从原始磁场图(图 2)上来看，整个东部隆起区以正负变化磁异常为主，表现出明显的 NW 走向，中部强磁异常带南北两侧为宽缓负异常带，反映出准噶尔盆地东部总体隆起的前提下局部凹陷的基本面貌，化极图上负磁异常强度一般为-100~-200nT，但异常梯度变化稍大，尤其是在西北部异常梯度更为剧烈，可以达到 50nT/km 以上。中部为剧烈变化的正负磁异常区，局部发育有 NE、NW 和近 EW 向串珠状磁异常带，异常强度为 100~300nT，上延 10km 后依然显示清晰。对该异常带进行深度计算，异常源深度达 1-2km，钻井均见到火山岩，反映该区域岩浆活动十分强烈。与中部正负交替杂乱的磁场面貌不同，南北两侧为平静的负磁异常区，基本反映出隆起区内凹陷的展布形态。

3.2 磁性体埋藏深度及分布特征

从编制的磁性体深度图上(图 4)，准噶尔盆地东部隆起总体呈 NWW 向，以南北两条深大断裂为界呈"一隆两坳"的格局特征，与新疆北部的构造应力一致，盆地的磁性体的形成受石炭纪构造运动影响明显。磁性体总体深度变化在 0~3km，中央隆起区磁性体埋藏深度最浅，深度变化范围为 1~2km。南北两侧磁性体变化在 2~3km，局部有小型凹陷磁性体深度在 3km 以上。中央隆起区磁性体深度变化复杂，东部磁性体深度小，沿次级断裂呈 NE 向展布，西部磁性体相比东部深度大，总体呈北西向展布，局部呈 NW 和近 EW 向展布。

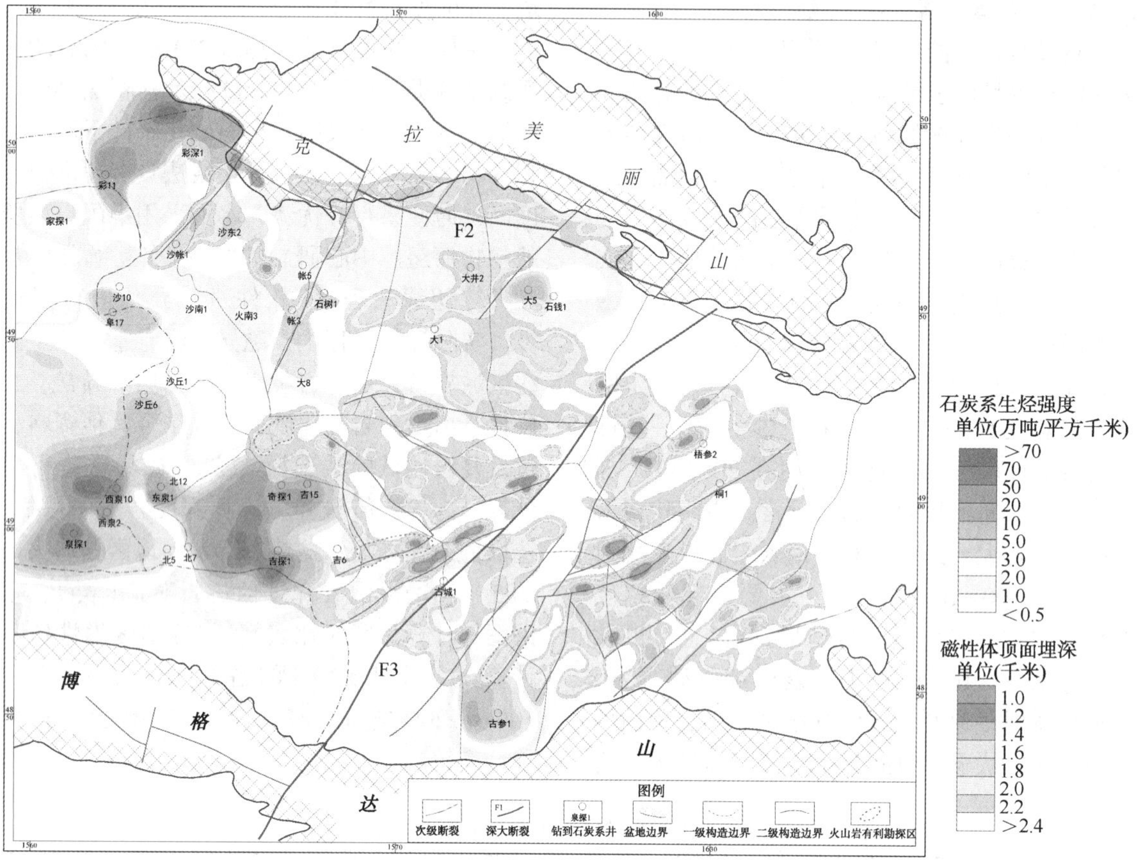

图 4　准东地区断裂系统与石炭系生烃强度分布、磁性体最小埋深叠置图

3.3　断裂构造特征

断裂构造容易导致地质体边界附近发生错动，从而导致断裂两侧物质的性质、结构等发生变化，在航磁资料上常体现为不同磁场的分区界线、磁异常错动带、磁场梯度带和磁异常的突变带等。中小规模断裂在磁场图中一般只有单一的磁异常特征，而规模较大的断裂往往具有多种磁异常特征。不同的地段有不同的断裂磁异常特征，这是由于一些深大断裂本身不是以单一断裂的形式存在，而是由数条断裂构成的一组断裂，因而具备多种磁异常特征。为突出区域背景场特征，在对原始磁场数据进行化极的基础上，采用快速傅里叶变换算法，在频率域进行了向上延拓处理，经过试验向上延拓 1km、3km 和 10km 磁场特征基本能较更好的反映区域深部地质构造特征，有利于圈定深大断裂的构造位置。

基于航磁资料并结合重力、地震等其他资料，在研究区共识别出断裂 30 余条(图 4)，断裂展布方向主要有 NW 向、NE 和 NEE-EW 向 3 组，NE 向断裂数量最多，NW 向断裂次之，这 2 组断裂基本构成准噶尔盆地东部隆起区的断裂构造格架，常成为盆地一级构造单元和内部次级构造单元的边界。NEE-EW 向断裂密度规模小，延伸短且常收敛或止于 NE 向断裂。NW 向断裂常错断 NE 向和 NEE 向断裂，说明 NW 向断裂发育晚于这 2 组断裂。这些断裂中规模比较大的断裂有 F1、F2、F3、F4。其中 F1、F2 断裂带是北部凹陷带的北界，断裂东北侧出露蛇绿岩带，东南侧磁性体埋深多在 1.6~2.2km，凹陷区埋深在 2.2km 以上，说明沿断裂西南侧基底曾有明显的下降。F4 断裂为南部凹陷带的南界，控制着基岩埋藏深度的变化(在博格达山以南)。NW 向断裂从数量大于 NE 向断裂，但规模次之，其中规模最大的为研究区中部的 F3 断裂，该断裂为东部隆起和西部隆起的分界，同时 F3 断裂控制着火山岩的展布方向，F3 断裂以东火山岩呈 NE 向展布，以西转为 NW 向和近 EW 向，这种展布特征可能与断裂及其两侧的基岩隆起控制有关。

4　准东地区火山岩油气勘探有利区带分布

火山岩体是否发育有效的储集空间以及发育

有效储集空间的火山岩体是否与烃源岩层在空间上形成有效的配置关系，是火山岩油气成藏的关键因素。准东地区石炭系发育四套烃源岩层，分别是滴水泉组(C1d)、松喀尔苏组b段(C1sb)、巴山组(C2b)和石钱滩组(C2sh)。其中松喀尔苏组b段是准东地区最关键的烃源岩层，是吉木萨尔凹陷内已发现的石炭系油藏的油气来源层。因此，落实该套烃源岩层的分布对预测火山岩油气藏具有重要指导作用。通过已有的钻井资料结合地震数据综合分析，基本明确了该套烃源岩的分布范围。同时，基于对该套烃源岩有机质丰度、有机质类型、成熟度征以及生烃能力的测试与分析，编制出该套烃源岩在准东地区的生烃强度分布图。从图4可以看出，石炭系烃源岩的分布与航磁资料所反映出的火山岩体分布具有明显的负相关性，火山岩体发育的地区烃源岩基本不发育。然而，火山岩体能够成藏又离不开烃源岩，这也正是火山岩油气成藏的复杂性。因此，需要寻找靠近生烃中心并且具备有效储集空间的火山岩体才是油气成藏最有利的地区。通过图4可以发现，准东地区发育吉木萨尔凹陷、阜康凹陷东斜坡和五彩湾凹陷，三个强生烃中心，此外在古城凹陷也发育次一级的生烃中心。勘探的重心应该围绕这四个生烃中心的周缘展开。在相同的构造背景下，准东地区石炭系整体遭受相同程度的风化淋滤作用，但是受构造高低的影响，高部位的火山岩体首先遭受风化作用，其风化强度更大，火山岩体中矿物流失特征更明显，形成的微观孔隙空间也就更发育。因而，火山岩体的埋藏深度是预测有利火山岩储集体的关键因素。通过本次航磁资料处理与解译，识别并预测出了准东地区火山岩体的埋藏深度，火山岩体埋藏较浅的地方主要发育在奇台凸起、古城凹陷的东部。这些紧邻石炭系烃源岩生烃中心的高部位火山岩体，不仅能够形成相对有利的火山岩储集体，也是烃源岩生烃运聚的长期指向区，是火山岩油气勘探的最有利区带。综合以上研究成果和认识，指出有利的火山岩勘探区带主要分布在：(1)奇台凸起的西缘，靠近吉木萨尔凹陷的西北源部位；(2)古西凸起北部，与吉木萨尔凹陷东部相接；(3)古城凹陷的东部地区。

5 结论

(1) 准噶尔盆地东部隆起区构造应力方向与新疆北部一致，平面展布方向上主要有NW向、NE和NEE-EW向3组，其中NE向断裂数量最多，NW向断裂次之，NW向规模最大，NEE—EW向断裂规模小、延伸短且常收敛或止于NE向断裂。NE和NW这2组断裂基本构成了盆地的断裂构造格架，常成为盆地一级构造单元和内部次级构造单元的边界，对盆地的形成有明显的控制作用。

(2) 高精度航磁资料深度反演计算结果表明，准噶尔盆地东部隆起区磁性体最小埋藏深度在0~3km之间，磁性体大致反映出盆地东部总体呈“一隆两坳”构造格局。准噶尔盆地东部总体呈NW向，隆坳格局具有南北分带，东西分块的“棋盘格”特点，受F3断裂影响，中部隆起区以此断裂为界，以东火山岩呈NE向展布，以西转为NW向和近EW向。

(3) 火山岩有利的勘探区带主要位于奇台凸起的西缘靠近吉木萨尔凹陷的西北源部位；古西凸起北部与吉木萨尔凹陷东部相接斜坡高点以及古城凹陷的东部地区。

参 考 文 献

[1] 胡素云，王小军，曹正林，等. 准噶尔盆地大中型气田(藏)形成条件与勘探方向[J]. 石油勘探与开发，2020，47(02)：247-259.

[2] 唐勇，雷德文，曹剑，等. 准噶尔盆地二叠系全油气系统与源内天然气勘探新领域[J]. 新疆石油地质，2022，43(6)：654-662.

[3] 何登发，陈新发，况军，等. 准噶尔盆地石炭系油气成藏组合特征及勘探前景[J]. 石油学报，2010，31(1)：1-11.

[4] 王绪龙，赵孟军，向宝力，等. 准噶尔盆地陆东—五彩湾地区石炭系烃源岩[J]. 石油勘探与开发，2010，37(05)：523-530.

[5] 杨迪生，陈世加，李林，等. 克拉美丽气田油气成因及成藏特征[J]. 天然气工业，2012，32(2)：27-31.

[6] 杨帆，宋永，陈洪，等. 准噶尔盆地阜东地区石炭系松喀尔苏组烃源岩评价及气源对比[J]. 天然气地球科学，2019，30(07)：1018-1026.

[7] 胡自龙，卞保力，刘海磊，等. 准噶尔盆地大井地区天然气成因、来源与成藏过程[J]. 天然气地球科学，2019，30(06)：850-859.

[8] 龚德瑜，蓝文芳，向辉，等. 准噶尔盆地东部地区天然气地化特征与成因来源[J]. 中国矿业大学学报，2019，48(1)：142-152.

[9] 秦小双，师永民，吴文娟，等．准噶尔盆地石炭系火山岩储层主控因素分析[J]．北京大学学报(自然科学版)，2012，48(1)：54-60.
[10] 杨海波，王屿涛，郭建辰，等．准噶尔盆地天然气地质条件、资源潜力及勘探方向[J]．天然气地球科学，2018，29(10)：1518-1530.
[11] 唐华风，王璞珺，边伟华，等．火山岩储层地质研究回顾[J]．石油学报，2020，41(12)：1744-1773.
[12] 罗静兰，林潼，杨知盛，等．松辽盆地升平气田营城组火山岩岩相及其储集性能控制因素分析[J]．石油与天然气地质，2008，29(6)：748-757.
[13] 侯连华，邹才能，刘磊，等．新疆北部石炭系火山岩风化壳油气地质条件[J]．石油学报，2012，33(04)：533-540.
[14] 王东良，林潼，杨海波，等．准噶尔盆地滴南凸起石炭系气藏地质特征与控制因素分析[J]．石油实验地质，2008，30(3)：242-246，251.
[15] 杨浩，李涤，侯烁钦，等．准噶尔盆地东北缘石炭系年代—地层格架：对卡拉麦里洋闭合时限的启示[J]．地质科学，2023，58(01)：105-123.
[16] 张磊，何登发，易泽军，等．克拉美丽山与大井坳陷的构造关系——兼论石炭纪构造-沉积格局[J]．石油勘探与开发，2020，47(01)：29-44.
[17] 王剑，陈俊，陈锐兵，等．准噶尔盆地东部石炭系火山岩形成环境及其对储集性能影响机理[J]．天然气地球科学，2022，33(11)：1785-1797.
[18] 郑孟林，田爱军，杨彤远，等．准噶尔盆地东部地区构造演化与油气聚集[J]．石油与天然气地质，2018，39(5)：907-917.
[19] 杨高学，李永军，李注苍，等．东准噶尔东北缘后碰撞火山岩成因与构造环境[J]．地学前缘(中国地质大学北京)，2010，17(1)：50-56.
[20] 刘英会，张婉、佟晶等．准噶尔盆地航空重磁研究报告[D]．中国自然资源航空物探遥感中心，2015.
[21] 熊盛青，丁燕云，李占奎．中国陆域磁性基底深度及其特征[J]．地球物理学报，2014，57(12)：3981-3993.
[22] 夏玲燕，林畅松，李筱，等．基于磁力资料的珠江口盆地构造单元分布特征[J]．物探与化探，2019，43(3)：468-475.
[23] 熊盛青．中国陆域断裂及岩浆岩构造图(1：250万)说明书[M]．北京：地质出版社，2015.

东海深层-超深层低渗致密气藏特征及勘探潜力

刘金水　曹　冰　葛和平　代　勇

（中海石油(中国)有限公司上海分公司）

摘　要　通过铸体薄片、扫描电镜、物性测试、含烃包裹体测温及煤系烃源岩热模拟等实验分析，结合地温场及埋藏史-热史特征，论述西湖凹陷深层-超深层有效储层特征、储层致密化与成藏关系及资源潜力。结果表明，西湖凹陷深层-超深层以低渗-致密储层为主，地温场的差异控制不同构造带成岩演化程度，低地温梯度是深层-超深层发育有效储层的基础，粗粒相带、有机酸溶蚀作用及生烃超压保孔共同控制了优质储层的发育。花港组深层-超深层为先致密后成藏气藏，具有明显的物性控藏特征，邻近断层处形成局部高气饱甜点；平湖组源内早期成藏易形成高压高气饱致密气藏。明确了有效储层形成条件及有效下限，理清了储层致密化与成藏的关系及油气富集规律。从资源潜力来看，西湖凹陷深层、超深层油气资源占比77%，是西湖凹陷勘探未来最重要的增储领域之一。

关键词　西湖凹陷；深层-超深层；低渗致密气藏；富集规律；勘探方向

近10年来，深层-超深层油气在新增探明储量中占据主体地位，小于4000m、4000～6000m和大于6000m的层系天然气探明储量分别占新增探明储量的39%、40%和21%，当前，我国深层、超深层油气资源达671亿吨油当量，占全国油气资源总量的34%，深层已成为中国油气勘探开发规模增储上产的重要领域。受益于水力压裂、水平井和分支井等技术的普及，先后在塔里木盆地、四川盆地、渤海湾盆地、鄂尔多斯盆地、松辽盆地等地区取得重大突破。全球新发现油气田不断向深层、深水发展，深层/超深层成烃及热演化机制、有效储层成因机理与预测技术及油气成藏与富集规律是目前面临的重要挑战和亟待解决的问题。

东海盆地西湖凹陷主要目的层为古近系平湖组、新近系花港组，埋深多在3500m～5000m，现今地温梯度2.8－4℃/100m，成岩演化程度高，整体属于低渗-致密储层。“十三五”资源量评价显示西湖凹陷低渗-致密气资源量1.06万亿方，占整个西湖凹陷资源量的47%，资源结构及勘探实践证实深层/超深层已成为勘探的必然。西湖凹陷深层-超深层具有单井产能低、商业经济下限高的特点，储层品质及油气富集机理一直制约着油气深层/超深层的勘探开发效率。“十三五”以来，通过对深层-超深层效储层成因、成藏富集机理等的系统研究，明确了有效储层形成条件及有效下限，理清了储层致密化与成藏的关系，论述了深层-超深层有效储层分布规律，为西湖凹陷深层/超深层油气价值勘探提供技术支撑，解放亿吨级的低渗-致密储量，指出深层-超深层领域潜力方向。

1　地质概况

东海陆架盆地西湖凹陷是中国东部近海最大的含油气凹陷，总面积约$5.9\times10^4km^2$，盆地周缘为北部北部虎皮椒隆起、西部海礁隆起及渔山低凸起、东部钓鱼岛隆褶带，凹陷东西方向上划分位西部斜坡带、西次凹、中央反转构造带、东次凹和东部断阶带。西湖凹陷内以新生代碎屑沉积为主，沉积地层从老到新分别为始新统平湖组、渐新统花港组、中新统龙井组-玉泉组-柳浪组、上新统三潭组及更新统东海群(图1)。其中始新统平湖组和渐新统花港组是西湖凹陷深层-超深层主要的勘探层系，平湖组为三角洲-局限海沉积背景，储层主要发育于水下分流河道、潮汐砂坝及潮道等微相，单砂层厚度20－70m不等，岩性以厚层细-中砂岩、含砾砂岩为主，埋深超过4600m依然具有自然商业产能；始新统平湖组同时发育一套煤系烃源岩，煤系地层分布范围广、厚度大，有机质类型主要为腐殖型和含腐泥的腐殖型，热演化程度已达高成熟-过成熟阶段，油气兼生产气为主。渐新统花港组H3-H5砂组主力气藏沉积相类型为浅水环境下的辫状河三角洲沉积体系，厚层砂岩为辫状水道沉积，储层厚度大，且分布稳定。区域盖层主要为花港组沉积末期 H1-H2 的巨厚泥岩盖层，对油气形成区域性的封盖。

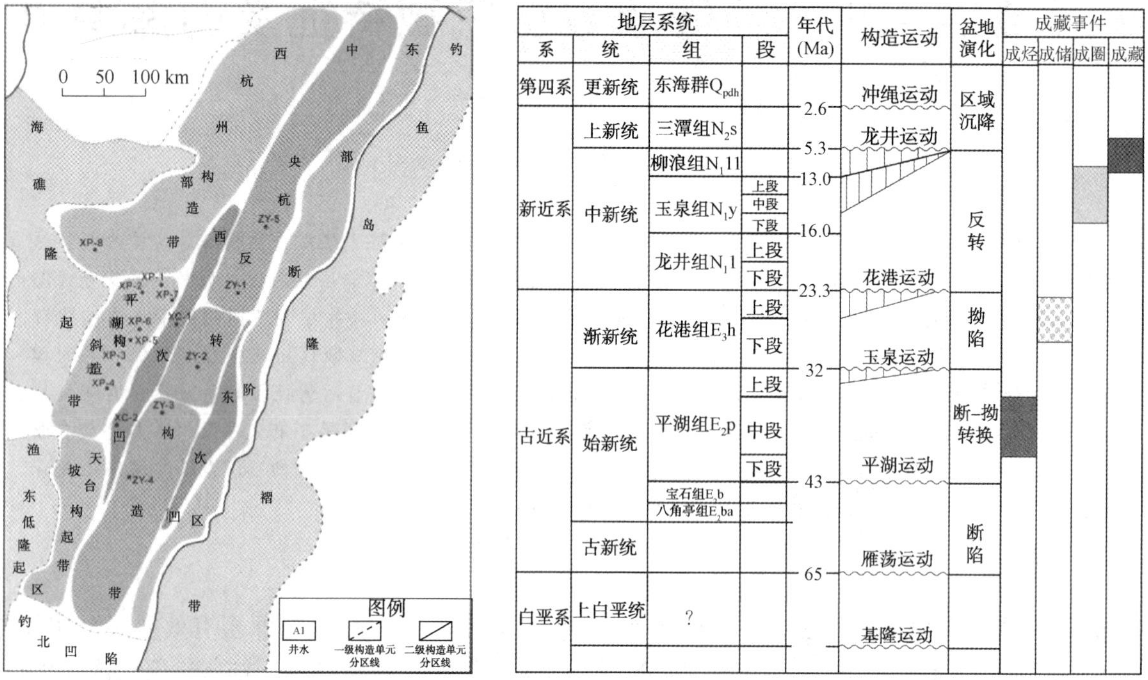

图 1　西湖凹陷 Y 构造位置及地层简表

2　深层-超深层气藏特征

2.1　储层微观特征

根据西湖凹陷平湖组、花港组储层以长石岩屑质石英砂岩为主。岩石组分中刚性颗粒含量占比较高，石英颗粒含量平均 63.6%，长石平均为 16.9%，岩屑平均 19.6%。以细-中粒砂岩、中粒砂岩及含砾砂岩为主。分选中-好，磨圆度主要为次棱-次圆，压实作用强常见凹凸-线接触。泥质杂基较低平均含量 2.73%。胶结物主要为碳酸盐胶结物(方解石、白云石)，平均含量为 2.68%，硅质平均含量为 1.03%，其他类型胶结物少见。高刚性颗粒含量、低泥质杂基、弱胶结作用是西湖凹陷深层-超深层发育有效储层的基础。

根据镜下微观特征显示，西湖凹陷平湖组、花港组组为孔隙型储层，溶蚀作用发育，溶蚀孔占总面孔率 60%-80%，储层在仍保留部分原始孔隙的前提下，大量发育粒间溶蚀孔、粒内溶孔和铸模孔，局部孔隙被钙质胶结充填，局部地区粒表发育环边绿泥石，粒间常见高岭石、片状伊利石及绒球状绿泥石，微裂缝少见(图 2A-D)。

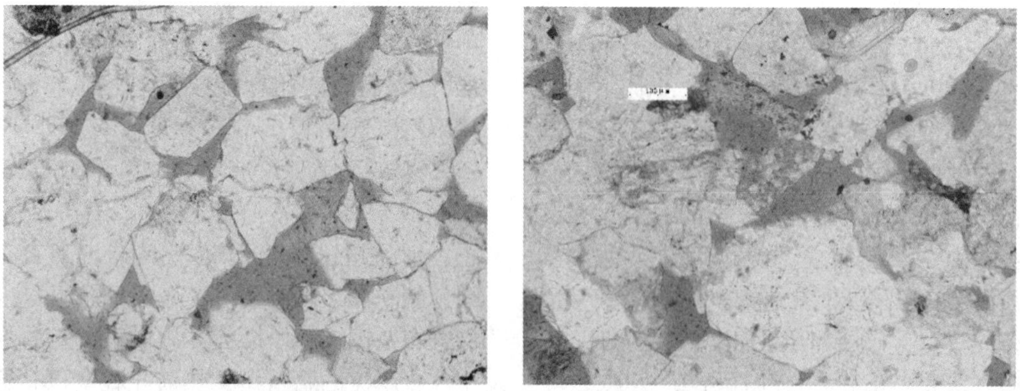

(a) XC1井，H3，4338.5m，溶蚀扩大孔发育，孔隙连通性好，10×10(-)

(b) XC1，H3,4330.9m，溶蚀孔隙发育10×10(-)

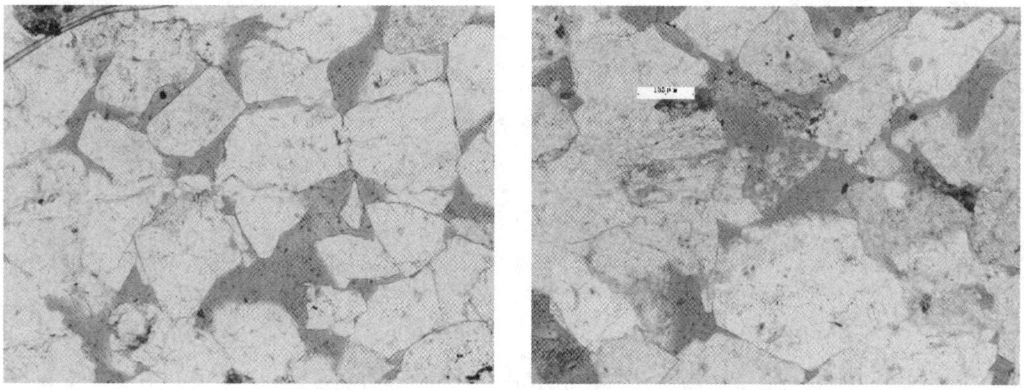

(a) XC1井，H3，4338.5m，溶蚀扩大孔发育，孔隙连通性好，10×10(-)　　(b) XC1，H3,4330.9m，溶蚀孔隙发育10×10(-)

图 2　西湖凹陷深层-超深层储层孔隙微观特征(续图)

深层-超深层储层孔喉结构复杂，传统的高压压汞难以区分孔隙、喉道对储层渗流能力的影响，利用恒速压汞技术可以区分开孔隙、喉道半径，不同物性储层孔隙半径差异不大，而喉道大小直接控制了渗透率大小。西湖凹陷储层孔喉半径主要分布在微米~亚微米级别，渗流能力好的储层主要喉道半径在>1μm 的微米级，如图 4 所示，渗透率 9.92mD 的样品，其喉道半径峰值为 4.5μm，而渗透率<0.5mD 的两个样品，其喉道半径分布都在<1μm 的亚微米区间内。不同孔隙类型对渗透率贡献差异大，优质高渗带在于其发育经溶蚀改造的扩大喉道半径(图 3)。

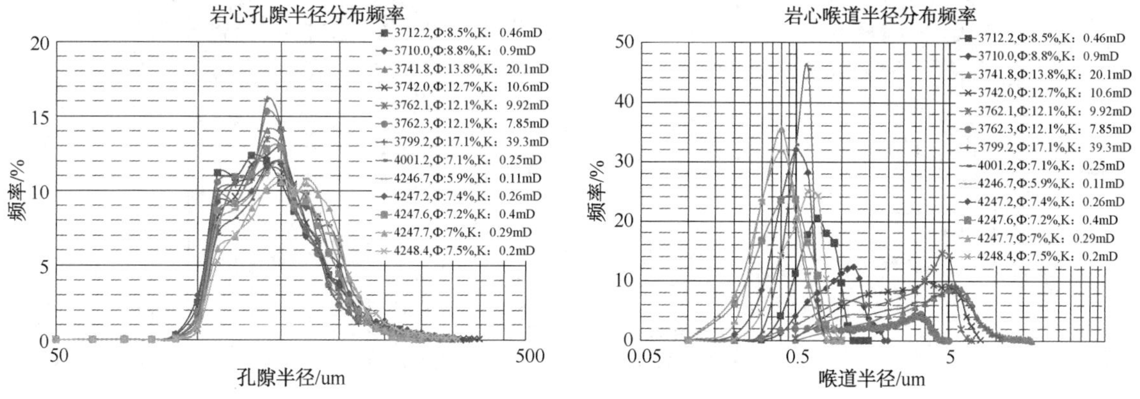

图 3　西湖凹陷 HG 气田孔隙、喉道半径分布特征

2.2　物性特征

参照国土资源部发布的《海上石油天然气储量计算规范》中有关分类标准，西湖凹陷现行的标准将<10mD 储层作为低渗储层。岩、壁心实测物性统计(图 4)表明，西湖凹陷平湖组储层孔隙度分布范围 4.3% - 23.1%，其中孔隙度<15.0%的占到 65.0%；渗透率范围 0.03mD - 542mD，其中渗透率<10mD 占到 46%，<50mD 占到 70.1%。花港组储层孔隙度分布范围 2.7% - 24.6%，其中孔隙度<15.0%的占到 94.3%，渗透率范围 0.02mD-850mD，其中渗透率<10mD 占到 90.3%，<50mD 占到 97.1%。纵向上，花港组 3500~4000m 深度段发育大量中-低渗储层，4000m 以下主要发育致密储层(<1×10^{-3}μm^2)；平湖组 3500m-4500m 以中-低渗储层为主，同埋深平湖组储层物性明显优于花港组(图 5)。

西湖凹陷地温场的差异造成盆地不同构造带成岩程度差异的主因，通过对比花港组、平湖组典型构造 DST 实测地层温度数据，中央反转带花港组地温梯度约 3.6℃/100m，而西斜坡平湖组地温梯度相对较低 2.8℃/100m 左右，因此花港组 4000m 左右储层致密化，西斜坡平湖组 4600m 左右储层致密化，低地温梯度是深层-超深层发育有效储层的关键。

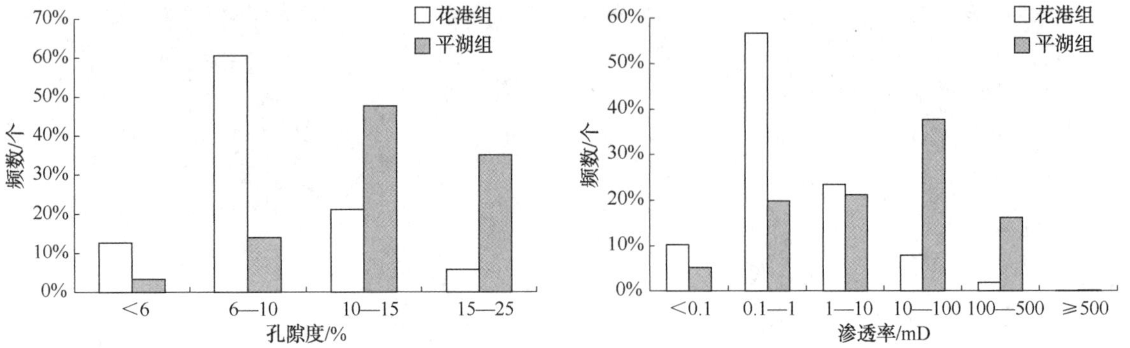

图 4　西湖凹陷储层物性特征直方图

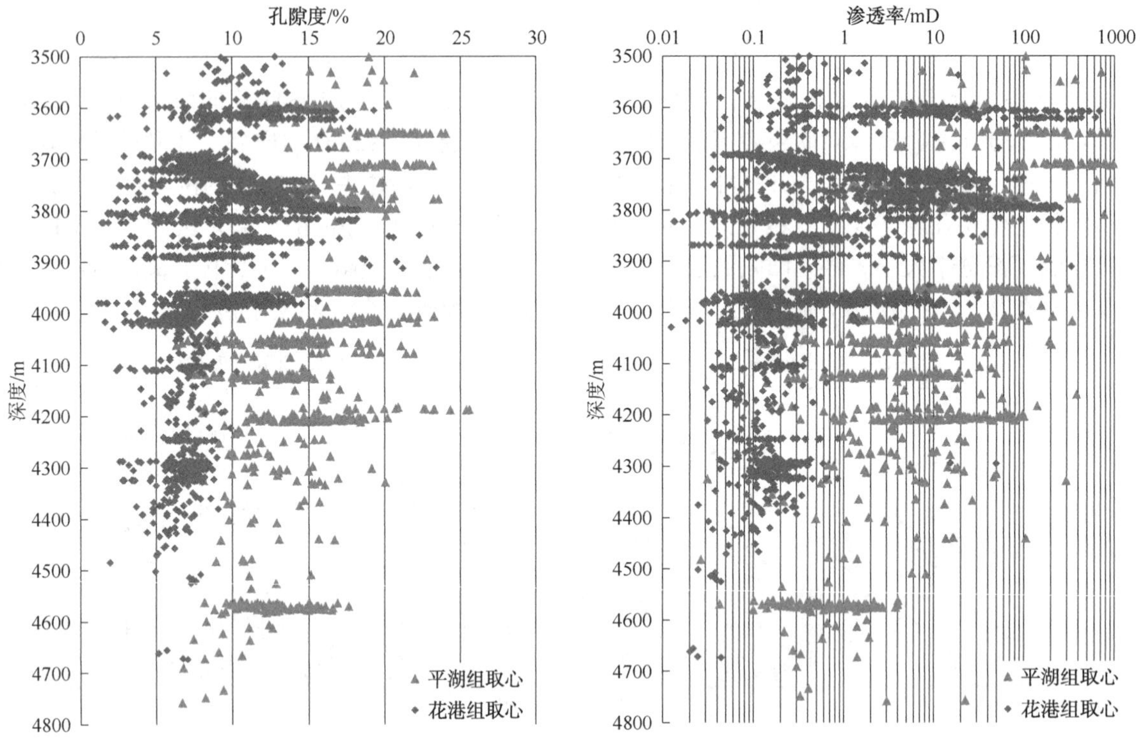

图 5　西湖凹陷储层物性随深度变化图

2.3　储层物性主控因素

沉积砂体经过复杂的汇水流域搬运至沉积区，经过漫长的埋藏成岩过程，物源条件、沉积微相、流体环境、古地温等多种因素影响成岩演化过程。西湖凹陷深层-超深层优质储层的发育受砂岩粒度及后期成岩次生溶蚀作用、高压保孔共同作用的结果。

2.3.1　砂岩粒度

西湖凹陷主要勘探层位平湖组、花港组埋深多在 3500m~4800m，深埋条件下压实减孔是储层物性变差主因，不同粒度储层抗压实能力有差异，从前人对粗粒砂岩、中粒砂岩和细粒砂岩进行常规三轴试验和三轴压缩全过程渗透试验，粒度越小砂岩内部颗粒排列越紧密，颗粒间接触面积更大，砂岩内部胶结程度更好，砂岩强度越大，同一埋深下粒度越细压实程度越高。从粒度与物性的相关性来看，粒度与物性有明显的正相关(图 6)，粒度对储层渗透率的影响更明显($R^2=0.33$)。随着埋深的加大，粒度对物性的控制越来越明显，深层-超深层对粗相带的刻画尤为重要。

2.3.2　有机酸溶蚀作用

在扫描电镜及铸体薄片下，西湖凹陷深层-超深层普遍发育次生孔隙，溶蚀作用是研究区最关键的建设性成岩作用，激光微区碳、氧同位素分析显示碳酸盐胶结物为与有机酸脱羧作用有关，中成岩 A 期早期(Ro=0.5%~0.7%)，平湖组煤、炭质泥岩和泥岩等烃源岩逐渐成熟，有机质脱羧形成大量有机酸，平湖组储层距离酸源近，强酸环境下溶蚀作用普遍发育；花港组酸性水主要来自平湖组烃源岩，断-砂耦合关系，砂体连续性、断层性质决定了有机酸溶蚀的差异，断层输导能力越强、离断层越近溶蚀作用越强。

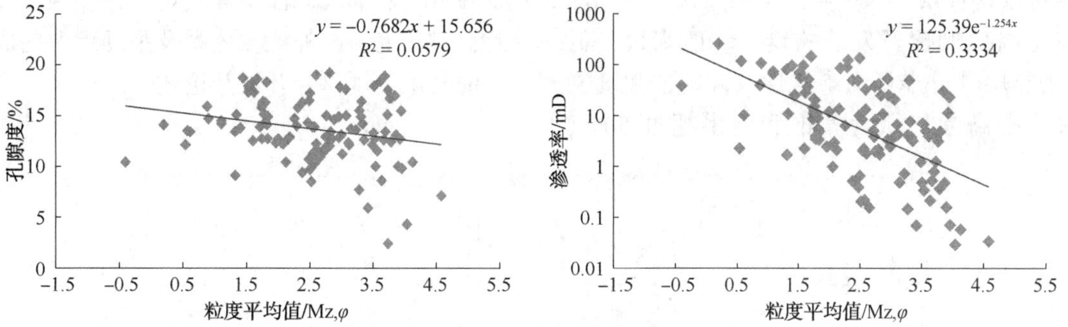

图6　西湖凹陷储层砂岩粒度与物性关系

2.3.3　生烃超压保孔

西湖凹陷平湖组深层-超深层普遍发育超压，压力系数1.2～1.7之间，研究认为生烃增压是平湖组形成异常高压的最主要因素。异常压力对储层的保护主要通过影响成岩作用来实现。高压形成后一方面超压流体会承担部分上覆地层压力，减缓机械压实作用从而保护原生孔隙；另一方面超压也会抑制储层中黏土矿物的转变，特别是延缓对储层孔喉起破坏作用的伊利石的形成。超压形成的时间越早、持续时间越长，越有利于优质储层的形成。超压不仅对原生孔隙的起到保护，为酸性流体提供良好的通道，并且降低后期胶结作用对已有孔隙的破坏，为深层仍发育优质储层提供了有利条件。勘探实践表明，平湖组砂岩储层的孔隙度、渗透率与压力系数具有明显的正相关关系，进入超压地层后，随深度增加孔隙度和渗透率减小趋势明显变缓(图7)。

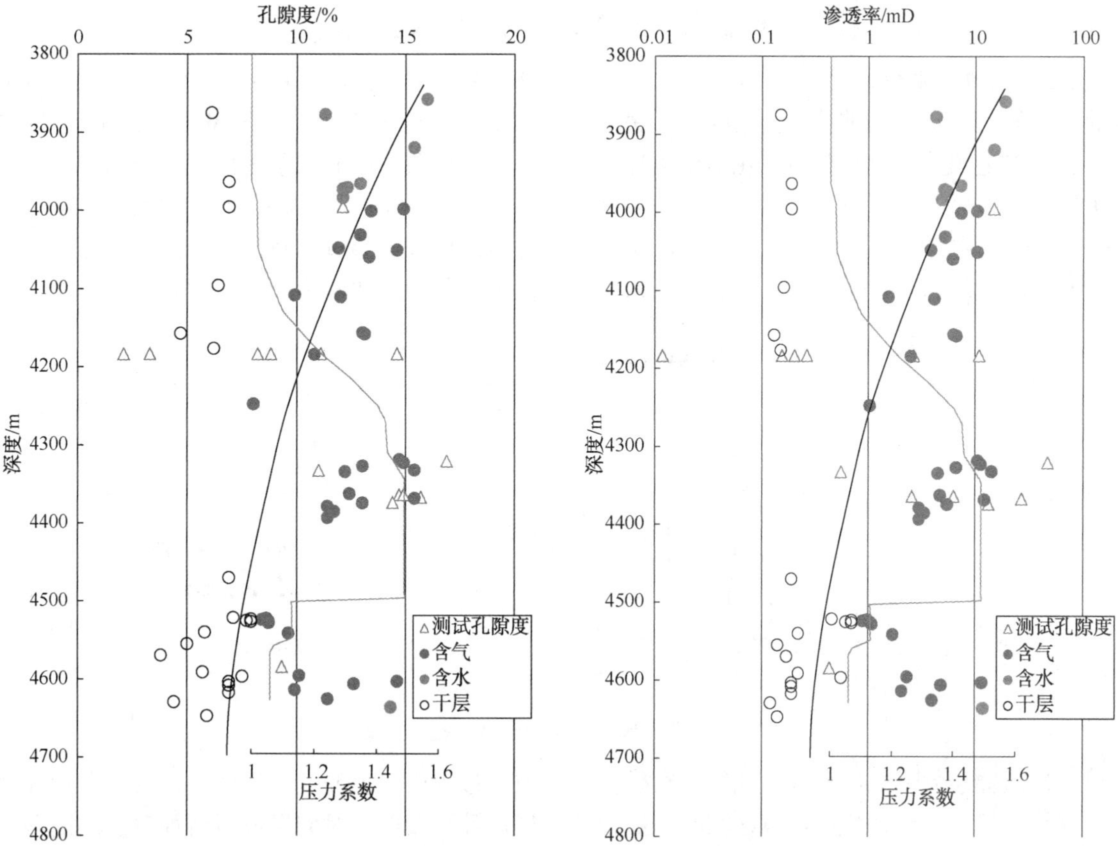

图7　西湖凹陷平湖组地层压力系数与物性关系

3　深层-超深层油气富集规律

西湖凹陷深层-超深以低渗-致密气藏为主，刻画相对致密背景下的优质储层及高含气饱和度的甜点是高效勘探开发的关键。一般来说，低渗-致密储层喉道半径与渗透性、含气饱和度密切相关，中高渗气藏含气饱和度多超过50%，而低渗-致密气藏原始含水饱和度一般在30%-50%，含气饱和度差异性较大(图8)，一方面受物性控制，另一方面受成藏过程控制，主成藏期物性特征及油气充注条件决定了含气性差异。因此，对花港组源外成藏体系及平湖组源内成藏体系油气富集规律分开展开论述。

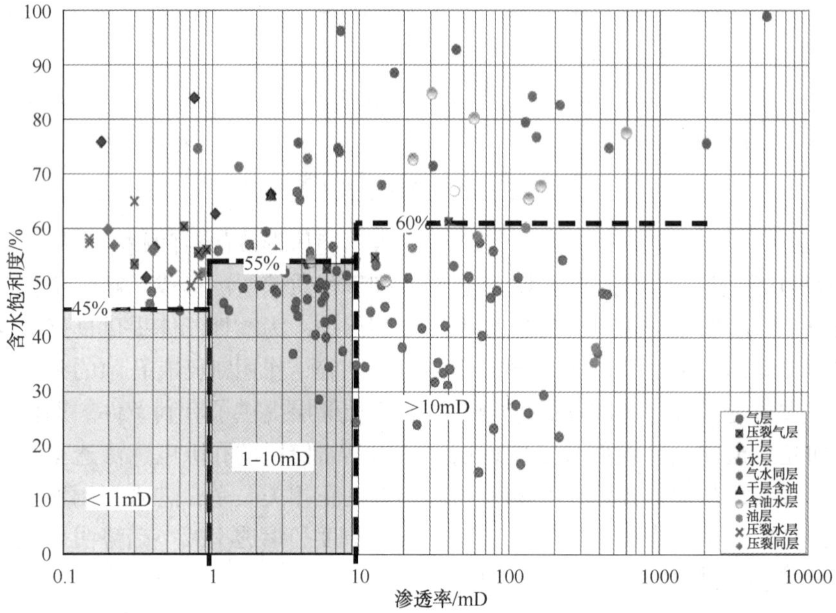

图8　西湖凹陷储层渗透率与含气饱和度关系

3.1　花港组气藏成藏模式

通过流体包裹体及埋藏史-热史恢复，明确中央反转带花港组成藏过程分析，花港组含烃盐水包裹体均一温度及盐度可以看出，其均一温度在130-160℃，盐度有两个区间，分别是10-12%、0-4%，具有两期充注特征(图9)，第Ⅰ期包裹体液烃显示绿色、黄绿色荧光(GOI为1%±)，充注时间为13-10Ma，大量酸性流体溶蚀改造储层；第Ⅱ期包裹体气烃显示深灰色，发育丰度高(GOI为5%±)充注时间为5Ma至今，此时储层埋深超过4000m，多数储层已致密，花港组储层为先致密后成藏气藏。

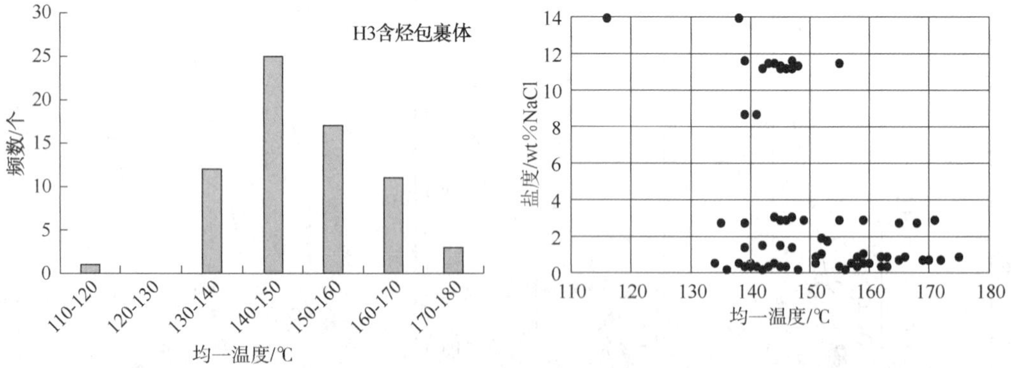

图9　花港组包裹体均一温度及盐度特征

对花港组储层致密成因、成藏期次、有效储层分布规律等展开系统研究。建立了“断-溶”控藏的甜点发育模式(图10)。该模式是指有机质成熟过程中伴生的酸性流体、油气沿着运移大断层运移至储层，对储层进行溶蚀改造，断砂耦合控制了强溶蚀区的发育及晚期高熟气的强充注，从而在邻近断层处形成高气饱甜点，形成有利勘探区域。该模式推动了中央反转带花港组深层构造-岩性气藏的勘探，该区有望建成凹中背斜带第三个千亿方大气田。

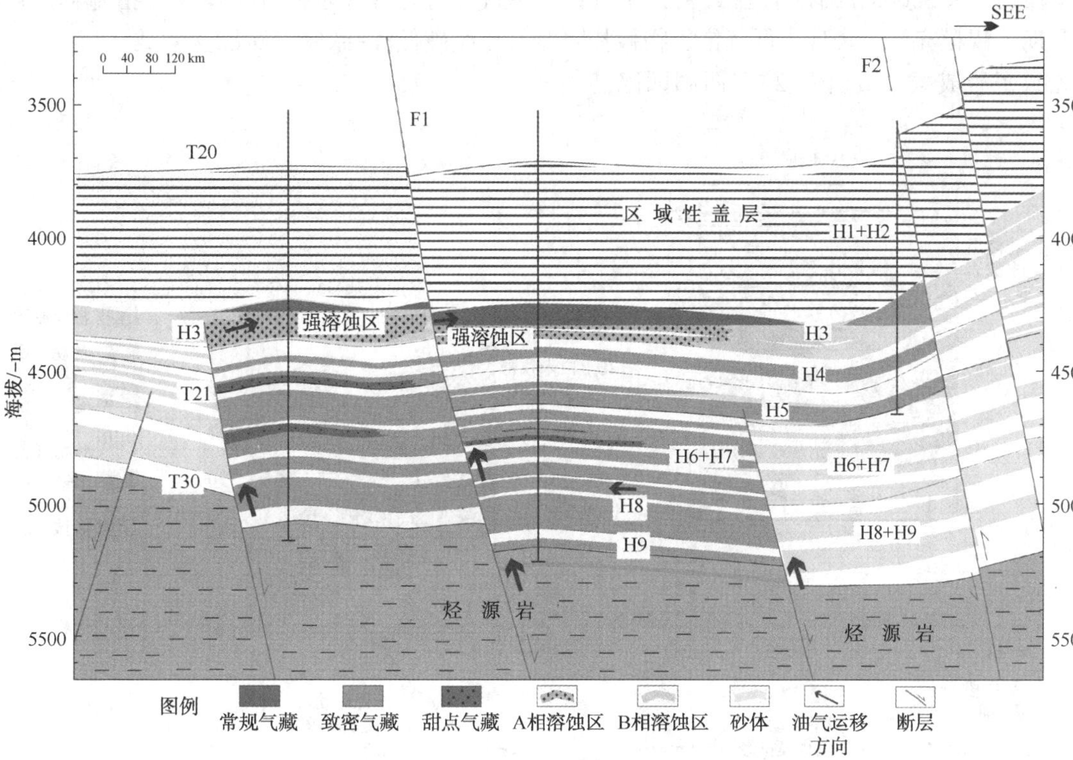

图10　西湖凹陷花港组“断-溶”控藏甜点发育模式

3.2　平湖组气藏成藏模式

西湖凹陷中央背斜带南部平湖组埋深适中、地温场低、保存条件好，是形成大型油气藏的潜在场所；平湖组花港运动期形成的高点是控制油气长期汇聚富集，储层微观扫描电镜特征表明，P3储层丝状、搭桥状伊利石几乎不发育，见少量绒球状伊利石、绿泥石，而H7发丝状、搭桥状伊利石常见，早期油气充注抑制了伊利石的生长(图11)，平湖组为先成藏后致密气藏。

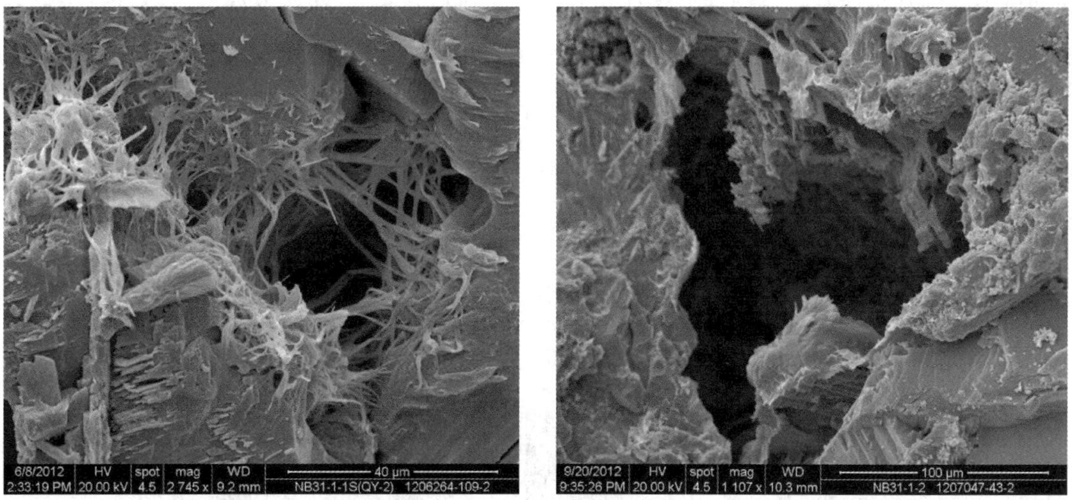

(a) ZC-2井H7，3989.38m，发丝状、搭桥状伊利石，2745×　　(b) ZC-2井P3，4706m，粒间溶蚀孔，少量伊利石，1107×

图11　中央背斜带南部平湖组、花港组自生粘土矿物特征对比

建立西湖凹陷中央背斜带南部成藏演化模式：花港运动(23Ma)平湖组中段烃源岩第Ⅰ期大规模排烃，近源充注平上段储层(3000m埋深)，后续接受压实，平湖组先成藏后致密。龙

井运动(13-10Ma)平湖组中段烃源岩第Ⅱ期大规模排烃，此时平上段表现为高气饱、高压、低渗；花下段(埋深 3500m)细砂岩已致密，不能接受第Ⅱ期大规模充注，表现为低气饱、物性控藏，为先致密后成藏气藏(图 12)。西湖凹陷南部平湖组资源规模超千亿方、圈闭以构造为主、近烃源成藏条件优越,"低熟、高气饱、高压"致密气藏可开展长水平井、压裂等措施释放产能，有望突破低渗-致密气藏勘探领域。

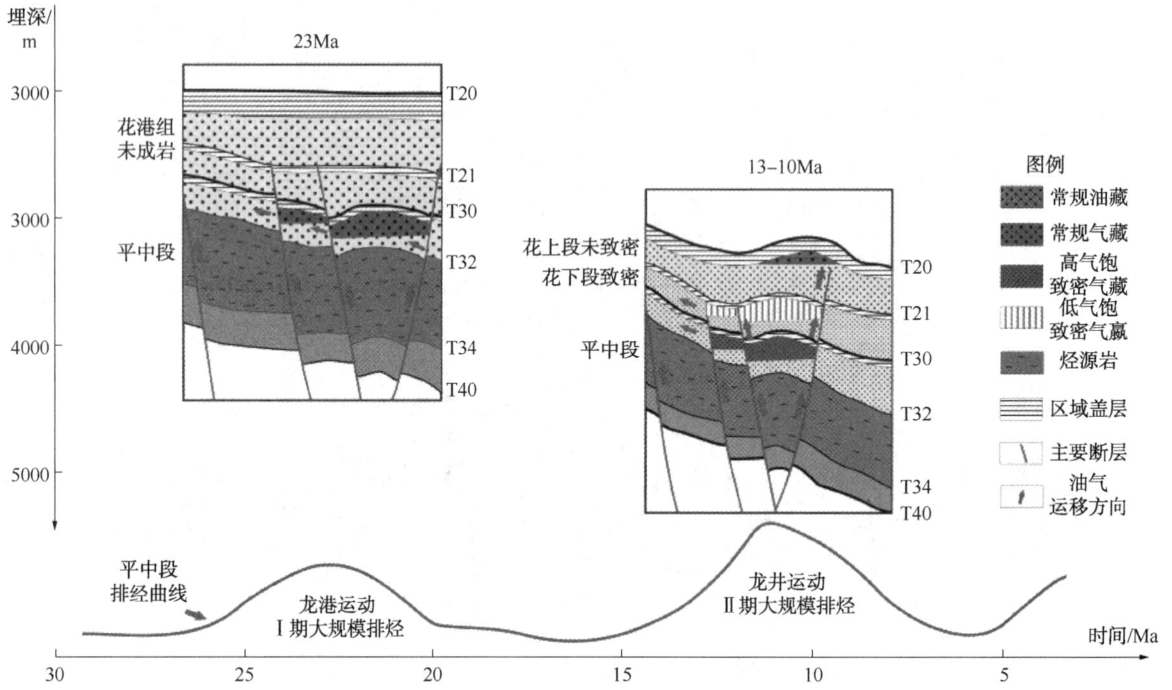

图 12 西湖凹陷中央背斜带南部成藏演化模式

4 深层-超深层勘探潜力

西湖凹陷为东海陆架盆地明确的富生烃凹陷，通过深度分级摸清西湖凹陷深层、超深层资源潜力。资源潜力的评价方法包括成因法、统计法和类比法等，本文采用成因法中盆地模拟法，结合西湖凹陷括烃源岩特征、不同类型烃源岩生烃物理模拟等，明确西湖凹陷深层、超深层资源潜力。

西湖凹陷总资源量为 35 亿吨油当量，其中石油 9.24 亿吨油当量，天然气 25.86 亿吨油当。中浅层石油 0.46 亿吨油当量，天然气 1.03 亿吨油当量；中深层石油 3.33 亿吨油当量，天然气 4.91 亿吨油当量；深层石油 2.86 亿吨油当量，天然气 8.53 亿吨油当量；超深层石油 2.59 亿吨油当量，天然气 11.38 亿吨油当量(图 13)。西湖凹陷深层、超深层油气资源占比 77%，深层、超深层勘探机遇与挑战并存，面临的关键问题需要持续的攻关。

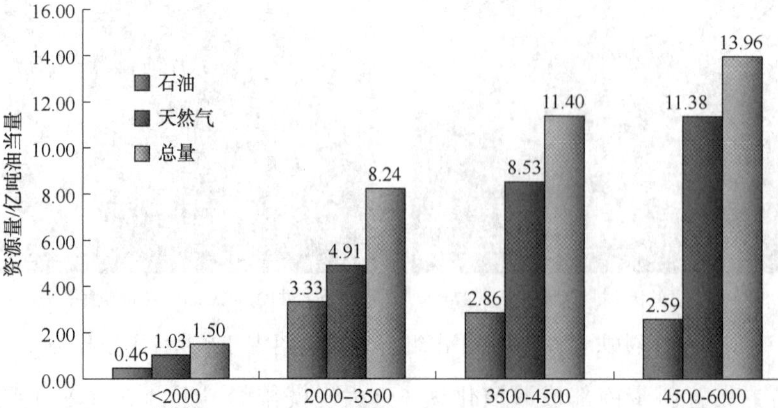

图 13 西湖凹陷不同深度油气资源分布特征

5 结论

（1）西湖凹陷深层-超深层以低渗-致密储层为主，地温场的差异控制不同构造带成岩演化程度，花港组4000m左右储层致密化，西斜坡平湖组4600m左右储层致密化，低地温梯度是深层-超深层发育有效储层的关键。

（2）西湖凹陷花港组深层-超深层为先致密后成藏气藏，具有明显的物性控藏特征，建立了“断-溶”控藏的甜点发育模式，断砂耦合控制了强溶蚀区的发育及晚期高熟气的充注，从而在邻近断层处形成局部高气饱甜点。

（3）西湖凹陷南部平湖组近烃源成藏条件优越，“低熟、高气饱、高压”先成藏后致密气藏可开展长水平井、压裂等措施释放产能，突破低渗-致密气藏勘探领域。

参 考 文 献

[1] 李剑，佘源琦，高阳等．中国陆上深层—超深层天然气勘探领域及潜力[J]．中国石油勘探，2019，24(04)：403-417.

[2] 操应长，远光辉，杨海军，等．含油气盆地深层—超深层碎屑岩油气勘探现状与优质储层成因研究进展[J]．石油学报，2022，43(1)：112-140.

[3] 郭旭升，胡东风，黄仁春．四川盆地深层—超深层天然气勘探进展与展望[J]．天然气工业，2020，40(5)：1-14.

[4] 朱筱敏，潘荣，朱世发，等．致密储层研究进展和热点问题分析[J]．地学前缘，2018，25(2)：141-146.

[5] 邹才能，朱如凯，吴松涛，等．常规与非常规油气聚集类型、特征、机理及展望——以中国致密油和致密气为例[J]．石油学报，2012，33(2)：173-178.

[6] 李进步，崔越华，黄有根，等．鄂尔多斯盆地低渗-致密气藏水平井全生命周期开发技术及展望[J]．石油与天然气地质，2023，44(2)：480-494.

[7] 戴金星，倪云燕，吴小奇，等．中国致密砂岩气及在勘探开发上的重要意义[J]．石油勘探与开发，2012，39(4)：257-264.

[8] 张武，侯国伟，肖晓光，等．西湖凹陷低渗储层成因及优质储层主控因素[J]．中国海上油气，2019，31(3)：40-49.

[9] 徐长贵，赖维成，张新涛，等．中国海油油气勘探新进展与未来勘探思考[J]．中国海上油气，2023，35(2)：1-12.

[10] 卓勤功．深层超压低孔渗、致密砂岩储层物性新认识[J]．天然气地球科学，2022，33(10)：1628-1636.

[11] 周心怀，蒋一鸣，唐贤君．西湖凹陷成盆背景、原型盆地演化及勘探启示[J]．中国海上油气，2019，31(3)：1-10.

[12] 刁慧，刘金水，侯读杰．中国近海断—坳转换期煤系烃源岩特征——以西湖凹陷平湖组烃源岩为例[J]．海洋地质与第四纪地质，2019，39(6)：102-114.

[13] 黄思静，黄可可，冯文立等．成岩过程中长石、高岭石、伊利石之间的物质交换与次生孔隙的形成：来自鄂尔多斯盆地上古生界和川西凹陷三叠系须家河组的研究[J]．地球化学，2009，38(5)：498-506.

[14] 邹航，刘建锋，边宇，不同粒度砂岩力学和渗透特性试验研究[J]．岩土工程学报，2015，37(8)，1462-1468.

[15] 张武，肖晓光，苗清，等．西湖凹陷中北部花港组优质储层主控因素及强溶蚀区预测[J]．成都理工大学学报(自然科学版)，2019，46(5)：597-608.

[16] 刘金水，张国栋，刘云．西湖凹陷A洼陷异常高压封存箱成因机制与控藏作用[J]．中国海上油气，2023，35(3)：25-33.

[17] 陈建平，王绪龙，陈践发，等．2021. 甲烷碳同位素判识天然气及其源岩成熟度新公式．中国科学：地球科学，51(4)：560-581.

[18] 刘金水，张书平．东海盆地西湖凹陷中北部天然气运移特征与成藏模式[J]．天然气地球科学，2021，32(8)：1163-1176.

[19] 刘金水，李树霞，秦兰芝，易琦，陈晓东，康世龙，沈文超，邵龙义．东海盆地西湖凹陷古近系煤的生烃动力学[J]．石油学报，2020，41(10)：1174-1187，1218.

吐哈盆地 J7 井区三工河组二段致密砂岩储层成岩作用及孔隙演化

于海跃[1] 王 波[2] 肖冬生[1] 王少依[2]

(1. 中国石油吐哈油田公司勘探开发研究院；2. 中国石油杭州地质研究院)

摘 要 综合利用岩石薄片、物性分析、粒度分析、X 射线衍射和扫描电镜等资料，对吐哈盆地丘东洼陷 J7 井区三工河组二段致密砂岩储层成岩作用和孔隙演化进行了分析。研究结果表明：J7 井区三工河组二段岩性主要为岩屑砂岩和岩屑长石砂岩，结构成熟度与成分成熟度差，孔隙度多小于 6.0%，渗透率多小于 $1.0\times10^{-3}\mu m^2$，为典型的特低孔-特低渗储层；三工河组二段砂岩主要经历了压实、溶蚀、胶结和破裂等成岩作用改造，成岩演化序列为压实-腐殖酸溶蚀-自生黏土矿物胶结-方解石、铁白云石胶结-有机酸溶蚀-高岭石胶结-石英加大-铁方解石胶结-铁白云石胶结-高岭石伊利石化；通过对研究区致密砂岩储层孔隙演化的分析，砂岩原始孔隙度为 37.40%，早成岩阶段受到多种成岩作用的共同影响，孔隙度减小 17.0%-20.3%，中成岩阶段 A 期在压实作用、溶蚀作用和胶结作用下，砂岩孔隙度降至 5.90%-8.10%；中成岩阶段 B 期受到高岭石伊利石化的影响，含砾粗砂岩和粗砂岩现今孔隙度降至 5.80%，中-细砂岩现今孔隙度降至 3.70%。

关键词 成岩作用；孔隙演化；致密砂岩；丘东洼陷；吐哈盆地；三工河组

吐哈盆地下侏罗统三工河组二段是现今重点勘探开发的含油气层系，中国石油吐哈油田分公司围绕胜北、丘东、小草湖富油生烃洼陷，已发现鄯善、红台、红连、葡神和雁木西等 5 个油气富集带。2021 年以来，中国石油吐哈油田分公司通过“三个重新认识、实施二次勘探”，加强下凹勘探的力度，在凹陷区部署一批风险探井及预探井，其中 J7H 水平井压裂后 7mm 油嘴放喷获得日产气 $51283m^3$、日产油 $40.37m^3$ 高产工业油气流，油藏类型为源内致密砂岩凝析气藏，开辟了吐哈盆地下凹勘探新领域；但是，勘探实践也证实，随后围绕 J7H 井部署的多口评价井测试效果并不理想，其主要原因是没有钻遇优质储层，因此开展本区储层微观研究等关键基础地质问题的深入研究具有重要的实践意义。

致密砂岩储层相对于常规储层具有低孔低渗的特点，同时成岩作用更加强烈，因此成岩作用成为了致密砂岩优质储层发育的主要控制因素。近年来，多名学者对吐哈盆地致密砂岩储层特征及成岩作用进行了研究，取得了以下认识：(1)压实作用是储层致密化的主要原因。由于吐哈盆地中下侏罗统岩石成分成熟度和结构成熟度普遍较低，在压实作用下，原生孔隙基本消失殆尽。(2)胶结作用对储层物性主要起负面影响。研究区胶结作用类型多样，主要以黏土矿物胶结、碳酸盐胶结和硅质胶结为主，胶结物充填原生粒间孔，降低储层物性。(3)溶蚀作用在一定程度上对储层物性具有积极影响。岩屑颗粒和长石颗粒溶蚀所形成的粒间及粒内溶孔极大的改善了储集层的储集和渗流能力。然而这些研究工作主要集中深度小于 4500m 的中浅层储集层，而针对以 J7 井区为代表深度大于 4500m 的深层致密砂岩储集层成岩作用研究则相对较少，制约了下一步勘探工作的进行。因此，本次研究以吐哈盆地丘东洼陷 J7 井区三工河组二段致密砂岩储集层为研究对象，综合岩心、薄片、扫描电镜、物性分析等多种资料，开展岩石学特征、孔隙特征、物性特征、成岩作用等方面的研究，揭示了致密砂岩储集层致密化过程与孔隙演化特征，为寻找有利勘探方向提供借鉴。

1 区域地质背景

丘东洼陷位于吐哈盆地中北部，燕山运动中-晚期构造活动增强，侏罗系沉积末期丘东洼陷北部山前带发育多条明显的低幅隆起和逆冲断层。白垩纪末期的晚燕山运动在盆地原有构造变形的基础上，断裂和褶皱进一步发育，在丘东洼陷区南部形成了低幅度隆起。喜山运动为构造运动最剧烈的时期，直接决定了盆地现今构造格局。受南北双向多期拉张、挤压作用，丘东洼陷分为南部斜坡、中部洼陷、北部斜坡三个区带，其中，洼陷区西部受鄯东鼻隆影响，发育一系列东西、北东向走滑断层，东部构造相对稳定，总体为平缓的洼陷和斜坡，是吐哈盆地最主要的含油气构造单元(图1a)。研究区J7井区位于丘东洼陷区，有利勘探面积可达330km²，其侏罗系水西沟群共发育4套储盖组合，勘探潜力巨大。

J7井区侏罗系水西沟群在洼陷中广泛分布，沉积厚度大，自上而下依次发育八道湾组、三工河组、西山窑组，均见有油气显示。受到沉积期古构造总体南缓北陡的影响，研究区水西沟群以南物源为主，主要发育辫状河三角洲-湖泊沉积体系，洼陷区主体为辫状河三角洲前缘砂体，随着湖盆频繁水进水退，三角洲前缘水下分流河道来回迁移摆动，具有满洼富砂特征。其中三工河组二段作为研究区主要的含油气层位，自下而上可以划分为五个砂层组(图1b)。J_1s^{21}–J_1s^{24}主要发育辫状三角洲水下分流河道砂体，可以作为储层，J_1s^{25}“毡子层”主体为一套湖泛泥岩，即为优质烃源岩又为区域盖层，具备形成凹陷负向构造稳定区大面积源内致密砂岩气藏的有利条件。

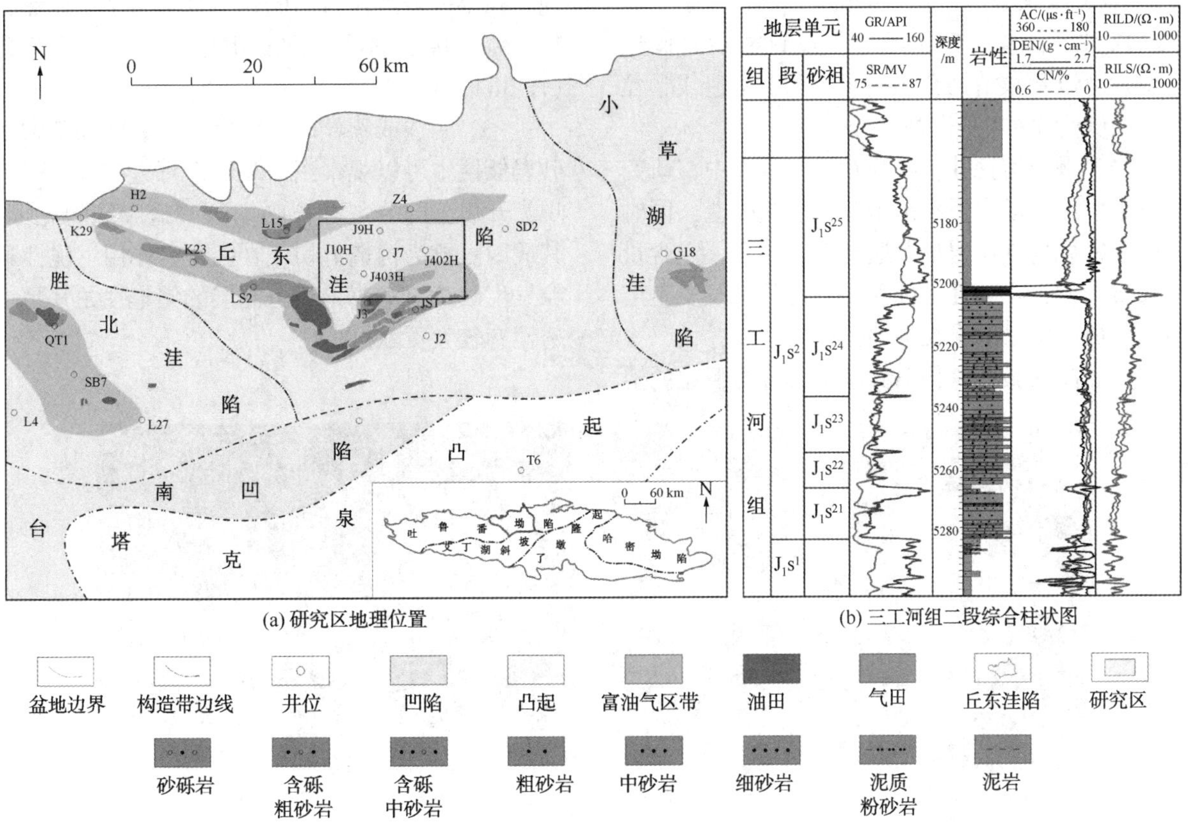

(a) 研究区地理位置　　(b) 三工河组二段综合柱状图

图1　研究区地理位置及三工河组二段地层综合柱状图

2　储层特征

2.1　岩石学特征

J7井区侏罗系三工河组二段岩性主要为岩屑砂岩(占比80.45%)和岩屑长石砂岩(占比19.55%)，石英含量一般为5.1%–45.3%，平均值为32.2%，含少量燧石颗粒；长石一般为1.0%–23.1%，平均值为10.2%，钾长石含量略高于斜长石；岩屑含量一般为42.3%–93.9%，平均值为57.6%(图2a)。粒度相对较粗，以含砾粗砂岩和粗砂岩为主，分选较差，磨圆以次棱角为主，颗粒支撑，颗粒之间主要为线-凹凸接触，整体表现为成分成熟度和结构成熟度双底的特征(图2b)。杂基主要是泥杂基，平均含量2.3%；胶结物主要为铁方解石，平均含量2.4%，其次是菱铁矿、黄铁矿、自生石英，还有少量硬石膏和方沸石。

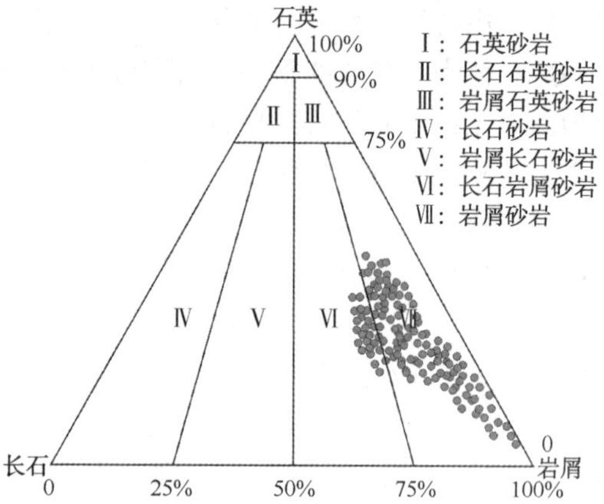

(a) 侏罗系三工河组二段岩石类型三角图
(砂岩分类方案据Folk，1968)

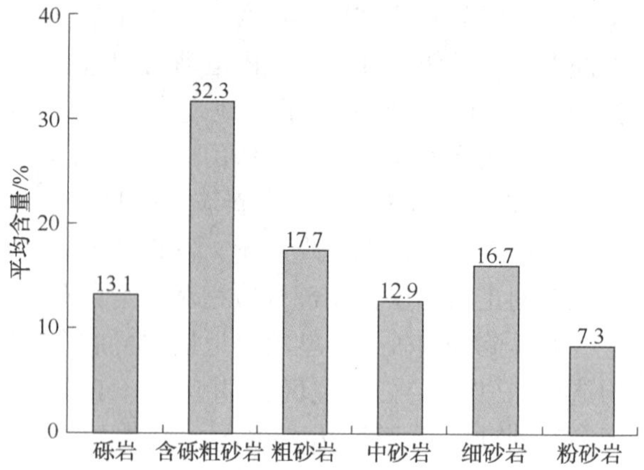

(b) 侏罗系三工河组二段储层岩性粒度分布直方图

图 2　三工河组二段岩石三角图和岩性粒度分布直方图

2.2 储集空间特征

J7 井区侏罗系三工河组二段致密砂岩储层主要发育以颗粒溶蚀孔、晶间微孔、构造或颗粒碎裂微缝为主的“三微”孔隙。

(1) 颗粒溶蚀孔：在埋藏成岩过程中，研究区三工河组二段先后经历了两期溶蚀改造，同时该区致密砂岩储层岩屑普遍发育，还有一定含量的长石颗粒，在酸性条件下，岩屑及长石发生溶蚀，形成一定量的颗粒溶蚀孔(图 3a)。

(2) 晶间微孔：伴随储层中长石等颗粒的溶蚀，在早成岩阶段析出的自生高岭石常呈斑点状集合体充填于储层粒间孔隙中，发育晶间微孔(图 3b)。

(3) 构造或颗粒碎裂微缝：研究区局部致密砂岩储层中可以观察到微裂缝发育，在镜下多表现为开启，部分裂缝被晚期碳酸盐胶结物充填。其成因主要为构造剪切或在强压实作用下脆性颗粒发生破碎，对改善致密储层的储集性尤其是渗透性有较大贡献(图 3c)。

(a) 颗粒溶蚀孔，J10H井，5389.03m，正交光

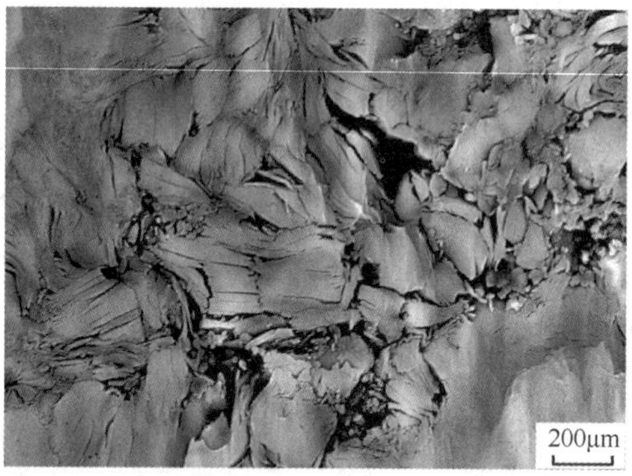

(b) 晶间微孔，J701H井，5232.35m，扫描电镜

(c) 颗粒破碎微缝，J702H井，5336.95m，正交光

图 3　三工河组二段储层储集空间类型

2.3 物性特征

研究区侏罗系三工河组二段储层孔隙度1.6%-6.3%，平均值3.79%，其中孔隙度大于5.0%的储层仅占比22.7%；渗透率0.002×10^{-3}-$8.17\times10^{-3}\mu m^2$，平均值$0.19\times10^{-3}\mu m^2$，其中渗透率小于$0.1\times10^{-3}\ \mu m^2$的储层占比高达66.7%，孔渗相关性较差(图4a)，为典型的特低孔-特低渗储层。通过分析，含砾粗砂岩和粗砂岩储层物性较好，可形成有利储层；中-细砂岩次之；砾岩和粉砂岩一般无法形成有效储层(图4b)。

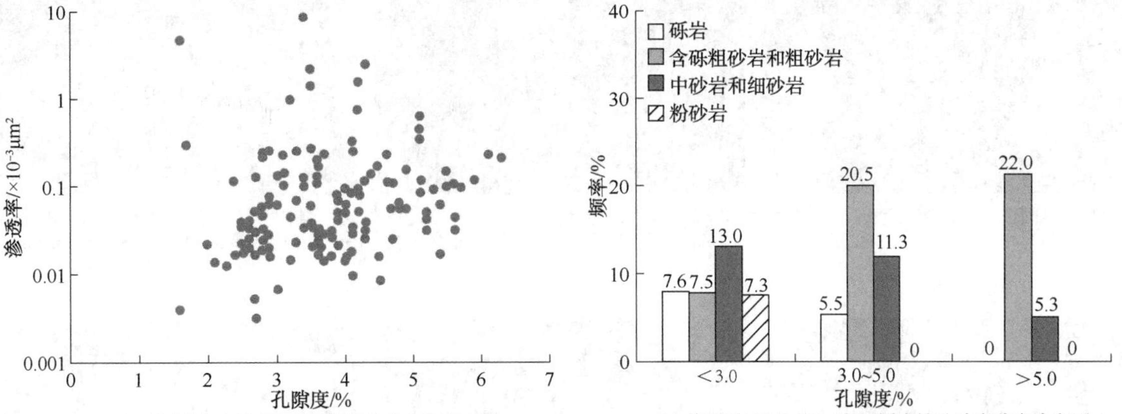

(a) 侏罗系三工河组二段致密砂岩孔渗交会图　(b) 侏罗系三工河组二段不同岩性孔隙度分布直方图

图4　三工河组二段储层孔渗关系图和孔隙度分布直方图

3 成岩作用类型及特征

吐哈盆地丘东洼陷J7井区侏罗系三工河组二段致密砂岩储层经历了复杂的成岩改造过程，成岩作用种类多样，包括压实作用、胶结作用、溶蚀作用和破裂作用等。胶结作用主要包括硅质胶结、碳酸盐胶结和黏土矿物胶结。

3.1 压实作用

压实作用是指沉积物在上覆水体和沉积物负荷压力作用下发生总体积缩小和孔隙度降低的一种成岩作用方式[19]。J7井区侏罗系三工河组二段埋深为5200~5500m，地质历史时期最大埋深可达6000m，储层埋深较大，压实程度强烈，镜下可以观察到碎屑颗粒之间主要为线-凹凸接触，石英、长石及岩屑等刚性颗粒发生碎裂，云母及凝灰质岩屑塑性变形(图5a，5b)，总体表现为大颗粒、小孔隙和细吼道的孔隙结构特征。

研究区较强的的压实作用使得原生粒间孔基本消失殆尽，颗粒接触更加紧密，储层物性大幅度下降，因此压实作用是研究区最重要的一种破坏性成岩作用。

3.2 胶结作用

J7井区侏罗系三工河组二段主要以硅质胶结、碳酸盐胶结和自生黏土矿物胶结为主，不同类型的胶结物充填了原生粒间孔，对储层物性主要起负面影响。

黏土矿物是研究区重要的胶结物，含量相对较高，类型以伊利石、伊蒙混层和高岭石为主，其次为绿泥石。伊利石主要来源于高岭石和伊蒙混层的转化，以片状、丝状等形态附着于碎屑颗粒表面或充填于粒间孔隙中(图5c，5d)，随埋深增加伊利石含量明显增大；伊蒙混层形成于早成岩阶段，呈絮状填充孔隙；高岭石主要由长石、云母等矿物蚀变转化形成，扫描电镜下可观察到高岭石以片状集合体的形态填充于粒间孔隙(图5e)。不同类型的黏土矿物均封堵孔隙，对储层物性主要起破坏作用，但高岭石伊利石化所形成的的晶间微孔也是研究区目的层主要的孔隙类型之一。

碳酸盐胶结物主要以方解石、铁方解石和铁白云石为主。根据镜下观察，丘东洼陷J7井区侏罗系三工河组二段致密砂岩储层碳酸盐胶结物可分为3期：早期的方解石和铁白云石胶结、中期的铁方解石胶结以及晚期的铁白云石胶结。早期碳酸盐胶结主要为泥晶方解石，以连晶状形式充填粒间孔隙中；中晚期深埋阶段为铁方解石和铁白云石以嵌晶式充填于原生及次生孔隙间，造成孔隙变小或消失，吼道变窄或堵塞，对储层物性具有明显的破坏性作用(图5f，5g)。

硅质胶结物主要有两种存在形式，第一种是

围绕石英碎屑颗粒生长的次生加大边，石英次生加大以单晶石英为核生长，次生加大边在镜下表现为黏土质或铁制薄膜(图5b)；第二种是填充孔隙的自生石英晶体，在扫描电镜下可以观察到石英颗粒次生加大趋于自形(图5h)，填充于剩余粒间孔和溶蚀孔中，对储层物性主要起破坏作用。

(a) 颗粒之间挤压呈缝合线接触，云母塑性变形，J7-2-3H井，5314.10m，正交光

(b) 凝灰质岩屑塑性变形，石英颗粒次生加大，J702H井，5343.08m，正交光

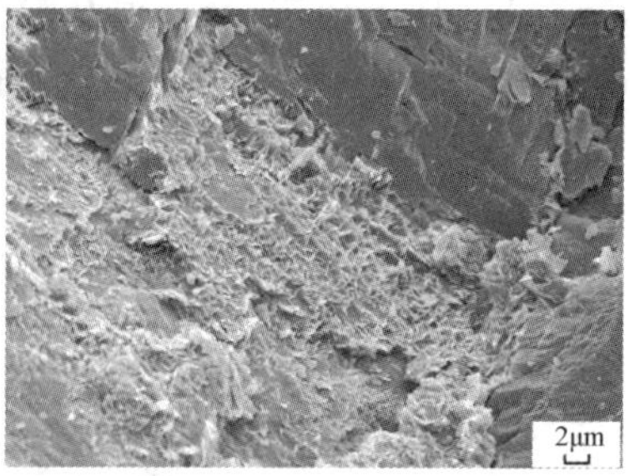

(c) 片丝状伊利石集合体附着于碎屑颗粒表面、充填于碎屑颗粒之间，J7井，5335.70m，扫描电镜

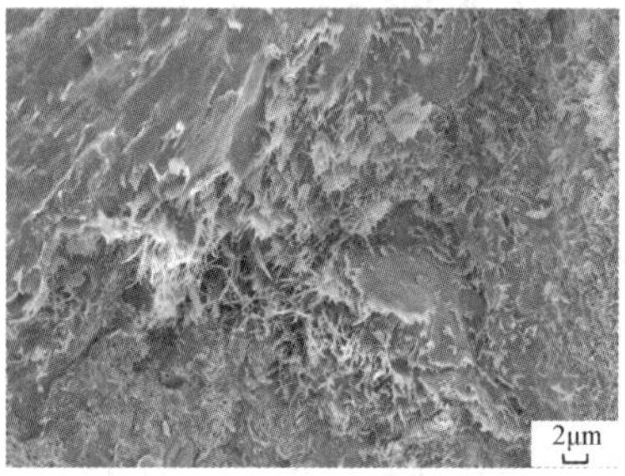

(d) 片丝状、毛发状伊利石集合体附着于碎屑颗粒表面、充填于粒间孔隙中，J701H井，5241.35m，扫描电镜；

(e) 高岭石集合体及片丝状伊利石充填于粒间孔隙中，可见晶间微孔隙，J10H井，4677.80m，扫描电镜

(f) 方解石连晶致密式胶结，J9H井，5450.55m，单偏光

(g) 方解石及铁方解石嵌晶式充填粒间孔隙，J702H井，5344.17m，单偏光

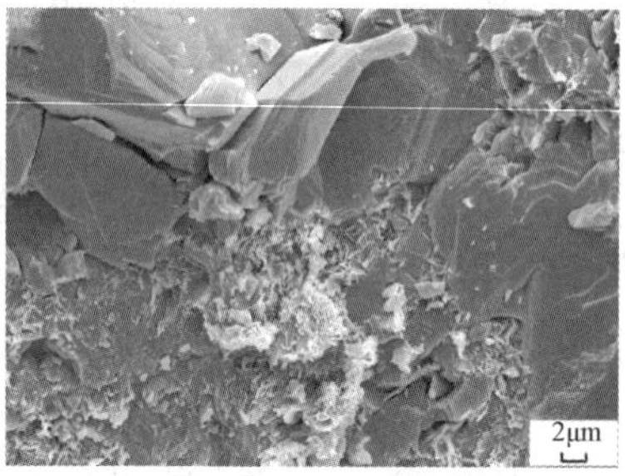

(h) 石英颗粒次生加大趋于自形，J10H井，4677.80m，扫描电镜

(i) 颗粒和填隙物溶蚀形成粒间及粒内溶孔，J10H井，5385.60m，单偏光

(j) 岩屑溶蚀发育不规则粒内溶孔，J702H井，5328.22m，单偏光

(k) 溶蚀孔及破裂缝，J7井，5331.10m，单偏光

(l) 破裂缝，J702H井，5333.26m，单偏光

图5　研究区致密砂岩成岩作用特征

3.3　溶蚀作用

J7井区侏罗系三工河组二段的溶蚀作用可分为2期，分别是早期的腐殖酸溶蚀和中期的有机酸溶蚀。煤系地层中腐殖型有机质在沉积不久

后因为氧化反应产生了酸性流体，其运移到砂岩储层中促使岩屑及长石溶解。而在后期，泥岩中富含的有机质开始向烃类转化，大量干酪根分解形成有机酸，致使砂岩储层中岩屑及长石再次溶解。在镜下可以观察到长石或岩屑颗粒被溶蚀，而其周缘及胶结的方解石则基本不溶蚀，这主要是煤系地层本身有机质成熟及生烃过程中释放出大量的CO_2排出到砂岩储层中，从而使砂岩孔隙介质中CO_2始终较丰富，在有Ca^{2+}或Mg^{2+}等的情况下往往引起碳酸盐的沉淀(图5i，5j)。在强压实的情况下，储层中的原生粒间孔基本消失殆尽，因此溶蚀作用所形成的粒间及粒内溶孔则成为丘东洼陷J7井区侏罗系三工河组二段最重要的储集空间。早期腐殖酸可直接通过粒间孔隙进入砂岩储集层，对颗粒进行溶蚀；而中期有机酸由于在形成时三工河组二段砂岩储层已经快速深埋，粒间孔隙大量减少，因此其运移与裂缝的发育密切相关。对于研究区来说，次生孔隙增大了储集空间，增强了孔隙连通性，进而提高储集层物性，为油气聚集成藏提供了有利条件。

3.4 破裂作用

破裂作用是指刚性颗粒在超过其破裂压力或在外界应力作用下发生破裂。其所形成的的微裂缝在没有被填充胶结的情况下是良好的储集空间，同时这些微裂缝可以将孤立的孔隙相互连接起来，大大提高了致密砂岩储集层的渗流能力。在镜下可以观察到缝宽为0.01-0.03mm的裂缝穿插切割颗粒，为酸性流体提供运移通道，使部分裂缝两侧发生溶蚀，改善了储层物性。因此，破裂作用是研究区侏罗系三工河组二段比较重要的建设性成岩作用(图5k，5l)。

4 成岩序列

综合吐哈盆地丘东洼陷J7井区侏罗系三工河组二段成岩矿物特征和地层温度分析，认为研究区该组现今成岩演化阶段为中成岩阶段B期(图6)。

早成岩阶段A期，三工河组沉积后，随着埋藏深度快速增大，压实作用逐渐增强，同时受到腐殖酸的影响，砂岩中岩屑和长石等颗粒发生溶蚀作用，产生的早期自生高岭石、方解石、铁白云石和石英等溶蚀产物沉淀析出，胶结填充剩余粒间孔和溶蚀孔；早成岩阶段B期，地层继续深埋，压实作用持续增强，腐殖酸溶蚀作用减弱；中成岩阶段A期，埋藏压实作用减弱，但受到构造运动的影响，构造压实作用增强，同时有机质成熟生烃并产生有机酸，储层中的岩屑和长石等颗粒再次经历溶蚀作用，产生第二期高岭石、石英、铁方解石和铁白云石；中成岩阶段B期，硅质胶结作用和自生黏土矿物胶结作用减弱，并且由于岩屑和长石的溶蚀，酸性溶液逐渐变为弱碱性，高岭石开始伊利石化，形成伊利石堵塞孔隙。

5 孔隙演化特征

BEARD等[23]提出了一套孔隙演化过程定量计算的方案。本次研究基于研究区现状，对该方案进行了完善及总结，同时应用该方法针对研究区三工河组二段不同粒度砂岩储层在埋藏过程中因不同成岩作用导致的孔隙变化过程进行了定量计算，并结合成岩序列，绘制孔隙演化曲线，总结孔隙演化特征(图6)。

早成岩阶段：地层快速深埋，埋藏压实作用明显，同时腐殖酸溶蚀作用强烈，所形成的溶蚀产物石英、高岭石、方解石和铁白云石等胶结填充孔隙，孔隙类型主要为剩余粒间孔及溶蚀孔，在多种成岩作用的共同影响下，孔隙度快速下降。由于含砾粗砂岩和粗砂岩相对于中-细砂岩刚性颗粒含量高、泥质杂基含量少，所以抗压实能力强，同时更容易发生溶蚀。因此，含砾粗砂岩和粗砂岩孔隙度从原始的37.40%降至20.40%，中-细砂岩孔隙度从原始的37.40%降至17.10%。

中成岩阶段A期：前期地层依然持续深埋，压实作用显著，储层减孔量在7.0%左右。此时地层埋深增大至4000~5000m，有机质成熟生烃并产生大量有机酸，储层中的岩屑和长石等颗粒再次经历溶蚀作用，含砾粗砂岩和粗砂岩溶蚀增孔量约为2.20%，中-细砂岩溶蚀增孔量约为0.80%。同时产生高岭石、石英、铁方解石和铁白云石等胶结物充填孔隙。中后期构造压实作用开始增强，储层孔隙度持续下降。在多种成岩作用的共同影响下，含砾粗砂岩和粗砂岩孔隙度降至8.10%，中-细砂岩孔隙度降至5.90%。

中成岩阶段B期：此时地层埋深已经大于5000m，硅质胶结作用和自生黏土矿物胶结作用减弱，高岭石开始伊利石化，形成伊利石堵塞孔隙，致使储层孔隙度继续降低。含砾粗砂岩和粗砂岩现今孔隙度降至 5.80%，中-细砂岩现今孔隙度降至 3.70%。

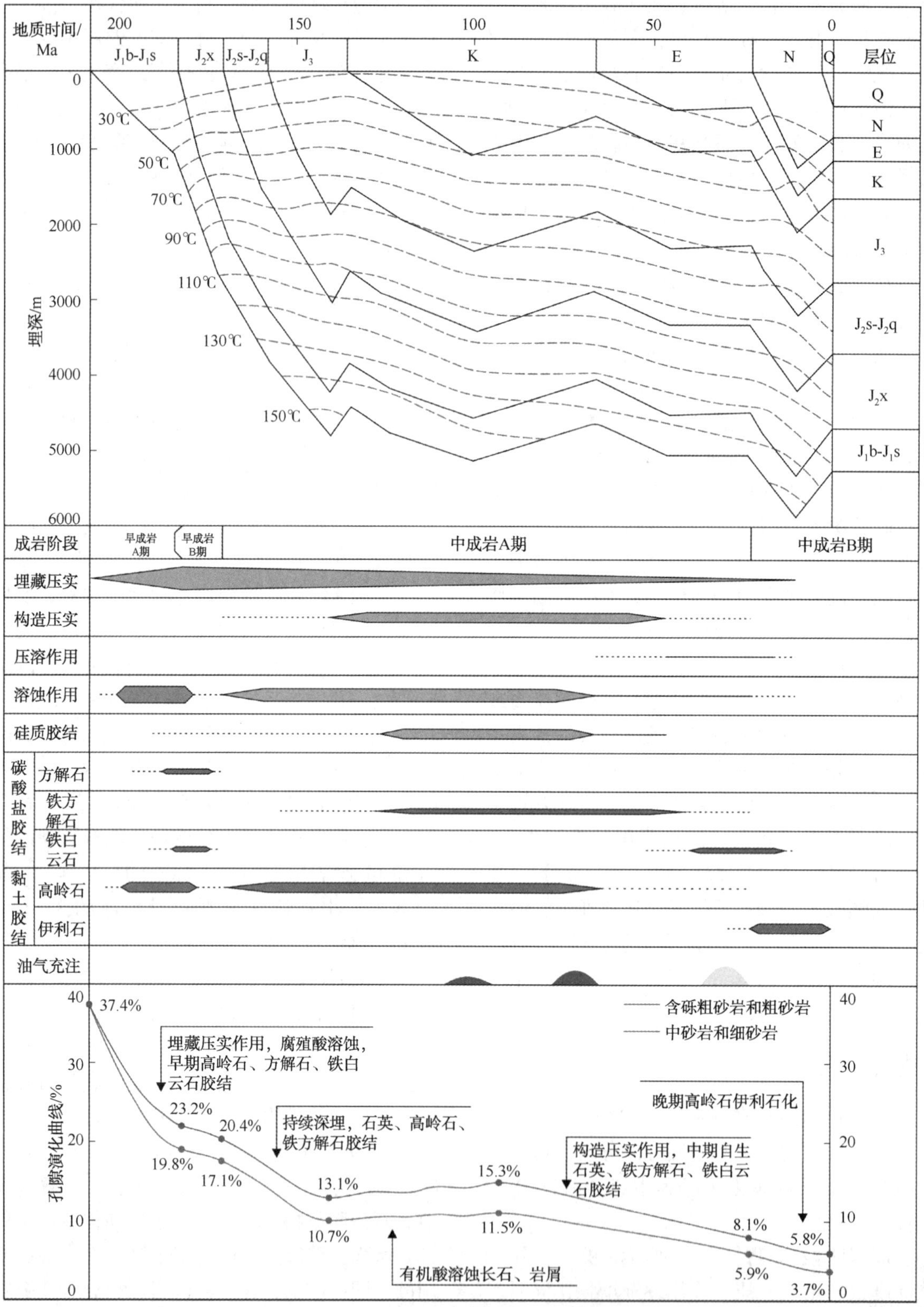

图 6　J7 井区三工河二段砂岩储层成岩序列及孔隙演化特征

研究区三工河组凝析气藏经历了 3 期油气充注(图 6)。第 1 期为早白垩世末期低熟油气充注，此时丘东地区受燕山运动Ⅱ幕的影响，油气主要聚集在构造高部位，而位于洼陷区的 J7 井区油气充注量有限；第 2 期为白垩纪末期油气充注，此时烃源岩已进入大量生油气阶段，同时有机酸致使岩屑和长石等颗粒发生溶蚀，J7 井区的微构造隆起区得到了油气的大量充注，但充注范围有限；第 3 期为古近纪凝析气充注，此时烃源岩进一步演化达到高成熟阶段并大量生气，同时构造较为平缓，储层已经致密，形成了该区大面积的致密砂岩凝析气藏。因此研究区三工河组二段储层致密化发生在致密气成藏之前，为先致密后成藏型气藏。

6　结论

（1）吐哈盆地丘东洼陷 J7 井区侏罗系三工河组二段岩性主要为岩屑砂岩和岩屑长石砂岩，结构成熟度与成分成熟度差；储集空间主要为颗粒溶蚀孔、晶间微孔、构造或颗粒碎裂微缝；孔隙度 1.6%-6.3%，渗透率 $0.002\times10^{-3}-8.17\times10^{-3}\mu m^2$，为典型的特低孔-特低渗储层。

（2）J7 井区三工河组二段储层成岩作用强烈，整体处于中成岩阶段 B 期；成岩演化序列为压实-腐殖酸溶蚀-自生黏土矿物胶结-方解石、铁白云石胶结-有机酸溶蚀-高岭石胶结-石英加大-铁方解石胶结-铁白云石胶结-高岭石伊利石化；压实作用是导致储层致密化的关键因素，溶蚀作用所形成的次生孔隙该区最重要的储集空间。

（3）吐哈盆地丘东洼陷 J7 井区侏罗系三工河组二段致密砂岩储层孔隙演化过程为：早成岩阶段，孔隙度受到多种成岩作用的共同影响，含砾粗砂岩和粗砂岩孔隙度从原始的 37.40%降至 20.40%，中-细砂岩孔隙度从原始的 37.40%降至 17.10%；中成岩阶段 A 期，在压实作用、溶蚀作用和胶结作用下，含砾粗砂岩和粗砂岩孔隙度降至 8.10%，中-细砂岩孔隙度降至 5.90%；中成岩阶段 B 期，受到高岭石伊利石化的影响，含砾粗砂岩和粗砂岩现今孔隙度降至 5.80%，中-细砂岩现今孔隙度降至 3.70%。

（4）研究区三工河组凝析气藏经历了 3 期油气充注，第 1 期为早白垩世末期低熟油气充注，第 2 期为白垩纪末期油气充注，第 3 期为古近纪凝析气充注，三工河组二段储层致密化发生在致密气成藏之前，为先致密后成藏型气藏。

参 考 文 献

[1] 翟光明，胡见义，赵文智，等．科学探索井历程、成效及意义——纪念科学探索井项目实践 30 周年[J]．石油勘探与开发，2016，43(2)：153-165.

[2] 梁世君．吐哈探区油气勘探成果及潜力[J]．新疆石油地质，2020，41(6)：631-641.

[3] 何海清，梁世君，郭绪杰，等．吐哈盆地洼陷区中下侏罗统岩性油气藏风险勘探新发现及勘探前景[J]．天然气地球科学，2022，33(7)：1025-1035.

[4] 梁世君，钱峰，肖冬生．吐哈盆地台北凹陷吉 7H 井侏罗系致密砂岩油气藏勘探发现与启示[J]．中国石油勘探，2022，27(1)：50-59.

[5] 张莉，舒志国，何生，等．川东建南地区须家河组储层特征及其差异演化过程[J]．地球科学，2021，46(9)：3139-3156.

[6] 高航．东濮凹陷潜山致密砂岩储层成岩演化特征[J]．断块油气田，2021，28(13)：295-300，317.

[7] 冉清昌，钟安宁，周翔，等．沙河子组致密砂砾岩成岩相及孔隙演化分析[J]．西南石油大学学报(自然科学版)，2022，44(1)：13-26.

[8] 徐晗，刘明洁，张庄，等．四川盆地川西坳陷须家河组三段致密砂岩储层成岩作用及孔隙演化[J]．天然气地球科学，2022，33(3)：344-357.

[9] 宋金鹏，郇志鹏，田盼盼，等．超深致密砂岩储层特征及影响因素：以库车坳陷阳霞凹陷侏罗系为例[J]．断块油气田，2021，28(5)：592-597.

[10] 罗威，倪玲梅．致密砂岩有效储层形成演化的主控因素：以库车坳陷巴什基奇克组砂岩储层为例[J]．断块油气田，2021，27(1)：7-12.

[11] 郭小波，黄志龙，王伟明，等．台北凹陷温吉桑地区致密砂岩储层特征及其控制因素[J]．中南大学学报(自然科学版)，2014，45(1)：157-166.

[12] 李富祥，徐胜林，徐雄飞，等．吐哈盆地红连地区三间房组储层特征与成岩相[J]．成都理工大学学报(自然科学版)，2019，46(2)：171-179.

[13] 陈淑鹏，蔡苏阳，梁云，等．吐哈盆地胜北洼陷中侏罗统致密砂岩储层孔隙发育特征及控制因素[J]．地质科技通报，2022.

[14] 肖冬生，陈旋，杨帅，等．新疆红连地区七克台组储层成岩作用与成岩相[J]．成都理工大学学报(自然科学版)，2016，43(6)：648-655.

[15] 付强，肖冬生．胜北洼陷三间房组致密砂岩气藏有利储层特征与成岩相[J]．断块油气田，2023，30(1)：9-16，30.

[16] 陈旋，王居峰，肖冬生，等．台北凹陷下侏罗统致密砂岩气成藏条件与勘探方向[J]．新疆石油地质，2022，43(5)：505-512.

[17] 郭小波，王海富，黄志龙，等．吐哈盆地丘东洼陷致密砂岩气地球化学特征[J]．特种油气藏，2016，23(4)：33-36，89.

[18] 肖传桃，梁文君．丘东洼陷水西沟群层序地层及岩

相古地理特征[J]. 特种油气藏，2014，21(1)：50-55.

[19] 何庆斌，张继红，李金凤. 松辽盆地大安油田葡萄花油层特低渗储层成岩相特征与孔隙演化[J]. 大庆石油地质与开发，2022.

[20] 刘明洁，季勇承，唐青松，等. 成岩体系对致密砂岩储层质量的控制-以四川盆地中台山地区须二段为例[J]. 沉积学报，2021，39(4)：826-840.

[21] 宫雪，胡新友，李文厚，等. 成岩作用对储层致密化的影响差异及定量表述-以苏里格气田苏77区块致密砂岩为例[J]. 沉积学报，2020，38(6)：1338-1348.

[22] 陈启林，黄成刚. 沉积岩中溶蚀作用对储集层的改造研究进展[J]. 地球科学进展，2018，33(11)：1112-1129.

[23] BEARD D C，WEYL P K. Influence of texture on porosity and permeability of unconsolidated sand [J]. AAPG Bulletin，1973，57(2)：349-369.

中国深层天然气勘探发现对阿曼盆地深层天然气勘探的启示

陈 杰[1,2] 梁 霄[2] 童明胜[2] 刘 浪[3] 程 亮[1,2]

（1. 中国石油海外天然气技术中心；
2. 中国石油集团川庆钻探工程公司地质勘探开发研究院；
3. 中国石油中东公司）

摘 要 作为全球古老含油气盆地之一，阿曼盆地北部震旦系–寒武系面临储层埋藏深(超过7000m)、优质储层发育认识不清等难题，勘探难度大。近10年来，中国在四川盆地、塔里木盆地等深层油气勘探发现中取得了重大成功，分别发现了富满油田和安岳气田，特别是安岳气田的发现，提出"四古"(古裂陷、古丘滩体、古隆起、古圈闭)控藏新认识，其中古裂陷是核心要素。借鉴四川盆地震旦系–寒武系勘探发现经验，利用全球最新的碎屑锆石U–Pb年龄/Lu–Hf同位素分析表明新元古界阿曼盆地与四川盆地具有一定的同源性；通过对阿曼盆地北部新元古界–古生界油气地质特征(烃源岩、油源比对、储层等)研究，认为：①游离于原特提斯洋的华南板块在早古生代初期向东冈瓦纳大陆北缘的俯冲聚合使阿曼盆地与四川盆地在震旦系–寒武系构造–沉积特征上具有相似性；②深层地震剖面揭示阿曼盆地北部早寒武世可能发育有类似四川盆地德阳–安岳裂陷的张性拉张槽；③阿曼盆地北部震旦–寒武系拉张槽的形成有利于槽内沉积寒武系Ara群Dhahaban组优质烃源岩，拉张槽两侧古地貌高地有利于震旦系Nafun群Buah组白云岩地层抬升暴露，接受大气淡水淋滤和溶蚀作用，发育成为优质储层，形成旁生侧储的源储组合模式，具备良好的天然气勘探前景。

关键词 阿曼盆地；塔里木盆地；四川盆地；震旦系–寒武系；古裂陷；拉张槽

阿曼盆地位于阿拉伯板块东南，是世界典型已知的最古老含油气盆地之一，其北部以阿曼山前缘推覆体为界，南部以阔若隆起为界，东部以侯格夫隆起为界，西部边界与著名的鲁卜哈利盆地接壤，具有"四隆三盆"的特征：从北到南分别发育法胡德盐盆、哈巴盐盆和南阿曼盐盆，这些盐盆是阿曼盆地中最重要的油气产区(图1)。阿曼盆地油气勘探始于1937年，1956年在陆上发现了第一个油田–Marmul油田。半个多世纪以来，阿曼盆地经典含油气系统研究已取得积极进展，盆地内共发现超过300个各类型油气田，其中油藏主要分布在中生界白垩系、新生界古近系碳酸盐岩储层中，天然气勘探主要集中在三叠–二叠系的碎屑岩储层中，但岩性较致密、规模有限，深层油气勘探尚未取得大的突破。

近二十年来，中国在深层油气藏勘探开发中取得巨大成绩，先后在塔里木塔里木盆地库车坳陷克深–大北地区、塔北隆起哈拉哈塘地区，四川盆地川东北地区二叠系–三叠系台缘礁滩、川中古隆起震旦系–寒武系、川西地区中二叠统栖霞组茅口组等获得重大发现，建成了多个大型油气田，其中：四川盆地川中古隆起安岳震旦系–寒武系世界级特大型原生气田是我国已发现的目前单体规模最大的特大型整装原生古油藏裂解气大气田，储量规模超过万亿立方米。四川盆地川中古隆起安岳气田的发现经历了60多年的历程，借鉴、对比四川盆地震旦–寒武系天然气勘探成功经验对于阿曼盆地新元古界的天然气勘探具有重要意义。

1 四川盆地震旦系–寒武系天然气勘探发现经验

四川盆地川中古隆起震旦系–寒武系天然气勘探从上世纪50~60年代开始，历经了多轮研究，最终获得突破，总结四川盆地震旦–寒武系天然气发现的经验具有"四古"控藏的特征：

（1）德阳-安岳大型克拉通内裂陷控制的震旦系-寒武系生烃中心是其成藏的基础。四川盆地腹部发育德阳-安岳裂陷，呈 NNW 向展布面积达 $6\times10^4km^2$。裂陷内沉积了寒武系麦地坪组、筇竹寺组和震旦系灯影组灯三段过成熟优质烃源岩（Ro＞2.5%），裂陷内烃源岩累计厚度达到 300～500m，有机碳 TOC>2%，累计生气强度为 $(80\sim180)\times10^8m^3/km^2$。

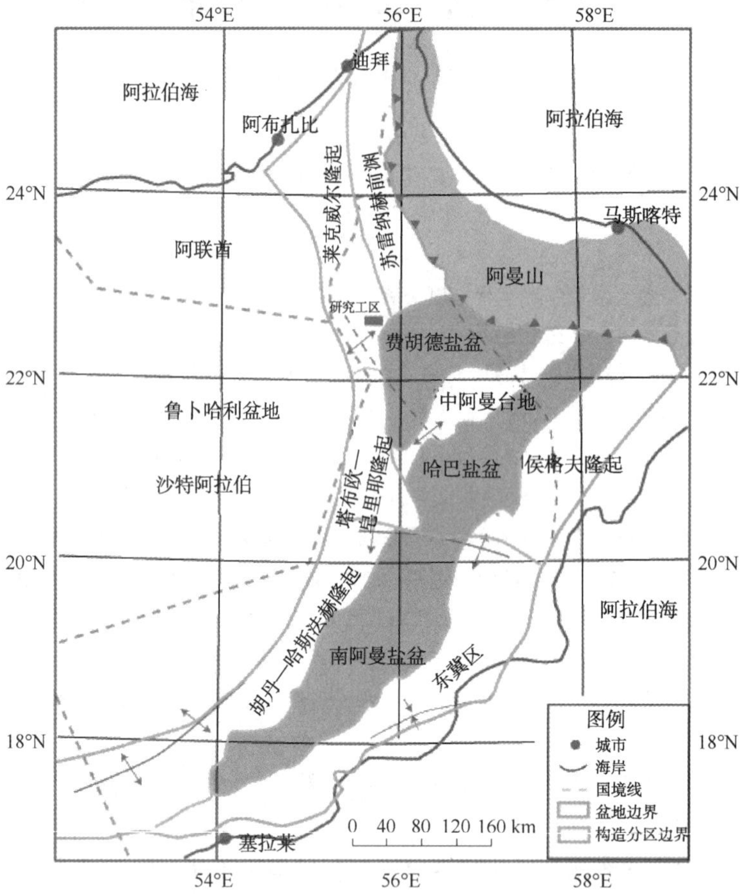

图 1　阿曼盆地构造分区图

（2）震旦系灯影组台缘丘滩体和寒武系龙王庙组碳酸盐岩缓坡双颗粒滩优质储层提供了储集空间。川中古隆起震旦系灯影组台缘带发育具微生物格架孔的丘滩体，经准同生溶蚀和多期风化壳岩溶作用叠加改造，孔洞进一步扩大，形成准层状大面积分布的缝洞型和缝洞-洞穴型白云岩储层，其中灯四段平均孔隙度 2.10%～8.59%，平均为 4.34%；渗透率主要分布在 0.01～10mD，平均值为 4.19mD。寒武系龙王庙组上颗粒滩发育体腔蠕形动物造架孔，经准同生白云石化及大气淡水淋滤溶蚀，发育大量早期溶孔并得以保存，后期又叠加了加里东-早海西多期岩溶作用，形成蜂窝状孔隙、孔洞发育的裂缝-孔隙型和裂缝-孔洞型优质储层。

（3）早期古隆起构造长期稳定发育是有效成藏的重要因素。长期处于川中古隆起构造高部位的高石梯-磨溪地区，是油气运移聚集的有利指向区。海西-印支期，高石梯-磨溪地区处于古隆起高部位，灯影组和龙王庙组均发育大型古油藏；燕山期，古油藏裂解成气并原位聚集成藏，为特大型气田形成提供主要气源；喜马拉雅期构造变形微弱，为特大型气田保存提供了有利条件。

（4）构造-岩性地层复合圈闭控制了油气资源规模。受古裂陷、丘滩体储层和桐湾期古风化壳三要素的共同控制，高石梯-磨溪地区震旦系发育构造背景上的大型构造-地层复合圈闭，寒武系龙王庙组发育构造背景上的岩性圈闭群，为特大型气田形成提供圈闭条件。

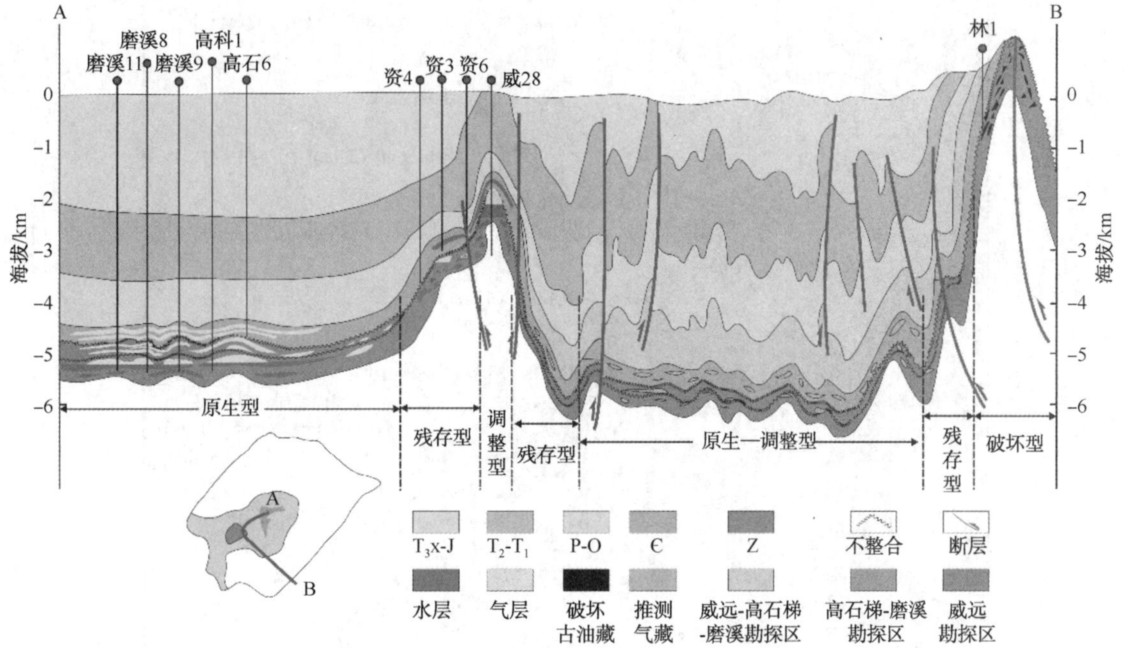

图2　四川盆地震旦系-寒武系气藏类型分布模式图(引自文献4)

2　新元古代阿曼盆地与四川盆地关系

“罗迪利亚大陆”(Rodinia)是中-新元古代存在的一个包含几乎所有板块的超级大陆，由各个小板块沿格林威尔造山带从西伯利亚沿岸延伸至波罗地板块、劳伦大陆、亚马逊板块至澳大利亚板块西南缘在1400-900Ma期间聚合形成。超级大陆的裂解和聚合总是相互相成或此起彼伏的，随着罗迪利亚大陆最后一次大的裂解，冈瓦纳大陆开始了聚合：西冈瓦纳大陆由Rio de la Plata，Congo-São Francisco，West African以及Amazonian板块在650-600Ma期间陆-陆碰撞而形成，局部造山活动甚至持续到寒武纪；东冈瓦纳大陆存在两个阶段的聚合，即早期650-620Ma聚合事件(东非造山带)与随后550Ma-500Ma的聚合事件(Kuunga造山带)。随着东冈瓦纳大陆(澳大利亚板块、印度板块、马达加斯加板块以及东南极板块等等)与西冈瓦纳大陆(非洲板块和南美洲板块等)之间的莫桑比克洋关闭，冈瓦纳大陆的最终聚合完成(图3)。

前人研究认为：晚新元古代至早古生代华南板块逐渐向东冈瓦纳北缘俯冲，但对其向东冈瓦纳北缘具体的俯冲-拼接方式却存在较大的争议，最新沉积学、地球化学资料，尤其是碎屑锆石U-Pb年龄/Lu-Hf同位素研究表明：东非造山带物源(ca. 550Ma)逐步指示扬子板块西缘更有可能与东冈瓦纳大陆北缘阿拉伯板块拼接。因此，晚新元古代-新生代随着罗迪利亚大陆完全裂解逐渐向冈瓦纳大陆聚合，华南板块逐渐由罗迪利亚大陆西北缘(北半球高纬度)向东冈瓦纳北缘(赤道低纬度地区)漂移-俯冲，最终由扬子板块西缘向东冈瓦纳北缘俯冲碰撞，使得扬子板块内部发育受板片下沉驱动力影响的伸展作用，在其西缘发育震旦纪-早寒武纪四川盆地德阳-安岳裂陷槽、东北缘发育震旦纪-早寒武世近南北向的“宜昌盆地”、东南缘外侧发育震旦纪灯影组-早寒武世麦地坪组典型热液沉积、东南缘内侧震旦纪发育多个裂陷亚盆地，并对阿拉伯板块阿曼盆地震旦-寒武系过渡地层Ara群-Haima超群地层产生响应的拉张作用约束(图4)。

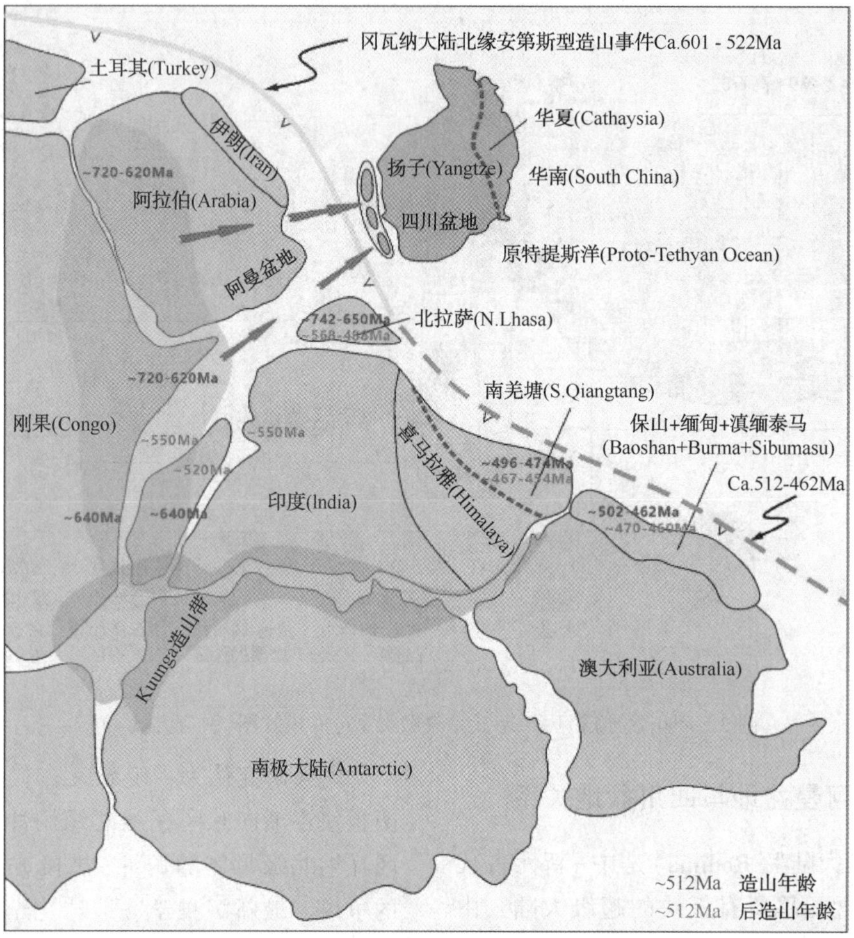

图 3　晚新元古代-新生代阿拉伯板块的古构造格局(据文献 25、26 修改)

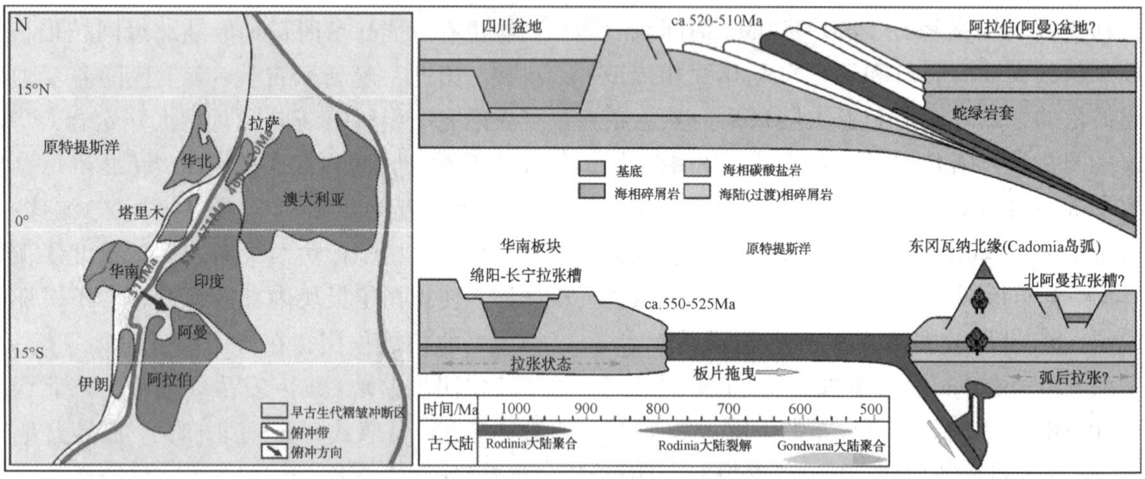

图 4　早古生代阿曼盆地-四川盆地位置对应关系

3　阿曼盆地(北部)新元古界-古生界油气地质特征

3.1　地层特征

阿曼盆地在泛非基底上发育前寒武-古生代地层包括：新元古代-奥陶纪的 Huqf 和 Haima 两个超群地层，其中 Huqf 超群岩性以碳酸盐岩、膏盐为主，包括 Abu Mahara 群、Nafun 群和 Ara 群地层；Haima 超群岩性以砂岩、泥岩为主，包括 Mathatta Humaid 群、Andam 群和 Safiq 群地层。二叠纪发育 Haushi 群和 Akhdar 群地层，其中 Haushi 群地层岩性以碎屑岩和泥岩为主，

Akhdar 群地层岩性以灰岩、白云岩为主，夹有泥岩层。其间缺失志留纪、泥盆纪和石炭纪地层(图 5)。

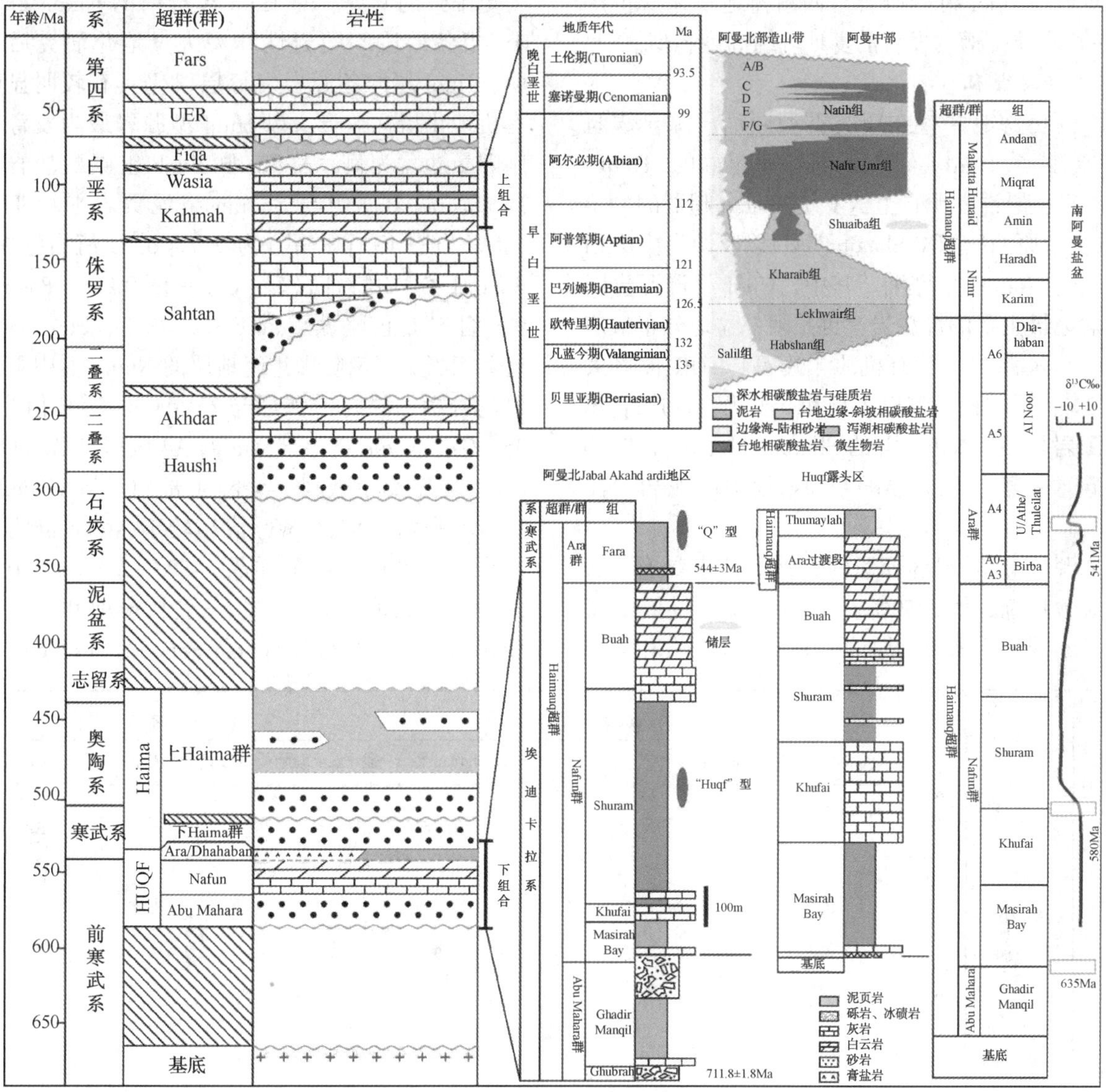

图 5　阿曼盆地地层综合柱状图

新元古代-寒武纪的 Huqf 超群地层是阿曼境内非常重要一套地层，其底部 Abu Mahara 群岩性为冰海杂砾岩(冰碛岩)—硅质碎屑岩；中上部为 Nafun 群，主要为两套碎屑岩-碳酸盐岩沉积旋回：下部为相对薄层的 Masirah Bay 组(泥岩、泥质碎屑岩)与 Khufai(灰岩和白云岩)组合，上部为厚层 Shuram 组(泥岩为主)与 Buah 组(碳酸盐岩)组合。Buah 组在阿曼北部山区与东部 Huqf 露头区出露较完整，岩性整体以大套风暴(砾屑)白云岩为主，但下部仍可见灰岩沉积，为典型的潮坪沉积环境，上部与 Ara 群呈平行不整合接触。

Huqf 超群顶部 Ara 群岩性整体以大套的硅质岩-蒸发岩为主，自下而上发育 6 段蒸发岩-碳酸盐岩旋回(分别命名为 A0-A6)，岩石地层单位分别对应 Birba 组(A0-A3)、"U"组/Athel 组(A4)、Al Noor 组和 Dhahaban 组(A5 和 A6)。Ara 群地层也普遍被称之为盐间层系(intra-salt rocks)，Nafun 群被称之为盐下层系(pre-salt rocks)。作为全球经典埃迪卡拉系-寒武系地层剖面，阿曼盆地 Ara 群地层受到广泛关注：目前国际地层年表采用的寒武系底界年龄 541Ma 即来自阿曼 Ara 群 A4C 段蒸发岩-白云岩地层中的火山灰夹层锆石 U-Pb CA-TIMS 年龄；此外，Ara 群内部系列年龄定带还包括底部 A0 段火山灰层年龄为 547Ma，A3C 段两层火山灰年龄

543Ma 与 542Ma。近年来通过 $\delta^{13}C$ 对比表明，阿曼盆地 A4C 段发育“U＼＼Thuleilat”两套有机质页岩、Athel 组硅质岩与四川盆地早寒武世绵阳-长宁拉张槽内发育的麦地坪组高度相似。

3.2 烃源特征

阿曼盆地共存在四类类型原油：源自震旦系-寒武系 Huqf 超群-下 Haima 超群的“Huqf”与“Q”型原油、源自上侏罗统 Shatan 超群的“Tuwaiq”型原油（也称“Shuaiba”型）以及源自中上白垩统的“Natih”型原油。其中，Huqf 超群源岩阿曼盆地最主要的烃源岩，也是阿曼盆地分布最广的一套烃源岩，其有机质丰度高，TOC 含量大于 2%，干酪根类型以Ⅰ型和Ⅱ型为主。Huqf 超群源岩包括：Nafun 群的 Shuram 组泥岩和 Buah 层碳酸盐岩，以及 Ara 群 A4 段中的泥岩、泥灰岩。

源自 Huqf 超群烃源的石油总体上具有 C29 甾烷含量高（大于 50%）、C27 甾烷含量低的特征，不同母质来源的原油可通过碳同位素和甾烷百分含量交会图进行区分。近年来对阿曼盆地尤其是南部盐盆地区新远古代-寒武纪的原油进行了更细致的研究，对 Huqf 超群内的 Nufun 群与 Ara 群各层段不同岩性开展大量地化研究后表明：Huqf 超群各源岩发育层段仍具有较明显的有机地化指标差异。以 Huqf 型源岩最为发育的南阿曼盐盆为例，Nufun 群 Buah 组碳酸盐岩下部 Masirah Bay 组与 Shuran 组泥页岩平均 TOC（%Wt）值（13 个样品）为 2.7。$\delta^{13}C$ 值指标中，Buah 组 $\delta^{13}C$ 特征极轻（Ca. −39.0‰），Basirah Bay 组 $\delta^{13}C$ 值略偏重（ca. −32.7‰），Shuram 组这套相当于华南陡山沱组地层的 Nufun 群中下部黑色岩系抽提物饱和烃与芳烃平均 $\delta^{13}C$ 值为-35.0‰。Nufun 群上部 Ara 群 A4 段所夹 Athel 硅质岩段（E-C 过渡段）与下/上部“U”与 Thuleilat 页岩段平均 TOC（%Wt）值相较于 Nufun 群明显增高，平均值（14 个样品）4.8（ca. 5.0），TOC（%Wt）最大值可到 15%，三套层段饱和烃与芳烃 $\delta^{13}C$ 平均值比较接近（ca. −36.5‰）（图 6）。

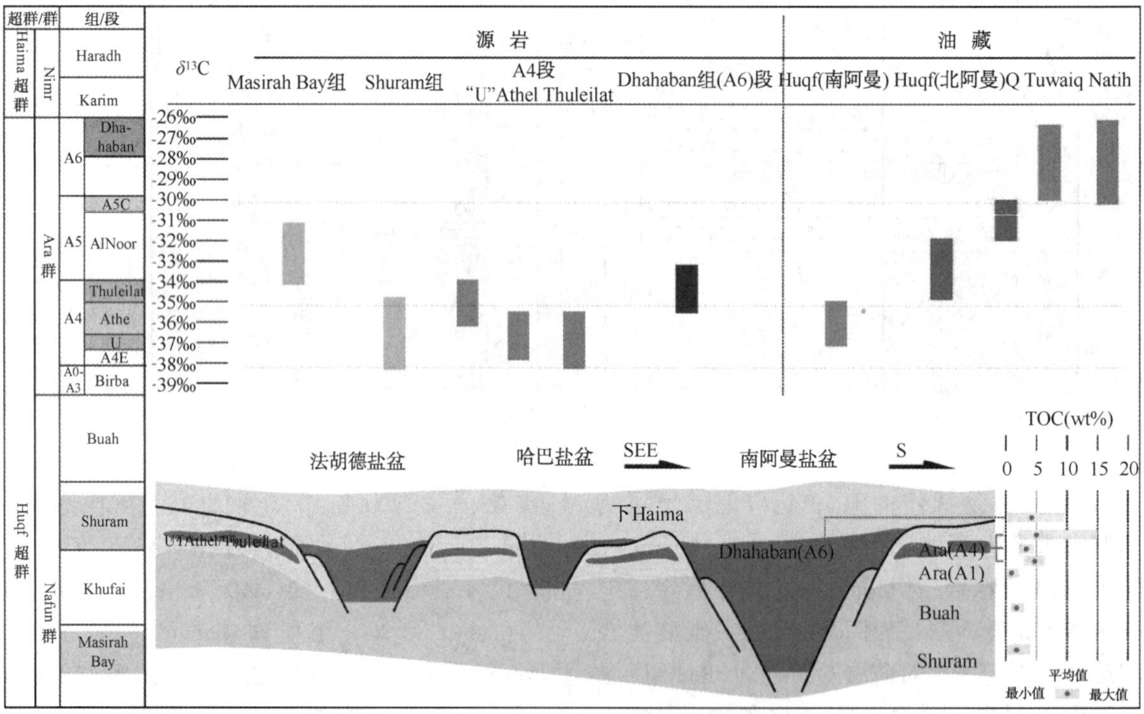

图 6　阿曼盆地（北部）震旦系-寒武系烃源岩对比

3.3 储层特征

阿曼下古生界成藏组合的油气组合主要集中于寒武—奥陶系 Haima 群中，目前已发现的重要的储层包括均为砂岩储层，包括 Amin 组、Mahwis 组及 Barik 组砂岩。Amin 组主要为具交错层理的洁净石英质砂岩，大多为风成沙丘和沙丘间沉积，河流相沉积居次要地位，储层物性条件非常优越，孔隙度平均为 28%，渗透率为 500~5000mD。Mahwis 组主要由 25~50m 厚向上变细的冲积扇层序构成，含层间胶结物和少量（10%~15%）层间页岩，部分层段发育胶结程度很高的薄砂层，储层物性性能优越，孔隙度为

25%～30%，渗透率普遍在 50～1000mD。Barik 段砂岩段位于 Haima 超群的中段，是阿曼已发现的几个大型油气田的主力产层，主要由砂岩、泥岩和异粒岩互层组成，沉积环境以辫状三角洲为主，储层非均质性较强，孔隙度在 8%～10%，渗透率为 1～12mD。

3.4　成藏特征

以阿曼盆地北部 Fahud 盐盆古生界天然气成藏过程与特征为例，分析阿曼盆地深层天然气生烃与运移特征。寒武纪末期(约 500Ma)，Fahud 盐盆 Huqf 超群中段烃源岩埋深已超 2000m，进入成熟的早期阶段；至奥陶纪晚期(约 450Ma)时，Huqf 超群中段底部埋深已经达到 3000m，开始进入成熟生油窗。Haima 群沉积之后，受区域性隆升的影响，未接受沉积，烃源岩埋藏深度不再增加，抬升过程一直持续至石炭纪晚期。石炭纪晚期至三叠纪早期属于快速沉积阶段，烃源岩埋藏深度持续增大，快速演化。此阶段为 Huqf 超群中段烃源岩主力排烃阶段，占历史总排烃量的 55%。在后期演化历史中，生成和排出的烃总量较小，占总量的 5%左右。Haima 群沉积时，Huqf 超群上段烃源岩由于埋藏深度小，演化程度低，生成的烃类数量相对有限。二叠纪末—三叠纪初，累计排烃量占总排烃量的 25%。之后进入平缓生排烃阶段，直至白垩纪晚期，总排烃量总体保持稳定，基本不再增加(图 7)。

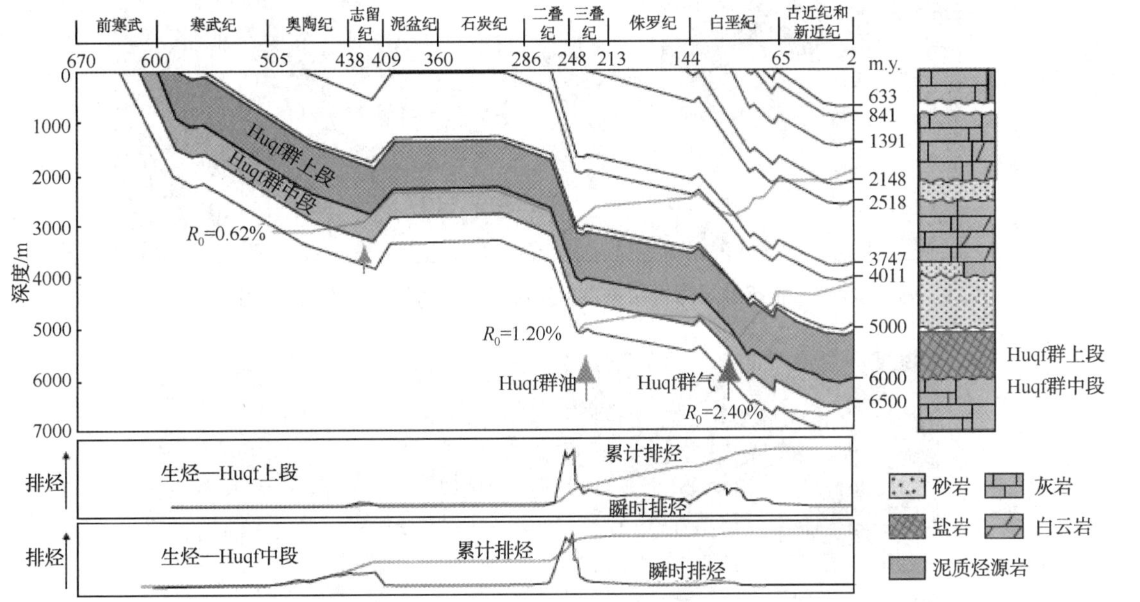

图 7　阿曼盆地(北部)Fahud 盐盆埋藏史(引自文献 1)

由于上覆 Ara 组盐层的封盖作用，Huqf 超群烃源岩生成的油气进入 Haima 群圈闭中，普遍都要经过较大距离的垂向运移，很多地区甚至超过 2000m。断层在油气的垂向运移过程中发挥了重要的作用，尤其是在 Ara 盐层大面积分布的区域，Huqf 超群烃源岩无法与储层直接垂向接触，只有断层断穿 Ara 组盐层，使源岩与储层相连通，才能发生成藏作用。水平运移在 Huqf 超群烃源岩相关的古生界成藏组合中也发挥了一定的作用。在下寒武统 Ara 盐层连续分布、且断层发育较少或断层无法有效沟通 Huqf 组烃源岩与古生界及以上的储层时，油气的水平运移将占主导地位。油气可能首先长距离向上倾方向侧向运移，到达 Ara 盐层溶蚀缺失或遭受断层破坏的部位，再垂向运移进入浅层古生界圈闭中(图 8)。

4　阿曼盆地北部早寒武世天然气勘探前景

4.1　阿曼盆地北部晚震旦世–早寒武世拉张构造

阿曼盆地北部法胡德盐盆内目前尚无钻井钻揭至震旦–寒武系 Huqf 超群地层，依据邻区阿联酋 X 区块与盆地内 Haima–1 井钻探资料标定 Haima 超群底/Huqf 超群顶(Ara 群顶)，Haoshi 群底/Haima 超群顶反射波属性，推测：阿曼盆地北部发育与东冈瓦纳大陆北缘俯冲伸展背景相关的早寒武世“北阿曼拉张槽”(图 9)。近东西地震剖面揭示位于 Cadomian 岛弧东侧的阿曼克拉通盆地(阿拉伯板块局部)揭示 Haima 超群的向东侧向超覆沉积特征明显，根据 Haima 超群岩性与厚度折算(>2000m)，“北阿曼拉张槽”的拉张核心期(即“壮年期”)持续时间长，消亡于晚寒武世-早奥陶世，拉张槽形态反映为拉张槽中心沉积的巨厚碎屑岩层系(寒武系 Nimr 群与 Haima 超群等)。需要指出的是，受限于工区面积与地震资料大小，目前暂不能完全明析早寒武世“北阿曼拉张槽”的完整形态。

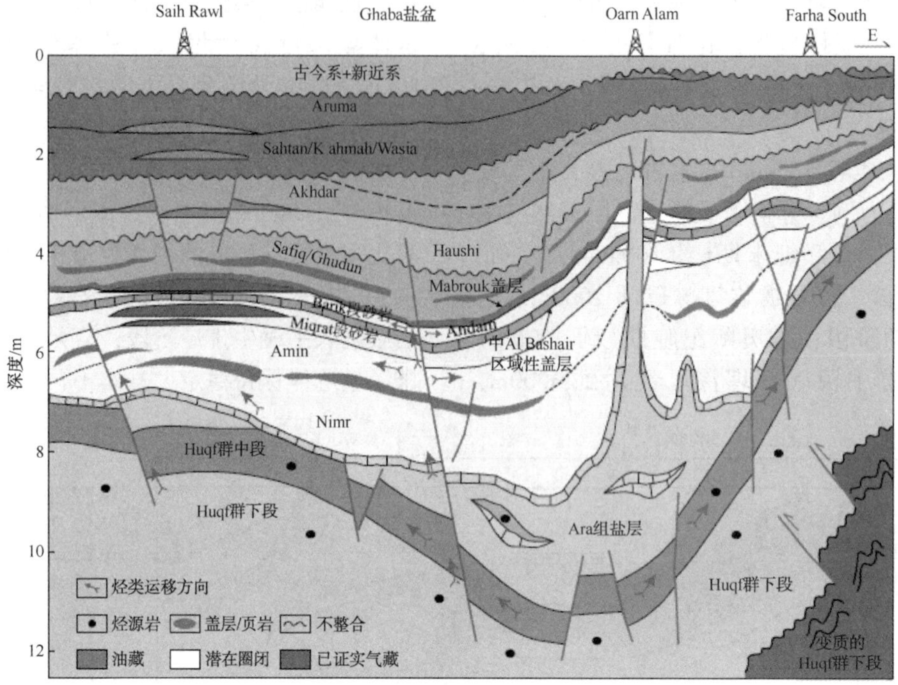

图 8　阿曼盆地 Huqf 超群烃源岩相关古生界成藏组合油气运移模式图(引自文献 1)

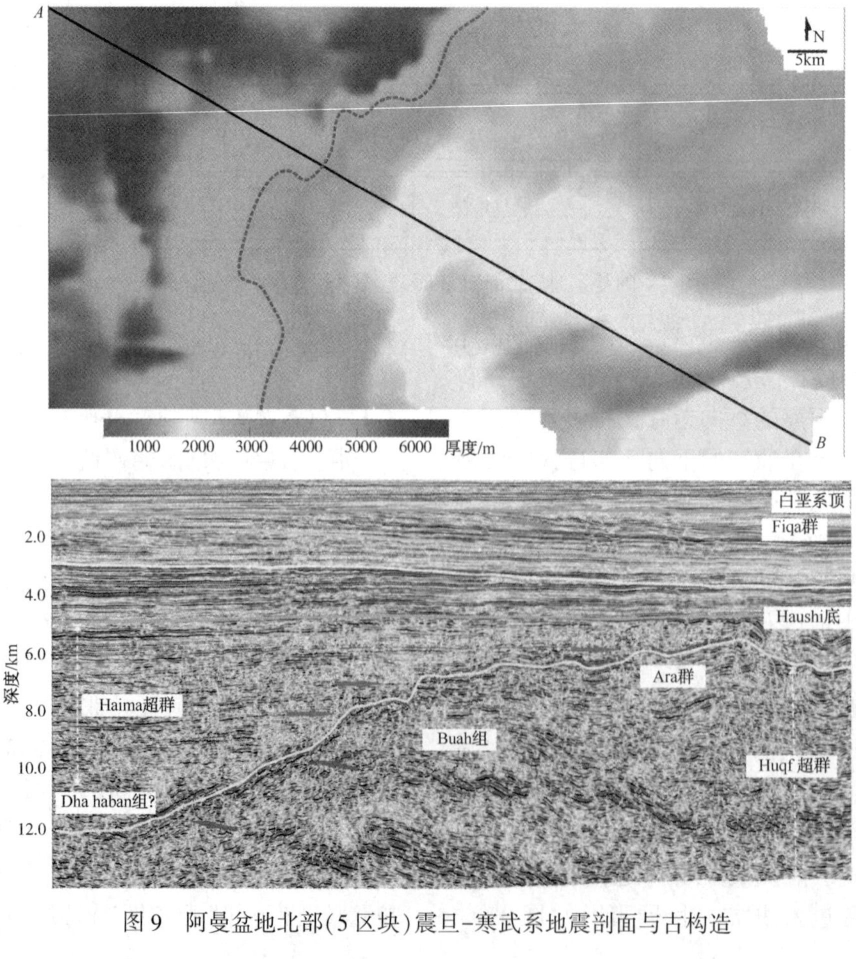

图 9　阿曼盆地北部(5 区块)震旦-寒武系地震剖面与古构造

4.2 拉张作用对阿曼盆地震旦-寒武系油气成藏的影响

阿曼盆地北部震旦-寒武系地层埋深大(超过7000m)、断层发育，目前仅有1口探井钻至二叠系Gharif组，未钻至震旦系地层。阿曼盆地北部5区块震旦-寒武系是否具有成藏潜力？借鉴四川盆地震旦系-寒武系的成功经验，拉张槽对生烃能力、储层发育和成藏效率都发挥了极大的作用。

拉张槽主拉张期沉降作用最大，致使水体较深且相对宁静，有利于较大厚度的烃源岩发育。“北阿曼拉张槽”内沉积下寒武统Ara群-下Haima超群地层，其中Ara群A4段、A6段Dhahaban组、下Haima超群Nimr群均为优质烃源岩，厚度大、生烃强度高、生烃量多，具备形成阿曼盆地北部(5区)震旦-寒武系生烃中心的有利条件。

拉张槽的存在为古地貌的差异提供了条件。通常伴随着台拗(凹)地貌的产生，拉张槽与周缘存在地貌差异形成古地貌高地；台隆地区属于浅水带，多发育微生物边缘礁、滩沉积等台缘带。拉张槽的形成与古喀斯特储层的发育密切相关，古地貌高地常暴露于地表，经大气淡水淋滤和交代作用，有利于碳酸盐岩地层中孔洞发育，形成优质储层。此外，拉张槽控制着邻近储层内烃类充注的强度和储层沥青含量。烃类充注是深层优质碳酸盐岩储层保持的最重要机制，油气充注可以使储层先期孔隙得以保存，并对储集空间进行一定的改善作用。阿曼盆地震旦系Nafun群顶部Buah组白云岩与上覆Ara群地层发育不整合面，在拉张槽边缘带处于古地貌高部位，容易发生大气淡水淋滤作用，形成优质储层。

“北阿曼拉张槽”提高了油气成藏的效率和规模。Nafun群Buah组、上Haima超群内等地层以下寒武统底部Ara群Dhahaban组为主力烃源岩，与其分别构成新生古储(油气近源充注)、古生新储(油气远源充注)的源储组合。对于Buah组，拉张槽内的A4段、Dhahaban组烃源岩与台地边缘带的Buah组在时间上属于新生古储，但在空间关系上受拉张槽的影响事实上变成了下生上储或旁生侧储模式(图9)，加上烃源层与储集层为直接接触关系，可以极大地提高油气运移效率和成藏规模。

5 结论

(1) 最新的全球碎屑锆石U-Pb年龄/Lu-Hf同位素资料表明：晚新元古代-新生代随着罗迪利亚大陆完全裂解与古冈瓦纳大陆的聚合，华南板块逐渐由罗迪利亚西北缘(北半球高纬度)向东冈瓦纳北缘(赤道低纬度地区)漂移-俯冲，最终由扬子板块西缘向东冈瓦纳北缘俯冲碰撞，使得阿曼盆地与四川盆地具有高度同源性。

(2) 借鉴四川盆地震旦-寒武系灯影组、龙王庙组天然气勘探经验，发现阿曼盆地北部Fahud盐盆内发育具有张性构造特征的“北阿曼拉张槽”，其拉张规模、动力学机制、充填地层厚度与岩性等与四川盆地德阳-安岳裂陷具有相似性：槽内沉积E-C过渡地层Ara群A4段、Dhahaban组烃源岩，具有优越的生烃条件。

(3) 北阿曼拉张槽的东侧古地貌高地有利于震旦系Nafun群Buah组中上部形成孔洞发育的白云岩优质储层，与拉张槽内Ara群A4段、A6段Dahahaban组优质烃源岩组合，旁生侧储源储组合，具备形成规模岩性圈闭的地质条件，是天然气资源勘探的有利区域。

(4) 受限于阿曼盆地深层地质条件的复杂性，目前阿曼盆地深层油气勘探工作仍处于早期阶段，对古构造恢复和演化、震旦-寒武系岩相古地理恢复、Huqf超群烃源生、排烃与构造变化的时空匹配关系研究等工作尚未深入开展，下步亟需通过汇集全盆地地震资料，深入开展盆地震旦-寒武系的构造演化恢复和成藏期次研究等工作。

参 考 文 献

[1] 李浩武，童晓光，王建君等．阿曼盆地下古生界碎屑岩成藏组合地质特征[J]．西南石油大学学报(自然科学版)．2014，36(6)：47-59.

[2] J. M. J. Terken，N. L. Frewin，S. L. Indrelid. Petroleum systems of Oman：Charge timing and risks [J]. AAPG Bullutin. 2001，85(10)：1817-1845.

[3] 陈杰，王文训，牛林林等．阿曼盆地北部古近系碳酸盐岩油藏成藏特征及主控因素[J]．油气地质与采收率，2021，28(1)：47-56.

[4] 马永生，黎茂稳，蔡勋育等．中国海相深层油气富集机理与勘探开发：研究现状、关键技术瓶颈与基础科学问题，2020 41(4)：656-672.

[5] 贾承造，庞雄奇．深层油气地质理论研究进展与主

要发展方向[J]. 石油学报，2015 36(12)：1457-1469.

[6] 杨跃明，杨雨，杨光等. 安岳气田震旦系、寒武系气藏成藏条件及勘探开发关键技术[J]. 石油学报，2019 40(4)：494-507.

[7] 魏国齐，沈平，杨威，等. 四川盆地震旦系大气田形成条件与勘探远景区[J]. 石油勘探与开发，2013 40(2)：129-138.

[8] 魏国齐，杨威，杜金虎等. 四川盆地震旦纪—早寒武世克拉通内裂陷地质特征[J]. 天然气工业，2015，35(1)：24-35.

[9] 杨雨，黄先平，张健，等. 四川盆地寒武系沉积前震旦系顶界岩溶地貌特征及其地质意义[J]. 天然气工业，2014，34(3)：38-43.

[10] 汪泽成，姜华，王铜山，等. 四川盆地桐湾期古地貌特征及成藏意义[J]. 石油勘探与开发，2014，41(3)：305-312.

[11] 刘树根，王一刚，孙玮，等. 拉张槽对四川盆地海相油气分布的控制作用[J]. 成都理工大学学报(自然科学版)，2016，43(01)：1-23.

[12] 刘树根，孙玮，罗志立，等. 兴凯地裂运动与四川盆地下组合油气勘探[J]. 成都理工大学学报(自然科学版)，2013，40(5)：511-520.

[13] 钟勇，李亚林，张晓斌，刘树根，等. 四川盆地下组合张性构造特征[J]. 成都理工大学学报(自然科学版)，2013，40(5)：498-510.

[14] 旷红伟、柳永清、耿元生等. 中国中新元古代重要沉积地质事件及其意义[J]. 古地理学报，2019 21(1)：1-30.

[15] 郭进京、张国伟、陆松年等. 中国新元古代大陆拼合与 Rodinia 超大陆[J]. 高校地质学报，1999 5(2)：148-155.

[16] Li Z X, Bogdanova S V, Collins A S, et al. Assembly, configuration, and break-up history of Rodinia: A synthesis[J]. Precambrian Research. 2008, 160(1-2): 179-210.

[17] Liu H, Zhao J H, Cawood P A. South China in Rodinia: Constrains from the Neoproterozoic Suixian volcano-sedimentary group of the South Qinling Belt [J]. Precambrian Research. 2018, 314: 170-193.

[18] Li Z X, Li X H, Kinny P D, et al. The breakup of Rodinia: did it start with a mantle plume beneath South China? [J]. Earth and Planetary Science Letters, 1999, 173: 171-181.

[19] Li Z X, Kinny P, Zhou H. Geochronology of Neoproterozoic syn-rift magmatism in the Yangtze Craton, South China and correlations with other continents: evidence for a mantle superplume that broke up Rodinia [J]. Precambrian Research. 2003, 122(1): 85-109.

[20] Cawood P A, Strachan R A, Pisarevsky S A, et al. Linking collisional and accretionary orogens during Rodinia assembly and breakup: Implications for models of supercontinent cycles [J]. Earth and Planetary Science Letters. 2016, 449: 118-126.

[21] Wang J, Li Z X. History of Neoproterozoic rift basins in South China: implications for Rodinia break-up [J]. Precambrian Research. 2003, 122(1): 141-158.

[22] Ustaömer P A, Ustaömer T, Collins A S, et al. Cadomian (Ediacaran-Cambrian) arc magmatism in the Bitlis Massif, SE Turkey: magmatism along thedeveloping northern margin of Gondwana [J]. Tectonophysics. 2009, 473: 99-112.

[23] Collins A S, Pisarevsky S A. Amalgamating eastern Gondwana: the evolution of the Circum-Indian Orogens [J]. Earth-Science Reviews. 2005, 71: 229-270.

[24] Foden J, Elburg M A, Dougherty-Page J, et al. The timing and duration of the Delemerian Orogeny: correlation with the Ross Orogen and implications for Gondwana assembly [J]. Journal of Geology. 2006, 114: 189-210.

[25] Hu, P. Y., Zhai, Q. G., Wang, J., Tang, Y., Wang, H. T., & Hou, K. J. Ediacaran magmatism in the North Lhasa Terrane, Tibet and its tectonic implications. Precambrian Research, 2018, 307, 137-154.

[26] Yang, C., Li, X. H., Li, Z. X., Zhu, M., Lu, K. Provenance evolution of age-calibrated strata reveals when and how South China Block collided with Gondwana. Geophysical Research Letters, 2020, 47, e2020GL090282.

[27] Jiang G, Sohl L E, Christie-Blick N. Neoproterozoic stratigraphic comparison of the Lesser Himalaya (India) and Yangtze block (south China): Paleogeographic implications [J]. Geology. 2003, 31(10): 917-920.

[28] Li Z X, Evans D A D, Halverson G P. Neoproterozoic glaciations in a revised global palaeogeography from the breakup of Rodinia to the assembly of Gondwanaland [J]. Sedimentary Geology. 2013, 294: 219-232.

[29] Chen Q, Sun M, Long X P, Zhao G C, Wang J, Yu Y, Yuan C. Provenance study for the Paleozoic sedimentary rocks from the west Yangtze Block: Constraint on possible link of South China to the Gondwana supercontinent reconstruction [J]. Precambrian re-

search. 2018, 309: 271-289.

[30] 李智武，冉波，肖斌等. 四川盆地北缘震旦纪-早寒武世隆-坳格局及其油气勘探意义[J]. 地学前缘. 2019, 26 (1): 59-85.

[31] Loosveld, R., Bell, A., Terken, J. The tectonic evolution of interior of Oman [J]. GeoArabia 1996, 1, 28-51.

[32] Brasier, M., McCarron, G., Tucker, R., Leather, J., Allen, P., Shields, G., New U-Pb zircon dates for the Neoproterozoic Ghubrah glaciation and for the top of the Huqf Supergroup, Oman [J]. Geology, 2000, 28, 175-178.

[33] Leather, J., Allen, P. A., Brasier, M. D., and Cozzi, A., Neoproterozoic snowball Earth under scrutiny; evidence from the Fiq Glaciation of Oman: Geology (Boulder), 2002, 30: 891-894.

[34] Halverson, G. P., Hoffman, P. F., Schrag, D. P., Maloof, A. C., Rice, A. H. N. Toward a Neoproterozoic composite carbon-isotope record [J]. Geological Society of America Bulletin, 2005, 117, 1181-1207.

[35] McCarron, M. E. G. The sedimentology and chemostratigraphy of the Nafun Group, Huqf Supergroup, Oman [D]. University of Oxford, 2000.

[36] Cozzi, A., Al-Siyabi, H. A. Sedimentology and play potential of the late Neoproterozoic Buah Carbonates of Oman [J]. GeoArabia, 2004, 9, 11-36.

[37] Condon, D. J., Zhu, M., Bowring, S. A., Wang, W., Yang, A., Jin, Y., U-Pb Ages from the Neoproterozoic Doushantuo Formation, China [J]. Science, 2005, 308, 95-98.

[38] Forbes, G. A., H. S. M. Jansen, J. Schreurs, Lexicon of Oman subsurface stratigraphy: Reference guide to the stratigraphy of Oman's hydrocarbon basins [J]. GeoArabia, 2010, Special Publication 5, Gulf PetroLink, Bahrain, 371.

深盆湖相区页岩型页岩油中源、高储、优保富集规律研究
——以黄骅坳陷古近系为例

蒲秀刚　时战楠　韩文中　张　伟　董姜畅　解德录

（中国石油大港油田公司）

摘　要　21世纪初期海相页岩油气在北美地区已实现商业性开发，而中国陆相页岩油气的发展整体尚处于探索阶段，且多分布于深盆湖相区。为明确深盆湖相区页岩型页岩油富集规律，基于黄骅坳陷古近系8口井983m系统取心及大量化验分析、测录井、水平井试油试采等资料开展攻关研究。研究认为，“适中物源供给、适中总有机碳含量（TOC含量为2%~6%）、适中有机质类型（以Ⅰ型为主、Ⅲ型为辅）、适中热演化成熟度（Ro为0.7%~1.2%）”等适中的物源及烃源岩条件，“高密度微纳米纹层（密度可达15000层/m）、高占比微纳米孔缝（孔隙度可达10%）、高滞留可动烃含量（S_1平均4.2mg/g）”等适高的储集条件，以及“顶底板封堵条件优（盖层厚度50~100m）、断裂破坏程度弱（水平井靶层距离450~550m）”等优良的保存条件，是页岩型页岩油富集的3项主控条件，理论认识指导实现了沧东凹陷页岩油规模开发，其中6口水平井单井日产页岩油突破百吨，GY5-1-9H井首年累产超万吨，展示了我国东部深盆湖相区页岩型页岩油良好的勘探开发前景。

关键词　渤海湾盆地；黄骅坳陷；孔二段；沙三段；沙一下亚段；页岩型页岩油；富集规律

1　区域地质背景

黄骅坳陷位于渤海湾盆地腹地，整体呈东北-南西向展布，周缘分别与北部燕山褶皱带、东部沙垒田凸起、南部埕宁隆起、西部沧县隆起相接，是在中生界基底上形成的新生代断陷盆地，发育沧东、歧口两大主要富油气凹陷。北部歧口凹陷是渐新世以来长期发育的沉积中心，面积7336km^2，形成于始新统中期裂陷Ⅱ-Ⅲ幕，属于中盛晚衰型断陷，主要生烃层系为沙河组一亚段中部和下部（$Es_{1中}$和$Es_{1下}$）、三亚段上部（Es_{31}）；南部沧东凹陷是在区域性拉张背景下形成的新生代陆内断陷盆地，凹陷面积1760km^2，形成于始新统早期裂陷Ⅰ幕，裂陷Ⅱ幕及以后活动减弱，属于早盛中衰型断陷，主要生烃层系为孔店组二亚段（Ek_2）[图1(a)]。

古近系以三角洲—湖相沉积体系为主，其中沧东凹陷孔二段、歧口凹陷沙三上亚段和沙一下亚段以厚层深灰色泥页岩夹碳酸盐岩或粉细砂岩岩性组合为主[图1(b)]，是黄骅坳陷的主力烃源岩层系[2]，既为常规油气藏提供了丰富油气资源，也是页岩油气富集层段，面积为2100km^2，厚度为200~500m。

2　适中的物源及烃源岩条件

2.1　适中的物源波及强度造就页岩油甜点

小湖盆-强物源供给势必导致储层中陆源碎屑含量增高，有机质含量低，页岩生烃能力差，而大湖盆-弱物源供给的情况下，页岩中有机碳含量高，同时黏土矿物含量也高，不利于工程改造和游离烃排出，而湖盆大小与物源供给的适中匹配有利于优质页岩的形成。黄骅坳陷深盆页岩型页岩油富集层普遍分布在前（扇）三角洲—半深湖亚相，适中的物源供给导致页岩含有较高的石英、长石等脆性矿物，同时相对深水还原环境有机质丰度相对较高。以沧东凹陷为例，孔二段沉积时期为坳陷型沉积湖盆，环湖发育十大碎屑物源，平面呈现外环、中环、内环的环带状分布特征，空间上呈独特的“糖心蛋”式三层包壳圈层结构，其中外环为粗粒常规相带，内环为深水细粒沉积相带，中环为粗粒与细粒间互带，其中中环-内环侧缘发育三角洲前缘远端~前三角洲~半深湖亚相，碎屑输入强度L1/L2 30%~50%（L1指碎屑输入距离，L2指湖盆半径）、长

英质含量 30%~50%、有机质丰度 2%~6%，包裹在烃源岩中的致密油与页岩油富集且可动率高，是页岩油富集区。

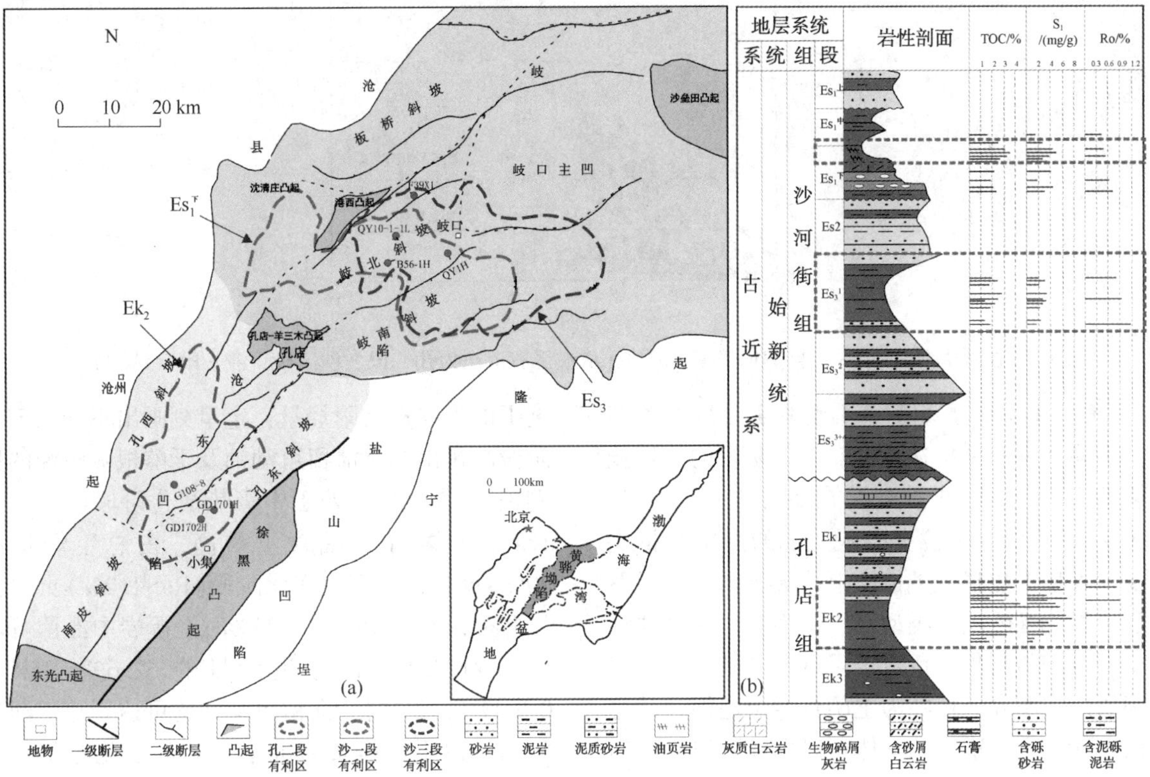

图 1　黄骅坳陷区域构造单元与地层特征

2.2　适中的有机碳含量有利于页岩油富集和改造

有机质是决定页岩油形成与富集的物质基础，但并非有机质丰度越高越有利于页岩油的富集，TOC 含量亦存在一个有利于页岩油富集的适中区间范围。基于黄骅坳陷 GY1-3-1、F39X1、QY1H 等井 TOC 含量与烃源岩热解游离烃(S_1)含量的数据统计发现(图 2)，二者相关关系明显，均呈现出 S_1 含量随 TOC 含量的增大，先缓慢增大、后快速增大、再趋于平缓的典型特征。由此可见，滞留烃并非随有机质丰度的增大而一直增大，当页岩 TOC 含量达到 2%之后，地层中烃类基本可以达到滞留的上限，随着 TOC 含量的增大，滞留烃中将有更多的烃类吸附于有机质中，导致游离可动烃含量不断降低，通过水平井产量与压裂段 TOC 关系分析证实，TOC 含量越高，页岩含油越好，TOC>2%时，日产油大于 20 吨/天的概率较高。但同时 TOC 含量的增大会提高干酪根等塑性物质在岩石中的占比，导致地层可压性降低，不利于后期工程改造，统计分析证实，TOC 含量越高，页岩塑性越强，TOC>6%时，脆性指数小于 40，压裂改造难度大。由此可见，TOC 含量分布在 2%~6%时，既有利于页岩滞留烃的形成与可动，也有利于工程压裂改造。

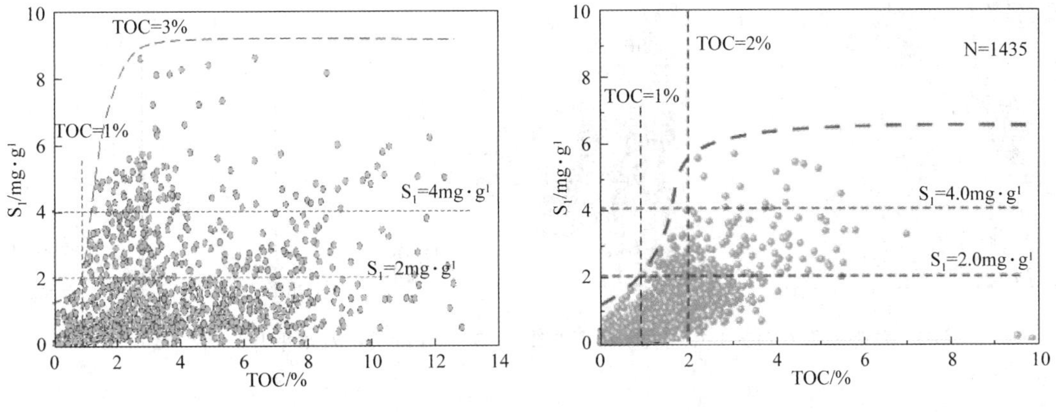

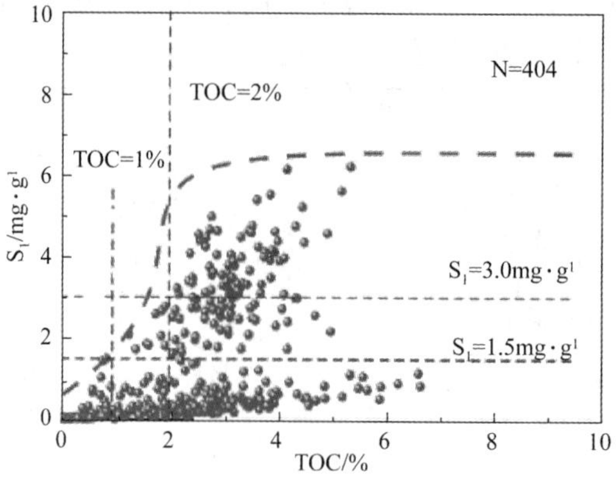

图2　黄骅坳陷古近系 S_1 与 TOC 含量相关性(从左至右依次为孔二段、沙三段、沙一段)(续图)

2.3　适中的有机质类型以Ⅰ型为主、Ⅲ型为辅利于

不同类型干酪根在不同热演化阶段的生烃能力研究证实，Ⅰ型干酪根在主生烃期 Ro 为 0.6%~1.0%时，单位有机碳生成的滞留烃量比Ⅱ型、Ⅲ型干酪根高1倍以上，黄骅坳陷古近系三套页岩层系干酪根类型以Ⅰ型为主，这为油气的规模生产与富集滞留奠定了重要基础。但一定比例的以陆源高等植物为主的Ⅲ型干酪根，其主要以生气为主，适量的气体可以提高页岩油中的气油比，有助于降低页岩油的黏度和密度，改善页岩油的流动能力，提高页岩油在井筒中的举升能力。由此可见，以Ⅰ型有机质为主、Ⅲ型有机质为辅的多类型的有机质混合，既有利于滞留烃的生成与富集，同时也利于烃类的流动

2.4　适中的热演化成熟度是页岩油滞留聚集的优势

通过 GX12-1 井样品(埋深为 2006.6m，长英质页岩，TOC 含量为 4.31%)热压生排烃模拟及干酪根溶胀吸附实验分析，明确不同热演化程度下的干酪根吸附烃量，定量刻画出不同热演化阶段的排出油、滞留可动油及干酪根吸附油的比例关系(图3a)。处于中等热演化阶段(Ro0.7~1.2%)页岩滞留油含量最高，占总生烃量的20%~60%，较高热演化阶段(Ro>1.2%)页岩油气并存，其中 Ro 为 0.89%时烃源岩中滞留可动油达到最大，占总生烃量的 62.6%，Ro 为 0.76%~1.2%时，滞留可动油均可达到总生油量的40%以上，是页岩油最有利的演化范围；当 Ro 为 0.7%~0.76%或 1.2%~1.4%时，滞留可动油亦可达到30%以上。实钻录井 OSI 及试油也表明：3200m~4200m(Ro0.7~1.2%)OSI 值高、超越吸附效应明显、试油井产量高，页岩油平均产量整体上随 R_o 值增大而增加，R_o 值小于 0.9%时，页岩油产量随 R_o 的增大缓慢增加，R_o 为 0.9%~1.1%时，页岩油产量随 R_o 的增大快速增加(图3b、c)。

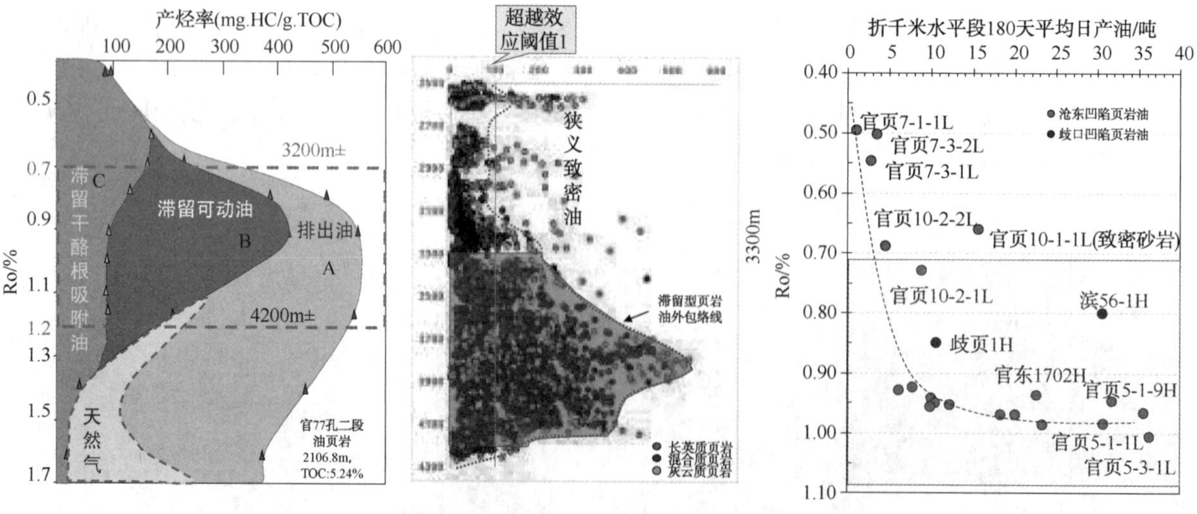

图3　黄骅坳陷 GX12-1 井页岩生排烃曲线、OSI 与深度关系及水平井产量与 R_o 关系

3 适高的储集及含油条件

3.1 高密度纹层影响有机质丰度、烃类赋存及渗流

黄骅坳陷古近系三套页岩层系均发育不同结构类型的高频纹层(图4)，其中沧东凹陷孔二段岩心观察单层厚度多小于2mm，主要以小于1mm的微米级薄纹层为主，显微镜下观察统计，纹层密度可达11000层/m；歧口凹陷沙三段岩心主要以单层厚度在2~10mm的中—厚纹层为主，纹层厚度无规律变化，显微镜下观察统计，纹层密度一般大于5000层/m；歧口凹陷沙一段下亚段岩心主要以单层厚度<1mm的微米级纹层为主，显微镜下观察统计，纹层密度可达15000层/m。通过对QY12-1-1井、官108-8井岩心尺度的纹层密度分别与矿物组分、TOC含量、S_1含量的关系进行了统计分析发现，纹层密度越大，长英质(孔二段)或碳酸盐(沙三段及沙一下亚段)矿物组分含量越高、TOC越大、S_1越高。CT扫描、核磁共振实验分析发现，发育高密度纹层的页岩孔隙层状分布、连通性好、可动流体饱和度高(46.7%)，易于烃类渗流，层状及块状页岩次之。

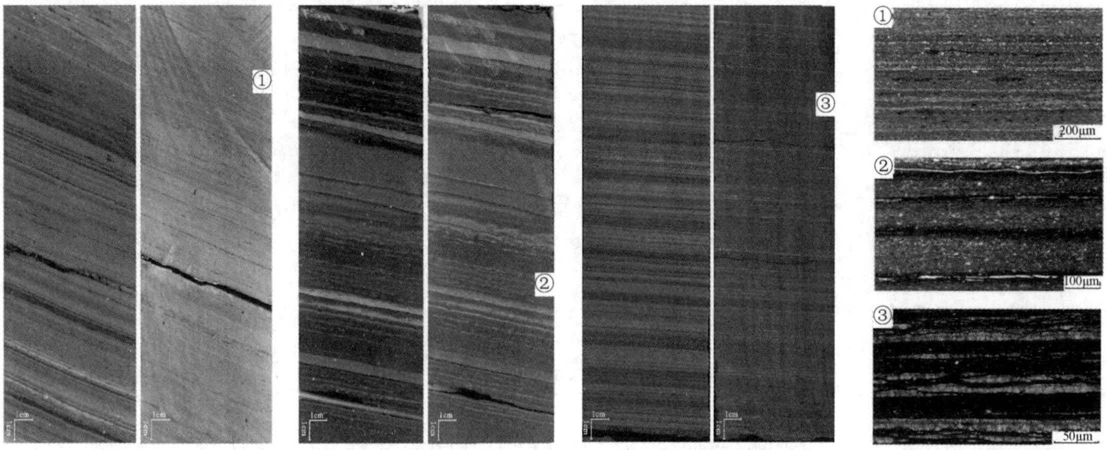

图4 黄骅坳陷古近系页岩纹层发育特征

3.2 高占比微纳米孔缝为页岩油的富集提供了充足的储集空间

黄骅坳陷页岩微纳米级孔隙和微裂缝十分发育，孔隙类型主要为粒间孔、晶间孔、溶蚀孔、机质孔隙，裂缝包括层裂缝、构造微裂缝、层理缝、有机质收缩缝等。利用ATLAS超大面积高分辨电镜成像对页岩孔隙及裂缝的数量及表面积进行分析，页岩面孔率一般为1%~9%，局部面孔率大于10%，纳米—微米级孔隙极其发育，呈群集式分布，孔隙半径一般大于300nm。通过热解烃S_1与不同孔径的孔隙度相关分析表明(图5)，可动烃主要赋存于孔径大于100nm以上的孔隙中。热解烃S_1与1~20nm孔径的孔隙具有明显的负相关关系，S_1与孔径100nm以上的孔隙，尤其是孔径100~500nm的孔隙具有较好的正相关关系，可见页岩滞留的可动油部分主要赋存于100~500nm的孔隙内。

3.3 高滞留可动烃含量是页岩油高产的关键

页岩型页岩油滞留可动烃含量是页岩油富集程度高低的关键指标，S_1及OSI是表征滞留可动烃含量的重要参数。基于黄骅坳陷30口岩屑热解资料及试油试采生产资料，对水平井压裂段平均S_1值与水平段折算为千米后的累计产油量进行了统计分析(图6)，发现二者呈现出良好的正相关关系，当S_1平均值分布于1~6mg/g范围内时，千米累计年产油量随S_1的增大呈缓慢增大，当S_1大于6mg/g以后，千米累计年产油量随S_1的增大呈快速增大。水平井压裂段平均OSI与千米180天平均日产油亦呈正相关，日产油>10t的必要条件是压裂段平均OSI>200mg/gTOC。由此可见，滞留可动烃含量越高，越有利于页岩油水平井获得高产。

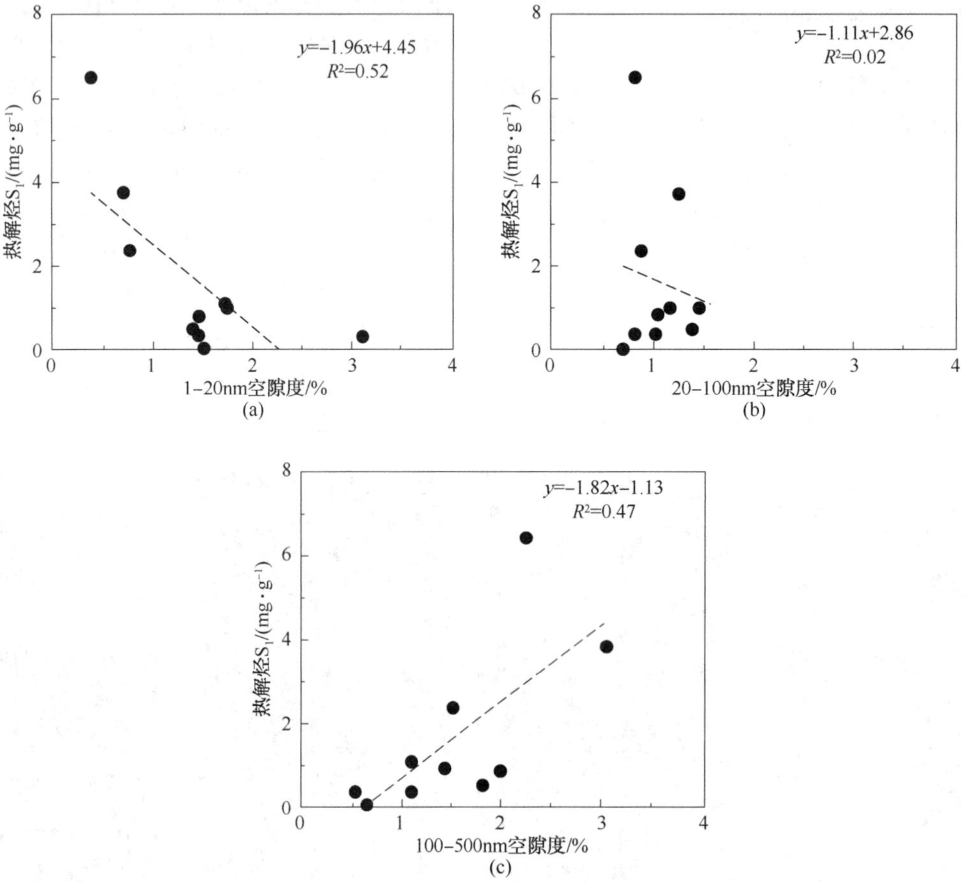

图 5　黄骅坳陷古近系页岩不同孔径范围内孔隙与 S1 含量相关性

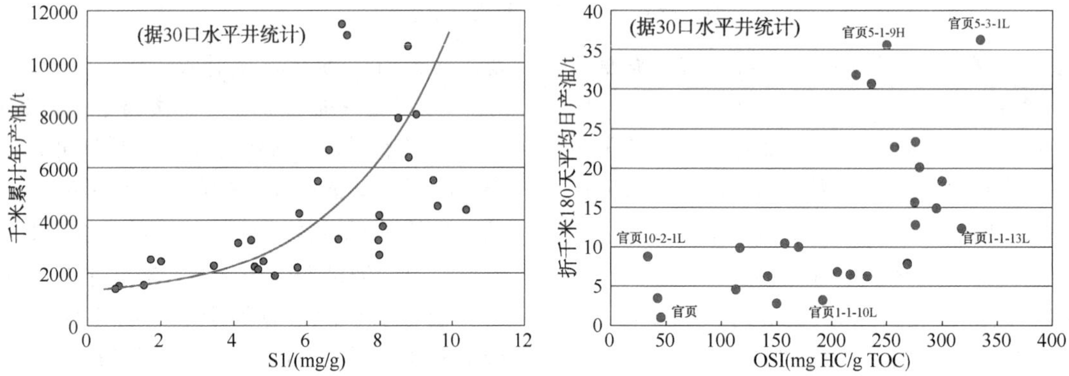

图 6　黄骅坳陷古近系水平井压裂段平均 S1 与千米累计年产油量(左)、
平均 OSI 与千米 180 天平均日产油关系图(右)

4　优良的保存条件

4.1　顶底板封堵条件优

顶底板的封堵能力对页岩油滞留和保存具有重要影响，断陷型盆地页岩油富集对顶底板封闭能力的要求更高。顶底板既有区域性盖层，又有与富集层紧邻的局部致密岩层。以沧东凹陷为例，孔二段页岩油能够获得重要突破与其上部区域性发育有厚约 50～100m 的块状泥岩顶板和 60～90m 块状泥岩底板紧密相关(图 7)，顶底板主要以呈块状结构、低有机质丰度、低电阻率为典型特征，其储集性、含油性、脆性等均较差，为孔二段页岩油的滞留与富集提供了重要封堵条件。

4.2　断裂破坏程度弱

断陷盆地断层的活动强度、活动期与成藏期匹配关系对页岩油滞留具有重要影响。在早于生排烃时期活动的断层可产生大量的微裂缝，为页岩油提供了良好的滞留空间；排烃期或之后发育的活动断层则可作为沟通页岩与外圈砂岩的通道，使得页岩油发生逸散。沧东凹陷孔二段主要受两侧沧东段层、徐西断层与内部孔东断层、孔西断层控制，在风化店、孔西、孔东、小集等地发育多个断裂构造带。目前的页岩油主力探区位于南皮斜坡小集断裂构造带的1号与5号井场，其中1号井场位于小集断层西南处，5号井场位于段六拨断层附近，由于小集断层NE方向与孔东断层交汇，在1号井场处发育大量四级断层；而段六拨断层构造较稳定，5号井场附近四级断层不发育。基于各水平井钻探靶层与临近断裂距离与首年千米累产油关系可以看出，与井旁断裂较近的页岩油水平井首年千米累产油较低，而随着与井旁断裂距离的增加，首年千米累产油呈逐渐上升的趋势，在距离为450~550m处达到峰值，距离大于550m后，由于天然裂缝发育较少，页岩油滞留空间减少，首年千米累产油略有下降。

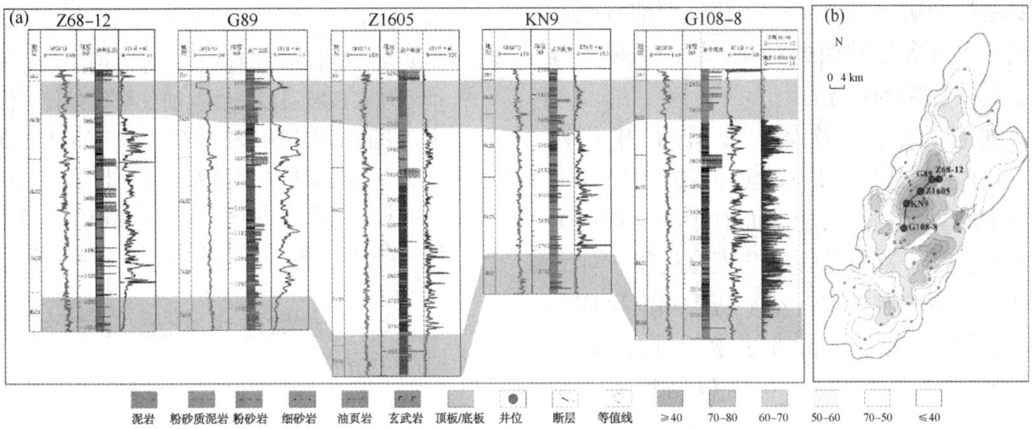

图7 黄骅坳陷沧东凹陷顶底板连井分布图(a)及顶板厚度分布图(b)

5 勘探开发实践

以黄骅坳陷陆相页岩型页岩油“适中的物源及烃源岩条件、适高的储集条件、优良的保存条件”3方面的原则为基础，通过分析不同参数对页岩油形成与富集的影响程度大小，优化甜点评价参数、完善甜点评价方法，指导了黄骅坳陷三套页岩油甜点的评价优选。

以沧东凹陷孔二段为例，纵向优选C1-3、C3-8、C5-12共3套Ⅰ类富集层作为优先钻探箱体，单个箱体厚度8~10m，岩性以纹层状长英质页岩为主。针对纹层状长英质页岩相对发育的C1-3和C3-8小层部署的6口水平井获百吨高产，其中GY5-1-1L井最高日产油突破208m^3，创断陷湖盆页岩型页岩油纪录；GY5-1-9H首年产量超万吨，目前44mm泵抽，日产油17.84t，生产936d累产油21284t(图8)；五号平台效益开发试验5口水平井已连续自喷生产204~243d，累产油41338t，目前2.5mm油嘴自喷生产，单井日产油31.8~53.3t。2019年以来，沧东凹陷利用8个平台完钻页岩油水平井52口，开井45口，累产油已达32.0×10^{4}t。

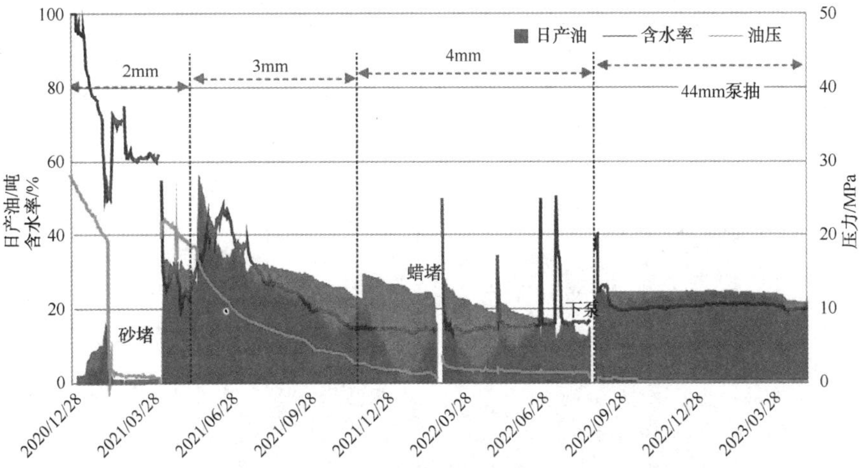

图8 沧东凹陷GY5-1-9H井生产综合曲线

6 结论

深盆湖相页岩型页岩油的富集受“适中的物源及烃源岩条件、适高的储集条件、优良的保存条件”3个条件的耦合作用影响，基于“中源、高储、优保”页岩油富集条件，完善了页岩型页岩油有利层及有利区定量评价方法，有效指导了黄骅坳陷古近系页岩油钻探箱体及有利区的评价优选，三套页岩层系在Ⅰ类富集区钻探的水平井均获得重要勘探突破，并有4口井获日产油百吨高产，为我国东部深盆湖相页岩型页岩油的勘探开发提供了重要经验与借鉴。

值得注意的是，本次研究提出的“中高匹配”富集规律主要适用于以原地滞留或纹层尺度微运移为主的页岩型页岩油，而对于以运移烃为主的致密油，部分富集条件并非完全适用，如高频纹层结构、适中有机碳含量、适中热演化成熟度等，有利层/区定量评价方法中的部分参数，如Ro、TOC、纹层密度等，也需根据致密油的成藏与富集规律作相应调整。

参考文献

[1] 赵贤正，蒲秀刚，周立宏，等．深盆湖相区页岩油富集理论、勘探技术及前景——以渤海湾盆地黄骅坳陷古近系为例[J]．石油学报，2021，42(02)：143-162.

[2] 赵贤正，周立宏，蒲秀刚，等．湖相页岩滞留烃形成条件与富集模式——以渤海湾盆地黄骅坳陷古近系为例[J]．石油勘探与开发，2020，47(05)：856-869.

[3] 王跃文，陈百军，陈均亮，等．松辽盆地古龙页岩油层顶底板断层封闭性及油气聚集有利区优选[J]．大庆石油地质与开发，2022，41(3)：53-67.

[4] 付晓飞，石海东，蒙启安，等．构造和沉积对页岩油富集的控制作用——以松辽盆地中央坳陷区青一段为例[J]．大庆石油地质与开发，2020，39(3)：56-71.

[5] 颜照坤．黄骅坳陷古近纪构造—沉积演化过程研究[D]，2014.

海上断陷湖盆页岩油储集特征及评价方法

——以北部湾盆地涠西南凹陷流沙港组二段为例

范彩伟　陈　鸣　高永德

[中海石油(中国)有限公司湛江分公司]

摘　要　近年来，我国陆相页岩油勘探开发取得重大突破，使得页岩油成为老油区稳产增产的现实新领域，北部湾盆地涠西南凹陷流沙港组二段页岩油压裂测试获得成功，拉开了海上页岩油勘探和研究的序幕。本文首次将高精度岩心实验分析及高分辨率测井技术引入流沙港组二段页岩油储层的精细表征，并结合脆性指数、地应力参数等完井品质评价结果，优选了储层品质及工程品质的双甜点段。高分辨率岩心扫描和矿物自动识别分析结果表明流沙港组流二段页岩油储层矿物组成主要表现为粘土矿物、石英及碳酸盐矿物混积特征，岩相类型以富泥硅质页岩、混合型硅质页岩及泥质硅质页岩为主，总有机碳(TOC)含量较高，平均可达4.5%。利用元素测井划分了页岩油储层岩相，结果显示流二段页岩油储层岩相以富泥硅质页岩、混合型硅质页岩及泥质硅质页岩为主。二维核磁共振实验和核磁测井评价表明研究区页岩油储层有效孔隙度及可动流体孔隙度均较高，平均值分别可达8%及4%；储层含油性较好，有效含油饱和度较高，平均可达60%。激光共聚焦扫描显示流二段页岩油轻质组分富集于层理缝，重质组分富集于有机质残体。流二段页岩油储层脆性指数为22-56%，均值为30%。地层水平应力差较小，为2-4.5MPa，体积压裂改造时易于形成复杂缝网。综合地质甜点与工程甜点，优选了页岩油储层地质工程一体化开发的靶窗，为流二段页岩油勘探开发提供了依据。

关键词　页岩油；储层品质；完井品质；源岩品质；流沙港组

近年来非常规油气藏中的页岩油作为重点的勘探方向在国内各大盆地陆续展开，相关研究工作也日益受到各大油田及相关学者的关注，先后在渤海湾盆地济阳坳陷的沙河街组三、四亚段、松辽盆地青山口组一段及二段、鄂尔多斯盆地的长7段、四川盆地的凉高山组及东岳庙段和准噶尔盆地的芦草沟组及风城组等地层发现了页岩油储层。目前国内所发现的页岩油均是湖相沉积，且各个盆地的页岩油特征差异较大，表明湖相页岩油储层具有极强的复杂性，主要表现在矿物组分复杂、孔隙类型多样及孔隙结构复杂、油气赋存空间复杂等方面。前人的研究也表明湖相页岩油储层发育多尺度的孔缝体系，是复杂的流体-岩石系统演化过程综合作用结果，对页岩油的储集、运移以及富集至关重要。

北部湾盆地涠西南凹陷流沙港组沉积时期是湖盆发育的鼎盛时期，自下而上可进一步分为流三段、流二段和流一段。流二段为湖盆发育的极盛时期，发育一套良好的生油岩层系，具有明显的三段特征：早期发育半深湖、深湖相灰褐色厚层页岩夹薄层浅灰色粉砂岩、细砂岩；中期水体变浅，发育褐灰色泥页岩与薄层浅灰色粉砂岩互层沉积；晚期湖平面上升，发育灰褐色页岩夹深灰色泥页岩。目前勘探表明，流二段页岩生烃能力强，含油性、储集性均较好，并且脆性矿物含量高，展现出较大的页岩油储层的勘探开发潜力。但海上页岩油勘探极具挑战，主要归因于海上压裂作业成本高，施工困难，但是涠西南凹陷WY-1井压裂测试获得日产原油20m³，为海上页岩油的勘探奠定了基础。本文结合高分辨率测井及高精度岩心实验分析资料，对流二段页岩油储层品质、源岩品质及完井品质，包括岩性、物性、含油性、可动性等特征进行了精细表征，为后续涠西南凹陷流沙港组页岩油储层勘探开发提供了强有力的理论依据。

1　页岩油储层岩性特征

1.1　矿物组成特征

页岩是指由粒径小于0.0625mm的碎屑、粘土等组成、富含有机质的的一类沉积岩。页岩矿物组分复杂，主要由石英、长石、方解石、白云石等脆性矿物和蒙脱石、伊利石、伊/蒙混层、绿泥石等粘土矿物组成，同时含有少量的重矿物，例如黄铁矿、菱铁矿等。高精度岩心CT扫描及矿物自动分析实验结果表明，流沙港组二段页岩油储层的主要矿物组分包含粘土、石英、钾长石、斜长石、方解石、白云石、菱铁矿、黄铁矿等(图1a-1d)。流二段页岩油储层结构主要表现为纹层状及层状特征，并且富含水平条带状有机质，表明其沉积环境主要为深湖及半深湖环境，水动力条件较弱(图1e-1h)。

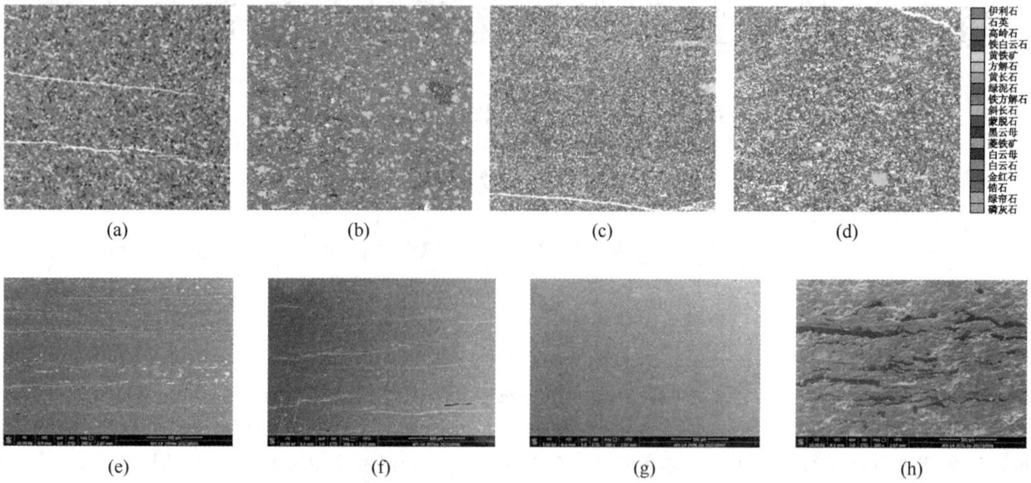

图1　涠西南凹陷流二段页岩油储层矿物组分高精度岩心扫描及矿物组分分析结果

鉴于流二段页岩油储层矿物组分的复杂性，为进行页岩油储层的矿物组分的连续精细评价，首次利用高精度地层元素测井对流二段页岩油储层元素及矿物开展精细评价。高精度元素测井主要是利用高能中子与地层元素发生的非弹性散射产生的伽马射线，以及热中子被地层俘获时产生的俘获伽马射线，对伽马能谱进行测量，通过伽马的俘获谱和非弹谱解析出地层岩石的主要化学元素，例如，硅、钙、铝等，然后利用这些特征元素回归出主要矿物成分及含量，例如石英、黏土、碳酸盐矿物等。结果表明研究区流沙港组二段页岩油储层的矿物组分以粘土和石英、长石等矿物为主，方解石、白云石等碳酸盐矿物及黄铁矿含量相对较少(图2)。粘土含量介于7.4%~52.1%之间，平均为35.1%；石英、长石等长英质矿物含量介于16.2%~74.7%，平均为43.6%；碳酸盐岩含量介于0~45.1%之间，均值为10.1%，局部发育碳酸盐岩条带(图2)；黄铁矿含量介于4.9%~12.6%之间，平均为6.9%，揭示了流二段页岩油储层矿物呈现粘土矿物、长英质矿物及碳酸盐矿物混积的特征。

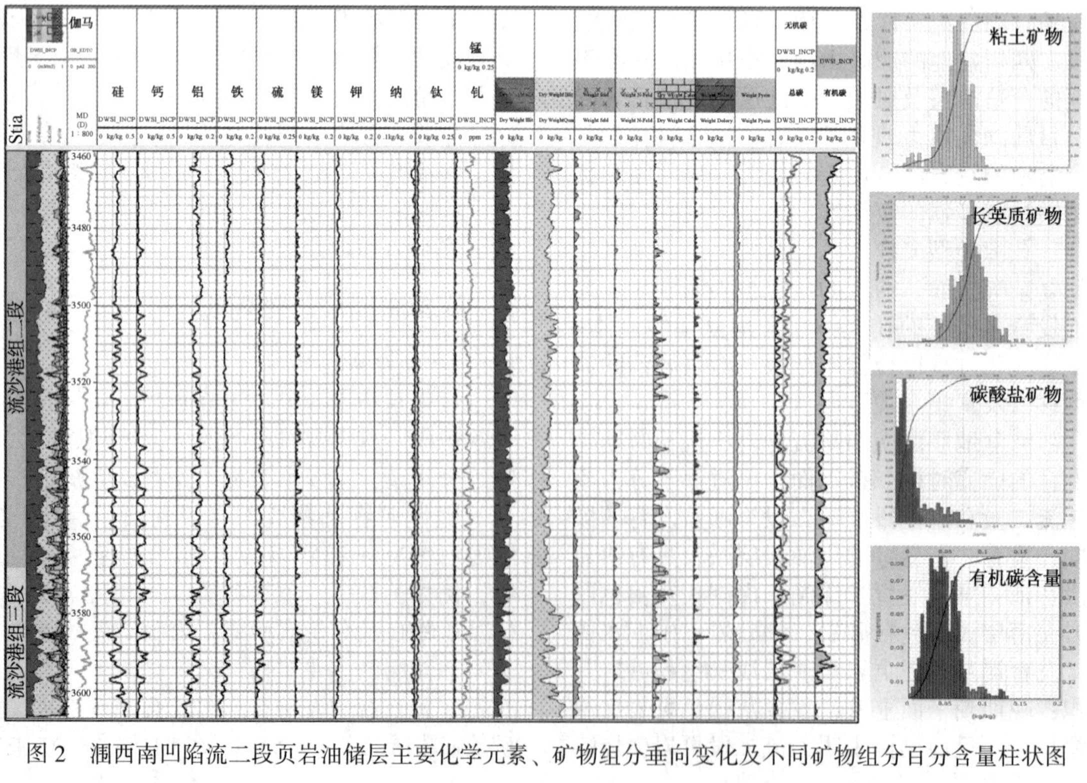

图2　涠西南凹陷流二段页岩油储层主要化学元素、矿物组分垂向变化及不同矿物组分百分含量柱状图

1.2 岩相特征

不同于常规的砂岩储层，页岩油储层矿物组成复杂且粒度极细。基于常规的测井曲线(如伽马、中子、密度及电阻率)难以对页岩油储层岩相进行精细描绘。因此，本文提出了利用高分辨率成像测井技术结合元素测井对页岩油储层岩相进行定量分析的方法(图3a)。该方法基于粘土质(即泥质)、硅质(即长英质)以及碳酸盐质矿物成分将页岩油储层岩相划分为16类(图3b)。这种定量的岩相划分方法适用于页岩地层，一方面具有快速、高精度的特点，另一方面多井对比性强，便于区域上地层对比。

流二段页岩油储层岩相以富泥硅质页岩、混合型硅质页岩及泥质硅质页岩为主，其次为混合型页岩及碳酸盐质硅质页岩，发育少量的混合型泥质页岩、富硅泥质页岩及富碳酸盐质硅质页岩(图3b)。由于涠西南凹陷页岩油储层整体为湖侵过程，并且不同湖侵阶段其岩相特征有明显差异，湖侵早期硅质矿物组分含量较高，岩相主要为富泥硅质页岩、混合型硅质页岩及泥质硅质页岩，其次为混合型页岩及碳酸盐质硅质页岩(图3c)。湖侵中期硅质矿物组分含量略有降低，而粘土质矿物组分含量略有增加，岩相以富泥硅质页岩、混合型硅质页岩及泥质硅质页岩为主，含少量的混合型页岩及富硅泥质页岩(图3d)。湖侵晚期粘土质矿物组分含量明显增加而硅质矿物组分明显减少，岩相主要为富泥硅质页岩、混合型硅质页岩、泥质硅质页岩、富硅泥质页岩及混合型泥质页岩(图3e)。

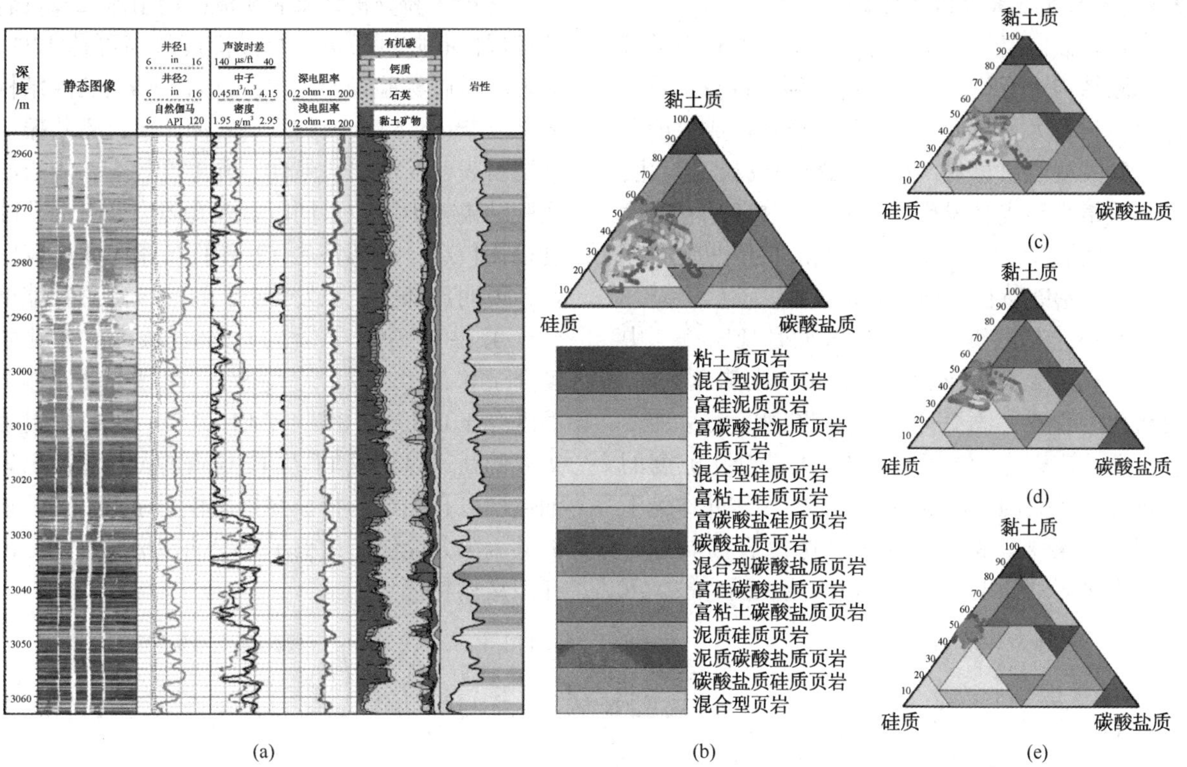

图3 涠西南凹陷流二段页岩油储层岩相精细表征结果

2 页岩油储层有机碳特征

流二段页岩油储层组作为研究区重要的烃源岩，其内部发育大量的有机质。基于高分辨率扫描电镜图像分析结果，认为流二段页岩油储层中有机质以条带状、块状及填隙状三种形式赋存(图4)。高精度地层元素测井可通过非弹性谱获取地层中总碳含量，扣除主要矿物中的无机碳，得到页岩中的有机碳含量。研究区流二段页岩油储层中有机碳含量分布范围为0.3-12.9%，平均4.5%(图2)。扫描电镜观察下，有机质内发育较多的有机孔(图4)，其中有机孔隙半径分布范围在20nm到200nm之间，平均有机孔隙半径为422.6nm。扫描电镜图像的定量统计分析表明，总有机质占比5.84%，总面孔率为2.86%，其中有机孔面孔率为0.84%，无机孔面孔率为2.02%，含孔有机质占比为3.72%，不含孔有机质占比为2.12%(图4)。

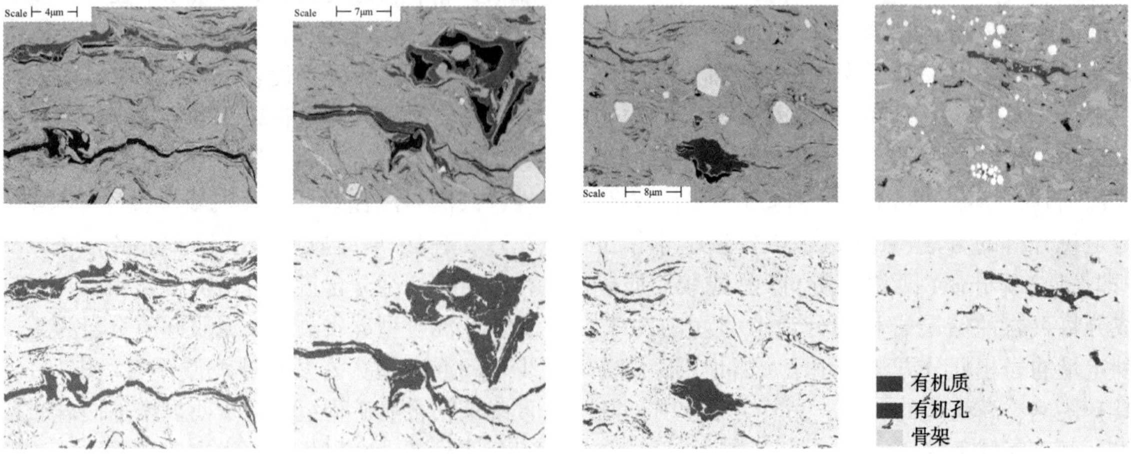

图 4　涠西南凹陷流二段页岩油储层有机质微观赋存状态

3　页岩油储层物性特征

3.1　孔隙度及孔隙结构特征

页岩油储层的矿物组合影响页岩的孔隙类型及孔隙结构。石英为刚性矿物，利于粒间孔隙的保存；长石为不稳定矿物，易沿解理形成溶蚀孔缝；碳酸盐岩矿物易溶解形成粒间或粒内溶孔，又易重结晶形成晶间孔隙；粘土矿物常呈卷曲片状，片间孔隙大量发育；同时由于有机质的存在，发育形态特征不同的有机孔隙。

此外，有机质的骨架参数如骨架密度、中子、声波等受有机质成熟度影响，成熟度不同，有机质的骨架参数不同，常规三孔隙度测井曲线(中子、密度、声波)受影响较大，对孔隙度的评价存在较大的不确定性。核磁共振测井作为不受岩石骨架中有机质影响的孔隙度直接测量方法，在页岩油储层评价中广泛应用，同时核磁测井还能进一步反映储层的孔隙结构、流体性质等特征。

常规实验分析结果表明流沙港组流二段页岩油储层段孔隙度较高，总孔隙度最高可达 12%，而岩心核磁实验表明流二段页岩油储层孔隙结构异常复杂(图 5)。流二段页岩油储层核磁共振测井资料表明，流二段整体总孔隙度较高，与岩心实验结果较为一致，同时有效孔隙度及可动孔隙度也比较高，局部核磁 T2 谱的双峰特征比较明显，说明局部大孔隙发育(图 6)。核磁总孔隙度介于 4.7–19.3%，平均 11.3%；核磁有效孔隙度介于 0.2–16.3%，平均 8%；核磁可动流体孔隙度介于 0.1–11.8%，平均 4.0%(图 6)。更为重要的是通过核磁 T1 及 T2 谱资料可以看出页岩油储层段孔隙结构特征变化比较明显(图 6)，核磁共振测井能够有效揭示页岩油储层段不同层段孔隙结构特征。

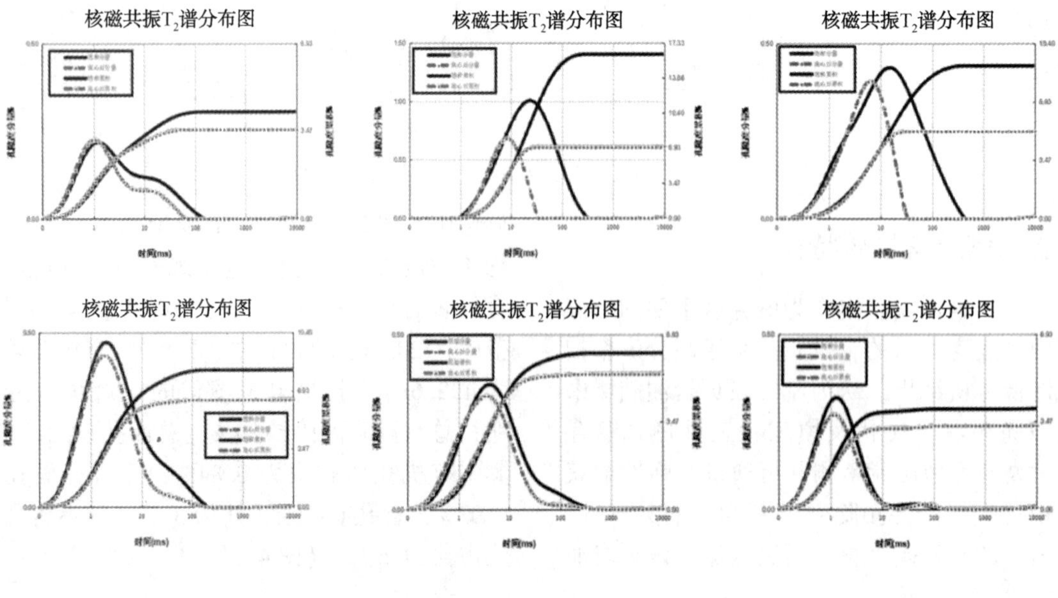

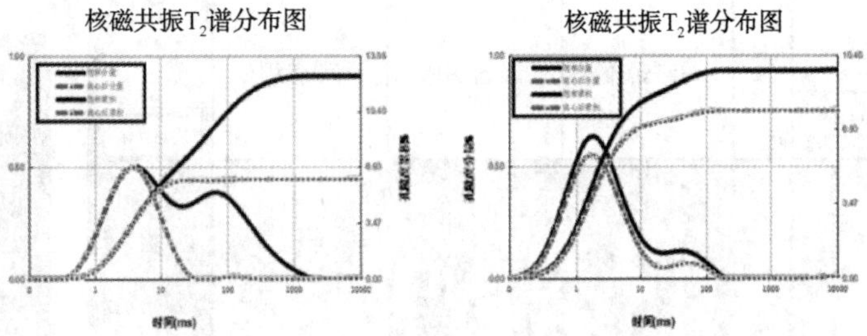

图 5　涠西南凹陷流二段页岩油储层岩心核磁共振实验分析结果(续图)

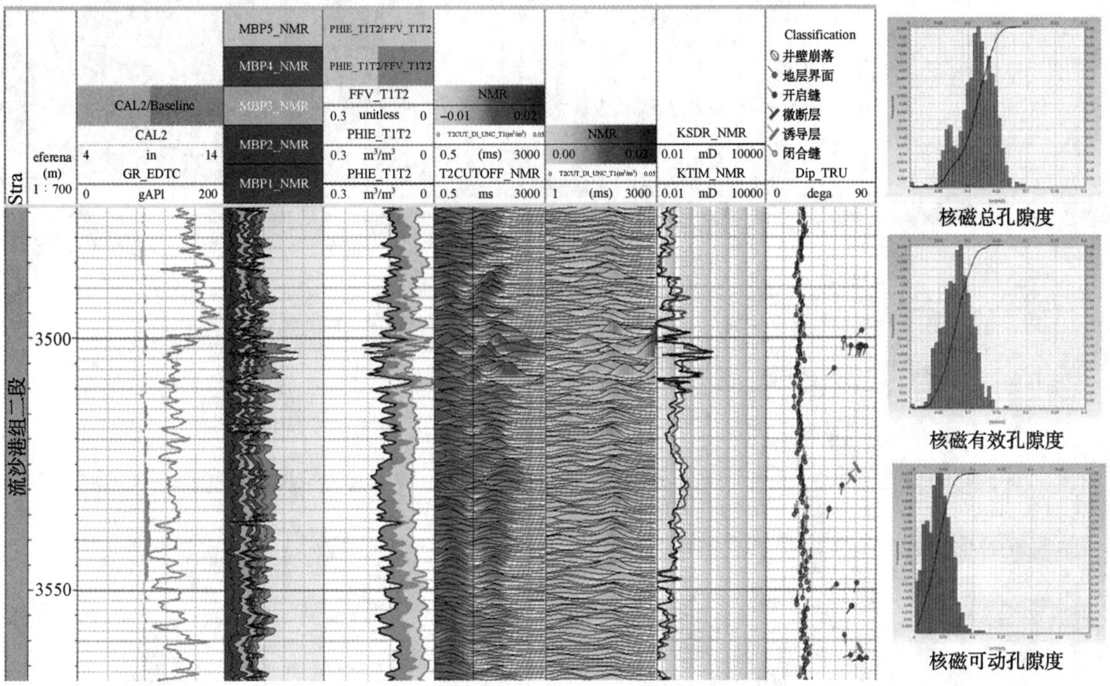

图 6　涠西南凹陷流二段页岩油储层孔隙度及孔隙结构核磁共振测井解释结果

3.2　裂缝发育特征

近年来的非常规油气勘探实践表明天然裂缝对于页岩油气储层至关重要，一方面在排烃期可作为油气的运移和疏导通道，有利于自生自储或自生近储的页岩油气储层成藏；另一方面在排烃期后由于压力下降以及碳酸钙沉淀常形成闭合裂缝，对于后期的页岩油气储层的后期保存也有着重要的贡献。基于高分辨率电成像测井可确定地层中天然裂缝的发育层段，并可与钻井取心进行刻度标定；更为重要的是基于高分辨率成像测井可确定天然裂缝的产状(倾向、走向及倾角大小)等地质信息，弥补了其他测井手段甚至是钻井取心均无法提供天然裂缝产状的不足。高分辨率成像测井是评价地层中天然裂缝最为直观的途径与手段。

新一代油基泥浆电成像工具测井数据经过反演处理，可以得到清晰的电阻率静态图像、动态图像以及间隙图像。对于开启裂缝，电极与井壁面之间的距离由于裂缝的存在，间隙值较大，间隙图像上显示为暗色正弦曲线(图 7)；而对于闭合裂缝，由于裂缝被充填，电极与井壁面之间的距离较小，间隙值较小，间隙图像上没有显示或显示微弱(图 7)。基于高分辨率成像测井数据分析，流二段部分层段发育开启裂缝及闭合裂缝，裂缝主要为中高角度裂缝，与取心结果可进行刻度对比(图 7)。裂缝发育位置同样具有一定规律性，裂缝主要发育于流二段湖侵早期、中期及晚期过渡的层段。

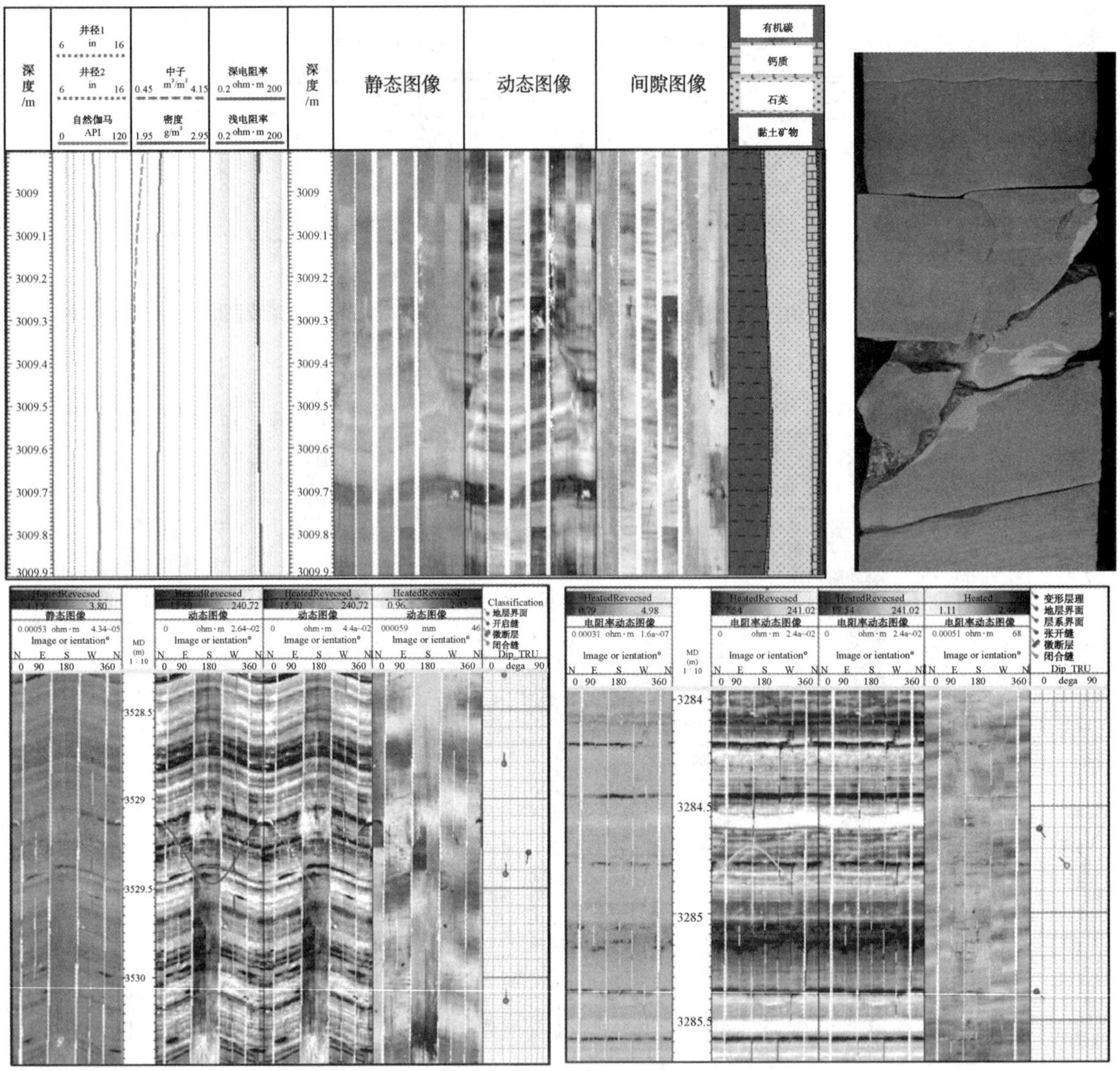

图 7　涠西南凹陷流二段页岩油储层天然裂缝发育特征

4　页岩油储层含油性特征

页岩油储层由于其矿物组分及孔隙类型与常规储层的差异，其油气赋存空间类型也有所不同。页岩油主要由吸附油、毛管束缚油和可动油三部分组成。流二段典型页岩孔隙及原油分布激光共聚焦扫描的实验结果表明在页岩油层段，孔隙以微孔、层理缝为主，轻、重组分多弥漫状分布，分布较均匀；部分轻质组分富集于层理缝中，重质组分多富集于有机质残体中(图 8)，说明页岩油储层段孔隙特征及含油特征都比较明显。二维核磁技术通过对 T1 及 T2 谱的测量以及 T1/T2 比值的方法定量评价页岩油储层的含油量。通常情况下，油、气、水等流体在没有外部束缚的自然状态下其 T1/T2 比值为 1；当在地层条件下，油、气、水赋存于地层孔隙内，其测量到的 T1 和 T2 比值主要受孔隙结构影响，但不同性质的流体 T1/T2 比值会发生些许变化，含油地层的 T1/T2 比值一般介于 3-10 之间。

岩心二维核磁实验结果表明流二段页岩油储层岩心在饱和状态下其 T1/T2 比值明显大于 3 (图 8)，说明流二段页岩油储层含油性明显。为得到连续的 T1 及 T2 谱、T1/T2 比值以及定量计算页岩油储层中含油饱和度，本文首次将二维核磁测井技术引入对流二段页岩油储层段含油性的评价中。结果表明，流二段页岩油储层段含油性较好，可动孔内以可动油为主，可动油体积、可采油体积相对较高，在 T1/T2 谱上见明显较强的含油信号，相对可动水的信号比较微弱。二维核磁计算得到的有效含油饱和度较高，介于 10-93%之间，平均可达 60%(图 9)。

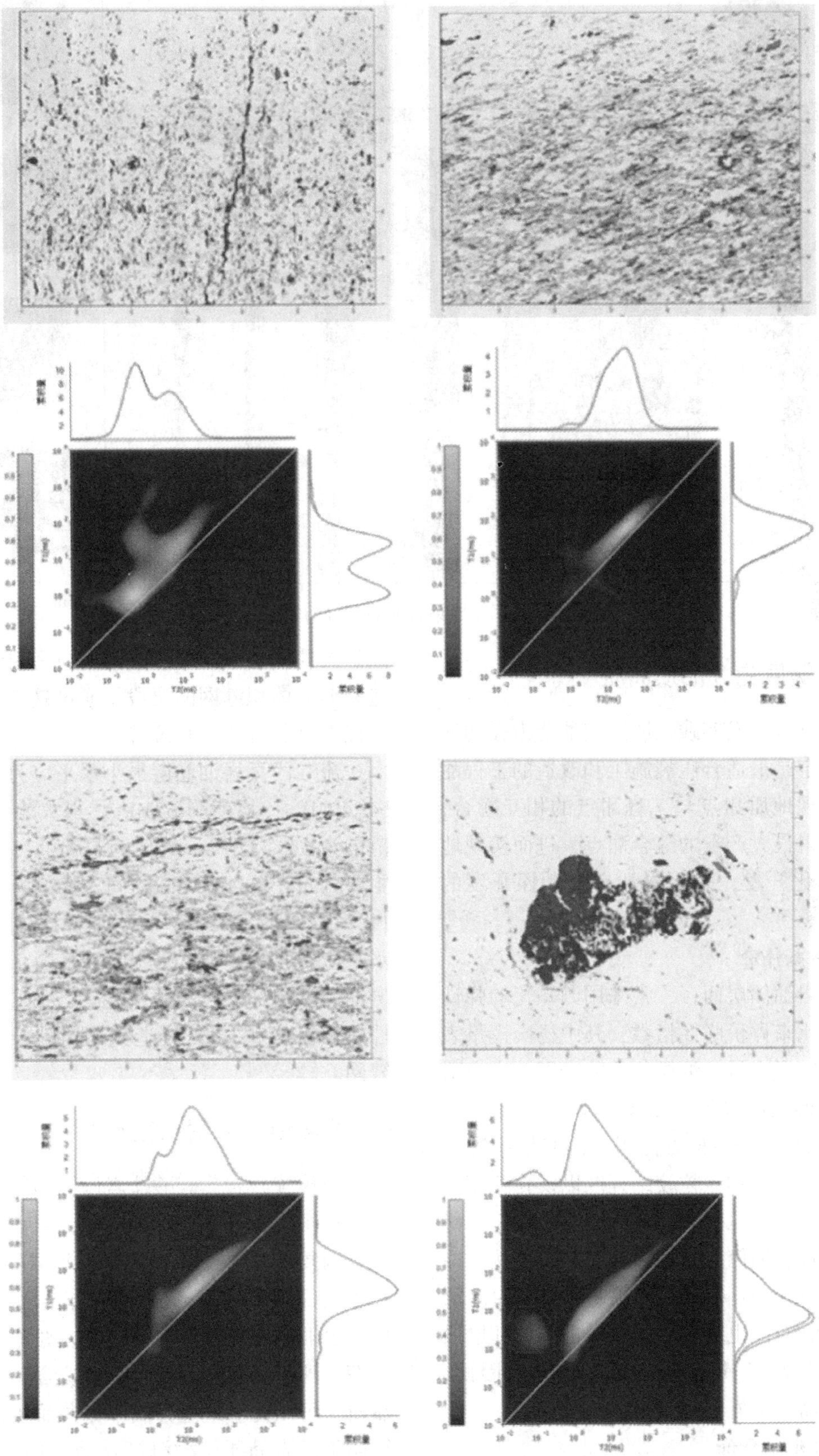

图 8　涠西南凹陷流二段页岩油储层激光共聚焦扫描及二维核磁实验分析结果

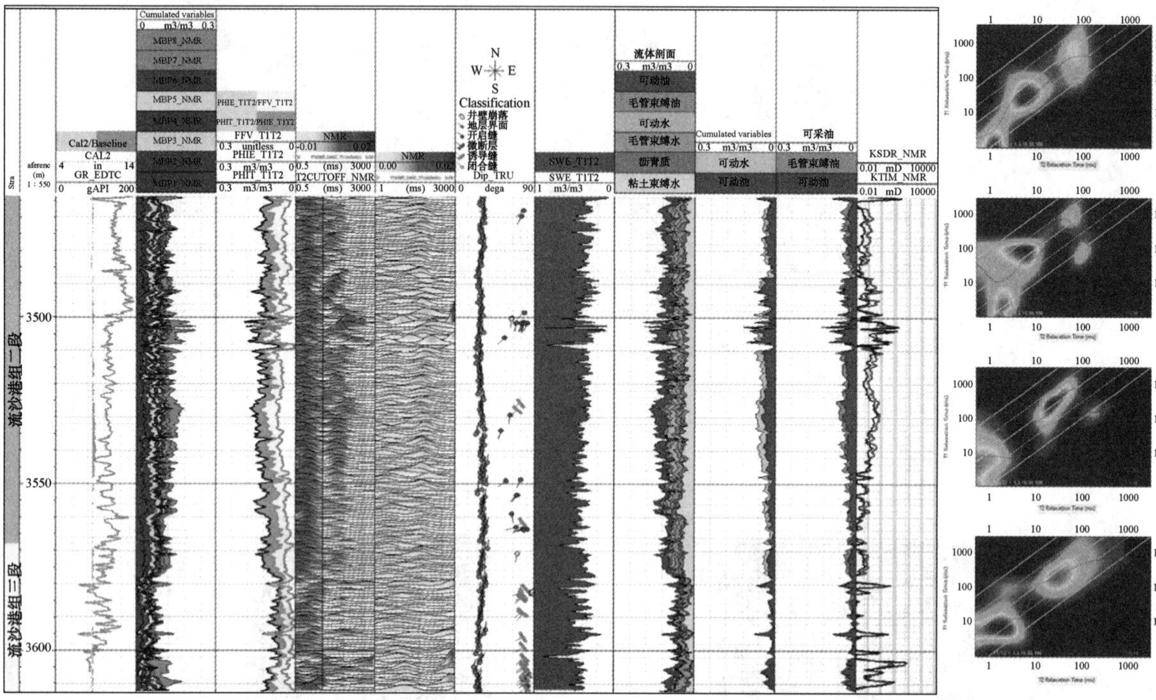

图9　涠西南凹陷流二段页岩油储层含油性定量评价结果

5　页岩油储层完井品质特征

页岩油勘探开发实践表明，储油能力强的地质甜点不一定是最适合压裂施工和改造的工程甜点。如何实现地质甜点与工程甜点的相互融合，寻找能够获得最大产量的综合甜点，进而实现地质工程一体化开发，是页岩油有效勘探开发的关键。

5.1　脆性指数评价

对于页岩油储层而言，常采用归一化的弹性模量和泊松比来评价脆性指数，其中杨氏模量表征岩石的径向形变量，泊松比反映岩石的横向形变量，进而得到的脆性指数能够表征岩体中应力-应变的相互作用。该方法得到的脆性指数是岩石矿物组成、矿物颗粒胶结程度以及孔隙度的综合响应，在水力压裂方面有实际应用价值。研究区流二段页岩油储层脆性指数分布范围为22-56%，均值为30%（图10）。流二段页岩油储层段脆性指数纵向上也存在明显差异性，中部层段脆性指数明显高于其上下地层（图10）。因此，从脆性角度而言页岩油储层中部层段较好。

5.2　地应力参数评价

地层地应力状态直接影响页岩油压裂改造效果，决定是否能够形成有效的人工体积缝网，增加改造体积并形成有效导流通道，提高页岩油产能。页岩油储层主要基于两向应力差判断压裂改造易形成体积缝网的层段，通过最小水平应力梯度优选易起裂的射孔位置。

流二段页岩油储层最小水平应力分布范围为64-69MPa，均值为67MPa；最大水平应力分布范围为67-73MPa，均值为70MPa；水平应力差主要分布在2-4.5MPa之间，均值为2.2MPa(图11)。从纵向上来看，页岩油储层中部层段最小水平应力及水平应力差均较小(图11)，表明页岩油储层中部层段易于起裂，且水平应力各向异性较弱，体积压裂改造过程中易于形成复杂缝网。

6　页岩油储层甜点段预测

与传统砂岩、碳酸盐岩储层相比，页岩油储层具有机质丰富、粒度细、粘土矿物含量高、孔隙结构复杂、渗流能力差、非均质性强的特点。页岩油储层甜点评价需要综合储层的岩性、物性、含油性、可压性、地应力、烃源岩特征等进行综合评价。其中岩性、物性、含油性属于储层品质，可压性、地应力属于完井品质，烃源岩特征属于源岩品质。渤海湾盆地济阳坳陷在近10的攻关研究和勘探实践过程中，建立了济阳坳陷页岩油以含油性、储集性、可动性、可压性为核心的20项参数地质评价体系，优选地质、工程双甜点，有效指导了济阳坳陷页岩油的勘探实践。

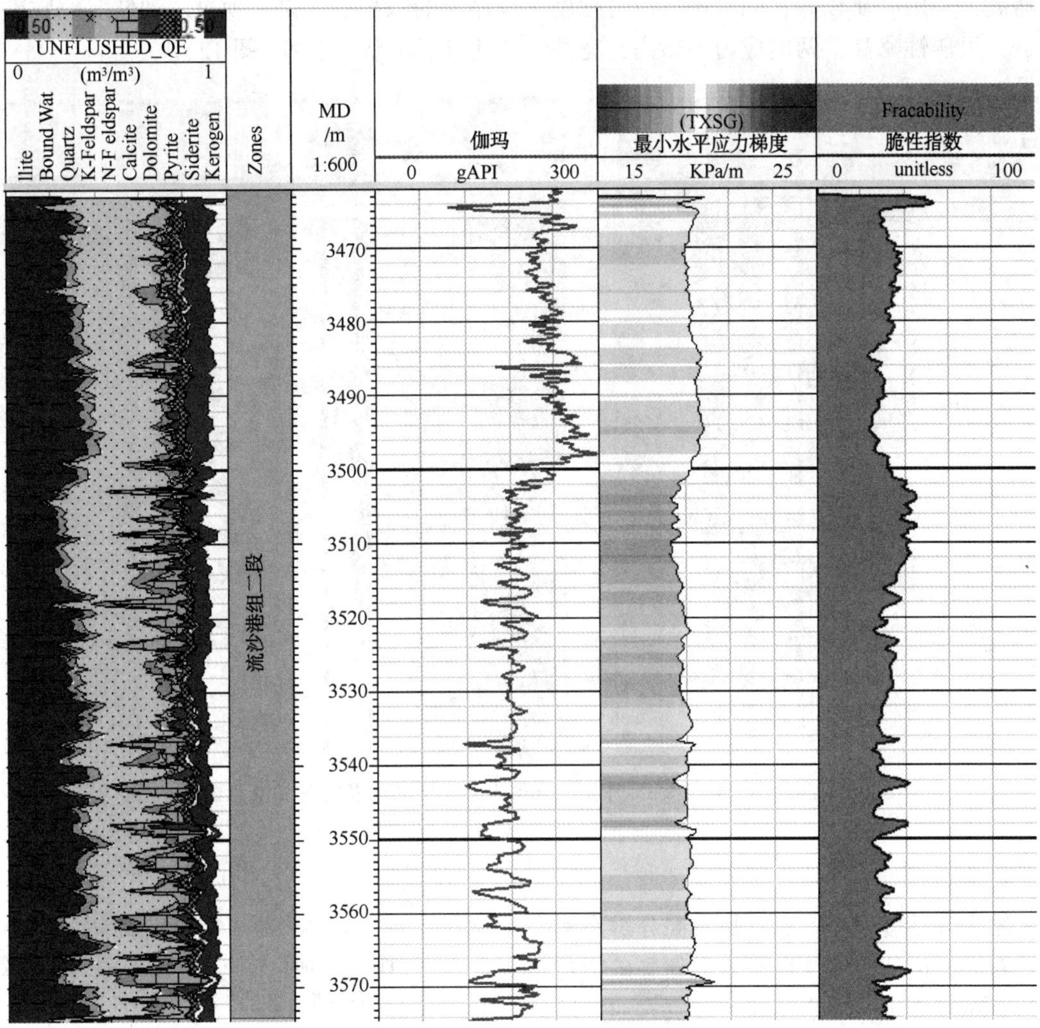

图 10 涠西南凹陷流二段页岩油储层脆性评价结果

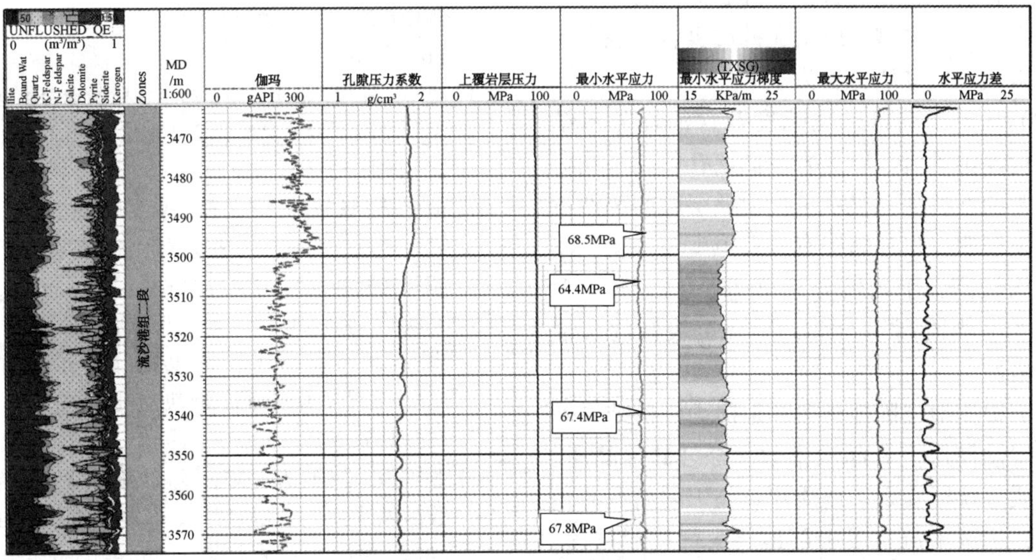

图 11 涠西南凹陷流二段页岩油储层地应力参数评价结果

以研究区 WY-X 井为例，储层品质相对较好的层段为 3500-3535 米，该段粘土含量相对较低，核磁可动孔隙度、可动油含量及含油饱和度相对略高，储层品质较好；同时该段应力梯度相对略低，可压性略高，两向应力差略高，完井品质较好。因此，本段为页岩油储层品质及完井品质的双甜点，是实现页岩油储层地质工程一体化开发的优选靶窗(图 12)。

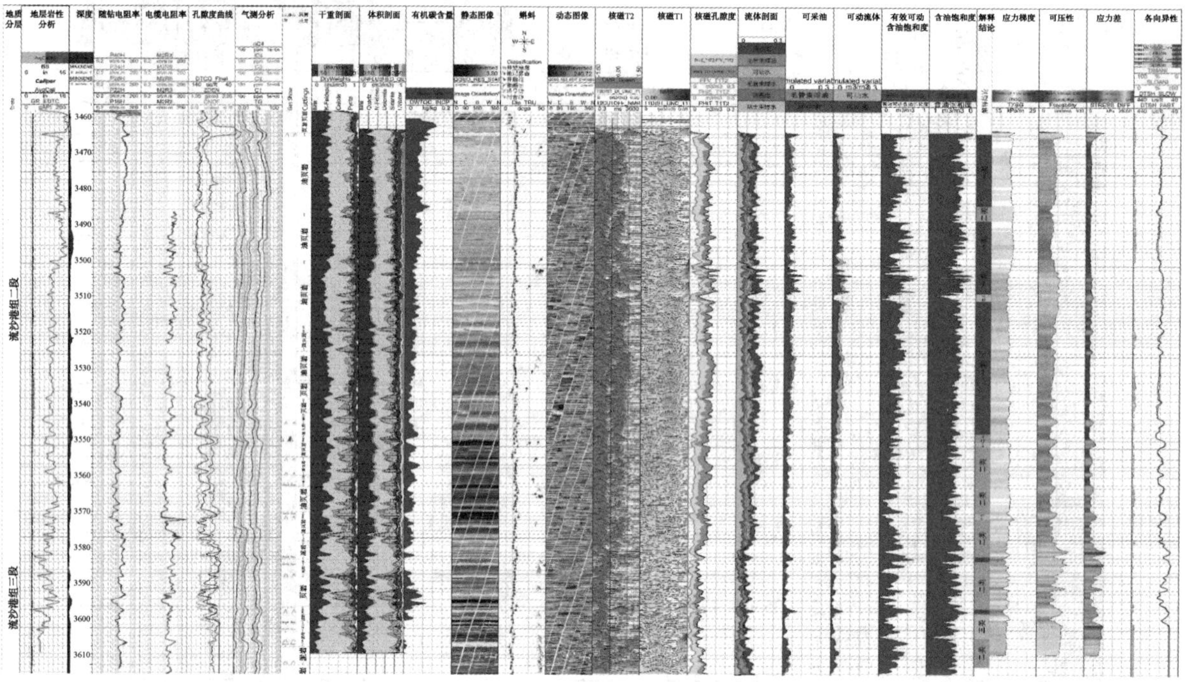

图 12　涠西南凹陷 WY-X 井流二段页岩油储层品质及完井品质靶窗优选

7　结论

(1) 结合高精度岩心实验分析及高分辨率测井资料，对涠西南凹陷流二段页岩油储层矿物与岩相进行了精细表征，确定了流二段页岩油储层中的主要矿物类型。基于黏土矿物-长英质矿物及碳酸盐岩质矿物相对含量明确了流二段页岩油储层的主要岩相类型，以富泥硅质页岩、混合型硅质页岩及泥质硅质页岩为主。

(2) 基于二维核磁孔隙度及含油性分析结果，定量评价了流二段页岩油储层孔隙度、孔隙结构及含油性特征，揭示了优质储层段的物性特征。结果表明页岩油储层有效孔隙度及可动流体孔隙度均较高，平均值分别可达 8% 及 4%，含油饱和度平均值高达 60%，展现出较好的含油性和储集性。

(3) 根据地层脆性指数和地应力评价结果确定了页岩油储层完井品质参数。综合储层品质、源岩品质等特征实现了地质甜点与工程甜点的相互融合，优选出流二段中部地层为优质甜点段，表现出含油性好、储层品质高、易于压裂等特征，为后续页岩油勘探开发提供了理论依据。

参　考　文　献

[1] 赵贤正，金凤鸣，周立宏，等．渤海湾盆地风险探井歧页 1H 井沙河街组一段页岩油勘探突破及其意义[J]. 石油学报，2022，43(10)：1369-1382.

[2] 李潮流，闫伟林，武宏亮，等．富黏土页岩储集层含油饱和度计算方法——以松辽盆地古龙凹陷白垩系青山口组一段为例[J]. 石油勘探与开发，2022，49(6)：1168-1178.

[3] 肖玲，陈曦，雷宁，等．鄂尔多斯盆地合水地区三叠系长 7 段页岩油储层特征及主控因素[J]. 岩性油气藏，2023，35(2)：80-93.

[4] 何江林，陈正辉，董大忠，等．川东地区东岳庙段沉积环境演化及其页岩油气富集主控因素分析[J]. 沉积与特提斯地质，2022，42(3)：385-397.

[5] 李映艳，陈轩，高阳，等．井震结合分析页岩油“甜点”沉积特征及分布——以吉木萨尔凹陷芦草沟组“下甜点”为例[J]. 断块油气田，2023，30(2)：186-195.

[6] 董雪梅，李静，胡婷婷，等．准噶尔盆地沙湾凹陷二叠系风城组油气地质特征、成藏模式及上超削蚀带勘探实践[J]. 石油学报，2023，44(3)：420-432.

[7] 赵文智，胡素云，侯连华，等．中国陆相页岩油类型、资源潜力及致密油的边界 [J]. 石油勘探与开发，2020，47(1)：1-10.

[8] Pommer, M., Milliken, K.. Pore types and pore-size distributions across thermal maturity, Eagle Ford Formation, southern Texas [J]. AAPG Bulletin, 2015, 99(9): 1713-1744.

[9] Ko, L. T., Ruppel, S. C., Loucks, R. G., et al.. Pore-types and pore-network evolution in Upper Devonian-Lower Mississippian Woodford and Mississippian Barnett mudstones: Insights from laboratory thermal maturation and organic petrology [J]. International Journal of Coal Geology, 2018, 190: 3-28.

[10] 姜在兴, 张建国, 孔祥鑫, 等. 中国陆相页岩油气沉积储层研究进展及发展方向 [J]. 石油学报, 2023, 44(1): 45-71.

[11] 朱洁琼, 李晓寒, 尹恒, 等. 北部湾盆地福山凹陷流沙港组页岩特征及页岩油气资源潜力[J]. 中国海上油气, 2022, 34(6): 65-79.

[12] 严德天, 陆江, 魏小松, 等. 断陷湖盆富有机质页岩形成及主控机制浅析-以涠西南凹陷流沙港组二段为例[J]. 中国海上油气, 2019, 31(5): 21-29.

[13] 徐长贵, 邓勇, 范彩伟, 等. 北部湾盆地涠西南凹陷页岩油地质特征与资源潜力[J]. 中国海上油气, 2022, 34(5): 1-12.

[14] Schieber, J.. Deposition of mudstones and shales: overview, problems, and challenges. In: J. Schieber, W. Zimmerle, and P. Sethi, eds. Shales and Mudstones: Basin Studies, Sedimentology and Paleontology, Schweizerbart'sche Verlagsbuchhandlung, Stuttgart, 1998, 131-146.

[15] Macquaker, J. H. S., Taylor, K. G., Keller, M., et al.. Compositional controls on early diagenetic pathways in fine-grained sedimentary rocks: Implications for predicting unconventional reservoir attributes of mudstones [J]. AAPG Bulletin, 2014, 98: 587-603.

[16] 金之钧, 张谦, 朱如凯, 等. 中国陆相页岩油分类及其意义 [J]. 石油与天然气地质, 2023, 44(4): 801-819.

[17] Dong, T., Harris, N. B., McMillan, J. M., et al.. A model for porosity evolution in shale reservoirs-an example from the Upper Devonian Duvernay Formation, Western Canada Sedimentary Basin [J]. AAPG Bulletin, 2019, 103(5): 1017-1044.

[18] 胡文瑄, 姚素平, 陆现彩, 等. 典型陆相页岩油层系成岩过程中有机质演化对储集性的影响 [J]. 石油与天然气地质, 2019, 40(5): 947-956.

[19] 黎茂稳, 金之钧, 董明哲, 等. 陆相页岩形成演化与页岩油富集机理研究进展 [J]. 石油实验地质, 2020, 42(4): 489-505.

[20] 刘惠民, 李军亮, 刘鹏, 等. 济阳坳陷古近系页岩油富集条件与勘探战略方向 [J]. 石油学报, 2022, 43(12): 1717-1729.

[21] 王儒岳, 龚大建, 丁文龙, 等. 上扬子地区下寒武统牛蹄塘组页岩储层脆性评价: 以贵州岑巩区块为例 [J]. 地学前缘, 2016, 23(1): 87-95.

[22] 张晨晨, 董大忠, 王玉满, 等. 页岩储集层脆性研究进展 [J]. 新疆石油地质, 2017, 38(1): 111-118.

[23] 赵文智, 朱如凯, 胡素云, 等. 陆相富有机质页岩与泥岩的成藏差异及其在页岩油评价中的意义 [J]. 石油勘探与开发, 2020, 47(6): 1079-1089.

[24] 刘惠民. 济阳坳陷页岩油勘探实践与前景展望 [J]. 中国石油勘探, 2022, 27(1): 73-87.

[25] 孙龙德, 赵文智, 刘合, 等. 页岩油"甜点"概念及其应用讨论 [J]. 石油学报, 2023, 44(1): 1-13.

第二篇　深层、超深层油气开发篇

深层、超深层油气陆续在我国塔里木、四川等盆地成功进行了开发，但我国深层、超深层油气动用率较低，开发在我国目前处于初始阶段，主要是由于深层储层敏感性强、高温高压高盐和储层非均质强，导致深层、超深层油气藏采收率不高、后期含水上升快和难以稳产。本部分重点介绍深层、超深层高效开发压裂关键技术及海洋工程装备。

Any-Acid超高温低腐蚀酸液体系研究及现场应用

张　杨　张世岭　侯腾飞　乔　岩　尚立涛　丁江辉　金　毅　白昊立

（中国石油集团工程技术研究院有限公司）

摘　要　本文介绍了一种名为Any-Acid的超高温低腐蚀酸液体系，该体系的核心助剂是超高温高性能酸用缓蚀剂和耐酸减阻剂，可耐温200℃，腐蚀速率低，破胶后无絮状物或沉淀，破胶液黏度小，残渣含量低，可有效保障极端超高温油气井的安全酸措施改造。该酸液已在柴达木盆地等200℃井应用超过6井次，提产效果明显，现为国内唯一成功大规模应用的200℃低腐蚀酸液体系。

关键词　超高温；腐蚀速率；酸液；储层改造；超深层油气藏

随着勘探开发向"深(深层超深层)、低(低渗超低渗透)、非(非常规)、(老油气田)、海(海洋和海外)、新(新能源)"等领域的拓展，复杂地层超深井和超长水平井不断增多，地层复杂程度增加，超深超高温工况给酸液技术带来了巨大挑战。中国石油集团在塔里木油田和西南油气田部署塔1井和川1井两口万米科探井，万米深井具有超高温(200～260℃)、特高压(>110MPa)、特深(>10000m)、特高应力(260～280MPa)、储层致密(孔隙度<5%)特点，酸液技术挑战更加巨大。

目前国内常见的缓蚀剂产品有：①曼尼希碱型缓蚀剂，它具有十分稳定的分子结构，在酸液中具有良好的溶解性以及很强的耐高温性，可与其他增效剂等复配，满足150℃施工要求；②季铵盐类缓蚀剂是一种新型缓蚀剂，它抗高温、抗点蚀性能较强，可广泛应用与盐酸和土酸的酸化施工中，使用温度可达170℃；③咪唑啉类缓蚀剂，它的性能十分稳定、毒性小，具有广阔的应用前景，用于150℃以下的油层酸化。

国外缓蚀剂和添加剂种类繁多，并具有一定的规范化，而且酸液配置用计算机处理，操作便捷、标准。例如，砷、硫脲、喹啉，含氮、氧、硫类有机物缓蚀剂的迅速发展；树脂胺、酮与醛类复合缓蚀剂可在150℃下使用；炔醇系列产品中的耐高温新型增效缓蚀剂，由丙炔醇、离子化的碘化物、杂环胺、表面活性剂和烃类溶剂等组成的，这种复合缓蚀剂可在180℃使用。

结合国内外缓蚀剂研发情况及现场应用情况可以发现，超高温低腐蚀酸液主要面临以下挑战：①高温条件下缓蚀效果差，酸液管柱腐蚀风险高；②酸岩反应速度快，酸有效作用距离短；③稠化剂(减阻剂)耐高温耐酸性能差；④酸液加重难度大，尤其是加重后降低酸液性能。综上所述，研发超高温低腐蚀酸液体系，对于进一步提高深井、超深井酸措施储层改造具有重要意义。

本文采用围绕"抗高温、低腐蚀、深穿透、高减阻、低残渣"酸液技术需求，聚焦超高温酸用缓蚀剂、超级缓速酸体、抗高温耐盐稠化剂等核心助剂及配套加重剂，合成关键助剂、优化体系配方，通过中试放大及现场试验，形成了Any-Acid超高温低腐蚀酸液体系，有助于提高万米深井储层改造效果。

1　超高温高性能缓蚀技术

研发了超高温酸用缓蚀剂AZ-200，保障200℃超高温井况用酸管柱安全。酸用缓蚀剂AZ-200主要包括有机缓蚀剂及无机缓蚀增效剂两部分组成，其中有机缓蚀剂采用曼尼希碱类缓蚀剂，通过与无机缓蚀增效剂在金属表面吸附，可形成致密的保护膜，从而削弱酸液对金属表面的腐蚀，其缓蚀机理示意图如图1所示。

为了进一步验证缓蚀剂AZ-200的性能，采用《SYT 5405-2019酸化用缓蚀剂性能试验方法及评价指标》在200℃条件下测定了体系的性能。实验结果如图2所示。

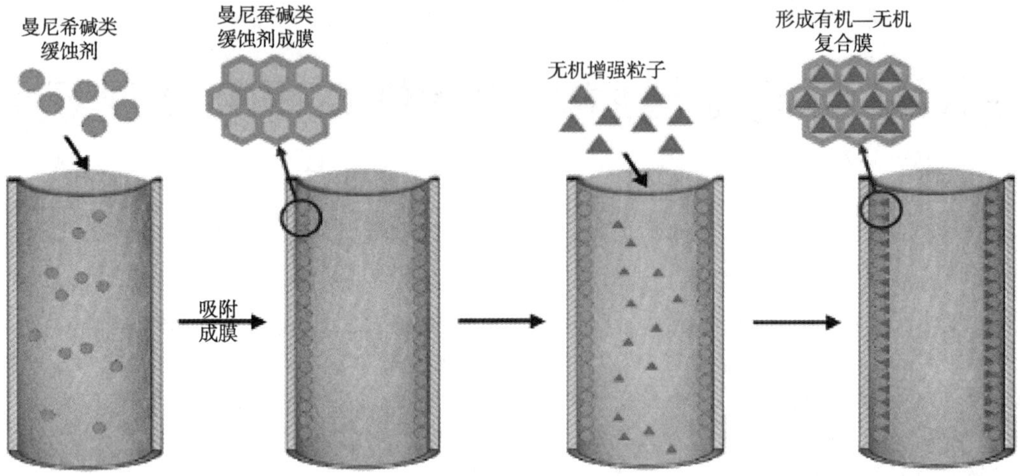

图1 缓蚀剂 AZ-200 成膜缓蚀机理

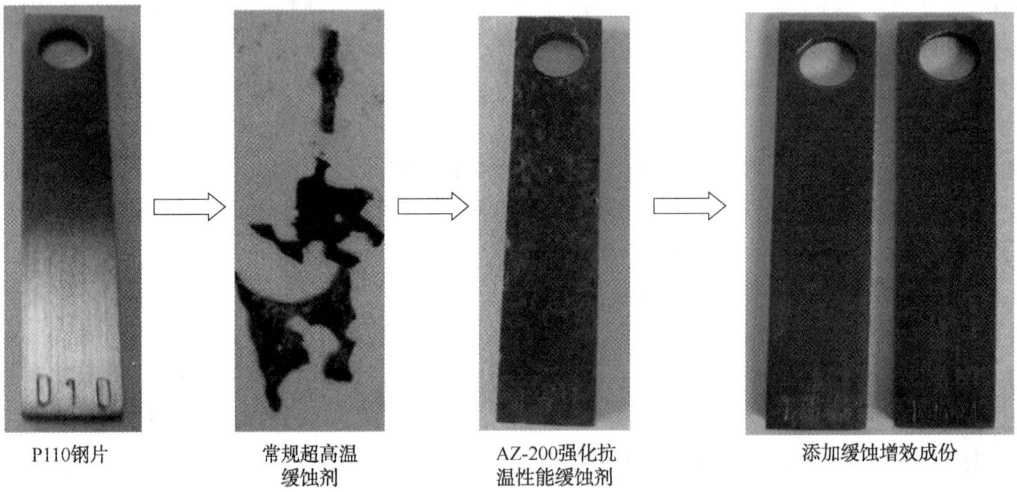

图2 缓蚀剂性能提升过程及钢片腐蚀改善情况

从图2中可以看出，P110钢片在添加常规超高温缓蚀剂后，在200℃，20%HCl条件下经过4h高温腐蚀，钢片基本被全部腐蚀，说明常规超高温缓蚀剂体系无法有效保障200℃条件下的缓蚀效果，实际应用过程中将造成严重的管柱腐蚀，影响酸措施安全。采用改性后的AZ-200缓蚀剂中的有机缓蚀剂部分，由于该缓蚀剂添加了抗温单体，提升了缓蚀剂在200℃条件下的抗温效果，通过200℃，20%HCl，4h腐蚀，钢片基本保持完整，缓蚀剂的缓蚀效果明显提升。但是从照片中可以看出，钢片表面存在诸多点蚀现象，这说明单一使用缓蚀剂主剂虽然提升了200℃高温条件下的缓蚀效果，但是仍然无法有效满足实际工业应用。因此，添加了无机缓蚀增效剂，以期进一步加强AZ-200缓蚀剂中有机缓蚀剂部分的性能。实验结果表明，添加无机缓蚀增效剂后，P110钢片经过20%HCl，200℃腐蚀4h后，钢片表面完整，没有点蚀现象，缓蚀效果显著提升。这验证了图1中的AZ-200缓蚀剂机理，说明通过添加无机缓蚀增效剂可以与有机缓蚀剂在金属表面形成致密保护膜，无机增效剂可以填补有机缓蚀剂未能形成保护的膜空洞，从而降低酸液对钢片表面的腐蚀，从而提升了缓蚀剂的缓蚀效果。

将AZ-200缓蚀剂体系应用于土酸和盐酸基减阻酸中，实验结果如图3及表1所示。

从图3及表1中可以看出，添加了AZ-200缓蚀剂后，200℃，4h高温腐蚀，P110钢片表面完整，无点蚀现象，说明AZ-200缓蚀剂体系在土酸和盐酸基的减阻酸中均具有良好的高温缓蚀效果。

为了进一步验证AZ-200缓蚀剂的实际应用效果，在昆101井、柴探1、碱探1、古龙2等200℃油气井中应用6井次，共计810m^3，最高井温208℃，最大井深7310m，详细数据如表2 所示。

1号组腐蚀后，200℃钢片无点蚀　　2号组腐蚀后，200℃钢片无点蚀

图3 AZ-200缓蚀剂在土酸及减阻酸中的应用(1#土酸，2#减阻酸)

表1 AZ-200缓蚀剂在土酸及减阻酸中的腐蚀速率

序号	配方	反应温度,℃	反应时间，h	腐蚀速率 $g/m^2 \cdot h$
1	12%HCl+3%HF+5.5%缓蚀剂	200	4	67.1，无点蚀
2	20%HCl+5.5%缓蚀剂	200	4	55.6，无点蚀

表2 AZ-200缓蚀剂现场应用情况

井号	井深m	温度℃	酸液量 m^3
昆101	7290	205.4	130
昆2-X1	7344	200	370
昆1-1	7310	201	120
柴探1	6374	200	130
碱探1	5268	208	60
古龙2	4838	192	40
合计	850		

2 超高温低残渣胶凝酸用胶凝剂

研发超高温易破胶胶凝剂FM-200，实现200℃胶凝酸低残渣、低伤害。胶凝剂FM-200合成中，采用了自主研发的耐温单体进行合成，该耐温单体包括3-氯1,2-丙二醇做完亲水基团，环氧氯丙烷为中性基团，溴丙炔为疏水基团，具体原理如图4所示。

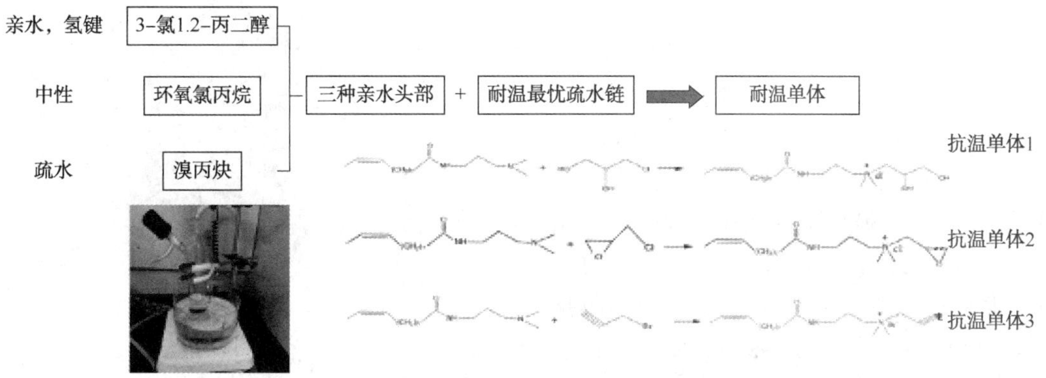

图4 胶凝剂FM-200合成原理

将合成好的胶凝剂 FM-200 按照以下配方配制成胶凝酸体系：0.8%固体胶凝剂+20%HCL+6%缓蚀剂+2%铁离子稳定剂+1%复合助剂。将上述配方在200℃条件下测试了体系的耐温耐剪切性能和腐蚀速率。实验结果如图5所示。

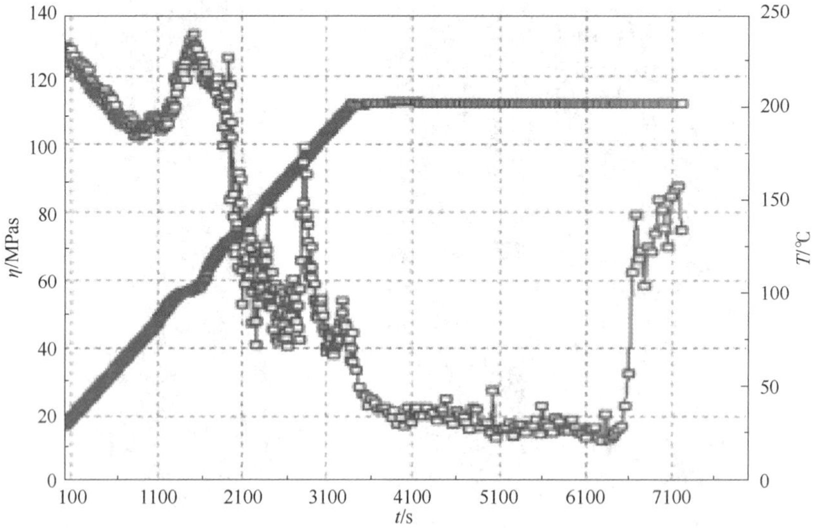

图5　胶凝酸体系耐温耐剪切曲线

图6　200℃胶凝酸腐蚀 P110 钢片前后对比图

从图5中可以看出，胶凝酸体系黏度随着温度的升高，黏度逐渐降低，经过100s-1，2h剪切后黏度>18mPa·s，说明该胶凝剂具有良好的耐温耐剪切性能，可用于200℃油气层酸化改造。通过图6腐蚀速率照片可以看出，将胶凝剂配制成胶凝酸后，与缓蚀剂具有良好的配伍性。200℃，经过4h高温腐蚀后，钢片表面无明显点蚀现象，腐蚀速率为26.83g/m2·h，远低于《SYT 5405-2019 酸化用缓蚀剂性能试验方法及评价指标》规定的180℃腐蚀速率≤80g/m^2·h（200℃未规定），说明胶凝酸体系具有良好的高温缓蚀性能。为了进一步明确胶凝酸体系的破胶性能，将缓蚀性能评价后的酸液进行了分析，结果如图7所示。

图7　200℃胶凝酸破胶液

从图7破胶液照片中可以看出，破胶后的胶凝酸破胶液表面无明显结团现象，黏度<5mPa·s，

说明体系破胶彻底，没有明显的胶团不会对地层造成严重伤害。综上所述，采用 FM-200 配制的胶凝酸体系在 200℃ 条件下具有良好的耐温耐剪切性能、缓蚀性能及破胶性能。

3　深穿透超级缓速酸

研发复合成份(包括有机酸、螯合剂等多种生酸成分)的深穿透超级缓速酸，实现超 200℃ 工况更低腐蚀、更远酸刻蚀作用距离。超级缓速酸主剂溶解性能较好，常温下可溶解 63.9%，如图 8 所示。

图 8　超级缓速酸常温下溶解性能

采用超级缓速酸与缓蚀剂及胶凝剂按照以下配方组成可配制成超级缓速酸体系：10～30%超级缓速酸+0.1～0.5%耐酸胶凝剂+3%多功能助剂+2.8%缓蚀剂。采用该体系与常规胶凝酸及交联酸对比酸岩反应速率，实验结果如表 3 及图 9 所示。

从表 3 及图 9 中可以看出，超级缓速酸动态酸岩反应速率约为其它类型缓速酸反应速率的 1/20 左右，这有利于提高酸刻蚀距离，从而提高酸措施改造效率。为了进一步明确超级缓速酸性能，测试了超级缓速酸体系在 200℃ 及 230℃ 条件下的腐蚀速率，结果如表 4 及图 10 所示。

如表 4 及图 10 所示，超级缓速酸体系具备低腐蚀速率 230℃ 腐蚀速率仅为 3.66g/m^2·h，远低于《SYT 5405-2019 酸化用缓蚀剂性能试验方法及评价指标》规定的 180℃ 腐蚀速率≤80g/m^2·h 指标。相对于胶凝酸 200℃ 耐温性能，进一步提高耐温至 230℃。

为了进一步考察超级缓速酸体系的破胶性能，在超级缓速酸中加入 0.3%胶凝剂，并分别在 140℃、200℃及 230℃条件下测试了体系的破胶性能，结果如图 11 所示。

表 3　超级缓速酸与其它类型酸液酸岩反应速率对比

酸液类型	酸液质量分数,%	反应温度,℃	酸浓度,(mol·L^{-1})	反应速率,(mol·cm^{-2}·s^{-1})
超高温缓速酸	10	160	1.5575	4.173×10^{-7}
胶凝酸	12	120	3.4748	1.322×10^{-5}
交联酸	12	120	3.4691	8.260×10^{-6}

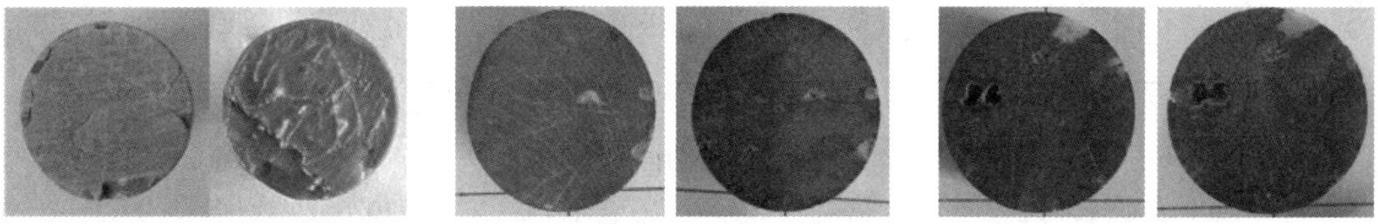

超级缓速酸反应前后对比　　胶凝酸反应前后对比　　交联酸反应前后对比

图 9　超级缓速酸与其它类型酸液酸岩反应速率对比

表 4　超级缓速酸体系腐蚀速率

实验条件	腐蚀速率 g/m^2·h
200℃，4h，20%超级缓速酸	2.86
230℃，4h，20%超级缓速酸	3.66

从图 11 中可以看出，超级缓速酸体系在各个温度条件下破胶后，均为出现絮状物或沉淀，破胶液黏度＜5mPa·s，且破胶后残渣含量＜100mg/L，远低于《SY/T 7627-2021 水基压裂液技术要求》规定的合成聚合物类冻胶压裂液，残渣含量≤200mg/L 的指标。说明超级缓速酸体系具有良好的破胶低残渣性能。

2023 年，超级缓速酸体系在古探 1 井开展现场试验，该井属奥陶系台缘礁滩体，灰岩，储层温度 171.8℃，井深 6236.25 米。如图 12 所示，储层改造过程中注入超级缓速酸，以 5.5m^3/min 排量阶段注入缓速酸 100m^3，阶段压力 105－90.2MPa，缓速酸进入地层后压力由 90.2MPa 下降到 71.6MPa，压力下降 18.6MPa，缓速酸注入阶段表明缓速酸有溶蚀能力，压力上第四次显示沟通裂缝特征井筒体积 35m^3

图 10　超级缓速酸体系高温条件下腐蚀速率

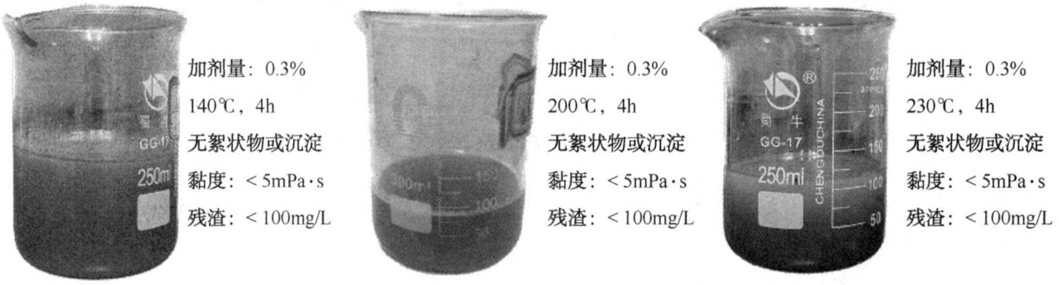

图 11　超级缓速酸体系破胶性能

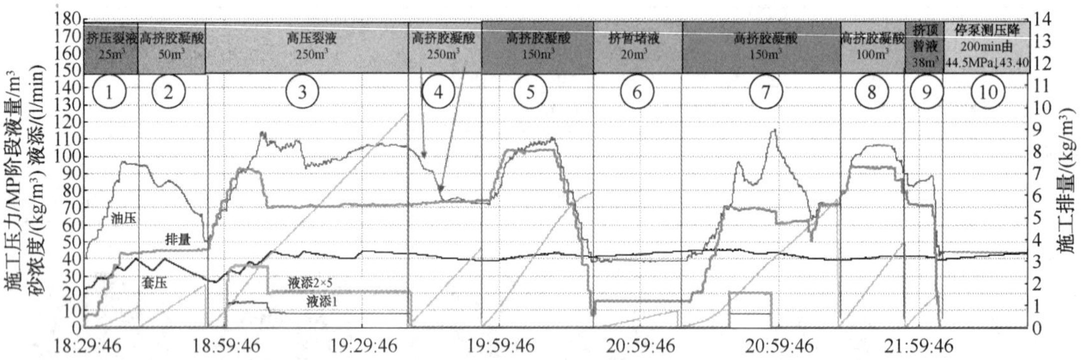

图 12　古探 1 井压裂施工曲线

4　结论

Any-Acid 超高温低腐蚀酸液体系开发了三项核心技术：(1)超高温高性能缓蚀技术，研发 AZ-200 缓蚀剂，可在 200℃条件下保障管柱安全。(2)超高温低残渣胶凝酸，研发 FM-200 胶凝剂，实现 200℃胶凝酸低残渣、低伤害。(3)深穿透超级缓速酸，降低腐蚀速率，增加酸液作用距离。通过中试和现场试验验证，形成的 Any-Acid 超高温低腐蚀酸液体系，提高了酸化改造效果，解决了超深、高温、高压储层改造难题，为深层、老油气田提高储层改造效率提供了有效手段。综上所述，通过自主研发，中国石油集团取得超高温酸液体系关键技术突破，为万米深井提质增产提供了有力支撑。酸液技术创新对深层、复杂油气资源开发具有重要意义。

参　考　文　献

[1] 李涛，曾诚，许忠．中石油首口万米深井开钻[N]．克拉玛依日报．

[2] 李欣忆. 四川盆地首口万米深井开钻[N]. 四川日报.

[3] 王新裕，刘建仪，李颖川，等. 高温酸化缓蚀剂CPA-10的合成及复配研究[J]. 应用化工，2012，41(3)：389-393.

[4] 秦宇雄，毛莲花，肖鹏，等. 曼尼希碱缓蚀剂的复配性能研究[J]. 化学工程与装备，2012，(04)：15-18.

[5] 吴效楠，强琳辉，许晗. 咪唑啉季铵盐的复配及缓蚀性能评价[J]. 承德石油高等专科学校学报，2018，20(3)：35-39.

[6] 肖雯雯，徐孝轩，葛鹏莉，等. 咪唑啉季铵盐缓蚀剂的复配机理[J]. 腐蚀与防护，2017，38(10)：777-784.

[7] 王新刚，王晶，张波，等. 油酸基咪唑啉类缓蚀剂的复配及其缓蚀性能研究[J]. 材料保护，2008，41(1)：20-23.

[8] 辛爱渊，朱晓明，栾永幸. 复配咪唑啉型缓蚀剂体系的缓蚀性能研究[J]. 腐蚀科学与防护技术，2006，18(5)：317-320.

[9] 张军. 咪唑啉类缓蚀剂缓蚀机理的理论研究[D]. 中国石油大学(华东)化工过程机械，2008.

[10] Khadom A A, Abd A N, Ahmed N A, et al. Combined influence of iodide ions and Xanthium Strumarium leaves extract as eco-friendly corrosion inhibitor for low-carbon steel in hydrochloric acid[J]. Current Research in Green and Sustainable Chemistry, 2022, (prepublish).

[11] Khowdiary M M, Taha N A, Saleh N M, et al. Synthesis of Novel Nano-Sulfonamide Metal-Based Corrosion Inhibitor Surfactants[J]. Materials, 2022, 15(3).

[12] Li H, Zhang Y, Li C, et al. Cutting fluid corrosion inhibitors from inorganic to organic: Progress and applications[J]. Korean Journal of Chemical Engineering, 2022, (prepublish).

超深井超高温加重压裂液体系研究

任　强[1,2]　李帅帅[1,2]　白叶雷[1,2]　杨育恒[1,2]　罗　磊[1,2]　马　越[1,2]

(1. 中国石油集团西部钻探工程有限公司；
2. 中国石油油气藏改造重点实验室页岩油储层改造分研究室)

摘　要　超深层油气资源高效勘探开发是实现国家能源接替战略重大需求，针对万米超深井超高温、超高压储层改造无高效工作液可用的技术瓶颈，本文开展超高温加重压裂液体系研究，研发了超高温聚合物稠化剂 XZ-UTT、复合交联 XZ-TYJ 和复合加重剂 XZ-JZ01，形成一套密度超过 1.50g/cm^3、耐温能力达 260℃的超高温加重压裂液体系。室内实验结果表明：在 220~260℃、100s^{-1}条件下剪切 120min，超高温加重压裂液黏度始终保持在 100mPa·s 以上，各项性能指标优异，能够满足万米超深井储层压裂改造需求。

关键词　万米超深井；超高温；超高压；加重压裂液

随着油气资源需求的日益增长和勘探开发技术的不断进步，超深层油气资源为勘探开发的重点方向。我国超深层油气资源潜力巨大(671 亿吨油当量)，其中塔里木盆地和四川盆地超深层油气资源丰度高、规模大、整体储量大，是万米级深层油气资源探索的主战场。2023 年 5 月 30 日，我国首口科学探索井——深地塔科 1 井在新疆塔里木油田开钻，超深 11100 米、井底温度 212.8℃，地层压力 136MPa；7 月 20 日，深地川科 1 井在西南油气田开钻，埋深 10520 米，井底温度 224℃，地层压力 138MPa。两口科探井均属于“三超”气井，对压裂装备及压裂液性能提出了更为严苛的要求，强行压裂不仅影响施工安全性，还会降低施工成功率。通过加重压裂液技术使静液柱压力增加，能够降低井口施工压力，从而降低对压裂设备的要求、提高压裂施工成功率。常规压裂液的密度较低，一般为(1.00~1.04)g/cm^3。压裂液密度每提高 0.1g/cm^3，井筒中压裂液的静液柱压力每 1000m 即可提高近 1MPa。因此增加压裂液密度越高，相同井深下井筒中静液柱压力就越高，在一定程度上可实现地面安全施工。

目前，以氯化钠、氯化钾加重压裂液技术较为成熟，但二者加重效率低。用溴化钠盐水配制加重压裂液，加重效率高，密度最高为 1.69g/cm^3，但价格昂贵，高温生酸不仅会造成腐蚀还会影响压裂液性能。以硝酸钠为加重剂，加重效率和使用成本适中，密度可达 1.52g/cm^3，但硝酸盐腐蚀性强，存在安全环保问题，已经禁止使用。因此，针对超深、超高温、超高压储层的生产需求及技术挑战，首先优选出加重密度达到 1.50g/cm^{3}以上、对压裂液性能影响较小的加重剂，同时优化稠化剂分子结构、交联剂制备方法和超高温加重压裂液体系配方，初步形成密度超过 1.50g/cm^3、耐温能力达 260℃的超高温加重压裂液体系。

1　实验部分

1.1　试剂与仪器

溴化钠、氯化钾、溴化钙、甲酸钾、氯化钾、丙烯酸、丙烯酰胺，过硫酸铵，白油，非离子表面活性剂，工业级，四川科龙试剂厂；双尾羧酸甜菜碱型功能单体 DTCB-16、稠化剂 XZ-UTT、复合交联剂 XZ-TYJ、复合加重剂 XZ-JZ01，实验室自制。

电子天平，瑞士梅特勒-托利多(上海)有限公司；吴茵混调器，北京探矿工程研究所；RS6000 型流变仪，美国 Thermo Fisher 公司；K100 型表/界面张力仪，德国克吕氏公司；HTD13285-12 旋转黏度计，青岛海通达公司；烘箱，德国 BINDER 公司。

1.2　实验方法

1.2.1　耐温抗盐稠化剂的研制

将 DTCB-16 与丙烯酰胺、丙烯酸进行自由基水溶液聚合，经提纯、干燥初步形成稠化剂粉剂。由于疏水缔合聚合物粉剂在高密度盐水中溶胀慢，为满足现场连续施工需求，以白油、非离子表面活性剂、膨润土、稠化剂粉剂等为原料制备稠化剂悬浮液 XZ-UTT。

1.2.2　复合交联 XZ-TYJ 研制

通过阴离子表面活性剂 AEC-3Na、阳离子表面活性剂 HDAB-14 与磺酸甜菜碱型黏弹性表面活性剂 EAMPSB 等复配，制得复合交联剂 XZ-TYJ，不仅能与稠化剂 XZ-UTT 形成可逆物理交联，体系耐温性能及助排效果也显著提高。

1.2.3　稠化剂溶胀性能测试

在室温下将 6 种加重剂 NaCl、KCl、NaBr、HCOOK、$CaBr_2$、XZ-JZ01 配制成饱和盐水，测量其最大加重密度，在将 1.0% 的耐温抗盐稠化剂 XZ-UTT 溶解到盐水中，以 1000r/min 的搅拌速率搅拌，溶解完全后利用六速旋转黏度计测盐水基液表观黏度，每半分钟记录一次数据。从稠化剂完全加入盐水中起计时，至盐水基液表观黏度不再变化，记该段时间为稠化剂的溶胀时间。

1.2.4　超高温加重压裂液携砂性能测试

采用 30~50 目的陶粒作为支撑剂，将单颗支撑剂放入装有 100mL 的具塞量筒中压裂液体系中，使用恒温油浴锅将压裂液加温至预设温度，并保证油浴锅液面应高于量筒中压裂液体系的液面；观察记录支撑剂沉降到底部所需要的时间，并计算出沉降速度。

1.2.5　超高温加重压裂液剪切恢复性能测试

使用加重剂 XZ-JZ01 配制 1.518g/cm^3 密度的盐水溶液，加入质量分数为 2% 的稠化剂 XZ-UTT 配合一定比例的交联剂配制成交联冻胶，在吴茵混调器搅拌杯中容器加入 100mL 的样品，搅拌速度从 1000r/min 每隔 3min 中内快速升至 5000r/min，静置 3min 后，每隔 1min 使用六速旋转黏度计测量黏度。

1.2.6　超高温加重压裂液耐温耐剪切能力测试

使用加重剂 XZ-JZ01 配制 1.518g/cm^3 密度的盐水溶液，加入质量分数为 2% 的稠化剂 XZ-UTT，加入一定比例的交联剂 XZ-TYJ 配制成交联冻胶，在 RS6000 高温高压密闭容器加入 50mL 的样品，实验室温度为 220℃、240℃，260℃，设置升温速度为 6℃/min，以 $100s^{-1}$ 的剪切速率恒温剪切 120min，记录黏度随剪切时间的变化，用最终黏度表征压裂液的耐温耐剪切性能。

1.2.7　超高温加重压裂液破胶性能测试

将配制好的加重压裂液与相同浓度破胶剂混合均匀，分装入 6 个密闭不锈钢容器，放入 240℃ 的恒温烘箱中破胶，每隔 1h 取出一个容器，冷却后测定体系黏度，当黏度低于 10mPa·s 视为彻底破胶，并测试破胶液的表面张力、破胶液与煤油的界面张力。

1.2.8　超高温加重压裂液腐蚀速率测试

将实验用钢片清洗干净并干燥，测量并记录的钢片的质量和表面积，放入密闭的不锈钢容器中，加入压裂液没过钢片，放入烘箱中，在 240℃ 下放置 4h，待温度冷却至 80℃，取出钢片洗净干燥并称量，用钢片减少的质量评价超高温加重压裂液的腐蚀速率。

2　结果与讨论

2.1　加重剂种类优选

加重剂的选择应当满足以下要求：(1) 可溶性盐以避免对地层造成固相颗粒堵塞伤害；(2) 具有较大的溶解度，在现场易于溶解，且配置简单；(3) 具有较好的化学稳定性，与压裂液体系配伍性良好，与地层流体配伍性良好，避免二价阳离子沉淀。优选满足以上要求的常用无机盐 NaCl、KCl、NaBr、HCOOK、$CaBr_2$ 和有机加重剂 XZ-JZ01 作为加重剂。

表 1　加重剂的性能参数

项目	NaCl	KCl	NaBr	HCOOK	$CaBr_2$	XZ-JZ01
密度(g/cm^3)	2.16	1.99	3.21	1.91	3.353	1.95
溶解度(20℃)(g)	35.9	34.2	90.8	310	142	633
最大加重密度(g/cm^3)	1.23	1.19	1.51	1.57	1.70	1.52
溶解时间(min)	5	10	13	10	不溶解	8
黏度(mPa·s)	75	60	102	98	-	88

根据表 1 各种加重盐类密度与溶解度情况来看，使用 NaBr、HCOOK、$CaBr_2$ 和 XZ-JZ01 有机复合加重剂配制的饱和盐水的加重密度大于 1.50g/cm^3，可以满足万米超深井增加压裂液静液柱压力的需求。考虑到万米超深井压裂施工中为降低施工摩阻并保障供液，基液黏度应控制在 90mPa·s 以内。基液黏度高，交联后形成的冻胶耐温性能好，但会造成压裂液供液困难，施工过程中排量受到限制；基液黏度低，可能会造成压裂液耐温性能差，施工过程中滤失大，难以达到储层的有效改造。使用 XZ-JZ01 有机复合加重剂配制聚合物原液黏度达到稳定时的溶解时间最小，低于 10min，且黏度能够小于 90mPa·s；因此优选出 XZ-JZ01，并确定其添加量，取 1L 清水，加入 2.2~2.6kg 的 XZ-JZ01，搅拌溶解至形成均一液体，测试盐水密度为 1.50~1.52g/cm^3。后续超高温加重压裂液均采用密度为 1.518g/cm^3 的加重液作为溶剂。

2.2 超高温加重压裂液剪切恢复性

通过调节吴茵混调器转速在短时间内急剧变化来模拟万米超深井储层对压裂液体系的剪切破坏能力，从而观察加重压裂液体系本身所具有的剪切适应性。从图 1 可以看出，使用 2%的稠化剂 XZ-UTT 配置的交联冻胶具有触变性，高速剪切黏度低，停止剪切物理交联逐渐恢复，黏度回升。

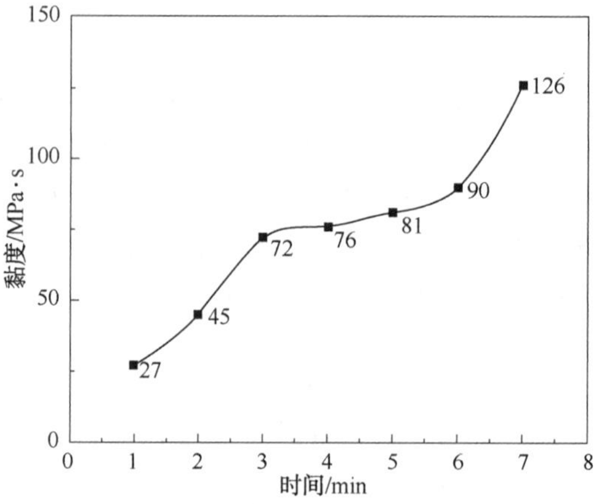

图 1　高速剪切后静置黏度恢复

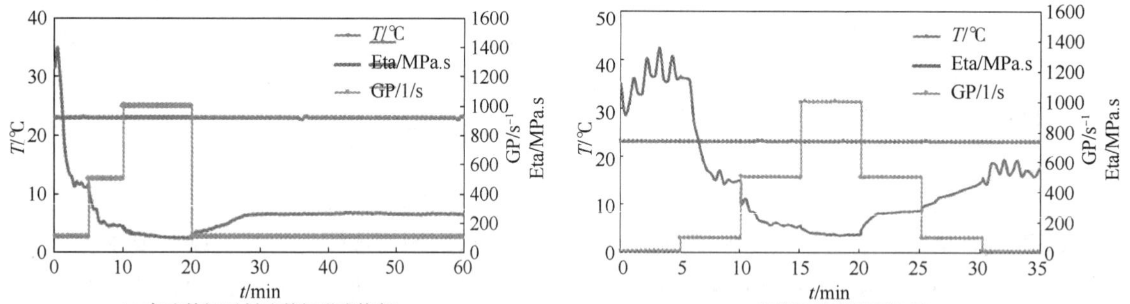

(a) 高速剪切后低速剪切黏度恢复　　(b) 变剪切黏度恢复性能

图 2　变剪切条件下的剪切恢复性

从图 2 可知，1000s^{-1} 高速剪切作用下，加重聚合物溶液黏度大幅度下降，当剪切速率恢复至 100s^{-1}，溶液黏度迅速恢复，并再度保持稳定，说明稠化剂 XZ-UTT 剪切恢复性好，可以避免因溶解、搅拌、泵注以及在地层内运移过程中发生剪切降解，可以有效降低聚合物在泵注过程中的摩阻，并且在进入地层后黏度迅速恢复，具有良好的动态携砂能力。

2.3 超高温加重压裂液交联及悬砂性能测试

一般认为，压裂改造施工允许的支撑剂沉降速率范围为 0.048~0.48cm/min。压裂施工中，压裂液在井筒和裂缝的流动过程中存在剪切扰动作用，支撑剂的沉降速率低于静态法测得的沉降速率。

表 2　支撑剂沉降速度

温度，(℃)	沉降速度，cm/min
100	0.24
240	0.44

图 3　常温静置 4h 后携砂状态

由表2及图3可知，超高温加重压裂液体系常温下携砂性能优异；在100℃条件下，支撑剂沉降速度为0.24cm/min；在240℃条件下，支撑剂沉降速度为0.44cm/min。温度越高，支撑剂的沉降速度越大，这是因为温度的升高导致压裂液的黏度降低，沉降速度变大。实验测得的沉降速度均小于0.48cm/min，因此该压裂液体系具有良好的携砂性能。

2.4　超高温加重压裂液耐温能力测试

压裂液在通过管汇、井筒、炮眼时或在地层中推进都会受到很大的剪切作用，所以耐温耐剪切性能是考察压裂液性能好坏的首要参数。用德国HAKKERS6000流变仪对加重压裂液进行220-260℃的耐温耐剪切性能测试，超高温加重压裂液体系的流变性能见表3和图4。

表3　超高温加重压裂液配方

温度	压裂液配方（密度1.518g/cm^3）
220℃	1.5%XZ-UTT+1.0%XZ-TYJ
240℃	3.0%XZ-UTT+1.0%XZ-TYJ
260℃	3.5%XZ-UTT+1.0%XZ-TYJ

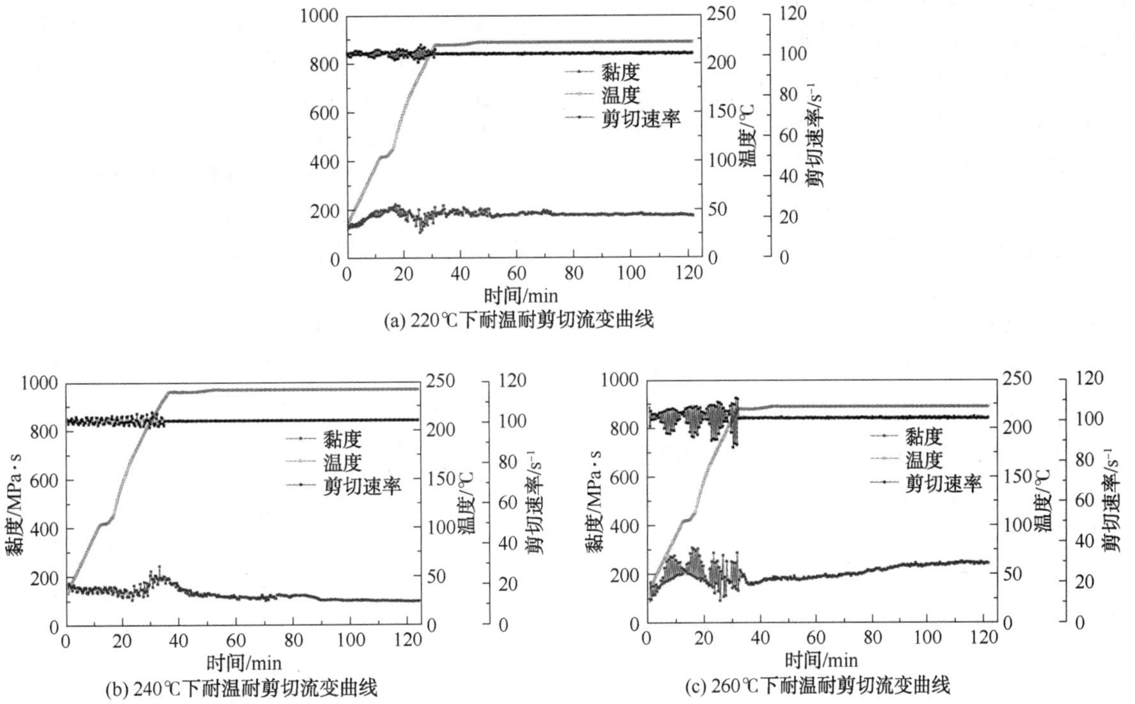

(a) 220℃下耐温耐剪切流变曲线

(b) 240℃下耐温耐剪切流变曲线

(c) 260℃下耐温耐剪切流变曲线

图4　不同温度下聚合物压裂液体系耐温能力曲线图

从图4可以看出，试验温度220℃～260℃，剪切120min的加重压裂液体系黏度始终大于100mPa·s，表明该体系具有较好的耐温耐剪切性能；在稠化剂加量一定的条件下，增加交联剂用量，耐温能力得到有效提升，交联剂可以一定程度抑制聚合物压裂液空间网状结构发生变形的能力，增强溶液结构的大尺寸和分子链间的强缔合作用。

2.5　超高温加重压裂液破胶性能测试

按照240℃条件下超高温加重压裂液配方配制压裂液并加入0.5%-1.2%的破胶剂，搅拌均匀并移至老化罐中，密闭状态下240℃恒温，冷却后取出破胶液，用毛细管黏度计测定黏度，并按《SY/T7627—2021水基压裂液技术要求》进一步测定破胶液的表面张力及界面张力，结果表4，性能均能满足行业标准。

表4　240℃加重压裂液破胶性能测试

破胶剂用量（%）	破胶时间（h）	破胶液黏度（mPa·s）	表面张力（mN/m）	界面张力（mN/m）
0.5	6	9.80	25.58	0.66
0.8	6	9.36	25.54	0.65
1.0	4	9.21	25.62	0.58
1.2	3	8.98	25.36	0.44

2.6　超高温加重压裂液腐蚀速率测定

将N80钢片放入超高温加重压裂液中，测试温度240℃、测试时间6h，实验完毕后取出钢片，先用去离子水清洗，再用丙酮浸泡腐蚀后的钢片去除腐蚀产物膜，然后用无水乙醇除水，干燥。肉眼观察形貌后，将钢片放入干燥器中，放置 1h 后测量尺寸和重量计算其腐蚀速率。结果显示，超高温加重压裂液对钢片的腐蚀较低。

表 5　超高温加重压裂液对钢片的均匀腐蚀速率

钢片编号	$A_i/(10^{-6}m^2)$	m_0/g	m/g	? m_i/g	$V_i/[g\cdot(m^2\cdot h)^{-1}]$
1#	1614.16	11.212	11.183	0.029	4.491
2#	1616.39	11.239	11.203	0.036	5.567
3#	1615.61	11.226	11.195	0.031	4.796

3　结论

（1）超高温加重压裂液体系具有良好的耐温耐剪切性能，在 220～260℃、$100s^{-1}$ 条件下剪切 120min，压裂液黏度保持在 100mPa·s 以上。

（2）交联剂可以一定程度抑制压裂液空间网状结构发生形变，增强溶液结构的大尺寸和分子链间的强缔合作用。

（3）复合加重剂 XZ-JZ01 对该体系的破胶性能影响较小，破胶液黏度小于 10mPa·s，压裂液整体腐蚀速率低于 $6g\cdot(m^2\cdot h)^{-1}$，且具有优良的悬砂性能。

（4）超高温加重压裂液交联后冻胶具有触变性，高速剪切黏度低，停止剪切物理交联逐渐恢复，黏度回升，可以保证泵送过程中摩阻降低，有效解决加重压裂液摩阻高的问题。

参 考 文 献

[1] 辛军，郭建春，赵金洲，等．新型超高温压裂液体系研制与评价[J]．钻井液与完井液，2009，26(6)：49-52.

[2] 靳剑霞，谭锐，王红科，等．新型改性羟丙基瓜胶及其在超高温压裂液中的应用[J]．钻井液与完井液，2018，35(2)：126-130.

[3] 刘萍，管保山，徐敏杰，等．220℃超高温聚合物压裂液性能研究[J]．石油化工应用，2018，037(008)：12-15.

[4] 邹国超，车光明，季晓红，等．超高温压裂缝型气藏分层压裂技术及应用[J]．天然气地球科学，2012，23(2)：365-369.

[5] 吴奇，胥云，王晓泉，等．非常规储集层体积改造技术：内涵、优化设计与实现[J]．石油勘探与开发，2012，39(3)：352-358.

[6] 王满学，陈茂涛，郭小莉，等．油基冻胶压裂液高温稳定剂 PW-1 的研究与应用[J]．油田化学，2000，17(1)：34-38.

[7] 李勇明，吴建发，付永强，任强，曾波，常程．一种以 β-CD 为核的超分子星形聚合物及其制备方法；ZL202111586125.3.

[8] 李勇明，孙天礼，管彬，任强，常程，朱炬辉，朱国．一种超高温有机交联压裂液体系；ZL202111586252.3.

[9] 常德玉，李根生，沈忠厚，等．深井超深井井底应力场[]．石油学报，2011，32(7)：697-703.

[10] 刘建伟，张佩玉，廖天彬，等．马 58H 致密油藏水平井分段多簇射孔压裂技术[J]．石油钻采工艺，2015，37(3)：88-92.

超压对前陆冲断带深层-超深层碎屑岩优质储层孔隙的保存机制研究

张凤奇[1,2]　陈志雄[1,2]　鲁雪松[3]　卓勤功[3]　陈竹新[3]　尹　帅[1,2]　田建锋[1,2]　赵军龙[1,2]

（1. 西安石油大学地球科学与工程学院；2. 西安石油大学陕西省油气成藏地质学重点实验室；
3. 中国石油勘探开发研究院）

摘　要　为了明确超压对前陆冲断带深层-超深层碎屑岩优质储层孔隙发育的影响机制，以库车前陆冲断带克深-大北地区为研究对象，运用考虑构造挤压应力、垂向载荷应力、超压等多种要素共同作用下地层孔隙度演化的定量表征技术，建立了基于实际地质条件的多种地质模型，与定量恢复的研究区构造应力场结合，定量恢复了研究区多种因素影响下的地层孔隙度和超压演化史，并定量计算了关键时期超压对研究区深层-超深层优质储层孔隙度的抑制保存大小，进一步总结了构造挤压作用下超压对储层孔隙差异保存的成因。结果表明，克深和大北地区超压能保存优质储层3%-5%的原生孔隙度，显示出超压对前陆冲断带盐下深层优质储层异常高原生孔隙的保存具有重要影响，并且同一构造区段内，呈现出远离天山埋深更大的区带超压对巴什基奇克组储层孔隙度抑制保存的大小越大的特征。构造挤压背景下，超压对原生孔隙度的抑制保存大小还与储层类型、埋藏方式、构造挤压强度和构造挤压作用的时间等关键因素有密切关系。

关键词　优质储层；深层-超深层；超压；孔隙保存；构造挤压；前陆冲断带

1　引言

天山南北前陆冲断带较多地区深层-超压层发育有以原生粒间孔为主的优质储层，具有异常高的原生孔隙度，如库车坳陷博孜-大北地区白垩系巴什基奇克组优质储层孔隙度在8%-13%，库车坳陷克深地区白垩系巴什基奇克组优质储层孔隙度在6%-9%，准噶尔盆地南缘下白垩统清水河组储层孔隙度在8%-12%，其孔隙均以原生孔隙为主。以往研究发现，库车前陆冲断带深层-超压层储层异常高的原生孔隙度，是在相对弱压实下形成，因此，前人提出了顶篷构造下应力控储的“断背斜应力中和面”地质理论。尽管前人对该方面进行了较多研究，但在深埋和强烈构造挤压双重压实下，前陆冲断带深层—超深层碎屑岩储层异常高原生孔隙形成和保存的过程机制还不清楚。在深埋和强烈构造挤压下，异常高原生孔隙形成和保存主要受到几个关键要素的影响：埋藏方式、侧向挤压应力大小和作用时间、储层超压的形成演化等，如何定量表征同时考虑与埋藏有关的载荷应力、侧向挤压应力和储层超压等共同作用对孔隙度演化的影响过程是该方面研究的技术难点。本文在研发同时考虑构造挤压应力、垂向载荷应力、超压等多种要素共同作用下地层孔隙度演化的定量表征技术基础上，以库车前陆冲断带克深-大北地区为研究对象，恢复了其构造应力场，建立了基于实际地质条件的多种地质模型，定量恢复了多种因素影响下的地层孔隙度和超压演化史，并定量计算了强烈构造挤压和快速深埋背景下超压对库车前陆冲断带深层-超深层优质储层孔隙度的抑制保存大小及其演化过程，进一步总结了构造挤压作用下超压对储层孔隙差异保存的成因。该研究对进一步认识前陆冲断带深层-超深层大规模优质储层的形成机制具有重要意义。

2　地质背景

塔里木盆地位于我国西北部，目前是我国最大的含油气盆地。库车前陆盆地位于塔里木盆地的北部，夹持于南天山构造带与塔北隆起之间，整体呈现NEE走向，面积约为3.7 ⤼10^4 km^2。库车前陆盆地是在印度板块与亚欧板块的碰撞下，发育在原三叠系周缘盆地上的一个新生代再生前陆盆地。库车前陆盆地以中新生代陆相地层沉积为主，沉积厚度达到8000～10000m。在库车前陆盆地发育期间主要受到了燕山运动、喜山运动两期构造运动的影响，自喜马拉雅晚期以来，受到强烈的构造挤压，该时期是主要的构造变形期，在强烈的挤压推覆影响下，形成了现今“四带两凹”的构造格局，从北往南依次划分为北部单斜构造带、克拉苏构造带、拜城凹陷、阳霞凹陷、秋里塔格构造带以及南斜坡构造带，本文的研究区主要位于克拉苏构造带内(图 1)。

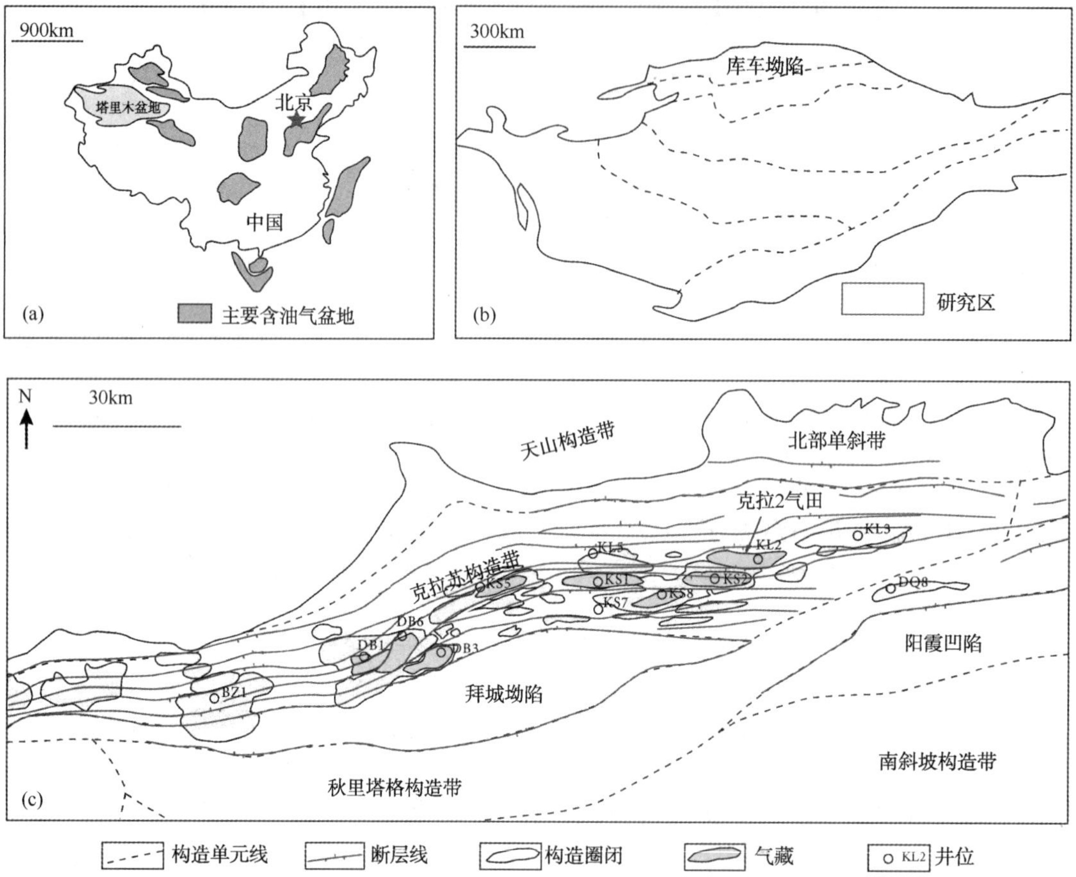

图 1　库车前陆盆地构造位置图(Lu et al.，2022)

3　评价技术方法

不考虑构造挤压条件下，沉积物的压实主要以垂向压实为主，随着埋深的增加垂向有效应力不断增大，促使沉积物中孔隙流体的不断排出，当流体排出受阻时，会产生垂向的不均衡压实超压现象；强烈构造挤压作用下，最大主压应力将变为水平方向，沉积物的压实则主要受控于垂向和侧向的综合压实作用，其压实过程需用平均压实效应来描述，随着平均有效应力的不断增大，孔隙流体不断排出，在流体排出受阻时，会形成由侧向构造挤压主导的不均衡压实超压。为此，本次数值模拟方法为将构造应力和构造应力对地层孔隙度影响的定量表征模型与考虑构造应力的流体动力学方程结合，求解地层压力、地层孔隙度等参数，为分析构造挤压、超压对储层孔隙度的影响提供定量模拟方法。

3.1　构造应力表征模型

取重力派生的应力场中一个水平主应力轴方向上与构造应力平行，这时相互垂直的三个主应力分别可表示为

$$\sigma_v = \rho g h \tag{1}$$

$$\sigma_H = v \cdot \sigma_v + \sigma_T \tag{2}$$

$$\sigma_h = v \cdot \sigma_v \tag{3}$$

这里 σ_v 为垂向载荷应力，ρ 为岩石的平均密度，g 为重力加速度，h 为埋深，ν 为应力比系数，σ_H 为水平最大主应力，σ_h 为水平最小主应力，σ_T 为构造挤压应力。则平均有效应力($\overline{\sigma}'$)可表示为

$$\overline{\sigma}' = \frac{1}{3}(\sigma_v + 2\nu\sigma_v + \sigma_T) - P \tag{4}$$

这里 P 为地层压力，这里构造挤压应力 σ_T 在浅部时为随深度的函数，大于一定深度则为一定值[20]，可表示为

$$\begin{cases}\sigma_{\mathrm{T}}=\sigma_{\mathrm{Tmax}}\cdot \mathrm{e}^{b(z-z_m)} & Z<Z_{\mathrm{m}},\\ \sigma_{\mathrm{T}}=\sigma_{\mathrm{Tmax}}, & Z\geqslant Z_{\mathrm{m}},\end{cases} \tag{5}$$

这里 σ_{Tmax} 为最大构造应力，z_{m} 为给定的深度，b 为系数。

3.2 考虑构造应力的地层孔隙度表征模型

依据前人研究成果，考虑构造应力对地层孔隙度影响时，由原来的只考虑垂向有效应力压实变为考虑水平构造应力和垂向载荷综合作用下平均有效应力压实，这时地层孔隙度可表示为

$$\Phi=\Phi_0 e^{\frac{-c}{[\rho_b(1+v)/3-\rho_f]g}\overline{\sigma}'} \tag{6}$$

这里 Φ 为地层孔隙度，Φ_0 为地表孔隙度，c 为由孔隙度-深度关系获得的压实系数，ρ_{b} 和 ρ_{f} 分别为沉积物和孔隙流体的密度。

3.3 考虑构造应力的地层压力表征模型

利用平均应力替代了垂向应力后，水动力学方程为：

$$(\beta\cdot\Phi+\beta_s)=\frac{dP}{dt}=\frac{1}{\rho_{\mathrm{f}}}\cdot\nabla\cdot\left[\frac{k\cdot\rho_{\mathrm{f}}}{\mu}(\nabla P-\rho_{\mathrm{f}}\cdot\vec{g})\right]+\beta_{\mathrm{s}}\cdot\frac{\overline{d\sigma}}{dt}+\alpha\cdot\Phi\cdot\frac{dT}{dt}+Q \tag{7}$$

这里 β 和 β_{s} 分别为流体和岩石的压缩系数，k 为地层渗透率，μ 为流体的动力学粘度，t 为时间，$\overline{\sigma}=\overline{\sigma}'+P$ 为平均应力，α 为流体的热膨胀系数，T 为温度，Q 是单位体积流体的体积增长率。方程中地层渗透率 k 可采用简化的 Kozeny-Carmen 公式

$$k=\gamma\cdot\Phi^n \tag{8}$$

这里 λ 为渗透率系数，n 为一接近 5.0 的经验系数，本次模拟所有地层均取 5.0。

上述复杂方程可用循环迭代的方法进行求解，从而可实现地质历史时期不同构造挤压条件下地层流体压力和地层孔隙度的数值模拟恢复。该模型只考虑机械压实作用，各种化学成岩作用均不予考虑。

4 超压对库车前陆冲断带深层-超深层储层孔隙的保存过程机制

4.1 构造应力场恢复

有限元法在恢复古构造应力场方面广泛应用，本文利用 ANSYS 软件恢复了研究区不同构造段的典型地质剖面喜马拉雅山晚期最大主应力场。建立有限元模型、分配材料参数、施加边界条件、确定收敛条件是有限元模拟的必要条件。

由于模拟的地质模型为剖面模型。所以在定义有限元模型单元类型的时候，采用了二维固体四边形板块单元作为主要的单元类型，其中地层设定为二维固体四边形板块单元八节点，断层设定为二维固体四边形板块单元四节点。

地层的岩石力学参数主要受到岩性、埋深、地层厚度等因素的影响。综合了前人所做的高温高压岩石力学实验以及考虑了研究区不同构造段地层的岩性、厚度和其平均埋深设置了本次模拟所用到的岩石力学参数，主要参考了前人的该方面研究成果，最终确定的研究区不同构造单元和不同地层的岩石力学参数如表 1 所示。

表 1　库车前陆盆地不同构造区岩石力学参数设置表

地层	克深地区		大北地区	
	弹性模量(GPa)	泊松比	弹性模量(GPa)	泊松比
西域组(Q_1x)	12	0.28	12	0.26
库车组(N_2k)	15	0.26	17	0.24
康村组(N_1k)	20	0.24	22	0.22
吉迪克组(N_1j)	5	0.42	7	0.4
苏维依组(E_3s)	10	0.3	12	0.28
库姆格列木组($E_{1-2}km$)	6	0.35	8	0.33
巴什基奇克组(K_1bs)	35	0.24	37	0.22
巴西盖组(K_1b)	35	0.24	37	0.22
三叠系-侏罗系(T-J)	37	0.26	39	0.24
石炭系-二叠系(P-T)	39	0.28	41	0.26
断层	8	0.32	8	0.32

自新近纪以来，在强烈的近南北向的构造挤压作用下，研究区的最大主应力方向由垂向转为水平方向，并且在喜山运动晚期，由于受到南天山快速隆升的影响，使得库车前陆盆地北部遭受的构造挤压强度明显大于其南部地区。因此，在恢复古构造应力场时，设定剖面的南北向为 X 轴方向，东西向为 Y 轴方向，并且根据研究区的构造背景，在剖面的左右边界施加构造应力，在模拟剖面的左边界设定 XY 方向的约束，在其底部边界设定 Y 方向的约束。

收敛条件是有限元模拟的结束必要条件，模拟时利用前人所做的声发射试验所测得的最大主应力值作为收敛条件(表 2)，通过不断调整模拟剖面两侧的构造应力大小，直到模拟值与实测值的差距最小时结束模拟。

表 2　库车前陆盆地不同构造区巴什基奇克组最大水平主应力统计表

井名	层位	深度/m	最大水平主应力/MPa	数据来源
KL2 井	K_1bs	3493.75	123.72	张荣虎等，2011[28]
DB301 井	K_1bs	7210.06	136.53	肖承文等，2017[29]

数值模拟结果表明，克深地区最大水平主应力主要在 89~261MPa 之间，其巴什基奇克组在喜山晚期经历构造挤压后，其最大水平主应力主要分布在 175~261MPa 之间，在古近系膏盐岩层中出现相对低值区，在 3~89MPa 之间(图 2)。大北地区最大水平主应力主要在 69~201MPa 之间，其巴什基奇克组在喜山晚期经历构造挤压后，其最大水平主应力主要分布在 135~201MPa 之间，在古近系膏盐岩层中出现相对低值区，在 3~69MPa 之间(图 3)。

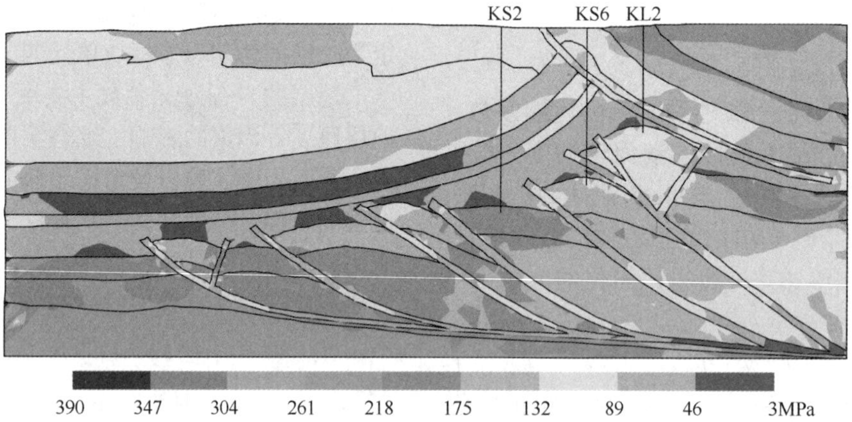

图 2　克拉苏构造带过克深地区典型地质剖面最大水平主应力分布图

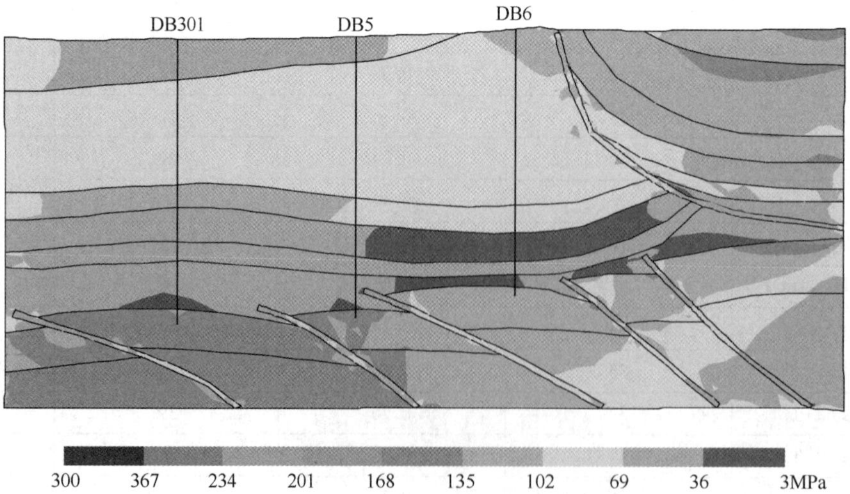

图 3　克拉苏构造带过大北地区典型地质剖面最大水平主应力分布图

4.2 不同构造部位超压对优质储层孔隙的保存大小计算及过程特征

克拉苏构造带构造上有东西分段、南北分带的分布特征，本次选取了克深和大北两个区块，在各自区块中又选取了位于不同构造带的 2 口典型井，克深区块中为 KS2 和 KS9 井，大北区块中为 DB6 和 DB3 井，通过对 4 口井构造挤压作用下的下白垩统巴什基奇克组储层超压和孔隙度的演化，并与不考虑超压抑制的地层孔隙度演化进行对比，发现康村早期开始深埋，该阶段经历弱挤压作用，超压开始形成，地层孔隙度有小幅度抑制；康村晚期-库车末期，快速深埋，构造挤压作用开始变强，在沉积、构造挤压和超压传递作用下超压快速增大，其对孔隙度的抑制保存作用达到最大，KS2 井、KS9 井、DB6 井和 DB3 井超压对其孔隙度抑制保存的大小分别为 3.16%、4.93%、3.26%、4.23%；第四纪，在超压传递作用下超压继续增大，其对孔隙度持续抑制保存，其对孔隙度的抑制大小与上时期基本相当。从大小分布上来看，同一构造区段内，超压对巴什基奇克组储层孔隙度抑制保存的大小，KS9 井大于 KS2 井，DB3 井大于 DB6 井，呈现出远离天山埋深更大的区带超压对巴什基奇克组储层孔隙度抑制保存的大小越大的特征。

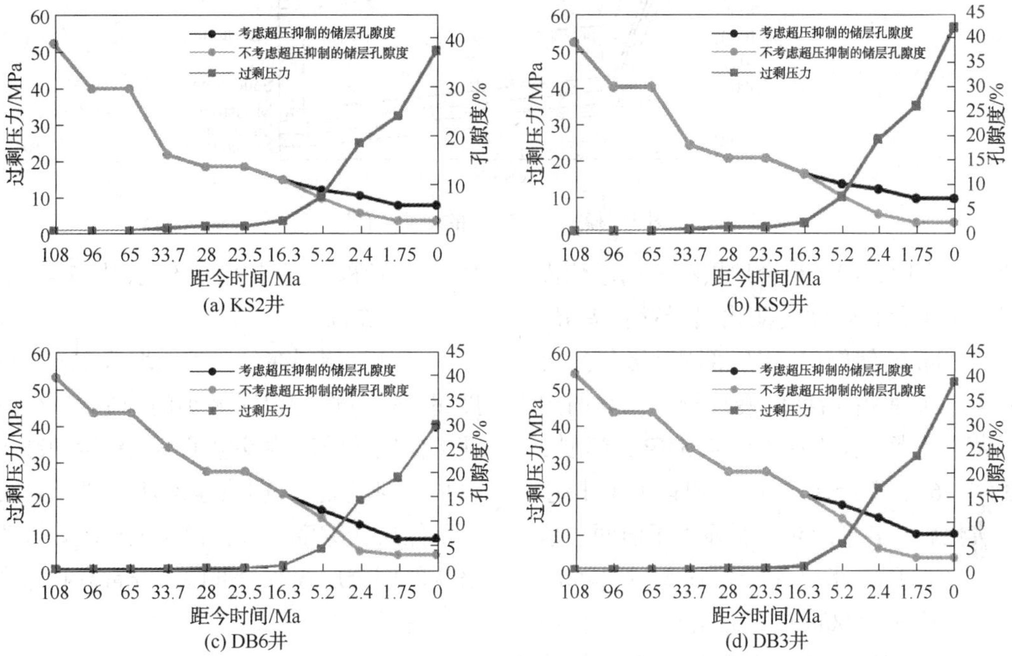

图 4 克拉苏构造带典型井巴什基奇克组储层超压和孔隙度演化图

5 构造挤压作用下超压对储层孔隙保存的差异分析

为了进一步揭示构造挤压作用下超压对深层-超深层储层孔隙的抑制保存的差异，本次通过构建不同的埋藏方式、不同的构造挤压应力、相同构造挤压应力的不同作用时间和不同储层类型等方面的地质模型，分析影响其差异的其他因素。

5.1 埋藏方式的差异引起超压对储层孔隙保存的差异

考虑沉积速率的不同并结合前人研究成果，将沉积盆地较常发育的埋藏过程分为三种类型：早中期浅埋-后期快速深埋型(模型 1)、匀速沉积型(模型 2)、前期快速深埋-中后期缓慢沉积型(模型 3)(图 5)，以这三种不同埋藏过程类型建立地质模型，分析三种不同埋藏方式下地层超压的差异演化形成，进一步探讨其与构造应力的耦合作用及其对储层孔隙度的影响。

建立的三种一维地质模型(模型 1、2、3)的地层岩性、埋藏历史如图 5 所示，这三种地质模型中施加的构造应力条件均为：在 30~0Ma 期间最大构造应力 σ_{Tmax} 等于 200MPa，为了对比每种埋藏方式在施加构造应力和不施加构造应力下超压和储层孔隙度的变化，将模型 1、2、3 在不施加构造应力条件的模型分别对应为模型 4、5、

6；各模型地层中砂岩和泥岩层的地表孔隙度分别为41%和70%，其压实系数分别为0.00031和0.00083；各模型中应力比系数 ν 均为0.82（罗晓容，2004），砂岩和泥岩层的渗透率系数 λ 分别为 10^{-11}、10^{-16}。设定E地层的底部为观察点，以分析模拟结果的变化。

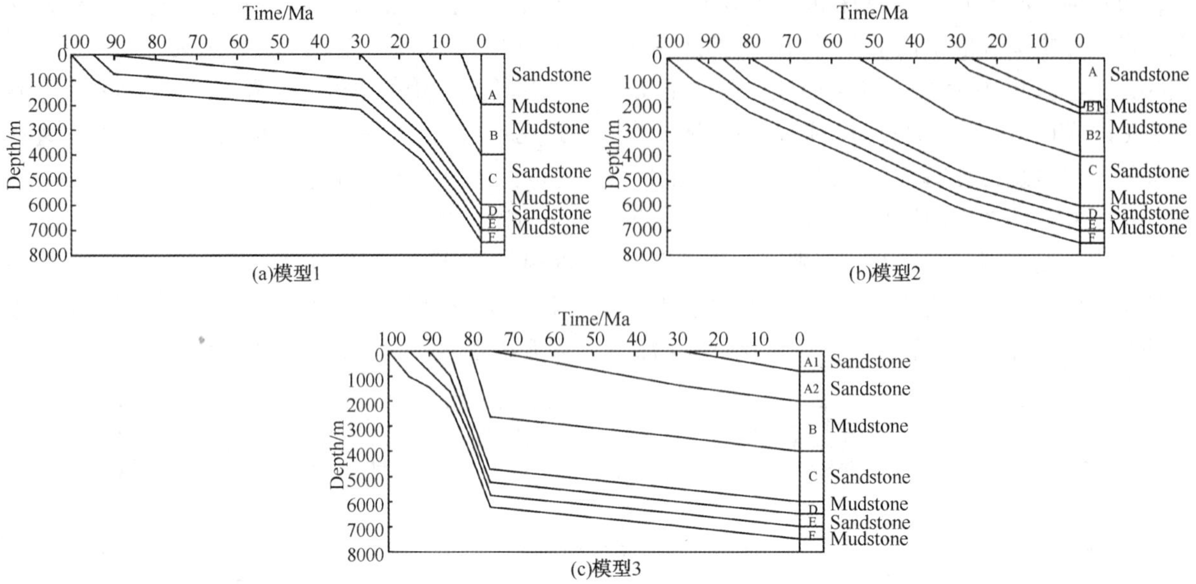

图5 模型1、2、3的埋藏史图

模拟结果表明，相同组合地层在不同埋藏方式下储层中超压和孔隙度的演化路径存在差异，现今埋深7000m的储层（E层底部）经历匀速沉积和前期快速深埋-中后期缓慢沉积后，其内形成的超压大小前者稍大于后者约4.5MPa（模型2和模型3，图6），而经历早中期浅埋-后期快速深埋过程演化后，其形成超压明显大于前两种埋藏方式形成的超压大小，大于匀速型约21MPa（图6）。现今埋深7000m的储层在经历三种埋藏方式演化后，其现今储层孔隙度也有明显差异，其大小顺序为早中期浅埋-后期快速深埋型>匀速沉积型>前期快速深埋-中后期缓慢沉积型，且依次相差2.7%、1.7%（图7），这里主要是由于超压的形成抑制了储层的压实作用而致。对比经历相同埋藏过程的同一组合地层中施加和不施加构造应力时储层过剩压力和储层孔隙度大小的变化，发现在经受强烈构造挤压后储层超压和储层孔隙度均发生了变化，储层超压值变大，而储层孔隙度则变小，储层E底部超压值的变化顺序为早中期浅埋-后期快速深埋型>匀速沉积型>前期快速深埋-中后期缓慢沉积型，变化值依次为19.0MPa、4.4MPa和0.4MPa（图6）；储层E底部孔隙度的变化顺序为匀速沉积型>早中期浅埋-后期快速深埋型>前期快速深埋-中后期缓慢沉积型，变化值依次为5.4%、4.4%、4.3%（图7）。

可见，储层在经历不同埋藏方式形成不同程度超压后与晚期相同大小的构造应力进行耦合，深部储层孔隙度均发生了不同程度的减小，这里以早中期浅埋-后期快速深埋型埋藏方式形成的深部储层孔隙度最大，说明该种埋藏方式和构造挤压的耦合形式对深部储层异常高孔隙度的形成和保持最为有利。

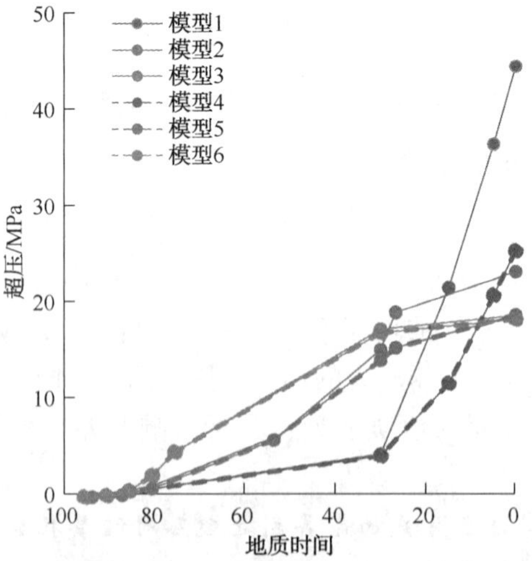

图6 模型1到模型6数值模拟得到的E储层过剩压力

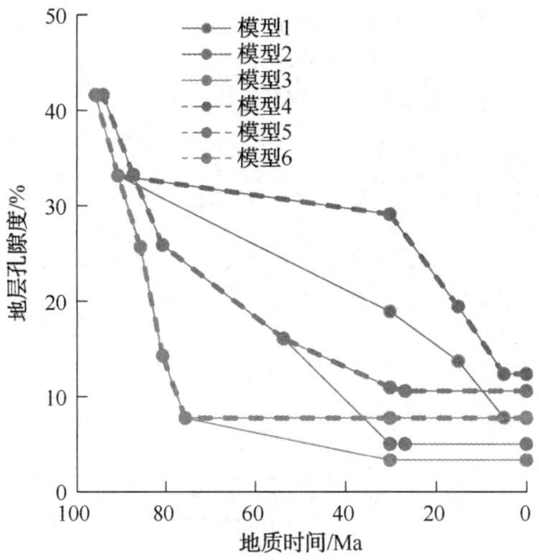

图7　模型1到模型6数值模拟得到的E储层孔隙度

5.2　构造挤压强度差异引起超压对储层孔隙保存的差异

选取上述匀速型埋藏方式的地层组合，并在27－0Ma期间分别施加0MPa、150MPa和300MPa的最大构造应力σ_{Tmax}值，分别记为模型7、8、9，模型中应力比系数ν、各岩性的渗透率系数λ等参数均与3.1中模型2的相同，通过在相同埋藏方式下对相同组合地层在同一时期施加不同大小的构造应力，来研究不同大小的构造应力对储层超压和储层孔隙度的影响。

模拟结果表明，对比加载0MPa和150MPa最大构造应力σ_{Tmax}的模型7和模型8得到的E储层现今超压和现今孔隙度值，发现模型8相对模型7中E储层现今超压仅发生了微弱增大，增大值为0.2MPa，而现今其储层孔隙度却发生了明显减小，减小值为4.8%(图8、9)，说明在施加的构造应力较小时，随着构造挤压强度的增大首先引起储层孔隙度的减小而储层超压不发生或仅发生微弱变化；再将两者与施加构造挤压强度更大的模型9(最大构造应力σ_{Tmax}为300MPa)相比，发现构造挤压强度增大到一定程度后再增大，这时现今E储层孔隙度和E储层超压均会发生明显变化，模型9相对模型8，现今其储层孔隙度减小约2.5%，而现今其储层超压增大约1.8MPa；对比改变相同幅度构造应力的模型7和模型8、模型8和模型9(均增大150MPa的构造应力)(图8、9)，发现在构造挤压引起超压变化之前和之后，相同大小的构造挤压改变幅度引起储层孔隙度的减小幅度是不一样的，其减小幅度在构造挤压引起超压变化之前要比在构造挤压引起超压变化之后的要大。

可见，在相同埋藏方式下对相同组合地层在同一时期施加大小不同的构造应力时，当施加的构造应力较小时，这时构造挤压只引起储层孔隙度的减小而储层超压却不发生变化或仅发生微弱变化；当构造应力增大到一定程度后再继续增大，这时构造挤压作用下储层孔隙度和超压均会发生变化，储层孔隙度会持续减小而储层超压会增大；表现为前期构造应力增大-储层超压不变和后期构造应力增大-储层超压增大的两种耦合方式，增大相同构造应力时前者耦合方式下储层孔隙度的减小速度较后者耦合方式的快，但整体上施加的构造应力越大，储层孔隙度减小会越大。

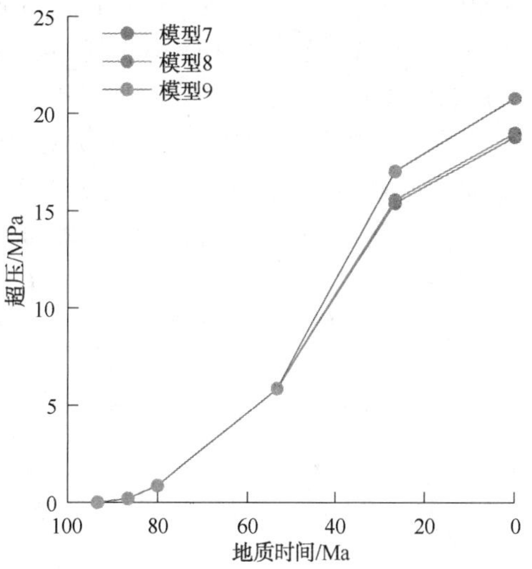

图8　模型7到模型9数值模拟得到的E储层过剩压力

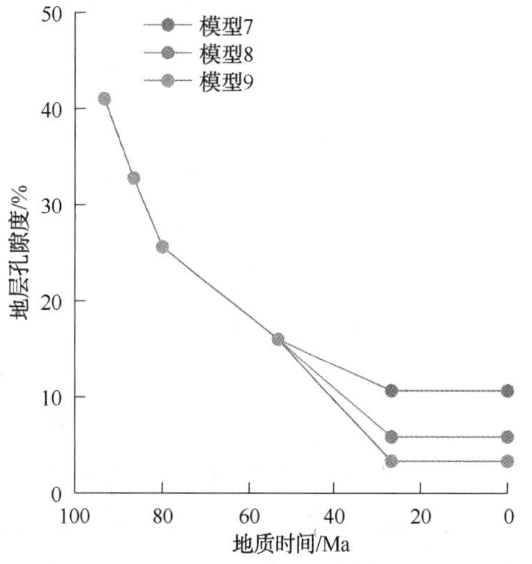

图9　模型7到模型9数值模拟得到的E储层孔隙度

5.3　构造挤压作用时间差异引起超压对储层孔隙保存的差异

选取上述早中期浅埋-后期快速深埋型埋藏方式的地层组合，分别在 31-16Ma、16-6Ma、6-0Ma 期间分别施加 200MPa 的相同最大构造应力 σ_{Tmax} 值，分别记为模型 10、11、12，模型中应力比系数 ν、各岩性的渗透率系数 λ 等参数均与 5.1 中模型 1 的相同，通过在相同埋藏方式下对相同组合地层施加不同时期的大小相同的构造应力，来研究不同时期的相同大小构造应力对储层超压和储层孔隙度的影响。

模拟结果表明，在不同时期施加 200MPa 的相同最大构造应力 σ_{Tmax} 值后，现今 E 储层形成的超压有较大差异，在施加更早期构造应力时(模型 10)最大，其超压值为 44.4MPa，在施加晚期构造应力时(模型 12)最小，其超压值为 28.3MPa(图 10)，而现今 E 储层孔隙度也有较大差异，在施加更早期构造应力时(模型 10)最大，其储层孔隙度值为 17.7%，在施加晚期构造应力时(模型 12)最小，其储层孔隙度值为 5.9%。可见，构造应力作用时期越晚，其引起现今储层孔隙度的减小值就越大(图 11)。

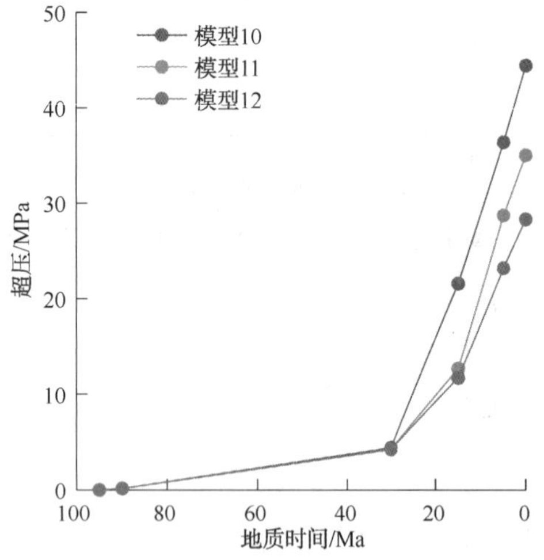

图 10　模型 10 到模型 12 数值模拟得到的 E 储层过剩压力

可见，在相同埋藏方式下对相同组合地层施加不同时期的大小相同的构造应力时，作用时期越晚，其引起储层孔隙度的减小值会越大，作用时间越早，其超压越早形成，储层在更高的超压抑制作用下越易形成异常高孔隙度。因此，早期构造挤压与超压的耦合方式对储层异常高孔隙度的保持最为有利，晚期构造挤压作用与超压的耦合方式对储层孔隙度的影响最大，相对来说不利于形成储层异常高孔隙度。

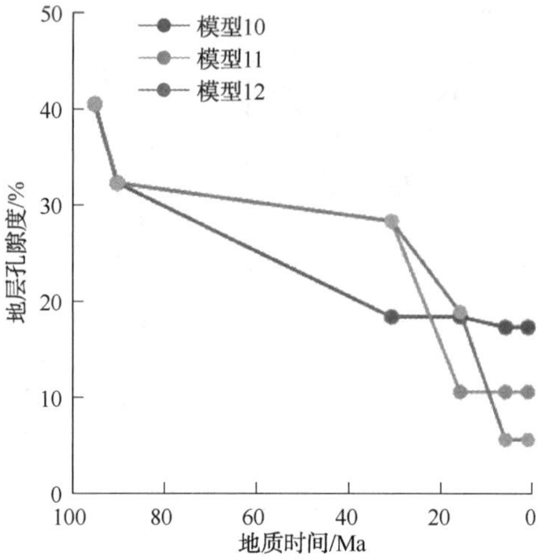

图 11　模型 10 到模型 12 数值模拟得到的 E 储层孔隙度

5.4　储层类型差异引起超压对储层孔隙保存的差异

选取 KS9 井下白垩统巴什基奇克组差储层，来恢复构造挤压作用下其储层超压和孔隙度的演化，并与不考虑超压抑制的地层孔隙度演化进行对比，发现该储层类型超压对储层孔隙度的抑制作用较小，最大约为 0.77%(图 12)，与上述得到的 4.93% 相比，具有明显差异，说明储层类型的差异可引起超压对储层孔隙保存的差异。

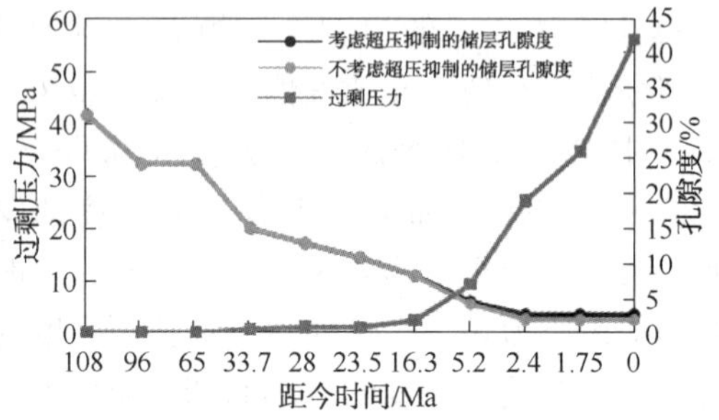

图 12　克拉苏构造带 KS9 井巴什基奇克组差储层超压和孔隙度演化图

6　结论

(1) 超压对前陆冲断带盐下深层优质储层异常高原生孔隙的保存具有重要影响，克深和大北地区超压能保存优质储层 3%-5% 的原生孔隙度，不同构造位置其大小有差异；

(2) 构造挤压背景下，超压对原生孔隙度的抑制保存大小还与储层类型、埋藏方式、构造挤压强度和构造挤压作用的时间等因素有关。

参 考 文 献

[1] 王珂，张荣虎，曾庆鲁，等．库车坳陷博孜-大北地区下白垩统深层-超深层储层特征及成因机制[J]．中国矿业大学学报，2022，51(2)：257-274.

[2] 刘宏坤，艾勇，王贵文，等．深层、超深层致密砂岩储层成岩相测井定量评价：以库车坳陷博孜-大北地区为例[J]．地质科技通报，2023，42(01)：299-310.

[3] 杨宪彰，毛亚昆，钟大康，等．构造挤压对砂岩储层垂向分布差异的控制——以库车前陆冲断带白垩系巴什基奇克组为例[J]．天然气地球科学，2016，27(04)：591-599.

[4] Li Y，Guo S，Wang X，et al. Stratification model of an ultra-deep tight sandstone fracture reservoir under tectonic stress：A case study of a Cretaceous reservoir in the Kuqa foreland thrust belt of the Tarim Basin [J]. Journal of Natural Gas Science and Engineering，2017，45，53-64.

[5] 刘春，赵继龙，章学岐，等．应力垂向分带对储层的控制作用——以库车前陆冲断带为例[J]．天然气勘探与开发，2019，42(03)：21-31.

[6] 孟颖，靳军，高崇龙，等．准噶尔盆地南缘西段白垩系深层储层特征及物性保存机制[J]．天然气地球科学，2022，33(02)：218-232.

[7] 靳军，鲜本忠，连丽霞，等．晚期快速埋藏过程中微裂缝对深层不同成岩强度碎屑岩储集层的改造作用——来自准噶尔盆地南缘白垩系清水河组成岩物理模拟的启示[J]．石油勘探与开发，2023，50(02)：309-321.

[8] 高崇龙，王剑，靳军，等．前陆冲断带深层储集层非均质性及油气差异聚集模式——以准噶尔盆地南缘西段白垩系清水河组碎屑岩储集层为例[J]．石油勘探与开发，2023，50(02)：322-332.

[9] 王招明，李勇，谢会文，等．库车前陆盆地超深层大油气田形成的地质认识[J]．中国石油勘探，2016，21(01)：37-43.

[10] 张凤奇，鲁雪松，卓勤功，等．准噶尔盆地南缘下组合储层异常高压成因机制及演化特征[J]．石油与天然气地质，2020，41(05)：1004-1016.

[11] Zhang F Q，Gingras M，Shan C D，et al. The effect of coupling of tectonic compression and overpressure on porosity of deep reservoirs：a case study of southern margin of Junggar Basin，northwest China [J]. Frontiers. Earth Science，2023，11：1220105.

[12] 王招明．塔里木盆地库车坳陷克拉苏盐下深层大气田形成机制与富集规律[J]．天然气地球科学，2014，25(02)：153-166.

[13] 张立强，严一鸣，罗晓容，等．库车坳陷依奇克里克地区下侏罗统阿合组致密砂岩储层的成岩差异性特征研究[J]．地学前缘，2018，25(02)：170-178.

[14] 张荣虎，杨海军，王俊鹏，等．库车坳陷超深层低孔致密砂岩储层形成机制与油气勘探意义[J]．石油学报，2014，35(06)：1057-1069.

[15] 刘志宏，卢华复，贾承造，等．库车再生前陆逆冲带造山运动时间、断层滑移速率的厘定及其意义[J]．石油勘探与开发，2000，27(1)：12-15.

[16] 汪新，王招明，谢会文，等．塔里木库车坳陷新生代盐构造解析及其变形模拟[J]．中国科学(D辑)，2010，40(12)：1655-1668.

[17] Lu X S，Yu Z C，Liu K Y，et al. Transformation of a large ancient oil reservoir to a dry gas reservoir：A case study of the Kela-2 gas field in the Kuqa foreland Basin，NW China[J]. Geofluids，2022，6615336.

[18] Gutierrez M，Wangen M. Modeling of compaction and overpressuring in sedimentary basins[J]. Marine Petroleum Geology，2005，22，351-363.

[19] Tingay M R P，Hillis R R，Swarbrick R E，et al. Origin of overpressure and pore-pressure prediction in the Baram province，Brune. AAPG Bulletin. 2009，93，51-74.

[20] 罗晓容．构造应力超压机制的定量分析[J]．地球物理学报，2004，(06)：1086-1093.

[21] Couzens-Schultz B A，Azbel K. Predicting pore pressure in active fold-thrust systems：An empirical model for the deepwater Sabah foldbelt[J]. Journal of Structural Geology，2014，69，465-480.

[22] Obradors-Prats J，Rouainia M，Aplin A C，et al. Hydromechanical Modeling of Stress，Pore Pressure，and Porosity Evolution in Fold-and-Thrust Belt Systems [J]. Journal of Geophysical Research-Solid Earth，2017，122：9383-9403.

[23] 王震亮，罗晓容，陈荷立．沉积盆地地下古水动力场恢复——原理与方法[J]．西北大学学报(自然科学版)，1997，(02)：67-71.

[24] 张凤奇，王震亮，鲁雪松，等．库车坳陷现今构造应力场与天然气分布关系[J]．新疆石油地质，2012，33(04)：431-433.

[25] 张明利，谭成轩，汤良杰，等．塔里木盆地库车坳陷中新生代构造应力场分析[J]．地球学报，2004，(06)：615-619.

[26] 蒋有录，张乐，鲁雪松，等．基于ANSYS的应力场模拟在库车坳陷克拉苏地区的初步应用[J]．天然气工业，2005，(04)：42-44+47.

[27] 王延欣，侯贵廷，李江海，等．塔北隆起中西部新

近纪末构造应力场数值模拟[J]. 北京大学学报(自然科学版), 2008, 44(06): 902-908.
[28] 张荣虎, 姚根顺, 寿建峰, 等. 沉积、成岩、构造一体化孔隙度预测模型[J]. 石油勘探与开发, 2011, 38(02): 145-151.
[29] 肖承文. 前陆冲断带超深裂缝性砂岩气藏测井评价技术[M]. 石油工业出版社出版, 2017.
[30] 能源, 李勇, 谢会文, 等. 库车前陆盆地盐下冲断带构造变换特征[J]. 新疆石油地质, 2019, 40(1): 54-60.
[31] 何小胡, 刘震, 梁全胜, 等. 沉积地层埋藏过程对泥岩压实作用的影响[J]. 地学前缘, 2010, 17(04): 167-173.
[32] 冯佳睿, 高志勇, 崔京钢, 等. 深层、超深层碎屑岩储层勘探现状与研究进展[J]. 地球科学进展, 2016, 31(07): 718-736.

川西超深长衬管水平井细分体积酸压关键技术研究

杜征鸿　王明贵　曹学军　颜　磊

（中石化西南石油工程有限公司）

摘　要　川西海相雷口坡组优质层分布不连续、非均质性极强。随着新部署井水平段长大幅增加，前期形成的酸压技术不能满足开发需要。针对完井方式和长衬管水平井带来的针对布酸和增产难题，通过储层品质评价方法、酸压分段方法及酸压工艺、暂堵工艺、压裂液体系优选等研究，建立了川西超深长衬管水平井滑套细分体积酸压技术。成果应用在5口长衬管水平井应用，平均测试无阻流量是前期勘探开发井均值的1.86倍。

关键词　超深；长衬管水平井；细分酸压；体积酸压；川西海相；关键技术

1　前言

我国海相碳酸盐岩领域油气资源丰富，目前正处于油气大发现、大发展阶段，是我国未来油气实现战略接替的重要领域。中石化探区海相碳酸盐岩领域天然气资源量达 $14.12\times10^{12}m^3$，但探明率仅5.1%，勘探开发潜力巨大，是培育大中型天然气田的主战场。按“海陆并重、常规非常规并举”战略部署，和“做大做强海相常规气、攻关拓展页岩气、做整做优陆相致密气”思路，集团公司持续加大四川盆地海相碳酸盐岩油气勘探开发力度，继普光、元坝气田，彭州气田成为中石化在四川盆地发现的第3个千亿级海相大气田，2018年提交控制储量 $2166.1\times10^8m^3$。

但由于多类储层交互叠置、储层非均质性强、有效层识别难度极大及采用裸眼/衬管完井方式、高温高压高含硫等复杂地质条件和恶劣的工程条件，导致川西海相开发难度高、增产改造效果差异明显。前期14层次酸压后5层次天然气无阻流量小于 $100\times10^4m^3/d$，未能到达开发方案设计目标。

2　长水平井细分体积酸压酸压面临的技术难题

川西海相气田雷口坡组埋深5700-6300m、温度150-155℃，主体构造储层厚度66.2-70.5m，横向分布较为稳定，孔隙度4.6-5.1%、平均渗透率1.35mD，物性比元坝长兴组、普光飞仙关组差，为低孔-特低孔、低渗-特低渗、高含硫气藏。

经多年的探索和实践，以大斜度井/水平井分段酸压为核心的酸压改造技术已成为川西海相高效开发的主要技术手段，该技术推动了气田千亿级天然气储量提交。但由于多类储层交互分布、有效层识别难度大以及采用裸眼/衬管完井方式下分级数受限等原因，导致部分井酸压增产改造效果不理想，尤其是新部署井水平段大幅增加情况下（测试井段平均长度由前期715m增至1360m），长水平井细分体积酸压改造面临许多的难题：

（1）酸压井改造后测试产量差异大，低产工业气井比例高，酸压增产效果有待提高。前期11口14层次酸压作业，有5层次天然气无阻流量小于 $100\times10^4m^3/d$，未能到达开发方案设计目标（表1）。

（2）储层非均质性强，甜点识别难、评价方法有待完善。由于埋深大、多薄层叠置（纵向层数多达15-24层，但单层厚度薄仅0.5-6.9m），有效层识别难度极大、识别精度不理想等原因，储层甜点评价方法有待完善。从对比来看，Ⅰ+Ⅱ类储层及占比、施工规模等与酸压测试无阻流量没有明显关系，针对设计缺乏依据（表2）。

表1　前期11口井14层次酸压测试情况汇总表

项目	测试段长(m)	总液量(m^3)	酸量(m^3)	施工排量(m^3/min)	测试产量(10^4m^3/d)	无阻流量(10^4m^3/d)
范围值	52-1155	360-2300	281-170	1-6	33.5-57.6	57.5-320.4
平均值	455.9	1292.0	967.6	/	46.5	139.3

表 2　前期部分井 Ⅰ+Ⅱ 类储层与酸压测试参数表

编号	测试段长(m)	总液量(m^3)	酸量(m^3)	施工排量(m^3/min)	测试产量(10^4m^3/d)	无阻流量(10^4m^3/d)	Ⅰ+Ⅱ类(m)	Ⅰ+Ⅱ类储层占比(%)
YC1	90.5	1020	720	5.1	40.26	82	75.1	92
CX4	530	1305	970	5	41.65	100.7	73.3	22
CX1	52	975	680	6	37.67	258	29.2	37.3

(3) 酸压裂缝的起裂位置不容易控制、合理布置裂缝难度大。酸压裂缝在长井段上的合理部署是长井段裸眼/衬管水平井分段酸压的关键技术和难点之一，是分段体积酸压技术核心思想。长井段的布缝位置及数量对酸压后的产能影响大，不合理的分段难以实现全井段储层有效动用。雷口坡组裸眼/衬管水平井应力分布不均，酸压裂缝的起裂位置不容易确定，直接影响分段酸压效果。

(4) 优质储层分布不连续，层间(或段内)非均质性强，衬管/裸眼完井方式难以对优质储层充分改造，定点分流工艺有待优化。川西海相碳酸盐岩储层埋藏深、地层温度高，常规酸液进入地层后酸岩反应快、酸蚀缝长短，难以实现深度酸压。并由于各类储层纵、横向上交错分布，连通性差，段内、层间渗透率最大值与其平均值之比达 24.8 以上，非均质性极强，水平段水平井在分级滑套数量受限情况下，针对性酸压改造难度很大，前期部分暂堵分流效果不明显。

(5) 酸压工作液不能很好满足复杂岩性、高温改造需要。川西海相雷口坡组储层沉积类型为局限—蒸发台地潮坪相带，优质储层厚度薄，横向变化极快，岩性复杂。主力层雷四段温度 140-155℃，受成都平原征地困难影响，酸压规模受限，需要采用与酸液配伍性更好的压裂液，以满足多级交替造长缝需要。

3　长水平井细分体积酸压关键工艺技术研究

3.1　储层甜点量化研究

前期川西海相碳酸盐岩储层分段、出酸口位置优选及改造设计以 I-II 为主要目标，兼顾 III 类，采用提高Ⅰ+Ⅱ类储层的用酸强度等措施以提高单井产能。但从实践来看，单井液体规模、用酸强度及Ⅰ+Ⅱ类储层厚度等与压后产能无明显关系。

以酸压增产地质影响因素分析，采用最小二乘法筛确定对酸压效果影响程度最大的 7 个地质参数：储层厚度 H、含气性 TOC(或全烃值)、钻井滤失情况 V_{loss}、物性(孔隙度 φ、渗透率 K)、Ⅰ+Ⅱ类储层比例($R_{Ⅰ+Ⅱ}$)、中高角度裂缝条数(F)等数据。通过参标准化处理，以地质参数为自变量，测试天然气无阻流量为因变量，利用 Pearson 相关性分析，得到对应参数的影响权重，建立了适用于研究区的甜度系数计算方法。

$$X_j(k)=\frac{x_j(k)}{\bar{x}_j(k)},\ j=1,\ 2,\ \cdots\cdots,\ m_k=1,\ 2,\ \cdots\cdots,\ n \tag{1}$$

$$r_{XjY}=\frac{\sum_{k=1}^{n}[X_j(k)-\bar{X}_j][Y(k)-\bar{Y}]}{\sqrt{\sum_{k=1}^{n}[X_j(k)-\bar{X}_j]^2}\sqrt{\sum_{k=1}^{n}[Y(k)-\bar{Y}]^2}} \tag{2}$$

式中，m 为自变量个数；n 为样本数；x 为自变量，X 为无因次自变量；Y 为无因次因变量。

$$D=0.086H*\varphi+0.131H*K+0.0324H*R_{I+II}+0.081TOC+0.032V_{loss}+0.048F \tag{3}$$

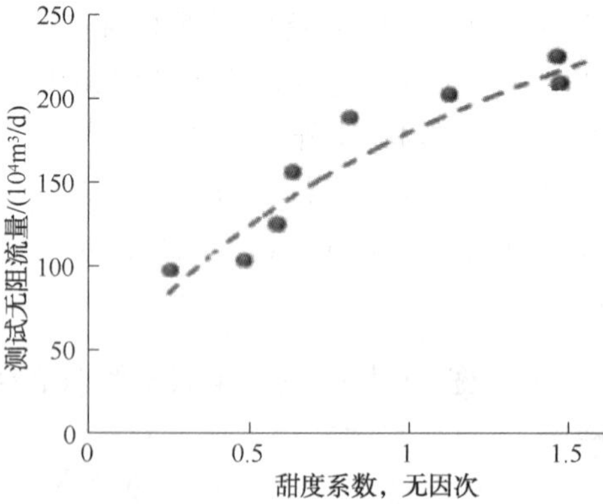

图 1　甜度系数与酸压测试无阻流量关系图

结果表明，甜度系数 D 与无阻流量的匹配程度均能达到 85%以上，说明该参数在评价储层的改造潜力上较为准确。

3.2　长水平井储层精细分段方法

水平井分段酸压的关键之一在于对水平井段

进行合理的分段。以式(3)量化的储层改造甜度系数为基础，综合钻井、测录井解释成果，即井径剖面、最小水平主应力剖面、破裂压力剖面，形成了长平井段酸压精细分段方法。

(1) 起裂点确定：以室内及酸压实践校正地层破裂压力剖面，选择确定酸压裂缝起裂点。

(2) 酸压分段：①对储层Ⅰ、Ⅱ、Ⅲ类层的分布明显差异且同一类层相对集中的井，分别按照储层种类，结合其它原则进行分段；②尽可能将地应力分布相对均匀划分为一个改造层段；③对同一改造段应力差较大的情形，配套采用暂堵(投暂堵剂、转向酸)转向工艺满足提交改造均匀性。

(3) 注酸滑套位置设计：将甜度系数较高、破裂压力较低位置设计注酸滑套，确保有效起裂，满足体积酸压需要。

3.3 差异化酸压工艺设计

3.3.1 不同类型储层改造需求分析

不同品质储层改造需求不同，如勘探评价为中高产的井，中低排量、中小规模酸压即可满足增产需要。而以Ⅱ、Ⅲ类为主的储层，需要造长缝提高沟通远端缝洞体几率，进而获得较好产能。

基于前期实践认识，结合酸蚀裂缝长度和导流能力对产量的影响模拟，确立了川西海相酸压改造工程目标(表3)。

表3　不同品质储层酸压改造需求及目标参数

储层品质(甜度系数)	改造需求	用酸强度(m^3/m)	导流能力(mD.m)	裂缝长度(m)
优质储层(D>0.90)	提高导流能力	<1.3	>50	≤60
中等储层(0.5≤D≤0.90)	导流能力与缝匹配	1.3-1.5	30-50	50-80
低品质储层(D<0.5)	提高酸蚀缝长	>1.5	<30	80~100

3.3.2 针对性分段工艺研究

(1) 工艺选择研究

测录井综合评价Ⅰ类储层占比高，综合评价甜度系数大于0.9，酸压获高产可能性大，需要形成较高的导流能力以匹配生产需要，采用较中等规模+中等排量酸压工艺。

测录井综合评价Ⅲ类储层占比较大，综合评价甜度系数小于0.5，需要大排量、较大规模提高沟通远端缝洞体几率，通过中大排量+较大规模+多级交替工艺满足增产要求。

Ⅱ类储层占比较大，综合评价储层甜度系数大于0.5-0.9，需要兼顾酸蚀缝长和导流能力，采用较大规模+较高酸液比+中等排量酸压工艺。

(2) 工艺优化研究

① 交替级数优化

在规模、排量等不变条件下，模拟了川西海相雷口坡组不同级交替注入方式对酸蚀裂缝形态的影响。结果如图2所示，交替级数超过3级后缝长、导流能力增加不明显，综合模拟结果及现场作业条件，设计交替注入级数推荐3级。

② 暂堵工艺优化研究

基于川西海相雷口坡组酸压测试段采用衬管完井，均匀改造需要配合暂堵工艺。以平行岩心流动实验、不同浓度暂堵增压速度为主要目标，模拟确定了暂堵粒径及浓度：粒径相差4-5倍

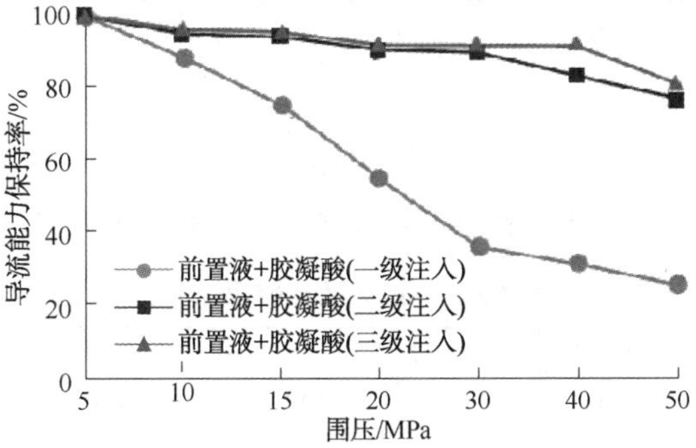

图2　交替级数对导流能力影响模拟结果图

以上组合颗粒暂堵、架桥粒粒径在裂缝宽度的0.8倍左右，浓度为10-15%。

(3) 酸压工作液体系优选

主体酸液优选：在地层条件下缓速、缓蚀性能较好、酸蚀闭合后保留有较高的导流能力。雷口坡组储层埋深大，为保证酸压后导流能力，综合不同类型酸液与岩石反应刻蚀形态及前期酸压实践经验，选择使用较为成熟的胶凝酸为主体酸。

交替压裂液优选：要求与主体酸配伍性好、接触后粘度保持率好。前期主要采用胍胶压裂液体系与胶凝酸交替使用以提高酸蚀距离，但高温下胶液遇酸易水化破胶。为此，通过实验研选出一种酸性压裂液，该酸性压裂液与酸液混合后流变性、配伍性良好均优于常规胍胶压裂液，能更

有效充填酸岩反应形成的孔洞，提高酸液效率作用，进而为限规模下造长缝提供支撑。

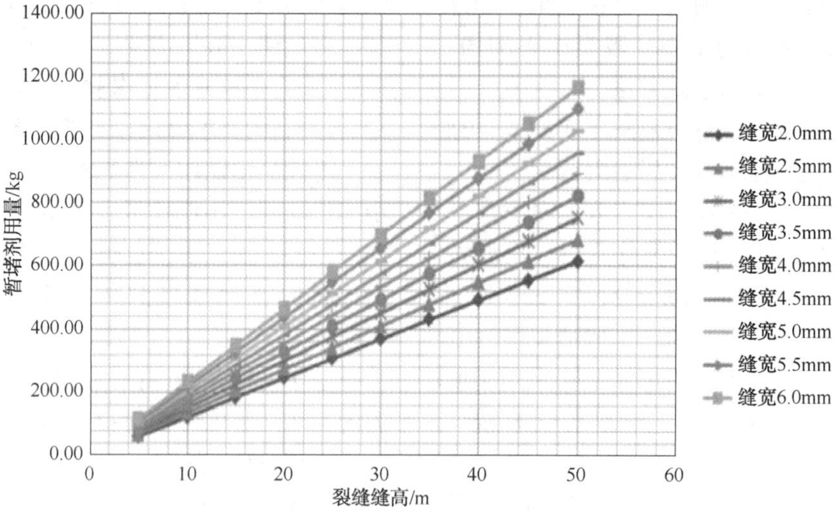

图 3　裂缝暂堵剂用量与裂缝参数相关性变化曲线

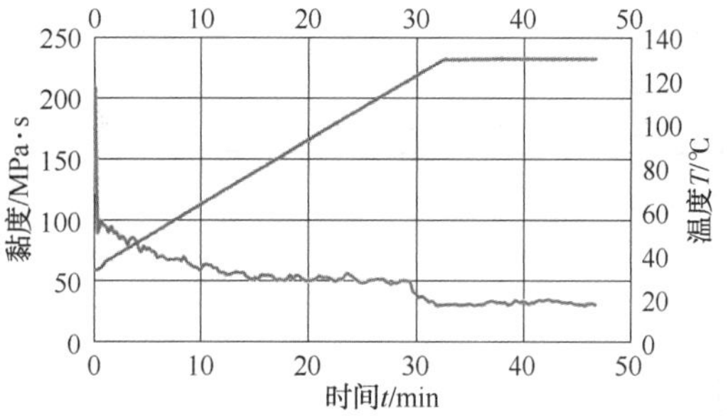

图 4　优选出的酸性压裂液耐温耐剪切实验曲线

表 4　酸性/常规压裂液与酸液混合后粘度

胶液：胶凝酸	1：1	2：1	4：1	6：1	8：1	10：1
酸性胶液	33	57	78	116	138	175
常规胶液	24	30	33	36	42	45

4　现场应用及认识

4.1　总体应用情况

成果在 5 口川西海相超深衬管水平井应用，水平段长 1221-1827.7m，单井分 10 级采用分流滑套+胶凝酸与压裂液交替注入+暂堵分流工艺进行改造，平均段长达 1482.4m、平均用液 3112m^3、用酸 2447m^3（表 4）。与勘探开发初期相比，段长平均增加 1026.5m，规模平均增 1820m^3，酸液平均增加 1479.4m^3，压后平均天然气无阻流量 $214\times10^4m^3/d$ 平均提高 86.2%，细分体积酸压增产效果明显。

表 5　应用井酸压情况统计表

项目	测试井深（m）	水平段长（m）	分段工艺	改造规模（m^3）		测试产量（$10^4m^3/d$）	无阻流量（$10^4m^3/d$）
				总液量	总酸量		
范围	5752-8200	1221-1827.7	衬管+定点滑套10 级分段	2631-3431	2130-2700	64.8-95.3	134.2-325.5
均值	6945	1482.4	\ \	3112	2447	77.484	214.15

4.2 典型井分析

CX6-3 井是一口以雷口坡为目的层的川西海相井，采用衬管完井，衬管段 5650.0-7456.0m。拟测试段 1688m，解释共 153 层 1479.5m，其中Ⅰ类 16.5m、Ⅱ类 360.8m，Ⅲ类 1101.9m，Ⅲ类储层占 74.5%，存在增产效果不理想风险。

该酸压主要难点：全井无漏失，天然裂缝可能欠发育，酸液未接触储层前存在吸酸困难风险；裸眼段长 1745.1m、优质储层非连续分布，水平段中部井眼轨迹偏离优质储层，可能存在无法充分改造上部优质储层段的风险。

技术对策：根据甜点量化方法确定储层改造甜度系数，结合管柱分段能力，精细分段方法、水平段最小水平主应力剖面、破裂压力剖面，设计 10 个出酸口分 10 级酸压，采用酸性压裂液与胶凝酸交替，强非均匀段进行暂堵，第4-9段酸压实施时尽量提高排量，并适当拌注液氮加快排液。

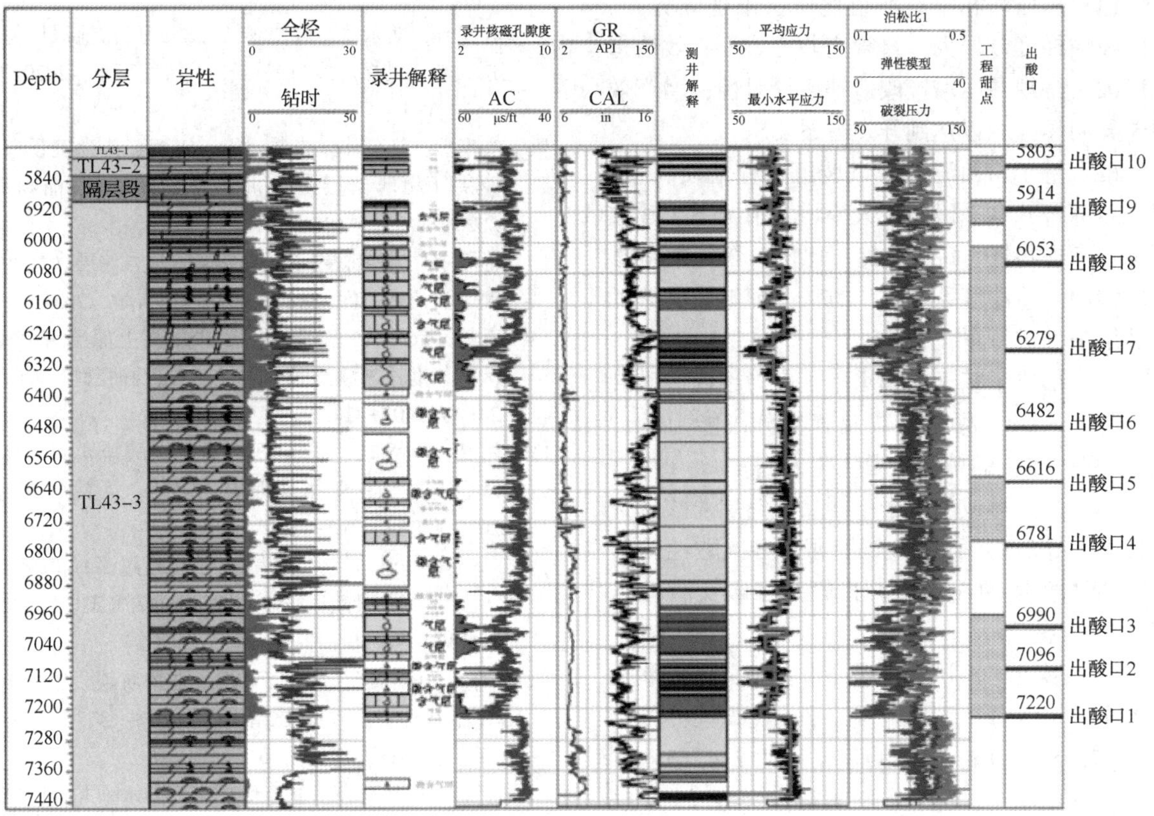

图5 井的综合解释及滑套位置设计示意图

从施工曲线来看(图6，各段与图上部数字1、2、3、…、10对应)，各段均有明显的滑套开启响应，成功实现10级酸压。本井累计共注入胶凝酸2430m^3、酸性压裂液831m^3，施工排量3~7m^3/min。酸压后油压30.49MPa下测试产量73.98×10^{4}m^3/d，是前期酸压井测试产量的1.61倍，测试产量与无阻流量仅次于CX3-4、CX5-1两口井，取得了很好的增产效果，表明形成的超深长衬管水平井滑套细分体积酸压技术取得了成功。

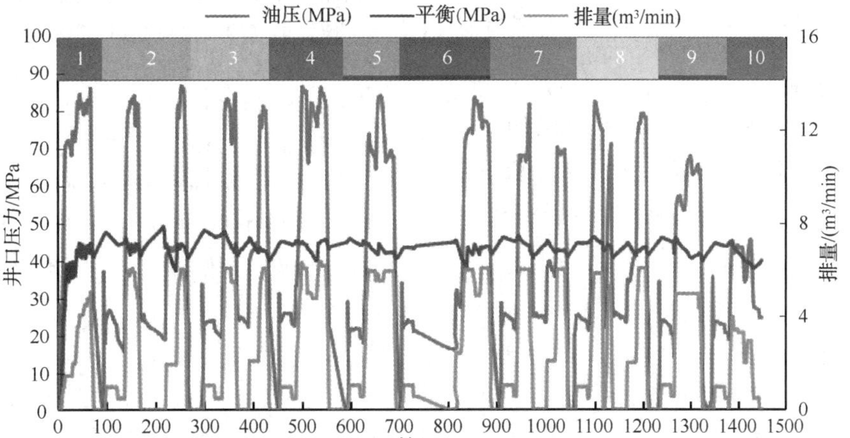

图6 CX6-3井1-10级酸压施工曲线

5　结论与建议

（1）川西海相雷口坡组优质层不连续分布、层间吸酸梯度差异大，衬管完井方式下有效改造难度大，常规酸压增产改造缺乏针对性，增产效果差异明显，难以达到开发方案要求。

（2）基于川西海相雷口坡组工程地质特点，以及新部署井水平段长度大幅增大情况下，建立了综合考虑物性、I+II类储层比例、含气性等参数的储层改造甜度系数评价方法，能够较准确的对储层条件进行量化评价。

（3）形成了基于最小水平主应力剖面、破裂压力剖面、综合甜度系数及管柱分级能力的地质-工程一体化的精细分段优化方法。

（4）研究形成了基于不同品质储层对酸蚀裂缝长度和导流能力的需求的“胶凝酸+酸性压裂液”+缝内暂堵的非均质长衬管井多级交替注入深度酸压工艺。

（5）形成的长衬管水平井滑套细分体积酸压技术成果川西海相5口井应，平均测试天然气产量达77.484×10^4 m^3/d、无阻流量达214.15×10^4 m^3/d，无阻流量是勘探开发初期均值的1.86倍，对类似超深长衬管水平井细分酸压具有重要借鉴意义。

参考文献

[1] 郭旭升，蔡勋育，刘金连，刘超英，等．中国石化“十三五”天然气勘探进展与前景展望[J]．天然气工业，2021，41(8)：12-22.

[2] 蔡勋育，刘金连，张宇，赵培荣，等．中国石化“十三五”油气勘探进展与“十四五”前景展望[J]．中国石油勘探，2021，26(1)：31-42.

[3] 马永生，黎茂稳，蔡勋育，等．中国海相深层油气富集机理与勘探开发：研究现状、关键技术瓶颈与基础科学问题[J]．石油与天然气地质，2020，41(4)：655-672.

[4] 李阳，薛兆杰，程喆，等．中国深层油气勘探开发进展与发展方向[J]．中国石油勘探，2020，25(1)：45-57.

[5] 郭旭升，胡东风，黄仁春，等．四川盆地深层超深层天然气勘探进展与展[J]．天然气工业，2020，40(5)：1-14.

[6] 叶泰然，马灵伟，张虹，等．川西彭州地区雷口坡组潮坪相薄储层辨识机理研究[J]．石油物探，2020，59(3)：409-421.

[7] 蒋旭东．川西深层雷口坡组碳酸盐岩储层含气性预测方法研究[D]．成都：成都理工大学，2021.

[8] 李剑，佘源琦，高阳，等．中国陆上深层-超深层天然气勘探领域及潜力[J]．中国石油勘探，2019，24(4)：403-417.

[9] 郭建春，苟波，秦楠，等．深层碳酸盐岩储层改造理念的革新-立体酸压技术[J]．天然气工业，2020，40(2)：61-74.

[10] 马健，杨永华，何颂根，等．川西超深海相碳酸盐岩超高压分段酸压技术实践[J]．钻采工艺，2021，44(1)：57-60.

[11] 苟波，陈伟华，马辉运，等．非均质碳酸盐岩裸眼水平井/大斜度井酸压精细分段技术[8][J]．钻采工艺，2021，43(4)：61-65.

[12] 叶颉枭，陈伟华．基于储层潜力的水平井分段酸压设计优化与应用[J]．钻采工艺，2019，42(2)：45-48.

[13] 丁士东，赵向阳．中国石化重点探区钻井完井技术新进展与发展建议[J]．石油钻探技术，2020，48(4)：11-20.

[14] 季晓红，黄梦云，单锋，周锦明，等．塔里木盆地塔中地区奥陶系超埋深碳酸盐岩凝析气田水平井储层分段酸压改造应用实践及认识[J]．天然气地球科学，2015，26(增刊2)：186-197.

[15] 苟波．基于精细地质模型的大型压裂裂缝参数优化[J]．石油与天然气地质，2013，34(6)：809-815.

[16] Huang J, Griffiths D V, Wong S W. Initiation pressure, location and orientation of hydraulic fractur[J]. International Journal of Rock Mechanics & Mining Sciences, 2012, 49(1): 59-67.

川渝地区超深层酸压技术进展与挑战

曹学军　杜征鸿　唐祖兵　任俊松

（中石化西南石油工程有限公司）

摘　要　川渝地区超深层油气资源丰富，经过持续勘探开发获得重大突破。随着国家“深地工程”的不断推进，勘探开发面临着超高压、超高温、高含硫等更恶劣的地质条件，现有的酸压工艺、酸液体系、酸压管柱及关键工具等难以满足超高压、超高温、强非均质性条件下的勘探开发需求，面临着新的技术瓶颈，制约了超深层勘探开发进程的深入推进。本文在系统总结川渝地区超深层酸压技术进展与成效基础上，剖析了“深地工程”万米深井面临的酸压技术挑战，提出了川渝地区超深层酸压技术的攻关方向。

关键词　川渝地区；超深层；酸压工艺；酸液体系；酸压管柱；深地工程

我国深层-超深层油气资源丰富，累计探明天然气地质储量近 $5\times10^{12}m^3$，累计产量超过 $4300\times10^8m^3$。川渝地区是我国超深层勘探开发的主战场之一，发育雷口坡组、飞仙关组、长兴组、茅口-栖霞组、灯影组等主力层位，是我国未来油气实现战略接替的重要领域，具有埋藏深（6000-8500m）、地层温度高（150-200℃）、地层压力高（105-150MPa）、非均质性强等恶劣的地质特征，大部分井必须经过酸压改造才能获得较高的工业产能，但是酸压改造又面临着井眼小、施工压力高、酸液缓蚀缓速性能要求高、酸压管柱及工具选择受限等工程难题，制约勘探开发的快速推进。以保障酸压作业安全实施、提高增产效果为目标，中石化西南石油工程有限公司坚持自主创新，持续深化超深层酸压技术攻关和应用研究，形成了以“差异化酸压工程设计、耐200℃高温酸液体系、高温高压小尺寸井下工具”为核心的川渝地区超深层酸压技术体系和自主产品，助力川渝地区超深层增储上产。本文总结了川渝地区超深层酸压技术进展与成效，剖析了“深地工程”万米深井面临的酸压技术挑战，提出了下步攻关方向。

1　酸压技术新进展与成效

1.1　*差异化酸压设计技术*

针对不同区域不同储层差异性大的特征，形成了差异化酸压优化设计技术。充分考虑不同区域层位横向和纵向上储层特征的差异性，采用Wellwhiz软件，建立储层地质模型，并结合主要压裂工程参数和测试成果进行拟合分析及校正，分析了地质因素和压裂参数对增效果的影响程度，形成了适用于超深储层甜点量化评价方法，与压后无阻流量的匹配程度达到85%以上。形成了川渝地区超深层酸压设计总体原则，采用“一井一策”、“一层/段一策”的差异化设计思路，根据构造位置、裂缝特征等对酸压工程方案进行差异化调整：①以Ⅰ类为主的储层，采用较大规模、较高酸液比、大排量酸压，提高裂缝复杂性、沟通更多缝洞体；②以Ⅱ类为主的储层，采用较大规模、较高酸液比、大排量酸压，提高孔洞连通性、沟通更多孔洞；③以Ⅲ类为主的储层，加强远端缝洞、储集体识别，采用大规模、中低酸液比、中等排量酸压造长缝，力求沟通远端缝洞、储集体（表1）；④模拟酸蚀裂缝长度和导流能力对产量的影响，确立差异化酸压设计目标。考虑储层差异性和裂缝起裂延伸规律，形成了地质（云化程度、物性、裂缝、孔洞发育情况、含气性、渗滤性）与压裂因素（酸量、液量、酸液比、排量、级数）“6+5”酸压参数设计方法，形成了针对不同井区不同储层的差异化酸压优化设计技术，有效提高了川渝地区酸压改造效果。

表 1　不同类型储层差异化酸压设计思路

储层类型	岩心照片	特征响应 电性-岩性-成像	地质模型	改造思路
Ⅰ类储层		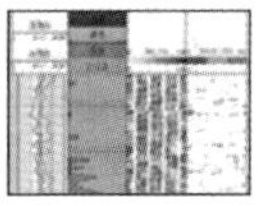	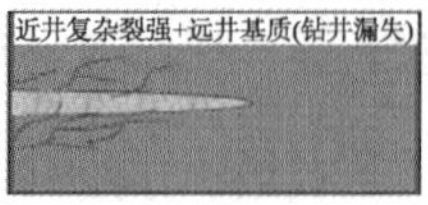	理念：提高裂缝复杂性、沟通更多缝洞体 做法：采用较大规模、较高酸液比、大排量酸压。压开溶蚀缝洞之间的基质，连通缝洞，增加缝洞的渗流面积。
Ⅱ类储层		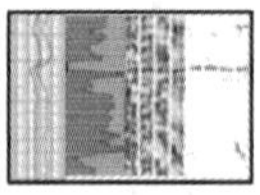	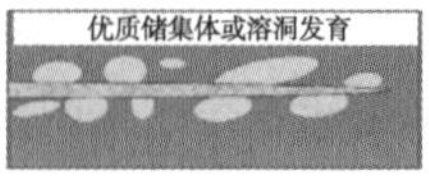	理念：提高孔洞连通性、沟通更多孔洞 做法：采用较大规模、较高酸液比、大排量酸压。压开孔洞之间的基质，连通孔洞，增加孔洞的渗流面积。
Ⅲ类储层		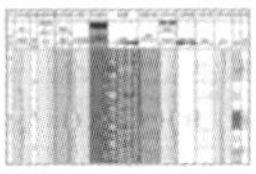	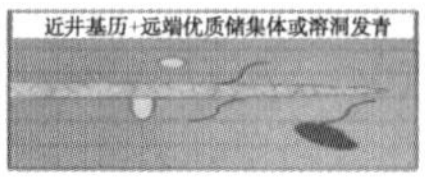	理念：造长缝、穿透沟通利储集体 做法：加强远端缝洞、储集体识别，采用大规模、中低酸液比、中等排量酸压造长缝，力求沟通远端缝洞、储集体，达到获产的目的。

1.2　酸压工艺技术

（1）薄互层非均匀刻蚀复合酸压技术

针对储层致密、层系多、厚度小且非均质性强等特征，带来的定向井压裂布酸不均、酸压工艺针对性较差、井间产量差异大和产量递减快等问题，结合深度酸压改造影响因素和工艺研究，以增加缝长和提高酸蚀裂缝导流能力为目的，探索形成了以“高低粘胶凝酸+转向酸”、“酸性压裂液+胶凝酸”交替注入为核心的薄互层非均匀刻蚀复合酸压技术。该技术增大了纵、横向酸压改造体积，满足纵向上多层发育、非均质性强储层酸压改造需要。

（2）衬管/裸眼完井长井段精细布酸技术

针对储层非均质性强、长井段均衡改造不充分的问题，系统开展了长井段精细分段方法、酸化管柱设计、暂堵工艺优化等研究，形成了衬管/裸眼完井长井段精细布酸技术。综合考虑酸压甜点量化评价和起裂点分析结果、管柱分级能力以及裂缝间距优化结果等，形成了长平井段酸压精细分段设计方法；通过细化滑套分级参数，配套小尺寸滑套(外径 100mm)，优化完善管柱组合(采用 89mm 小接箍油管)，在小尺寸衬管(内径 108mm)内 88.9mm 油管条件，将施工排量由原来的 3-5m³/min 提升至 5-8m³/min，为较大排量、大规模酸压创造了条件；针对段内非均质性强、工具分流受限的问题，研制了可降解暂堵材料，形成暂堵工艺并配套了自动化投入装置，为段内多甜点的均衡布酸提供了技术手段。衬管/裸眼完井长井段精细布酸技术的综合应用实现了甜点段深穿透改造、长衬管(裸眼)井段均匀改造，非机械分级数达 15 级，满足段长 2000m 分段酸压需要。

1.3　酸化工作液体系

针对不同区域不同层位的地质特点，以满足高温下酸蚀裂缝深穿透、高导流和酸压管柱安全为目标，自主研发了 2 种高温酸液核心助剂和 2 种关键助剂，形成了 1 套降破酸体系、2 套胶凝酸体系和 1 套转向酸体系。①研发了耐温 120-200℃的高温酸化缓蚀剂，形成了高温降破酸体系，腐蚀速度 5-75.9g/m².h，满足最高温度 200℃下降破和管柱安全防腐的需要；②研发了耐温 180℃高温胶凝剂，形成了 2 套高温胶凝酸体系，180℃下平均腐蚀速率分别为 60g/m²·h、50g/m²·h，180℃、170s⁻¹下粘度保持在 22-25mPa·s，缓速性能较常规酸高 7-10 倍，满足 200℃高温碳酸盐岩储层深度酸压改造的需要；③研选了耐高温酸液转向剂，形成了耐 140℃高温转向酸体系，峰值粘度大于 150mPa·s，具有初始粘度小、峰值粘度高等特点，能满足储层应力差大、有利储层不在最大主应力方向上及暂堵剂暂堵风险较高的碳酸盐岩储层均匀布酸的需要。

1.4　酸压管柱及关键工具

近 10 年勘探开发不断向纵深推进，随着井

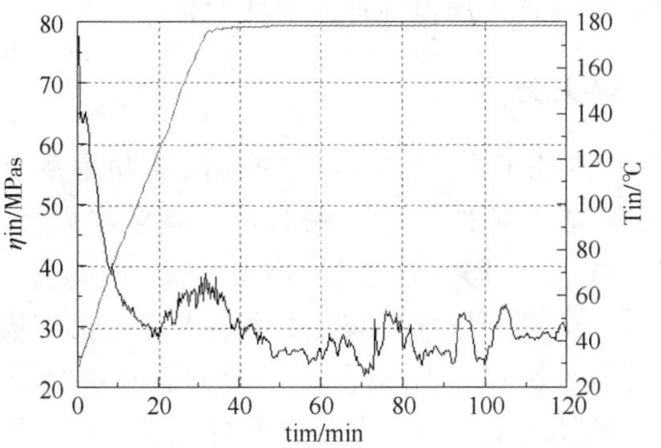

图 1　高温胶凝剂流变曲线(180℃、$170s^{-1}$)

深增加，地层温度和压力也逐步增加，酸压作业面临着关键工具的性能不足、管柱安全系数降低、地层需要降破处理后才能压开等难题，中石化西南工程公司致力于酸压测试多工况复杂温压场条件下的管柱力学分析、封隔器等关键工具耐温耐压耐腐蚀性能提升以及新型替液工具的研发，取得以下进展：①自主研发了测试封隔器，最小外径 Φ108mm、耐温 235℃、耐压差 105MPa，填补了国内外相同性能级别小尺寸测试封隔器的产品空白；②自主研发了压控式安全替液阀，可在高挤前将降破酸替至产层附近，耐温 235℃、耐压差 105MPa，解决了传统替液阀操作复杂、性能不稳定、成功率低的难题；③开发了超深层测试管柱力学模拟计算软件，修正了管柱初始状态模型，精细优化伸缩短节组合和设计位置，准确计算超深井大斜度段机械式封隔器实际坐封吨位，填补了进口软件的部分功能。④契合深度酸压精细布酸、大排量、高泵压、长时间及压后评价取全取准资料的工程地质要求，研究形成了适用于勘探评价井的“四阀一封”酸压管柱和适用于开发投产井的超深长井段衬管完井滑套精细分段酸压管柱，为井深 8500m、温度 232℃的超深井提供了安全可靠的酸压通道。

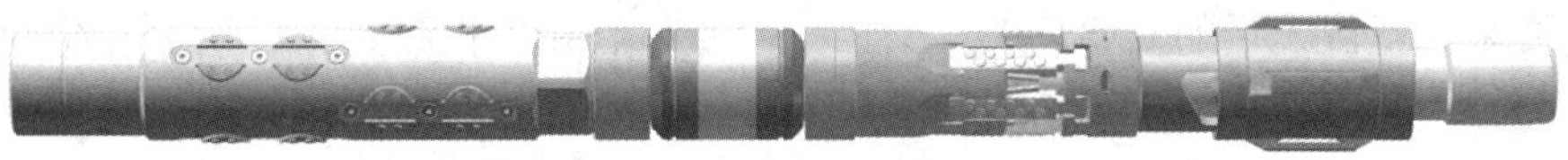

图 2　自主研发的 Φ108mm 封隔器

1.5　应用效果

研究形成的技术成果和产品在川渝地区川西气田雷口坡组、元坝气田长兴组、合川-潼南区块灯影组、茅口组、栖霞组等区域层系推广应用 100 余井次，其中川西气田应用 20 余井次，压后平均天然气无阻流量 $208×10^4m^3/d$；元坝气田应用 50 余井次，压后平均无阻流量 $153×10^4m^3/d$；合川-潼南区块应用 20 余井次，压后平均无阻流量 $158×10^4m^3/d$，有效支撑了川渝地区超深层的勘探发现和开发建产。

2　酸压技术面临的挑战

在国家“深地工程”向万米深井进军的大背景下，勘探开发将进入更高压力(地层压力>160MPa、井口关井压力>140MPa)、更高温度(地层温度>230℃)的油气领域，酸压工艺、酸液体系、酸压管柱及关键工具等都面临着新的技术瓶颈和挑战。

(1) 万米深井超深层地应力高、破裂压力高，压开和排量提升难度大

由于超深层碳酸盐岩储层埋藏深、物性差、地应力高，在钻完井过程中，储层长期暴露于高密度钻井液环境中，储层容易受到污染，地层吸液困难，导致地层难以破裂、难以形成人工裂缝；同时受井口和设备承压能力的限制，难以建立较大施工排量，影响酸液在储层中的有效作用距离。如川西气田中三叠统雷口坡组 PZ113 井，储层发育少量天然裂缝，受密度为 $1.50g/cm^3$ 钻井液的长期伤害和高地应力(最小水平主应力为 137MPa)双重作用，经过多次酸液震荡试挤，均未压破储层；YB702 施工压力最高 110MPa，施工排量平均不足 $2m^3/min$，酸液有效作用距离小，有效改造难度大。

(2) 万米深井超深层非均质性强，地质工程主控因素不明，针对性高效酸压方案制定难度大

超深层储层岩石矿物组成、渗流介质(天然裂缝、溶蚀孔洞)空间分布的强非均质性、随机性，酸压改造过程中酸液在小尺度的人工裂缝、天然裂缝及基质孔隙中的流动反应极为复杂，裂缝形态难以预测、是否沟通缝洞发育储集体难以确定，改造效果与单一地质、工程参数相关性弱，针对性酸压方案制定难度大。

（3）万米深井超深层温度高，现有酸液体系难以满足高效酸压需要

万米深井温度大于200℃，部分井将超过230℃，目前酸液体系的高温缓蚀性能和缓蚀性存在不足。在混有酸性气体（CO_2、H_2S等）的超高温、超高压环境中，酸液与管柱长时间接触，会加剧管柱腐蚀，容易导致管柱窜漏和失效，带来酸压作业安全隐患；另外超高温下酸岩反应速度快，有效作用距离短，且酸液在高温下易失稳、析出，对储层严重伤害，影响酸压改造增产效果。

（4）“四高”条件下酸压管柱安全面临极大挑战

① 射孔器材和射孔技术亟待攻关。目前耐温220℃、48h内稳定的射孔技术已不满足超高温、超高压要求，F1井实测地层温度221℃，稳定时长过短限制了工艺的选择，射孔器材和配套技术需要满足230℃以上、稳定时间72h以上，且兼顾深穿透要求，亟待大量的实验攻关。

② 兼顾大通道、耐腐蚀、高稳定性的酸压管柱设计难度大。超深井以五开、六开尾管完井为主，超深小井眼中联作管柱通径受限、强度受限，经历酸压、测试、投产等工况，受力交变，全工况三轴应力安全系数低于1.6标准要求，难以满足大排量、大液量、长时间作业的酸压管柱安全要求。

③ 小尺寸封隔器等关键井下工具、井口装置仍然存在“卡脖子”问题。万米级深井地层压力超160MPa、地层温度超230℃，必然要求封隔器耐压差性能满足140MPa、测试阀抗外挤满足260MPa、井下安全阀满足175MPa、井口装置压力级别达175MPa。国内外相关产品还处于攻关实验阶段，定制产品费用高且缺乏现场试验验证。

④ 耐高温、高密度、低腐蚀测试工作液尚在攻关。为保证酸压测试管柱和井下工具长时间安全服役，油套环空需要高性能测试工作液平衡超高泵压，同时保持高温条件下的流变性和沉降稳定性。测试泥浆通常采用钻井泥浆进行调配，而测试泥浆长期处于高温静置状态，与钻井工况适用条件截然不同，沿用钻井泥浆性能标准已不适应酸压测试工况需要；无固相测试工作液在高温高压条件下对管柱的腐蚀机理不明，严重影响工程安全；同时，超过1.6g/cm^3的无固相压井液成本高且无规范性评价方法及指标。

3　攻关方向

“深地工程”万米深井的勘探开发是系统工程，需要形成跨专业、跨行业一体化攻关合力，加快推进“卡脖子”技术的攻关突破。

（1）超深层高破裂压力预测及应对措施攻关

开展高温高压条件下，考虑岩石的力学变形、流体渗流、岩石与流体间的化学反应、热交换等多场耦合作用的储层破裂压力预测及降破技术对策研究；开展满足175MPa压力等级的压裂装备研究及应用，提升整体酸压工程作业能力；研发低摩阻加重压裂液及酸液体系，提高井底压力。

（2）加强储层精细评价，提高酸压方案针对性

深化超深层地质工程一体化攻关，“井-震”结合构建三维地质模型和地质力学模型，明确地质甜点和工程甜点；开展远井缝洞体预测，明确缝洞发育有利储集体大小、距离和方位，指导酸压方案设计；配套超深层压裂裂缝实时监测技术及压后产剖监测分析技术，实时监测裂缝扩展特征，动态调整施工工艺，评估产气（产液）数据，为改造效果后评估提供支撑。

（3）研发超高温缓蚀缓速酸液体系，建立超高温酸液评价体系

深入研究超高温下酸液缓蚀、缓速、降阻主控因素，研发超高温酸化用缓蚀剂、稠化剂、降阻剂等关键添加剂；研发超高温酸液体系，具备低腐蚀、强缓速、低摩阻、低伤害性能，满足超高温储层酸压改造需求；建立超高温酸液性能综合实验评价体系，为超高温酸液体系研发和推广应用提供保障。

（4）研发超高温超高压射孔器材

加强超深超高温（230℃以上）超高压（210MPa）射孔器材的研制，满足230℃以上、稳定时间72h以上，且兼顾深穿透要求；系统建立温度-时间曲线图版，评价射孔器材在极高温高压下长时间可靠性验证。

（5）研制耐高温高压井下工具及配套井口设备

立足自主研发，实现进口工具的国产化替代，降低综合成本：研制耐温260℃高性能橡胶密封件和胶筒、耐压差140MPa封隔器、耐压

260MPa 测试阀；研制新型管柱卡埋/断脱事故预防工具，提升井下工具工作稳定性的同时保证工具的大通径，降低节流摩阻，提高施工排量；研制 175MPa 井口装置，满足超高压酸压测试需要。

（6）管柱结构安全设计和校核技术攻关

探索万米深井酸压管柱复杂工况安全评估的“无人区”，填补业内通用进口软件的功能缺陷，精细化建模，研究射孔爆轰效应对管柱的影响因素、优化算法，开发具有自主知识产权的超深超高压超高温管柱力学校核软件，形成完整的管柱优化设计和力学分析系统。

（7）耐高温测试工作液攻关

构建适用于酸压及测试工况的工作液体系并建立评价标准，研制 2.0-2.4g/cm^3高密度微固相泥浆，满足耐温 230℃、静置 15 天无硬质沉淀和稠化的要求；研制耐温 230-250℃、密度 1.3-2.0g/cm^3无固相测试工作液，抗分解、低腐蚀，满足 30 天性能稳定的要求。

4　结论与建议

（1）通过研究和实践形成的川渝地区超深层酸压工艺、酸液体系、酸压管柱及关键工具，基本满足深层、超深层的酸压改造需求，在元坝、川西气田和合川-潼南区块等广泛应用，有效支撑了川渝地区超深层的勘探发现和开发建产。

（2）随着勘探开发向井深 9000m 及以上深度迈进，酸压工艺、酸液体系、射孔器材、酸压管柱及关键工具等将无法满足超高温高压的需求，亟需攻关研究。

（3）建立多单位联合协同、一体化攻关团队，统一规划“深地工程”及万米超深领域技术攻关方向，做好一体化联合、区域化统筹，加快卡脖子技术和关键产品的国产化进程。

参　考　文　献

[1] 李阳，薛兆杰，程喆，等．中国深层油气勘探开发进展与发展方向[J]．中国石油勘探，2020，25(1)：45-57.

[2] 郭旭升，蔡勋育，刘金连，刘超英，等．中国石化“十三五”天然气勘探进展与前景展望[J]．天然气工业，2021，41(8)：12-22.

[3] 蔡勋育，刘金连，张宇，赵培荣，等．中国石化“十三五”油气勘探进展与“十四五”前景展望[J]．中国石油勘探，2021，26(1)：31-42.

[4] 马永生，黎茂稳，蔡勋育，等．中国海相深层油气富集机理与勘探开发：研究现状、关键技术瓶颈与基础科学问题[J]．石油与天然气地质，2020，41(4)：655-672.

[5] 叶登胜，尹丛斌．四川地区压裂酸化技术新进展[J]．天然气工业，2004，24(12)：59-61.

[6] 郭建春，苟波，秦楠，等．深层碳酸盐岩储层改造理念的革新--立体酸压技术[J]．天然气工业，2020，40(2)：61-74.

高气液比气田电泵排水采气机组气液分离实验研究

张　宝　景宏涛　涂志雄　崔航波　白晓飞　周怀光　于小童　范大彬　薛龙龙

（中国石油塔里木油田公司）

摘　要　针对地层温度高、产水量较大气田中见水突出问题，以中国塔里木盆地英买力气田现场参数，采用机械原理、结构设计方法，提出了高气液比气田电泵排水采气机组优选方案，并研制出相应的电泵实物，设计了采取倒置导流罩方式进行气液分离的永磁电泵机组排水采气方案，通过室内实验模拟井下气液比环境，验证了该设计方案在不同井况条件下的气液分离能力及适应性，发现：电缆连接工艺能够满足该项目的耐高压（≥25MPa）要求，采用倒置导流罩方案，在竖直井中的气液分离效果极佳，在实验中高含气的不同工况（产液量从30方/天至150方/天，吸入口气液体积比50%至95%甚至更高比例）下，其分离效果均超过了90%。研究成果将促进高气液比气田采气率，提高开采效率。

关键词　高气液比；电泵机组；气液分离；结构设计；室内实验

1　引言

中国已投入开发的气田中产水气田占80%以上，气井出水是气田开发过程中影响产量稳定和采收率的主要因素之一，一方面导致气井产气量急剧下降，甚至水淹停产；另一方面地层中出水封隔储层，致使大量天然气储量无法有效采出，大幅降低采收率。排水采气是解决气井井筒及井底附近地层积液过多或产水，并使气井恢复正常生产的工艺措施，其目的是延缓、避免气井水淹，改善气藏生产状况，提高气藏开发效益与采收率，在气田开发过程中有着举足轻重的作用。目前排水采气工艺原理上主要从气体动力学方法、物理化学方法以及人工举升法，大类上来看，主要分为优选管柱、泡沫排水、气举、射流泵、柱塞、机抽排水、电潜泵（包括电潜离心泵和电潜螺杆泵）等方式。然而，在高含水气井中，电泵运行的电流波动大，严重时发生气锁，易发生低负载、欠载甚至空载运行，如控制参数设置不合理、不能及时发现气锁现象，会导致泵内无液体流动，电机空转，无冷却条件从而使得电机温度持续上升，超过其允许的最高温度后将烧毁电机。为此，在高气液比环境下，随着进泵气体体积百分比的不同，将给电泵系统带来不同程度的影响，如：井下介质中液量体积占比少、泵运行稳定性下降、泵效降低，泵举升能力下降甚至发生气锁，电泵系统提出了更高的技术挑战和要求。

基于此，以中国塔里木盆地英买力气田现场参数，提出高气液比气田电泵排水采气机组优选方案，并开展高气液比气田电泵排水采气机组室内气液分离实验，验证该设计方案在不同井况条件下的气液分离能力及适应性，促进高气液比气田采气率，提高开采效率。

2　高气液比的电泵机组工艺设计

2.1　设计目的

针对见水气井气液比高（计算电泵吸入口最高气液比约70%），目前油田应用电泵井中最高气液比<60%，导致常规电泵排水适应性不强；优选或研发高气液比电泵机组（吸入口最高气液比85%及以上），满足买力气田排水采气工艺需求，同时为油田储备该类电泵工艺技术。

英买力气田自喷转抽的工况特点是地层温度高、产水量较大，采用电泵进行排水是最经济高效的方式，但由于其气液比高，导致目前常规电泵生产时，离心泵运行负载波动、举升能力降低、散热效果差、泵气锁甚至烧毁电机，运转周期及排采效果差。其原因为目前电泵系统的气液分离效果差、气体处理能力不足，离心泵自身无法处理过高的进泵气体，因此提高电泵系统的气液分离或气体处理能力是应用电泵排水采气的关键因素。优选或研发能够满足未来高气液比条件下（吸入口最高气液比85%及以上）连续稳定排液采气的电潜泵举升工艺；形成一套稳定可靠、高效、节能的排液采气电潜泵举升工艺解决方案。

2.2 设计方案及数值仿真分析

根据离心泵的特性，要使电泵能够适应高气液比排水采气的应用环境，其首先必须考虑而且是整个工艺技术中最关键的一点就是：如何高效地将该环境中的游离气体进行分离及处理，从而使得最终离心泵能够适应和平稳运行，避免发生气锁现象而无法连续生产，甚至烧毁电机造成机组故障的情况出现。目前电泵整体工艺上处理高气液比的井况主要采取的工艺技术有避气入泵、气液分离及气体处理方式。

加装导流罩作为避气入泵技术的一种，常规方式的导流罩一般用于将电泵机组下入射孔段以下时，由于气体密度小，气体从射孔段出来后将往上走，从而避免了气体入泵。但对于电泵机组来说，由于井液只从泵的吸入口进入，使得泵吸入口以下无液体流动，因此采用常规导流罩将吸入口及以下部分罩住，强迫井液从导流罩底部进入，经过电机表面进行散热。

倒置式导流罩是针对高含气井，电泵机组无法下入射孔段以下，且泵挂位置离射孔段距离过大，无法采取延伸管方式的情况下，采取的另外一种避气入泵技术。它将常规导流罩倒置安装，可根据井筒尺寸，设计将泵机组吸入口以上的部分或者全部机组部分封装进入导流罩中，使得气液混合体无法从底部直接进入泵吸入口，所有流体只能沿着导流罩与套管的间隙向上流动，然后从导流罩定顶部折返后再进入泵体，且可以根据气液分离效率的需要设计相应的导流罩长度，以形成气液分离效率所需的垂直高度差，从而避免大量气体进入泵内，该种方式对于垂直井尤其适用。但由于该种电泵工艺技术结构设计、井筒适应能力以及现场作业相对复杂，在国内外的现场实际使用较少，专门针对该种工艺方面的研究也不多。

根据电潜螺杆泵排水采气方案中使用的倒置导流罩工艺应用效果，配合油管排水，环空产气的生产方式，在选定合适的导流罩长度后，均可以达到95%以上的气液分离效果。采用ANSYS流体软件Fluent进行倒置导流罩气液分离效率的建模仿真。模型设置5英寸倒置导流罩，400系列电泵机组管串(450电机+400系列吸入口+400系列气体处理器+400系列泵)，网格划分5万个，套管尺寸：7英寸，17lb/ft，导流罩尺寸：5英寸，11.5lb/ft，液体比重1.0g/cm^3，气体相对比重0.63，地层压力10MPa。设置工况为：产液50方/天，井下产气280方/天(气液比85%，地面产气约28000方)；产液150方/天，井下产气850方/天(气液比85%，地面产气约85000方)。

通过仿真验证其气液分离效果可以达到预期(90%)以上，剩余部分气体(低于45%)可以通过气体处理器进一步处理再进离心泵，使得离心泵其自身能够适应和处理，并能保持不气锁平稳运行。

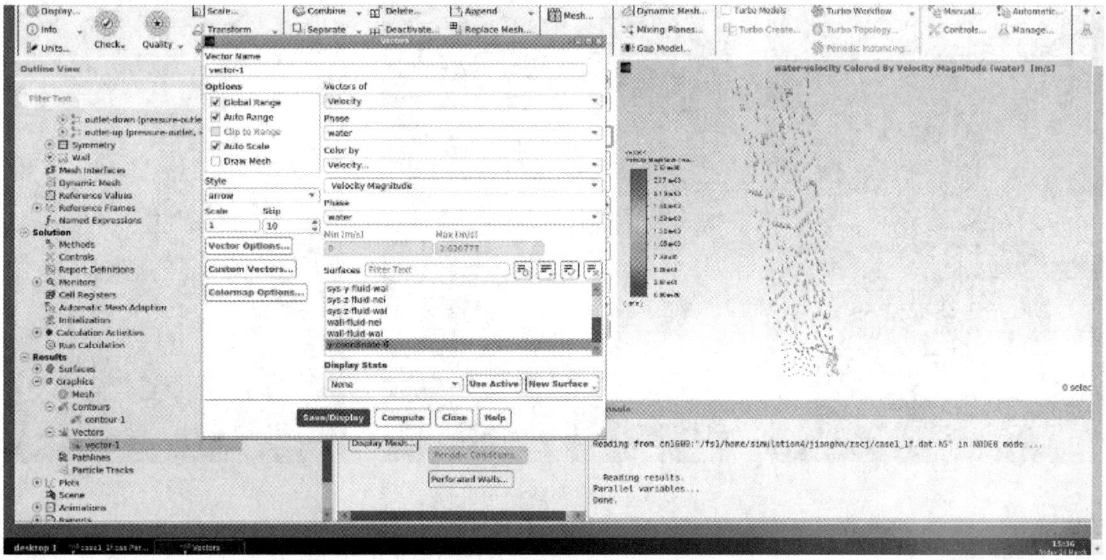

图1　产液50方/天，产气280方/天，管内流态

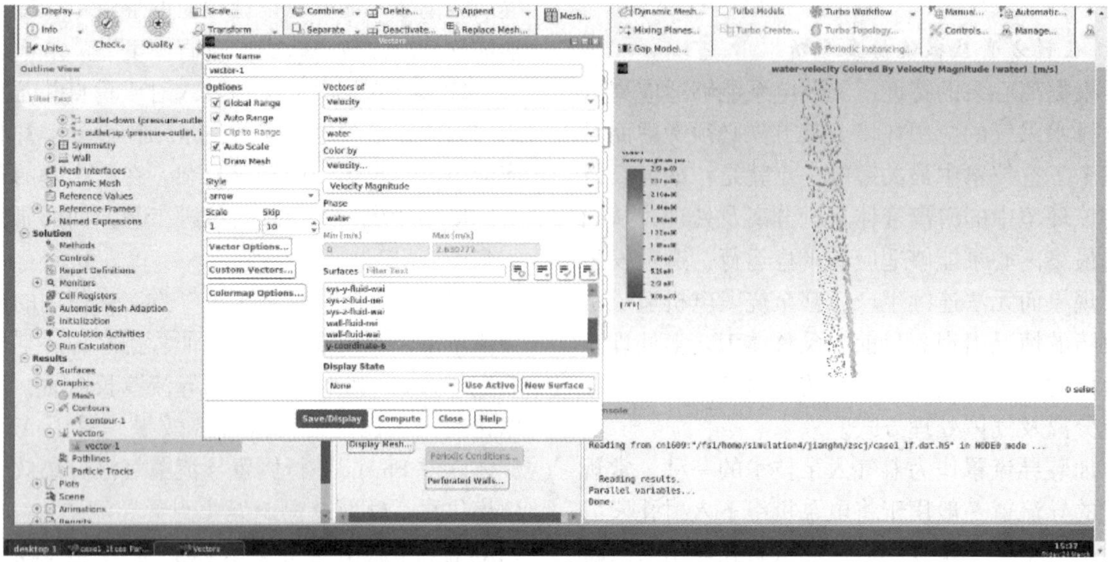

图 2　产液 150 方/天，产气 850 方/天，管内流态

3　高气液比的电泵机组室内气液分离实验

3.1　实验目的与方法

针对井下气液比 85%(气液混合后气相体积占比 85%(工况))及以上的井况条件，设计了采取倒置导流罩方式进行气液分离的永磁电泵机组排水采气方案，通过室内实验模拟井下气液比环境，验证该设计方案在不同井况条件下的气液分离能力及适应性。将液量分别设定在 30 方/天、50 方/天、100 方/天、150 方/天，根据套管压力，计算工况下所需的气体体积，分别以气液比 50%、70%、85%、95% 的比例调节注入气量，测试不同气体体积流量下导流罩的气液分离效果。

3.2　实验仪器和材料

该实验系统主要由模拟井筒、气液循环系统、实验机组、电气系统等组成。

(1) 模拟井筒

模拟井筒主要由井口装置、透明套管、辅助支架等组成，井口装置采用标准井口实现套管与泵组的固定连接；透明套管采用内径 200mm 的有机玻璃管分四段连接而成；辅助支架支持固定井口装置和套管。

图 3　室内实验模拟井筒

(2) 气液循环系统

该系统由井筒气液循环系统和实验机组产出液分离计量循环系统组成。井筒气液循环系统主要水罐、离心泵、空压机、气液混合器、调节阀，管路等组成，通过气液混合配比，来模拟井下不同气液比环境，提供实验条件。液相介质通

过供水离心泵变频调节提供到气液混合器的液相输入，压缩空气通过流量调节阀提供到气液混合器的气相输入，气液通过混合器充分混合后输出到井筒内，井筒出口配手动调节阀调节井筒压力，调节阀输出返回水罐循环使用。井筒进口出口分别设有压力传感器，检测井筒压力。实验机组产出液分离计量系统主要由调节阀、气液分离器和计量传感器等组成，手动调节阀用来调节实验机组输出压力，气液分离器完成实验机组产出的气液分离，以便于传感器分别计量实验机组出液相产出量和气相产出量。

图4　室内实验气液混合、循环及分离计量系统

(3) 实验机组

实验机组是要进行测试的装置，主要由永磁电机、潜油保护器、进口段、气体处理器、离心泵、泵出口、倒置导流罩、小扁电缆、油管及地面变频控制系统组成如下。

图5　室内实验机组管串图

(4) 电气系统

电气系统主要由气液输入控制系统、电气仪表、传感器等组成的数据采集系统和开关、变频器、PLC、电源等组成的控制系统以及电缆附件等组成，完成实验数据的采集和不同气液比的工况控制。

3.3　实验步骤及结果

(1) 实验步骤

通过油气井可视化模拟实验装置，实现不同体积的气体、液体按比例注入、混合，从而模拟井下气液比环境，验证电泵设计方案在不同井况条件下的气液分离能力及适应性。具体实验基本步骤为：①检查实验系统管路连接、电气连接、阀门及仪表状态；②根据实验需要，调节油管及套管背压阀，模拟不同压力下进行实验；③启动水泵，建立井筒液相循环，并采用 PID 控制自动调节进水泵的液相流量，维持液相流量在设定值，保持套管敞口状态；④启动气体控制器，将气体按气液比要求混合输入实验井筒，建立井筒气液循环。⑤启动实验机组，进行测试，通过变频调节排量，维持生产液面稳定后，平稳运行 5 分钟后，开始测量记录实验数据。⑥调节井筒液量及气量，按照要求的气液比，测量记录实验数据。

(a) 供水系统　　(b) 电磁流量计　　(c) 压力传感器

图 6　室内实验电气系统

(2) 实验结果

将液量分别设定在 30 方/天、50 方/天、100 方/天、150 方/天，根据套管压力，计算工况下所需的气体体积，分别以气液比 50%、70%、85%、95%的比例调节注入气量，测试不同气体体积流量下导流罩的气液分离效果，共进行了四组，且在不同压力下各进行了一次，以交叉验证实验的正确性，具体结果见表 1，有数据可知，高气液比气田电泵排水采气机组气液分离效率均超过了 90%，由此验证了本文设计方案的有效性。在相同的气液比下，排量越大(流速越快)，倒置导流罩分离效果越好；在产液、气液比相同的条件下，吸入口压力越高(即导流罩沉没度越深)，分离效果越好；在产液量不变的条件下，随着气液比的增加，混合流体的密度下降，气体的辅助举升作用提升，可减少离心泵本身的举升做功需求，降低电机负载率。

表 1　室内高气液比气田电泵排水采气机组气液分离实验数据

组号	工况组别(不同液量)	吸入口总液量(m^3/d)	吸入口总气量(m^3/d)	气液比(%)	油管气产量(m^3/d)	套管气产量(m^3/d)	气体分离效率(%)	入口压力(MPa)	井口压力(MPa)
第一组	30 方/天	30.01	85.93	74%	0.41	85.52	99.53	0.3	0.35
		30.05	169.4	85%	0.39	169.01	99.77	0.3	0.34
		29.99	233.7	89%	0.39	233.31	99.83	0.3	0.35
		30.45	583.4	95%	0.41	583	99.93	0.14	0.35
		29.97	225.37	88%	0.41	224.97	99.82	0.14	0.34
		29.93	242.76	89%	0.4	242.36	99.83	0.13	0.34
		30	569.72	95%	0.37	569.35	99.93	0.13	0.35
第二组	50 方/天	50.05	87.24	64%	0.4	86.84	99.54	0.3	0.35
		50.02	133.73	73%	0.41	133.33	99.70	0.3	0.35
		49.97	232.03	82%	0.39	231.64	99.83	0.3	0.35
		50.01	286.34	85%	0.39	285.95	99.86	0.3	0.35
		50.02	353.29	88%	0.41	352.59	99.88	0.3	0.35

续表

组号	工况组别（不同液量）	吸入口总液量（m^3/d）	吸入口总气量（m^3/d）	气液比（%）	油管气产量（m^3/d）	套管气产量（m^3/d）	气体分离效率（%）	入口压力（MPa）	井口压力（MPa）
第二组	50方/天	50	970.82	95%	0.41	970.41	99.96	0.14	0.35
		50.13	241.53	83%	0.4	241.12	99.83	0.13	0.35
		50.15	290.7	85%	0.4	290.3	99.86	0.13	0.35
		50.05	944.28	95%	0.4	943.88	99.96	0.14	0.35
第三组	100方/天	99.92	132.8	57%	0.41	132.4	99.69	0.3	0.38
		100.03	232.18	70%	0.41	231.77	99.82	0.3	0.38
		99.9	350.45	78%	0.41	350.04	99.88	0.3	0.38
		99.86	579.45	85%	0.41	579.04	99.93	0.14	0.38
		99.82	849.29	89%	0.41	848.88	99.95	0.14	0.38
		99.95	952.48	91%	0.41	952.07	99.96	0.14	0.38
		100.05	1894.83	95%	0.41	1894.42	99.98	0.15	0.38
		104.16	4.98	5%	0.39	4.59	92.21	0.07	0.39
		100.07	242.05	71%	0.39	241.66	99.84	0.13	0.38
		99.92	580.86	85%	0.39	580.47	99.93	0.14	0.38
		99.93	1913.85	95%	0.4	1913.44	99.98	0.14	0.38
第四组	150方/天	149.92	169.37	53%	0.42	168.96	99.75	0.31	0.41
		149.96	352.6	70%	0.4	352.2	99.89	0.3	0.41
		149.94	843.92	85%	0.39	843.53	99.95	0.15	0.41
		149.96	944.26	86%	0.39	943.87	99.96	0.14	0.41
		149.93	2849.15	95%	0.41	2848.74	99.99	0.16	0.41
		150.05	350.23	70%	0	350.23	100	0.14	0.41
		149.99	855.11	85%	0.42	854.68	99.95	0.14	0.41
		150.16	2849.27	95%	0.38	2848.89	99.99	0.15	0.4

4　结论

以中国塔里木盆地英买力气田现场参数，采用机械原理、结构设计方法，提出了高气液比气田电泵排水采气机组优选方案，并研制出相应的电泵实物，设计了采取倒置导流罩方式进行气液分离的永磁电泵机组排水采气方案，通过室内实验模拟井下气液比环境，验证了该设计方案在不同井况条件下的气液分离能力及适应性，总结如下：

（1）试验结果判定采用倒置导流罩方案，在竖直井中的气液分离效果极佳，在试验中高含气的不同工况（产液量从30方/天至160方/天，吸入口气液体积比50%至95%甚至更高比例）下，其分离效果均超过了90%，验证了该种气液分离方案在该井况下的有效性，配合采用油管产液、环空产气的生产方式，给离心泵在该类工况下的正常稳定运行提供良好的保障。

（2）根据室内试验数据及试验现象观察，发现在同样的产液量下，气液比越高（流速越快），倒置导流罩的分离效果越好。在相同的气液比下，排量越大（流速越快），倒置导流罩分离效果越好；在产液、气液比相同的条件下，吸入口压力越高（即导流罩沉没度越深），分离效果越好；在产液量不变的条件下，随着气液比的增加，混合流体的密度下降，气体的辅助举升作用提升，可减少离心泵本身的举升做功需求，降低电机负载率。

参 考 文 献

[1] Cao G. Q., Jiang X. H., Li N. 2019. Domestic and foreign research status and development direction of

drainage gasrecovery technologies in water-producing gasfields. Oil Drilling & Production Technology, 41 (5): 615-623.

[2] Zhang Y., Liu S. Z., Chen M. K., Xu S. Y., 2022. Experimental study on dispersion characteristics and CH4 recovery efficiency of CO2, N2 and their mixtures for enhancing gas recovery. Journal of Petroleum Science and Engineering, 216: 110756

[3] Gao S. S, Liu H. X., Ye L. Y., Wen Z. J., Zhu W. Q., Zhang C, 2020. A new method for well pattern density optimization and recovery efficiency evaluation of tight sandstone gas reservoirs. Natural Gas Industry B, 7 (2): 133-140.

[4] Tang P., Chan H. K., Raper J. A., 2009. Validation of computation method to predict aerodynamic diameter of particles with rough surface. Powder Technology. 192 (1): 74-84.

[5] Petit A., Cerepi A., Loisy C., Le R. O., Rossi L., Estublier A., Gance J., Garcia B., Hautefeuille B., Lavielle B., Brichart T., Noirez S., Martin F., Texier B., Kennedy S., EL Khamlichi A., 2021. Aquifer-CO_2 leak project: Physicochemical characterization of the CO_2 leakage impact on a carbonate shallow freshwater aquifer. International Journal of Greenhouse Gas Control. 106: 103231.

[6] Hari S., Shanker K., Manav P., Pooja B., Rakesh K. V., 2022. Influence of wellhead pressure and water cut in the optimization of oil production from gas lifted wells. Petroleum Research. 7(2): 253-262.

[7] Khosravanian R., Aadnoy B. S., 2016. Optimization of casing string placement in the presence of geological uncertainty in oil wells: Offshore oilfield case studies. Journal of Petroleum Science and Engineering. 142: 141-151.

[8] Sahand E., Apostolos K., Steven Bryant., 2022. A systematic analysis of foam drainage: Experiment and model. Results in Engineering. 15: 100551.

[9] Dhrubajyoti N., 2023. Sensitivity analysis for enhancing crude oil recovery with continuous flow gas lift: A study in reference to the porous media of the upper Assam basin, India. Heliyon. 9(7): e17466.

[10] Panevnyk D., Krehe R., 2023. Investigation of the characteristics of an oil jet pump when using a group ground drive. Journal of Engineering Research. 11 (1): 100004.

[11] Dong J., Zhao S. D., Wang Z. K., Wei L. J. Bian H. L., Liu Y. S., 2022. Failure mechanism tracing of the crankshaft for reciprocating High-Pressure plunger pump. Engineering Failure Analysis. 141: 106595.

[12] Chu Z. F., Wu Z. J., Liu B. G., Wu K., Shi X. M., Liu Q. S., 2022. Mechanical response of inclined TBM tunnel due to drainage settlement of deep sandstone aquifer. Tunneling & Underground Space Technology. 122: 104393.

[13] Langbauer C. J., Pratscher H. P. Ciufu A. C. Hoy M., Marschall C., Pongratz R., 2020. Electric submersible pump behavior for pumping non-Newtonian fluids. Journal of Petroleum Science and Engineering. 195: 107910.

[14] Alexander W., Christoph W., Christian M., Jakob A., 2023. Active temperature control of electric drivetrains for efficiency increase. Applied Energy. 338: 120887.

[15] Peng L., Han G. Q., Pagou A. L., 2022. Real-time anomaly detection methodology in the electric submersible pump systems. Petroleum Science and Technology. 40(21): 1-16.

库车超深超高压裂缝性致密砂岩录井解释评价技术与应用

郑鹏飞 王国瓦 胡 伟 买 振 陈 慧 侯向辉 杨先茂

（中国石油塔里木油田公司）

摘 要 库车坳陷超深超高压裂缝性砂岩储层在录井评价中存在岩性识别缺乏有效手段、录井评价方法单一、气水共存时水识别困难等难点。由此，塔里木油田加强针对库车超深超高压裂缝性致密砂岩录井解释评价技术的系统化攻关，在加强常规录井解释评价技术研究的基础上，逐步建立了XRD矿物分析岩性识别方法、Fisher准则气测评价方法等录井技术，与现用方法相比有较大提升，评价应用效果显著。

关键词 录井技术；XRD录井；岩性识别；气测图版；Fisher准则

1 存在问题

随着库车坳陷勘探领域的不断扩大，尤其是克深—大北区块白垩系巴什基奇克（K_1bs）深层复杂地质条件下受工程影响，钻井取心极少或者因井径不规则而造成测井资料失真，从而给油气水层的判断及解释评价工作带来很大困难。在超深复杂的钻井条件下，气测录井的准确性受多种因素影响，油气显示的准确识别存在一定的难度，环境校正缺乏理论依据和实验室模拟手段；在高成本的压力下，录井技术单一，录井综合解释评价手段和能力不足，目前主要依靠气测录井。具体表现在：致密性砂岩油藏水的识别困难。库车地区白垩系目的层钻井过程中，气测录井主要表现特征为气测组分C1含量>95%，气测组分不全，个别井甚至没有C3，气测解释过程中，以比值法为基础的大量派生参数失效，录井解释符合率不能满足勘探需求。

2 库车超深超高压裂缝性致密砂岩录井解释评价技术

针对库车克深—大北区块录井解释评价难点及生产需求，重点开展了应用XRD矿物录井技术识别岩性、多因素录井解释方法及建立判别标准等研究工作。

2.1 运用XRD技术建立库车克深、大北区块K1bs岩性识别方法

XRD衍射岩性识别技术是目前国内较为先进的技术，该技术直接测定出岩石中的各种矿物组成（粘土含量、石英、钾长石、斜石、方解石、白云石、黄铁矿等），并通过软件计算出各种矿物的相对含量，是岩性识别从定性化到定量化的技术革新。

2.1.1 XRD射线衍射基本原理

X射线与物质的相互作用有几种情形，其中之一是被物质中原子的壳层电子相干弹性散射。当固态物质的结构为晶体时，从周期性排列的物质原子相干散射出的X射线会在某些特定的方向上相干增强，而在其他方向上相干减弱或湮灭。当一定波长的入射束照射到处于相邻晶面的原子上，晶面间距为d，在与入射角相等的反射方向上产生其散射线（图1）。当光程差等于波长的整数倍时，光线就可以出现干涉加强，即发生了衍射。相干增强发生，满足布拉格定律特定的晶面取向上。其布拉格定律为：

$$2d \cdot \sin\theta = n\lambda$$

公式，d 为晶面间距；λ 为射线的波长；θ 为是入射线和反射线之间的夹角；n 为衍射级数。

X射线衍射分析包括对物质反射X射线的角度和强度的测量。每一个晶体结构有一套固定可能的反射，在X射线束中这些反射发生在适当的晶体取向上。通过测量样品在一固定角度范围内所有可能的反射，可以确定晶格结构或其结构性质。

2.1.2 克深、大北XRD矿物分析情况

对克深-大北区块岩屑、岩心样品分析石英、硬石膏、白云石、蒙脱石、伊利石、重晶

石、斜长石、方解石等八种主要矿物成分。依据各矿物相对百分含量进行岩性识别。

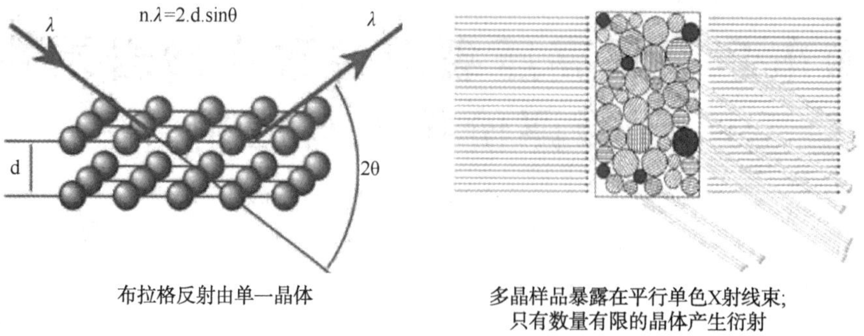

图 1　布拉格定律示意图

以克深 5X 井为例，岩心砂、泥岩矿物含量频率直方图中(图 2、图 3)分析，我们可以得到克深岩心砂岩、泥岩的矿物相对含量与矿物比值判别标准(表 1、表 2)。

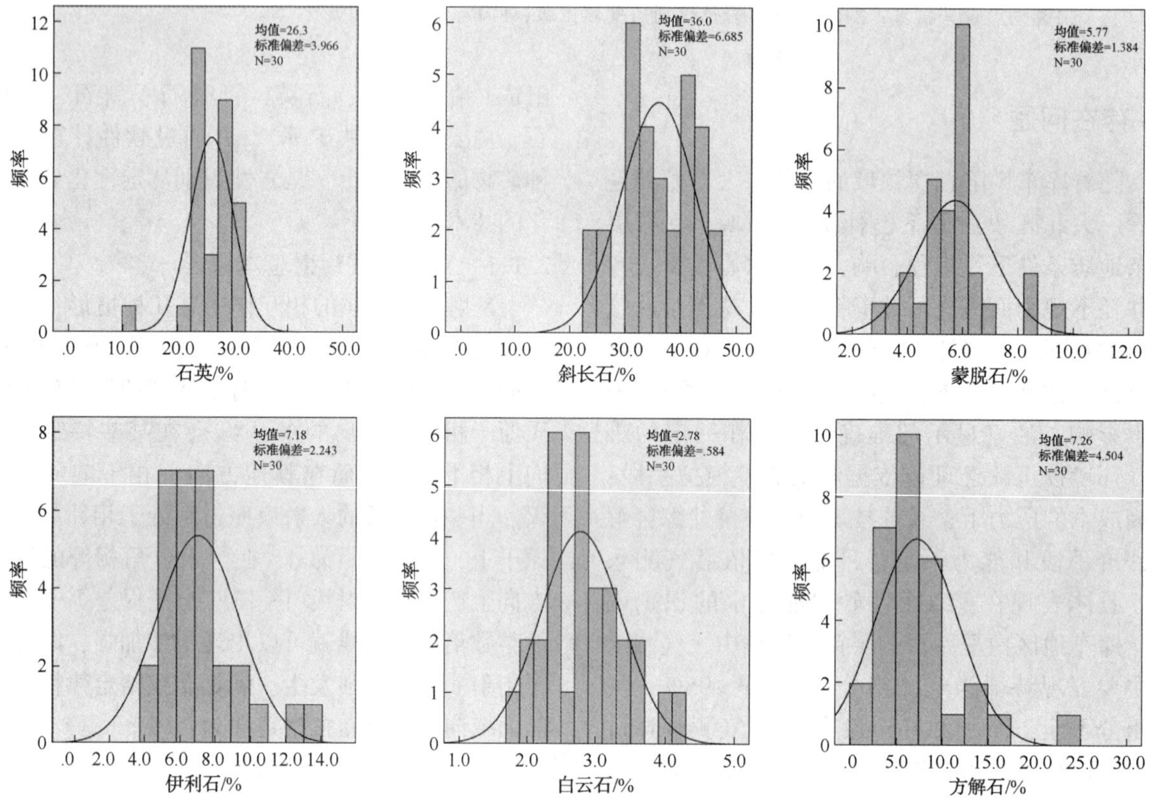

图 2　克深 5XX 井砂岩岩心矿物含量频率直方图

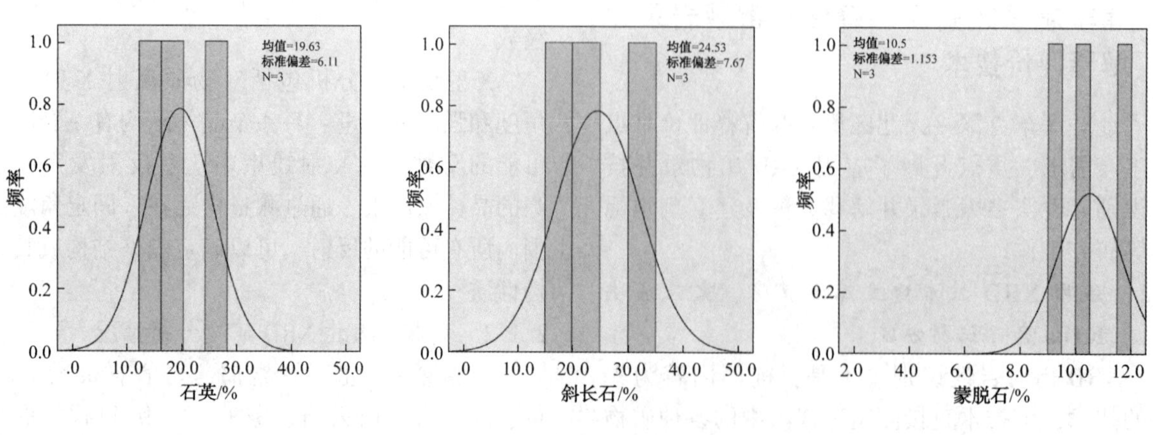

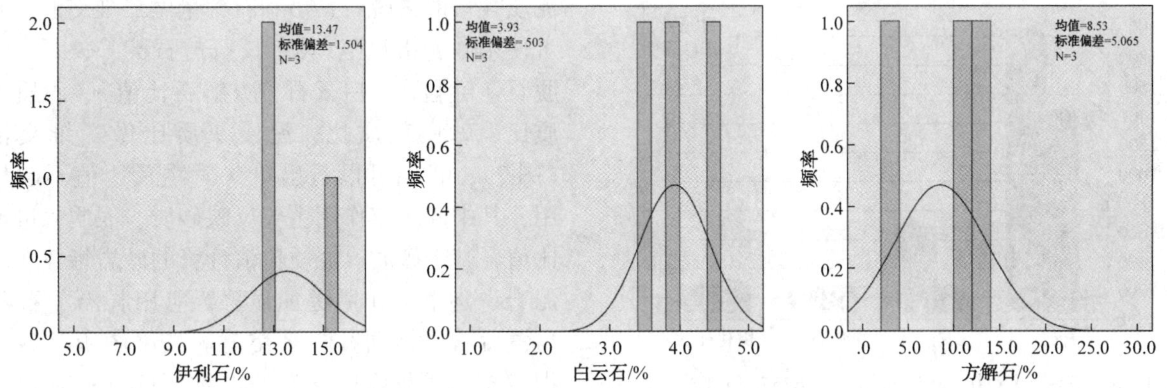

图 3　克深 5XX 井泥岩岩心矿物含量频率直方图

表 1　克深 5XX 井岩心矿物含量砂泥岩判别标准

碎屑岩类型	矿物含量(%)					
	石英(%)	长石(%)	蒙脱石(%)	伊利石(%)	白云石(%)	方解石(%)
纯砂岩(中、细、粉砂岩)	>22.0	>30	<7.0	<10.0	<3.2	与砂泥关系不显著
过渡岩	22.0~20.0	30~25	7.0~9	10.0~12.5	3.2~3.5	
纯泥岩	<20.0	<25	>9	>12.5	>3.5	

表 2　克深 5XX 井岩心矿物比值砂泥岩判别标准

碎屑岩类型	矿物含量(%)						
	石英/蒙脱石	长石/蒙脱石	石英/伊利石	长石/伊利石	石英/白云石	长石/白云石	XRD 砂岩指数
纯砂岩	>3.6	>3.8	>3.0	>3.6	>8.8	>9.5	>61
过渡岩	3.6~2.8	3.8~2.8	3.0~1.5	3.6~2.8	8.8~7.7	9.5~8.1	61~55
纯泥岩	<2.8	<2.8	<1.5	<2.8	<7.7	<8.1	<55

备注：XRD 砂岩指数为(石英+长石)/(石英+长石+蒙脱石+伊利石+白云石+方解石)。

2.1.3　XRD 岩性定名方法

通过对克深-大北区块岩屑、岩心样品 XRD 矿物录井进行分析实验和数据归纳，总结出 XRD 岩性定名方法有下列两种：图谱法、矿物比值交汇法等。

2.1.3.1　图谱法

一般情况下，石英、长石代表砂质含量，蒙脱石、伊利石反映泥质含量，白云石、方解石反映灰质含量。通过克深 5 井区岩屑样品 XRD 分析谱图(图 5)，肉眼观察 XRD 谱图中石英、长石、蒙脱石、伊利石、白云石、方解石等矿物的相对含量，可快速、大致判断识别岩性(图 6)。

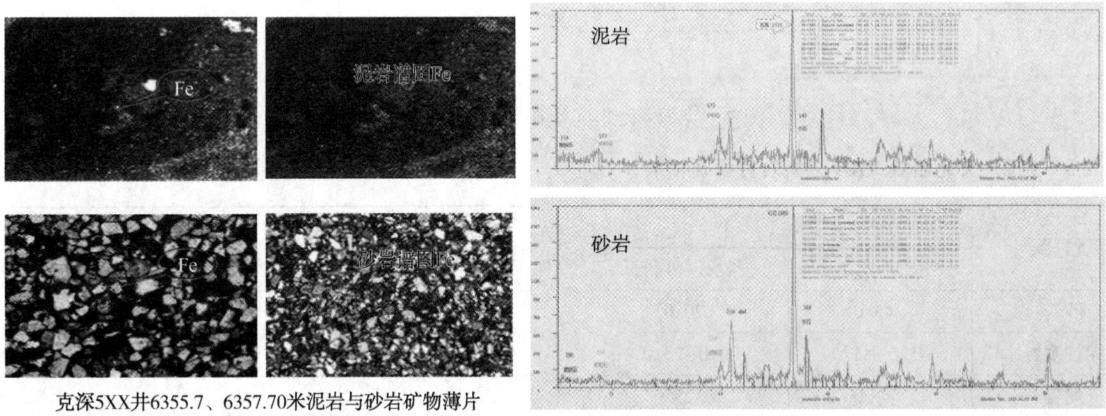

克深5XX井6355.7、6357.70米泥岩与砂岩矿物薄片

图 5　克深 5XX 井 6355.70 泥岩、6357.70 米岩心(细砂岩)矿物薄片与 XRD 谱图

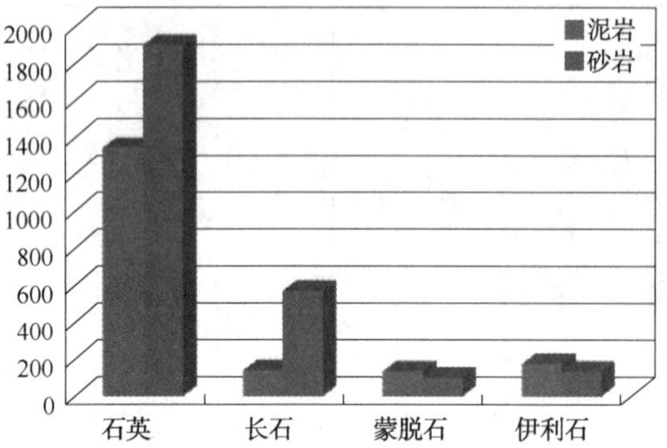

图 6　克深 5XX 井 6355.70 泥岩、6357.70 米岩心（细砂岩）XRD 矿物含量

2.1.3.2　*矿物及矿物比值交汇法*

选择最能代表砂质含量的石英、长石含量与泥质含量的蒙脱石、伊利石含量做二维交汇，或者使用砂岩指数(石英、长石与石英、长石、蒙脱石、伊利石、白云石、方解石比值)、砂质泥质比、砂质灰质比、泥质灰质比做二维交汇（图 7）；我们可以看出单一矿物及比值不起作用，其中起决定作用主要反映砂质、泥质含量及比值，基于砂质、泥质比值计算的砂岩指数在砂泥岩识别上的作用更加显著。应用长石、石英与蒙脱石、伊利石含量交汇的二维图版及砂岩指数与泥质灰质比交汇的二维图版，具有较好的砂泥岩区分效果，岩性过渡区较明显，可以在克深、大北区块推广使用。岩性识别标准见表 3、表 4。

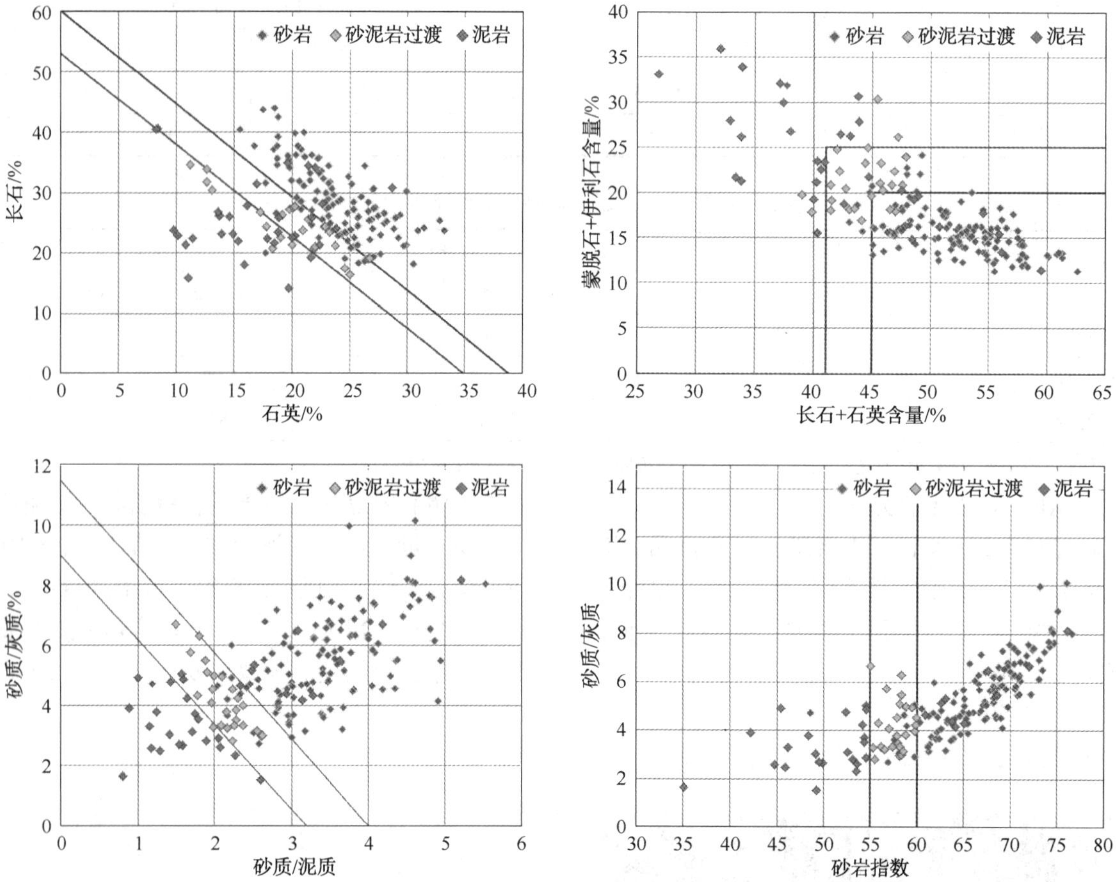

图 7　克深-大北区块矿物含量二维图版

表 3　克深-大北区块 XRD 分析岩性识别标准

碎屑岩类型	矿物含量(%)	
	长石+石英	蒙脱石+伊利石
砂岩	>45.0	<20.0
砂泥过渡岩性	45.0~41.0	20.0~25.0
泥岩	<41.0	或>25.0

表 4　克深-大北区块 XRD 分析岩性识别标准

碎屑岩类型	砂岩指数
砂岩	>61.0
砂泥过渡岩性	61~55.0
泥岩	<55.0

2.1.3.3　*克深 XRD 矿物岩性解释符合率统计*

经过分析研究，岩心与岩屑、不同井矿物含

量及比值的砂泥标准略有差异。我们分别按各井标准解释岩屑 XRD 岩性剖面，并自动提取解释剖面每段砂层、泥岩层 XRD 分析的矿物相对含量值，依此建立克深-大北区块岩屑 XRD 岩性判别标准，样本回判砂岩 91.5%，泥岩 88.0%，过渡岩性 89.3%，录井岩性 XRD 解释符合率 98.5%。

2.2 多因素录井解释方法

2.2.1 现用气测解释方法分析

克深—大北区块现用录井解释方法主要基于气测录井的派生参数建立的解释图版。其应用机理为：相同或相近的地球化学环境生油母岩会产生具有相似成分的烃类。同一地区同样性质的油气层，产生的油气显示的烃类组分相似，如果通过对已经证实的油气层的流体样品进行色谱分析，找出不同性质油气烃类组分的规律，就可利用这些规律来判识显示层的性质。常用派生参数名称、意义及计算公式如下：

(1) 湿度比：指重烃占组分的百分比，不同层位、不同储层的油层湿度比存在差别。湿度比 = 100×(C2+C3+nC4+iC4+nC5+iC5)/(C1+C2+C3+nC4+iC4+nC5+iC5)。

(2) 烃斜率：指 C2/C3 的比值，该值从大向小的变化反映地层烃类物质是由轻到重的变化。烃斜率 = C2/C3。

(3) 同分异构比：亦称同源系数，是用来对比油气，追踪油气源岩的一个指标，高的异构体含量值是地层含水的一个反应侧面。同分异构比 = nC4/iC4。

(4) 三角指数：指三角图版价值区的数字化，三角正负、大小能反映出地层含油气类型和油质轻重。三角 = 100×(1-5×(C2+C3+nC4)/(C1+C2+C3+nC4+iC4+nC5+iC5))。

(5) 轻重比：该参数能因储层流体性质的不同，反应出不同的区间范围。轻重比 = C1/(C2+C3+nC4+iC4+nC5+iC5)。

对目前克深-大北区块现用的气测图版进行落点分析，气层与水层的落点混杂，气水识别效果差(图 8)。

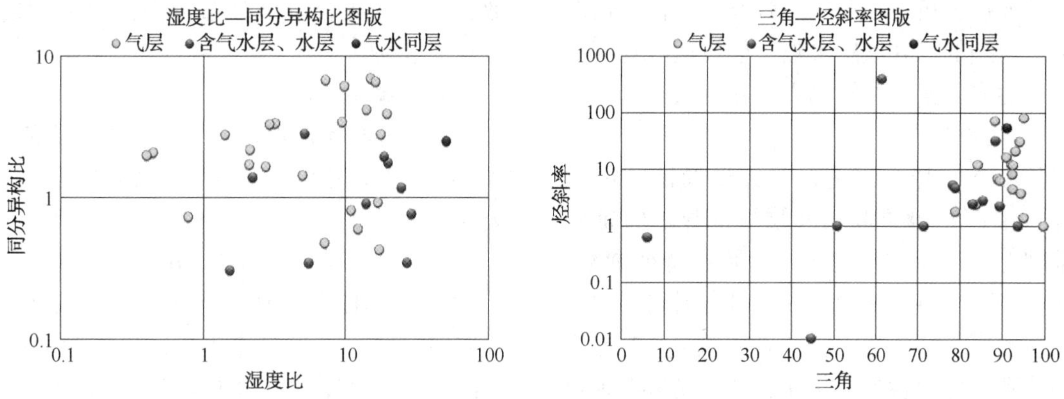

图 8　克深-大北区块气测解释图版

2.2.2 敏感参数挖掘

为解决传统气测解释图版气水层识别率差的问题，对克深-大北区块 30 余口试气井 63 层录井及试气数据进行统计分析，运用方差分析法，依据统计概率 P 值进行显著性分析，如果 0.01<P<0.05，则为差异显著；如果 P<0.01，则差异极显著。筛选出对气水识别的录井敏感参数共 15 个，差异极显著的主要包括气测烃相系数 Uh(气测显示厚度与储层厚度的比值)、烃特征(CH)、烃组分递减系数、相对钻时(R)及 lnB/Fjb 等(表 5)。差异显著的主要包括湿度比(WH)、全烃影响系数(B)等。

表 5　克深区块录井参数方差分析统计表

统计项目/录井参数	组均值(价值层)	组均值(非价值层)	总均值	自由度(a-1)	自由度(b-a)	V(总方差)	Vb(组间方差)	Vw(组内方差)	F 值	F_{α}(0.05)	F_{α}(0.01)	概率值 P
全烃	14.64	6.38	12.81	1	61	12666	742	11923	3.80	4.00	7.07	0.06
WH	7.32	13.50	8.69	1	61	5386	415	4970	5.10	4.00	7.07	0.03

续表

统计项目/录井参数	组均值(价值层)	组均值(非价值层)	总均值	自由度(a-1)	自由度(b-a)	V(总方差)	Vb(组间方差)	Vw(组内方差)	F值	F_{α}(0.05)	F_{α}(0.01)	概率值P
BH	379.05	61.23	308.42	1	61	$2.2*10^7$	$0.1*10^7$	$2.1*10^7$	3.13	4.00	7.07	0.08
CH	0.59	2.68	1.05	1	61	365.59	47.86	317.74	9.19	4.00	7.07	0.00
WH-BH 差值	371.74	59.46	302.35	1	61	$2.2*10^7$	$0.1*10^7$	$2.1*10^7$	3.00	4.00	7.07	0.09
烃斜率-C2/C3	22.01	2.68	17.71	1	61	$6.1*10^5$	4067	$6.1*10^5$	0.41	4.00	7.07	0.53
三角指数	99.64	99.47	99.61	1	61	11.93	0.31	11.62	1.65	4.00	7.07	0.20
轻重比	76.36	27.44	65.49	1	61	$9.3*10^5$	$0.2*10^5$	$9.1*10^5$	1.75	4.00	7.07	0.19
lnB/fjb	10.83	7.71	10.14	1	61	299.75	105.55	194.20	33.16	4.00	7.07	0.00
lnC1/lnC2	-0.25	0.22	-0.14	1	61	737.16	2.43	734.73	0.20	4.00	7.07	0.65
Uh	0.90	0.74	0.86	1	61	1.47	0.28	1.19	14.23	4.00	7.07	0.00
烃组分递减系数(K)	-1.95	-1.17	-1.78	1	61	43.38	6.54	36.85	10.82	4.00	7.07	0.00
全烃影响系数(B)	26.92	0.84	21.12	1	61	$1.1*10^5$	7409	$1.0*10^5$	4.11	4.00	7.07	0.05
峰基比(Fjb)	24.56	4.36	20.07	1	61	$2.9*10^5$	4441	$2.8*10^5$	0.94	4.00	7.07	0.34
相对钻时(R)	1.88	1.30	1.75	1	61	25.43	3.68	21.75	10.32	4.00	7.07	0.00

2.2.3　融合多参数，创建气水层评价新图版

通过前述分析，在现用图版效果欠佳的情况下，利用挖掘的录井敏感参数，创建适应克深—大北区块的多因素录井解释方法和图版。

2.2.3.1　气测形态法

气测形态解释方法是在收集试油证实的油(气)层、油(气)水同层、水层气测显示特征资料的基础上，运用数据挖掘技术筛选特征参数，融合现场经验，将反映物性的钻时资料与反映含油性的气测资料以“量值、形态、组分”进行组合，创建新的评价参数，从而建立气测形态评价图版，进行解释评价。

筛选的特征参数包括：烃相系数、烃峰系数、用以表征烃组分分布形态指数方程的B系数与K指数。

(1) 烃相系数(Uh)

指气测显示层厚度与储层厚度的比值，其值大小反映储层中油气的充满程度(见图9)。计算公式：

$$Uh = Hq/Ht$$

其中：Ht为气测异常显示段所属的低钻时段储层厚度，以半幅点为界，单位为m；Hq为气测异常显示厚度，以半幅点为界，单位为m。

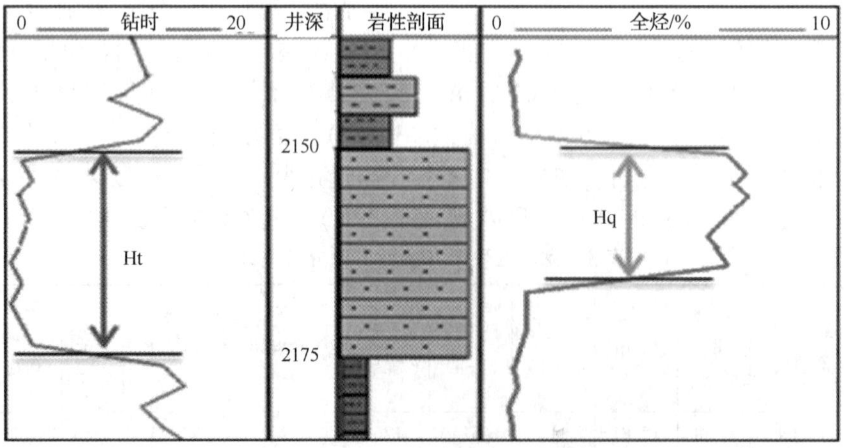

图9　烃相系数示意图

(2) 烃峰系数(Nc)

烃组分出峰情况，一定程度上反映了地层的含油(气)性。为描述烃组分的出峰情况，引入了烃峰系数。其确定方法权重平均法，计算公式：

$$Nc = Ni/7$$

其中：Nc 为烃峰系数；Ni 为显示层组分出峰个数。

(3) B 系数与 K 指数

由于烃组分的变化随 C1 至 C5 呈递减趋势，可用指数函数进行拟合，得到表征烃组分分布形态的函数方程：$Y = B \times e^{-Kx}$。利用气测组分值散点图拟合出指数趋势线就可确定 B 系数及 K 指数(见图 10)。利用创建的新评价参数，建立形态法评价参数公式如下：

$$Xt = Uh \times Nc \times Ln(1+B \times (1-1/Fjb) \times Ropmax/Roppj)/K$$

其中：Xt 为形态法评价参数；Ropmax 为围岩钻时最大值，单位为 min/m；Roppj 为储层钻时平均值，单位为 min/m；Fjb 为气测全烃峰基比；Uh 为烃相系数；Nc 为烃峰系数；K 为烃组分递减率；B 为气测全烃影响系数，与含油(气)丰度正相关。

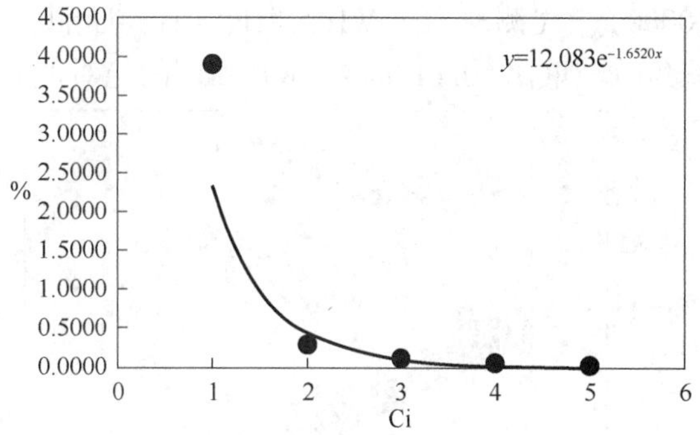

图 10　烃组分散点图

收集克深—大北区块试气段气测资料作为样本点，按照上述方法求取烃相系数(Uh)、形态法评价参数(Xt)，进行交会图版分析(图 11)，划分不同流体性质区间，据此建立油气解释评价标准(表 6)。

所建图版效果较好，回判符合率分别为：克深区块 56/63 = 88.8%，大北区块 25/30 = 83.3%。

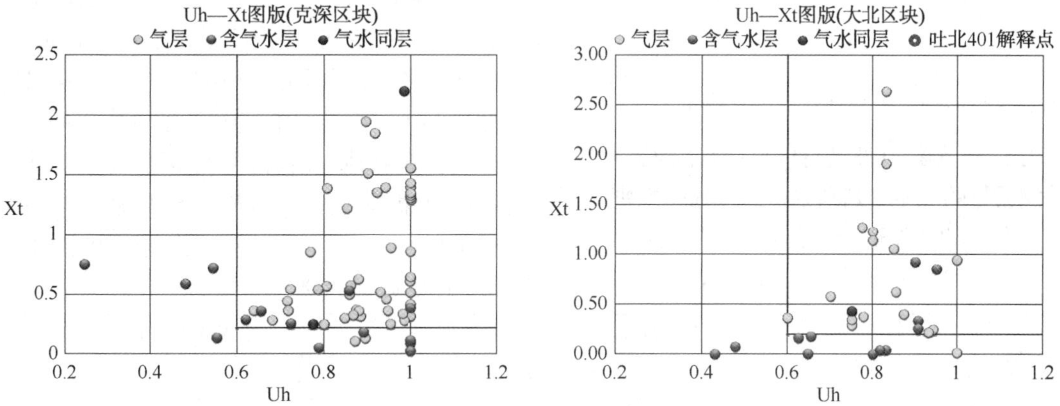

图 11　克深-大北区块气测形态法图版

表 6　气测形态法解释图版储层流体性质判别标准

流体性质	烃相系数(Uh)	形态法评价参数(Xt)	
		克深区块	大北区块
气层、气水同层	>0.60	>0.22	>0.20
含气水层、水层	<0.60	不限制	不限制
	≥0.60	≤0.22	≤0.20

2.2.3.2　Fisher 准则法

Fisher 线性判别参数是研究判别函数中最有影响的方法之一，其原理：以两个指标 x1、x2 为例，用单一指标 x1 或 x2 不能很好地分辨 A、B 两组(图 12)，但通过原点做适当方向的直线，则可实现有效区分的目的(图 13)。指标 y 即为 x1、x2 的综合指标，计算公式：

$$y = c1 * x1 + c2 * x2 + 常数\ C$$

式中，c1、c2 分别为变量 x1、x2 的系数。

Fisher 准则：要求两组重叠部分尽可能的小，即要求 y 的值在两组之间的差异要尽可能是的大，而在各组内差异要尽可能的小。

利用 Fisher 准则法构建新综合评价指标 Qf，该指标综合考虑了气测的多项派生参数。

Qf = f(钻时比 R、气测组分拟合系数 b、k、烃相系数 Uh、峰基比 fjb、ln(b×(1－1/fjb)×10000)、气测全烃、WH、BH、CH、烃斜率、三角、轻重比、lnc1/lnc2、WH-BH 的绝对值)。

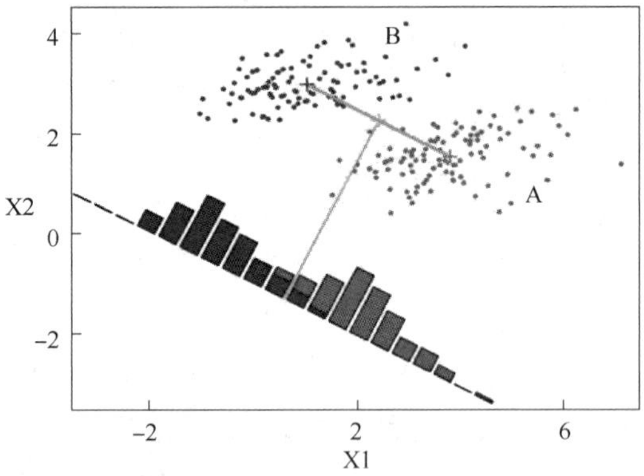

图 12　Fisher 准则示意图(组间重叠部分大)

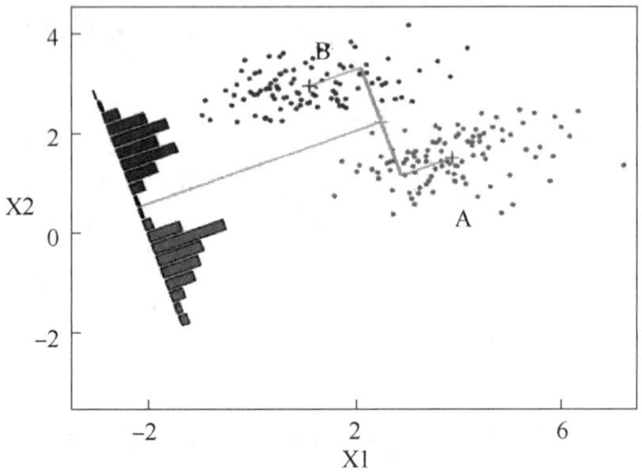

图 13　Fisher 准则示意图(组间重叠部分小)

应用 SPSS 分析软件进行气层(气水同层)、水层(含气水层)的 Fisher 判别分析，得到的判别方程式系数，建立判别函数，计算可得评价指标 Qf。

Qf=c1＊x1+c2＊x2+c3＊x3+…+cn＊xn+常数 C

(1) Uh—Qf 图版

克深区块共收集试气样本点 63 个，其中气层 47 个，气水同层 2 个，含气水层 6 个，水层 8 个。大北区块共收集试气样本点 30 个，其中气层 16 个，含水气层 1 个，气水同层 1 个，含气水层 12 个。

按照上述方法计算烃相系数(Uh)、Fisher 综合指标 Qf，进行交会图版分析，划分不同流体性质区间，据此建立油气解释评价标准(表 7)。

表 7　Fisher 准则法解释储层流体性质判别标准

流体性质	烃相系数(Uh)	评价参数(Qf)	
		克深区块	大北区块
气层、气水同层	>0.60	>3.50	>4.00
含气水层、水层	<0.60	不限制	不限制
	≥0.60	≤3.50	≤4.00

所建图版效果较好，回判符合率分别为：克深区块 59/63 = 93.6%，大北区块 28/30 =93.3%。

(2) Qzs—Qf 图版

气测含气指数(Qzs)是对形态法评价指标 Xt 的扩展，综合考虑了气测显示厚度(Hq)对储层含气性评价的作用。计算公式为：Qzs=Hq＊Xt。再与 Fisher 综合指标 Qf 结合划分不同流体性质区间，建立油气解释评价标准(表 8)。所建标准解释效果较好，回判符合率分别为：克深区块 59/63=93.6%，大北区块 27/30=90.0%。

表 8　Fisher 准则法解释储层流体性质判别标准

流体性质	气测含气指数(Qzs)		评价参数(Qf)	
	克深区块	大北区块	克深区块	大北区块
气层、气水同层	>2.50	>0.10	>3.50	>4.00
含气水层、水层	<2.50	<0.10	不限制	不限制
	≥2.50	≥0.10	≤3.50	≤4.00

(3) Uh＊$TG_{平均}$/$TG_{最大}$＊100—Qf 图版

气测全烃曲线形态能够直接反映气测的好坏，在其它条件一致的情况下，箱状反映烃类充满程度高，尖峰状、三角形状则相对较弱(图 14~图 16)。通过统计分析，考虑采用气测异常段全烃平均值与最大值之比来描述这种变化，与烃相系数相乘构建新指标，即 Uh＊$TG_{平均}$/$TG_{最大}$＊100。再与 Fisher 综合指标 Qf 交会建立二维评价图版(图 17)，并划分不同流体性质区间，建立油气解释评价标准(表 9)。

表 9　Fisher 准则法解释图版储层流体性质判别标准

流体性质	Uh＊$TG_{平均}$/$TG_{最大}$＊100	评价参数(Qf)
	克深区块	克深区块
气层、气水同层	>25	>3.50
含气水层、水层	<25	不限制
	≥25	≤3.50

所建图版效果较好，回判符合率为 59/63=93.6%。

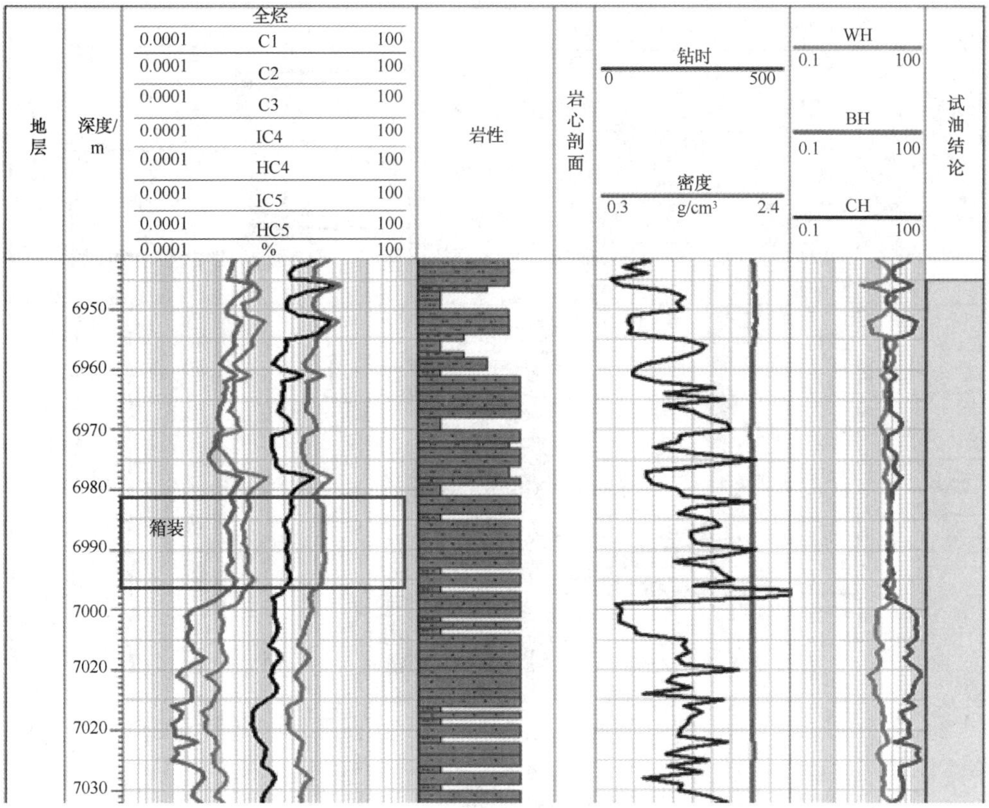

图 14 克深 1XX 井录井图

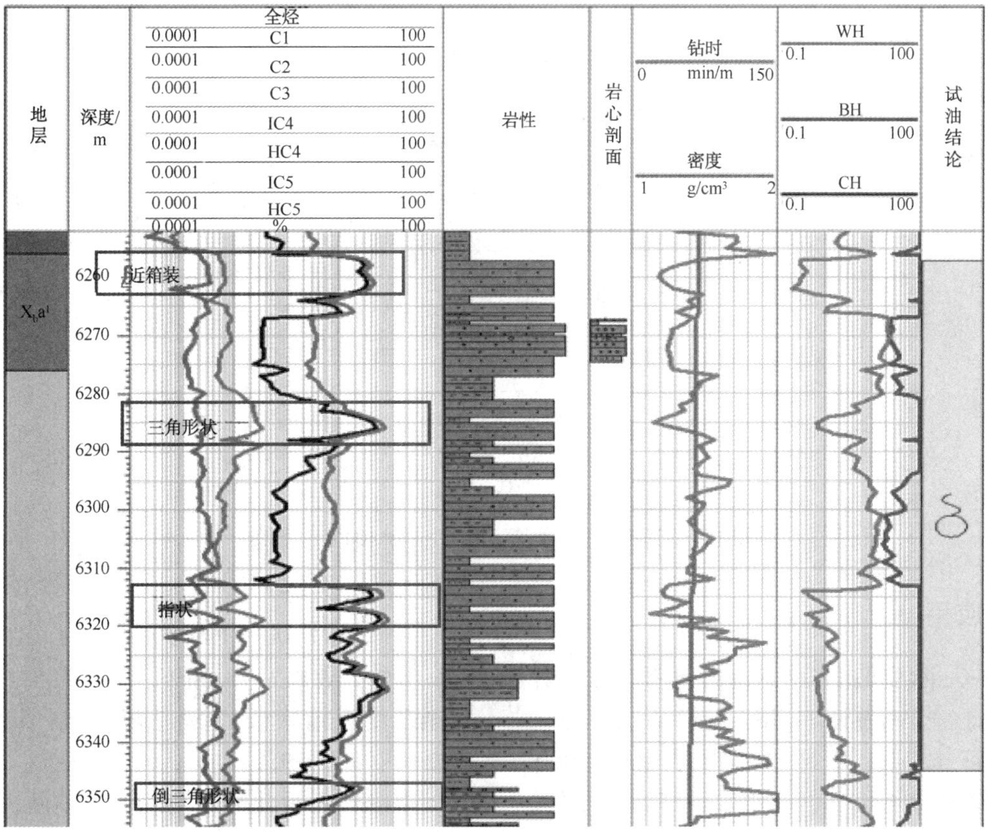

图 15 克深 1X 井录井图

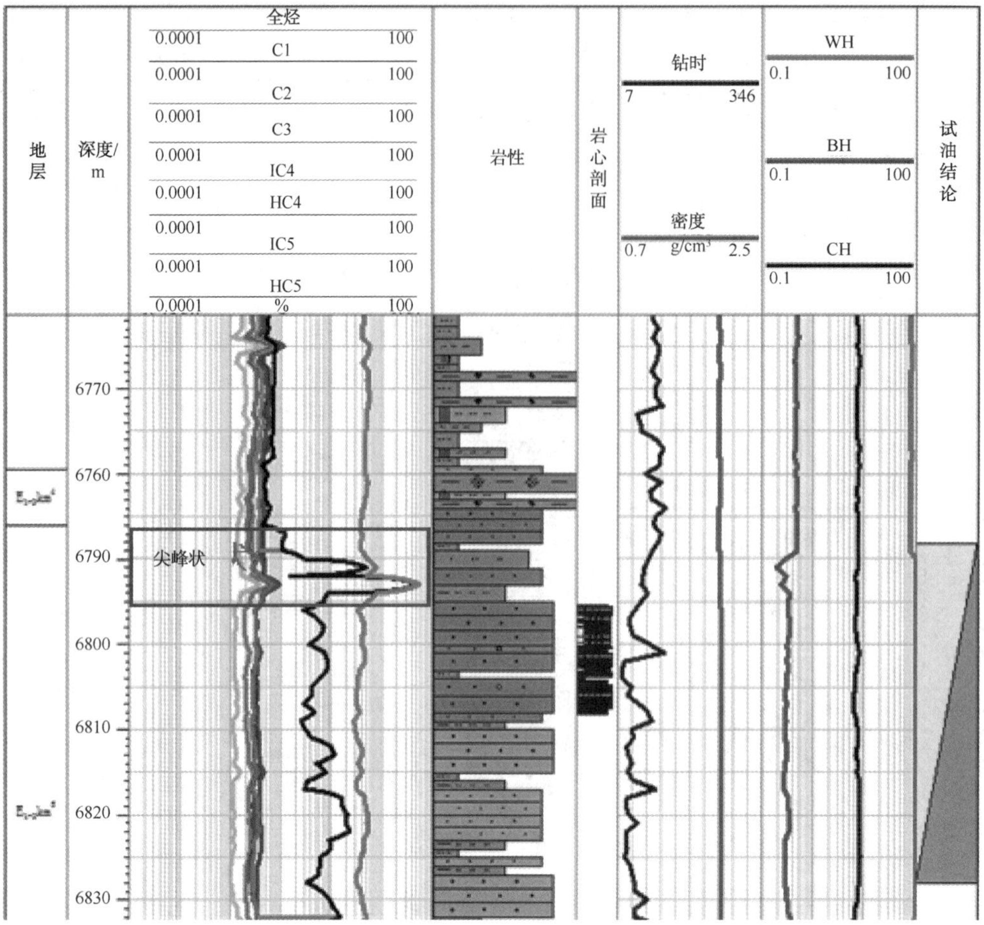

图 16　克深 2XX 井录井图

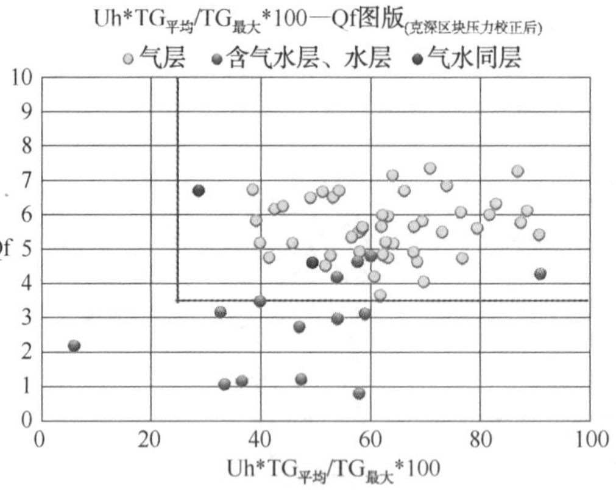

图 17　克深区块 Uh * $TG_{平均}$/$TG_{最大}$ * 100—Qf 图版

3　成果应用

克深-大北区块用多因素录井解释方法解释的新井验证符合率统计 11 井 12 层，完全符合 9 层、基本符合 1 层，不符合 2 层(表 10)；新井解释总体符合率 83.3%，应用效果好。以其中 2 口井为例。

3.1　克深 1X 井

井段 7088.00-7199.00m 气测：全烃 0.48% ↑5.81%，最大为 13.34%，组分出至 C4。异常段全烃呈近箱状(图 18)。峰基比：5.5-12.1；轻重比：6.5-19.9；

根据气测录井显示资料，按创新图版 UH-Xt 形态法、UH-Qf 费歇尔解释(图 19、图 20)，落点均在价值层(气层)区(表 11)，与试气结果相符，应用效果好。

试气情况：5328.00-5408.00m 酸化，6mm 油嘴，日产气 412000m³，为气层。

表 10　新井应用图版符合率统计

序号	井号	解释井段	UH-QF 费歇尔图版	UH-XT 形态法图版	试油井段	日产油、气	试油结论	符合情况
1	克深 10XX	6465-6538	气层	气层	6472.5--6535	日产气 19.4 万方	凝析气层	符合
2	克深 1X	7092-7110	气层	气层	7100--7115	日产气 41.2 万方	气层	符合
3	大北 1X	6318--6387	气层	气层	6320--6372	累产油 12.7 方；日产气 23.28 万方	凝析气层	符合
4	大北 1XX	5412--5525	气层	气层	5412--5525	日产气 9.52 万方	凝析气层	符合
5	大北 12XX	5524--5634	差气层、气层	差气层、气层	5524--5620	油 5.76 方；日产气 3.17 万方	凝析气层	符合
6	大北 12XX	5524--5634	差气层、气层	差气层、气层	5470--5800	日产气 15.4 万方	气层	符合
7	ZQ X	6050--6160	油气同层	油气同层	6073.00-6182.00m	油 17.7m3；日产气 32 万方	油气同层	符合
8	博孜 X	7828--7840	气层	气层	7677—7760.5	油 167m3；日产气 71 万方	凝析气层	符合
9	克深 11XX	6557--6567	气层	气层	6564-6575	日产气 10.85 万方	气层	符合
10	ZQ 1XX	6262--6292	油气同层	油气同层	6270.50-6290.50	日产气 7.05 万方；折地层水 57.6 方	气水同层	不符合
11	克深 2X	7057--7058	干层差气层	干层	7056-7079	折气 0.55 万方，水 14 方	含气水层	基本符合
12	大北 XX	4073--4170	气层	气层	4069--4330	见气；水 266 方	含气水层	不符合

表 11　克深 1X 井 UH-Xt 形态法、UH-Qf 费歇尔解释成果表

解释层号	层位	顶界深度(m)	底界深度(m)	厚度(m)	解释结论
1	K_1bs	7088	7110	22	气层
2	K_1bs	7124	7169	45	气层
3	K_1bs	7179	7199	20	气层

3.2　大北 1X 井

井段 6320.00-6372.00m 气测；Tg/C1 小于 10，反映地层真实异常显示，非油基钻井液污染；气测：全烃 0.2%↑3.2%，最大为 10.20%，组分出至 iC4。异常段全烃呈近块状、指状（图 21）。峰基比：1.03 - 11.2；轻重比：5.4-67.5；

根据气测录井显示资料，按创新图版 UH-Xt 形态法、UH-Qf 费歇尔解释（图 22、图 23），试气段解释 4 层，4 层落点在价值层（气层）区，解释为气层（表 12）。试气段落点均在价值层（气层）区，与试气结果相符，应用效果好。

试气情况：6320.00 - 6372.00m；酸化，6mm 油嘴，日产油 13m³，日产气 230000m³，为气层。

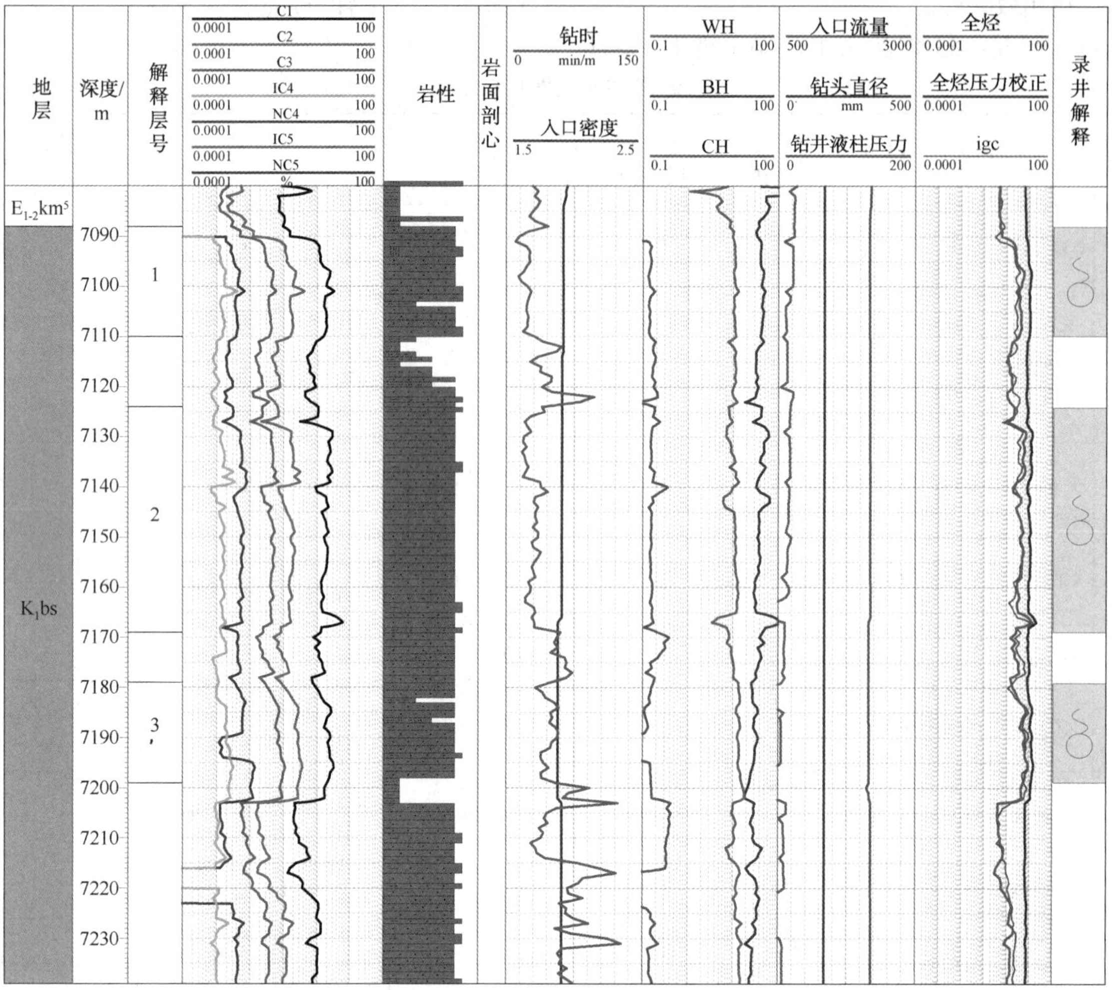

图 18　克深 1X 井录井评价图

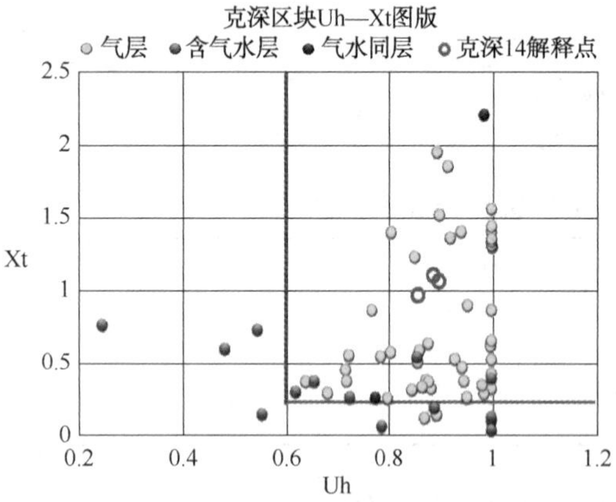

图 19　克深 1X 井 UH-Xt 形态法图版

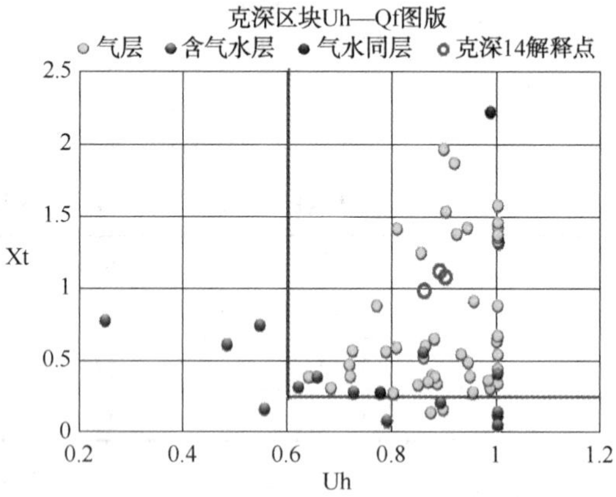

图 20　克深 1X 井 UH-Qf 费歇尔图版

表 12　大北 1X 井 UH-Xt 形态法、UH-Qf 费歇尔解释成果表

解释层号	层位	顶(m)	底(m)	形态法	Fisher 法	综合解释
1	K_1bs	6248	6257	非价值层	非价值层	差气层
2	K_1bs	6259	6270	非价值层	非价值层	差气层
3	K_1bs	6273	6282	非价值层	非价值层	差气层

续表

解释层号	层位	顶(m)	底(m)	形态法	Fisher 法	综合解释
4	K_1bs	6288	6291	非价值层	非价值层	差气层
5	K_1bs	6298	6308	价值层	价值层	气层
6	K_1bs	6318	6338	价值层	价值层	气层
7	K_1bs	6347.5	6361	价值层	价值层	气层
8	K_1bs	6362.5	6369	价值层	价值层	气层
9	K_1bs	6363	6366	价值层	价值层	气层
10	K_1bs	6384	6387	价值层	价值层	气层
11	K_1bs	6392	6400	非价值层	非价值层	差气层
12	K_1bs	6415	6420	价值层	价值层	气层
13	K_1bx	6430	6444	价值层	价值层	气层

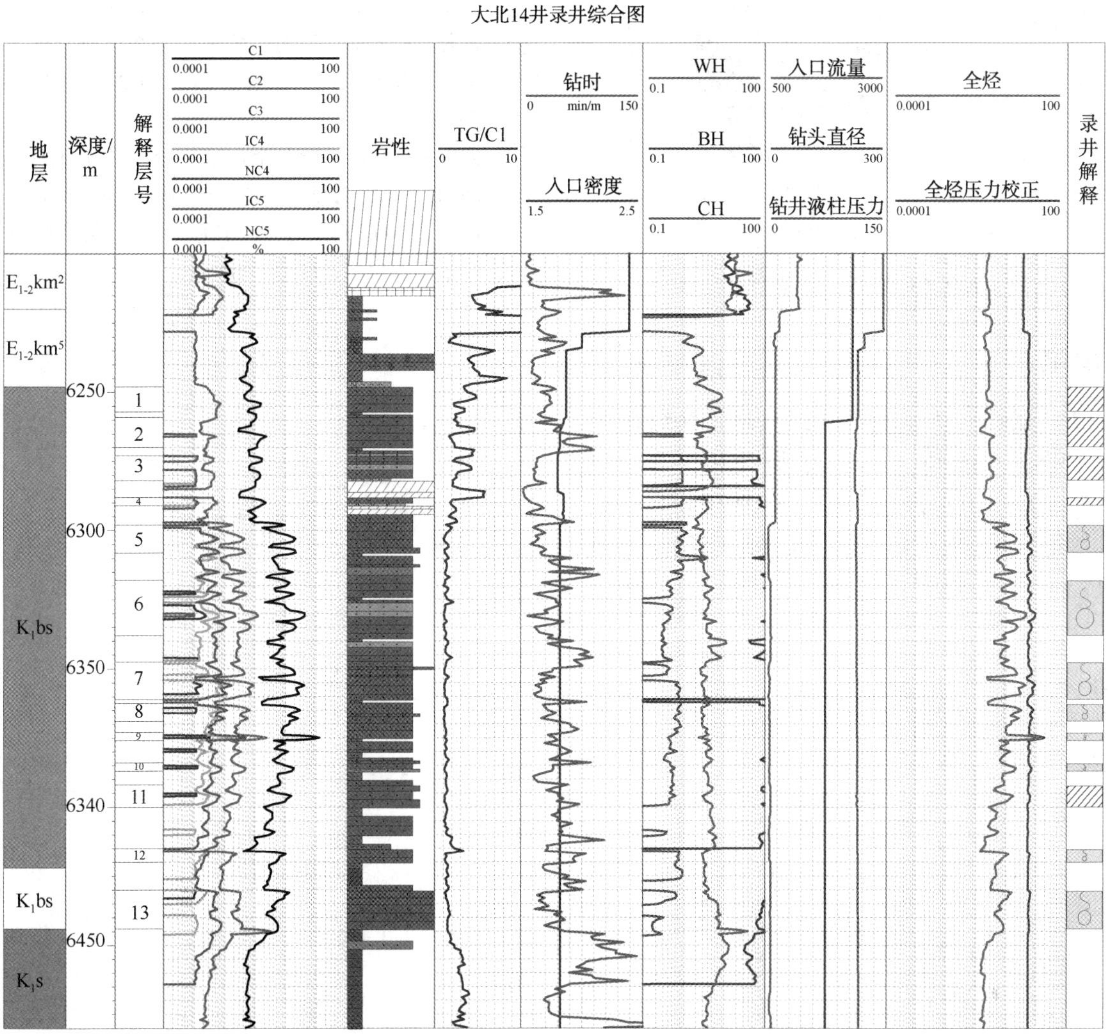

图 21　大北 1X 井录井评价图

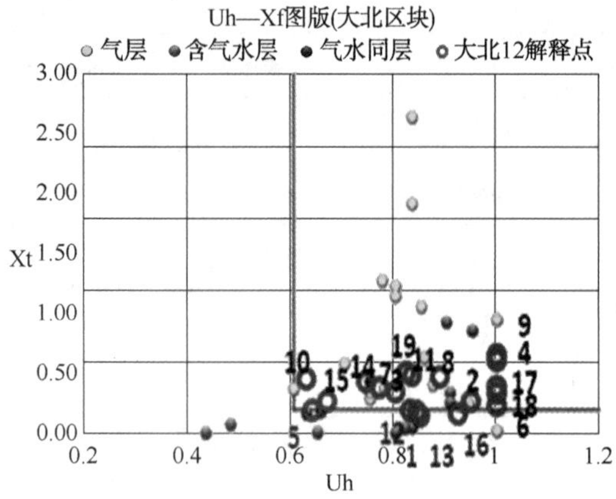

图 22　大北 1X 井 UH-Xt 形态法图版

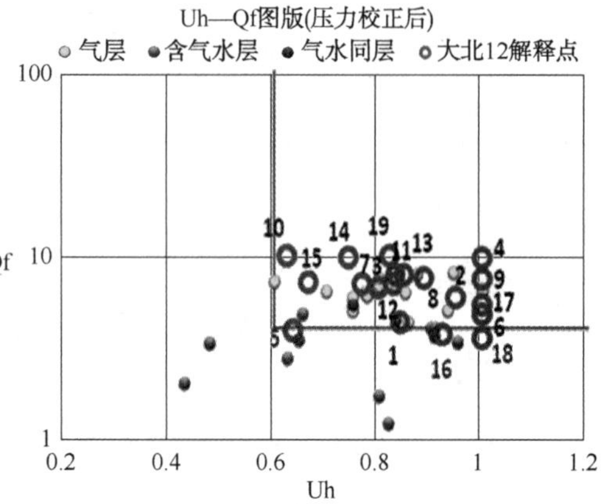

图 23　大北 1X 井 UH -Qf 费歇尔图版

4　结论

（1）克深、大北开展巴什基奇克组岩屑 XRD 矿物录井技术，建立了岩屑 XRD 矿物谱图法、二维岩性识别判别图版，XRD 矿物解释剖面回判符合率 89.5%，说明该方法有助于准确判别岩性。

（2）录井气测形态法与 Fisher 准则法组成的多因素录井解释评价模型新井应用 11 口探井，试气 12 层，其中 10 层完全符合，图版解释符合率在 83.3%以上，较现用评价方法符合率有较大提升，创建图版应用效果显著。尤其准确评价的克深 1X、大北 1X 等一批重点预探井试气获高产工业油气流，为塔里木油田勘探发现提供技术支持。

（3）该方法计算过程较为繁琐，不利于现场推广，应用区域也有局限性，还需要进一步深化研究。

参　考　文　献

[1] 王清华，郭清滨，王国瓦，等．超深复杂油气藏录井技术[M]．北京：石油工业出版社，2017.

[2] 陈恭洋，王志战．录井地质学[M]．北京：石油工业出版社，2016.

[3] 占蓉，邹筱春，李芳．随钻 X 射线衍射分析录井技术应用研究[J]．录井工程，2012，23(04)：1-5+79.

[4] 方锡贤．X 射线衍射全岩矿物分析录井技术应用拓展[J]．录井工程，2016，27(01)：14-18+89.

[5] 田兵．Fisher 判别分析及其应用[J]．渭南师范学院学报，2014，29(23)：18-11.

耐180℃高温胶凝酸胶凝剂的制备及性能研究

李 晖 罗 斌 李 钦 陈 科

（中石化西南石油工程有限公司）

摘 要 以丙烯酰胺（AM）、2-丙烯酰胺基-2-甲基丙磺酸（AMPS）、二甲基二烯丙基氯化铵（DMDAAC）和甲基丙烯酰氧乙基三甲基氯化铵（DMC）为原料，合成两种两性离子胶凝剂P（AM-AMPS-DMDAAC）（TAD1）和P（AM-AMPS-DMC）（TAD2）。实验结果表明：两种胶凝剂酸溶时间低于40min，并以7：3复配的胶凝剂DTAD在25℃，$170s^{-1}$下的酸液粘度可达39mPa·s，形成的高温胶凝酸体系在180℃，$170s^{-1}$下剪切120min后的粘度为25mPa·s，在90℃，60min后大理石岩石失重率为28%，具有良好的耐温耐剪切和缓速性能。

关键词 两性离子；胶凝剂；合成；增粘；耐温；缓速

随深井、超深井日益增多，油气田开采难度大幅增加。目前，塔里木、中石化西北局大部分油井的井温都在160-180℃，少部分高达190℃，冀东油田潜山储层井温也大多在160-180℃，华北油田潜山储层井温最高达到了201℃（牛东1井），川渝地区超深储层井温最高更是达到了221℃（福1井），常用的施工方法是先采用前置液降温，再使用常规酸液体系进行改造，该过程大大增加了储层伤害的风险，同时也增加了施工的复杂性，且常规酸液体系的酸岩反应速度快，酸液穿透能力有限，增产效果差。胶凝酸体系具有摩阻低，且降滤失、缓速功能好，能有效提高酸蚀裂缝的导流能力和酸液穿透距离，达到深度酸化的目的。

目前国内高温胶凝剂研究报道集中在120℃-160℃间，难以无法满足超深储层改造的需要。伴随国内外油田开发技术的深入，对胶凝剂的性能也提出了更高要求，亟需研制更高温度的胶凝酸体系关键助剂，满足温度超过180℃储层深井深度酸压的需要。为提高酸液有效性和扩大穿透范围，尤其为了提高低渗透、高温深井的产能，研究出一种高效实用、成本低且环保的胶凝剂，已成为必然趋势。

本文合成了两种两性离子胶凝剂TAD1和TAD2，通过研究两种胶凝剂及其不同质量比的复配物在酸液中的增粘、耐温及缓速性能，旨在探究出性能更优的胶凝剂产品，以期形成耐180℃高温胶凝酸体系，满足超深井深度酸压的需要，达到增储上产的目的。

1 实验部分

1.1 材料与仪器

丙烯酰胺（AM）、2-丙烯酰胺基-2-甲基丙磺酸（AMPS）、二甲基二烯丙基氯化铵（DMDAAC）、甲基丙烯酰氧乙基三甲基氯化铵（DMC），分析纯，上海阿拉丁生化科技股份有限公司；过硫酸钾、亚硫酸氢钠、氢氧化钠，分析纯，上海麦克林生化科技有限公司；无水乙醇，分析纯，成都科龙化工试剂厂；31%的盐酸，工业级；曼尼希碱类缓蚀剂、缓蚀增效剂、铁离子稳定剂和助排剂均来自中石化西南石油工程有限公司井下作业分公司。

WQF-520型傅里叶红外光谱仪，北京瑞利分析仪器有限公司；ZNN-D6B电动六速粘度计，青岛同春石油仪器有限公司；RS6000流变仪，德国哈克公司。

1.2 胶凝剂TAD1和TAD2的制备

向烧杯中加入一定量的蒸馏水，按照比例依次加入AMPS，加入适量的NaOH溶液调节pH值，随后加入AM，最后分别加入DMDAAC和DMC，制备胶凝剂TAD1和TAD2。持续通氮气25min，随后快速加入引发剂过硫酸钾/亚硫酸氢钠，继续通5min氮气后，迅速密封。在一定温度下反应一段时间，得到凝胶状产物，待冷却到室温后，经过提纯、剪碎、烘干、粉碎得到颗粒状的胶凝剂TAD1和TAD2。其反应方程式如图1和图2所示：

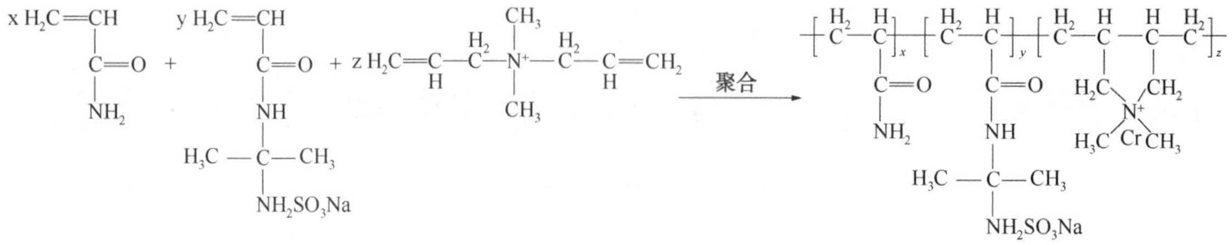

图 1　胶凝剂 TAD1 聚合反应方程式

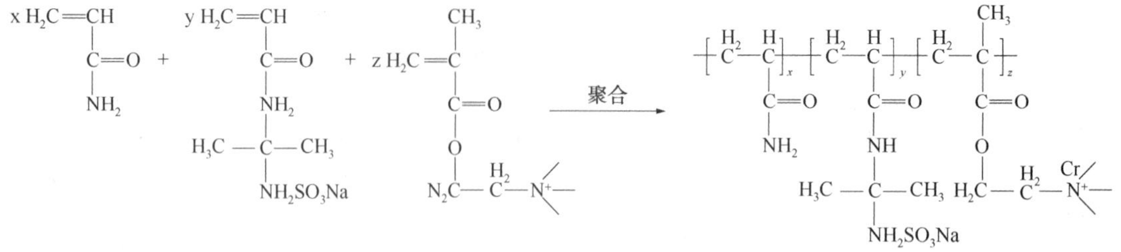

图 2　胶凝剂 TAD2 聚合反应方程式

1.3　胶凝剂 TAD1 和 TAD2 的结构表征

红外表征：采用 KBr 压片法，使用 WQF-520 型傅里叶红外光谱仪测定试样的红外光谱。

1.4　胶凝酸体系的性能评价

参照 SY/T 6214—2016《中华人民共和国石油天然气行业标准稠化酸用稠化剂》[11] 对合成的胶凝剂进行性能评价。

1.4.1　酸溶时间的测定

在质量分数 20% 的盐酸溶液中依次加入 0.5%的缓蚀增效剂、3.0%的缓蚀剂、0.8%的胶凝剂、1.0%的铁离子稳定剂和 1.0%的助排剂，在室温(25℃)下搅拌溶解，并以 10min 为间隔，在 $170s^{-1}$下测定酸液的表观粘度。当连续两个时间点测试的表观粘度相同时，停止记录，并将粘度稳点的第一个时间点作为酸溶时间。

1.4.2　增粘性能的测定

配制胶凝剂质量分数分别为 0.1%、0.2%、0.3%、0.4%、0.5%、0.6%、0.7% 和 0.8% 的酸液(20%的盐酸、0.5%的缓蚀增效剂、3.0%的缓蚀剂、1.0%的铁离子稳定剂和 1.0%的助排剂为基液)。在室温 $170s^{-1}$条件下，分别测定各酸液的表观粘度，考察胶凝剂加量对酸液粘度的影响；

1.4.3　耐温耐剪切性能的测定

加入质量分数为 0.8% 的胶凝剂至基液中(20%的盐酸、0.5% 的缓蚀增效剂、3.0% 的缓蚀剂、1.0%的铁离子稳定剂和 1.0%的助排剂为基液)，配置成胶凝酸，在室温 $170s^{-1}$条件下测定其表观粘度。随后在 180℃，$170s^{-1}$下利用 RS6000 流变仪考察酸液在高温剪切环境下 120min 的稳定性。

1.4.4　缓速性能测定

将小块大理石清洗干净、烘干，按照岩石表面积与酸液体积 $1cm^2$：$5cm^3$ 的比例分别加入到空白酸(纯 20wt% 盐酸)、未加酸液添加剂的胶凝酸和加了所有酸液添加剂的胶凝酸中，在 90℃下反应一段时间后取出剩余的大理石，用去离子水清洗干净、烘干。

大理石岩石失重率计算公式见式(1)。

$$L=\frac{m_0-m_1}{m_0}\times 100\% \tag{1}$$

式中，L 为大理石岩石失重率(%)；m_0为反应前大理石岩石重量(g)；m_1为反应后大理石岩石重量(g)。

2　结果与讨论

2.1　酸液胶凝剂 TAD1 和 TAD2 制备条件的优化

固定胶凝剂 TAD1 和 TAD2 中 AM 和 AMPS 的比例为 8∶2，考察引发剂浓度、单体加量、单体浓度、反应温度和反应 pH 值对胶凝剂合成的影响，在室温 25℃与 20%酸液条件下，测试质量分数为 0.8%的胶凝剂在酸液中的表观粘度作为评价指标，优选出该胶凝剂的最佳合成条件。

2.1.1　引发剂浓度的优化

引发剂用量对胶凝剂 TAD1 和 TAD2 酸液表观粘度的影响如 3 所示。

如图 3 所示，随着引发剂用量的增加，胶凝

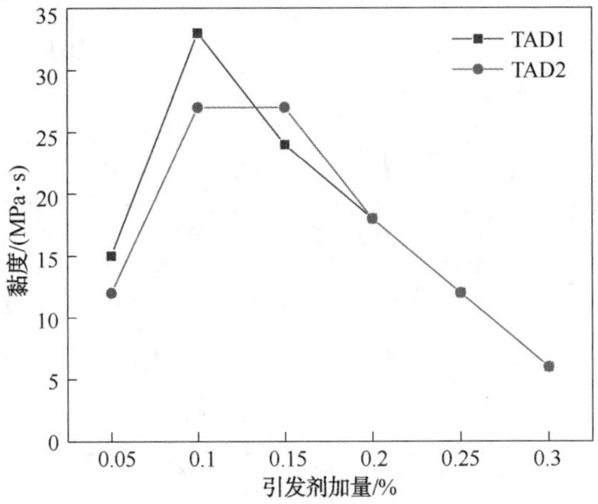

图 3　引发剂用量对胶凝剂 TAD1 和 TAD2 酸液表观粘度的影响

剂 TAD1 和 TAD2 在酸液中的表观粘度先增加后下降。当引发剂用量过低时，体系中自由基的数量也很少，引发速率很慢甚至不能引发，继续增加引发剂的用量，自由基的数量也会增多，溶液的表观粘度明显增大，但当加量超过一定的范围时，体系中自由基数量太多，反应速率快速提高甚至产生爆聚，使胶凝剂分子量下降。因此，胶凝剂 TAD1 和 TAD2 最佳合成的引发剂用量为单体总质量的 0.1%。

2.1.2　阳离子单体加量的优化

阳离子单体加量对胶凝剂 TAD1 和 TAD2 酸液表观粘度的影响如 4 所示。

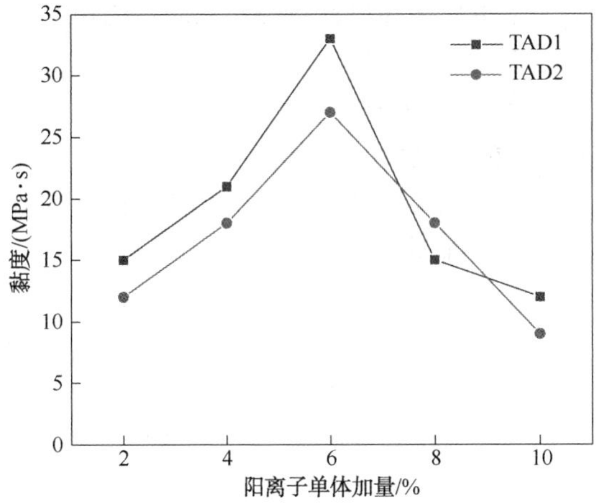

图 4　阳离子单体加量对胶凝剂 TAD1 和 TAD2 酸液表观粘度的影响

如图 4 所示，随着阳离子单体含量的增加，胶凝剂 TAD1 和 TAD2 在酸液中的表观粘度先增加后下降。当阳离子单体含量过低时，胶凝剂增粘效果有限，继续增加阳离子单体含量，会在一定程度上阻碍胶凝剂的聚合，使得胶凝剂分子量下降。因此，胶凝剂 TAD1 和 TAD2 最佳合成的阳离子单体含量为单体总质量的 6%。

2.1.3　单体浓度的优化

单体浓度对胶凝剂 TAD1 和 TAD2 酸液表观粘度的影响如 5 所示。

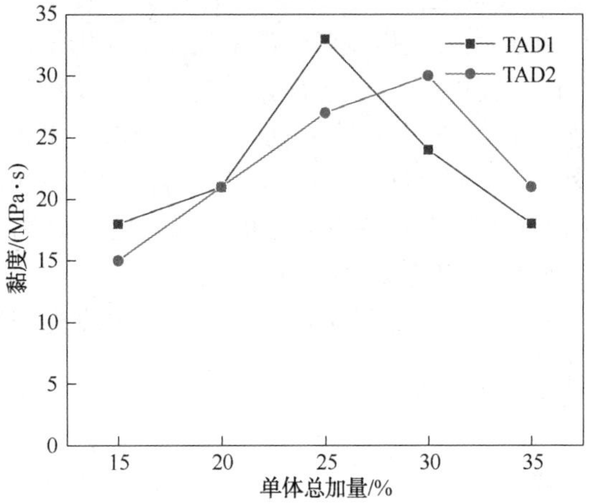

图 5　单体浓度对胶凝剂 TAD1 和 TAD2 酸液表观粘度的影响

由图 5 可以看出，随着单体浓度的增加，胶凝剂酸液的表观粘度先增加后减小。当单体浓度较低时，增加单体浓度，单体和自由基的碰撞概率会增加，链增长的速率增加，胶凝剂的分子量也会增大；但如果单体浓度过大，聚合速率增大，反应过程中的聚合热不能及时散去，导致体系升温快，引发速度加快，反而会降低胶凝剂的分子量，溶液的表观粘度下降。因此，胶凝剂 TAD1 和 TAD2 最佳合成的单体浓度分别为 25%和 30%。

2.1.4　反应温度的优化

反应温度对胶凝剂 TAD1 和 TAD2 酸液表观粘度的影响如 6 所示。

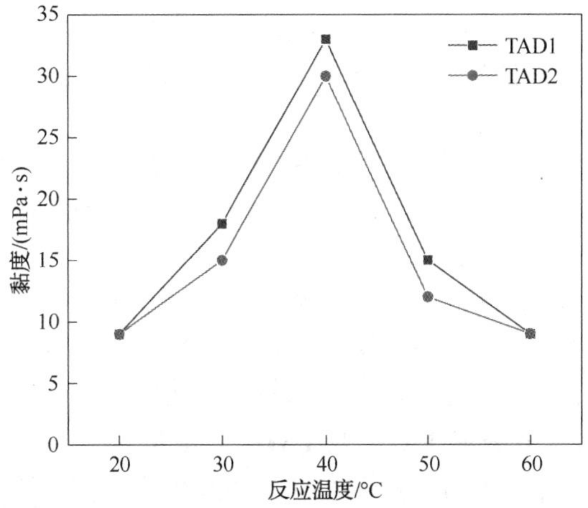

图 6　反应温度对胶凝剂 TAD1 和 TAD2 酸液表观粘度的影响

由图6可以看出，随着反应温度的增加，胶凝剂酸液的表观粘度先增加后减小。氧化还原引发体系在低温条件下更有利于提高胶凝剂的平均相对分子质量，但不利于反应动力学，因此反应温度的选择对胶凝剂的合成很重要。反应温度过低，引发剂生成的自由基数量太少，活性也很低，导致引发缓慢或者无法引发反应；当温度过高时，在短时间内会生成大量自由基，反应过于剧烈，链终止反应速率增加，聚合物分子量也会减小，宏观上表现为表观粘度下降。因此，胶凝剂TAD1和TAD2最佳合成的反应温度为40℃。

2.1.5　pH值的优化

pH值对胶凝剂TAD1和TAD2酸液表观粘度的影响如7所示。

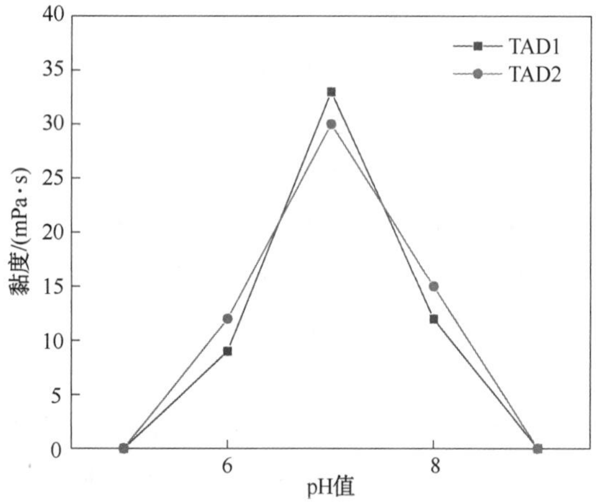

图7　pH值对胶凝剂TAD1和TAD2酸液表观粘度的影响

由图7可以看出，随着pH值的增加，胶凝剂酸液的表观粘度先增加后减小。当pH值较低时，聚合体系中存在的H^+会使氧化还原反应速率加快，产生的活性自由基较多，导致产生的大分子链多而短；当pH值较高时，HSO^{3-}不能稳定存在，导致S_2O_{82-}和SO_{42-}反应生产自由基的数量降低。因此，胶凝剂TAD1和TAD2最佳合成的pH值为7。

综上所述，确定胶凝剂TAD1最佳合成条件为：引发剂占单体总质量0.1%，阳离子单体加量6%，单体浓度25%，反应温度40℃，反应pH值7；胶凝剂TAD2最佳合成条件为：引发剂占单体总质量0.1%，阳离子单体加量6%，单体浓度30%，反应温度40℃，反应pH值7。

2.2　胶凝剂TAD1和TAD2的结构表征

胶凝剂TAD1和TAD2的红外光谱图如图8所示。

对胶凝剂TAD1而言，在3437cm^{-1}处为酰胺基的N－H伸缩振动吸收峰，2832cm^{-1}处为－CH_2－键的对称伸缩振动吸收峰，1592cm^{-1}处为羰基C＝O的伸缩振动吸收峰，1363cm^{-1}处为C－N的伸缩振动吸收峰，1100cm^{-1}处为－SO_{3-}不对称振动吸收峰，619cm^{-1}是－SO_{3-}伸缩振动峰。对胶凝剂TAD2而言，在3504cm^{-1}处为酰胺基的N－H伸缩振动吸收峰，2859cm^{-1}处为－CH_2－键的对称伸缩振动吸收峰，1734cm^{-1}处为酰氧基团的特征峰，1639cm^{-1}处为羰基C＝O的伸缩振动吸收峰，1366cm^{-1}处为C－N的伸缩振动吸收峰，1300－1100cm^{-1}处为醚键的特征吸收带，1087cm^{-1}处为－SO_{3-}不对称振动吸收峰，619cm^{-1}是－SO_{3-}伸缩振动峰。综合上述分析可知，红外谱图的特征峰值与设计目标产物的结构相符，可判定所得产物为目标产物。

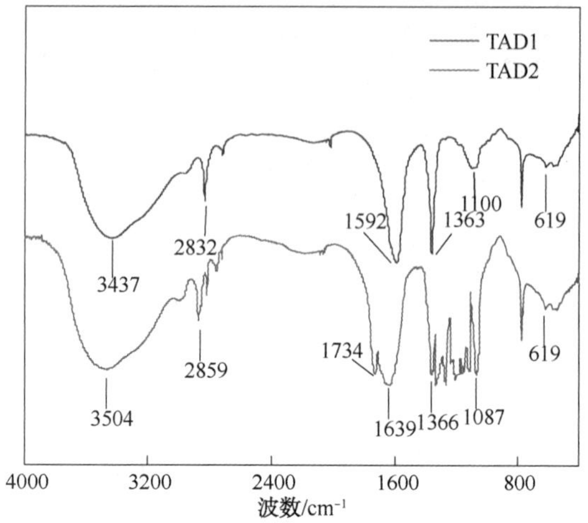

图8　胶凝剂TAD1和TAD2的红外光谱图

2.3　胶凝酸体系性能评价

2.3.1　胶凝剂的酸溶时间

胶凝剂TAD1和TAD2在酸液中的表观粘度随时间变化如图9所示。

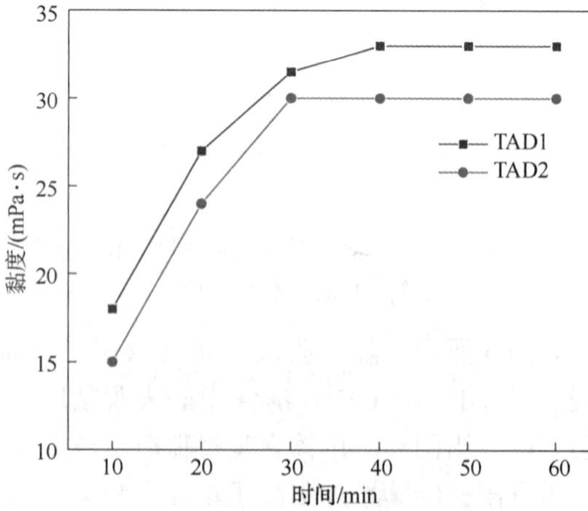

图9　胶凝剂TAD1和TAD2的酸溶时间

由图 9 可知，酸液的表观粘度随着酸溶时间增长而升高，当时间达到 30min 后，TAD2 胶凝酸的表观粘度稳定在 30mPa・s；当时间达到 40min 后，TAD1 胶凝酸的表观粘度稳定在 33mPa・s。这说明在 30min 和 40min 后，胶凝剂 TAD2 和 TAD1 分别完全溶解。在油田现场施工中要求胶凝剂的酸溶时间低于 120min，故合成的胶凝剂 TAD1 和 TAD2 满足现场施工要求。

2.3.2 胶凝剂的增粘性能

不同胶凝剂加量对酸液(20%的盐酸、1.5%的缓蚀增效剂、5.0%的缓蚀剂、1.0%的铁离子稳定剂和 1.0%的助排剂为基液)增粘性能的影响如图 10 所示。其中 DTAD 为 TAD1 与 TAD2 在质量比为 1：1 的复配胶凝剂。

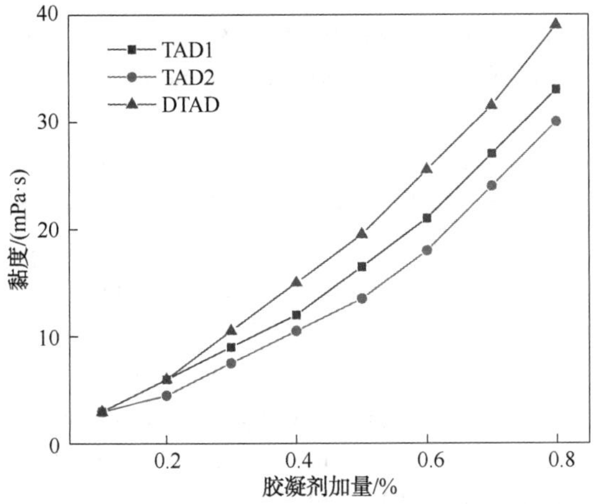

图 10 不同胶凝剂加量对酸液增粘性能的影响

由图 10 可以看出，随着胶凝剂浓度的增加，酸液的表观粘度不断增大，胶凝剂的增粘性能较好。这主要是由于两性离子胶凝剂之间的静电作用不仅仅只是静电斥力，还有阴阳离子之间的吸引力。在酸液中，随着酸液中胶凝剂含量增多，胶凝剂分子之间基于静电作用形成的超分子网络结构越发致密，宏观表现酸液粘度上升。值得注意的是 TAD1 和 TAD2 按照 1：1 的质量混合后，其增粘性能优于单独使用 TAD1 和 TAD2，在加量 0.8%时，表观粘度达到 39mPa・s。

为了更好的探究 TAD1 和 TAD2 复配后的增粘性，不同质量比 TAD1 和 TAD2 的复配胶凝剂在 20%的酸液中的表观粘度如表 1 所示。

表 1 0.8%的不同质量比 TAD1 和 TAD2 的复配胶凝剂在酸液中的表观粘度

TAD1：TAD2	10：0	7：3	5：5	3：7	0：10
表观粘度(mPa・s)	33	39	36	33	30

由表 1 可以看出，随着 TAD2 比例的增加，酸液的表观粘度先增加后减少，但胶凝剂复配后的表观粘度均优于单独使用 TAD1 和 TAD2，说明复配后的胶凝剂增粘性能更好。这可能是由于阳离子 DMC 与 DMDAAC 在酸液中能协同增粘。TAD1 和 TAD2 在质量比为 7：3 时的增粘性能最好。

2.3.3 胶凝酸体系的耐温耐剪切性能

不同胶凝酸体系在 180℃，170s^{-1}下的耐温耐剪切性能如图 11 所示。

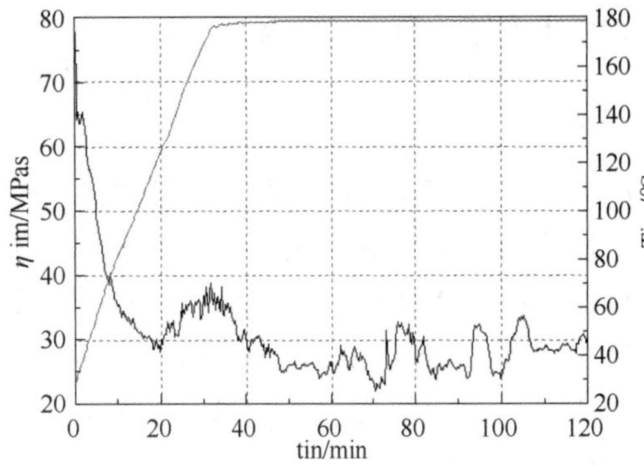

图 11 胶凝酸体系在 180℃，170s^{-1}下的耐温耐剪切性能

由图 11 可知，随着温度的升高和剪切时间的增加，酸液的黏度逐渐降低。升温至 180℃并在 170s^{-1}下剪切 120min 后，胶凝酸体系的粘度为 25mPa・s，说明在高温高剪切环境下，复配后的胶凝剂形成的耐高温胶凝酸体系耐温耐剪切性能优良。

2.3.4 胶凝酸体系的缓速性能

大理石岩石在不同酸液体系不同时间下的失重率如图 12 所示。

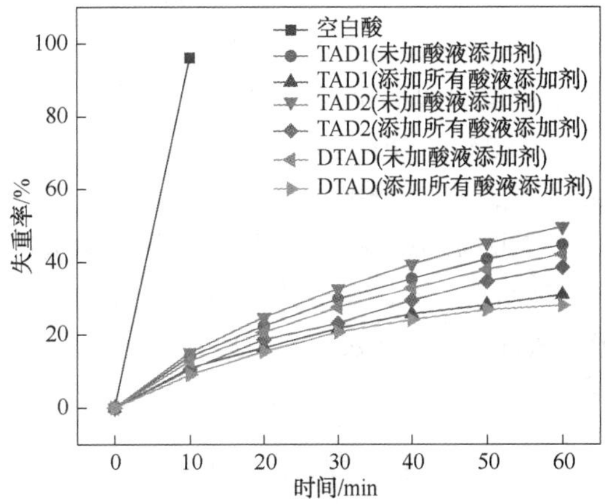

图 12 大理石岩石在不同酸液体系不同时间下的失重率

由上图可知，大理石与空白酸反应 10min

时，失重率高达96.1%，大理石与未加入酸液添加剂的TAD1、TAD2和DTAD酸液反应60min后，失重率分别为44.7%、49.6%和38.5%，表明复配后的胶凝剂DTAD缓速性能优于TAD1和TAD2。这是因为DTAD酸液体系阳离子DMC与DMDAAC的协同作用，形成的耐高温胶凝酸体系能构建更致密的网状结构，可以有效降低酸岩反应过程中H_3O^+向岩石表面的扩散速率。大理石与加入所有酸液添加剂的TAD1、TAD2和DTAD酸液反应60min后，失重率分别为30.9%、38.5%和28%，表明加入酸液添加剂在一定程度上利于胶凝酸体系缓速。

3 结论

（1）通过考察引发剂浓度、单体加量、单体浓度、反应温度和反应pH值对胶凝剂合成的影响，优选胶凝剂TAD1最佳合成条件为：引发剂占单体总质量0.1%，阳离子单体加量6%，单体浓度25%，反应温度40℃，反应pH值7；胶凝剂TAD2最佳合成条件为：引发剂占单体总质量0.1%，阳离子单体加量6%，单体浓度30%，反应温度40℃，反应pH值7。

（2）通过将20%的盐酸、0.5%的缓蚀增效剂、6.0%的缓蚀剂、0.8%的胶凝剂、1.0%的铁离子稳定剂和1.0%的助排剂配置为胶凝酸体系，确定了TAD1和TAD2的酸溶时间小于40min，在室温，$170s^{-1}$条件下，TAD1和TAD2胶凝酸体系的表观粘度为33mPa·s和30mPa·s；复配后的胶凝剂DTAD形成的胶凝酸体系表观粘度为39mPa·s。

（3）通过将20%的盐酸、0.5%的缓蚀增效剂、6.0%的缓蚀剂、0.8%的胶凝剂、1.0%的铁离子稳定剂和1.0%的助排剂配制成胶凝酸体系，在180℃，$170s^{-1}$下剪切120min后粘度为25mPa·s，90℃，60min后大理石岩石失重率为28%，该胶凝剂表现出较好增粘、耐温和缓速性能，配合前置液降温作用，能满足温度超过200℃超深井深度酸压的需要，具有良好应用前景。

参考文献

[1] 崔福员，桑军元，杨彬，等．高温酸液胶凝剂的合成及性能评价[J]．石油化工高等学校学报，2017，30(01)：31-35.

[2] 徐杏娟，付月永，杨金玲，等．180℃酸化用胶凝酸体系研究与现场应用[J]．石油化工应用，2018，37(07)：11-15.

[3] 孙川，马喜平，刘洁，等．酸化用胶凝剂DMC/AM的合成及性能评价[J]．石油与天然气化工，2008(05)：432-434+359.

[4] 胡军，陈腾飞，程芳，等．疏水缔合型交联酸稠化剂的制备与应用[J]．油田化学，2020，37(03)：403-408.

[5] 申贝贝．一种酸液稠化剂的合成与性能评价[D]．西南石油大学，2012.

[6] 王冬梅．酸液稠化剂的合成及性能测定[D]．天津大学，2006.

[7] Keeney. Method of and composition for acidizing subterranean formations：US4371443 [P]，1983-02-01. https：//patents. google. com/patent/US4371443A/en.

[8] V. Sergeev，B. Imangaliyev，R. Ayupov. Intensification of Oil Production Based on Invert-Emulsion with SiO2 Nanoparticles and Gelled Acid[C]. // SPE Russian Petroleum Technology Conference and Exhibition. Moscow/Russia：OnePetro，2016：154-157.

[9] YAN Siming，TANG Jun，YAN Shengdong，et al. Preparation and performance of novel temperature-resistant thickening agent [J]. Polymers for Advanced Technologies 2018，29(3)：1022-1029.

[10] ZHOU Ming，ZHANG Jinfeng，ZUO Zhonghua，et al. Preparation and Property Evaluation of a Temperature-Resistant Zr-crosslinked Fracturing Fluid [J]. Journal of Industrial and Engineering Chemistry，2021，96：121-129.

[11] 国家能源局．稠化酸用稠化剂：SY/T 6214-2016 [S]．北京：石油工业出版，2016.

[12] 路遥，康万利，吴海荣，等．丙烯酰胺基聚合物压裂液研究进展[J]．高分子材料科学与工程，2018，34(12)：156-162.

[13] 谈笑，费学宁，张宝莲，等．超高温水基压裂液增稠剂的改性及性能研究[J]．天津城建大学学报，2018，24(05)：368-372.

深层碎屑岩低电阻率油层评价方法与应用

于伟高[1] 蔡 军[1] 胡 洋[1] 张瑞雪[2] 史彦飞[1] 韩先明[1]

(1. 中国石油华北油田公司勘探部；2. 中国石油华北油田公司勘探开发研究院)

摘 要 河套盆地深层古近系碎屑岩油气藏是河套盆地中北部兴隆构造带重点勘探开发领域，受干旱环境下的辫状河三角洲、湖盆沉积体系背景与多物源充注的环境影响下，古近系临河组部分油层表现为典型的低电阻率特征。本文针对河套盆地中北部兴隆构造带低电阻率油层识别评价难题，以岩石物理实验研究为手段，结合地质、测井、试油等资料的基础上，理清了引起低电阻率的主控因素，在建立阵列感应侵入因子、自然电位差值等低阻油层识别方法的同时，创新形成了核磁共振孔隙结构特征分析的低阻油层评价方法。三种识别方法有机结合，使兴隆构造带低阻油层解释符合率显著提高，取得明显效果。

关键词 河套盆地；综合评价；孔隙结构；低阻油层；核磁共振

对低阻油层的成因和特点，国内外学者进行了大量的研究。但在不同勘探地区，油藏电性特征及其成因存在较大差异，因此低阻油层的定义也存在较大差异，不能够以某一电阻率定值一概而论。因此，一般均以电阻增大率的概念来定义低阻油层，即低阻油层为电阻增大率小于 2 的低对比度油层。

本文针对河套盆地中北部兴隆构造带古近系储层，以岩石物理实验研究为手段，充分利用测井、录井、试油资料，在区域地质认识的基础上，理清了引起低阻油层成因的主控因素。充分利用常规、核磁等测井资料，形成了低阻油层综合评价方法及标准，为河套盆地勘探开发奠定了基础。

1 地质特征

河套盆地北邻阴山山脉，东接鄂尔多斯高原，东南与贺兰山、桌子山毗邻，西至狼山。东西长约 600km，南北宽 30~90km，面积约为 $4\times10^4km^2$。整体上，具有“三坳两隆”的构造格局，乌拉山隆起和包头隆起自西向东将盆地分隔为西部临河坳陷、中部乌前坳陷和东部呼和坳陷。

伊盟隆起和巴彦乌拉山为兴隆地区的东西两大物源区，东部物源区水系进入湖盆后形成辫状河三角洲沉积体系，西部物源区水系进入湖盆后形成扇三角洲沉积体系，兴隆构造带地层自上而下依次为：第四系河套群，新近系乌兰克组(N2wl)、五原组(N1w)，古近系临河组临一段(E3l1)、临二段(E3l2)、临三段(E3l3)。

兴隆构造带含油层位为临河组一段(E3l1)和临河组二段(E3l2)，储层深度在 4000m 以深。临一段、临二段沉积期，构造作用增强，气候整体仍以干旱为主，但降雨量开始增加，湖盆水体变深，沉积一套以灰色为主，夹褐色、棕色砂泥岩地层，物源补给充足，三角洲规模变大，储层大量发育。临二段早期，湖盆内和湖盆边部广泛发育砂体，形成叠置连片；临二段晚期，兴华地区主要发育三角洲前缘席状砂和浅湖相的泥岩和碳酸盐岩；临二段晚期至临一段沉积期，构造作用减弱，广泛分布叠状砂体。兴隆构造带岩性以长石岩屑质石英砂岩为主，纵向表现为砂泥互层，砂地比高。颗粒风化中等，分选中等，磨圆度次棱-次圆状，胶结类型为孔隙式，颗粒之间点接触为主，岩心和镜下薄片显示储集空间以粒间孔、粒间溶孔、粒内溶孔为主。临河组临一段(E3l1)、临二段(E3l2)主要目的层岩性普遍粒度较细，以细砂岩、粉砂质细砂岩、粉砂岩为主，受沉积微相、局部构造控制，储层砂体厚度变化较大，储层孔隙结构复杂，非均质性强，渗流能力差异较大。临一段油层段孔隙度分布范围 10.7%-27.3%，中值为 19.3%，渗透率分布范围 4.65-1320mD，中值为 262mD，为中孔中渗储层，临二段油层段孔隙度分布范围 10.6%-24.2%，中值为 19.2%，渗透率分布范围 7.45-775mD，中值为 70.9mD，为中孔中渗储层。区域内地层水矿化度介于 7-18 万 ppm 之间，横向上变化较大，纵向上随深度增加也有增大的趋势。油层电阻率受岩性、孔隙结构以及高矿化度地层水等因素的影响，电阻率普遍偏低，临一段(E3l1)油层电阻率大部分在 3~13Ω·m 左右，平均在 6Ω·m 左右，临二段段(E3l2)油层电阻率大部分在 1.3~7Ω·m 左右，平均在 3Ω·m 左右，较低的油层电阻率与水层基本相当，油水层的差异不明显，呈现高矿化度低阻油层储层特征，测井解释评价难度较大。

2　低阻成因分析

引起油藏低阻的成因较多，大量的研究资料表明，地层水矿化度、束缚水饱和度、岩石颗粒粒度、泥质含量及黏土矿物类型、双重孔隙介质、油水分异程度、高矿化度钻井液侵入作用等等均会导致测井视电阻率偏低。

本文以兴隆构造带兴华 1 井区块物性分析、核磁共振、粒度分析、全岩分析、地层水矿化度分析等岩石物理实验分析为基础，结合区域地质规律，充分利用测井、试油、地层水性质等资料，针对兴隆构造带低阻油层成因进行分析，剖析导致低阻油层的主控因素。

2.1　地层水矿化度

地层水矿化度的高低直接影响岩石孔隙中地层水的电阻率，地层水矿化度越高，导电能力越强，电阻率越低；反之，地层水矿化度越低，导电能力越弱，电阻率越高。根据兴华 1 井区已试油层段地层水分析资料统计结果(表 1)，地层水矿化度分布范围在 69797.6ppm~184086.0ppm 之间，水型主要为 CaCl2 型。通过绘制地层水矿化度与储层视电阻率交会图(图 1)，在半对数坐标中，两者呈现较好的负相关性，结合储层视电阻率、地层水矿化度及水型，确定地层水矿化度为影响该地区储层电阻率的主要因素。

表 1　兴华 1 井区已试油层段地层水分析资料统计结果

区块	井号	层位	射孔层	水型	氯根	矿化度
兴隆	兴华 4	E3l2-3	191 油层	CaCL2	70900	125616.9
	兴华 1-1X	E3l2-4	202 差油层	CaCL2	41742.4	73790.4
	兴华 1-3X	E3L2-5	266 含油水层	CaCL2	111667.5	184086
		E3L1-3	198、199、200 油层	MgCL2	38995	69797.6
		E3L2-6	275 油层	CaCL2	106350	182104.9

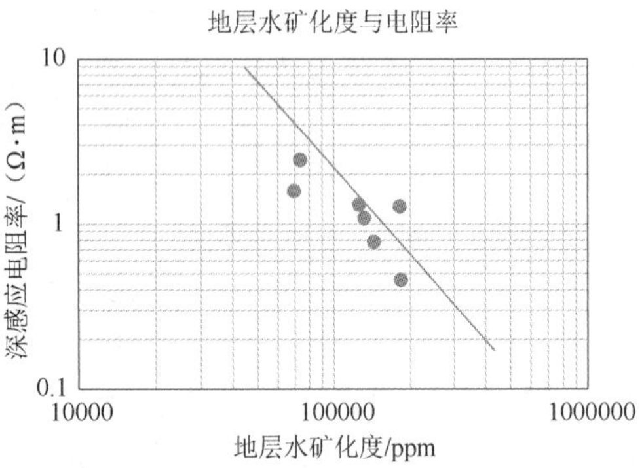

图 1　兴华 1 井区地层水矿化度与电阻率交会图

3.2　孔隙结构特征

应用测井资料评价储层的孔隙结构特征主要有两种方法，一种是应用核磁 T2 谱的特征参数 T2 几何平均值，一种是应用常规的孔隙结构指数 RQI($(K/\varphi)^{0.5}$)。一般情况下，核磁 T2 几何平均值与孔隙结构指数 RQI 具有较好的正相关，储层 T2 几何平均值越大，储层品质越好，储层的电性值越高。同时，孔隙结构也影响储层的束缚水饱和度，孔隙结构越差、孔隙结构指数 RQI 越小，束缚水饱和度越高，储层的电性值越低。

根据核磁实验、常规资料分析表明，兴华 1 井区核磁束缚水饱和度分布在 6%~85%之间(见图 2)，主要集中在 20%~40%之间，平均值 32.82%。核磁 T2 几何平均值、孔隙结构指数 RQI((K/φ)0.5)与束缚水饱和度交会图(图 3、图 4)分析表明，核磁 T2 几何平均值、孔隙结构指数 RQI 与束缚水饱和度均呈现反相关关系，即核磁 T2 几何平均值越大、储层孔隙结构越好、束缚水饱和度越低，电性值越高；因此，可以通过核磁 T2 几何平均值来表征孔隙结构对储层电性的影响。通过兴华 1 井区核磁几何平均值与电阻率交会图，表明临一段 T2 几何平均值与电阻率呈正相关(图 5)，临二段 T2 几何平均值与电阻率相关系较差(图 6)。分析认为，临一段储层孔隙结构对电阻率的控制明显要比临二段强，临二段主要是地层水矿化度高于临一段，孔隙结构对电阻率的控制作用受地层水矿化度影响而变弱。因此，孔隙结构是影响储层电阻率的主要因素之一，但相对于矿化度，孔隙结构对电阻率的影响程度要弱。

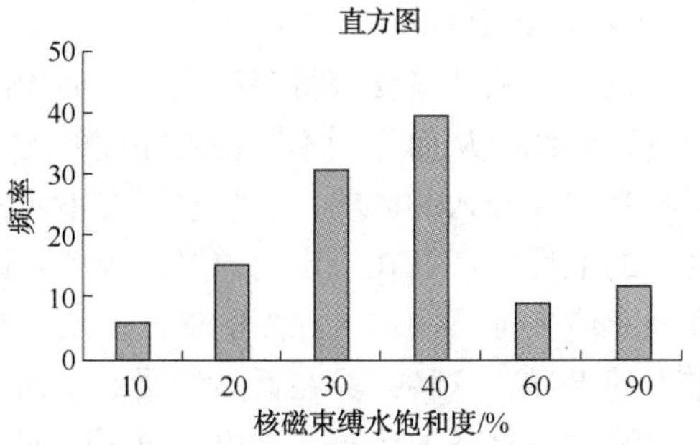

图 2　兴华 1 井区地层核磁束缚水饱和度直方图

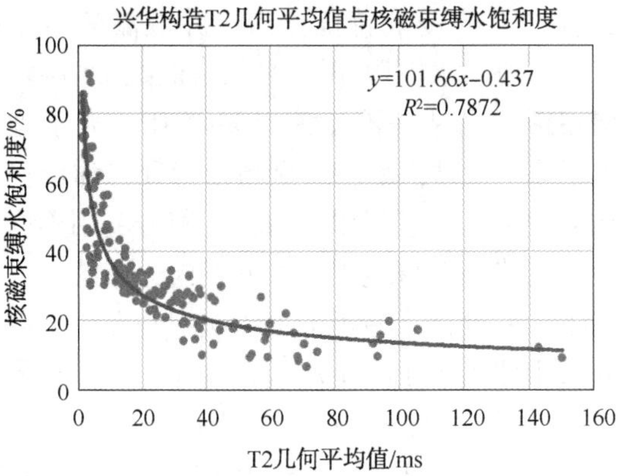

图 3　兴华 1 井区核磁 T2 几何平均值与核磁束缚水饱和度交汇图

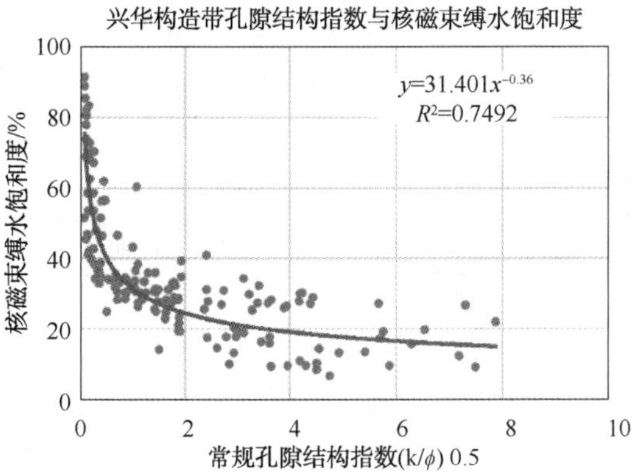

图 4　兴华 1 井区储层孔隙结构指数与核磁束缚水饱和度交汇图

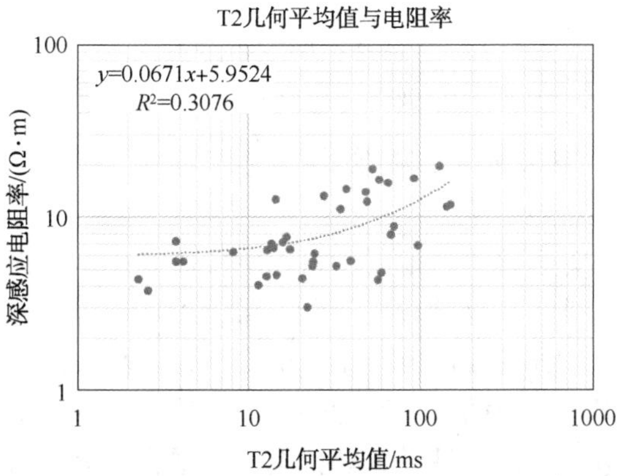

图 5　兴华 1 井区临一段 T2 几何平均值与电阻率关系

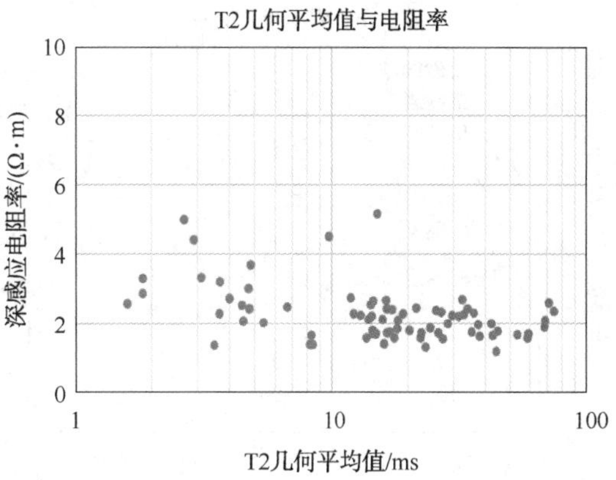

图 6　兴华 1 井区临二段 T2 几何平均值与电阻率关系

3.3　岩石粒度

岩石颗粒的分选、磨圆、岩屑类型与含量、胶结类型等因素均影响岩石的电阻率。兴华 1 井区岩性以细砂岩、粉砂岩为主、含少量中砂岩。岩石分选较好，以中等为主，胶结类型主要是孔隙型。首先应用岩石粒度中值与电阻率交会图对电性与粒度的关系进行分析，临一段储层，细砂岩、粉砂质细砂岩电性值随粒度中值增大而增大（图 7）；临二段，在粉砂质细砂岩储层，受高矿化度地层水影响电阻率变化较小，但是在细砂岩和中砂岩储层，随着粒度的增大电阻率升高（图 8）。以上分析表明，粒度是影响储层电阻率的主要因素之一，但是相对于矿化度、孔隙结构的影响程度减弱。

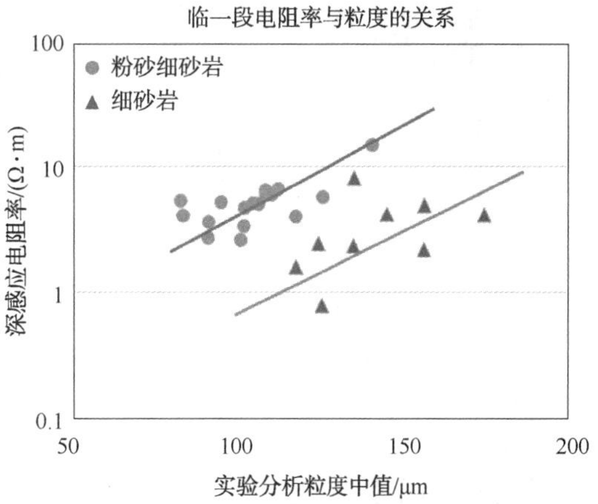

图 7　兴华 1 井区临一段粒度与电阻率关系

3.4　泥质含量及黏土矿物类型

岩石骨架组成的粒间孔隙，由于黏土矿物充填改造，导致孔隙空间的几何形态更加复杂。同时黏土矿物的附加导电性，增强了地层的导电能力，降低了储层的电阻率。黏土矿物对电阻率的影响主要体现在黏土矿物阳离子的交换能力，其中蒙脱石和伊蒙间层阳离子交换能力要远远大于

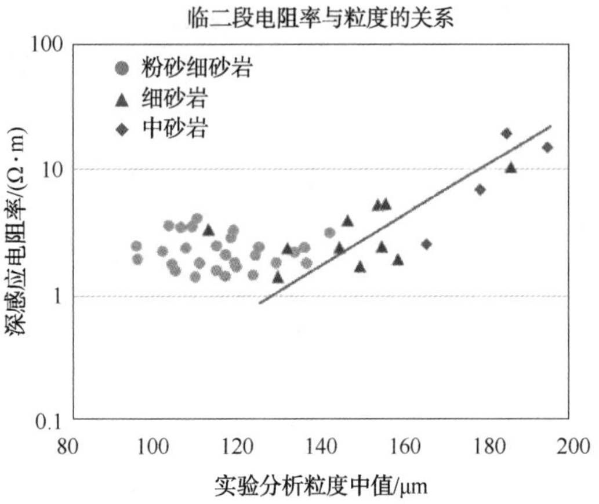

图 8　兴华 1 井区临二段粒度与电阻率关系

高岭石、绿泥石及伊利石 3 种黏土矿物。X 衍射分析表明，兴华 1 井区储层黏土矿物主要为绿泥石、伊利石及伊蒙间层等，其中伊蒙间层的含量较高，约占黏土总量的 45%(图 9)。本区块数字处理结果显示，砂岩储层泥质含量在 10-20%，根据已有的经验，黏土含量在 10% 以上能够引起油气层的低电阻率，因此在含泥砂岩储层，因此，泥质含量与黏土的附加导电性对储层电阻率的具有一定的影响。

综合以上分析，导致兴华 1 井区低阻油层的主控因素是高地层水矿化度及孔隙结构，其次是岩石粒度、泥质含量与黏土附加导电性。

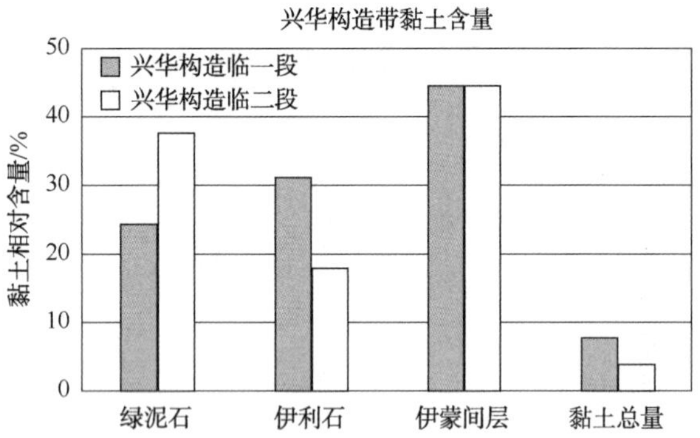

图 9　兴华 1 井区黏土矿物相对含量直方图

3　低阻油层识别方法

通过在对低阻油层成因机理及影响因素分析的基础上，通过对大量测井、试油资料进行了对比分析，形成了阵列感应侵入因子法、自然电位差值法，基于核磁共振孔隙结构分析法等 3 种低阻油层识别方法，三种方法的综合应用，有效提高了低阻油层识别的符合率。

3.1　侵入因子分析法

阵列感应测井能够获得多种径向上的探测深度的测井曲线，从而得到不同侵入深度的地层电阻率。受泥浆侵入的影响，油、水层在不同侵入深度上的电性特征存在一定的差异，因此可以应用阵列感应表征不同侵入深度的油、水层在径向分布上的差异，这种差异在低阻油层的识别上具有其他测井不具备的优势，这也是应用阵列感应进行油、水层识别的基础。理论上储层油、水层的具有以下的侵入特征：当钻井液滤液电阻率 Rmf 小于地层水电阻率 Rw 时，油层、水层均呈低侵特征，当钻井液滤液电阻率 Rmf 大于地层水电阻率 Rw 时，水层的呈高侵特征，油层呈低侵或无侵特征。基于以上特征，充分利用不同流体性质的阵列感应电阻率测井径向分布特征，建立基于钻井液侵入原理的油水层识别方法。因此可以采用侵入因子分析法进行流体识别。首先定义侵入因子为 Q，应用侵入因子 Q 与 R2MX 建立了临二段流体识别方法(图 10)。图 10 中油、水层侵入因子的界限为 0.4，油水层识别效果显著。

$$Q=(R2M2-R2MX)/R2MX \tag{1}$$

其中：R2M2 为 20inch 探测深度的电阻率，Ω·m；R2MX 为 120inch 探测深度的电阻率，Ω·m。

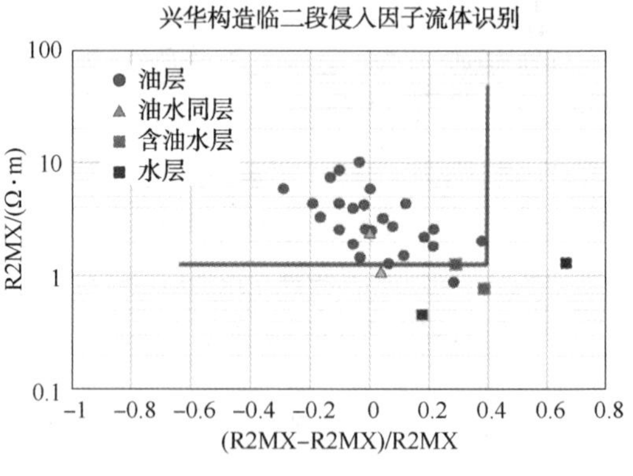

图 10　兴华 1 井区临二段侵入因子分析流体识别图版

3.2　视自然电位差值法

对于碎屑岩地层，自然电位曲线显示以泥岩为基线，在物性较好的砂岩层，出现正异常或负异常，异常幅度的大小，取决于钻井泥浆滤液与地层水之间的离子浓度差，离子浓度差越大，自然电位幅度差越大。理论上，地层含水时的自然电位曲线的幅度差值要比地层含油时自然电位幅度差要大，但是当地层含油饱和度较低或油水分异不明显的油藏，由于离子可以充分交换，地层中的油气对自然电位的幅度影响较小。电阻率测井是在外加电场下测量地层电阻率，油气对电阻率的影响远大于对油气对自然电位的影响。因此，可以应用油气对自然电位与电阻率影响的差异来识别低阻油层。

阵列感应测量的多条电导率曲线具有不同的探测深度，通过不同探测深度的电导率曲线可以准确显示地层冲洗带、侵入带及原状地层的电阻率信息。因此，通过 20in、120in 两条电导率曲线的差异计算一条视自然电位曲线，当储层完全含水时，计算的视自然电位曲线与实测自然电位曲线基本一致，而储层含油时，两者会出现明显的差异，其差值的大小反映储层的含油性的好坏。对于原状地层与侵入带分别应用阿尔奇公式：

$$S_w^n = \frac{aR\,w}{\phi^m R_t} \tag{2}$$

$$S_{xo}^n = \frac{aR\,mf}{\phi^m R_{xo}} \tag{3}$$

公式(2)与公式(3)相除，同时两边取对数，得到：

$$\lg\frac{S_w^n}{s_{xo}^n} = \lg\frac{R_{xo}}{R_t} - \lg\frac{R_{mf}}{R_w} \tag{4}$$

通过自然电位的基本原理可得到静自然电位计算公式：

$$SSP = k\ \lg\frac{R_{xo}}{R_w} \tag{5}$$

定义 SSPa 为视自然电位：

$$SSPa = k\ \lg\frac{R_{xo}}{R_t} \tag{6}$$

将(5)代入公式(4)，并结合公式(6)，整理得到公式：

$$k\ \lg\frac{S_w^n}{S_{xo}^n} = k\ \lg\frac{R_{xo}}{R_t} - SSP = SSPa - SSP$$

对于水层，Sw = Sxo，SSPa = SSP；对于油层，Sw<Sxo，SSPa<SSP。因此可以应用自然电位差值进行油、水层的识别，差值越大，含油性越好。

3.3 核磁共振孔隙结构特征分析法

核磁共振移谱法是一种定性流体识别方法，在地层流体由水和中等粘度油组成的情况下，水的扩散系数比中等粘度油的扩散系数大，增加时 T_E 时，扩散过程使水的 T_2 值比油的 T_2 值以更快的速度减小。因此选择合理的长、短 T_E，通过对比 T_{EL} 与 T_{ES}，来区分油水层。利用双 TE 测井采集的 2 种回波串，反演得到相应的 T_2 谱。计算这 2 个 T_2 谱的几何平均值，分别称为 T2L、T2S。

通过已有的资料研究发现，核磁的 T_2 几何平均值与孔隙度、孔隙结构参数均具有较好的正相关，因此应用 T_2 几何平均值能够较好的反映核磁 T_2 谱包含的二维信息。通过对研究区油层与水层核磁 T_2 谱分析发现，应用长回波间隔 T_2 谱能够较好的区分油水层。同时通过水层 T_2 谱分析发现纯水层的 T_2 谱主峰在 100ms 后没有拖曳，而油层 T_2 谱在 100ms 后有拖曳，含油性越好，拖曳越明显。由于 T_2 几何均值可以表征 T_2 谱孔隙结构及孔隙度的信息，因此应用 T2L 几何平均值与长回波 T_2 谱 100ms 后的孔隙度和 50-100ms 孔隙度的差值建立了基于核磁孔隙结构与孔径分布差值的流体识别图版(图 11)，该方法提供了一种从“非电性”角度识别流体性质的方法，对于研究区低阻油层的流体识别见到了较好的应用效果。

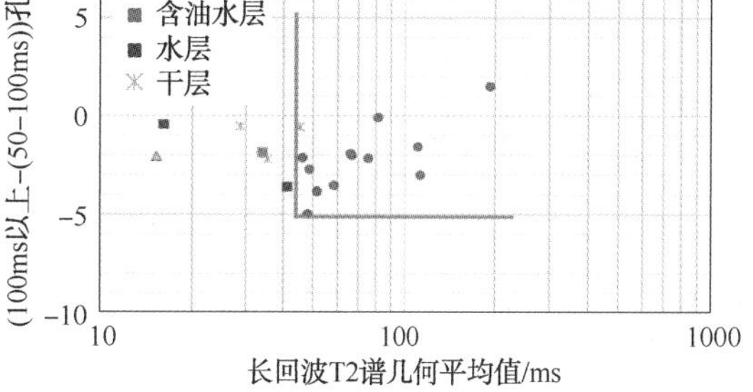

图 11　兴华 1 井区 临二段 T2 几何平均值与不同孔径孔隙度差值

4　应用实例

兴华 1-2X 井低阻油层流体性质识别成果图(图 12)，该井 268 号层 4778～4782 米井段，常规测井曲线显示储层岩性较纯，电性值在 4Ω. m 左右，阵列感应曲线呈无侵入特征。常规显示储层物性好，数字处理孔隙度 18% 左右，核磁 T_2 谱 50-100ms 与大于 100ms 孔隙度在 6-9% 之间，显示储层孔隙结构较好，且以中大孔为主。核磁

长回波间隔 T_2 谱在 100ms 后有明显的拖曳，T_2 几何平均值在 100ms 左右，显示储层含油性较好。计算的视自然电位与自然电位差值数值较大，其值在 40mv 左右，显示储层具有较好的含油性。本层在兴华构造临二段 T_2 几何平均值与孔径分布流体识别图版(图 13)、兴华构造临二段阵列感应侵入因子流体识别图版(图 154)上均落在油层区域，综合分析，将本层解释为油层。

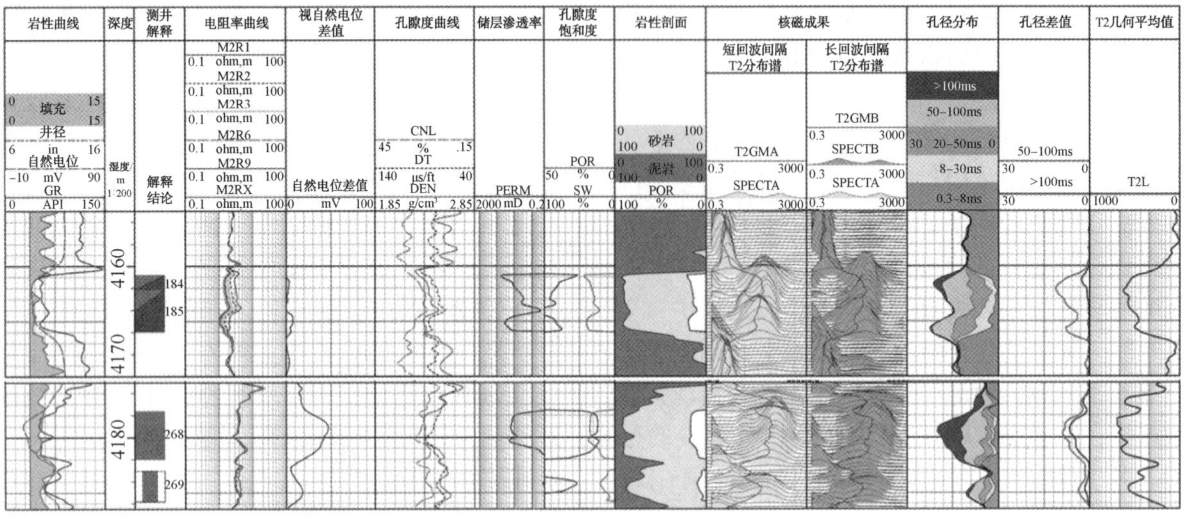

图 12　兴华 1-2 井测井解释成果图

该层射孔井段 4777.6-4782m，4mm 油嘴放喷，日产油量 138.3m³，测井解释与试油结果一致，见到了较好的应用效果。形成的解释评价方法在兴隆构造带进行规模应用，低阻油层识别符合率提高了 10%，有效支撑了兴隆构造大的勘探发现

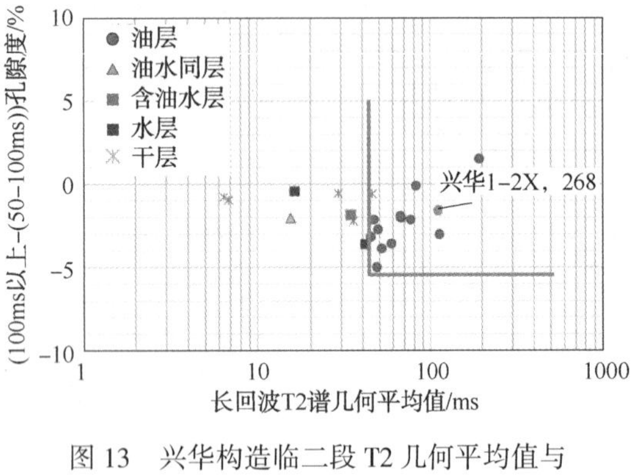

图 13　兴华构造临二段 T2 几何平均值与孔径分布流体识别图版

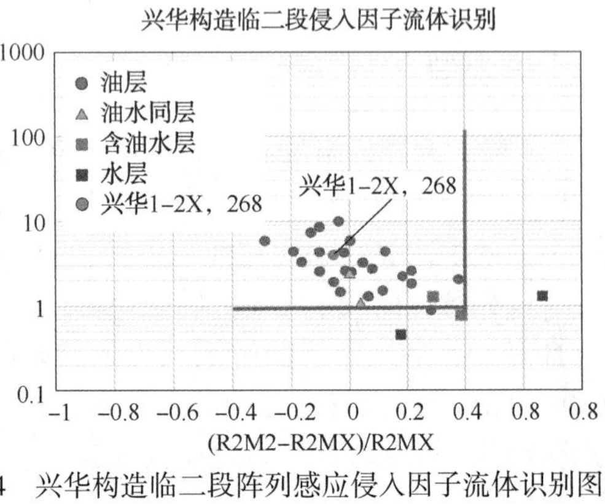

图 14　兴华构造临二段阵列感应侵入因子流体识别图版

5　结论

（1）以兴隆构造带兴华 1 井区块物性分析、核磁共振、粒度分析、全岩分析、地层水矿化度分析等岩石物理实验分析为基础，明确了兴隆构造带低阻油层的影响因素主要是高地层水矿化度及孔隙结构，其次是岩石粒度、泥质含量与黏土附加导电性。

（2）在对低阻油层成因机理及影响因素分析的基础上，形成了阵列感应侵入因子法、自然电位差值法，基于核磁共振孔隙结构分析法等 3 种低阻油层识别方法，3 种流体识别方法的有机融合，能够较准确地识别研究区的低阻油层，同时可为相邻区块低阻油藏测井识别提供借鉴意义。

参考文献

[1] 孙建孟，陈钢花，杨玉征，等．低阻油气层评价方法[J]．石油学报，1998，19(3)：83-88.

[2] 康志勇．低电阻油层成因及其研究方法—以辽河油田为例[J]．新疆石油地质，1997，18(4)：380-384.

[3] 陈清华，孙述鹏，李琴．孤东油田东营组低阻油层成因分析[J]．石油大学学报，2004，28(3)：9-12.

[4] 王宣龙，白全胜，赵文杰．胜利油区低电阻率油层类型及成因研究[J]．特种油气藏，2004，11(1)：21-23.

[5] 郭京哲，李娅，韩斌虎，等．基于成因分析下的侏罗系低阻油层常规测井识别方法—以鄂尔多斯盆地合道地区为例[J/OL]．地球物理学进展，2021，7-23.
[6] 陈明江，李洪玺，赵辉，黄婷婷．基于电阻率变化率的低阻油层测井识别新方法[J/OL]．地球物理学进展．2022，03-18.
[7] 张颖，杨丽丽，陈木银，林忠霞，魏娇，李平，梁梅．阵列感应侵入因子法与声波-电阻率交会图相结合识别镇北地区延安组低阻油层[J]．西安石油大学学报(自然科学版)，2014，29(3)：8-14.
[8] 刘之的，王联国，吴泽民，等．基于多源测井信息融合的低阻油层识别研究[J/OL]．地球物理学进展，2022，37(3)：1093-1099.
[9] 李鹏举，张智鹏，姜大鹏．核磁共振测井流体识别方法综述[J]．测井技术，2011，29(5)：396-401.

深地层泥浆脉冲器压力波传播与优化研究

刘　敏　刁东镇　齐海涛

（中海油能源发展股份有限公司工程技术分公司）

摘　要　针对泥浆脉冲器转子在正弦控制方式下得到的压力波曲线正弦性不好，在深地层传播过程中幅值衰减太快的问题。本文通过数值模拟研究方法，模拟压力波在钻井工况传播衰减过程，并优化转子控制方式。研究结果表明压力波在传播过程中出现谐波耗散，随传播距离增加逐渐正弦化，幅值逐渐减小，幅值衰减速率逐渐减慢。优化转子控制方式，压力波正弦性明显改善，幅值衰减幅度由66%降低至50%。本文研究压力波传播衰减规律，为泥浆脉冲器现场应用和增强信号传输提供理论指导。

关键词　泥浆脉冲器；压力波传播；幅值衰减；控制方式；波形优化

随钻测量系统主要应用于斜井、水平井和分支井钻井中，来保证钻井质量，提高钻井效率。随钻测量系统中连续波脉冲器将井下信息通过编码的形式转换成脉冲信号再传输至地面，再进行转换和降噪处理，最后解码得到井下井斜角、方位角和地层电阻率等数据。对于脉冲器压力波信号传播与调解的研究，Li 等利用两相流模型，考虑相界面动量和能量交换、各相重力、粘性管道剪切和其他闭合条件，提出了充气钻井中连续波脉冲器压力信号衰减的数学模型。边海龙等针对压力波信号在传输通道受到反射叠加影响造成畸变的问题，提出了新的信号提取算法。耿艳峰等通过建立分段时变分布式模型，利用仿真模拟方法，分析了水声信道的传输特性。本文基于钻井工况下连续波泥浆脉冲器发生产生压力波，研究压力波传播与衰减规律，并优化转子控制方式，提高在深地层下信号传输稳定性。

1　压力波传播与衰减规律

1.1　压力波传播模型介绍

选用钻井工况下压力波传播模型，研究压力波传播和衰减规律。压力波传播模型示意图如图1所示，在连续波脉冲器发生短节前后连接1200m长度的加长段，模拟转子往复摆动产生压力波向上下游传播过程。由于地面只接受向上游传播的压力波信号，需在上游传播通道120、240、480、720m位置处布置压力监测点，观察压力传播随位置的变化规律以及衰减特性。

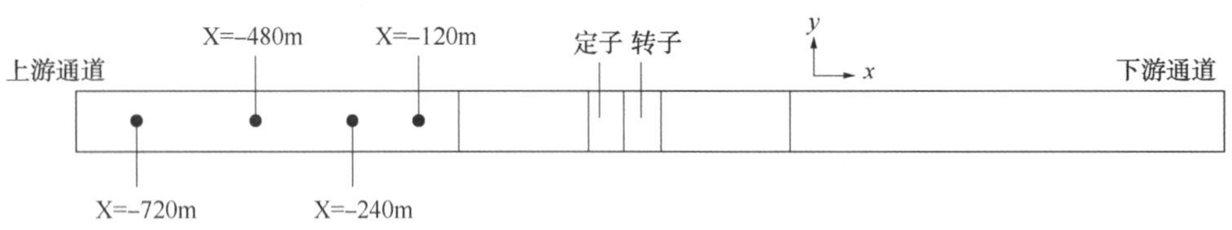

图1　压力波传播模型示意图

根据上述模型建立数值仿真模型，通过Fluent模拟计算，排量大小为$3m^3/min$，转子转动方式为正弦转动，转动频率为6、12、24Hz，计算完提取120、240、480、720m的压力值进行后处理分析。

1.2　压力波传播规律

研究连续波脉冲器压力波在单相水中的传播规律，刘修善、苏义脑等学者对脉冲器压力波传播特性进行研究，得到泥浆脉冲传输特性计算公式：

$$v=\sqrt{\frac{\frac{k}{\rho}}{1\pm\psi\frac{kD}{Ee}}} \qquad (1)$$

式中：v为信号传输速度，m/s；K、E为液体、管材的弹性模量，Pa；D、e分别为管道的内径、壁厚，m；ψ为影响因子；转子关阀取正号，开阀取负号。

连续波脉冲器压力波信号传输主要与钻井液的性质成分、井下管柱的尺寸和材料、井下环境有关。一般压力波传播速度随钻井液密度增大压缩性提高而降低，其在水基钻井液中的传播速度为1200-1600m/s。

按照上述压力波传播模型进行数值仿真计算，以6Hz为例，启动转子转动0.8s的时间，提取上游流道各位置点的压力值，绘制沿轴线上游压力随位置变化曲线如图2，其中0m位置为脉冲器转子位置，是压力波开始产生并向上游传播的位置。

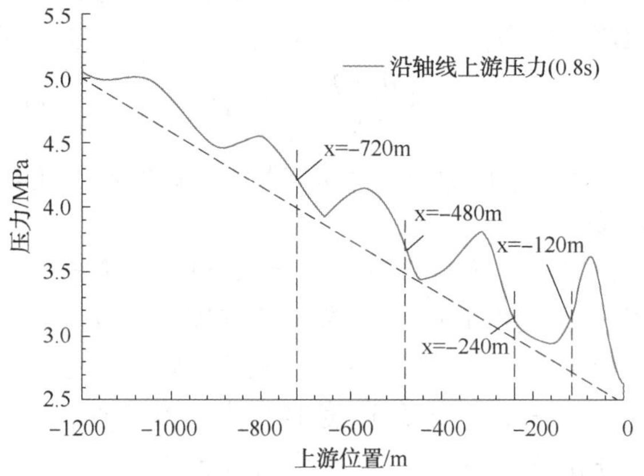

图2　上游通道压力随位置变化图

由压力随位置变化曲线可知，转子转动0.8s时间，压力波从转子位置产生并向上游逐渐传播，产生了5个压力波。在0.8s这一时刻，上游各点压力值如图所示，能够看出压力值随位置变化是具有周期性的，变化周期就是压力波波长。图中标注的蓝色线为压力随位置变化的变化趋势，是随传播距离增加逐渐上升的，这是由沿程摩阻压降和压力波传播导致的。

提取上游120、240、480、720m监测点的压力值进行后处理分析，时间选取为0-0.8s，绘制各测点压力随时间变化曲线图3所示。

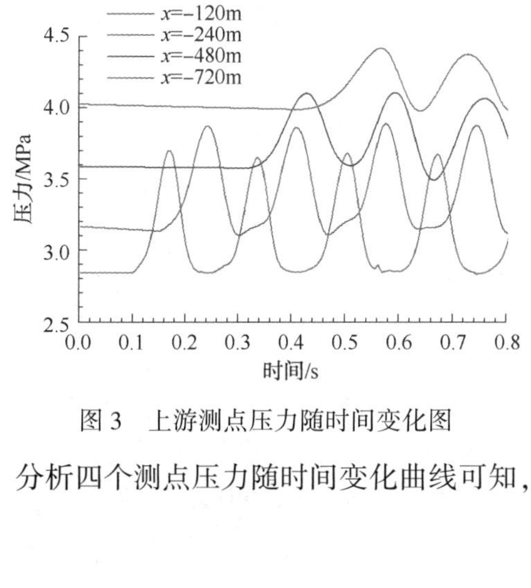

图3　上游测点压力随时间变化图

分析四个测点压力随时间变化曲线可知，压力波在向上游传播过程中起始压力值随传播距离增加而增加，且出现相位差，这与上一节中压力随位置变化趋势相一致。压力波传从产生到传至120、240、480、720m测点时间分别为0.095、0.15、0.32、0.43s，在未传至时压力值不产生变化为水平直线，且压力波传播速度逐渐加快。

进一步分析各测点压力波波形特征可知，在120、240m位置时的压力波为非正弦波，具有波峰波谷时间占比不均匀半周期性差的特点，在压力波传至480、720m位置时，压力波变成标准正弦波，波峰波谷时间占比均匀。这是由于非正弦波在传播过程中出现谐波耗散，随传播距离增加逐渐正弦化，故在上游480、720m位置处监测到的压力波为标准的正弦波。

1.3　压力波衰减规律

连续波脉冲器压力波在井下管柱传输过程中，压力波信号受到钻井液阻力和管壁的阻碍作用，以及传播距离的影响，会使得压力波在传播过程中发生衰减，导致压力波幅值降低。研究表明，压力波衰减属于指数衰减，根据指数衰减规律推导出压力波幅值随传播距离变化公式：

$$P=P_0exp\left(-\frac{x}{L}\right) \tag{2}$$

式中：P为连续波脉冲压力波信号传输强度，Pa；P_0为压力波信号传输的初始强度，Pa；L为压力波信号传输的距离，m。

传输距离L为：

$$L=\frac{vD}{2}\sqrt{\frac{\rho}{\pi\mu f}} \tag{3}$$

式中，v为脉冲器压力波信号传输速度，m/s；ρ为钻井液密度，kg/m^3；μ为钻井液粘度，Pa·s；D为钻柱内径，m；f为连续波脉冲器转子转动频率，Hz。

将式4.1传输速度代入上式得到：

$$P=P_0exp\left(-\frac{2x}{D}\sqrt{\frac{\pi\mu f\left(1\pm\psi\frac{kD}{Ee}\right)}{k}}\right) \tag{4}$$

由上述公式可知，连续波脉冲器压力波信号衰减与钻柱直径，钻井液密度、粘度、以及转子频率有关。采用上述压力波传播模型进行数值仿真计算，以6Hz为例，启动转子转动0.8s的时间，提取上游流道各位置点的压力波幅值，绘制压力波幅值随传播距离的变化曲线图4，研究压力波幅值随传播距离的衰减规律。

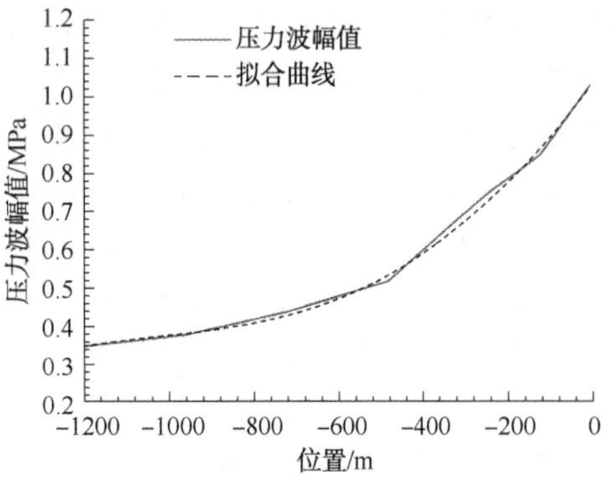

图 4　压力波幅值随传播距离变化图

由幅值随传播距离变化曲线可知，压力波幅值随传播距离增加而逐渐减小，在传播的前480m 中压力波幅值减小最快，幅值减小了近50%，耗散率非常高。由拟合曲线可知曲线的变化率逐渐减小，表明压力波幅值衰减速度随传播距离增大而减慢，这时由于压力波在传播过程中由非正弦波不断耗散成正弦波，而正弦波的幅值不容易损失耗散，与上一节的结论相一致，也为后文中对压力波进行优化提出了方向。

连续波脉冲器压力波信号衰减与转子转动频率有关，进一步研究频率对压力波幅值的衰减规律。采用上述压力波传播模型进行数值仿真计算，改变转子转动频率为 6、12、24Hz，提取上游流道各位置点的压力波幅值，绘制不同频率压力波幅值随传播距离的变化曲线图 5，研究频率对压力波幅值衰减影响规律。

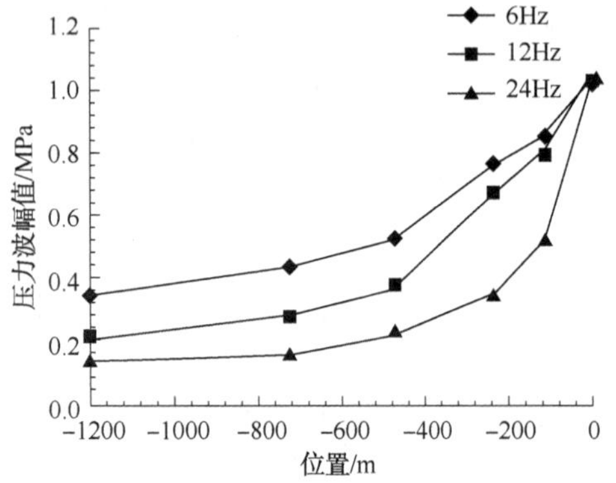

图 5　不同频率压力波幅值随传播距离变化图

由上图可知，压力波在传播过程中幅值衰减与频率密切相关，不同频率压力波幅值在传播过程中的衰减速度不同，随频率增加压力波幅值衰减速度增大，24Hz 频率下的压力波幅值衰减幅度最大，这与理论分析结果一致。进一步分析，三个频率压力波幅值衰减曲线都具有衰减速度随传播距离增大逐渐较小的规律，幅值减小的幅度越来越小，最终基本保持不变。

2　转子转动方式研究

连续波脉冲器压力波波形在转子以正弦方式转动下，是半周期性不好的非正弦波，在传播过程中耗散较大，随传播距离增加幅值逐渐降低，影响地面接收压力波信号。本节提出对转子转动方式进行优化使压力波正弦化，从而降低压力波在传播过程中的幅值损失，所用计算模型为上文中钻井工况下的模型。

连续波脉冲器转子常采用正弦转动方式，其控制方程为：

$$\omega=\frac{\theta f\pi 2}{180}\sin(2\pi ft) \tag{5}$$

式中，f 为转子转动的频率；θ 为转子转动相位角。

以转动相位角 26 度、频率 6Hz 为例分析转子在正弦控制方式下，转子角速度、相位角随时间变化规律。绘制角速度、相位角随时间变化曲线图 6、7，转子角速度曲线为标准正弦曲线，在高相位角(13-26-13)范围角速度大，转子转过高相位角时间占比小；在低相位角(0-13-0)角速度小，转子转过低相位角时间占比大，将导致压力波曲线不是标准正弦波。

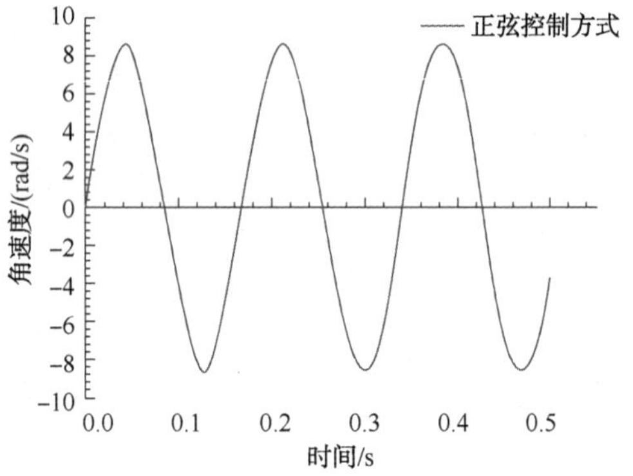

图 6　转子角速度随时间的变化

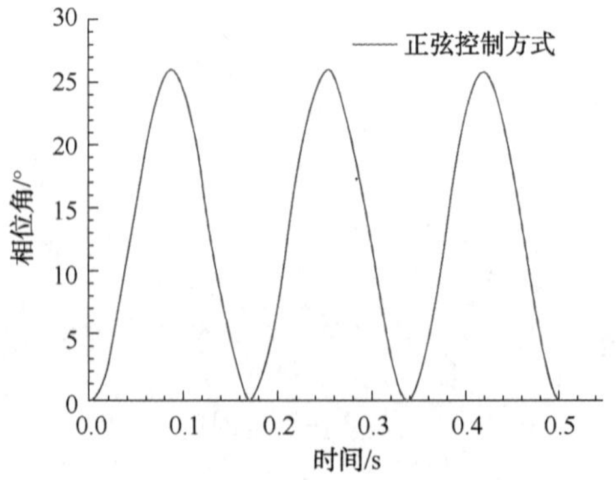

图 7　转子相位角时间的变化

在正弦控制方式下得到的压力波曲线波峰波谷时间占比不均匀，约为 0.3T：0.7T，是非正弦波。这导致压力波在传播过程中出现谐波耗散，幅值逐渐降低。

3　转子转动方式优化

3.1　转子转动方式优化

转子正弦转动方式下压力波波形正弦性不好，需对转子正弦控制方式进行优化。通过减小转子转过高相位角角速度，增大转子转过低相位角角速度，来使时间占比均衡，优化压力波波形。本节提出了转子上下半正弦控制方式，即一个周期分为 0-T_p，T_p-T 两段，分别采用不同控制方程，由于两段的角度函数均为半个周期的正弦函数，故将这种控制方式称为上下半正弦控制方式，控制方程为：

$$\theta\begin{cases}\dfrac{\varphi_s+\varphi_e}{2}+\dfrac{\varphi_s+\varphi_e}{2}\sin\left(2\pi\cdot\dfrac{k}{2k-1}\cdot f\cdot t\right) & 0\leqslant t<T_p\\ \dfrac{\varphi_s+\varphi_e}{2}+\dfrac{\varphi_s+\varphi_{\dot{e}}}{2}\sin(2\pi kf-2(k-1)\pi) & T_p\leqslant t<T\end{cases}\tag{6}$$

式中，θ 为转动角度；K 为大于 1 的实常数；f 为转子转动的频率，$T=1/f$；φ_s 为起始相位角，φ_e 为终止相位角。

其中：

$$f_p=\frac{f\cdot k}{2k-1}\tag{7}$$

$$f_k=f\cdot k\tag{8}$$

$$T_p=\frac{1}{2f_p}\tag{9}$$

式中，$f_p<f$，$f_k>f$，f_p 为高角度范围的角频率，f_k 为低角度的角频率。

以起始相位角 0°、终止相位角 26°、频率 6Hz，k 值取 2 为例分析转子在上下半正弦控制方式下，转子角速度、相位角随时间变化规律。绘制角速度、相位角随时间变化曲线图 8、9，转子角速度为分段曲线，高相位对应的角速度小，低相位角角速度大，使得转子转过高相位角、低相位角时所产生的压力波时间占比均衡。在图中圈出位置出现角速度的瞬间改变且变化量较大，会增加电机的控制难度。

上下半正弦控制方式涉及最优 K 值的选取，通过取不同 k 值进行试算，找到最优 k 值使转子在上下半正弦控制方式下，压力波波形更接近正弦信号。分别提取 k=1.5、1.8、2、2.5、2.8、3，脉冲器上游 2m 压力数据，统计压力波幅值和波峰波谷时间占比见表 1。绘制 k 取 3 时，压力随时间变化曲线如图 10，压力波曲线正弦性得到明显优化，波峰波谷时间占比均匀，且幅值较正弦控制略微增加，在图中圈出位置明显压力波有个小突变，这是在 0.138s 时刻压力波频率发生改变造成的。

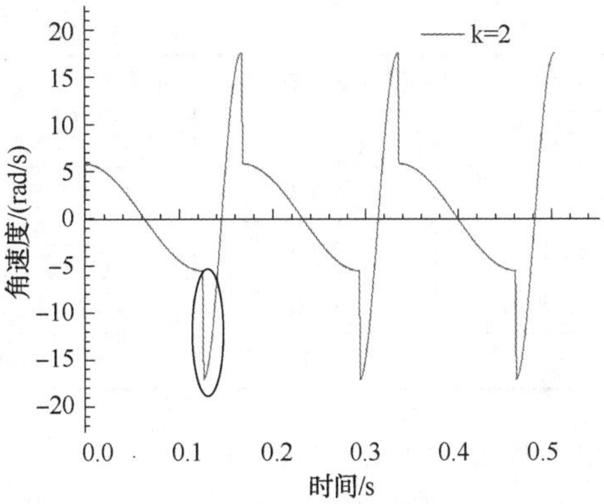

图 8　转子角速度随时间的变化

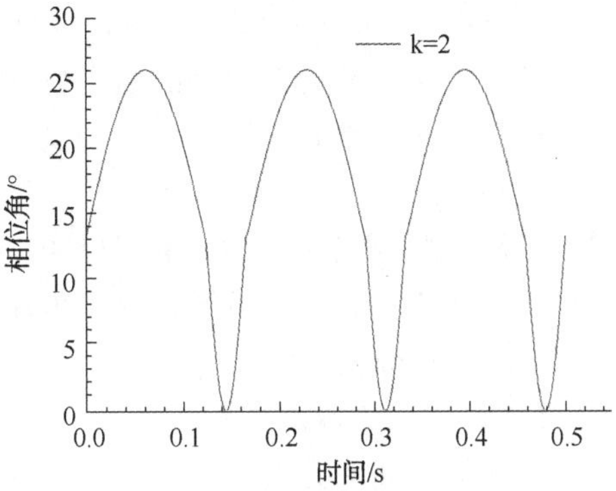

图 9　转子相位角随时间的变化

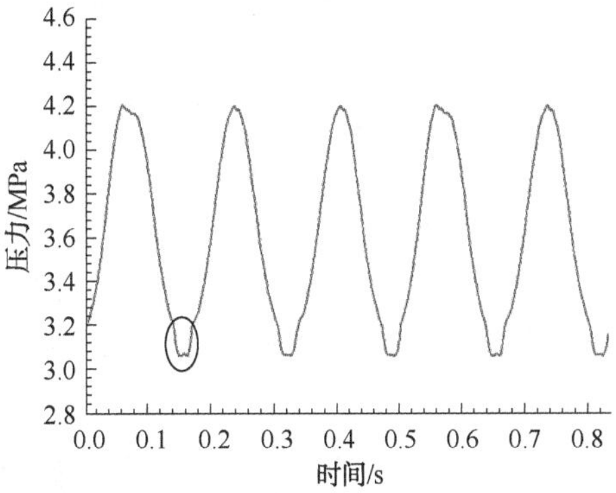

图 10　k=3 压力波曲线

表 1　不同 k 值计算结果

k 值大小	压力波幅值/MPa	平衡位置时间占比
1	1.03	0.33：0.67
1.5	1.07	0.44：0.56

续表

k 值大小	压力波幅值/MPa	平衡位置时间占比
1.8	1.05	0.47∶0.53
2.0	1.08	0.47∶0.53
2.5	1.06	0.48∶0.52
2.8	1.06	0.49∶0.51
3.0	1.07	0.51∶0.49

由上表可知，k 分别取 1.5、1.8、2、2.5、2.8、3 时，压力波波形逐渐改善，幅值也略有增加。由图 10 可知，k 取 3 时压力波半周期时间占比为 0.51T：0.49T，基本实现正弦化，压力波正弦性较转子正弦运动得到的压力波有明显改善，且压力波幅值也略有增加。进一步分析可知，压力波在 T_p 与 T 时间处有突变点，表现出一个周期有两个频率特征。这是由于 k 值存在，使上下半正弦频率差异增大所导致的，角速度 ω 在 T_p 与 T 时间处应该采取光滑过度。

3.2 转动方式优化的压力波衰减对比

提取优化转子转动方式的计算结果，统计压力波向上游传播至不同位置处的压力波幅值，并与转子正弦控制方式的压力波幅值对比，绘制出压力波传播过程中幅值衰减对比曲线图 11。

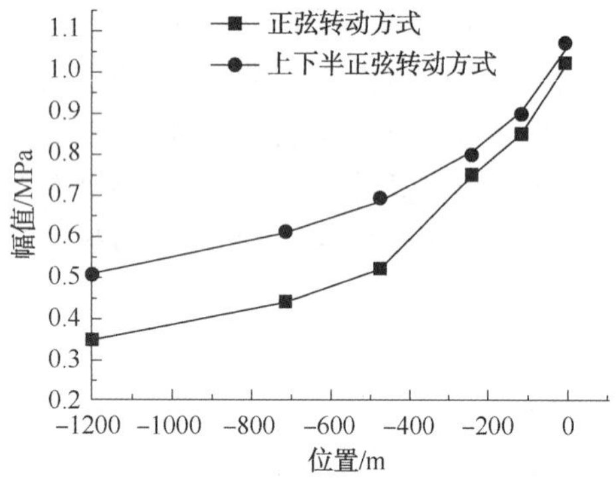

图 11　压力波幅值衰减对比曲线

由上图可知，优化转子转动方式为上下半正弦控制方式，压力波幅值衰减幅度大幅减小，压力波在传播至 1200m 时幅值衰减幅度由 66%降低 50%，在 1200m 处的压力波幅值提高 51%。转子通过采用上下半正弦控制方式，能够有效降低压力波幅值的衰减，提高地面接收压力波信号的幅值。

4　结论

（1）压力波在向上游传播过程中起始压力值随传播距离增加而增加，且出现相位差；在传播过程中出现谐波耗散，随传播距离增加逐渐正弦化，在上游 480、720m 位置处监测到的压力波为标准的正弦波；压力波幅值传播过程中逐渐减小，幅值衰减速率逐渐减慢，频率越小幅值衰减速度越小；

（2）优化转子转动方式为上下半正弦控制方式，压力波正弦性明显改善接近正弦波，在传播过程中幅值衰减幅度由 66%降低至 50%，在 1200m 处的压力波幅值提高 51%。

参　考　文　献

[1] 刘修善，郭均．钻井液脉冲传输速度的分布规律研究[J]．钻采工艺，2000，23(4)：74-76.

[2] 张涛，鄢泰宁，卢春华．无线随钻测量系统的工作原理与应用现状[J]．西部探矿工程，2005(2)：126-128.

[3] 苏义脑，窦修荣．随钻测量、随钻测井与录井工具[J]．石油钻采工艺，2005，27(1)：74-78.

[4] Lerner D，Masak P. Integrated Modulator and Turbine-Generator for A Measurement While Drilling Tool [P]. United States：5517464，1996.

[5] Ritter T E. Fluid Driven Siren Pressure Pulse Generator for MWD and Flow Measurement Systems [P]. United States：5636178，1997.

[6] Hongtao LI，Gao LI，Yingfeng MENG，et al. Attenuation law of MWD pulses in aerated drilling[J]. Petroleum Exploration and Development Online，2012，39(2).

[7] 边海龙，苏义脑，李永威，等．基于时延差分的连续波随钻测量信号提取算法[J]．电子测量与仪器学报，2015，29(5)：669-675.

[8] 边海龙，苏义脑，李林，等．连续波随钻测量信号井下传输特性分析[J]．仪器仪表学报，2011，32(5)：983-988.

[9] 耿艳峰，贾梦之，郑重，等．利用水声通信原理解决随钻数据传输问题[J]．中国石油大学学报(自然科学版)，2020，44(1)：53-60.

[10] 刘修善，苏义脑．泥浆脉冲信号的传输速度研究[J]．石油钻探技术，2000，28(5)：24-26.

塔中油田深井抽油泵生产的几点实践

胡素明　鞠成才　曹建洪　徐乐乐　陈　文　张庆春　邹皓东　李彦召

（中国石油塔里木油田公司）

摘　要　塔里木盆地塔中油田抽油泵平均泵挂深度为全国之最，深井抽油泵生产面临的杆柱断脱、管漏、砂卡、凡尔漏失等问题比常规浅井更多、更难治理，经过长期大量的摸索、实践，形成了深井抽油泵生产中的防偏磨、防砂卡、防泵漏等典型经验做法，对类似深抽油井完井具有重要的借鉴意义。

关键词　深井；抽油泵；偏磨；出砂；断杆；管漏；泵漏

塔里木油田塔中各区块埋藏深，抽油泵平均下泵深度达到2998米，属全国之最。由于下泵深度大，抽油杆柱偏磨断脱、磨穿油管问题比浅井明显更突出，若伴随着出砂、结垢、油稠等现象，造成的卡泵、凡尔漏失、泵效低等问题，也相对较多、故障处置难度明显较大。近十年来，塔里木盆地塔中油田采油气工程技术人员通过长期大量的研究、试验，持续优化防砂、防偏磨、防漏失等工艺，使得平均检抽周期不断提升，截至2023年上半年达到883天的水平。

1　典型经验做法

1.1　防杆柱偏磨

由于下泵深度大，管杆偏磨导致的杆柱断脱、柱塞断脱问题时有发生。对此，开展了四方面优化工作：（1）优化扶正块材质，从尼龙升级为纳米高分子复合材料，其耐磨性比尼龙高4倍，摩擦系数为尼龙的1/3，耐180℃高温、耐20×10^4mg/l高矿化度地层水腐蚀；（2）优化抽油杆材质，从常规抽油杆升级为高强度的HL级镦粗抽油杆，本体为30CrMo合金钢材质，杆头接箍为35CrMo合金钢，抗拉强度达到965－1195MPa，屈服强度达到795MPa以上，并且耐120℃以上高温、200000mg/L以上地层水矿化度；（3）优化杆柱配比，实践表明，由Φ28mm一级杆、Φ25mm二级杆、Φ22mm三级杆和Φ28mm加重杆构成的杆柱结构，能有效适应深井抽油泵使用需求；（4）优化扶正器使用密度，一方面，针对狗腿度较大的井段加密扶正器，另一方面在柱塞拉杆接箍处加扶正器[3]。

需要强调的是，塔中深井实践表明，柱塞拉杆接箍与油管发生偏磨，造成拉杆接箍脱扣或油管磨穿的问题极为常见（图1、图2）。其原因在于，拉杆处在抽油杆柱的最底部，受拉、压交变载荷的作用最显著，因此最易发生弯曲偏磨油管，导致拉杆接箍处脱扣，或者对应深度的油管偏磨穿孔。目前，通过在拉杆接箍处加装扶正器，同时在拉杆上部的加重杆段加密扶正器，拉杆接箍偏磨的问题已经得到有效控制。

图1　柱塞拉杆接箍偏磨脱扣

图2　柱塞拉杆接箍磨穿油管

1.2　防砂工艺

2008年以前，塔中油田对地层出砂规律认识不清，不采取防砂措施，由于出砂导致卡泵、杆柱或柱塞拔断等现象较多。随着对出砂规律及危害认识的进步，于2008年底开始采取金属绕丝式防砂管，2015年起采用金属环切缝隙防砂筛管，2020年起采用绕丝基管-泡沫镍双层复合油砂滤器防砂筛管（图3）。在管柱结构上，双皮碗封隔器以下加装50微米防砂粒径的绕丝-泡沫镍复合防砂管，封隔器以上加装 30 微米防砂管(图 4)。

对于出砂细、油泥多的采油井，还进一步搭配使用长柱塞防砂泵(图 5)，通常为厚壁双层泵筒，泵筒长 1.5m，柱塞长 11m，密封间隙级别为 3 级，固定阀为带防落物结构的双固定阀，柱塞采用双闭式游动阀罩。近 3 年来，通过防砂管和防砂泵的科学利用，由于出砂导致的卡泵、杆柱拔段、凡尔堵死等躺井问题已得到了消除。

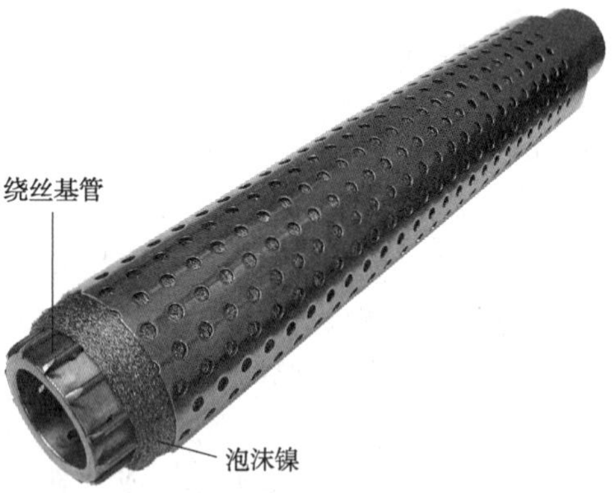

图 3　绕丝基管-泡沫镍双层复合防砂筛管

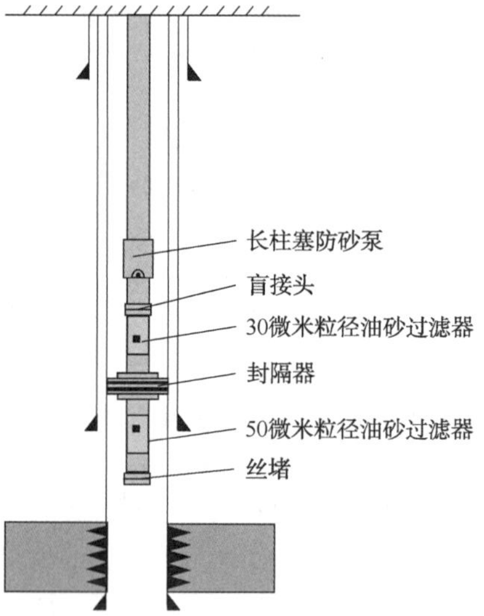

图 4　塔中抽油泵井防砂管柱示意图

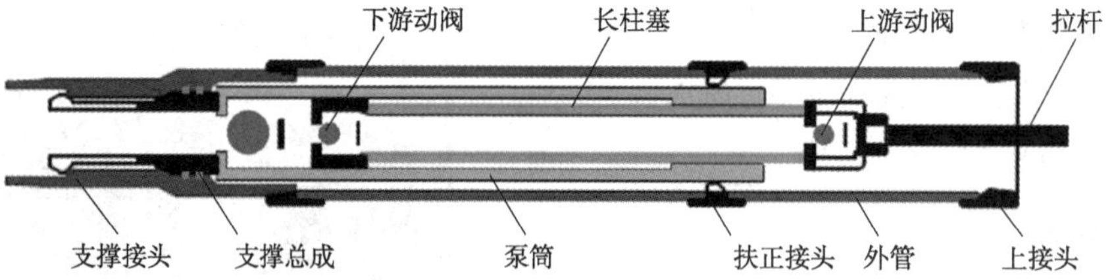

图 5　长柱塞防砂泵结构示意图

1.3　防柱塞断脱

塔中油田 2018 年以前抽油泵采用老式柱塞较多(图 6)，凡尔罩四周有 3 个开口作为过液通道，游动凡尔球频繁撞击，容易导致凡尔罩疲劳断裂，累计有 15 井次柱塞凡尔罩断脱，其平均检抽周期仅有 371 天。此后，对柱塞的结构、材质进行了改进，结构上采用双闭式阀罩，凡尔球下移，阀罩开口处只过液，不再受凡尔球撞击(图 7)，材质上从 35CrMo 升级为 3Cr13，柱塞断脱的问题现已基本消除。

图 6　老式柱塞

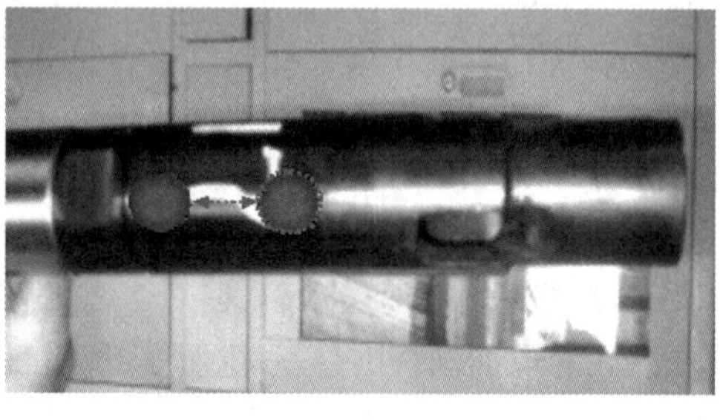

图 7　双闭式阀罩柱塞

1.4　防凡尔漏失

塔中油田早年抽油泵凡尔球采用不锈钢材质，发生过磨损漏失的问题。为改进该问题，一方面改进凡尔设计，游动凡尔、固定凡尔均采用双阀结构(图 8)；另一方面，升级凡尔材质，凡尔球采用 YG8 碳化钨材质，凡尔球座采用 YG13 碳化钨材质。通过改进，凡尔球或球座磨损造成漏失躺井的问题显著减少。

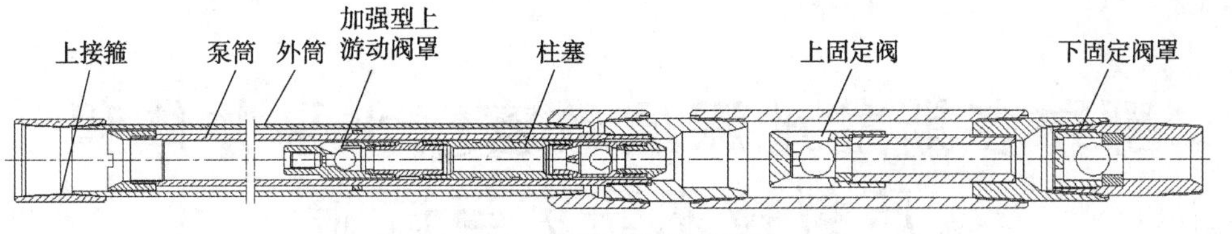

图 8　双闭式阀罩柱塞

此外，塔中地层水矿化度高达 12－20×10^{4} mg/L，井筒结垢造成凡尔漏失现象较为常见；此外，随着地层压力的下降，原油中沥青质析出造成凡尔漏失的问题也时有发生。实践表明，利用地层水洗井普遍效果较差，目前通过除垢剂、沥青分散剂浸泡，分别有效解除了水垢、沥青质造成的凡尔漏失。但由于化学药剂成本较高，且易漏失到地层，仍需进一步攻关其他防垢、防沥青质堵塞的工艺技术，例如通过光洁高强度陶瓷凡尔，减轻凡尔球及其球座的异物附着，减少凡尔漏失发生率。

1.5　稠油井防蜡

塔中油田志留系油藏为稠油，且平均泵挂深度高达 3035 米，常规抽油泵生产易出现断杆、泵效低等问题。塔中实践表明，液力反馈泵辅以环空掺稀的生产方式效果较好。对于稠油深井，抽油杆柱下行受到的原油粘滞阻力大。使用液力反馈泵的情况下，当抽油杆柱下行时，小柱塞上的游动阀关闭，可使杆柱承受一定的液压力，以抵消部分稠油粘滞阻力(图 9)；然而液力反馈泵的缺点在于，其大柱塞直径大(通常为 70mm)，加之泵挂深、原油稠，因此杆柱上行时所受到的液柱载荷、摩擦载荷很大，对此采取了环空掺稀的方式以降低稠油粘度，减少摩擦载荷，达到了延长检抽周期、避免井筒蜡堵的双重效果。

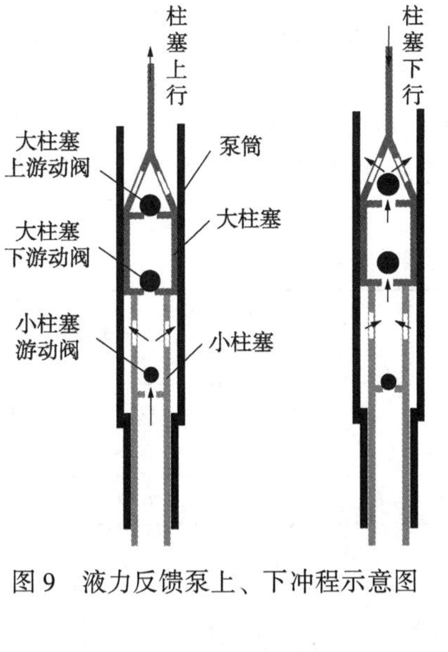

图 9　液力反馈泵上、下冲程示意图

2　结论与建议

（1）游动及固定凡尔采用碳化钨材质、双阀结构，可基本消除深井抽油泵生产中的凡尔漏失问题；柱塞的上游动凡尔罩采用 3Cr13 材质、双闭式结构，可有效消除柱塞凡尔罩断脱。

（2）针对深井抽油泵生产中易出现的杆柱断脱、管漏问题，通过长期实践，形成了抽油杆杆柱配比、材质优选，以及扶正块材质优选、使用密度设计等方法。

（3）对于易出砂的深井，形成了长柱塞抽油泵-双级油砂过滤器的复合防砂工艺。

（4）对于稠油深井，形成了液力反馈泵+环空掺稀降粘的采油工艺技术。

（5）随着油井的地层压力、动静液面将进一步降低，含水率不断升高，深抽采油将面临更多新的挑战，应加快深井螺杆泵、潜油柱塞泵等无杆泵的技术攻关实验。

参　考　文　献

[1] 孔令坤．探究深井抽油泵失效分析及控制对策[J]．石化技术，2017，(1)：248.

[2] 陈悦．浅析深井抽油泵失效分析及控制对策[J]．化工管理，2015，(30)：125.

[3] 徐殿才，李仁龙，程朝辉等．抽油井断杆原因分析与对策研究[J]．中国石油和化工标准与质量，2017，(17)：144-145.

[4] 董丹丹．长柱塞短泵筒防砂防垢泵在弱碱三元复合驱的应用探讨[J]．石油石化节能，2020，(11)，4-6.

[5] 周海芳，董贺茹，郎帆．液力反馈泵故障原因分析及改进措施[J]．石油和化工设备，2016，(6)：37-39.

[6] 高倩芸．新时期超稠油下泵初期掺稀油降黏工艺探寻[J]．石化技术，2020，(3)：131-132.

鄂尔多斯盆地深层致密气水平井体积压裂技术研究与试验

邝 聃[1,2] 胡阳明[1,2] 肖元相[1,2] 周长静[1,2] 刘晓瑞[1,2] 李 喆[1,2]

(1. 低渗透油气田勘探开发国家工程实验室；2. 中国石油长庆油田公司油气工艺研究院)

摘 要 庆阳气田位于鄂尔多斯盆地西南部，与盆地主力气田相比，庆阳气田具有储层埋藏深、构造起伏大、砂体厚度薄、物性条件差、主力层系单一等地质特征，前期开发实践表明水平井是实现效益开发的关键。受储层地质特征影响，水平井压裂改造过程中存在“五高五难”的压裂特征，制约了单井产量和开发效益的进一步提升。针对以上问题，开展了井身结构优化研究，提升了井筒承压等级；优选地质—工程“双甜点”进行段簇优化设计，针对不同类型储层开展差异化参数设计，选用小粒径组合支撑剂进行多尺度强加砂设计；研发深井耐高温滑溜水及全金属可溶球座，配套二氧化碳增能助排提高压后排液效果，初步形成深层致密气水平井高效低成本体积压裂技术模式。现场试验 20 余口井，压裂施工成功率由前期的 72%提高到 100%，平均单井试气无阻流量较前期提升 48.2%，技术上取得了突破性的成功，为深层致密气藏水平井开发提供了有力的技术借鉴。

关键词 深层致密气；水平井；体积压裂；甜点优选；耐高温压裂液

庆阳气田位于鄂尔多斯盆地西南部，地理面积 3.5 万平方公里。该区主要目的层为上古生界山西组山$_1$层和石盒子组盒$_8$层，含气特征明显，开发潜力巨大，是长庆气田下步上产并持续稳产的重要战略接替区。与盆地中部苏里格气田等已开发区块相比，庆阳气田深层致密气具有储层埋藏最深(3800－5200m)、压力系数低(0.7)、构造起伏大、有效砂体厚度薄(3.5-6.5m)、物性条件差(覆压渗透率 0.05mD)、主力层系单一(山$_1$)等地质特征。前期围绕陇东庆阳气田上古砂岩气藏开展了一系列钻采工程技术研究与试验，但从实施效果来看，储层改造主要面临破裂压力高地层破裂困难、闭合应力高裂缝延伸困难、杨氏模量高加砂困难、地层温度高液体携砂困难、排驱压力高压后返排困难等“五高五难”特征，采用常规压裂改造工艺技术，单井产量相对较低。针对上述问题，2021 年以来以增加改造体积为目标，在提升承压等级的基础上开展了深薄层缝控体积压裂技术攻关与试验，探索提高单井产量和开发效益的新途径。

1 与国内外深层气储层特征对比

陇东致密气储层埋深 3800－5200m，砂体厚度 10－20m，但山$_{13}$层平均有效砂体厚度仅 4.1m。储层主要以岩屑石英砂岩、石英砂岩为主，石英含量占总量 85%以上，岩屑成分以火成岩、变质岩为主。山$_{13}$层储层孔隙度主要分布在 4.0－8.0%，平均孔隙度 5.6%；渗透率主要分布在 0.01－0.2mD，是典型的致密气砂岩储层。测试原始地层压力 35.0－39.4MPa，地层压力系数仅 0.7，地层温度 120.4－153℃。与国内外深层气藏对比，具有储层埋藏更深、单层厚度更薄，储层温度更高、压力系数更低等特点。

表 1 陇东致密气与国内外致密气储层特征对比

气田		深度(m)	单层厚度(m)	孔隙度(%)	渗透率(mD)	地层温度(℃)	压力系数	闭合应力梯度(MPa/m)
国外	Haynesville	3200-3900	45-90	8-12	0.01-0.1	130	1.94	0.0226
	Cana woodford	3200-4690	30-152	5-8		121	1.58	0.020
	HilliardMancos	4500-4700	30-100	4.2		130	1.6-2.0	0.0256

续表

气田		深度（m）	单层厚度（m）	孔隙度（%）	渗透率（mD）	地层温度（℃）	压力系数	闭合应力梯度（MPa/m）
国内	吐哈油田	3100-3900	20-40	3.1-8.4	0.05-3.61	87-105	0.98-1.17	0.025
	吉林长深气田	>3500	20-40	<6	<0.2	100-120	1.142	0.017
	川西须家河	4000-5100	30-80	2.0-4.0	0.01-0.2	80-135	1.65	0.021
	川东南丁山	4200	30-50	4.0-6.0	0.01-0.2	100-120	1.0-1.55	0.0246
	川东永川	4300	36-47	4.0-6.0	0.01-0.2	100-120	1.7	0.024
	长庆陇东新区	3800-5200	10-20	4.0-8.0	0.01-0.2	120-150	0.70-0.76	0.0193

2 陇东深层致密气面临挑战

（1）储层埋深更大。对比国内外主要深层致密气藏，陇东新区致密气埋深更大，物性差，山$_{13}$层裂缝延伸压力81-106MPa，存在压裂施工起裂困难、工作压力高等问题，储层改造对压裂设备、管柱承压提出更高的要求。

（2）气层厚度更薄。国内外深层页岩气藏开发主体采用大排量、大液量、大砂量的体积压裂模式，然而陇东新区深层致密气藏纵向砂体较薄，厚度10-20m。因此，该区改造需要在控制裂缝高度的同时，增加裂缝长度和沟通天然微裂缝是提高改造体积的关键点。

（3）储层温度较高，达到130℃以上。高温条件下，常规胍胶压裂液耐高温和携砂性能大幅度下降，施工风险加大；同时较深的管柱具有较高的管柱沿程摩阻，无法实现大排量注入要求。

（4）地层压力系数更低。对比国内外深层气区，陇东新区地层压力系数仅0.7，孔隙类型差，粘土矿物主要以伊利石为主，易发生膨胀、絮凝、堵塞喉道。高压压汞分析结果表明，岩心排驱压力高，退汞效率低42.7%，不利于压裂液的返排。

3 深层致密气水平井体积压裂技术研究

3.1 完井方式优化

开发初期，陇东新区水平井采用6″裸眼完井+4$^{1/2}$″裸眼封隔器分段压裂工艺。但裸眼封隔器完井工序复杂，钻完井过程中出现复杂工况处理难度大，在单井上存在由于下钻复杂导致的水平段无法改造的情况；裸眼封隔器工具密封套管和井壁间的胶筒较短，一般不超过500mm，如果裸眼封隔器坐封在不规则井眼段，段间封隔能力显著降低，压裂过程中存在串层的现象；陇东新区储层储层埋深大，裂缝延伸压力高，施工过程中存在部分致密井段起裂困难、加砂失败、施工压力高等问题，施工成功率仅为72%。

表2　陇东水平井裂缝最大延伸压力测算

井号	垂深（m）	破压（MPa）	工压（MPa）	停压（Mpa）	裂缝最大延伸压力（Mpa）
庆1-＊＊-64H2	4288	64.5-69.3	48.6-74.2	38.7-59.5	102.4
庆1-＊＊-65H1	4166	48.1-78.8	59.1-78.0	37.2-43.0	84.7
庆1-＊＊-65H2	4266	54.8-72.8	65.9-76.5	41.6-56.8	99.5
庆1-＊＊-66H1	4298	42.3-72.1	54-63.6	37.9-41.8	84.8
庆1-＊＊-65H1	4262	67.0-74.4	56.4-67.0	45.0-75.2	96.3
平均	4256	48.1-78.8	48.6-78.0	37.9-75.2	93.5

结合深层致密气水平井生产特征，采用逆向思维、正向设计，从满足气井全生命周期生产、低成本钻完井的技术需求出发，通过开展水平井优快钻井技术、窄间隙固井技术、分段多簇压裂技术、全生命周期排水采气技术攻关，优化形成6″井眼+4$^{1/2}$″套管+2$^{3/8}$″油管的“三小”一体化钻完井方案。

3.2 提高压力等级

水平井完井方式由裸眼完井转变为固井完井，解决了前期4[1/2]″裸眼封隔器下钻及压裂施工复杂，但压裂改造仍面临两方面的挑战：(1)深层致密气地应力较常规区块高20MPa，裂缝延伸压力高，施工压力高，加砂难度大；(2)前期水平井压裂施工压力普遍高于60MPa，其中5口井14段因施工压力高未达到设计要求。

由于压裂施工井口限压70MPa，部分井段采用小排量压裂，井底压力超过壁厚7.37mm、钢级P110生产套管的抗内压强度0.3－4.9MPa，在固井质量较差的井段，存在套管变形的风险。

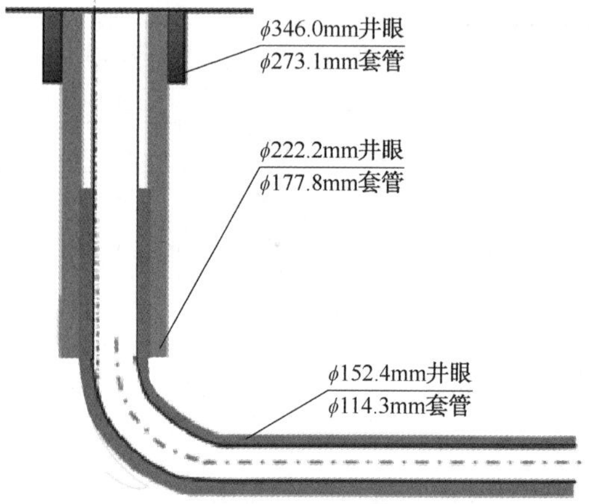

图1　水平井井身结构图

表3　陇东新区水平井气层套管抗内压强度与裂缝延伸压力比值表

气田	裂缝延伸压力(MPa)	7.37mm壁厚套管		8.56mm壁厚套管	
		抗内压强度(MPa)	抗内压强度/延伸压力	抗内压强度(MPa)	抗内压强度/延伸压力
苏里格	55	85.6	1.55	99.4	1.80
庆阳	87	85.6	0.98	99.4	1.14

针对庆阳气田深层致密气水平井施工压力高的难点，将套管头、井口大四通承压等级由70MPa提高至105MPa、生产套管壁厚由7.37mm提高至8.56mm，提升了深层水平井分段压裂技术能力。具体做法有：(1)井筒安全等级提升：套管、套管头及井口承压等级由70MPa升级至105MPa；(2)桥射联作升级：采用深穿透射孔弹，配套耐高压防喷管，提高安全限压；(3)压裂管线升级：提高施工限压，由70MPa提高到84MPa。

3.3 裂缝参数优化设计

根据山$_1$层物性参数特征，通过压裂模拟软件，优化最优裂缝半长150-250m。并在此基础上，结合裂缝导流能力优化结果和矿场实践，优化形成了高排量混合水体积压裂设计参数。

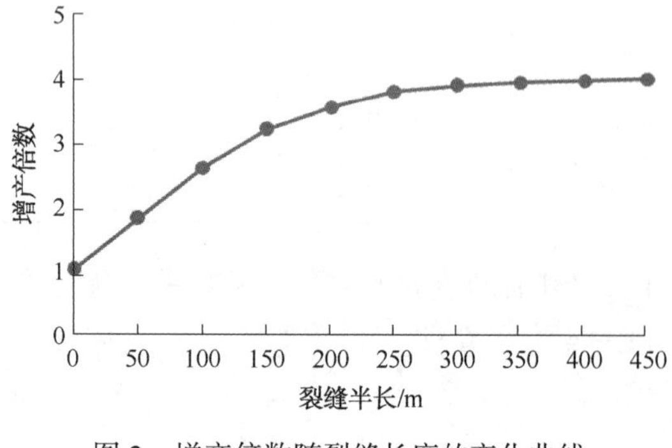

图2　增产倍数随裂缝长度的变化曲线

表4　陇东深层致密砂岩气藏压裂改造施工参数表

水平段长(m)	1000	段间距(m)	120
段数	8	簇数	3-5
簇间距(m)	30-50	排量(m^3/min)	8-10
单段砂量(m^3)	50-80	单段液量(m^3)	450-700

3.4 压裂支撑剂优选

高渗、低渗储层对裂缝导流能力需求不同，过高的裂缝导流能力不仅对产量增加提升有限，同时也会大幅度增加作业成本。因此，需结合储层渗透率和闭合应力条件评价储层改造需求。庆阳气田储层埋深3800－5200m，覆压渗透率0.05mD，裂缝闭合压力56-65MPa，采用数值模拟软件开展了支撑裂缝导流能力需求研究并优选了支撑剂组合。

(1) 基于庆阳气田储层物性特征，应用综合指数法、下限法以及神经网络法构建了地质-工程耦合的产能预测模型，模拟不同裂缝导流能力对累计产气量的影响。评价结果表明：庆阳气田致密气裂缝导流能力需求为2-5μm^2·cm。

(2) 在闭合压力60MPa、铺砂浓度5.0kg/m^2条件下，室内分别评价了20/40目、40/70目、70/140目、100/200目四种规格陶粒支撑剂的导流能力，结果显示四种支撑剂裂缝导流能力均满足要求，但20/40目陶粒裂缝导流能力溢出较大。根据

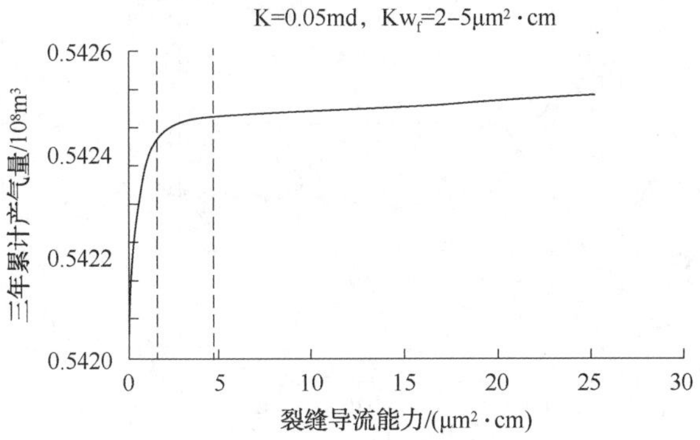

图 3　累计产气量与导流能力的关系

评价结果优选 40/70 目以上陶粒作为庆阳气田储层改造支撑剂。

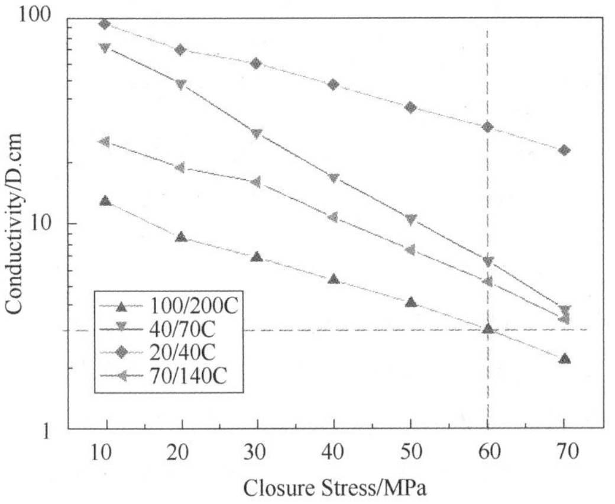

图 4　不同闭合应力下支撑剂导流能力曲线

（3）进一步采用平行板物模实验对缝内支撑剂运移铺置状态进行研究，结果显示小粒径支撑剂更易于被携带至裂缝深部，铺置距离更远，更有利于形成支撑长缝。综合考虑导流能力和长缝支撑需求，评价优选采用 40/70 目和 70/140 目两种陶粒组合，最佳配比 3∶1。

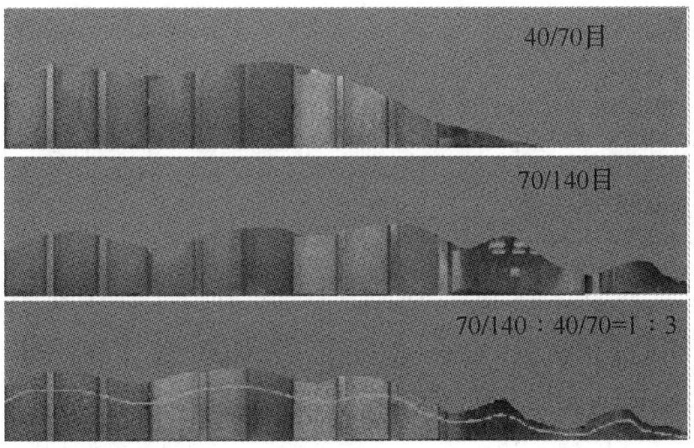

图 5　不同支撑剂及组合平行板实验铺砂形态图

3.5　耐高温工具材料研发

3.5.1　耐高温压裂液体系

针对庆阳气田“储层温度高、加砂难度大、水源紧缺、压后返排难”等问题，围绕聚合物减阻和增稠理论、储层伤害机理等核心技术，引入刚性环状结构和纤维骨架理念，重新构架滑溜水分子结构，通过“缔合-吸附”提高空间骨架结构稳定性，创新研发了一种低成本高性能 FVS 滑溜水体系，有效解决了深井压裂高效减阻及体积压裂低粘携砂的矛盾，满足了高排量体积压裂改造工艺需求。

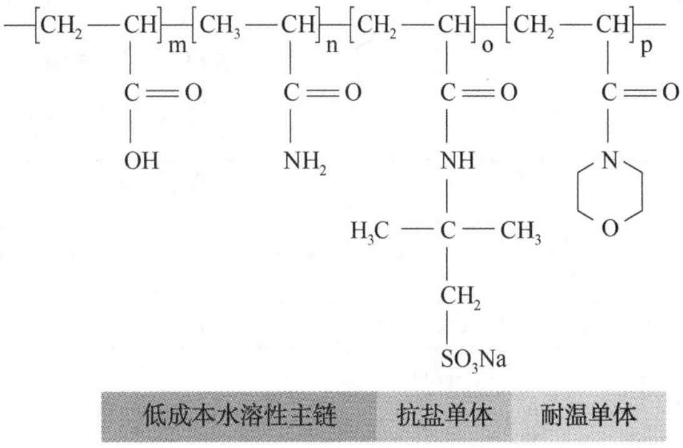

图 6　分子结构设计

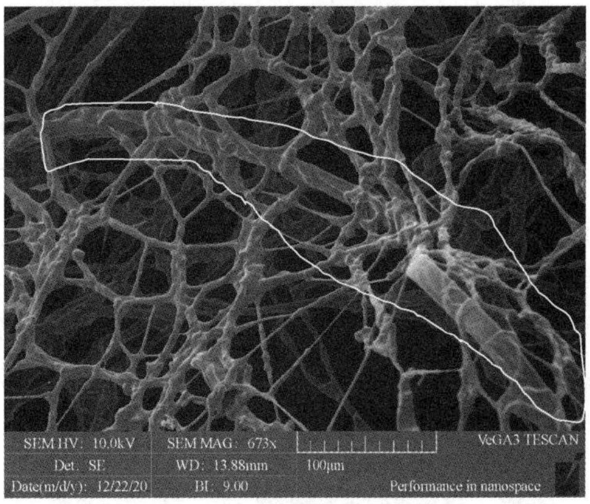

图 7　聚合物溶液扫描电镜

采用 SY/T 5107-2016《水基压裂液性能评价方法》对该体系进行性能评价，评价结果显示体系耐温性能达到 158℃，120℃剪切剩余粘度 85mpa·s，与胍胶体系相比减阻性能由 50% 提高到 75%，基质伤害率＜15%，表面张力＜23mN/m，增大接触角＞60°，毛细管阻力降低 40%，能有效降低施工压力，提高压后返排，解决“高携砂与易返排”矛盾；此外，体系配伍性更高，兼具可回收特性，能一定程度缓解黄土高原水资源紧缺及环保压力。

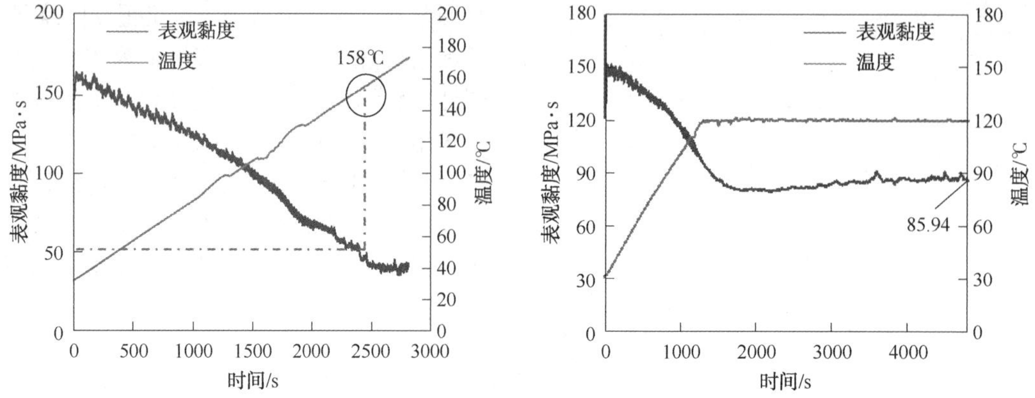

图 8　耐高温 FVS 压裂液耐温及抗剪切曲线

表 5　长庆气田常用压裂液体系指标对比

项目	胍胶体系	VSW 滑溜水体系	耐高温 FVS 体系
耐温性能(℃)	143	124	158
减阻性能(%)	55	72	75
120℃耐剪切性能(mPa. s)	168	32	85
120℃携砂性能(kg/m^3)	480	300	500
表面张力 δ(mN/m)	25.98	24.64	22.22
岩心伤害率(%)	26.6	13.8	14.7

3.5.2　耐高温全金属可溶球座

长庆气田前期主体压裂工具为可溶桥塞，性能满足现场试验需求，但可溶桥塞胶筒降解速度慢，且溶解产物多容易和返排液中固态物质粘在一起堵塞井筒等问题，影响气井压后排液及后期井下作业。针对这一问题，本着“全可溶工具封隔、可压后快速投产”的设计理念，创新研发了耐高温全金属可溶球座，实现了机械性能稳定、溶解产物少的应用需求。

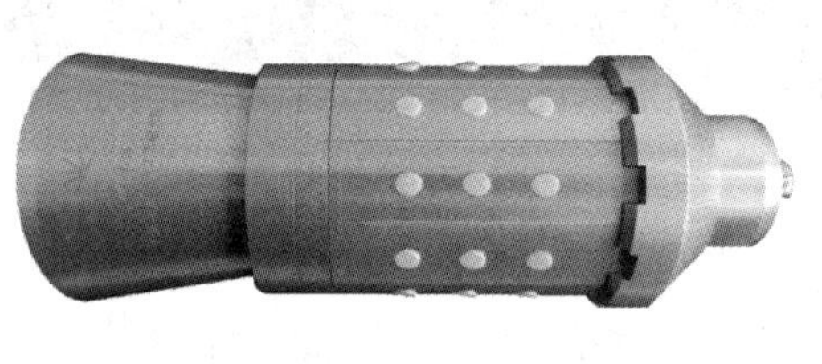

图 9　全金属可溶球座示意图

设计研发的全金属可溶球座，锚封一体、力学自锁、结构紧凑，对比国内外同类桥塞产品，工具长度缩减 30%左右，大幅削减溶解产物；通过可溶金属配方研究及优化、材料成型及热处理工艺创新，突破了可溶金属延展率低、溶解条件苛刻等技术瓶颈，实现了可溶金属扩径密封，地面打压试验耐高温 150℃，压差 105MPa；采用可溶金属密封替代橡胶密封，解决橡胶件溶解困难的问题，在 110℃、0.1% KCL 的溶解条件下，球座 2 天内失去锚定，7 天完全溶解，最终全溶解产物为“粉末状”，在井筒条件下可与返排液混合返出地面，满足现场排液测试及安全生产需求。

表 6　耐高温高压可溶球座技术参数

规格	外径(mm)	内径(mm)	总长(mm)	可溶球尺寸(mm)	适用套管内径(mm)	适用温度(℃)	耐压差等级(MPa)	剪切力(KN)
$4^{1/2}$″	Φ89	Φ40	262	Φ55	97.18	150	105	170
$5^{1/2}$″	Φ104	Φ52	278	Φ67.5	114.3	150	105	240

3.6　CO_2增能助排工艺研究

庆阳气田储层压力系数仅为 0.7，孔隙结构以中-小孔为主，孔喉连通性差，不利于压裂液返排，前期采用液氮助排一次喷通率仅 33%，排液周期高于盆地其它区块。针对低压深井快速排液难题，开展深井 CO_2前置增能助排数值模拟研究，基于气藏地质储量计算方法，采用 Stars 数值模拟软件，建立了 CO_2注入和返排过程中井底及近井储层压力场数值模型，模拟计算了不同注入液量、不同注入排量下的增压效果及对返排的影响，提出了合理的CO_2注入量和注入排量。

（1）模拟注入量从 50m^3增加到 500m^3时，随着注入量增加，井底压力从 28.4MPa 增加到 42.2MPa；近裂缝区储层（10－60m）增压 4-10MPa；

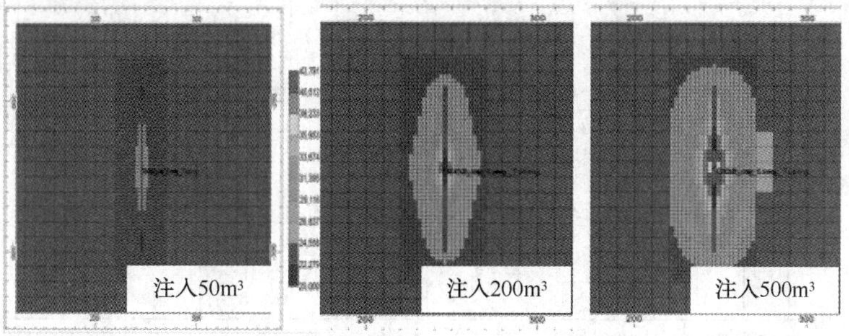

图 10　不同CO_2注入量下井底及近裂缝区储层压力分布模拟

（2）随着注入量增加，CO_2沿裂缝方向及两侧波及面积增加；注入排量越大，井底压力更高，当达到 5.5m^3/min 后，压力增幅变小。结合经济性考虑，优化单层/段CO_2用量为 200m^3，注入排量为 4-5 方/分，可将近井地层地层压力系数提升至 1.0 以上。

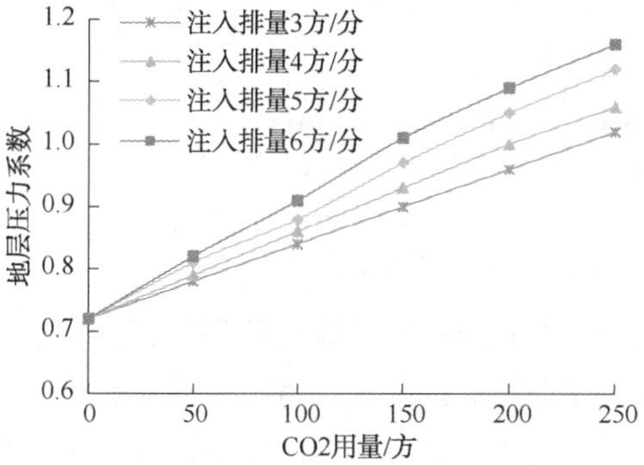

图 11　CO_2用量及注入排量对近井地层压力系数的影响

（3）返排模拟研究表明，不注CO_2压裂返排最高为 11 m^3/d；注CO^2后，日返排最高为 48m^3/d，较前者提高了 4.36 倍，且CO_2注入量大，返排更高，累积返排水量更大。

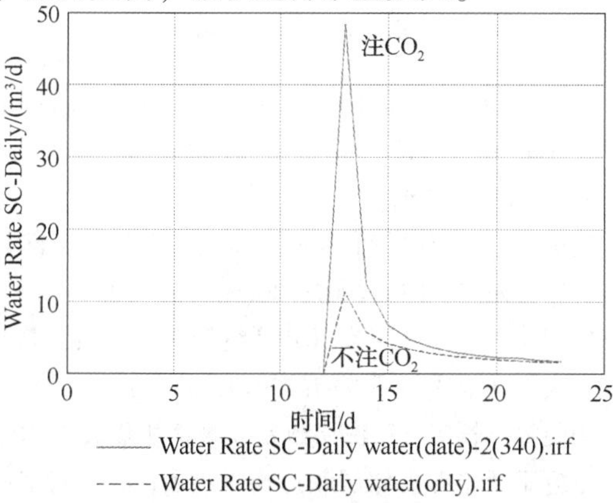

图 12　不注CO_2和注入后对排液的影响

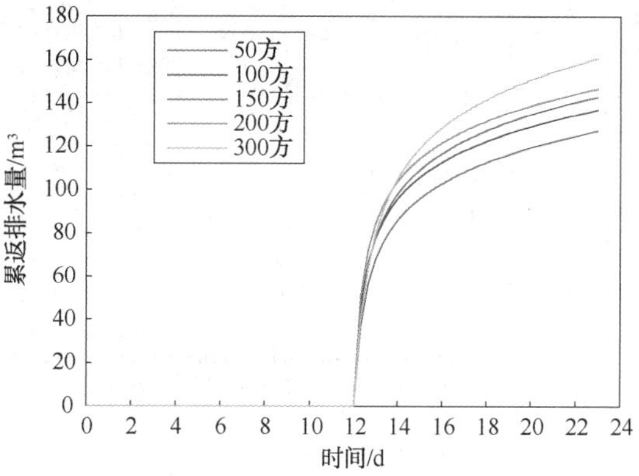

图 13　CO_2不同注入量对累计返排的影响曲线

4　现场应用及效果分析

自 2021 年开展先导性试验以来，截至目前累计应用 22 口井 154 段，平均单段加砂 62 方，前置$CO_2$120 方。与技术升级前的水平井相比，技术升级后的各项工艺参数及实施效果均实现大幅提升：施工排量由 6.0-8.0 方/分提升到 8.0-10.0 方/分，主压裂施工压力范围由 55.6－66.9MPa 提升到 65.2-77.8MPa，加砂一次成功率由 72%提高到 100%，压后排液一次喷通率由 66.6%提升到 90%以上，平均单井试气无阻流量由 56.8 万方/天提升到 84.2 万方/天，提升幅度达到 48.2%。长期生产情况跟踪对比显示，试验井投产第一年累产气量提升约 30%，技术上取得了突破性的成功，为深层致密气藏水平井开发提供了有力的技术借鉴。

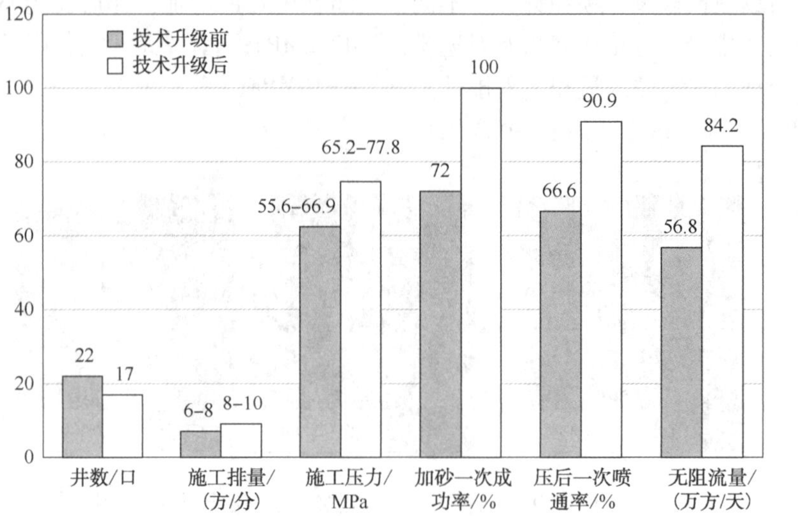

图 14　庆阳气田水平井体积压裂技术升级前后工艺参数及效果对比

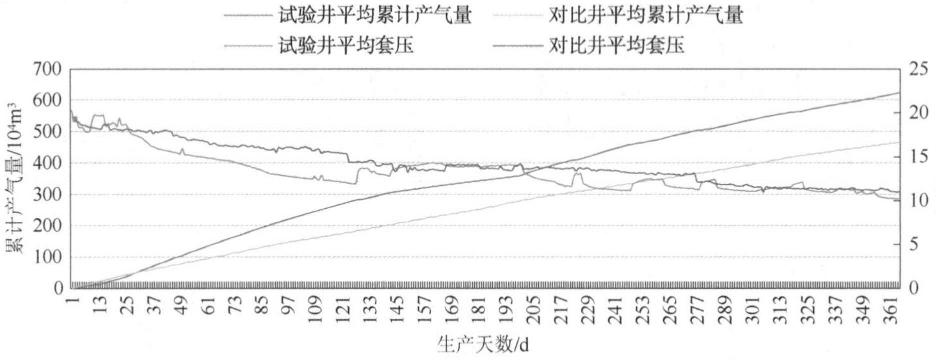

图 15　庆阳气田水平井体积压裂技术升级前后年累产气量对比

5　结论与认识

（1）通过完井方式的转变，优化形成 6″井眼+$4^{1/2}$″套管+$2^{3/8}$″油管的“三小”一体化钻完井方式和提高压裂承压等级，为解决庆阳气田施工压力高、加砂压裂难的问题提供了硬件基础；根据储层物性条件优化定型压裂改造参数提高了储层改造针对性。

（2）模拟研究表明，庆阳气田深层致密气裂缝导流能力需求为 2–5μm^2·cm，评价优选的 40/70 目+70/140 目组合支撑剂(比例 3∶1)，既满足了导流能力的需求，同时也满足长缝支撑需求，有效提高了储层改造体积。

（3）研发的深井压裂液体系具有耐高温、高携砂、低摩阻、易返排、可回收的技术优势，满足深层致密气高排量混合水体积压裂需求；全金属可溶球座耐高温耐高压，坐封性能稳定、溶解产物少，满足高温深井排液测试及安全生产需求。

（4）庆阳气田储层压力系数仅为 0.7，通过前置 CO_2增能助排工艺能显著提高近井地层压力系数，提高压后返排速率和累计返排液量。

（5）现场累计应用 22 口井，与技术升级前相比，加砂一次成功率由 72%提高到 100%，压后排液一次喷通率由 66.6%提升到 90%以上，平均单井试气无阻流量由 56.8 万方/天提升到 84.2 万方/天，技术上取得了突破性的成功，为深层致密气藏水平井开发指明了技术方向。

参　考　文　献

[1] Mayerhofer，Michael J et al. Results of U. S. Department of Energy Deep Gas Well Stimulation Study [J]. SPE95639，2005.

[2] 李勇明等．超深特低渗储层压裂改造技术关键与对策．钻采工艺[J]. 2007，30(2)：57–59.

[3] 胡阳明等．水力压裂近井裂缝转向延伸轨迹模拟．大庆石油地质与开发[J]. 2019，38(2)：53–57.

[4] 毕曼等．长庆气田深层致密气藏体积压裂技术研究与应用．非常规储层改造技术进展[M]．北京：石油工业出版社，2018.

庆城页岩油水平井CO_2区域增能体积压裂技术研究

陶 亮[1] 齐 银[1] 薛小佳[1] 陈文斌[1] 鲜 晟[1] 武安安[1] 覃得强[2] 刘晓庆[1] 陈余平[3]

(1. 中国石油长庆油田分公司油气工艺技术研究院；
2. 中国石油长庆油田分公司第十二采油厂；
3. 中国石油长庆油田分公司陇东油气开发分公司)

摘 要 针对鄂尔多斯盆地页岩油低压储层流体流动阻力大和增能效率低等难题，提出了CO_2区域增能体积压裂新理念。本文庆城油田页岩油长7为研究对象，建立了考虑CO_2相态变化增能驱油油藏数值模型，以能量波及范围和缝控区域波及距离为目标，优化了CO_2注入关键参数，形成CO_2区域增能体积压裂技术模式。研究表明：前置CO_2压裂可提高长7页岩油裂缝复杂程度，裂缝沿层理弱面扩展并纵向穿层形成缝网；增能理念由单井段间交替增能向平台化整体注入实现井间、段间协同一体化增能转变，优化增能模式为全井段注入，可实现缝控区域全覆盖，优化单段注入排量4~6方/分钟，液态CO_2注入量为300方，闷井时间为15天。在庆城油田开辟页岩油CO_2区域增能体积压裂示范平台，试验井井均压力保持程度提高2.1倍，单井初期产油量由15.6吨/天提高至20.7吨/天，展现出较好的提产潜力，研究成果可为其他同类型页岩油藏高效开发提供新思路。

关键词 庆城油田；页岩油；CO_2区域增能；增能模式；增能效率

中国页岩油资源丰富，技术可采资源量为145×10^8t，是最具有战略性的石油接替资源，成为中国“十四五”原油增储上产的主力军，其中鄂尔多斯盆地庆城油田为我国发现的首个10亿吨级页岩油大油田，经过多年技术攻关，形成了水平井细分切割体积压裂主体技术，单井产量大幅度提升。然而随着产建区域扩大，储层地质特征认识逐渐加深，盆地页岩油部分区域存在砂泥薄互层交互、低压、粘度相对较高特征，现有体积压裂技术与储层匹配性面临巨大挑战，矿场微地震监测显示裂缝庆城油田页岩油体积改造裂缝总体呈现主裂缝为主、分支缝为辅的条带状缝网形态，形似“仙人掌”，同时现有滑溜水增能方式相对较单一，压裂液向多尺度微纳米孔隙扩散难度大，能量波及范围有限，导致单井产量下降快、稳产期短，亟需探索提产新方向，进一步提高单井产量。

在国家“十四五”双碳目标大背景下，近年CO_2因具有粘度低易注入、扩散系数高、溶解性能强、增能效果明显、节约水资源等独特优势，在各大油田广泛应用。CO_2增产机理研究与应用在非常规页岩油气开发领域一直被广泛关注，国内外学者主要采用实验与数值模拟手段聚焦CO_2压裂裂缝扩展规律、CO_2增产影响因素分析、矿场应用3个方面的研究。目前我国陆相页岩油前置CO_2体积压裂还处于矿场探索试验阶段，CO_2注入工艺、关键施工参数、压后返排制度等方面大多依靠矿场施工能力与经验实施，缺乏相关技术支撑。因此，本文以庆城油田页岩油为研究对象，采用油藏数值模拟方法，评价CO_2在长7页岩油提高地层能量和驱油效率可行性，优化形成适合目标区块前置CO_2体积压裂高效施工模式，助力10亿吨级页岩油庆城油田高效开发。

1 长7页岩油地质力学特征

鄂尔多斯盆地晚三叠世发育典型的大型内陆坳陷湖盆，庆城油田位于盆地南部，主要含油层系为延长组，自上而下划分为长1-长10共10个含油层组，长7为最大湖泛期，沉积了一套广覆式富有机质泥页岩与细粒砂质沉积，自生自储、源内成藏，为典型的陆相页岩油(图1a)。长7自上而下划分为长7_1、长7_2、长7_3共3个亚段，主要以半深湖—深湖亚相沉积为主(图1b)。

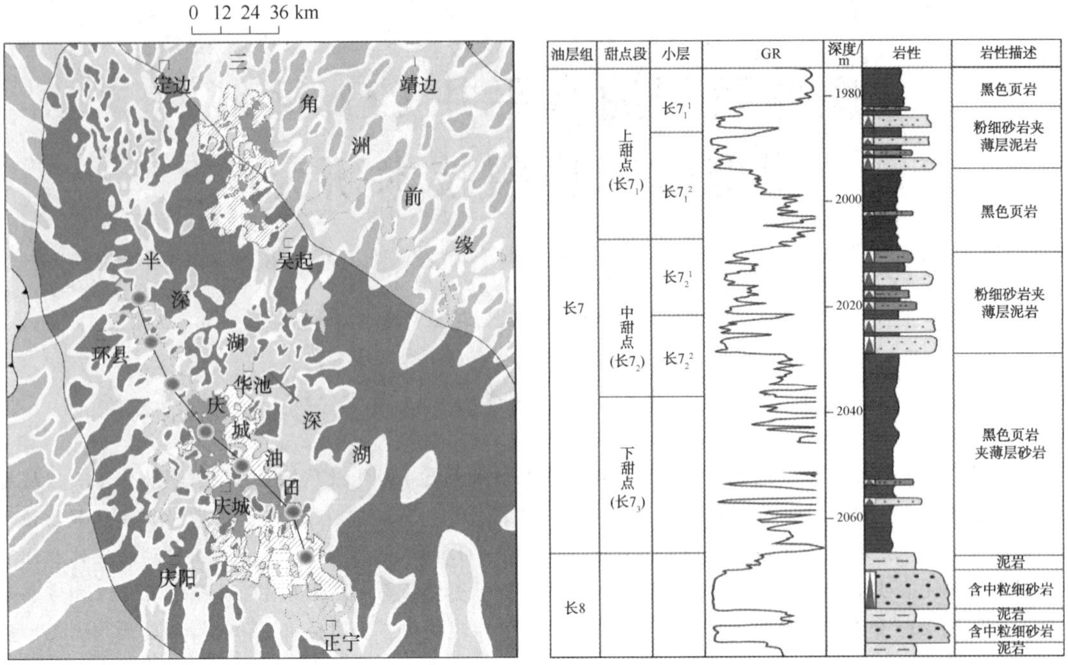

(a)长7沉积相平面分布图　　(b)长7岩性综合柱状图

图 1　鄂尔多斯盆地延长组长 7 沉积相平面分布与岩性综合柱状图

盆地页岩储层埋深 1600~2200m，基质渗透率 0.11~0.14mD，孔隙度 6%~12%，含油饱和度 67.7%~72.4%，压力系数 0.77~0.84。通过对盆地 360 块井下岩心 232 组岩石力学参数测试实验和 80 组地应力测试实验得出，研究区块页岩油样品脆性指数主要介于 35%~45%，平均值为 43.3%，水平应力差主要介于 4~6MPa，平均值为 5.1MPa。对比北美二叠盆地和国内页岩油，盆地页岩油具有岩石脆性指数低、水平应力差相对较高、地层压力系数低等特点(表 1)。

表 1　鄂尔多斯盆地页岩油与国内外页岩油特征参数对比表

特征参数	鄂尔多斯盆地	国内			国外
		准噶尔芦草沟组	三塘湖条湖组	松辽白垩系	北美二叠盆地
沉积环境	湖相	湖相	湖相	湖相	浅海相
埋深/m	1600~2200	2700~3900	2000~2800	1700~2200	2134~2895
油层厚度/m	5~15	10~13	5~20	10~30	400~600
孔隙度/%	6~11	8~14.6	8~18	5~18	8~12
渗透率/mD	0.11~0.14	0.01~0.012	0.1~0.5	0.02~0.5	0.01~1.0
含油饱和度/%	67.7~72.4	78~80	55~76.5	48~55	75~88
油气比/m^3/t	75~122	18~22	/	/	50~140
原油粘度/mPa·s	1.2~2.4	11.7~21.5	58~83	4.0~8.0	0.15~0.53
压力系数	0.77~0.84	1.2~1.6	0.9	1.1~1.32	1.05~1.5
水平应力差/MPa	4~6	5~9	1~5	3~6	1~3
脆性指数/%	35~45	50~51	31~54	/	45~60

长 7 页岩油储层发育微纳米孔隙，以溶孔、粒间孔组合为主，面孔率低，平均 1.74%，孔隙半径主要集中在 2~8μm，喉道一般为 20~100nm。粒间孔含量相对较低，中值半径相对

较小，排驱压力相对较高，两区渗流阻力相对较大。

2　长 7 页岩油 CO_2 压裂裂缝特征

为了刻化盆地页岩油前置 CO_2 体积压裂缝网形态与扩展机制，开展不同注入介质拟三轴压裂物模实验(图 2)，获取了长 7 页岩油储层露头，加工成尺寸 50×100mm 圆柱岩样，为了模拟地层压裂过程，在岩样中心钻取直径 8mm、深度 45mm 的圆柱形孔眼，用于固结模拟井筒。根据长 7 页岩油储层实测地应力加载实验应力，并利用相似原理，由矿场施工排量计算实验注入排量，对比分析滑溜水和 CO_2 裂缝起裂与扩展规律，采用高能 CT 对裂缝起裂动态监测和缝网形态精细刻化(图 2)，从图中可以看出 CO_2 压裂裂缝更复杂，沿层理弱面扩展并纵向穿层形成缝网，诱导裂缝面积和裂缝体积均较大，实验证实 CO_2 压裂可提高长 7 页岩油储层缝网复杂程度与改造体积。

(a)滑溜水　　(b) CO_2

图 2　长 7 露头岩心不同注入介质压裂裂缝扩展实验实物图和 CT 扫描图

3　CO_2 区域增能油藏数值模拟研究

3.1　CO_2 组分模型建立

以庆城油田页岩油长 7 段为研究对象，获取该区块储层地质力学参数，油藏埋深 2000m，平均油层厚度 12m，孔隙度 8.6%，渗透了 0.12mD，原始地层压力 15.80MPa，地温梯度 2.76℃/100m，压力系数 0.81，油藏温度 60℃。采用 CMG 软件的三维三相组分模型(GEM 模块)进行数值模拟，分别为单段缝压裂增能模拟模型和全井段全生产过程模拟模型，模型的网格数量分别为 80×100×3 及 150×50×3，平面网格步长分别为 5m 和 10m，垂向上网格步长均为 4m，网格类型为笛卡尔坐标系下的正交网格，该模型考虑了 CO_2 随地层压力和温度变化发生相态变化，气体膨胀增能驱油，反映 CO_2 在孔介质中真实流动规律，为区域增能关键参数优化提供基础依据。

3.2　CO_2 区域增能参数优化

在 CO_2 组分模型建立的基础之上，结合研究区块储层流体、相渗曲线、压裂改造参数、生产动态参数，开展 CO_2 增能理念、增能模式、注入排量、注入量等优化，为页岩油储层水平井 CO_2 压裂方案设计优化和矿场实践提供依据。

3.2.1　CO_2 增能理念优化

基于 CO_2 组分基础模型，分别建立页岩油水平井全井段单井和平台多井油藏数值模型，水平段长为 1500m，井距 300m，设计压裂 20 段，单段 3 簇，裂缝簇间距 10m，裂缝段间距 20m，单段 CO_2 注入量 300 方，注入排量 4 方/分钟，单井总注入 6000 方，分别得到地层压力场分布图(图 3~图 4)。数值模拟结果显示，单井平均地层压力由 15.80MPa 提高到 23.4MPa，提升 1.4 倍，平台多井区域平均地层压力由 15.8MPa 提高到 31.5MPa，提升 2.0 倍，由此可见 CO_2 可以大幅提高地层能量，解决长 7 页岩油低压能量不足问题，同时 CO_2 区域增能可提高平台整体能量，波及范围可实现缝控区域全覆盖，优化增能理念由单井增能向平台化整体注入实现井间、段间协同一体化增能转变。

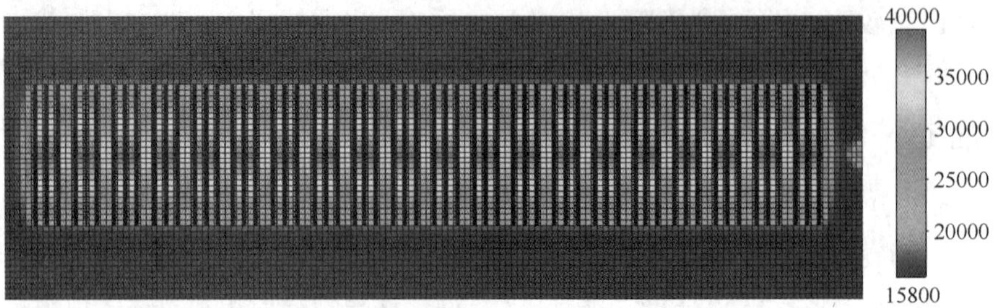

图3　单井 CO_2 注入地层压力分布场图

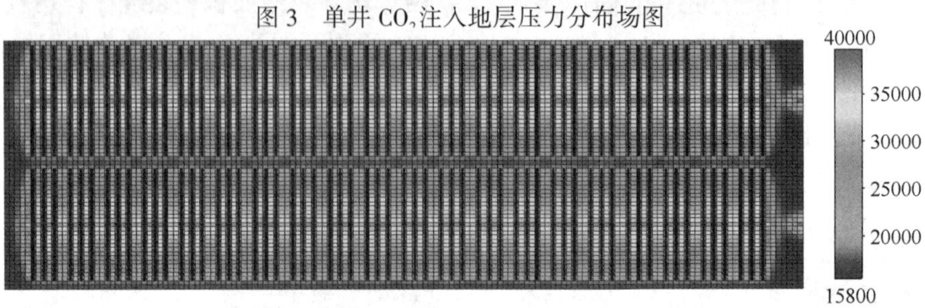

图4　平台多井区域 CO_2 注入地层压力分布场图

3.2.2　CO_2 增能模式优化

不同增能模式基础参数设置水平段长为1500m，井距300m，设计压裂20段，单段3簇，裂缝簇间距10m，裂缝段间距20m，其中全井段注入模式单段 CO_2 注入量300方，注入排量4方/分钟，单井总注入6000方，段间交替注入模式单段 CO_2 注入量300方，注入排量4方/分钟，单井总注入3000方，得到地层压力场分布图(图5)。模拟结果显示段间交替注入波及范围5~10m，对相邻段有一定增能与驱替作用，由于储层致密，多尺度微纳孔隙扩散流动能力相对较弱，段间相邻段未得到有效波及，因此，优化目标区域 CO_2 增能模式为全井段注入。

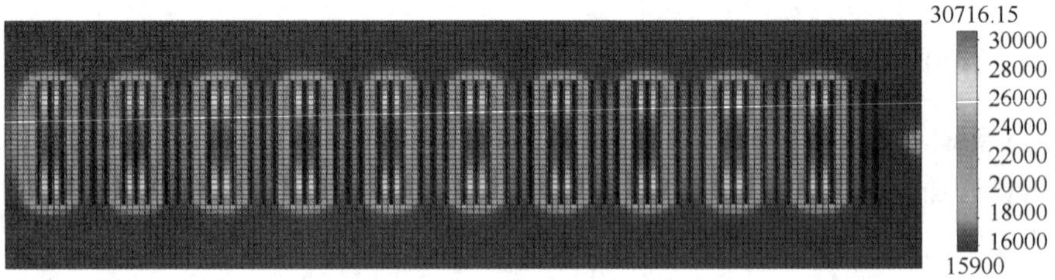

图5　段间交替注入模式地层压力分布场图

3.2.3　CO_2 增能效率对比

利用单段 CO_2 组分模型，分别注入 CO_2 与滑溜水，以动态泄流面积内地层平均压力为指标，研究不同注入流体的增能效果。单段3簇，裂缝簇间距10m，单段液态 CO_2 注入量300方，单段滑溜水注入300方，注入排量4方/分钟，闷井30天，得到注入与闷井阶段地层压力随时间变化曲线(图6)，其中注入结束阶段，CO_2 注入后平均地层压力为36.2MPa，滑溜水注入后平均地层压力为30.8MPa，相比滑溜水增能效果提高35.0%。闷井结束阶段 CO_2 注入后平均地层压力为37.4MPa，滑溜水注入后平均地层压力为29.8MPa，相比滑溜水增能效果提高54.3%，闷井过程中注入流体向地层扩散，CO_2 相态变化气体膨胀能够使地层平均压力进一步提升，而滑溜水难以维持增能效果，地层平均压力呈现下降趋势。

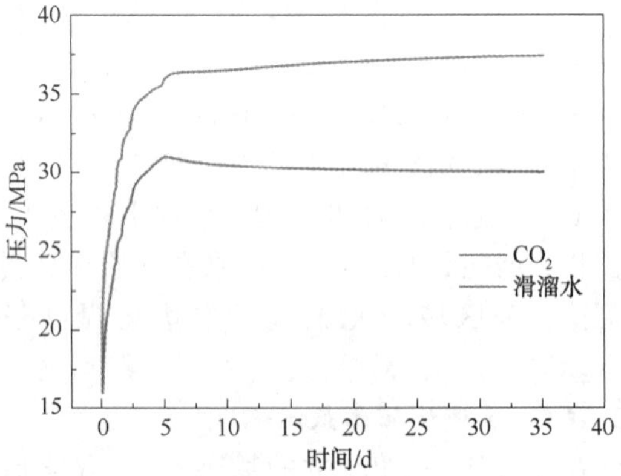

图6　注入与闷井过程中地层压力变化图

3.2.4　CO_2注入量与排量优化

数值模型设置液态 CO_2 注入量分别为 100～400 方，单段 3 簇，注入排量为 4 方/分钟，得到不同注入量下地层压力变化场图(图 7)，能量波及范围与注入量成正相关，进一步通过模型获取不同注入量下能量动态波及面积和横向波及距离，随 CO_2注入增加，能量波及面积和地层压力逐渐增加，在 200～300 方时，显著提升幅度显著增加，当超过 300 方后，继续提高注入量能量波及面积提升幅度减小，因此优化注入量为 300 方。

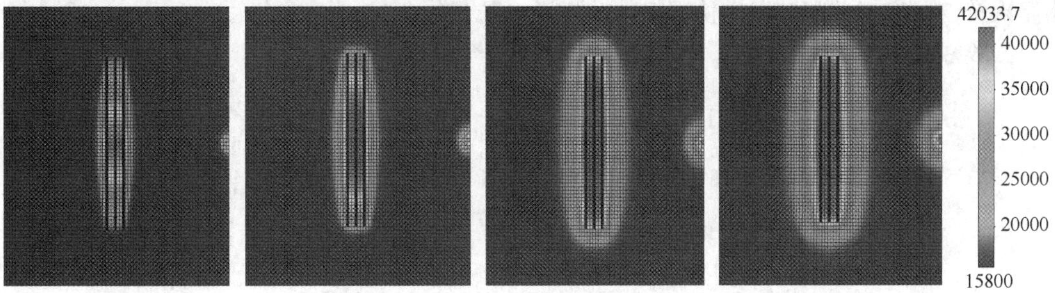

(a)100方　(b)200方　(c)300方　(d)400方

图 7　不同 CO_2注入量下地层压力变化图

在注入量优化的基础之上，数值模型设置液态 CO_2 注入排量分别为 2～5 方/分钟，单段 3 簇，注入量为 300 方，得到不同注入排量量下地层压力变化场图(图 8)，能量波及范围与注入排量正相关，进一步通过模型获取不同注入排量下地层压力随时间变化图，CO_2注入排量越高，在相同时间内注入量越多，压力上升幅度越快，有利于 CO_2快速向储层小孔隙扩散，提高波及范围，增能效果主要体现在注入前期，在注入后期，压力逐渐趋于平稳，压力上升幅度减小，优化注入排量为 4~6 方/分钟。

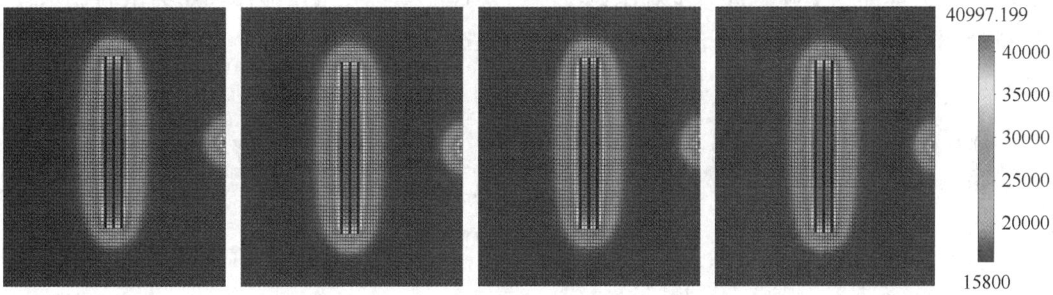

(a)2方/分钟　(b)4方/分钟　(c)6方/分钟　(d)8方/分钟

图 8　不同 CO_2注入排量下地层压力变化图

3.2.5　CO_2注入闷井时间优化

返排是衔接压裂与生产的重要环节，闷井时间直接影响能量波及范围与有效利用率，闷井过程是流体与基质孔隙压力平衡从而提高地层能量过程，数值模型设置闷井时间分别为 0 天、1 天、5 天、15 天、30 天，单段 3 簇，注入量为 300 方。得到不同闷井时间下近裂缝区域地层压力变化曲线图(图 9)，随着闷井时间的增加，簇间压力呈现快速递减的趋势，压力储层深部扩散，最终达到平衡。闷井时间为 15 天时，缝控区域内压力较高，且相邻基质区域内增压效果好，结合段间波及范围和协同作用，该闷井 15 天时为合理闷井时间，其动态泄流面积内地层压力 24.8MPa，是初始地层压力的 1.57 倍。

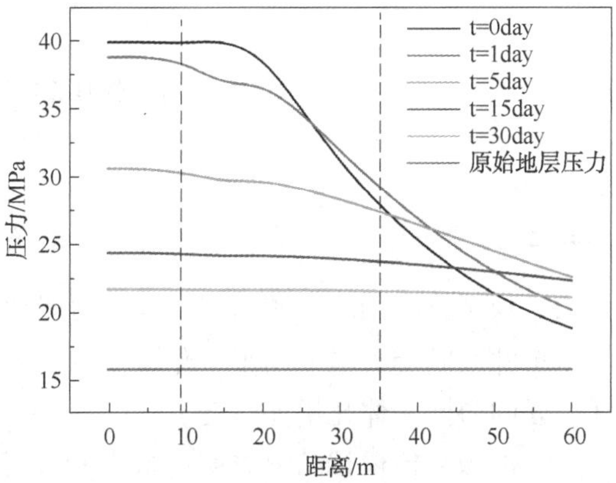

图 9　不同闷井时间下近裂缝区域地层压力变化曲线图

4 典型示范平台应用

庆城油田合水-庆城南能量整体偏低，地层原油粘度相当较高，2022 年在前期单井试验基础上，开展 CO_2 区域增能体积压裂试验，探索提产新方向，增能思路由单井段间交替注入向平台化整体注入转变，实现井间、段间协同一体化增能。平台试验 3 口井，施工排量 4 方/分钟，累计注碳 1.06 万吨。放喷阶段，相同排液制度和时间下，试验井井均井口压力高于对比井 2.6MPa（图 10），试验井生产压力保持程度 55.1%，对比井 38.0%，压力保持程度提高 1.5 倍，其中压力保持程度为目前井口压力与初始井口压力比值，说明 CO_2 可以快速有效补充地层能量。

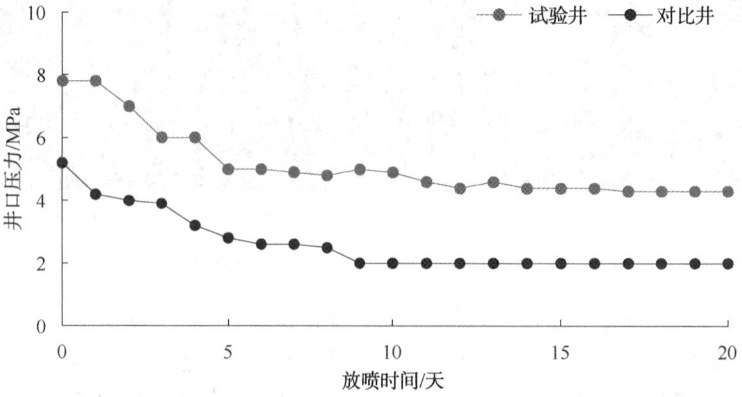

图 10　试验井与相邻平台井放喷井段井口压力对比图

试验平台 3 口井正常投产生产，截止目前生产 60 天，井均日产量达到 20.7 吨/天，相邻平台井 15.6 吨/天，提高 5.1 吨。进一步对比典型井在储层特征相近，压裂改造规模一致情况下日产油变化规律（图 11），目前试验井日产油量 25.1 吨/天，对比井日产油量 15.1 吨/天，矿场实践证实 $CO_{2区域}$ 增能体积压裂试验显示较好的单井提产潜力。

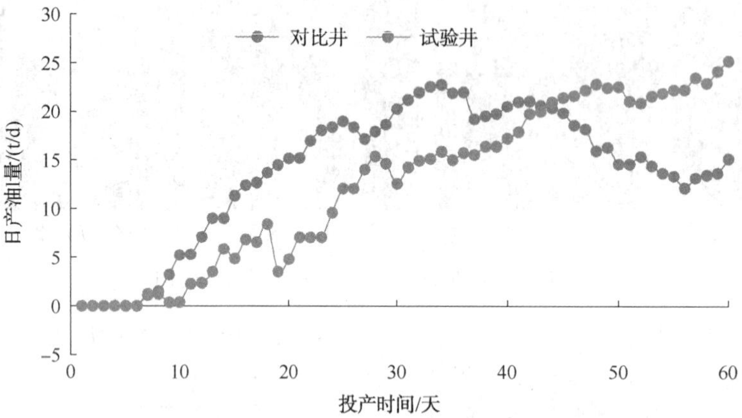

图 11　典型试验井与相邻平台井日产油对比图

5 结论

（1）长 7 页岩油水平井前置 CO_2 增能理念优化为由单井段间交替增能向平台化整体注入实现井间、段间协同一体化增能转变。

（2）油藏数值模拟结果表明：采用 CO_2 全井段注入增能模式可实现缝控区域全覆盖，优化单段注入排量为 4~5 方/分钟，液态 CO_2 注入量为 300 方，闷井时间为 5 天。

（3）研究成果应用于庆城油田页岩油示范区，矿场证实 CO_2 区域增能体积压裂试验井井均压力保持程度提高 2.1 倍，单井产油量由 15.6 吨/天 提高到 20.7 吨/天，展现出较好的提产潜力，为加快庆城油田高效开发和探索提产新方向提供科学依据。

参 考 文 献

[1] 焦方正，邹才能，杨智. 陆相源内石油聚集地质理论认识及勘探开发实践[J]. 石油勘探与开发，2020，47(6)：1-12.

[2] 雷群，胥云，才博，等. 页岩油气水平井压裂技术进展与展望[J]. 石油勘探与开发，2022，49(1)：1-8.

[3] 付锁堂，姚泾利，李士祥，等. 鄂尔多斯盆地中生界延长组陆相页岩油富集特征与资源潜力[J]. 石油实验地质，2020，42(5)：699-710.

[4] 付金华，李士祥，牛小兵，等. 鄂尔多斯盆地三叠系长7段页岩油地质特征与勘探实践[J]. 石油勘探与开发，2020，47(5)：870-883.

[5] Fu S, Yu J, Zhang K, et al. Investigation of Multistage Hydraulic Fracture Optimization Design Methods in Horizontal Shale Oil Wells in the Ordos Basin[J]. Geofluids, 2020, 65, 1-7.

[6] Zhang K, Zhuang X, Tang M, et al. Integrated Optimisation of Fracturing Design to Fully Unlock the Chang 7 Tight Oil Production Potential in Ordos Basin. Asia Pacific Unconventional Resources Technology Conference, Brisbane, Australia, 18 - 19 November 2019. SPE-198315-MS.

[7] Bai X, Zhang K, Tang M, et al. Development and Application of Cyclic Stress Fracturing for Tight Oil Reservoir in Ordos Basin[C]. Abu Dhabi International Petroleum Exhibition & Conference. 2019.

[8] 慕立俊，赵振峰，李宪文，等. 鄂尔多斯盆地页岩油水平井细切割体积压裂技术[J]. 石油与天然气地质，2019，40(3)：626-635.

[9] 吴顺林，刘汉斌，李宪文，等. 鄂尔多斯盆地致密油水平井细分切割缝控压裂试验与应用[J]. 钻采工艺，2020，43(3)：53-55.

[10] 胥云，雷群，陈铭，等. 体积改造技术理论研究进展与发展方向[J]. 石油勘探与开发，2018，45(05)：874-887.

[11] 李士祥，牛小兵，柳广弟，等. 鄂尔多斯盆地延长组长7段页岩油形成富集机理[J]. 石油与天然气地质，2020，41(4)：719-729.

[12] 付金华，郭雯，李士祥，等. 鄂尔多斯盆地长7段多类型页岩油特征及勘探潜力[J]. 天然气地球科学，2021，32(12)：719-729.

[13] 李树同，李士祥，刘江艳，等. 鄂尔多斯盆地长7段纯泥页岩型页岩油研究中的若干问题与思考[J]. 天然气地球科学，2021，32(12)：1785-1796.

[14] 刘博，徐刚，纪拥军，等. 页岩油水平井体积压裂及微地震监测技术实践[J]. 岩性油气藏，2020，32(6)：172-180.

[15] 焦方正. 鄂尔多斯盆地页岩油缝网波及研究及其在体积开发中的应用[J]. 石油与天然气地质，2021，42(5)：1181-1187.

[16] 张矿生，唐梅荣，杜现飞，等. 鄂尔多斯盆地页岩油水平井体积压裂改造策略思考[J]. 天然气地球科学，2021，32(12)：1859-1866.

[17] Tao L, Zhao Y, Wang Y, et al. Experimental study on hydration mechanism of shale in the Sichuan Basin, China. 55th U. S. Rock Mechanics/Geomechanics Symposium, 20-23 June 2021. ARMA-1159.

[18] Tao L, Guo J, Halifu M, et al. A New Mixed Wettability Evaluation Method for Organic-Rich Shales. SPE Asia Pacific Oil & Gas Conference and Exhibition, 17-19 November, 2020. SPE-202466.

[19] 郭建春，陶亮，陈迟，等. 川南龙马溪组页岩储层水相渗吸规律[J]. 计算物理，2021，38(5)：565-572.

[20] 袁士义，马德胜，李军诗，等. 二氧化碳捕集、驱油与埋存产业化进展及前景展望[J]. 石油勘探与开发，2022，49(4)：828-834.

[21] 戴厚良，孙义脑，刘吉臻，等. 碳中和目标下我国能源发展战略思考[J]. 石油科技论坛，2022，41(1)：1-8.

[22] 袁士义，王强，李军诗，等. 提高采收率技术创新支撑我国原油产量长期稳产[J]. 石油科技论坛，2021，40(3)：24-32.

[23] 刘合，陶嘉平，孟诗炜，等. 页岩油藏 CO_2 提高采收率技术现状及展望[J]. 中国石油勘探，2022，27(1)：127-134.

[24] 黄兴，李响，张益，等. 页岩油储集层二氧化碳吞吐纳米孔隙原油微观动用特征[J]. 石油勘探与开发，2022，49(3)：557-563.

[25] 黄兴，倪军，李响，等. 页岩油储集层二氧化碳吞吐纳米孔隙原油微观动用特征致密油藏不同微观孔隙结构储层 CO_2 驱动用特征及影响因素[J]. 石油学报，2020，41(7)：853-864.

[26] 伦增珉，吕成远，等. 页岩油注二氧化碳提高采收率影响因素核磁共振实验[J]. 石油勘探与开发，2021，48(3)：603-612. 石油学报，2020，41(7)：853-864.

[27] 史晓东，孙灵辉，展建飞等. 松辽盆地北部致密油水平井二氧化碳吞吐技术及其应用[J]. 石油学报，2022，43(7)：998-1006.

可视化测井技术在页岩油水平井重复压裂的研究与试验

刘江波[1,2]　王尚卫[1,2]　严正国[3,4]　杨义兴[1,2]　任　勇[1,2]　张雄涛[5]
罗有刚[1,2]　赵鹏玉[1,2]　梁万银[1,2]　隋明祥[1,2]　刘利娜[1,2]　王在强[1,2]

（1. 中国石油长庆油田分公司油气工艺研究院；2. 低渗透油气田勘探开发国家工程实验室；
3. 西安石油大学；4. 光电油气测井与检测国家教育部重点实验室；
5. 中国石油长庆油田分公司油田开发事业部）

摘　要　针对长庆油田页岩油水平井井筒修复及重复改造过程中遇到的水平段井下状况难以精准检测的问题，本文提出了水平段可视化测井技术方案。该方案采用爬行器与 VideoLog 可视化测井仪组合下井，解决了长工具串入井的难题，通过七芯电缆并行传输技术和专用连接工具，能够视频监测并录取水平段套损、结垢、落鱼等各种复杂井况的第一手资料，为研究分析及治理水平井复杂问题提供了一种新的技术手段，有效支撑了长庆油田页岩油水平井的有效开发。

关键词　可视化测井；VideoLog；爬行器；页岩油；水平井

随着页岩油勘探开发的推进，大平台、长水平段、细分切割体积压裂已成为主体开发技术，在提高产能的同时陆续出现井筒出砂、结垢、套损等问题，导致部分老井产量下降较快，需要及时开展井筒修复、重复压裂等作业，作业前需对井筒状况进行精准判断。目前在不压井、不动管柱的情况下，油、气井井筒检测常采用 MIT+MTT(多臂井径+磁测厚)测井仪等方法判断井下状况，由于水平段井筒内存在砂、蜡、垢、残损胶筒等，导致该测试方法难以全面、直观反映水平井井筒真实状况。水平井修复治理亟需引入新的检测技术，以便对水平井水平段井况进行全面、精准检测，最大程度消除井下问题的不确定性，为制定治理措施提供可靠依据，提高措施的针对性和有效率，并为评价措施效果提供新的技术手段。

1　技术方案的提出

作为全新一代油气井可视化检测技术，VideoLog 技术通过井下摄像机获取井下彩色全帧率视频图像，利用测井电缆高速传输系统实时传输到地面，能够非常直观、全面地反映井筒内真实的状况，并且在长庆油田直井中应用已经近百口。本研究将 VideoLog 技术应用于水平井检测，将有助于提高水平井井筒的检测和认识水平。

VideoLog 应用于水平井的关键是需要解决井下工具在水平井输送的难题。水平井井下工具输送主要有泵送、连油和电缆爬行器三种方式。泵送受井身结构影响较大，容易出现送不到位的情况；普通连油无法传输实时视频图像，带缆连油设备配备较少，穿缆费用高。连油输送虽然作业能力强，输送距离远，但是对于长庆油田而言，设备搬迁难度大，作业费用高。结合长庆油田低产低渗油井井口压力低、水平段较短、油井高含水的特点以及低成本、高性能的检测要求，提出了水平井爬行器可视化测井技术方案，英文简称 CVL(Crawler Visualization Logging)。

2　CVL 系统组成及工作原理

1）系统组成

CVL 系统采用七芯测井电缆车作业，系统组成如图 1 所示。系统主要由三部分组成：井下工具串组合，七芯电缆绞车及测控系统，地面组合测控仪。

井下工具串包括 VideoLog 可视化测井仪、扶正器、爬行器及连接工具等，如图 2 所示。VideoLog 可视化测井仪连接在井下工具串最前端，通过专用连接工具与爬行器连接。测试时，直井段爬行器关闭，仪器靠自重下放，当井斜增大，仪器无法靠自重前进时，开启爬行器电源，在地面控制下爬行器按照预定的速度行进，直至到达检测终点位置。在整个下放过程中，VideoLog 可视化测井仪获取井下视频图像，实时传输到地面，进行录像存储。检测完成后，关闭爬行器电源，收起驱动轮，用电缆绞车将井下工具串提出。

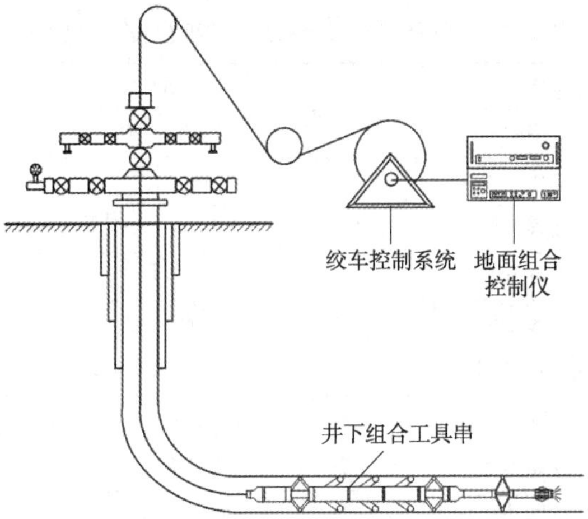

图 1　CVL 水平井可视化检测系统

爬行器与 VideoLog 可视化测井仪的组合，是“眼睛”与“手脚”的组合。爬行器为 VideoLog 在水平段的行进提供动力，将 VideoLog 可视化测井仪输送到目的位置；VideoLog 给爬行器充当“眼睛”，提高了爬行器作业的安全性，大大降低了爬行器井下遇卡事故的风险。

2）并行传输方式

CVL 组合的关键是工作的兼容性问题，爬行器和 VideoLog 有各自的遥传系统和井下仪器总线，两者并不兼容。爬行器采用单芯电缆传输系统，数据传输速率无法满足 VideoLog 彩色图像的传输要求。而要让 VideoLog 遥传系统兼容爬行器通信协议，涉及复杂的协议转换、时序逻辑设计等软硬件兼容性问题，开发难度较大，周期较长。CVL 组合创新性的采用了并行传输方式，两套遥传系统通过使用不同的缆芯，独立工作，保持了各自独立的传输控制协议，从而实现了组合下井，协同工作。爬行器使用缆芯 2、3、5、6，缆芯 1、4、7 从爬行器贯通供 VideoLog 使用，外皮连接到仪器外壳，作为电源地共用。并行传输方式下缆芯分配如图 3 所示。

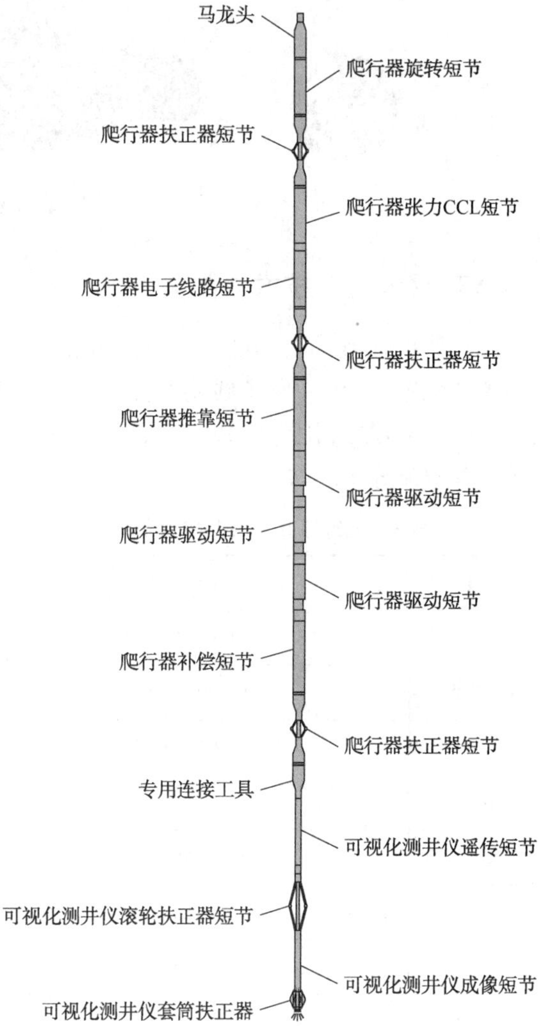

图 2　CVL 井下工具串组合

3）CVL 专用连接工具

爬行器采用 28 芯承压密封连接器，VideoLog 井下仪采用四芯滑环连接器，CVL 专用转换接头实现了 28 芯承压密封连接器到 4 芯滑环连接器的转换，为 VideoLog 提供了七芯电缆缆芯 1，4，7 三根过线，以及通过外壳提供了电缆外皮的连通。

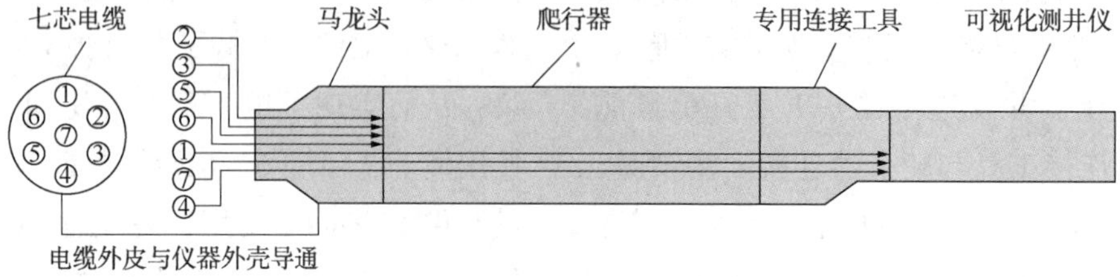

图3　并行传输方式七芯电缆缆芯分配

图4　CVL专用转换接头

3　CVL系统主要技术参数

爬行器由张力CCL短节、扶正器短节(一般一串仪器配置4个)、电子线路、推靠短节、驱动短节(一串仪器标配3个)、补偿短节等组成，其技术参数见表1。

表1　爬行器井下仪器技术参数

工作温度范围	IB：-25~150℃
最大承受压力	IB：100MPa　IC：140MPa
输入电源	AC220V 15A
输出电压	0~600VDC
输出电流	0~4A
常规爬行速度	200~300m/h
最大负载	200 * m Kg(m为驱动段数目，最大为6节)
适应套管范围	5.5"~9.625"
适合电缆	七芯/单芯
可接仪器	七芯/单芯
仪器外径	80mm
仪器总长	9.5m(3节驱动情况下)
仪器重量	配接4个扶正器时，203Kg(3节驱动)；177Kg(2节驱动)

VideoLog井下仪由遥传短节和成像短节组成，主要完成视频图像采集、存储、压缩编码和传输，其技术参数见表2。

表2　可视化测井仪地面测控平台技术参数

工作温度	-20~+125℃
极限耐温	+150℃
工作压力	60MPa
极限耐压	65MPa
供电电源	DC180V 1A
图像颜色	彩色
图像分辨率	352×288(传输)；720×720(存储)；
帧率	1~30fps
存储容量	32G
仪器外径	54mm
仪器长度	2.49m
仪器重量	24Kg
适用电缆	七芯

4　现场试验情况

1）老井井筒评价试验

CVL首次在长庆油田进行了页岩油水平井井筒评价试验，最大下入井深3242m、最长水平段爬行距离1043m，顺利爬行完全部水平段，获取到大量水平井视频图像，完成了老井水平段套损、结垢、射孔、产出检测与评价，首次"揭露"了井下秘密，让我们第一次对页岩油水平井的井下状况有了全新的、直观的认识。由于信息量巨大，受篇幅所限，不能一一赘述，只截取部分图像略作展示，如图5所示。

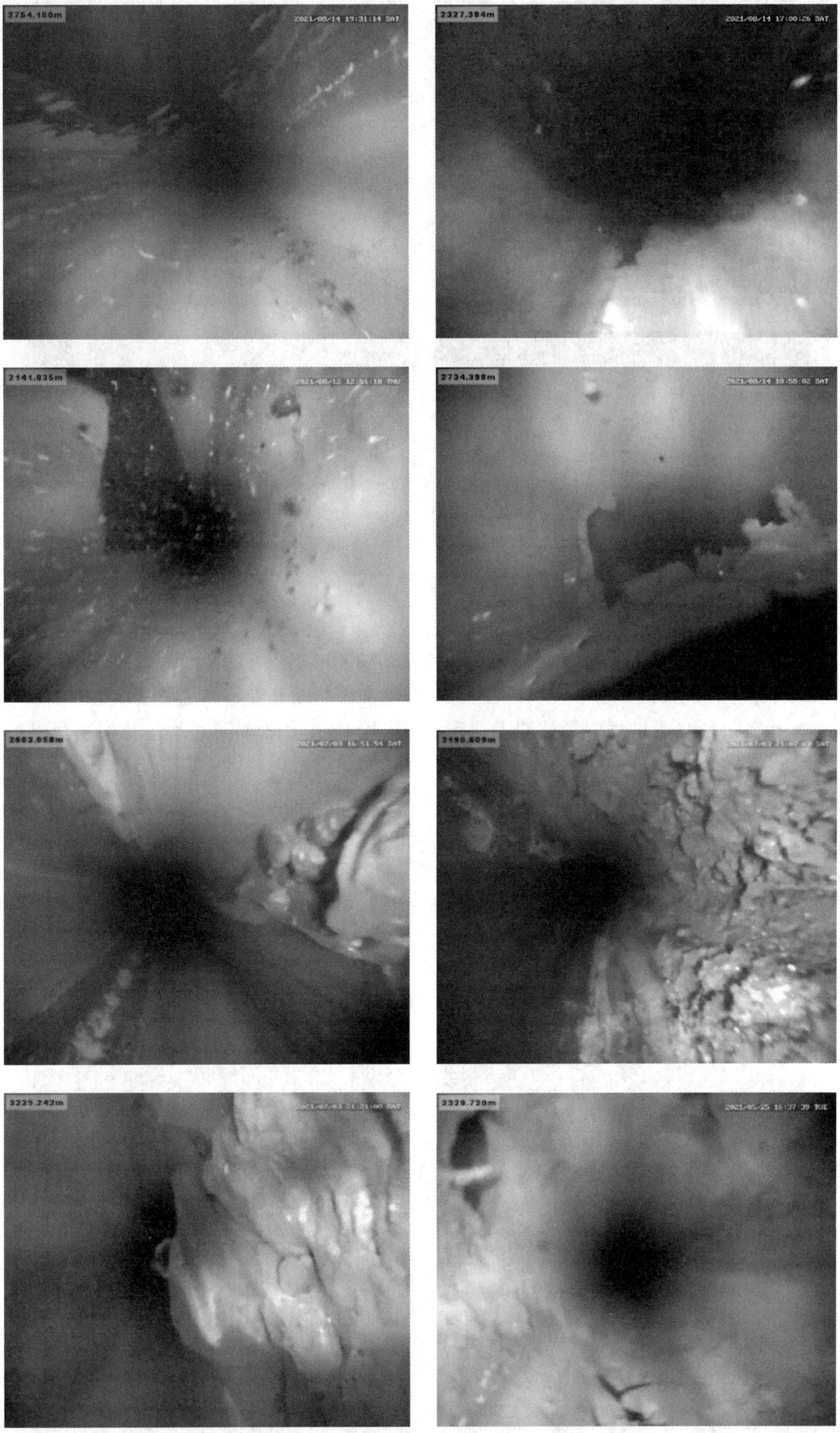

图 5　CVL 获取到的页岩油水平井水平段图像

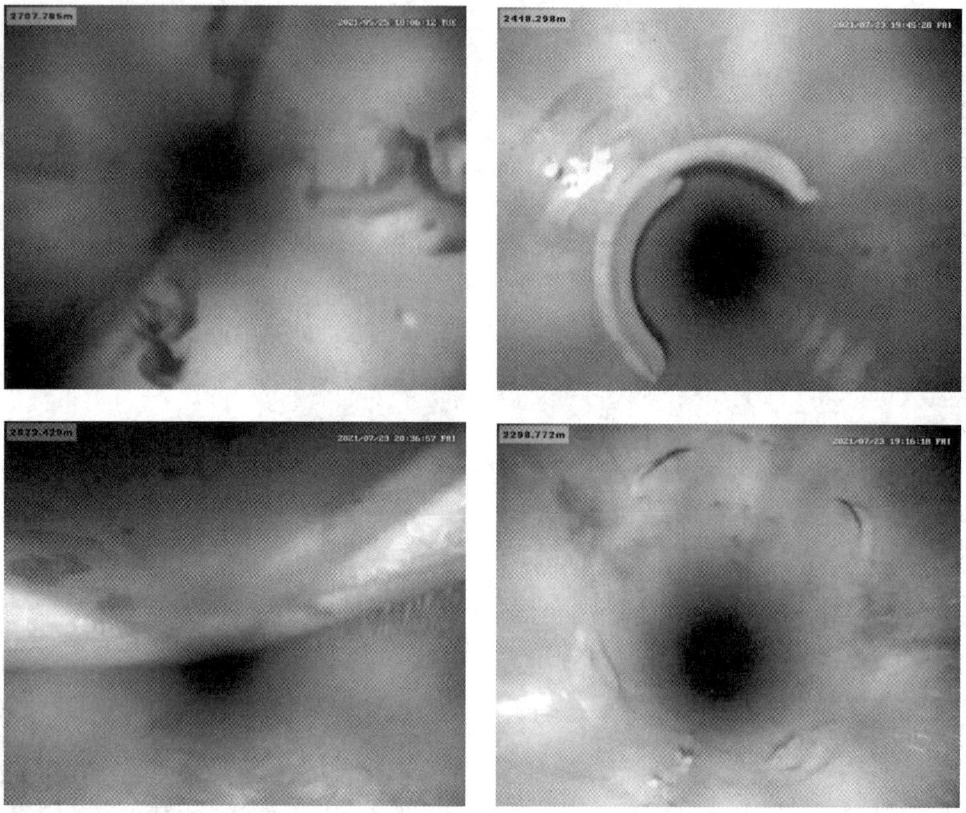

图5　CVL获取到的页岩油水平井水平段图像(续)

2）事故井落鱼情况检测试验

XX-XX井在重复改造过程中管柱遇卡，解卡不成功被动爆炸切割，落鱼在2822m附近。由于水平井井筒特殊性，传统的铅印“打印”不能准确判断套管整体变形及落鱼准确状态，其后采用CVL清晰观测到落鱼及附近套管情况，为后期井筒治理提供了重要依据。

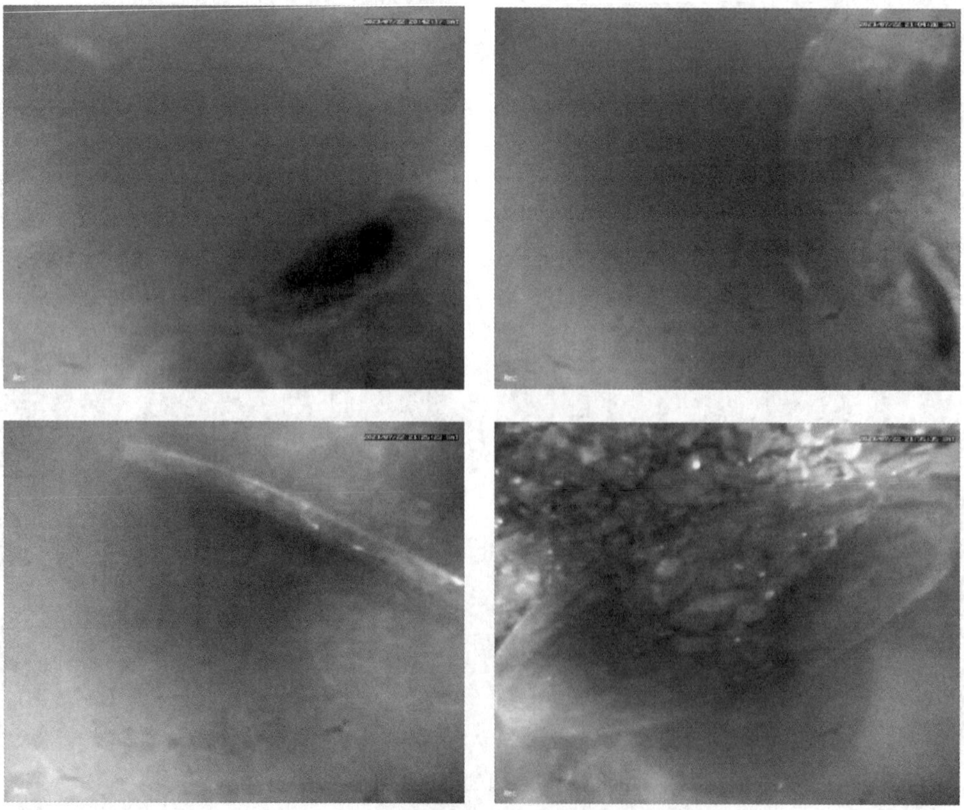

图6　CVL获取到的页岩油事故井落鱼图像

5 结论与认识

CVL采用并行传输方式和专用连接器，实现了爬行器与VideoLog的组合。拓展了VideoLog可视化检测的应用领域，为页岩油水平井可视化检测提供了一种新的技术手段。现场成功应用取得以下结论与认识：

1）CVL在水平段行进过程中，地面可实时获取到流畅的彩色视频信号，极大地提高了爬行器作业的安全性。

2）CVL测试结果直观，信息量大，全面反映了水平段最真实的井下状况，为研究分析水平井复杂问题提供了有力的硬件支撑。

3）水平井的水平段流体分层，可视条件好，相比直井更易获得高清的视频图像。

4）页岩油水平井可视化检测开启了通过视频认识、分析水平井问题的新时代。井下视界，前所未见，我们需要更多的实践，积累更多的经验，增强我们从视频分析中获取信息的能力。

6 技术展望

“爬行器+可视化”测井技术在页岩油水平井的成功试验，相当于延长“眼睛”的视线，能够更加精准“看”到井下“病灶”，为下一步措施作业方案的编制提供了更加可靠的资料，缩短了作业周期，提高了作业安全性和成功率。下一步，笔者与研发团队将持续探索“可视化+打捞工具”技术，同时积极开展测试技术与井下连续油管工具、电缆工具的测治一体化组合技术，全力推动可视化测井技术在页岩油的延伸拓展与现场应用。

参考文献

[1] 李建超．盐家油田井碰事故原因分析及经验总结[J]．中国石油和化工标准与质量，2014，34(10)：124.

[2] 王恒，崔永辉．草4丛式井组相碰事故经验与教训[J]．钻采工艺，2007(4)：151，158.

[3] 李兵，胥豪，牛洪波，等．丛式井组加密井防碰技术及应用[J]．钻采工艺，2018，41(4)：5-6，23-16.

[4] 严正国，汤英，王旭，等．井筒可视化检测图像失真校正方法[J]．西安石油大学学报(自然科学版)，2020，35(6)：107-114.

[5] 张斌山，严正国，张郁山，等．视频测井图像处理技术与应用[J]．测井技术，2019，43(4)：376-379.

[6] 王潇祎，杨飞，安凯繁．水平井生产测井技术国内外发展情况研究[A]．廊坊市应用经济学会．对接京津——新的时代 顶层设计论文集[C]．廊坊市应用经济学会：廊坊市应用经济学会，2020：12.

[7] 刘叶兴，潘岩．水平井测井仪器输送技术及其应用[J]．电子技术与软件工程，2019(16)：237-238.

鄂尔多斯盆地东部致密碳酸盐岩加砂压裂技术研究与试验

牟春国[1,2]　问晓勇[1,2]　王文雄[1,2]　祖　凯[1,2]

(1. 中国石油长庆油田分公司油气工艺研究院；
2. 低渗透油气田勘探开发国家工程实验室)

摘　要　盆地东部致密碳酸盐岩分布面积大，资源量大，是长庆油田天然气增储上产的重要接替领域。与靖边气田马五$_{13}$相比，具有储层致密、高灰岩含量、孔隙充填程度高等特征，常规酸压适应性较差，试气产量整体偏低。通过深化致密碳酸盐岩增产机理、水力裂缝延伸规律研究，明确裂缝形态为“主裂缝+多分支裂缝”，创新形成了“高粘液造主缝、滑溜水沟通微裂缝、暂堵转向扩支缝、三级缝网支撑”的压裂技术模式，单段加砂量实现60~90方，裂缝平均导流由86mD·m提高到182mD·m。试验直井与前期酸压相比，单井产量平均提升1.4~3.2倍，工业气流井比例提升30%以上；水平井均相比酸压直井产量提升8~20倍。该技术实现了单井大幅提产，加快推进了太原组灰岩、奥陶系盐下新类型致密碳酸盐岩勘探开发进程，已逐渐成为长庆油田致密碳酸盐岩提产的主体技术。

关键词　致密碳酸盐岩；加砂压裂；体积改造；裂缝网络；多尺度裂缝

鄂尔多斯盆地东部致密碳酸盐岩气藏资源量大，主要包括奥陶系中上组合、奥陶系盐下、太原组灰岩，是长庆油田天然气增储上产的重要接替领域，实现致密碳酸盐岩高效勘探和开发的经济与社会意义重大。

与靖边气田马五$_{13}$相比，盆地东部碳酸盐岩储层致密、溶孔不发育、灰岩含量高，常规酸压改造增产效果不理想，低产井比例高。其中盆地东部马五$_{1+2}$前期主体采用酸压改造，试气平均产量1.39万方/日，<1万方/日的低产井占比达到60.4%，太原组灰岩、奥陶系盐下马四致密碳酸盐岩酸压产量也较低，酸压改造工艺表现出不适应性，增产效果较差，亟需转变增产改造技术思路，探索新的储层改造工艺技术，提高单井产量。

表1　不同区块/领域碳酸盐岩储层特征对比表

区块	盆地东部			靖边气田
碳酸盐领域	中上组合	奥陶系盐下	灰岩	中上组合
主力层	马五$_{1+2}$	马四	太原组	马五$_{13}$
埋深(m)	2000-2900	2700-3600	2100-3900	3000-3500
岩性	灰质白云岩	灰岩、薄层云岩	灰岩	白云岩
孔隙类型	晶间孔	晶间孔	晶间孔、微裂缝	溶孔
孔隙度(%)	3.90	2.62	0.4-9.8	6.20
渗透率(mD)	0.41	0.089	0.01-0.1	2.63
酸不溶物(%)	6.2-10.6	4.3-8.5	3.4-6.3	1.3-3.6

碳酸盐岩储层受成岩作用及自生矿物充填的影响，储层物性变差，采用常规的酸压改造措施产量较低，难以达到工业气流标准，对于致密碳酸盐岩储层，水力加砂压裂由于压裂液与地层不易发生化学反应，液体滤失低、造缝效率高，能够实现深穿透造长缝的目的，有效地提高渗流面积。通过提高裂缝改造距离和裂缝网络复杂程度来提高单井产量。LIU Zhiyuan 等学者通过开展酸压物理模拟实验，对控制碳酸盐岩酸压裂缝体形态的影响因素进行了研究，天然裂缝、溶洞的

展布及地应力差异对水力裂缝扩展的影响，郭建春等人开展马五$_5$酸压裂缝体形态与流动能力的控制因素分析，在压裂造缝基础上酸压可形成复杂裂缝体，提高裂缝导流。对于闭合压力较高的地层，在裂缝闭合后，加砂压裂支撑的裂缝能维持更高的裂缝导流能力。

1 储层改造工艺技术转变

1.1 酸压改造增产面临困难

影响酸压改造效果的关键因素是酸蚀裂缝的有效长度和导流能力。该区致密碳酸盐岩储层灰岩含量高。为了明确白云岩、灰岩的酸岩反应动力学差异，选取方解石含量分别为10%，25%，44%和93%的4种岩样，在酸液浓度为20%，实验温度为90℃，转速为500r/min的条件下开展酸岩反应动力学实验研究。实验结果（表2）表明：相同条件下，随着储层方解石含量增加，酸岩反应速率加快，白云岩的酸岩反应速度远小于灰岩，灰岩储层因酸液过度溶蚀造成酸蚀裂缝距离较白云岩缩短。

表2　不同条件下酸岩反应动力学实验结果

岩性	方解石含量/%	反应前质量/g	反应后质量/g	质量差/g	酸液浓度 C0/(mol/L)	浓度差/(mol/L)	反应速度/(10^{-6}mol/cm^2·s)	lgC0	lgJ
白云岩	10	14.74	13.40	1.34	6.02	0.0268	3.7614	0.861	-5.425
灰质白云岩	25	14.08	12.62	1.46	6.02	0.029 2	4.098 25	0.861	-5.387
灰质白云岩	44	15.85	13.37	2.48	6.02	0.049 6	6.9614	0.861	-5.157
灰岩	93	13.78	7.18	6.60	6.02	0.132 0	18.5263	0.861	-4.732

采用三维扫描电镜等实验方法，对不同岩性酸蚀前后裂缝导流能力对比评价，结果显示：灰岩刻蚀程度较高，但缝面均匀刻蚀，裂缝闭合后导流能力较低；白云岩刻蚀程度较低，溶蚀主要沿节理面和微裂缝刻蚀，裂缝闭合后非均匀导流能力较高。

盆地东部储层特别是马五$_1^3$发育泥质充填的角砾白云岩，酸蚀后大量粘土析出并吸附在裂缝壁面，堵塞裂缝通道，降低裂缝导流能力。

根据盆地东部致密碳酸盐岩酸岩反应实验评价结果，储层方解石含量高，泥质等酸不溶物含量增加，酸压改造的酸蚀裂缝距离短、裂缝导流能力低、非均匀刻蚀程度差是造成该类储层低产的主要原因。因此，针对盆地东部致密碳酸盐岩储层改造，转变增产技术思路，开展加砂压裂技术研究与试验。

1.2 体积压裂改造可行性

体积改造的储层影响因素包括天然微裂缝发育程度、岩石脆性、水平应力差等。实验测试表明，盆地东部碳酸盐岩储层脆性指数57.6%～61.2%，水平两向应力差4.5～9.6MPa，且天然裂缝较发育，综合评价认为，该区致密碳酸盐岩储层开展体积加砂压裂，具备形成复杂裂缝的条件。

表3　盆地东部致密碳酸盐岩储层岩石力学及地应力实验数据表

层位	气藏埋深/m	水平应力差/MPa	杨氏模量/GPa	泊松比	脆性指数/%	裂缝密度/(条/m)
苏里格盒8	2800-3500	6.5-10.3	23.6-35.2	0.13-0.21	35.0	不发育
中上组合马五$_{1+2}$	2000-2900	4.5-9.6	32.4-50.3	0.18-0.23	57.6	1-3
盐下马四	2700-3600	5.6-7.8	34.4-57.2	0.18-0.25	59.4	2-6
太原组灰岩	2000-3400	4.5-5.2	33.2-52.5	0.20-0.25	61.2	3-7

2 体积压裂裂缝特征实验研究

2.1 物模实验研究

太原组灰岩物模露头选自山西省临汾市乡宁县。参考现场施工参数，并结合相似原理计算室内物模实验压裂液排量及粘度。基于Kaiser效应测地应力结果确定新层系物模压裂的三向应力差，试件的尺寸被加工为30cm×30cm×30cm，其中井筒长度为 15cm，设置声发射监测点 2 个。

在灰岩物模露头的压裂实验中，本文采用 0.4%滑溜水体系压裂液，注液排量设为 8ml/min，基于 Kaiser 效应测地应力结果，三向应力分别设为：σ_h = 15MPa、σ_H = 26MPa、σ_v = 37MPa。其中针对灰岩露头，本文分别设置了两组不同露头的实验，一个是天然裂缝不发育的露头，一个是天然裂缝发育的露头。两块灰岩露头实验前照片及地应力施加示意如图 1 和图 2 所示。

图 1　天然裂缝不发育灰岩物模试样

图 2　天然裂缝发育灰岩物模试样

天然裂缝不发育灰岩和天然裂缝发育灰岩压裂过程中的注液加载-声发射曲线表明，天然裂缝不发育灰岩的破裂压力较高达到 50~60MPa，注液曲线表明裂缝呈间歇式扩展；天然裂缝发育灰岩开展水力压裂时，破裂压力 15~20MPa 较低，水力裂缝会沟通天然裂缝，形成多条裂缝。声发射幅值是反映裂缝扩展速率的关键参数，实验发现灰岩裂缝扩展速率高低交错，进一步表明了裂缝扩展具有间歇式特征。图 3 为天然裂缝不发育灰岩压裂实验后结果，图 4 为天然裂缝发育灰岩实验后结果。

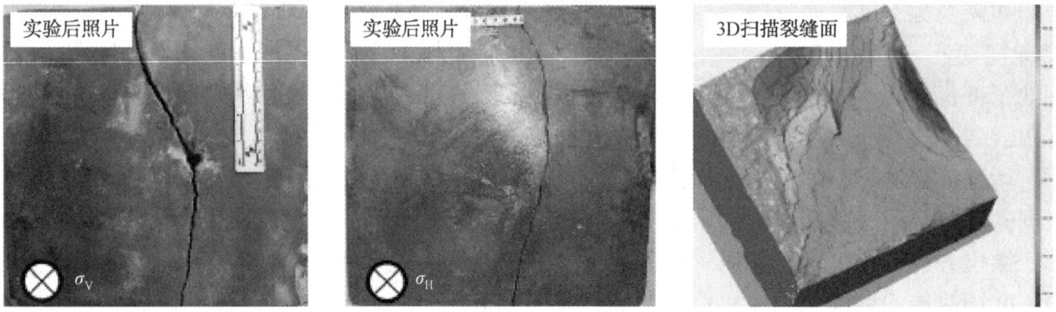

图 3　天然裂缝不发育灰岩实验后照片与裂缝面扫描

图 4　天然裂缝发育灰岩实验后照片与裂缝面扫描

由于水力压裂裂缝表面特征对缝内压裂液的流动具有重要影响，采用岩石断面三维扫描系统对破裂面的信息进行提取，可以为计算裂缝面粗糙度及裂缝面面积提供依据。图5为灰岩裂缝面3D扫描结果。基于3D扫描裂缝面高度偏差数据的离散程度(标准差)，去计算裂缝面粗糙程度。计算标准差越大，表明监测点之间高度差异越大，即裂缝面粗糙度越大。计算发现灰岩裂缝面粗糙度为4.95。

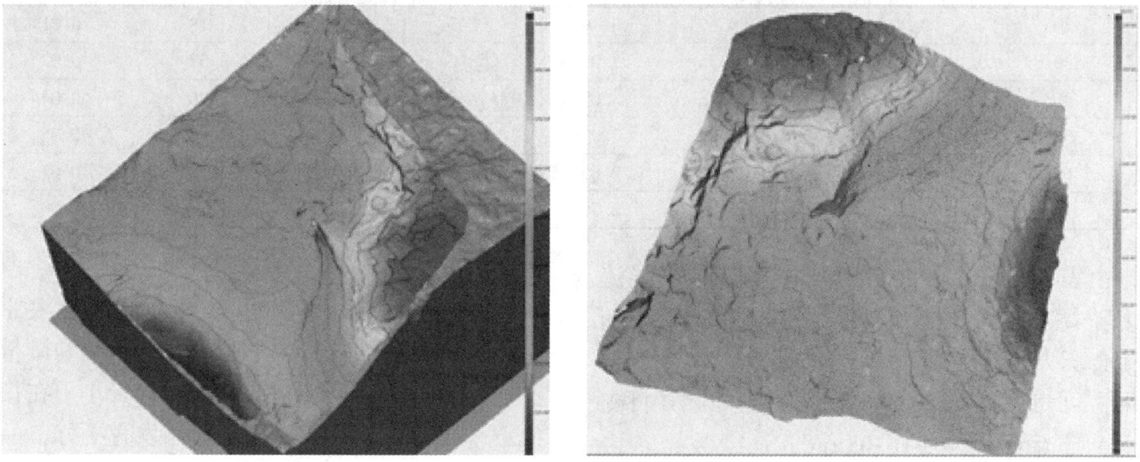

图5　灰岩裂缝面3D扫描

2.2　支撑剂嵌入实验研究

选取了靳21井太原组灰岩全直径岩心，并加工成长宽厚为为139.7mm×38mm×15mm的标准导流岩板。参考现场压裂设计参数设置泵注排量、最大闭合压力、铺砂密度，如表4所示。

表4　灰岩导流能力测试实验方案

实验编号	深度	岩性	注入排量/(ml/min)	最大闭合压力/MPa	置入方式	铺砂密度/(kg/m^2)	支撑剂粒径/目
1#	3408.2	灰岩	6	60	静态置入	4	70/140
2#	3408.7	灰岩	6	60	静态置入	4	40/70
3#	3409.8	灰岩	8	70	静态置入	5	40/70
4#	3410.2	灰岩	8	70	静态置入	5	70/140
5#	3410.6	灰岩	10	80	静态置入	6	40/70

其中，加载最高有效闭合压力为70MPa，本实验采用10MPa、20MPa、30MPa、40MPa、50MPa、60MPa、70MPa共计7个有效闭合压力点开展支撑剂充填层导流能力测试。需要说明的是，实验测试温度为室温(25℃)条件，测量介质为2wt% KCl溶液，本文开展的实验为短期导流能力的测试。首先进行金属板导流能力测试(对照组)，随后进行岩板导流能力测试，由于金属板为刚性材料，支撑剂对其的嵌入程度可忽略不计，通过对比钢板和岩板裂缝宽度的变化来计算不同闭合压力下支撑剂嵌入深度，最后通过显微镜观察嵌入情况。

针对灰岩，本文专门研究了支撑剂粒径对裂缝导流能力的影响，支撑剂规格分别为40/70目、70/110目，支撑剂铺置浓度设定为5kg/m^2。

对灰岩岩板开展支撑剂导流能力测试，实验后岩板照片如图6所示。不同闭合压力下灰岩导流能力与支撑剂嵌入深度如表5所示。

图6　实验编号3#实验后岩板样品示意图

表 5　编号 3#支撑剂导流能力及嵌入程度测试结果

实验编号：3# 铺砂浓度：5kg/m²	钢板			灰岩岩板			嵌入深度/mm
闭合压力/MPa	导流能力/(Dc. cm)	渗透率/Dc	缝宽/mm	导流能力/(Dc. cm)	渗透率/Dc	缝宽/mm	
10	38. 44	116. 48	3. 30	41. 75	126. 52	3. 3	0. 00
20	31. 77	99. 59	3. 19	30. 47	95. 82	3. 18	0. 01
30	25. 45	82. 36	3. 09	25. 50	83. 06	3. 07	0. 02
40	19. 63	65. 43	3. 00	19. 48	65. 81	2. 96	0. 04
50	14. 63	50. 27	2. 91	14. 05	49. 13	2. 86	0. 05
60	10. 71	37. 58	2. 85	10. 10	36. 33	2. 78	0. 07
70	7. 84	28. 10	2. 79	6. 89	25. 52	2. 70	0. 09

由表 5 发现，在 40/70 目支撑剂下灰岩导流能力随着闭合压力线性下降，支撑剂嵌入深度随着闭合压力线性上升。结合 Kaiser 效应测地应力结果，可知在灰岩储层地应力条件下 40/70 目支撑下，导流能力约为 14. 05μm²·cm，支撑剂嵌入深度约为 50μm。

2. 3　储层伤害与压裂液优化

根据 XRD 的图解结果中可以得到，太原组灰岩主要是碳酸盐岩，含有少量的石英和微量粘土，白云石主要为胶结物，粘土含量小。在扫描电镜下可以看出，灰岩储层缝洞发育更好，晶体结构明显；但总体而言各层位岩性致密，连通性差，渗透率低。

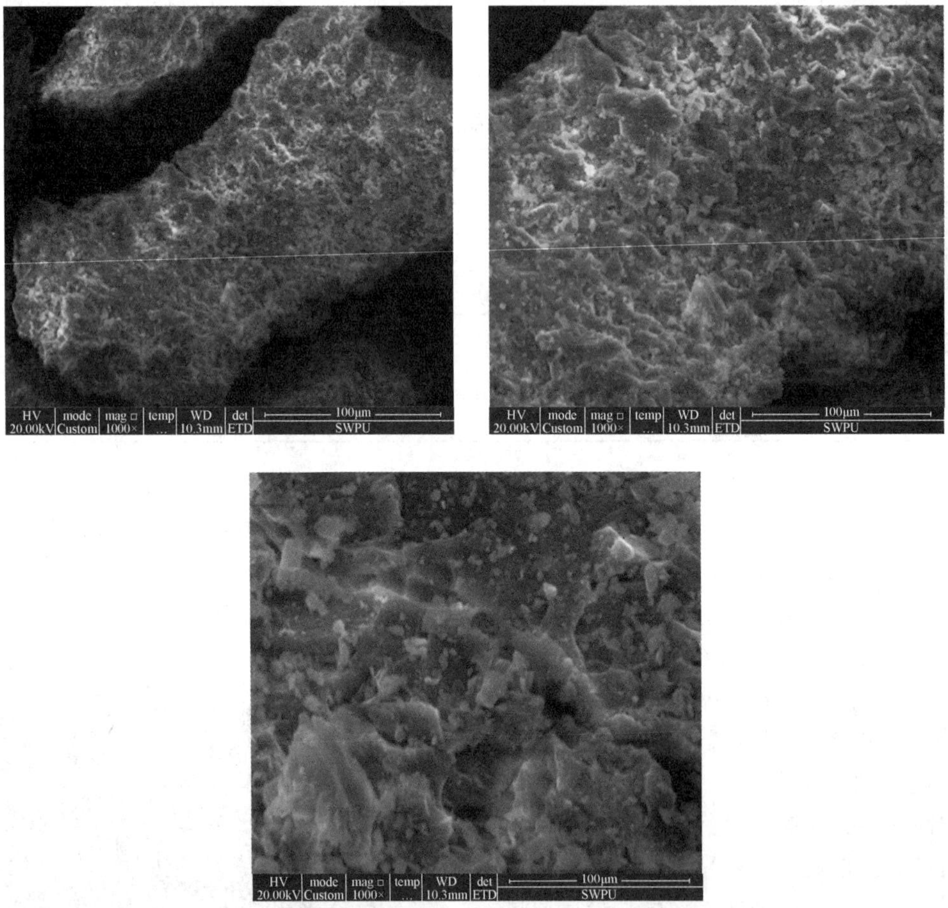

图 7　米 120 扫描电镜图片

将岩心中心进行剖缝，烘干后饱和盐水，测得岩心原始渗透率，再用 0. 1% 和 0. 3% 稠化剂压裂液驱替岩心，测得压裂液伤害后的渗透率。实验获得的岩心伤害率为 12. 5% ~ 27. 6%，随着稠化剂浓度增大，岩心的伤害增大。

表 6　灰岩岩心压裂液伤害评价实验结果

取心井号	井深/m	盐水驱初始渗透率 K0/mD	0.1%稠化剂压裂液驱渗透率 K1/mD	0.3%稠化剂压裂液驱渗透率 K2/mD	渗透率伤害率/%
麒 71	2852.1	9.78	8.56	/	12.5
麒 71	2852.4	8.63	/	6.54	24.2
米 120	2544.6	2.16	1.82	/	15.7
米 120	2544.7	2.82	/	2.04	27.6

根据储层致密、高杨氏模量、低缝宽的特点，压裂液优选低浓度交联胍胶造主裂缝，提高裂缝宽度，低粘滑溜水携砂扩微裂缝，增大裂缝改造体积。盐下马四储层优选 0.35%的低浓度胍胶体系，太原组灰岩优选 0.3%的低浓度胍胶体系，滑溜水优选 EM60 滑溜水体系，优化体系降阻性能，在 80~110℃范围内，现场测试降阻率达到 75~83%，降阻性能良好。

3　加砂压裂工艺技术优化

3.1　压裂注入模式

根据碳酸盐岩储层脆性程度高、两向主应力差较小、天然裂缝发育等特征，以“提高裂缝长度、形成复杂裂缝、支撑高导流裂缝”为目标，创新形成了“高粘液造主缝、滑溜水沟通微裂缝、暂堵转向扩支缝、三级缝网支撑”的压裂技术模式。第一阶段采用高粘压裂液、较大排量造长主裂缝，沟通远井端；第二阶段采用滑溜水、大排量开启微裂缝；第三阶段采用变粘滑溜水造分支缝，暂堵转向提高裂缝改造体积，携带小粒径支撑剂支撑裂缝，实现裂缝有效支撑和高导流通道。

针对“主裂缝、分支缝、微裂缝”三级裂缝系统，利用 Stimplan 三维压裂软件建立碳酸盐岩体积加砂压裂数值模型，采用正交实验方法开展加砂压裂三个阶段的关键影响因素的压裂模拟研究，初步明确了不同阶段影响裂缝扩展的关键因素及影响程度。如图 8 所示，高粘压裂液造主裂缝阶段，影响主裂缝长度的因素及影响程度为：压裂液液量>压裂液造缝效率>压裂排量>储层厚度；滑溜水压支缝阶段，影响裂缝成网改造体积的因素及影响程度为：储层发育微裂缝的密度>压裂液液量>压裂排量>压裂液的粘度；变粘携砂支撑缝阶段，影响主裂缝支撑导流能力的因素及影响程度为：主裂缝的宽度>支裂缝的密度>平均加砂浓度>携砂液比例。

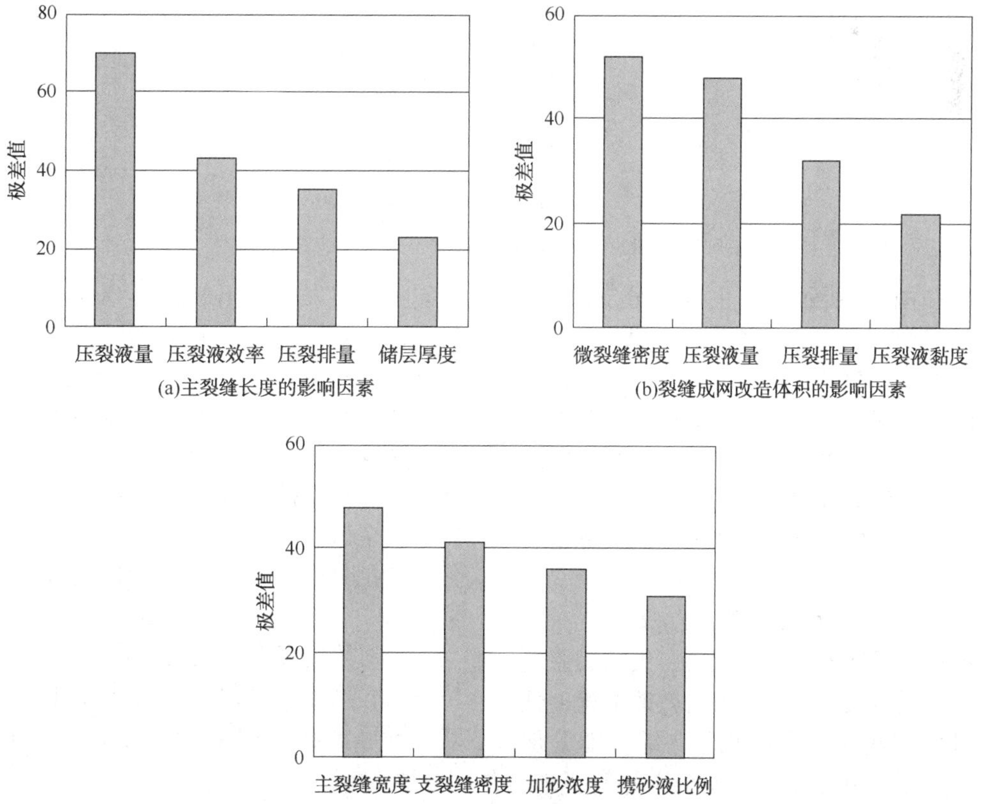

(a)主裂缝长度的影响因素　(b)裂缝成网改造体积的影响因素

(c)主裂缝支撑导流的影响因素

图 8　碳酸盐岩加砂压裂不同阶段影响因素与影响程度

3.2　多尺度裂缝支撑技术

碳酸盐岩水力压裂裂缝为“主裂缝+多分支裂缝”或“主裂缝+网状微裂缝”的形态，主裂缝、分支缝或微裂缝的裂缝宽度不同。另外，碳酸盐岩储层闭合压力梯度较大，盆地东部碳酸盐岩储层闭合压力梯度为0.018~0.022MPa/m。在高闭合压力条件下，裂缝如果支撑不好，闭合后的裂缝导流能力大幅下降，影响裂缝渗流能力。因此，实现不同尺度裂缝高效支撑是加砂压裂提高裂缝导流能力的技术手段。结合压裂注入模式，优选不同粒径支撑剂充填不同尺度裂缝，开展不同阶段裂缝分级支撑，提高整个裂缝系统的支撑程度和导流能力。

基于压裂设计模式与模拟研究结果，以评价优选最佳支撑剂运移距离与铺置效果为目标，按照主裂缝宽度2.0~6.0mm，分支裂缝宽度1.0~2.5mm，利用多裂缝平板实验装置开展多分支裂缝、多尺度裂缝的支撑剂运移与沉降平板实验。根据多裂缝平板实验支撑剂运移与沉降结果，主裂缝采用40/70目陶粒时，支撑剂铺置形态较好，加砂浓度可达到320kg/m^3，分支裂缝采用70/90目陶粒时，支撑剂铺置形态较好，加砂浓度可达到220kg/m^3。综合实验结果，优选主裂缝采用40/70目陶粒支撑剂，分支裂缝采用70/90目陶粒支撑剂。不同支撑剂在分支缝中的支撑剂铺置特征如图9、图10所示。

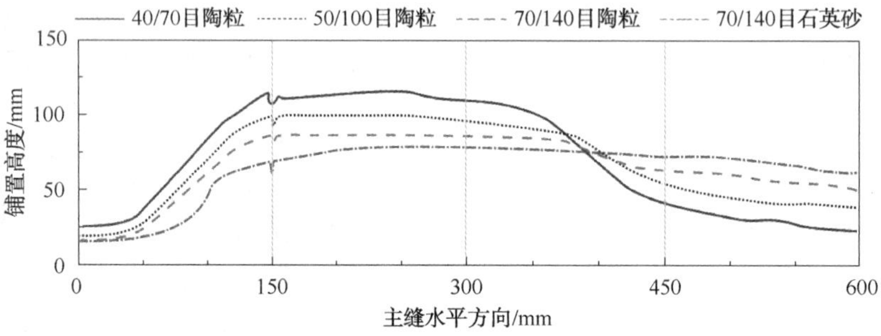

图9　不同支撑剂主缝中的支撑剂铺置特征

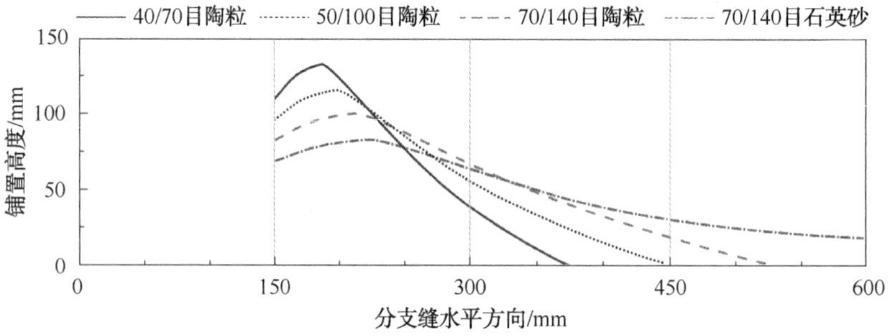

图10　不同支撑剂在分支缝中的支撑剂铺置特征

如图9和图10所示，在主缝和分支缝中，水平方向支撑剂铺置高度为“前高后低”，而且支撑剂粒径越大，铺置高度越大。主裂缝中砂堤平衡阶段比在分支缝中更长，砂堤形态相对更为平缓。在主缝中，受滑溜水携砂能力限制，砂浓度越大，在缝口出的堆积作用明显，砂堤平衡高度越高。在分支缝中，支撑剂浓度越大，分支裂缝中陶粒的运移距离越小。

3.3　盐下高压高含硫分层压裂工艺

奥陶系盐下马四发育多段气层、气水关系复杂，大规模合层压裂存在气层段有效改造程度低等问题，且储层高压高含硫化氢，综合套管保护、大排量分压、分层测试、安全压井等要求，对比分析现有分层压裂工艺均无法满足马四分层压裂技术需求。优化形成了“4-1/2″油管+完井封隔器+悬挂封隔器”的两段大排量分压试气工艺管柱，避免了含硫气体与生产套管直接接触，大幅降低作业井控风险。配套优化形成盐下高压、高含硫储层三开7″套管井身结构，并围绕“压裂工具材料配套、分层压裂工艺技术优化、安全试气地面流程优化”三方面进行配套优化，满足分层压裂，实现压裂、排液、测试安全可控。

针对段内多个气层段多簇射孔合压，优选暂堵材料，优化“前置酸压+暂堵加砂压裂”技术模式，降低复杂工序作业风险、试气费用，缩短施工周期。

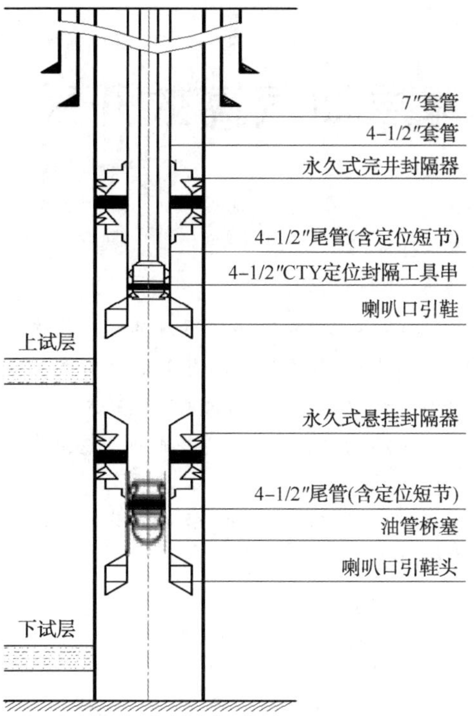

图 11　奥陶系盐下高压高含硫储层两段分压试气工艺管柱

4　现场试验与效果评价

直井试验 60 余口，压裂排量 5~10m^3/min，加砂量 30~95m^3，入地液量 500~1840m^3，改造后试气产量平均产量 6.16×$10^4 m^3$/d，与同区块酸压井相比，提产 1.4~3.2 倍，其中，MT1 井马四段试气获得无阻流量 35.24×$10^4 m^3$/d 高产气流，实现奥陶系盐下重大突破。

水平井开展桥塞分段加砂压裂试验 9 口井均实现高产，相比酸压直井产量提升 8~20 倍，太原组灰岩首口水平井 Y1H 水平段 1500m，气层钻遇率 83.9%，采用桥塞分段体积加砂压裂改造 14 段 61 簇，入地液量 1.6×$10^4 m^3$、排量 10~12m^3/min、加砂量 780m^3、平均砂比 8~13%，试气获得无阻流量 54.86×$10^4 m^3$/d 高产，试采 31 天，平均日产气量 4.0×$10^4 m^3$/d，较直井前期酸压产量提高 15 倍以上，开辟了鄂尔多斯盆地致密碳酸盐岩新类型储层。

5　结论

针对鄂尔多斯盆地东部太原组灰岩、盐下马四等致密碳酸盐岩储层地质条件较差，以提高裂缝长度和改造体积，增大裂缝支撑程度和导流能力为目的，攻关形成了碳酸盐岩加砂压裂技术，开展了较大规模现场试验，取得了较好增产效果。下一步，针对不同类型储层特征，在加大裂缝扩展规律与增产机理认识的基础上，进一步优化压裂工艺技术，开展强加砂缝网压裂试验，实现致密碳酸盐岩储层规模增储与效益提产。

参 考 文 献

[1] 吕修祥，屈怡倩，于红枫，等．碳酸盐岩盖层封闭性讨论：塔里木盆地塔中北斜坡奥陶系为例[J]. 石油实验地质，2014，36(5)：532-538.

[2] 张烨，李新勇，米强波，等．塔河油田深层碳酸盐岩水力加砂压裂试验与认识[J]. 新疆石油天然气，2006，2(2)：73-77.

[3] 白建文，胡子见，侯东红，等．交联酸携砂压裂工艺在碳酸盐岩储层的应用[J]. 石油钻采工艺，2009，31(5)：116-118.

[4] 王永辉，李永平，程兴生，等．高温深层碳酸盐岩储层酸化压裂改造技术[J]. 石油学报，2012，33(2)：166-172.

[5] LIU Zhiyuan，LU Qianli，SUN Yuan，et al. Investigation of the influence of natural cavities on hydraulic fracturing using phase field method[J]. Arabian Journal for Science and Engineering，2019，44(12)：10481-10501.

[6] LIU Baohua，JIN Yan，CHEN Mian. Influence of vugs in fractured-vuggy carbonate reservoirs on hydraulic fracture propagation based on laboratory experiments[J]. Journal of StructuralGeology，2019，124：143-150.

[7] LUO Bo，GUO Jianchun，FU Wei，et al. Experimental investigation of shear slippage behavior in naturally fractured carbonate reservoirs using X-ray CT[J]. International Journal of Rock Mechanics and Mining Sciences，2019，122：104066.

[8] 郭建春，陈付虎，苟波，等．酸压裂缝体形态与流动能力的控制因素[J]. 天然气工业，2020，40(6)：69-77.

[9] KALFAYAN Leonard J . Fract ure acidizing : hist ory，present st ate，and f ut ure [R] . SPE 106371，2007

[10] 李宪文，侯雨庭，古永红，等．白云岩储层酸蚀裂缝导流能力实验研究[J]，油气地质与采收率，2021，28(1)：88-93.

[11] Soeder D J. The successful development of gas and oil re-sources from shales in North America[J]. Journal of Pe-troleum Science and Engineering，2018(163)：399-420.

[12] 才博，赵贤正，沈华，等．束鹿凹陷致密油复合体积压裂技术[J]. 石油学报，2015，36(S1)：76-82.

减载深抽技术助力深层超深层油气高效开采

王光亮　王梓瑞

(濮阳市科瑞油井减载技术有限公司)

摘　要　油田开发的各个阶段，实施大泵提液增油、小泵深抽超深抽是油田开发管理的常规措施之一，伴随着举升载荷的增加而需要更换大型号抽油机。抽油机型号从5、8型到14、16甚至18、20型，这是油田从投产初期到中后期开采，地面抽油机型号逐渐变大的原因。针对抽油机载荷大的“瓶颈”难题，成功研发了抽油井减载深抽技术，能有效把抽油机驴头悬点载荷降低45%以上，在不改变地面抽油机型号情况下，完全满足油田地质工艺方案对泵径、泵挂的需求。

抽油井减载深抽技术的成功应用，实现了机采工艺颠覆性技术突破，为油田机采举升特别是深层、超深层油气高效开采提供了方向。(备注：文中重要数据因涉及技术秘密，用“X”表示)

关键词　深层；减载；深抽；增油；节能；降本增效

如何降低抽油机载荷？从最初优化抽油杆组合到减载深抽技术理论的萌发，从第Ⅰ代减载器在中原油田的应用发展到今天非常成熟完美的第Ⅵ代。减载深抽技术通过不断研制、改进和实验，经历了近30年的发展历程，终于研制出了技术成熟、体系完善、性能和质量都非常稳定的具有降载、节能、增油、提高泵效、延长免修期、提高机采系统效率的一项抽油井机采配套新工艺，在中原、长庆、胜利、大庆、新疆、华北、浙江等油田推广应用，见到了很好的经济效益和社会效益。

2020年3月~2022年9月，中原油田濮城采油厂应用第Ⅵ代减载深抽技术22口井，增油6517.9吨(表1)，并作为该厂向党的二十大献礼项目于2022年11月2日在中原电视台新闻报道。

表1　濮城采油厂应用减载深抽技术效果统计表

序号	井号	区号	平均检泵周期/d	措施前									措施后									对比			年累			
				泵径	冲次	泵深	产液	产油	含水	产气	泵效	液面	泵径	冲次	泵深	产液	产油	含水	产气	泵效	液面	增液	增油	增气	增滚	增油	增气	节电
1	P2-579H	3	124	自喷			37.4	2.2	94.1	360			83	4.3	1503	102.7	3.3	96.8	816	53.5	1406	65.3	1.1	456	47100.7	525.5	20022	
2	P1-45	2	79	44	5.8	1804	28.9	0.6	97.9	65	43	913	83	4.4	1501	100	1.4	98.6	72	63.5	1180	71.4	0.8	7	24374.3	279.1	5870	
3	P3-346	2	102	56	5	1302	14.7	0.3	98.0	86	16.5	150	83	4.4	1475	89.6	1.6	98.2	946	65.7	54.7	74.9	1.3	880	38557.7	725.7	301241	
4	P2-359	3	102	50	4.8	1491	32.2	0.5	65.1	1116	47.2	1268	83	4	1500	74.5	1.4	79.6	672	57.7	1295	42.3	0.9		18407.8	318.4		
5	P2-450	3	155	56	5.1	1300	43.7	0.7	98.4	792	48.1	804	83	4	1502	79.6	1.3	98.4	264	64.2	1007	35.9	0.6		17777.6	304.7	0	
6	P1-85	2	65	200		1667	193.9	1.9	990	734	92.5	941	83	4.5	1503	115.5	103	98.9	487	54.2	1250							310400
7	P2-464	3	271	70	5.1	1002	72.4	1	98.6	528	51	743	83	4	1531	82	1.3	98.4	580	66.1	760	9.6	0.3	52	3047	62		
8	P2-456H	3	102	38	4.6	1981	23.4	0.4	98.3	566	82.9	1335	82	4.6	1502	63	1.0	98.4	385	48.4	1502	39.6	0.6		9358.5	160.1		
9	P1-348	1	203	70	1.3	896	103.2	0.4	99.6	0	86.1	552	83	4.4	1396	124.6	0.5	99.6	240	72.4	824	21.4	0.1	240	5840.2	1105	28060	
10	P2-349	3	155	关井									70	4.4	1802	66.2	0.7	99.0	310	5.4	931				9750.7	78	38556	
11	P2-542H	3	357	38	45	2298	10.8	0.8	92.6	408	29.6	54.2	70	4.5	1804	46.6	1.8	96.1	2808	53.7	627	35.8	1	2400	28864.3	1243.7	933815	
12	W51-C53	3	410	50	5.6	1504	37.5	1.6	95.7	480	52.8	518	83	5	1500	96.7	3.4	95.5	264	62.6	442	59.2	1.8		25032.4	667.4		
13	P3-362	3	537	38	3.2	2196	18.8	0.8	95.7	130	69.6	2196	83	3.7	1496	95.1	2	97.9	305	66.3	1144	76.3	1.2	75	38491.4	423.5	96337	
14	XP3-201	3	48	44	4.6	796	30.3	1.5	95.2	620	60.3	1796	83	3.9	1506	38.6	0.7	95.2	260	32.9	1505	8.3						
15	P3-184	3	关井																									
小计	15		免修期			19237	647.2	12.7		5885						1250.1	22.9		8829			615.1	10.9	4610	269140.3	4922.2	1614180	310400
1	P1-305	1	717	70	3.2	1101	35.5	0.7	98.0	96	35.4	467	83	3.2	1508	103	15	98.5	0	73.1	732	67.5	0.8		323565	206.9	0	
2	P5-158	1	754	80		1195	48.8	0.5	99.0	336	69.5	981	83	3.6	1500	98.4	1.2	98.8	0	91.7	776	49.6	0.7		33599.8	304.4	0	
3	P98	4	706	70	4.1	1102	80.2	1	98.8	166	70.2	725	83	2.8	1499	113	1.4	98.9	184	78.4	1499	32.8	0.4	18	23868.3	144.4	6670	
4	P5-202	3	694	38	3.5	2298	7.5	0.2	97.3	108	26.2	2031	83	3.5	1502	96.2	1.8	98.1	252	60.6	899	88.7	1.6	144	47722.7	642.8	103256	

续表

序号	井号	区号	平均检泵周期/d	措施前									措施后									对比			年累			
				泵径	冲次	泵深	产液	产油	含水	产气	泵效	液面	泵径	冲次	泵深	产液	产油	含水	产气	泵效	液面	增液	增油	增气	增滚	增油	增气	节电
5	XP6-13	1	593	56	4.6	1297	68	0.1	98.9	0	82.7	319	83	4.6	1505	92.4	1.2	98.7	0	65.5	846	24.4	1.1	0	20456.8	285.4	153579	
6	P2-203	3	25	83	3	1300	32.2	0.5	985	250	37.6	1300	83	2.9	1498	72.2	0.6	99.2	246	75.3	1178	40	0.1	4	1000	8.3	7	
7	P1-390	4	7	56	4.5	1504	39.2	0.5	98.7	265	52.4	1504	70	4	1801	61.3	1.1	98.2	265	55.1	1801	22.1	06	0	123.4	3.5	0	
小计	7						311.4	3.5		1221						636.5	8.8		647			325.1	5.3	158	159127.5	1595.7	263715	
合计	22					19237	958.6	16.2		7106						1886.6	31.7		9776			940.2	16.2	4768	428267.8	6517.9	187769.2	

1　抽油井深抽举升工艺存在的难题

1.1　不同开采阶段，需要更换举升能力大的抽油机

跟踪国内外油田机采工艺，目前还没有什么技术能有效解决抽油机载荷大的难题。随着油田开发时间延长，油田开发的各个阶段，频繁更换抽油机，导致生产成本高且浪费，一是受抽油机驴头额定载荷和杆柱强度的制约，泵径、泵挂的选择受到限制；二是对深层、超深层开采，需要 18、20 型甚至更大型号的抽油机举升，生产成本非常高。

1.2　载荷大，机采耗能高，生产成本高

机采举升耗能高，一是油井依靠电能举升，泵挂越深，载荷越大，耗能越高；二是采用电泵方式举升，耗能更高，如 120m^3排量电泵，耗电 2200kW·h/日，仅电费成本 2000 元/日。

1.3　井越深，载荷越大，开采难度越大

机采举升，涉及到地面抽油机、电机的配置，井筒杆柱强度、杆柱组合、出砂、出盐、结蜡、偏磨等因素的配套解决。(1)井越深，选择抽油机额定载荷、电机额定功率要求越高；(2)井越深，抽油机悬点载荷越大，管杆受强度、偏磨等各方面影响越严重，容易断脱、漏失；(3)井越深，增加杆柱伸缩，冲程损失大，泵效低。

2　抽油井减载深抽工艺的研究

针对油田机采工艺“卡脖子”技术和机采举升存在载荷大的“瓶颈”难题，组建团队技术攻关，应用油套压差液压反馈原理，研发了抽油井减载深抽技术，获得国家实用新型专利，专利号：201320699424.2。

1.1　减载深抽装置的结构

主要由长泵筒短柱塞、短泵筒长柱塞、过液通道装置、呼吸装置、限位试压装置、脱接装置及工作筒等七部分组成，油井管柱见图 1，结构见图 2。

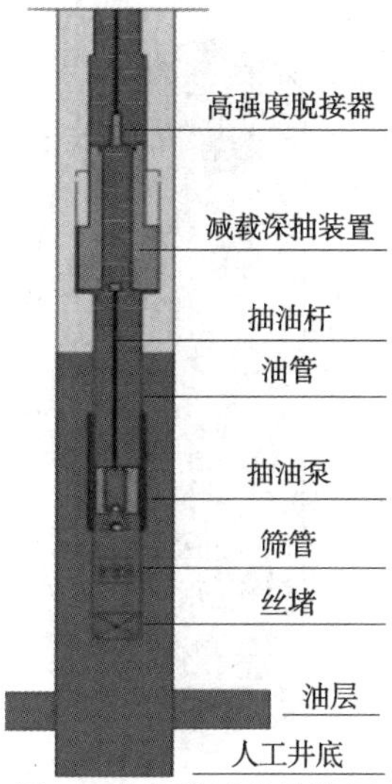

图 1　减载装置井管柱图

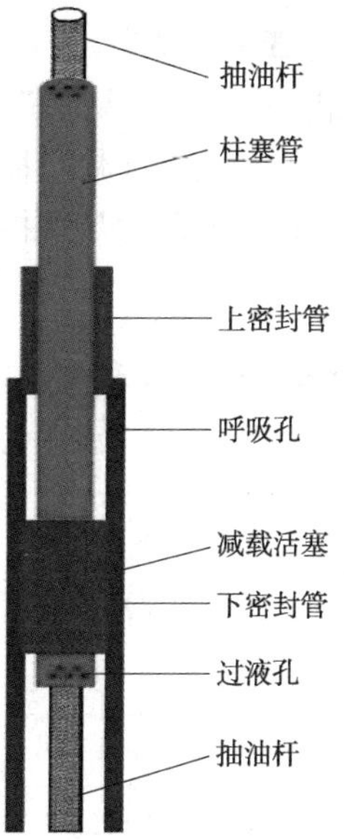

图 2　减载装置结构图

1.2　减载深抽装置的工作原理

油井正常生产时，减载活塞的上下端面分别处在油套不同的压力系统中。减载活塞的上端面处于油套环空压力低压系统中，而减载活塞的下端面处于油管柱的高压系统中。由于油管内液柱压力高于油套环空的压力，由这个压力差所产生

的力作用于减载活塞的下端面，从而使减载活塞产生一个向上的举升力。当抽油机驴头上行时，在举升力的作用下协同抽油机驴头及抽油杆柱带动下面的抽油泵活塞一起向上运动，从而达到减轻载荷的目的。当抽油机驴头下行时，减载活塞随同下面的抽油杆柱一起向下运动，将减载活塞以下的液体压入过液通道并排到上部油管内，最终由上部油管排到地面，如此完成一个工作过程，其工作原理见图3。

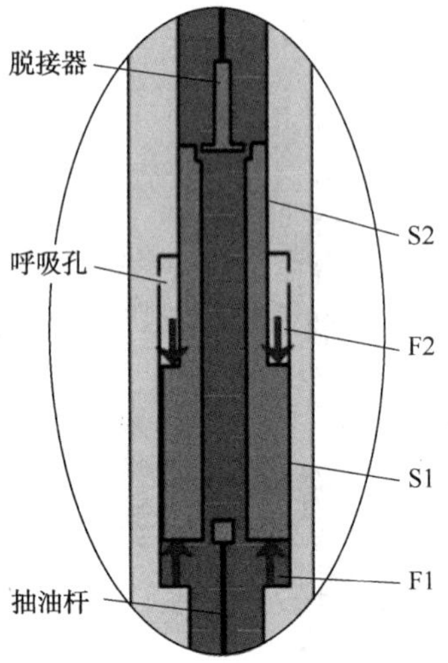

图3　减载装置原理图

1.3　减载深抽装置的功能

抽油井减载深抽技术是油田机采工艺的补充、完善和提高，能大幅度减轻抽油机驴头悬点载荷，实现和达到七方面功效，提高油田开发管理水平。

（1）降低抽油机载荷45%以上。

（2）抽油机节能30%以上。

（3）减少杆柱伸缩，增加有效冲程，提高泵效5%以上。

（4）在不改变地面抽油机配置下，大泵加深提液增油，小泵深抽超深抽放大压差生产，满足油田地质工艺技术方案对泵径、泵挂的需求。

（5）降低杆柱承受载荷，防管杆偏磨，延长管杆使用寿命，延长油井免修期。

（6）减少抽油机疲劳，消除安全隐患。

（7）机采系统效率提高10%以上。

1.4　减载深抽装置减载力计算，见图3

$$\Delta F = F_1 - F_2$$
$$= dH_{减}S_1 - P_{套}S_2 - d(H_{减} - H_{动})S_2$$
$$= 28.57kN$$

备注：ΔF 为举升力，kN；d 为混和液密度；$H_{减}$ 为减载装置下井深度；$H_{动}$ 为动液面深度；S_1 为 ΦXmm 减载柱塞截面积；S_1 为 ΦYmm 长柱塞截面积；

由此可见：

（1）减载装置下井越深，减载效果越好；井口套压越低，减载效果越好；动液面越深，减载效果越好；

（2）在不考虑套压、动液面的影响下，若减载装置下深1000m，混和液密度1.0，第Ⅵ代减载装置向上举升力为28.57kN。

1.5　减载深抽装置型号及参数，见表2

表2　第Ⅵ代减载装置型号及参数匹配表

型号	连接油管螺纹/mm	柱塞螺纹/mm	适应冲程/m	适用泵型/mm	总长/m
JZQ-70-3	上部89平式母扣	上25母扣	≤3	Φ28-95	6.37
	下部89平式公扣	下25母扣			
JZQ-83-5	上部89加厚母扣	上25母扣	≤5	Φ28-95	8.85
	下部89加厚公扣	下25母扣			
JZQ-83-8	上部89加厚母扣	上25母扣	≤8	Φ28-95	11.7
	下部89加厚公扣	下25母扣			

1.6　减载深抽装置现场使用方法

现场作业施工时，将减载装置连接于管柱设计的深度位置，见附图四。

（1）尾管、筛管、配套工具、泵筒、油管按正常工序依次下入井内。

（2）对油管进行第一次试压，下抽油杆到设计深度，第一次调防冲距。

（3）下减载装置、脱接装置及工作筒。

（4）将剩余油管下到设计深度，进行第二次试压。

（6）下入已连接好脱接器上接头的抽油杆到设计深度。

（7）第二次调防冲距，试抽、正常开井。

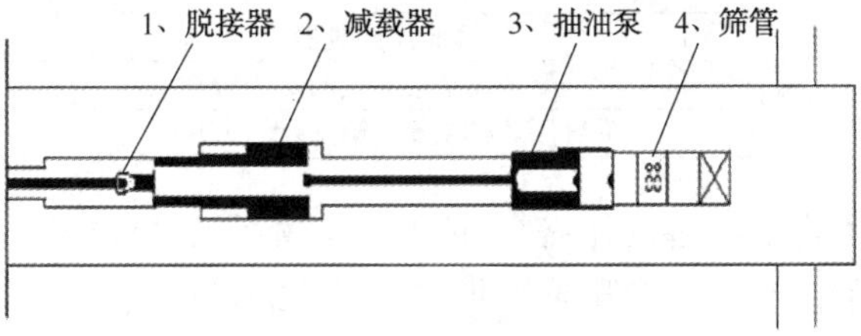

附图四　深抽减载装置安装图

1.7　减载深抽装置存在的问题与改进

减载深抽装置从第Ⅰ代到发展到目前第Ⅵ代，经历了技术不完善、产品工艺及材质不过关、不同油田出现不同问题的漫长发展历程。通过不断应用，不断发现问题解决问题，不断改进、不断实验，筚路蓝缕，坚苦卓绝，终于成就了今天非常完善的第Ⅵ代减载深抽技术。从以往各油田应用情况反馈分析，减载深抽技术应用效果都非常好，唯独产品质量不过关。第Ⅰ-Ⅴ代产品主要存在五方面问题：（1）本体漏失；（2）柱塞卡；（3）上部油管不能试压更不能分段试压；（4）本体外管、柱塞、连接变扣等断、脱；（5）脱接器断、脱。现场存在问题反馈情况，见图5。

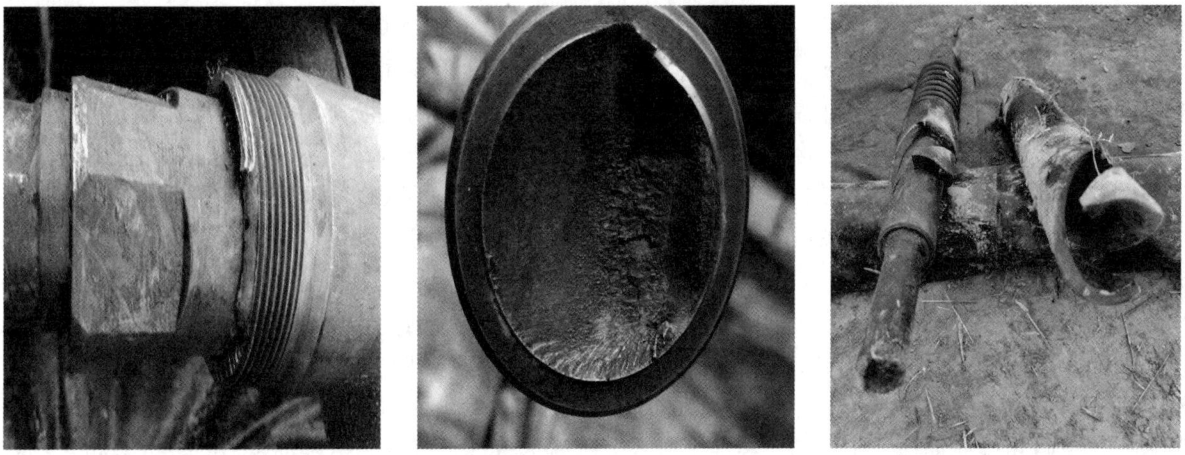

图5　减载器外管丝口断　　减载器长柱塞丝扣断　　悬脱器中心杆断

针对存在的问题，从结构、工艺和材质上进行了以下十方面改进：

（1）柱塞与泵筒摩擦副的外表面处理改变X工艺，摩擦副的外表面处理层厚度增加X丝，增强了抗腐蚀性能，提高了耐磨强度，确保漏失量不超过500ml/min*10MPa。

（2）柱塞密封改为X丝。

（3）在长柱塞上端异径连接短节增加O型X密封圈，确保减载器上部油管正常试压以及上部油管分段试压。

（4）改进两级柱塞、两级泵筒。

（5）改进脱接器，确保易脱、好对接并增强中心杆抗拉强度。

（6）宝钢材料替代莱钢材料。

（7）改进柱塞与柱塞之间的连接方式。

（8）改进工作筒顶端X型结构，防止砂、垢等杂质聚集，减少进入泵筒的几率。

（9）改进呼吸孔，防止洗井时杂质进入减载装置内环型空间。

（10）改进减载装置外管、柱塞与现场油管、抽油杆连接配套方式。

通过改进，第Ⅵ代产品效果更好，性能更稳定，产品质量得到大幅度提高，主要表现以下五方面：

（1）效果更好。减载装置下深1000m，减载能力由第Ⅳ代23.26kN提高到第Ⅵ代28.57kN，减载效果提高了1.2倍。

（2）长柱塞抗拉强度得到提高。通过室内拉伸试验，改进后长柱塞抗拉强度604.26kN，比第Ⅳ代抗拉强度373.20kN提高了1.6倍，比第Ⅴ代抗拉强度321.10kN提高了1.9倍。室内拉伸试验对比和各型号杆柱拉伸试验结果，见表3。

表 3　室内杆、柱塞拉伸实验数据对比表

序号	规格/mm	抗拉强度/kN	备注
1	Φ44 空心柱塞	372.2	第Ⅰ—Ⅳ代减载装置
2	Φ28 实心柱塞	321.1	第Ⅴ代减载装置
3	Φ22HL 杆	394.1	
4	Φ25HL 杆	504.8	
5	Φ28HL 光杆	641.5	
6	Φ22 高效旋脱器	384.5	第Ⅱ代旋脱器
7	ΦX 高强度旋脱器	670.8	第Ⅲ代是第Ⅱ代的 1.7 倍
8	ΦX 空心柱塞	604.3	第Ⅵ代减载装置是第Ⅴ代的 1.9 倍

（3）过液通道能力提高 1.7 倍。由于过液通道的流动阻力降低，流速更快，确保泵效不受通道流动阻力影响，确保抽油杆柱下行更为通畅。

（4）使用范围更广。能满足出砂井使用，有效防止井筒内砂、垢或洗井杂质等影响减载装置正常工作，使减载装置除结垢严重以外的所有抽油井都能正常使用。

（5）促进了配套工具的发展。随着减载深抽技术的发展，配套工具脱接器从最初第Ⅰ代卡爪瓣式到第Ⅱ代高效旋脱器使用，今天又针对第Ⅱ代高效旋脱器存在问题，于 2023 年 3 月又推出了第Ⅲ代高强度悬脱器，脱接器中心杆抗拉强度提高了 1.7 倍。

1.8　减载深抽技术目前现状

抽油井减载深抽技术第Ⅵ代产品从 2020 年 3 月 25 日在中原油田文留采油厂 W209-54 井实施来，在中石化中原油田、中石油新疆油田、长庆油田共应用 87 套，至今还没有发现任何产品质量问题，其中，中原油田文留采油厂 W209-54 井使用寿命 1240 天，濮城采油厂 P98 井 1217 天，中石油新疆油田准东采油厂西泉-5 井 1150 天。目前，减载深抽技术通过近年来不断研发、改进和实验，已经非常稳定、成熟和完善，其原理、结构、参数、杆柱组合计算机设计软件、现场施工及售后服务等形成了一套完整的技术体系；产品性能和质量非常稳定，3m、5m、8m 等系列产品配套应用，适合油田各种采油工作制度，完全满足油田开发管理需要。

3　减载深抽技术应用效果

3.1　实施大泵深抽提液增油，挖掘井筒潜力

在油田不同开发阶段，油层物性好、注水效果好、能量高供液充足井，需要实施泵升级或大泵深抽提液增油。在不改变地面抽油机、电机等设备配置，不改变原杆柱强度情况下，应用减载深抽技术就可以满足油田地质工艺方案需求，实现泵升级以及大泵深抽提液增油。

典型实例 1　中石化中原油田文留采油厂，W33-151 井供液能力充足，2021 年 11 月 11 日在不改变地面 14 型机情况下，应用减载深抽技术实施大泵深抽提液。措施前 Φ57mm * 1700m * 4 次/分，日产液 50.8 吨，日产油 1.5 吨，抽油机最大载荷 78.6kN；措施后 Φ83mm * 1500m * 3.7 次/分，日产液 85.4 吨，日产油 5.1 吨，抽油机最大载荷 92.9kN。措施前后对比，日增液能力 34.6 吨，日增油能力 3.6 吨，见图 6。若不应用减载深抽技术，实施 Φ83mm * 1500m 大泵深抽，抽油机最大载荷 146.4kN，就需要更换 16 型抽油机。

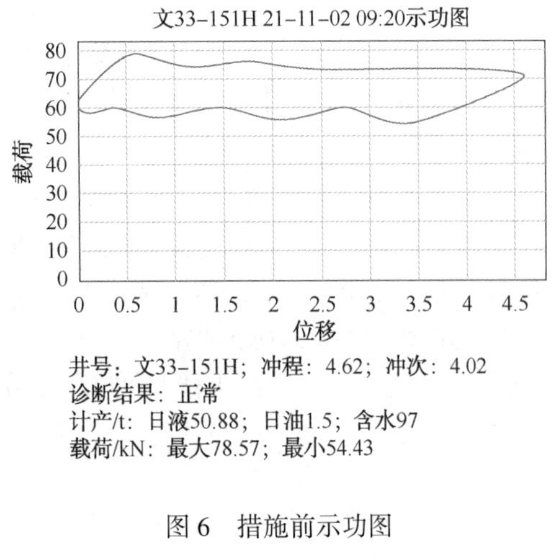

图 6　措施前示功图

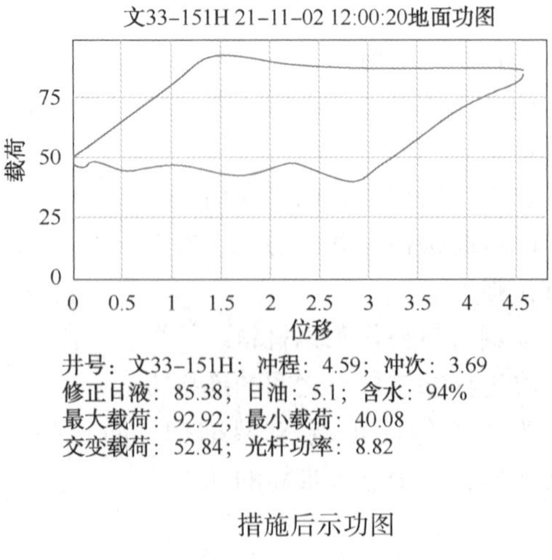

措施后示功图

典型实例 2 中石化中原油田濮城采油厂，P1-231C2 井严重供液不足，2022 年 11 月 1 日在不改变地面 14 型机情况下，应用减载深抽技术在原泵径基础上加深泵挂。措施前 Φ83mm * 1003m * 4 次/分，日产液 61.4 吨，日产油 0.9 吨，抽油机最大载荷 112.4kN；措施后 Φ83mm * 1500m * 4 次/分，日产液 118.9 吨，日产油 1.9 吨，抽油机最大载荷 91.7kN。措施前后对比，日增液能力 57.5 吨，日增油能力 1.0 吨，在泵径相同、泵挂加深 400m 情况下，抽油机载荷下降了 20.7kN，见图 7。若不应用减载深抽技术，实施 Φ83mm * 1500m 大泵深抽，抽油机最大载荷 146.4kN，就需要更换 16 型抽油机。

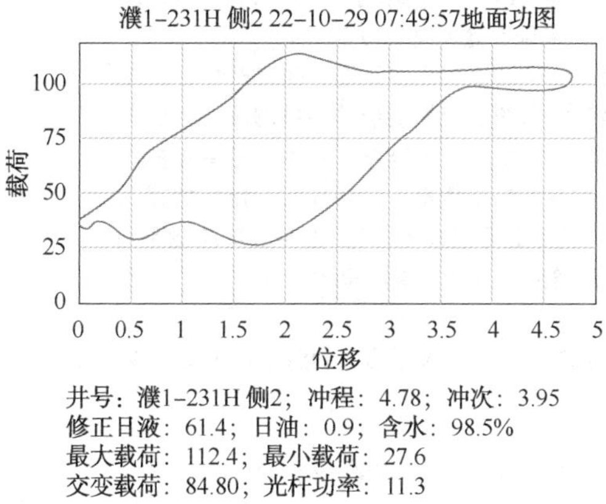

图 7　措施前示功图

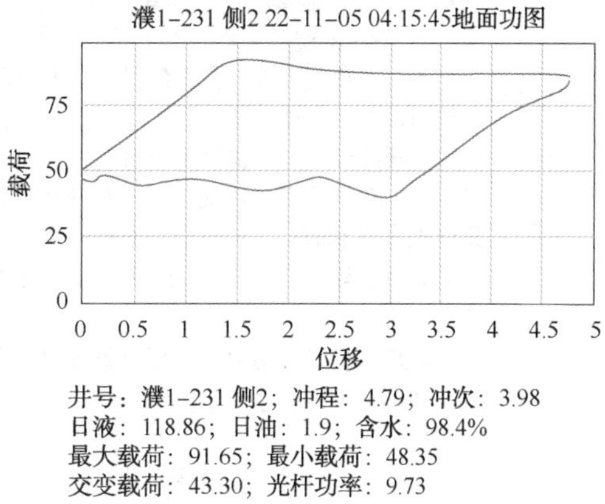

措施后示功图

3.2　小泵深抽、超深抽，解决深层、超深层开采难题

在油田不同发展阶段，油层物性差、注水效果差、能量低供液不足井，需要实施小泵深抽、超深抽放大压差生产。在不改变地面抽油机、电机等设备，不改变杆柱现状情况下，应用减载深抽技术就可以满足油田地质、工艺方案需求，实现小泵深抽、超深抽，解决深层、超深层油气开采泵挂深、载荷大、采油管理难度大、需要配置大型号抽油机及投入成本高的难题。

典型实例 3　中石油华北油田采油三厂，留 17-48 井严重供液不足，每天 8 小时间开生产。2010 年 10 月 31 日在不改变地面 10 型机情况下，应用减载深抽技术实施大泵深抽提液。措施前 Φ38mm * 2000m，日产液 5.3 吨，日产油 1.1 吨，抽油机最大载荷 82.7kN；措施后 Φ38mm * 2800m，日产液 13 吨，日产油 5.7 吨，抽油机最大载荷 76.8kN。措施前后对比，日增液能力 7.7 吨，日增油能力 4.6 吨，实现 24 小时正常生产，在泵径相同、泵挂加深 800m 情况下，抽油机载荷基本不变，见图 8。若不应用减载深抽技术，实施 Φ38mm * 2800m，抽油机最大载荷 147.6kN，就需要更换 16 型抽油机。

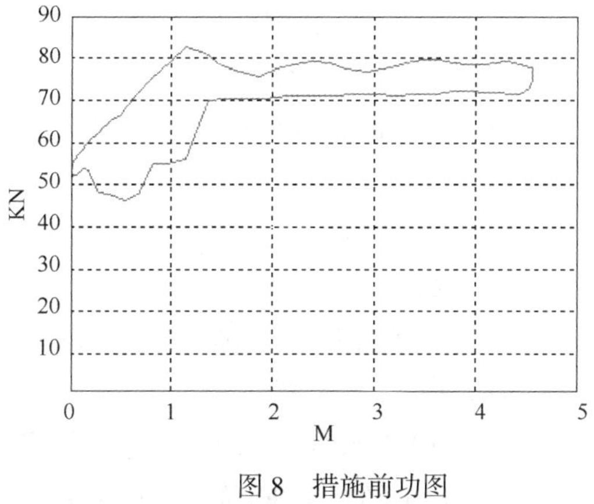

图 8　措施前功图

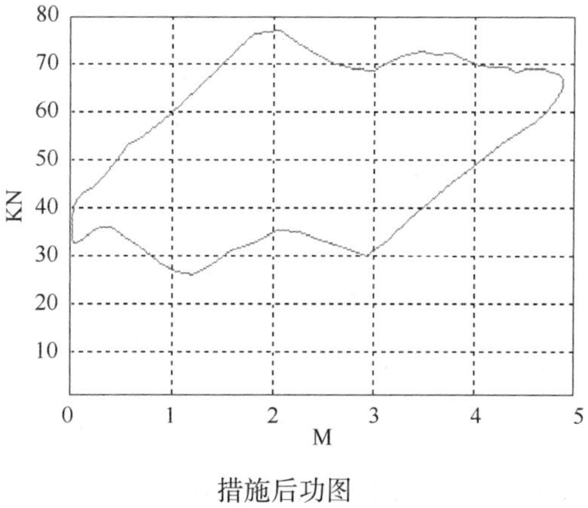

措施后功图

典型实例 4　中石化中原油田采油二厂 2011 年初，一个多月内对 9 口能量低供油严重不足井应用减载深抽技术实施小泵深抽，在不改变 12 型机情况下，Φ38mm * 3000m，平均泵挂加深

565m，抽油机载荷 70－85kN，平均日增液 58.6 吨，平均日增油 12.8 吨，泵效提高了 21%。若不应用减载深抽技术，实施 Φ38mm＊3800m，抽油机最大载荷 158.2kN，就需要更换 18 型抽油机。见图 9 中石化新闻网宣传报道。

减载器深抽技术破解濮城油田机采难题

中国石化新闻网讯（王远程 宋顺杰 张志伟）近日，中原油田采油二厂工艺研究所通过引进应用减载装置，减轻抽油机驴头悬点载荷，解决了现有12型抽油机载荷不足的难题。实现了38型大泵在12型抽油机上，下泵深度由2300米增加到3000米的突破。截至目前共实施减载深抽井9口，大泵减载井1口，措施有效率达100%。

该装置通过在油井正常生产时，利用减载器上下截面的压差不同，使其产生一个向上的举升力，从而达到减轻抽油机驴头悬点载荷的目的。可解决部分油井油层深，日产液低、泵效低、动液面居高不降需加深泵挂或换大泵提液这一难题。技术人员首先在2口油井上应用了减载深抽工艺，复产后见到了很好的措施效果。随后加大了措施力度，又优选出7口油井，在严格优化设计的基础上实施减载深抽技术。9口油井实施减载深抽后平均加深泵挂565米，平均日增液58.6吨，日增油12.8吨，平均泵效提高了21个百分点。

该技术的成功运用，使低产低效井的“造血供液”能力大大增强，为深抽技术进一步推广提供了宝贵的经验。

图 9　应用减载深抽技术破解机采难题(中石化新闻网宣传报道)

3.3　替代小排量电泵，大幅度降低生产成本

电泵举升以排量大稳定性好而著称，但耗能非常高，生产成本大。应用减载深抽技术实施大泵深抽（Φ70mm＊2000m、Φ83mm＊1600m、Φ95mm＊1400m），替代 150m^{3}以下排量(70m^3、100m^3、120m^3)电泵，大幅度降低电泵举升高能耗，节约 55%以上生产成本。目前，中原油田原则上不让下电泵，需要提液井应用减载深抽技术实施大泵生产。

典型实例 5　中原油田濮 7-91 井，200m^{3}电泵正常生产日产液能力 129 吨，日耗电 2200kW·h；2022 年 6 月 25 日，该井因电泵故障而起出，应用减载深抽技术，Φ83mm＊1500m 大泵深抽，日产液能力 127 吨，泵效 73.9%，最大载荷 102kN。在产能不变情况下，日节能 1800kW·h，年节省电费 52 万元，见图 10。

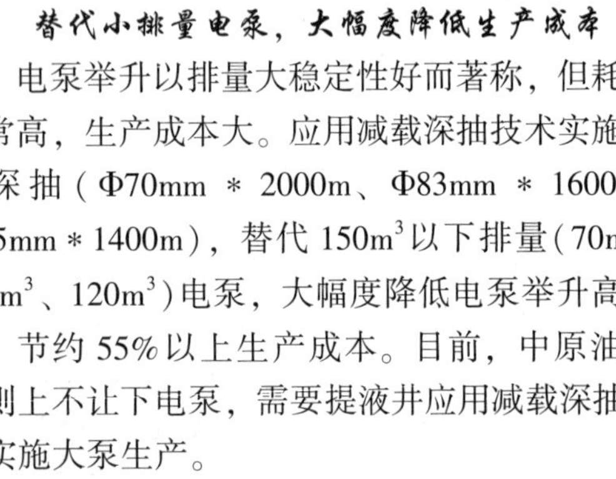

图 10　濮 7-91 井应用减载技术替代电泵生产

3.4　凡是抽油井都适合应用，提高油田管理水平

抽油井减载技术的最大特点是大幅度降低抽油机驴头悬点载荷，降载 45%以上，节能 30%以上，减载及节能效果立竿见影。凡是抽油井都可以应用减载技术，实现降载、节能、增产、提高泵效、延长免修期，提高油田开发管理水平。

典型实例 6　中石化中原油田马 19－10 井，应用减载深抽技术节能实验，Φ70mm＊1400m 加深至 Φ56mm＊2000m，日增液 15.5 吨，日增油 0.6 吨，日节能 114kW·h，见图 11。

典型实例 7　新疆油田采油一厂，车 604 井应用减载深抽技术节能实验，中国石油天然气集团公司节能监测中心现场检测报告如下，见图 12。

（1）抽油机电机功率因素由 0.430 提高到 0.694，提高了 0.264；

（2）抽油机系统效率由 8.9% 提高到 14.3%，提高了 5.4%；

（3）抽油机百米吨液单耗由 3.07kW·h/(100m·t)下降到 1.90kW·h/(100m·t)，下降了 38.0%。

五、效果评价

目前我厂56mm长筒泵常规泵挂深度为1700m，此次M19-10井应用抽油井多功能增油增效装置由Φ70mm*1400m 加深至Φ56mm*2000m，合理放大了生产压差，提高了产量。目前该井日产液61.5吨，日产油1.1吨；与措施前相比日增液15.5吨，增幅33.7%；日增油 0.6吨，增幅120%；措施前日均耗电516千瓦时，措施后日均耗电402千瓦时，在实现增液、增油的情况下又日均节约耗电量100度以上，达到了节能增油的预期目的。

马 19-10 油井应用抽油井多功能增油增效装置生产曲线

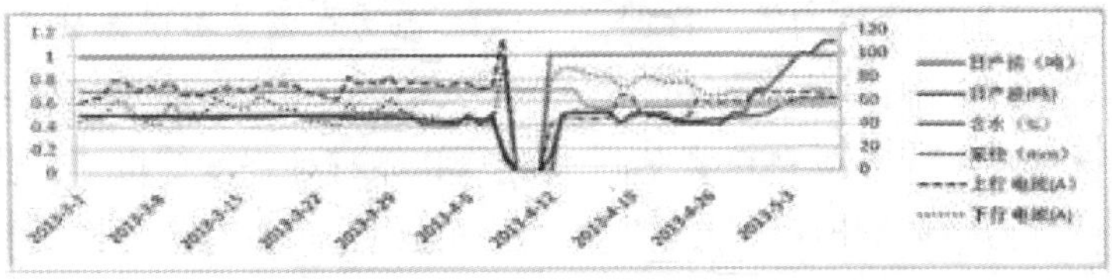

马 19-10 油井应用抽油井多功能增油增效装置措施前后功图对比

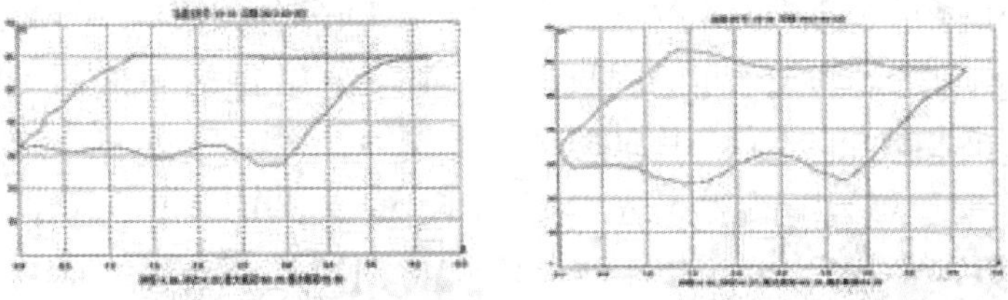

六、下步建议

经过马 19-10 井的现场试验，说明应用该减载装置可实现减载、节能的目的，结合加深对能量供给充足、动液面高的井实施大泵深抽提液增油效果明显。下步应在弹性能量开采井、供液不足井等地层压力低导致油井严重供液不足井进行加深试验，合理放大生产压差后增加这些井的可动用储量。

中原油田采油六厂　工艺研究所

2013年5月8日

图 11　中原油田马 19-10 井应用减载技术节能实验

抽油机井系统效率测试报告№2011-188　　第5页共5页

车 604 抽油机井在安装减载器前后运行参数发生如下变化：

1、抽油机电机功率因数由 0.430 提高到 0.694；

2、抽油机系统效率由 8.9%提高到 14.3%；

3、抽油机百米吨液单耗由 3.07 kWh/（100m·t）下降为 1.90kWh/（100m·t），下降了 38.0%。

图 12　新疆油田车 604 井应用减载技术节能实验

4　实践中的几点认识

4.1　降低抽油机载荷，真正实现油田开发管理良性

应用减载深抽技术，能有效降低抽油机载荷45%以上。若一个油田，有50%的井应用减载深抽技术，井筒内杆柱承受载荷减轻了，地面电网负荷降低了，形成地面与地下相结合的节能、提高泵效、延长抽油杆使用寿命、降本增效、管理水平提高等油田开发管理良性循环的大好局面。

4.2　节能减排，为实现“双碳”目标做积极贡献

油田是高耗能大户，应用抽油井减载深抽技术，能大幅度降低抽油机载荷，一是全国有25万多口油井，每年有1万多口新井递增，若30%井应用，单井按每天平均耗能300kW·h节能幅度30%算，单井每天节能90kW·h，全国30%井每天节能675万千瓦时，每天节约生产成本540万元；二是实施大泵深抽替代150m³以下排量电泵，减少55%以上生产成本。全国150m³以下排量电泵有4000多口，若应用减载深抽技术，单井每天节能1800千瓦时，若50%电泵转抽，每天节能360万千瓦时，每天节约生产成本280万元。

若全国30%的抽油井，150m³以下排量50%电泵井应用减载深抽技术，除每天节约生产成本820万元外，每天还节能降耗1035万千瓦时，相当于每天减少8200吨碳排放，每天种植10万棵树，是石油人对国家实现碳中和碳达峰“双碳”目标的最大贡献。

4.3　助力深层、超深层油气高效开采

深层、超深层油井对机采举升能力、抽油杆组合以及杆柱强度等机采工艺要求高，应用减载深抽技术，可以有效地提高深层、超深层油井的开发管理水平。

（1）降低抽油机型号配置，大幅度节省生产成本。若14型机Φ38mm泵，应用减载深抽技术最大下泵深度达6000m，最大载荷才104.2kN；若不应用减载深抽技术，最大载荷达到309.6kN，降载幅度66.3%，见表4。若16型机Φ38mm泵，应用减载深抽技术最大下泵深度达8000m，最大载荷才126.2kN；若不应用减载深抽技术，最大载荷达到427.1kN，降载幅度70.4%，见表5。

表4　14型机，不同泵径最大下泵深度及最大载荷表

泵型/mm	下减载器井最大下泵深度/m	同泵挂下抽油机最大载荷/kN		
		下减载器井	不下减载器井	减载率/%
38	6000	104.2	309.6	66.3
44	4000	82.2	189.7	56.6
57	2800	111.2	193.2	42.4
70	2000	108.2	173.1	37.5
83	1600	114.2	176.0	35.1
95	1400	118.7	186.4	36.3

表5　16型机，Φ38mm泵最大下泵深度及最大载荷表

泵型/mm	下减载器井最大下泵深度/m	同泵挂下抽油机最大载荷/kN		
		下减载器井	不下减载器井	减载率/%
38	8000	126.2	427.1	70.4
38	6000	104.2	309.6	66.3
38	4000	82.2	189.7	56.6
38	3000	71.1	139.7	49.1

从附表四、附表五分析，针对深层、超深层油井，应用减载深抽技术，Φ38mm泵，泵挂深度3000-4000m选用12型抽油机就实现正常生产；泵挂深度3000-6000m选用14型抽油机就

实现正常生产；泵挂深度6000-8000m，选用16型抽油机就实现正常生产。

应用抽油井减载深抽技术，可以大幅度降低抽油机驴头悬点载荷，一是现有运行抽油机型号可以降低2-3等级，确保正常生产；二是全国范围内可以淘汰18、20型或更大型号的抽油机，大幅度节省生产成本；三是一口井减少用大型号抽油机至少节省生产成本30万，若全国油井的30%应用减载深抽技术，少更换75000台大型号抽油机，节省生产成本225亿元。

（2）减少管杆断脱、漏失现象发生。深层、超深层油井，其抽油杆柱伸缩幅度大，偏磨严重，抽油杆易断，油管易磨穿孔发生漏失。应用减载深抽技术，一是减载深抽装置起着固定扶正抽油杆的作用，减少管杆震动，是最好的防偏磨装置；二是相当于增加一个悬点，减少一半抽油杆柱伸缩量，减少管杆偏磨，延长管杆使用寿命；三是降低了抽油杆柱承受载荷，延长使用寿命，减少作业井次，延长油井免修期。

（3）提高泵效。深层、超深层油井应用减载深抽技术，减少抽油杆柱伸缩，增加有效冲程，提高泵效，增加产量。

（4）满足油田开发管理需要。在不改变地面抽油机型号情况下，小泵深抽、大泵提液，完全满足油田地质工艺方案对泵径、泵挂的需求，达到提液增油增效的目的。

5　下阶段研究方向

（1）中原油田已经把减载深抽技术作为油田常规技术推广应用，并在生产中已成功应用减载深抽技术替代150m^{3}以下排量电泵，大幅度降低电泵举升高能耗，节约55%以上生产成本。应用减载深抽技术，如何替代150m^{3}以上大排量电泵？

（2）2023年4月，中石油辽河油田邀请参加中石油重点项目攻关，如何把载荷从400kN降低到180kN的举升难题？

6　结束语

抽油井减载深抽技术，破解了机采工艺的“瓶颈”难题，在降载、节能、增油、提高泵效、延长免修期、提高机采系统效率等方面效果显著，是油田机采工艺史上的一次革命。减载深抽技术现场应用效果非常好，取得了很好的经济效益和社会效益，为今后油田机采举升特别是深层、超深层油气的高效开采以及在促进技术规模化应用方面提供了方向，具有非常高的推广价值和发展前景。

参　考　文　献

［1］魏文杰 采油工程 1981.4.
［2］罗英俊 万仁溥等 采油技术手册 2005.3

顺北断栅储集体储层改造技术研究与应用

李春月[1,2]

（1. 中国石化西北油田分公司石油工程技术研究院；
2. 中国石油化工集团公司碳酸盐岩缝洞型油藏提高采收率重点实验室）

摘　要　顺北油气田断溶体储层内部发育多栅结构，非均质性强，连通性差，具有高温、高压特点，储层高效改造设计面临极大挑战。针对顺北储层特点，通过数值模拟研究明确了裂缝扩展规律，研发出耐温 260℃低摩阻压裂液和耐温 200℃胶凝酸缓速酸体系，形成"压得远、压得宽、压得多"三种酸压增产技术，建立以井筒听诊器监测、电磁监测和压裂液在线混配为主的监测评价技术，实现酸压泵注设计现场动态调整。该技术应用于顺北增产效果显著，形成日产千吨高产井 16 口，保障了顺北高效开发。

关键词　顺北油气田；断溶体；多栅；改造；监测

1　引言

顺北油气田位于塔里木盆地顺托果勒低隆起西北部、沙雅隆起的西南端，西跨阿瓦提坳陷东斜坡，东邻满加尔坳陷，发育多条走滑断裂，在中—下奥陶统，走滑断裂活动强度达到最大，造成的地层挤压变形程度最大，地层破碎形成洞穴或空腔以及伴随断裂形成的裂缝等成为油气的良好储集空间，此类由断裂带控制的油气储层简称为断溶体储层。断裂带内部各断层面附近实钻储集体主要由一组或多组洞穴带和裂缝带组成，据顺北 4 号断裂带钻井数据统计，单条断层控制的缝洞型储层宽度为 10.5~120.0m，平均为 32.5m，这种同一断裂带内发育的多组缝洞体结构称为栅状结构。内部结构复杂，非均质性强，不同断裂体系、同一断裂体系不同断裂带、同一断裂带不同分段储集体分布差异大，"一段一世界"。此外，顺北储层埋深大（> 7200m），储层温度高（>160℃），改造难度大，压后递减快，高效改造面临挑战。

近两年，按照地质工程一体化设计理念，围绕增产目标，开展多轮次分析-改进-固化-推广-提升，从基础理论研究、设计方法研究、改造工艺优化、监测技术评价等方面，通过不断探索与实践，形成了可推广的顺北超深断栅储层改造技术体系，提高了顺北增产、稳产效果，保障了顺北高效开发。

2　顺北断栅储集体储层改造技术

2.1　裂缝扩展规律预测

碳酸盐岩断溶体储层非均质性和封隔性强，地应力场分布复杂，应力差异大，人工裂缝扩展形态与常规储层具有明显不同，因此明确地应力场分布特征和人工裂缝扩展规律对于碳酸盐岩储层压裂设计和方案优化具有重要意义。

针对传统弹性力学模拟复杂断溶体油藏局部应力场精度低的难题，采用"地质-力学"双约束应力场反演方法，建立了局部应力场，模拟结果表明：断面上最大水平主应力与断面平行，酸压裂缝主要沿断面延伸，有利于远距离沟通；拉分段内部，应力趋向于与断面垂直（见图 1），酸压裂缝延伸有利于压通夹持区，提高改造范围，且人工裂缝倾向于垂深方向扩展，压裂缝高较大，易沟通下部储集体；挤压段内部地应力与断面平行，人工裂缝倾向于沿断裂方向扩展，压裂缝长较大，易沟通远处的断裂带。

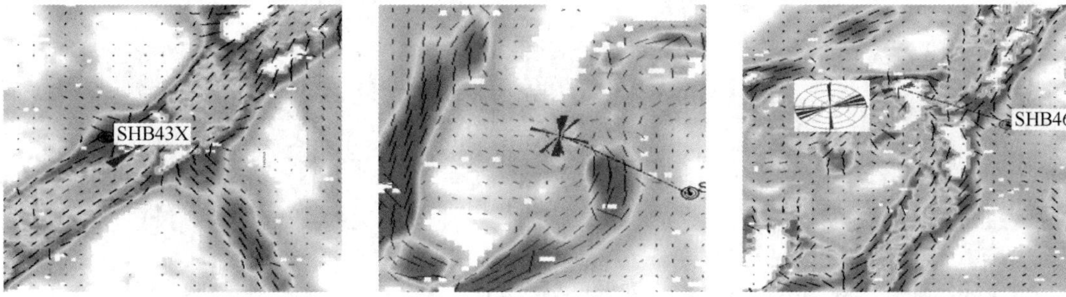

图1 不同构造地应力分布

2.2 耐高温改造工作液

顺北储层具有超深、高温特点，对改造液体性能提出了较高挑战。高温下不仅压裂液耐温耐剪切性能差，酸液对管柱腐蚀风险加剧，并加剧酸岩反应，酸液有效作用距离更短，影响措施提产效果。围绕超深超高温储层改造液体研发需求，研发了耐温260℃低摩阻压裂液和耐温200℃胶凝酸缓速酸体系，满足超深储层酸压改造的需求。

1）耐高温压裂液

基于稠化剂高耐温、高抗盐、低粘弹要求，研发具有-COO-、-SO3-、-N+(R)3等基团的四元聚合稠化剂；基于中心离子复配及空间位阻效应原理，研发了以锆、钛为中心离子的交联离子释放温度40-140℃可控的温控交联剂。在此基础上优化形成260℃压裂液配方体系，该液体在温度260℃、$170s^{-1}$条件下，剪切150min后粘度>200mPa·s，减阻率61.2%，具有良好的耐温耐剪切性能和减阻性能。高温剪切性能如图2所示。

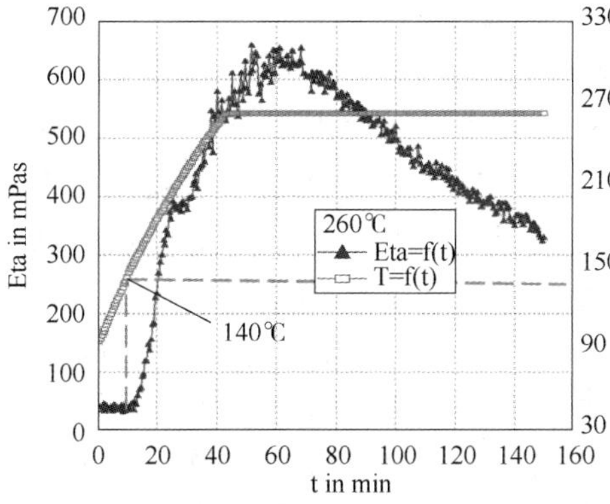

图2 压裂液高温剪切流变曲线

2）耐高温酸液

通过引入含有磺酸基、苯环等刚性耐温基团结构的单体以及疏水单体，并配套超高温缓蚀剂等助剂，研制出耐温200℃的胶凝酸体系。该液体性能如下：温度200℃、$170s^{-1}$条件下，剪切90min后粘度>20mPa·s（见图3）；200℃，4h静态腐蚀速率17.33g/(m^2·h)，180℃，4h动态腐蚀速率79.45g/(m^2·h)，达到行业一级指标；180℃下酸岩反应速率方程$J=1.655\times10^{-5}C^{0.8066}$。

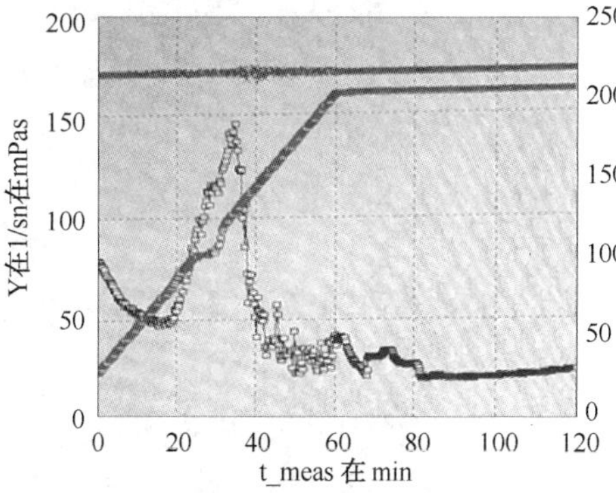

图3 胶凝酸高温剪切流变曲线

2.3 地质工程一体化增产设计技术

2.4 酸压工艺技术

顺北断控体油藏是一种多栅储层结构，主要分为单断单栅、单断多栅及多断多栅三大类。紧扣三类“栅状结构”模式，攻关形成“压得远、压得宽、压得多”三种酸压增产工艺（见图4），确保缝控储量最大化、单井产能最大化。

1）深穿透酸压工艺技术

针对单断单栅储层，近井储层欠发育、远井储层物性好，常规酸压难以沟通的问题，形成深穿透酸压技术，配套41/2″大尺寸管柱提高酸压排量$12m^3$/min以上，大规模（$2000m^3$以上）和高粘压裂液（200mPa·s以上），提高净压力，促进动态水力裂缝延伸；采用交联酸+自生酸复合注入，酸蚀裂缝长度至160m±，实现压得远目标。

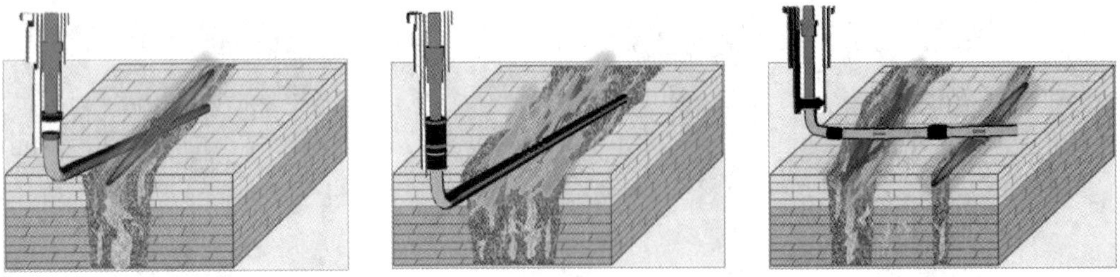

图4　基于不同栅状储层结构的酸压工艺示意图

2）宽带酸压工艺技术

针对多栅储层发育、栅间连通差，常规酸压改造范围小的问题，构建了酸蚀-渗流-力学三场耦合作用下的裂缝扩展模型，明确了酸蚀裂缝形态演化规律，提出了酸液循缝+压裂扩缝+暂堵多向转缝+复合酸溶缝四步法宽带体积酸压工艺，改造宽度20↗60m以上。酸压思中如图5所示。

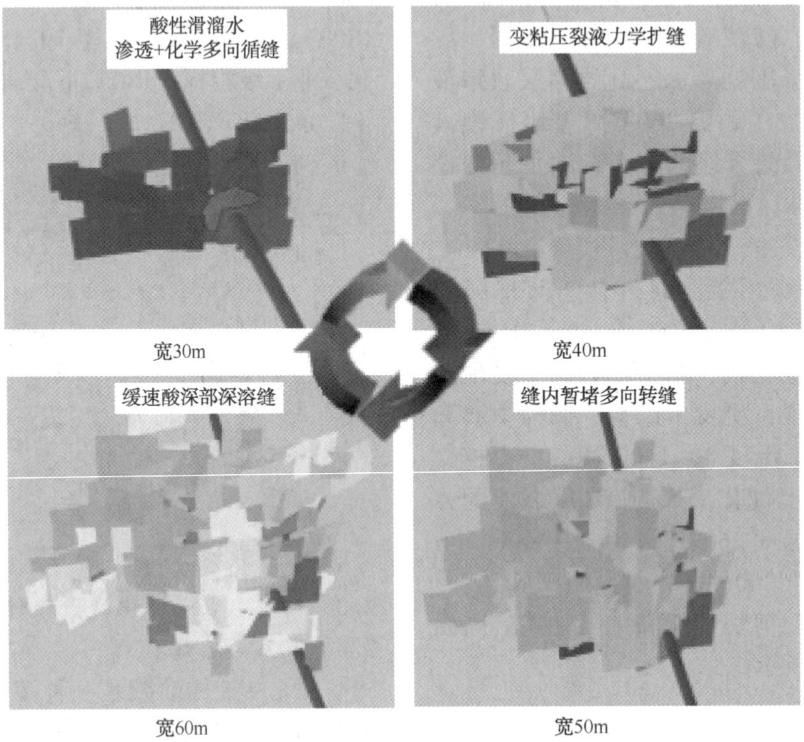

图5　"四步法"多向宽体沟通模拟结果

将缝洞型碳酸盐岩露头岩样加工成直径100mm、长度200mm的岩石圆柱，在圆柱岩样中心预制深115mm井眼，采用真三轴体积压裂物模系统，模拟酸化压裂物理试验过程，并实时同步采集轴向、径向变形，轴向压力，泵注压力，声发射等数据。滑溜水（0.3%胍胶加量的未交联液体）压裂时，泵压出现3次波峰，说明沟通多个天然裂缝，最终岩样形成相对复杂的裂缝网络；交联压裂液（0.5%胍胶加量的交联液体）压裂时，泵压快速上升到峰值后迅速跌落，且仅一个峰值，说明岩样内部仅产生主裂缝连通至试样表面，内部天然裂缝未能开启（见图6）。酸性滑溜水不仅具有滑溜水的低粘度，而且具有10%盐酸的酸浓度，可形成酸蚀蚓孔，激活更多天然裂缝。所以首先利用酸性滑溜水的低粘和酸性化学作用循缝沟通，激活近井天然裂缝，然后大排量注入高粘压裂液，提高净压力，进行力学扩缝。

顺北储层水平地应力差30MPa以上，实际酸压净压力6-10MPa，只能激活最大主应力夹角30°范围内天然裂缝（占50%）（见图7），依靠排量、规模提高激活体积偏小，需考虑深部暂堵提高净压力，从而动用更多天然裂缝。对于2mm的远端裂缝，采用纤维和2mm颗粒组

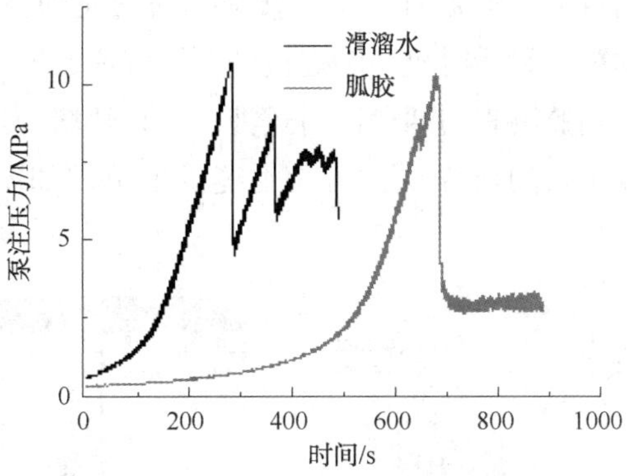

图6 泵注滑溜水、交联压裂液泵压变化对比

进行缝内封堵实验，当暂堵材料组合为0.7%纤维+0.7%2mm时暂堵压力18MPa(见图8)，可激活夹角50°范围内天然裂缝。

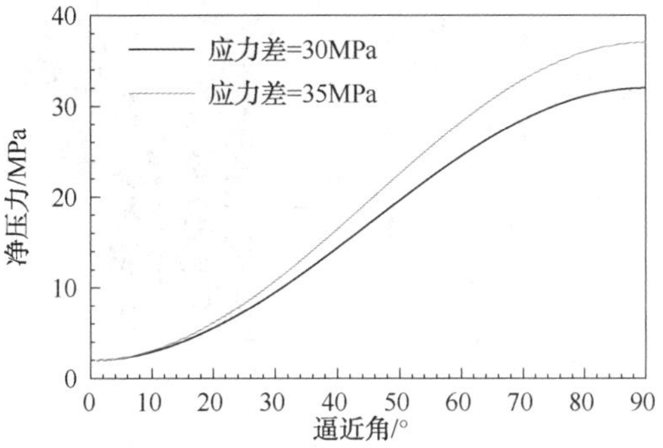

图7 不同应力差、净压力激活天然裂缝范围

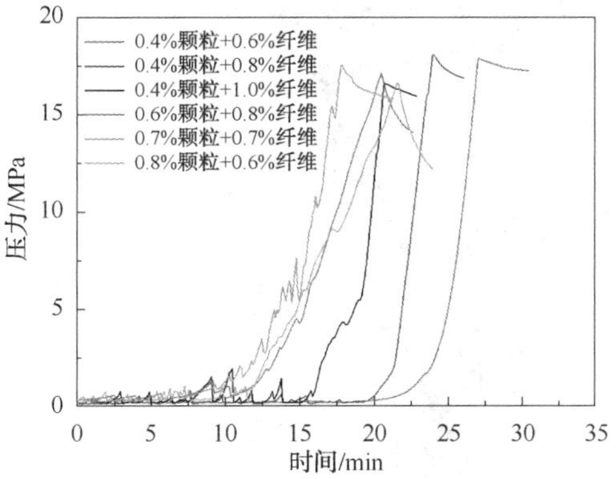

图8 裂缝远端(2mm)暂堵材料组合优化实验压力曲线

3）复合分段酸压技术

针对多断多栅等多套储集体笼统酸压动用程度低的问题，攻关形成工具+暂堵复合分段酸压工艺，提高分段能力，动用多个分隔断面/破碎体。高性能裸眼封隔器耐温180℃、承压80MPa，暂堵剂耐温160℃、承压20MPa，满足分段改造要求，确保“分得成”；井筒听诊器实时监测进液位置，并据此现场动态调整设计，确保“分得准”，分段数2↗5段，单井产量进一步提升。

利用Petrel软件建立具有放空漏失的I类洞穴型和无漏失的III类裂缝型储层的油藏模型(见图9)，压裂模拟I类储层压开后，再用暂堵剂进行封堵后的压力变化，由图10可知，暂堵剂用量达到1800Kg后暂堵起压仅3MPa，暂堵效果不明显，这一结果与现场数据基本一致，由此说明对于放空漏失井，无法有效暂堵分段，需要进行工具分段。工具分段虽可精确动用，但是对井径要求较高，一般需扩径<5%、井眼曲率≤15°/30m。无放空/小漏失井，现场统计最大暂堵压力达到17MPa(见表1)，成功实现暂堵分段，但因顺北储层温度高，受暂堵剂耐温性能限制，目前暂堵分段级数仅能达到2级。

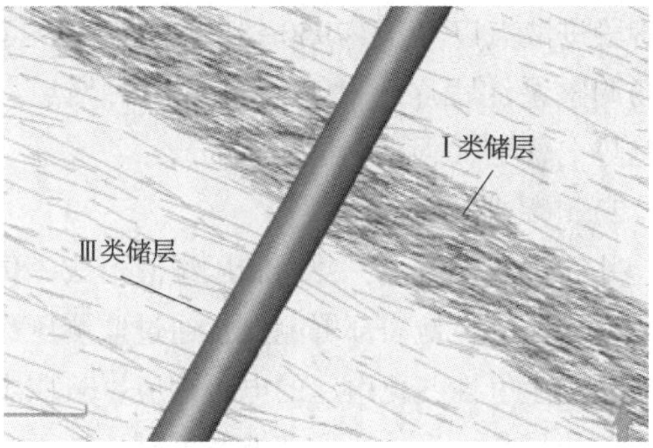

图9 多类型储层建模示意图

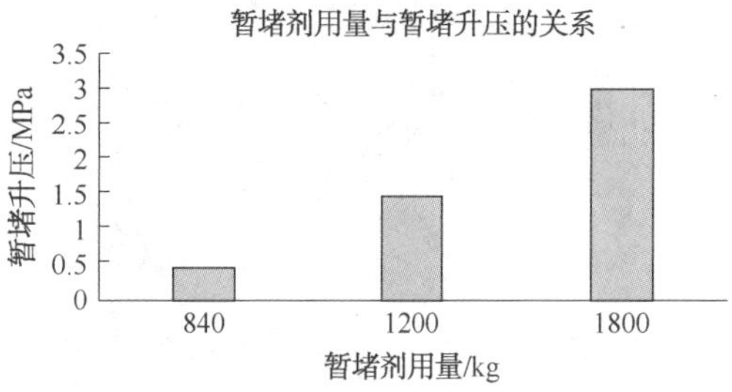

图10 放空段暂堵剂用量与暂堵起压的关系

表1 现场暂堵起压施工统计

井号	纤维+颗粒用量/kg	起压情况/MPa
A1	845	6.3
A2	800	8.5
A3	1000	10
A4	600	12
A5	1250	12.1
A6	1200	12.3
A7	1300	12.8
A8	1200	15.3
A9	1000	17
平均值	1021	11.8

2.5　特深层现场实施及监测评价技术

针对顺北储层类型多样、裂缝扩展规律复杂的特点，利用井筒听诊器、电磁监测实时监测裂缝起裂位置与扩展方向，配套在线混配技术，现场实时调整泵注程序，达到改造目的，并节约成本。

1）井筒听诊器监测技术

该技术是一组高频数字采集与精细化裂缝参数处理系统技术，通过高频压力采集设备记录停泵及调整施工排量期间的压力信号，并利用特有的信号处理软件，可在较短时间内分析井下液体进液点位置，诊断井底情况，达到现场快速决策的目的。例如，X井井筒听诊器监测表明测试压裂阶段进液点以B段(7950-8197m)为主，于是现场调整泵注程序，对B点进行用暂堵后，进液趋势上移至A段(7710-7913m)。

2）电磁监测技术

井筒供入交流电，井筒和压裂液形成一体化的地下导体，在地表部署测点，通过监测压裂液入地后产生电性变化引起的电磁响应，获取电磁时间差分异常，反映压裂液波及范围，进而分析缝网特征。电磁监测可直接显示裂缝延伸情况，协助决定暂堵时机，动态调整泵注程序。Y井施工初期监测表明两段同时进液，进行暂堵后，进液以主目的层为主，两段裂缝扩展范围如图12所示。

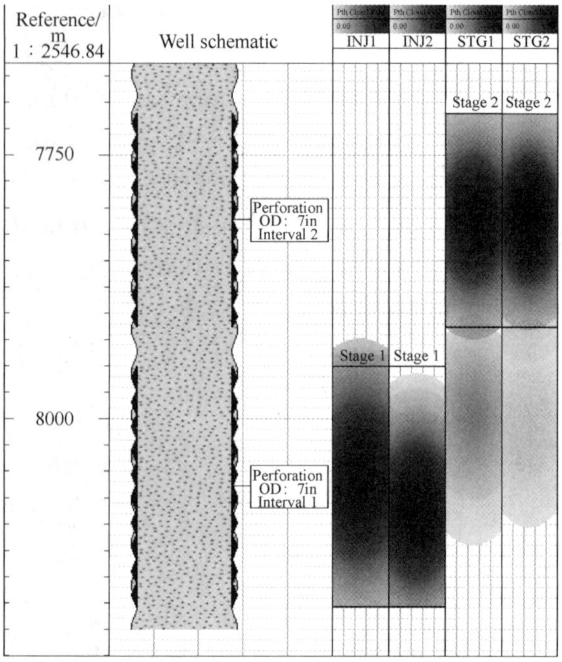

图11　X井井筒听诊监测结果

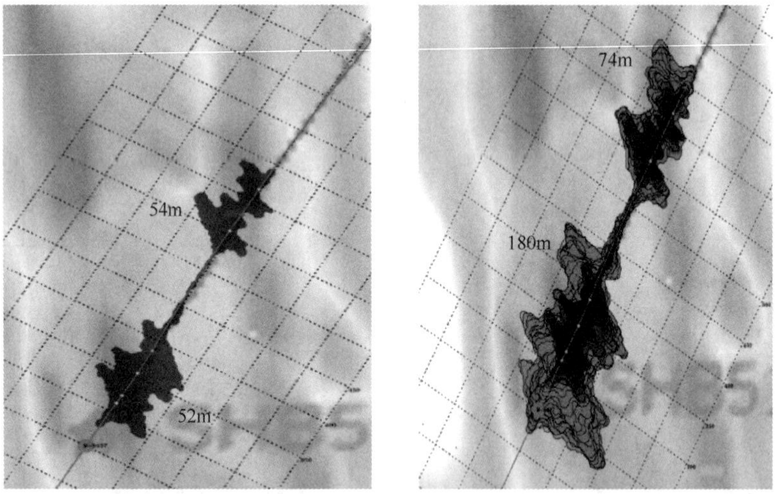

(a)暂堵前，2段同时进液　　(b)暂堵后B点为主进液段

图12　Y井电磁监测结果

3）压裂液在线混配

顺北地质条件复杂，且地质预测存在一定误差，酸压沟通规模定量设计难，部分井提前沟通，则增加了剩余液体倒液费用，或配液量少导致无法沟通端储集体。连续混配可实现准确、连续、均匀的加料和高质量连续配液，浅表水即可满足现场配压裂/滑溜水要求，在线混配车配液能力8-12m^3/min，可以满足大排量施工要求。压裂液在线混配技术结合现场裂缝监测，有利的支持了现场施工动态调整，做到用多少，配多少。

表 2　在线连续混配压裂液能力参数

项目	参数
工作流量	8.0~12.0m³/min
配液浓度	0.2%~0.7%(粉水重量比)，溶液精度±2%
出口粘度	在水温为 20℃时，3 分钟 0.4%的特级胍胶溶涨程度不低于 85%
加料精度	连续均匀的加料，加料精度达±1%，配比精度达到±2%

4　现场应用

截至目前改造形成日产千吨高产井 16 口，有力支撑了顺北高质量上产。其中 A 井位于们分段，井轨迹斜穿 3 套杂乱破碎体，针对 3 个储集体，工具分 3 段酸压，1 号体：串珠-类洞穴型，轨迹距体中心 140m，深穿透酸压造长缝沟通；2 号体：串珠-类洞穴型，轨迹距体边界 50m，深穿透酸压向上沟通；3 号体：杂乱-裂缝型，轨迹距体边界 70m，宽带酸压提高连通性，扩大动用，压后初期 14mm 油嘴日产油 973m³，日气 75.59 × 10⁴ m³，折油气当量 1358t/d。

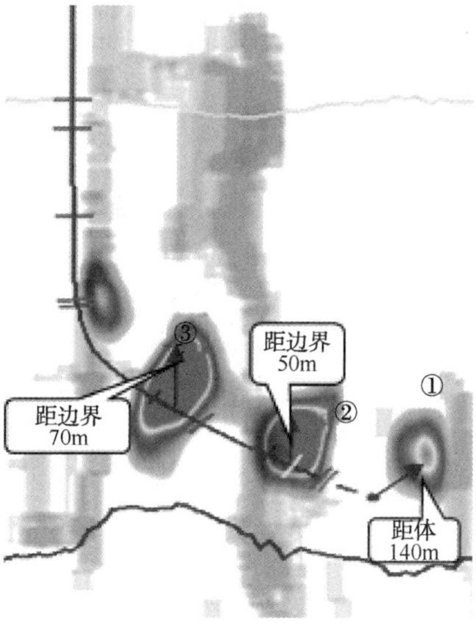

图 1　A 井相干能量梯度+蚂蚁体

5　结论

(1) 顺北断控缝洞体沿断裂带发育，内部发育多栅结构，具有极强非均质性，连通性差，且具有高温、高压特点，对改造工艺针对性和改造工作液性能提高出了较高要求。

(2) 针对拉分/平移、挤压三种断裂构造，分别建立了局部地应力场，明确地应力场分布特征和人工裂缝扩展规律，为酸压施工设计提供指导。

(3) 优化形成耐温 260℃低摩阻压裂液和耐温 200℃胶凝酸缓速酸体系，满足顺北超深高温酸压改造的需求。

(4) 针对“栅状结构”模式，形成“压得远、压得宽、压得多”三种酸压增产理念和工艺技术，现场应用形成日产千吨高产井 16 口，确保缝控储量最大化、单井产能最大化。

(5) 井筒听诊器监测、电磁监测和压裂液在线混配复合，形成特深层现场实施及监测评价技术，实时监测裂缝起裂位置与扩展方向，指导现场动态调整泵注程序。

参考文献

[1] 薛江龙，刘应飞，周志军．缝洞型油藏连通单元地质建模研究——以哈拉哈塘油田为例[J]．地质与勘探，2016，52(06)：1176 - 1182. DOI：10.13712/j.cnki.dzykt.2016.06.019.

[2] 刘军，廖茂辉，王来源等．顺北油田顺北 4 号断裂带中段断控储集体连通性评价[J]．新疆石油地质，2023，44(04)：456-464.

[3] 李映涛，漆立新，张哨楠，等．塔里木盆地顺北地区中——下奥陶统断溶体储层特征及发育模式[J]．石油学报，2019，40(12)：1470-1484.

[4] 鲁新便，胡文革，汪彦，等．塔河地区碳酸盐岩断溶体油藏特征与开发实践[J]．石油与天然气地质，2015，36(3)：347-355.

[5] 马庆佑，沙旭光，李玉兰，等．塔中顺托果勒区块走滑断裂特征及控油作用[J]．石油实验地质，2012，34(2)：120-124.

[6] 张煜，毛庆言，李海英等．顺北中部超深层断控缝洞型油气藏储集体特征与实践应用[J]．中国石油勘探，2023，28(01)：1-13.

[7] 刘洋，冯军，徐伟等．塔里木盆地古城地区走滑断裂特征及其对白云岩气藏的控制作用[J]．中国石油勘探，2022，27(04)：135-148.

[8] 张煜，李海英，陈修平等．塔里木盆地顺北地区超深断控缝洞型油气藏地质-工程一体化实践与成效[J]．石油与天然气地质，2022，43(06)：1466-

1480.
[9] 耿宇迪，蒋廷学，刘志远等. 深层缝洞型碳酸盐岩储层水力裂缝扩展机理研究[J]. 石油钻探技术，2023，51(02)：81-89.
[10] 考佳玮，金衍，韦世明. 缝洞型碳酸盐岩储层人工裂缝扩展数值模拟[J]. 石油科学通报，2023，8(03)：303-317.
[11] 张煜，李海英，陈修平等. 塔里木盆地顺北地区超深断控缝洞型油气藏地质-工程一体化实践与成效[J]. 石油与天然气地质，2022，43(06)：1466-1480.
[12] 林强. 顺北碳酸盐岩非均匀酸蚀高导流酸压工艺研究[D]. 中国石油大学(华东)，2023. DOI：10.27644/d.cnki.gsydu.2020.001372.
[13] 李子甲，吴霞，黄文强. 深层碳酸盐岩储层有机酸深穿透酸压工艺[J]. 科学技术与工程，2020，20(20)：8146-8151.
[14] 耿宇迪，周林波，王洋等. 超深碳酸盐岩复合高导流酸压技术[J]. 油气藏评价与开发，2019，9(06)：56-60. DOI：10.13809/j.cnki.cn32-1825/te.2019.06.010.
[15] 侯帆，许艳艳，张艾等. 超深高温碳酸盐岩自生酸深穿透酸压工艺研究与应用[J]. 钻采工艺，2018，41(01)：35-37+3.

超深碳酸盐岩裸眼水平井连续油管输送产剖测井技术及应用

王勤聪　邹　宁

（中国石化西北油田分公司工程技术研究院）

摘　要　本文介绍了顺北油气田超深水平井测井工艺及高温条件下测井仪器的特点，以及超深水平井生产测井解释方法，评价了超深水平井资料的应用效果，通过井温定量解释与示踪测井资料对比，评价了解释符合程度。与传统直井测井对比，超深水平井测井难度大，测井成本高，录取资料信息少，需要克服工艺缺点，通过提高解释精度，为找水堵水、评价断控体储层提供科学依据。

关键词　超深水平井输送工艺；水平井生产测井；井温定量解释

顺北油气田具有超深、超高温、超高压、硫化氢、二氧化碳含量高等特点。随着顺北勘探开发的不断深入，储层埋深越来越深，温度压力越来越高。井深超过 8000m，井底温度超过 160℃，井底压力超过 100MPa 的超深井越来越多，现有常温生产测井仪器普遍耐温 150～175℃、耐压 100～140MPa，不能满足顺北油田超深井产液剖面测井的需求。同时，侧钻水平井、大斜度井的日益增多也给生产测井作业和解释带来了新的挑战。顺北油田的水平井具有小井眼、短半径的特征。井斜变化大，多以裸眼完井为主，井况较复杂。相应的生产测井解释技术也不同于常规射孔完井解释，产出层与常规测井解释储层的不对应性制约着解释成果的准确性，影响正常资料解释。

1　顺北油气田超深水平井测井工艺技术

顺北油气田垂深超过 7500m 井深的井数占 80%以上，根据电缆受力模型，测井电缆在井口端的张力与测井电缆下入井内的长度成正比，7500m 电缆重力与张力几乎相等，超过该深度生产测井作业时电缆拉断仪器落井率达 50%。针对顺北油气田超深水平井生产测井，需要从测井输送工艺、测井仪器等各方面优选适合的测井方式。

1.1　超深水平井测井输送工艺

目前，比较常见的水平井生产测井仪输送工艺包括连续输油管输送、水力输送及爬行器输送等等，爬行器输送方式井口环套空间无法座封，水力输送方式需要在油管中进行，不适用于油气井产液剖面。顺北油气田完井方式为套管+裸眼（或筛管）完井，大斜度井、水平井生产测井输送方式中，更适合的输送方式为连续油管输送方式。

顺北油气田使用的 9000m 连续油管是一种高强度和高韧性的管材，连续油管直径为 1.75″变径连续油管，内穿 8.18mm 电缆，可通过 3½″+2⅞″的油管作业，具有较高的抗拉强度和承压能力，同时适应顺北油气田部分特殊井身结构的水平井，如小井眼侧钻水平井、井眼不规则或造斜曲率变化过大的水平井。作业时提前将测井电缆预置到连续油管内盘绕在大型液压绞盘上。测井仪器连接在连续油管底端的电缆头位置，并与连续油管进行固定后利用液压绞盘及井口特殊进行装置控制下井，将测井仪器推送至水平目的层段后向上转动绞盘上提或下放测井仪器完成测井（图 1）。

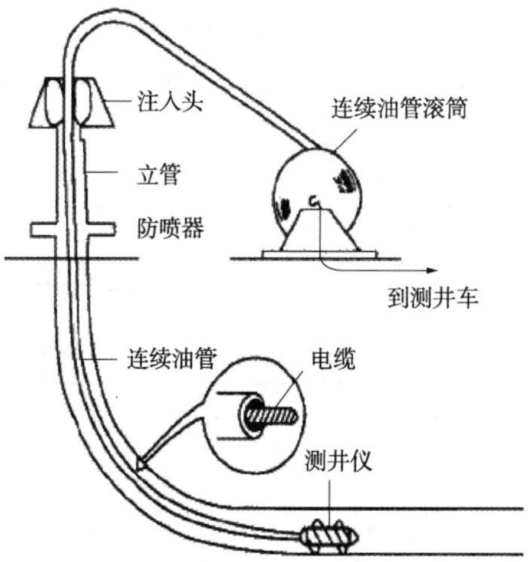

图 1　连续油管配套施工示意图

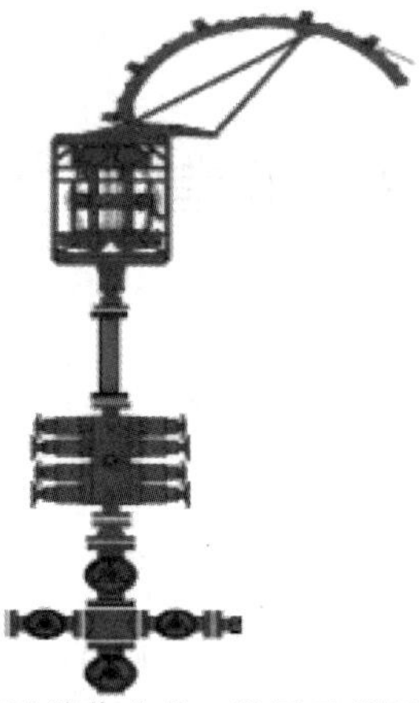

图 2　连续油管作业井口装置示意图

连续油管测井作业配套井口连接(从下至上)：转换法兰+防喷器组(型号：4FZ103-105；四闸板防喷器从上至下依次安装有全封闸板、剪切闸板、卡瓦闸和半封闸板)+防喷管+防喷盒+注入头+鹅颈管。具体见表 1。

1.2 超深水平井测井仪器

顺北油气田选用的仪器由高温涡轮流量计、高温温度计和高温生产测井仪组成，属于威盛公司生产 200℃、38mm 参数测井系列产品，仪器采用单芯电缆、传统 DDL-III 通信系统。

表 1　连续油管作业井口装置参数表

名称	规格/型号	长度/m	内径/mm	压力等级/MPa	上扣型	下扣型
注入头（带鹅颈架）	最大拉力 45T 最大推力 22.5T	5.28	/	/	/	/
防喷盒	侧门式		103	105	/	下部公由壬
防喷管	/	10	103	105	母由壬	公由壬
转换由壬	/	0.3	103	105	母由壬	公由壬
四闸板防喷器	/	1.5	103	105	母由壬	公由壬
转换由壬	/	0.3	78	105	母由壬	78×105MPa 法兰

七参数测井仪包含伽马、CCL、石英压力和温度、密度、持水率、涡轮七个参数，主要应用于油气田勘探、开发和生产过程中的高温、高压测井。其中密度仪器是一种非辐射类流体密度测量仪器，采用中心采样的测量方法，测量流体经其周围的液体样本的密度，所测得的密度值为液体的平均密度，可用于静态或动态液体密度测量。含水流量测井仪，下端可以连接多种结构的流量机械体，并有负电压保护功能，主要用于持水率、流量测量。宝石轴承流量仪机械体是高温仪器串中的一部分，可配接温度持水率流量测井仪，用于井下流量参数的测量，测量分层产液量、全井产液量。具体见图 3。

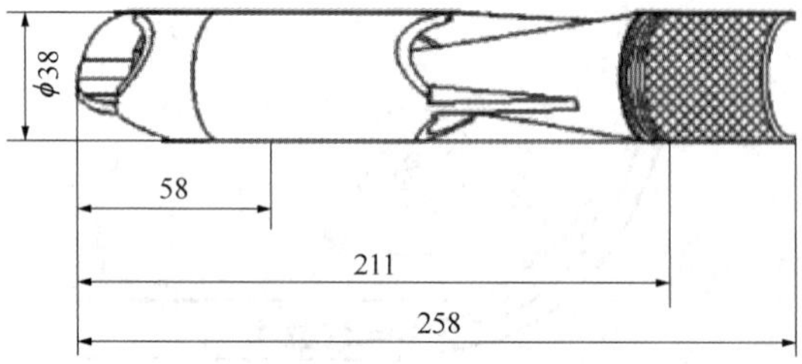

图 3　宝石轴承流量仪机械体示意图

2　顺北油气田超深水平井测井解释技术

生产测井的重大价值在于它能在油井正常开采期间对储集层的动态效果做出评价，并能及时查清油井生产中所出现的各种问题，利用用生产测井得到的结果指导下步生产。

顺北油气田由于井况条件限制，目前水平井仪器均无法满足高温需求，只能利用高温直井仪器进行水平井监测，受井下流体流型、流体性质影响，涡轮流量计转动差，录取到的资料有限，需要利用井温进行定量解释。

2.1 超深水平井生产测井测井曲线响应特征

顺北油气田超深水平井生产测井曲线主要包括七参数，其中 CCL(图 4，左侧第 3 道)与自然伽玛(图 4，左侧 4 道)用于校对深度。井温用于判断产出层位置(图 4，左侧第 5 道)，同时用于定量解释，受油藏断控体影响，主要的储集空间和生产通道，大型溶洞、裂缝以及井筒中的流体流动不遵循达西定律，而是具有管流特征。井温在产出位置有明显的升温降温特征。压力曲线主要判断井底流压特征(图 4，左侧第 6 道)。持水率(图 4，左侧第 7 道)在产油气位置出现增大现象，密度(图 4，左侧第 8 道)曲线出现减小现象。在产水位置持水率、密度曲线特征与产油气相反。如果井筒内有岩屑等会影响开窗仪器持水率、密度数值，需要解释时进行井下刻度。

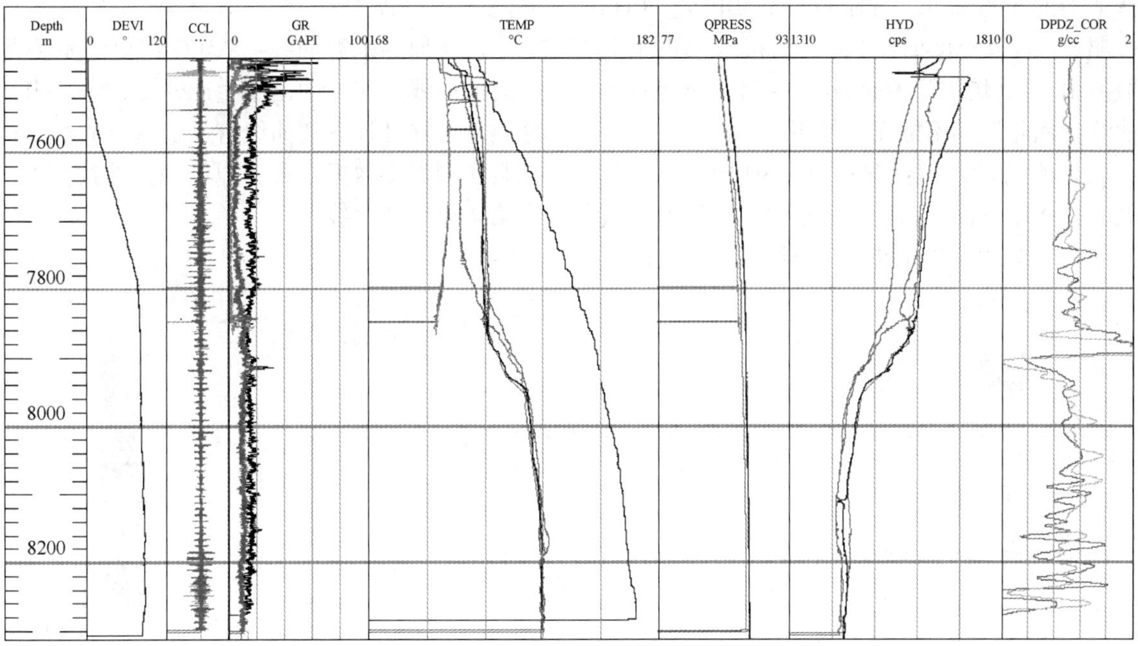

图 4　顺北超深水平井(S 井)生产测井曲线图

说明：从左至右依次为深度、井斜、CCL、自然伽玛、井温、压力、持水率和密度曲线。

2.2　超深水平井生产测井测井解释方法

由于超深水平井 90%以上测井资料涡轮无法正常工作，需要利用温度进行定量解释。同时受高温高压影响持水率、密度仪器均受影响，需要在井下进行二次刻度。

在原始状态下，地温与深度的关系基本成线性关系，其斜率为地温梯度。当井筒内有流体加入时，原始地温场受到扰动破坏，偏离正常地温而形成井温异常。在生产井井中，井筒温度是动态变化的，变化快慢主要取决于流量、完井方式、储层性质、流体和地层的热力学性质等因素。用温度曲线解释流量模型的基本原理就是根据温度模型模拟井内温度变化。

生产测井中，利用温度模型的流量解释方法主要是从原始地温出发，通过温度模型模拟流动井温曲线，求取模拟曲线与实测曲线之间的差异，迭代计算得到最终的产量剖面。具体过程如下：

(1) 确定原始地层温度：根据 0 流量层、地温梯度计算或关井测量。在水平井中，用井斜校正。由于水平井高度差距小，要求温度精度更高，用达到稳定状态下的关井温度。水平井中可能无法测到可靠地温的时候只能将它作为一个初始值而不是一个固定参数。

(2) 选择模拟的温度，需要在稳定开井状态下的流动井温曲线。可以选择某一时刻测得的曲线，或者是某几条温度曲线的平均值。

(3) 根据套管、油管、水泥胶结尺寸和各自的热传导系数计算整体的热损失系数，裸眼井中根据地面产量计算。顺北油气田目的层段灰岩岩石热导率为选 4.5W/(m.℃)，地层岩石密度选 2.87g/cc。

(4) 根据储层的热传导系数、渗透率、孔隙度、表皮系数、前面计算的热损失系数等模拟井温曲线。

(5) 通过迭代计算得到最终的产量剖面。

2.3　顺北油气田超深水平井生产测井应用实例

根据顺北油气井实际测井资料进行分析，并通过前期利用示踪点测流量进行验证，证明水平井产液剖面利用温度进行定量解释结果的符合实际生产情况。

2.3.1　水平井产液剖面测井实例

H 井是顺北油气田一口气水同出井，测井时含水原始资料包括磁定位、自然伽玛、温度、压力、持水率曲线(图 4)，本井因遇阻未测到井底，具体解释方法及模型如下：

(1) 曲线选择：下测温度曲线趋势比较接近，上测温度曲线趋势与之相反，解释时选择了下测温度曲线作为流动温度曲线；压力曲线比较稳定，选择平均的压力曲线，并求取导数 DPDZ_ COR（井斜校正的拟密度曲线）；下测持水率由下到上数值由 1140 增加到 1660cps，选择了下测持水率曲线。涡轮转动不好无法使用。

(2) 流动段判别：7835.0～7940.0m：温度降低，持水率升高，密度先降后升，表明有油气相加入。8289.0m 以下温度与裸眼静温曲线差 4.4℃；持水率在深度段以上 8186.2m 位置上提曲线有微弱减小趋势，压差密度出现来回跳动现象，说明段内有气泡溶入但气产量小未被带出井筒。

(3) 原始地温曲线：TGEO 需要的是关井稳定时的曲线，实际中由于生产开发等的影响，与原始地温梯度计算的曲线有一定差异。本井利用裸眼实测温度数据设置为原始地温曲线。如图 5 右第 4 道绿色曲线。

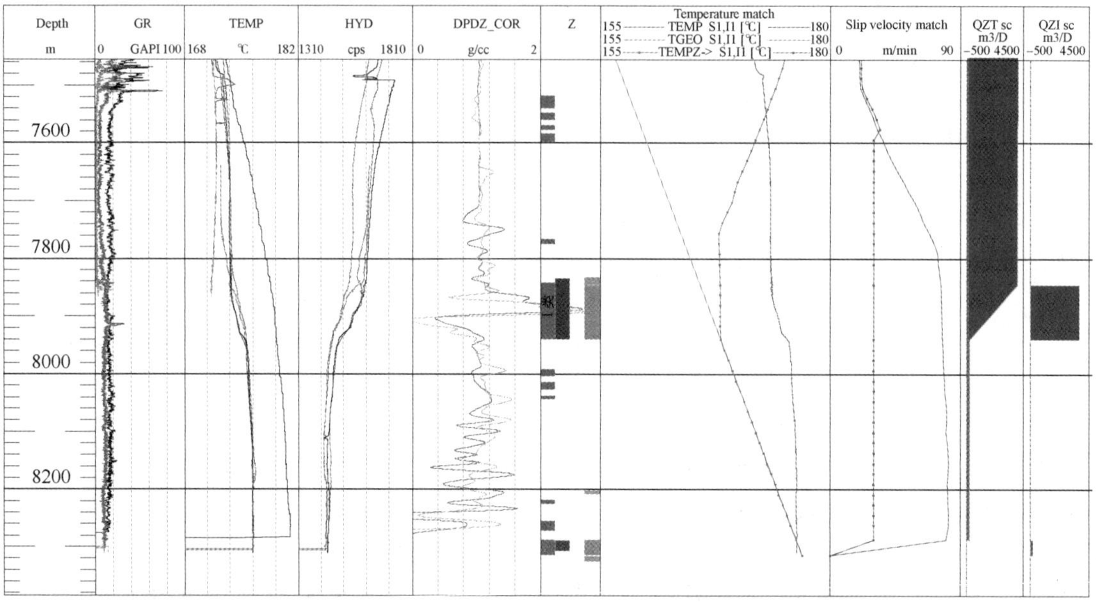

图 5　顺北超深水平井(H 井)原始地温设置及解释成果图(TGEO)

(4) 解释参数：由于没有地层及流体的热力学参数等，解释使用了默认值。根据地面产量计算了热损失系数 HLC，并设置 HLC 为变量。选择流体类型为气和水，地层水矿化度 210000ppm，气相对比重 0.7。

(5) 流体模型选择：比较适合的是气-液两相中适合水平井的关系式 Artep 和 Petalas and Aziz，在底部略有差异。Artep 持水率及滑脱速度更匹配，解释结果与定性分析更吻合，最终选择 Artep 模型。

最终得到产液剖面解释结果见表 2。

表 2　顺北 H 产量解释结果

	顶深/m	底深/m	气产量/(m^3/d)	水产量/(m^3/d)	产水百分比/%	产气百分比/%
流动段 1	7835	7940	3784	0	0	96.7
流动段 2	8289	/	131	90.3	100	3.3

2.3.2　水平井温度定量解释与示踪定量解释对比

示踪流量解释原理，在油管或套管内相关位置释放示踪剂，通过探测和计算被示踪剂标记的向上或向下流动的流动速度，来获取各个层段的产量量。利用示踪相关流量测井技术，采用速度法测量以及重复测井工艺，根据实际测井曲线的形态特征、选取合适的读值方法和校正系数，准确求取各层流量。

通过部分井井温计算产量与示踪计算产量相比发现，各井主次产层位置无明显变化，受井筒中积液，油水界面、扩径等影响，温度拟合定量产量与示踪解释结果有一定偏差，但总体解释结果一致。因此顺北超高温生产测井在示踪无法释放、涡轮无法正常工作时，用井温进行定量解释完全可靠，具体见表3。

表3　顺北各井示踪与井温产量解释结果对比图

井名	解释层号	深度/m	示踪流量/(m^3/d)	温度模型/(m^3/d)	结论
A	1	5530-5545	78.1	87.4	主产层
	2	5595-5608	34.7	31.8	
B	1	6535.5-6590	13.2	19.5	主产层
	2	6615.5-6628	2.7	3.2	
	3	6641-6661	6.3	9.1	
	4	6847-6894	13	11.2	
C	1	7233-7247.4	10	10.2	
	2	7263.3-7270.4	5.5	6.1	
	3	7286-7294	20.2	22.9	主产层

3　结论

（1）在顺北油气田超深水平井生产测井工作中，连续油管测井工艺属于行之有效的方式之一，具有推送力强、承载力强等特点，在后续研究中提高井口防喷能力，使该项技术不断的优化完善，为高压气井水平井生产测井提供技术支持。

（2）顺北油气田主要存在地层高温高压水平井生产测井回流等问题，导致涡轮及示踪剂测试效果不好，可采用温度模型进行定量解释，在定性分析流动段和产出情况的前提下，应用地层、流体等热力学参数定量计算得到产液剖面结果，在实际应用取得了较好效果。

参 考 文 献

[1] 张峰，测井电缆深度标定张力模拟系统研究[D]. 中国石油大学(华东)，2014.4.1：61.
[2] 侯鹏翀，探究水平井生产测井仪器输送工艺[J]. 中国石油和化工标准与质量，2021.5.15：163.
[3] 罗能能，连续油管水平井施工工艺-水平井测井[J]. 城市建设理论研究(电子版)，2019.4.5：88.
[4] 李成芹、赵玉贤、周长民、由世江等，高温产液剖面测试技术应用[J]. 2000，第7卷增刊：34.
[5] 郝越望、王界益，超深井生产测井效果评价[J]. 地球物理测井第15卷第2期，1991：113-114
[6] 胡文革，邹宁、李丹丹等，断溶体油藏油源深度对井温分布影响的数值模拟[J]. 2020.8，第44卷第4期：749-750.
[7] 尹仲，利用流最温度信息确定油水两相产出剖面[D]. 大庆石油学院，2003.12.1：14-19.
[8] 冯昌格，刘绍文等，塔里木盆地现今地热特征[J]. 地球物理学报第52卷第11期，2009.11：2756-2757.
[9] 邱楠生，中国西北部盆地岩石热导率和生热率特征[J]. 地质科学，2002.4，37(2)：198—200.

耐高温高密度压裂液体系研发及性能评价

焦克波[1,2]　李　亮[1,2]　马清杰[1,2]　魏丹娣[1,2]　冯新根[1,2]

（1. 中国石化西北油田分公司石油工程技术研究院；
2. 中国石油化工集团公司碳酸盐岩缝洞型油藏提高采收率重点实验室）

摘　要　7000米以上超深层油气藏的酸化压裂，具有高温高压、高闭合压力的特点，采用常规压裂液时泵注困难且排量低，严重影响油井增产效果。针对上述问题，采用甲酸钾、羟丙基胍胶、锆类交联剂研发了一种耐175℃，密度1.4g/cm³的高密度压裂液，该压裂液在175℃下以$170s^{-1}$剪切60min保持粘度100mPa·s以上，携砂性能良好，破胶后粘度低，远低于行标要求。能够降低7000m级改造井井口压力，显著降低施工安全风险，提升超深致密储层高效改造效果。

关键词　耐高温；高密度压裂液；甲酸钾

目前压裂液主要介质可以分为水基压裂液、油基压裂液以及聚能泡沫压裂液和醇基压裂液。深层油气资源我国油气勘探开发的重点领域，如我国西部某油田实现3000万吨产能建设目标的主力区块目的层深度越来越深，储层物性条件进一步变差。储层埋深超过7000m，地层压力接近140MPa，地层温度接近180℃；基质更加致密，天然裂缝非均质性更强。针对此类储层追切需要进行改造作业，以实现区块的高产稳产。

2011年，伍林、王世彬等公开了一种羟丙基胍胶加重压裂液，溴化钠、氯化钠加重密度1.5g/cm³，耐温可达180℃；2013年，崔会杰等公开了一种APCF加重压裂液，溴化钾、氯化钠加重密度1.55g/cm³，耐温可达160℃，且成功用于现场施工；2014年，杨立平等公开了一种酸根基团稠化剂的加重压裂液，酸钾或者硝酸钠加重，耐温可达140℃；2019年，李传增等得到密度可达1.65g/cm³，耐温170℃的深海油田溴化钠加重压裂液体系TPH；2021年，孙井泉等研究了一种采用硼交联的密度为1.38g/cm³的胍胶加重压裂液，在170℃，170s-1下连续剪切90min，黏度保持在60mPa·s以上。现有胍胶类压裂液大部分耐温性在150℃以下，要进一步提高耐温性能，需对其进行改性；羟丙基胍胶以及GHPG超高温胍胶等超级胍胶能满足170℃耐温条件。目前来看，目前大部分胍胶稠化剂不具备180℃耐温能力，需要进行改性；采用无机盐加重，压裂液基团必须含有耐盐单体；目前超高温加重压裂液选用的加重剂材料，大都为溴化钠，硝酸盐等，还需考虑成本等问题。

本文从超深层油藏地质需求出发，通过室内试验进行甲酸钾高密度压裂液体系研究和性能评价，通过对加重剂、稠化剂、交联剂和破胶剂的优选，得到了一种适合超高温油田的高密度压裂液体系，对于7000m级改造井能够降低井口压力，显著降低施工安全风险。

1　压裂液体系设计

由于本次需要的为高密度压裂液，因此稠化剂分子需要在盐溶液中仍能够表现出速溶性、增稠效果好、交联效果好等特点。耐盐型稠化剂必须满以下三点要求：

（1）为提高压裂液体系的耐温性能，稠化剂分子在一定条件下应能够与交联剂发生交联，形成凝胶，从而在高温剪切条件下仍具有良好的携砂能力，因此，所合成的聚合物分子链上务必带有交联剂的交联位点；

（2）压裂液稠化剂与添加-剂中的金属离子具有良好的配伍性，不发生沉淀、交联等反应；

（3）压裂液稠化剂主链必须有必要的亲水基团。

1.1　稠化剂的选择

通过对羟丙基胍胶改性，提高耐温性能。主要过程为酶解得到小分子量胍胶，然后将铵盐阳离子亲水基团引入胍胶得到改性胍胶。

改性得到的羟丙基胍胶具有较高的水溶性，不溶物的含量降低。改性后得到的胍胶由于羟基含量减少，支链基团数量增加，故在一定程度上减弱了分子间的氢键作用，因此增加了胍胶分子的水溶性，从而减少了压裂液破胶后不溶物的含量，大大减少了对地层和支撑剂充填层的伤害。

1.2 交联剂的选择

针对高温高盐的压裂液体系，选择锆类交联剂。锆原子是过渡金属原子，外层有较多空轨道，可与氧原子外层轨道形成杂化轨道，因此锆交联剂在和稠化剂交联中主要是通过有机配体优先占用锆原子外层空轨道螯合，延缓锆离子的释放速率，从而延缓锆离子的反应，从而实现延迟交联。

有机锆交联剂与稠化剂分子交联后，能形成三维空间网状结构的冻胶，冻胶耐温性优良。

1.3 压裂液体系优选

将胍胶稠化剂、甲酸钾、酸性破胶剂、温度稳定剂和助排剂按一定比例调配，得到压裂液基液。通过不同甲酸钾配比改变基液密度，同时胍胶稠化剂加量不同，基液粘度不同。

对本次配置的基液稠化剂用量进行优选，得到稠化剂用量(见图 1、图 2)。配置得到的改性胍胶在浓盐水中的溶解度增大，相较于常规胍胶，粘度增加不明显，摩阻在可接受范围之内。为避免基液粘度过高，或者基液水化效果差，稠化剂用量应该在 0.4%-0.7%之间。

1.4 交联剂用量优选

本次高密度压裂液体系中交联剂选用的是交联剂有机硼和有机锆的化合物。该交联剂具有以下优点：低温条件下，初级硼离子逐渐释放实现弱交联；当温度逐渐升高，二次络合的硼离子释放，增强凝胶交联能力；当温度升高到 140℃以上时，络合的锆离子释放出来，进一步增强交联凝胶耐温性。

图 1　所配置的基液

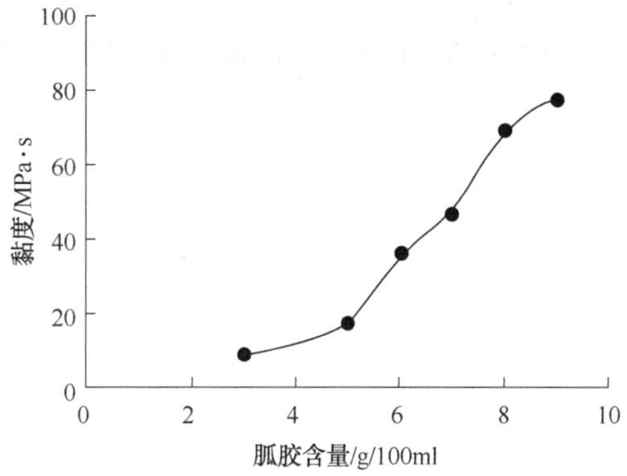

图 2　基液粘度随胍胶含量变化关系(1.3g/cm³)

1.4.1 交联剂用量

选取 0.5% 比例的胍胶稠化剂配置基液 100mL，加入不同比例交联剂，优选出合适的交联剂用量(见图 3、表 1)。

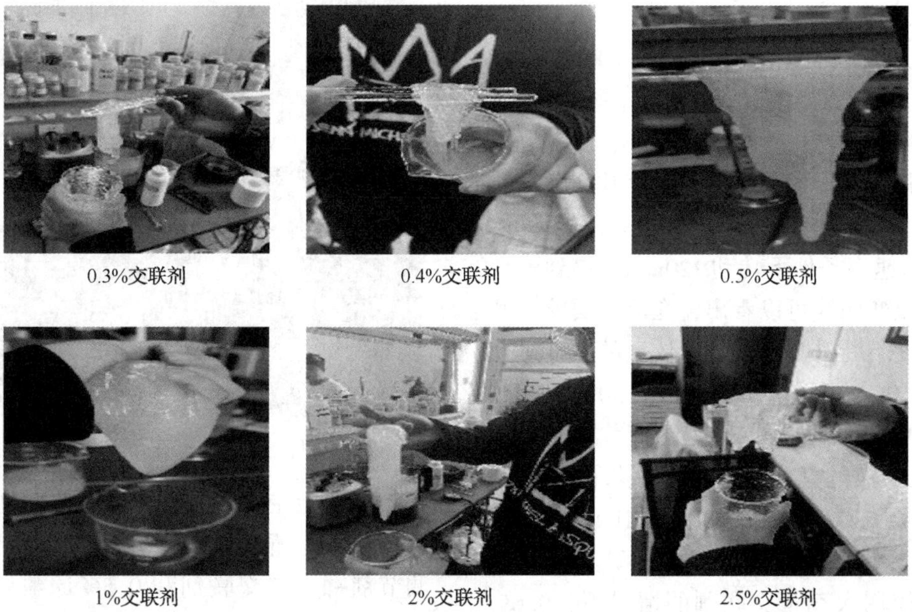

图 3　不同比例交联剂交联效果

表 1　不同交联剂浓度交联时间及效果

交联剂浓度/%	0.5%PH 调节剂交联时间/min	交联效果
0.3%	/	差
0.4%	5min	差
0.5%	6min	一般
1%	8min	好
2%	9min	一般
2.5%	12min	差

通过交联剂优选实验，交联剂加量在大于 0.5%时，交联较好，大于 2%时，容易过交联；交联剂加量在 0.5%-2%之间最好。

1.4.2　交联条件

交联效果和 pH 调节剂均对交联时间有较大的影响(见图 4)。

PH 调节剂加量越大，交联时间越长；当加量到一定程度时，交联时间变化不明显。

最终胍胶类高密度压裂液采用羟丙基胍胶+甲酸钾加重剂+有机锆交联剂+添加剂的体系，密度达到 1.4g/cm^3。该体系高密度压裂液的配置方法：首先向水中加入甲酸钾；然后在搅拌状态下依次加入改性胍胶(0.4%~0.7%)、温度稳定剂和助排剂，得到高密度压裂液基液；最后按交联比(0.5~2.0)：100 加入交联剂，得到压裂液交联冻胶，参照石油天然气行业标准 SY/T 5107—2016《水基压裂液性能评价方法》，评价甲酸钾高密度胍胶压裂液的性能。

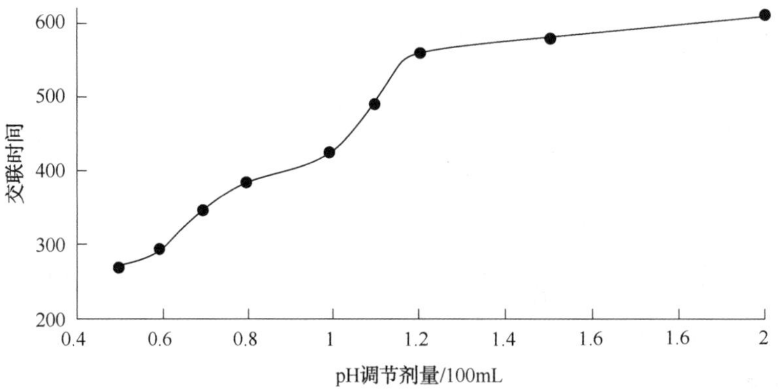

图 4　PH 调节剂量与交联时间关系

2　压裂液性能评价

2.1　高温流变测试

根据配方为 0.5%/0.6%原粉+0.8%/1.0% PH 调节剂+1.0%/1.5%交联剂配置高密度压裂液，用玻璃棒不断搅拌直至交联挑挂，倒入烧杯中倾斜后冻胶呈舌形的状态，并观察其交联后状态。流变性实验温度设置为 170℃，转子以 170S^{-1}的剪切速率条件下转动 120min，得到流变曲线。通过流变曲线可以看出，在流变实验一开始，随着温度不断升高，压裂液体系的粘度迅速降低；升温 10min 后，温度达到约 150℃，此刻出现了较为明显的粘度上升现象；当温度接近 170℃时，压裂液的粘度再次开始缓慢降低；从四种不同比例配方可分析得出：PH 调节剂越多，耐温性能更好；交联剂越多，耐温性能越好；并且在使用大剂量交联剂的情况下，0.6%的原粉耐温效果差(见图 5、图 6)。

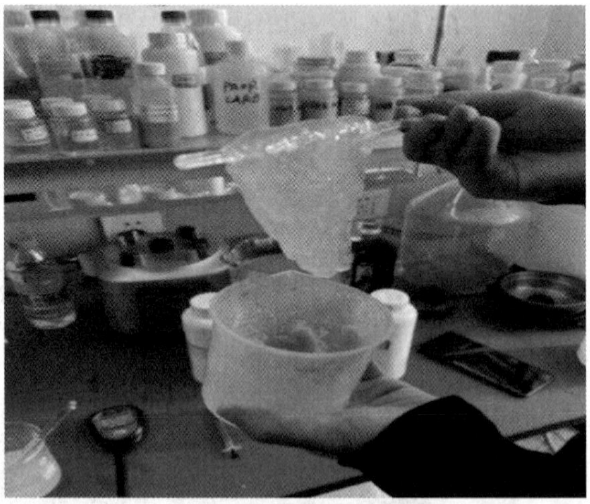

图 5　高密度压裂液交联后形态

得到能在 170 摄氏度下保持粘度(100MPa·s)70min 以上配方，分别为 0.5%原粉+1.0%PH 调节剂+1.0%交联剂和 0.5%原粉+1.0%PH 调节剂+1.5%交联剂(基液密度都为 1.3g/cm^3)；

随着温度不断升高，压裂液体系的粘度迅速降低，由于交联体系的粘度逐渐下降，这主要是因为在剪切力的作用下交联体系的网状结构遭到破坏；当粘度下降大约为 10min 压裂液粘度上升，温度升高使压裂液中的锆离子与溶液中的交联基团活性增加，使错离子与交联基团交联强度增大，从而使压裂液交联形成紧密的网状结构使其粘度增大，在此过程中交联增粘作用强于剪切降粘作用，因而使压裂液的粘度总体呈现出增大的现象，在 20min 发生二次交联；后续持续升温过程中的压裂液的粘度总体呈现出降低的趋势(见图 7)。

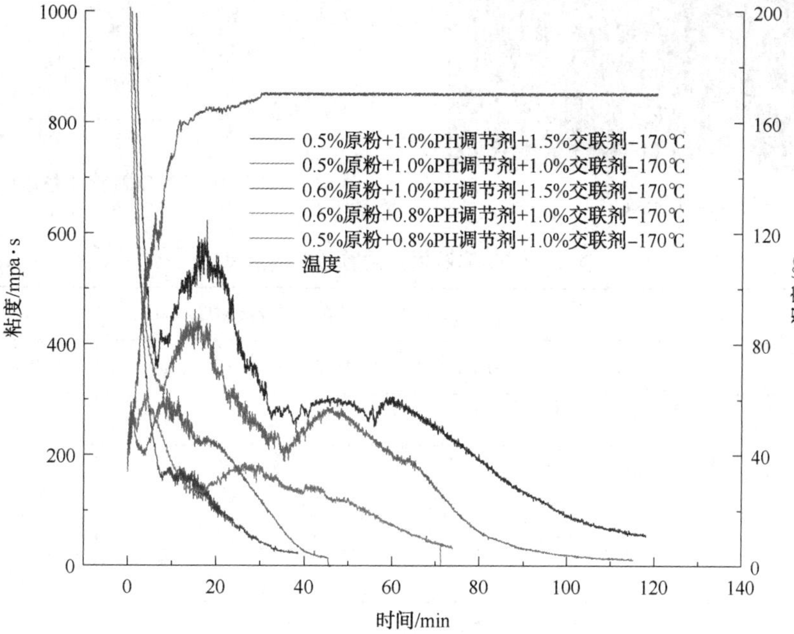

图 6　170℃胍胶压裂液体系流变曲线

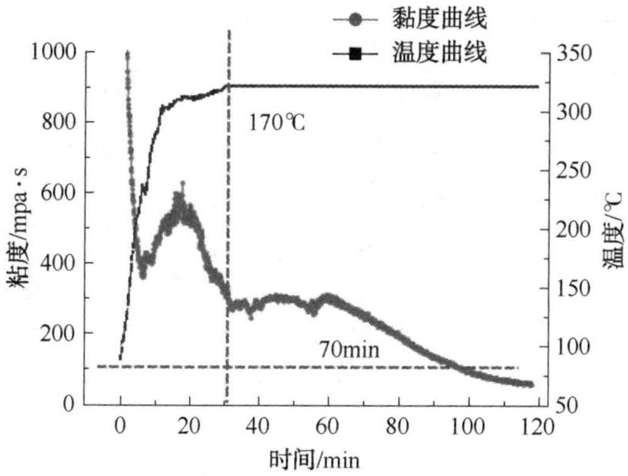

图 7　170℃胍胶压裂液体系流变曲线

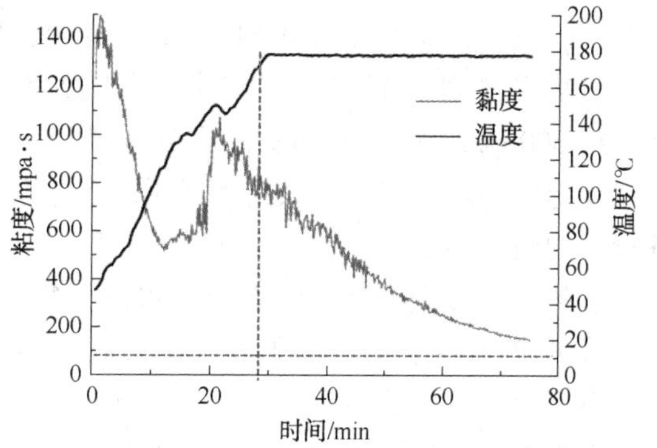

图 8　175℃改进胍胶压裂液体系流变曲线

对配方进行改进，采用基液密度为 1.35g/cm^{3}下 0.55%原粉+1.0%PH 调节剂+1.9%交联剂配置，高温流变显示(见图 8)，在温度为 175℃和 170S^{-1}的剪切速率条件下保持粘度 40min 以上，最终得到甲酸钾耐高温高密度压裂液体系配方。

2.2　破胶性能测试

在一定温度下，过硫酸铵产生氧自由基与胍胶分子链上的缩醛键作用，使胍胶分子链断裂成小分子碎片形成低粘度的液体。本实验中破胶剂选用过硫酸铵，在温度恒温下，破胶时间为 1.5h，破胶剂用量分别为 200、300、400、500 和 600ppm 的情况下，考察不同交联体系的破胶性能。制备好的胍胶装入烧杯容器中，保持恒温加入过硫酸铵溶剂，每隔 30min 用玻璃棒挑起直到不能挑挂，每隔 15min 取上层清液测其粘度，直到粘度低于 5MPa · s，胍胶即破胶(见图 9、表 2)。

图 9　破胶剂及破胶效果

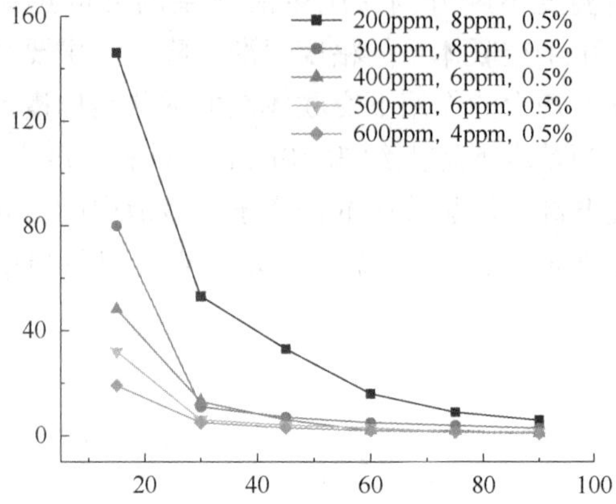

图 10　0.5%胍胶体系破胶数据图

表 2　0.5%胍胶体系破胶液粘度测试

序号	过硫酸铵浓度/ppm	0.5%胍胶体系破胶液粘度/(MPa·s)					
		15min	30min	45min	60min	75min	90min
1	200	146	53	33	16	9	6
2	300	80	11	7	5	4	3
3	400	48	13	6	2	2	1
4	500	32	6	4	3	1.5	1.5
5	600	19	5	3	2	1.5	1

由图能够看出(见图 10)，破胶时间随浓度的上升而减小，随破胶剂用量的提高而变快，破胶时间基本再 2h，破胶速度较快，当破胶剂用量达到 600ppm，可于 90min 左右完全破胶，满足现场施工需求。因此，该高密度压裂液体系具备较好的破胶性能。

氧化破胶过程中会产生大量的水不溶物(即压裂液残渣)主要与聚合物的氧化破胶机理有关。而压裂液破胶液中的残渣会对裂缝的导流能力产生影响，残渣过多，则会降低裂缝的导流能力，降低泄油面积，从而降低了采收率。因此需要使压裂液的残渣含量尽可能的低；因为破胶液残渣主要指破胶后的不溶物，残渣进入储层缝隙中，会堵塞孔隙吼道，降低储层渗透率，且还会对储层造成伤害。

从胍胶体系残渣含量的测试结果来看，当胍胶体系用量为 0.4%时，压裂液的残渣含量低至 116.7mg/L^{-1}，符合石油天然气行业标准 SY/T 6376—2008《压裂液通用技术条件》规定的≤600mg/L^{-1}，满足压裂液施工要求(见表 3)。

表 3　胍胶体系残渣含量

No.	浓度/%	残渣含/(mg/L)
1	0.4%胍胶体系-1	116.7
2	0.4%胍胶体系-2	126.4
3	0.5%胍胶体系-1	132.3
4	0.5%胍胶体系-2	149.8
5	0.6%胍胶体系-1	173.7
6	0.6%胍胶体系-2	166.2

3　结论

(1) 本文以 7000 米以上超高温地质条件为基础，对加重剂、稠化剂、耐高温延迟交联剂、破胶剂进行优选，得到了一种耐高温、抗剪切性能和悬砂性能较好的甲酸钾高密度压裂液体系；

(2) 新研发的胍胶高密度压裂液体系在密度 1.4g/cm^{3}条件下，175℃剪切 60min 以后压裂液粘度可保持 100MPa·s 以上；

(2) 筛选出的高密度压裂液体系砂性能良好，破胶后粘度低，残渣含量均低于 200mg/L，远低于行标要求。

参 考 文 献

[1] 李圣涛，陈馥，李圣勇．O/W 型交联乳化压裂液配方研究[J]. 钻井液与完井液，2005，22(2)：38-40

[2] 谭明文，何兴贵，张绍彬，等．泡沫压裂液研究进展[J]. 钻采工艺，2008，31(5)：129-132.

[3] Tong S, Singh R, Mohanty K K. A visualization study of proppant transport in foamfracturing fluids [J]. Journal of Natural Gas Science and Engineering, 2018, 52: 235-247.

[4] 高志亮，段玉秀，吴金桥，等．酸性交联 CO_2 泡沫压裂液起泡剂的研制及其性能研究[J]. 钻井液与完井液，2013，30(S)：79-81.

[5] 肖越峰，卢拥军，程兴生，等．高密度压裂液：中国，CN1869149A[P]. 2006-11-29.

[6] 伍林，王世彬，雷跃雨．超高温胍胶压裂液加重性能研究[J]. 重庆科技学院学报(自然科学版)，2011，13(1)：98-100.

[7] 崔会杰，余东合，李建平等．高密度瓜胶压裂液体系的研究与应用[J. 石油钻采工艺，2013，35(5)：64-66.

[8] 杨立平，郭树彬，郭士生，等．一种低伤害海水基加重压裂液：中国，CN103788937A[P]. 2014-05-14.

[9] 李传增，张营，王现杰，张红岩，于青．深海油田耐高温加重压裂液体系研究及性能评价[J]. 海洋工程装备与技术，2019，6(S1)：116-121.

[10] 孙井泉，刘通义，滕智子，戴秀兰，陈光杰，魏俊．抗高温低摩阻硼交联加重压裂液的制备与性能[J]. 应用化工，2021，50(10)：2649-2652.

吉木萨尔凹陷JX2块深层致密油储层改造关键技术研究与应用

王　静　冀　瑜　蒋　明　邓　强　王　涛

（中国石油吐哈油田公司工程技术研究院）

摘　要　JX2块深层致密油前期采用直井压裂改造难以实现有效动用，需探索水平井体积压裂提高单井产量技术，但存在水平应力差大、天然裂缝不发育、钻采投资成本大等问题，如何提高储层有效改造体积、优化经济合理的压裂工艺参数和压裂材料，是形成该区块效益动用技术的关键。采用地质工程一体化软件模拟，建立数值模型开展压裂关键技术研究，分别优化了分段分簇、改造规模和排量；另外研究表明，压裂液逆序设计技术和阶段式连续加砂技术可以有效提高裂缝改造体积，改善支撑剂铺置效果。矿场试验表明，“细分切割分段分簇+大规模体积改造”压裂取得了较好的增产效果，稳定日产液量76.9m^3，日产油量38.8t，低成本高效压裂技术使单井投资下降近30%，实现了区块效益动用。研究成果对深层非常规油气藏水平井体积压裂设计优化具有指导意义。

关键词　深层致密油；数值模拟；压裂关键技术；低成本

1　地质概况

JX2块构造位置位于准噶尔盆地东部隆起吉木萨尔凹陷西部，依附于双吉断裂的局部隆起，主力开发层系为二叠系井井子沟组，发育扇三角洲前缘沉积，储层主要为分流河道砂体。砂岩相对发育，横向岩性、物性变化较大。受构造、岩性综合控制，储层发育上下两套油组，埋藏深度4552.0～4630.4m，上油组平均油层厚度18.7m；下油组平均油层厚度9.3m。储层岩性主要为中-细砂岩、含砾细砂岩，具有低孔特低渗特征，孔隙度主要分布在9.0%～15.0%，平均值12.4%；渗透率主要分布在0.05～1.00mD，平均值0.342mD。储层压力系数1.37，温度125℃左右，属于高压低温系统，水平两向应力差大15-20MPa，天然裂缝不发育，压裂改造不利于形成体积缝。

2　开发难点分析

JX2块储层埋藏深、物性致密，垂向应力较高（115兆帕），脆性一般，水平两向应力差较大，天然裂缝不发育，压裂改造难以形成复杂缝网；区块粘土矿物含量7-16%，以绿泥石和伊蒙混层为主，表现为强水敏特征，压裂液需要考虑防止或降低粘土膨胀伤害；该区块前期采用直井常规压裂开发，压后初产每天6.6吨，累产较低，平均累产930吨，难以实现区块有效动用，需探索水平井体积压裂提高单井产量技术。目前水平井完钻井深达到6000米，储层闭合应力高，温度高，钻采投资成本大，如何提高储层有效改造体积、优化经济合理的压裂工艺参数和压裂材料，是形成JX2块深层致密油效益动用技术的关键。

3　压裂关键技术研究

由于区块埋藏深、物性致密、水平应力差大、天然裂缝不发育等先天地质条件，难以形成复杂缝网，压裂思路由“打碎”向“剁碎”储层转变，如何更精细改造储层，同时提高裂缝改造体积和支撑剂铺置效果是区块储量有效动用关键。采用地质工程一体化软件模拟，结合地质油藏，建立地质-压裂工程一体化模型，如图1。通过数值模拟对JX2块水平井体积压裂工艺参数进行优化。

3.1　精细分段分簇技术

分别模拟段长为30m、40m、50m、60m、70m的改造裂缝体积，在单段簇数、加砂强度和排量保持不变的情况下，单段段长越大，压裂规模越大，改造裂缝体积也增大；但水平井总改造体积随段长增加而减小；在段长小于50m时，虽然压裂段数增加，但单段的改造体积减小，水平井总改造体积也减小，压裂机组费用增加，综合考虑细切割程度和压裂费用问题，优选单段段长50m左右，水平井总裂缝体积达到最佳改造效果。

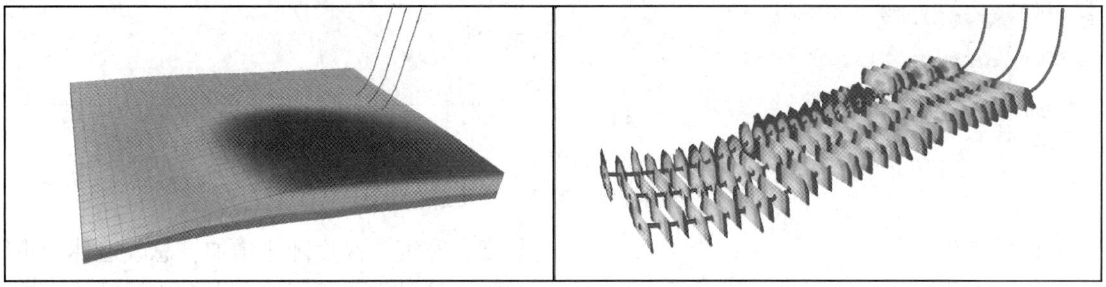

图1　JX2块地质-压裂裂缝模型

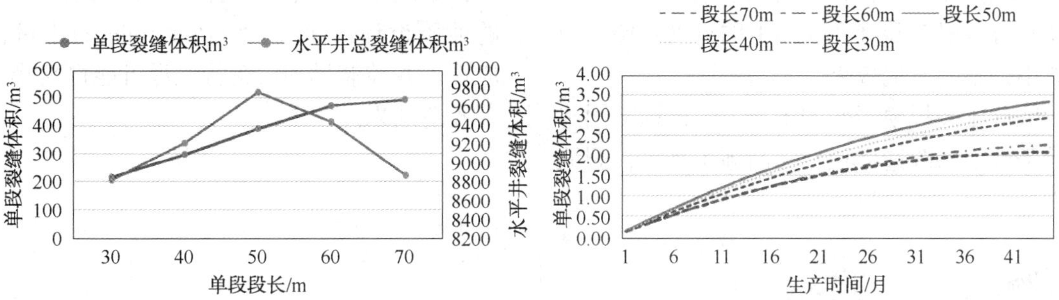

图2　不同改造段长裂缝体积及累产油对比

模拟簇间距为10m、20m、30m、40m、50m的改造体积与产量，优化合理簇间距。随着簇间距的减小，改造裂缝条数增加，单段裂缝体积增加，累产油量随之增加。在簇间距在10m左右时，裂缝间干扰增强，水平井筒附近水平主应力发生转向，主裂缝转向过大，导致相邻水力裂缝难以起裂扩展或形成沿井筒轴向的纵向裂缝，可能会和已有裂缝相交或影响后续裂缝施工，降低了裂缝的有效泄流区域，裂缝体积和累产油量增加幅度变缓，地层压力下降幅度较大，使得每条裂缝的产能降低。

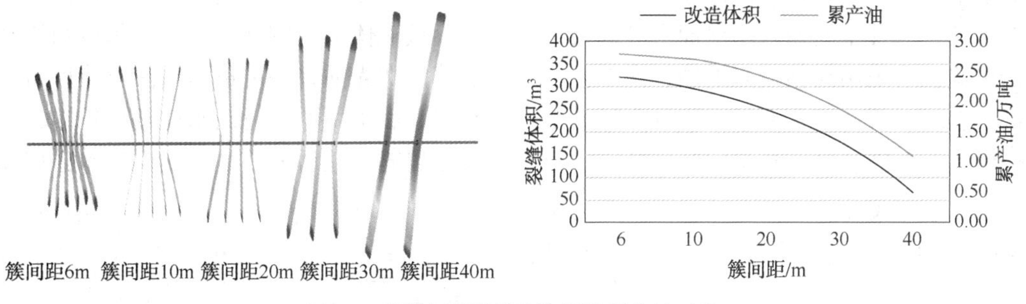

图3　不同簇间距裂缝体积及累产油对比

3.2　改造规模及排量优化技术

（1）改造规模优化

在排量和用液效率保持不变的情况下，模拟不同压裂规模条件下的裂缝长度和累产油。当压裂规模低，形成的裂缝较短时，储层未得到充分改造，累产量较低；随着压裂规模的增加，裂缝长度和改造体积增加，产量随之增加；当用液强度达到30m³/m，加砂强度4.5t/m时，进一步提高压裂规模增加人工裂缝长度效果有限，累产油量增加幅度也随之减缓，这是由于300m井距条件下，单井的控制储量有限，进一步增大压裂规模造成更多的重复改造和无效改造，因此，优选加砂强度4.5t/m左右，用液强度30m³/m左右。

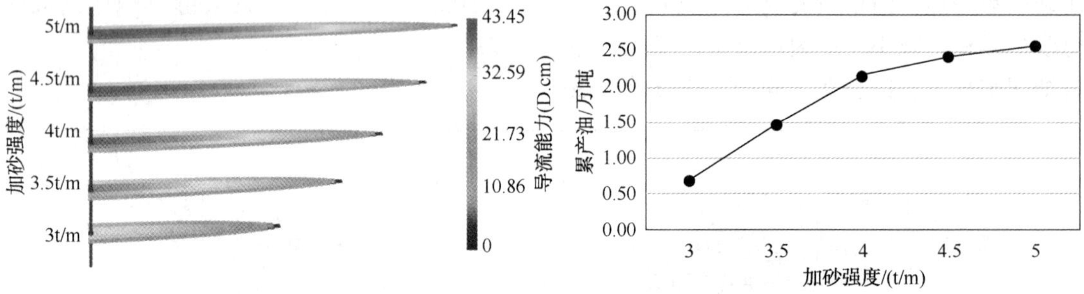

图 4　不同压裂规模裂缝半长及累产油对比

（2）排量优化

排量是压力传递的主要因素，若施工排量过低，会出现地层压不开的情况，引起压裂液虑失增大，裂缝宽度变窄，容易出现砂堵现象；若排量过高，可能引起裂缝在纵向上的过度延伸，使缝长减小，影响改造效果。

在保持压裂规模不变的情况下，模拟不同施工排量条件下的改造体积；提高施工排量，裂缝长度、宽度、高度随之增加，总改造体积也随之增加，这是由于储层段上下有比较好的岩性和应力隔层，裂缝难以突破上下隔层，主要在层内延伸，如图 5。因此，结合 300m 井距和交错布缝的地质设计，优化 14－16m^3/min 的排量，同时应根据井控储量和设备特性尽可能提高排量，提高改造效果。

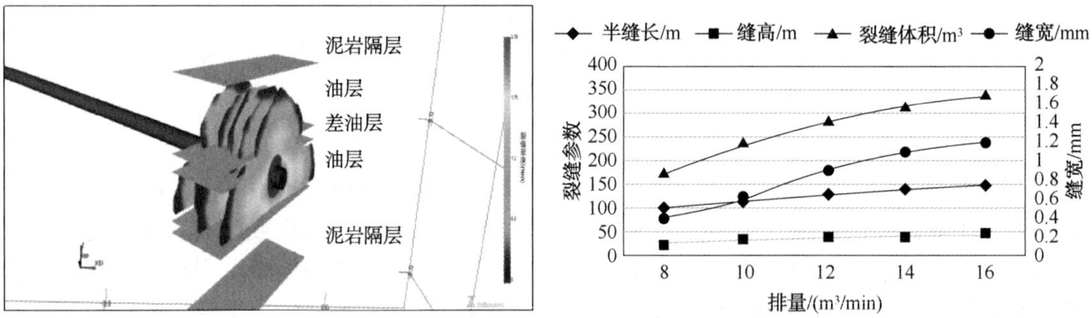

图 5　裂缝纵向延伸图及不同排量的裂缝参数

3.3　压裂液逆序设计技术

目前水平井分段压裂技术液体注入工艺主要包括以下两种：一种是前期采用滑溜水等低粘液体造复杂裂缝，后采用高粘液体携砂，该工艺可以造更复杂裂缝，但裂缝延伸较短，且摩阻低不利于射孔簇均衡起裂；另一种采用全程高粘压裂液进行造缝和携砂，该工艺液体粘度大滤失少，人工裂缝延伸长，但不利于复杂缝网的有效形成，且液体成本较高。因此创新应用压裂液逆序设计，即先前置一定量高粘液体使得射孔簇均衡起裂，后采用低粘滑溜水造复杂裂缝，沟通远端天然裂缝，最后采用高粘液体携砂，如图 6。

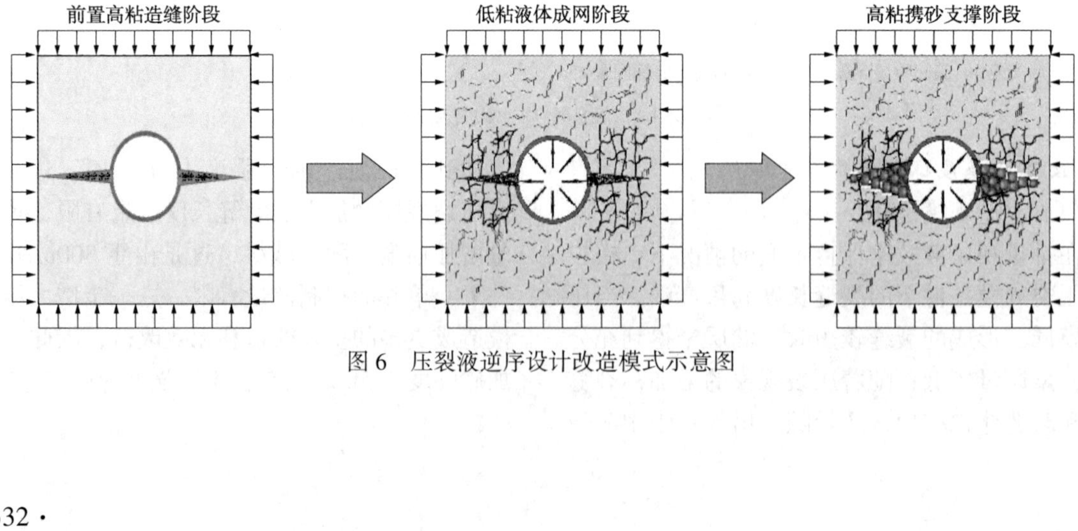

图 6　压裂液逆序设计改造模式示意图

3.4 支撑剂高效铺置技术

传统段塞式加砂压裂工艺可以降低砂堵机率，降低作业风险，然而支撑剂在人工裂缝内呈非连续支撑而堆积形成砂柱，随着时间的推移，部分无支撑剂的人工裂缝闭合，使有效缝长缩短，影响了单井产量；另外段塞式加砂整体施工用液量加大，液体效率低。为提高支撑剂铺置效果，创新应用阶梯式连续加砂工艺，即前置少量液体造缝后，连续加砂至顶替阶段，砂比从3%阶梯式提升至25%，实现"早加砂、连续加"提高有效支撑的目的，如图7。

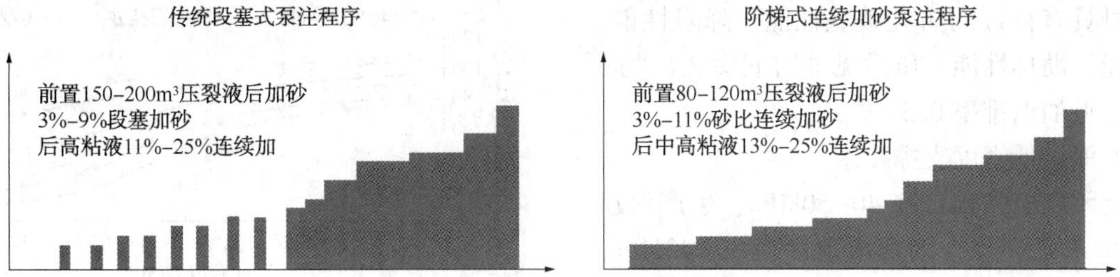

图7　不同加砂方式泵注程序示意图

从模拟结果来看，相较与段塞式加砂，阶梯式连续加砂工艺同等加砂量需要的液体总量更少，加砂效率高，缝长和缝高剖面上铺砂更加连续，提高了支撑剂在裂缝剖面的铺置效率和人工裂缝导流能力。

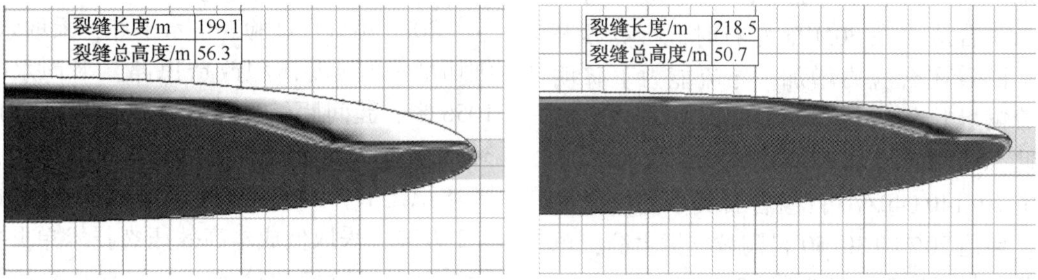

图8　不同加砂方式支撑剂铺置效果对比图(左：段塞加砂；右：阶梯连续加砂)

另外在支撑剂粒径组合方面，预测14-16m^3/min排量下，人工裂缝宽度在1-1.5mm左右，按照裂缝宽度最小为支撑剂粒径3倍的原则，优选的支撑剂应以40-70目+70/140目小粒径为主，考虑主缝支撑，采用尾追少量30/50目大粒径支撑剂。在粒径组合比例方面，结合前期可视化压裂平板模型研究不同粒径组合运移试验结果(如图9)，支撑剂组合注入顺序和比例为，先泵注40%的70/140目支撑剂，后泵注40%的40/70目支撑剂，尾追20%的30/50目支撑剂。

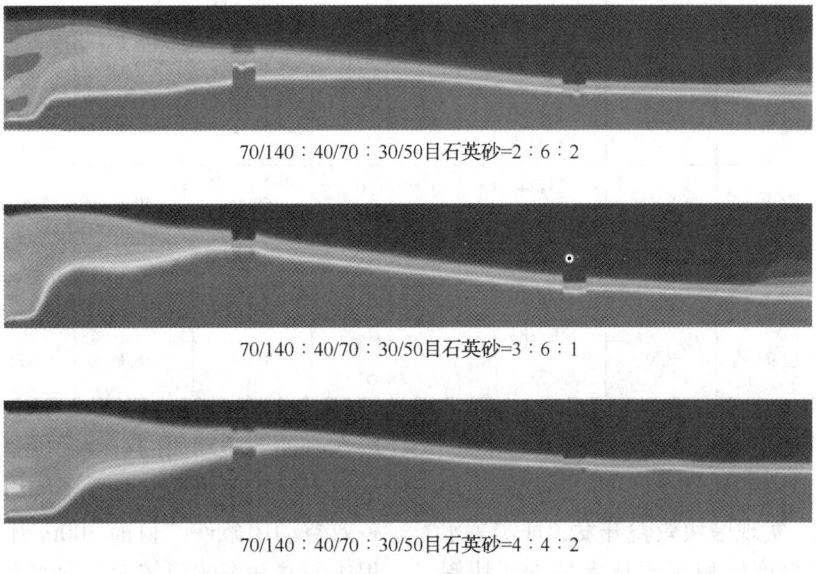

图9　不同支撑剂比例运移试验图

3.5 低成本高效压裂技术

(1) 低伤害复合压裂液技术

针对 JX2 块储层特征，配套形成中高温低伤害复合压裂液体系，该压裂液体系较前期单方液体成本下降 30%，岩心伤害率下降 60%，满足储层高温条件和大排量、大规模体积压裂的需求，同时具有良好的防乳破乳性能、降阻性能、防膨性能、助排性能，压后见油时间短，平均 3 天见油，见油返排率 0.5%。

(2) 深层低密度支撑技术

储层闭合应力预计在 40-50MPa，生产流压按 10MPa 考虑，支撑剂承压预计在 30-40MPa。采用全程陶粒支撑剂，会大幅增加成本；研究表明密切割布缝减小簇间距降低了对裂缝导流能力的需求，将簇间距缩小一半(20m→10m)所需导流能力降低 40%以上。本文模拟了石英砂与陶粒支撑剂不同比例下导流能力，从图 10 中可以看出，当闭合应力在 30MPa 左右时，石英砂开始破碎，随着闭合应力增加，导流能力下降明显；随着陶粒比例增加，导流能力下降趋势减缓。因此综合考虑成本和导流能力，支撑剂中 80%采用 70/140+40/70 目组合石英砂支撑微缝和支缝，尾追 20%的 30/50 目陶粒支撑主缝，单段支撑剂材料成本较前期下降 62%。

(3) 清洁压裂技术

与传统的柴油动力压裂装备相比，电驱压裂设备输出功率大、排量大，智能化程度更高，可长时间连续性施工，在作业效率、控制精度、环保节能、安全稳定、节约费用等方面都具有非常大的优势，能够满足大规模压裂施工需要。采用电驱动单方液节能降本 20%，在取得经济效益的同时，能够实现压裂过程中二氧化碳等污染物零排放，符合绿色低碳压裂目标。

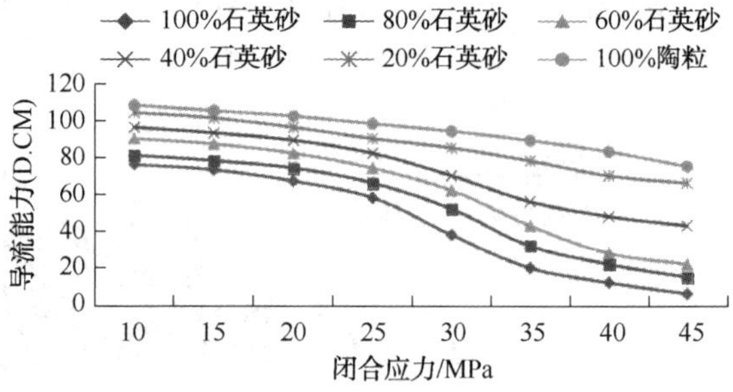

图 10　石英砂与陶粒支撑剂在不同比例下导流能力图

4 现场应用情况

4.1 施工及效果

2022 年首批试验 3 口水平井，采取水平井+细切割+高强度体积改造思路，平均水平段长 1056 米，簇间距缩短至 8.9 米，用液强度达到 34.5 方每米，加砂强度达到 5.0 吨每米，压后平均稳定日产油 38.8 吨，预测单井 EUR 达到 5.2 万吨；采取低成本高效压裂技术单井投资下降近 30%，阶梯油价下，内部收益率达到 9%，实现了区块效益动用。典型井生产曲线如图 11，其中 2023 年 7 月左右受到邻井压窜影响，含水上升。

表 1　JX2 块试验井压裂参数及压后效果对比

井号	水平段长/m	压裂段簇数	簇间距/m	入井总液量/m^3 用液强度 m^3/m	入井总砂量/m^3 加砂强度 t/m	稳定日产液/(m^3/d)	稳定日产油/(t/d)	目前累产油/t	预测单井 EUR/10^4t
JX2-1H	850	16 段 77 簇	8.9	23226/24.8	2198.2/3.7	68.2	29.0	2874	3.7
JX2-2H	1065	18 段 90 簇	8.7	34843/34.5	3221.6/5.0	68.9	40.6	15109	5.9
JX2-3H	1253	23 段 113 簇	9.0	41836/33.9	3756.5/4.7	93.7	46.9	9655	6.2
平均	1056	19 段 93 簇	8.9	33302/31.1	3058.8/4.5	76.9	38.8	9213	5.2

4.2 实施效果评价

首批投产 3 口水平井投产效果达到预期，单井投资得到控制，实现区块效益开发，证实了水平井+细切割+高强度体积压裂技术是 JX2 块深层致密油效益动用的有效手段，同时进一步证实了吉木萨尔凹陷西部井井子沟组的资源潜力，具备效益动用条件。目前 300m 开发井距，压裂过程中邻井动态响应较大，含水上升，产量受到影

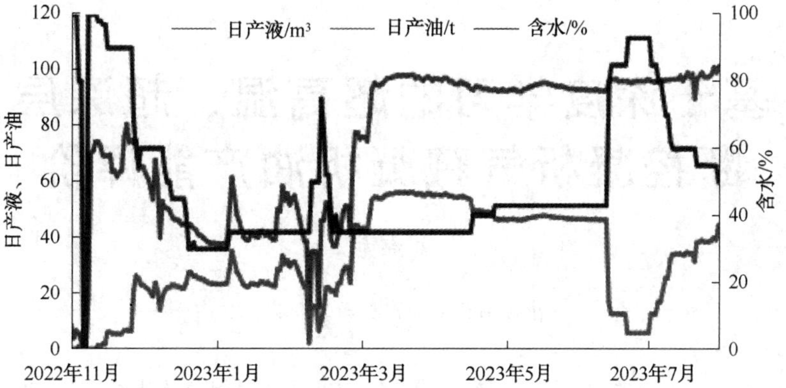

图11　JX2-3H生产曲线

响，后续需开展压裂规模与井网井距匹配研究，或暂堵压裂工艺试验，降低压窜影响；另外区块的压裂成本仍然较高，目前单段压裂费用在110万元以上，需开展降本攻关，进一步提升开发效益。

5　结论及认识

（1）JX2块区块埋藏深、物性致密、水平应力差大、天然裂缝不发育等先天地质条件，难以形成复杂缝网，实践证明水平井+细切割+高强度体积压裂技术可以提高裂缝改造体积，低成本高效压裂技术可大幅度降低成本，区块效益动用技术基本确定。

（2）通过数值模拟和现场实践，逆序设计压裂技术可以明显降低施工难度，提高改造体积，降低液体材料成本；阶梯式连续加砂工艺液体总量更少，加砂效率高，缝长和缝高剖面上铺砂更加连续。

（3）目前单井压裂成本仍然偏高，且存在裂缝指进压窜邻井现象，部分段裂缝起裂仍然不均匀，需围绕提升单井产量、降低压裂成本和裂缝均匀开启等方面持续优化压裂工艺参数。

参考文献

[1] 陈丽，徐太平，李栓等．清洁减阻驱油压裂液在致密油藏新井压裂上的应用[J]．精细与专用化学品，2022，30(06)：23-27. DOI：10.19482/j.cn11-3237.2022.06.06.

[2] 杨丽．致密油压裂水平井产能影响因素分析[J]．西部探矿工程，2022，34(04)：49-50+53.

[3] 刘民祥．致密油压裂不同类支撑剂认识与实践[J]．化学工程与装备，2021(07)：102-103. DOI：10.19566/j.cnki.cn35-1285/tq.2021.07.049.

[4] 向洪．三塘湖盆地马56区块致密油压裂效果分析[J]．西部探矿工程，2018，30(09)：63-66.

[5] 田福春．致密油压裂改造进展与发展趋势[J]．化工管理，2017(22)：200.

[6] 才博，张绍礼，马秋菊等．巴肯致密油压裂水平井产能影响因素分析[J]．重庆科技学院学报(自然科学版)，2015，17(03)：43-46. DOI：10.19406/j.cnki.cqkjxyxbzkb.2015.03.010.

[7] 梁成钢，唐伏平，谢建勇等．致密油藏水平井压裂后油压特征及压裂效果分析——以昌吉油田3口水平井为例[J]．新疆石油地质，2014，35(01)：63-66.

[8] 陈汾君．低渗致密气藏压裂水平井产能及动态特征研究[D]．西南石油大学，2012

[9] 许可，高航，石阳等．储层改造用滑溜水压裂液性能研究进展[J]．应用化工，2023，52(05)：1519-1524. DOI：10.16581/j.cnki.issn16713206.20230308.004.

[10] 田福春，刘学伟，张胜传等．大港油田陆相页岩油滑溜水连续加砂压裂技术[J]．石油钻探技术，2021，49(04)：118-124.

[11] 曹科学，蒋建方，郭亮等．石英砂陶粒组合支撑剂导流能力实验研究[J]．石油钻采工艺，2016，38(05)：684-688. DOI：10.13639/j.odpt.2016.05.026.

[12] 车飞翔，樊婷婷，薛波等．石英砂陶粒组合支撑剂导流能力影响因素[J]．断块油气田，2022，29(01)：134-138.

[13] 周小金，段永刚，朱愚等．长宁地区石英砂替代陶粒先导性试验及效果评价[J]．钻采工艺，2020，43(01)：57-60+10.

基于深度学习的超高温、超深层断控凝析气藏凝析油产能评价

刘海龙

（中国石化石油勘探开发研究院）

摘　要　由于顺北油田具有埋藏深、温度高，储层具有底部热液供应的特点，传统的产能试井并不适用。目前现场分析产能，主要从储量、能量等方式进行。缝洞储集体规模和地层弹性能量主要是从储量和能量角度进行分析，其中，储量决定油藏、开发单元或油井是否有油，它是产能的前提；能量决定油藏、开发单元或油井的开发方式，它是产能能否通过弹性驱获取的重要依据，直接影响弹性驱采收率，它也是目前顺北油井能否持续自喷求产的关键。在储量、能量都满足条件下，如果地下流体不流动也不能实现油井建产、上产和稳产，典型代表就是特超稠油、致密油。现场分析仅仅停留在定性分析上，不能满足产能评价需求。因此本文考虑溶洞与裂缝窜流，采用轴对称变换解相似方法和深度学习算法，通过数值反演，求解压力，得出不同时刻的井底压力。然后基于灰色关联，得出压力与产能的关系，再结合深度学习算法，对产能模型进行修正与完善，最后对所建的产能模型进行敏感性分析。认为：油井生产早期，主要受裂缝长度、储层射开程度的影响，并且存在最优裂缝长度和合理储层射开程度；油井生产中后期，主要受裂缝方位、储层各向异性和边界条件的影响；油井生产后期，主要受油藏宽度的影响。

关键词　合理产能；断控气藏藏；灰色关联；深度学习；压力

顺北油田位于塔里木盆地中西部。顺北1井区地层，经历了加里东期、海西期、印支期等多期次构造运动，受多种性质构造应力作用，形成了一系列规模大小不等的断裂。其中，以高角度压扭性走滑断裂为主，形成了富有地区特色的断控碳酸盐岩油气藏。

碳酸盐岩地层受多期次构造挤压作用，沿深断裂带发育一定规模的破碎带。经多期岩溶水沿断裂下渗或局部热液上涌，破碎带内断裂，裂缝被溶蚀改造，形成柱状的溶蚀孔、洞储集体，即断控缝洞系统。开发实践表明：目前顺北的储层主要是以断裂为中心，断裂之间的破碎体为主，发育而来的断裂核带模式储集体。

目前现场分析产能，主要从储量、能量等方式进行。缝洞储集体规模和地层弹性能量主要是从储量和能量角度进行分析，其中，储量决定油藏、开发单元或油井是否有油，它是产能的前提；能量决定油藏、开发单元或油井的开发方式，它是产能能否通过弹性驱获取的重要依据，直接影响弹性驱采收率，它也是目前顺北油井能否持续自喷求产的关键。在储量、能量都满足条件下，如果地下流体不流动也不能实现油井建产、上产和稳产，典型代表就是特超稠油、致密油。

上述三种因素，均匀储集体的发育规模有关，而且分析仅仅停留在定性分析上，并没有从产能的定量分析入手。基于此，考虑裂缝与溶洞的窜流，引入双重介质流体交换系数，建立碳酸盐岩断控油藏非定常流的瞬时压力数学模型。通过数学变换方法、数值反演和轴对称变换解相似方法，求取了井底流压的实数域数值解，然后基于深度学习算法，优化井底压力数值解，并对井底流压进行了敏感性因素分析。最后，采用灰色关联算法，建立井底压力与产能关系。并分析了产能的影响因素。

1　数学模型

为简化数学模型对地下流体的描述，作如下假设：

1）流体为微可压缩流体，具有基质、裂缝和溶洞三种介质，由于断控油藏的基质非常致密，研究认为基质不储集油气，因此暂不考虑基

质，认为断控油藏主要是裂缝和溶洞；

2）考虑溶洞与裂缝之间的窜流；

3）断控油藏的尺度大，毛管力影响很小，不考虑毛管力的影响。由于断控油藏的高角度裂缝发育，因此重力的影响不容忽略，需要考虑重力对流体流动的影响；

4）为便于求解，不考虑储集体温度的变化。

圆形断控油藏中心，有一口直井生产，该直井经过酸压建产，该井主要通过裂缝（酸压形成）沟通远端溶洞，如图 1 所示。则断控油藏考虑溶洞和裂缝的窜流，其双重介质酸压直井的非定常流控制方程为：

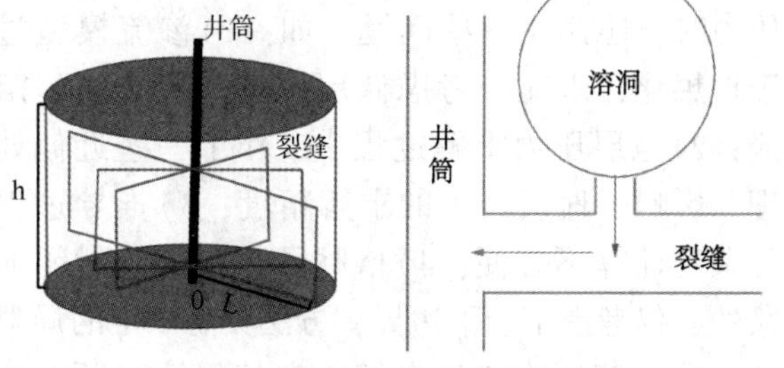

图 1 酸压直井储层示意图

需要注意的是：溶洞中并非完全是流体，溶洞是被充填的，因此在处理溶洞的流体流动能力时，可近似将溶洞处理为一个具有高渗透率、高孔隙度的渗流空间。

$$\begin{cases} C_{\mathrm{mv}}\dfrac{1}{r_{\mathrm{D}}}\dfrac{\partial}{\partial r_{\mathrm{D}}}\left(r_{\mathrm{D}}\dfrac{\partial p_{\mathrm{vD}}}{\partial r_{\mathrm{D}}}\right)=\omega_{\mathrm{v}}\dfrac{\partial p_{\mathrm{vD}}}{\partial t_{\mathrm{D}}}+\zeta(p_{\mathrm{vD}}-p_{\mathrm{fD}})-\rho g \\ C_{\mathrm{f}}\dfrac{1}{r_{\mathrm{D}}}\dfrac{\partial}{\partial r_{\mathrm{D}}}\left(r_{\mathrm{D}}\dfrac{\partial p_{\mathrm{fD}}}{\partial r_{\mathrm{D}}}\right)=\omega_{\mathrm{f}}\dfrac{\partial p_{\mathrm{fD}}}{\partial t_{\mathrm{D}}}+\zeta(p_{\mathrm{fD}}-p_{\mathrm{vD}})-\rho g \end{cases} \tag{1}$$

初始条件：

$$p_{j\mathrm{D}}(r_{\mathrm{D}},\ 0)=0,\ j=\mathrm{v},\ \mathrm{f} \tag{2}$$

边界条件：

$$\frac{\partial p_{j\mathrm{D}}(1,\ t_{\mathrm{D}})}{\partial t_{\mathrm{D}}}=0,\ j=\mathrm{v},\ \mathrm{f} \tag{3}$$

$$\left(C_{\mathrm{v}}\frac{\partial p_{\mathrm{vD}}}{\partial r_{\mathrm{D}}}+C_{\mathrm{f}}\frac{\partial p_{\mathrm{fD}}}{\partial r_{\mathrm{D}}}\right)_{r_{\mathrm{D}}=1}=-\frac{1}{L_{\mathrm{D}}}+\frac{1}{S} \tag{4}$$

式中：

无量纲坐标：

$$r_{\mathrm{D}}=\frac{r}{r_{\mathrm{w}}},\ L_{\mathrm{D}}=\frac{L}{h}$$

无量纲压力：

$$p_{j\mathrm{D}}=\frac{2\pi h(k_{\mathrm{v}}+k_{\mathrm{f}})}{\mu q}(p_{\mathrm{i}}-p_j),\ j=\mathrm{v},\ \mathrm{f}$$

无量纲时间：

$$t_{\mathrm{D}}=\frac{t(k_{\mathrm{v}}+k_{\mathrm{f}})}{r_{\mathrm{w}}^2[(\varphi\mu c_{\mathrm{t}}h)_{\mathrm{v}}+(\varphi\mu c_{\mathrm{t}}h)_{\mathrm{f}}]}$$

无量纲流动系数：

$$C_{\mathrm{v}}=\frac{k_{\mathrm{v}}h_{\mathrm{v}}}{k_{\mathrm{v}}h_{\mathrm{v}}+k_{\mathrm{f}}h_{\mathrm{f}}},\ C_{\mathrm{f}}=\frac{k_{\mathrm{f}}h_{\mathrm{f}}}{k_{\mathrm{v}}h_{v}+k_{\mathrm{f}}h_{\mathrm{f}}}$$

双重介质流体交换系数：

$$\zeta=\alpha r_{\mathrm{w}}^2\frac{k_{\mathrm{v}}h_{\mathrm{v}}}{k_{\mathrm{v}}h_{\mathrm{v}}+k_{\mathrm{f}}h_{\mathrm{f}}}$$

弹性储容比：

$$\omega_{\mathrm{m}}=\frac{\varphi_{\mathrm{v}}c_{\mathrm{tv}}h_{\mathrm{v}}}{\varphi_{\mathrm{v}}c_{\mathrm{tv}}h_{\mathrm{v}}+\varphi_{\mathrm{f}}c_{\mathrm{tf}}h_{\mathrm{f}}},\ \omega_{\mathrm{f}}=\frac{\varphi_{\mathrm{f}}c_{\mathrm{tf}}h_{\mathrm{f}}}{\varphi_{\mathrm{v}}c_{\mathrm{tv}}h_{\mathrm{v}}+\varphi_{\mathrm{f}}c_{\mathrm{tf}}h_{\mathrm{f}}}$$

r，r_{w} 分别为渗流半径和井筒半径，m；L，h 分别为裂缝半长和储层有效厚度，m；k_{v}，k_{f} 分别为溶洞和裂缝的等效渗透率，μm^2；μ 黏度参数，mPa·s；p_{v}，p_{f} 分别为溶洞和裂缝中流体压力，MPa；p，p_{i} 地层压力和地层原始压力，MPa；h_{v}，h_{f} 分别为溶洞和裂缝中的折算厚度，实际上，溶洞的折算厚度可近似取溶洞的直径，m；t 为生产时间，s；q 为流体产量，m^3/d；c_{tv}，c_{tf} 分别为溶洞和裂缝的等效压缩系数，MPa^{-1}；φ_{v}，φ_{f} 分别为溶洞和裂缝的等效流体孔隙度；S 为表皮系数。

式(1)-(4)，构成了断控油藏双重介质酸压直井非定常流的瞬时压力数学模型。

2 模型求解

2.1 数值解

文献调研发现：求解常规的双重介质井底压力方法，主要集中在以下五种方法，即：一是不考虑渗流压力的传播时间，利用格林函数，求得控制方程的拉普拉斯空间域的解析解；二是把压力传播细分多段，每一段中压力传播半径可用时间的函数表示，运用差分离散和稳态逐次替换方法，求解控制方程的数值解；三是运用级数思想，并结合数值逼近算法，求解控制方程的数值解；四是在油井定产量生产的情况下，运用摄动方法，求解渗流控制方程的近似解；五是在无限大油藏条件下，采用玻尔兹曼变换方法，求解定产条件下渗流控制方程的精确解。

上述五种方法，在处理常规的双重介质井底压力时，还存在一些问题，如：1)渗流模型过于理想化，未充分考虑储层两种介质之间的窜流；2)地层压力求解过程中，作了一些近似处理，影响了地层压力的求解精度；3)推导过程复杂且计算不方便；4)格林函数是基于封闭油藏的，仅考虑了上下边界，方法具有一定的局限性；5)求解压力方法在解决自相似性问题上效果较好，但是对于解决非线性渗流控制方程，还存在一定的误差。此外，最大的一个方面是常规双重介质一般不考虑重力的影响，而断控油藏的重力是不能忽略的，因此上述五种方法在断控油藏井底压力求解方面，其适应性还有待验证。

基于此，运用拉普拉斯变换方法、恒等变换方法、分离变量方法、轴对称变换解相似方法等多种数学方法，并结合数值反演等数学思想，求解了双重介质压裂直井非定常流的瞬时压力数学模型，然后采用深度学习算法，优化井底压力数值解。

$$\begin{cases} C_{\mathrm{v}}\dfrac{1}{r_{\mathrm{D}}}\dfrac{\partial}{\partial r_{\mathrm{D}}}\left(r_{\mathrm{D}}\dfrac{\partial \overline{p_{\mathrm{vD}}}}{\partial r_{\mathrm{D}}}\right)=\omega_{\mathrm{v}}s\,\overline{p_{\mathrm{vD}}}+\zeta(\overline{p_{\mathrm{vD}}}-\overline{p_{\mathrm{fD}}})-\dfrac{\rho g}{s} \\ C_{\mathrm{f}}\dfrac{1}{r_{\mathrm{D}}}\dfrac{\partial}{\partial r_{\mathrm{D}}}\left(r_{\mathrm{D}}\dfrac{\partial \overline{p_{\mathrm{fD}}}}{\partial r_{\mathrm{D}}}\right)=\omega_{\mathrm{f}}s\,\overline{p_{\mathrm{fD}}}+\zeta(\overline{p_{\mathrm{fD}}}-\overline{p_{\mathrm{vD}}})-\dfrac{\rho g}{s} \end{cases} \tag{5}$$

初始条件：

$$\overline{p_{j\mathrm{D}}}(r_{\mathrm{D}},\ 0)=0,\ j=m,\ f \tag{6}$$

边界条件：

$$s\,\overline{p_{j\mathrm{D}}}=0,\ j=m,\ f \tag{7}$$

$$\left(C_{\mathrm{m}}\frac{\partial \overline{p_{\mathrm{mD}}}}{\partial r_{\mathrm{D}}}+C_{\mathrm{f}}\frac{\partial \overline{p_{\mathrm{fD}}}}{\partial r_{\mathrm{D}}}\right)_{r_{\mathrm{D}}=1}=-\frac{1}{sL_{\mathrm{D}}} \tag{8}$$

根据轴对称二维渗流方程解的形式，设式(5)的解为：

$$\begin{cases} \overline{p_{\mathrm{mD}}}=Af(r_{\mathrm{D}},\ \sigma) \\ \overline{p_{\mathrm{fD}}}=Bf(r_{\mathrm{D}},\ \sigma) \end{cases} \tag{9}$$

式中：

式(1)-(4)拉普拉斯变换得：

$$R=\frac{K_0(r_{\mathrm{D}}\varepsilon_0)}{\varepsilon_0K_1(\varepsilon_0)}+2\sum_{n=1}^{x}\frac{K_0(r_{\mathrm{D}}\varepsilon_n)}{\varepsilon_nK_1(\varepsilon_n)}\frac{\sin(n\pi L_{\mathrm{D}})}{n\pi L_{\mathrm{D}}}\cos(n\pi r_{\mathrm{D}})\ ,\ q_n=\sqrt{\sigma^2+(n\pi)^2}$$

式(9)带入式(5)得：

$$\begin{cases} (C_{\mathrm{m}}\sigma^2-\omega_{\mathrm{m}}s)A+\lambda B=0 \\ \lambda A+(C_{\mathrm{f}}\sigma^2-\omega_{\mathrm{f}}s)B=0 \end{cases} \tag{10}$$

式(10)有解，必须满足以下条件：

$$\frac{C_{\mathrm{m}}\sigma^2-\omega_{\mathrm{m}}s}{\lambda}=\frac{\lambda}{C_{\mathrm{f}}\sigma^2-\omega_{\mathrm{f}}s} \tag{11}$$

即：

$$\sigma^4-s\left(\frac{\omega_{\mathrm{m}}}{C_{\mathrm{m}}}+\frac{\omega_{\mathrm{f}}}{C_{\mathrm{f}}}\right)\sigma^2+\frac{\omega_{\mathrm{m}}\omega_{\mathrm{f}}s^2-\lambda^2}{C_{\mathrm{m}}C_{\mathrm{f}}}=0 \tag{12}$$

式(12)的解为：

$$\begin{cases} \sigma_1^2=\dfrac{1}{2}\left[s\left(\dfrac{\omega_{\mathrm{m}}}{C_{\mathrm{m}}}+\dfrac{\omega_{\mathrm{f}}}{C_{\mathrm{f}}}\right)+\sqrt{s^2\left(\dfrac{\omega_{\mathrm{m}}}{C_{\mathrm{m}}}+\dfrac{\omega_{\mathrm{f}}}{C_{\mathrm{f}}}\right)^2-4\dfrac{\omega_{\mathrm{m}}\omega_{\mathrm{f}}s^2-\lambda^2}{C_{\mathrm{m}}C_{\mathrm{f}}}}\right] \\ \sigma_2^2=\dfrac{1}{2}\left[s\left(\dfrac{\omega_{\mathrm{m}}}{C_{\mathrm{m}}}+\dfrac{\omega_{\mathrm{f}}}{C_{\mathrm{f}}}\right)-\sqrt{s^2\left(\dfrac{\omega_{\mathrm{m}}}{C_{\mathrm{m}}}+\dfrac{\omega_{\mathrm{f}}}{C_{\mathrm{f}}}\right)^2-4\dfrac{\omega_{\mathrm{m}}\omega_{\mathrm{f}}s^2-\lambda^2}{C_{\mathrm{m}}C_{\mathrm{f}}}}\right] \end{cases} \tag{13}$$

式(13)带入式(9)得：

$$\begin{cases} \overline{p_{\mathrm{mD}}}=a_1\dfrac{1-a_1}{b}\overline{R(\sigma_2)}R_1(r_{\mathrm{D}},\ \sigma_1)+a_2\dfrac{1-a_2}{b}\overline{R(\sigma_1)}R_2(r_{\mathrm{D}},\ \sigma_2) \\ \overline{p_{\mathrm{fD}}}=\dfrac{1-a_1}{b}\overline{R(\sigma_2)}R_1(r_{\mathrm{D}},\ \sigma_1)+\dfrac{1-a_2}{b}\overline{R(\sigma_1)}R_2(r_{\mathrm{D}},\ \sigma_2) \end{cases} \tag{14}$$

式中：

$$a_1 = 1 + \frac{s\omega_m - C_m\sigma_1^2}{\lambda},\ a_2 = 1 + \frac{s\omega_f - C_f\sigma_2^2}{\lambda}$$

$$b = s[(C_m a_2 + C_f)(1 - a_1)\overline{R(\sigma_1)} - (C_f a_1 + C_f)(1 - a_2)\overline{R(\sigma_2)}]$$

$$\overline{R(\sigma)} = \frac{K_0(r_D\varepsilon_0)}{\varepsilon_0 K_1(\varepsilon_0)} + 2\sum_{n=1}^{\infty}\frac{K_0(r_D\varepsilon_n)}{\varepsilon_n K_1(\varepsilon_n)}\frac{\sin^2(n\pi L_D)}{(n\pi L_D)^2}$$

由式(14)可知，在裂缝与溶洞交界面处，压力相等，可求解出井底压力的解析式为：

$$\overline{p_{wD}(s)} = \frac{a_2 - a_1}{s}\left[\frac{(a_2 - 1)(C_m a_1 + C_f)}{\overline{R(\sigma_1)}} + \frac{(a_1 - 1)(C_m a_2 + C_f)}{\overline{R(\sigma_1)}}\right] \tag{15}$$

式(15)即为考虑了裂缝与溶洞的窜流的断控油藏双重介质非定常流的渗流方程的拉普拉斯域的解析解模型，通过 Stehfest 数值反演方法，得到了实数域中的压力值。

2.2 基于深度学习优化

深度学习源于人工神经网络的研究，是机器学习研究中的一个新的领域，其动机在于建立、模拟人脑进行分析学习的神经网络，基于深信度网(DBN)通过逐层训练算法，解决复杂非线性的问题。

由于断控油藏的储集体几何尺寸变化大，如图 2 所示。虽然在尺寸上变化较大，但是从流体的流动能力来看，无论是微裂缝还是中小型裂缝，其渗透裂缝差别不大。无论是溶蚀孔还是溶洞，其储集流体的能力差别也不大。因此将断控油藏的介质类型简单处理为裂缝和溶洞，从流体流动能力上来讲，是合理的。

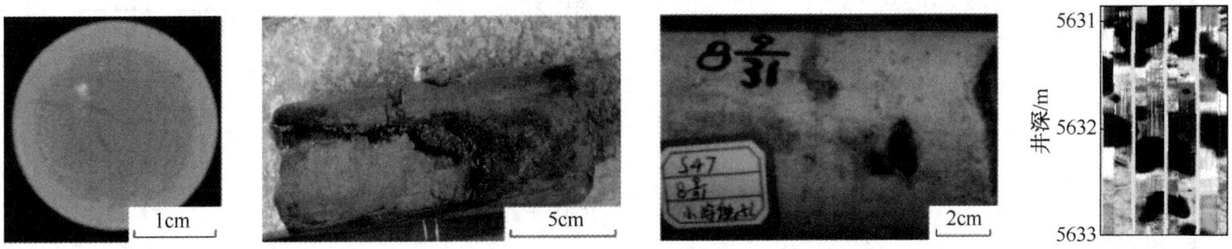

(a)微裂缝　(b)溶蚀缝　(c)溶蚀孔　(d)溶洞(FMI成像测井)

图 2　断控油藏的储集体

上节内容指出：由于断控油藏中经典达西理论不适合非均质性极强的储层，并且压力求解是一个极复杂的非线性求解过程。因此基于深度学习的算法特点，基于深度学习来优化压力是可行的。

为更好地利用现场数据和耦合 2.1 节中求解的井底压力数值解，采用深度学习算法，优化井底压力数值解。其优化的过程，如图 3 所示。

基于上述步骤，对 2.1 节中的井底压力数值解进行优化，将裂缝和溶洞影响的井底压力分开求解，然后利用压力叠加原理，得到最后的井底压力，各项压力求解结果，如图 4 所示。

最后将 2.1 节的数值反演结果进行优化，这样就提高了井底压力计算精度。

2.3 压力模型论证

Karstsim 是中石化石油勘探开发研究院研制的一款缝洞型油藏数值模拟软件。首先将油藏设定为圆形边界的油藏，其中圆形油藏中心有一口直井投产，该直井经过酸压投产，形成井筒周围等效为 10 条高角度裂缝，边界定压，底水水驱开发。为便于描述井筒周围的裂缝和溶洞的交互关系，网格划分采用角点网格，并且保证每条裂缝最少有三个网格。油藏半径为 1000m，网格步长为 25m，水平方向上的网格数量为 40 * 40 个网格，纵向上，由于裂缝间距的情况不一，本文进行裂缝等间距模型论证纵向上，每条裂缝贯穿整个模拟层中，这样数值模拟的网格总数为 40 * 40 = 1，600 个网格，网格剖分示意图，如图 5 所示。计算所需参数，如表 1 所示。软件模拟的模拟解和本文数值反演计算的本文解，计算结果，如图 6 所示。由图 6 可知：两者计算结果接近，相对误差很小，控制在 1%以内，表明本文的求解思路和方法是可信的。

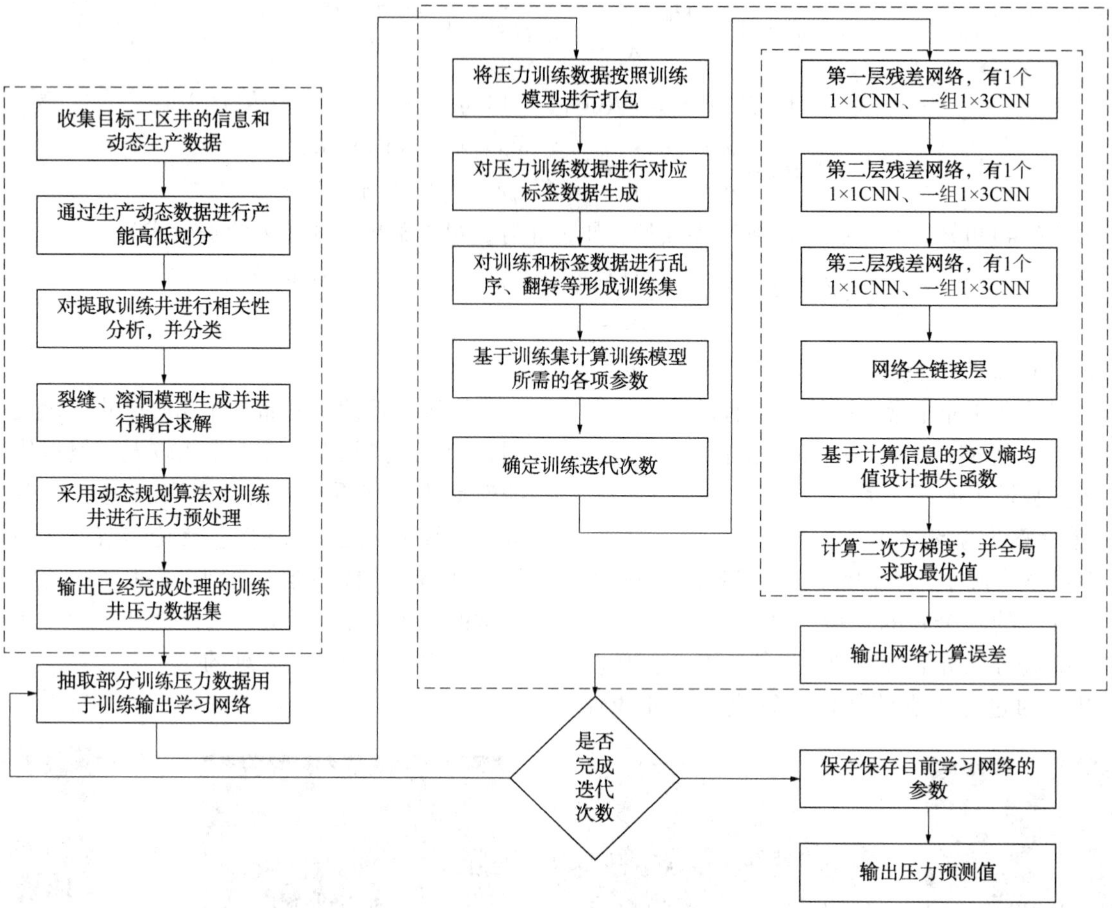

图 3　基于深度学习优化压力数值解

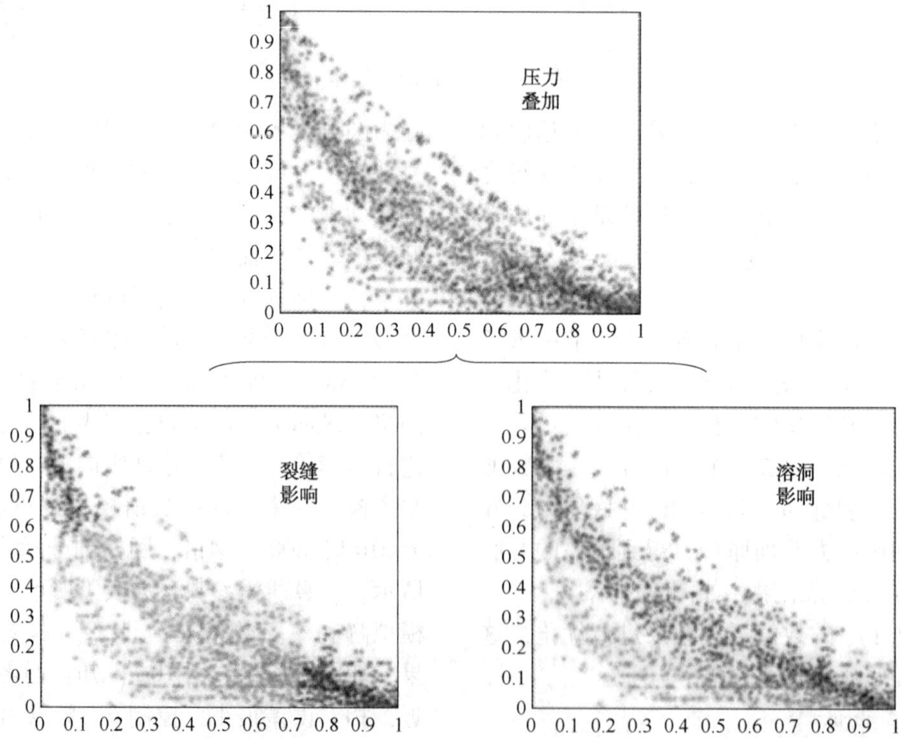

图 4　深度学习计算井底压力

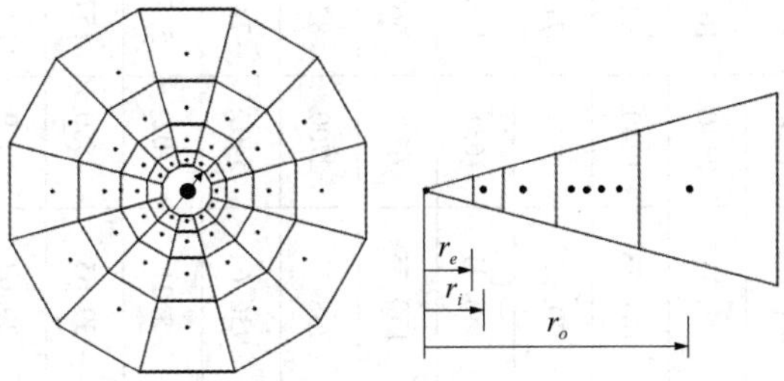

图 5　网格剖分示意图

表 1　计算所需参数表

参数	值	参数	值
原始饱和压力/MPa	84	原始油藏压力/MPa	85
地层原油黏度/mPa·s	0.51	地面原油黏度/mPa·s	1.231
地层水密度/(g·cm^{-3})	1	原油密度/(g·cm^{-3})	0.839
油水界面深度/m	8100	等效有效厚度/m	30
地层原油压缩系数/(10^{-4}·MPa^{-1})	37.17	地层水压缩系数/(10^{-4}·MPa^{-1})	4.5
地层水黏度/mPa·s	0.499	岩石压缩系数/(10^{-4}·MPa^{-1})	4
地层原油体积系数	1.74	地层水体积系数	1

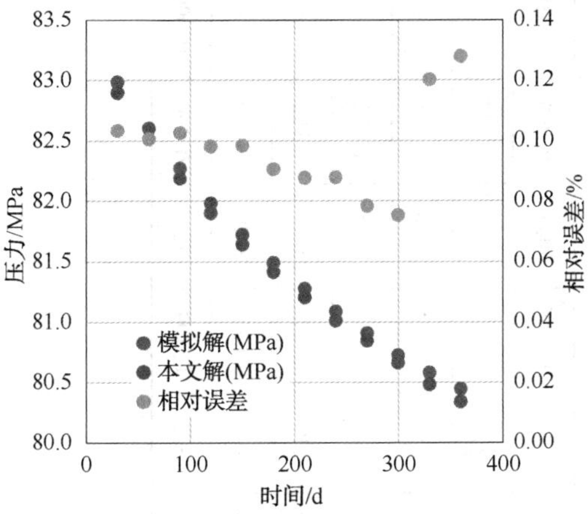

图 6　两种方法计算结果对比图

3　产能与压力耦合

3.1　产能主控因素分析

影响断溶体油藏产能的因素非常多包括油井处于断裂带位置、地层压力、流体流动能力以及是否酸压处理等，基于实际生产数据，基于灰色关联分析，定量化油井产量的关键因素。灰色关联分析方法是根据因素之间发展趋势的相似或相异程度，亦即“灰色关联度”，作为衡量因素间相互干扰、影响的一种方法。

基于顺北 1 号带的单井基本参数，设置不同的时间步，由于初期产能是以三个月稳产为基准的，灰色关联分析设置的时间步定为三个月，然后按照相应时间步的单井累产油作为关联因子，进行分析，灰色关联所需数据，如表 2 所示。

灰色关联的分析结果，如表 3～表 6 所示。灰色关联分析表明：产能主要受储量、断裂级别、水平段长度、渗透率的影响，这与前期的定性分析结果一致。一些因素，如粘度、表皮系数会随着生产的进行，影响程度增大。

缝洞规模、能量补充能力和储层流动能力是顺北 1 区断溶体油藏油井产能三大主控因素。次级断裂缝洞规模最小、能量补充能力和储层流动能力最弱、导致次级断裂油井产能低，建产难；分支断裂与主干断裂能量补充能力相当，但分支断裂储层流动能力相对弱、缝洞规模相对低，导致分支断裂油井产能低于主干断裂。

表 2　顺北 1 区部分井的动静态资料表

井号	断裂级别	断裂分段	酸压	井型	长度/m	渗透率/md	井储系数	表皮系数	粘度/(m·Pas)	储容比	窜流系数	体积系数	油藏温度/℃	进山深度/m	初期油压/MPa	初期油嘴/mm	动态储量/万方	静态储量/万方	初期产能/(t/d)
M1	1	平移	1	1	121	303	0.028	87	2.24	0.0144	4.83E-09	2.012	155.8	121	21.7	7	27.00	1145	182
M2	1	拉分	1	2	481.43	15.7	0.208	22.5	2.61	0.0356	2.66E-07	2.106	159.1	93.96	36.2	3	45.64	410	42
M3	2	拉分	2	2	211.79	72	0.157	24.226	0.3	3.79E-06	2.91E-08	2.148	158.4	160.64	38	3	61.34	681	61
M4	1	平移	1	1	420	107.3			2.41			2.039	161.6	403.13	38.7	5	73.33	2340	168
M5	1	强挤压	2	2	265.21	154	0.0601	-2.96	0.203	1.77E-04	5.86E-09	2.204	158.2	88.47	36.9	3	107.78	1240	42
M6	1	拉分	1	2	508.69	162.6			0.183			2.301	159.7	473.16	18.1	4	70.97	1821	71
M7	1	弱挤压	2	2	437.29	109	0.0805	32	0.260	0.0161	4.57E-09	2.334	160.3	98.75	37.8	5.5	288.41	1631	136
M8	1	走滑段	2	2	471.01	208	0.0981	84.2	0.216			2.019	161.2	104.02	38.6	3	130.75	683	56
M9	1	拉分	2	2	67.35	66.3	93.6	-3.87	0.290	0.0144	4.83E-09	2.171	157.4	82.66	42.6	4	268.37	2700	82
M10	1	拉分	2	1	73.12	1060	0.0649	24.3	0.200	0.0356	2.66E-07	2.303	159.6	101.48	43.8	3	936.64	5407	74
M11	3	拉分	1	3	130	58.4			2.398			2.118	161.2	120.58	4.2	4	5.21	102	5.7
M12	1	平移	1	1	160	359		1920	2.011			2.306	160.8	160.17	39.6	5	39.65	4550	157
M13	1	平移	2	1	130	79.3			1.972			2.095	161.3	45.33	31.8	5	29.63	1549	118.5
M14	2	拉分	2	2	249.35	130	0.1514	25.107	1.792			2.274	159.2	249.71	38.8	4	105.65	177	80
M15	1	拉分	2	2	137.64	30.4	0.0365	7.49	0.240	1.79E-05	2.82E-08	2.257	161.9	94.99	28.7	6	72.38	1300	120
M16	2	拉分	2	1	360	78.1	0.109	129	0.250	0.0999	6.09 E-7	2.222	155.9	260	39.5	2.5	614.37	410	40

表 3 油井 3 个月累产影响因素关联度排序

影响因素	静态储量	动态储量	断裂级别	是否酸压	水平段长度	断裂分段	井型
关联度	0.8316	0.7755	0.774	0.7627	0.6779	0.667	

表 4 油井 6 个月累产影响因素关联度排序

影响因素	动态储量	断裂级别	静态储量	水平段长度	是否酸压	井型	断裂分段
关联度	0.8703	0.8329	0.7969	0.7809	0.7478	0.7263	0.667

表 5 油井 9 个月累产影响因素关联度排序

影响因素	水平段长度	断裂级别	动态储量	静态储量	渗透率	是否酸压	粘度
关联度	0.8964	0.8579	0.8208	0.8043	0.7702	0.7481	0.6870

表 6 油井 12 个月累产影响因素关联度排序

影响因素	水平段长度	断裂级别	动态储量	静态储量	渗透率	粘度	表皮系数
关联度	0.9143	0.8750	0.8372	0.8204	0.7856	0.7631	0.7008

基于灰色关联分析结果，计算各因素的权重，然后采用线性回归法，综合得出合理产能。

$$\frac{q}{q_0}=\sum_{i=1}^{n} r_i\left(r_1\frac{\lg V_1}{\lg V_0}+r_2\frac{S_2}{S_0}+r_3\frac{k_3}{k_0}+\cdots+r_n\frac{x_n}{x_0}\right) \tag{16}$$

式中：下标 0 表示参考指标，下标 i 表示因素 i 及其取值。r_i 表示灰色关联分析的关联度。

基于式(16)，进行产能数据拟合，拟合结果，如图 7 所示。实例分析表明：多因子产能定量模型效果很好。由于灰色关联分析与时间同步，因此对于某一开发井，其合理产能会随着生产的进行而发生改变。

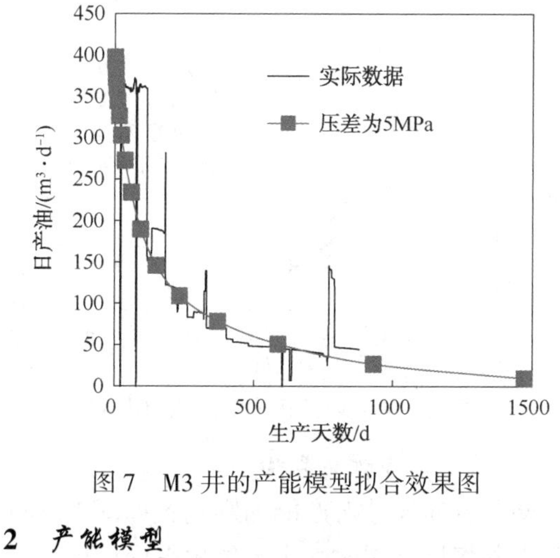

图 7 M3 井的产能模型拟合效果图

3.2 产能模型

通过将不同时间点的产能数据与井底压力数值解，进行耦合，得出产能与压力的关系模型。

4 敏感性分析

利用单因子变量原则，结合表 1 的数据，分析各参数对断控油藏酸压直井产能的影响。

4.1 裂缝方位的影响

直井酸压后，在储层中行成的裂缝实际上是非均匀分布的，而且每条裂缝的长度、宽带、方位等都是不同的，为研究裂缝方位对产能的影响，大体上将裂缝方位分为两种类型，即关于井筒对称(如图 8(a)所示)和不关于井筒对称(如图 8(b)所示)，两种类型的裂缝方位，对断控油藏酸压直井产能的影响，如图 9 所示。

图 9 表明：裂缝方位主要影响产能的中后期阶段，因为在前期阶段，流体基本上是以线性流的形式向井筒汇聚，此时裂缝方位对产能的影响并不明显。裂缝关于井筒对称时，相当于位于油藏中心，距离生产井越近，储层流体渗流的“优势通道”就越明显，流体可以直接经过裂缝到达井筒，当不考虑表皮效应时，流体在中后期，由于周围的流体相对容易流入井筒，并且此时流体主要是以球形流的形式向井筒汇聚，因此单位时间内，流体渗流压力传播较快，压力递减梯度就相对较小，产能下降就相对变慢。但是由于整个油藏的流体体积是一定的，随着油藏能量的逐步消耗，到后期，裂缝方位的影响会逐渐变小。

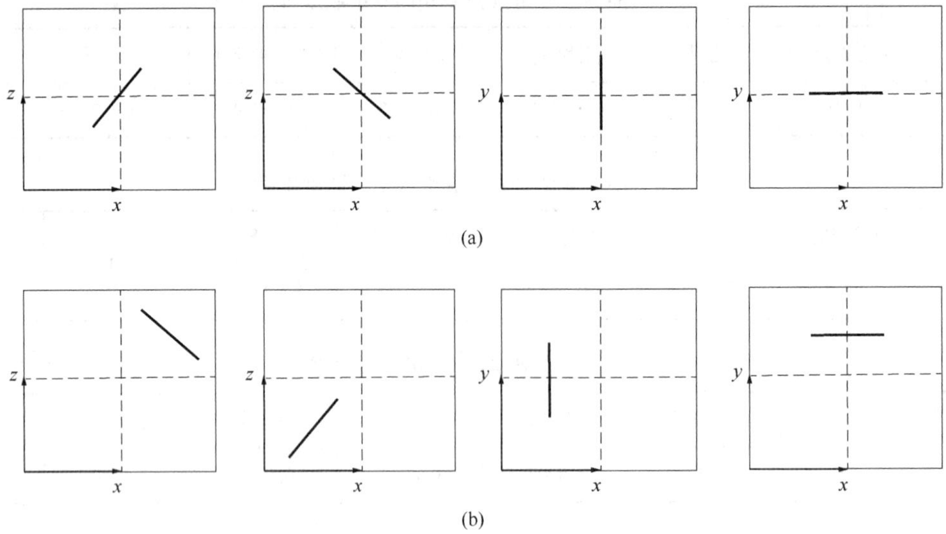

图 8　裂缝方位示意图

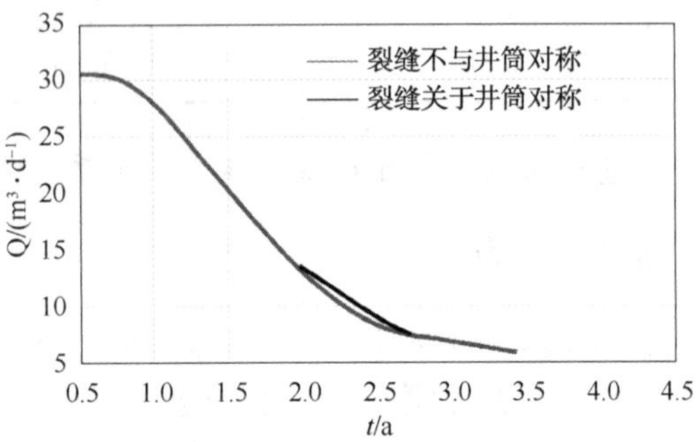

图 9　裂缝方位对产能的影响

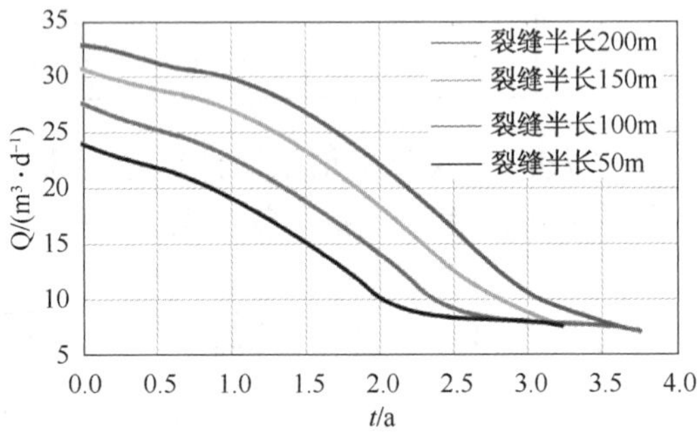

图 10　裂缝长度对产能的影响

4.2　裂缝长度的影响

如上所述，水力压裂压开的裂缝是无法人为控制的，因此裂缝的长度也明显具有差异性，如图 10 所示。图 10 表明：裂缝越长时，初期产能越大。因为裂缝长度越长，早期的时候，对储层改造的面积就越大，暴露的渗流面积就越大，行成的优势通道就越明显，单位时间内，就有更多的流体流向井筒，因此，早期的产能就越大。但是裂缝长度不影响产能下降趋势，即，不同裂缝长度下，产能下降速度基本趋于一致。这是因为，同一位置、同一方位的裂缝，如果只是增加了裂缝的长度，这就使得裂缝周围的流体向井筒渗流时，流体渗流的横截面积是一定的，因此流速也大体一致。到达产能后期后，由于井筒本身的供液能力受到油藏条件的限制，在同一限制条件下，流向井筒的流量就趋于一致。

4.3　储层射开程度的影响

储层射开程度对产能的影响，如图 11 所示。图 11 表明：同一时间下，并非是射开程度越高，产能就越大，而是当射开程度小于 75%时，产能随着射开程度的升高而增加，当射开程度大于 75%时，产能随着射开程度的升高而降低。说明在水力压裂射开储层时，存在一个最优的储层射开程度，因此合理地射开储层，不仅能节约成本，而且还能优化产能。合理的储层射开程度，有助于减缓产能下降速度，提高储层动用程度。

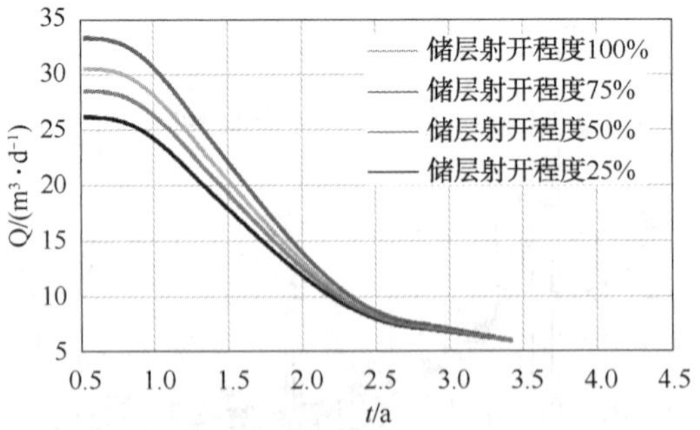

图 11　储层射开程度对产能的影响

4.4　储层各向异性的影响

储层各向异性对产能的影响，如图 12 所示。由于直井多层压裂时，主要发生平面径向流，因此水平方向的渗透率对产能的影响很大。当水平渗透率远远大于垂向渗透率时，平面径向流就越明显，产能就越大，因此在同一时间下，产能会随着水平渗透率与垂向渗透率比值的增大而增大。对于垂向渗透率，其主要影响裂缝间的流体渗流，当垂向渗透率增加时，裂缝间流体的渗流就越大，对于储层流体；流向井筒的干扰就越大，因此在单位时间内，井筒汇聚的流量就小，井口表现出的产能就低。

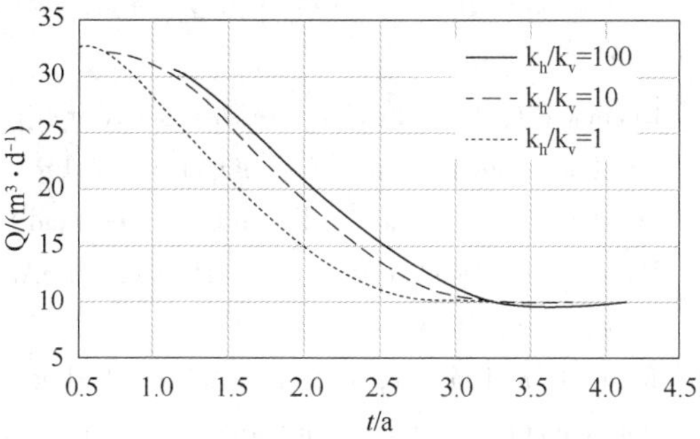

图 12　储层各向异性对产能的影响

4.5　储层边界条件的影响

不同类型的边界条件相互组合，对于压裂直井产能的影响是不同的，如图 13 所示。图 13 表明：边界条件主要影响边界控制流阶段。当上下边界都封闭，相当于整个油井一直处于衰竭式开采，地层得不到能量的补充；当上下边界都定压时，相当于油井处于同一压力梯度下，产能下降就变得缓慢，而且随着井底压力的向外传导，到达边界时，储层流体发生拟稳态渗流；当上(下)边界封闭，下(上)边界定压时，相当于一边是具有能量供给，一边是断层隔开，因此产能降低速度鉴于上下均封闭和上下均定压之间。

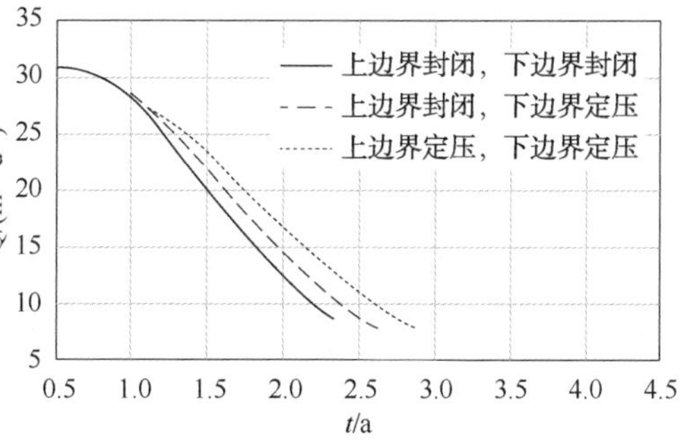

图 13　储层边界条件对产能的影响

4.6　油藏宽度的影响

油藏宽度对产能的影响，如图 14 所示。油藏宽度不同，储层流体发生边界控制流的时间就不同。油藏宽度越小，压力传导越快，定压边界对油井能量的补给就越早，因此油井产能下降速度就相对变慢。然而在生产前期，由于裂缝周围的流体具有优势通道，因此优先流向井筒，此时油藏宽度对产能的影响就不明显，产能曲线上表现为各种油藏宽度曲线重合的现象。随着生产的进行，当油井进入生产后期时，当边界定压时，油藏宽度越小，越易于压力传导和储层流体的流动，同一时间下，就有更多的流体流向井筒，产能就加大。

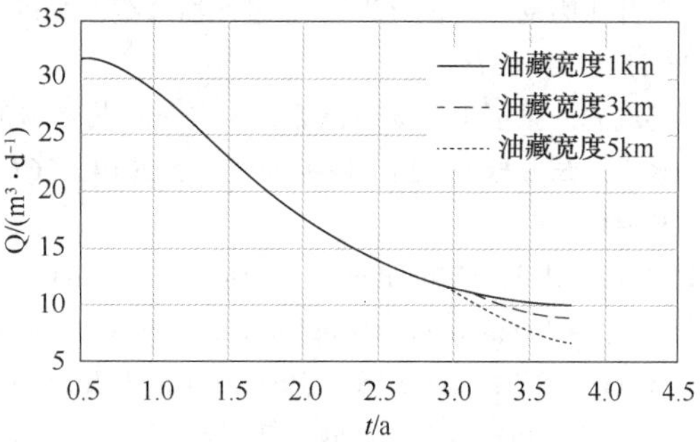

图 14　油藏宽度对产能的影响

5　结论

(1) 通过考虑裂缝与溶洞的窜流，引入流体交换系数，建立了断控油藏酸压直井的非稳态井底压力分析模型，通过数学变换和数值反演，得到井底流压数值解，矿场数值模拟表明：两者压力值吻合很好，论证了模型的科学性。

(2) 产能主要受储量、断裂级别、水平段长度、渗透率的影响，这与前期的定性分析结果一致。一些因素，如粘度、表皮系数会随着生产的进行，影响程度增大。

(3) 油井生产早期，主要受裂缝长度、储层射开程度的影响，并且存在最优裂缝长度和储层射开程度；油井生产中后期，主要受裂缝方位、储层各向异性和边界条件的影响；油井生产后期，主要受油藏宽度的影响。

参　考　文　献

[1] 贾承造 . 中国塔里木盆地构造特征与油气[M]. 北京：石油工业出版社，1997：156-165.

[2] 金强，田飞 . 塔河油田岩溶型碳酸盐岩缝洞结构研究[J]. 中国石油大学学报(自然科学版)，2013，37(5)：15-21

[3] 曹飞，赵娟，李涛，等 . 碳酸盐岩缝洞型油藏古岩溶残丘控储、控藏特征分析：以塔河油田五区为例[J]. 石油天然气学报，2014，36(8)：37-42

[4] 胡志伟，徐长贵，王德英，等 . 渤海海域走滑断裂

叠合特征与成因机制[J]. 石油勘探与开发，2019，46(2)：254-267

[5] 刘海龙．低渗透矩形油藏不稳定渗流压力动态分析[J]. 安徽理工大学学报(自然科学版)，2016，36(1)：75-82.

[6] 祝浪涛，廖新维，赵晓亮，等．致密油藏直井体积压裂压力分析模型[J]. 大庆石油地质与开发，2017，36(6)：144-152.

[7] 沈泽阳，崔永正，张福蕾，等．双重介质低渗油藏斜井压力动态特征分析[J]. 岩性油气藏，2018，30(6)：131-137.

[8] 姜瑞忠，张福蕾，杨明，等．双重介质低渗透油藏水平井试井模型[J]. 特种油气藏，2019，26(1)：37-46

[9] Ramey H J，Gringarten A C. The use of source and Green's function in solving unsteady-flow problem in reservoir[C]. Paper 3818 Presented at California Regional Meeting，11-14May 1973. Long Beach，California，USA. New York：SPE，1973.

[10] Ramey H J，Gringarten A C. Unsteady Pressure Distribution Created by a Single Horizontal Fracture，and Partial Penetration，or Restricted Entry[C]. Paper 3819 Presented at California Regional Meeting，11-14May 1973. Long Beach，California，USA. New York：SPE，1973..

[11] 张小龙，杨志兴，时琼，等．应力敏感低渗透气藏不稳定渗流特征研究[J]. 天然气与石油，2016，34(1)：79-82.

[12] Bourdet，D. Pressure behavior of layered reservoirs with crossflow[C]. Paper 13628 Presented SPE-AIME Annual Fall Technical Conference and Exhibition，21-24 August 1978. Woodlands，Tex,，USA. New York：SPE，1978.

[13] Bixel H C，Larkin B K. Effect of Linear Discontinuity on Pressure Buildup and Drawdown Behavior，SPE Paper 41147

[14] 李凡华，刘慈群．含启动压力梯度的不定常渗流的压力动态分析[J]. 油气井测试，1997，6(1)：1-4.

[15] Kuchuk F J，Habashy T M. Pressure Behavior of Laterally Composite Reservoir[C]. Paper 32146 Presented at the SPE Annual Fall Technical Conference and Exhibition，1-3 October 1998 Tex，Houston，USA. New York：SPE，1998.

[16] Kale，D. and Mattar，L. Solution of a non-linear gas flow equation by the perturbation technique，JCPT，PETSOC 80-04-06，pp. 63-67.

[17] Peres，A. M. M.，Serra，K. V.，and Reynolds，A. C. Toward a unified theory of well testing for nonlinear-radial-flow problems with application to interference tests[C]. Paper 18113 Presentde at Proceedings of the SPE Western Regional Meeting，1-4March 1999. San Diego，California，USA. New York：SPE，1999.

[18] Stehfest H. Numerical Inversion of Laplace Transform[R]. ACM，1970，20(1)：47-48.

超深油气藏流体相态研究方法及相行为变化特征

——以顺北地区4号断裂带为例

胡　伟[1,2]　伦增珉[1,2]　杨　阳[1,2]　崔茂蕾[1,2]

(1. 页岩油气富集机理与有效开发国家重点实验室；2. 中国石化石油勘探开发研究院)

摘　要　超深储层复杂的地质条件导致流体相态特征呈现多样性和多变性，为勘探开发带来了极大挑战。以塔里木盆地顺北地区为例，通过建立超深油气藏流体相态研究方法，采用等时间间隔井下取样方法，在获取不同生产阶段地层流体样品的基础上，研究了典型油气井地层流体的相行为变化特征，揭示了凝析气井发生沥青质沉积的原因。研究结果表明，顺北4号断裂带44X井钻遇的断溶体存在深部原油供给，垂向上呈现上气下油的组分梯度变化，开采过程中地层流体类型由凝析气向近临界态凝析气、再向挥发油转变。反凝析后的凝析油来源于两期充注流体，一是凝析气中自含的凝析油，另一小部分来自于深部原油被凝析气抽提出的轻质组分。而53-1H井钻遇断溶体为单一封闭凝析气藏，其相态变化规律与常规凝析气相近。44X井出现的沥青质沉积与深部原油被同时动用有关。

关键词　超深层；凝析气；相行为；多期充注；断溶体

埋深超过6000m的陆地超深新层系逐渐成为石油工业发展最具战略性的领域之一，也是中国引领未来油气勘探与开发最重要的战略现实领域。超深油气藏具有温度高、埋藏深、岩石类型多、次生孔隙发育和压力异常等特征。由于异常高压、断裂和深部热度活动等原因，深层多期流体交互现象频发，导致其蕴藏的流体相态类型多且复杂。以中国石化位于新疆塔里木盆地的顺北地区为例，该区位于顺托果勒低隆起中部，属于奥陶系超深断溶体油气藏，储层发育主要受走滑断裂带控制，油气沿断裂带富集。该区油气藏类型涵盖了黑油、挥发油、凝析气和湿气气藏，不同断裂带甚至同一断裂带不同区域的地层流体高压物性参数差异很大。西北油气分公司通过开展大量地层流体样品取样分析工作，已基本明确了该地区平面流体相态分布整体呈“西油东气”的特点。但由于对地层成藏以及断溶体连通性方面缺乏有效认识，开发过程中频繁出现地层流体组成与相行为不匹配的问题。以4号断裂带为例，从北向南地层流体类型由高含凝析油的凝析气向低含凝析油的凝析气(或湿气)变化，但在生产过程中却有沥青质堵塞现象。此外，部分凝析气井在同一取样时间、不同取样深度(取样点压力均远高于露点压力)获取的井下样品的高压物性参数存在较大差异，仅依赖一次稳定的取样无法真实反映实际油气藏流体相态特征，这给油气藏类型定性、储量计算以及开发方案模拟带了极大干扰。地层流体相态类型的多样性和多变性严重困扰着现场开发。

然而，目前国内外对于超深储层流体相态的研究方法主要是延用常规油气藏流体相态的研究方法，而已经公开的关于超深储层流体相态的研究成果更是少之又少。Qi等在开展富含气态地层水凝析气PVT相态实验的基础上，建立了考虑储层形变和水影响下的露点压力预测模型和反凝析液量预测模型。Chen等将PVT相态模拟与盆地建模相结合的方法，研究了塔里木盆地两个轻质油藏在深部环境成藏过程中的相态演化历史。综上可知，由于对(超)深层流体相态缺乏有效的实验研究方法，加之实验仪器很难达到超高温高压的条件，导致大部分研究方法以模拟计算为主，由于缺乏有效的实验支撑，导致模拟结果存在很大局限性。鉴于此，笔者提出采用等时间间隔连续井下取样方法，在获取不同生产阶段地层流体样品的基础上，研究了多次取样样品的高压物性参数、相图及反凝析液量的变化特征，明确了超深层流体相行为的变化特征，为超深层油气藏流体相态研究提供了方法和依据。

1　超深油气藏流体相态研究方法

通常，在开发过程中，随着储层压力和开发

时间的不断变化，地层流体的相态参数也会随之发生变化。对于超深巨厚型断溶体储层，由于储层厚度在百米以上，地层流体组分重力分异明显，开发过程中地层流体的相态参数更容易随温度和压力的变化而发生变化。然而，在实际生产中，油气井的工作制度会被频繁调整，导致油压也在不断变化，而井底流压的测量作业不但复杂、耗时，且难以长期连续监测。因而很难依据井底流压的变化来确定取样时机。因此，在综合考虑井场可操作性和样品代表性基础上，提出采用等时间间隔连续取样方法，获取不同生产阶段代表性的地层流体样品，分析各批次样品的高压物性参数变化。

等时间间隔井下取样的基本原则：一是选取的取样井必须具有代表性；二是每次井下取样深度保持不变；三是时间间隔不可太密或太疏，应根据实际工作制度及油样的变化来确定；四是取样井未发生作业堵塞等问题。以顺北地区4号断裂带的典型井44X和53-1H井为例，这两口井分别位于4号断裂带的北段和南段，完钻进山深度分别为273m和500m，垂直井深分别为7883m和8112m。44X井2021年投产初期以10mm油嘴生产，日产油、气约为398t和$40\times10^4m^3$，53-1H井2021年投产初期以10mm油嘴生产，日产油、气约为130t和$50\times10^4m^3$。根据现场油井工作制度及油压下降速度，确定4个月时间间隔进行一次井下取样，图1为44X和53-1H井生产动态以及每次取样时间。所有井下样品均采用相同的设备（地层流体相态分析仪，Vinci 200/250型，最高温度和最大压力均达到200℃和200MPa，腔体最大体积250mL，可耐50000ppm H_2S腐蚀）和操作人员进行检测，以避免人为和设备因素对实验结果的干扰。

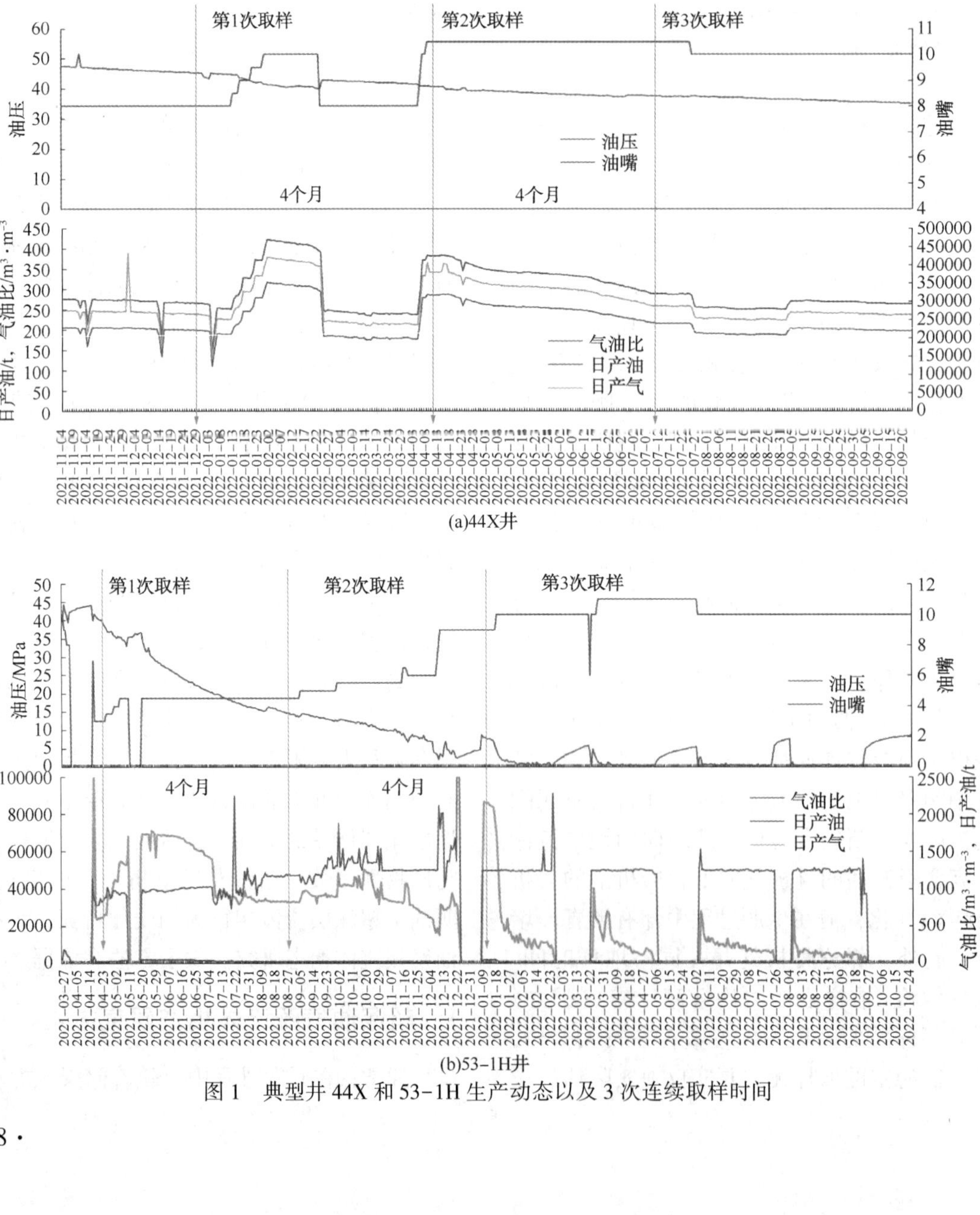

图1　典型井44X和53-1H生产动态以及3次连续取样时间

2　超深油气藏流体相行为变化特征

2.1　高压物性参数变化特征

2.1.1　44X 井高压物性参数变化

表 2 为 4 号断裂带北段典型井(44X)3 次井下取样高压物性参数对比。从表中可以看出，3 次井下取样深度均在 4500m，取样点压力均在粗测露点压力 37MPa 以上，且地露压差均达到 50MPa，表明 3 次取样样品的代表性较高，均能代表取样时间下的地层流体性质。从表 2 可以进一步可以看出，随着开发时间的增加，露点压力上升，气油比降低，凝析气中凝析油含量也明显增加。这些参数的变化规律明显与常规认识相悖，因为对于常规凝析气藏而言，当取样点压力高于露点压力时，获取的流体样品的气油比是不会变化的(因为没有发生反凝析)，露点压力也是恒定的。但是 44X 井 3 次取样样品的气油比降低，凝析气中凝析油含量增加，井流物中 C_{7+} 含量也增大，且油罐油密度和平均分子量均在增大，所有这些参数的变化规律都表明 44X 井存在深部储集体供给，且深部原油被同时动用。

表 2　44X 井 3 次井下取样高压物性参数对比

取样次数	第 1 次取样	第 2 次取样	第 3 次取样
取样点压力/MPa	56. 56	60. 17	58. 27
取样点温度/℃	148. 3	148. 3	148. 3
取样深度/m	4500	4500	4500
露点压力/MPa	37. 17	38. 4	40
气油比/$m^3 \cdot m^{-3}$	1119	1012	962. 31
地露压差/MPa	53. 38	52. 15	50. 55
油罐油分子量/$g \cdot mol^{-1}$	119	148	151. 63
油罐油密度(20℃)/$g \cdot cm^{-3}$	0. 7496	0. 7866	0. 7878
凝析油含量/$g \cdot cm^{-3}$	634. 71	696. 051	865. 1
最大反凝析液量比/%	16. 96	17. 68	19. 24
井流物 C_1+N_2/%	76. 236	76. 3	77. 68
井流物 $C_2-C_6+CO_2$/%	13. 21	13. 79	9. 55
井流物 C_{7+}/%	7. 14	9. 9	12. 771

2.1.2　53-1H 井高压物性参数变化

表 3 为 4 号断裂带南段典型井(53-1H)3 次井下取样高压物性参数对比。从表中可以看出，由于地层压力供给不足，3 次取样中第 2 次取样点压力仅略高于第 1 次取样露点压力 0. 3MPa，而第 3 次取样点压力仅为 37. 6MPa，说明第 3 次取样时井底已经发生反凝析。虽然第 3 次取样井底已经发生反凝析，该样品不代表原始储层地层流体性质，但是却能代表该生产阶段下进入井筒的地层流体性质。通过对比 3 次样品高压物性参数的变化可以看出，53-1H 井的高压物性参数变化规律与 44X 井完全相反，即随着开发时间的增加，露点压力降低，气油比快速增加，凝析气中凝析油含量大幅降低，这是因为 53-1H 井钻遇的断溶体空间有限，地层压力快速降低时，发生反凝析，重质组分因重力作用产生沉降，仅轻质组分被产出，导致油罐油密度、平均分子量和井流物 C_{7+} 含量均明显降低。53-1H 井的高压物性参数变化规律虽然与 44X 井相反，与常规凝析气藏衰竭开发中高压物性参数的变化规律一致。

表 3　44X 井 3 次井下取样高压物性参数对比

取样次数	第 1 次取样	第 2 次取样	第 3 次取样
取样点压力/MPa	66. 7	47. 5	37. 6
取样点温度/℃	139	139	139
取样深度/m	6100	6100	6100

续表

取样次数	第1次取样	第2次取样	第3次取样
露点压力/MPa	47.19	45.5	29.25
气油比/$m^3 \cdot m^{-3}$	1036.81	1584	1914.36
地露压差/MPa	33.044	1.83	已反凝析
油罐油分子量/$g \cdot mol^{-1}$	119.16	112.32	105.46
油罐油密度(20℃)/$g \cdot cm^{-3}$	0.7906	0.7842	0.7785
凝析油含量/$g \cdot cm^{-3}$	604.95	477.94	229.18
最大反凝析液量比/%	21.63	8.4	4.42
井流物 C_1+N_2/%	77.04	82.648	88.12
井流物 $C_2-C_6+CO_2$/%	13.43	10.954	8.60
井流物 C_{7+}/%	9.32	6.397	3.28

2.2 相图变化特征

2.2.1 44X井相图变化

图2为44X井3次井下取样流体相图的变化特征。其中图2(a)为三角相图的变化，三角相图主要代表流体样品中组分的变化，从左到右划定为3个区域，分别代表黑油油藏、挥发油藏和凝析气(干湿气藏，越靠近最右边区域代表流体组分越轻)。从图2(a)可以看出，随着开发时间的增加，3次取样样品所属油气藏类型由凝析气藏向凝析气-挥发油过渡型气藏变化，说明流体样品中重质组分含量增加。从图2(b)可以看出，3次流体样品对应的PT相图中临界点向右上移动，向储层温度等温线靠近，露点包络线向右外扩，露点压力增大，说明流体性质由凝析气藏向近临界态凝析气藏(临界点靠近储层温度)变化。根据PT相图的变化规律，可以推断如果后期持续进行井下取样，未来第N次取样流体的临界点会移动至储层温度等温线的右边，露点包络线会进一步向右外扩，流体性质由凝析气藏变为挥发油藏。44X井相图的变化规律与常规凝析气藏的变化相图相悖，这将在下一节中详细论述。

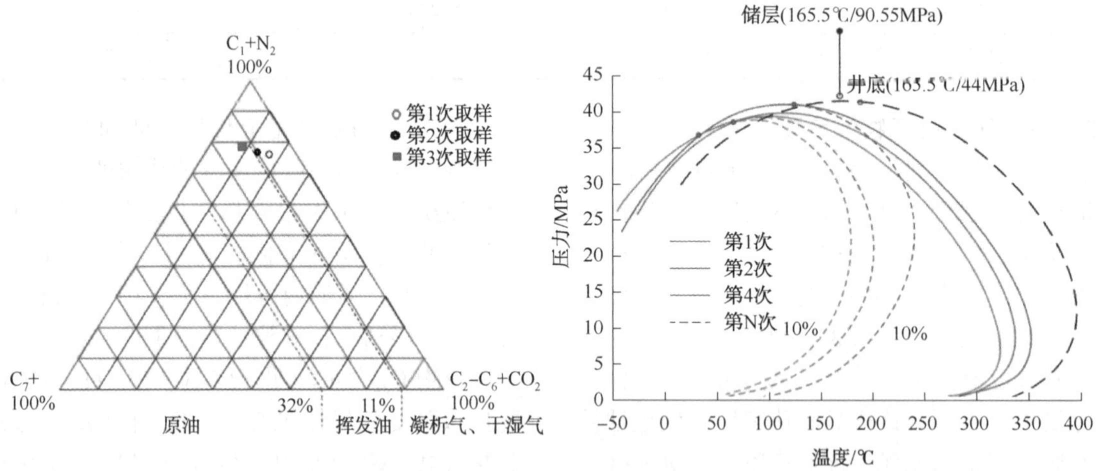

(a)三角相图　　(b)PT相图

图2　44X井3次流体样品对应的相图变化

2.2.2 53-1H井相图变化

图3为53-1H井3次井下取样流体相图的变化规律。从图3(a)三角相图的变化规律可以看出，3次取样样品所属油气藏类型由凝析气藏向湿气气藏变化，这是由于凝析气发生反凝析后，凝析气中凝析油的重质组分被滞留在储层，只有轻质组分被产出，导致产出流体中凝析油含量越来越少，流体性质逐渐变为湿气。从图3(b)可以看出，临界点向左下方移动，远离储层温度等温线，露点线向内收缩，露点压力降低，

流体样品性质由凝析气藏向湿气气藏变化。53-1H 井的相图变化规律与常规凝析气藏相图的变化规律基本一致，说明 53-1H 井钻遇的断溶体为单一封闭凝析气藏，不存在深部原油供给。

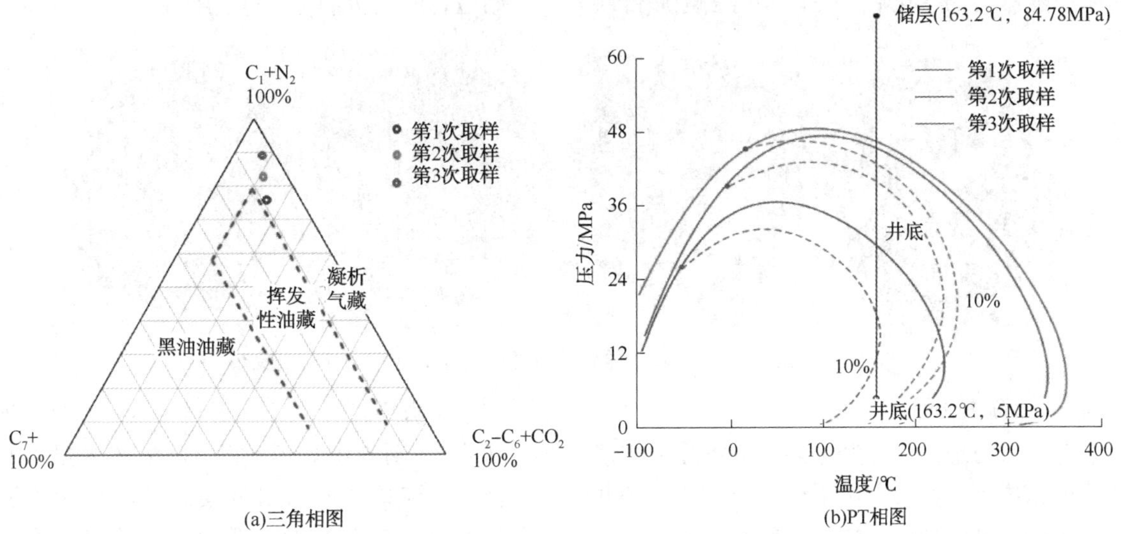

图 3　53-1H 井 3 次流体样品对应的相图变化

2.3　反凝析变化特征

在对 44X 井第 3 次样品开展恒质膨胀实验中发现了 3 个与常规凝析气反凝析不同的现象：

(1) 当压力降至露点压力(40MPa)后，凝析油立即快速大量析出，反凝析液量百分数(图 4a，蓝线)急剧增大。当压力降幅仅为 1MPa 时(即压力降至 39MPa 时)，在 PVT 容器中即可观测到较高的液面(图 5 中 39MPa 图片)，说明该样品中凝析油含量很高，最大反凝析液量百分数能够达到 20.8%。而常规凝析气反凝析过程中，当压力降至露点压力后，凝析油的析出相对缓慢。以 53-1H 井为例(2.1 和 2.2 节中已经说明了 53-1H 井凝析气的高压物性参数及相图的变化规律与常规凝析气相似)，从 53-1H 井的反凝析液量百分数曲线的变化(图 4b)可以看出，反凝析液量百分数的增幅相对缓慢，且当压力降幅为 1.4MPa(即从露点降至 45.8MPa)时，在 PVT 容器中仍观测不到液面。

(2) 从露点压力至最大反凝析压力(最大反凝析液百分数对应的压力)的压力间隔非常小，仅为 7MPa(图 4a，蓝线)。而根据统计，常规凝析气反凝析过程中露点压力至最大反凝析压力的压力间隔至少在 13MPa 以上，例如 53-1H 井的压力间隔达到 15MPa(图 4b)。说明 44X 样品中凝析油析出速度很快，能够在露点压力以下的较小压差内快速大量析出。

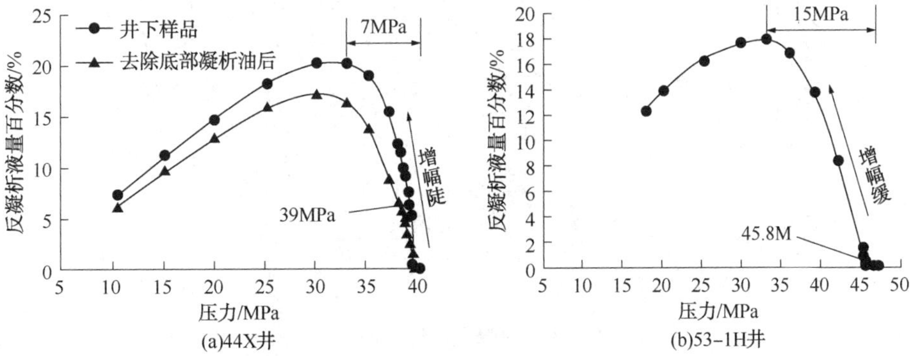

图 4　44X 井和 53-1H 井反凝析液量百分数随压力的变化

(3) 压力下降过程中，凝析油中出现了明显的上下分层现象(图 5)。下层凝析油在压力降至露点压力时，立即快速大量析出，体积很快稳定不变(最大体积为 2.07mL)，而上层凝析油体积则随压力降低逐渐增大。当压力降至 35MPa 时，上层和下层凝析油才混为单相。结合高压物性参数及反凝析特征变化推测，成藏时有两期不同烃类流体充注，上层凝析油是凝析气中原始蕴含的凝析油，而下层凝析油是开发过程中深部流体被凝析气抽提出的轻质油。通过测定上层和下层凝析油体积随压力的变化后，可以获得去除底部凝析油后的上层反凝析液量百分数随压力的变化（图5，红线），即图5中红线才是实际凝析气中原始蕴含的凝析油量的变化特征。

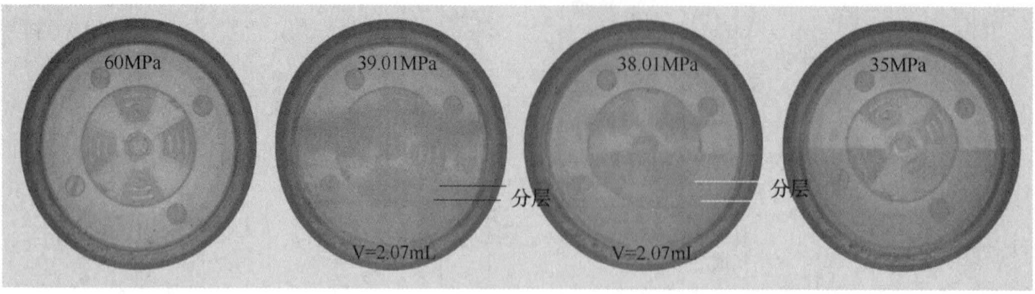

图5　44X井第3次取样样品恒质膨胀实验中凝析油分层现象

2.4　断溶体油气藏类型

根据压力与地层气体和地层水的密度采用静压试井测试方法，可以计算出44X和53-1H井的气水界面深度大概在8744m和8590m，其中44X井井底距离气水界面深度之间存在1200m左右的盲区(地质勘探认识不清)。因此，结合44X和53-1H井开发过程中的地层流体相行为变化特征，从流体相变角度可以将顺北4号断裂带的储层和连通类型归纳为以下四种类型，单一封闭型断溶体(图6中如53-1H井，断溶体内蕴含着单一类型流体，压力补给不足)、单一连通型断溶体(图6中如D4井，断溶体内虽然只含一种类型流体，但与附近其它断溶体相连通)、上气下油型断溶体(图6中如44X井，垂向上呈现上气下油的分布)、底水型断溶体(图6中如D3井，多个断溶体与底水相连通，压力补给充足)。因此，在衰竭开发中，53-1H井的地层流体相行为变化规律与常规单一凝析气藏相似，而44X井的地层流体相行为变化规律则受到深部储集体中原油的影响。

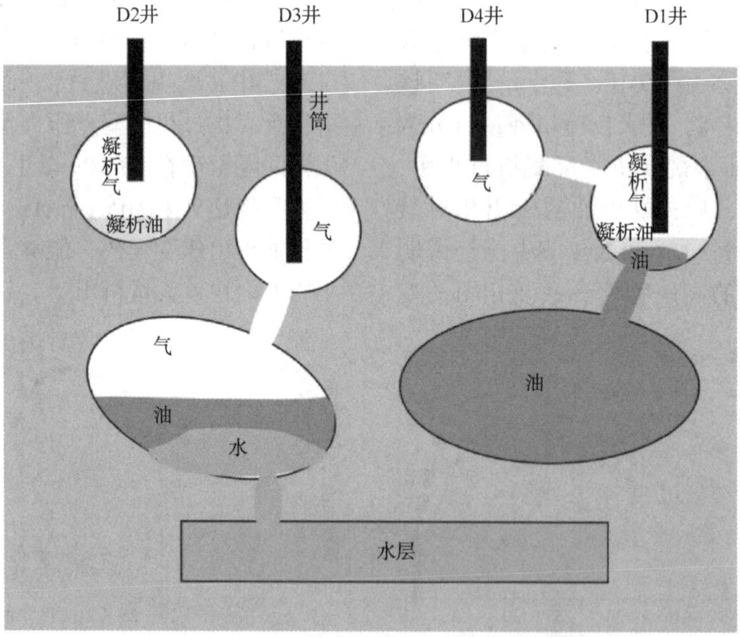

图6　顺北4号断裂带流体垂向分布示意图

3　分析与认识

通过采用等时间间隔井下取样方法，获取不同生产阶段地层流体样品，从相行为变化角度明确了顺北地区断溶体油气藏类型以及垂向组分梯度变化规律。部分断溶体内产生垂向组分梯度变化是由于断溶体单一且封闭，其中蕴藏的一期流体在压力低于饱和压力后产生的重质组分沉降而引起的组分梯度；而另一部分断溶体内(或多个相互连通断溶体)由于两期(或多期)成藏流体相互混合，导致地层流体组分并非均匀分布，垂向上呈现上气下油的组分梯度变化。然而，由于目前勘探和地质工程技术所限，很难直接准确判定哪些断溶体为单一封闭型、哪些为连通型，哪些断溶体内蕴含多期成藏混合流体、哪些断溶体存在深部流体供给，而本文却从流体相态变化角度提出了切实可行且有效的解决方法，验证了以上诸多假设的存在，为超深油气藏流体相态研究及攻关方向提供了指引。

4 结论

（1）44X 井钻遇的断溶体存在深部原油供给，垂向上呈现上气下油的组分梯度变化，开发过程中样品所属油气藏类型由凝析气向近临界态凝析气过渡，再向挥发油变化。

（2）53-1H 井钻遇断溶体为单一封闭凝析气藏，不存在深部原油供给，相态变化规律与常规凝析气一致。

（3）44X 井反凝析后的凝析油来源于两期充注流体，一是凝析气中自身蕴含的凝析油，另一小部分来自于深部储层中被凝析气抽提出的轻质油。

参考文献

[1] 何治亮，马永生，朱东亚，等．深层—超深层碳酸盐岩储层理论技术进展与攻关方向[J]．石油与天然气地质，2021，42(3)：533-546.

[2] 马永生，何治亮，赵培荣，等．深层—超深层碳酸盐岩储层形成机理新进展[J]．石油学报，2019，40(12)：1415-1425.

[3] 任战利，崔军平，祁凯，等．深层—超深层温度及热演化历史对油气相态与生烃历史的控制作用[J]．天然气工业，2020，40(2)：122-130.

[4] 马永生，黎茂稳，蔡勋育，等．中国海相深层油气富集机理与勘探开发：研究现状、关键技术瓶颈与基础科学问题[J]．石油与天然气地质，2020，41(4)：655-661.

[5] QI Z, LIANG B, DENG R, et al. Phase behavior study in the deep gas-condensate reservoir with low permeability [C]. EUROPEC/EAGE Conference and Exhibition. OnePetro, 2007.

[6] CHEN C, WANG Y, BEAGLE J R, et al. Reconstruction of the evolution of deep fluids in light oil reservoirs in the Central Tarim Basin by using PVT simulation and basin modeling [J]. Marine and Petroleum Geology, 2019, 107: 116-126.

[7] 李实，张可，伦增珉，等．油气藏流体取样方法 SY/T 5154 - 2014 [S]．北京：石油工业出版社，2014.

[8] STRUCHKOV I A, ROGACHEV M K, KALININ E S, et al. Laboratory investigation of asphaltene-induced formation damage [J]. Journal of Petroleum Exploration and Production Technology, 2019, 9(2): 1443-1455

[9] LEI H, YANG S, QIAN K, et al. Experimental Investigation and Application of theAsphaltene Precipitation Envelope. Energy & Fuels, 2015, 29 (11): 6920 - 6927.

[10] 胡伟，吕成远，伦增珉，等．致密多孔介质中凝析气定容衰竭实验及相态特征[J]．石油学报，2019，40(11)：1388-1395.

数据驱动下的深层缝洞型油藏生产指标预测

尚根华[1]　康志江[1]　邓紫妍[2]　周东升[2]

[1. 中国石油化工股份有限公司石油勘探开发研究院；
2. 中国地质大学(北京)]

摘　要　深层-超深层缝洞型油藏开发指标影响因素众多、维度高、时变性强、非线性程度高、变化幅度大，模型驱动下的开发指标预测因数学建模难度大，常规的油藏工程方法模型参数获取困难、指标预测精度低，基于模型驱动的油藏开发指标预测效果和精度极易受到人为因素影响，甚至完全无法满足生产要求。因此直至今日，系统的缝洞型油藏开发指标预测方法仍处于持续攻关中，一方面大大提高了油田开发决策的不确定性和投资风险度，另一方面，无法精准、快速得到油藏的开发规律和主控因素等方面的认识，限制了油田产建、综合治理和提高采收率等工作的针对性、可靠性和有效性。

考虑到油田开发过程产能和能量与时间有关，是典型的时间序列问题，即前期的生产数据对油藏后期生产有影响。深度学习能够从复杂的多源异构数据中深度挖掘有价值的信息，包括基于卷积神经网络(convolutional neural network，CNN)和长短期记忆神经网络(long short term memory，LSTM)的预测方法。本文利用LSTM方法对深层碳酸盐岩缝洞型油藏生产预测，从油田整体、区块到单井三个不同规模验证的方法的可行性，并将预测方法应用到深层凝析气藏。研究结果表明应用该方法确保了油田较长时间内稳产，研究结果表明时间越接近产量变化越小，该预测方法具有以下的优势：

(1) 系统运行风险低：尽管系统各个特征值的非线性程度很高，在相关程度分析和归一化处理基础上，对特征值进行分时间段计算，利用海量历史数据循环学习和训练，根据预测指标的符合程度，对预测模型的超参数进行实时调整，适应训练时间尺度变化，实现开发指标梯度的快速智能寻优，降低了预测风险；

(2) 系统整体优化效率最高：经过对深度学习模型优化，在特征值相关程度量化分析，实现了特征值梯度寻优过程的算法升级，优选长短期记忆神经网络(long short term memory，LSTM)，历史数据作为长期训练的数据，预测数据作为短期预测的数据，并对特征值权重非线性组合优化，进行训练、学习和预测；

(3) 系统可诊断性强：机器学习算法中增加了时间分段优化，可以实现分段学习，及时每个层、每个时间段出现问题时寻错、纠错，在寻错、纠错中嵌套神经网络等深度学习方法，总结引起误差的特征值变化规律，实现跨时间尺度机器学习，提高了预测的可靠性。

关键词　深层；缝洞；LSTM；时序问题；开发指标预测

1　研究背景

油藏开发指标预测是一项十分重要和复杂的工作，需要综合考虑油藏开发历史、构造地质、钻完井以及井网井型等开发因素的影响，属于典型非线性复杂系统的预测问题。预测模型中考虑的因素和变量越多，预测的精度越高，但预测的效率就会越低，在兼顾预测精度和效率基础上，充分利用生产动态数据开展数据驱动下油藏开发指标预测是当前缝洞型油藏亟待解决的问题。

受油藏强非均质性控制，深层-超深层缝洞油藏的不确定性和离散性远高于常规的碎屑岩油藏，属于典型的复杂系统，油藏开发预测十分困难。主要原因有三个方面，一是受多期构造作用和岩溶作用影响，深层-超深层缝洞油藏形成的储集空间介质非均质性强，属于高度离散介质，介质之间随机连通；储集空间类型多样，尺度跨越多个级别，油藏储集空间既有千百米尺度的大型缝洞，又有大量分米毫米的溶蚀孔洞及微米级别基质孔洞；二是与油气水流动情况复杂，应力场、温度场和渗流场(压力场、饱和度场和流场)的时变性强、相互耦合，现有描述流体运动的数学物理方程不适用，数学建模和指标计算困难；三是油藏流体相态多样，除了常见气液两相，还有凝析、反凝析和超临界态等状态，既有注入水和注入氮气，又有不同能量的边底水和冷凝水，油水在不同储集空间中的分布和运动规律差别大，在缝洞内部油气水之间运动相互切割、相互聚并，油水运动规律极其复杂。

从以上分析看出，深层-超深层缝洞型油藏开发指标影响因素众多、维度高、时变性强、非线性程度高、变化幅度大，模型驱动下的开发指标预测因数学建模难度大，常规的油藏工程方法模型参数获取困难、指标预测精度低，基于模型驱动的油藏开发指标预测效果和精度极易受到人为因素影响，甚至完全无法满足生产要求。因此直至今日，系统的缝洞型油藏开发指标预测方法仍处于持续攻关中，一方面大大提高了油田开发决策的不确定性和投资风险度，另一方面，无法精准、快速得到油藏的开发规律和主控因素等方面的认识，限制了油田产建、综合治理和提高采收率等工作的针对性、可靠性和有效性。

实际操作过程中，为了保证深层-超深层缝洞型油藏整体开发效果，通常采取一段时间的开发先导试验，从中获得一定的规律性认识，修正油藏工程方法和预测模型，进行开发指标预测，再推广应用；也可以采用物理模拟或数值模拟等油藏模拟手段，间接得到规律性认识。很明显，这些方法都在一定程度上依赖数学建模的精度，中间环节多，不易使用和推广。摒弃模型驱动的开发指标预测方法，开展基于数据驱动的开发指标预测成为必然。

油田开发过程开发指标例如产能、能量、含水等与时间关系紧密，是典型的时间序列问题，即前期的生产数据对后期生产和整体体系的生产有影响，生产时间越长，影响程度越低。另外，塔河油田缝洞型油藏经过二十多年的开发，先后有400多个缝洞单元2000余口油井的开发，累计产油量达到1亿吨以上，积累了海量多个维度(变量)、多个空间尺度(井、单元、油田)和多个时间尺度(日、月、年)油藏开发数据，加之当前人工智能、机器学习和各种深度学习技术的快速发展和应用，为深度挖掘这类特殊油气藏开发数据挖掘和指标预测等提供了可能和技术保障。

经过对复杂系统时序问题预测方法持续研究，针对深层-超深层缝洞型油藏整体生产过程中多个时间尺度开发指标的预测，确定采用LSTM(长短期记忆神经网络模型)进行开发指标预测，建立了预测流程，形成了预测方法，为深层-超深层缝洞型油藏开发提供依据。

2 现有技术简介

目前油藏开发指标的预测方法包括三大类，即模型驱动、数据驱动和双组合驱动的开发指标预测方法。其中模型驱动的方法要求必须有确定的开发规律和完美的预测模型作为基础，这种方法的特点是机理和控制变量明晰、使用方便、较简单、易求解、可解释、线性模型。该方法过于依赖人为经验及局部信息，难以求得全局最优解，常规的油气藏工程、油气藏物理模拟和数值模拟等预测方法都属于这种方法。实际上，油气藏开发指标现有预测方法大都基于模型驱动，利用模型拟合样本中蕴含的映射规律。该类方法的预测所需特定模型限制了预测规律挖掘的有效性，即只能在某种算法下寻找预测规律。因此，亟需研究无需参数假设和特定模型的预测方式，直接从数据中与挖掘预测目标相关的信息，构建无需参数化假设、兼具精度和效率的预测方法。

第二类方法为数据驱动的预测方法，包括人工智能(AI)、机器学习(ML)和深度学习等。人工神经网络是发展最广泛的经典机器学习预测方法，基于逐层特征变换的学习过程。该方法无需回归模型、直接从数据中挖掘有用信息，效率高、易求解，但计算过程较复杂、不可解释、非线性强。作为黑箱模型，机器学习构造的映射函数是一个非解析的函数模型，数据间的复杂结构及参数设置能够实现解释变量与预测目标之间复杂的非线性拟合，从具有多维解释变量和动态不确定性的海量历史数据中寻找合适的条件模式是一项极具挑战性的工作。

最后一类是组合方法，该类方法常见的模式是多种方法分别预测再取加权平均作为最终预测值，但权重选取问题仍待解决。该方法兼顾了模型驱动方法的确定性和数据驱动下的不确定性，这个方法逐步有被第二种方法取代的趋势，尤其是在克服了历史数据充分性的限制后极大地拓展了方法的应用前景。

考虑到油田开发过程产能和能量与时间有关，是典型的时间序列问题，即前期的生产数据对后期生产和整体体系的生产有影响。深度学习能够从复杂的多源异构数据中深度挖掘有价值的信息，包括基于卷积神经网络(convolutional neural network，CNN)和长短期记忆神经网络(long short term memory，LSTM)的预测方法。对于复杂系统生产预测最主要的要求时序系统的稳定性，对油田来说就是保持稳产的问题，时间越接近产量变化越小，预测结果就更易符合油气藏稳产要求。

3 研究方法与目的

3.1 研究方法与进展

利用清华同方和国家知识产权局网站，以深层、缝洞型油藏、开发指标预测、机器学习为关键词，对 2000 年以来的文献和文进行了检索，结果表明有 3 项相关的文和文献 8 篇。

2021 年姜立富等针对水驱油藏传统优化方法过于依赖人为经验及顺序优化难以求得全局最优解等问题，提出一种基于机器学习的井位及注采参数联合优化方法。李阳等完成了大数据及人工智能在油气田开发中的应用现状及展望，作者对基于数据驱动的油田开发指标预测给予了厚望。之后，刘珍，高翔先后提供了基于大数据挖掘技术的油藏经营管理系统研究和不停机的间抽工作制度优化方法 。贾德利，刘合等大数据驱动下的老油田精细注水优化方法。杨勇提供利用大数据开展断层检测、层位提取、岩性识别、测井解释等多个场景的应用，确定大数据及人工智能技术具有多维度、多尺度数据高效分析能力，不仅可大幅度提升工作效率，而且有助于提升地质建模和油藏工程预测精度。2019 年马庆等基于机器学习算法开展了复合驱井结垢预测，随着机器学习，深度学习算法的引入，借助计算机的存储和算力优势，在更高的维度上建立模型，弥补专家系统的短板。侯亚伟等在考虑储层特征、流体性质等影响原油采收率因素的基础上，建立了基于反向传播神经网络优化算法的采收率快速预测方法。

相关专利有 3 项，主要是对采收率的预测。吴春新等在文文提供一种海上油田水驱采收率预测方法，邹佳儒提供了一种基于机器学习的相渗曲线预测方法及系统，降低了相渗曲线预测成本，提高了预测精度，并为人工智能应用于相对渗透率预测的有效工具。安兴菊等文了一种基于集成学习的油田采收率预测方法。采用决策树挖掘地质因素、开发状况因素与油田采收率的内在联系，建立适用于油田开发各时期的油田采收率预测器，提高油田采收率预测器的预测精度，实现油田采收率的准确预测。

3.2 本文研究目的

优选出长短期记忆神经网络(long short term memory，LSTM)的预测方法，充分考虑缝洞型油藏开发指标的时变性，及时反映不同时间尺度下开发指标的变化，提高油藏整体开发指标预测精度和速度。方法弥补了原来方法全局性和整体性的不足，提高了油田预测效果，具有一定的应用前景。

4 主要研究内容

4.1 深层−超深层缝洞型油藏时序性生产预测指标的相关性和主控因素分析

采用皮尔森相关系数表征两个变量之间变化趋势以及相关程度，取值范围为[−1，1]。当接近 1 时，表示两者具有强烈的正相关性；当接近−1 时，表示有强烈的的负相关性；而值接近 0，则表示相关性很低。

计算公式为：

$$\rho(x,y)=\frac{\mathrm{cov}(x,y)}{\sigma(x)\cdot\sigma(y)}=\frac{E[(x-\mu_x)(y-\mu_y)]}{\sigma(x)\cdot\sigma(y)} \tag{1-1}$$

其中，$\rho(x,y)$为变量 x，y 之间的皮尔森相关系数；x，y 表示需要分析的两个特征变量；$\sigma(x)$ 为变量 x 的标准方差；$\mathrm{cov}(x,y)$为变量 x，y 的协方差。

变量 x，y 之间的 Pearson 相关程度分级界限见下表 1。

表 1 Pearson 相关系数分级评价界限

相关程度	极强相关	强相关	中等程度相关	弱相关	极弱相关或无关
相关系数绝对值	0.8~1	0.6~0.8	0.4~0.6	0.2~0.4	0~0.2

确定生产指标间的相关程度和主控因素的步骤包括：

(1) 在数据清洗和归一化处理的基础上，针对收集到的塔河油田整体 20 个开发指标作为特征变量进行大数据分析和预测，使用皮尔逊相关系数分析方法对它们之间的相关性进行分析(图 1)。

(2) 从分析结果中剔除相关性小于 0.2 的特

征，如新井开井率、月气油比、井口采液速度三个相关性较弱特征。

(3) 对塔河油田开发效果有关的剩余 17 个特征变量输入到随机森林模型中，进行对日产油量影响程度大小排序(图 2)，以确定影响深层-超深层缝洞油藏日产油能力的主控因素。结果表明井口采油速度、月油时率、平均动液面和月含水率这几个特征变量影响程度最大，作为今后塔河油田整体开发指标预测模型的输入特征。

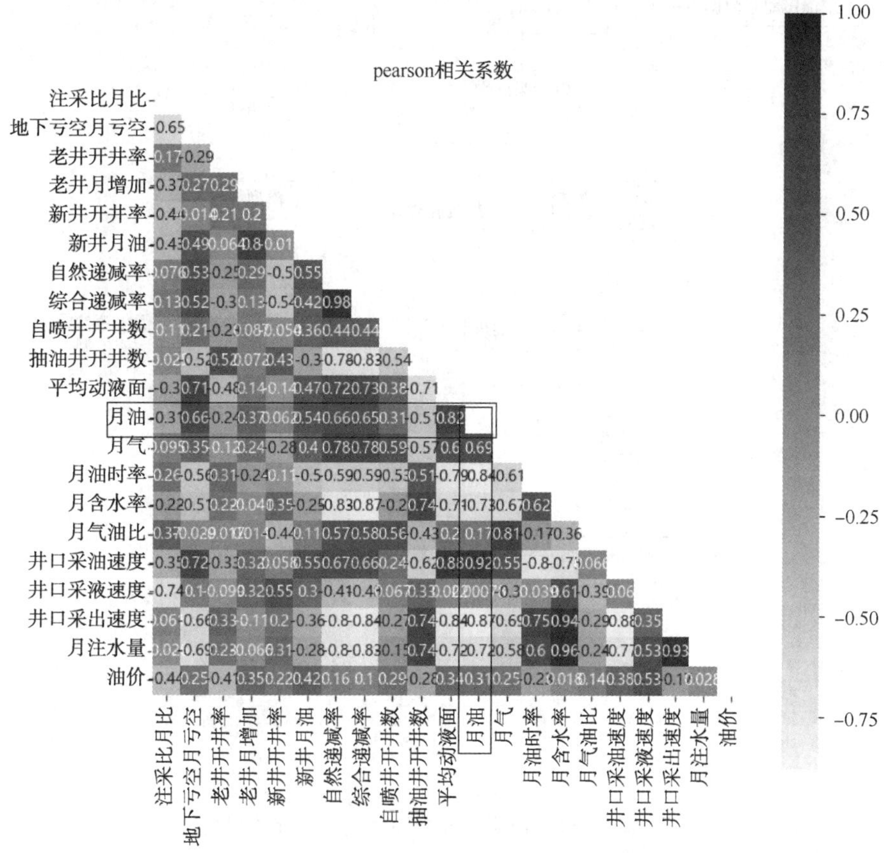

图 1 塔河缝洞型油藏开发指标间的相关性分析

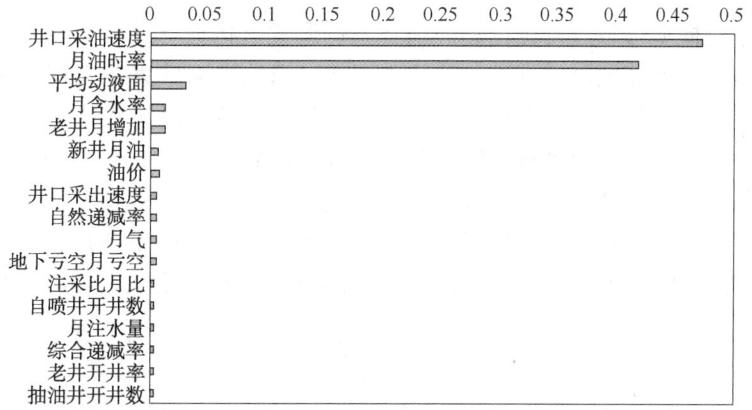

图 2 塔河油田缝洞油藏对日油指标影响程度分析

4.2 深层-超深层缝洞油藏生产指标预测流程

在收集油田生产动态数据基础上，对影响开发指标的因素开展相关程度分析，确定主控因素，进行数据清洗，删除不符合条件的数据体，完成数据集处理，包括插值、缺失值和数据的标准化处理，将处理后的数据按照一定时间比例划分训练集和测试集；选择合适的时序性数据集作为训练集，设置超参数初值，将训练集数据引入到模型进行训练学习；通过使用 Adam 梯度下降算法对模型参数进行反向传播和更新，训练得到最终的模型；用测试集验证训练好的模型性能，给出测试集的预测结果，当测试集的预测结果不能满足要求时，重新的设置超参数值，重新训练模型，直到满足预测精度要求为止。至此，形成了完整时序性问题基于循环网络算法的预测流程和缝洞型油藏开发指标的具体的预测流程(图3)。

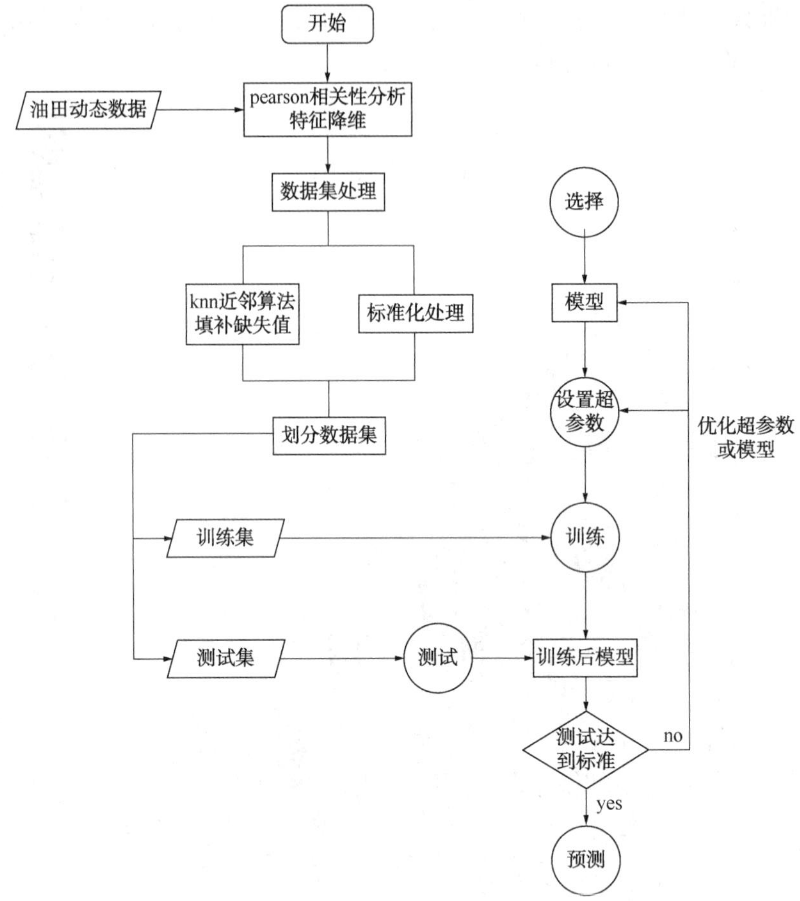

图3　基于LSTM模型的缝洞油藏生产指标预测流程

(1) 大数据与机器学习模型的训练及模型超参数优化

模型训练过程中对模型参数进行优化是一项重要的繁琐工作，也是大数据预测的基础。这些参数是控制训练模型结构的组合，每个模型参数都不一样，没有统一的规律，是超越数据结构和数量的集合，通常将模型的参数称作超参数。

为了保证训练模型的优化性能，选择了时间步长(timestemp)、批处理大小(batch_ size)、LSTM网络层数(layers)、学习率(lr)、迭代训练次数(epoches)、dropout丢失率等五个超参数进行调优。构建了LSTM模型，并引入optuna框架，以追求测试集损失误差最小值为优化目标。在超参数范围内搜索最优的超参数组合，并将处理好的数据集输入模型训练，通过optuna框架反复训练模型不断搜索最优的超参数组合，得到在测试集上表现性能最好的预测模型，五个参数的寻优过程和最终结果见图4。

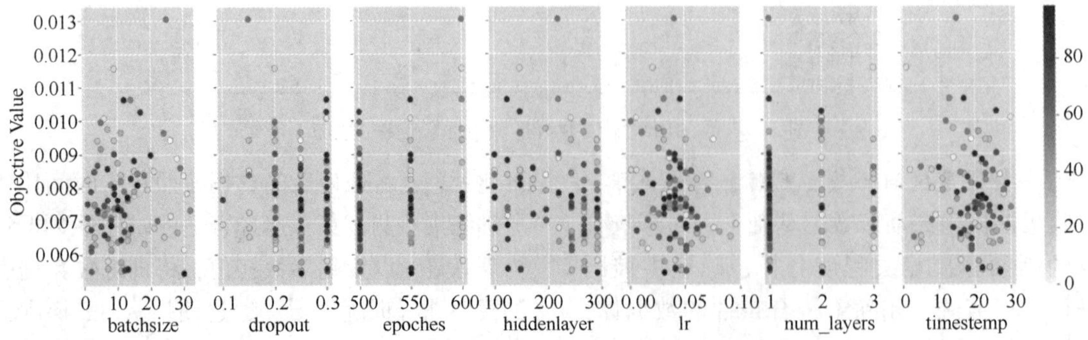

图4　LSTM预测模型超参数寻优过程

分析框架反复训练的结果和各个超参数对训练结果的影响，将超参数对训练结果影响程度进行重要性牌序图5，可以看出训练轮数大小(epoches)对模型的精确度影响最高，其次为时间步长(timestemp)和隐含层大小。这样就初步得到了模型训练的超参数编号区间，为后续的模型计算奠定基础。图5表示模型的每个参数取值的搜寻过程，看出训练轮数大小(epoches)取值在500左右误差较小，一般隐含层大小(hiddenlayer)取值在200到300之间较好(图5)。需要说明的是时间步长(timestemp)取值在20到30较好，该数值的取值大小与预测的时间尺度(年、月、日)有关。

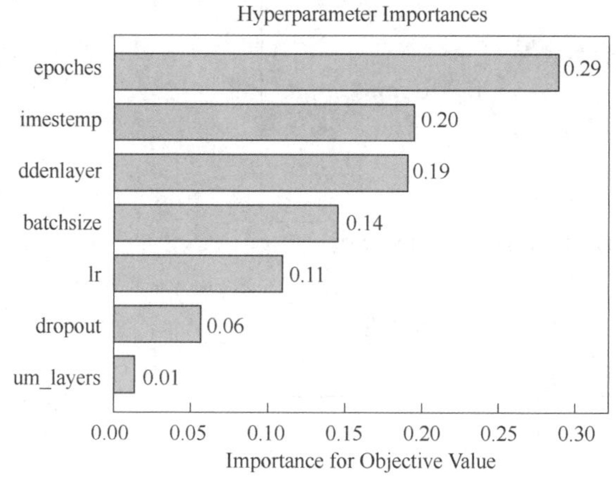

图5　LSTM优化模型超参数优化结果

至此，得到了不同时间尺度下基于训练数据集的训练模型，利用该模型进行监督学习和预测就是下一步的任务。

4.3　研究结果与分析

本文将经过优化的神经网络模型LSTM和未经过优化的模型分别用于预测月产油量。预测结果表明，两者在训练集上均表现出较低的误差，但在测试集上，经过优化的模型表现出比未优化的模型更为优异的预测性能。即采用神经网络智能优化模型在测试集上表现出更高的预测精度和更好的泛化能力。该方法充分考虑了缝洞型油藏开发指标的历史性和时变性，反映了不同时间尺度下开发指标的变化，提高指标预测的精度和速度，弥补了缝洞型油藏数学建模难度大引起的预测精度低、效果差的问题。预测结果已用于塔河油田整体、区块、缝洞单元和单井生产指标的预测，指标时间尺度跨越年度、月度到日，具有很强的应用价值。

1）缝洞型油藏整体开发指标预测

首先对西部塔里木盆地S油田油藏埋深在5000m-7000m，属于深层-超深层油藏，油藏类型为缝洞型油藏，开发年限始于1993年，至今已经累计产油达到1亿吨以上。利用本文提供的预测方法，对S油田的缝洞型油藏整体开发指标进行了预测，包括月度产量、含水率、累计产油量、开井率、递减率等，预测了2024年年度产油量和递减率，为来年油田开发部署提供依据。

预测过程中，数据中以2021年12月之前的生产数据作为训练集，之后到2023年3月份的数据作为测试集，进行了预测(图6)。最后，将该LSTM神经网络预测方法与传统的产量递减方法、BP神经网络进行了对比，按照惯例用MSE、MAE、MAPE评价指标分别对这三种方法进行评价(表2)。结果表明虽然传统的产量递减方法在简单性和易用性方面有优势，但精度明显不足，LSTM方法具备更好时序数据建模能力，可以更好地捕捉时间序列中的长期依赖关系。

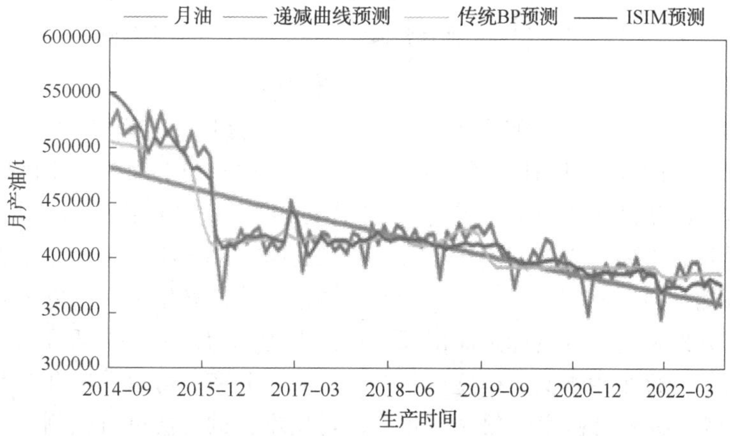

图6　塔河缝洞型油藏整体月产油指标的三种预测结果

表 2　深层-超深层缝洞油藏开发指标预测方法对比

方法	MSE	MAE	MAPE
传统递减曲线法	0.162	0.336	1.43
传统 BP 神经网络	0.165	0.333	1.5
LSTM 神经网络	0.117	0.25	1.05

从实施例 1 和 2 可以看出，本文提供的方法可以实现深层-超深层缝洞油藏整个油田或区块生产指标月度时间尺度的快速预测，因此可以用于指导油田或区块整体的开发部署和综合治理。

(1) 产油相关参数的预测

产油预测是油田开发预测的最重要的工作之一，也是油藏开发部署的最主要的依据。应用该文的方法对塔河缝洞型油藏月产油、月产油的综合递减率进行了预测，预测结果见图 7 和图 8，其中蓝色曲线是实际生产曲线，橙色曲线为优化预测曲线，可以看出预测结果效果很好。

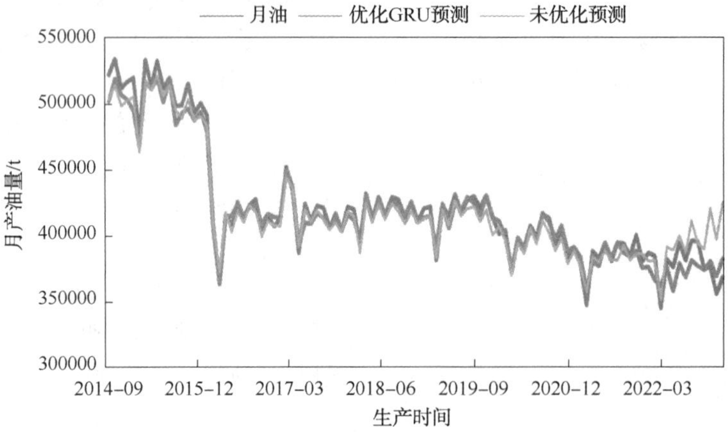

图 7　塔河缝洞型油藏整体开发指标-月产油指标预测

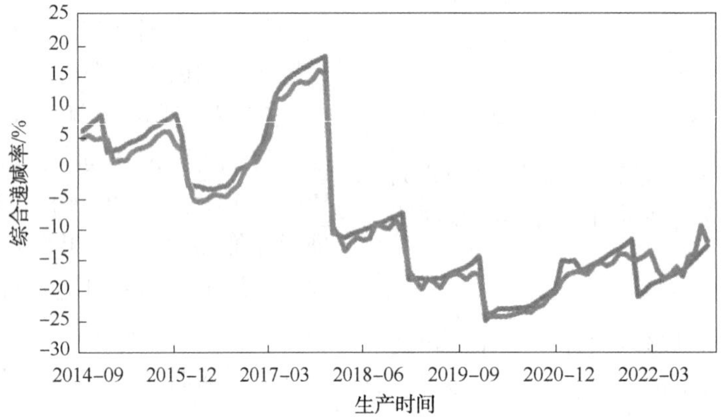

图 8　塔河缝洞型油藏整体开发指标-综合递减率预测

(2) 产水相关参数的预测

产水预测是油藏另外一项比较重要的任务，该项预测的主要指标是不同开发时间尺度的综合含水率的预测(图 9)，该项目的预测对于指定合理的治理措施工作量具有重要意义。

(3) 采出程度预测

采出程度是油田开发最主要的指标是油田开发和经营效益最主要的指标采用本文的模型进行了深层-超深层缝洞型油藏采出程度的预测，预测结果见图 10。

2) 区块开发指标预测

塔河油田七区作为主体区，发现于 1998 年，2003 年大规律投入开发，最高时形成了年产油 122 万吨的产能，至今仍然是塔河油田主要的产油区。我们利用本文的方法开展了塔河油田七区开发指标的预测，包括月度产油能力、综合含水率和开井率。可以看出开井率变化幅度很大，仍可用本文的方法进行预测。

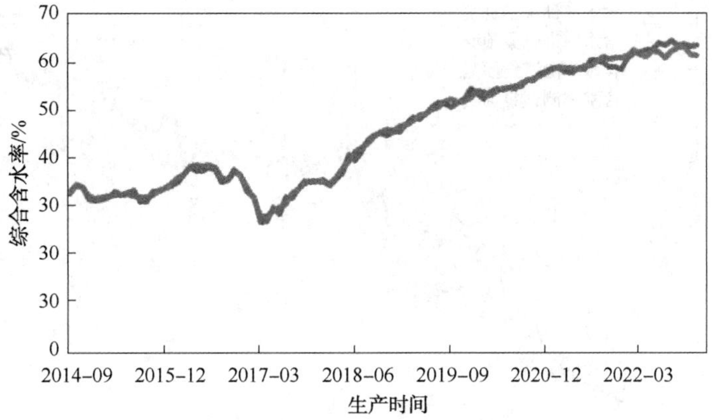

图 9　塔河缝洞型油藏整体开发指标-综合含水率预测

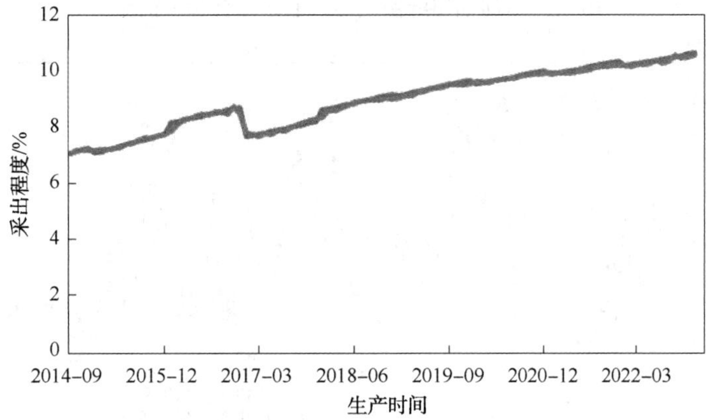

图 10　5 个连通体同时投产 200 个月内产能变化曲线

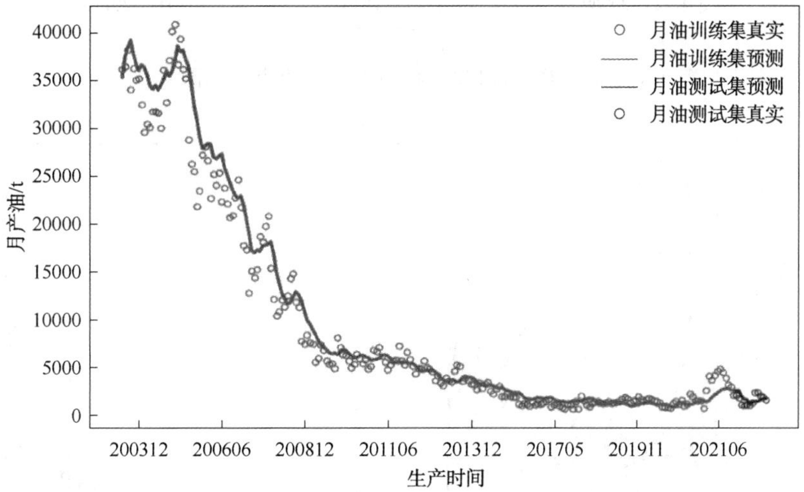

图 11　塔河油田缝洞型油藏七区月产油预测

3）单井开发指标预测

塔河油田 S48 井是塔河油田缝洞至今累计产油能力最高，生产时间最长的一口井，该井处于风化壳岩溶地质背景为主的四区，单井控制储量达到 330 万吨，利用改井的日产数据，开展生产预测，包括产油量、综合含水率等。

结果表明，本文提供的方法不只能够对油田整体、区块开发指标进行预测，也可以对深层超深层缝洞型油藏的单井生产数据进行预测；不只能够开展年度、月度时间尺度的指标预测，也可以开展单日时间尺度的指标预测。

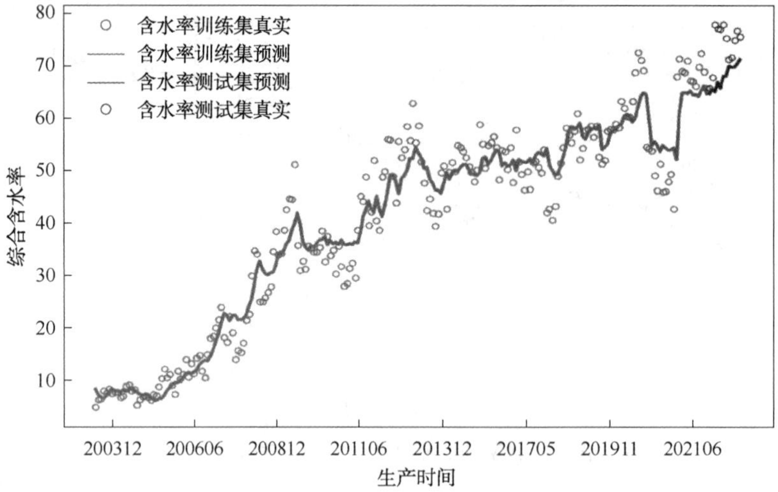

图 12　塔河油田缝洞型油藏七区综合含水预测

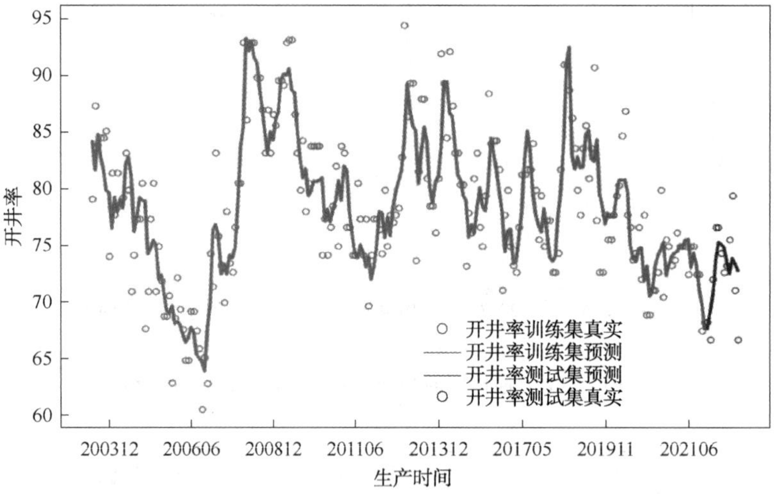

图 13　塔河油田缝洞型油藏七区开井率预测

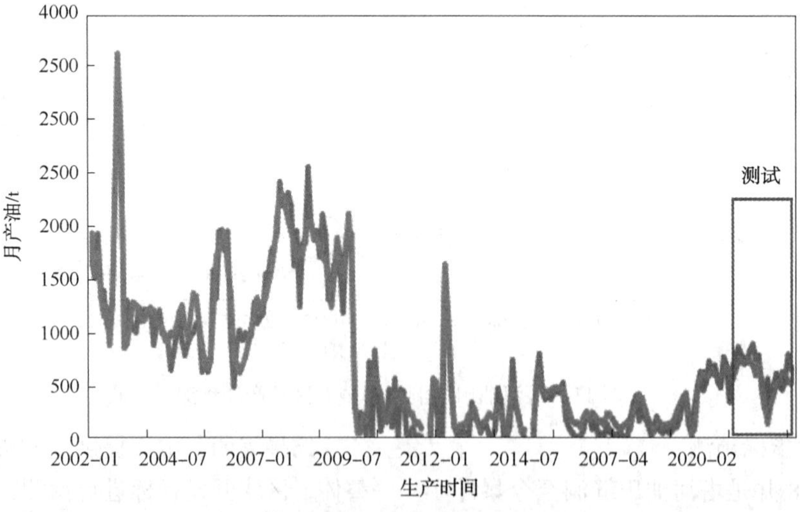

图 14　塔河油田缝洞单元 S48 井产油量预测

4）超深层凝析气藏单井开发指标预测

顺北油田二区发现于 2021 年，该区原油探明地质储量达到 3200 万吨，天然气探明储量达到 1100 亿方，其中 SHB45X 井于 2022 年 3 月初完井投产，目前处于产能建设阶段，利用本文提供的方法对该区凝析气藏中的一口井 SHB45X 的日产油量进行了预测(图 16)。结果表明本文提供的方法可以实现超深层凝析气藏生产井的开发指标的预测。

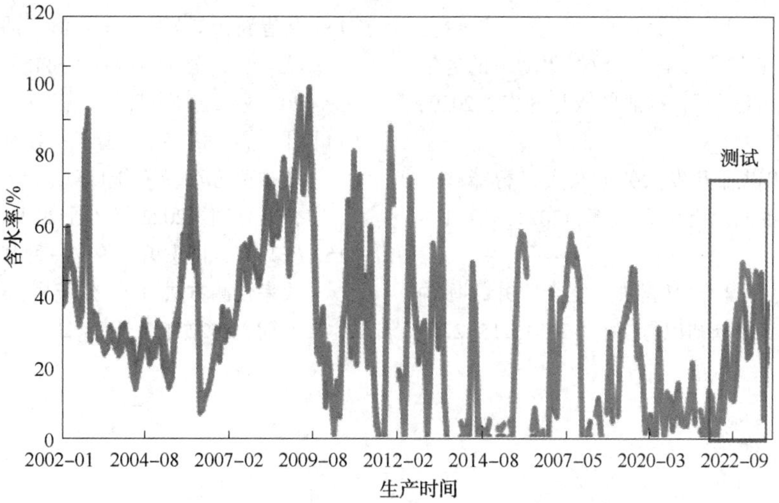

图 15　塔河油田缝洞单元 S48 井含水率预测

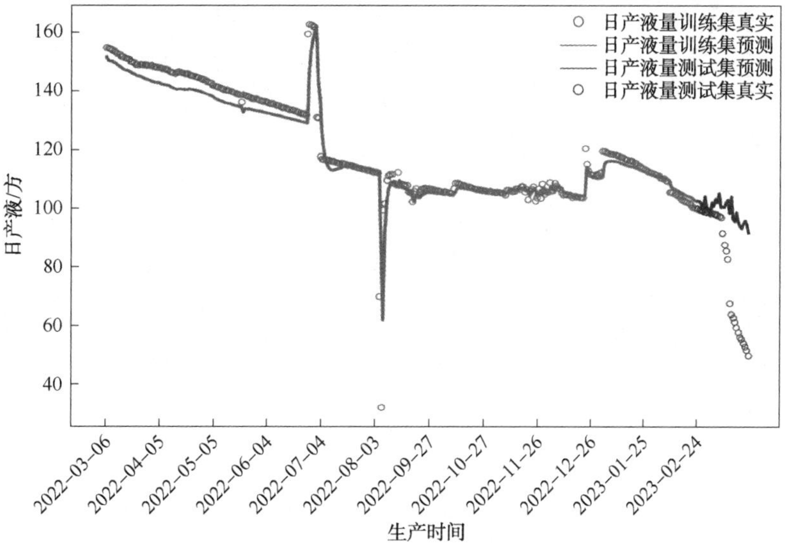

图 16　顺北油田 4 号断裂带凝析气藏 S45X 井产油量预测

从以上研究可以得到：基于数据驱动的 LSTM 深层-超深层缝洞型油藏开发指标预测方法对油田整体、区块和单井的开发指标可以获得很好的预测结果，而且方法适用于深层-超深层凝析气藏的开发指标预测，其原因前景值得期待。

参　考　文　献

[1] 贾品，王远征，尚根华，等．基于物质平衡方程的断溶体油藏动态油水界面预测新模型[J]．中国石油大学学报(自然科学版)，2022，46(1)：120-128；

[2] 王文东，石梦翩，庄新宇，等．基于机器学习的井位及注采参数联合优化方法[J]．深圳大学学报理工版，2022，39(2)：126-133；

[3] 张文彪，段太忠，等．塔河油田托甫台区奥陶系断溶体构型类型及表征方法[J]．石油勘探与开发，2021，48(1)：1-12；

[4] 姜立富，徐中波，等．基于大数据分析的海上多层油田精细开发实践-以渤海 L 油田为例[J]，石油地质与工程，2021，35(2)：44-06；

[5] 张雅丽，等．非线性时间序列的结构复杂性和相关性研究[D]，2022 年 6 月．

[6] 李阳，廉培庆，薛兆杰，等．大数据及人工智能在油气田开发中的应用现状及展望[J]．中国石油大学学报(自然科学版)，2020，44(4)：1-11.

[7] 刘珍. 大数据环境下基于 Spark 的油藏经营管理系统研究[D]. 陕西西安：西安石油大学，2020.

[8] 高翔，王云峰，刘海波. 基于大数据挖掘技术不停机间抽工作制度优化[J]. 石油地质与工程，2020，34(5)109-113.

[9] 贾德利，刘合，张吉群，等. 大数据驱动下的老油田精细注水优化方法[J]. 石油勘探与开发，2020，47(3)：629-636.

[10] 杨勇，胜利油田勘探开发大数据及人工智能技术应用进展[J]. 油气地质与 采收率，2022，29(1)：1-10.

[11] 马庆，吴运驰，机器学习算法在复合驱井结垢预测中的应用[J]. 电脑知识与技术，2019，15(27)：198-02.

[12] 侯亚伟，刘超，徐中波，等. 多层水驱开发油田采收率快速预测方法 [J]. 石油钻探技术，2022，50(5)：82-87.

[13] 吴春新，刘英宪，等. 海上油田水驱采收率预测方法[P]. 公布号：CN 115271182A，公开日期：2022 年 11 月 1 日.

[14] 邹佳儒，霍守东，等. 一种基于机器学习的相渗曲线预测方法及系统[P]. 公开号，CN114066084B，公开日期：2022 年 7 月 29 日.

[15] 安兴菊，任志勇，等. 一种基于集成学习的油田采收率预测方法[P]. 公开号，CN113988382A，公开日期：2022 年 1 月 28 日。

分布式光纤传感技术在页岩油水平井储层酸化改造中的研究与应用

王尚卫[1,2] 刘江波[1,2] 任国富[1,2] 杨义兴[1,2] 冀盘龙[3] 罗有刚[1,2]
张 昊[3] 王 松[3] 刘利娜[1,2] 李沁泽[3] 王在强[1,2]

[1. 中国石油长庆油田分公司油气工艺研究院；2. 低渗透油气田勘探开发国家工程实验室；
3. 东方物探中油奥博(成都)科技有限公司]

摘 要 页岩油井的生产页岩油的开发都需经过水力压裂进行改造从而获得更高产量，改造结果的好坏直接决定了页岩油井的产量。因此对于压裂效果的评价是非常有必要的，目前光纤作为全井段的高精度信号接收的载体，能精确的实时监测井筒中的声波、温度和应变等信息，综合评价压裂改造效果评价。本文主要介绍了在岩油井中应用分布式光纤开展水平井酸化改造效果评价研究，基于井筒温度、声波、井下压力等数据，通过建立解释模型，迭代反演、计算输出水平段的产出剖面，定量分析水平井生产过程中各段(簇)的产出动态，为页岩油水平井的进一步分段酸化措施提供重要的依据。

关键词 酸化压裂；酸化压裂效果评价；DTS 监测；页岩油；水平井

1 引言

目前，我国的石油对外依存度逐年增高，为保证油气资源的可持续开发与利用，我国石油上游业务已逐渐从常规油气向非常规油气推动，其中针对页岩油气藏的勘探和开发正处于技术突破的关键时刻。水平井多段压裂技术作为页岩油气藏成功开发的核心技术，压裂效果的好坏直接影响页岩油井的产能。而光纤具有体积小、耐高温耐高压、抗腐蚀、光学损失小、无电磁干扰、无迟滞性等先天特性，使用光纤进行井下水力压裂或酸化改造评价具有无可比拟的优势。此外，相比于传统电法测井方法，分布式光纤测井具有全井筒覆盖、即时测量、解释成果清晰等优势，并可实现对井筒的 24 小时不间断监测。从国际最新技术发展应用趋势来看，分布式光纤传感监测已成为油气田勘探及开发的最新技术手段。

本文是应用分布式光纤传感技术在长庆油田页岩油井储层酸化改造的最新应用及研究成果。主要通过布设于水平井中的光纤，实时监测全井筒的声波和温度，分析水平井压裂段(簇)的温度异常，进而建立解释模型，迭代反演、计算输出水平段的产出剖面，定量分析水平井生产过程中各段(簇)的产出动态，为水平井下一步的分段酸化提供有效依据。

2 分布式光纤产出剖面监测原理

分布式光纤产出剖面监测技术主要依托分布式光纤温度传感系统(Distributed temperature sensor，DTS)进行井下数据的采集，该系统主要依托的原理为拉曼散射。油气井在开井生产之前，即关井时稳定的温度可以代表现阶段的地温梯度。由于焦耳-汤普逊效应、热对流、热传导、黏性耗散和热膨胀等多种微热效应，当开井生产后，热量将在储层、井筒及流体之间进行传递，从而导致井筒温度升高或降低。一般情况下，油井生产时井筒中流体的温度会比井筒周围一定范围内原始的储层温度高，主要是由于储层中不断有高温热液流向井筒，导致井筒温度升高，同理，在井口注入冷流体，流体在向储层中流动时需要从储层周围获得热量，从而导致井筒周围一定范围内温度的降低。

井中流体的温度求解是几个参数共同决定的函数，例如流体本身的固有热性质、岩石、井筒尺寸、流量以及自开始生产以来的时间。石油和天然气领域井筒温度预测最著名的初步研究之一可追溯到 1962 年，Ramey 等人的研究了井筒中注入流体的温度为深度和时间的数学模型，假设流体是在已知的速率和温度下注入井筒的，他们也并提供了几种情况的应用，比如冷水、热水注入以及空气注入等。然而 Ramey 等人的研究具有一定的局限性，该模型只适用于单相流体，忽略了摩擦力及井眼的尺寸。Hasan 和 Kabir 后来提出了多相流理论模型。Sagar 等人又提出多相流的简化模型，将井的尺寸考虑在内，假设动能和焦耳-汤姆逊效应的影响相对较小，也使用了相关性来进行模型的解释。Hasan 和 Kabir 后来的研究进一步完善了模型，提供了多个解决方案，采取对流，考虑了热传导和热交换等。

总之，水平井产出剖面解释模型建立的前提是必须通过油气藏渗流模型及热学模型，热学模型的建立还必须考虑焦耳-汤姆逊、热对流、热传导、黏性耗散和热膨胀等多种微热效应的影响，通过与井筒模型的耦合求解才能得出最终的水平井产出剖面。

3　井下光纤监测工艺设计

(1) 光缆下井工艺

针对试验井的情况，考虑到井筒出砂影响，本次试验创新提出“油管内+油管外”的光纤布设工艺，井筒管柱示意图见图 1，配套研发井口光缆密封装置(图 2)、正反扣井口快速接头(图 3)、光缆穿越油管旁通(图 4)、$2\frac{7}{8}$″EU 油管外光缆保护器(图 5)等井下工具。测试井管柱直井段采用 $2\frac{7}{8}$″EU 油管，水平井段采用 $2\frac{7}{8}$″EU 倒角油管。光缆下井设计造斜段至井底采用油管内光缆布设的方式，利用配重将光缆送入油管中，井口至造斜段采用油管外光缆布设的方式，利用接箍处捆绑保护的方式将光缆随油管送入生产套管内，井下水平段安装单点电子压力计实现测试过程中的压力测试。光缆穿越井口实现密封，地面端将光缆连接到地面采集中心进行数据采集。

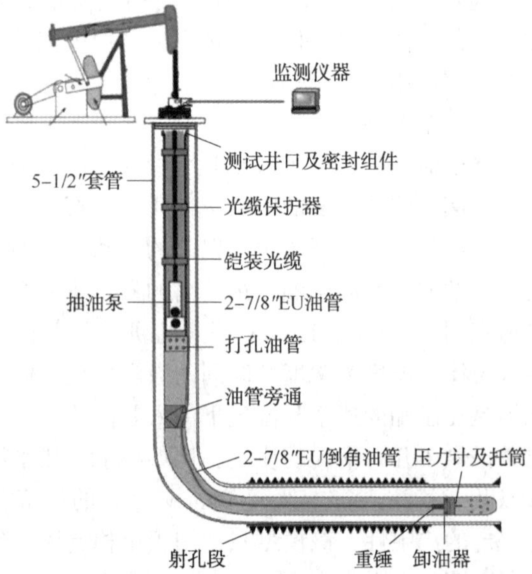

图 1　页岩油水平井分布式光纤测试管柱示意图

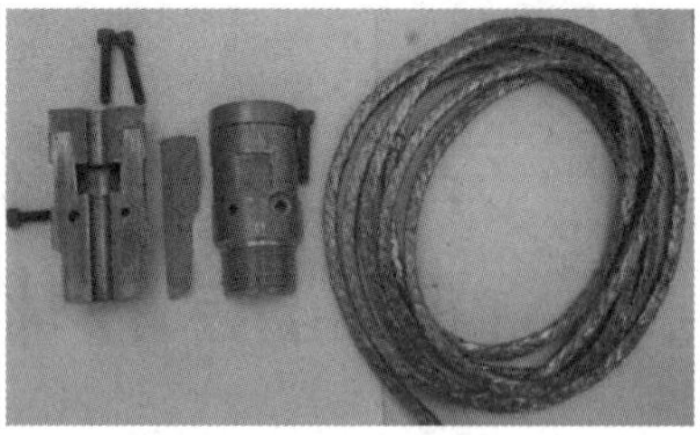

图 2　井口密封装置

图 3　$2\frac{7}{8}$″EU 油管外光缆保护器

图 4　光缆穿越油管旁通

图 5　$2\frac{7}{8}$″EU 油管外光缆保护器

(2) 监测仪器设备

应用高精度 DTS 采集井口至整个产层段的温度剖面，空间采样率 0.25m，时间采样间隔不大于 180s，仪器具体参数及性能见表 2。压力计选用高精度存储式电子压力计，设置采样速率为 60s，其他性能见表 3：

表 2　高性能 DTS 仪器性能指标

仪器性能指标	
测量光纤长度	≤8000m
测量温度范围	-40℃ - 200℃
空间采样距离	0.25m，定位精度 0.5m
温度重复性精度	+/- 0.1℃
记录时间间隔	5 秒 - 60 秒
温度分辨率	0.01℃(观测 2400s)

表 3　电子压力计性能指标

压力计性能指标	
最大压力	20000psi
传感器类型	石英
压力精度	±0.02%满量程
漂移量/年	<1psi
压力分辨率	<0.08%psi/秒
最大温度	200℃
温度精度	±0.15℃
温度分辨率	<0.01℃/秒
采样速率	1s~3600s
数据存储容量	50 万组，100 万组

4　现场试验情况

（1）试验井基本概况

试验井井深 3745m、水平段长 1378m、压裂段数 13 段 135 簇，光缆下井覆盖所有射孔段，采用油管内+油管外光缆布设工艺，完成测试井口光缆穿越及密封，整个数据采集过程井口密封良好，抽油机功图及光纤传输数据录取一切正常。

试验井于 2021 年 1 月投产，初期放喷生产，目前日产液 6.53m^3，日产油 3.4t，含水 47.9%。2023 年 5 月，结合该井钻井、试油情况，分析认为井筒出砂及近井地带堵塞影响产能发挥，采用分布式光纤测井技术为分段酸化提供指导依据，并对试验井水平段 2542-3677m 实施冲砂酸化作业。

（2）解释结果及酸化建议

分布式光纤测井反演产出剖面的主要原理是根据生产时温度与地温梯度进行对比分析，井筒在生产油气水的过程中对于井筒温度的影响，建立焦耳-汤姆逊井筒温度模型来得出，因此在开始收集该井的产出温度曲线时，需要测得关井温度曲线或者原始地温梯度，方便建立拟合标准。同时改变该井不同的生产制度（开井、3.5 冲次、5 冲次）来更准确的反应生产剖面温度的变化情况，基于以上步骤，通过 DTS 仪器获得以下温度数据曲线，如图 6 所示。

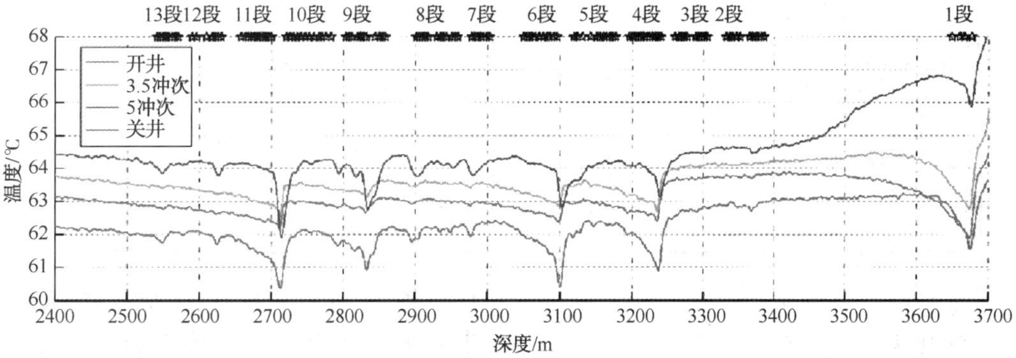

图 6　不同制度下的井段温度曲线

图 2 中四条曲线分别为关井、开井 5 小时、3.5 冲次稳定生产温度和 5 冲次稳定生产时的温度曲线，从标定的簇的深度和对应簇深度下的温度段来看，不同簇深度下的温度下降各不相同，由于该井在监测前期进行了地层补液作业，光纤下井后补入的低温液体进入井筒导致温度降低。因此在开井生产时温度变化较大，因此我们可定性的认为温度下降幅度最大的簇段，也就是第 1 段、第 4 段、第 6 段、第 11 段和第 9 段储层本身的压裂改造效果好，而其它的段改造效果一般，有很大的二次酸化增产的潜力。

根据我们所得到的井段温度，通过数据处理解释，对产层段产量反演，结果如下图所示，由图 7 中可以看出，第 1 段和第 4 段的产量最高，位于第一梯队，说明该段压裂改造效果最好，产量最高，基于酸化成本综合考虑可以不对这些层位进行酸化处理；第 6 段、第 9 段和第 11 段次之，位于第二梯队，压裂改造效果一般，可以考虑进行酸化；最后是产量最低，压裂效果最差的层位，分别是第 2 段、第 3 段、第 5 段、第 7 段、第 8 段、第 10 段、第 12 段和第 13 段，这些层位需要进行重点酸化。根据以上分析结果，优化了试验井的酸化建议，提出了储层精细酸化方案（见表 4），累计节省酸量 35m^3，有效降低了改造成本。

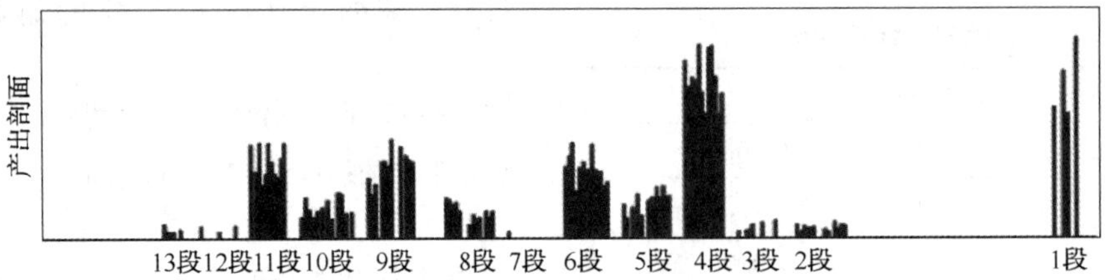

图 7　解释产出剖面图

表 4　试验井水平段酸化方案对比

层位	改造段数	射孔井段	原设计酸量/m^3	原酸化分段	优化后酸量/m^3	优化后酸化分段	排量/(m^3/min)
长 7	1	3649-3677	45	一			0.7-1.0
	2	3332-3386			20	一	
	3	3260-3305					
	4	3196-3240			10	二	
	5	3120-3176					
	6	3050-3096	35	二			
	7	2979-3026			20	三	
	8	2902-2959					
	9	2804-2859			10	四	
	10	2721-2783	35	三			
	11	2658-2700					
	12	2590-2638			20	五	
	13	2542-2570					
合计			115		80		

(3) 效果验证

试验井酸化措施前日产液 6.53m^3，日产油 3.4t，含水 47.9%。经分布式光纤测井并精细酸化措施，连续生产 9 日开始见油，生产 35 日后日产液 9.11m^3，日产油 4.95t，含水从 100%逐步下降至 45.29%，从当前数据分析，后续该井的产量将进一步提升(图 8)，本次酸化改造效果需要通过更长时间的数据进行分析。

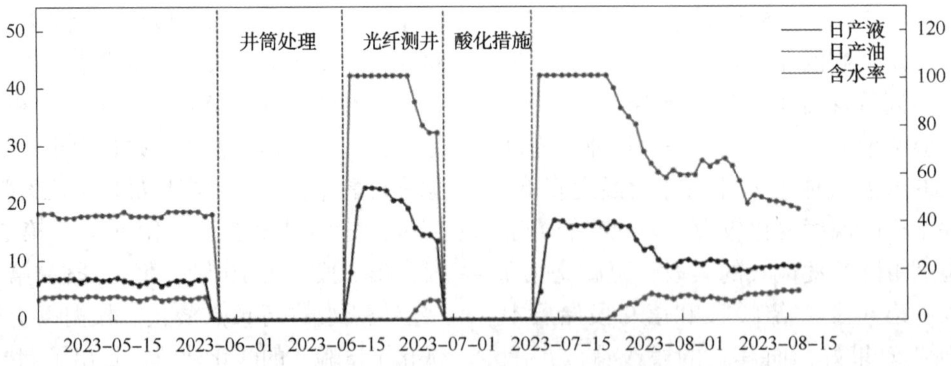

图 8　试验井酸化措施前后产出情况

4 结论

分布式光纤传感技术目前已成为油气领域压裂储层改造评价的重要手段，本文简要介绍分布式光纤 DTS 的监测原理，结合光纤传感技术在长庆油田水平井压裂酸化评价中的应用，得到了不同生产制度下试验井的 DTS 温度曲线特征。利用分布式光纤温度数据，反演出具体产层段的产量，评价压裂段的改造效果，提出了储层精细酸化的方案建议，节省了酸化成本，提高了油井产量。总体来说，DTS 虽然是现今前沿的科学研究，但其在水平井压裂酸化中监测应用较少，从本次现场试验情况来看，利用 DTS 指导储层二次改造效果优良，相关技术已经较为成熟，具备在压裂监测项目中规模化应用的条件，该手段能为储层改造效果进行可靠的评价，为油田下一步的决策提供建设性的建议和有力的指导。

参 考 文 献

[1] Danardatu H, Gregersen S, Alternet E, et al. 2014. Data acquisition and processing of carbon rod conveyed DTS and DAS in very long horizontal wells: First trial in north sea danish sector. In: SPE Annual Technical Conference and Exhibition. Amsterdam: Society of Petroleum Engineers.

[2] Long D A. 2002. The Raman effect: A unified treatment of the theory of Raman scattering by molecules. John Wiley & Sons, Chichester.

[3] 贾东方，于震虹. 2002. 非线性光学原理及应用. 北京：电子工业出版社.

[4] 张在宣，刘天夫. 1995. 激光拉曼型分布光纤温度传感器系统. 光学学报，(11)：1586.

[5] Long D A. 2002. The Raman effect: A unified treatment of the theory of Raman scattering by molecules. John Wiley & Sons, Chichester.

[6] Ramey, H. J.. 1962. Wellbore Heat Transmission, Paper SPE- 96, Journal of Petroleum Technology, 14 (4): 427-435. DOI: 10.2118/96-PA.

[7] Hasan, A. R., and Kabir C. S. 2002. Fluid Flow and Heat Transfer in Wellbores, Society of Petroleum Engineers. ISBN: 978-1- 5563-094-2.

[8] Sagar, R., Doty, D. R., and Schmidt, Z. 1991. Predicting Temperature Pro¿ les in a Flowing Well, Paper SPE - 19702, SPE Production Engineering, 6 (4). DOI: 10.2118/19702-PA.

第三篇　深层、超深层油气工程篇

近年来，我国深层钻探能力突破9000米，正在向万米进军，部分指标已经比肩北美，助力塔里木、四川、准噶尔等盆地超深井油气勘探获得突破。但超深层具有超高温、高压、高应力特征，导致地层可钻性差、易井斜、施工周期长等问题，制约油气发现进展与效益开发。本部分针对深层高温高压特点，依次介绍安全高效钻完井、提速增效钻井工艺等关键技术。

“三高”井关键井控装置性能实验评价

曹 阳 颜 磊 杨 军 方晓庆 潘其龙 张俊蓝 唐建平 罗 蠢 张霞玉

（中国石化西南石油工程有限公司）

摘 要 井控装置是防止和控制井喷的主要装置，防喷器和节流管汇是其最核心设备。解决三高井防喷器剪切能力不足、节流管汇抗冲蚀能力弱等问题至关重要。为此，在结合工况进行设计研究和优化改进，并进行多次实验论证。实验评价认为，①通过加装增力液缸和密封结构优化，能剪断 ϕ149.2mm×12.7mm S110 钻杆并实现密封；②节流阀优选圆柱型阀，并对下游优化，可提升节流管汇抗冲蚀能力。上述技术改进已在 30 余口三高井成功使用，可推广应用。

关键词 三高井；防喷器；增力液缸；节流阀；冲蚀；实验

西川盆地和西北工区是中国石化西南石油工程公司重点勘探开发区域，海相储层埋深介于 5000~7 000m，地层温度 140~160℃，地层压力 100~160MPa，H_2S 含量 5-8%左右，属于典型的“三高”(高含硫高压力高产量)气藏。随着国家能源需求加大，深地工程的开展，三高井数量倍增，但溢流、气侵事件也频发，据统计，近年西南、西北工区累计发生溢流，其中“三高”井 27 井次，井控风险呈加剧态势。井控装置是防止井喷，节流压井、处理事故的关键设备和最后一道屏障，其可靠性、操控性、稳定性决定了井控工作的成败，防喷器和节流管汇又是最核心设备。三高井地质条件更复杂，对钻井工艺和井控装置要求更高，现有装置已无法完全满足要求，近年产生了“防喷器剪切力不足，剪切后无法形成有效密封，节流管汇抗冲蚀能力低”等问题。通过数值模拟，井控车间剪切和钻井现场模拟冲蚀实验，采取加装增力液缸，设计全封—剪切一体闸板密封型式和结构，优选节流阀，优化短节端口形状和射入角等技术和措施，提升了井控装置在剪切力，密封性和抗冲蚀等方面能力，确保了三高气井井控安全。

1 存在问题

1.1 防喷器能力不足

1.1.1 剪切能力不足

目前国内外钻井所使用的防喷器均按 GB/T 20174—2019《石油天然气钻采设备 钻通设备》和 API 16A—2018《钻通设备规范》两个标准制造，以上两个标准在对防喷器的剪切性能等方面的要求完全相同，GB/T 20174—2019 标准中 5.7.2.2.3 条款对防喷器剪切能力的要求为，小于等于 346mm 尺寸的防喷器需剪断 ϕ127.0mm×9.19mm G105 钢级钻杆，大于 346mm 尺寸的防喷器需剪断 ϕ139.7mm×10.54mm S135 钢级钻杆（表 1）。

表 1 剪切闸板管柱实验要求表

防喷器尺寸/mm	剪切管柱尺寸(最大)		钢级
	直径/mm	壁厚/mm	
179	88.9	9.35	E-75
228	88.9	9.35	G-105
279	127.0	9.19	E-75
346	127.0	9.19	G-105
≥425	139.7	10.54	S-135

注：摘自 GB/T 20174—2019 中表 23 剪切管柱要求。

随着钻探的井越来越深，部分三高井已使用更高规格钻杆，如西南地区 GD1 井所用钻杆为 ϕ149.2mm×12.7mm S110，尺寸、壁厚、钢级等各项指标均远高于标准要求，按现役标准制造的防喷器在额定液控压力 21MPa。

表 2　SK 剪切钻杆液控压力参数表

钻杆参数			剪切液控油压/MPa	剪切液缸直径/mm
钢级	尺寸/mm	壁厚/mm		
G-105	127.0	9.19	14.2~19.8	355
		12.70	19.0~26.5	355
	139.7	9.17	15.7~21.9	355
		10.54	17.8~24.9	355
S135	127.0	9.19	17.4~24.9	355
		12.70	23.2~33.4	355
	139.7	9.17	19.1~27.6	355
		10.54	21.8~31.4	355
	149.2	8.63	23.0~31.0	355

注：厂家实验和理论计算值。

笔者采用 2FZ35－105 防喷器分别对 ϕ139.7mm×10.54mm G105 和 S135 两种钢级钻杆进行了实验，在额定液控压力 21MPa 下无法剪断 G105 钢级钻杆(图 1)，为了取得实际剪切液控压力，故采用超额定压力方式进行实验，压力提升至 23.8MPa 钻杆才被剪断(图 2)，S135 钢级钻杆压力提升至 27MPa 才被剪断。

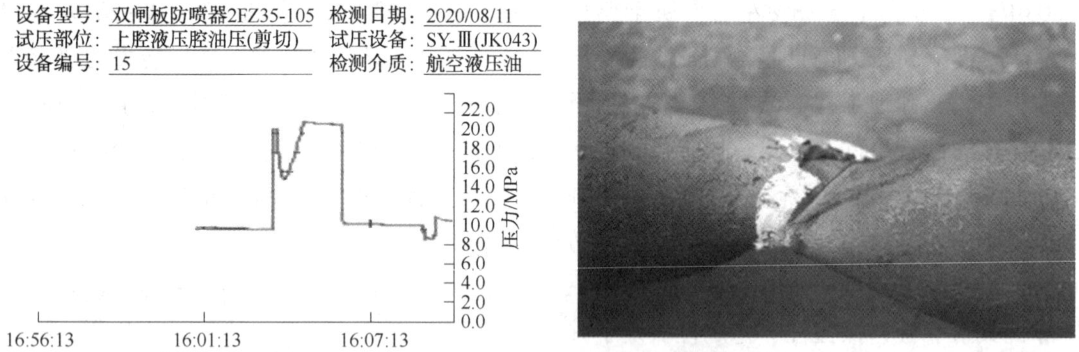

图 1　21MPa 未剪断钻杆液控压力曲线及钻杆照片

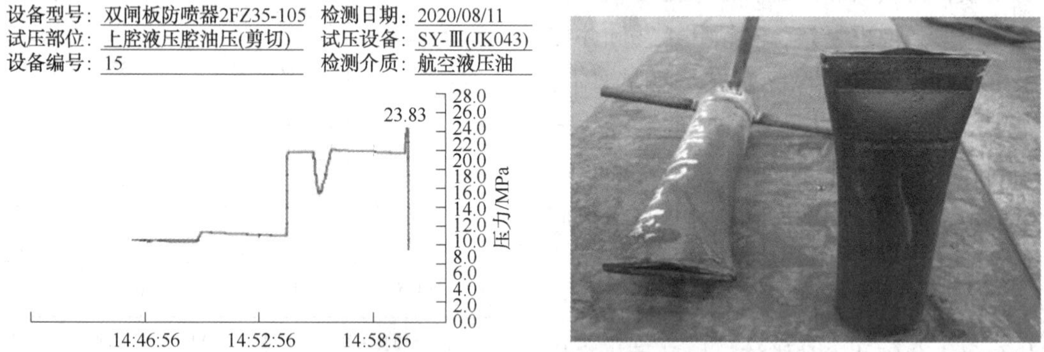

图 2　23.8MPa 剪断钻杆液控压力曲线及钻杆照片

1.1.2　全封—剪切闸板形成有效密封困难

目前常用全封—剪切一体闸板密封条位于上闸板底面，在剪切钻杆后形成密封是靠上下面紧贴的方式完成(图 3)。

剪切钻杆过程中，钻杆顶部不仅会形成锋利的刀口，钻杆碎屑也会附着在闸板体上，同时由于地层出砂、垮塌等原因也会导致钻杆无法掉入井内，钻杆顶部和密封条基本处于一个平面，当上下闸板关闭重叠时密封条会被划伤导致失效(图 4)，2020 年西北安装的全封—剪切一体闸板对井内钻杆实施剪切作业，完全关闭后无法形成有效密封，分析认为钻杆可能未掉入井内，关闭过程中闸板密封条被钻杆顶部划伤，密封失效，导致井喷失控。

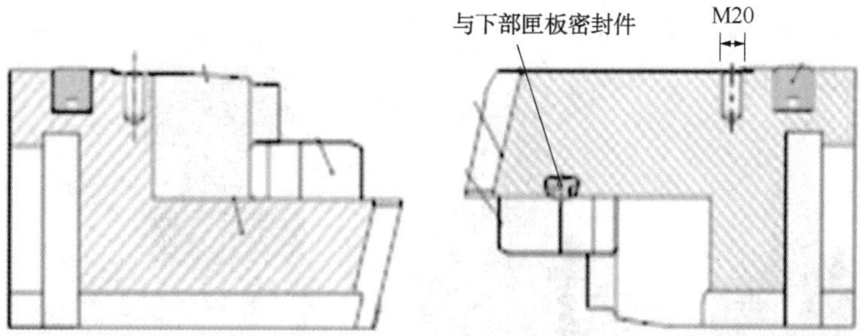

图3　常规闸板密封型式图

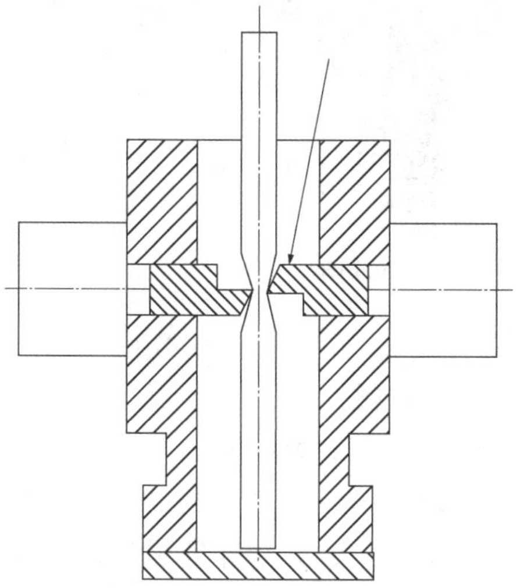

图4　未掉入井钻杆顶部划伤密封条示意图

1.2　节流管汇抗冲蚀能力低

节流管汇是实施节流压井工作最重要的井控设备，节流阀是节流管汇中最核心装置，在井喷事故发生后，需要利用其对井内流体进行长时间节流和压力控制，要求有较强的抗冲蚀能力，但在近年发生的SN5井、GS-X井、SY-Y井等井喷事故中，节流阀被冲蚀严重(图5)，致使部分井控工艺无法展开，导致事故复杂化。

为了评价三相流体下常用节流阀的抗冲蚀性能，设计了以下冲蚀实验方案，采取远程控制阀开启度调整实验压力和流体流速，氮气注入压力略高于实验压力来保证气体有效混入形成三相流体的实验思路，闭环模拟了不同流速、不同压力条件下的井喷对楔型、筒型、孔板型等3种节流阀(图6)的冲蚀情况。

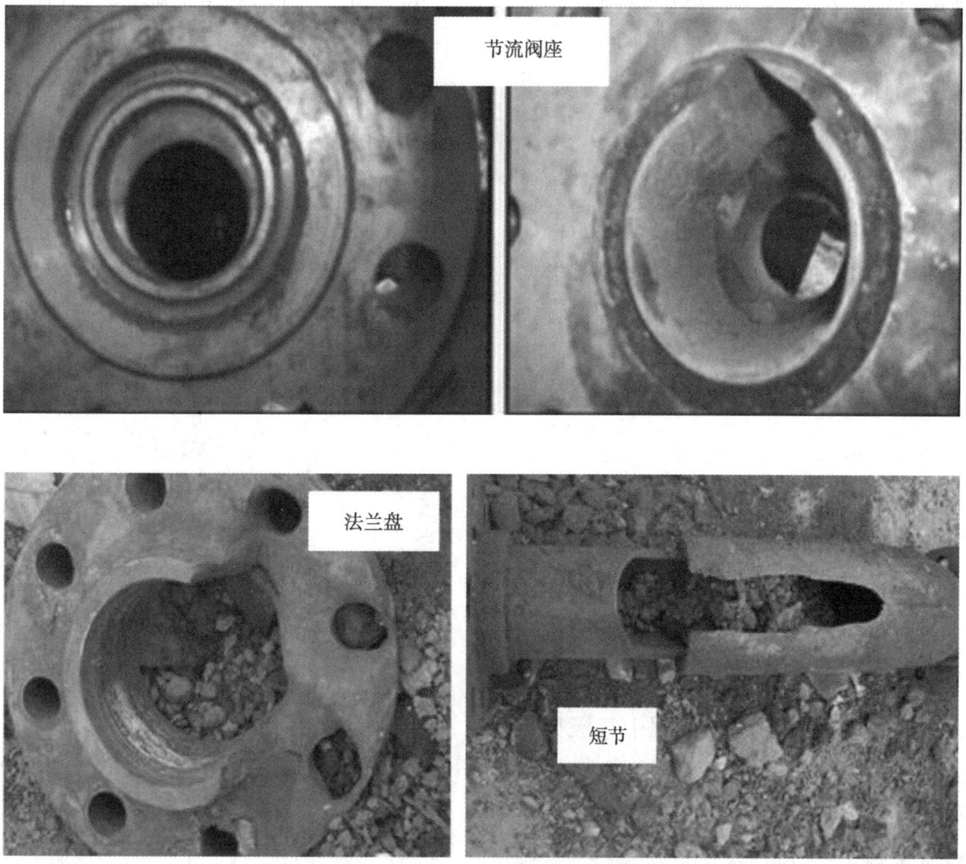

图5　刺蚀的节流管汇部件照片

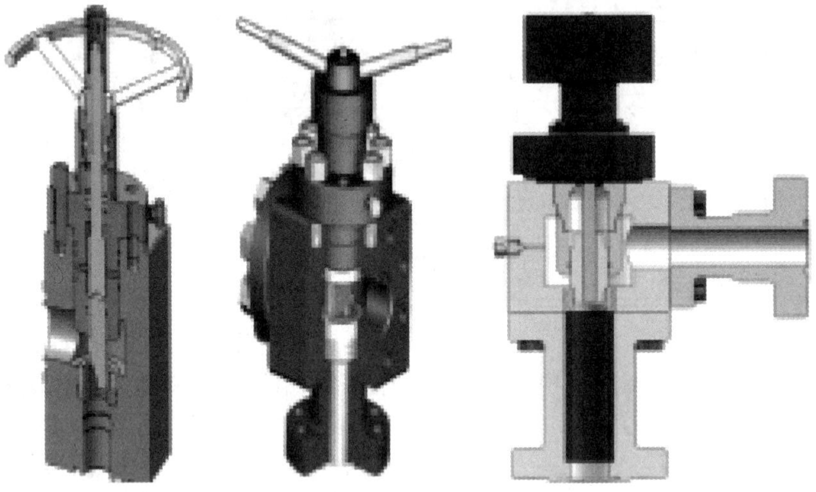

(a)楔型　　(b)孔板型　　(c)圆柱型

图 6　常用节流阀图

(1) 试验流程

泥浆泵、泥浆罐、节流管汇、制氮车、泥气分离器串联在一起，泥浆泵从泥浆罐中吸入实验用钻井液，钻井液加压后输送至节流管汇，同时制氮车把氮气注入管汇，在管汇内形成三相流体，操控节流阀对流体节流，模拟井喷时三相流体对节流阀进行冲蚀，流经节流阀的三相流体汇聚在泥气分离器内进行分离、脱气，然后回收至泥浆罐，形成循环直至实验结束。

(2) 泵入压力

节流阀在处理井喷过程中主要是为了控制环空压力，达到保护套管或增加井底回压目的，后续压井前放喷一般依据环空压力进行控制，参考高压气井(ST 井、HF203H 井)在压井放喷时的环空压力控制范围(30~35MPa)，所以实验压力设计为 40MPa。

(3) 试验泥浆密度

选取中国石化西南石油工程有限公司主要作业区块川东北及川西深层气藏为例，采用这两区块常用钻井钻井液密度(1.85g/cm^3)进行实验。

(4) 气液比例

气井在钻井过程中更易发生井喷事故，因此设计三相流体进行实验，但井喷过程中气液比例是个变量，无法计算，通过查阅资料，参考以往井喷事故经验，考虑目前设备能力，所以实验过程中采用制氮车混入 2.2m^3/min 的氮气。

(5) 试验过程

1) 圆柱型节流阀

圆柱型节流阀先处于全开状态，缓慢起泵，待泵冲达到 110 次/分，排量 22.3L/s，逐渐关闭圆柱型节流阀，在阀芯行程仅剩 4mm 情况下，泵压升至 35MPa，后混入氮气，氮气排量 2.2m^3/min，制氮车压力略高于泵压。实验过程中为了获得高压，阀开启度小，期间多次出现憋压和超压现象，泵压最高瞬时至 44MPa，造成多次紧急停泵，为保证实验安全，调整泵冲介于 60~80 次/分，排量 16.2L/s，阀芯开启至 7mm，冲蚀实验泵压介于 20~35MPa，如图 7 所示，实验时长总计 490min。图中压力曲线突然下降是因为检修泵导致。

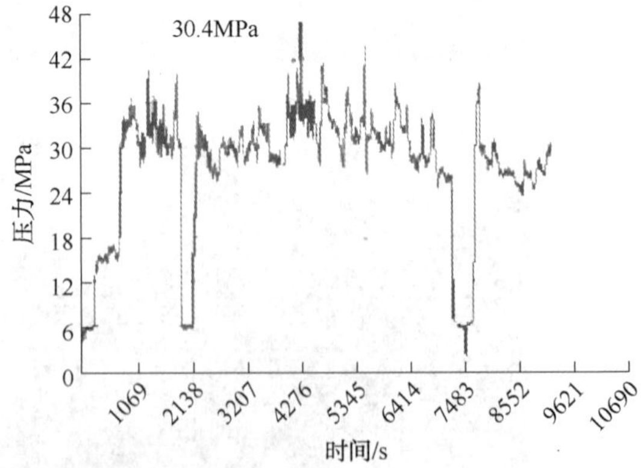

图 7　圆柱型节流阀实验压力曲线图

2) 楔型节流阀

楔型节流阀先处于全开状态，缓慢起泵，待

泵冲达到 110 次/分，排量 22.3L/s，逐渐关闭阀，该阀阀芯和阀座间隙较大，在阀芯关闭至仅剩 3mm 情况下，无法实现小过流面积节流，泵压仅能在 12~17MPa 范围内调节，后混入氮气，氮气排量 2.2m³/min，制氮车压力略高于泵压，冲蚀实验时长总计 486min，如图 8 所示。图中压力曲线突然下降是因为检修泵导致。

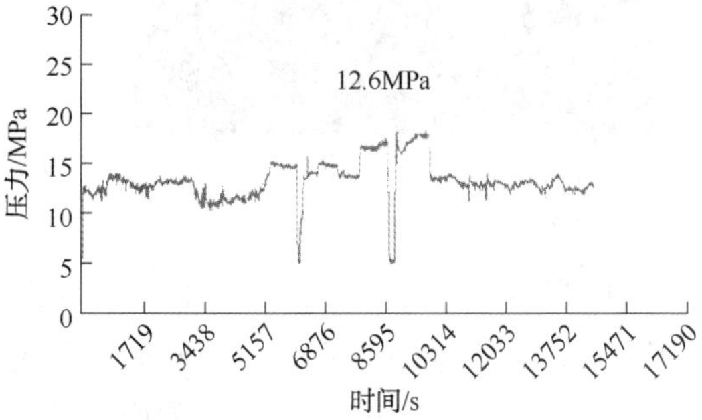

图 8　楔型节流阀实验压力曲线图

3）孔板型节流阀

孔板型节流阀先处于全开状态，缓慢起泵，待泵冲达到 110 次/分，排量 22.3L/s，逐渐关闭孔板型节流阀，当阀开度约 1/8 时，实验泵压介于 14~23MPa，如图 9 所示。考虑到该阀有截止功能，为了避免出现圆柱型阀实验中超压现象，因此控制实验压力在该范围内，后混入氮气，氮气排量 2.2m³/min，制氮车压力略高于泵压，冲蚀实验时长总计 315min。实验中后期泵压多次从高压瞬时跌落至 4MPa，开关活动阀后又升至原压力，最后一次压力从 14MPa 跌落至 4MPa，认为该阀冲蚀受损导致，停止实验。

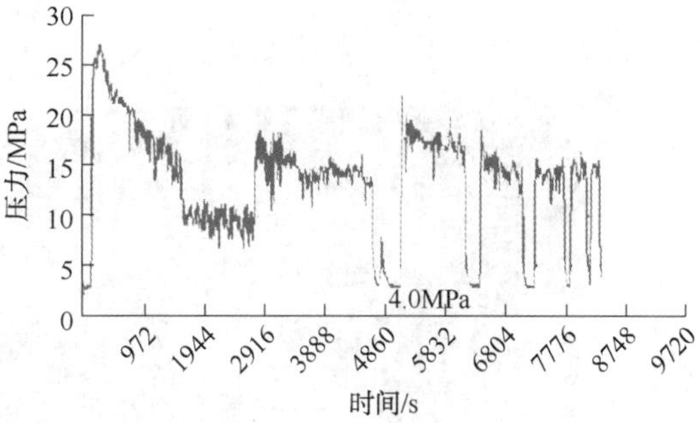

图 9　孔板型节流阀实验压力曲线图

（6）实验评价

实验结束后分别对 3 种阀进行了拆卸、检查和测量，圆柱型节流阀未被冲蚀，楔型节流阀阀芯有轻微冲蚀，下游短节冲蚀较严重，孔板型节流阀阀芯后端和下游短节冲蚀严重。

1）圆柱型节流阀

圆柱型节流阀阀芯 ϕ50.4mm 无变化，节流处有一环状冲蚀印记，宽 2.6mm(图 10-a)，阀座无蚀痕(图 10-b)，下游短节也无冲蚀痕迹，分析认为阀芯和阀座采用高强度材料制成，强度高，阀芯设计为圆柱型流体冲击到阀芯后可形成了紊流，同时下游短节前端采用呐叭口形式，优化了抗冲蚀角度，对流体进行引导修正，减弱了流体对下游的冲蚀，这在实验中得到了验证。实验期间出现超压，主要是阀芯和阀座间隙较小，钻井液中的固体颗粒和杂质在通过时憋压所致。

(a)阀芯　　(b)阀座

图 10　圆柱型节流阀阀芯及阀座实验后照片

2）楔型节流阀

楔型节流阀阀芯大端侧面处有一处轻微蚀痕，深度约 1mm(图 11-a)，阀座无明显蚀痕，下游短节有一处 4×10mm 月牙状蚀痕(图 11-b)。分析认为阀芯虽然采用高强度材质但硬度不够高，所以出现蚀痕，由于阀芯设计成楔形结构，流体流过后不会形成紊流，反而会形成单侧高速流体，这是造成下游短节单边被刺蚀的主要原因，这在实验中得到了验证。

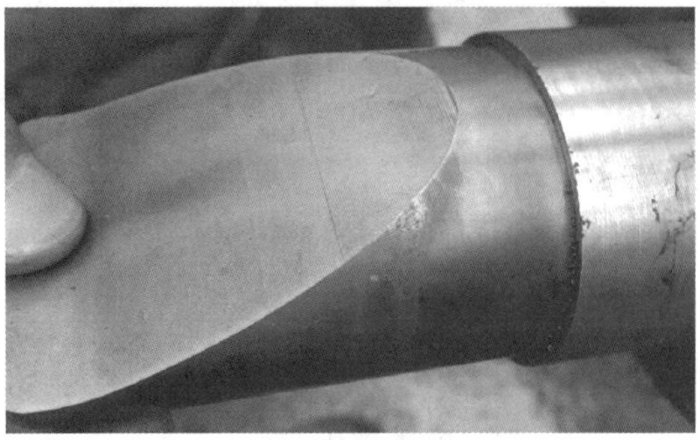
(a)阀芯

(b)短节

图 11　楔型节流阀阀芯及下游短节冲蚀照片

3）孔板型节流阀

阀芯表面无冲蚀痕迹，但阀芯后端被严重冲蚀，蚀痕最深 5mm（图 11-a），下游短节与阀连接处有蚀痕，蚀痕深 1mm，宽 10mm（图 11-b）。分析认为，阀芯与阀芯之间主要靠组装时的预紧力形成密封，但在节流时高压流体会产生向上推力，使阀杆被推起，导致预紧力下降，两阀芯间出现间隙，流体经阀芯间隙流入阀芯后端造成冲蚀。下游短节被冲蚀是因为节流孔采用不对称结构，流体经阀芯节流后，分流不均匀，流动偏向一侧，且流速较高导致。

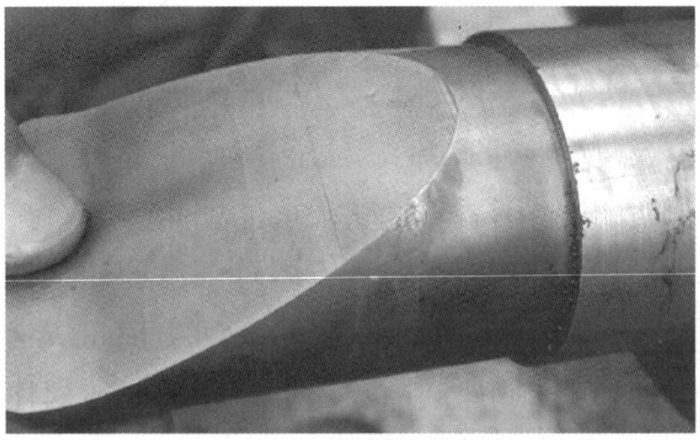
(a)阀芯

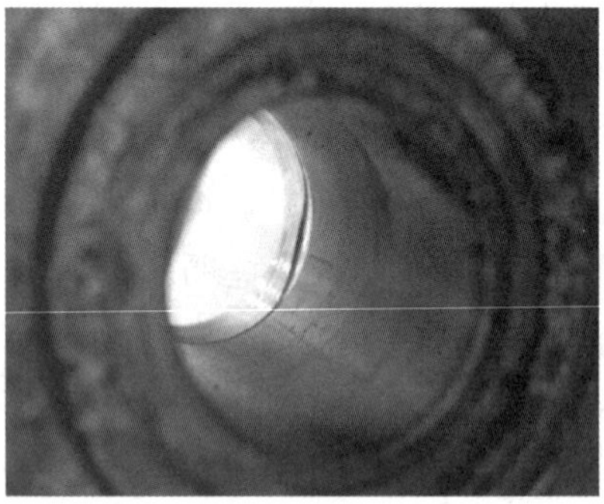
(b)短节

图 11　孔板型节流阀阀芯后端及下游短节冲蚀照片

表 3　节流阀实验后的对比参数表

节流阀类型	抗冲蚀时间/min	有无冲蚀	短节结构	节流范围
圆柱	490	无	需改进	宽
楔型	486	有	需改进	窄
孔板	315	严重	需改进	宽

2　井控装置能力提升对策

对井控装置结构进行改进和优化，提升其性能是解决上述问题最可行的途径，通过“防喷器增力液缸助推技术”“闸板密封结构优化设计技术”“节流阀抗冲蚀能力优化技术”等课题的实验和研究，对井控装置系统的控制能力全面提升。

2.1　防喷器增力液缸助推技术

根据实验结果表明，要想剪断大尺寸、高规格钻杆，必须提高液控压力，即增大关闭比，采用防喷器增力液缸助推力技术，可快捷、高效的增加关闭比。该技术原理就是在原有液缸基础上，串联一个液缸，以获取更高助推力（图 12）。

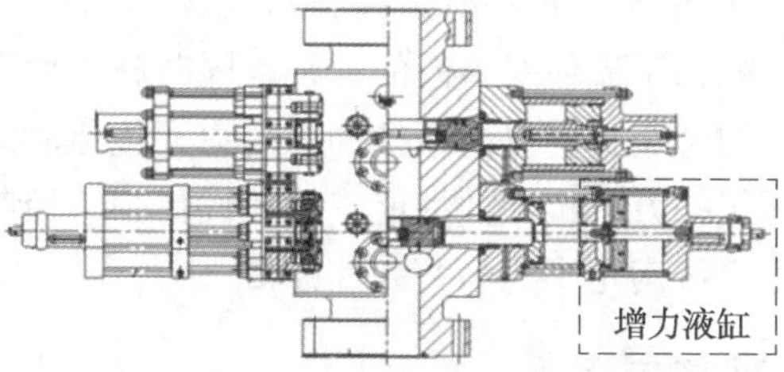

图 12　防喷器加装增力液缸示意图

液缸的尺寸根据防喷器本体、侧门、闸板轴等的强度，结合剪切钻杆型号、井内压力等因素进行设计和校准，原则是设备改造后功能、强度、安全均要满足 GB/T 20174—2019 标准要求。改造后的防喷器采用 17MPa 液控压力，在套压(井压) 70MPa 情况下，能剪断 ϕ149. 2mm × 12. 7mm S110 钻杆(图 13)。

图 13　ϕ149. 2mm×12. 7mm S110 钻杆被剪断图

2. 2　全封—剪切闸板密封端优化设计

闸板剪切后要形成有效密封，必须保证胶条的完整性，把闸板原有的上下面紧贴接触密封型式重新设计为前端密封型式，避免划伤密封条，并增加 20% 胶条储胶量，同时下闸板底面由平面结构优化为斜面结构，可利用斜面把未掉入井的钻杆顶部挤压变形，使其高度降低(图 14)，避免顶部卡闸板。

改进后的全封—剪切闸板在井控车间模拟进行了钻杆不落井剪切—密封实验，钻杆被剪断后，未掉入井顶部和闸板平齐，钻杆顶端先被下斜面挤压弯曲，使上下闸板顺利合拢，然后下闸板前端和密封胶条接触，形成了有效密封，试压 105MPa，试压合格(图 15)。

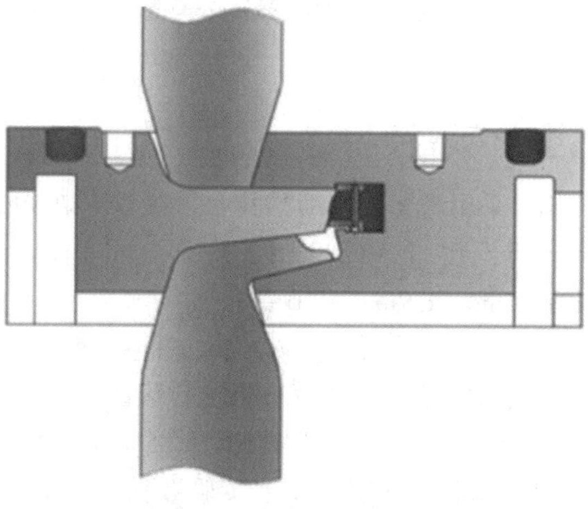

图 14　前端密封、斜面挤压管柱示意图

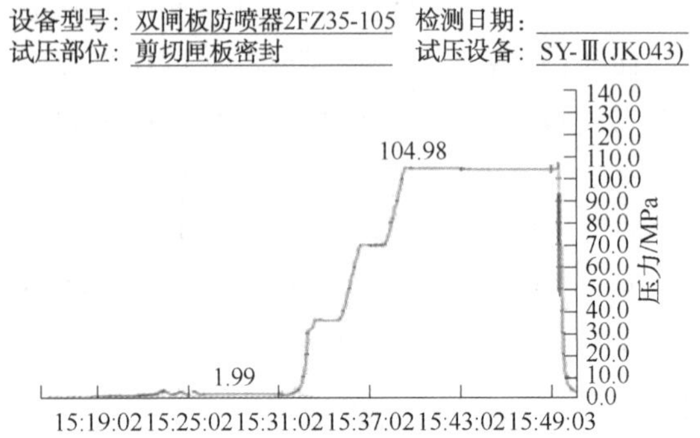

图 15　剪切后密封实验示意图

2.3　节流阀抗冲蚀能力优化技术

根据实验结果对现有节流管汇进行改造，考虑到节流阀不仅要抗冲蚀，还要求其具有较宽的控压范围，以及良好的线性关系，节流管汇在正常放喷作业中一般优先开启 $J_{1\#}$阀，若失效其次开启 $J_{4\#}$阀，所以 $J_{1\#}$阀、$J_{4\#}$阀采用圆柱型节流阀，下游配套抗冲蚀短节，根据实验中出现节流后流体易形成单边冲蚀的情况，对配套的抗冲蚀短节结构进行优化改进，短节前端采用喇叭口形式，并优化了抗冲蚀角度，对流体进行引导修正，减弱了流体对下游的冲蚀，同时材质优选高强度的合金材料提高了抗冲蚀能力，优化后的管汇不仅提升了抗冲蚀性能，操控性更强、控制范围更广，满足了三高井井控需要。

3　现场应用

设备改造后采用 2FZ35-105 防喷器进行了剪切、密封、可靠性等实验，使用 17MPa 液控压力，在套压 70MPa 情况下，剪断了 ϕ149.2mm×12.7mm S110 钻杆，并有效密封 105MPa 压力。节流管汇成功处理了川东北 M6 井溢流事件，钻井液密度 2.11g/cm^3，排量介于 11～12L/s，控压介于 6～7MPa，持续控压节流放喷约 12h，对节流阀进行检查，发现节流阀未受任何损伤(图 16)。截目前改造的 30 余台套井控设备，应用在川渝和新疆地区的 30 余口三高井钻井现场，目前设备运行正常，满足了钻井井控的需要，同时未发现改造后产生的次生隐患。

图 16　放喷点火及处理溢流后的阀芯照片

4　结论与建议

1）采用增力液缸助推技术，在套压 70MPa 情况下，用 18MPa 液控压力，可剪断了 ϕ149.2mm×12.7mm S110 钻杆。

2）全封—剪切一体化闸板上下密封改为前端密封，并采用斜面技术，既能对落鱼修整又能确保密封可靠性，剪切后能封住 105MPa 压力。

3）基于现场模拟冲蚀实验数据，管汇 $J_{1\#}$阀、$J_{4\#}$阀优选圆柱型阀，对后端短节进行形状和抗冲蚀角度优化，提升了抗冲蚀能力，操控性更强、控制范围更广。

4）目前井控设备方面的标准较钻井技术、井控工艺发展存在一定的滞后性，应加快标准的更新和研究。

参考文献

[1] 伍贤柱，胡旭光，韩烈祥，等．井控技术研究进展与展望[J]．天然气工业，2022，42(2)：133-142.
[2] 曹阳，方晓庆，张俊蓝，等．钻井用节流阀抗冲蚀

性能的实验评价[J]. 天然气工业，2020，40(5)：89-93.
[3] 张锐尧，李军，柳贡慧，等. 基于 AMESim 的节流阀自动控制系统[J]. 石油机械，2021，49(4)：35-43.
[4] 周俊泽，练章华，王裕海，等. 节流阀阀芯失效分析及其结构改进[J]. 石油机械，2019，47(12)：131-138.
[5] 李安保. 针式节流阀结构改进[J]. 阀门，2016(6)：41-42.
[6] 陈绍伟，万夫，刘炯，等. 闸板防喷器技术进展研究[J]. 重庆科技学院学报(自然科学版)，2008，10(4)：49-51.
[7] 朱海燕，刘清友，肖晓华，等. 闸板防喷器液压锁紧装置现状及发展研究[J]. 石油钻探技术，2008，36(4)：83-86.
[8] 涂亚东，徐小兵，殷华锋，等. 高压管汇冲蚀磨损规律研究[J]. 石油机械，2018，46(2)：84-88.
[9] 宋保健，明鑫，孙凯，等. 楔形节流阀冲蚀磨损规律研究[J]. 石油矿场机械，2018，47(4)：30-34.
[10] 张祥来. 固定节流阀特性研究[J]. 天然气工业，2007，27(5)：63-65.
[11] 肖力彤，宋振华，杨登树，等. 特大型钻井单闸板防喷器的研制[J]. 石油机械，2006，34(7)：38-39.
[12] 王志远，赵胜英，赵利，等. 防喷器领域的最新进展[J]. 石油机械，2005，33(3)：71-72.
[13] 杨永宁，赵荣军，孟宪宁，等. 液压防喷器剪切闸板的设计[J]. 石油矿场机械，2002，31(5)：31-33.
[14] 李悦钦，李友，战晓溪，等. 高压节流阀冲蚀机理研究[J]. 石油和化工设备，2010，13(4)：31-33.
[15] 贾林，艾志久，王彪，等. 节流阀阀芯振动失效分析及结构改进[J]. 石油矿场机械，2013，42(4)：29-32.
[16] 王予东. 楔形节流阀优化结构的可行性[J]. 油气田地面工程，2012，31(12)：43-44.
[17] 倪威，蔚海文，刘洋，等. 几种节流阀受力状况的定性分析及其优选[J]. 机械研究与应用，2011，24(6)：63-66.
[18] 熊海斌，王向旗，刘新平. 针式节流阀的整体式阀杆加工工艺改进[J]. 石油机械，2007，35(3)：67-68.
[19] 王志敏，刘飞，廖刚. 一种高抗冲蚀节流阀性能特点及现场应用[J]. 钻采工艺，2017，40(5)：111-114.
[20] 王国荣，王德贵，刘清友，等. 一种井控节流阀防刺短节的特性分析[J]. 石油机械，2011，39(11)：10-12.

175MPa 地面测试关键装置的研制与应用

王爱华　牛占山　米红学　宋志同　孙明龙　鲁斌昌

（中国石油集团西部钻探工程有限公司试油公司）

摘　要　地面测试是获取油气藏数据的关键环节。近年来，随着西部各油田超深井部署井数的成倍增加，给地面测试带来了新的挑战。塔里木油田富东 1 井、新疆油田天湾 1 井预测关井压力均已超过 140MPa，现有 140MPa 测试装备已无法满足油田超高压现场作业需求。本文围绕此核心卡点，攻关研制了 175MPa 超高压地面测试关键装备，主要包括：法兰管线、多功能测试管汇、旋流除砂器、地面安全阀等，并形成一套超高压井地面测试工艺，在塔里木油田富东 2 井开展了现场试验应用。现场水密/气密试压 150MPa 合格，测试期间最高井口流动压力 121.06MPa，气产量 $45\times10^4m^3$，装备运行平稳，满足了超高压条件下的除砂、放喷排液、测试求产等多工况作业需求。该测试装备的成功应用，填补了国内外超 140MPa 地面测试装备及技术的空白，为深层油气藏开采提供了技术支撑。

关键词　地面测试；超高压；多功能测试管汇；旋流除砂器

地面测试技术是获取油气藏数据的关键环节。通过建立一套临时生产流程，对流体进行控制、处理、分离、计量等作业，确定油气藏流体性质、井口压力、温度、产量及物性等参数。地面测试高压区主要设备有：地面安全阀、除砂器、油嘴管汇、排污管汇、高压法兰管线、数据头等。

经过几十年的发展，国内地面测试技术经历了引进、自主研发两个阶段，通过不断完善，形成了多套地面测试工艺，具备井口压力 120MPa 下的地面测试作业能力。技术成果支撑了塔里木库车山前、准噶尔南缘、柴达木英西等区域的油气勘探开发，取得了良好的经济与社会效益。近年来，随着中秋 1、呼探 1、昆 2 等一批超高压深井取得重大突破，坚定了西部三大主力油气田向深层-超深层勘探开发迈进的信心，超深井部署井数成倍增加，给地面测试带来了新的挑战与机遇。塔里木油田富东 1 井、新疆油田天湾 1 井预测关井压力均已超过 140MPa，现有测试装备已无法满足油田特高压现场作业需求，亟需进行 175MPa 超高压地面测试关键技术的攻关，为超高压油气井试油、开采提供技术保障。

本研究在现有 140MPa 测试装备的基础上，通过开展阀体强度有限元分析、CFD 模拟冲蚀、材质优选、结构优化、试验检测方法等研究，全面提升了测试关键装备的承压性能及耐冲蚀能力，填补了国内外超 140MPa 地面测试装备及技术的空白。

1　软件模拟分析

1.1　阀体强度有限元分析

利用 ANSYS 有限元分析软件，对阀体采用对称模型+网格划分设计，在内压 262.5MPa 下进行阀体强度有限元分析计算，对零件应力沿路径进行线性化，计算得出零件的一次薄膜应力，一次弯曲应力，二次应力和峰值应力，最后根据 ASME 响应的判定准则进行校核。计算结果：最大变形处发生在内腔，最大变形量为 0.23mm；210MPa 下闸阀强度满足要求（图 1）。

1.2　CFD 模拟冲蚀分析

根据节流阀的工作结构和工作原理，建立 CFD-DEM 耦合模型，对实际模型进行简化，选取其中的关键部位，建立节流阀的内部流场模型，结合流体中所携固相颗粒的颗粒性质，建立流体中离散相的冲蚀理论模型，根据不同阀门在不同位置的冲蚀云图和冲蚀原因，为阀门优化设计提供指导，确定了优化的原则：①通过流体相互撞击，消耗能量；②增大通道，降低流速；③增加易冲蚀部位的材料硬度及耐腐蚀性能（图 2）。

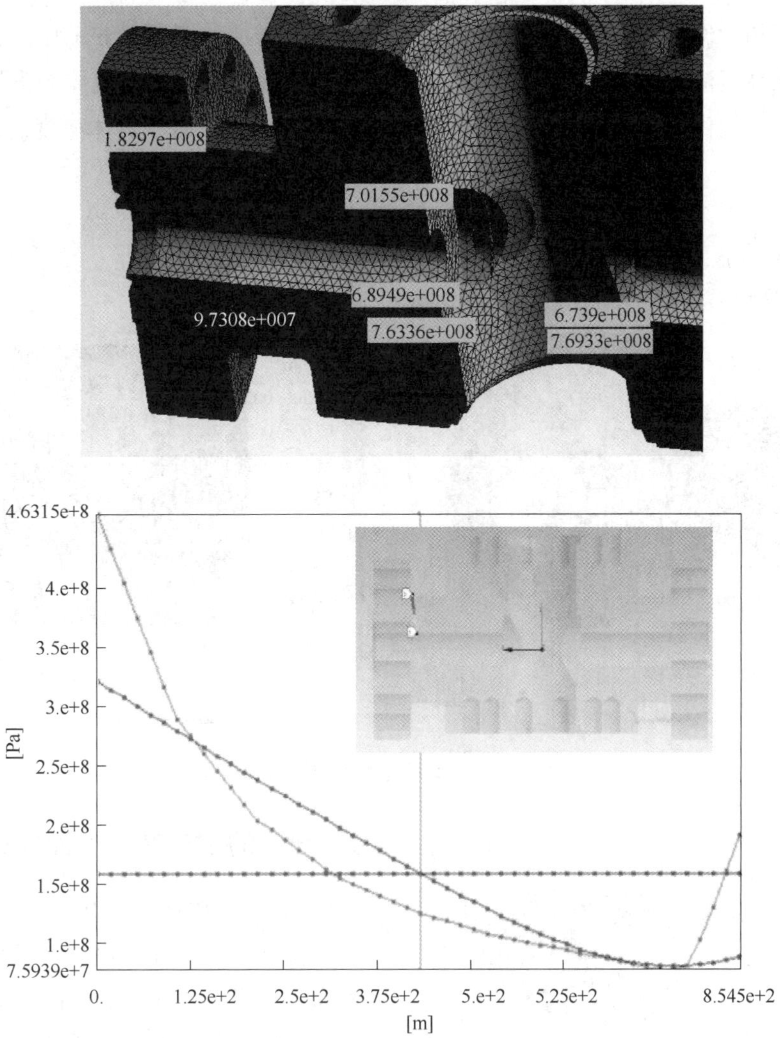

图 1　内腔各高应力点分布及路径线性化曲线

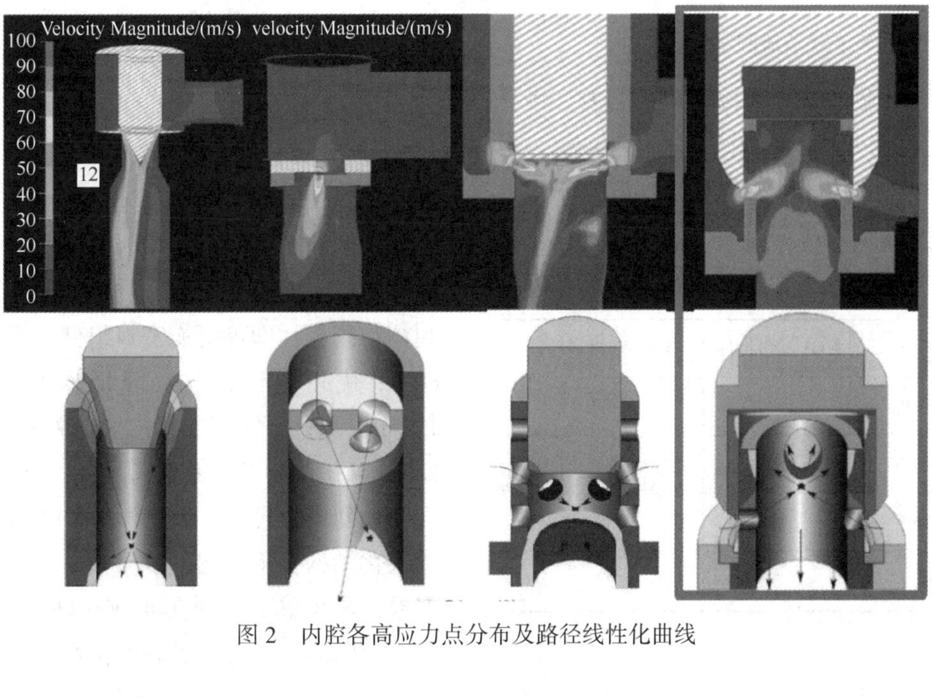

图 2　内腔各高应力点分布及路径线性化曲线

1.3　结构优化

以笼套式节流阀为例：①调整笼套式节流阀的布孔位置，确保高压流体有效撞击，消耗流体的自身能量，通过结构优化，模拟仿真分析，整体能量消耗至少为25%。

②增加节流部件非工作区长度2cm，有效保护阀座表面来自高压流体的直接冲蚀；增加环空面积20%，以减小流体速度(图3，4)。

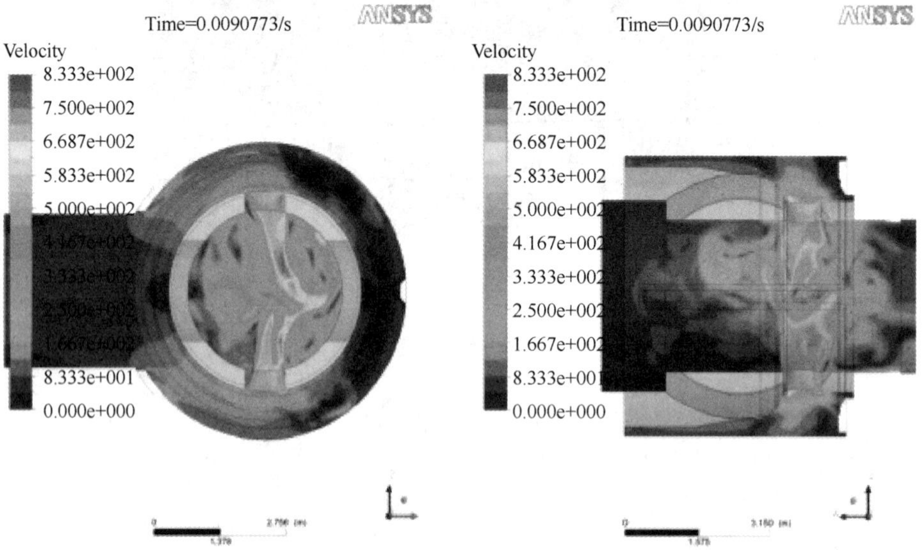

图3　笼套式节流阀流体碰撞数值模拟

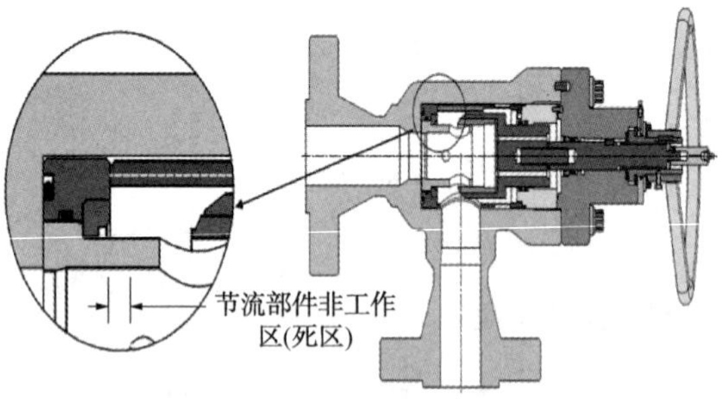

图4　笼套式节流阀结构示意图

③ 提升节流阀部件材料耐冲蚀能力，将易冲蚀部件的材料提升为碳化钨材质(YG8)，由钴、镍和铬等合金组成，硬度89以上，极大提升抗冲蚀能力。

表1　碳化钨与常规材料的性能对比表

	YG8材料性能	35CrMo材料性能
抗拉强度/MPa	1500	930
屈服强度/MPa	1500	785
硬度/HRA	89	61
冲击韧性值/(J/cm^2)	3	8

2　研制的175MPa地面测试关键装置特点

2.1　法兰管线的主要特点

按ASME VIII.3设计，承载能力强，抗疲劳寿命强，试验承压可达218MPa；参照API6A标准法兰栓接设计规范，采用8孔法兰连接，大通径(78mm)的同时降低了法兰尺寸；螺栓材料采用API Spec 20F规范，并进行低温夏比“V”型缺口冲击性能试验，每组试样最小平均冲击功27J，确保连接强度可靠(图5)。

2.2　地面安全阀主要特点

创新顶部连接结构设计，解决了弹力机构安装复杂的问题，实现了单人快速安装，组装时效提高50%；创新三段式连接结构，实现不拆卸阀体与阀盖，即可更换密封组件，维保时效提高80%；优化内部结构，降低阀件间阻力，在175MPa条件下实现5秒内快速关井(图6)。

2.3　旋流除砂器主要特点

创新设计理念，采用“单体+管汇外置”撬装模块化结构，不改变除砂器主体结构，保障除砂效果；单体重量控制在42吨以内，解决了道路运输超限问题，提高吊装安全性(图7)；

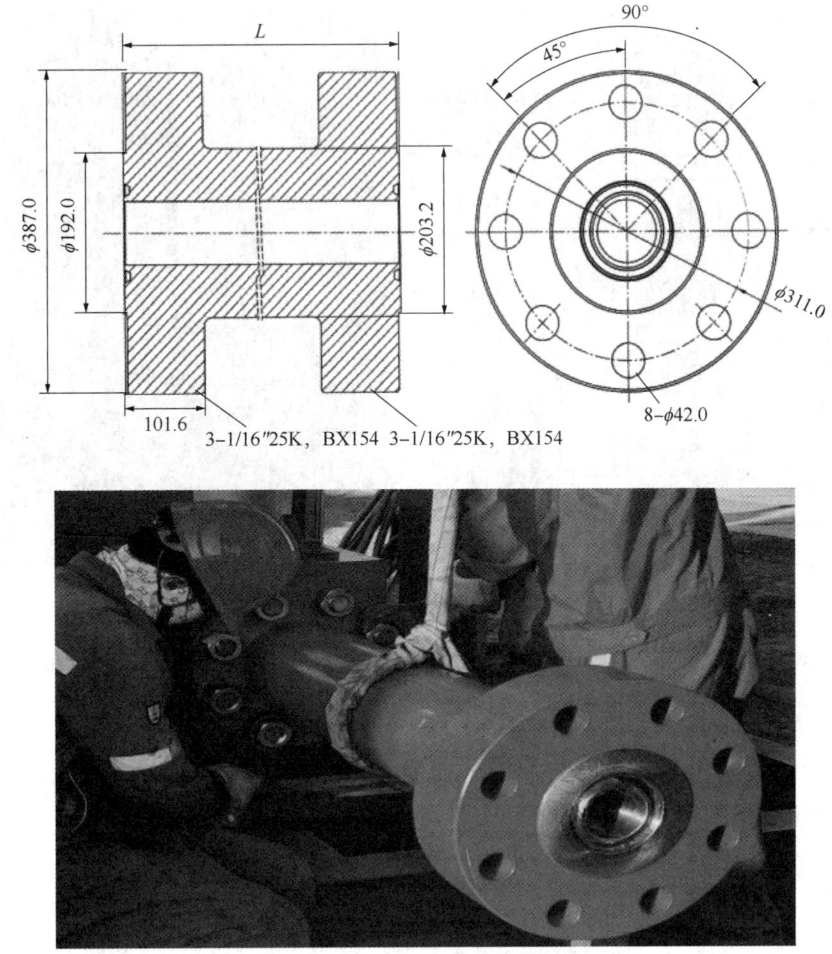

图 5　法兰管线设计与实物图

图 6　地面安全阀实物图

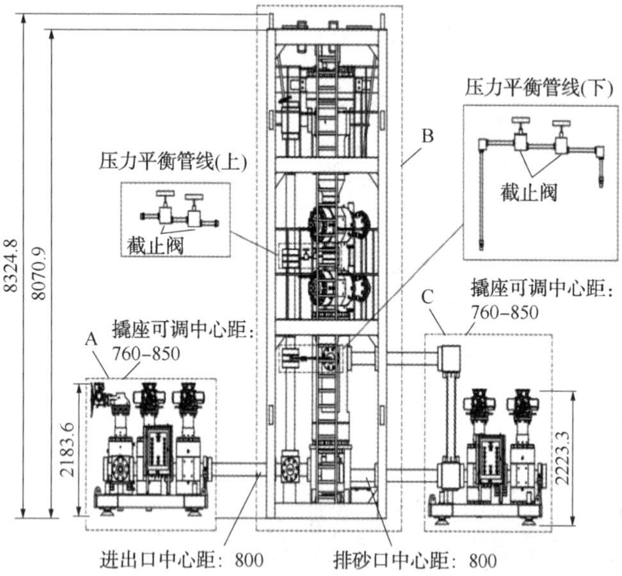

图 7　除砂器的设计与实物图

旋流筒采用 35CrNi3MoV(三伍铬镍三钼)炮钢材料，与 4130 合金钢相比，整体性能提升 15%以上(表 1)；

表 1　旋流筒材料性能对比表

	35CrNi3MoV 材料性能	4130 材料性能
抗拉强度/MPa	980	930
屈服强度/MPa	885	785
伸长率/%	10	12
断面收缩率/%	30	50
冲击功/J	27	63

采用多阀组联动远程控制系统，具备连续排砂、自动间歇排砂、自动清洗冲砂、快速切换等功能，实现流程无间断生产。设备最大液体处理能力：1000m^3/d，最大气体处理能力：200×10^4 Sm^3/d，除砂粒径：≥30μm，除砂效率 95%以上(图 8)。

2.4　多功能测试管汇主要特点

应用模块化设计理念，采用两通道，对称、立式结构设计，解决了道路运输超限问题，提高现场安装时效，极大的降低了劳动强度。兼具测试管汇+节流排污管汇的功能，满足不同工况下现场需要；引入整流理念，创新设计了减压整流装置，可有效降低流体的冲蚀效应，提高设备完整性及使用寿命；最多可实现四级节流，配套远程控制系统，实现精细控压生产，解决超高压高产气井流程冻堵的难题(图 9)。

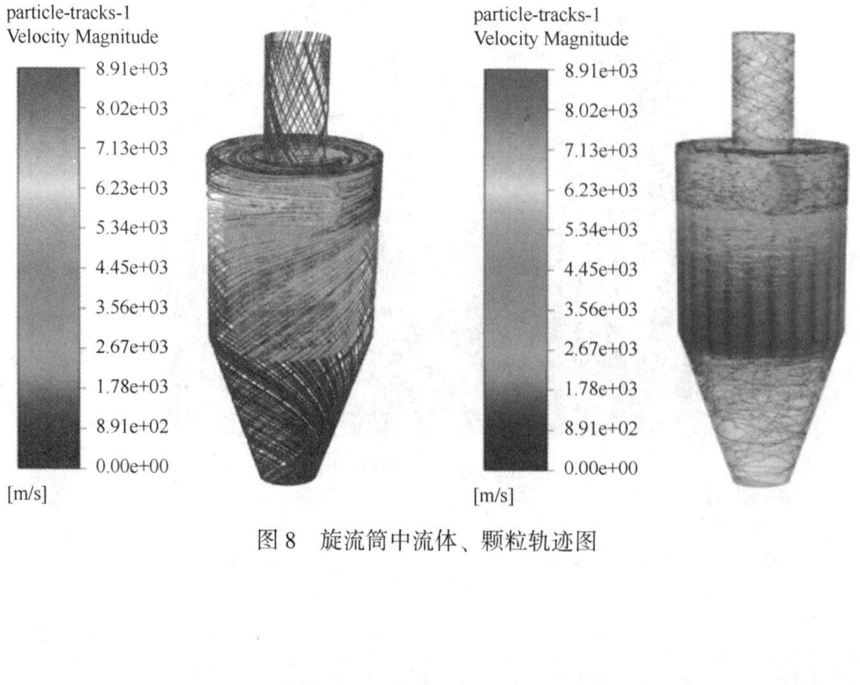

图 8　旋流筒中流体、颗粒轨迹图

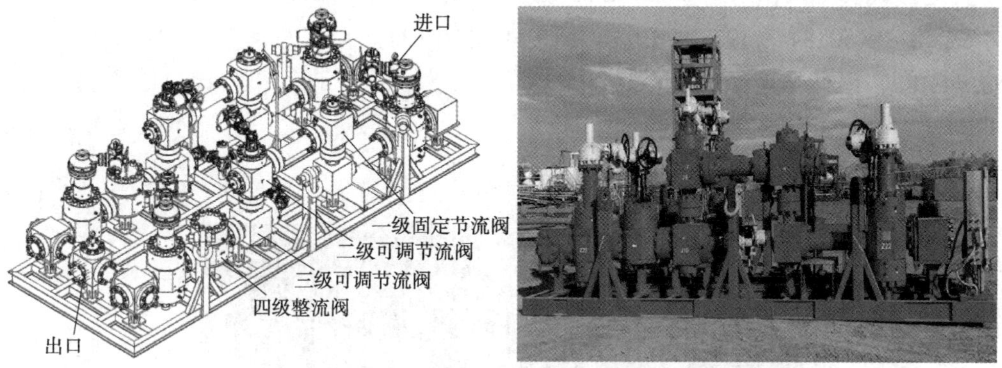

图 9　多功能测试管汇设计与实物图

2.5　性能试验检验情况

参照 API 标准，制定了 175MPa 条件下试验检验标准，出厂前所有设备水密 218MPa/气密 175MPa 试验合格，阀类设备 175MPa 下 PR2 试验合格，最大开关扭矩 260N·m。

3　175MPa 地面测试工艺流程设计

针对超高压井测试面对的压力高、冲蚀性强、生产制度需频繁更换的难题，设计 175MPa 地面测试工艺流程，实现井口压力 160MPa 以下井的地面计量施工。工艺流程中靠近采油树位置设计安装 175MPa 地面安全阀，紧急情况下能够从高压端快速截断流体流动通道，从而保证测试安全；旋流除砂器安装在测试管汇前，有效去除井内流体的固相颗粒，降低对管汇冲蚀，同时并联的连接方式，可在正常生产情况下进行安装拆卸；通过双测试管汇并联，实现四通道快速切换及单条通道四级节流控压功能，满足固定油嘴生产、多级节流控压等系列施工需求；远程控制系统根据地面流程及关键装置布局，进行防爆控制柜及远程上位机的双重控制设计，确保现场、远程的多点控制(图 10)。

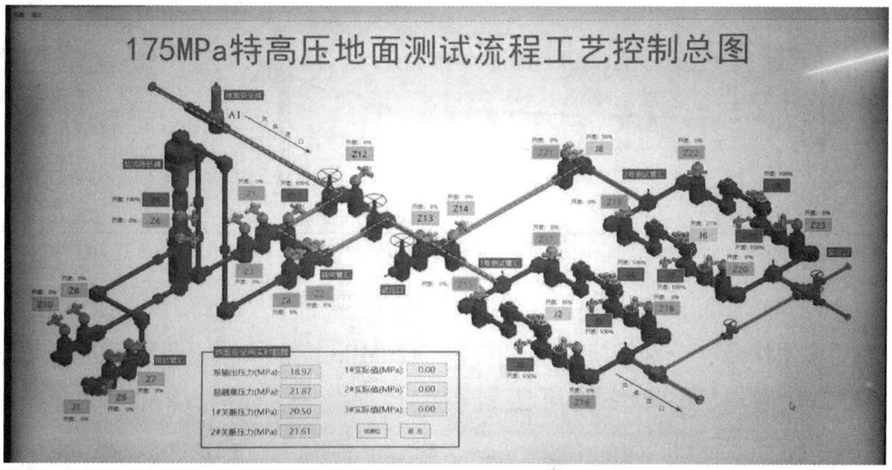

图 10　175MPa 地面流程高压端示意图

4　现场应用

富东 2 井是塔里木油田的一口超深、超高压井，完钻井深 8696.6m，预测地层压力系数 2.03，井底温度 173.3℃，钻井期间目的层漏失泥浆 1000m^3 以上。采用 25K 井下安全阀+光油管井下管柱配置及 175MPa 地面测试装备进行测试，因采油树为 140MPa 级别，设置测试终止条件：井口压力大于 120MPa 立即循环压井(图 11)。

2023 年 7 月 30-8 月 2 日，连接完 175MPa 地面测试流程，并对流程进行清水/氮气试压 150MPa 合格。

8月3日进行放喷测试，采用6mm+5mm油嘴制度排液，油压50.84↑121.06MPa，套压55.13↑58.44MPa，累计排液26.31m³，出口火焰高度30～35m，计算气产量(40～45)×10⁴m³(图12)。

图11　富东2井175MPa地面流程布置图

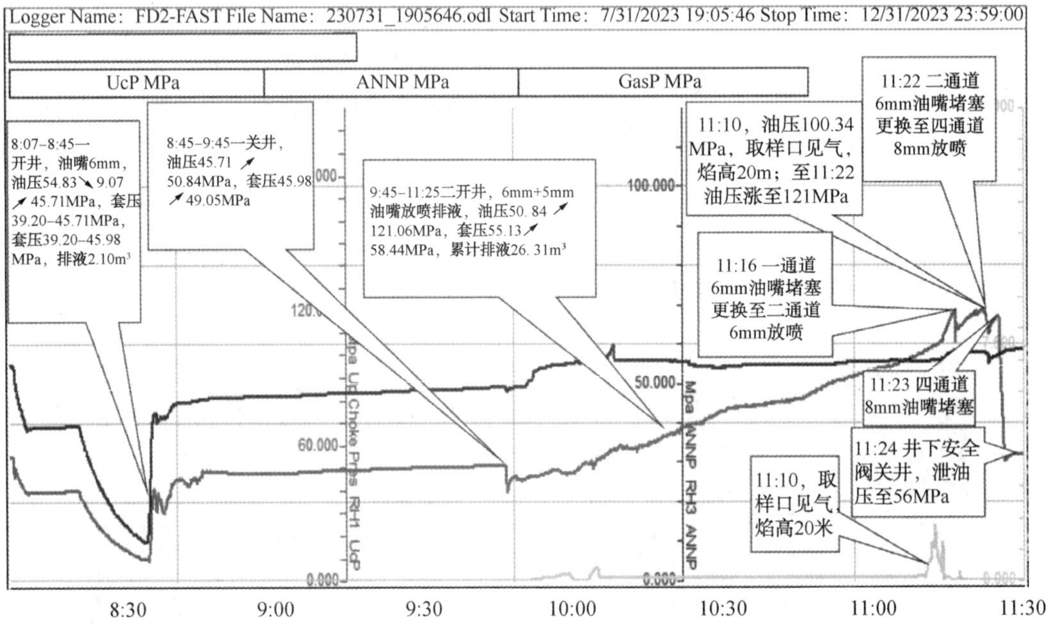

图12　富东2井放喷测试曲线图

测试期间油嘴多次堵塞，分别切换了多功能测试管汇的一、二、四通道，最终油压达到120MPa终止条件，循环压井结束测试(图13)。

图13　富东2井管线及油嘴堵塞物

5 认识与建议

（1）形成的175MPa地面测试关键装置及工艺基本满足了超高压井条件下的除砂、放喷排液、测试求产等多种工序作业需求，实现了超高压、高温井的安全高效测试。

（2）旋流除砂器对于泥浆中超微加重材料以及轻质大颗粒物处置能力不足(各种压力级别旋流除砂器的通病)，需进一步开展旋流筒结构研究，进行优化。

（3）开展175MPa捕屑装置的研制，安装在测试管汇前，应对井筒返排轻质大颗粒异物(胶皮等)堵塞油嘴现象。

（4）加强完善远程自动化程序，逐步实现自动更换油嘴和带压更换油嘴，超高压区域施工期间真正实现无人化；开发智能联动模块，消除人为因素导致应急失误。

（5）针对高比重泥浆漏失严重的井，地面测试前建议进行酸化、泵注无固相液体，同时试油管柱防砂结构，防止固相沉淀物聚集返排，堵塞地面流程。

参 考 文 献

[1] 陈华良，刘新华，等.140MPa超高压油气井地面测试技术[J]. 油气井测试.2016，25(6)：52-55
[2] 牟小清，张晶，邓红英，等. 高温高压含硫气井测试地面流程优化［J］. 中外能源，2010，15(5)：60-63.
[3] 李相方. 高温高压气井测试技术[M]. 北京：石油工业出版社，2007
[4] 张明友，谢奎，等. 高温高压井地面测试计量自动化智能控制技术[J]. 油气井测试.2023，32(3)：12-16.

巴彦油田兴华11区块深井钻完井关键技术

罗玉财[1]　陈新勇[2]　史原鹏[1]　蔡　军[1]　贾丽平[1]　于建涛[1]　陈新海[2]　孙　昊[2]

(1. 中国石油华北油田公司；2. 中国石油集团渤海钻探工程有限公司)

摘　要　为了解决河套盆地巴彦油田兴华11区块深部地层井眼轨迹控制难度大、井壁易垮塌掉块、井眼扩大率大、钻井频繁发生井漏、井下高温亦会影响钻井液稳定性、长封固段固井质量难保证等技术难题，优化了兴华11区块井身结构、井眼轨道以及轨迹控制，改进了钻井液、固井水泥浆配方及技术措施，形成了巴彦油田兴华11区块深井钻井完井关键技术。现场应用表明：钻井完井周期大幅度降低，井眼扩大率明显减少，通井划眼时间缩短，固井质量大幅度提升。该研究可为巴彦油田兴华11区块及类似地层区块的安全高效钻井完井提供技术指导。

关键词　巴彦油田；兴华11区块；钻井完井；轨迹控制；钻井液技术、固井技术

华北油田在河套盆地获得重大勘探突破，预测石油远景资源量约10亿吨。LH1井获日产305.76m^3/d高产工业油流，XH1井日产油274.08m^3/d，展示了该区域规模资源前景。兴华11区块是巴彦油田的重要组成部分，但该区块储层埋深超5000m，大部分井实钻井深6000m左右，甚至超过6500m，前期施工过程中出现卡钻、频繁遇阻划眼等复杂，钻进中存在井眼轨迹控制难、井下漏失、井眼扩大率大、固井质量难保证等问题，严重制约钻井时效，影响兴华11区块快速建产。2020-2021年完钻的3口井，采用三开井身结构，平均机械钻速11.40m/h、平均钻井周期52.5d、平均完井周期77.2d。为此，笔者在分析钻井技术难点的基础上，从井身结构、井眼轨迹设计与控制、钻井液技术、防漏堵漏、固井技术措施等方面进行了阐述，以兹为兴华11区块及类似地层区块安全高效施工提供借鉴。

1　技术难点

1.1　成岩性差，地层倾角变化大，轨迹控制难

巴彦油田兴华11区块，自上而下发育第四系、新近系乌兰图克组/五原组、古近系临河组，岩性以泥岩、砂岩为主，地层压实程度低，成岩性差；同时地层倾角4-16°，整体北缓南陡，高缓低陡，深部五原组及以下地层钻进时或增斜、或降斜、或者方位漂移，轨迹控制难度大。

1.2　井眼扩大率大，井壁失稳问题突出

五原组、临河组地层岩性为可钻性好泥岩夹砂岩，泥岩吸水、应力释放导致泥岩剥落，形成“大肚子”井眼及“糖葫芦”井眼，自北向南岩性呈现由含盐泥岩—含膏泥岩—纯泥岩等特殊岩性的变化特征，所含有的特殊岩性地层，易吸水膨胀、蠕变，造成多口井电测遇阻遇卡，例如前期完钻的XX井平均井径扩大率22.5%，临河组含膏质地层井段井径扩大率31.5%。

1.3　地层渗透性好，漏、垮问题导致钻井液密度确定难

临河组大段砂泥岩互层，砂岩孔隙发育，有效孔隙度>13%，渗透性好，渗透率高达$130\times10^{-3}\mu m^2$，且伴随有微裂缝发育，临河组钻进时，密度高于1.35g/cm^3易发生井漏，低于1.3g/cm^3又存在井壁垮塌问题。

1.4　井底温度高，对钻井液性能要求高

兴华11区块井底深度6000m左右，最深接近6800m，井底温度高达150~180℃，对钻井液性能稳定产生影响。

1.5　地层承压能力低，固井质量难以保障

地层承压能力低，固井封固段较长，施工过程中存在水泥浆漏失、缓渗、低返现象，严重影响固井质量；大斜度井套管居中度差，固井水泥浆容易出现单边充填，造成二界面固井质量差。

2　钻井完井关键技术

2.1　井身结构优化

保证钻井完井安全，满足地质开发、采油工程要求，降低成本 为设计原则，优化形成了巴彦油田兴华11区块井身结构方案(图1)。6500m

以浅井采用三开井身结构，6500m 以深井采用四开井身结构。三开井身结构：一开 ϕ339.7mm 封固地表流沙地层；二开 ϕ311.2mm 钻头钻进 2500m 左右，下入 ϕ244.5mm 表层套管封固乌兰图克组中部以上淡水层、疏松层；三开 ϕ215.9mm 钻头钻进至完钻井深，下入 ϕ139.7mm 套管。四开井身结构：一开 ϕ508mm 封固上部流沙地层；二开 ϕ444.5mm 钻头钻进 1200m，下入 ϕ339.7mm 表层套管封固第四系淡水层、疏松层；三开 ϕ311.2mm 钻头钻进至 4600m 左右，减少三开裸眼段长度，缩短储层段钻井液浸泡时间，减少污染；四开 ϕ215.9mm 钻头钻进至完钻井深，下入 ϕ139.7mm 套管。

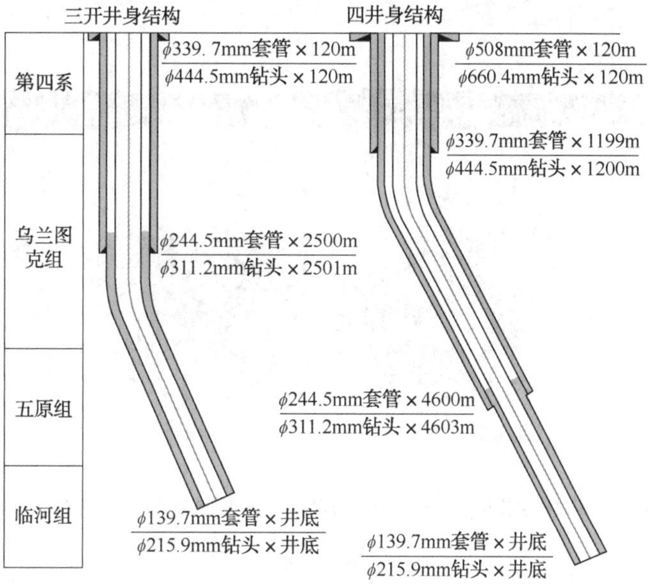

图 1 兴华 11 区块井身结构示意图

2.2 井眼轨道优化

（1）优选造斜点。乌兰图克组顶部成岩性差，造斜能力弱，且后期采油预计下泵至 2000~2300m，因此造斜点由原先 1500~2000m 优化至 2500~3000m。

（2）优化造斜率。根据地质需求，轨道设计为“直-增-稳-降-直”，为确保井眼轨迹的光滑，降低施工难度，提高套管的可下入性，增斜段狗腿度控制 3(°)/30m 以内；前期施工中 1.5(°)/30m 狗腿度降斜较为困难，优化降斜狗腿度至 0.9~1.2(°)/30m。

（3）优化井眼井斜。根据前期巴彦油田实钻情况，同时结合软件模拟分析认为：井斜过大，钻具摩阻扭矩大，也影响携岩效率；井斜过小，不利于井斜方位控制。因此，在条件允许情况下，井眼井斜尽量控制在 20~30°，但不排除因为地质原因，设计井斜超过 30°，甚至超过 40°。

（4）优化井眼方位。结合地应力分布特征，优化定向井井眼沿着最小水平主应力方位设计，从工程设计源头提高井壁稳定性，减少地层垮塌失稳。

2.3 井眼轨迹控制技术

2.3.1 水力振荡器+扭摆减摩减扭技术

针对兴华 11 区块内井斜小于 30°井，为解决其定向段、井斜调整段摩阻扭矩大的问题，一方面优选了螺杆式水力振荡器（如图 2），该工具加装距离钻头 200~300m 位置，通过转子旋转带动偏心阀门旋转，产生间歇性截流，在振荡部分形成周期性压力波动释放，从而实现整个工具规律的轴向振动。另一方面在顶驱加装钻柱扭摆滑动钻井系统，通过一个与顶驱司钻箱相连的控制系统，控制顶驱带动钻具顺时针、逆时针按设计参数反复连续摆动，以保持上部钻柱一直处于旋转运动状态，水力振荡器+扭摆减摩减扭系统协同作用，更能克服滑动钻井过程中钻柱不旋转导致的摩阻大、“托压”钻速慢等问题。

2.3.2 旋转导向技术

针对兴华 11 区块内设计井斜超过 30°的井，为解决其定向段、定向调整段内摩阻扭矩大、钻压传递困难，造成钻井施工效率低的问题，部分井优选应用了指向式旋转导向系统(如图3)，能够在钻具全旋转条件下定向钻井，具有井眼延伸能力强、井眼轨迹控制精度高、造斜率不受地层影响等优势。

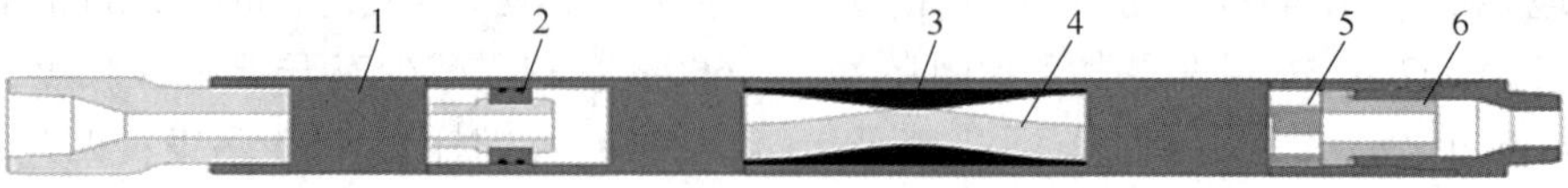

1—碟簧组；2—活塞；3—定子；4—转子；5—动阀盘；6—定阀盘

图2　偏心螺杆式水力振荡器结构示意图

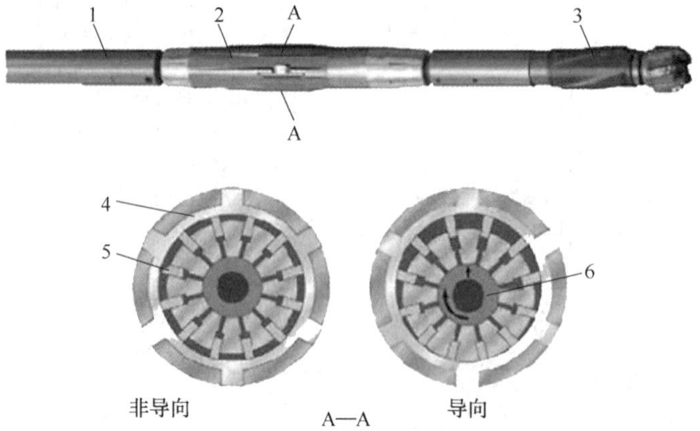

1—测探系统；2—偏执稳定器短节；3—近钻头稳定器；4—不旋转外筒；5—柱塞泵；6—驱动心轴

图3　旋转导向系统

2.4　钻井液技术

兴华11区块井壁失稳问题以五原组和临河组居多，主要表现为硬脆性泥岩剥落掉块，部分井出现较大垮塌掉块。分析表明深部硬脆性泥岩裂缝发育，钻井液滤液侵入产生剥落，是造成井壁失稳的主要原因，优选了微纳米级固壁剂和纳米级胶束封堵剂两种关键封堵剂，增强钻井液的抑制封堵能力；优选抗高温降失水剂LK-2，抗高温增黏降滤失剂HFL，降低HTHP失水，同时改善滤饼。优化形成配方如下：3%~4%膨润土基浆+0.5%包被剂BZ-1+1.5%抗高温降滤失剂LK-2+2%聚合物降滤失剂REDU2+1.5%抗高温增黏降滤失剂HFL+1.5%改性褐煤树脂防塌剂WFT-108+(1%+2%)微纳米级固壁剂+(2%+3%)纳米级胶束封堵剂+3%高效润滑剂MPA+0.5%聚胺抑制剂BZ-JAI+2%纳米封堵剂BH-NFT+8% KC+10% 有机盐。

针对五原组、临河组钻井液处理原则：优选复合盐钻井液体系，以聚合物大分子为包被、絮凝、抑制造浆、控制般含上升的主处理剂；使用抗高温降滤失剂降低高温高压失水，配合微纳米级固壁剂和纳米级胶束封堵剂等防塌剂巩固和增加井壁稳定性，防止井壁垮塌。钻井液性能维护措施如下：

(1) 根据井底温度及井壁稳定情况，及时补充降失水剂、防塌剂以及润滑剂，并在后期维护过程中保证其含量；

(2) 五原组、临河组地层有不同程度的缩、扩径现象，钻井液保证抑制性，加大防塌剂的用量，保证钻井液具有良好的封堵造壁性，钻遇膏泥岩地层前，提高钻井液抗污染能力；

(3) 为防止五原组、临河组地层掉块垮塌，施工中逐步增加微纳米级固壁剂和纳米级胶束封堵剂，改善泥饼质量，同时加入抗高温降失水剂LK-2，抗高温增黏降滤失剂HFL，降低HTHP失水，同时改善滤饼，进入油气层前100m严控高温高压失水10mL以内，形成优质泥饼，稳定井壁；

(4) 加强固控设备使用，尤其用好振动筛和离心机，最大限度的除去有害固相；

(5) 钻至完钻井深，充分循环确保携砂干净，在封闭浆加入塑料小球，确保电测、下套管顺利。

2.5 井漏的预防与处理

临河组大段砂泥岩互层，砂岩孔隙发育，使用低密度、低粘度、低切力的泥浆，在钻井过程中，尽可能使用低的泥浆密度，实现近平衡压力钻井，在确保携砂的前提下，尽可能使用低的粘度和切力，降低泥浆的环空压耗和激动压力。漏层适当降低排量循环，降低ECD；下钻打通水眼时要尽可能的避开易漏井段，防止憋漏地层。控制下钻速度，开泵排量由小到大，待泵压恢复至打钻泵压，方可提高排量循环，防止压力激动过大，憋漏地层。

孔隙较小的裂缝性、渗透性漏失层，提前加入3%BZ-ACT+4%超细碳酸钙堵漏剂，在进入漏层段时，在压差的作用下，堵漏剂随泥浆进入漏层，封堵截漏失通道，提高地层的承压能力，起到防漏作用。

发生漏失后，及时分析井漏发生的原因，确定漏失层位置、类型及漏失严重程度，根据漏失情况，采用“一袋化”系列堵漏剂进行堵漏，使用方法如下(表1)。

表1 “一袋化”系列堵漏剂使用方法

堵漏剂名称	型号	适用情况	加量
随钻成膜堵漏剂	BZ-ACT	漏速0-10m^3/h	2%-4%
承压堵漏剂	BZ-PRC	漏速10-20m^3/h	10-25%
水化膨胀复合堵漏剂-Ⅰ型	BZ-STAⅠ	漏速20-30m^3/h	15-30%
水化膨胀复合堵漏剂-Ⅱ型	BZ-STAⅡ	漏速30-50m^3/h或失返	15-35%

2.6 固井技术

针对兴华11区块临河组地层承压能力低、水泥浆封固段长、返高不易保障等难题，以“紧密堆积、速凝早强、韧性改造”理论为指导，优选新型增韧弹性材料DRE-3S、降失水剂DRF-3S等，如图4、图5，完善了水泥浆综合性能，形成了低密和常规两套增韧防窜水泥浆体系。固井施工中优化浆柱结构，采用双密双凝水泥浆体系，降低固井中井漏的风险。

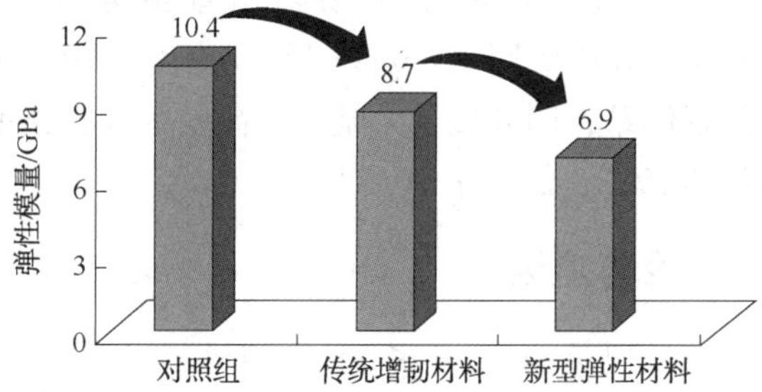

图4 增韧材料对弹性模量的影响

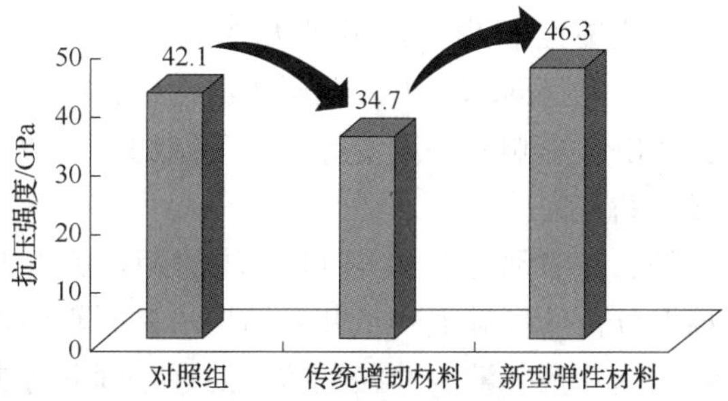

图5 增韧材料对抗压强度的影响

低密度增韧防窜水泥浆体系配方：嘉华G级水泥+100%减轻剂+20%微硅+20%增强材料DRB-1S+5%DRE-4S+0.6%高温稳定剂DRK-3S+1%DRS-1S+2%DRA-1S+6%DRF-1S+X%缓凝剂DRH-2L+(166%　X%)水，密度范围1.50-1.65g/cm^3，解决了常规低密度水泥石强度低、发展慢等问题，稠化曲线平稳、稠化时间可调(180-360min)，满足低压易漏地层固井技术需求。

常规密度增韧防窜水泥浆体系配方：嘉华G级水泥+40%DRB-2S+5%DRE-4S+4%微硅+0.5%DRK-3S+1%DRS-1S+3%DRF-1S+X%DRH-2L+(62%　X%)水，密度范围1.85-1.90g/cm^3，解决了高温条件下水泥浆稳定性差、失水量大等问题，稠化时间可调、过渡时间短，温度、密度波动对稠化时间影响小，水泥石力学性能突出。

3 现场应用

研究形成的巴彦油田兴华11区块深井钻井完井关键技术，主要在2022年间进行了现场应用，见表2。所钻5口三开井平均机械钻速14.30m/h，较2020-2021年同比缩短25.4%；钻井周期平均35.8d，同比缩短31.8%；完井周期54.2d，同比缩短34.3%，创多项钻井完井记录。下面以XH11-5X井为例，详细介绍应用情况(表2)。

表 2　应用新技术钻井指标统计

完井年份	井号	井身结构(开次)	井深/m	钻井周期/d	完井周期/d	平均机速/(m·h⁻¹)
2022	XH11-1X	三开	5585	44.5	60.2	13.35
2022	XH11-3X	三开	5790	28.7	45.3	18.32
2022	XH11-4	三开	6192	36.5	56.5	12.36
2022	XH11-5X	三开	5880	23.9	37.6	19.09
2022	XH11-6X	三开	6180	45.5	54.2	11.87
三开井身结构井平均			5925.4	35.8	50.7	14.30
2022	XH131X	四开	6685	89.1	124.1	9.87
四开井身结构井平均			6685	89.1	124.1	9.87

备注：因区块内无四开井身结构对比井，四开钻井指标不再做对比。

XH11-5X 井是巴彦油田兴华 11 区块一口三开井，见图 2。应用了兴华 11 区块深井钻井完井技术方案，最终该井完钻井深 5880m，全井平均机械钻速 19.09m/h，钻井周期 23.9d，完井周期 37.6d，刷新集团公司 5500 米以深深井最短钻井周期记录，详细应用成果如下。

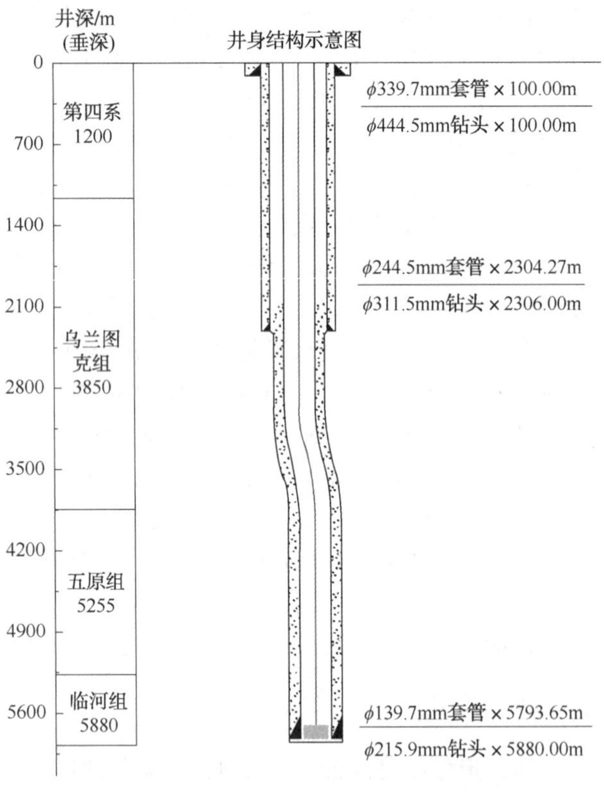

图 6　XH11-5X 井身结构示意图

优化造斜点至三开 215.9mm 井眼内，从乌兰图克组中偏下部 3000m 开始造斜，有效减少了稳斜段段长，造斜段狗腿度优化为 3°/30m，降斜段狗腿度优化为 0.9°/30m，为下部高效钻进奠定基础。本井最大井斜小于 30°，为解决在定向段、降斜段摩阻扭矩大、施工效率低问题，优选 172mm 水力振荡器+扭摆工具，并在 2306-4744m 井段进行应用，滑动定向中钻压传递问题明显改善，施工段平均机械钻速 21.39m/s，同比提高了 35%。

本井三开钻进中采用最高密度 1.25g/cm³ 复合盐钻井液体系，进入五原组下部时，增加 1.5%微纳米级固壁剂和 2.5%纳米级胶束封堵剂，提高了井壁稳定性，同时加入 1.5%抗高温降失水剂 LK-2，1.5%抗高温增黏降滤失剂 HFL，控制高温高压失水 8mL，用好固控设备改善泥饼质量，进入临河组之前加入 3%BZ-ACT+4%超细碳酸钙堵漏剂，整个开次钻进安全平稳，井径扩大率降低至 9.8%。139.7mm 油层套管固井时采用优化的双密双凝固井技术，4400m 以上应用 1.6g/cm³ 低密度增韧防窜水泥浆体系，4400m 至井底应用 1.85g/cm³ 常规密度增韧防窜水泥浆体系，固井质量大幅度提高，固井合格率达到 96.7%，优质率 76.2%。

4　结论与建议

（1）巴彦油田兴华 11 区块油藏埋深超过 5000m，完钻井深约 6000m 左右，甚至超过 6500m，难点主要表现为地层成岩性差且倾角变化大，轨迹控制难，井眼扩大率大，井底温度高、井壁失稳问题突出，地层渗透性好，漏、垮问题突出，影响固井质量等，严重制约了区块快速安全钻井完井。

（2）在对河套盆兴华 11 区块前期钻完井技术难点分析的基础上，从井身结构、井眼轨道设计与控制、钻井液、井漏预防与处理、固井等方面进行了技术优化与配套，有效提高了钻井完井效率，建议继续推广应用。

(3) 结合巴彦油田兴华 11 区块勘探开发需求，后续将会部署水平井，后续将会部署难度更大的大斜度井/水平井，建议结合深部地层成岩差地层特性，研究配套水平井钻井完井技术，为兴华 11 区块快速建产奠定基础。

参 考 文 献

[1] 郭增虎，万照飞，王鹤华，等．河套盆地临河坳陷油气藏特征及勘探方向[J]．石油地球物理勘探，2022，57(2)：185-192.

[2] 沈华，刘震，史原鹏，等．河套盆地临河坳陷油气成藏过程解剖及勘探潜力分析[J]．现代地质，2021，35(3)：871-882.

[3] 刘小刚，赵少伟，马英文，等．渤海油田定向井井身结构优化及应用[J]．石油钻采工艺，2019，41(4)：455-459.

[4] 史配铭，倪华峰，石崇东，等．苏里格致密气藏超长水平段水平井钻井完井关键技术[J]．石油钻探技术，2022，50(1)：13-21.

[5] 王建龙，陶成学，王志玲，等．水力振荡器与井眼清洁工具集成缓解托压技术研究[J]．钻采工艺，2019，42(1)：21-23.

[6] 韩烈祥，张继川，刘伟，等．PIPE_ ROCK 钻柱扭摆系统应用评价[J]．天然气工业，2018，38(11)：73-78.

[7] 刘晓军．旋转导向钻井技术应用研究及其进展[J]．中国石油和化工标准与质量，2021，24：195-196.

[8] 闫睿昶，徐明，虞海法，等．巴彦河套盆地复杂储层固井技术[J]．钻井液与完井液，2023，40(1)：82-88.

渤海S油田潜山深层油套管防腐选材优化研究

陈　彬[1,2]　李　进[1,2]　王　文[1,2]　贾立新[1,2]　刘　伟[1,2]　闫切海[1,2]　王孔阳[1,2]

[1. 中海石油(中国)有限公司天津分公司；2. 海洋石油高效开发国家重点实验室]

摘　要　渤海油田的勘探开发向深层超深层迈进，油套管腐蚀问题突出，严重影响管柱寿命，制约油气井长效开发。本文以渤海某油田为研究对象，对该油田环境下油套管腐蚀机理进行梳理分析，通过实验对比了3Cr、9Cr、13Cr、S13Cr等不同材质在该油藏条件的腐蚀规律和抗腐蚀能力，通过理论计算预测长短期腐蚀速率，最终形成了“9Cr-13Cr-S13Cr”分段防腐选材方案。与传统方案相比，本方案单井可节省成本800万元。本文研究结果可为潜山深层优化油套管防腐材质提供依据。

关键词　潜山深层；油套管防腐；防腐选材；海上油田；分段防腐

渤海油田勘探开发进入中后期，深层超深层油田对增储稳产作用逐渐增大，但深层超深层油田经济效益低，如何经济安全高效开发边际油田成为重要课题，油套管防腐一直是制约边际油田经济开发的重要因素之一，CO_2、H_2S、Cl^-等介质对油管、套管的腐蚀及油气开发造成了巨大损失。目前，国内外学者对CO_2或H_2S单一腐蚀机理认识得较为清晰，对于CO_2和H_2S共存条件下的腐蚀研究比较少且分散，没有形成完整的理论体系。依据渤海油田现有的防腐图版对S油田进行防腐材质选择为超13Cr，严重制约着该油田经济高效的开发，为进一步优化该油田的防腐材质，根据该油田的腐蚀环境进行腐蚀实验，研究碳钢、3Cr、9Cr、13Cr、S13Cr不同材质套管钢在CO_2和H_2S共存腐蚀环境的腐蚀行为，探讨微量H_2S的存在对油套管腐蚀的影响机理，并通过长短期腐蚀速率预测模型，为该油田套管设计提供理论基础。

1　油套管腐蚀机理及影响因素

1.1　油套管腐蚀机理

CO_2和H_2S的腐蚀机理已经有众多学者对其进行过研究，也取得了一定的认识：CO_2在碳氢化合物中溶解后会促进钢铁发生电化学腐蚀，分为全面(均匀)腐蚀和局部腐蚀两类。均匀腐蚀为CO_2溶解于水中形成碳酸与铁发生化学反应，局部腐蚀现象主要包括点蚀、台地侵蚀以及流体流动诱使局部腐蚀等，CO_2的腐蚀破坏往往是由局部腐蚀造成的。这是因为在含有CO_2介质中，腐蚀产物$FeCO_3$及结垢物$CaCO_3$或不同的生成物膜在钢铁表面不同区域的覆盖度不同，不同覆盖度的区域之间形成了具有很强自催化特性的腐蚀电偶，CO_2的局部腐蚀正是这种腐蚀电偶作用的结果。H_2S是弱酸，在水溶液中会电离出H^+、HS^-和S^{2-}，它们对金属的腐蚀是氢去极化过程。同时，氢原子在扩散过程中遇到氢陷阱(如在晶界或相界上缺陷、位错、三轴拉伸应力区等)时，氢原子在此重新结合为氢气，形成较高氢压力，在氢陷阱边缘处形成应力密度集中区，导致界面之间破裂并形成裂缝。随着H_2S浓度的增加，硫化物破裂的临界应力降低；较高的硫化氢浓度或分压，会产生较大的均匀腐蚀速率。在H_2S和CO_2共存环境中，随着H_2S含量的变化，腐蚀速率会出现一个极值，在极值附近也很容易出现局部腐蚀，尤其是碳钢容易发生点蚀，而低Cr基本没有局部点蚀，表现为全面腐蚀(图1)。

1.2　油套管腐蚀因素分析

在井下，腐蚀类型主要包括常规腐蚀、流体力学化学腐蚀、固体力学化学腐蚀。油气井的腐蚀具有三个显著特征：(1)气、水、烃、固体颗粒共存的多相流腐蚀介质；(2)高温高压环境；(3)H_2S、CO_2、O_2、Cl^-和水分是油气井最主要的腐蚀介质。根据研究，可以认为腐蚀介质中H_2S、CO_2、O_2是腐蚀剂，水是载体，Cl^-是催化剂。H_2S、CO_2一般来自于油气之中，CO_2也可来自于二次采油时注入的CO_2。O_2一般来自于地面注入的液体，如污水回注等。在含量相同的情况下，O_2的腐蚀性>CO_2的腐蚀性>H_2S的腐蚀性。Cl^-本身不产生腐蚀，但其迁移率很高，从而作为催化剂可大大促进腐蚀。油气井中的油套管影响因素主要是钢材材质和环境因素，钢材材质包括钢材的热处理状态及其化学成分。环境因素主要包括温度、二氧化碳分压、溶液介质的化学性质、流速、单相或多相流体、几何因素、溶液的 pH 值、钢铁表面膜与结垢状况及外加载荷等。

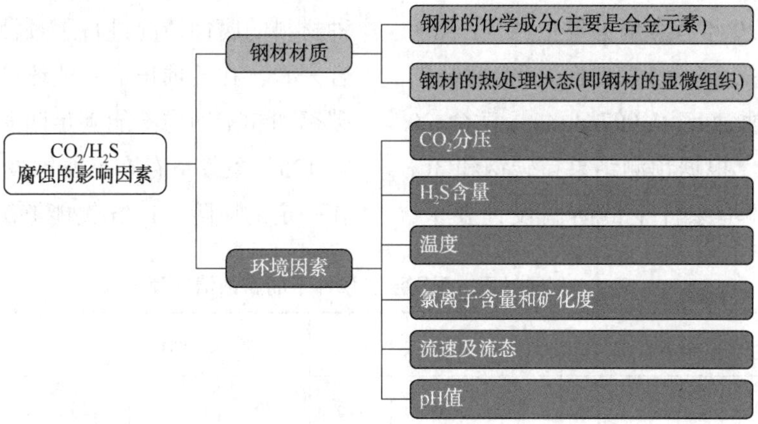

图1　油套管腐蚀影响因素

2　S油田腐蚀环境分析及腐蚀预测

S油田包含上下两个油组，原油属于轻质油，具有密度低、粘度低、含硫低、胶质沥青质含量中等、气油比较高的特点。根据实钻资料数据拟合计算分析，S油田地温梯度为3.58℃/100m，压力系数为1.03~1.07，属于正常温压系统。根据天然气分析报告，气体相对密度为0.735，CO_2含量为7.83%，分压2.55MPa，H_2S含量为2.71mg/m^3，分压在0.03kPa~0.06kPa。属于中含CO_2，微含H_2S。地层水氯离子浓度为31244.74mg/L，较高的氯离子浓度使点蚀倾向性增大，与CO_2、微量H_2S的联合作用使腐蚀环境更加复杂。根据油藏配产，该油田生产井最大产能为1000方/天，采用3-1/2in的油管，则生产流速为2.58m/s。

根据S油田腐蚀环境的分析，选取井口温度85℃，CO_2分压2.55MPa，H_2S分压0.058kPa，流量按照最高值1000方/天计算，分别对碳钢、3Cr、9Cr、13Cr进行了防腐预测，腐蚀预测结果如图2所示。

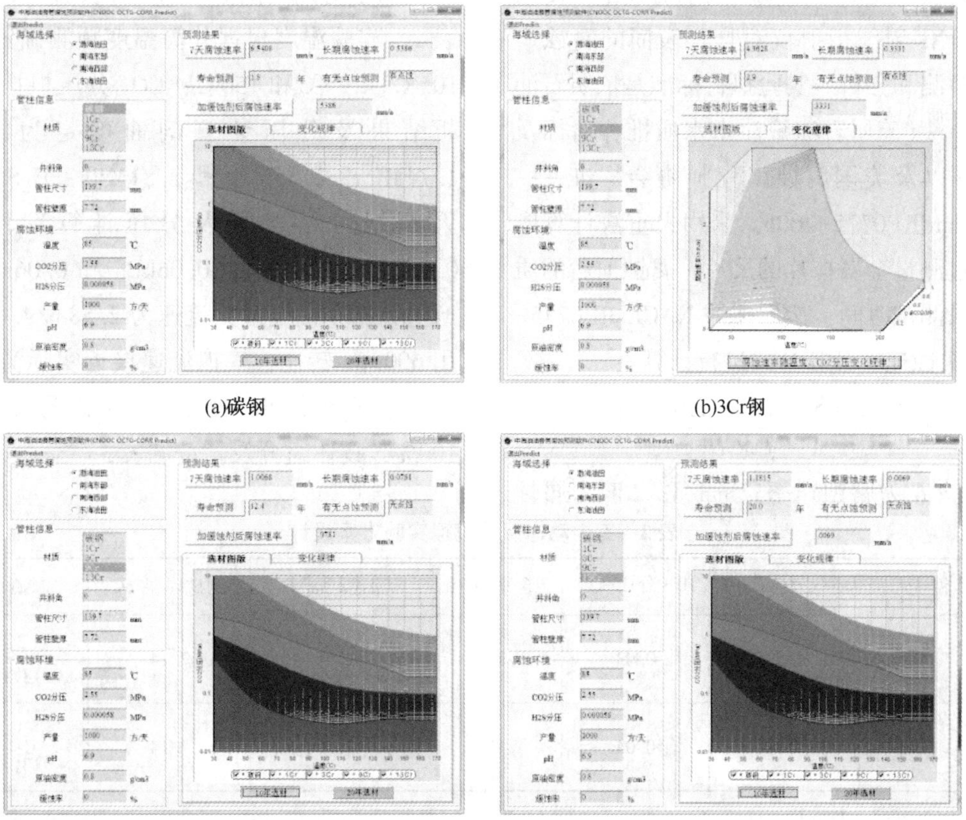

(a)碳钢　(b)3Cr钢

(c)9Cr钢　(d)12Cr钢

图2　腐蚀预测结果

结果表明，碳钢长期腐蚀速率0.53mm/a，寿命1.8年，有点腐蚀发生；3Cr长期腐蚀速率0.33mm/a，寿命2.9年有点腐蚀发生；9Cr长期腐蚀速率0.07mm/a，寿命12.4年，无点腐蚀发生；13Cr长期腐蚀速率0.007mm/a，寿命20年，无点腐蚀发生。根据预测结果，碳钢和3Cr不能满足该腐蚀环境条件下的防腐设计要求，9Cr和13Cr能够满足该腐蚀环境条件下的防腐设计要求。同样的，对105℃、125℃条件下四种材料的腐蚀情况进行了预测，结果见表1。综合来看，在S油田的腐蚀环境条件下，初步预测碳钢和3Cr钢均不能满足防腐设计要求，9Cr钢在125℃条件下存在点腐蚀发生的可能，使用存在一定的风险，13Cr钢能够满足防腐设计要求。

表1　不同材质、不同温度条件下的腐蚀情况预测

材质	碳钢			3Cr			9Cr			13Cr		
温度/℃	85	105	125	85	105	125	85	105	125	85	105	125
腐蚀速率/(mm/a)	0.539	/	/	0.333	/	/	0.078	0.037	0.019	0.007	0.003	0.002
是否点腐蚀	是	/	/	是	/	/	否	否	是	否	否	否
寿命/a	1.8	/	/	2.9	/	/	12.4	20	20	20	20	20

3　油套管腐蚀模拟实验研究

3.1　实验设备及执行标准

CO_2动态腐蚀仪器，单台釜一次可以测试6-10种材料，容积为1L。当挂片在高温高压动态腐蚀测定仪中完成一个实验周期后取出，使用扫描电镜、X-射线衍射仪对挂片表面的腐蚀产物膜进行检测和分析。实验执行标准是依照石油行业标准——《碎屑岩油藏注水水质推荐指标及分析方法》以及美国腐蚀工程师协会标准——NACEStandardRP0775-2005。采用失重法计算腐蚀速率通过测量金属挂片的尺寸，腐蚀前后的质量，并记录测试时间，然后按照NACE RP0775-2005中的腐蚀速率计算公式进行计算：

$$CR = \frac{3.65 \times 10^5 \times \Delta W}{A \times T \times D} \tag{1}$$

式中，CR为腐蚀速率，mm/a；ΔW为腐蚀前后平行试样即挂片的平均失重，g；A为挂片的面积，mm^2；D为碳钢的密度，g/cm^3；T为试验时间，天。

3.2　实验方案设计

根据S油田腐蚀环境的评估分析，确定本次室内动态腐蚀模拟实验的具体实验方案设计，见表2。实验温度根据井筒温度预测确定为85℃、105℃、125℃和150℃；CO_2分压根据天然气分析结果及分压计算剖面确定为1.32MPa、1.74MPa、2.55MPa和2.81MPa；H_2S分压根据天然气分析结果及分压计算剖面确定为0.03kPa、0.04kPa、0.06kPa和0.06kPa；根据产量数据，确定最大流速为2.58m/s，实验中采用600rpm转速，模拟流速接近实际流速；根据地层水分析结果，100%模拟地层水，含水率100%，具体组分及含量见表3。

表2　室内动态腐蚀模拟实验方案设计

实验组	温度/℃	CO_2分压/MPa	H_2S分压/kPa	含水率/%	流速/(m/s)	测试周期/天	测试材质
1	85	1.32	0.03	100	2.58	7/14	3Cr、9Cr 13Cr、S13Cr
2	105	1.74	0.04	100	2.58	7/14	3Cr、9Cr 13Cr、S13Cr

续表

实验组	温度/℃	CO_2 分压/MPa	H_2S 分压/kPa	含水率/%	流速/(m/s)	测试周期/天	测试材质
3	125	2.55	0.06	100	2.58	7/14	3Cr、9Cr 13Cr、S13Cr
4	150	2.81	0.06	100	2.58	7/14	9Cr 13Cr、S13Cr

表3　模拟地层水

NaCl/(mg/L)	KCl/(mg/L)	$MgCl_2$/(mg/L)	$CaCl_2$/(mg/L)	Na2SO_4/(mg/L)	$NaHCO_3$/(mg/L)
34.91	17.47	0.37	2.28	1.11	2.18

3.3　实验结果及分析

实验组1：该实验条件下，短期腐蚀速率3Cr最高，可达1.97mm/a；9Cr相对很低，为0.16mm/a；13Cr略高于S13Cr，为0.013mm/a；S13Cr最低，大致为0.01mm/a；同时无论何种材质，7D腐蚀速率均高于14D。腐蚀产物分析显示3Cr产物膜厚且致密，腐蚀最为严重；9Cr产物膜轻微覆盖，腐蚀较轻；13Cr和S13Cr几乎无产物膜覆盖，腐蚀几乎不发生。腐蚀形貌分析显示均为均匀腐蚀。

实验组2：该实验条件下，短期腐蚀速率3Cr最高，可达1.74mm/a；9Cr相对较低，为0.27mm/a；13Cr和S13Cr最低且差别不大，大致为0.01mm/a；7D腐蚀速率均高于14D。腐蚀产物分析显示3Cr产物膜厚且疏松，腐蚀最为严重；9Cr产物膜轻微覆盖，腐蚀较轻；13Cr和S13Cr几乎无产物膜覆盖，几乎无腐蚀发生。腐蚀形貌分析显示3Cr出现点腐蚀，其余均为均匀腐蚀。

实验组3：该实验条件下，短期腐蚀速率3Cr最高，可达1.16mm/a；9Cr相对很低，为0.17mm/a；13Cr略高于S13Cr，为0.015mm/a；S13Cr最低，大致为0.01mm/a；7D腐蚀速率均高于14D。3Cr产物膜厚且致密，腐蚀最为严重；9Cr产物膜轻微覆盖，腐蚀较轻；13Cr和S13Cr几乎无产物膜覆盖，腐蚀几乎不发生。腐蚀形貌分析显示3Cr出现局部沟槽腐蚀，其余均为均匀腐蚀。

实验组4：该实验条件下，短期腐蚀速率由高到低依次为9Cr、13Cr和S13Cr，同时较之前相比，13Cr与S13Cr的腐蚀速率差异增大，13Cr明显高于S13Cr。腐蚀形貌分析显示9Cr出现点腐蚀，13Cr有点轻微腐蚀，S13Cr均匀腐蚀。腐蚀速率与点蚀发生条件与单独CO_2腐蚀特征一致，极微量的硫化氢并没有导致不锈钢材料降低点腐蚀门槛值。

3.4　油套管长期腐蚀速率预测

对油套管进行了短期腐蚀速率预测，腐蚀速率由大到小依次为3Cr、9Cr、13Cr、S13Cr，其中3Cr在85℃时腐蚀速率达到最大，在9Cr105℃时达到最大，13Cr和S13Cr腐蚀速率很小且十分接近，并随温度升高腐蚀速率增大，在125℃达到最大。

同样对油套管进行长期预测腐蚀速率预测，不同条件下3Cr、9Cr的预测速率结果见图3。由于13Cr和S13Cr腐蚀速率均很小且变化不大，均接近于0.01mm/a，取14天腐蚀速率作为其长期腐蚀腐蚀速率，85℃条件下13Cr和S13Cr长期腐蚀速率分别为0.012mm/a和0.009mm/a；105℃条件下13Cr和S13Cr长期腐蚀速率分别为0.012mm/a和0.01mm/a；125℃条件下13Cr和S13Cr长期腐蚀速率分别为0.014mm/a和0.009mm/a。通过系统测试3Cr、9Cr、13Cr和S13Cr在S油田井筒温度和分压条件的腐蚀形貌及特征，排除了采用3Cr油套管材质的可能性，得出了9Cr和13Cr材质的点蚀发生条件，通过测试结果，认为不锈钢对极低浓度H_2S点腐蚀不敏感。

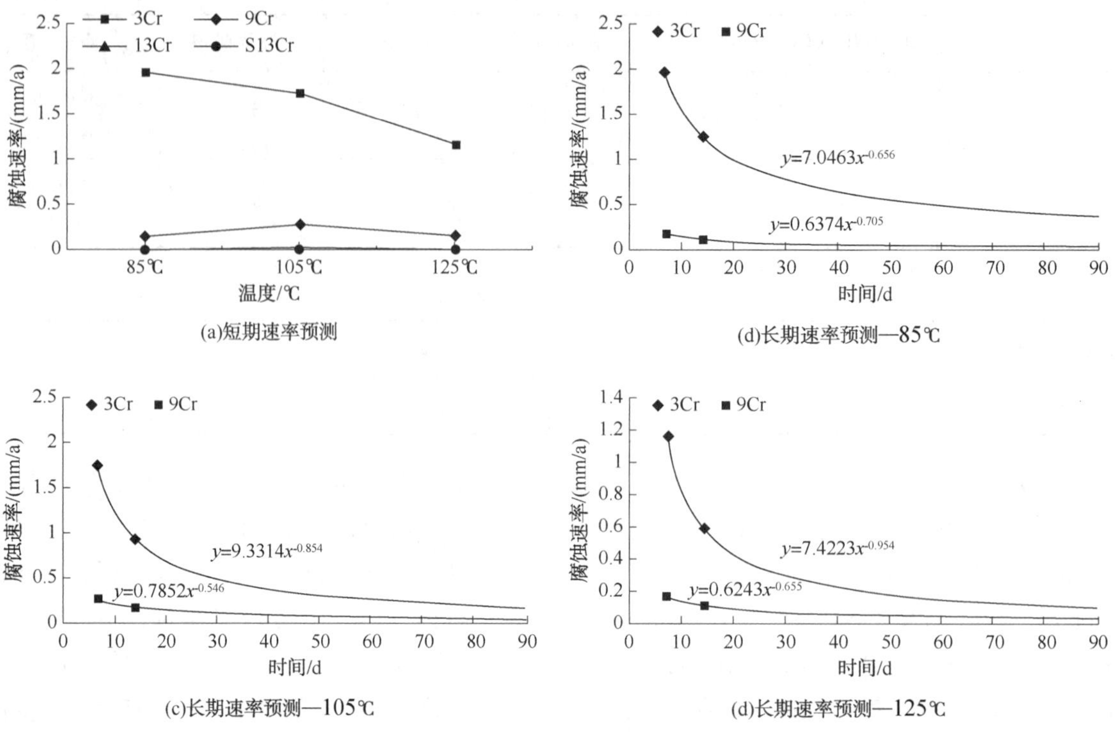

图 3　长短期腐蚀速率预测

4　油套管防腐选材优化设计

深井、超深井套管的选材需要综合考虑腐蚀与磨蚀以及强度需求这三个因素，在允许腐蚀磨蚀量范围内，强度要求亦满足载荷需求，成本能最小化的前提下，那么该种套管是满足施工需要的最优选择；油管无磨蚀量，考虑油管选材时，将磨蚀因素剔除，在腐蚀与强度条件下，成本最小，该种油管便是当前施工的最优选择。由于抗外挤强度对壁厚损失更为敏感，套管防腐优化设计应该抗挤强度为设计参数，油管防腐管材优化应该以抗拉和抗内压为设计指标。

4.1　套管腐蚀允量计算与材质优选

采用有限元软件对套管的偏心磨蚀进行计算，计算其允许损失壁厚、磨蚀厚度及腐蚀允量，计算结果见表 4。

表 4　套管允许损失壁厚、磨蚀厚度及腐蚀允量计算

	计算方式	允许损失壁厚/%	允许损失壁厚/mm	磨蚀厚度/mm	腐蚀允量/mm
47lbm/ft 11.99mm	全掏空	21%	2.52	0.5	2.02
	1/2 掏空	35%	4.2	0.5	3.7
40lbm/ft 10.08mm	全掏空	15%	1.505	0.5	1.005
	1/2 掏空	26%	2.608	0.5	2.168

根据计算结果，47lbm/ft 套管的腐蚀允量整体上大于 40lbm/ft 套管的腐蚀允量，套管选择范围更广，适用性强。壁厚 10.03mm 的套管以 1.005mm 为腐蚀允量，即使按照全掏空设计，该壁厚类型套管可以满足作业要求。

基于不同温度及气体分压条件下的长期腐蚀速率预测，对 N80、9-5/8in 油管进行腐蚀剩余强度校核，实验组 1 条件下，3Cr 在 6 年后不能满足强度要求；实验组 2 条件下，9Cr 在 14 年后不能满足强度要求；实验组 3 条件下 9Cr 在 16 年以后便不能满足强度要求，13Cr、S13Cr 均满足强度要求。

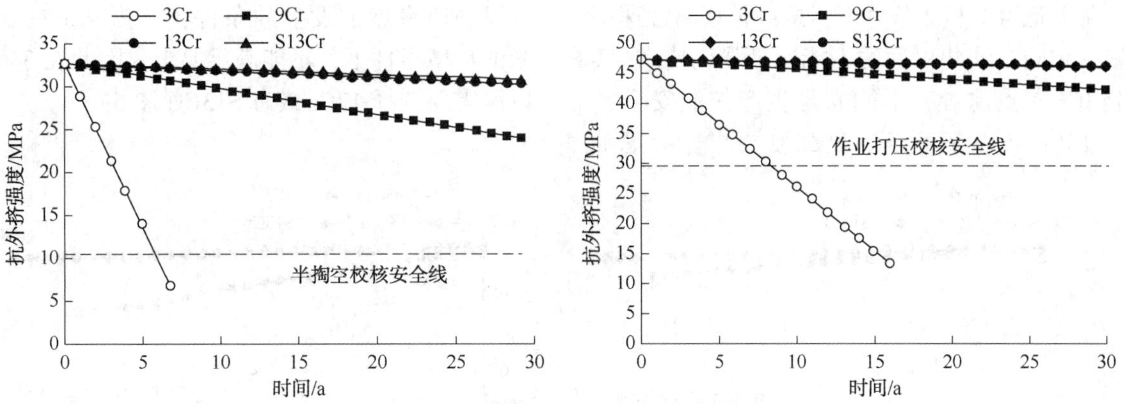

(a)套管强度校核—实验组1条件下

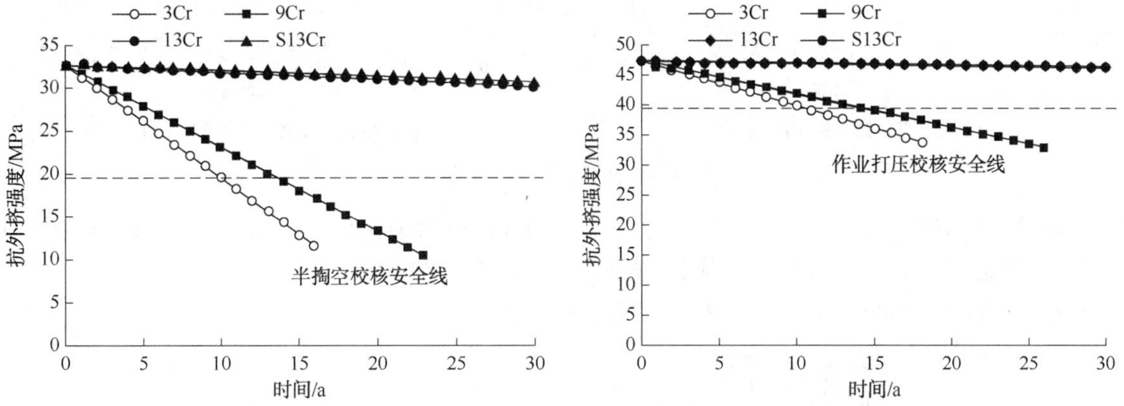

(b)套管强度校核—实验组2条件下

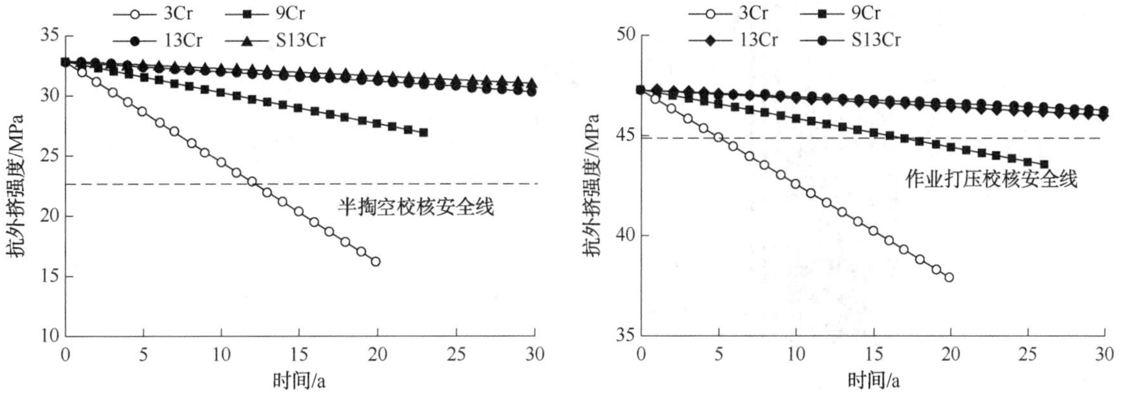

(c)套管强度校核—实验组3条件下

图4　套管强度校核

4.2　油管腐蚀允量计算与材质优选

由于油管与套管的载荷条不同，油管防腐设计主要是考虑在工作年限内，能够满足打压，起油管等载荷。设计工作载荷：打压 3500－4000psi，约合 24.1－27.6MPa；按照油套管内压和抗拉强度与壁厚损失的同比关系，可以由工作载荷计算出最少要求壁厚，进而计算出腐蚀允量。计算结果见表5。

表5　油管允许损失计算结果

	抗内压	工作打压	允许损失	抗拉能力	过提载荷	允许损失
5-1/2-碳钢	53.4MPa	27.6MPa	48.3%	1766kN	657.8kN	62.8%
4-1/2-碳钢	62.2MPa	27.6MPa	55.6%	1281kN	522.6kN	59.2%

在实验组1和2条件下，按照长期腐蚀速率计算，3Cr在14年以后便不能满足强度要求(实际上3Cr有点腐蚀，不能满足生产作业安全)，9Cr、13Cr、S13Cr可以满足强度要求。考虑油管腐蚀速率点蚀发生的条件，认为9Cr在3400米的环境条件下，不能满足要求，因此在3400m以深需要选择13Cr或者S13Cr(图5)。

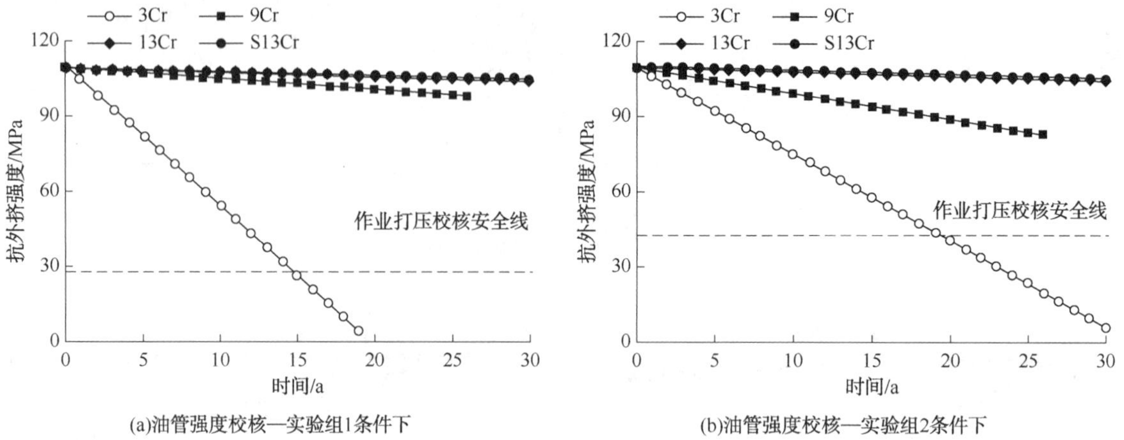

图5　油管强度衰减曲线

4.3　分段防腐选材方案

据建立的温度、分压剖面和上述强度校核结果，推荐S油田1800m以上可采用9Cr，1800m-3400m采用普通13Cr，3400m以下则采用S13Cr(图6)。

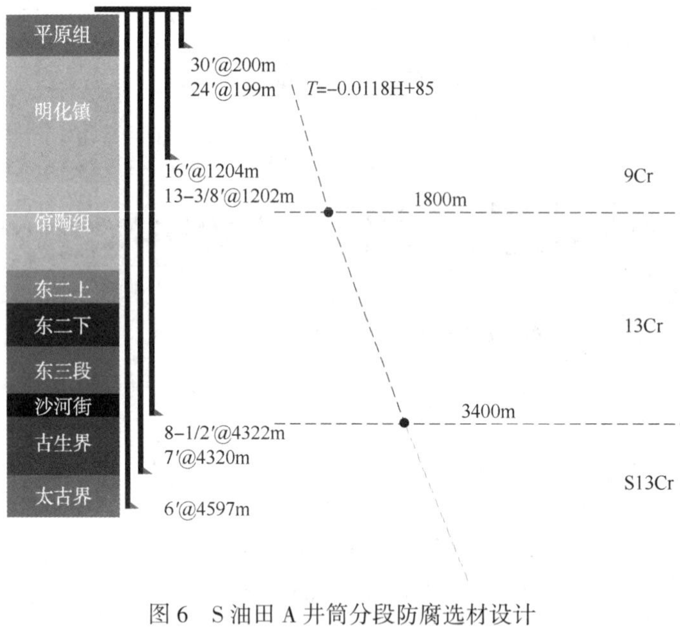

图6　S油田A井筒分段防腐选材设计

考虑材料受到高应力或者产生塑性变形时，材料表面的活化点增多且活化程度增加，能够加速点蚀坑的形成和发展。在深部高温井段，当考虑封隔器坐封压力时，需要考虑应力腐蚀问题，有必要在封隔器坐封管段提高防腐级别(推荐S13Cr)。

本研究推荐选材方案与图版推荐选材方案相比经济效益显著，以A井为例：尾管材质一致，均选用S13Cr，成本无增减；3483-1800米的9-5/8”套管选择普通13Cr，替代S13Cr，成本节约315.4万，3-1/3”套管选择普通13Cr，替代S13Cr，成本节约69.1万；1800米的9-5/8”套管选择9Cr，替代S13Cr，成本节约375.2万，3-1/2”套管选择9Cr，替代S13Cr，成本节约82.2万，单井总节省842万元，相关费用见表6。

表6　S油田某井筒分段防腐选材设计

油套管型号	材质/扣型	单价，元/吨
9-5/8"、69.94kg/m、壁厚11.99	9Cr-90/BC	33000
	13Cr-P110/BC	36000
	S13Cr-P110/BC	62800
7"、43.16kg/m、壁厚10.36	S13Cr-P110/BC	62800
3-1/2"、15.34kg/m、壁厚7.34mm	9Cr-90/BC	33000
	13Cr-P110/BC	36000
	S13Cr-P110/BC	62800

5　结论

（1）调研了渤海深层超深层S油田的井下腐蚀环境参数，CO_2分压：1.32MPa-2.81MPa、H_2S分压：0.03kPa-0.06kPa、油层温度：85℃-150℃、氯离子含量：31244.71mg/L、流速：2.58m/s；理清了S油田井下腐蚀主控因素。

（2）系统测试（3Cr）、9Cr、13Cr和超级13Cr在渤海S油田井筒温度和分压条件的腐蚀规律和特征，排除了S油田采用3Cr油套管材质的可能性，得出了9Cr和13Cr材质的点蚀发生条件；计算不同材料在不同温度、CO_2分压环境条件下的长期腐蚀速率和强度变化，推荐了"9Cr-13Cr-超级13Cr"分段防腐选材方案。

（3）分析了优选方案与传统选材方案的经济性，单井节省成本842万元，研究方案保证安全的前提下，降本效果显著。

参考文献

[1] 艾志久，范钰玮，赵乾坤．H_2S对油气管材的腐蚀及防护研究综述[J]．表面技术，2015，44(09)：108-115.

[2] 李建平，赵国仙，王玉等．塔里木油田用油套管钢的静态腐蚀研究[J]．中国腐蚀与防护学报，2004(04)：39-42.

[3] 周波，崔润炯．浅谈CO_2对油井管的腐蚀及抗蚀套管的开发现状[J]．钢管，2003(01)：21-24.

[4] 徐海升，李谦定，薛岗林等．N80油管钢在CO_2/H_2S水介质中的腐蚀研究[J]．材料保护，2009，42(07)：59-62+75.

[5] 马丽萍，王永清，赵素惠．CO_2和H_2S在井下环境中共存时对油管钢的腐蚀[J]．西部探矿工程，2006(11)：50-52.

[6] Kermani，M. B.，Morshed，et al. Carbon Dioxide Corrosion in Oil and Gas ProductionA Compendium[J]. Corrosion，2006，59(08).

[7] G. I R，V. V N，V. A A，et al. Study of Carbon Dioxide Corrosion Resistance of Pipe Steels in Oil Production Media of Various Compositions. Part 1[J]. Steel in Translation，2022，52(8).

[8] 朱培珂，邓金根，闫伟等．3Cr钢和13Cr钢在高矿化度CO_2环境中的腐蚀行为[J]．腐蚀与防护，2014，35(12)：1221-1225.

[9] 闫伟，邓金根，邓福成等．油套管力学-化学腐蚀规律分析[J]．中国海上油气，2014，26(01)：87-91.

[10] 王雷，杨培龙，牟云龙等．含H_2S/CO_2油田腐蚀环境防腐选材调研[J]．内江科技，2014，35(11)：23-25.

[11] 闫伟，邓金根，袁俊亮等．油套管钢长周期CO_2腐蚀速率的测试及准确计算方法[J]．材料保护，2014，47(08)：71-74+9.

渤海深层潜山油气藏优快开发技术与实践

崔国杰　陈　卓　廖前华　曹衍国　钟　声　蔡佩虎

［中海石油(中国)有限公司天津分公司］

摘　要　渤海深层潜山油气藏具有复杂地层多、井下环境恶劣、岩石可钻性差、裂缝性储层非均质性强等特点，严重制约渤海潜山油气藏高效开发。针对这一问题，围绕“提速、提质、提效、提产”四个方面，通过构建马达钻具组合的动力学模型、提升地震速度场精度、建立随钻坍塌压力分析模型、优化完井管柱、研发抗210℃高温无固相钻井液等方式，形成了破岩强化型提速技术、三压力精细刻画技术、完井管柱工具优化技术、全过程储层保护技术等渤海深层潜山油气藏优快开发技术体系，通过应用该技术，渤海深层潜山油气藏5000m深井平均钻完井周期小于45天，节省工期165.18天，节省费用6471万，高效地完成了渤海深层潜山油气藏开发任务，具有广泛推广前景。

关键词　提速；三压力；完井管柱；储层保护；深层潜山

深井、超深井钻井是支撑国家深地战略的核心技术，必须持续突破，构筑先发优势。渤海油田深层超深层油气资源主要为潜山油气藏，主要分布在渤中19-6、渤中13-2、渤中26-6等区块。其中，渤中19-6是全球最大的变质岩凝析气田，也是渤海唯一在开发的深层潜山油气田，平均井深5523m，具有复杂地层多、井下环境恶劣、岩石可钻性差、裂缝性储层非均质性强等特点，在硬地层钻井提速、复杂地层安全钻井、减少储层伤害、降低作业成本等方面带来极大挑战，严重制约渤海潜山油气藏高效开发。本文针对上述难点，围绕“提速、提质、提效、提产”四个方面进行攻关，形成破岩强化型提速技术、三压力精细刻画技术、完井管柱工具优化技术、全过程储层保护技术等渤海深层潜山油气藏优快开发技术体系，通过应用该技术，渤海深层潜山油气藏2500米当量钻井周期缩短42.98%，5000m深井平均钻完井周期小于45天，平均钻井日效率提高63.53%，机械钻速提高83.41%，提前投产450天，累计提前贡献油当量约18万方，节省工期165.18天，节省费用6471万，具有广泛推广前景。

1　潜山油气藏高效开发难点

1.1　复杂地层多

为开发渤海深层潜山油气藏，自上而下需分别钻开明化镇组、馆陶组、东营组、沙河街组、中生界及潜山地层。其中，东营组、沙河街组发育超压，最高地层压力系数可达1.7；东营组属于硬脆性地层，在构造强应力带影响下多发育易漏薄弱层，且坍塌风险高；中生界与潜山储层均属于裂缝性地层，发育两套压力系统，安全作业窗口窄，易发生井漏、井涌等复杂事故(图1)。

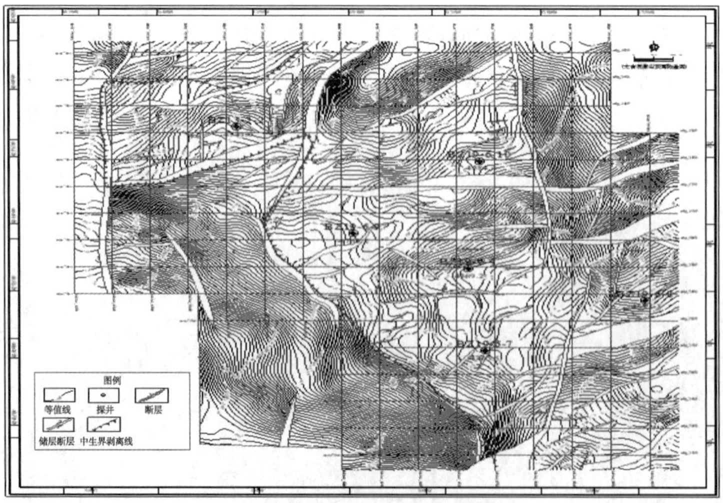

图1　渤海深层潜山断裂系统图

1.2　井下环境恶劣

渤中 19－6 区块潜山开发井井底温度为 195℃，且钻井扭矩大，钻具失效风险高。渤中 19-6-X1 井钻进至 5624m 时扭矩高达 52kN·m，减阻接头公扣处断裂，更换钻具组合后被迫采取低钻井参数钻进，机械钻速降低 40%以上，采用高抗扭钻具虽然能够降低钻具失效风险，但单井成本需增加 500 万以上(图 2)。

图 2　钻具断裂图

1.3　岩石可钻性差

潜山储层埋藏垂深 4509~5158m，以花岗片麻岩为主，抗压强度可达 276MPa，钻头容易崩齿、钻头磨损严重、单趟钻进尺少，部分井段机械钻速<1m/h，平均机械钻速小于 5m/h。潜山储层以上的深部硬地层抗压强度可达 172MPa，平均机械钻速约 10m/h(图 3)。

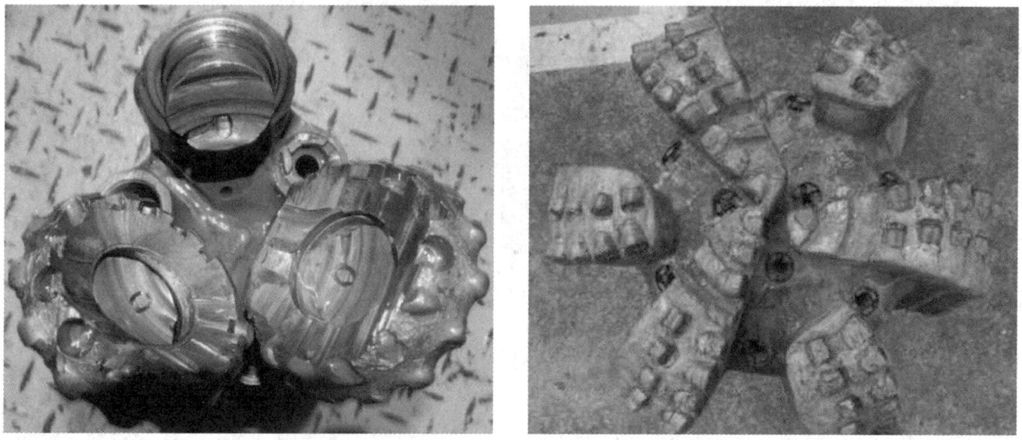

图 3　钻头磨损图

1.4　裂缝性储层非均质性强

潜山储层纵向上分为强风化带、次风化带和内幕带，发育大量的构造缝、溶蚀孔洞等，储层类型以裂缝型、裂孔隙型为主，具有孔隙结构多样、储集空间复杂、非均质性强等特征，孔渗小，平均孔隙度 2.8－4.1%，渗透率 0.84－2.64mD，储层伤害机理复杂，储层改造难度大，除裸眼衰竭式开发外，其它增产措施应用效果不佳(图 4)。

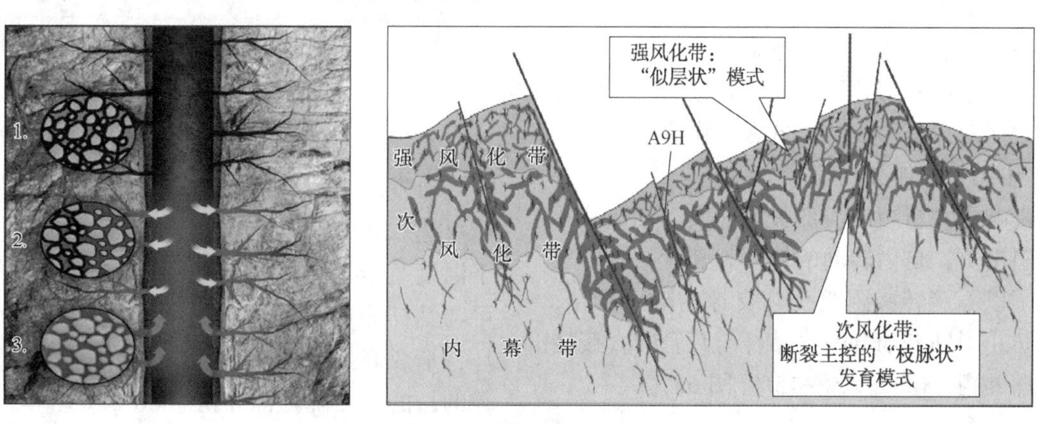

图 4　裂缝性储层示意图

2 潜山油气藏优快开发技术

2.1 提速：破岩强化型提速技术

针对潜山地层强度高、可钻性差、钻进扭矩大等难点，通过建立破岩强化型提速钻具组合、优选减阻接头及研发抗高温高效润滑剂等，降低深井作业扭矩，释放钻井参数，提升破岩能量，形成了适用于潜山硬地层的破岩强化型提速技术。

（1）破岩强化型提速钻具组合

以释放钻井参数，提高破岩能量为理念，在井下随钻测量工具中加入 IWOB 模块监测井底钻压与扭矩，形成井底钻压与扭矩实测数据库，在此基础上，优化动力学模型的钻头-地层激励约束条件，构建了马达钻具组合的动力学模型，并优选超大扭矩马达提供钻头破岩能量，配合旋转导向工具，抑制钻具组合的粘滑振动及涡动等有害振动，钻压可释放至 20t 以上。最终形成破岩强化型提速钻具组合如下：

PDC 钻头+6-3/4″PD(旋转导向)+6-3/4″马达(超大扭矩马达)+6-3/4″通讯短节+6-3/4″ARC(随钻测井工具)+6-3/4″TeleScope(轨迹随钻测量工具+IWOB 模块)+6-3/4″NMDC+6-1/2″F/V(浮阀)+7″堵漏短节+6-1/2″DC(钻铤)×3+6-1/2″液压震击器+5″HWDP(加重钻杆)

渤中 19-6-X 区块推广应用该钻具组合后，深层硬地层的平均机械钻速达到 22.36m/h，较同类地层机械钻速提升约 70%，提速效果明显，应用前景广阔(图 5)。

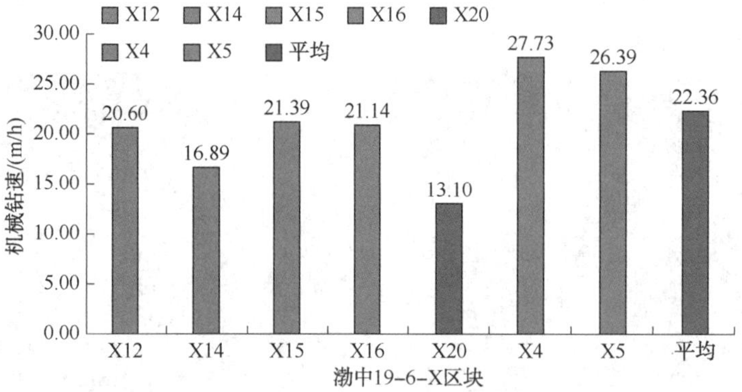

图 5　渤中 19-6-X 区块硬地层机械钻速

（2）深井降摩减扭关键技术

通过对比各井地层强度、井眼轨迹、钻具组合与井眼匹配、钻井参数及钻进扭矩，明确井眼轨迹是影响深井扭矩最关键的因素。进一步分析轨迹对扭矩的影响：当 0-1000m 井段的摩擦系数增加 0.1 时，井底钻进扭矩增加 4.3kN·m，与 1000-4000m 井段的摩擦系数增加 0.1 所增加的井底钻进扭矩基本相同。

控制深井浅部轨迹及摩擦系数是降低深井扭矩的关键，采用浅部井段加放减阻接头、研发抗高温高效润滑剂等手段，降低深井作业扭矩：

1）浅部井段加放减阻接头

在影响深井扭矩的浅部关键井段，在钻柱中加放减阻接头，自由转动的钻杆和套管、井壁之间形成了以不旋转减阻接头为支撑的隔离部位，有效的防止了钻杆与井壁、钻杆与套管的直接接触，使深井扭矩降低 12%-15%(图 6)。

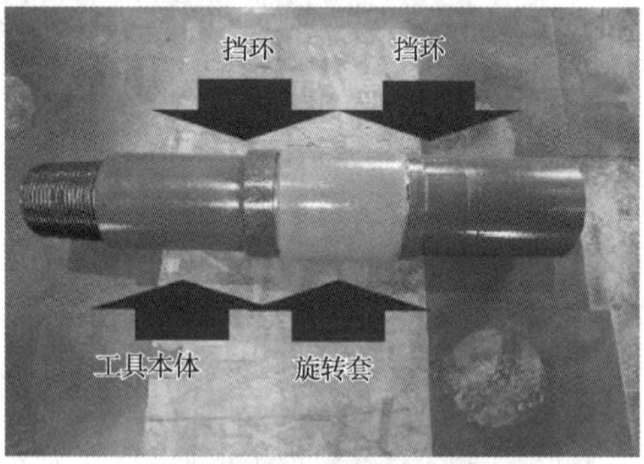

图 6　降摩减阻接头结构示意图

2）抗高温高效润滑剂 PF-LUBE220

研发的 PF-LUBE220 抗高温润滑剂工作环境可达 220℃，其覆盖在载荷面的凸起点上，由于温度及新暴露金属的高活性，引起化学反应，可与钻杆表面的原子通过共价键生成金属螯合环，形成高抗剪切吸附层，从而达到降低摩擦系数的目的，可降低深井扭矩 20%以上。

表 1 PF-LUBE220 润滑性能

井名	井段长度/m	LUBE220 使用情况	使用前扭矩/(kN·m)	使用后扭矩/(kN·m)	扭矩降低率
X1	455	是	23-26	18-22	20%
X2	1023	是	28-31	22-27	17%
X3	399	是	29-33	22-32	26%
X4	519	是	28-33	23-26	23%

2.2 提质：三压力精细刻画技术

针对潜山油气藏压力系统复杂，安全作业窗口窄的问题，从钻前预测、钻时跟踪、钻后评估三个方面精细刻画三压力剖面，配合精细控压钻井技术及精细控压固井技术，为保障复杂地层安全钻进提供数据与技术支撑。

（1）三压力钻前预测

针对深层超压高风险区常规偏移速度场精度低，难以满足区域超压分布规律研究精度需求，利用密点及层析速度分析相结合提升初始速度模型精度，通过叠前速度反演实现不同速度场的高低频带信息有效融合，形成三维高精度压力场建模技术。

针对常规地震偏移剖面无法识别易漏层的问题，利用相邻道地震信号之间的相似性来描述地层、岩性的横向非均质性，利用常规、波形和方差三个地震属性，从三个角度进行米字型切片，综合判识易漏层，优化井眼轨迹，避开断层、破碎带等易漏层，提高薄弱层识别精度(图 7)。

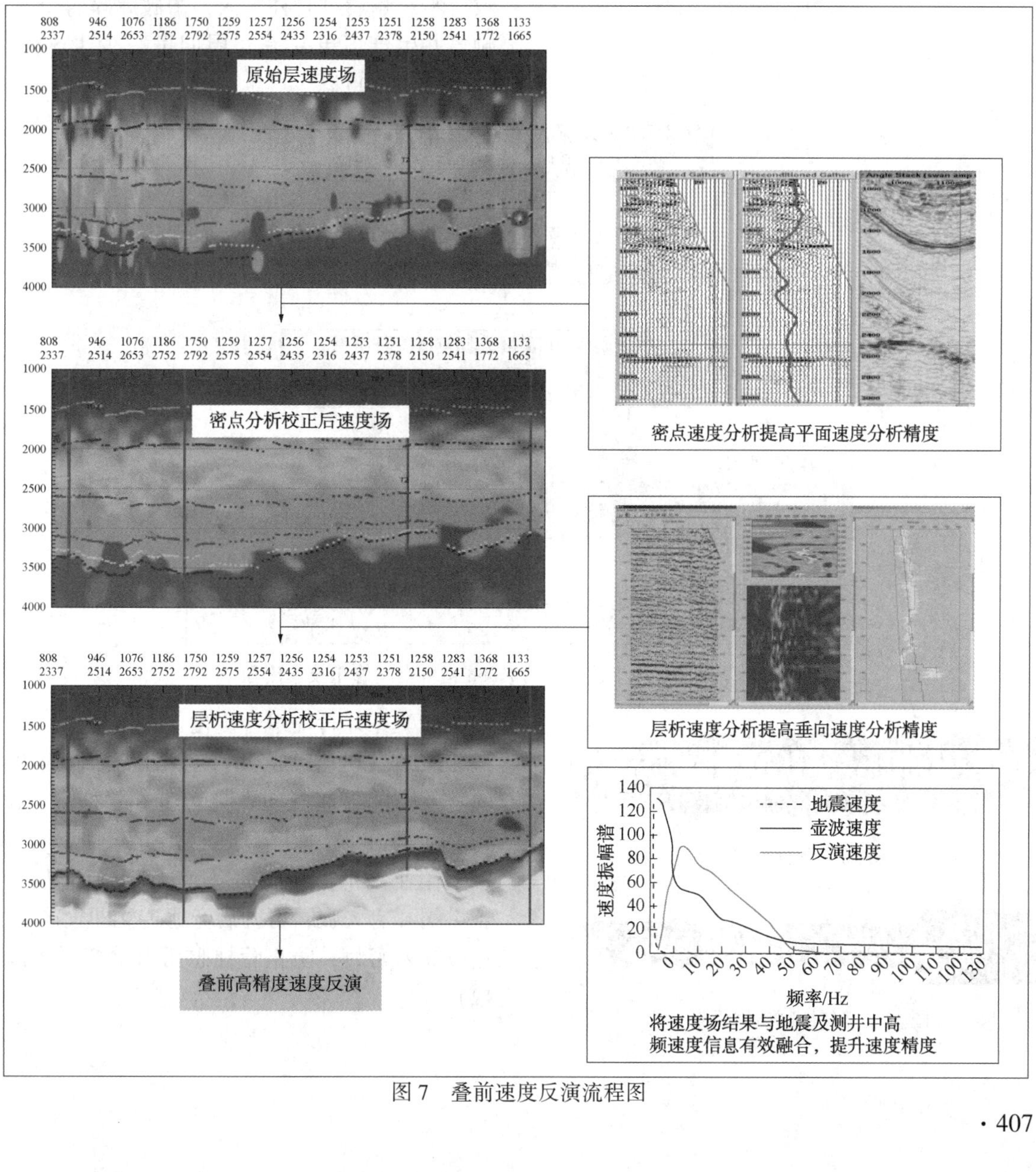

图 7 叠前速度反演流程图

（2）三压力钻时跟踪

在钻时跟踪工作中，构建一种随钻坍塌压力分析模型，创新提出了岩心强度软化系数与钻井液封堵系数，可以描述裂缝扩展、贯通过程中的“渗流-应力-损伤”耦合作用。并利用元素录井资料、元素衍射资料，构建了岩心强度软化系数与钻井液封堵系数的随钻反演模型，实现了钻井液与地层裂缝匹配度的实时评估及不同钻井液密度下地层坍塌周期的预测(图 8)。

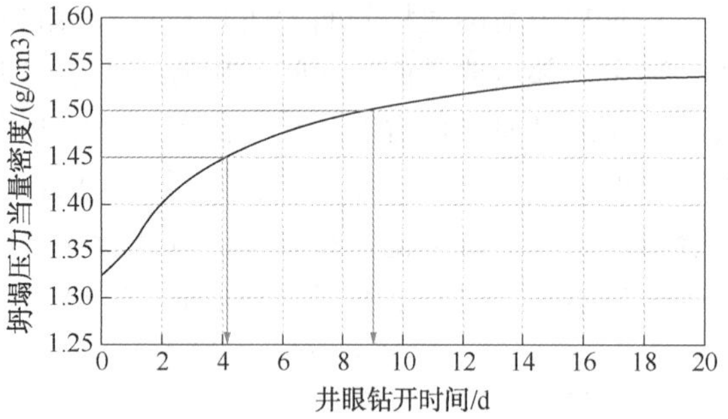

图 8　随钻坍塌压力计算结果

（3）三压力钻后评估

针对地层压力分析过程中，不同区域、层系 Eaton 指数差异性问题，梳理不同地层的超压形成机制，结合储层孔渗性信息建立重点区域超压数据有效性评价图版，明确超压有效性储层孔渗性标准，进一步提高超压数据及 Eaton 指数标定可靠性，为钻前预测提供数据参考(图 9)。

2.3　提效：完井管柱工具优化

（1）一趟化防砂管柱组合

通过下入一趟管柱同时完成防砂、封井两项作业，引入破裂拱阀对封隔器坐封工具进行改造，节省投球坐封程序。破裂拱阀封井技术具有如下特点：与顶部封隔器配合可实现内、外全封井；耐温 204℃，耐压 18000psi，满足 V0 气密要求；可选用钢丝、连续油管、钻具、油管投棒、液压多种击破方式；击破后内径与割缝管一致，不影响后续管柱下入；击破后碎屑少，不影响气井生产。单井完井周期可减少 1.5 天以上(图 10、图 11)。

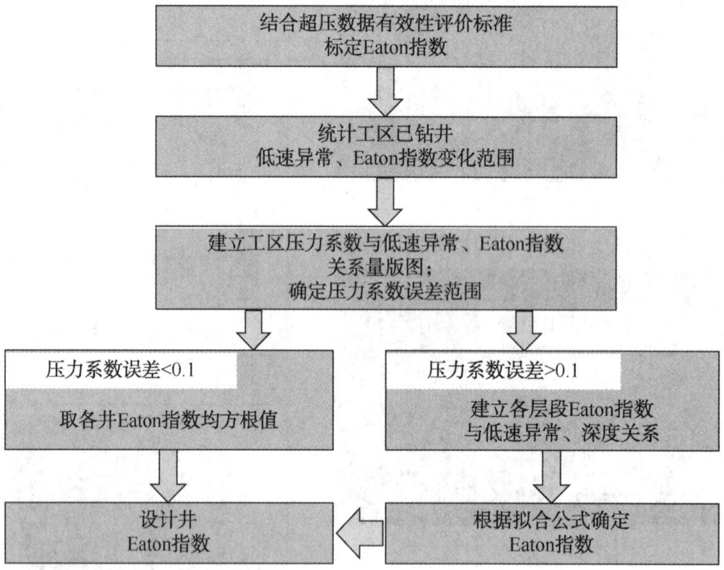

图 9　基于储层孔渗性耦合的 Eaton 指数空间修正技术流程

图 10　破裂拱阀

图 11　破裂拱阀击破工具

（2）完井管柱组合优化

兼顾拱阀开启成功率与管柱简洁性对测 PLT(生产测井)井管柱与不测 PLT 井管柱进行优化：测 PLT 管柱采用可溶球坐封生产封隔器，减少钢丝作业；不测 PLT 管柱增加压力开启滑套，若拱阀开启失败，可开启旁通道立即投产；取消定位插入密封，防止管柱憋压上抬变形风险(图 12)。

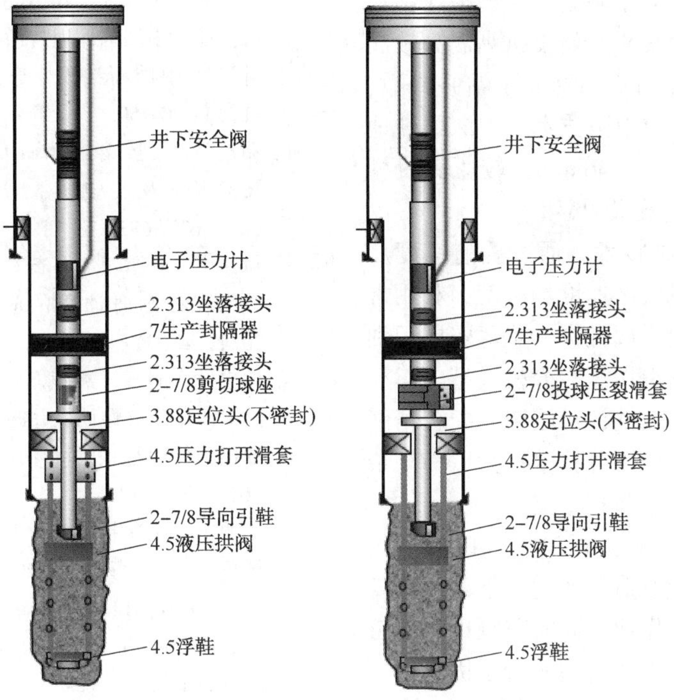

不测PLT井管柱　　测PLT井管柱

图 12　完井管柱组合

2.4　提产：全过程储层保护技术

（1）抗 210℃高温无固相钻井液

研发抗 210℃可降解液相胶束钻井液和可高效助排的聚氨防水锁剂，钻井液体系主剂为抗高温淀粉、防水锁剂、抗高温润滑剂，均为水溶性聚合物，在高温环境下会逐渐降解，基本无粘切，采用 KCL 进行加重，无固相残留，有效避免储层伤害，实现了储层无固相钻进(图 13)。

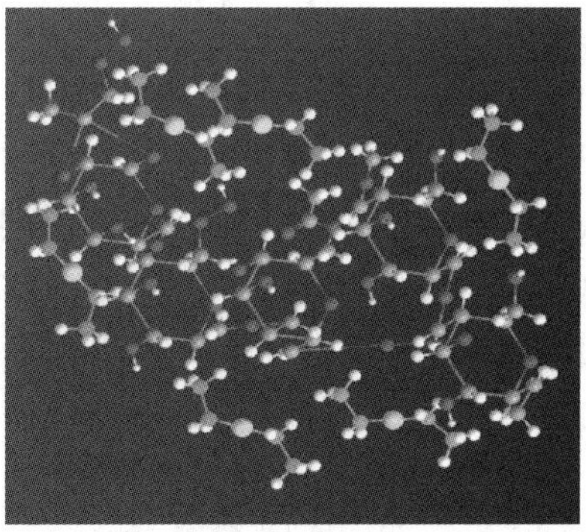

图 13　自组装聚合物分子结构示意图

（2）储层保护工艺优化

1）降低固相含量：配置钻井液/完井液/测试液所需海水经过双级过滤，将过滤精度由 2um 提高至 1um，避免孔喉堵塞；振动筛采用进口筛布(API140 目以上)+除泥器/除砂器+2 台中/高速离心机配合清除有害固相。

2）快进快出、及时返排：提前预制生产流程管汇，完井即投产；钻完井液添加 0.5%防水锁剂 PF-SATRO-1，预防水锁性伤害，降低气水界面张力，方便水相返排(表 2)。

表 2　防水锁剂效果

液体类型	表面张力/(mN/m)	界面张力/(mN/m)
甲酸钾盐水	38.32	13.99
甲酸钾盐水+1.0% ESM-D2	20.26	2.18
甲酸钾盐水+0.3%SATRO-1	24.12	2.44

3　结论与建议

针对渤海深层潜山油气藏高效开发面临的硬地层机械钻速低、复杂地层非生产时间长、裂缝性储层易伤害、作业成本高等难点，通过科研攻关和钻井实践经验的积累，形成了一套渤海深层潜山油气藏优快开发技术体系：

1）破岩强化型提速技术。构建了马达钻具

组合的动力学模型，建立了破岩强化型提速钻具组合，并通过优选减阻接头、研发抗高温高效润滑剂等，降低深井作业扭矩，释放了钻井参数，渤中19-6-X区块推广应用该技术后，深层硬地层的平均机械钻速达到22.36m/h，较原有机械钻速提升约70%，提速效果明显。

2）三压力精细刻画技术。通过叠前速度反演提高了深层超压高风险区速度场精度，利用常规、波形和方差三个地震属性提升了薄弱层识别精度，构建了一种随钻坍塌压力分析模型，建立了重点区域超压数据有效性评价图版，配合精细控压钻井技术及精细控压固井技术，为保障复杂地层安全钻进提供了数据与技术支撑。

3）完井管柱工具优化。通过引入破裂拱阀对封隔器坐封工具进行改造，实现了下入一趟管柱完成防砂、封井两项作业，同时兼顾拱阀开启成功率与管柱简洁性对生产管柱进行了优化，极大节省了完井作业时间，单井完井周期可减少1.5天以上。

4）全过程储层保护技术。通过研发抗210℃高温无固相钻井液，配合防水锁剂、固相含量降低工艺等，实现了高温潜山储层无固相钻进，有效避免了储层伤害。

5）通过应用该技术体系，渤海深层潜山油气藏2500米钻井周期缩短42.98%，5000m深井平均钻完井周期小于45天，平均钻井日效率提高63.53%，机械钻速提高83.41%，提前投产450天，累计提前贡献油当量约18万方，节省工期165.18天，节省费用6471万。

参考文献

[1] 薛永安，柴永波，周园园．近期渤海海域油气勘探的新突破[J]．中国海上油气，2015，27(1)：1-9.

[2] 薛永安，李慧勇．渤海海域深层太古界变质岩潜山大型凝析气田的发现及其地质意义[J]．中国海上油气，2018，30(3)：1-9.

[3] 周心怀，张如才，李慧勇，王保全，郭永华．渤海湾盆地渤中凹陷深埋古潜山天然气成藏主控因素探讨[J]．中国石油大学学报(自然科学版)，2017，41(1)：42-50.

[4] 邓建明，马英文．渤海中深层天然气田钻完井关键技术现状及展望[J]．石油钻采工艺，2018，40(6)：677-683.

[5] 付建民，韩雪银，马英文等．VorteX型动力导向钻井系统在渤海油田的应用[J]．石油钻探技术，2014，42(3)：118-122.

[6] 谭忠健，胡云，袁亚东，曹军，张向前，杨占许．渤海海域裂缝性地层井漏机理研究——以渤中34-9油田为例[J]．中国石油勘探，2021，v.26；No.133(02)：127-136.

[7] 王明杰．超深井钻柱动力学特性分析及动态安全性评价[D]．上海大学，2016.

[8] Paslay P R，Techaid C，Cernocky E P. Bending stress magnification in constant curvature doglegs with Impact on drillstring and casing. SPE 22547.

[9] Baumgart A，Baumgart A. Stick-slip and bit-bounce of deep-hole drillstrings [J]. Journal of Energy Resources Technology，2015，122 (2)：78-82.

[10] 白雪，李振春，张凯等．基于井数据约束的高精度层析速度反演[J]．物探与化探，2015，39(04)：805-811.

[11] 王智瑞．基于小尺度网格层析速度反演的孔隙压力预测方法[J]．工程地球物理学报，2022，19(04)：483-489.

[12] 肖艳玲，范旭，王晓涛等．网格层析速度反演技术在齐古背斜叠前深度偏移中的应用[J]．石油地球物理勘探，2017，52(S2)：98-103+5.

[13] 张欣．立体层析速度反演方法研究[D]．中国石油大学(华东)，2017.

[14] 陈强，刘培锴，王荐等．抗高温无固相钻井液体系研究与应用[J]．化学与生物工程，2019，36(09)：44-48.

[15] 李建军，王中义．抗高温无固相钻井液技术[J]．钻井液与完井液，2017，34(03)：11-15.

渤海深井降摩减阻技术研究与应用

谢荣斌　金经洋　刘　伟　徐光达　董子源　夏鑫磊

[中海石油(中国)有限公司天津分公司]

摘　要　摩擦阻力大、扭矩传递困难是渤海深层开发井钻井技术面临的关键技术难题。在摩擦阻力的影响下钻具易发生屈曲和卡死现象，进而导致钻具扭矩过大，产生钻具断裂、顶驱能力超限、套管和钻柱磨损等问题，严重影响钻井作业效率和钻井成本。为此，在分析现有降摩减阻工具优缺点的基础上，研制了一套新型降摩减阻工具，该工具通过接在钻柱中，与钻柱相对转动、实现降摩减阻功能。然后，通过Landmark软件计算各井段的侧向力大小，确定降摩减阻工具数量及安放位置。最后，选用ZHH3井和ZHH3k井两口重点井，通过模拟计算和实测数据对降摩减阻工具的使用效果进行双重验证，结果显示，安装降摩减阻工具后，ZHH3井深层扭矩降低14%，ZHH3k井深层扭矩降低15%，降摩减阻效果明显，有效提高了钻井作业时效，可为渤海深层开发井钻井降摩减阻作业提供充分参考。

关键词　深层；降摩；减阻；提效；扭矩

近年来，随着国内外对油气资源需求和依赖的增长与浅部地层油气储量的日益下降，渤海地区的深层油气资源开发作业也随之增加。与浅层钻井相比，在深层开发井的钻进过程中，随着钻具的不断深入，与井壁的接触面积增加，摩阻变大，深层钻井扭矩的不断增大，容易导致钻具失效，BZ19-6-X1井在钻7″尾管附件过程中发生钻具失效事故，由于扭矩过大导致钻头公扣断裂，钻头落井，经过八次打捞，将井底钻具成功打捞，最终损失工期12.1天。若全井段使用高抗扭钻具，预计单井增加成本500万以上。所以，如何有效的降摩减阻是深层钻井降本增效的关键。

基于此，笔者研制了一套适用于渤海地区深层开发井的降摩减阻工具，并利用Landmark软件明确了降摩减阻工具数量及安放位置。该技术在ZHH3井和ZHH3k井进行了应用，ZHH3井深层扭矩降低14%，ZHH3k井深层扭矩降低15%，降摩减阻效果明显，有效解决了深层开发井钻井作业摩阻扭矩高的问题，应用前景广阔。

1　降摩减阻工具研究

1.1　受力分析

钻井时摩阻扭矩的大小主要跟钻具所受的侧向力大小和井身结构有关，井下摩阻F是滑动钻进时，钻具与井筒内壁接触摩擦产生的，一般随着井斜角α的增大，钻具的重力G在井筒内壁上的径向分力增加，也就是侧向力增加导致摩阻增加，在深井钻井过程中，随着接触面积的逐渐增加，也会导致摩阻变大(图1)。

$$F=\mu N=\mu G\cos\alpha \qquad (1)$$

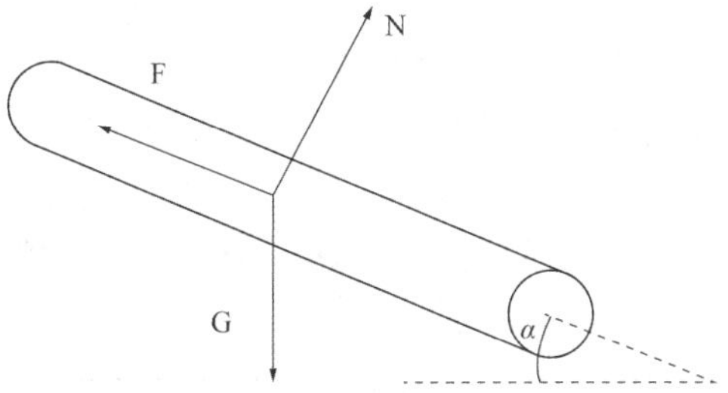

图1　井下工具受力分析示意图

其中，F是摩阻，G是重力，α是井斜角，N是侧向力。

1.2　传统降摩减阻工具

通过调研相关文献得出目前主要的降摩减阻工具主要有以下三种，如下图所示，分别为TC轴承减扭工具、滚珠轴承减扭工具、旋转钻杆护箍三种。TC轴承减扭工具的TC轴承强度高，减扭效果好，在作业后经过维护保养可多次使用，但是安装和拆卸工作相对繁琐；滚珠轴承减阻工具的降摩减阻效果最后，摩擦系数最低，但是加工选材难度大，质量控制难度高且工具寿命短；旋转钻杆护箍也存在着工作寿命短，胶皮易老化的问题，在作业过程中胶皮脱落易导致卡钻、憋泵等事故(图2)。

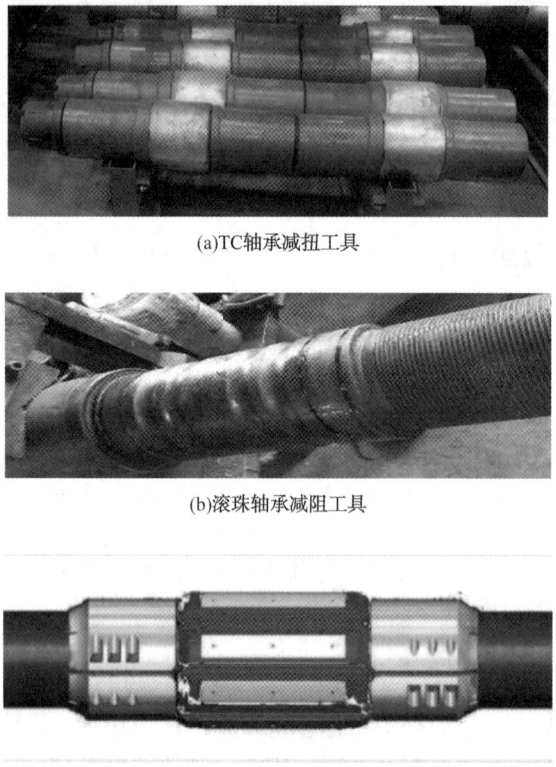

(a)TC轴承减扭工具

(b)滚珠轴承减阻工具

(c)旋转钻杆护箍

图2　降摩减阻工具

2　新型降摩减阻工具研究

2.1　工作原理及技术特点

基于现有降摩减阻工具的优缺点，研制了新型降摩减阻工具，降摩减阻接头结构示意图如图3所示，该工具由工具本体、旋转套、上挡环、下挡环组成，为加强工具本体和旋转套接触部分耐摩性，二者均镶嵌硬质合金材料。

该工具是通过接在钻柱中，与钻柱相对转动、实现减摩减扭作用的工具，自由转动的钻杆和套管、井壁之间形成了以不旋转减扭接箍为支撑的隔离部位，使地面驱动旋转扭矩降低20%以上，有效的防止了钻杆与井壁、钻杆与套管的直接接触，进而减少了钻杆和套管磨损，降低了钻杆与井壁、套管的摩擦接触力，从而使钻杆送入阻力大大减少，钻进扭矩的增加以及摩阻的降低有利于钻压和扭矩传递，有效的提高了钻井时效。

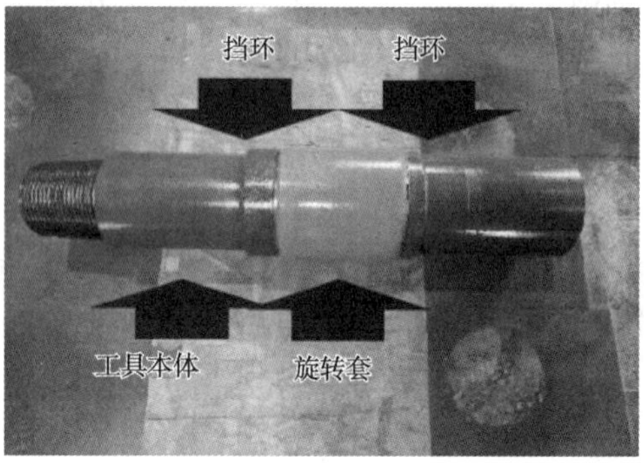

图3　降摩减阻接头结构示意图

按照常用钻杆尺寸设计的相应型号以及技术参数如表1所示。

表1　减扭防磨接头技术参数

规格型号	2-7/8″	3-1/2″	5″	5-1/2″
工作外径/mm	146	146	198	202
接头螺纹(API)	2-7/8 IF	3-1/2IF	4-1/2IF/NC52	5-1/2FH
水眼直径/mm	44~45	62	75	89
工具长度/mm	810	810	918	918
工具重量/kg	75	62	103	149
工具抗拉/kN	1800	2200	3200	3924
工具抗扭/(kN·m)	25	42	86	110
上扣扭矩/(kN·m)	12	18	43	60
轴承保养周期/h	500	500	600	600

2.2　使用原则及操作规程

在工具下井前，需要搜集工具下入前钻柱扭矩、悬重数据，利用Landmark软件模拟降摩减阻工具安放后钻具所受的扭矩、悬重数据，在根据计算结果科学合理的设计工具数量以及安放位置，降摩减阻的基本安放数量、位置原则如下：①工具必须安放在套管段，裸眼段禁止安放；②造斜段每1柱钻杆加1支；稳斜段每3柱钻杆加1支；③工具下井时间超600h，需重新保养。

该工具的可以应用于定向井、水平井、深

井、侧钻井等多种井型，工作转速不超过150rpm，此工具接头在每两根或三根钻杆中加入一只，具体情况是：如果井斜全角变化率大于2°/30m，每两根加入一只；如果井斜全角变化率小于2°/30m，每三根加入一只。此工具接头下端的公螺纹与钻杆之间的上、卸扣可用液压大钳完成；而上端的母螺纹与钻杆之间的上、卸扣必须用“B”型钳完成；在起、下钻时，该工具接头不用卸下来，可作为立柱的一部分进行起、下钻作业。

3 实例验证

ZHH3井完钻井深为4678m，工程难度体现为：泵压高、摩阻扭矩大，轨迹控制难。利用软件分析计算出各井段的侧向力大小，如图4所示，以便合理安放减摩减扭工具，更好的达到减扭减磨的效果。从侧向力分析可以看出，该井在钻进和起下钻过程中造斜段上部(200-400m)的侧向力比较大，稳斜段(1168-4345m)侧向力变化不明显。

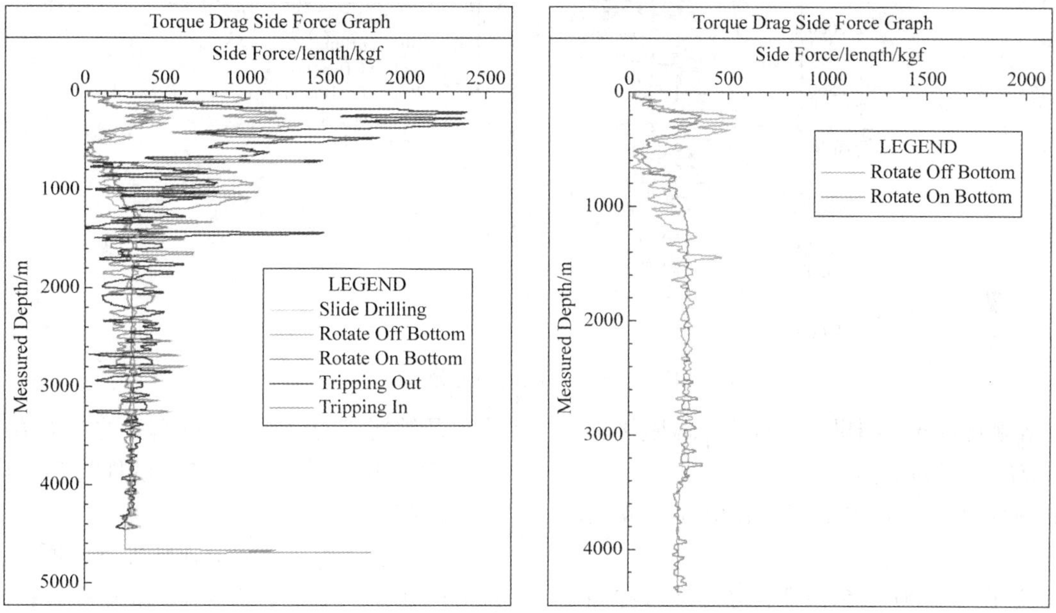

(a)起下钻侧向力分布图　　(b)旋转钻进、循环侧向力分布图

图4　不同工况侧向力分布图

根据钻具在不同工况下所受侧向力计算结果，降摩减阻工具在本井的应用按以下方案模拟实施：

① 降摩减阻工具主要安放在侧向力较大的井段；

② 先下入1500米5″钻杆，之后在每柱加一个减摩减扭工具，下到井深4800m(该段所需减摩减扭工具共110只)；直至完钻前约200m；

③ 准备110降摩减阻工具；

④ 在施工中观察返出的泥浆，注意有无铁屑，及铁屑量的大小，判断套管的磨损情况；

⑤ 使用倒装钻具，减小钻具与套管内壁的接触面积。

根据现场的实钻轨迹利用Landmark软件对钻进扭矩预测，进而与实钻扭矩进行对比分析工具使用情况，如图5所示。根据现场数据反演，4600米井深处扭矩约为49.8kN·m，而实钻的过程中4600m处扭矩为42.9kN·m，扭矩降低14%，工具作用效果明显。

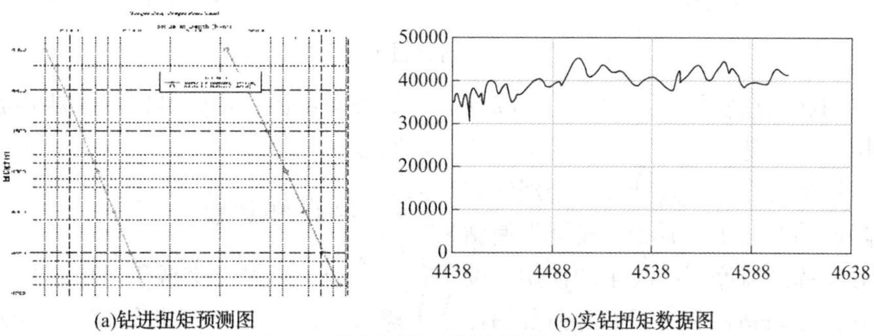

(a)钻进扭矩预测图　　(b)实钻扭矩数据图

图5　工具使用前后扭矩效果对比图

ZHH3k 井完钻井深为 4978m，不同工况下侧向力分布图如图 6 所示，从侧向力分析可以看出，该井在钻进和起下钻过程中造斜段上部(200－800m)的侧向力比较大，稳斜段(1100－4110m)侧向力变化不明显。

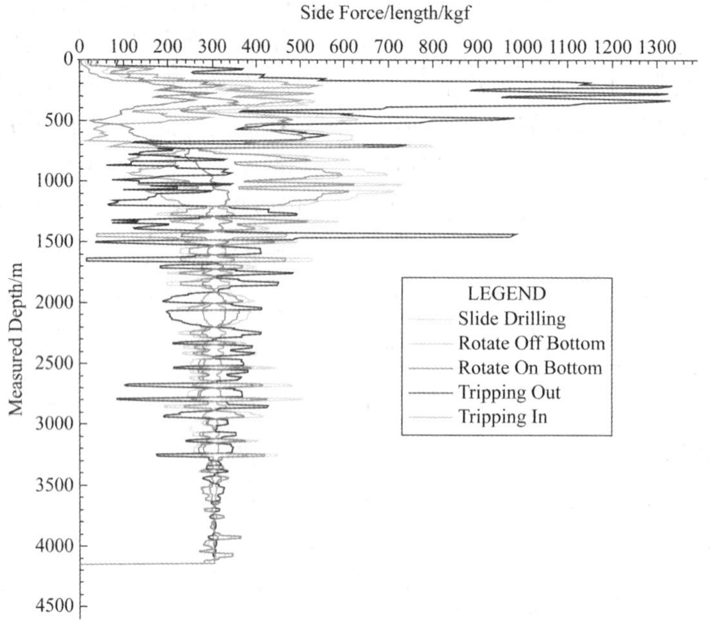

图 6　不同工况侧向力分布图

根据侧向力分析结果，设计降摩减阻接头在本井的应用方案如下：

① 减摩减扭工具主要安放在侧向力较大的井段。

② 先下入 1500 米 5″钻杆，之后在每柱加一个减摩减扭工具，下到井深 4800m(该段所需减摩减扭工具共 110 只)；直至完钻前约 200m。

③ 准备 110 只减减摩减扭工具。

④ 在施工中观察返出的泥浆，注意有无铁屑，及铁屑量的大小，判断套管的磨损情况。

⑤ 使用倒装钻具，减小钻具与套管内壁的接触面积。

工具使用前后效果对比图如图 7 所示，利用 Landmark 软件计算该井 4700 米井深处扭矩约为 42. 2kN · m，实钻过程中 4700m 处扭矩为 36. 7kN · m，扭矩降低 15%，工具作用效果明显。

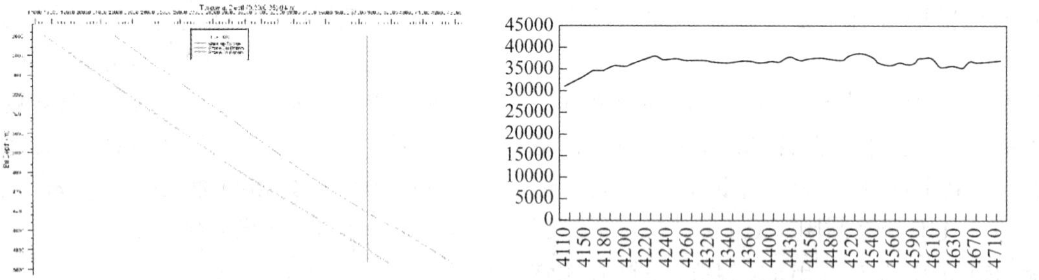

(a)模拟数据　　(b)实钻数据

图 7　工具使用前后扭矩效果对比图

根据扭矩预测和现场实钻扭矩图对比，降摩减阻工具的使用大大降低了扭矩，工具的结构合理，安装方便，性能可靠。通过计算后合理的安放能够有效的降低钻井扭矩，减少套管磨损使钻机效率得到充分发挥。减摩减扭技术的使用有助于安全快速钻井，提高钻柱和套管的寿命及钻柱的安全系数，从而可以节约钻井成本，经济效益明显。

4　结论和建议

(1) 通过文献调研对传统降摩减阻的优缺点进行汇总，并基于此研制了一种新型降摩减阻工具。

（2）通过计算分析钻具在不同工况下所受的侧向力分布情况，对降摩减阻工具的使用数量以及安放位置进行优化，为不同井型、不同工况下降摩减阻工具的科学合理使用提供依据。

（3）利用 Landmark 软件将降摩减阻工具模拟应用于 ZHH3 井，根据扭矩预测和现场实钻扭矩图对比得出，降摩减阻工具的使用使得该井 4600m 处的扭矩从 49.8kN·m 降到 42.9kN·m，扭矩降低 14%。

（4）利用 ZHH3k 井对降摩减阻工具进行现场实际应用，该井 4700m 处的实际扭矩为 36.7kN·m，相较于模拟软件计算的不使用该工具情况下的 42.2kN·m，扭矩降低了 15%。

（5）实际应用效果显示，该工具的使用能够有效的降低深层钻井的摩阻扭矩，提高钻具的使用寿命和安全系数，从而节约钻井成本，经济效益明显，应用前景广阔。

参 考 文 献

[1] 李康．海洋石油钻井现状与技术发展研究[J]．化工管理，2019(35)：134.

[2] 国土资源部油气储量评审办公室．全国石油天然气探明地质储量评审表［R］．北京，2008-2017.

[3] 国土资源部信息中心．全国油气矿产储量通报[R]，2008-2017.

[4] 王建龙，祝钰明，柳鹤等．典型振动减阻工具研究进展及展望[J]．西部探矿工程，2022，34(01)：68-70+75.

[5] 李乾，王磊，王喜杰等．东海大位移水平井降摩减阻技术研究与实践[J]．中国海上油气，2022，34(06)：149-156.

[6] 李跃谦，刘禹铭，郝宙正等．渤海油田大斜度井减阻降压技术探讨及减阻工具在钻井中的应用[J]．石化技术，2021，28(01)：35-36.

[7] 薄玉冰．定向钻井中托压机理分析及对策探讨[J]．石油钻探技术，2017，45(01)：27-32.

[8] Chen Y，He C，Zhou X，et al. Analysis of factors affecting drilling friction and investigation of the friction reduction tool in horizontal wells in Sichuan[J]. Advances in Mechanical Engineering，2019，11(7).

[9] 李云峰，周岩，胡中志等．高效降摩减扭工具的研制及现场试验[J]．石油钻探技术，2017，45(03)：83-87.

[10] 廖前华，祝效华，刘少胡等．分体轴承式减扭防磨工具设计与安全性分析[J]．石油矿场机械，2010，39(05)：30-32.

[11] 李乾，王磊，王喜杰等．东海大位移水平井降摩减阻技术研究与实践[J]．中国海上油气，2022，34(06)：149-156.

[12] 张勤，倪华峰，王清臣．长庆致密气田超长水平段钻井降摩减阻技术[J]．石油钻采工艺，2022，44(06)：671-677. DOI：10.13639/j.odpt.2022.06.002.

[13] 薛亮，肖夏，游尧等．南海东部惠州油田大位移井减摩减阻技术浅析[J]．石化技术，2021，28(04)：43-44.

[14] He Z，Pradeepkumar A，Eric O V，et al. Investigation of pipe rocking and agitator effectiveness on friction reduction during slide drilling[J]. Journal of Petroleum Science and Engineering，2021，204.

[15] 范白涛．渤海油田钻完井技术现状及发展趋势[J]．中国海上油气，2017，29(04)：109-117.

超深层钻井用防喷器系统现状和发展趋势

郭 雪 屈志明 许宏奇 王红杰

（河北华北石油荣盛机械制造有限责任公司）

摘 要 随着能源需求的不断增加和油气资源的逐渐枯竭，油气开采技术逐步进入到深层、超深层阶段。超深层油气田具有温度高、压力大、地层结构和油气性质复杂等特点，对石油装备性能提出了更高的要求。本文对超深层钻井技术发展使石油装备行业面临的挑战，国内外防喷器系统发展和应用现状，以及各防喷器制造商公司特高压防喷器产品的结构特点进行了分析，总结出防喷器系统未来发展趋势以及我国特高压防喷器发展面临的问题。

关键词 超深层钻井；特高压高温；防喷器；剪切闸板；井控装备

随着全球能源需求的日益增长，超深层钻井技术成为油气勘探开发的重要趋势。全球超深层井区域主要集中在中东、北美、俄罗斯、亚洲和非洲等地区。我国深层超深层油气资源潜力巨大，主要分布在塔里木、四川和鄂尔多斯等盆地。“十四五”以来一批影响深井超深井安全快速钻井的关键核心技术卡点急需突破，实现高端装备工具的自主可控已成刚性需求。

防喷器系统是保障油气勘探开和开发过程中作业安全的关键装备，由于超深层地层的复杂性和不确定性，对井控安全装备提出了更高的要求，需要防喷器系统具备更高的耐高压、耐高温和抗硫化氢能力，才能够更好地适应超深层钻井的需求。

1 防喷器系统面临的挑战

随着石油需求的增长以及技术的不断发展，全球万米深井累计共有六十余口，主要分布在美国、俄罗斯、加拿大等 20 多个国家。其中，陆上垂深超过万米的井只有一口，就是前苏联的科拉 SG-3 井，垂深 12262 米。世界上最深的油井属于埃克森石油天然气公司于 2017 年 11 月在库页岛萨哈林-1 号项目实施的 Chaivo 油田 Orlan 平台所完成的“世界之最”钻井，井深达 15000 米。

进入 21 世纪后，中国石油工业开始向超深层进军，大力发展深井、超深井钻井技术，并应用到了实际的油田开发中，钻井整体水平上了一个新的台阶。此外，陆上深井钻井技术、分支井钻井技术等高端技术也逐渐得到了发展和应用。目前，中国石油在塔里木盆地和四川盆地初步部署了万米目标井。2023 年 5 月，我国首个万米深地科探井在新疆塔里木盆地正式开钻，被命名为“深地塔科 1 井”，钻探深度达到 11100 米，预测井底温度 220℃以上、压力 170MPa 以上。

万米深井存在超深、复杂地层多压力系统，井身结构完井尺寸小、层次不够用，超高温、超高压，特殊流体等难题，导致泥浆漏失、井涌等井控安全风险大。因此，超深层钻井对井控设备的要求非常高，需要高压力、高温度等条件下的高性能井控设备，以保证钻井的安全性和效率。

为满足超深层钻进技术的发展趋势，防喷器系统作为防止井喷，保障人员、设备和油气资源安全的关键设备，逐渐向特高压特高温方向发展。额定工作压力和温度的升高，并不是简单数字的增加，防喷器系统结构设计、金属件和非金属件工艺性研究以及加工制造等方面，都将面临更高的挑战。

首先，超深层地质条件下，井底温度非常高，通常会达到数百甚至上千摄氏度，井口的温度达到 149℃以上，这对防喷器系统的材料和性能产生极大的影响，如热影响（高温引起的金属材料屈服强度退化）、热应力和热变形（由稳态和瞬态运行期间的最大温差引起）、热疲劳等。

其次，超深层钻井面临的压力环境也非常高，这对防喷器系统的密封性和材料强度提出更高的要求；与此同时，超深层井还通常含有高浓度的硫化氢等有毒气体，这会对防喷器系统材料产生腐蚀和破坏作用，为避免发生硫化物腐蚀应力开裂，要求防喷器系统具备更高的抗硫化氢能力。

最后，由于超深层钻井的地层构成复杂，需要采用更高等级的钻杆，因此，为保证在应急状态下的安全可靠性，需要防喷器系统具备更高的剪切能力。

2 防喷器系统发展现状

2.1 国外现状

国外特高压特高温石油装备的发展相对较早，并取得了一些重要的成果。美国、俄罗斯、德国等发达国家在特高压特高温石油装备的研发制造方面处于领先地位。这些国家的石油装备制造企业具备了先进的技术和设备，并能够提供高质量的特高压特高温石油装备。国外特高压特高温石油装备的市场需求量较大，市场规模较大，为国外石油装备制造企业提供了良好的发展空间。

国外大多数公司将其操作规程、产品或工具设计主要分为高压、特高压和极高压三个层级，对于不同的石油装备运营商，例如贝克休斯、斯伦贝谢、哈里伯顿等公司，对于每一层级的压力和温度边界略有不同，如图 2 所示。但总体而言，各公司普遍将 140MPa 及以上压力等级定义为特高压钻井环境。

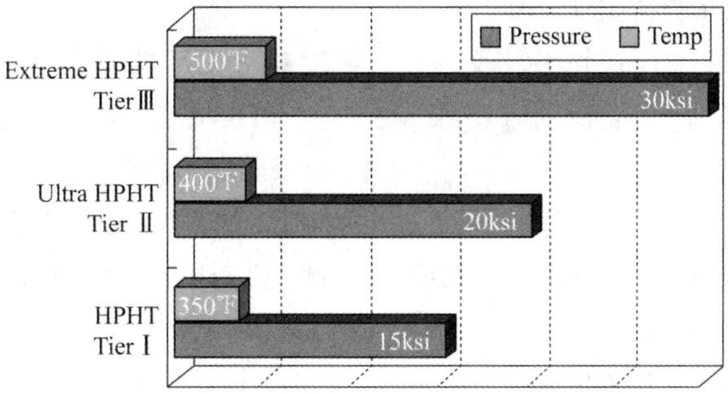

贝克休斯

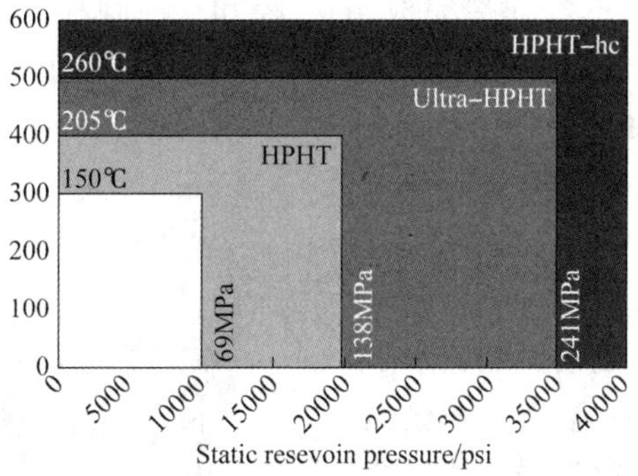

斯伦贝谢

	Borehole Temperature	Borehole Pressure
HP/HT	>300℉(150℃)–350℉(175℃)	>10000psi(69MPa)–15000psi(103MPa)
Extreme HP/HT	>350℉(175℃)–400℉(200℃)	>15000psi(103MPa)–20000psi(138MPa)
Ultra HP/HT	>400℉(200℃)and above	>20000psi(138MPa)and above

哈里伯顿

图 2　国外不同石油装备运营商的高温高压等级

美国石油协会发布的相关标准和技术研究报告中将钻通设备适用的压力和温度等级分为标准温度(ST)、高温(HT)、标准压力(SP)和高压(HT)。API STD53、API 17TR8、API 1PER15K 中规定在额定工作压力超过 103.5MPa，工作温度超过 177℃ 时被称为高压高温工况。并且在 API 1PER15K《高温高压设备设计验证和确认规程》和 API 17TR8《高温高压设计指南》中给出了详细的高温高压设备设计、验证和确认测试指导方法。对于高于额定工作压力高于 140MPa 以上的设备，API 17TR8 中建议采用 ASME VIII-3 中的弹塑性方法，建议将循环载荷疲劳筛选列为设计考虑因素的一部分，还建议验证材料性能和模型构造的准确性，并在制造过程中实施高水平的质量控制。

国外超高压高温钻采设备设计制造都集中在美国少数厂商。Cameron 公司于 2009 年开发出 48-140MPa 防喷器组，非金属件极限高温可达 177℃，该公司生产的一套 48-140MPa 水上防喷器组于 2011 年 12 月已应用在墨西哥湾海域的自升式钻井平台上；Cameron 公司于 2010 年交付业内第一套 175MPa 大通径防喷器组，该公司生产的一套 35-175MPa 水上防喷器组于 2011 年 12 月已应用在墨西哥湾海域的自升式钻井平台上，Cameron 公司是目前行业内唯一提供过 175MPa 超高压高温防喷器组的厂商。

其余研制出 140MPa 防喷器并形成产品销售的防喷器制造商仅有 Hydril(现为 HMH)、GE、NOV 公司。其中，NOV 公司生产的 2 套 48-140MPa 水下防喷器组于 2021 年交付 Transocean 在新加坡新建的 2 座深水半潜式钻井平台上，目前，这 2 座深水半潜式钻井平台已经建造完成，但还尚未投入使用；GE 公司研制的 48-140MPa 闸板防喷器于 2019 年通过了 API Spec 16A PR2 型式试验，其极限温度达到 177℃，但目前并未得到应用。

2.2 国内现状

国内特高压特高温石油装备的研发制造水平正在不断提高，一些大型石油装备制造企业已经具备了自主研发和制造特高压特高温防喷器系统的能力。

国内生产制造的防喷器最高压力等级为 140MPa。有能力生产 140MPa 防喷器的厂商主要有华北荣盛公司和上海神开公司，华北荣盛公司于 2008 年承担了中石油“新型钻井装备与工具研制”项目中“140MPa 防喷器组研制”课题，是国内最早研发 140MPa 防喷器组的防喷器制造厂商，于 2010 年完成了 28-140 防喷器组(单闸板、双闸板、环形和四通)样机的制造，按照 API 16A 的要求完成了型式试验，并顺利通过中石油集团公司组织的专家鉴定；华北荣盛公司于 2020 年完成国内首套 28-140 无侧门螺栓闸板防喷器的研制工作，性能等级达到 PR2，140MPa 额定工作温度下极限高温达到 177℃，顺利通过科特认证。

华北荣盛公司现已成功研制多种 140MPa 压力级别防喷器，具体规格有：10-140 闸板防喷器，18-140 闸板防喷器和 28-140 防喷器组，其中 28-140 防喷器组已销售 9 组(成功销往塔里木油田、西部钻探、川东钻探、川西钻探、渤海钻探和大庆钻探)，完成了 20 余口井的钻探，使用情况良好。

上海神开公司设计的 28-140MPa 防喷器组，极限高温达到 177℃，目前应用于中国新疆、西南高压油田、泛俄地区高压油田。

3 特高压防喷器结构特点

3.1 NOV 公司

NOV 公司 20K 水下防喷器系统，通径为 480mm，额定工作压力为 140MPa，极限高温为 177℃，侧门与壳体的连接方式采用无螺栓结构，侧门打开方式采用直线式开启方式，采用液压驱动控制侧门总成的开关，大幅降低了在钻井作业过程中，开关侧门更换闸板的劳动强度，如图 3 所示。NOV 为 20K 项目测试了一系列剪切、变径和管柱闸板，所有这些都符合最新的 API 要求。除了在 API 17TR8 中概述的新的 HPHT 设计指南外，该项目还遵守了美国安全与环境执法局(BSEE)提出的新的资格认证程序。

图 3　NOV 公司 20K 闸板防喷器

防喷器上集成了闸板位置显示装置和自动锁紧系统，并配置低压力剪切密封闸板，比普通 V 形剪切闸板的剪切压力降低 50%，并且能够剪断管柱的范围更大，如图 4 所示。额定操作压力为 34.5MPa，可应用到 12000ft 水深，单台双闸板重量约为 46.6 吨。

2019 年 NOV 公司向 Transocean 公司出售了两套 20K 水下防喷器组，成为全球第一家成功设计和销售 20K 水下防喷器组的制造商，此系统 2021 年在墨西哥湾进行工程应用。

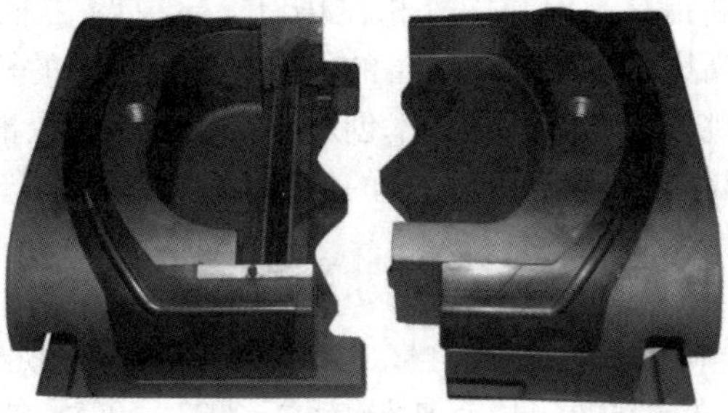

图 4　NOV 公司低压力剪切密封闸板

3.2　Cameron 公司

Cameron 公司 20K EVO 闸板防喷器通径为 480mm，额定工作压力为 140MPa，采用长圆形闸板设计，侧门与壳体采用有螺栓连接结构，采用液压马达驱动锁紧结构；采用双主液缸结构，在 34.5MPa 的额定操作压力下，活塞实现了 4400N 力的输出，减少了对串联助推器的必要性。不再将更换闸板功能集成在防喷器主机上，采用单独的外接更换闸板装置，减少了潜在发生泄露风险点，提高了可靠性，减少了维护费用。单台双闸板防喷器重量约为 36 吨。

Cameron 公司 20K EVO 闸板防喷器可配置大范围剪切闸板，如图 6 所示，剪切范围大，剪切能力强，可实现偏心剪切电缆、钻杆以及钻杆接头，最大接头直径可达 16 英寸。可满足 2016 年美国安全与环境执法局(BSEE)发布的井控规则中，对水下防喷器剪切能力的要求。

图 5　Cameron 公司 20K EVO 闸板防喷器

除 20K 闸板防喷器以外，Cameron 公司还设计制造出了 25K 闸板防喷器，通径为 350mm，额定工作压力为 175MPa。结构上以 15K 闸板防喷器设计作为起点，沿用了闸板总成和闸板腔结构，采用有螺栓结构。为满足额定工作压力 175MPa，强度试验压力 262.5MPa 的强度要求，壳体体积巨大，单台单闸板防喷器整机重量高达 41 吨。

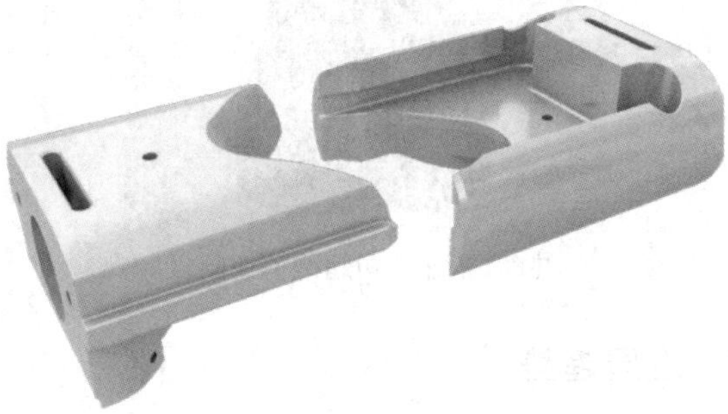

图 6　Cameron 公司大范围剪切闸板

3.3　荣盛公司

荣盛公司 140MPa 防喷器，最大通径为 280mm，额定压力 140MPa，极限温度为 177℃，并进行了剪切、变径和管柱闸板的型式试验，可满足 API 16A 第四版 PR2 等级的要求。

闸板防喷器壳体和侧门的连接为无侧门螺栓连接结构，如图 7 所示。无侧门螺栓结构为壳体与侧门之间采用外置卡块连接，并且在卡块两侧设计驱动螺栓，当需要打开侧门更换闸板时，旋转卡块两侧的驱动螺栓控制卡块与侧门、壳体齿面的啮合和松脱；锁紧机构采用自动液动锁紧结构型式；并采用液压控制直线式打开/关闭侧门方式；可大幅节约人力劳动强度，提高工作效率。单台双闸板总重约 20.3 吨。

图 7　荣盛公司 140MPa 闸板防喷器

荣盛公司研制的超级剪切闸板，能够成功剪断 5″、57/8″钻杆接头和 61/2″、7″钻铤，图 9 所示。该超级剪切闸板采用双 V 型互锁结构，具有超强的剪切能力，可在紧急情况下剪切钻具任意部位；极大地提高了闸板防喷器的剪切能力和剪切可靠性，为复杂工况下高风险井的开发提供了一种功能强大的井控装备。

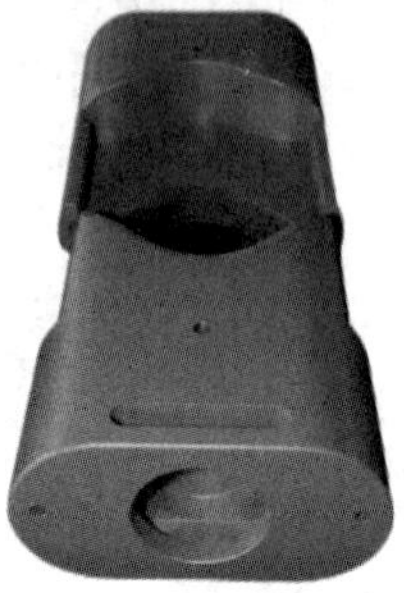

图8　荣盛公司超级剪切闸板

4　发展趋势

全球石油行业正在大力开展能够满足超深层钻井技术要求的防喷器系统的研制以及相应材料研究，钻井要求未来将达到210MPa、工作温度高达260℃。API和ASME已经就超深层钻井用特高压设备产品的标准、性能评级和质量保证要求进行了合作，对于特高压高温设备设计制造和测试试验方法给出了指导性建议。

首先，特高压特高温防喷器的研发制造水平将进一步提高。国内外防喷器制造企业将加大技术研发投入，提高特高压特高温防喷器的研发制造水平。特高压特高温防喷器将更加安全可靠、高效节能，满足超深层钻井的需求。其次，特高压特高温防喷器的市场规模将进一步扩大。随着全球石油需求的增长和石油开采难度的加大，特高压特高温防喷器的需求将逐渐增加。国内外防喷器制造企业将加大市场开拓力度，拓展特高压特高温防喷器的市场份额。最后，特高压特高温防喷器的研究方向将更加多样化。除了提高装备的工作压力和温度外，还将研究开发新型材料、新型工艺和新型设备，朝向模块化、数字化、智能化方向发展，以提高特高压特高温防喷器的性能和效率。

5　总结

国内超深层钻井技术相对于国外起步较晚，近些年在地质勘探、钻井技术、石油装备等方面均取得一些突破，但对于特高压防喷器系统在完善设计规范、加工制造质量体系、测试试验规程标准化方面仍有很大的进步空间。而且，为满足更高压力和温度工况要求，防喷器系统还应在高强度本体金属材料工艺性、高强度耐蚀合金层堆焊技术、非金属材料和特高压高温密封件等方面开展系统研究，使防喷器系统在更高的压力和温度工作环境下的安全可靠性。

国内特高压特高温石油装备的发展水平正在不断提高，但与国外相比仍有一定差距。未来，特高压特高温石油装备的发展将面临更多的机遇和挑战，需要加强技术创新和市场开拓，以推动特高压特高温石油装备的健康发展。

参 考 文 献

[1] 何立成，唐波．准噶尔盆地超深井钻井技术现状与发展建议［J］．石油钻探技术，2022，50(5)：1-8.

[2] 何登发，马永生，刘波，等．中国含油气盆地深层勘探的主要进展与科学问题［J］．地学前缘，2019，26(1)：1-12.

[3] 杨明清，杨一鹏，卞玮，等．俄罗斯超深井钻井进展及技术进步［J］．石油钻采工艺，2021，43(1)：15-20.

[4] 苏义脑，路保平，刘岩生，等．中国陆上深井超深井钻完井技术现状及攻关建议［J］．石油钻采工艺，2020，42(5)：527-542.

[5] 汪海阁，黄洪春，纪国栋，等．中国石油深井、超深井和水平井钻完井技术进展与挑战［J］．中国石油勘探，2023，28(3)：1-11.

[6] 王中华．国内钻井液技术进展评述［J］．石油钻探技术，2019，47(3)：95-102.

[7] 邓虎，贾利春．四川盆地深井超深井钻井关键技术与展望［J］．天然气工业，2022，42(12)：82-94.

[8] 伍贤柱，胡旭光，韩烈祥，等．井控技术研究进展与展望[J]．天然气工业，2022，42(2)：133-142.

[9] 韩烈祥．川渝地区超深井钻完井技术新进展［J］．石油钻采工艺，2019，41(5)：555-561.

[10] 高永海，孙宝江，王志远．深水井涌压井方法及其适应性分析［J］．石油钻探技术，2011，39(2)：45-49.

[11] 李黔，杨先伦，伍贤柱．压井过程中井底压力的控制方法［J］．天然气工业，2013，33(9)：87-90.

[12] 罗鸣，冯永存，桂云，邓金根，韩城．高温高压钻井关键技术发展现状及展望．石油科学通报，2021，02：228-244.

[13] 孙明光，彭军生．国内外石油钻井装备的发展现状［J］．石油钻探技术，2008，36(6)：86-91.

[14] API TECHNICAL REPORT 17TR8. High - pressure High - temperature Design Guidelines. SECOND EDITION，MARCH 2018.

[15] API TECHNICAL REPORT 1PER15K - 1. Protocol for Verification and Validation of High-pressure High-temperature Equipment. FIRST EDITION，MARCH 2013.

[16] 刘立兵，许宏奇，陈艳东，屈志明，吴国辉．国内外防喷器技术现状及发展趋势探讨．内蒙古石油化工．2022，05：100-105.

潮坪相不稳定地层超深长水平井安全钻井控制关键技术

黄河淳　欧　彪　罗成波　刘其明　唐　涛

（中石化西南油气分公司石油工程技术研究院）

摘　要　为了满足川西气田效益开发需要，优化部署了水平段长超过1500m的水平井。随着水平段长度增加，加上川西气田海相雷口坡组气藏埋藏超深、地质条件复杂、地层破碎、裂缝发育等，安全成井风险极高。针对上述难题，构建强封堵白油基钻井液体系、建立地质工程一体化轨迹优化模式、优化长水平段岩屑床高效清除对策、研发超深水平井风险预警平台等，形成了川西气田超深长水平段安全钻井控制关键技术，确保了第二轮6口井全部安全成井，平均水平段长1579m，最大井深8208m，最长水平段长1893m，创造四川盆地多项钻完井施工新纪录，为国内外同类气藏的持续高效开发提供了借鉴。

关键词　川西气田；超深长水平井；安全钻井；井壁失稳；风险预警

1　前言

川西气田地处成都市彭州、都江堰境内，位于四川盆地西部龙门山前逆冲推覆构造带，面积1982.63km^2，主要目的层为三叠系中统雷口坡组四段，具有“埋藏超深、高含硫化氢、薄互层储层复杂、气水关系复杂、天然气组分复杂、压力系统复杂、地理生态环境复杂”等特征，天然气探明储量1140亿方。

与普光、龙王庙等大型边水气藏不同，川西气田储层物性相对较差，安全效益开发难度更大。按照“整体部署、评建结合、动态调整、分步实施”原则，川西气田第一轮11口大斜度井(平均完钻井深6836m、平均水平段长717m)完成测试后，为提高单井产能及储量动用程度，第二轮井按照“少井高产”原则，优化部署了6口超深长水平段水平井，水平段长超过1500m、垂深超过5800m、井深达8200m，国内外尚无先例可循。

水平段储层薄且易失稳，油基钻井液封堵评价方法适应性差、井眼轨迹控制难度大、长水平段井眼清洁困难、卡钻风险高等，给安全钻井带来极大挑战；并且钻井风险预警时间较短，且准确率不高，大数据预警存在黑盒盲端，亟需探索适合于钻井风险早期预警的数据挖掘方法，提高钻井风险的早期预警精度。

2　雷口坡组井壁失稳机理

2.1　地应力特征

雷四上亚段岩性主要是灰岩和白云岩，从坍塌压力与井斜、方位饼状图来看，不同井眼方向坍塌压力变化较大，如图1所示。最大主应力方向坍塌压力梯度1.00~1.10MPa/100m，稳定性较好钻井也比较顺利。最小主应力方向，坍塌压力梯度随井斜角增大而增大，由1.35MPa/100m增大到1.50MPa/100m，但地层压力梯度小于1.20MPa/100m，钻井液密度过高容易导致压差卡钻，过低易导致掉块卡钻。第二轮长水平段水平井多数处于最小水平主应力方向，坍塌压力较高稳定性较差，安全钻井液密度窗口极窄。

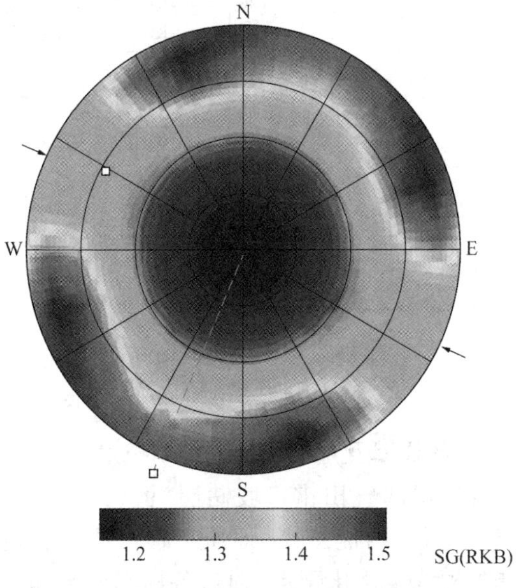

图1　雷口坡组坍塌压力随井斜和方位变化图

2.2　裂缝渗流对井壁稳定性影响

除了地应力方向影响坍塌压力外，裂缝渗流

也对雷口坡组井壁稳定产生较大影响，如雷口坡组掉块形态以颗粒状、菱形状、厚块状为主，为典型裂缝原因导致。雷口坡组地层虽不含粘土类水化矿物，但通过岩心浸泡试验发现，钻井液作用后裂缝面摩擦系数均值由 0.44 下降至 0.31，对应井壁岩石强度降低 11.4%-17.5%，坍塌压力当量增加约 0.10g/cm^3，如图 2 所示；同时，裂缝存在使钻井液更易渗入井壁导致孔隙压力增加，岩石骨架应力改变；模拟表明，钻井液侵入后裂缝区坍塌压力当量会再增加 0.02g/cm^3，进一步加重了井壁失稳风险。

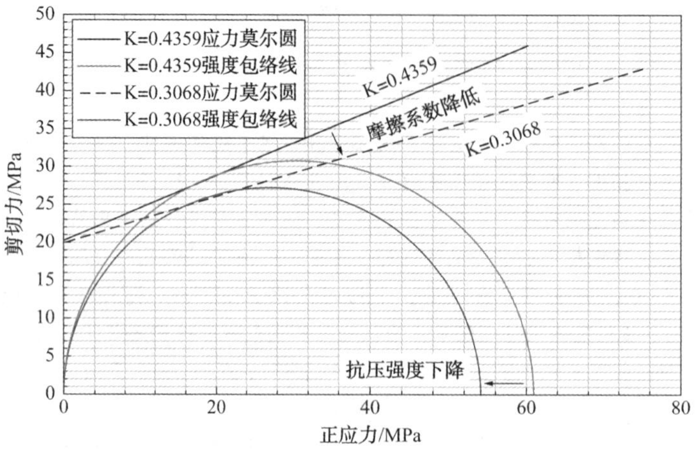

图 2　岩石摩擦系数对抗压强度影响特征

3　安全钻井控制关键技术

3.1　井眼轨道优化及轨迹控制技术

3.1.1　工程地质一体化井眼轨道优化

深入地质工程一体化研究，从储层含气性、井壁稳定性、储层改造控制等方面开展综合研究，以最大化地质工程双甜点储层穿越为目标，同时减少不稳定灰岩钻遇和卡钻风险，水平段轨道优化为穿越中上部 4 段灰岩夹层后，在储层中下部穿行(如图 3 所示)，轨道优化后，灰岩段井斜角降低(平均降低 10°)，有效降低坍塌压力 0.05MPa/100m，提高井壁稳定性。

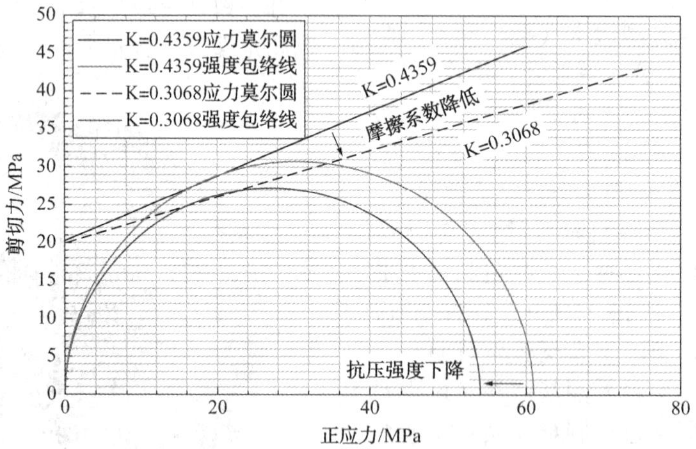

图 3　井眼轨道优化示意图

3.1.2　超深薄互层储层轨迹控制技术

针对川西气田雷口坡储层“薄、小、散”的特点，建立“两优三控”地质工程一体化轨迹优化调整模式，优化靶点(通过各标志层与邻井对比，预测靶点深度，对水平段 A、B 靶点深度动态调控)和靶框，控制标志层(岩性标志、生物碎屑、弱暴露不整合面和气测显示)、控制入靶角度(层面海拔深度差计算法和层厚度差计算法)和控制水平段轨迹。基于元素录井识别溶蚀储集层、储层物性参数快速准确评价、薄储层高分辨率波形指示反演精细预测、薄互层地质建模精确导向等技术手段，确保超深长水平井轨迹在优质薄储层中穿行，中靶率 100%，储层钻遇率 >85%，实现多夹层、薄互层储层精准穿越，为完井改造获得高产打下甜点基础。

3.1.3　旋转导向钻井技术

（1）工具优选

雷口坡组井底静止温度 145~155℃，小尺寸旋导工具强度较常规尺寸偏小，井下频繁震动加剧了工具的损坏和疲劳失效；同时工区第一轮井选用抗温 150℃工具，抗温性能差，橡胶件使用寿命大大缩短，导向头没有信号，高故障率导致起下钻频繁、单趟进尺短。此外，在较为恶劣的井况下，“噪音”影响信号的现象也时有发生，钻进过程中需要大量时间进行信号调试，进而导致旋转导向纯钻率低。

第二轮井优选最新一代抗 175℃高温小井眼旋转导向仪器，表现出了较高的稳定性，没有因为井底温度过高导致仪器故障，两种旋转导向仪器性能参数对比见表 1。

表 1　抗高温小井眼旋转导向仪器性能对比表

井眼尺寸	Φ149.2mm~Φ172mm	Φ149.2mm~Φ172mm
适用钻井液	水基，油基，合成油基	水基，油基，合成油基
最高作业温度	175℃	导向头 165℃，Ontrak MWD150℃
理论最大狗腿度	15°/30m	10°/30m
工具外径	Φ120.65mm	Φ120.65mm
排量范围	454-1325L/min	475-1325L/min
最高承压	207MPa	207MPa
最高转速	400r/min	400r/min
最大抗扭	18kN·m	18kN·m

（2）底部钻具组合优化

针对旋转导向底部钻具组合刚性较强及与环空间隙小的问题，同时兼顾井眼轨迹控制，将尾部扶正器去掉，通过降低钻具组合刚度的方法实现降低钻具振动的目的，以及将测斜单元扶正器尺寸由 Φ162mm 降低至 Φ145mm，通过减小底部钻具工具本体扶正器尺寸增加环空间隙降低卡钻风险，如图 4 所示。

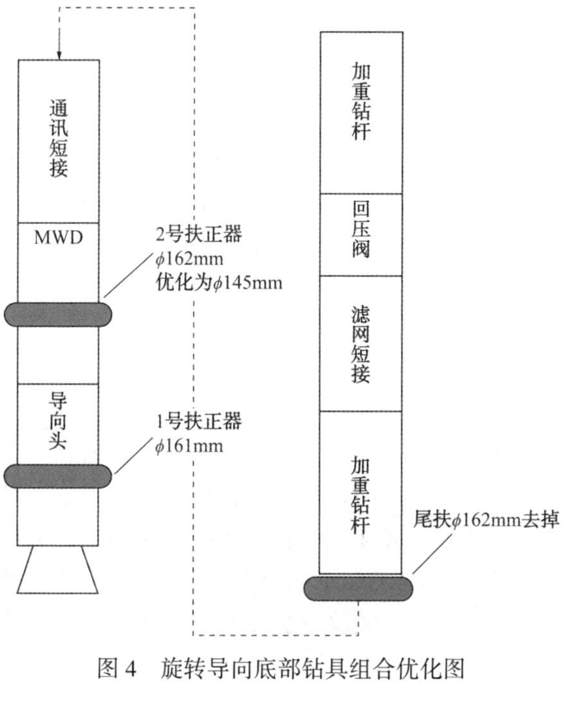

图 4　旋转导向底部钻具组合优化图

3.2　强封堵白油基钻井液技术

油基钻井液条件下主要用裂缝延伸法增强井壁，即用复配的不同尺寸、类型的随钻颗粒对钻井过程中张开裂缝的末端进行填充封堵和隔离，降低裂缝延伸能力。采用裂缝延伸法的原因在于油基钻井液为乳状液，滤失量小、不易形成较厚滤饼、滤饼致密度低，防井筒压力穿透和漏失效果差。通过建立计算模型获得原始地应力下雷口坡组裂缝宽度集中在 14μm~157μm，采用分段封堵理论和屏蔽暂堵技术，得到理论的封堵剂粒径分布范围为 2.14~74μm（如图 5 所示）。

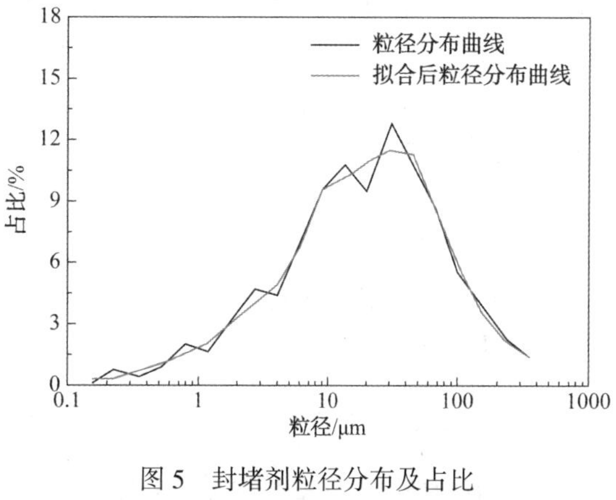

图 5　封堵剂粒径分布及占比

基于陶瓷盘构建油基钻井液微纳米封堵评价方法，优选出适用于潮坪相薄互层的油基钻井液封堵剂，最终构建出了潮坪相薄互层强封堵白油基钻井液体系，配方为：80%～90%白油+4%～6%主乳+4%～6%辅乳+0.5%～1%润湿剂+20%氯化钙水（浓度 20%～25%）+2%～3%有机土+2%生石灰+4%～5%降滤失剂+2%～4%刚性封堵剂+1%～2%封缝即堵剂+1%～2%成膜封堵剂+2%～3%天然沥青+重晶石粉+碱式碳酸锌+套管减磨剂等。该体系具有良好的抗高温稳定性、沉降稳定性、抗污染性以及强封堵性，在川西气田 6 口超深长水平井应用，有效缓解潮坪相地层井壁稳定难题，井径扩大率由 18%降低至 7.5%。

3.3 长水平段岩屑床高效清除技术

井眼清洁是长水平段水平井的关键技术难点，由于岩屑的重力作用在长水平段及大斜度井段岩屑易发生堆积形成岩屑沉积床，使环空间隙变小导致起下钻遇阻、卡钻等井下各种复杂。认识井眼清洁的本质并建立井眼清洁控制技术已成为长水平段钻并作业迫切需要解决的问题。

形成岩屑床的重要原因是产生的岩屑不能及时清除，可能是井壁垮塌掉块，或者是一定钻速条件下排量偏小、转速偏小，或者是钻井液的携岩能力不够。因此，井眼净化应综合考虑从确保井壁稳定、增大钻井液携带岩屑能力，并在地面机泵能力范围内采用适当的排量和转速来清除井底岩屑床。

3.3.1 钻具组合推荐

对 Φ149.2mm 钻杆 + Φ101.6mm 钻杆 + Φ101.6mm 加重钻杆、Φ139.7mm 钻杆 + Φ101.6mm 钻杆 + Φ101.6mm 加重钻杆、Φ139.7mm 钻杆+Φ101.6mm 钻杆+Φ88.9mm 加重钻杆三种钻具的循环压耗进行了计算，对比分析发现，在钻井液性能、最高循环压力相同的情况下，采用 Φ149.2mm 钻杆+Φ101.6mm 钻杆+Φ101.6mm 加重钻杆钻进产生的循环压耗最小，有利于提高排量和清洁井眼。

3.3.2 转速推荐

引入井筒与钻杆横截面积比系数 H，用于确定是大井眼或小井眼，进而确定水平段携带岩屑的最优转速。

$$H=\frac{D^2}{d^2} \tag{1}$$

式中，H 为井眼与钻杆横截面积比，无量纲；D 为井筒直径，m；d 为钻杆直径，m。

当 $H>3.25$ 时，适用于大井眼法则；当 $H<3.25$ 时，适用于小井眼法则。

川西气田长水平段井眼尺寸 Φ165.1mm，钻杆尺寸为 Φ101.6mm，井筒与钻杆横截面积比系数 H 为 2.64，参照井径扩大率 10%计算，井筒与钻杆横截面积比系数 H 为 3.2，皆小于 3.25，按照小井眼法则进行施工，转速最低 60-70r/min，最优 120/min。

采用旋转导向钻具顶驱转速超过 110rpm 钻柱与井壁碰撞剧烈，顶驱转速低于 90rpm 可能诱发钻柱粘滑运动，因此转速推荐值为 90-110rpm。

采用常规定向钻具顶驱转速超过 70rpm 钻柱与井壁碰撞剧烈，顶驱转速低于 50rpm 可能诱发钻柱粘滑运动；因此转速推荐值为 60-70rpm。

3.3.3 排量推荐

排量和环空返速同样影响水平段携岩效果。某一特定排量下，井筒截面上总有一部分区域的流速比其余区域快，而更大的排量可以扩展有效流动区域面积，为此要求配备 52MPa 高压钻井泵和 70MPa 地面高压管汇，并适当降低钻井液流变指数，提高动塑比，使之处于紊流流态钻进，不同钻井液性能条件下泵压随排量变化分析如图 6 所示。

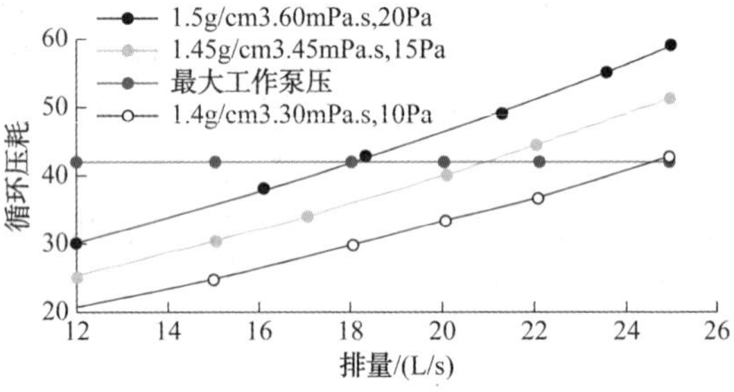

图 6　不同钻井液性能条件下泵压随排量变化分析

有效井眼清洁的环空返速要求：环空返速 1m/s，为理想状态；环空返速 0.75m/s，为对于井筒清洁而言的最低要求；环空返速 0.5m/s，很差的井筒清洁，会导致重晶石沉积。

基于此原理，根据水平段参数反算得出，最佳的排量在 17-21L/s。

3.4 超深水平井风险预警技术

3.4.1 基于录井数据的趋势线新方法

打破传统大数据学习预警方法，根据录井关键参数建立自适应自学习数据库，构建了基于录井关键参数趋势变化与钻井风险量化的关联关系数学模型，采用多步线性函数自学习的方式，得到多参数的钻井风险趋势线预警斜率函数，达到提前预警的功能。以溢流与井漏为例说明该算法，如图7、图8所示。

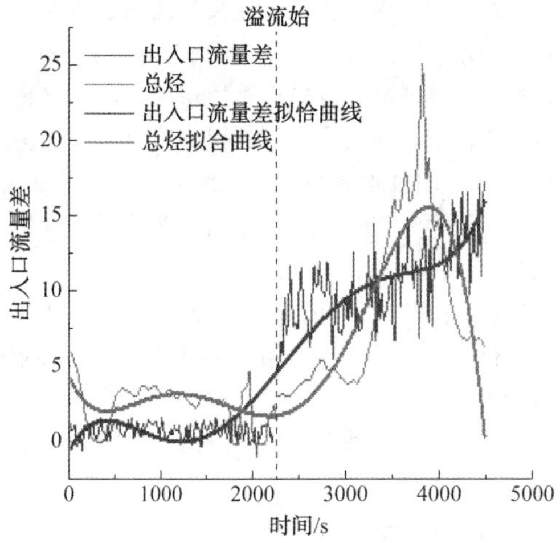

图7　溢流趋势特征

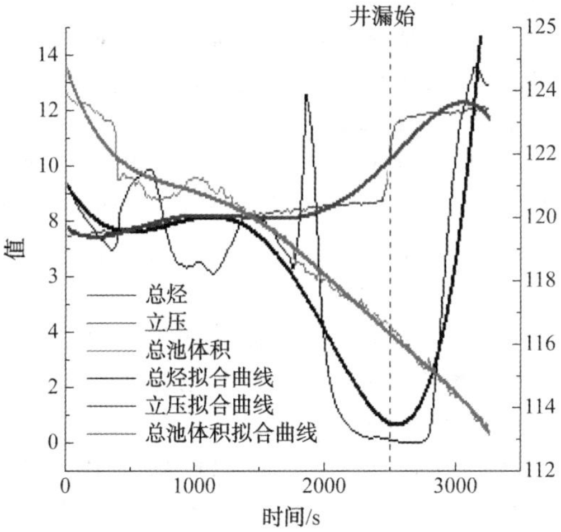

图8　井漏趋势特征

（1）溢流录井参数趋势线表征

气侵发生初期，总池体积、出入口流量差及总池体积异常升高，出口密度异常降低。总烃、出入口流量差及总池体积异常升高。发生气侵时，由于气体体积膨胀，减小出口泥浆密度，但会增大出口流量。含碳氢化合物使得总烃增大；总池体积因气侵而异常升高。

（2）井漏录井参数趋势线表征

井漏初期，转速、出入口流量差、立压及总烃异常降低，实测套压、出入口流量差、立压、转速及总烃变化明显异常，能够作为判别井漏的依据。发生井漏后，钻井液漏失进地层，立压显著下降；可能钻遇孔洞，钻头空钻，转速急剧增加；出口流量小于入口流量，流量差加大。若总烃降为0，转速、扭矩上升并保持不变，则可以确定井漏发生。

3.4.2　高风险超深水平井风险预警平台

基于趋势线新算法，研发了高风险超深水平井风险预警平台，包括数据接口模块、卡钻、井漏等风险的预判模块，录井数据采集分析模块等。软件通讯可通过IP输入、端口号输入，也可以通过文本输入，如图9所示。实现对卡钻、井漏、井喷、井塌等4种安全风险的随钻智能识别，安全风险预警无漏报、误报，5000m以深地层识别时间较立项前提前了15-20分钟，为安全控制赢得黄金处置时间。

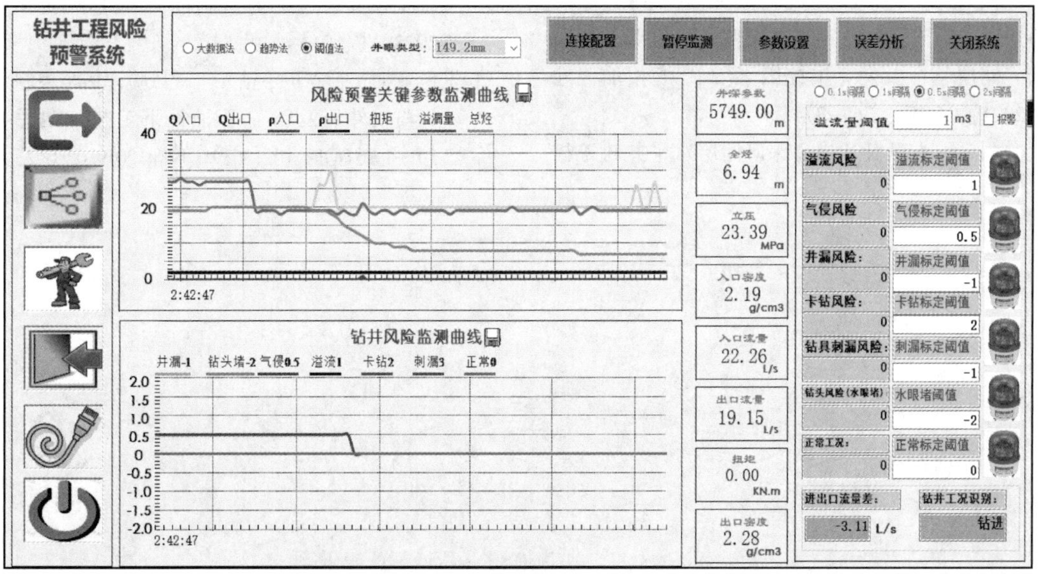

图9　基于趋势线新算法的超深水平井安全风险预警平台

3.5 现场应用效果

形成的川西气田超深长水平段水平井安全钻井集成技术，确保了第二轮6口井全部安全成井，平均水平段长1579m，最大井深8208m，最长水平段长1893m，完井测试平均无阻流量222.89×10^{4}m^3/d，创造四川盆地多项钻完井施工新纪录，建成了世界上第一个超深层高含硫潮坪相碳酸盐岩大气田，为国内外同类气藏的持续高效开发提供了借鉴，促进了行业技术进步，对推动四川盆地“向地球深部进军”具有重大意义。

4 结论

（1）地层应力高、裂缝发育是川西气田雷口坡组井壁失稳的主要原因，靠近最小水平主应力方向钻进，坍塌压力高于地层压力。

（2）通过构建强封堵白油基钻井液体系、建立“两优三控”地质工程一体化轨迹优化调整模式、优选新一代抗高温小井眼仪器、升级以顶驱和高压钻井泵为核心的钻井关键装备、优化长水平段岩屑床高效清除对策、研发超深水平井风险预警平台等，形成了川西气田超深长水平段水平井安全钻井集成技术。

（3）形成的潮坪相不稳定地层超深超长水平段安全钻井关键技术，为国内外同类气藏的持续高效开发提供了借鉴，促进了行业技术进步。

参考文献

[1] 高恒逸，王勇飞，邓美洲等．川西气田雷四上亚段白云岩储层特征及发育主控因素[J]．海相油气地质，2021，26(4)：367-374.

[2] 何莹，刘璇，方思权等．超深薄储层水平井轨迹控制优化技术及应用[J]．石油化工应用，2022，41(3)：87-93.

[3] 袁艳丽．川西海相雷四上亚段溶蚀储集层录井随钻评价技术[J]．录井工程，2019，30(3)：106-111.

[4] 贾鹏飞，苏成鹏，方思权等．川西气田中三叠统雷口坡组储层段灰岩薄夹层的识别及对钻井轨迹优化指导[J]．石油地质与工程，2021，35(3)：30-34.

[5] 杨洁．川西气田三开旋转导向工艺适应性分析[J]．内蒙古石油化工，2021，(5)：43-45.

[6] 王星媛，陆灯云，袁志平．川西地区油基钻井液井壁强化技术[J]．石油钻探技术，2021，49(01)：34-40.

[7] 薄克浩．页岩孔喉颗粒封堵理论及模拟研究[D]．中国石油大学(华东)，2018.

[8] 李振川，姚昌顺，胡开利，兰祖权．水平井井眼清洁技术研究与实践[J]．新疆石油天然气，2022，18(01)：48-53.

[9] 谢中成，曹明辉，王涛，李进，宫吉泽，雷新超．井眼清洁技术在东海超深大斜度井中的应用[J]．钻采工艺，2021，44(06)：25-30.

[10] 赵宇来，孔祥伟，凌兴杰等．一种基于特征线的溢流预测新方法[J]．当代化工，2022，51(07)：1643-1646. DOI：10.13840/j.cnki.cn21-1457/tq.2022.07.032.

[11] 王钰豪，郝家胜，张帆等．钻井溢流风险的自适应LSTM预警方法[J]．控制理论与应用，2022，39(03)：441-448.

[12] 晏琰，段慕白，黄浩．基于趋势线法的钻井风险预警技术研究[J]．钻采工艺，2023，46(02)：170-174.

[13] 文健安，曾令奇，王鑫珺等．川东地区梁山组钻井施工录井风险预警机制[J]．天然气技术与经济，2023，17(01)：49-54.

[14] 胜亚楠，管志川．钻井工程风险评估与控制系统的设计与软件研发[J]．石油钻采工艺，2019，41(02)：191-196. DOI：10.13639/j.odpt.2019.02.012.

大口径稠油混相计量技术及流量计产品开发

陈继革　罗　超　孙　钐　徐　斌　王　云

（成都洋湃科技有限公司）

摘　要　稠油资源是我国油田开发重要组成部分，持续、有效、经济的稠油开发成为各国石油增产的主攻方向。作为世界四大稠油生产国之一，我国稠油资源能够弥补我国轻质原油产量不足的问题。稠油的经济开采，其计量是规模化开发最底层数据，在线多相计量与传统分离、称重计量相比，有显著的计量优势，能够实时监测稠油井生产数据、准确捕捉产能状态等重要参数，为油田节约开发成本，调整油藏管理、合理配产、优化地面工艺提供科学的数据依据，同时大口径管道远输、远传计量为油田站、区、厂管理提供高效管理，减少过程耗损，实现精准输差分析。

关键词　稠油；光量子；混相测量；多能谱；大口径；纺锤；高温

1　研究背景

1.1　稠油定义

稠油科学定义是在油层条件下，黏度小于50mPa·s或脱气后黏度大于100mPa·s的原油。稠油的成因非常复杂，与普通原油最大的区别在于生物降解程度，降解程度越高越容易形成稠油。在国外，稠油又被称作重油（Heavy Oil），只不过它将油砂包含在内。

API重度（American Petroleum Institute Gravity）是美国石油学会采用的一种公认的石油比重指标，可以粗略衡量油品质量的高低。根据API重度指标，可以将原油分为轻质（Light）、中质（Medium）、重质（Heavy）、超重质（Extra Heavy）4类。

我国稠油和国际稠油的特征略有不同，因此国内采用了不同的划分标准，将稠油分为普通稠油、特稠油和超稠油3类。我国稠油沥青质含量低，故相对密度较低；而胶质含量高，稠油黏度也相对较高。

1.2　稠油资源

世界上稠油资源极为丰富，稠油、超稠油、油砂和沥青大约占全球石油资源总量的70%。全球稠油地质储量约为8150亿吨，委内瑞拉最多，拥有世界稠油总量的48%；其次是加拿大，占总量32%；接下来的就是俄罗斯、美国和中国。

我国稠油资源量约有198.7亿吨，现已探明35.5亿吨。正在开采的油田中，稠油平均采收率不足20%，开发潜力仍然巨大。我国目前已在12个盆地发现了70多个稠油油田，探明储量40亿吨。储量最多的是辽河油田，然后依次是胜利油田、克拉玛依油田和河南油田。海上稠油集中分布在渤海地区，渤海已探明原油地质储量45亿立方米，其中62%为稠油。

我国稠油分布广，储量大。但是稠油黏度高、凝固点高、沥青质和胶质含量高，流动性差，使得稠油产量的准确计量成了一大难题。准确计量产量对于储量评估及后期开发方案的制定有着至关重要的作用。

2　混相稠油计量原理

2.1　传统稠油计量方法

常用的稠油单井计量方法大多为分离计量法和翻斗量油计量法。分离计量法一般使用传统的测试分离器，对稠油进行油气水三相分离或气液两相分离后再分别进行计量。由于稠油自身的特性，分离器对稠油的分离效果比较差，分离后液体中残存的气体对于再用液相流量计或用体积流量计测量流量会造成较大的误差，而且稠油液相中的油、水也不易分离，进行油气水三相彻底分离比较困难，而进行气液两相分离、确定液相中的含水率也是一个挑战，故一般采用离线取样分析方法确定稠油中的含水率，但这并不能实现对含水率的实时在线计量。翻斗法量油是一种机械方法，设备有可动部件，对黏度较高的稠油计量误差较大，效果不理想，故障率高，且需要采用离线取样分析的方法确定稠油中的含水率，来进行油水流量的计算，未能真正实现含水率的实时在线计量和油水的实时在线计量。

以上稠油计量方法存在一定局限性，尤其是对于高产稠油井口和常见的稠油汇管，这类管道口径较大，而且井口流体呈现油气水混相的特点，传统的稠油单井计量方法越发无法满足稠油生产的需求。

2.2 混相稠油总流量计量

本文首先从稠油的物理特性入手，研究稠油在管道中流动的流体特征。稠油在流动过程中，表现为一定程度的黏性，用稠油的动力黏度表征。稠油的动力黏度计算采用长江大学地球化学系张春明的稠油动力黏度预测公式：

$$\mu_t=(0.0148\ln T+0.9421)\cdot\mu_{50}^{(3.1613-0.5525\ln T)} \quad (1)$$

式中，μ_{50}为 50 摄氏度时稠油动力黏度；T 为摄氏度，在标准大气压下，水的冰点为 0 度，水的沸点为 100 度；

混相流体在温度 t 摄氏度时动力黏度 μ_{mix}，单位 mPa · s：

$$\mu_{mix}=\mu_g\cdot GVF+\mu_w\cdot WVF+\mu_o\cdot OVF$$

由于$\mu_g\ll\mu_w\ll\mu_o$，所以$\mu_{mix}=\mu_o\cdot OVF$。

μ_o可通过实验测定，OVF 可通过下文光量子原理测得，因此μ_{mix}可知。

雷诺数（Reynolds number）定义为一种可用来表征流体流动情况的无量纲数。$Re=\rho vd/\mu$，其中 v、ρ、μ 分别为流体的流速、密度与黏性系数，d 为一特征长度。例如流体流过圆形管道，则 d 为管道的当量直径。雷诺数越小意味着黏性力影响越显著，越大意味着惯性影响越显著。

当混相稠油在管道中流动时，雷诺数的计算公式为：

$$Re=\frac{354}{D*\mu_{mix}}Qm \quad (2)$$

式中，D 为管道内径，mm；μ_{mix}为混相稠油流体在温度 t 摄氏度时动力黏度，mPa · s

在混相稠油流体中设置节流装置（本方法采用纺锤体节流装置）。研究其流出系数（discharge coefficient，表征不可压缩流体通过节流装置的实际流量与理论流量的比值）C 与雷诺数 Re 的关系，可归纳为下面的计算公式：

$$C=b\ln Re+e \quad (3)$$

如果 $Re<=2000$，$b=0.0785$，$e=0.2945$

如果 $2000<Re<=100000$，$b=0.017$，$e=0.7859$

如果 $Re>100000$，$b=0$，$e=0.995$

通过测量节流装置产生的差压 ΔP 可得到混相稠油流量 Qm，计算公式为：

$$Qm=C\cdot K\sqrt{\Delta P\rho} \quad (4)$$

其中 $K=\frac{\sqrt{2}\varepsilon\cdot\pi d^2}{4\sqrt{1-\beta^4}}$，并把公式（3）代入公式（4），可得：

$$Qm=C\cdot K\sqrt{\Delta P\rho}=(b\ln Re+e)\cdot\frac{\sqrt{2}\varepsilon\cdot\pi d^2}{4\sqrt{1-\beta^4}}\cdot\sqrt{\Delta P\rho} \quad (5)$$

式中，d 为纺锤体节流器件环形流通面积的等效直径（以下简称“等效喉径”），m；β 为直径比，等效喉径与直管段直径之比；ε 为膨胀系数；ΔP 为节流器件上游入口取压口与等效喉径之间的差压值，Pa；ρ 为节流器件等效喉径取压口处介质的混和密度，kg/m^3。

先考虑 Re>100000 的情况，根据公式（3），此时流出系数 C=0.995，根据公式（5）计算流量 Qm，代入公式（2），得出雷诺数 Re，若值大于 100000，那么当前计算正确，当前计算出的 Qm 设置为 Q_0；

接着考虑 2000<Re≤100000 的情况，此时流出系数 C=0.017lnRe+0.7859，同样的采用上述计算过程，如果计算出的 Re 值在这个区间，那么当前计算正确；

最后考虑 Re≤2000 的情况，此时流出系数 C=0.0785lnRe+0.2945，同样的采用上述计算过程，如果计算出的 Re 值在这个区间，那么当前计算正确；

以上流量计算与雷诺数 Re 的关系得到基本验证后，再考虑迭代算法，以考察其改进的效果。根据公式（5）

$$Qm=\frac{C}{\sqrt{1-\beta^4}}\varepsilon\frac{\pi}{4}d^2\sqrt{2\Delta P\rho}$$

为了便于简化表达，定义 $g=\frac{4\sqrt{1-\beta^4}}{\varepsilon\cdot\pi d^2\sqrt{2\Delta P\rho}}$，则 $Qm=\frac{1}{g}\cdot C$。同样的，定义 $a=\frac{354}{D\cdot\mu_{mix}}$，那么根据公式（2），$Re=aQm$。

把公式（3），（2）代入公式（5），可做如下推导：

$$Qm=\frac{1}{g}\cdot C=\frac{1}{g}\cdot(b\ln Re+e)=\frac{1}{g}\cdot(b\ln(aQm)+e)$$

$$g \cdot Qm = b \cdot \ln(a \cdot Qm) + e$$

令 $f(Qm) = gQm - b\ln(a \cdot Qm) - e$，则 $f'(Qm) = g - \dfrac{b}{Qm}$

根据牛顿迭代法，可以依托计算机编程，迭代计算出 Qm 的数值：

流出系数为 $C=0.995$，计算出的 Qm 设定为 Q_0，

$$Qm_{n+1} = Qm_n - \frac{gQm_n - b\ln(aQm_n) - e}{g - \dfrac{b}{Qm_n}}$$

根据之前算出的 Q_0 值代入该迭代表达式，计算出 Q_1、Q_2、…，根据 Qm_{n+1} 和 Qm_n 的接近程度（差别是否小于1%），判断是否进行下一次迭代。具体为如果 $(Qm_{n+1} - Qm_n)/Qm_{n+1}$ 大于0.01，继续迭代计算，当

$(Qm_{n+1} - Qm_n)/Qm_{n+1}$ 小于等于0.01时，计算结束，得到稠油混相流总流量Qm。

总体计算流程图如下：

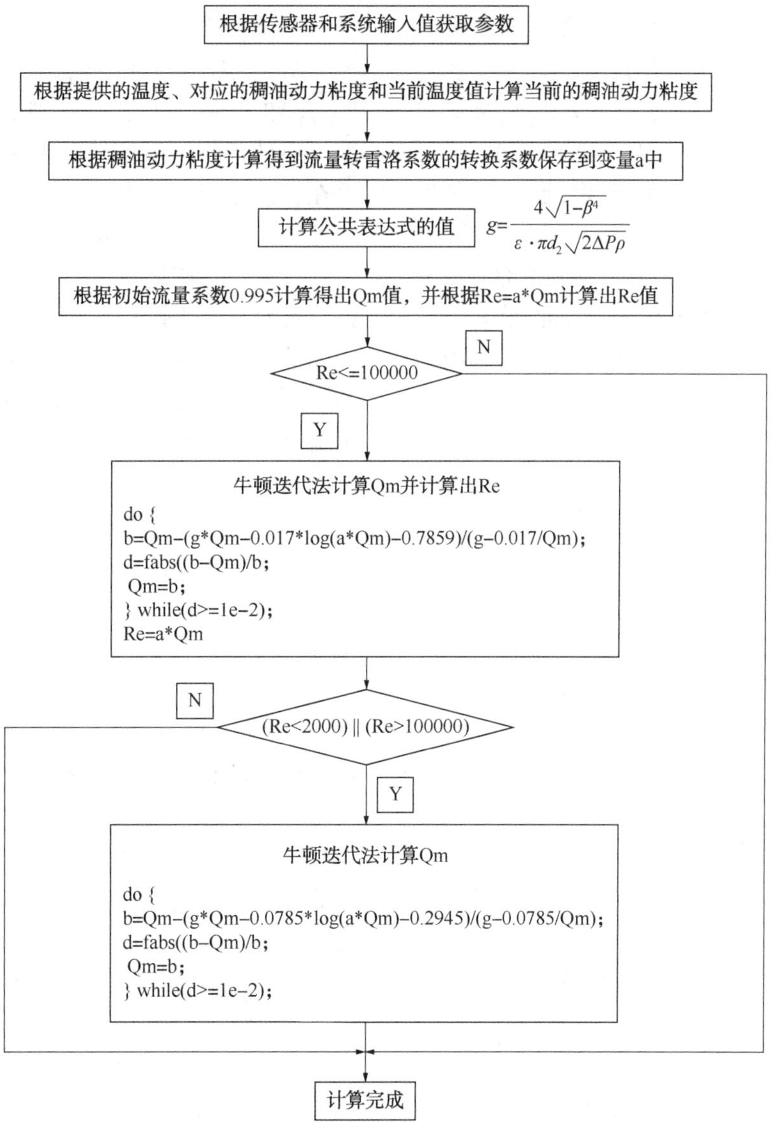

图1　混相稠油总流量计算流程

2.3　混相稠油相分率测量

对于大口径稠油混相流计量，需要获取各种相态流体的流量信息。本文基于多能量光电相分测量技术，依据物质与光量子的光电截面和康普顿截面，精确测量稠油混相质量相分率，从而实现大口径稠油混相流的实时在线测量。

光量子简称光子(photon)，是传递电磁相互作用的基本粒子，是一种规范玻色子。光子是电磁辐射的载体，而在量子场论中光子被认为是电磁相互作用的媒介子。与大多数基本粒子相比，光子的静止质量为零，这意味着其在真空中的传播速度是光速。与其他量子一样，光子具有波粒二象性：光子能够表现出经典波的折射、干涉及衍射等性质；而光子的粒子性可由光电效应证明。光子只能传递量子化的能量，是点阵粒子，是圈量子粒子的质能相态。一个光子能量的多少正比于光波的频率大小，频率越高，能量越高。当一个光子被原子吸收时，就有一个电子获得足够的能量从而从内轨道跃迁到外轨道，具有电子跃迁的原子就从基态变成了激发态。

本文的光量子源采用基于豁免水平以下的Ba-133同位素源(25 微居，9.25E+5Bq)。Ba-133 光量子源每秒发射近百万个能量分别为31keV、81keV、160keV 和 356keV 的多能量组光量子，通过对每一个光量子能量的测量(光量子的全能谱测量)依据物质与光量子的光电截面和康普顿截面来完成大口径稠油混相流体的相分率测量。

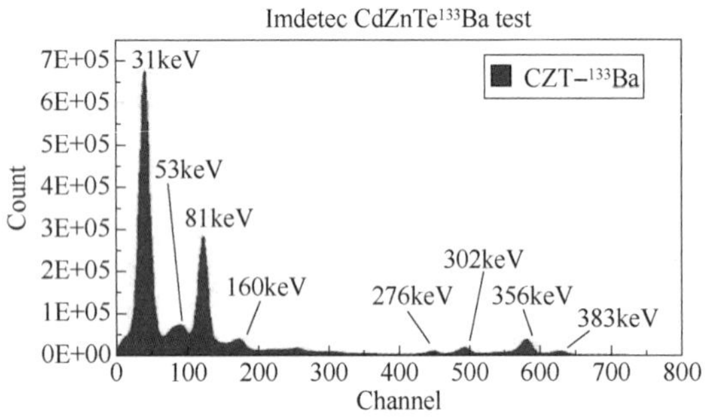

图 2

稠油井口产物中以油、气、水混相最为常见，下面就以油、气、水三相为例说明光电效应混相稠油相分率分析算法：

光量子 1(31keV 能量组)光电吸收方程：

$$ln\left(\frac{N_{0,1}}{N_{x,1}}\right)=a_{o,1}Q_o+a_{g,1}Q_g+a_{w,1}Q_w \quad (1)$$

光量子 2(81keV 能量组)光电吸收方程：

$$ln\left(\frac{N_{0,2}}{N_{x,2}}\right)=a_{o,2}Q_o+a_{g,2}Q_g+a_{w,2}Q_w=ln\left(\frac{f_2N_{0,1}}{N_{x,2}}\right) \quad (2)$$

光量子 3(160keV 能量组)光电吸收与康普顿吸收方程：

$$ln\left(\frac{N_{0,3}}{N_{x,3}}\right)=a_{o,3}Q_o+a_{g,3}Q_g+a_{w,3}Q_w=ln\left(\frac{f_3*N_{0,1}}{N_{x,3}}\right) \quad (3)$$

光量子 4(356keV 能量组)康普顿吸收方程：

$$ln\left(\frac{N_{0,4}}{N_{x,4}}\right)=K*(Q_o+Q_g+Q_w)=ln\left(\frac{f_4*N_{0,1}}{N_{x,4}}\right) \quad (4)$$

其中 Q_o，Q_g，Q_w 分别为油、气、水三相各自的线性质量。

以上四式中，$N_{0,1}$、$N_{0,2}$、$N_{0,3}$、$N_{0,4}$ 分别为四种能量光量子在空管无介质时的透射计数，为标定值；Ba-133 多能组光量子源的固有特性，不同能量组的初始计数值 $N_{0,1}$、$N_{0,2}$、$N_{0,3}$、$N_{0,4}$ 存在比例关系：

$N_{0,2}=f_2N_{0,1}$，$N_{0,3}=f_3N_{0,1}$，$N_{0,4}=f_4N_{0,1}$ 其中 f_2、f_3 和 f_4 是已知比例系数，系天然恒定的系数，不随任何测量条件而改变，由于比例系数的存在，故三个未知量 $N_{0,1}$、$N_{0,2}$、$N_{0,3}$、$N_{0,4}$ 实际上可以算作一个未知量 $N_{0,1}$。

这样，可以通过上述(1)-(4)四个方程就可以直接精确求解 $N_{0,1}$、Q_o、Q_g、Q_w 4 个未知量，从而消除了对 $N_{0,1}$ 进行测量或标定的需要，由于不需要标定 $N_{0,1}$(即空管计数值)，从根本上避免了伽马射线接收器中的温度漂移对测量的影响，也就不需要在伽马射线接收器中设置恒温装置。

$N_{x,1}$、$N_{x,2}$、$N_{x,3}$、$N_{x,4}$ 分别为四种能量光量子在存在混相介质时的透射数量，为测量值；Q_o、Q_g、Q_w 分别为油线性质量、气线性质量和水线性质量。“线性质量”是指采用光量子测量工业混相流体时，光量子所穿过的介质质量。

a 为待测流体对光量子的线性质量吸收系数，Q 为与光量子相互作用的线性质量，下标 o、g、w 分别代表油、气、水，1、2、3、4 分别代表不同能级的光量子。a 可以通过满管油、满管水、工况条件下满管气分别进行标定计算得到。

如：满管油时，光量子 1(31keV 能量组)光电吸收方程可以变换为

$$ln\left(\frac{N_{0,1}}{N_{o,1}}\right)=a_{o,1}Q_o \quad (4)$$

其中，$N_{o,1}$ 为满管油时 31keV 的计数值。则可以求出 $a_{o,1}$：

$$a_{o,1}=\frac{ln\left(\frac{N_{0,1}}{N_{o,1}}\right)}{Q_o} \quad (5)$$

根据上述方式，可分别计算得出 $a_{o,1}$、$a_{o,2}$、$a_{o,3}$、$a_{g,1}$、$a_{g,2}$、$a_{g,3}$、$a_{w,1}$、$a_{w,2}$、$a_{w,3}$。

根据康普顿散射后的二次射线决定于散射角度，与散射物的材料无关的性质，常数 K 亦可以通过标定值计算得出。

质量含油率，$OMF=\frac{Q_o}{Q_o+Q_g+Q_w}$

质量含气率，$GMF=\frac{Q_g}{Q_o+Q_g+Q_w}$

质量含水率，$WMF=\frac{Q_w}{Q_o+Q_g+Q_w}$

结合纺锤体内节流差压原理测得的总流量 Qm，可得油，气，水三相的流量：

$Q'_o=OMF\cdot Qm$，$Q'_g=GMF\cdot Qm$，$Q'_w=WMF\cdot Qm$。

3　大口径稠油混相流量计

基于上述混相稠油计量原理，根据稠油混相计量的特点，无锡洋湃科技有限公司开发了适用于大口径稠油混相计量的流量计产品。本产品创新的把流线型纺锤体内节流装置和光电相分测量系统相结合，结合同时测量的稠油混相流温度、压力、压损，经过综合计算完成稠油油气水混相流体的多参量测量。

本产品设置两组光量子测量系统，每个光量子测量系统由至少四组不同能级的光量子进行测量，每个光量子测量系统独立测量，然后进行数据融合，且两组测量系统互为备份。内部设计了流线型纺锤体节流装置。

本产品通过设置两组多参量传感器测量混相流温度、压力和差压。多参量传感器采用远传膜盒的方式实现稠油混相流在线计量。由于稠油的黏度对温度极其敏感，为了更准确测量管道中流动的混相稠油介质的温度，设计了一组单独的插入式温度传感器。本产品如下图所示：

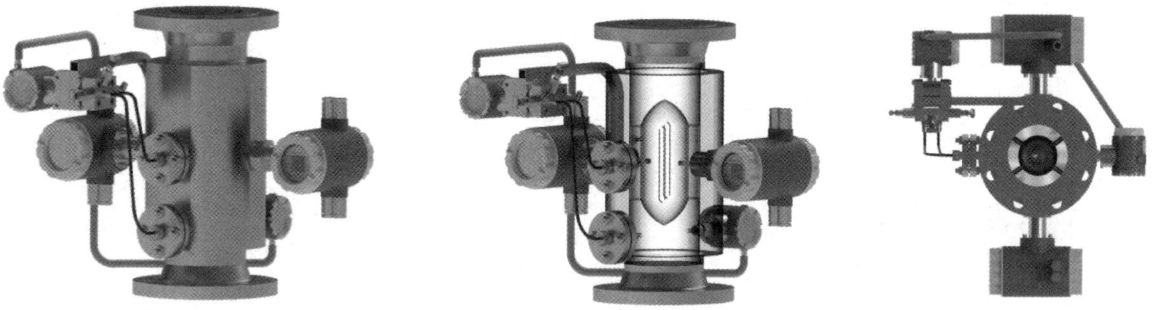

图 3　大口径稠油混相流量计(外观，内部结构)

本产品的设计规格如下表所示：

表 1　大口径稠油混相流量计

流量计尺寸	1.5~8inch
设计压力	0~4MPa
操作温度	0~110℃
材质	SS，DSS
防爆等级	Exd Ⅱ BT 4
防护等级	IP 65
数据传输方式	RS485，Ethernet，Wi-Fi

本流量计具备如下特点：

- 纺锤体内节流设计+两套光量子测量系统，实现对稠油的混相在线实时计量；
- 两组多参量传感器等冗余设计，提高了系统的容错性、可靠性和计量精度；
- 创新的总流量迭代算法和光量子计量原理，提升了混相稠油计量的准确性；
- 超快的 5ms 采集周期，精确反馈混相稠油流体的动态变化；
- 先进的嵌入式系统，能够对采集的数据进行计算、分析和存储；
- 丰富的 RJ45、RS485 以及无线 WIFI 等多种数据传输方式，满足不同现场需求，可远程和自动化操作；
- 强大的系统处理软件，可远程、自动化、快捷的完成系统操作以及数据分析；
- 支持不同温度下的稠油混相计量。

本流量计专门应用于大口径稠油混相流量在线计量，可实时获取不同温度下，稠油混相流体总流量及各相态流量数据，为油井产量测定和油藏评估提供了基础信息。本流量计便于安装，操作安全，相对传统稠油计量方法，在降低油田开发成本的同时大幅提升了计量的效率和准确性。

4 研究意义

本文针对混相稠油的特点，基于节流和光量子原理，提出一种针对大口径稠油混相流的计量方法，并开发出可应用于稠油生产现场的混相流量计，实现在线计量大流量混相稠油，获取稠油井口和汇管中油气水各项流量等实时数据。本技术和产品提升了稠油混相计量的科技水平，为油气计量行业装备升级提供了先进的解决方案。

参 考 文 献

[1] 科普：认识稠油，ECF 国际页岩气论坛，2018. 1. 11.
[2] 王雪飞，谭忠健，张金煌，等 . 稠油测试中油气分离与产量计量方法 . 油气井测试，2019. 4.
[3] 张春明，赵红静，肖乾华 . 稠油黏度预测新模型 . 长江大学学报：自然科学版，2005. 7.
[4] 雷诺数，百度百科 .
[5] 光子，百度百科 .
[6] 洋湃科技相关专利及产品技术资料 .

氮气钻完井技术开发深层致密砂岩气的有效性与局限性

罗成波[1]　何　龙[2]　蒋祖军[1]　欧　彪[1]　严焱诚[1]　李　皋[3]

(1. 中石化西南油气分公司石油工程技术研究院；2. 中石化西南油气分公司；3. 西南石油大学)

摘　要　四川盆地川西坳陷新场-合兴场构造须家河组致密砂岩气藏气藏埋深4500-5500m，属于低渗水敏性气藏，采用常规钻完井工艺开发易产生不可逆转的水锁伤害致单井产量较低，应用全过程氮气钻完井技术开发难动用的深层致密砂岩气可从根本上解决水锁难题，实现高效建产。本文基于近几年来氮气钻完井技术的实践应用情况，统筹分析该项技术开发深层致密砂岩气的有效性与局限性，为川西须家河组致密砂岩储层及国内其他相似储层高效开发提供借鉴。

关键词　氮气钻完井技术；深层；致密砂岩气；有效性；局限性

1　绪论

川西须家河组天然气资源丰富，中国石化探区保有探明储量1773.02亿方，控制储量4253.45亿方，预测储量4177.65亿方，其中新场-合兴场地区须二气藏先后提交探明储量达1250.4亿方，控制储量2039.9亿方。新场-合兴场须二气藏属于深层特低孔致密砂岩气藏，具有“一深两高两低”特点，气藏埋深4500~5500m，地层压力高(压力系数1.4~1.7)，地层破裂压力高(100~165MPa)，储层特低孔、特低渗(平均孔隙度3.7%，平均渗透率0.07mD)。

川西坳陷新场构造须家河组二段致密砂岩气藏探明储量超千亿立方米方，采用常规钻完井技术开发30口井，试井平均表皮系数16.84，加砂压裂改造单井测试平均产量$4.27\times10^4m^3/d$，产量较低，目前动用储量不到200亿立方米。主要原因为常规钻完井技术易诱发水相圈闭和固相颗粒堵塞孔隙喉道，渗透率难以有效恢复。理论和现场试验均表明，氮气钻完井技术不仅从根本上避免了钻井液钻井中由固、液相侵入引起的储层损害，有效保护了储层，提高单井产量，并且可以及时发现并准确评估产能。

本文基于近几年来氮气钻完井技术的实践应用情况，统筹分析该项技术开发深层致密砂岩气的有效性与局限性，为川西须家河组致密砂岩储层及国内其他相似储层高效开发提供借鉴。

2　有效性

2.1　最大限度保护储层

图1为新8-2井氮气钻井揭开深层致密砂岩储层元素录井分析图。

X8-2井二开为常规钻井技术钻至4904m左右，三开采用氮气钻井技术揭开深层致密砂岩气层。从图1可知，新揭开的致密砂岩层段Ba元素含量高，随着井深逐渐增加，Ba元素逐渐降低。由于钻井液中重晶石($BaSO_4$)侵入导致，井越深，重晶石侵入越少。因此，氮气钻井技术可从根本避免钻井液中固相颗粒侵入孔隙吼道及微裂缝，最大限度保护储层。

2.2　及时发现气层且不遗漏气层

图2为X8-2井氮气钻井揭开致密砂岩气层随钻监测气层发育深度图。

从图2可知，从4915米到4945米，揭开致密砂岩气层约30米，总共发现6个出气层，且每个气层的产量也实时计算出来，其中第五层和第六层产气量较高，分别约为$15\times10^4m^3/d$和$28\times10^4m^3/d$。并可根据每层的动态监测产量进行储层的产能评价，为后续开发方案的动态调整提供依据。

2.3　自然建产

图3为X8-2井应用氮气钻井技术揭开致密砂岩气层，而后采用钻杆完井自然建产后的生产数据图(近三年数据统计)。

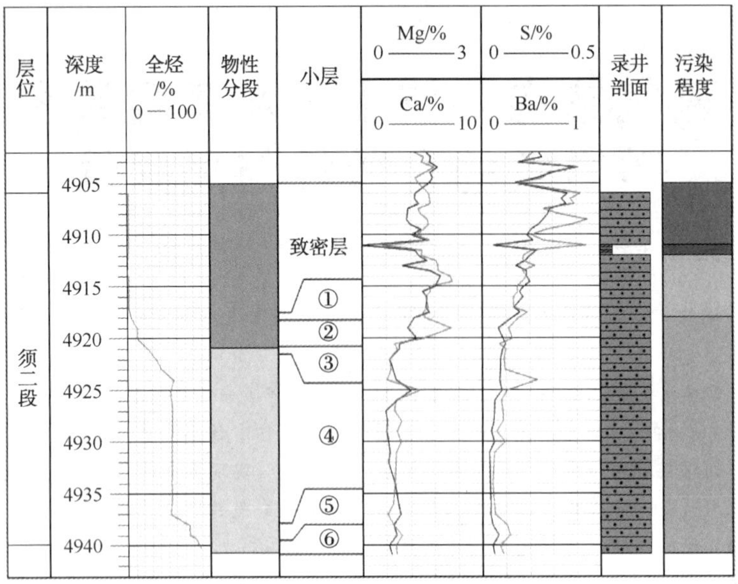

图 1　新 8-2 井元素录井分析图

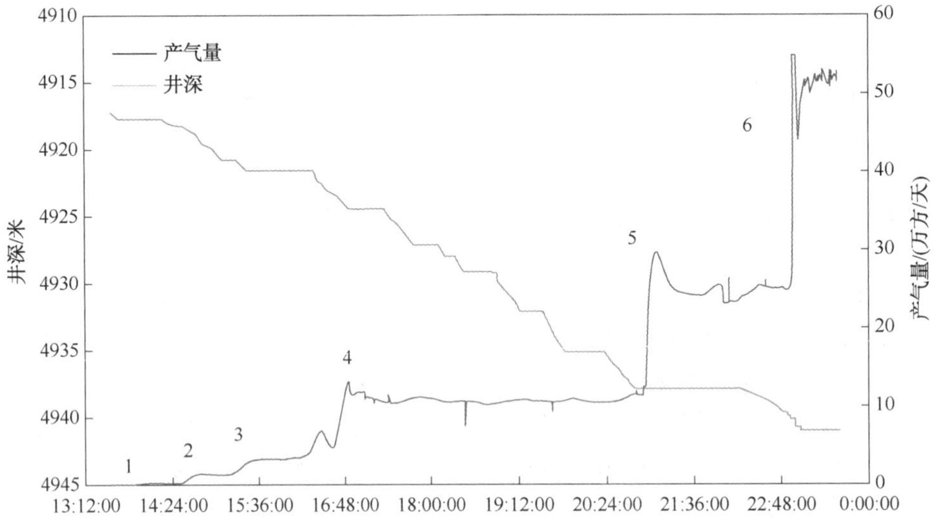

图 2　X8-2 井随钻监测气层发育深度图

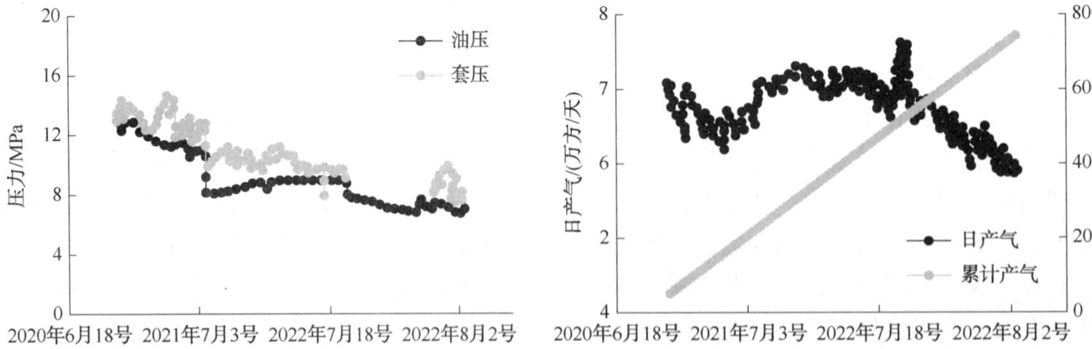

图 3　X8-2 井自然建产后的生产数据图

从图 3 可知，X8-2 井近一年日产量较稳定，平均每天产气 $7\times10^4m^3$，总计约产气近 $8000\times10^4m^3$。油压和套压也比较稳定，分别为 8~9MPa 和 10MPa 左右。主要原因在于应用氮气钻完井技术可最大限度的保护储层，维持了储层的原始渗透率。

2.4　可为射孔及压裂选层提供参考依据

表 1 为 X8-3 井应用氮气钻井技术揭开致密砂岩气层的随钻监测红外甲烷浓度与井深的关系表。该井三开 4960.50～4982.51m 井段采用氮气钻，而后地层出水转为常规。

表 1　X8-3 井红外甲烷浓度与井深的关系表

井深(米)	红外甲烷浓度最高	红外甲烷浓度稳定
4966.9	0.22%	0.19%
4967.5	2.79%	0.4%～0.5%
4969.99	25.93%	0.9%
4972.99	4.6%	0.8%～1.1%

从表 1 可知，X8-3 井气体钻进过程中，在 4966.6、4967.5、4969.99 和 4972.99m 监测到产气，而后射孔及压裂选层段为 4962～4965m。

该井目前采用 7mm+9mm 油嘴生产制度。从图 4 可知，X8-3 井目前平均每天产气 $8\times10^4m^3$，总计约产气近 $6200\times10^4m^3$。压裂层位参考气体钻出气井深，效果较好。

2.5　可为致密砂岩气高产富集规律的确定提供辅助依据

图 5 为过 X8-2 井局部放大地震剖面图，图 6 为过 XS101-1 井全井段地震剖面图。

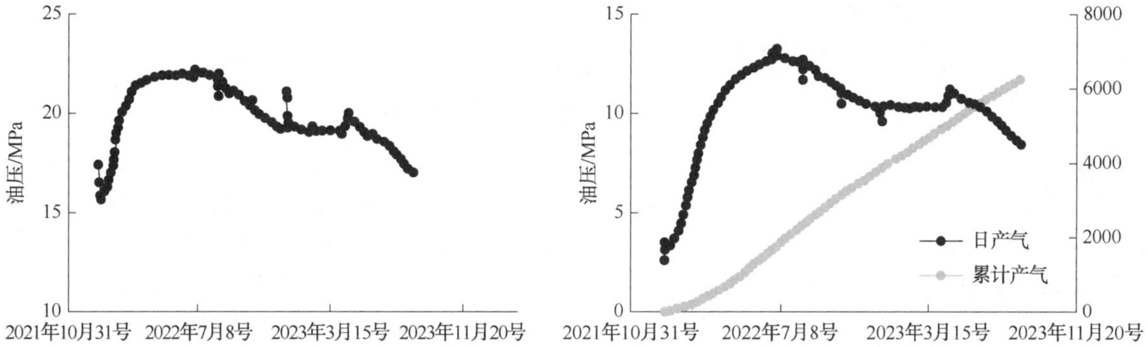

图 4　X8-3 井压裂后后的生产数据图

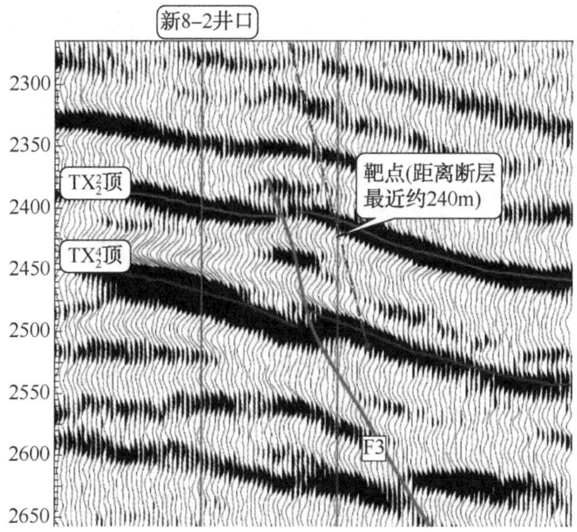

图 5　过 X8-2 井局部放大地震剖面图

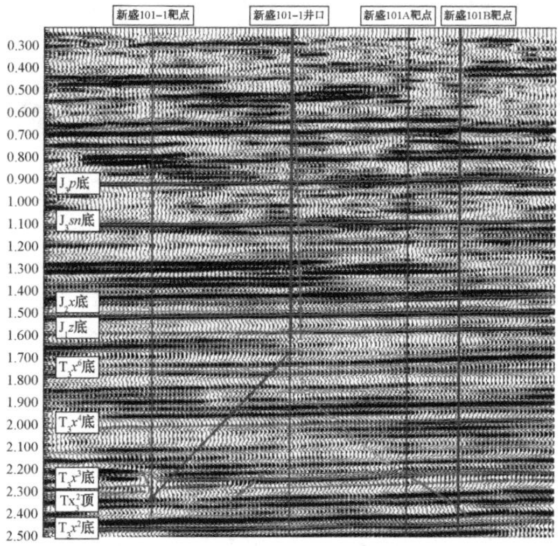

图 6　过 XS101-1 井全井段地震剖面图

从图 5 可知，X8-2 井三开氮气钻井段 4915-4941m 覆盖 A 靶点，A 靶点距断层最近约 240m，该井段总揭开 6 个出气层，获无阻流量 $53\times10^4m^3/d$，而后采用钻杆完井自然建产。XS101-1 井井段 4777-4877m 采用氮气钻，随钻监测显示为孔隙型气，红外甲烷监测数值 1%以下。从图 6 可知，地震剖面中 4777-4877m 无断层，为纯砂体。

根据储层的储集空间类型、物性、裂缝发育特征、基质孔隙与裂缝的耦合关系和含气性，结合产能动态特征，确定了新场-合兴场须二气藏断褶裂缝、基质储渗 2 类气藏甜点模式(图 7)。

针对不同类型甜点形成了差异化的开发技术政策。Ⅰ类区采用定向井多层兼顾，近断褶，轨迹位于褶皱核部或断层上盘；Ⅱ、Ⅲ类区采用水平井单层开发，穿优质兼裂缝，水平段长约1000-1200m。

新场-合兴场须二气藏主要的甜点类型为断褶缝型、断缝型、褶缝型，而X8-2井氮气钻井钻遇断层裂缝的自然建产及XS101-1井氮气钻钻遇100m的纯砂体为该区块致密砂岩气高产富集规律的确定提供了辅助依据。

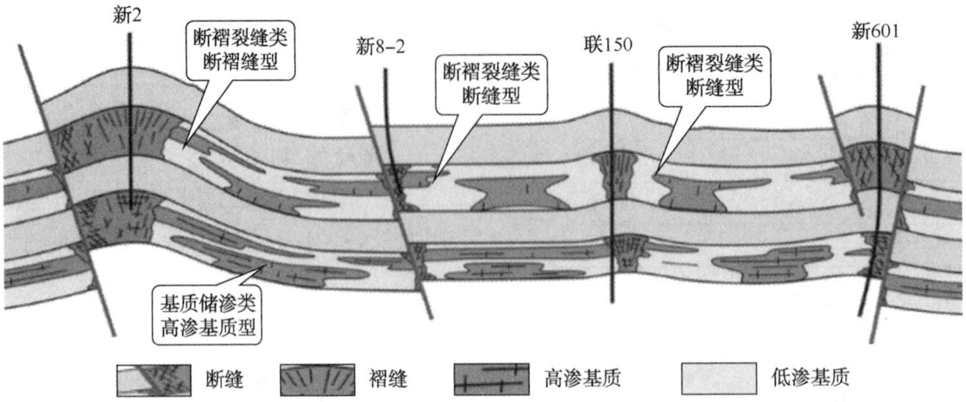

图7　新场-合兴场须二气藏甜点类型图

3　局限性

3.1　井眼轨迹控制

图8和图9分别为X8-3井和XS101-1井应用氮气钻井技术井斜角随井深变化趋势图。

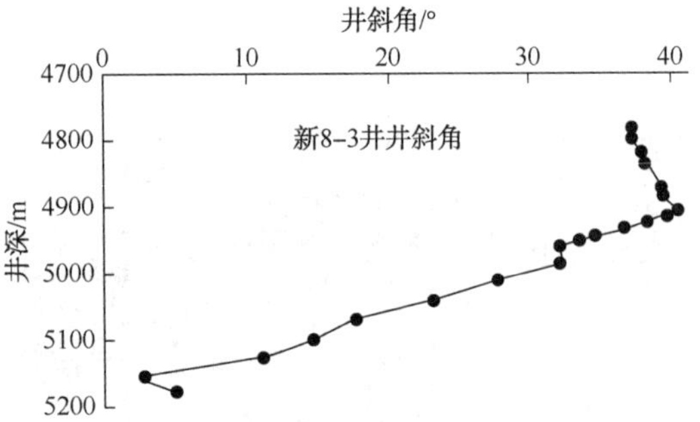

图8　X8-3井井斜角变化趋势图

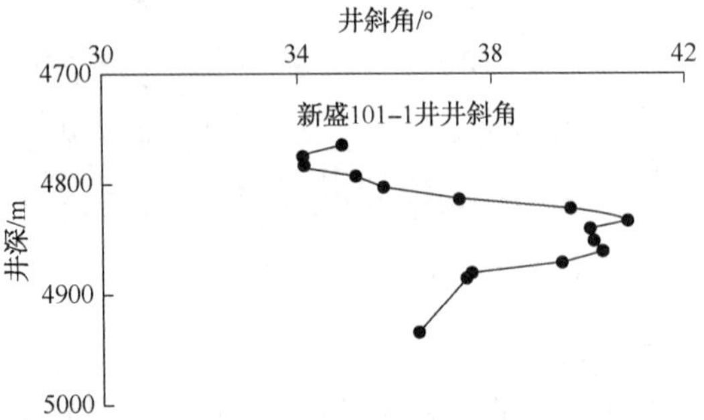

图9　XS101-1井井斜角变化趋势图

从图8和图9可知，两口井钻具组合相似，钻进过程中钻压及转速相似，而且为同一构造同一层位，地层岩性和地层倾角也相同。X8-3井呈现降斜的趋势，而XS101-1井呈现先增斜后降斜的趋势。目前氮气钻井井下动力钻具空气螺杆性能欠佳，寿命短，一般在30~50h以内，而常规螺杆的寿命超过120h；容易飞车，造成定子橡胶过早失效，甚至抽筒，可靠性不足。

同时电磁波随钻信号传输受限于地层的电阻率，发射天线单级有效传输距离超过4000m，地层水及煤层较发育则该技术不适应，钻杆内孔微波随钻信号传输受限于井深（新钻杆单级传输310米左右，多个中继器串联存在信号失联概率增加的风险）和钻具的性能。因此，多数井氮气钻井采用"盲打"工艺。

3.2　地层出水

图10为X8-3井地层出水以后的随钻监测参数图。

从图10可知，地层出水以后，湿度迅速增加，最高达到了近85%。地层出水易诱发泥页岩浸泡后的失稳导致卡钻复杂，同时气体岩屑携带能力降低，易诱发钻头泥包或者沉砂卡钻。

3.3　碳质页岩或"腰带子"井壁失稳

图11为FG110井氮气钻井过程中井壁失稳诱发卡钻后的工程参数变化图。

卡钻井深-4609.44m，录井捞砂分析4602~4609.44米为碳质页岩。从图11可知，卡钻时，扭矩从4kN·m突然增大至9.1kN·m，立管压力逐渐增加，同时憋停顶驱。可能为已钻过井段的泥页岩垮塌导致卡钻，可能为正钻泥页岩垮塌导致卡钻。

由于环空压缩氮气的密度低，因此氮气钻井

对井壁的支撑作用不及常规钻井液钻井对井壁的支撑作用。在泥页岩、煤岩夹层比较发育的井段，由于泥页岩、煤岩夹层强度较低，在井周围岩应力集中的条件下，在最小水平主应力方位易发生井壁垮塌，加之钻具的扭转振动、横向振动及纵向振动对井壁的碰撞摩擦作用，使井壁失稳程度更严重，同时导致卡钻或埋钻复杂。

3.4　井底岩爆诱发卡钻

图 12 为氮气钻井钻遇圈闭高压裂缝诱发井底岩爆示意图。

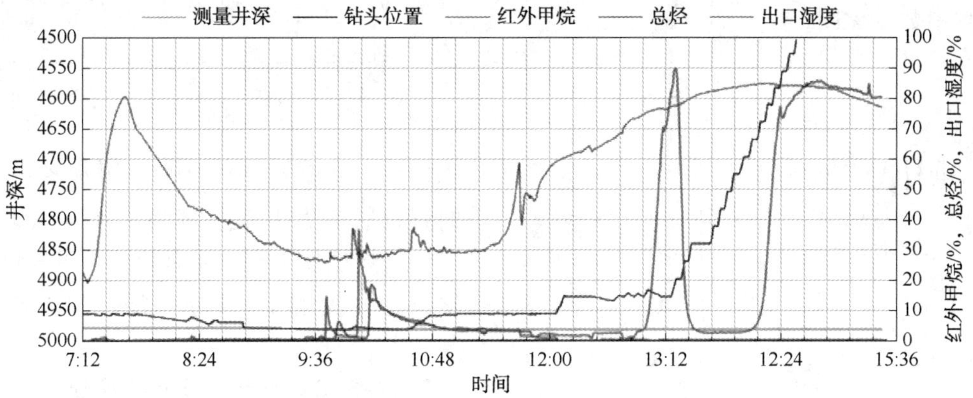

图 10　X8-3 地层出水以后的随钻监测参数图

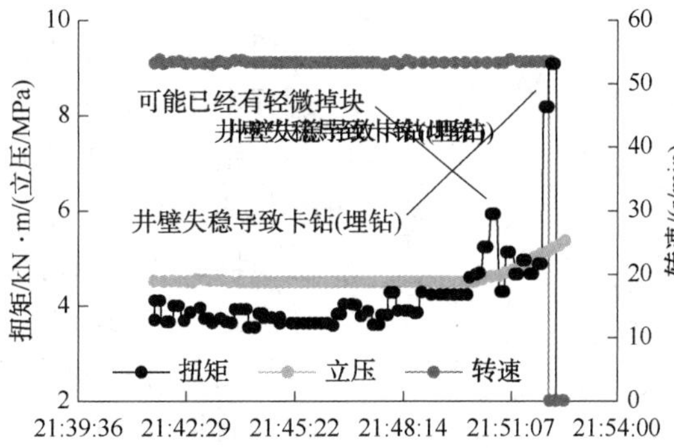

图 11　FG110 井卡钻后的工程参数变化图

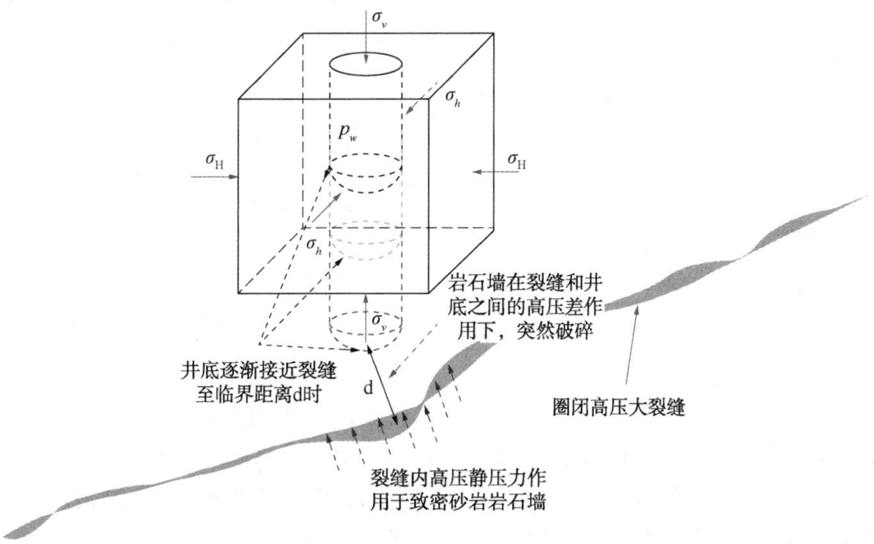

图 12　井底岩爆示意图

从图 12 可知，当钻遇含气高压圈闭裂缝时，可能产生井下岩爆。岩爆碎屑和裂缝内的高压天然气耦合形成的气固两相流上顶冲击钻具，岩爆碎屑可能进入底部钻具组合中的单流阀导致单流阀失效，岩爆碎屑易堵塞环空间隙诱发卡钻，气固两相流冲蚀井口装置及排砂管线，岩爆碎屑可能会在地面管线弯角处形成堵塞导致井口压力升高诱发井控风险。

图13、图14、图15和图16为X8-2井氮气钻井过程中钻遇高压圈闭裂缝诱发井底岩爆导致卡钻的工程参数变化图。

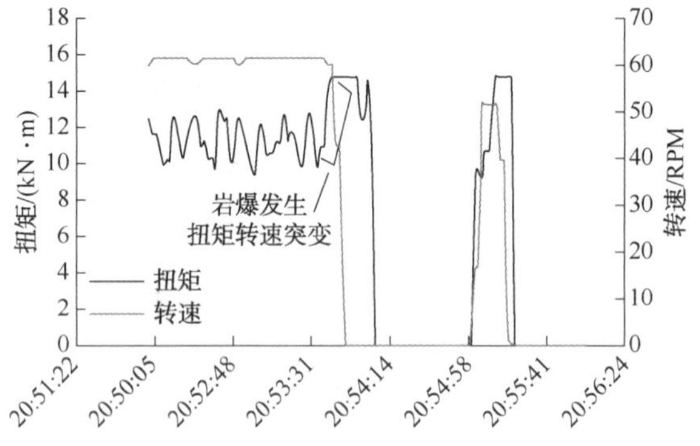

图13　扭矩和转速变化图

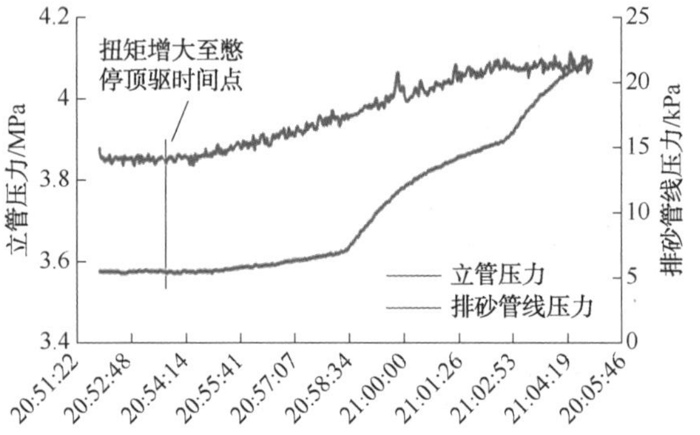

图14　立管压力和排砂管线压力变化图

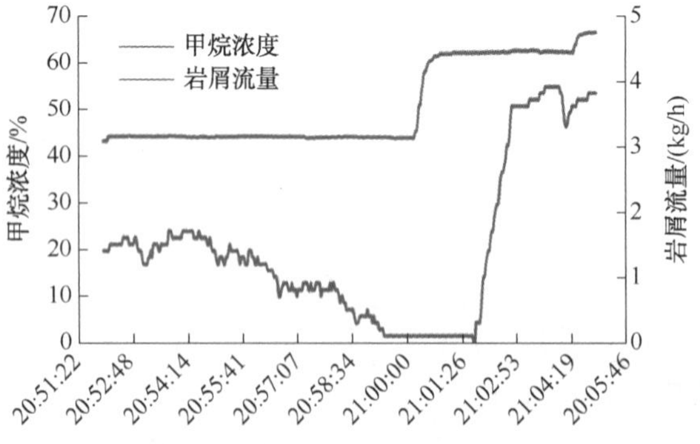

图15　甲烷浓度和岩屑浓度变化图

从图13、图14、图15和图16可知，钻遇高压裂缝圈闭诱发井底岩爆，岩爆碎屑在钻头等环空较狭窄的地方瞬间堆积导致卡钻，导致扭矩、转速、立管压力、排砂管线压力、甲烷浓度、岩屑质量流量和钻具振动加速度等工程参数突变。裂缝内的高压天然气高速冲蚀阻卡层，同

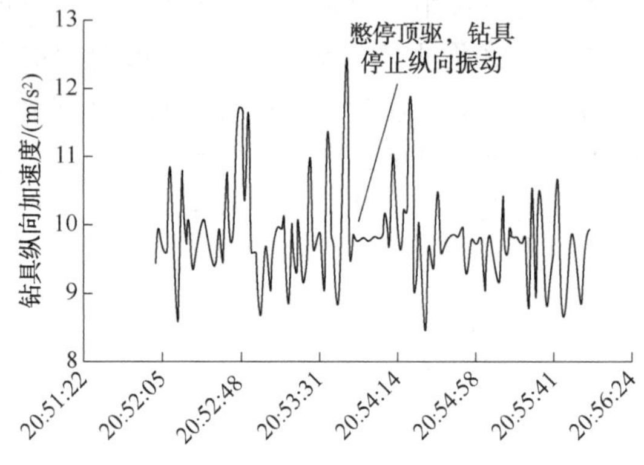

图16　钻具纵向振动加速度变化图

时强行活动钻具(强拉或强压)，自动解卡。

岩爆诱发卡钻存在风险，如果岩爆碎屑卡死钻具，不能解卡，后期需转常规钻井液处理复杂。

3.5　钻杆完井过程存在井控风险

进行钻杆完井作业时，当钻杆在多功能四通中座挂成功后，需拆卸井口防喷器组，并装上采气树，此过程采用打开两路放喷管线并点火。此过程由于没有防喷器控制井口，井控风险较大。

钻杆完井换装井口过程中，吊车吊装防喷器及安装采油树的过程，属于特种作业，如果出现防喷器或者采油树与钻杆挂摩擦碰撞，导致钻杆挂密封环空的功能失效，高压天然气携带岩屑颗粒从钻杆挂密封失效处高速溢出，引发井控事故，后果极其严重。

因此，换装井口作业环节需进行多次工序演练达到作业时间控制在1个小时以内，避免高速气流对井口管线的长时间冲蚀及其他环节失误引发不可控的井控风险。

4　下步攻关方向

针对氮气钻完井技术的四个局限性，地层出水、井壁失稳及井下岩爆，归根结底，上述三种井下工况皆会导致卡钻，且在钻头处卡钻的概率最大(钻头处的横截面积最小)，因此，需要研发防止卡钻的三牙轮钻头，可以扩大氮气钻完井技术的应用边界，增加氮气钻井的进尺。

进一步改善空气螺杆的性能，改进其结构或材料，增强空气螺杆的耐冲蚀性和动力性，继续研发气液耦合驱动定向动力钻具；同时继续针对电磁波随钻信号传输技术和钻柱内孔微波随钻信号传输技术进行延续性研究，降低电磁波信号受地层电阻率的影响，增加微波在钻柱内孔中的单级传输距离。

基于地质工程一体化思想，地震地质方面提高裂缝、出水层位及碳质页岩发育井深的预测精度，优选适宜应用该技术的井位、靶点及层段，增加氮气钻完井技术自然建产的概率。

5 结论

（1）氮气钻完井技术的有效性为最大限度保护储层、及时发现储层且不遗漏储层、自然建产、可为射孔及压裂选层提供参考依据和为致密砂岩气高产富集规律的确定提供辅助依据。

（2）氮气钻完井技术的局限性为井眼轨迹控制、地层出水、碳质页岩或“腰带子”井壁失稳、井底岩爆诱发卡钻和钻杆完井过程存在井控风险。

（3）需研发防氮气钻井卡钻钻头、气液耦合驱动定向动力钻具、随钻信号传输技术和提高地质预测精度。

参 考 文 献

[1] 李皋，孟英峰，唐洪明，等．氮气钻井高效开发致密砂岩气藏[J]．天然气工业，2007，27(7)：59-62.

[2] 吴志均，周春梅，唐红君．氮气钻井应用于致密砂岩气藏开发的思索[J]．钻采工艺，2009，32(4)：5-7.

[3] 胥志雄，孟英峰，李锋，等．DX1 井高压高产储层氮气安全钻井技术[J]．钻采工艺，2013，36(5)：5-8.

[4] 张晓东，汪凯，王延民，等．库车坳陷 X 井致密砂岩储层氮气钻井实践与认识[J]．石油钻采工艺，2015，37(2)：24-26.

[5] 胥志雄．深层致密砂岩气藏氮气钻井安全研究[D]．成都：西南石油大学，2013.

[6] 郭彤楼，熊亮，叶素娟，等．输导层(体)非常规天然气勘探理论与实践：四川盆地新类型页岩气与致密砂岩气突破的启示[J]．石油勘探与开发，2023，50(1)：24-37.

[7] 刘君龙，刘忠群，刘振峰，等．四川盆地新场构造带深层须二段致密砂岩断褶裂缝体特征和地质模式[J]．石油勘探与开发，2023，50(3)：530-540.

[8] 刘君龙，胡宗全，刘忠群，等．四川盆地川西坳陷新场须家河组二段气藏甜点模式及形成机理[J]．石油与天然气地质，2021，42(4)：852-862.

[9] 邓虎，李宬晓，董仕明．关于气体钻井定向动力钻具研究的新思路[J]．钻采工艺，2018，41(3)：15-17.

[10] 邓虎．油气井中电磁波无线传输技术研究及应用[J]．钻采工艺，2022，45(4)：19-25.

[11] 夏文鹤，孟英峰，唐波，等．变内径钻柱中微波传输衰减规律[J]．石油勘探与开发，2018，45(3)：500-506.

[12] 金衍，陈勉．井壁稳定力学[M]．北京：科学出版社，2012.

[13] 孟英峰，罗成波，李皋，等．氮气钻井突发性井壁失稳动力演化机理及实验研究[J]．中国安全生产科学技术，2015，11(2)：64-69.

[14] 孟英峰，吴苏江，陈星元，等．邛崃 1 井氮气钻井事故分析(Ⅰ)——构成事故的重要事件[J]．天然气工业，2015，35(10)：125-134.

[15] 孟英峰，吴苏江，陈星元，等．邛崃 1 井氮气钻井事故分析(Ⅱ)——事故过程的还原及教训[J]．天然气工业，2015，35(10)：135-144.

[16] 罗成波，蒋祖军，李皋，等．QL1 井井底突发性岩爆动力学机理及动态演化过程[J]．石油学报，2020，41(2)：244-252.

基于“五压力”与裂缝预测的井漏风险预警及防治技术

徐声驰　李　立　田泽华　刘　刚　刘　锐　孙志高

（中国石油集团西部钻探工程有限公司地质研究院）

摘　要　深部地层由于裂缝发育、地层压力系统复杂，在钻探过程中漏失风险高，基于地质工程一体化开展井漏风险预警及防治迫在眉睫。本文以玛湖油田金龙2井区为例，通过地质力学建模，开展“五压力”预测，结合蚂蚁体追踪识别裂缝特征，从而更加科学地设计钻井液密度和堵漏剂配方。研究表明：金龙2井区主要漏失层位为J_1b、T_3b、P_3w等，均为裂缝性漏失；根据五压力系统及裂缝分布特征，上述三个层位安全钻井液密度窗口分别为1.05~1.16、1.10~1.25、1.20~1.3。通过优化钻井液密度并结合裂缝宽度针对化设计堵漏剂配方并投入现场应用，应用结果表明：bHW2019井工期较设计提前20天，无井下复杂发生，该技术能有效应对研究区井漏复杂，有推广运用潜力。

关键词　井漏风险；裂缝；漏失；玛湖油田；五压力

钻井及完井作业过程中发生井漏给石油工程界带来了极大的挑战，一旦发生漏失势必造成钻井工作中断、固井作业复杂、增产措施效益降低，还会引起井塌、井喷和卡钻等复杂事故。尤其是在裂缝发育较好的地层，钻井液漏失的问题更加严重，主要原因为钻井液密度过大，液柱压力大于地层压力，应力不平衡。长期以来，国内外学者针对裂缝性井漏特征和机理开展了系统的研究，吕开河、雷少飞等人考虑裂缝临界宽度、裂缝壁面粗糙度建立了裂缝性地层钻井液漏失模型。张磊、王晓鹏等人分析了裂缝性漏失机理，建立了基于裂缝与井筒相交环面应力状态的漏失压力新模型。谢泽龙、朱亮等人分析钻井过程中实时渗透率，改进了径向泄露模型。Shahri等人分析了裂缝物性相关参数的敏感性，并预测了不同压力下的漏失率。K. E. Gray等人提出了井筒压力—流体损失率—裂缝剖面的预测模型。蒋晓红、胡南等人建立了地层三压力剖面，为钻井液密度，井深结构设计提供了理论依据。贾利春、杨敬斌等根据井漏机理、井漏特征，探究了不同堵漏材料在裂缝地层中的适用性。

玛湖油田位于准噶尔盆地西北部，主要储层为三叠系百口泉组和二叠系上、下乌尔禾组砂砾岩，该油田开发过程中，金龙2井区、玛湖401井区、百21井区等8个井区发生多次裂缝性井漏，严重影响油田开发进度以及增加开发成本。本文基于五压力剖面以及裂缝模型研究区块层位井漏机理，形成一套井漏风险预警以及防治技术，为后续油田开发、施工方案优化提供依据。

1　研究区井漏机理分析

井漏是指在各种井下作业过程中钻井液由于压差作用通过漏失通道进入地层的现象，而漏失发生则需要三个必要条件：正压差、漏失通道及较大漏失空间、漏失通道开口尺寸大于外来工作液固相粒径；因此漏失与钻井液密度、钻井液固相粒径、地层压力、地层孔、缝、洞发育情况等密切相关。井漏按照漏失通道分为三类：渗透性地层井漏、裂缝性地层（诱导缝）井漏及溶洞性地层井漏，按照漏失速率可大致将漏失分为四类：小漏、中漏、严重漏失、失返性漏失。

1.1　井漏区块特征

通过对区块漏失统计（图1），明确重点漏失地层为J_1b、T_3b、P_3w、P_1j、J_1b，漏层为底部厚层砂砾岩；T_3b漏层岩性为顶部泥岩；P_3w漏层岩性为砂砾岩；P_1j漏层岩性为英安岩、安山岩，应用FMI成像资料识别出区块单井P_3w段4050-4100m主要发育高阻缝，4160-4200m主要发育充填缝，裂缝宽度范围0.05-0.25m；P_1j段4260-4280m主要发育高导缝，4220-4260m主要发育闭合缝，裂缝宽度范围0.15-1.15m（图2）。P_1j段为裂缝的主要发育阶段，其中微裂缝

80条、高导缝43条，倾向分别以近北和近东为主，走向分别为近东西向和近南北向，倾角范围在14~78°，高导缝和微裂缝角度均较高，有利于裂缝开启(图3)。漏失类型均为裂缝性漏失。

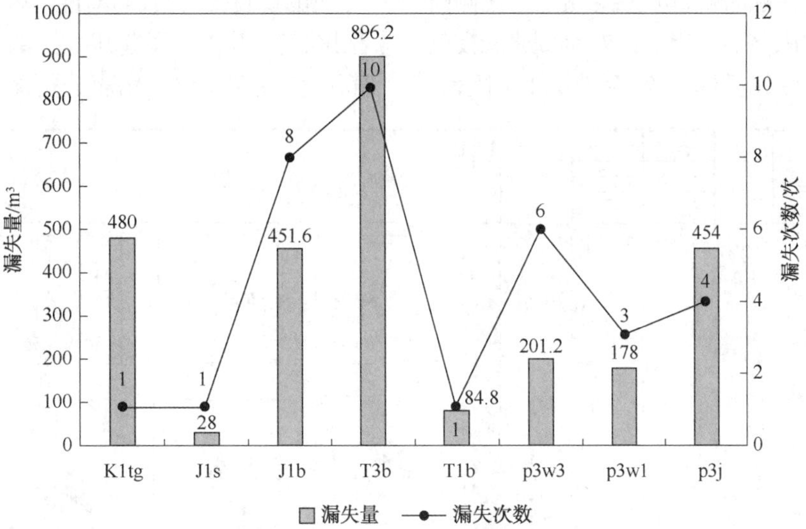

图1　区块分层位漏失数据统计

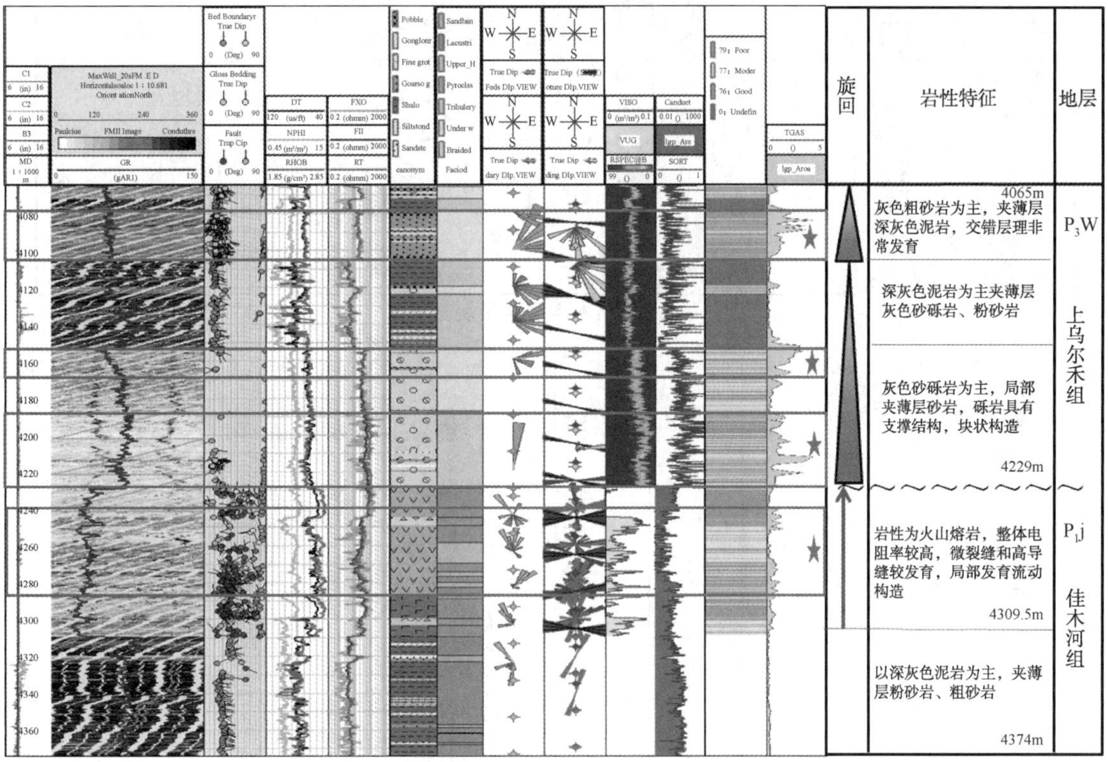

图2　区块单井 P_3w、P_1jFMI 成像图

1.2　裂缝孔隙度、开度、密度及发育程度对漏失的影响

通过模拟计算和实验验证，建立了基于常规电测曲线的裂缝孔隙度、裂缝开度、裂缝密度以及裂缝发育程度指数模型。

裂缝孔隙度：

$$\mathrm{FVPA}=\left[R_{mf}\left(\frac{1}{R_{LLS}}-\frac{1}{R_{LLD}}\right)\right]^{a} \tag{1}$$

裂缝开度：

$$\mathrm{FVA}=\frac{0.064}{\varphi}\left[(1-S_{wi})\,\mathrm{FVDC}\right]^{b} \tag{2}$$

裂缝密度：

$$\mathrm{FVDC}=\frac{\dfrac{1}{R_{xo}}-\dfrac{1}{R_{t}}}{\dfrac{1}{R_{\mathrm{mf}}}-\dfrac{1}{R_{w}}} \tag{3}$$

裂缝发育程度：

$$FG = c1 * FVPA + c2 * FVA \tag{4}$$

式中，R_{LLS} 为深侧向测井电阻率；R_{LLD} 为浅侧向测井电阻率；R_{xo} 为侵入带电阻率；R_{mf} 为泥浆滤夜电阻率；R_t 为原状地层电阻率；R_w 为地层水电阻率；a、b 为系数，分别取值 0.5~0.8、0.9~1.4；φ 为孔隙度；S_{wi} 为束缚水饱和度；$c1$、$c2$ 也为系数。

由式(1)(2)(3)(4)对漏失风险进行评价，可以看出裂缝孔隙度、裂缝开度、裂缝密度以及裂缝发育程度对漏失层位以及漏失量有很大的影响(图4)。

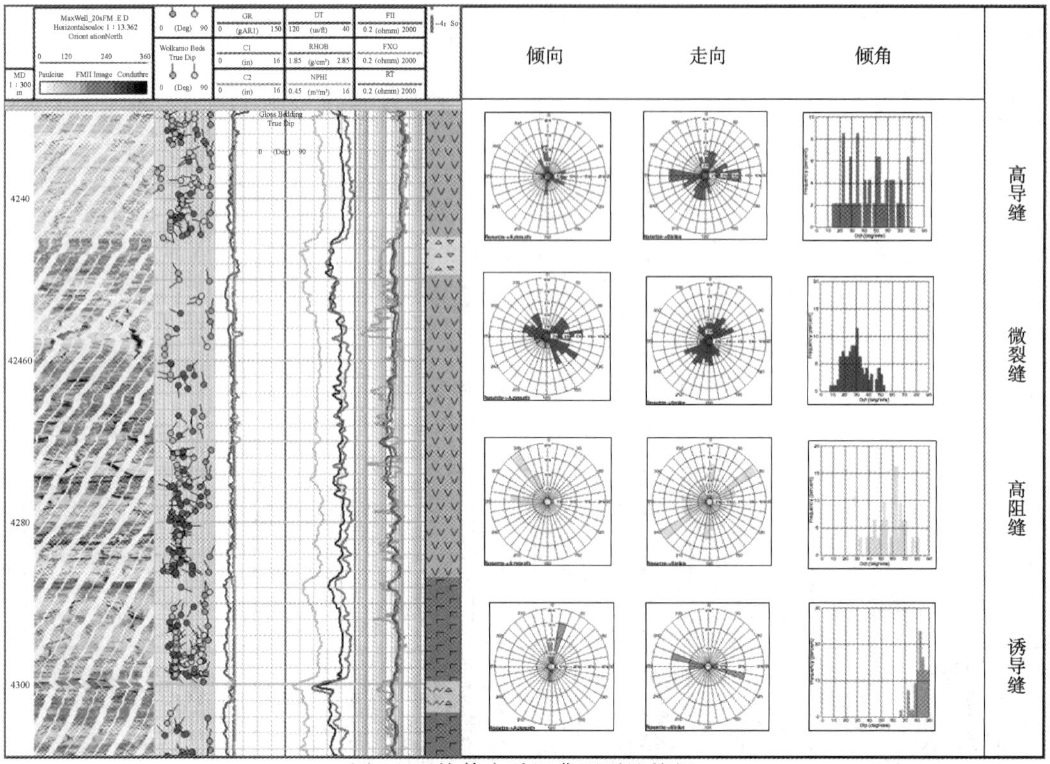

图3　区块佳木禾组典型裂缝特征

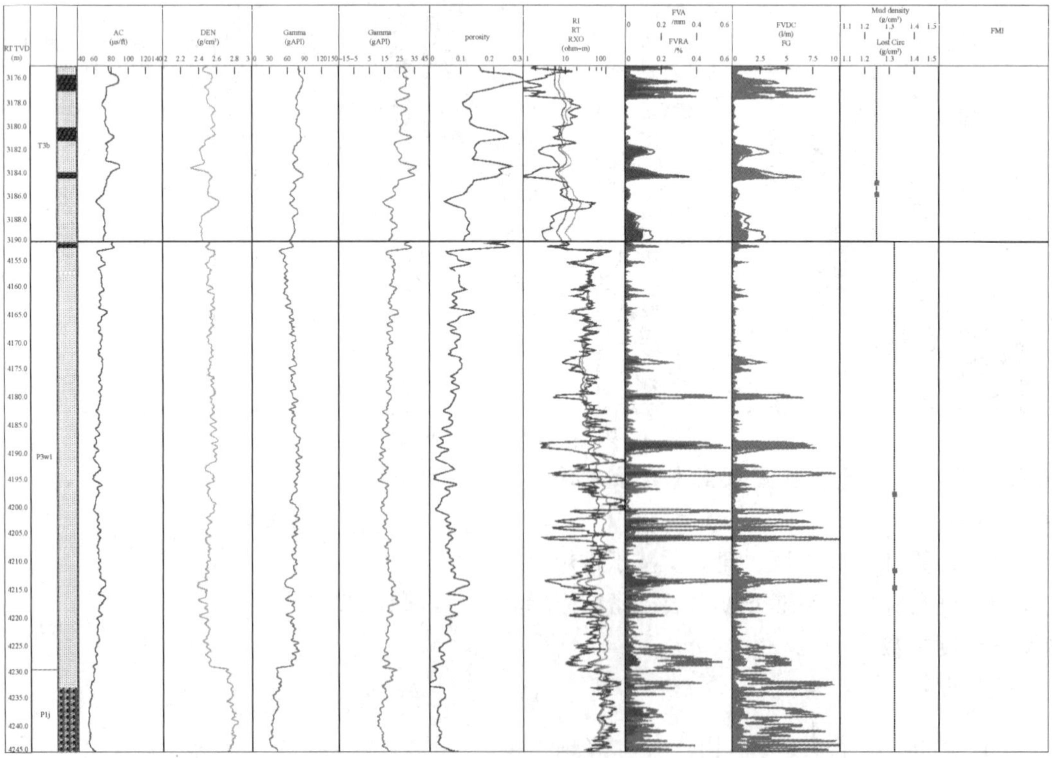

图4　二叠系漏失风险评价图

2 易漏区块五压力与裂缝模型建立

2.1 建立地层三压力、漏失压力以及闭合压力计算模型

地层孔隙压力指地层孔隙或裂缝中流体所具有的压力，采用基于正常压实趋势线的 Eaton 方法计算：

$$P_p = P_o - (P_o - P_h)\left(\frac{\Delta t_n}{\Delta t_o}\right)^n \tag{5}$$

式中，P_p 为预测的孔隙压力；P_o 为静岩压力；P_h 为正常的静水压力；Δt_n 为正常泥岩中的声波时差；Δt_o 为实测泥岩地层中的声波时差；n 为 Eaton 指数。

地层破裂压力指井眼周围地层在泥浆柱压力作用下起裂的压力，采用侧压力系数法计算：

$$P_f = \left(1-\frac{\varphi}{\varphi_c}\right)^n (P_o - P_p) + P_p \tag{6}$$

式中，P_o 为上覆岩层压力；P_p 为地层孔隙压力；P_f 为地层破裂压力；k 为侧压力系数(由已知压力按线性插值方法求取)；φ 为地层孔隙度；φ_c 为临界孔隙度，一般取 0.4；n 为岩石孔隙刚度系数，一般取 1。

井壁应力将超过岩石的抗剪切强度破坏临界压力为坍塌压力，采用摩尔-库仑法计算：

$$\rho_m = \frac{\eta(3\sigma_H - \sigma_h) - 2F_c K + \alpha P_p(K^2-1)}{(K^2+\eta)H} \times 100$$

$$K = \cot\left(\frac{\pi}{4} - \frac{\varphi}{2}\right) \tag{7}$$

式中，ρ_m 为坍塌压力当量钻井液密度；F_c 为岩石黏聚力；φ 为岩石内摩擦角；α 为有效应力系数(Biot 系数)；η 为应力非线性修正系数。

闭合压力是指已存在裂缝张开的最小缝内流体作用在裂缝面的平均压力，井筒周围存在两种类型裂缝(诱导缝和天然缝)。诱导缝为井筒压力波动克服最小水平主应力产生的简单缝；天然缝由构造运动产生，多为复杂缝，其闭合压力与地应力存在空间力学关系。对于井壁诱导缝：裂缝闭合压力 = 最小水平主应力 σ_h；对于井周天然缝：

① 闭合无填充斜交裂缝闭合压力：

$$P_{L3} = P_{oa} = \sigma_v\cos\theta + \sigma_h\sin\theta \tag{8}$$

② 闭合无填充斜交裂缝闭合压力：

$$P_{L3d} \approx 0.707(\sigma_v + \sigma_h) \tag{9}$$

③ 闭合无填充直劈裂缝闭合压力：

$$P_{L3s} \approx \sigma_h \tag{10}$$

由于裂缝开启存在漏失通道，钻井液漏失的条件是井筒压力大于地层孔隙压力、钻井液在通道中的流动阻力及井壁泥饼产生的阻力之和；在钻井液液柱压力大于地层压力时会发生漏失，漏失压力计算模型为：

$$P_{L1} = P_p + f_{fr} + f_{mc} \tag{11}$$

式中，f_{fr} 为钻井液在通道中的流动阻力，MPa；f_{mc} 为井壁泥饼产生的阻力，MPa；P_{L1} 为开启良好且充填的天然裂缝地层漏失压力，MPa；P_p 为地层孔隙压力，MPa。

2.2 裂缝刻画方法

运用蚂蚁体结合增强相干属性形成裂缝的刻画方法，具体操作流程主要分为 4 个部分，即地震数据处理、边缘探测、建立蚂蚁属性体追踪和裂缝综合分析。

(1) 地震数据处理：

采用中值滤波、高斯空间滤波、构造平滑等方法。进行增益处理，降低噪声影响，增强了地震同相轴的连续性，突出裂缝的不连续性特征。

(2) 边缘探测：

运用方差体技术，对数据体中不连续性进行强化，主要利用振幅，相位等不连续性特征来描述地层裂缝的非均匀性，通过计算样点的方差值，揭示数据体中的不连续性信息，进而对裂缝进行识别。

(3) 建立蚂蚁属性体追踪：

基于蚂蚁算法生成蚂蚁属性体，将蚂蚁追踪初始化后即可在整个剖面进行自动追踪，并在振幅极值处留下高浓度信息素。最后对这些剖面上出现的高浓度信息素的连续节点进行提取，进而得到裂缝的空间展布。

(4) 裂缝分析：

计算叠前分方位各向异性信息得到裂缝密度，将蚂蚁体追踪刻画的裂缝空间展布和裂缝密度进行信息融合，对不同目的层段平面成图，建立易漏区块裂缝模型(图 5、图 6)。

2.3 研究区易漏层分布规律

以精细地层五压力评价结果与声波速度微特征参数，运用波形指示模拟技术建立了面积

332.00km²、层位白垩系吐谷鲁群至上乌尔禾组，金龙2、百21、达13、玛湖401、玛湖057、克81、玛2、玛18等8个易漏区块地层五压力模型(图7)，结合裂缝模型探究了漏失层位的分布规律，发现断缝体与钻井漏失点、窜扰吻合较好，层位裂缝发育程度与漏失成正相关(图8)。

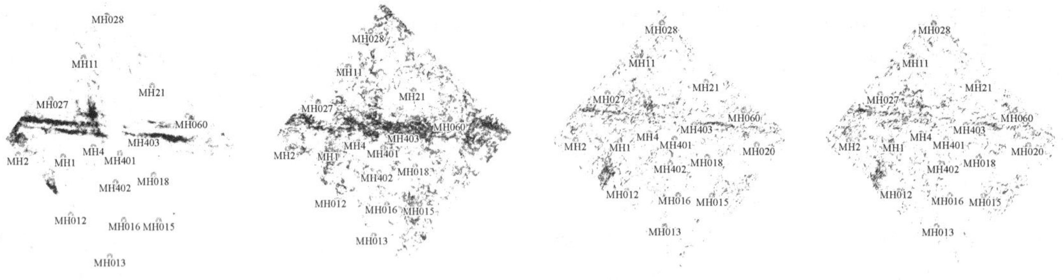

相干图　　增强相干图　　方差图　　最小曲率图

图5　区块裂缝模型

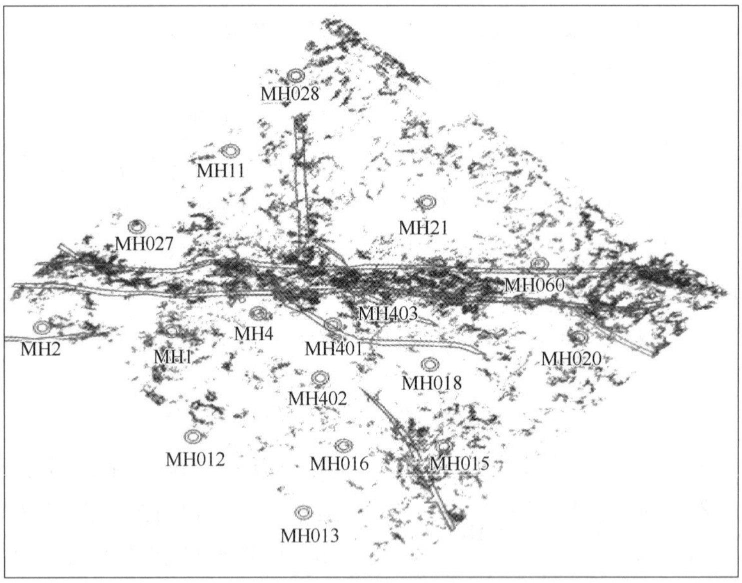

图6　井区 T_3b 裂缝与断层叠合图平面分布图

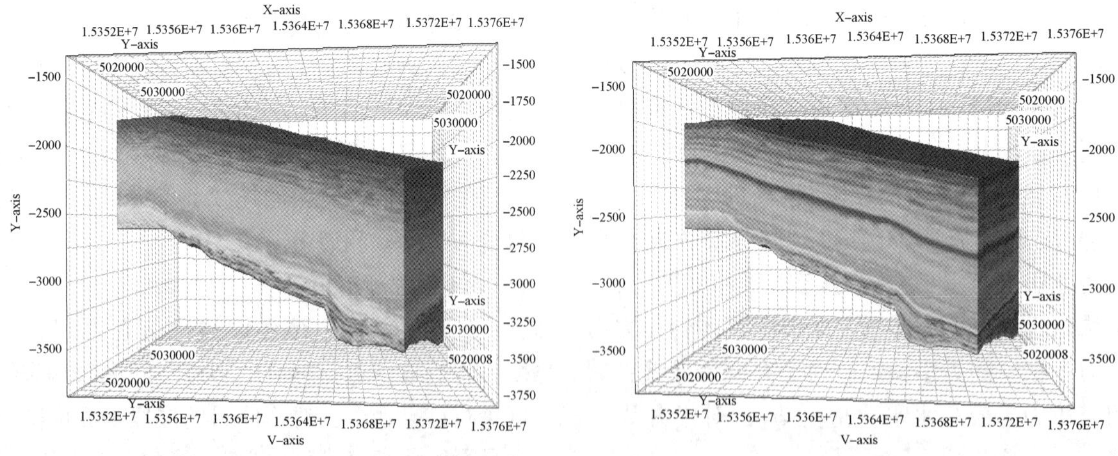

破裂压力模型　　孔隙压力模型

图7　地层五压力模型

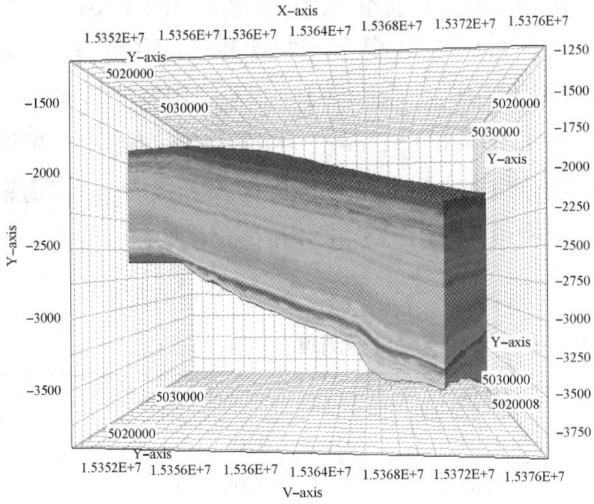

坍塌压力模型

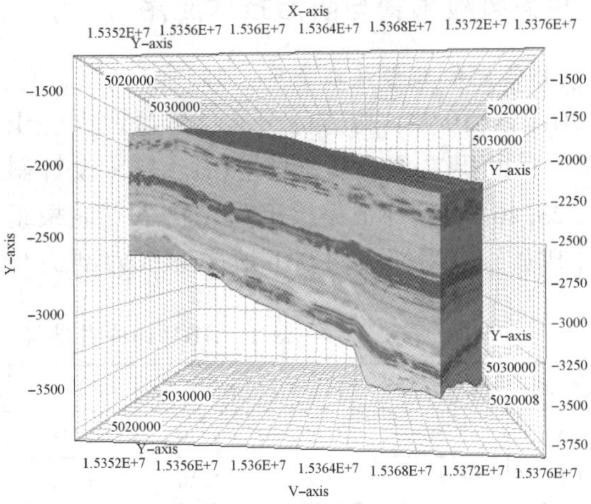

漏失压力模型

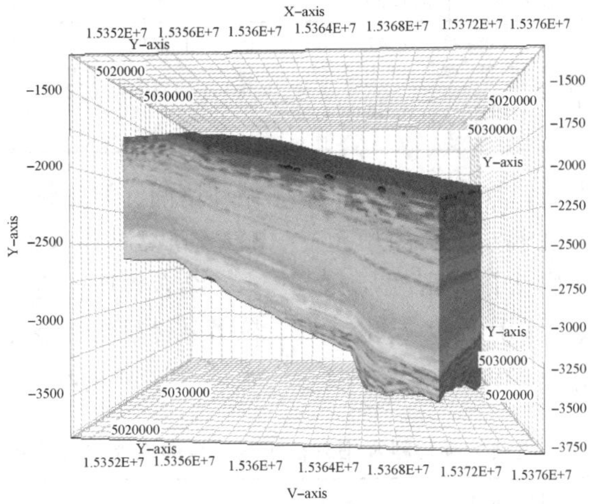

闭合压力模型

图7　地层五压力模型(续)

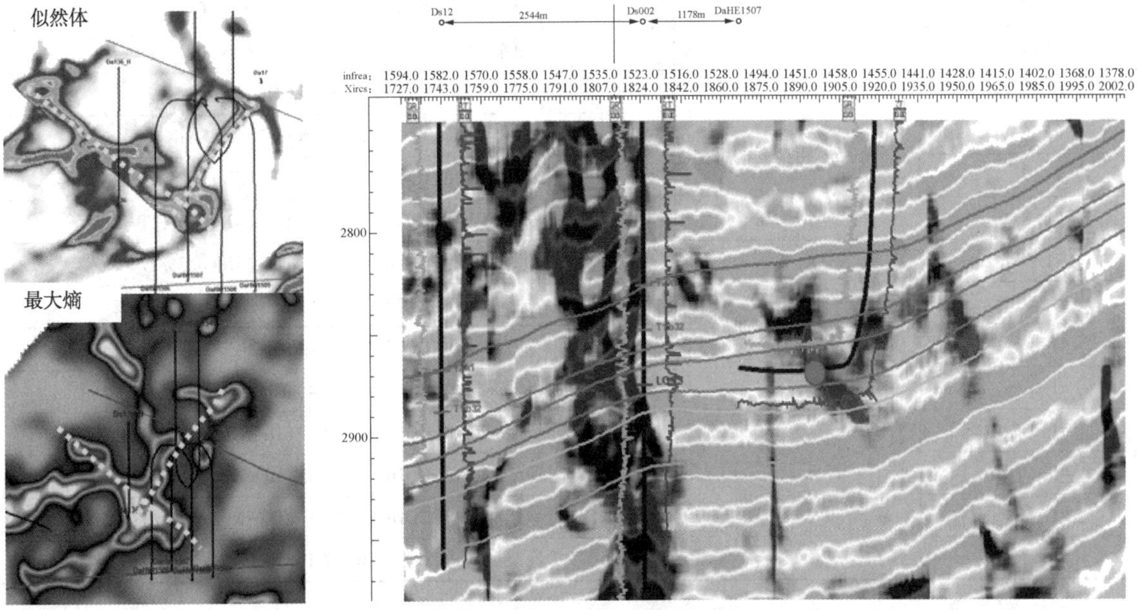

图8　断缝发育似然体与井漏关系图

3　井漏风险预警与防治技术应用

3.1　井漏风险预警技术应用

HHW1019 井：构造位于准噶尔盆地火烧山油田，目的层二叠系平地泉组(H_1)层，设计斜深 2223.26m，设计中完层位为二叠系平地泉组二段 P_2p_2。应用邻火西 001 地层五压力剖面与 HHW1022 井实钻资料，建立 HHW1019 井地层五压力与安全钻井液窗口预测表。建议 HHW1019 井二开段 J_1s-J_1b 使用钻井液密度范围为 1.09~1.15g/cm³，T_1ch-P_2p_3 使用钻井液密度范围 1.15~1.30g/cm³，三开段 P_2p_2 使用钻井液密度范围 1.25~1.40g/cm³(表 1)。

表 1　HHW1019 井地层五压力与安全钻井液窗口预测表

层组名称	破裂压力	坍塌压力	漏失压力	闭合压力	地层压力	安全钻井液窗口	开次
J_1s	3.50	1.05	1.10	1.44	1.02	1.05~1.10	二开
J_1b	3.56	1.05	1.16	1.46	1.02	1.05~1.16	
T_1ch	3.41	1.10	1.25	1.50	1.08	1.10~1.25	
P_3wt	3.20	1.20	1.32	1.50	1.15	1.20~1.32	
P_2p_3	3.07	1.15	1.44	1.47	1.05	1.15~1.44	
P_2p_2	2.83	1.08	1.44	1.46	1.06(原始)HHW1022 监测：1.20~1.35	1.2~1.44	三开水平段

最终 HHW1019 井于斜深 2216.00m 完钻，井深 1919.00m。由于无油气显示，注灰回填至井深 1670.00m 侧钻，全井使用钻井液密度与安全钻井液窗口预测基本一致，仅于 P_2p_2 发生井漏 1 次，使用钻井密度 1.31g/cm³，堵漏钻井液循环堵漏，漏失钻井液 7m³，耗时 3.67h。

3.2　随钻堵漏技术应用

结合生产，进行了在用随钻堵漏材料及细颗粒堵漏材料的性能评价试验，选择的堵漏材料均能对 20~80 目砂床上实现有效封堵(表 2)。

表 2　随钻堵漏材料及细颗粒堵漏材料的性能评价试验表

配方编号	裂缝宽度(mm)	配 方 内 容
#1-1	0.3，粗糙缝面	原浆+1.0%CQDL-6
#1-2		原浆+1.0%CQDL-6+0.7%DF-NIN
#1-3		原浆+2.0%CQDL-6+1.4%DF-NIN+0.2%TP-2
#1-4		原浆+3.0%CQDL-6+2.2%DF-NIN+0.3%TP-2
#1-5	0.5，粗糙缝面	原浆+1.0%CQDL-6
#1-6		原浆+1.0%CQDL-6+0.7%DF-NIN
#1-7		原浆+2.0%CQDL-6+1.4%DF-NIN+0.2%TP-2
#1-8		原浆+3.0%CQDL-6+2.2%DF-NIN+0.3%TP-2
#1-9	0.7，粗糙缝面	原浆+3.0%CQDL-6+2.1%DF-NIN+0.3%TP-2
#1-10		原浆+6.0%CQDL-6+4.2%DF-NIN+0.6%TP-2
#1-11		原浆+9.0%CQDL-6+6.3%DF-NIN+0.9%TP-2
#1-12		原浆+12.0%CQDL-6+8.4%DF-NIN+1.2%TP-2
#1-13	1.0，粗糙缝面	原浆+20.0%CQDL-6+14.8%DF-NIN+2.8%TP-2
#1-14		原浆+30.0%CQDL-6+22.2%DF-NIN+4.2%TP-2
#1-15		原浆+40.0%CQDL-6+29.6%DF-NIN+5.6%TP-2
#1-16		原浆+50.0%CQDL-6+37.0%DF-NIN+7.0%TP-2

续表

配方编号	裂缝宽度(mm)	配方内容
#1-17	1.5，粗糙缝面	原浆+20.0%CQDL-6+14.8%DF-NIN+2.8%TP-2
#1-18		原浆+30.0%CQDL-6+22.2%DF-NIN+4.2%TP-2
#1-19		原浆+40.0%CQDL-6+29.6%DF-NIN+5.6%TP-2
#1-20		原浆+50.0%CQDL-6+37.0%DF-NIN+7.0%TP-2
#1-21	2.0，粗糙缝面	原浆+30.0%CQDL-6+22.2%DF-NIN+4.2%TP-2
#1-22		原浆+40.0%CQDL-6+29.6%DF-NIN+5.6%TP-2
#1-23		原浆+50.0%CQDL-6+37.0%DF-NIN+7.0%TP-2
#1-24		原浆+60.0%CQDL-6+44.4%DF-NIN+8.4%TP-2

bHW2019 井位于百 21 井区，井深 3493.00m，井斜 83.00°，方位 160.00°，垂深 2497.64m，水平位移 1351.58m。漏失类型为裂缝性漏失，发育直劈裂缝及高角度缝，裂缝倾向主要为南东向，走向主要为北东-南西向，裂缝宽度约 0.5mm～3.0mm，裂缝长度以小于 3.0m 为主，其余裂缝长度为 3.0～10.0m，大多数无充填，少数为半填充，裂缝段漏失压力系数范围 1.18～1.21，闭合压力系数范围 1.43～1.46。在钻进至水平段后钻井液密度降至 1.15g/cm^3，钻进中定期补充 TP-2、超细碳酸钙以及蛭石粉，增加钻井液封堵能力，实现 P_2x_1 孔隙有效封堵，无工程复杂顺利钻进，完钻工期 10 天，三开段工期较设计提前 20 天。

4 结论

(1) 玛湖油区易漏失地层为 J_1b、T_3b、P_3w、P_1j，其岩性主要为砂砾岩、英安岩以及安山岩，并且砂砾岩段主要发育高阻缝与充填缝，英安岩、安山岩段主要发育高导缝与闭合缝，漏失的类型均为裂缝性漏失。

(2) 建立了适用于玛湖油区漏失地层的五压力和裂缝预测模型，预测结果与现场实际情况相符合，有较强的针对性，可为现场钻井轨迹优化、井深结构设计以及钻井液密度提供可靠依据。

(3) 结合现场，优选出适合漏失区块的堵漏剂，极大的减少了钻井工期。

(4) 井下漏失是一个多方面因数导致的工程难题，建议处理漏失以预防、监测为主。

参 考 文 献

[1] 王业众，康毅力，游利军等．裂缝性储层漏失机理及控制技术进展[J]．钻井液与完井液，2007(04)：74-77+99.

[2] 王岳．应力敏感裂缝性地层漏失规律[J]．新疆石油地质，2015，36(04)：450-453.

[3] 吕开河，王晨烨，雷少飞等．裂缝性地层钻井液漏失规律及堵漏对策[J]．中国石油大学学报(自然科学版)，2022，46(02)：85-93.

[4] 张磊，王晓鹏，谢涛等．天然裂缝性地层漏失压力预测新模型[J]．钻采工艺，2018，41(05)：19-22+8.

[5] Xie Z，Zhu L，Bi S，Ji H，Wang T，Huang M，Zhang H，Wu H. Study on Radial Leakage Model and Law of Fractured Formation Drilling Fluid. Processes. 2023；11(5)：1388. https：//doi.org/10.3390/pr11051388.

[6] Shahri，Mojtaba Pordel，and Mehran Mehrabi. "A New Approach in Modeling of Fracture Ballooning in Naturally Fractured Reservoirs. " Paper presented at the SPE Kuwait International Petroleum Conference and Exhibition，Kuwait City，Kuwait，December 2012.

[7] Feng，Yongcun ，and K. E. Gray. "Modeling Lost Circulation Through Drilling-Induced Fractures. "SPE J. 23(2018)：205-223.

[8] 田野．地层三压力预测技术及在霍多莫尔油田中的应用[J]．西部探矿工程，2018，30(08)：38-40.

[9] 胡南，夏宏泉，付建红．大港油田港中区块地层三压力剖面的建立及应用[J]．钻采工艺，2011，34(04)：105-108.

[10] 蒋晓红，孙亮，陈剑川等．四川气田 GM 区块地层三压力剖面建立及应用[J]．天然气勘探与开发，2016，39(01)：57-59+62+13-14.

[11] 贾利春，陈勉，张伟等．诱导裂缝性井漏止裂封堵机理分析[J]．钻井液与完井液，2013，30(05)：82-85+101.

[12] Yang J，Sun J，Bai Y，Lv K，Zhang G，Li Y. Status and Prospect of Drilling Fluid Loss and Lost Circulation Control Technology in Fractured Formation. Gels. 2022；8(5)：260. https：//doi.org/10.3390/gels8050260

[13] Jinsheng SUN, Yingrui BAI, Rongchao CHENG, Kaihe LYU, Fan LIU, Jie FENG, Shaofei LEI, Jie ZHANG, Huijun HAO, Research progress and prospect of plugging technologies for fractured formation with severe lost circulation, Petroleum Exploration and Development, Volume 48, Issue 3, 2021, Pages 732-743, ISSN 1876-3804, https://doi.org/10.1016/S1876-3804(21)60059-9.

[14] 卢美月，汤子余，张永健．蚂蚁追踪技术在Plutonio油田X区块中的应用[J]．科学技术与工程，2020，20(08)：2992-2996.

[15] 张继标，戴俊生，冯建伟等．蚂蚁追踪技术在大程庄地区断裂自动解释中的应用[J]．石油天然气学报，2012，34(05)：53-57+4.

[16] 马晓宇，王军，李勇根等．基于蚂蚁追踪的叠前裂缝预测技术[J]．石油地球物理勘探，2014，49(06)：1199-1203+7. DOI：10.13810/j.cnki.issn.1000-7210.2014.06.025.

[17] 殷文，李援，郭加树等．基于改进蚁群追踪策略的地震层位自动识别方法[J]．石油地球物理勘探，2017，52(03)：553-561+6. DOI：10.13810/j.cnki.issn.1000-7210.2017.03.019.

基于机器学习方法智能预测碳酸盐岩地层压力

夏国清[1] 刘博文[2] 殷 杰[2] 孟 鑫[2] 刘 刚[1] 常小龙[1]

[1. 中国石油集团西部钻探工程有限公司地质研究院(录井工程分公司)
2. 中国石油新疆油田分公司开发公司]

摘 要 塔里木盆地塔北隆起轮南低凸起寒武系盐下台缘丘滩带地质构造复杂，在深部钻遇以碳酸盐岩为主的地层，存在多压力系统，地层压力难以确定。由于碳酸盐岩地层压力成因机制复杂，常规方法对地层压力的预测精度难以达到工程要求且普适性较差。鉴于此，提出利用测井数据基于机器学习预测碳酸盐岩地层压力的方法。测井数据中“DEPTH”、“DEN”、“DT”、“SP”、“DEVI”、“AZIM”、“CAL”、“GR”、“RT”、“RM”与地层压力相关性强，以其作为模型的输入参数。通过区块内多口井的学习与验证，建立了基于遗传算法优化的 XGBoost、LightGBM、BP 神经网络和 LSTM 地层压力预测模型。结果表明遗传算法优化的 XGBoost 地层压力智能预测模型预测精度 96.7%，均方根误差为 0.013%，平均绝对误差为 0.54%，均优于 LightGBM、BP 神经网络以及 LSTM 等模型。与 Eaton 法和传统的有效应力法相比预测精度显著提高。该方法不受地质环境的影响，不需人为调参，预测精度高，可为碳酸盐岩地层压力的预测提供新的路径。

关键词 地层压力；碳酸盐岩；测井数据；机器学习；预测精度

碳酸盐岩地层具有巨大的油气聚集和开发潜力。研究碳酸盐岩地层的孔隙压力，不仅可以为新探区的井位选择提供依据，而且对钻井液密度的选择及井身结构的设计，实现安全快速钻井具有重要作用。

国内外学者对地层压力的开展了广泛研究。Hottman 和 Johnson(1965)基于等效深度法建立了地层压力预测模型，认为上覆岩层压力与孔隙度相关，可以实现等效替换。Forster 与 Whale(1976)对等效深度法和有效应力法进行了深入研究，总结和完善了地层压力的方法。Pennebaker(1986)利用地震资料层速度与地层压力响应关系，证实了地震资料预测地层压力的可能。Eaton(1975)给出了利用测井资料计算地层压力的计算方法，此方法是目前最被广泛应用的方法。Bowers(1995)考虑地层压力成因机制，改进和完善了有效应力法。

考虑到碳酸盐岩储层沉积特征与胶结性质，无法建立正常的压实曲线，不少学者从不同的角度提出了碳酸盐岩地层压力预测方法。Ahmed Hassan 等通过对中东某碳酸盐岩储层的 61 块岩芯进行室内实验，得出了声波速度与围压和孔隙压力之差之间的关系曲线。刘之的等(2003)在研究碳酸盐岩地层压力预测方法时，采用等效深度法，在碳酸盐岩剖面中的视泥岩夹层上建立了正常趋势线。豆宁辉等(2016)认为，碳酸盐岩纵波速度对地层压力变化的敏感性较低，甚至在速度变化非常小的情况下仍能保持严重的次生压力条件。金洐等(2011)提出了一种基于有效应力定理的方法，考虑了岩石骨架和地层孔隙流体的声波速度，并利用测井数据计算碳酸盐岩地层的压力。

以上方法虽然能对碳酸盐岩地层压力进行预测，但在实际工程应用中存在精度低，针对性弱等问题。基于此，本文提出利用测井数据，结合机器学习方法，建立了碳酸盐岩地层压力预测模型，以塔里木盆地塔北隆起轮南低凸起部分井为例进行了学习与验证，结果表明遗传算法优化后的 XGBoost 模型对地层压力的预测精度可达 96.7%，为碳酸盐岩地层压力的预测提供了有效方法。

1 机器学习

1.1 XGBoost 算法

XGBoost 是基于 CART 回归树模型的高效算法，通过集成多个 CART 树模型成为强分类器，XGBoost 最终的预测结果是每个 CART 模型输出的加权求和。

以测井数据为输入，建立 XGBoost 模型中的 CART 树模型，CART 树根据自身计算机制，通过训练计算得到每个叶子节点所对应的权重，假设 XGBoost 中一共有 k 棵 CART 树，则样本 i 给出的预测结果为$\hat{y}^{(t)}$

$$\hat{y}^{(t)} = \sum_{k}^{t} f_k(x_i) = \sum_{k}^{t-1} f_k(x_i) + f_t(x_i) \quad (1)$$

式中，f_k 为第 k 棵 CART 树；x_i 为 i 对应的特征向量。

XGBoost 的目标函数包括损失函数和正则项，用 $l(\hat{y}_i, y_i)$ 表示损失误差，$\Omega(f_k)$ 表示正则项，控制树模型的复杂程度，防止过拟合，则目标函数为：

$$O_{bj}(\theta) = \sum_{i=1}^{n} (\hat{y}_i, y_i) + \sum \Omega(f_k) \quad (2)$$

式中，$\hat{y}_i$ 为模型对第 i 个数据样本的预测值；y_i 为第 i 个数据样本的真实值；n 为总数据样本数；k 为 CART 树的个数；f_k 为第 k 棵 CART 树的模型。其中，正则项的具体表达式为：

$$\Omega(f) = \gamma T + \frac{1}{2}\lambda \| \omega \|^2 \quad (3)$$

式中，γ 和 λ 为惩罚系数；T 为叶子的个数；ω 为叶子节点的权重。

XGBoost 节点分裂关系着信息增益的变化。当信息增益为正，分裂当前节点；当信息增益为非正，则不分裂。信息增益函数可通过下式计算。节点分裂遵循贪心算法，选择增益最大的特征取值作为分裂点。

$$Gain = \frac{1}{2}\left(\frac{G_L^2}{H_L+\lambda} + \frac{G_R^2}{H_R+\lambda} - \frac{(G_L+G_R)^2}{H_L+H_R+\lambda}\right) - \gamma \quad (4)$$

式中，G_L 和 H_L 为某节点分割后对应的左支样本点的导函数值；G_R 和 H_R 为某节点分割后对应的右支样本点的导函数值。这里的增益值 *Gain* 其实就是将某节点分割为另外两个节点后对应的目标值 $J(f_t)$ 的减少量。

1.2 LightGBM 算法

LightGBM(Light Gradient Boosting Machine)是一种基于梯度提升树的机器学习算法，它是一种高效且快速的梯度提升框架。与传统的梯度提升算法相比，LightGBM 在训练速度和内存使用方面具有优势。特别适用于大规模数据集和高维特征情况下的训练任务，能够在较短的时间内获得较好的模型性能。

基于直方图的决策树学习：LightGBM 在构建决策树时采用直方图算法来处理特征的离散值，从而减少了数据预处理的复杂性，并且在构建分裂点时具有更高的效率。

LightGBM 主要特点包括基于直方图的决策树学习、单边梯度采样法(Gradient-based One-Side Sampling；GOSS)、互斥特征捆绑法(Exclusive Feature Bundling；EFB)及带深度限制的 Leaf-wise 生长策略。

基于直方图的决策树学习：LightGBM 在构建决策树时采用直方图算法来处理特征的离散值，从而减少了数据预处理的复杂性，并且在构建分裂点时具有更高的效率。

GOSS：这是一种梯度优化技术，用于在训练过程中筛选出梯度较大的样本，减少梯度小的样本的权重，从而加速训练过程。

EFB：这是一种特征预处理技术，用于合并一些具有类似分布的特征，从而减少特征的维度，提高训练速度和泛化能力。

带深度限制的 Leaf-wise 生长策略：LightGBM 采用一种 leaf-wise 的决策树生长策略，每次选择分裂增益最大的叶子节点进行分裂，从而在保持模型性能的同时，加速模型的训练过程。

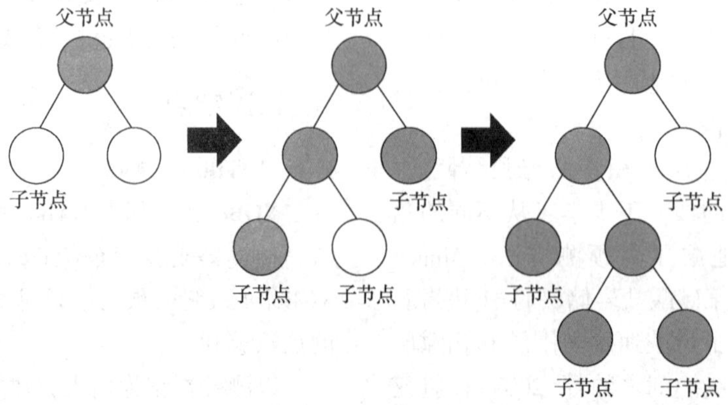

图 1　带深度限制的 Leaf-wise 生长策略示意图

1.3 BP 神经网络

BP 神经网络（Backpropagation Neural Network）是一种常见的人工神经网络模型，用于解决分类、回归和函数逼近等问题。它的基本结构包括输入层、隐藏层和输出层，每个神经元通过权重连接与前一层的神经元相连，同时每个神经元都有一个偏置项。BP 神经网络使用反向传播算法来训练，通过调整网络中的权重和偏置项来减小预测值与真实值之间的误差。

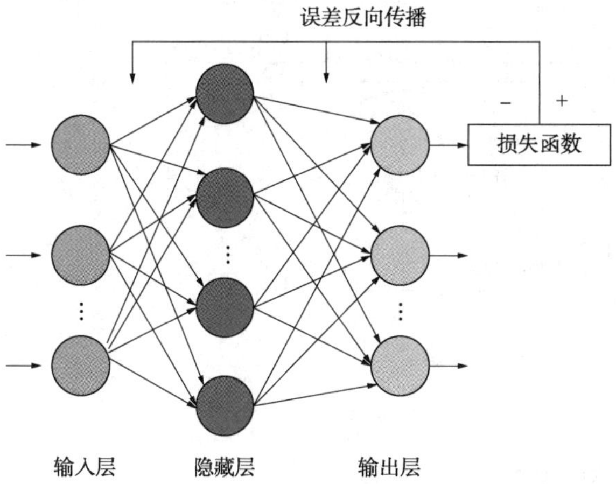

图 2　含 1 个隐藏层的 BP 神经网络结构

BP 神经网络的训练过程如下：

前向传播（Forward Propagation）：输入样本经过输入层传递到隐藏层，然后经过隐藏层传递到输出层，得到网络的预测输出。

计算误差（Compute Error）：将预测输出与真实标签进行比较，计算网络预测的误差。

反向传播（Backward Propagation）：从输出层开始，根据误差计算每个神经元的梯度，然后通过链式法则将梯度向后传播到隐藏层和输入层，从而计算每个权重和偏置项的梯度。

参数更新（Update Parameters）：根据计算得到的梯度，通过梯度下降等优化算法，更新每个神经元的权重和偏置项，使得误差逐步减小。

重复训练（Iterative Training）：重复执行前向传播、计算误差、反向传播和参数更新的步骤，直到达到预定的训练轮数或达到停止条件为止。

BP 神经网络在训练过程中的反向传播算法，使得误差可以从输出层向输入层传递，从而不断调整网络的参数，以逐步提高模型的预测准确度。虽然 BP 神经网络在某些情况下可能会遇到训练速度慢、易陷入局部最优等问题，但在很多应用领域仍然被广泛使用，并且可以通过改进的网络结构、正则化技术和优化算法来解决一些问题。

1.4 LSTM 算法

LSTM 算法全名是长短期记忆，是一种改进后的循环神经网络（Recurrent NeuralNetwork，RNN），由 Hochreiter 等提出。如图 3 所示，传统的循环神经网络 RNN 的循环层有一个状态 s，它对短期的输入非常敏感，但是变成长期输入的话，它就会容易忘记前面比较长的信息。

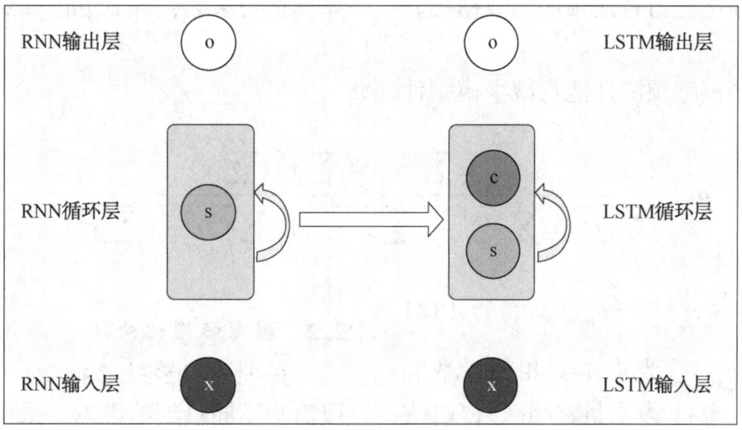

图 3　传统循环神经网络

为了在长序列问题上有更好的表现，LSTM 在隐藏层各神经单元中增加记忆单元，从而使时间序列上的记忆信息可控，每次在隐藏层各单元间传递时通过遗忘门（f）、输入门（i）、输出门（o）和一个记忆单元（c），其记忆单元如图 4 所示。

LSTM 单元的方程组如式 5-10 所示，其中 f_t 是关于遗忘门的遗忘阈值，O_t 表示输出门的输出阈值，h_t 表示当前细胞输出。在更新门 u_t（图中 Update）中存在参数权重 W_u 与偏差 b_u，其作用是确定 sigmoid 激活函数更新细胞单元的时机，当 sigmoid 函数取值接近 1 时，将更新该单元，接近 0 则忽略。C'_t 表示 tanh 部分输出，影响该值变化的因素包括权重 W_C 与偏差 b_c；C_{t-1} 表示 t-1 时刻的细胞状态，C'_t 以及 u_t 共同影响最终的结果 C_t。

$$f_t=\sigma(W_f\cdot[h_{t-1},\ x_t])+b_f \tag{5}$$

$$h_t=o_t * tanh(C_t) \tag{6}$$

$$C_t=f_t * C_{t-1}+o_t * * C'_t \tag{7}$$

$$C'_t=tanh(W_C\cdot[h_{t-1},\ x_t]+b_C) \tag{8}$$

$$u_t=\sigma(W_u\cdot[h_{t-1},\ x_t])+b_u \tag{9}$$

$$o_t=\sigma(W_o\cdot[h_{t-1},\ x_t])+b_o \tag{10}$$

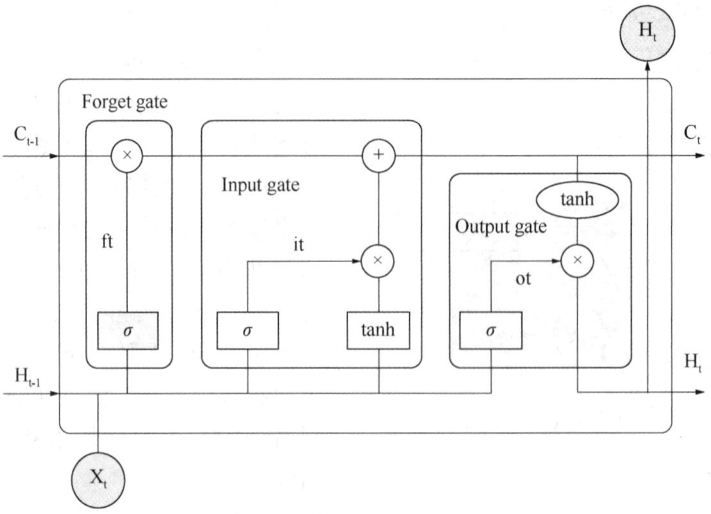

图 4　LSTM 网络结构记忆单元

2　地层压力智能预测模型

收集并整理了塔里木盆地塔北隆起轮南低凸起的多口井的原始测井数据以及经过实测压力点调整后的地层压力，并对其进行了数据预处理。数据预处理操作主要包括异常值清理和缺失值补充等。由此建立了地层压力智能预测的数据集。

2.1　输入参数

特征选择是提高模型预测性能与减少模型计算时间的重要步骤。过多的输入特征会增加模型的训练速度且容易导致过拟合。因此通过关联度的大小，从测井数据中优选了“DEPTH”、“DEN”、“DT”、“SP”、“DEVI”、“AZIM”、“CAL”、“GR”、“RT”、“RM”等输入参数。本文采用斯皮尔曼函数和皮尔森函数计算其相关系数，计算方法如式(11)、式(12)。

$$\rho_{Pearson}=\frac{n\sum xy-(\sum x)(\sum y)}{\sqrt{(n(\sum x^2)-(\sum x^2))(n(\sum y^2)-(\sum y^2))}} \tag{11}$$

$$\rho_{\text{Spearman}}=\frac{\text{cov}(x,\ y)}{\sigma_x\sigma_y}\rho_{\text{pearson}} \tag{12}$$

式中，ρ_{Pearson}、ρ_{Spearman} 为皮尔森相关系数和斯皮尔曼相关系数；x、y 为变量；cov$(x,\ y)$ 为 x、y 的协方差；σ_x、σ_y 为 x、y 的标准差。

如图 5 所示，输入参数与地层压力具有强相关性，其中，DEPTH、DEN、CAL、SP 与地层压力相关性强。

图 6 表明，输入参数之间没有显著的线性关系，可确保模型不会过度拟合或产生不稳定的估计值。

2.2　数据标准化处理

在训练与学习之前，需对输入参数标准化，以消除不同量纲的影响。采用式 13 进行标准化，标准化后的数据特征符合正态分布。

$$z_{ij}=\frac{x_{ij}-\mu_i}{\delta_i} \tag{13}$$

式中，μ 和 δ 分别为表示各参数的均值和标准差；i 表示不同特征参数；j 表示每个参数的样本，量化后的特征将分布在[-1，1]的区间。

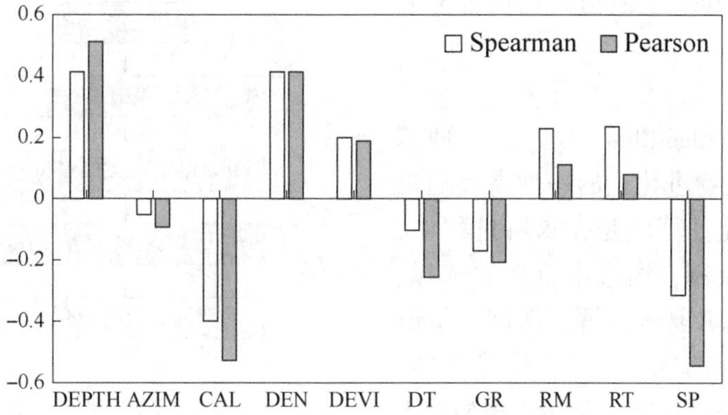

图 5　输入参数与地层压力的相关性

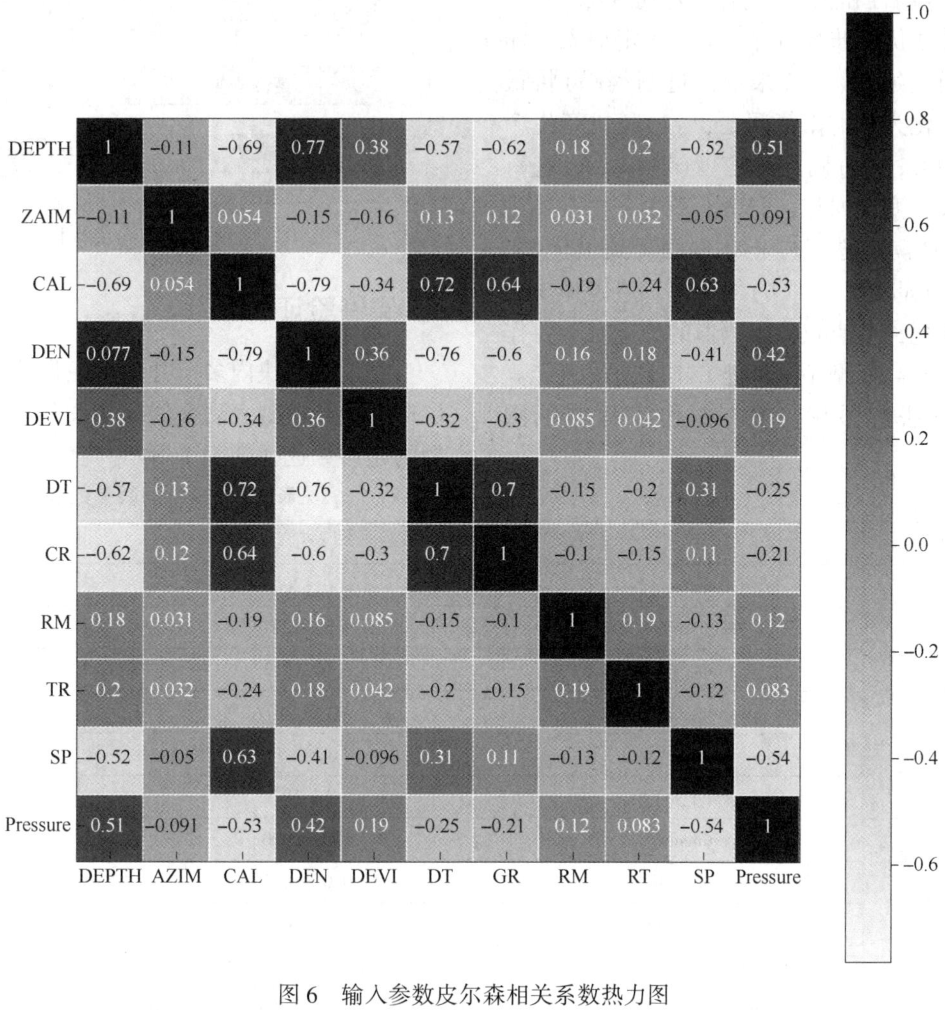

图 6　输入参数皮尔森相关系数热力图

2.3　模型性能评价参数

本文对地层压力的预测属回归预测模型，对回归模型的性能评价主要包括决定系数(R^2)、均方根误差(RMSE)、平均绝对误差(MAE)。较高的 R^2 意味模型能较好地解释因变量地变异性，均方根误差和平均绝对误差则反映了模型预测值与实际观测值之间地差异，其值越小表明模型的拟合度更高。计算方法如式 14-16。

$$R^2 = 1 - \frac{\sum (\hat{y}_i - y_i)^2}{\sum (\bar{y} - y_i)^2} \tag{14}$$

$$RMSE = \sqrt{\frac{1}{N}\sum_{i=1}^{N}(\hat{y}_i - y_i)^2} \tag{15}$$

$$MAE = \frac{1}{N}\sum_{i=1}^{N} |\hat{y}_i - y_i| \tag{16}$$

式中，$\hat{y}_i$ 为地层压力的预测值；y_i 为地层压力的观测值；$\bar{y}$ 为地层压力观测值的均值；N 为用于预测的数据总数。

2.4 优化算法

遗传算法（Genetic Algorithm，GA）是一种基于自然界遗传机制和生物进化论的一种高效随机搜索和优化的方法。此种算法是在求解过程中，模拟了生物界的进化机制，通过染色体的选择、交叉、变异操作，进而求取最优解，其核心是通过适应度函数评估个体的优劣，对于优势个体，在下一代种群中占据更高的占比。遗传算法相较于传统优化算法而言，具有很强的鲁棒性，除此之外，全局搜索特性和隐含并行性也是其两大优势。

遗传算法优化步骤如下：（1）确定输入、输出变量，通过编码（本文采取二进制编码）将最优解问题转化为种群繁衍问题；（2）随机产生个体，设置种群；（3）确定适应度函数；（4）进行选择、交叉、变异操作；（5）计算适应度值并进行淘汰；（6）满足迭代停止条件则得到最优解，否则继续进行步骤（4）-（6）的操作。遗传算法对网络结构优化，节点权值和阈值的确定有重要作用，可显著提高模型预测性能。本文通过遗传算法搜索各算法的最优参数，工作流程如下图所示：

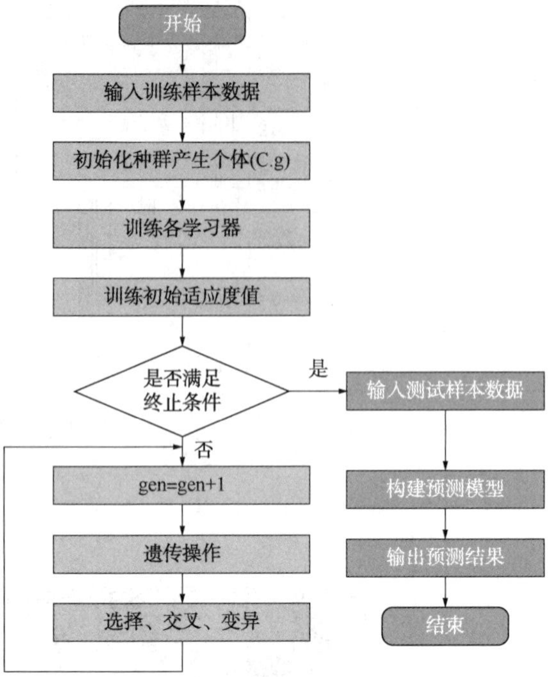

图7　遗传算法优化流程图

3 实例验证

经过对区块内多口井的多轮训练，得到了地层压力预测模型表现最优的相关参数选择。各模型的超参数选择如表1所示。

表1　各模型的超参数选择

机械学习模型	超参数	范围	取值
XGBoost	n_estimators	[50，200]	115
	max_depth	[3，12]	8
	learning_rate	[0.01，0.3]	0.14
	subsample	[0.5，1]	0.958
	gamma	[0，0.5]	0.002
	min_child_weight	[1，10]	8
LightGBM	n_estimators	[100，1000]	135
	learning_rate	[0.01，0.2]	0.11
	max_depth	[3，10]	7
	num_leaves	[10，255]	68
BP 神经网络	hidden_layer_sizes	[(50,)，(100,)，(50，50)，(100，100)]	(50，50)
	activation	["relu"，"tanh"，"sigmoid"]	"sigmoid"
	solver	["adam"，"sgd"，"adagrad"]	"adam"
LSTM	num_layers	[1，2，3]	2
	hidden_size	[10，12，16，18，20，32，64]	32
	batch_size	[16，32，64，128]	32
	optimizer	["adam"，"rmsprop"，"adagrad"，"adadelta"]	"adam"
	learning_rate	[0.001，0.01]	0.006

以区块内 LT-1 井对模型进行了验证，图 8、图 9 分别为 XGBoost、LightGBM、BP 神经网络以及 LSTM 优化前后的地层压力预测结果。可以发现，使用默认参数情况下的各机器学习模型精度均低于 92%，优化后各算法的精度都有显著提高。其中经遗传算法优化后的 XGBoost 模型，R^2 为 96.99%，RMSE 为 0.013%，MAE 为 0.54%，其预测精度明显高于 LightGBM、BP 神经网络以及 LSTM 等其他模型，如图 10。

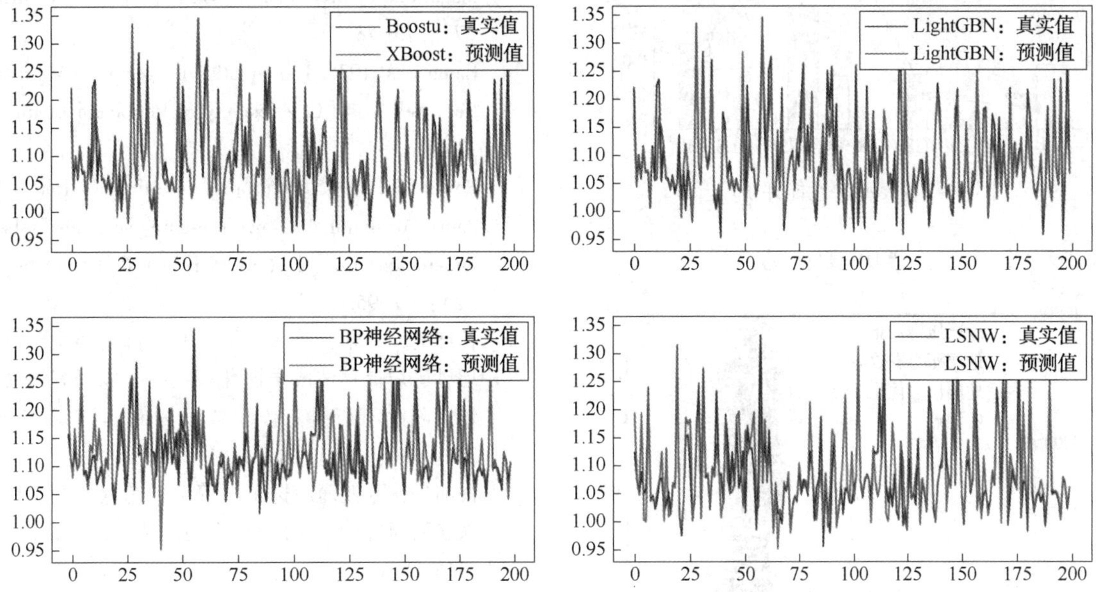

图 8　默认参数下各模型预测结果

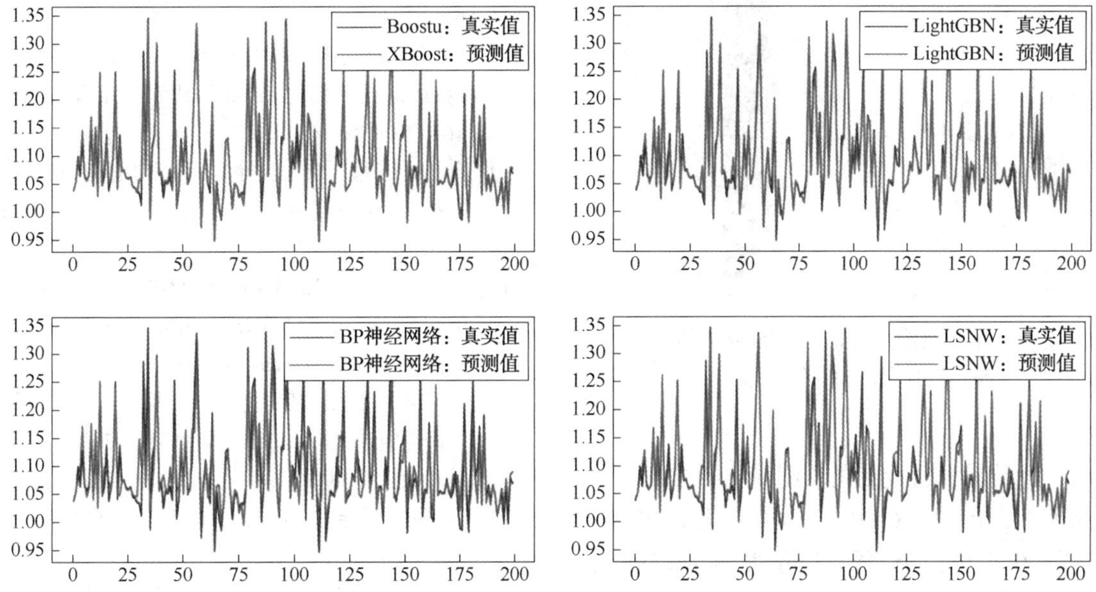

图 9　遗传算法优化后各模型预测结果

为进一步验证本文构建的地层压力智能预测模型的可靠性，使用遗传算法优化的 XGBoost 方法，预测了区块内具有地层压力实测点的开发井 X 的预测地层压力。将预测结果与常用的 Eaton 法和传统的有效应力法的计算结果对比分析，结果显示，基于遗传算法优化 XGBoost 模型的地层压力预测结果与实际测量点的吻合度较传统方法高，如图 11。

4　结论

（1）借鉴了人工智能及机器学习领域的前沿算法技术，建立了基于测井数据的 XGBoost、

LightGBM、BP 神经网络以及 LSTM 地层压力智能预测模型。

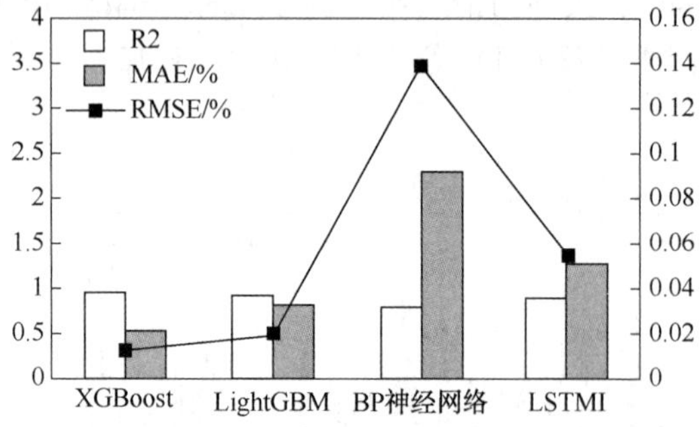

图 10 各模型的性能评价

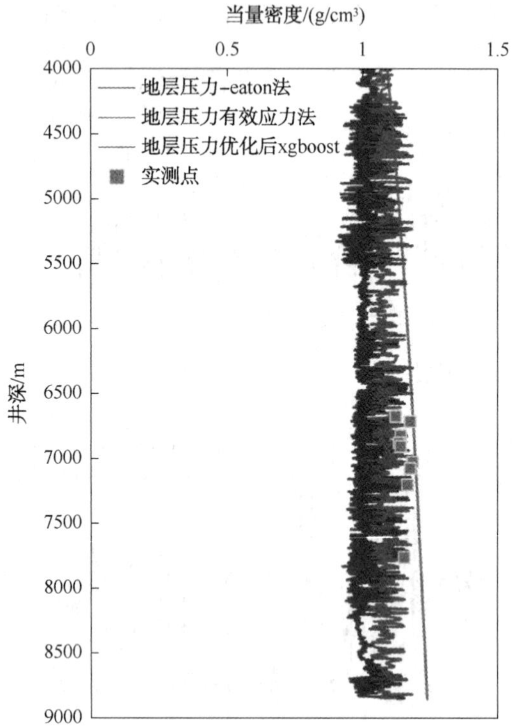

图 11 基于遗传算法优化 XGBoost 模型与传统地层压力计算方法

（2）遗传算法优化后的 XGBoost 地层压力智能预测模型，R^2 为 96.99%，RMSE 为 0.013%，MAE 为 0.54%，其预测精度明显高于 LightGBM、BP 神经网络以及 LSTM 等其他模型。

（3）基于遗传算法优化 XGBoost 模型的地层压力预测结果与实际测量点的吻合度较常用的 Eaton 法和传统的有效应力法高，预测精度可达工程应用。

参 考 文 献

[1] Hottman C E, Johnson R K. 1965. Estimation of formation pressures from log-derived shale properties[J]. Journal of Petroleum Technology, 15(6): 717-722.

[2] FERTL W H. Abnormal formation pressures: implications to exploration, drilling, and production of oil and gas [M]. Elsevier, 1976: 325-333.

[3] Pennebaker ES. 1968. Seismic data indicate depth and magnitude of abnormal pressure [J]. World Oil, 166 (7): 73-78.

[4] Eaton B A. 1975. The equation for geopressure prediction from well logs [C]//Society of Petroleum Engineers of AIME, 1-5.

[5] Bowers G L. 1995. Pore pressure estimation from velocity data: Accounting for overpressure mechanisms besides undercompaction[J]. Spe Drilling & Completion, 10 (2): 89-95.

[6] 林红梅，刘鹏，王彤达等．基于母岩类型差异的深层砂砾岩储集体成岩演化机制——以渤海湾盆地车镇凹陷沙河街组三段下亚段为例[J]．石油学报，2019，40(10)：1180-1191.

[7] 肖前华，张亚蒲，杨正明等．中东碳酸盐岩核磁共振实验研究[J]．科学技术与工程，2013，13(22)：6415-6420.

[8] 刘之的，夏宏泉，汤小燕．碳酸盐岩地层孔隙压力预测方法研究[J]．大庆石油地质与开发，2003，22(6)：8-11.

[9] 豆宁辉，赵向阳，余夫，等．碳酸盐岩纵波速度响应特征试验研究[J]．科学技术与工程，2016，16(16)：9-12.

[10] 金洐，陈勉，余夫，等．一种利用测井资料预测碳酸盐岩地层孔隙压力的方法：201010257171.4 [P]. 2011-02-02.

[11] CHEN T Q, GUESTRIN C. XGBoost: a scalable tree boosting system [EB/OL]. 2016: arXiv: 1603. 02754. https: //arxiv. org/abs/1603. 02754.

[12] 卓义轩，杜江，杨罗宽，等．基于文本挖掘的内镜维修等级预测[C]//中国医学装备协会．中国医学装备大会暨 2023 医学装备展览会会议论文汇编．[出版者不详]，2023：6. DOI：10. 26914/c. cnkihy. 2023. 018240.

[13] 齐春生，丁磊，王一等．基于极端梯度提升树算法的测井曲线重构方法[J]．科技和产业，2022，22(10)：405-410.

[14] 潘少伟，王朝阳，张允等．基于长短期记忆神经网络补全测井曲线和混合优化 XGBoost 的岩性识别[J]．中国石油大学学报(自然科学版)，2022，46(03)：62-71.

[15] 宋戈，叶晓东，王美玲．一种基于轻量级梯度提升机的意图识别方法[J]．计算机仿真，2019，36

(10)：312-315+343.

[16] 闫琳琦，王振雷．基于 STA-BiLSTM-LightGBM 组合模型的多步预测软测量建模[J/OL]．化工学报：1-17[2023-08-20]. http：//kns. cnki. net/kcms/detail/11. 1946. TQ. 20230724. 1549. 002. html.

[17] 柴志远，王小妮．基于 LightGBM 和 LSTM 指纹定位算法的研究[J]．计算机仿真，2023，40(05)：385-389.

[18] 李梅芳．基于 LightGBM 的上市公司财务困境预测[J]．轻工科技，2021，37(05)：129-130+164.

[19] 蒋艳凰，赵强利．机器学习方法[M]．北京：电子工业出版社，2009：15-18.

[20] 董长虹．Matlab 神经网络与应用[M]．北京：国防工业出版社，2007：32-36.

[21] 马海，范光第．基于 BP 神经网络模型的随钻测井曲线预测[J]．录井工程，2023，34(02)：22-27.

[22] HOCHREITER S，SCHMIDHUBER J. Long Short-term memory[J]. Neural Computation，1997，9(8)：1735-1780.

[23] HAMMERTON J. Named Entity Recognition with Long Short-Term Memory[C]//Conference on Natural Language Learning at HIt-naacl. Association for Computational LinguisticS，2003.

[24] HOLLAND J. Adaptation in Natural and Artificial Systems：Ductory analysis with Applications to Biology，Control and Artificial [M]. Ann Arbor：University of Michigan Press，1975：183.

[25] 马永杰，云文霞．遗传算法研究进展[J]．计算机应用研究．2012，29(4)：1201-1206.

基于有限元的钻井管柱摩阻扭矩分析方法研究

王宝栋[1]　郭慧娟[1]　孙　嘉[1]　刘啸奔[2]　徐丙贵[1]　王　滨[1]

（1. 中国石油集团工程技术研究院有限公司；2. 中国石油大学(北京)机械与油气储运工程学院）

摘　要　为了准确分析钻井过程中管柱的摩阻扭矩，为钻井过程提供参考依据。本文在综述国内外大位移井钻井管柱摩阻扭矩计算研究进展的基础上，基于钻井现场综合录井数据提出了钻井管柱摩阻扭矩数据数值仿真流程，采用Matlab编程实现了基于综合录井数据的复杂井眼轨迹生成算法。基于现场监测数据使用ABAQUS有限元软件建立了钻井管柱摩阻扭矩有限元仿真建模方法，实现了钻井过程中钻井管柱真实力学状态与摩阻扭矩数据的计算，同时能考虑钻具组合参数和不同摩擦系数的影响，通过现场应用案例的计算分析验证了数值仿真模型的准确性与合理性。本文提出的钻井管柱摩阻扭矩有限元分析方法能够提高钻井管柱摩阻扭矩的计算效率与精度，从而指导钻井过程中的方案设计。

关键词　钻井管柱；摩阻扭矩；井眼轨迹；数值仿真

近年来，石油天然气的钻探开发难度日益增加，如何提高钻井质量、钻井效率、降低钻井成本成为了亟待解决的重要课题之一。得益于钻井技术的发展，井身类型从直井变为斜直井、大斜度井、水平井等。由于大斜度井段、长水平段的存在，在钻井管柱自重及井眼轨迹弯曲等多种因素的作用下，钻柱在井下受到的摩阻、扭矩会急剧增加，由此带来了钻井效率降低、钻井事故增多等一系列钻井难题。如何结合施工的复杂性建立定向井、水平井整体钻柱力学分析模型，解决摩擦阻力预测误差大，现场利用率低等问题是现代钻井技术亟需解决的问题。

图1　大斜度井段钻井示意图

目前，国内外学者以Johansick的软杆模型为基础完善了定向井摩阻扭矩的计算与分析模型，在摩阻扭矩预测方面取得了显著的效果。Bre将软绳模型应用到现场，通过反算摩阻系数分析井眼状况。McSpadden在计算井下管柱的摩阻扭矩时，认为管柱只有接头处和井壁接触，而将接头之间的钻柱看作一段纵横弯曲梁。Mitchell提出了求解摩阻和扭矩的离散模型，只将钻柱的接头以及接头之间钻柱段的中点作为和井壁的接触点，并且接触力也认为只发生在接触点上，建立了管柱摩阻与扭矩模型。相邻接头之间的管柱作为一个单元，利用大变形的梁柱方程来计算，并给出了相应的解析解。Menand建立了管柱摩阻和扭矩的三维静态数值计算模型，模型中BHA和管柱划分成梁单元，只考虑梁单元的结点和井壁的接触，利用弹簧模型来模拟管柱与井壁的接触载荷。

Ho推导了考虑管柱抗弯刚度的刚杆模型，需要迭代求解。为提高刚杆模型的计算精度，采用分段计算的方法，即抗弯刚度较小的钻杆段采用软绳模型，抗弯刚度较大的钻铤段采用刚杆模型。高德利等建立更加优化的摩阻扭矩计算模型，并成功编制软件计算系统，该系统用于数口井的实例计算取得了良好的结果，其预测值与实测值十分接近。黄文君为克服经典井下管柱整体受力模型中部分假设条件的限制，引入管柱局部力学行为的计算结果，给出了管柱轴向力、扭矩、弯矩、接触力及屈曲状态分布的修正表达式，建立了修正后的井下管柱整体受力模型。祝效华等基于全井钻柱系统动力学模型和数值仿真方法，以当前页岩气开采所采用的3种水平井井型为分析对象，基于全井钻柱动力学模型和全井钻柱系统动态特性仿真计算，研究了3种页岩气水平井的摩阻扭矩、载荷传递和延伸钻进问题。

目前研究主要基于现场监测数据进行管柱钻井过程中的摩阻与扭矩的计算和预测，但是当现场监测数据有限时，建立的预测模型的计算与预测结果精度较差，需要保证数据样本量。对于摩阻扭矩的研究，基于理论模型的计算方法存在大量的假设，计算过程中无法考虑井眼轨迹的真实三维轨迹以及管柱与井眼的非线性接触，计算过程较为复杂，无法用于钻井现场的指导与参考。本文介绍了一种基于综合录井数据的钻井管柱摩阻数值仿真技术实现钻井过程中管柱摩阻、扭矩的高精度计算方法。

1　基于综合录井数据的钻井管柱摩阻扭矩数值仿真方法

有限元分析模型的前处理过程较为繁琐，基于编程可实现有限元建模过程的参数化，在有限元模型的基础上进行二次开发建立参数化钻井管柱摩阻与扭矩计算分析模型，提升钻井过程中的分析效率，钻井管柱摩阻与扭矩数值仿真模型的建立流程如图2所示。数值仿真模型的建立流程包括：

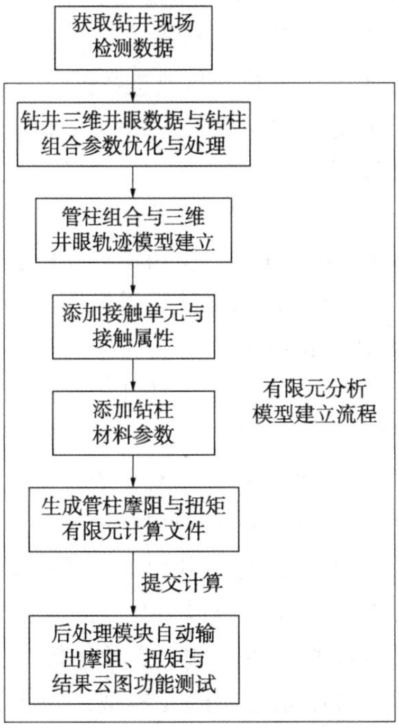

图2　钻井管柱摩阻数值仿真流程

（1）三维井眼轨迹数据与钻具组合参数处理。基于钻井大数据模型获取现场监测的三维井眼轨迹数据（井深、井斜角、方位角）与钻具组合参数（内径、外径、长度），形成准确描述三维井眼轨迹，形成可用于有限元建模的三维井眼轨迹与钻具组合数据。

（2）建立钻井管柱有限元模型。基于处理后的井眼轨迹数据与钻具组合参数建立有限元分析几何模型，根据真实材料参数与接触属性设置建立钻井管柱数值仿真模型，对模型进行收敛性分析，在计算时间与计算精度之间找到最佳平衡方案。

（3）基于参数化编程进行接触单元的创建，编制算法实现自动生成数值仿真模型的计算文件。

通过对管柱下入过程进行有限元模拟，获取钻井管柱的相关力学参数，提前规避风险，优化钻井方案。

2　基于综合录井数据的复杂水平井井眼轨迹算法

2.1　综合录井三维井眼轨迹数据

钻井现场获取的井眼轨迹参数为井深、井斜角、方位角三要素，其余参数需要根据综合录井数据计算得出的。现场采集录井数据类型为连续型数值变量，采样间隔为30m，即每间隔30m采样一个数据点。通过对比确定根据井眼深度、方位角与井斜角计算三维井眼轨迹坐标的方法，选取曲率半径法来计算三维井眼轨迹。

曲率半径法假设两测点之间的测段是一圆滑的曲线，该曲线在其两个端点处分别与上下两测点处的井眼方向线相切，并且这段曲线在垂直投影图和水平投影图上都是圆弧。

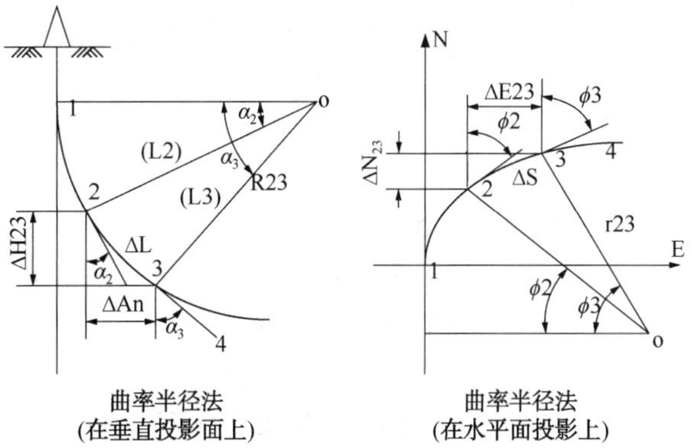

图3　曲率半径法计算模型

$$\Delta H=\frac{\Delta L(\sin\alpha_3-\sin\alpha_2)}{\Delta\alpha}\tag{1}$$

$$\Delta S=\frac{\Delta L(\cos\alpha_3-\cos\alpha_2)}{\Delta\alpha}\tag{2}$$

$$\Delta N=\frac{\Delta L(\cos\alpha_2-\cos\alpha_3)(\sin\varphi_3-\sin\varphi_2)}{\Delta\alpha\Delta\varphi} \quad (3)$$

$$\Delta E=\frac{\Delta L(\cos\alpha_2-\cos\alpha_3)(\cos\varphi_2-\cos\varphi_3)}{\Delta\alpha\Delta\varphi} \quad (4)$$

式中，ΔH 为井深；ΔN 为东向位移；ΔE 为北向位移；ΔS 为水平投影两测点之间的曲线长度；ΔL 为垂直投影两测点之间的曲线长度；α 为该点处的井斜角(单位为角度°或弧度，下同)；φ 为该点处的方位角；$\Delta\alpha$ 为 $\alpha_3-\alpha_2$(单位必须为弧度，下同)；$\Delta\varphi-\varphi_3-\varphi_2$。

当 $\Delta\alpha$、$\Delta\varphi$ 中有一个等于0时，公式就会无法计算，所以在使用中要对这些特殊情况进行处理，针对不同的情况，采用不同的公式：

(1) 当 $\Delta\alpha=0$、$\Delta\varphi\neq0$ 时，按如下公式计算：

$$\Delta H=\Delta L\cos\alpha_3 \quad (5)$$

$$\Delta S=\Delta L\sin\alpha_3 \quad (6)$$

$$\Delta N=\frac{\Delta L\sin\alpha_3(\sin\varphi_3-\sin\varphi_2)}{\Delta\varphi} \quad (7)$$

$$\Delta E=\frac{\Delta L\sin\alpha_3(\cos\varphi_2-\cos\varphi_3)}{\Delta\varphi} \quad (8)$$

(2) 当 $\Delta\alpha\neq0$、$\Delta\varphi=0$ 时，按如下公式计算：

$$\Delta H=\frac{\Delta L(\sin\alpha_3-\sin\alpha_2)}{\Delta\alpha} \quad (9)$$

$$\Delta S=\frac{\Delta L(\cos\alpha_2-\cos\alpha_3)}{\Delta\alpha} \quad (10)$$

$$\Delta N=\frac{\Delta L(\cos\alpha_2-\cos\alpha_3)\cos\varphi_3}{\Delta\alpha} \quad (11)$$

$$\Delta E=\frac{\Delta L(\cos\alpha_2-\cos\alpha_3)\sin\varphi_3}{\Delta\alpha} \quad (12)$$

(3) 当 $\Delta\alpha=0$、$\Delta\varphi=0$ 时，按如下公式计算：

$$\Delta H=\Delta L\cos\alpha_3 \quad (13)$$

$$\Delta S=\Delta L\sin\alpha_3 \quad (14)$$

$$\Delta N=\Delta L\sin\alpha_3\cos\varphi_3 \quad (15)$$

$$\Delta E=\Delta L\sin\alpha_3\sin\varphi_3 \quad (16)$$

通过以上公式能够根据现场井深、方位角、井斜角计算 ΔH、ΔE 与 ΔN，分别代表井眼轨迹的Z、X、Y三维坐标。基于曲率半径法使用Matlab编制三维井眼轨迹计算算法，实现对于三维井眼轨迹的自动计算与坐标点生成，以此为钻井管柱有限元分析模型的建立提供数据基础。

基于曲率半径法编制三维井眼轨迹计算程

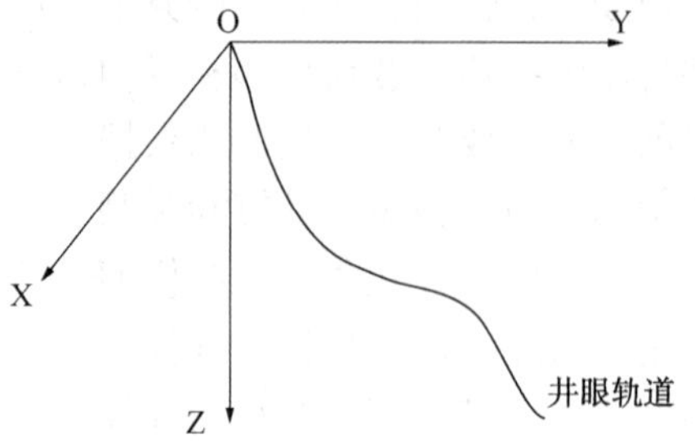

图4　井眼轨迹坐标系示意图

序，根据现场测得的井深、方位角、井斜角数据计算得到三维井眼轨迹坐标数据，如图5所示。

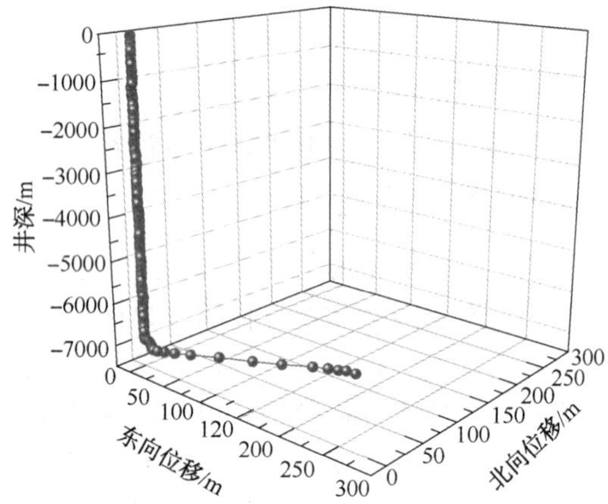

图5　三维井眼轨迹计算结果

2.2　复杂水平井井眼轨迹确定算法

基于三维井眼轨迹数据，分别对垂直井段、斜井段与水平井段的经验轨迹数据进行处理与拟合，确定可用于建立有限元模型的连续、光滑的经验轨迹数据。

三维井眼轨迹计算中选择的曲率半径法能够根据井眼深度、井斜角与方位角参数计算出三维井眼轨迹。直接根据现场数据计算得到的三维轨迹存在明显的波动性和不连续性，直接使用该数据建立有限元模型会导致井眼轨迹波动性较大，从而使得有限元分析模型无法收敛。因此，需要对井眼轨迹数据进行拟合与处理，形成光滑连续的三维井眼轨迹坐标数据，保证数值仿真模型的收敛性。

提取计算得到的斜井段与水平井段坐标参数，可以看到斜井段与水平井段的数据也存在波动性，并且在水平段的数据点数量较少，无法直接用于建立井眼轨迹有限元模型，因此需要对现场监测获得的数据点进行拟合与优化处理。

为了实现对斜井段与水平井段三维井眼数据的拟合和优化，首先确定水平井段在水平面内的转向角度。根据水平井段在水平面上的投影数据确定转向角度后，可以将三维井眼数据转化为井眼轨迹平面内的二维数据，通过非线性拟合能够得到斜井段与水平井段的曲线，在拟合得到的曲线上等间隔获取坐标点，从而得到平滑、连续的三维钻井轨迹数据。

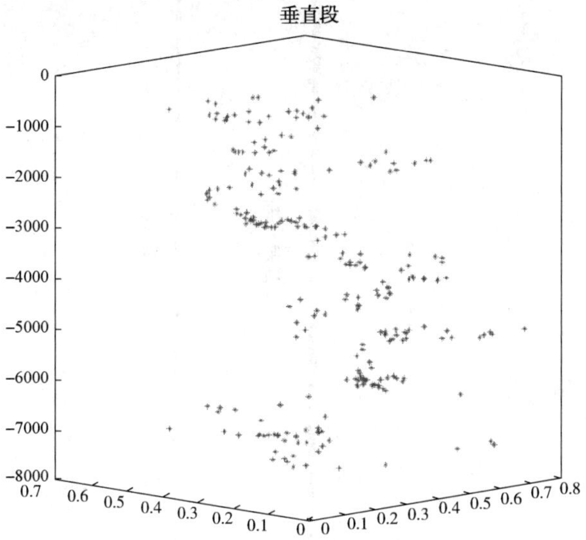

图 6　垂直井段三维井眼轨迹坐标

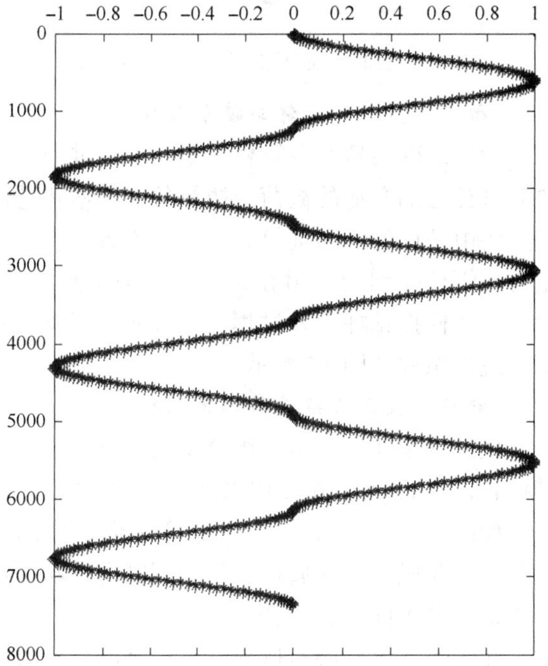

图 7　垂直井段井眼轨迹数据

根据水平井段水平面内转向角度能够将斜井段与水平井段的二维曲线拟合数据转化计算为三维井眼轨迹数据，斜井段与水平段三维井眼轨迹的拟合结果与真实监测数据的对比如图所示。可以看到拟合与优化处理后的三维井眼轨迹数据能够很好的描述真实井眼轨迹的几何特征，并且数据坐标点更加平滑、连续，可用于后续建立井眼轨迹有限元模型。

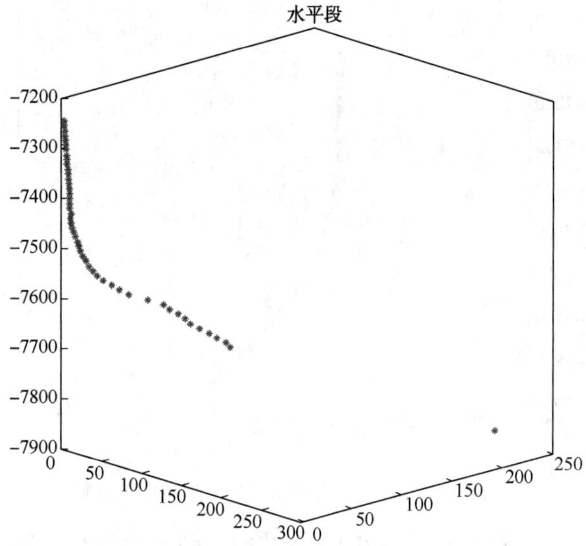

图 8　斜井段与水平段三维坐标数据

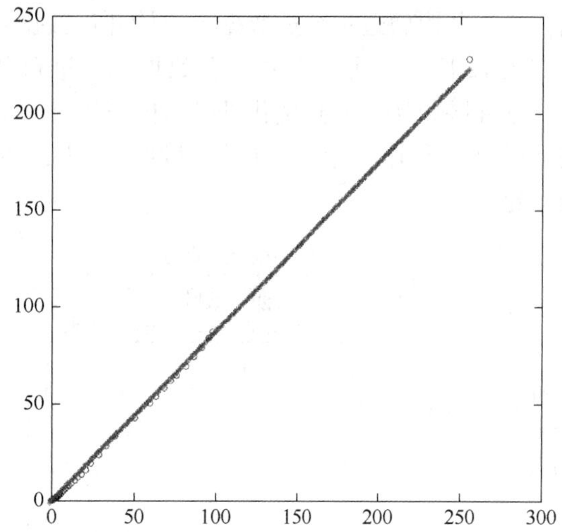

图 9　水平井段水平面内转向角度确定

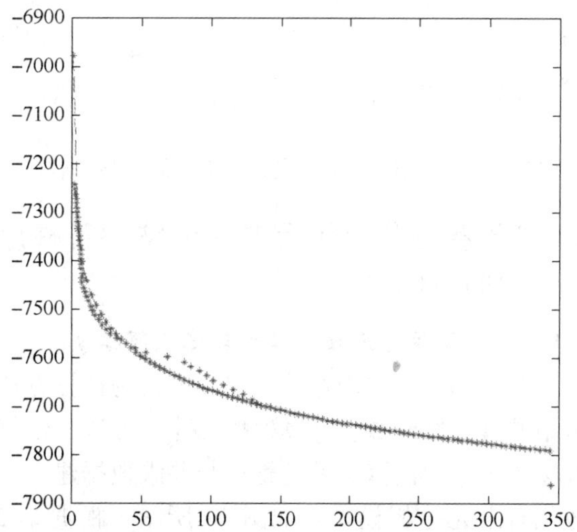

图 10　斜井段数据与水平段数据拟合

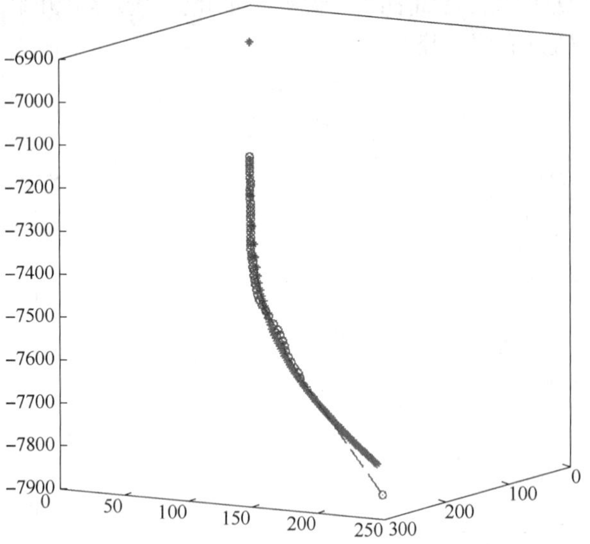

图 11　斜井段与水平井段井眼坐标拟合结果

将拟合优化后的垂直井段、斜井段与水平段井眼轨迹进行组合，形成三维井眼轨迹重构数据。三维井眼轨迹拟合后数据与原始井口数据对比如图 12 所示，可以看到拟合数据能够准确描述三维井眼轨迹，并且优化处理后的三维井眼轨迹数据更加平滑、连续，能够直接用于有限元模型的建立。

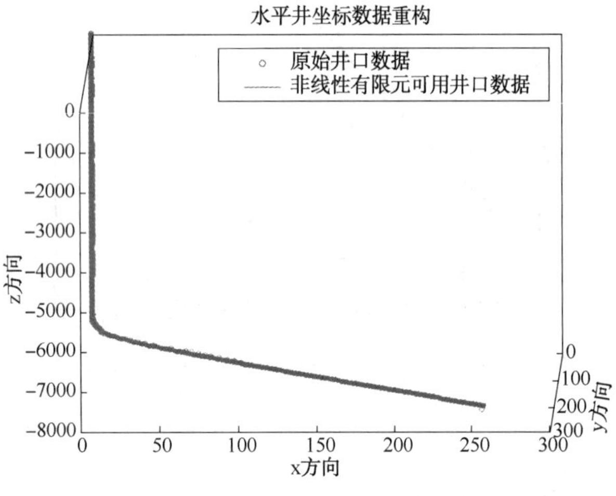

图 12　三维井眼轨迹拟合后数据与原始井口数据对比

3　基于参数化有限元方法的钻井管柱摩阻扭矩计算方法

3.1　钻井管柱与三维井眼参数化几何模型

基于第 1 节中确定的三维井眼轨迹计算方法与钻井管柱摩阻数值计算模型的建立方法，依据现场监测获得的多组钻井管柱与井眼数据建立参数化有限元分析模型，如图 13 所示。根据第 2 节优化处理后的三维井眼轨迹数据与钻具组合数据建立钻井管柱与三维井眼的几何模型。

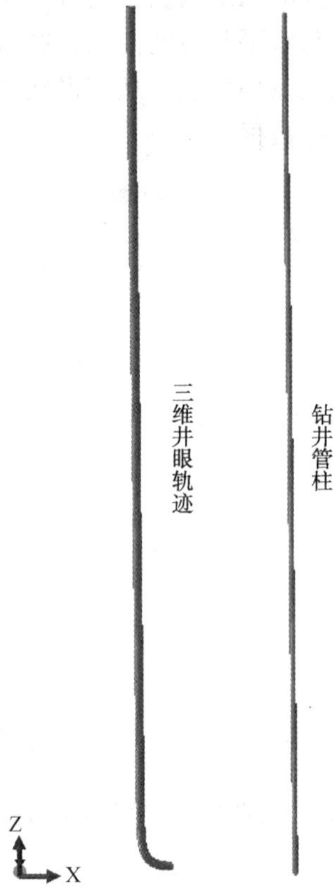

图 13　三维井眼轨迹有限元模型示意图

3.2　数值模型边界条件与接触特性

为了准确模拟钻井管柱的下入钻井过程，需要对管柱施加合适的载荷与边界条件。钻井过程中主要由钻柱的重力提供钻压，大钩载荷、管柱重力与管柱受到的摩阻在钻井过程中达到平衡。为了真实模拟钻柱下入过程，有限元模型设置载荷与边界条件如图 14 所示。

3.3　钻井管柱与三维井眼相关参数

根据现场获取的钻具组合参数能够确定钻井管柱各段的内径、外径以及长度等相关几何参数，如图 15 所示。根据钻井组合参数数据确定钻井管柱各段的截面属性，设置不同内径与外径参数来模拟不同钻具组合。

在钻井三维井眼轨迹与钻具组合的几何参数数据基础上，需要设置钻井管柱与井眼轨迹的接触特性与管柱材料参数等数据，相关参数如表 1 所示。

为了准确模拟钻井管柱与三维井眼之间的接触行为，使用通用接触（General contact）来定义接触面特性，General contact 算法能够自动识别有限元模型计算过程中的接触行为，从而定义接触面之间的特性并在计算结果中输出接触面上的接触应力。General contact 算法中接触面切向与法向的参数设置，切向使用“penalty”罚函数定义，摩擦系数设置为 0.5。法向接触特性使用“Hard contact”硬接触定义，约束实施方法选择罚函数形式，接触刚度设置为非线性。

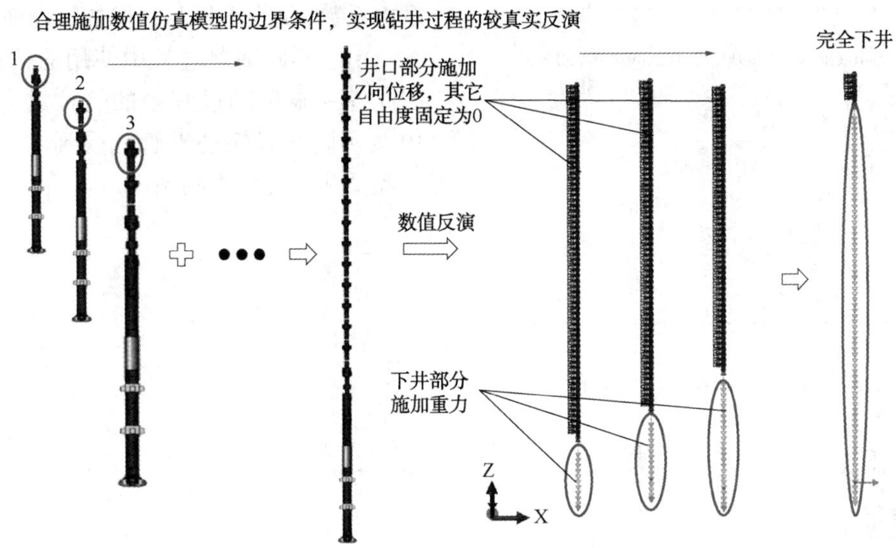

图 14　钻井管柱分析模型载荷边界条件

152.4	组合编号	33	是否钻塞	否	组合类型	塔式	井段/m 74717~7417
组合图	钻具名称x规格型号 斜坡钻杆XS135 I	外径 mm 101.6	内径 mm 92.46	长度 mm 1723.07	累计 长度 m 7417	累计 重量 kN 1713.074	生产 厂家
	转换接头 x NC38公*HT40母	101.6	90	0.66	5693.93	1200.28	
	斜坡钻杆 x S135I	88.9	70.21	4991.21	5693.27	1200.19	
	斜坡加重钻杆 x S135	88.9	52.4	413.55	702.06	212.93	
	斜坡钻杆 x S135I	88.9	70.21	287.63	288.51	57.02	
	双母接头 x 330*310	88.9	70.21	0.63	0.88	0.13	
	混合钻头 x KPM1342ART	152.4	63	0.25	0.25	0.12	

图 15　钻具组合参数数据

表 1　钻井管柱相关参数

接触特性	摩擦系数	钻井管柱弹性模量/MPa	管柱泊松比	管柱密度/(kg/m^3)	井眼弹性模量/MPa	井眼泊松比
General Contact	0.5	207000	0.3	7800	100000	0.3

3.4　钻井管柱摩阻扭矩计算结果分析

通过计算得到的管柱与井眼轨迹的接触应力以及模型设置的接触摩擦系数能够计算得到管柱下入过程中受到的摩阻，并且由于模型中管柱与摩阻之间的切向接触属性与法向接触属性相同，因此通过管柱受到的摩阻能够计算得到旋转钻井过程中管柱受到的扭矩。

以#1 号钻井为例，有限元模型的计算结果云图如图所示。可以看到在钻井过程中管柱的最大 Mises 应力为 577.2MPa。下入过程中钻井管柱与管壁的接触状态，当接触从面上节点与接触主面上节点的距离小于等于 0 时表示该部分节点发生接触。

下入过程中钻井管柱与井壁的接触应力如图

所示，提取管柱沿线的接触应力，基于设置的接触面属性与接触面积能够计算得到管柱沿线的摩阻数据。

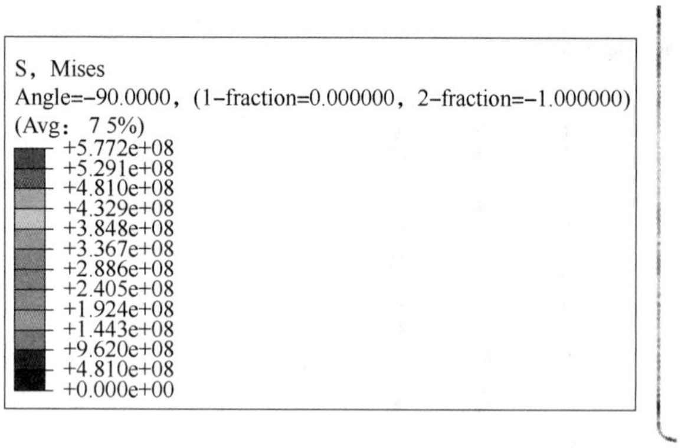

图 16　钻井管柱下入后 Mises 应力分布

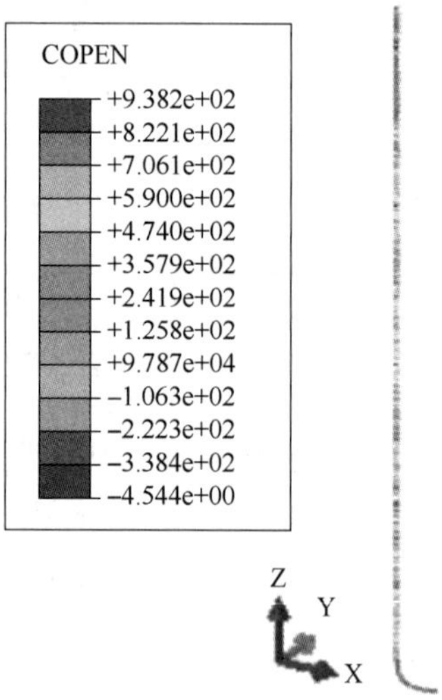

图 17　钻井管柱下入后接触状态示意图

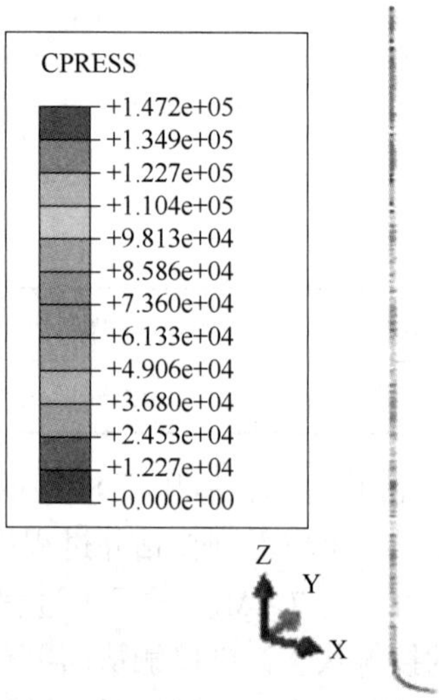

图 18　钻井管柱下入后接触应力示意图

$$F = \int \sigma \cdot \mu \cdot ds = \sum_{1}^{n} \sigma_o \cdot S_o \cdot \mu \qquad (17)$$

式中，F 为钻井管柱与井眼壁面的摩擦力；σ 为管柱与井壁的接触应力；μ 为管柱与井壁的摩擦系数；s 为管柱与井壁的接触面积。

由于不同钻井过程中使用的钻具组合不同，因此各井眼钻进过程中的管柱重力也不同，图 19 为不同井眼轨迹下管柱受到的重力，主要用来提供钻井过程中的钻压。

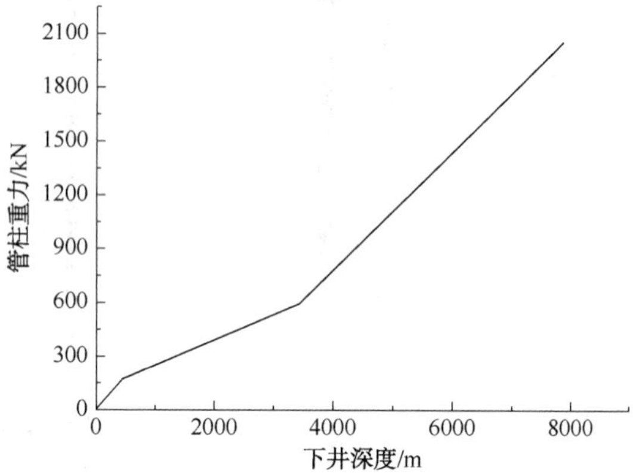

图 19　#1 号井管柱重力分布

通过上述井眼轨迹数据，利用#1 号井有限元模型计算管柱沿线的摩阻，如图 20 所示，基于管柱重力与管柱摩阻能够求得端部大钩载荷。

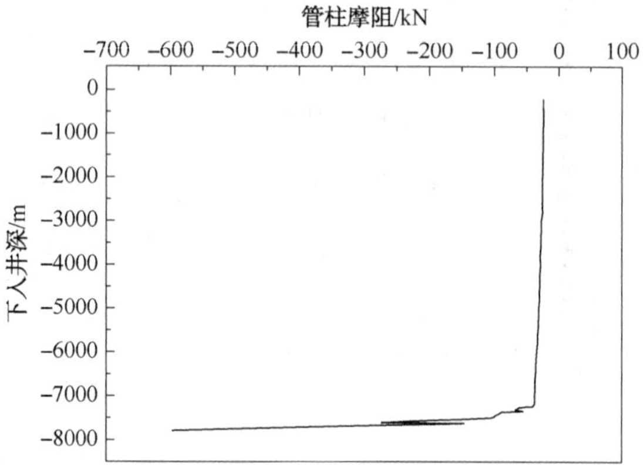

图 20　#1 号井管柱摩阻数据

通过计算得到的管柱与井眼轨迹的接触应力以及模型设置的接触摩擦系数能够计算得到管柱下入过程中受到的摩阻，并且由于模型中管柱与摩阻之间的切向接触属性与法向接触属性相同，因此通过管柱受到的摩阻能够计算得到旋转钻井过程中管柱受到的扭矩。管柱的扭矩为该位置所受摩擦力与管柱外径的乘积，计算结果如图 21 所示。

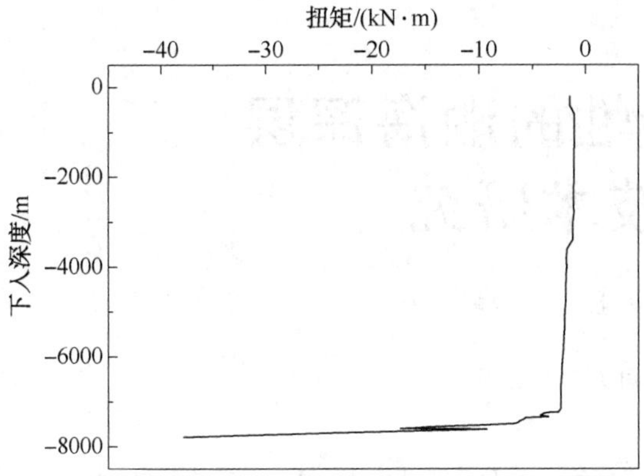

图 21　#1 井管柱扭矩数据

4　结论

本文基于钻井现场综合录井数据提出了钻井管柱摩阻扭矩数据数值仿真流程，采用 Matlab 编程实现了基于综合录井数据的复杂井眼轨迹生成算法，使用 ABAQUS 有限元软件建立了钻井管柱摩阻扭矩有限元仿真建模方法，实现了钻井过程中钻井管柱真实力学状态与摩阻扭矩数据的计算，同时能考虑钻具组合参数和不同摩擦系数的影响。

（1）现场钻井数据是建立有限元分析模型的基础，基于现场监测数据通过数据清洗方法研究与特征选择方法研究确定了合适的钻井数据处理方法；通过编程手段对综合录井数据、井眼轨迹数据、钻井设计数据进行清洗与整理。

（2）对钻井三维井眼轨迹数据的处理与优化，将井眼轨迹分为垂直段、斜井段与水平段数据，通过拟合处理获取连续、光滑的井眼轨迹数据，提出了钻井管柱有限元模型建立方法。可以直观的了解井眼轨迹实际形态，为油气井管柱可下入载荷分析提供合理的基础数据。

（3）建立了管柱靠自重下入的三维力学有限元分析模型，可以得到管柱在各井深处的管柱受力情况、摩阻力、扭矩与大钩载荷等数据，对现场深井管柱下入载荷预测有一定的指导意义。

参 考 文 献

[1] 丁培宇．基于实测数据的摩阻扭矩预测[D]. 2014.

[2] 祝效华，童华，刘清友，冯林先．基于钻柱系统动力学的摩阻扭矩计算新方法[J]．系统仿真学报，2007(21)：4853-4856.

[3] 祝效华，刘清友，童华．三维井眼全井钻柱系统动力学模型研究[J]．石油学报，2008(02)：288-291+295.

[4] Zhu Xiaohua，Li Bo，Liu Qingyou，Chang Xuejun，Li Liangchuan，et al. New analysis theory and method for drag and torque based on full-hole system dynamics in highly deviated well [J]. Mathematical Problems in Engineering，2015：1 - 13. http：//doi. org/10. 1155/2015/535830.

[5] Johancsik C A，Friesen D B，Dawson R. Torque and drag in directional wells-prediction and measurement. Journal of Petroleum Technology，1984，36(06)：987-992.

[6] Sheppard M C，Wick C，Burgess T. Designing well paths to reduce drag and torque. SPE Drilling Engineering，1987，2(04)：344-350.

[7] Maidla E E，Wojtanowicz A K. Field comparison of 2-D and 3-D methods for the borehole friction evaluation in directional wells. SPE Annual Technical Conference and Exhibition，Dallas，Texas，1987：125-139.

[8] Lesage M，Falconer I G，Wick C J. Evaluating drilling practice in deviated wells with torque and weight data. SPE drilling engineering，1988，3(03)：248-252.

[9] BRETT J F，BECKETT A D，HOLT C A，et al. Uses and Limitations of Drill string Tension and Torque Models for Monitoring Hole Conditions [J]. Spe Drilling Engineering，1989，4(3)：223-229.

[10] McSpadden A，Newman K. Development of a Stiff-String Forces Model for Coiled Tubing. SPE/ICoTA Coiled Tubing Conference and Exhibition，Houston Texas，2002：1-9.

基于钻柱动力学特性的渤海深层凝灰岩提速技术研究

祝国伟　张　磊　陶　林　李海玉　蔡润峰　张洪达

［中海石油(中国)有限公司天津分公司］

摘　要　渤海潜山油气藏上部广泛分布有火山碎屑岩凝灰岩，岩石强度可达172MPa，机械钻速低。针对这一问题，以释放钻井参数，提高破岩能量为理念，在井下随钻测量工具中加入IWOB模块监测井底钻压与扭矩，构建马达钻具组合的动力学模型，分析钻井参数对钻具组合稳定性的影响。分析结果显示，当钻具组合含有马达等提速工具时，提高地面转速对于抑制钻具黏滑无明显效果，且会诱发较严重的涡动现象；提高钻压虽然可以抑制钻具涡动，但钻压一旦超过临界钻压就会发生严重的钻具黏滑问题。因此，优选超大扭矩马达提供钻头破岩能量，配合旋转导向工具，抑制钻具组合的黏滑振动及涡动等有害振动，钻压可释放至20t以上。渤中19-6-X区块推广应用超大扭矩马达+旋转导向的钻具组合后，深层凝灰岩地层的平均机械钻速达到22.36m/h，较原有机械钻速提升约70%，提速效果明显，有效降低了深层超深层油气藏的钻井和油田综合开发成本，应用前景广阔。

关键词　凝灰岩；马达；动力学；黏滑；涡动；提速

中海油"十三五"油气资源评价结果显示，海洋深层石油地质资源量为36.16亿吨、天然气地质资源量为11.69万亿方，深层超深层油气资源成为海洋石油中长期勘探开发重要领域。渤海油田深层超深层油气资源主要为潜山油气藏，在油气藏上部广泛分布有火山碎屑岩凝灰岩，具有非均质性强，可钻性差等特点，岩石强度可达172MPa，平均机械钻速约10m/h。为了提升凝灰岩地层的机械钻速，本文在获得大量井底钻压与扭矩实测数据的基础上，建立了使用马达作为提速工具的钻具动力学分析模型，并以释放钻井参数为理念，反向进行钻具组合设计，通过优选超大扭矩马达、旋转导向等工具，有效抑制了钻具组合的黏滑振动及涡动等有害振动，渤中19-6-X区块应用设计的钻具组合后，深层凝灰岩地层的平均机械提升约70%，提速效果明显，降低了深层超深层油气藏的钻井和油田综合开发成本，应用前景广阔。

1　马达钻具组合动力学模型

1.1　动力学有限元方程

基于Hamilton原理，考虑钻柱系统的动能和势能以及外力所做的功，推导动力学Lagrange方程为：

$$\frac{d}{dt}\left(\frac{\partial T}{\partial \dot{U}_q}\right)-\frac{d}{dt}\left(\frac{\partial V}{\partial \dot{U}_q}\right)-\frac{\partial T}{\partial U_q}+\frac{\partial V}{\partial U_q}=F_q \tag{1}$$

式中，T 是动能；V 是势能；U_q 是广义位移；$\dot{U}_q$ 是广义速度；F_q 是广义外力。

将钻柱系统简化为直梁单元，将动能与势能形函数代入式1中，得到钻柱系统的非线性动力学有限元平衡方程：

$$M\ddot{U}+C\dot{U}+KU=F \tag{2}$$

式中，$\ddot{U}$，$\dot{U}$，U 分别是加速度矩阵，速度矩阵，位移矩阵；F 是外力矩阵；M 是质量矩阵；C 是阻尼矩阵；K 是刚度矩阵。

外力矩阵由重力 F_g 与离心力 F_u 两部分组成：

$$F_g=\left[\frac{q_xL}{2}-\frac{q_yL}{2}000-\frac{q_yL^2}{12}\frac{q_xL}{2}-\frac{q_yL}{2}000\ \frac{q_yL^2}{12}\right]^T \tag{3}$$

$$F_u=\left[0\frac{f_yL}{2}\frac{f_zL}{2}0-\frac{f_zL^2}{12}\frac{f_yL^2}{12}0\frac{f_yL}{2}\frac{f_zL}{2}0\frac{f_zL^2}{12}-\frac{f_yL^2}{12}\right]^T \tag{4}$$

$$f_y=me[\Omega^2\cos\beta+\dot{\Omega}\sin\beta],\ f_z=me[\Omega^2\sin\beta-\dot{\Omega}\cos\beta] \tag{5}$$

式中，q_x 和 q_y 分别是钻柱单位长度浮力重量在 x 轴(沿井眼轴线)和y轴(沿井眼高边)上的分量；L 为钻柱单元的长度；m 是钻柱单位长度浮力重量；e 是钻柱质心相对钻柱形心的距离；Ω 是转速；$\dot{\Omega}$ 是角速度；β 是质心相位角。

1.2　约束条件

钻柱在井筒内运动时，主要受到的约束来自于钻头钻压的反作用力、钻头侧向力的反作用力和钻头摩阻扭矩。现有动力学模型多将钻柱系统简化为直梁单元，无法模拟底部钻具组合存在水力马达、旋冲马达等提速工具时的钻头反作用力，而渤海深层凝灰岩地层强度高达 172MPa，必须使用提速工具才能满足高效钻井需求，需要对现有动力学模型进行优化。

为提高钻柱动力学分析精度，使用马达做为提速工具时，在井下随钻测量工具（MWD）中加入 IWOB 模块监测井底钻压与扭矩，获取真实约束条件。

图 1 为钻压监测结果，可以看出，MWD 监测钻压与地面顶驱钻压基本吻合，钻压传递效率较高，在 4820~4940m，两者最高相差 1-2t，可直接采用地面顶驱钻压数据反演钻压 W 与时间 t 的变化关系：

$$W=W_0+\eta sin(n\Omega t) \tag{6}$$

式中，W_0 为平均钻压；η 为模型参数；n 为 PDC 钻头刀翼数。

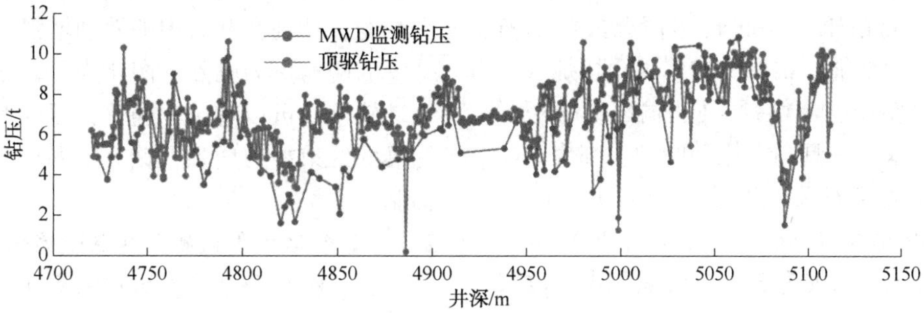

图 1　钻压监测结果

图 2 为扭矩监测结果，可以看出，在底部钻具组合增加马达的情况下，钻头产生的大部分扭矩被马达所吸收，传导到钻柱上的扭矩不再与钻压存在显著关系，在 5000-5100m，当钻压增加时，监测到的钻柱扭矩反而呈现降低趋势。渤海已建立凝灰岩扭矩监测值数据库，包含有 50 口井实测数据，根据实测数据拟合，简化扭矩约束条件为：

$$=b/3[t_0+csin(n\Omega t)] \tag{7}$$

式中，T 为井底钻柱扭矩；b，t_0，c 为模型参数。

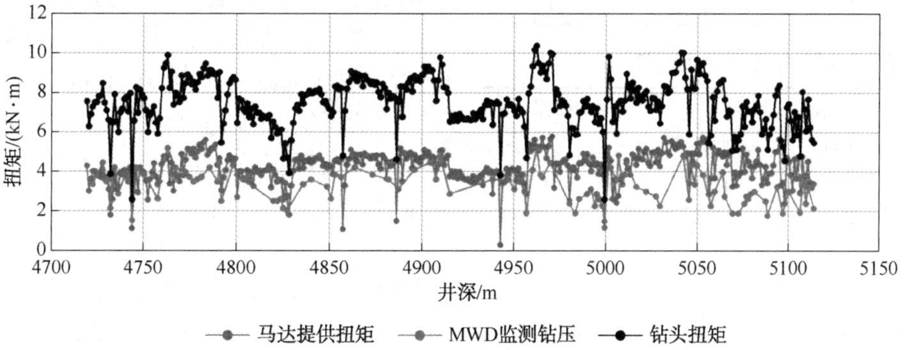

图 2　扭矩监测结果

1.3　求解方法

采用 Newmark 法和节点迭代法对动力学模型进行求解，假设：

$$\dot{U}_{t+\Delta t}=\dot{U}_t+[(1-\delta)\ddot{U}_t+\delta\ddot{U}_{t+\Delta t}]\Delta t \tag{8}$$

$$\ddot{U}_{t+\Delta t}=\frac{1}{\beta\Delta t^2}(U_{t+\Delta t}-U_t)-\frac{1}{\beta\Delta t}\dot{U}_t-\left(\frac{1}{2\beta}-1\right)\ddot{U}_t \tag{9}$$

式中，δ，β 是计算参数。

故，动力学模型可写作：

$$\left(K+\frac{1}{\beta\Delta t^2}M+\frac{\delta}{\beta\Delta t}C\right)u_{t+\Delta t}=F_{t+\Delta t}+M\left[\frac{1}{\beta\Delta t^2}U_t+\frac{1}{\beta\Delta t}\dot{U}_t+\left(\frac{1}{2\beta}-1\right)\ddot{U}_t\right]+C\left[\frac{\delta}{\beta\Delta t}U_t+\left(\frac{\delta}{\beta}-1\right)\dot{U}_t+\left(\frac{\delta}{2\beta}-1\right)\Delta t\ddot{U}_t\right] \tag{10}$$

当 $\delta\geqslant0.5$，$\beta\geqslant0.25(0.5+\delta)^2$ 时，动力学模型可稳定求解。

2 钻具组合优化

2.1 钻具黏滑状态主要影响因素

引起黏滑振动的主要原因是钻柱与井壁、钻头与岩石间的摩擦。利用建立的马达钻具组合动力学模型计算三轴加速度，通过三轴加速度得到井底转速峰值，表1为不同转速下井底转速情况。可以看出，随着地面转速的增加，井底转速峰值增加，但井底转速与地面转速的比值略微下降，井底转速峰值出现的周期由4.5s略微减少为4.1s。由于马达可以输出较大扭矩，提高地面转速提供的额外钻头扭矩偏小，钻具不会出现明显的钻头黏滑现象。

表2为不同钻压下井底转速情况。可以看出，随着钻压的增加，钻头处的摩阻矩增加，当钻压超过临界钻压(20t)后，马达输出的扭矩无法满足破岩需求，钻具黏滑振动剧烈，临界钻压与地层及钻头类型有关。当钻压增加为25t时，井下转速的峰值由128r/min增大到300r/min，黏滞时间由0.15s增加为5.3s，钻具黏滑振动极为明显。

表1　不同转速下井底转速

转速 转/min	转速峰值 转/min	转速峰值/ 地面转速	黏滑周期/ s
60	168	2.8	4.5
90	225	2.5	4.3
120	276	2.3	4.1

表2　不同钻压下井底转速

钻压 t	转速峰值 转/min	转速峰值/ 地面转速	黏滑周期/ s
6	128	1.06	0.15
10	136	1.13	0.24
12	142	1.18	0.37
20	180	1.50	1.25
23	276	2.30	4.10
25	300	2.50	5.30

分析认为，钻具黏滑主要是由于钻头处的破岩能量不满足高效破岩需求引起的，钻头破岩时扭矩无法及时释放，在某段时间内积累了大量能量，能量集中释放后导致井底钻具出现转速突增，形成井底转速峰值。相比马达提供的破岩扭矩，改变地面转速对破岩能量的贡献较小，钻压是影响钻具黏滑的关键因素。

2.2 钻具涡动状态主要影响因素

涡动是一种横向振动，是由于不平衡力等作用，钻柱绕井眼轴线公转的现象。大量动力学模拟研究表明，当增加边界约束条件后，钻柱易发生黏滑振动，不易发生涡动，增加约束条件及约束强度是抑制涡动的关键，部分学者引入地层参数来描述约束强度，在相同的钻井参数下，不同的地层具有不同的约束强度。本文利用IWOB模块监测的井底钻压与扭矩对约束条件及约束强度进行了反演，不需要引入地层参数对动力学模型进行修正。

图3为不同转速下钻具的涡动轨迹。可以看出，随着地面转速的增加，地层对钻具的约束能力减弱，钻柱在井眼中的涡动增强，钻具组合与井壁的碰撞更为剧烈。图4为不同钻压下钻具的涡动轨迹。可以看出，随着钻压的增加，地层对钻具的约束能力增强，钻具的涡动轨迹受到明显抑制。

2.3 基于钻井参数的钻具组合优化设计

钻具组合及钻井参数作为提速的关键点，现有研究大多基于钻具组合设计结果寻找最优钻井参数，并建立了基于智能算法、机械比能等的钻井参数优化方法。图5为综合考虑机械比能及大数据分析后得到的渤海深层凝灰岩最优钻井参数，图中，横坐标depth为井深，纵坐标wob为钻压，纵坐标ROP为机械钻速，棕色及红色点代表钻井效率最高，机械钻速最大的钻井参数。可以看出，渤海深层凝灰岩推荐的钻压为4~10t，预计机械钻速为10~12m/h。

为了进一步提高渤海深层凝灰岩的机械钻速，本文以释放钻井参数为理念，反向进行钻具组合设计。通过对钻具黏滑状态及涡动状态进行分析，可以发现，当钻具组合含有马达等提速工具时，提高地面转速对于抑制钻具黏滑无明显效果，且会诱发较严重的涡动现象。提高钻压虽然可以抑制钻具涡动，但钻压一旦超过临界钻压就会发生严重的钻具黏滑问题。释放钻井参数需要解决的关键问题为大钻压条件下如何抑制钻具黏滑。

由于钻具黏滑主要是由于钻头处的破岩能量不满足高效破岩需求引起的，本文在设计钻具组合时，引入超大扭矩马达工具来提供钻头破岩能量。其输出扭矩较常规马达提升40~50%。其工作参数见表3。

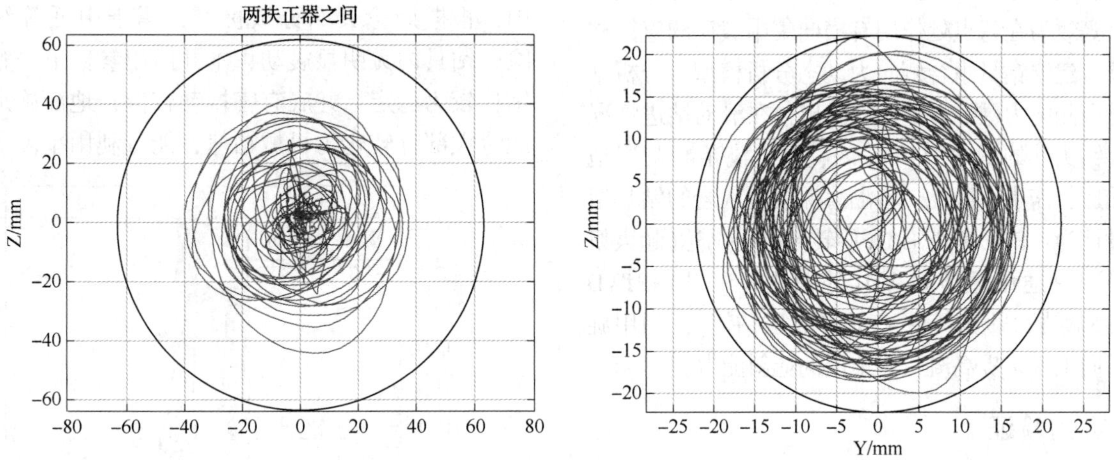

图 3　不同转速下钻具的涡动轨迹

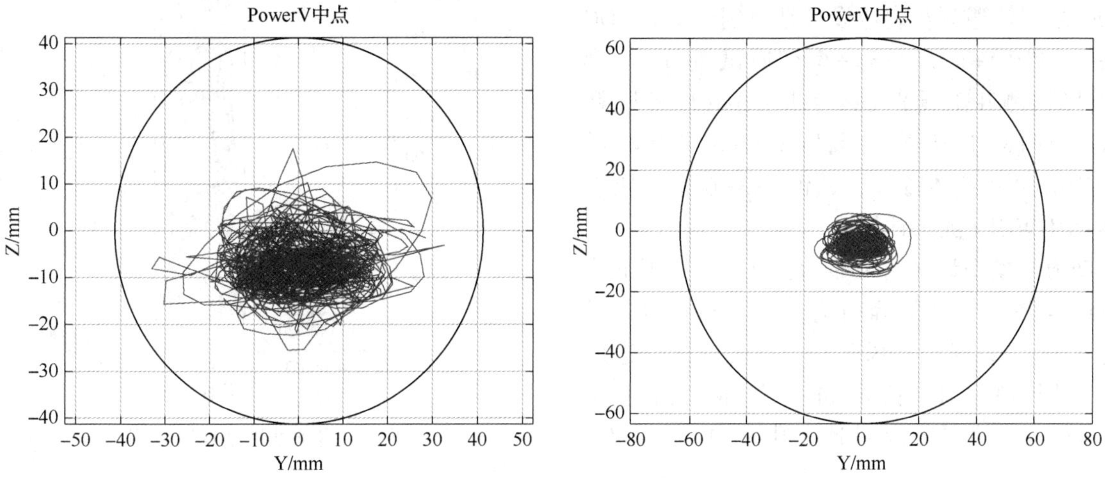

图 4　不同钻压下钻具的涡动轨迹

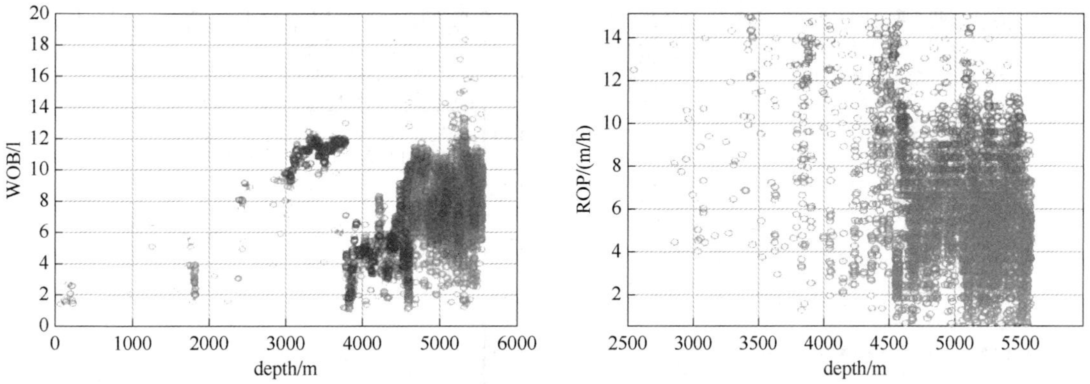

图 5　基于机械比能的渤海深层凝灰岩最优钻井参数

表 3　超大扭矩马达工作参数

规格	厂家	转速/（转/min）	最大工作扭矩/（N·m）
9⅝in	国产常规马达	68～135	25842
	国产大扭矩马达	70～131	36847
	国外大扭矩马达	63～126	55135
	超大扭矩马达	72～132	57595

续表

规格	厂家	转速/（转/min）	最大工作扭矩/（N·m）
6¾in	国产常规马达	89～177	9608
	国产大扭矩马达	96～193	17908
	国外大扭矩马达	58～174	21083
	超大扭矩马达	88～170	24902

将超大扭矩马达的初始结构弯角做出等效处理：等效为在弯点处作用有横向集中载荷的直梁柱问题。建立钻具组合侧向力动态分析模型，分析钻具组合侧向力(图6)，可以看出，在滑动钻进情况下，钻头处的侧向力约0.48t，难以满足凝灰岩地层的造斜需求。因此，将渤海深层凝灰岩的钻具组合设计为：PDC钻头+PD(旋转导向)+马达(超大扭矩马达)+通讯短节+LWD(随钻测井工具)+MWD(轨迹随钻测量工具)+NMDC(非磁钻铤)，利用旋转导向工具来提高凝灰岩地层的造斜能力。

3　实例验证

渤中19-6-X1井井深5865m，在4500~5100m之间钻遇凝灰岩，设计钻具组合为：PDC钻头+6¾″PD+6¾″马达+6¾″通讯短节+6¾″ARC(随钻测井工具)+6¾″TeleScope(轨迹随钻测量工具+IWOB模块)+6¾″NMDC+6½″F/V(浮阀)+7″堵漏短节+6½″DC(钻铤)×3+6½″液压震击器+5″HWDP(加重钻杆)

动力学模型计算结果显示，在20t钻压下该钻具组合井下转速的峰值为215r/min，黏滞时间为0.13s，黏滑振动风险小。在凝灰岩钻进期间，采用13-18t钻压进行作业，钻速达20.06m/h，较原有机械钻速提升约53%。图7为井下有害振动监测情况，钻具黏滑值在50%内，根据斯伦贝谢分级标准，属于中低等级风险，钻具内无明显震动，本井所用参数下，整个钻柱较为稳定，井底有害振动较低，地面施加的能量大部分转化为机械钻速，能量利用率高。

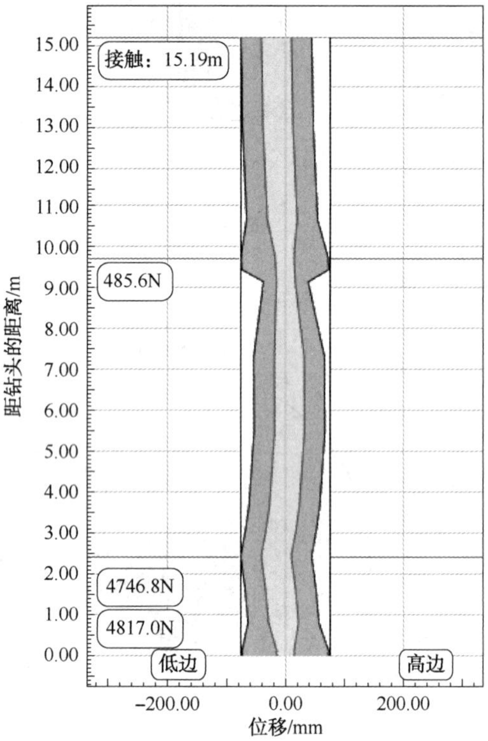

图6　滑动钻进钻具组合侧向力

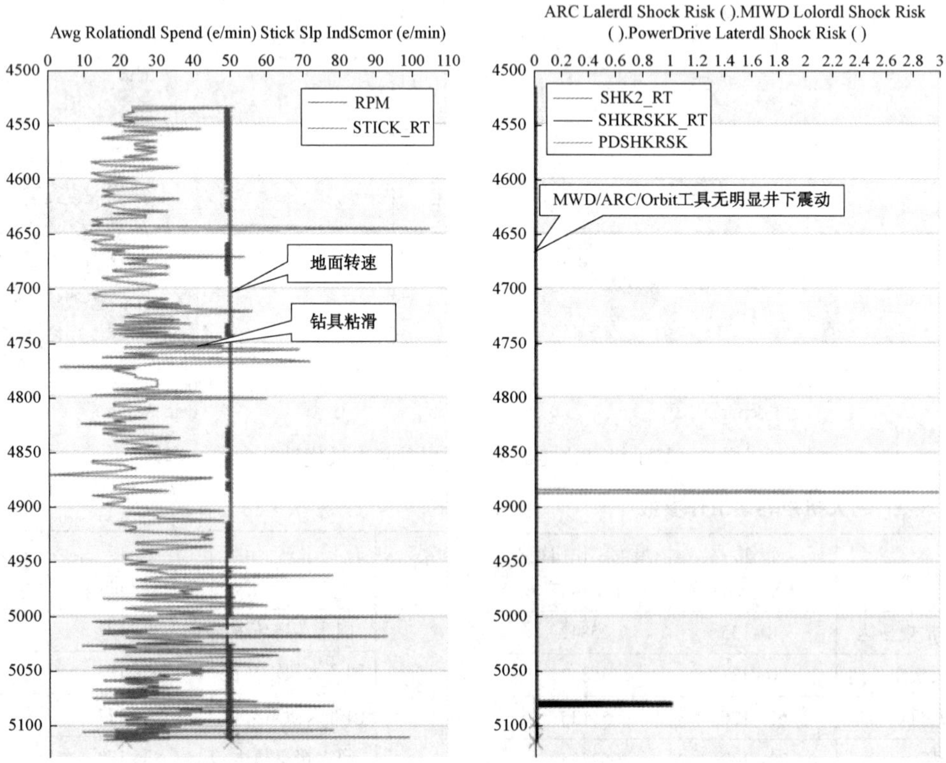

图7　井下有害振动监测图

图 8 为该类钻具组合在渤中 19-6-X 区块推广应用后的凝灰岩机械钻速，其中蓝色柱状图代表渤中 19-6-X 区块不使用该类钻具组合的机械钻速，机械钻速为 13.1m/h，绿色柱状图代表渤中 19-6-X 区块不同井使用该类钻具组合后机械钻速，平均机械钻速为 22.36m/h（红色柱状图），较原有机械钻速提升约 70%。

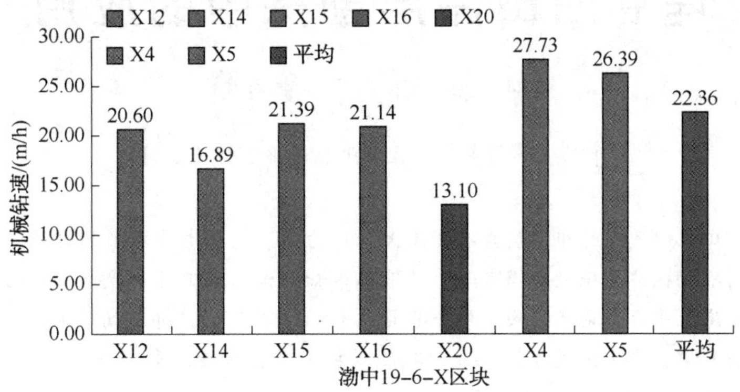

图 8　渤中 19-6-X 区块凝灰岩机械钻速

4　结论和建议

（1）根据 IWOB 模块监测的真实井底钻压与扭矩，反演钻具动力学模型的约束条件，建立了使用马达作为提速工具的钻具动力学分析模型。

（2）当钻具组合含有马达等提速工具时，提高地面转速对于抑制钻具黏滑无明显效果，且会诱发较严重的涡动现象。提高钻压虽然可以抑制钻具涡动，但钻压一旦超过临界钻压就会发生严重的钻具黏滑问题。

（3）以释放钻井参数为理念，反向进行钻具组合设计。将渤海深层凝灰岩的钻具组合设计为：PDC 钻头+PD（旋转导向）+马达（超大扭矩马达）+通讯短节+LWD（随钻测井工具）+MWD（轨迹随钻测量工具）+NMDC（非磁钻铤），利用超大扭矩马达抑制钻具黏滑，利用旋转导向工具来提高凝灰岩地层的造斜能力，钻压可释放至 20t。

（4）渤中 19-6-X 区块推广应用设计的钻具组合后，深层凝灰岩地层的平均机械钻速达到 22.36m/h，较原有机械钻速提升约 70%，提速效果明显，应用前景广阔。

参　考　文　献

[1] 陈建文，肖国林，刘守全，等．中国海域油气资源勘查战略研究[J]．海洋地质与第四纪地质，2003，23(4)：77-82.

[2] 国土资源部油气储量评审办公室．全国石油天然气探明地质储量评审表[R]．北京，2008-2017.

[3] 国土资源部信息中心．全国油气矿产储量通报[R]，2008-2017.

[4] Germay C，Van de Wouw N，Nijmeijer H，et al. Nonlinear drillstring dynamics analysis[J]. SIAM Journal on Applied Dynamical Systems，2009，8(2)：527-553.

[5] Khulief Y A，Naser A H. Finite element dynamic analysis of drillstrings[J]. Finite Elements in Analysis & Design，2005，41 (13)：1270-1288.

[6] 胡以宝．基于实际井眼轨迹的钻柱动力学特性有限元分析[D]．上海大学，2011.

[7] 王明杰．超深井钻柱动力学特性分析及动态安全性评价[D]．上海大学，2016.

[8] Paslay P R，Tcchaid C，Cernocky E P. Bending stress magnification in constant curvature doglegs with Impact on drillstring and casing. SPE 22547.

[9] Baumgart A，Baumgart A. Stick-slip and bit-bounce of deep-hole drillstrings [J]. Journal of Energy Resources Technology，2015，122 (2)：78-82.

[10] 李想．基于机械比能的钻井参数优化研究[D]．东北石油大学，2023.

[11] 鹿卓慧．基于 FSVR-FWA 的钻井参数优化方法研究[D]．东北石油大学，2023.

[12] 袁建．深井钻柱振动力学规律的分析[D]．东北石油大学，2023.

[13] 毛良杰，甘伦科，幸雪松等．基于钻柱动力学的底部钻具组合疲劳寿命研究[J]．石油机械，2022，50(09)：1-9.

[14] 张昕，李柯，乔东宇等．稳定器对下部钻具组合的动力学影响规律研究[J]．世界石油工业，2022，29(02)：54-60.

[15] 刘强，刘轶溟，杨春雷．可调弯螺杆钻具振动特性研究[J]．石油机械，2021，49(06)：1-8.

连续油管配合套管压裂技术在埕岛油田深层勘探中的应用

刘　鹏　孙　玉　袁浩文

（中石化胜利石油工程有限公司井下作业公司）

摘　要　埕岛油田东斜坡东营组储层具有埋深大、压力高、储层渗透率低的性质，需要进行储层改造以获取高产油流。前期勘探井的压裂规模有限，效果不尽如人意，施工效率较低。在借鉴陆地页岩油气压裂技术基础上，分析海上平台实施连续油管配合套管压裂的技术可行性并现场实施。在 CBA9 井试油中使用连续油管实施井筒处理，应用分段桥塞多簇射孔联作技术配合分段压裂，提高了压裂规模和施工效率，为该区域勘探试油积累了宝贵经验。

关键词　埕岛油田；试油；连续油管；套管压裂；分段压裂

1　前言

埕岛油田位于山东省东营市河口区北部渤海海域的 2~18m 水深的极浅海海域，地质构造位于渤中坳陷与济阳坳陷交汇处埕北低凸起的东南部，是一个在前第三系潜山背景上发育起来的大型潜山披覆斜构造。埕岛东斜坡区作为埕岛油田重要的资源接替区，勘探程度相对较低，尤其是古近系东营组具有较大的勘探潜力，是近几年埕岛油田的重点勘探区域。2021 年以来胜利油田在埕岛东斜坡洼陷带部署的多口勘探井在 4000 米以下深度东营组底部钻探取得油气发现，解释多套油层和有利储层，展示出较大的勘探前景。结合该区域前期勘探成果可以发现，东营组储层的孔隙度和渗透率随深度增加逐步降低（图 1），油藏物性具有埋深大、压力高、储层渗透率低等特点（表 1），实际试油测试也发现东营组油藏的自然产能比较低，实施储层改造成为获取高产油流的必由之路。

胜利油田海上勘探试油通常采用油管压裂方式，压裂规模受压裂船的装备能力制约非常大，施工排量最高达到 $5m^3/min$，最大装载能力为 $560m^3$ 压裂液和 $50m^3$ 压裂砂。压裂规模较小，储层改造效果有限，东营组油藏多井次压裂后试采产量依然不高，难以满足勘探需求。另外，常规油管压裂进行管柱设计时为了降低泵入过程中的摩阻压耗，一般减少油管长度以提高储层改造压力，但是这样又容易形成压后循环深度浅，难以压井起管柱的问题。2022 年以来埕岛东斜坡勘探试油井平均单层作业周期相比埕岛油田平均值长 5.46 天，试油时效明显偏低。

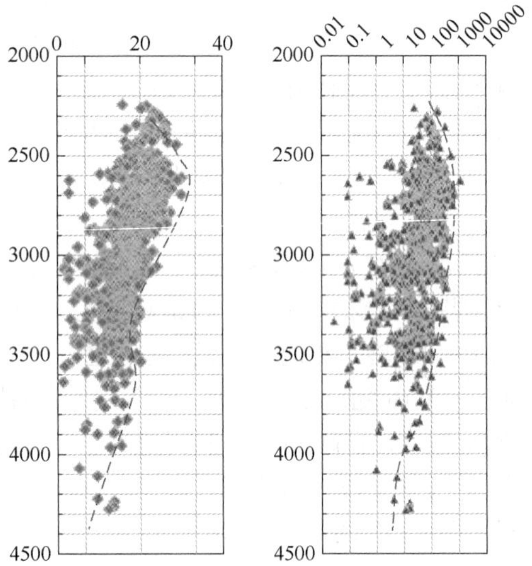

图 1　储层孔隙度和渗透率随井深变化趋势

2　技术对策和可行性分析

2.1　技术对策

针对常规油管压裂规模小、参数低，压裂后压井困难导致施工效率不高等问题，充分借鉴陆地页岩油套管压裂施工经验，通过多种技术方案提高现有装备条件下的压裂参数，尽力改善储层改造效果。（1）提高压裂排量：由于海上压裂船的装载能力有限，通过压裂泵等量提升的方法提高压裂船的输出排量。（2）提高压裂加砂量：压裂砂量受制于压裂船储砂罐的容积无法提高，将试油层进一步细分为段，采取分段压裂减少单次压裂施工的用砂量。(3)增大压裂液用量：压裂液采用高抗盐聚合物压裂液体系，利用海水实时混配，随用随取做到大量供应。(4)实施套管压裂：采用分段桥塞多簇射孔联作技术实施分段封堵，采用套管直接压裂，降低施工摩阻。(5)免压井作业：采用连续油管实施井筒处理，压裂后采用连续油管带压作业提高施工效率。

表1　部分探井东营组储层物性

井号	井段/m	孔隙度/%	渗透率/($10^{-3}\mu m^2$)	泥质含量/%	压力系数	地温梯度/(℃·$(100m)^{-1}$)
CBA1	4151.1~4162.9	14.3	47.8	7.6	1.61	3.22
	4112.5~4132.8	13.5	36	10.8	1.66	3.23
CBA2	4041.3-4045.6	17.8	47.5	8.9	1.03	3.04
CBA3	4387.3~4390.4	10.5	7.1	13.6	1.84	3.13
	4091.5~4098.4	12.9	18.4	12.4	1.16	3.04
	3527.0~3534.5	15.3	54.7	21.9	1.00	3.04
CBA4	4231.0~4241.0	11.8	28.9	15.5	1.63	3.18
	4201.0~4210.2	10.3	13.1	14.7	1.50	3.22
	3839.6~3845.0	15.2	54.7	6.2	1.03	3.17

2.2　主要装备技术性能

2.2.1　压裂船装备性能

“黄河彩虹”压裂船装载4台2500型压裂泵和2台2300型压裂泵，总施工排量可达到$6m^3/min$；砂罐总容积$50m^3$，可同时装载两种粒径压裂砂；船载压裂管线及管汇全部达到105MPa压力级别。

2.2.2　带压射孔装备性能

分段桥塞多簇射孔联作技术可以实现200℃、160MPa以内高温高压环境下使用可溶桥塞分段射孔工艺，电缆绞车采用8.18mm电缆作业深度超过7000m，井口电缆防喷控制系统可以达到140MPa压力等级，实现射孔与压裂作业的无缝衔接。“经纬祝融”系列全可溶桥塞有效防护时间24h，适用于P110、BG125V、140V等高钢级套管的所有尺寸。

2.2.3　连续油管装备性能

撬装式连续油管装备主要包含控制模块、动力模块和油管滚筒等，占地面积$22m^2$，注入头提升吨位超过36t，四闸板防喷器系统抗压等级不低于70MPa，采用2in油管时滚筒容量超过6000m。针对海上平台实际情况，当油管长度超过4500m时，油管滚筒重量超过25t，已经超过部分钻井平台吊机的安全作业范围，需要租用海上起重船进行吊装作业。

2.2.4　海上起重船装备性能

“海盛9”起重船的最大起吊重量300t，全回转极限载荷250t，在60°臂角条件下最大载荷160t，起吊高度55.6m，艏外跨距22.6m。该船在臂角30°时采用副钩吊装载荷40t，艏外跨距54.6m，可以满足部分钻井平台的吊装要求。

2.2.5　海水基压裂液性能

“增产者”高抗盐聚合物压裂液体系可以利用总矿化度$5\times10^4mg/L$的盐水配置乳液型压裂液，交联时间45s，黏度超过54mPa·s，160℃条件下悬砂6h无沉降，在渤海海域海水矿化度$2.8\times10^4mg/L$左右的条件下完全满足连续混配的条件。压裂液连续混配装置占地面积不足$2m^2$，体积小巧，自动化程度高，可以实现稠化剂、防膨剂、助排剂及其他压裂助剂的精确计量和自动调节，和压裂助剂共同采用拖轮拉运的方式配合压裂船施工方便易行。

2.3　运行方案

采用连续油管配合分段套管压裂技术在页岩油气开发领域已使用多年，工艺比较成熟，实践经验也非常丰富。但是将该技术方案整体移植到海上平台实施需要充分考虑海上作业环境和生产运行条件，提前制订施工预案，为所有工序准备备用方案。

由于海上钻井平台甲板面积有限，将所有装备全部放到平台上施工根本不现实，只能将连续油管装备放置于平台，压裂设备和连续混配药剂采取船舶拉运的方式施工。胜利海上油区每年的4-9月份海况条件较好，在该时间段内根据气象预报选择连续良好气象窗口开展大型压裂施工最有利于船舶运行。鉴于压裂船的机动性较差，采取拖轮辅助压裂船靠泊的方法提高船舶运行效率。严格控制压裂船的返港装砂时间，分段射孔工艺视压裂船的运行状态实施，确保分段压裂在可溶桥塞的有效保护期内完成。

2.4 可行性分析

虽然在深层勘探井中采用连续油管配合实施套管压裂工作尚属首次，但是相关技术在济阳坳陷页岩油开发中已经应用超过130层段，连续油管作业在胜利海上平台也具有一定的施工经验。相关技术方案经过技术管理部门和QHSE管理部门的充分论证，安全风险可控，现场实施具有可行性。

3 套管压裂在CBA9井的现场应用

3.1 基础数据

CBA9井位于埕岛东斜坡洼陷带，钻探目的是了解埕岛东斜坡东营组砂体含油气情况。钻遇多套油层，完钻井深 4521.68m，垂深 4336.47m，最大井斜深度 4102.99m，斜度 27.90°。该井的井身结构见表2。该井由胜利六号钻井平台钻完井后开展原钻机试油作业，胜利六号为槽口式钻井平台，长度 47.52m，宽度 33.5m，作业甲板面积符合“海盛9”起重船吊装连续油管就位的条件。

表2　CBA9井井身结构

套管名称	外径/mm	壁厚/mm	钢级	下入深度/m	水泥返高/m	联入/m	固井质量
隔水管	762	25.4	DH36	104.71	泥线	12.70	
表层套管	339.7	9.65	J55	472.01	45.80	11.52	
技术套管	244.5	11.99	P110	3576.77	井口	11.53	17-2186m：一界面合格 二界面不合格 2127-3540m：合格井
油层套管	139.7	10.54	P110	4520.55	2300	10.70	优质

该井确定的一号试油层为东营组致密砂岩储层，井段深度4382.6~4487.6m，其中有利层共有三段，相关物性参数见表3。拟对该试油井段采取分三段射孔并实施套管压裂、合并放喷排液求产的试油工艺。

表3　待试层物性参数

井段/m	分段序号	有效厚度/m	孔隙度/%	渗透率/($10^{-3}\mu m^2$)	泥质含量/%	砂岩含量/%
4382.6~4386.0	3	1.4	8.9	6.9	18.6	63.4
4401.0~4407.5	2	2.6	13	34.2	6.7	58.7
4478.0~4487.6	1	1	9.7	8.6	20.3	29.1

3.2 压裂设计

通过Saor储层地应力分析软件计算，CBA9井储层应力75~80MPa，隔层应力88~95MPa，水平最大应力差4~8MPa，脆性指数0.25~0.5，储层遮挡较好(图2)。设计采用变黏度压裂液体系，前期滑溜水造分支缝网增大压裂改造体积，中后期采用高黏液体，段塞加砂造高导流主缝，提高裂缝导流能力。通过FracproPT模拟和室内实验分析，确定分段压裂参数(表4)。

3.3 施工过程

2023年5月13日CBA9井正式进入原钻机试油阶段，采用长度5500m直径2in壁厚0.175in的连续油管施工，油管滚筒总重约39t，由“海盛9”起重船吊装设备到平台，就位后实施分段替浆、通井、刮管等井筒处理工序。施工过程中采用带压分段射孔工艺对试油层进行射孔，第二段和第三段射孔枪下连接可溶桥塞对已压层段进行封闭(表5)。每段地层射孔后进行套管压裂，压裂采用海水基连续混配压裂液配合示踪剂监测技术，实际压裂参数见表6。

第三段压裂施工后采用连续油管带底部螺杆动力钻具实施钻塞作业，整体放喷求产。放喷初期采用2.5mm油嘴控制放喷，油压40.5MPa，油嘴放大后油压快速降低。采用4mm油嘴放喷排液，油压1.5MPa，折算日产液量14.4m^3，其中纯油9.36m^3，综合含水35%。

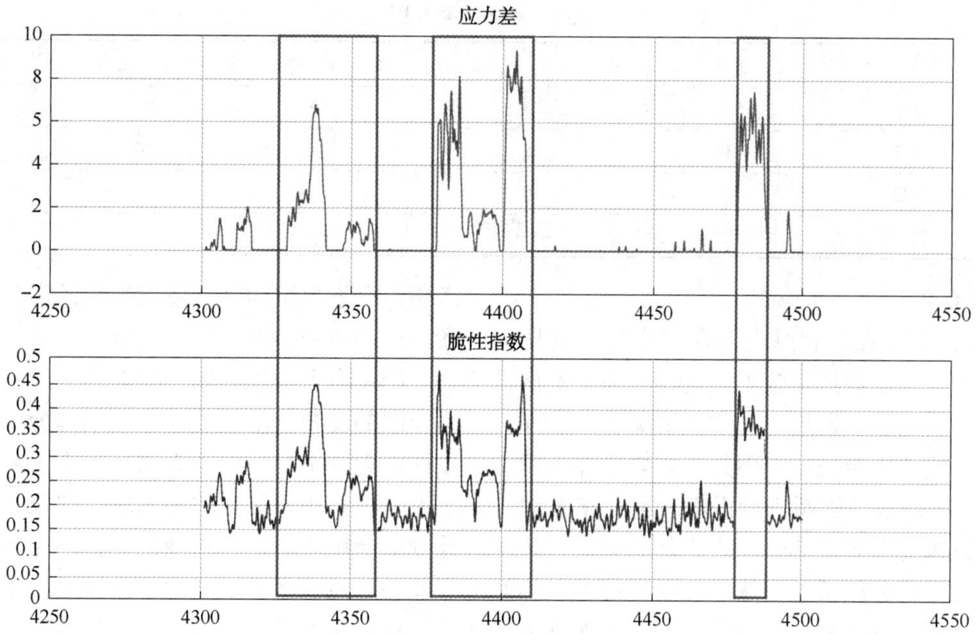

图 2　储层应力差及脆性指数计算成果图

表 4　压裂参数优化列表

分段序号	排量/(m^3/min)	施工泵压/MPa	砂量/m^3				支撑缝长/m	支撑缝高/m
			70~140 目石英砂	40~70 目石英砂	40~70 目陶粒砂	30~50 目陶粒砂		
1	6	60	—	5	—	45	150.2 169.4 166.9	10.2 13.5 14.4
2	6	60	—	5	—	45	150.5 151.3 163.9	10.1 11.0 15.2
3	6	65	5	—	45	—	167.9 178.6 153.8	17.0 26.0 19.1

表 5　分段射孔数据

分段序号	射孔长度/m	射孔簇数	每簇长度/m	孔密/孔・米$^{-1}$	装弹数	发射率	桥塞位置/m
1	2.5	3	1	10	30	100%	—
			1	12			
			0.5	16			
2	4	3	2	7	30	100%	4430
			1	8			
			1	8			
3	3	3	1	7	22	100%	4364
			1	8			
			1	7			

表6　实际压裂数据

分段序号	液量/m^3	砂量/m^3	最高排量/($m^3 \cdot min^{-1}$)	最高泵压/MPa	最高砂比/%	停泵压力/MPa
1	710	50	6	59	28	47
2	632	41	6	57	24	73
3	782	47	6	55	14	49
合计	2124	138	—	—	—	—

3.4　效果分析

CBA9井首次在胜利海上勘探井实施套管压裂，压裂液量、加砂量、施工排量创胜利海上试油井单层压裂记录。通过压后放喷情况看，该井虽然提高了整体压裂规模，但是压裂效果并不理想，6m^3/min的最高压裂排量仍难以满足东营组地层的压裂改造需要。套管压裂之外的其他工艺实施效果良好。分段桥塞多簇射孔联作技术全程安全可靠，可溶桥塞完全达到设计要求。连续油管的平均起下速度约15m/min，相比普通油管在4500m井深的井筒处理工序中时间缩短67%，并且完全避免了压井作业，提速提效作用非常明显。虽然该井试油过程中压裂船受气象和海况的影响较大造成部分施工等停，但是单层施工时效相比同类试油层仍然提高6.4个百分点。

4　结论

（1）借鉴陆地页岩油气的开发技术，在海上平台使用连续油管配合套管压裂的技术方案基本达到设计要求，现场实施具有可行性。分段套管压裂降低了压裂船性能对压裂规模的制约，一定程度上提高了埕岛东斜坡东营组储层改造的施工参数，克服了传统压裂后实施压井的难题，是埕岛油田深井作业中的有益探索。

（2）连续油管在深井施工提速和带压作业方面具有无可比拟的优势，值得大力推广。海上平台使用撬装连续油管对平台的适应性要求较高，需要根据平台结构优化连续油管的吊装和使用方案，进一步积累海上施工经验。

（3）海上专用船舶的性能提升迫在眉睫。本文介绍的套管分段压裂技术可以部分弥补压裂装备性能上的不足，但是无法从根本上解决船舶性能差、压裂规模受制约的问题。建议加快推进设计制造专用压裂船，从硬件上提高船舶性能和压裂能力，减少海上实施大规模储层改造的技术阻碍，提高海上平台的生产运行效率。

参考文献

[1] 高喜龙．埕岛东斜坡东营组层序地层特征及油气勘探方向[J]．断块油气田，2013，20(2)：140-144.

[2] 张锦宏．中国石化页岩油工程技术现状与发展展望．石油钻探技书．https：//kns. cnki. net/kcms/detail/11. 1763. TE. 20210617. 1527. 004. html.

[3] 翟梁皓．油页岩水平井射孔完井水力压裂裂缝起裂与拓展机理研究[D]．长春：吉林大学，2021.

[4] 袁建强．济阳坳陷页岩油多层立体开发关键工程技术[J]．石油钻探技术，2023，51(01)：5-12.

[5] 张志强，张林，刘毅，等．分段多簇射孔桥塞联作技术研究与应用[J]．石油仪器，2014，28(01)：23-26.

[6] 张士军，肖兵．压裂液快速连续混配技术研究及应用[J]．应用化工，2015，44(S1)：54-56.

[7] 张鹏远，何江波，张硕，等．海水基连续混配清洁压裂液的合成与性能评价[J]．石油工程建设，2020，46(增)：242-245.

旅行时保真剩余静校正技术在大足地区的应用

龙　姣　杨宗青　李宏伟　刁永波　张一鸣

（中国石油集团东方地球物理勘探有限责任公司公司西南物探研究院）

摘　要　四川盆地大足区块地表起伏剧烈，岩性复杂多变，地下各级断裂发育，地震波场复杂，是典型地“双复杂”地区。“双复杂”地区往往需要多轮的剩余静校正来解决因地形和表层低降速带引起的相邻道间的差异问题。通常剩余静校正量的计算是以中深层反射同相轴连续为目的，但在“双复杂”地区，速度横向变化剧烈也是造成同相轴错断的重要原因。若以剩余静校正量代偿速度横向变化引起的错断，会破坏地震数据的旅行时，进而影响深度域速度反演的精度，使得地下构造无法准确成像。为解决该问题，本文分析了剩余静校正后浅层成像变差的原因，为剩余静校正量的求取提供新的判断依据和解决思路，最终形成了一套适用于“双复杂”地区的旅行时保真处理技术。该技术有效保证了叠前数据旅行时信息的真实性，改善了后续模型反演精度，提高了地下构造的成像质量，证明了旅行时保真处理技术在“双复杂”地区具有较大的应用潜力。

关键词　旅行时保真；剩余静校正；高精度成像

1　引言

四川盆地天然气资源丰富，复杂地区和复杂油气藏逐步成为地球物理勘探工作者的主要目标。大足区块位于川东南中隆高陡构造区与川中古隆平缓构造区交界处，中敖构造与西山构造之间。该区域地表起伏剧烈，岩性复杂多变，西山、东山、茶山形成三角区，多种因素造成近地表结构复杂，静校正问题极为严重。由于地下纵向上断裂发育，地震波场十分复杂，横向上二叠系膏岩层厚度变化剧烈，速度横向变化极快等因素造成地腹条件也十分复杂。地表地形条件复杂与地腹地质条件复杂，使得该区域成为典型地“双复杂”地区。

近年来，针对“双复杂”地区的剩余静校正技术与深度域建模技术均有所突破。肖明图等提出了一套面向“双复杂”区的深度域高精度建模与成像流程：以分区双变静校正为基础，提高表层高频静校正精度；以近地表折射与深层反射融合建模为核心，得到高精度整体速度模型；以真地表小平滑面叠前深度偏移为关键，确保深层构造准确成像。黄棱等利用局部倾角与同相轴的时空预测量之间的关系计算剩余静校正量，并在局部平面波方程求解过程中，加入整形正则化约束条件，以保证剩余静校正量的准确性。张在金等通过建立测井速度与地震层速度的关系，根据层位标定结果在时间域利用 VSP 速度及测井速度校正沿层层速度；然后将校正后的时间域层速度变换到深度域，将得到的结果作为叠前深度偏移的初始速度；再采用层控、断控高精度网格层析技术进行速度建模，利用深度域解释的层位和断层控制断层两侧速度的准确性；最后采用小网格层析技术提高垂向速度分析的精度，对断层两侧速度进行准确刻画，提高了速度模型的精度。

上述静校正技术与深度域建模技术的发展，使得“双复杂”地区的成像精度迈上了新台阶，在实际应用中均取得了一定的效果。但几乎所有的剩余静校正方法均以目标同相轴连续为目标，然而在“双复杂”地区，由于地下波场复杂，速度横向变化剧烈时，同相轴错断可能是由于速度刻画不准造成的，而非静校正问题。若用剩余静校正量来校正因速度不准而造成的同相轴错断，会使剩余静校正过量，进而破坏地震反射波的旅行时信息，影响后续建模效果。目前常用的网格层析反演建模技术以反射波旅行时信息为主要依据，旅行时失真会影响深度域速度建模的精度，使得地下构造无法准确成像。为此，本文以常规剩余静校正技术为基础，为“双复杂”条件下剩余静校正量的求取提供新的判断依据和解决思路，最终形成了一套适用于“双复杂”地区的旅行时保真处理技术。

2　地表一致性剩余静校正方法

目前工业上常用的深度域速度建模方式为网格层析。网格层析是一种数据驱动的速度模型优化方法，以CIP道集中拾取到的同相轴剩余延迟为信息，配合模型射线追踪得到的路径公式，组建多元一次方程组，再通过方程求解得到速度更新量。同相轴剩余延迟来源于反射波旅行时，因此我们可以说反射波旅行时信息是网格层析速度反演的唯一依据。基于这样的前提，需要CIP道集中来源于同一个激发接收对的反射波旅行时具有唯一性，即地表一致性，故我们通常采用的剩余静校正方法为基于地表一致性的时差分解法。

在地表一致性假设下，经过野外静校正和动校正之后，反射时差可以表示为4个分量之和

$$t'_{ij}=s_j+r_i+G_k+M_kx_{ij}^2 \tag{1}$$

式中，S_j为第j个炮点的剩余静校正量的时移；ri为第i个接收点的剩余静校正量的时移，Gk为k点相对于参考CMP点因地层起伏而产生的双程旅行时差，即构造项[$k=(i+j)/2$]；$M_kx_{ij}^2$为第k个中心点的剩余时差，即剩余抛物线动校正量。在这4个分量中，炮点和检波点的剩余静校正量就是所求的具有地表一致性的量。这种剩余静校正方法一般分为三个步骤：

(1) 在给定的时窗内，CMP道集中地震道与定义的模型道互相关拾取旅行时差。

(2) 对时差进行分解，得到炮点剩余静校正量si和和检波点剩余静校gj。这个过程要求式(1)中的模拟时差$t'ij$与拾取时差tij之差的最小平方和最小，即

$$E=\sum_{ij}(t'_{ij}-tij)^2 \tag{2}$$

为满足误差E最小，要求

$$\frac{\partial E}{\partial s_j}=\frac{\partial E}{\partial r_i}=\frac{\partial E}{\partial G_k}=\frac{\partial E}{\partial M_k}=0 \tag{3}$$

假设炮点个数为n_s，检波点个数nr，中心点个数为nG，覆盖次数为n_h，由(3)式可得

$n_s+n_g+n_e+n_h$所组成的线性方程组，这个方程组由Gauss—Seidel迭代法求解，第m次迭代的解为：

$$s_j^m=\frac{1}{n_r}\sum_i^{n_r}\{t_{ij}-G_k^{m-1}-M_k^{m-1}x_{ij}^2-r_i^{m-1}\} \tag{4}$$

$$r_i^m=\frac{1}{n_s}\sum_j^{n_s}\{t_{ij}-G_k^{m-1}-M_k^{m-1}x_{ij}^2-s_j^{m-1}\} \tag{5}$$

$$G_k^m=\frac{1}{n_h}\sum_l^n\{t_{ij}-s_j^{m-1}-M_k^{m-1}x_{ij}^2-r_i^{m-1}\} \tag{6}$$

$$M_k^m=\frac{1}{n_G}\sum_k^{n_G}\frac{1}{x_{ij}^2}\{t_{ij}-s_j^{m-1}-G_k^{m-1}-r_i^{m-1}\} \tag{7}$$

式中，$l=|i-j|$为炮检距下标，k=(i+j)/2为中心点下标，

(3) 应用时差分解后得到的炮点分量s_j和检波点分量ri到每一个动校正前的cmp道集上，对于每一个CMP道集来说，总的剩余静校正量为炮点静校正量与检波点校正量之和，将cmp道集按照总的静校正量进行整体时移，就实现了剩余静校正。

剩余静校正需要与速度分析迭代进行，速度分析与静校正结果相互制约，只有建立了合理的叠加速度场，才能得到准确的剩余静校正量，迭代流程如图1。

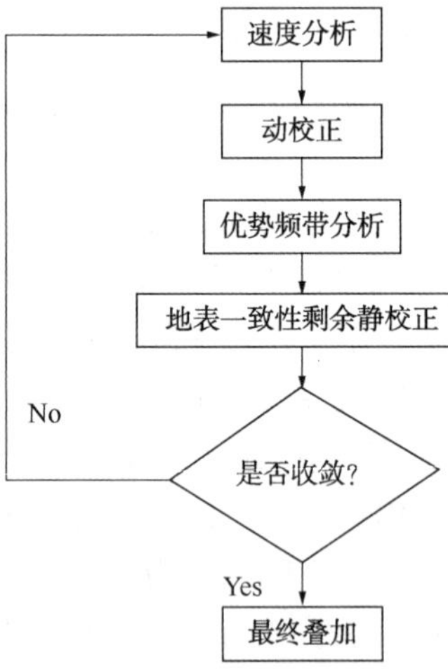

图1　常规剩余静校正迭代流程

3　旅行时保真剩余静校正方法

在大足地区等“双复杂”条件下，地下波场复杂，横向速度变化剧烈，若只以中深层目标同相轴连续和剩余静校正量收敛来判断，忽略浅层变化，往往会出现深层变连续但浅层错断的现象，说明常规剩余静校正参数使浅层旅行时时信息遭到破坏(图2)。

旅行时保真剩余静校正，是以地表一致性时差分解剩余静校正方法的为基础，以浅层成像变化为判断依据，优化剩余静校正参数，实现旅行时保真的效果。具体技术流程是在常规剩余静校正流程基础上，增加了对浅层成像效果的评价，通过对初始模型的构建(初始模型道选取、带通滤波参数等)、互相关时窗以及最大时移量三个参数的测试，以浅

层改善为目标，确保剩余静校正量没有破坏浅层旅行时信息，从而实现了旅行时保真(图3)。

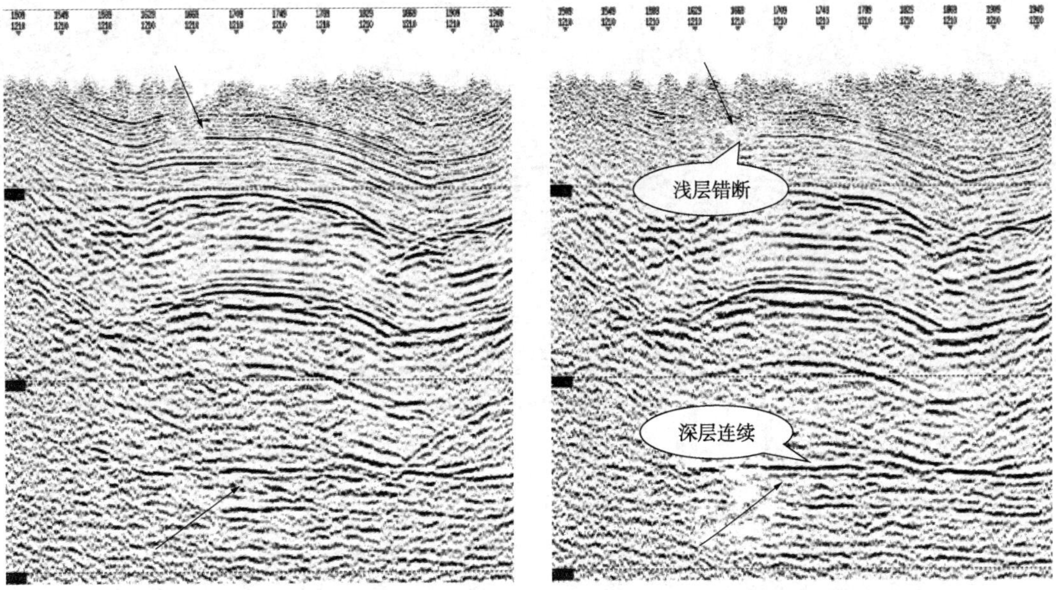

剩余静校正前　　　　常规参数剩余静校正后效果

图2　常规剩余静校正在大足地区应用效果

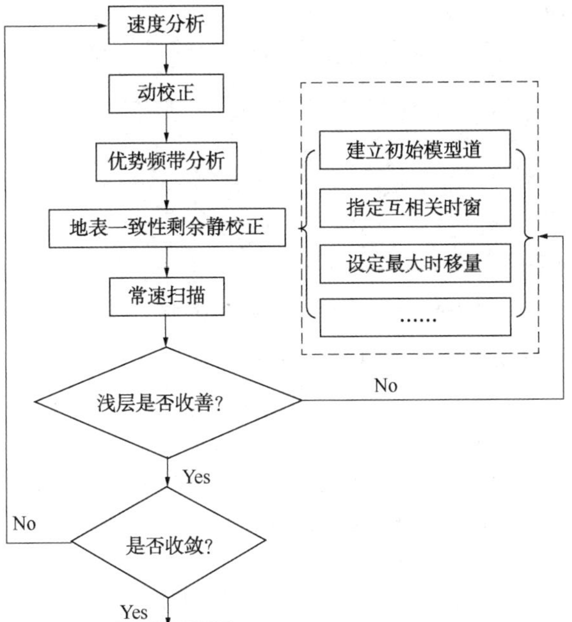

图3　旅行时保真剩余静校正流程

在这个过程中，首先在纵向上划分为浅层效果判断区与中深层参数测试区域。在浅层拾取一套可连续追踪的标志层，标志层以上为效果判断区，标志层以下为参数测试区。若一轮剩余静校正后，效果判断区同相轴发生错断，则认为该轮剩余静校正参数破坏了地震波旅行时，就需要在参数测试区重新进行参数测试，直至效果判断区成像效果有所改善，再进入下一轮迭代。

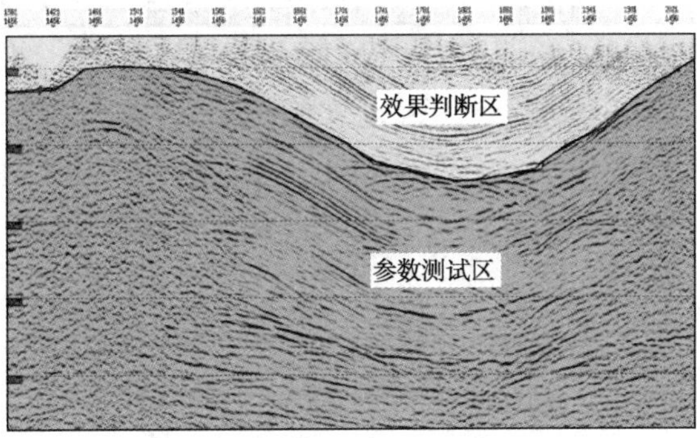

图4　效果判断区与参数测试区划分

运用旅行时保真剩余静校正技术之后，较剩余静校正前，浅层成像得到明显改善，深层回转波完整清晰，消除了常规参数剩余静校正后造成的浅层假断层(图5)，说明新方法有效地保护了浅层旅行时信息，为深度域准确建模提供了准确的数据基础。

运用旅行时保真剩余静校正合理甄别剩余静校正量，保护旅行时信息，为叠前深度偏移准备了更优质的CMP道集。在道集数据旅行时信息准确地基础上，结合配套复杂波场叠前深度建模技术，最终采用旅行时保真剩余静校正后的深度偏移成果较常规剩余静校正后的深度偏移成果，在成像上有了明显的改善：浅层同相轴更连续，中深层波组关系更清晰，构造特征更自然(图6)，证明了旅行时保真对叠前深度域速度建模的重要性。

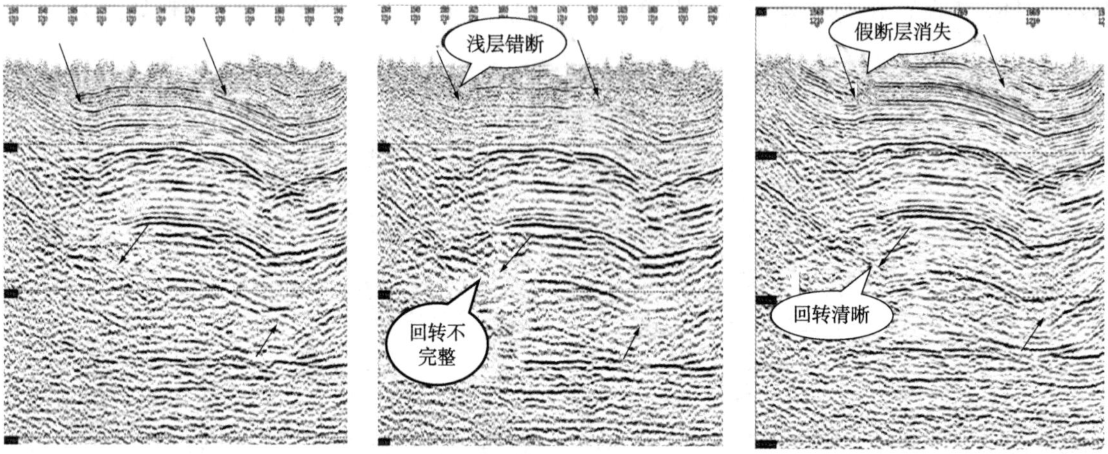

剩余静校正前叠加剖面　　常规参数剩余静校正后叠加剖面　　旅行时保真剩余静校正后叠加剖面

图 5　剩余静校正前、常规参数剩余静校正后及走时保真剩余静校正后叠加剖面对比

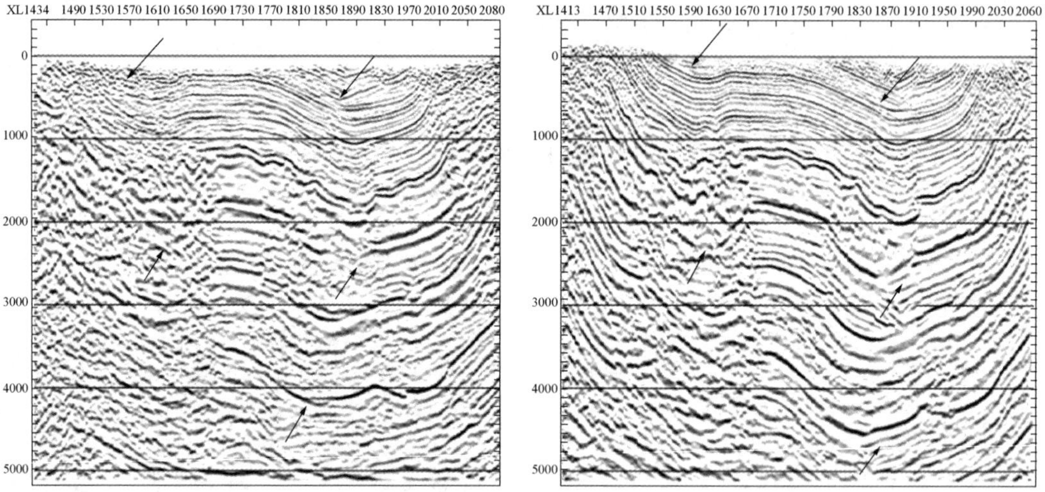

常规参数剩余静校正后深度偏移剖面　　旅行时保真剩余静校正后深度偏移剖面

图 6　常规参数剩余静校正后及走时保真剩余静校正后深度偏移对比

4　结论

旅行时保真剩余静校正技术有效地解决了常规剩余静校正在“双复杂”条件下浅层成像变差，旅行时信息遭到破坏的问题。在大足地区运用旅行时保真剩余静校正技术后的叠前深度偏移成果成像质量与成像精度均得到提高，证明了旅行时保真对深度偏移的重要性。这套改进后的剩余静校正技术为“双复杂”条件下剩余静校正量

的求取提供新的判断依据和解决思路，具有一定地推广价值。

参 考 文 献

[1] 肖明图，苏勤，余国祥，李斐，凌越，邵喜春．“双复杂”条件高精度建模与成像方法———以酒泉盆地窟窿山地区为例．石油地球物理勘探，2020，55(增刊)：41-48.

[2] 黄棱，刘洋，刘殿秘，刘财，王铁柱．基于地震同相轴预测的剩余静校正方法研究．世界地质，2018，37(3)：55-63.

[3] 张在金，陈可洋，范兴才，等．井控与构造约束条件下的网格层析速度建模技术及应用[J]．石油物探，2020，59(2)：208-217.

[4] 马彦彦，李国发，张星宇，田纳新，祝文亮，翟桐立．叠前深度偏移速度建模方法分析．石油地球物理勘探，2014，49(4)：687-693.

[5] Kamal Al-Yahya. Velocity analysis by iterative profile migration. Geophysics，1989，54(6)：718-729.

[6] 牟永光，陈小宏，李国发，刘洋，王守东．地震数据处理方法，石油工业出版社，2007. 8，124-129.

磨损-腐蚀耦合效应下超深井套管失效机理与剩余强度预测

黄文君　王捷力　高德利

[中国石油大学(北京)石油工程教育部重点实验室]

摘　要　套管磨损与腐蚀是导致超深井井筒完整性失效的重要原因之一。本文针对现有研究未能充分考虑磨损与腐蚀的耦合效应问题，揭示了磨损与腐蚀耦合效应下套管失效机理，建立了磨损-腐蚀耦合效应下的套管强度预测模型，分析了套管服役寿命的主控因素，并给出了套管减磨防腐的措施建议。结果表明，套管磨损程度和初始腐蚀速率是套管服役寿命的主控因素，随着磨损深度和初始腐蚀速率越大，套管的服役寿命衰减得越快。

关键词　超深井；套管；套管磨损；套管腐蚀；服役寿命

套管强度失效是深井、超深井开发过程中的重要问题。超深井井下条件复杂多变，钻井周期很长，导致套管在钻井阶段存在许多磨损区域，后续套管在生产阶段还面临着苛刻的腐蚀环境，中国西部某油田的超深井井筒设计寿命大于10年，但实际作业中许多井在生产2-3年后就发生了泄漏问题，严重制约着超深井油气的高效开发，其中套管的磨损与腐蚀的叠加导致的套管强度失效就是主要原因之一。目前套管设计中考虑了腐蚀影响，但忽略了磨损-腐蚀耦合效应对套管强度的影响，因此亟待解决腐蚀环境下磨损套管的强度预测问题。

一些学者从不同角度对套管的磨损与腐蚀问题进行了研究。在套管磨损方面，White 和 Dawson 基于金属损失与所耗散能量之间的关系，建立了套管磨损效率模型，实现了磨损深度的有效预测。该模型得到了广泛影响，后续许多研究在此基础上进行了修正与完善。大量研究表明，套管磨损会导致套管的强度降低。套管磨损后的剩余强度的常见预测方法是，根据API套管破裂方程，以磨损最深处的剩余壁厚来评估磨损套管的剩余强度降低程度，相当于套管“均匀磨损”模型，这种方法的计算结果一般过于保守且可能导致更高的套管使用成本。套管磨损区域的形状大多为“月牙形”。为了准确预测磨损套管的剩余强度，Song 等利用叠加原理将“月牙形”磨损形状分为三个可叠加的形状，给出了计算磨损套管破裂强度的解析解，并通过实验结果进行了验证。Wu 等和 Chen 等将“月牙形”磨损形状分别简化为了“槽环”模型和“偏心圆”模型，然后得到相应的应力表达式。Zhang 采用数值模拟对现有的用于预测磨损套管剩余强度的数学模型，包括API模型、偏心磨损模型和月牙磨损模型进行了对比分析。

复杂苛刻的服役环境引起的套管腐蚀是井筒安全的严重威胁。在套管腐蚀方面，目前主要以试验研究与理论分析为主。顾春元等和李党国等考虑不同应力状态，结合腐蚀测试试验证明了应力会显著加管材的腐蚀速率。闫伟等的腐蚀模拟试验结果表明套管在内外压载荷作用下产生的环向应力会对腐蚀产生明显的促进作用，而径向应力影响甚微。高德利等基于化学力学理论建立了应力影响套管腐蚀速率的力学模型，推导了应力与套管服役寿命的解析公式。张智等基于应力腐蚀原理，预测了井筒载荷与腐蚀耦合作用下的套管服役寿命。张超等的数值模拟结果表明在流道结构发生变化的区域，受 CO_2 分压、高温和腐蚀性组分的协同作用影响，油管柱腐蚀更加严重。Wang 等基于力学与电化学相互作用，利用数值模拟分析了管道在内压作用下随时间变化的腐蚀形态和破裂强度，并考虑材料的不均匀性以及时间和空间变化的腐蚀环境，获得了考虑随机腐蚀过程的管道时变破裂强度。

针对上述研究未充分考虑磨损-腐蚀耦合效应对套管强度的影响，本文基于力学电化学效应的协同作用，建立了套管磨损条件下的应力影响腐蚀速率模型；在此基础上，得到了考虑磨损-腐蚀耦合效应的套管强度预测模型，预测了磨损套管在腐蚀环境下的服役寿命。最后，揭示了主要因素对套管服役寿命的影响规律，并提出了相关套管减磨防腐措施。

1　套管磨损与腐蚀过程

超深井套管的磨损与腐蚀过程如图1所示。如图1(a)所示，随着井深的增加，钻柱旋转周期长，套管在工具接头的接触摩擦力的作用下发生磨损，内壁磨损后的区域呈“月牙形”。如图1(b)所示，在后续作业中，套管将受到油管-套管环空流体的腐蚀、管内流体的压力以及外部地层的压力作用，套管壁厚逐渐减薄，直至发生失效断裂。在实际作业条件下，套管的磨损与腐蚀并不是简单的叠加作用，而是相互协同作用，对管材的危害更大。套管内表面受到磨损被活化，成为电化学腐蚀中的阳极，环空保护液具有腐蚀性，会对电化学腐蚀起催化作用，同时磨损区域应力集中，更加剧了套管腐蚀，因此磨损区域的套管腐蚀更严重。

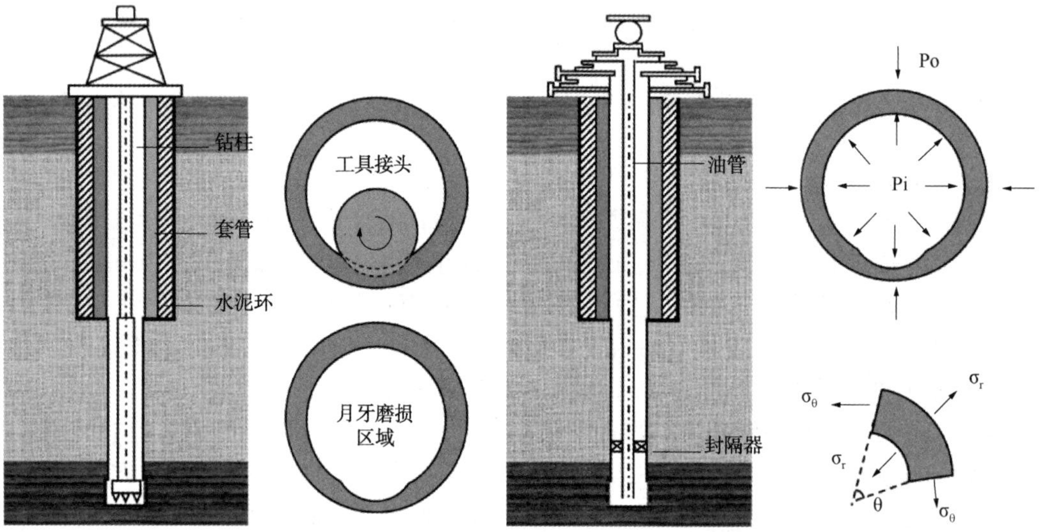

图1　套管磨损与腐蚀过程

2　力学与电化学效应

套管在服役过程中，将受到流体的腐蚀与所施加的应力作用而导致失效。依据力学电化学作用，套管的机械电化学电位可表示为：

$$\tilde{\tilde{\mu}}=\mu_o+RT\text{In}a+\Delta PV+ZF\varphi=\mu_o+RT\text{In}\,\tilde{\tilde{a}} \quad (1)$$

式中，μ_o 为标准态化学势，J/mol；a 为热力学活度，无因次；R 为气体常数，J/(mol·K)；T 为绝对温度，K；V 为套管的摩尔体积，m^3/mol；ΔP 为剩余压力，MPa；Z 为金属离子的化合价，无因次；F 为法拉第常数，C/mol。

机械电化学活性$\tilde{\tilde{a}}$可表示为：

$$\tilde{\tilde{a}}=a\exp\left(\frac{zF\varphi+V\Delta P}{RT}\right) \quad (2)$$

当腐蚀反应在任意腐蚀体系中达到平衡时($\tilde{\tilde{\mu}}\to 0$)，假设$\mu_0=-RT\text{In}a_o$，腐蚀体系的平衡电势可表示为：

$$\varphi=\frac{RT}{ZF}\text{In}\left(\frac{a^o}{a_o}\right)-\frac{\Delta PV}{ZF} \quad (3)$$

式中，a^o 为标准活度，无因次；a_o 为平衡电势下的热力学活度，无因次。

根据质量作用定律和电荷平衡方程，Gutman进一步得到了金属溶解电流 I 与压力的关系 ΔP。

$$I=i_a\exp\frac{\Delta PV}{RT}-i_k \quad (4)$$

式中，i_a 为未变形电极的阳极电流；i_k 为阴极电流。

由式(4)可知，当金属溶解时，只有阳极电流与机械效应有关，阴极电流与机械效应无关。将应力对阳极电流的影响系数近似为其对腐蚀速率的影响系数，得到了套管的腐蚀速率与应力的关系：

$$V_t = V_o \exp \frac{V\sigma_\theta}{RT} \tag{5}$$

式中，V_t 是 t 时刻的腐蚀速率，mm/a；V_o 为初始腐蚀速率，mm/a；σ_θ 为套管的环向应力，MPa。

3　磨损-腐蚀耦合效应下的强度预测模型

根据章节 2 中的力学与电化学效应可知，应力会加速套管的腐蚀进程，其中环向应力是计算套管腐蚀速率的关键参数。套管在磨损后，在相同的内外压作用下，磨损区域的应力会显著增加。如图 2(a)所示，为套管月牙磨损模型，其中套管内径为 r_i，套管外径为 r_o，月牙磨损深度为 w。当套管磨损后，磨损区域附近的应力分布难以直接求解，而为了便于理论计算，通常可将月牙形磨损模型简化为槽环形，本文在此基础上考虑了磨损与腐蚀耦合效应的影响，将上述磨损套管的简化模型扩展到腐蚀套管，从而获得套管的环向应力。如图 2(b)所示，为套管磨损与腐蚀耦合模型，假设腐蚀将导致套管在磨损区域进一步发生壁厚减薄，即以套管初始磨损深度作为初始条件，分析套管在初始磨损条件下由腐蚀所导致的套管壁厚变化，整个腐蚀过程视为一系列子过程的累积，腐蚀深度为腐蚀速率与时间增量的乘积，其中，在腐蚀进行到 t 时刻时，套管所损失的壁厚为 $w+\delta(t)$。

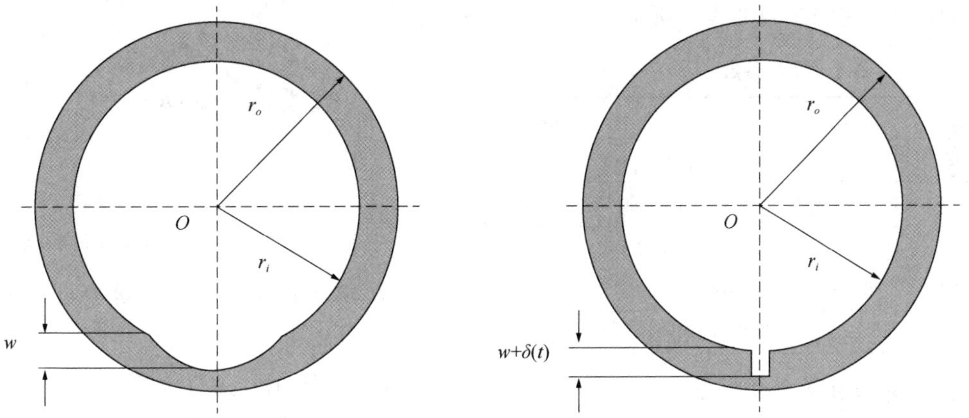

(a)套管月牙磨损模型　　(b)磨损与腐蚀耦合模型

图 2　磨损与腐蚀耦合计算模型

考虑套管的腐蚀深度变化，套管的环向应力分布为：

$$\sigma_{\theta,t} = \frac{p_i r_i^2 - p_o r_o^2}{r_o^2 - r_i^2} + \frac{(p_i - p_o) r_i^2 r_o^2}{r_o^2 - r_i^2} \frac{1}{r^2} + \frac{F}{t_o - w - \delta(t)} - \frac{1.95F(2r - r_o - r_i - w - \delta(t))}{(t_o - w - \delta(t))^2} \tag{6}$$

式中，$\delta_{\theta,t}$ 为套管的环向应力，MPa；p_i 为套管所受内压，MPa；p_o 为套管所受外压，MPa；t_o 为套管初始壁厚，mm；F 为槽环处的环向力，N；$\delta(t)$ 为套管腐蚀深度，mm；r 为套管的径向坐标，$r=r_i+w+\delta(t)$，mm。

槽环处的环向力 F，可表示为：

$$F = p_i(w+\delta(t)) + \frac{p_i r_i^2 - p_o r_o^2}{r_o^2 - r_i^2}(w+\delta(t)) + \frac{(p_i - p_o) r_i^2 r_o^2}{r_o^2 - r_i^2} \frac{(w+\delta(t))}{r_i(r_i + w + \delta(t))} \tag{7}$$

当腐蚀未发生时，腐蚀深度为 0。根据式(5)可首先得到磨损套管的环向应力，然后结合式(5)可获得加速后的腐蚀速率，不断累积的套管腐蚀深度可表示为：

$$\delta(t) = \int_0^t V_t(\tau)\, d\tau \tag{8}$$

式中，V_t 是被加速的腐蚀速率，mm/a；V_o 是套管初始腐蚀速率，mm/a。

基于以上分析和推导，当套管在剩余壁厚段屈服或破裂时，可以进一步确定套管的破裂强度。通常套管的屈服破裂强度可通过 von Mises 屈服准则确定，由于套管在局部区域的环向应力远大于其他两向应力，本文假设当套管在剩余壁厚处中部处的环向应力达到套管材料的屈服强度，视为套管发生强度失效，其中考虑实际工程作业条件，取套管的安全系数为 1.2。

$$\sigma_{\theta,t}(r = (r_i + w + \delta(t))/2) = \sigma_s \tag{9}$$

根据以上所建立的考虑磨损和腐蚀的套管破裂强度预测模型，可以获得套管的腐蚀速率与服役寿命随时间的变化规律，并可用于分析内外压载荷、磨损程度和腐蚀速率等的影响。

4 案例研究

以西部油田某超深井所采用的TP140V套管为例，多臂测井数据显示该井套管在钻井阶段发生了严重的磨损，并且后续生产阶段存在腐蚀现象，其中腐蚀性气体窜流至油套环空，进一步加剧了油管外表面和生产套管内表面的腐蚀，而油管腐蚀严重时，在实际作业中可通过替换方式解决，但生产套管由于水泥环的固结作用难以替换，因此本文仅腐蚀环境下的生产套管强度进行评估。计算中所使用的参数如表1所示。

表1　计算参数

参数	取值	参数	取值
套管直径/mm	193.7	流体温度/℃	100
套管壁厚/mm	12.7	摩尔体积数/m³/mol	7.12×10^{-6}
屈服强度/MPa	1160	气体常数/J/(mol·K)	8.314
套管内压/MPa	30~70	初始腐蚀速率/mm/a	0.1
套管外压/MPa	20	套管磨损深度/mm	1~5

4.1 磨损深度对腐蚀速率的影响

在套管内压为50MPa，初始腐蚀速率0.1mm/a的条件下，考虑不同磨损深度对套管腐蚀速率的影响如图3所示。由图3可知，在套管内压和初始腐蚀速率一定的情况下，随着腐蚀时间的增加，腐蚀速率不断增加，并且套管磨损深度越大，腐蚀速率加速越明显。这表明套管磨损导致的应力集中显著增加了腐蚀进程。

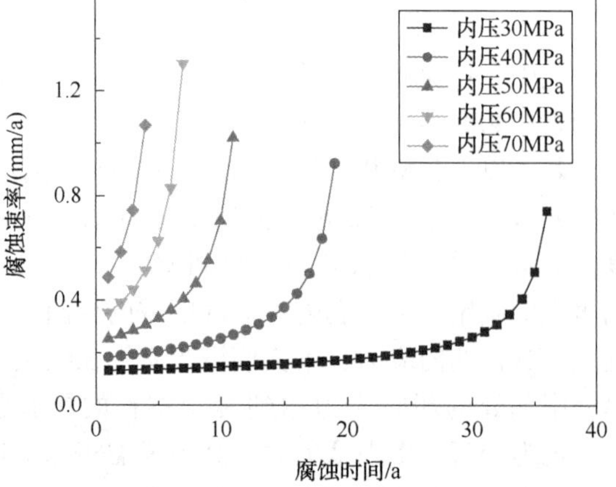

图3　套管磨损深度对腐蚀速率的影响

4.2 内压对腐蚀速率的影响

当套管磨损深度为3mm，初始腐蚀速率为0.1mm/a时，不同套管内压对腐蚀速率的影响如图4所示。由图4可知，套管的内压越大，腐蚀速率也越大，这对深井超深井的现场作业而言，应加强环空压力的监测，尽量避免管内压力过高，如出现环空异常带压现象，应及时泄放以控制环空压力大小。

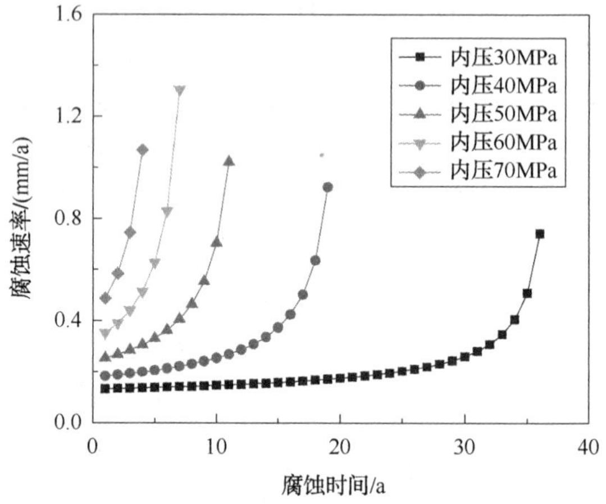

图4　内压对腐蚀速率的影响

4.3 磨损深度和初始腐蚀速率对套管服役寿命的影响

如图5所示，为在套管内压为50MPa条件下，不同磨损深度和初始腐蚀速率对套管服役寿命的影响。由图4可知，套管磨损深度越深，初始腐蚀速率越大，套管的服役寿命越低；当套管的磨损深度为1mm，腐蚀速率为0.05mm/a时，套管的服役寿命相较于最大磨损深度5mm与最大腐蚀速率0.25mm/a可提高20倍左右，因此在钻井阶段和生产阶段，应及时采取技术措施减小套管的磨损量、降低腐蚀速率，从而达到延长套管服役寿命的目的。

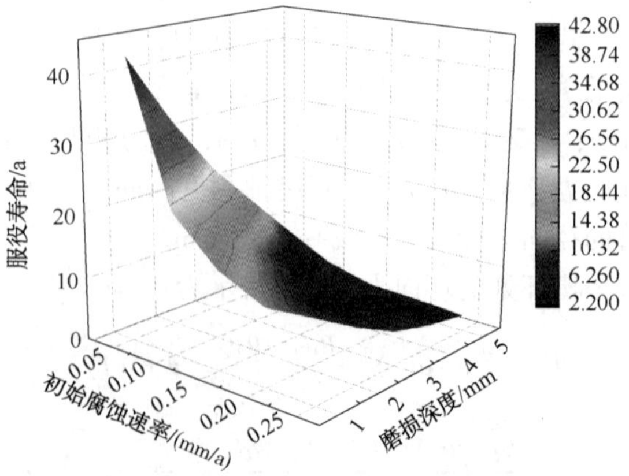

图5　磨损深度和初始腐蚀速率对套管服役寿命的影响

4.4 内压和磨损深度对套管服役寿命的影响

如图 6 所示，为套管在初始腐蚀速率为 0.15mm/a 条件下，不同磨损深度和套管内压对套管服役寿命的影响。结果表明，磨损深度与套管内压越大，套管的服役寿命越低；在套管内压较低时，随着套管磨损量的降低，套管的服役寿命的增加趋势比较明显，相反则随之增加显著；当套管的磨损深度为 5mm，内压为 70MPa 时，在当前计算条件下的套管服役寿命已不足两年，因此在现场腐蚀环境一定的情况下，应及时采取有效措施以控制套管的腐蚀速率。

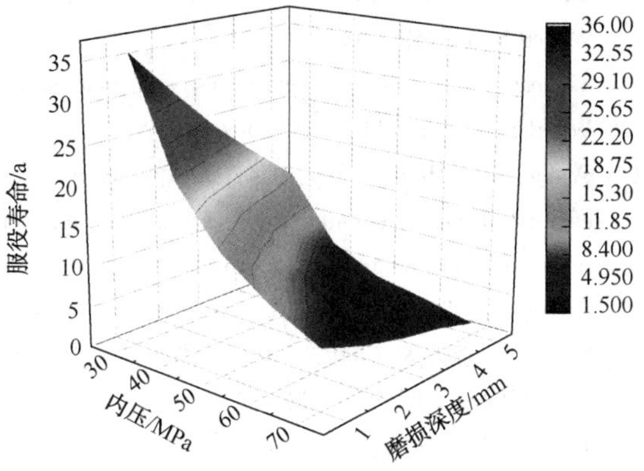

图 6　内压与磨损深度对套管服役寿命的影响

5 套管减磨防腐措施分析

套管在被下入完成固井作业后，后续不断遭受磨损、腐蚀等恶劣工况的影响，套管失效风险突出，严重威胁超深井的井筒完整性。虽然可以直接采用壁厚更大和强度更高的套管，以确保管柱的安全运行，但这将导致更高的油气开发成本。因此国内外在如何降低磨损防治腐蚀方面开展了大量工作。

在减少套管磨损方面，技术措施主要包括降低钻井中的狗腿度、钻柱上增装防磨接头、提高钻井液润滑性和减磨性、优化钻井工艺等；在套管腐蚀防护方面，前期预防需要考虑不同腐蚀介质对套管的影响，针对腐蚀体系选择相应的管材，然后增加内涂层以隔离套管与腐蚀介质的接触；在后期防治中，可采取向环空中注入缓蚀防腐剂，外加电流的阴极保护，添加电解液或化学保护液等措施。以上措施都可以一定程度上起到降低套管磨损量与腐蚀量的效果，但是也可能存在其他负面影响，因此需要考虑实际作业环境，明确套管失效的形式、特点及其危害，从套管磨损、腐蚀机理出发，提出综合评估以决定是否采用该防治措施，从而有效降低套管因磨损、腐蚀导致的失效风险。

6 结论

（1）基于力学与电化学效应揭示了套管在磨损与腐蚀耦合效应下的失效机理：在井下复杂载荷作用下，套管磨损缺陷处存在应力集中效应，应力集中进一步导致腐蚀速率加快，腐蚀缺陷又会增强应力集中效应，两者之间的耦合效应会明显缩短套管的服役寿命。

（2）在一定内压和腐蚀速率条件下，套管磨损程度越大，腐蚀速率越大，服役寿命越短。当套管内压为 50MPa 时，将磨损深度和初始腐蚀速率分别控制在 3mm 和 0.1mm/a 以内，可保证套管的服役寿命在 10 年以上。

（3）套管的初始腐蚀速率、磨损程度和井筒载荷等都对套管的服役寿命有较大影响，因此在现场作业中应对井筒质量开展全周期监测，并及时采取综合技术措施以延长井筒服役寿命。

参 考 文 献

[1] 黄文君，张星坤，高德利．复合磨损模式下的套管失效风险预测方法—以？193.68mm×12.7mm 套管为例[J]. 天然气工业，2022，42(07)：85-94.

[2] 黄文君，张星坤，高德利等．复合模式下套管磨损形状与深度计算模型[J]. 石油学报，2021，42(10)：1373-1381.

[3] 黄熠，张智，李炎军等．考虑腐蚀的高温高压含 CO_2 气井生产套管安全评估[J]. 钻采工艺，2014，37(03)：78-81+10.

[4] Zhang, X., Huang, W., Gao, D. Prediction model of casing wear shape and residual strength under compound modes[J]. SPE J. 2022, 27(04), 2183-2207.

[5] White, J.P., Dawson, R. Casing Wear: Laboratory Measurements and Field Predictions. SPE, 1987, p. 14325.

[6] Hall, R., Garkasi, A., Deskins, G., Vozniak, J. Recent Advances in Casing Wear Technology. Presented at the IADC/SPE Drilling Conference, Dallas, Texas, 15-18 February. 1994, SPE-27532-MS.

[7] Gao, D., Sun, L. and Lian J. Prediction of Casing Wear in Extended - Reach Drilling [J]. Petroleum Science, 2010, 7 (4): 494-501.

[8] Gao, D. and Sun, L. New Method for Predicting Casing Wear in Horizontal Drilling[J]. Petroleum Science and Technology, 2012. 30 (9): 883-892.

[9] API BULL 5C3, Bulletin on Formulas and Calculations for Casing Tubing, Drill Pipe, and Line Pipes Properties, sixth ed., API, Washington D. C., 1994.

[10] Lin, K. Deng, X. Xing, et al., A new crescent-shaped wear equation for calculating collapse strength of worn casing under uniform loading [J]. ASME Journal of Pressure Vessel Technology, 2015, 137 (3), 031201.

[11] Song, J. S., Bowen, J., Klementich, F., 1992. The Internal Pressure Capacity of Crescent shaped Wear Casing. SPE, p. 23902.

[12] Wu, J. and Zhang, M. 2005. Casing Burst Strength After Casing Wear. Presented at the SPE Production Operations Symposium, Oklahoma City, Oklahoma, 16-19 April. SPE-94304-MS.

[13] Chen Z, Zhu W, Di Q, et al. Prediction of Burst Pressure of Pipes With Geometric Eccentricity [J]. J. Press. Vessel Technol, 2015, 137(6): 061201.

[14] Zhang Q, Lian Z, Lin T. Prediction of residual burst strength of worn casing by theoretical and numerical modelling[J]. International Journal of Pressure Vessels and Piping, 2020, 188: 104195.

[15] 顾春元，狄勤丰，王掌洪，冯恩山．拉应力条件下油气井套管腐蚀机理研究[J]．钻采工艺，2007,(01)：84-86+148-149.

[16] 李党国，冯耀荣，白真权，郑茂盛．N80油套管钢应力状态下的 CO_2 腐蚀行为研究[J]．化学学报，2007,(17)：1807-1813.

[17] 闫伟，邓金根，邓福成等．油套管力学-化学腐蚀规律分析[J]．中国海上油气，2014，26(01)：87-91.

[18] 高德利，赵增新．外应力对套管腐蚀速率的影响[J]．石油钻采工艺，2008，30(06)：117-119+124.

[19] 张智，刘志伟，谢玉洪等．井筒载荷-腐蚀耦合作用对碳钢套管服役寿命的影响[J]．石油学报，2017，38(03)：342-347+362.

[20] 张超，张智，曾春珉等．涠洲11-4油田含 CO_2 气井油管柱腐蚀分析[J]．中国海上油气，2015，27(04)：122-125+130.

[21] Wang, H., Yu, Y., Xu, W., et al., 2021. Time-variant burst strength of pipe with corrosion defects considering mechano-electrochemical interaction [J]. Thin Walled Struct. 169, 108479.

[22] Gutman, E., 1994. Mechanochemistry of solid surface. World Scientific Publication, Singapore.

[23] Wang, J., Huang, W., Gao, D. Prediction models of burst strength degradation for casing with considerations of both wear and corrosion [J]. Petroleum Science, 2023, 1995-8226.

[24] 窦亮彬，李天太，周波，张明，张丽萍．山前地区深井超深井套管防磨与减磨技术研究[J]．石油机械，2015，43(01)：12-17.

[25] 陈圣乾．油气井套管环空防腐技术现状与展望．化学工程与装备[J]，2023，(03)：65-66.

[26] 冯耀荣，付安庆，王建东等．复杂工况油套管柱失效控制与完整性技术研究进展及展望[J]．天然气工业，2020，40(02)：106-114.

热处理对2205设备与管道性能的影响

李亚军[1] 柳 楠[1] 田 利[2] 卢雪梅[2] 李燕姣[2]

（1. 中国石油塔里木油田分公司；2. 机械工业上海蓝亚石化设备检测所有限公司）

摘 要 近年来2205双相不锈钢被大量应用于石油化工设备、管道，本文基于2205双相不锈钢在使用中易发生的点蚀、开裂等问题，模拟2205双相不锈钢制备过程中的焊接、焊后热处理以及运行工况等状态，通过金相组织观察、冲击韧性测定、扫描电镜观察及EDS能谱分析、电化学方法等对不同热处理状态的2205双相不锈钢组织演变及性能进行测试与分析。结果表明：2205双相不锈钢部件在焊接成型后经历580℃的热处理后，组织劣化，奥氏体与铁素体两相晶界及铁素体内晶界析出了宽约38nm的颗粒状、短棒状析出相，冲击韧性随之下降；且随着热处理温度的升高，2205双相不锈钢临界点蚀温度下降，耐点腐蚀能力下降。建议2205双相不锈钢在使用过程中避免进行焊后热处理，对必须或已经完成焊后热处理的2205设备或零部件，可结合服役温度等进行运行条件控制或风险评估，必要时可通过固溶处理最大限度恢复材料性能。

关键词 2205设备与管道；热处理；组织；临界点蚀温度；耐点蚀性能

双相不锈钢因其具有良好的综合性能而广泛应用于石油化工领域的管道、压力容器、高压储罐、热交换器及其管件、污水处理系统装置中的部件等。与铁素体不锈钢相比，双相不锈钢具有更优的综合力学性能，尤其塑韧性性能更优，且其对脆性敏感性降低，耐应力腐蚀和局部腐蚀性能优于铁素体不锈钢，冷加工成形性能及焊接性能也远优于铁素体不锈钢；与奥氏体不锈钢相比，其屈服强度提高一倍多，具有更优异的耐应力腐蚀和局部腐蚀的性能，特别是在加载条件下比奥氏体不锈钢具有更高的能量吸收能力，这一特征对于应对突发事故中的冲撞、爆炸等结构件尤其重要。在多种领域设备或部件中应用最多的为2205双相不锈钢，装置或设备在加工制造过程中少不了焊接工序，但2205双相不锈钢在焊接过程中通常存在如下缺憾，1)焊接线能量低则引起工件冷却速度过快，焊缝及热影响区内会形成过多的金属氮化物或铁素体，进而降低接头性能；2)焊接线能量高则引起工件冷却速度过慢，势必引起焊缝区及热影响区析出金属间化合物导致接头性能降低。2205双相不锈钢的焊接关键是采用合适的焊接工艺，将焊接接头各区域铁素体含量控制在40%～70%，若铁素体含量少于40%，则焊接接头的强度降低并且耐晶间腐蚀和耐氯化物应力腐蚀性能降低；若铁素体含量超过70%，则焊接接头处塑、韧性明显降低，同时降低焊接接头的耐应力腐蚀和晶间腐蚀的性能。2205双相不锈钢装置或设备焊接接头性能多依靠焊接工艺来控制，在后期无需进行消应力热处理；但在实际使用过程中，为节约资源、节约成本，大多采用2205堆焊或衬里+碳钢基层的设计、制造，因基层材料厚度大，为防止焊后应力开裂，在设备施焊完成后均需进行整体焊后热处理，焊后热处理工艺对接头的性能影响也很大，如果热处理温度过高时，σ相可能会大量析出，降低焊接接头韧性和耐腐蚀性能。

因此，2205双相不锈钢在制备加工过程中易于形成各种各样的缺陷，如材料的热处理因素、焊接因素以及服役环境中介质因素等的影响都可能引起失效。如国内某石化公司CFB锅炉COA脱硝装置中的脱硝剂溶液的输送管线经常发生泄露，国内某石化集团天然气处理装置中的2205复合板压力容器发生内部针孔腐蚀及开裂，集气排污汇管发生腐蚀、开裂的失效现象，国内某石化公司蒸馏装置常压塔顶原油-常顶油气换热器(2205不锈钢)运行仅仅两个月后多个管头胀接区出现泄露失效，见图1。而大多数施工现场的操作人员以排查或探讨焊接工艺对腐蚀或开裂失效导致的影响为主，未能对其失效部件进行深入的系统分析。本研究基于2205不锈钢装置或设备在使用中易于出现的点蚀、开裂等问题，开展不同热处理温度对2205双相不锈钢组织与耐点蚀性能的影响及演变规律的研究，并在模拟装置实际服役工况环境条件下测试分析了 2205 双相不锈钢的临界点蚀温度(CPT)，该研究旨在为双相不锈钢装置或设备的规范操作使用、检验提供理论性指导与建议。

(a)表面

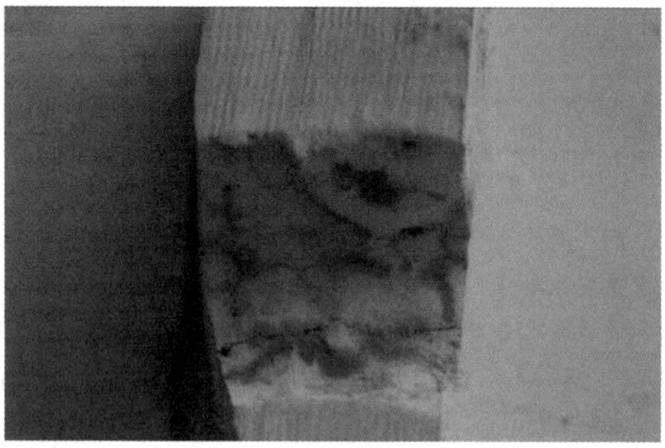

(b)内部

图 1　裂纹性缺陷

1　试验材料与方法

试验材料选用 2205 锻件，厚度 60mm，化学成分见表 1，试验用材料化学成分符合 NB/T 47010—2010《承压设备用不锈钢和耐热钢锻件》中 2205 的要求；热处理工艺见表 2，1#工艺为材料供货时的固溶状态，2#工艺为设备组装完成后进行了整体焊后热处理，3#工艺是在 2#工艺的基础上进行了 1050℃的固溶处理，4#工艺为 3 #工艺的基础上再次进行了 580℃的焊后热处理，每种热处理状态下截取金相试样、冲击韧性标准试样以及临界点蚀温度测试标准试样。采用金相显微镜及扫描电镜对每种热处理状态下的微观组织进行观察，每种热处理状态下按照国标 GB/T 229—2020 金属材料　夏比摆锤冲击试验方法进行冲击韧性测试，依据 GB/T 17899—1999《不锈钢点蚀电位测量方法》的要求，采用电化学工作站对经过不同温度热处理后的试样进行临界点蚀温度测定，试验用溶液为与油气田污水中 Cl^- 含量相近的 10%NaCl 水溶液。

表 1　化学成分　　质量/%

化学元素	C	Si	Mn	Cr	Ni	Mo	P	S	N
母材	0. 03	0. 50	0. 40	22. 90	4. 50	3. 12	0. 024	0. 02	0. 18
标准值	≤0. 030	≤1. 00	≤2. 00	22. 00~23. 00	4. 50~6. 50	3. 00~3. 50	≤0. 030	≤0. 020	0. 14~0. 20

表 2　热处理工艺

工艺序号	处理工艺状态
1#	供货态，固溶
2#	固溶+580×2. 5h(设备整体热处理)
3#	固溶+580×2. 5h+1050×0. 5h
4#	固溶+580×2. 5h++1050×0. 5h+580×0. 5h

2　试验结果及讨论

2.1　金相组织分析

2205 双相不锈钢在不同处理工艺状态下的围观组织形貌如图 2 所示，图 2(a)与(c)可见在供货固溶态和整套设备焊后 580℃ 热处理和 1050℃的固溶处理后的组织为奥氏体+铁素体，两相分布均匀且晶界光滑。图 2(b)显示整套设备焊后仅经过 580℃热处理后的微观组织为奥氏体+铁素体，而奥氏体/铁素体晶界呈现锯齿状，铁素体区域内出现网状晶界如图中红色剪头所示。当 2205 装备经过 580℃热处理和 1050℃的固溶处理后再次进行 580℃热处理时其围观组织依然主要由奥氏体和铁素体构成，但奥氏体呈现连接状态且奥氏体与铁素体的晶界不再光滑，奥氏体内出现网状晶界及点状析出物如图 2(d)。两相晶界及铁素体内析出相的进一步放大形貌如图 3 所示，图 3(a)为奥氏体与铁素体晶界处的点状及短棒状析出相如图中红色剪头所示，铁素体内晶界明显且具有一定的宽度，其进一步放大形貌如图 3(b)所示，铁素体内晶界处出现细棒状析出相，析出相宽度约 38nm，析出相棒状长度最大约 400nm，相关研究报道显示 2205 双相不锈钢在 500 ~ 650℃ 低温时效会析出 R 相、π 相、$Fe_3Cr_3Mo_2Si_2$ 相、α′相等中间相，表现在微观组织中为铁素体相内的黑色颗粒，保温时间越长，黑色颗粒越多，并且在铁素体内晶界、铁素体/奥氏体相界集中，这些黑色析出相颗粒脆性较高，即这些脆性相颗粒的析出会降低材料的韧性。

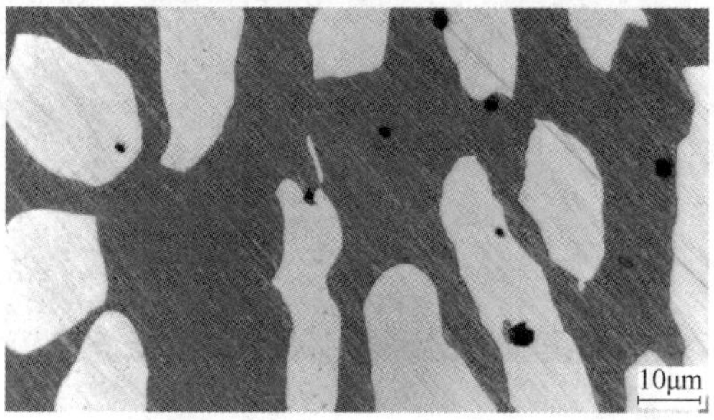

(a)1#

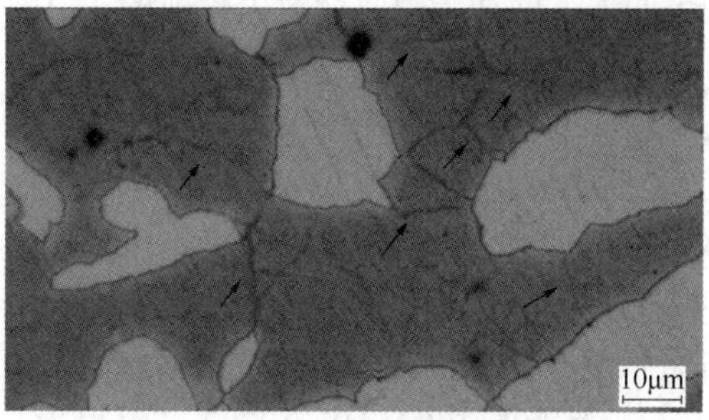

(b)2#

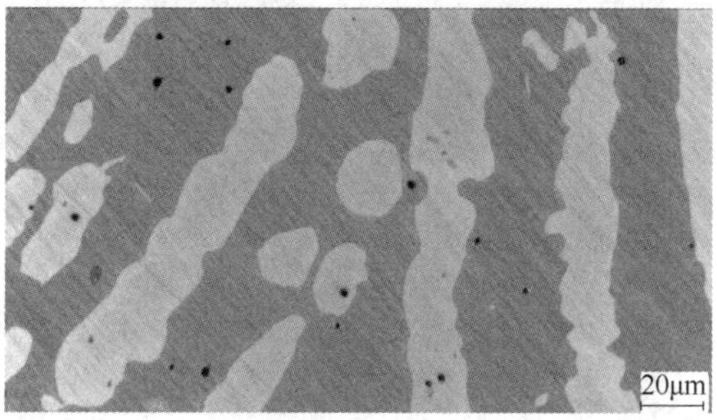

(c)3#

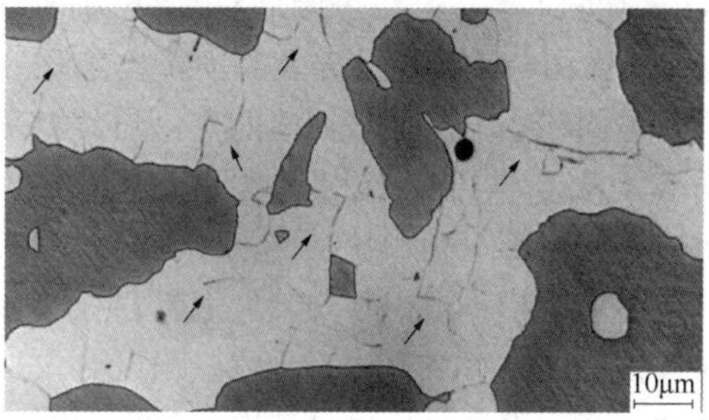

(d)4#

图 2　不同热处理工艺后 2205 的金相组织

(a)奥氏体—铁素体晶界

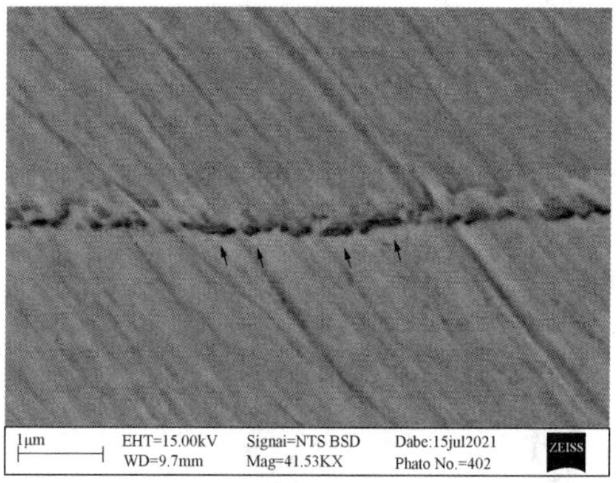

(b)铁素体内晶界

图 3　析出相

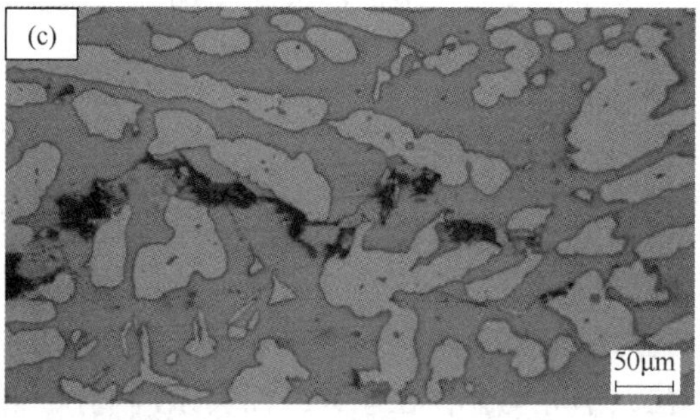

(a)宏观

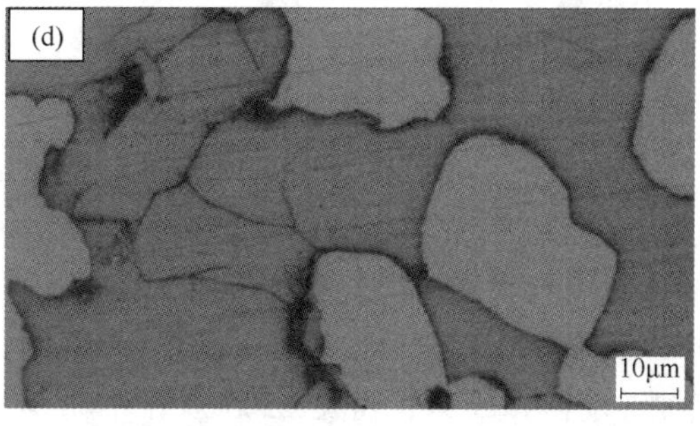

(b)微观

图 4　裂纹形貌

2.2　低温冲击韧性测定

如图5为2205双相不锈钢在不同处理状态下的冲击韧性对比，可见在供货的固溶状态下的冲击吸收能量最佳为120J，装置设备焊接后经过580℃热处理后的冲击吸收能量由焊前的120J降低至18.8J，降低了84%，这也是奥氏体与铁素体晶界及铁素体内析出硬脆相而导致的如图2(b)，而焊后580℃热处理后的设备再进行1050℃的固溶处理，此时其冲击功又升高至90J，可见经过固溶处理后两相晶界及晶内的硬脆相大部分固溶如图2(c)而使其冲击韧性升高，此时满足产品性能要求(ASME A923)，而再次经过580℃热处理后，其冲击吸收能量下降至9J，这也与奥氏体与铁素体晶界及晶内析出脆性相相一致，不同状态下的冲击韧性的变化与其微观组织的演变吻合，2205双相不锈钢铁素体相内、两相边界析出第二相颗粒时，其冲击韧性下降，材料中的夹杂物、组织不均匀、晶界存在有害相，而且铁素体内存在析出相，这些均可导致材料的韧性下降。综合分析可见末次热处理相同的情况下，随着热处理次数的增多，材料冲击韧性下降明显。

同时，采用扫描电镜对经历热处理后的2205材料裂纹面和冲击试样断面微观形貌进行分析，见图6。裂纹面微观形貌与冲击试样断面微观形貌形态相似，均以解理特征为主，区别在于冲击试样因受力较大，试样瞬时断裂，断面微观形貌中的解理面尺寸大，且解理特征更清晰。

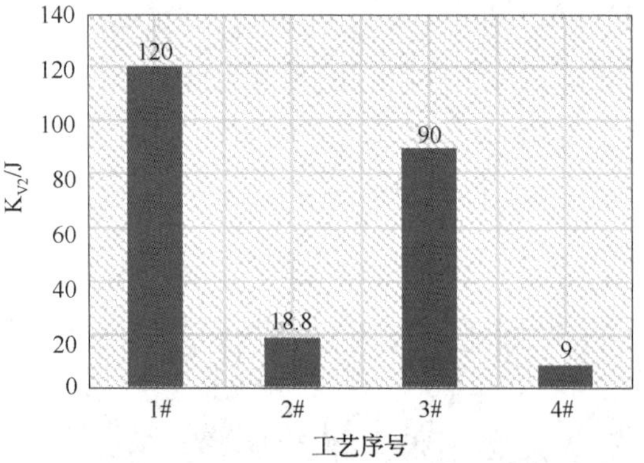

图5　热处理对2205冲击韧性的影响

2.3　耐点腐蚀性能分析

图7为不同处理温度下2205双相不锈钢的临界点蚀温度测试结果，可见2205双相不锈钢在固溶态时的临界点蚀温度(CPT)约为65℃；经540~650℃不同温度段敏化处理后的CPT变化不大，均在60℃左右，经700℃敏化处理后的临界点蚀温度CPT明显降低，其CPT约45℃。随着热处理温度的升高，组织中析出相的数量增多、尺寸也会逐渐增大，因此材料的临界点蚀温度CPT下降，抗点腐蚀性能下降，即在较低的温度下就会发生点腐蚀。失效接管的临界点蚀温度约为45℃，即设备中的介质温度一旦高于45℃，接管就有可能发生点腐蚀失效，而实际现场2205双相不锈钢接管的服役工况的温度范围为40~60℃，在运行过程中不可避免地发生温度的波动和氯离子浓度的变化，因此发生点腐蚀的概率也随之逐渐升高。

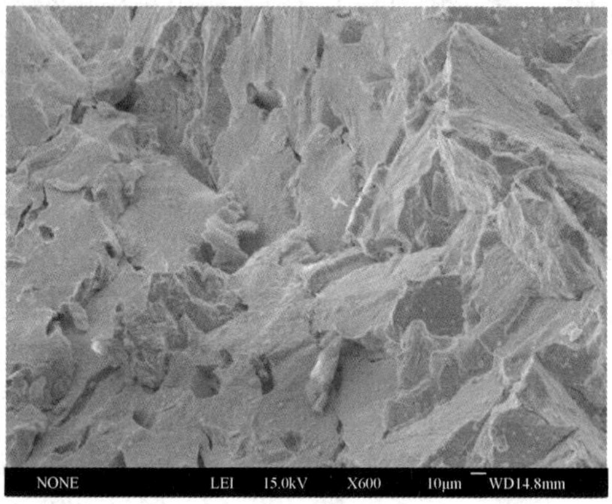

(a)裂纹面

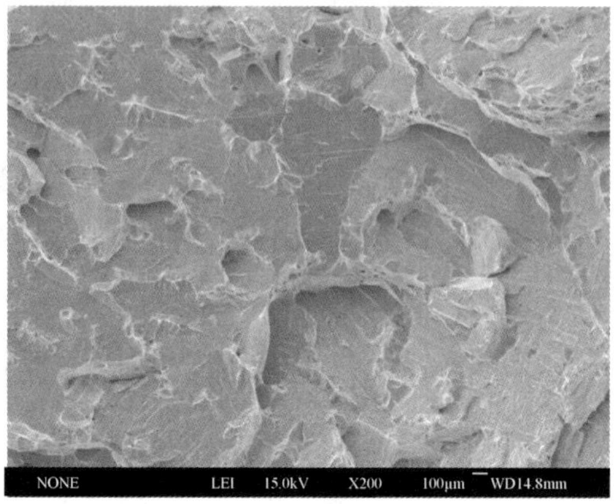

(b)冲击断面

图6　断口形貌

3　分析与讨论

实际装置设备的制造涉及多个环节如原材料的选料、熔炼、坯料制备、锻造、焊接等，即使是熔炼的不同炉次其可能导致的夹杂物含量、颗粒大小等均会存在差异，而夹杂物颗粒、析出相等不但会减低材料的冲击韧性，还会影响材料的耐点蚀性能，本研究中采用的材料均为同批次材

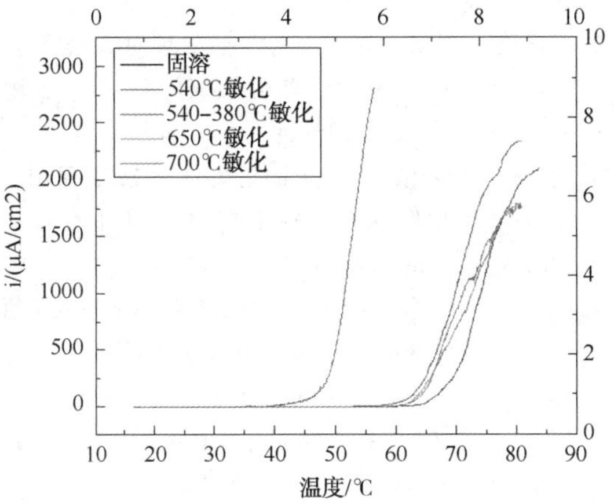

图7 不同温度热处理后2205试件在10%NaCl溶液中的CPT

料，这就排除了其他因素的影响。

2205经固溶处理后的正常组织应为铁素体+奥氏体，两相晶界光滑、组织中无第二相组织存在，在高于350℃的环境中长期停留则会产生析出相，不同温度段产生的析出相种类不同。依据设备制造工艺，个别设备组装完成或修复后需进行整体焊后热处理，工艺为580℃×2.5h，在此热处理过程中可较好地消除内应力，但在此温度下会形成析出相如图1(b)，析出相的出现会对材料的性能产生较大的影响，一是引起材料冲击韧性下降，承受较大应力时容易发生脆性开裂或断裂；二是材料CPT温度下降，降低了材料的耐点腐蚀性能，在高于CPT的环境中产生腐蚀麻坑，腐蚀坑底部易发生应力集中，存在引起应力腐蚀开裂的风险，尤其在含O_2、CO、CO_2、H_2S、Cl^-等低pH值的酸性环境中，材料表面形成的钝化膜易被溶解，并生成腐蚀产物，加速了腐蚀的发生。本研究中不同处理状态的2205双相不锈钢的微观组织与冲击韧性及临界点蚀温度相对应，对于已经经历了焊后热处理的2205材料，可以通过固溶处理恢复材料的大部分性能，根据研究报道可知材料的微观组织具有一定的遗传性，材料经历的相同工艺热处理次数越多，即使经过1050℃的固溶处理，而后再经过580℃热处理，其析出相的数量与大小不可能恢复至原始的固溶状态第一次580℃热处理厚的析出相的状态，因此相同热处理工艺条件下处理次数越多，其冲击韧性下降越明显。

4 结论

(1) 焊后热处理工艺导致2205双相不锈钢铁素体相内及铁素体与奥氏体的两相晶界处析出脆性相颗粒，材料韧性下降，同时降低了材料耐点腐蚀电位和临界点蚀温度(CPT)。当材料在易于形成低pH值的酸性环境中服役时，材料表面形成的钝化膜更易被溶解，并优先在缺陷部位发生点腐蚀，加速了点腐蚀的发生。

(2) 对于必须进行焊后热处理的2205材料，在运行中可依据焊后热处理温度，控制其运行温度在CPT以下，如2205经历了700℃的焊后热处理，其运行温度应控制在45℃以下，可有效降低材料发生点腐蚀敏感性，这也为设备的风险评估提供了理论依据和数据支撑。

参 考 文 献

[1] Zhang W Y, Jiang W C, Li H J, et al. Effect of tensile overload on fatigue crack behavior of 2205 duplex stainless steel: Experiment and finite element simulation [J]. International Journal of Fatigue, 2019, 128: 1-10.

[2] Balazs Varbai, Timothy Pickle, Kornél Majlinger. Effect of heat input and role of nitrogen on the phase evolution of 2205 duplex stainless steel weldment [J]. International Journal of Pressure Vessels and Piping, 2019, 176: 1-7.

[3] Aritra Ghosh, Dipten Misra, Sanjib Kumar Acharyya. Experimental and numerical investigation on laser welding of 2205 duplex stainless steel [J]. Lasers in Manufacturing and Materials Processing, 2019, 6(3): 228-246.

[4] 石涛. 双相不锈钢在油气工业中的工程应用[J]. 中国石油和化工标准与质量, 2019, 39(13): 174-175.

[5] 何应标. 常压塔顶挥发线双相不锈钢接管开裂失效分析[J]. 广东化工, 2019, 46(12): 135-137.

[6] Fargas G, Akdut N, Anglada M, et al. Microstructural evolution during industrial rolling of a duplex stainless steel[J]. ISIJ International, 2008, 48(11): 1596.

[7] Farnoush H, Momeni A, Dehghani K, et al. Hot deformation characteristics of 2205 duplex stainless steel based on the behavior of constituent phases [J]. Materials and Design, 2010, 31: 220.

[8] 周谊, 2205双相不锈钢SAW焊接热裂纹消除, 造船技术, 2021, 49(5): 63-66.

[9] 刘婷婷. 2205双相不锈钢焊接工艺研究[D]. 哈尔滨: 哈尔滨工程大学, 2016.

[10] 冯玉兰, 李睿. 不同焊接工艺下2205双相不锈钢焊缝组织及性能对比[J]. 焊管. 2020, 43(9): 10-15.

[11] 汪彬, 田雷, 温志刚, 等. 不同焊接工艺下双相不

锈钢焊接接头组织和性能的对比分析[J]. 热加工工艺.2022，51(1)：138-146.

[12] 王云. 焊接工艺和试件板厚对2205双相不锈钢焊接性的影响[D]. 兰州：兰州理工大学，2016.

[13] NB/T 47010—2010，承压设备用不锈钢和耐热钢锻件[S].

[14] 范君伟，何晨冲，杜春风等.590℃时效处理对2205双相不锈钢组织及硬度的影响[J]. 上海有色金属，2011，32(2)：61-65.

[15]丁秀平，刘雄，何燕霖，等. 时效条件下2205双相不锈钢中的析出相分析及其对冲击性能的影响[J]. 钢铁，2011，45(6)：84-87(101).

[16] 张潇潇，赵子文，祁庆花，等.2205双相不锈钢锻造失效分析[J]. 锻压技术.2017，42(8)：6-11.

[17] 吴天海2205双相不锈钢的组织调控及其力学性能[D]. 沈阳：东北大学.2018.

[18] 俞子超. 热处理对Cr22Ni5Mo3双相不锈钢组织与性能的影响[D]. 西安：长安大学.2017.

[19] 刘春育. 热处理温度对NSSC 2120双相不锈钢组织及性能的影响[D]. 福建：福州大学.2018.

[20] 胡庆华，赵军，朱世凤. 大锻件内非金属夹杂物的形成及防止措施[J]. 精密成型工程，2011，3(3)：69-71.

[21] 吕士忠. 钢中夹杂物的来源及性质研究[D]. 长沙：中南大学，2007.

[22] 邹德宁，韩英，李姣，等. 热处理对2205双相不锈钢焊接接头力学性能的影响[J]. 机械工程学报.2011，47(2)：85-89.

[23] 廖娇，刘俊伟. 时效再固溶处理对2205双相不锈钢力学和耐腐蚀性能的影响[J]. 化工设备与管道.2019，56(4)：73-76.

[24] 张耀华，刘静，黄峰，等.2205双相不锈钢中氧化夹杂物的成分和尺寸对点蚀萌生的影响[J]. 腐蚀科学与防护技术，2018，30(2)：105.

[25] 李可天.2205双相不锈钢在二氧化碳水溶液中的点蚀问题研究[D]. 大连：大连理工大学，2019.

[26] 张建涛.2205双相不锈钢局部腐蚀与钝化性能研究[D]. 北京：北京科技大学，2019.

[27] 陈玉苗，陈均志.2205双相不锈钢在盐卤介质中腐蚀行为的研究[J]. 热加工工艺，2011，40(2)：28-31.

[28] 时效处理对2205双相不锈钢在Nacl溶液中电化学腐蚀行为研究[J]. 腐蚀科学与防护技术，2011，23(6)：463-466.

[29] 孟祥娟，孟繁印，宋文文，等. 两种热处理工艺对2205双相不锈钢腐蚀行为的影响[J]. 腐蚀与防护，2012，33(7)：562-570.

深层超深层油气井固井关键技术进展及实践

夏修建[1,2] 于永金[1,2] 丁志伟[1,2] 张 弛[1,2] 曲从锋[1,2]

（1. 中国石油集团工程技术研究院有限公司；2. 油气钻完井技术国家工程研究中心）

摘 要 围绕深层超深层油气井固井工程技术难题，经过持续研究攻关，国内在抗高温固井材料、抗超高温及高温大温差水泥浆等特色工作液体系及配套固井工艺等深井超深井固井关键技术方面取得显著进步，并在塔里木、四川、准噶尔、渤海湾等盆地深井超深井固井中规模应用，尤其在亚洲最深直井蓬深6井、国内首口“八开八完”红星1井、大港油田最高温度千探1井等典型井固井中效果显著。由于油气勘探开发目标日趋复杂，深井超深井固井仍面临系列新挑战，需持续加强深井超深井固井基础理论、抗超高温材料体系和特色固井工艺等方面的研究，为深层超深层油气勘探开发和万米科探井顺利建井提供工程技术支撑。

关键词 深井超深井；固井；外加剂；固井液；固井工艺

能源安全是国家的“生命线”，石油天然气是保障国家能源安全的“压舱石”。深层超深层已成为油气增储上产的重要战略领域，主要分布在塔里木盆地克深、大北、博孜、顺北等，四川盆地川西北、川中、川东等，准噶尔盆地南缘等区块，也是未来若干年增储上产的重点。目前，国内已形成了系列深井超深井“钻-固-完”一体化技术，助推深层油气勘探开发由6000m向8000m跨越、9000m突破，并向10000m迈进。一批已高质量完成的标志性9000m级超深井，如蓬深6井、塔深5井、双鱼001-H6井、果勒3C井、顺北801X井等创造了新纪录，高效支撑了深层超深层油气勘探开发。固井是保障“井资产”全生命周期安全生产和实现效益开发的关键工程技术，但固井过程中的深(埋藏深、超深)、高(超高温、高压)、窄(压力窗口窄、环空间隙小)、难(复杂多压力系统、钻井液污染大、顶替效率低)等工程难题，对深井超深井固井关键技术提出严峻挑战。本文围绕深井超深井固井技术需求，重点阐述了国内外抗高温固井关键材料、工作液体系及深井超深井固井工艺研究进展，简述了深井超深井固井关键技术在国内重点领域、重点井的应用效果，并提出未来攻关建议，对深井超深井固井技术发展以及深层超深层油气勘探开发具有重要意义。

1 深井超深井固井关键材料与工作液体系

1.1 抗高温固井关键外加剂

超高温工况下，水泥浆体系面临耐温能力不足、调凝失效、沉降失稳、失水不可控、水泥石基体开裂和强度衰退等问题，严重影响深井超深井固井施工安全和密封质量。固井材料是保障水泥浆体系综合性能、确保固井安全和质量的重要基础，其中抗高温降失水剂、缓凝剂、悬浮稳定剂和水泥石强度衰退抑制剂是解决超高温固井水泥浆体系上述问题的关键。

1.1.1 抗高温降失水剂

降失水剂是改善水泥浆流变性、提高稳定性、降低液相向地层滤失和确保体系综合性能稳定的主剂之一，对保障固井作业安全和固井质量至关重要。经过40余年的持续攻关，形成了能够满足国内油气井固井要求的系列化产品，其中，AMPS(2-丙烯酰胺-2-甲基丙磺酸)类共聚物降失水剂因具有良好的耐温抗盐能力和分子结构可设计性而成为国内外研究和应用的热点。斯伦贝谢通用型降失水剂UNIFLAC，抗温260℃，适应密度1.20~2.80g/cm^3，可用于淡水和盐水水泥浆体系；哈里伯顿降失水剂Halad-200L，适用温度37.8~204.4℃。邹建龙等开发了共聚物降失水剂BXF-200L，抗温180℃，抗盐达饱和，已现场规模应用；于永金等通过在分子主链上引入了磺酸基和双羧基等官能团，开发了抗温200℃的降失水剂DRF-120L，已在高温深井固井中规模应用；夏修建等通过在分子结构上引入特殊阳离子单体，制备了两性离子型共聚物降失水剂DRF-4L，适用温度30~210℃；该团队突破聚合物降失水剂高分子量、高黏的常规设计理念，引入低分子量设计方法，通过分子结构优化、耐温抗盐基团引入、多官能团协同增效等手段，开发了宽温度范围的超高温降失水剂，适用温度 30~240℃，抗盐达饱和，配套形成的超高温水泥浆体系在塔里木、华北、大港等油田推广应用，应用最高温度达 213℃。此外，国内研究人员通过纳米表面接枝改性等新技术，将聚合物功能性能与无机纳米材料耐温稳定性能有机结合，室内研发了众多改性降失水剂产品，耐温能力得到进一步提升，但并未实现规模应用。

1.1.2　抗高温缓凝剂

缓凝剂是油井水泥最重要的外加剂之一，对保障油气井固井作业安全尤为重要，直接决定固井成败。聚合物类缓凝剂因其分子结构可控、功能单体种类繁多、性能优异、结构稳定而成为国内外研究的热点，如哈里伯顿的 SCR-200L™缓凝剂，抗温 232℃，若与 COMPONENTR™缓凝增强剂联合使用，耐温达 316℃；斯伦贝谢的 UNISET 高温缓凝剂适用温度 80~232℃。郭锦棠等利用温敏缓释控效新思路，通过 AMPS、IA（衣康酸）和不饱和阳离子单体等研制了高温缓凝剂 HTR-300L，抗温 200℃、适用温差 100℃；中石油工程院开发了多元共聚物类高温大温差缓凝剂 DRH-2L，抗温 200℃，适用温差 50~100℃，满足深井、超深井长封固段固井需求；夏修建等通过分子结构优化、耐温抗盐基团有效介入和无机盐处理等开发了五元共聚物类超高温缓凝剂 DRH-3L，抗温 220℃以上，同时该团队已研发出抗温 240℃的缓凝剂产品，具有良好的超高温调凝性能。

1.1.3　抗高温稳定剂

稳定剂是提高水泥浆沉降稳定性和确保体系综合性能的重要外加剂。当前，国内油井水泥稳定剂产品较少，且耐温能力有限，而国外已研发出相对较成熟的产品。合成高分子类稳定剂因其可根据产品技术需求通过分子结构设计、优选合适功能单体和特殊加工工艺而制得，已成为国内外水泥浆稳定剂的研究热点。Brothers 等利用丁苯胶乳和聚醋酸乙烯酯胶乳作为悬浮剂提高体系高温沉降稳定性，现场应用温度高达 232℃；Reddy 等开发了一种由 AMPS/NVP（N-乙烯基吡咯烷酮）/AM（丙烯酰胺）、PVP（聚乙烯基吡咯烷酮）和接枝改性碱化褐煤等组成的混合型热增黏降失水剂，抗温 260℃，超高温防沉降效果显著。罗敏等利用 AM、SSS（苯乙烯磺酸钠）、N，N-二乙基丙烯酰胺制备了三元共聚物悬浮剂，200℃下水泥浆密度差小于 0.02g/cm^3。王成文等利用 AM、AMPS、DMAA（N，N-二甲基丙烯酰胺）和憎水单体等开发了一种具有热增黏特性的聚合物稳定剂，155℃下使 2.35g/cm^3 高密度水泥浆沉降稳定性控制在 0.03g/cm^3 以内。于永金等在分子结构中引入磺酸盐、双羧基、酰胺基、环状刚性基团等多种基团，制备了高温稳定剂 DRK-3L，与黏土矿物类高温悬浮剂联用，使 210℃下水泥浆沉降稳定性控制在 0.05g/cm^3 以内，在塔里木、华北等油田深井超深井固井中推广应用；该团队采用有机-无机纳米插层改性技术，将共聚物与层状硅铝酸盐矿物有机结合，制备出超高温稳定剂 DRK-4L，240℃下水泥浆沉降稳定性低于 0.03g/cm^3，支撑超高温水泥浆体系构建，保障深井超深井固井作业安全和封固质量。

1.1.4　抗高温水泥石强度衰退抑制剂

200℃以上的超高温工况下，硅酸盐类油井水泥石力学强度极易衰退，从而影响深井、超深井固井水泥环长期封隔质量。国内外对提高超高温下水泥石力学强度稳定性能进行了大量研究，主要是通过外掺石英砂和提高硅钙比的方法来抑制硅酸盐油井水泥石力学强度衰退，但 200℃以上强度衰退问题依然突出。哈里伯顿 Microblock 添加剂（液硅）适用于 30~240℃（BHST），可防止高温水泥石强度衰退；Brandl 等在水泥浆体系中加入适量二氧化硅和多功能添加剂，使其耐温可达 241℃。周崇峰等以高岭土、硅灰石、海泡石和纳米管制备出新型超高温抗强度衰退材料 DRB-4S，240℃下掺量 10%~20% DRB-4S 的水泥石抗压强度大于 50MPa，且 28d 强度无衰退；于永金等优选含铝、镁等元素的硅酸盐与磷酸盐类材料，开发了超高温水泥石强度防衰退材料 DRB-3S，并配套形成抗循环温度 210℃水泥浆体系，掺 10%DRB-3S 的水泥石在 230~250℃下养护 7d 抗压强度 45MPa 以上，且 28d 强度大于 50MPa，未出现强度衰退问题。

1.2　深井超深井固井特色水泥浆体系

深层超深层油气主要集中在四川、塔里木、准噶尔、渤海湾等盆地，固井面临超高温、高压、长封固段大温差、窄间隙等系列工程问题，对固井水泥浆提出严峻挑战。为适应不同区块、不同资源类型的开发需求，经过持续攻关，构建了高温大温差水泥浆、超高温水泥浆、高强度韧性水泥、高密度/超高密度水泥浆等特色体系，解决了复杂深井超深井固井系列技术难题，现场规模应用效果显著，高效支撑了深层超深层油气安全高效勘探开发。

1.2.1　高温大温差水泥浆体系

深井超深井固井面临长封固段、高温大温差等难题，大温差下水泥浆柱顶部强度发展缓慢甚至超缓凝，不仅延长钻井周期、增加作业成本，而且影响固井质量甚至发生气窜等。国内外进行了深井长封固段大温差水泥浆技术研究，斯伦贝谢依托 AccuSET * 智能缓凝剂开发了大温差水泥浆体系，适用温度 49~121℃，适用温差 50℃，且低温下水泥顶面强度发展快，已在中东 2 口井 φ177.8mm 生产套管固井中进行了应用，固井质量优质。

国内近年来持续加强高温大温差缓凝剂及水泥浆体系研究，取得显著成果。天津中油渤星开发出了高温大温差缓凝剂 BCR-260L，适用温度 70~180℃，配套形成了高温大温差水泥浆，在 50℃温差下水泥浆柱顶部 48h 抗压强度高于 3.5MPa。川庆钻探井下作业公司开发了抗温 160℃、适用温差 50℃以上的宽温带缓凝剂 SD210L，形成的高温大温差水泥浆体系现场应用效果良好。中石油工程院开发了高温大温差缓凝剂、降失水剂、早强剂等系列产品，研发了抗温 200℃、适用温差 50~100℃的高温大温差水泥浆体系，浆柱顶部强度发展快，在塔里木、西南、华北、辽河等油气田推广应用，效果显著，并创造了多项长封固段大温差固井纪录，如束页 302X 井创华北油田冀中探区一次封固段最长(5391m)、温差最大(105℃)2 项固井纪录，固井质量优质率 98.43%。高温大温差水泥浆技术为复杂深井优化井身结构、缩短建井周期、节约建井成本、保证水泥环密封完整性等提供了技术保障。

1.2.2　抗超高温水泥浆体系

高性能超高温水泥浆体系对深井超深井固井作业安全、固井质量及水泥环长期密封具有重要意义，也是保障万米特深井顺利建井的关键技术之一。斯伦贝谢通过颗粒级配及超细球型 Micromax 加重剂，制备了密度最高达 2.90g/cm^{3}的高性能水泥浆体系，使用温度 232℃，抗压强度较高、流变及稳定性能良好。国内刘会斌等针对干热岩高温固井技术难题，以超高温外加剂为基础开发了适用于干热岩超高温水泥浆体系，200℃水泥浆稠化时间可调、流变性好、抗压强度高且不衰退，在青海共和盆地热干岩 GR1 井成功应用，裸眼段固井质量优质；于永金等合理利用高温降失水剂、缓凝剂、稳定剂、防衰退剂等关键外加剂，开发了抗循环温度 210℃水泥浆体系，能够满足井底静置温度 230℃以上的超深井固井要求，并在华北、大港等油田高温深井固井中成功应用，应用最高井底温度 213℃；李韶利等通过超高温缓凝剂和降失水剂优选、合理使用，利用颗粒级配和紧密堆积原理优化调整石英砂加量，开发出抗 260℃水泥浆体系，浆体稳定性好，稠化时间 200~430min 内可调，失水量低，超高温强度高且无衰退，在松科 2 井四开尾管固井中成功应用(260℃，BHST)。

1.2.3　高强度韧性水泥浆体系

深层高压气井钻井及生产过程中井筒内温压变化大，易导致水泥环密封失效，造成环空异常带压，高强度韧性水泥是保证水泥环密封完整性的关键技术之一。国外斯伦贝谢开发了 FlexStone 柔性水泥浆体系，适用温度 40~150℃，密度 1.20~2.20g/cm^3，水泥石弹性模量低至 1.38GPa，线性膨胀率可达 2%，在储气库、压裂增产井和稠油热采井中应用效果良好；贝克休斯 DuraSet™ 韧性自愈合水泥浆适用温度 21~232℃，密度范围 1.10~2.50g/cm^3，具有一定膨胀性能和防气窜、界面胶结和自修复性能，能满足井下各种复杂应力变化，在国内外高温深井、非常规油气井及储气库井均有应用。

国内李斐以高温弹韧剂为主剂研发了抗温 150℃的高温弹韧性水泥浆体系，水泥石抗压强度 30MPa 以上，弹性模量 6.089GPa，施工性能和应用性能均能满足非常规油气井固井要求。中石油工程院开发了系列增韧材料，构建了中温(30~100℃)及高温(100~200℃)2 套 DRE 高强度韧性水泥浆体系，适用密度 1.30~2.60g/cm^3，水泥石抗压强度 40MPa 以上，弹性模量 3~8GPa，攻克了安岳气田 Φ177.8mm 尾管固井难题，固井质量合格率由 35.2%提高至 80.23%，钻完井期间环空带压率由 38.2%降至 0。在国内重点深层天然气、非常规油气、储气库井等规模应用，固井质量优良，支撑了深层与非常规油气安全高效勘探开发。

1.2.4　高密度/超高密度水泥浆体系

油气勘探开发逐步向深层、复杂地质构造带拓展，钻遇异常高压地层的几率不断增加，固井中环空压力高、井壁失稳、高压盐水层等复杂工况日益突出，高密度水泥浆是压稳地层、防止井涌、井喷以及保障固井作业安全和环空封隔质量的关键技术。斯伦贝谢公司通过颗粒级配和使用超细球型 Micromax 加重剂开发了 DensCRETE 水泥，配制出流动性良好的高性能高密度水泥浆，密度 2.00～2.90g/cm^3，已在墨西哥、阿曼和我国南海等油田成功应用。

谭春勤等通过颗粒级配、紧密堆积理论、优选外加剂，开发了密度 2.60～3.00g/cm^3 的系列高性能超高密度水泥浆体系，综合性能良好，在官深 1 井尾管固井中成功应用，水泥浆入井平均密度 2.75g/cm^3，最高密度 2.82g/cm^3，固井质量合格。中石油工程院利用紧密堆积理论和微相结构设计理论，研制了密度 7.20g/cm^3 的超细球型加重剂、稳定剂、高温缓凝剂和大温差早强剂等关键材料，开发了密度 2.20～2.80g/cm^3 的高性能高密度水泥浆体系，抗温 200℃，且浆体流动性好、稳定性好（0.03g/cm^3 以内）、API 失水量小于 50mL、水泥石力学强度发展快且无衰退，在塔里木油田克深 132-2 井盐层固井（应用密度 2.52g/cm^3）、青海油田狮 70 井尾管固井（应用密度 2.46g/cm^3）、川渝地区高石 045-H2 井、磨溪 031-H3 井等尾管固井中成功推广应用，固井质量平均合格率 85%以上。

1.3　抗高温前置液体系

油气井固井面临高温超高温、小间隙、窄密度窗口、长封固段等复杂井眼条件，固井质量难以保障。提高固井过程中冲洗顶替效率是保证良好水泥界面胶结的最重要因素之一，而抗高温前置液是提高冲洗顶替效率和增强界面胶结质量的核心。因此，抗高温前置液已成为国内外研究和应用的热点。贝克休斯公司利用疏水改性多糖类堵漏材料研制了 SealBond 固井隔离液，抗温 204℃，隔离和封堵能力较传统体系提高 1 倍，适用于高温、高渗透和承压能力低的地层，已在海外进行了规模应用。

涂思琦研发了冲洗剂 BCS-130L，并形成了新型 BCS 洗油隔离液体系，该隔离液体系适用温度 70～180℃，具有良好的冲洗效率，与钻井液和水泥浆相容性良好。中石油工程院通过探明冲洗隔离液铺展-剥离、润湿改性、增溶携油 3 项作用机理，开发了高温悬浮稳定剂、高效冲洗剂、抗污染剂、菱形加重材料等关键系列材料，研发了兼具抗污染、冲洗和隔离的抗高温前置液体系，密度 1.05～2.80g/cm^3，抗温 220℃，稳定性小于 0.03g/cm^3，解决了冲洗隔离液与钻井液、水泥浆相容性差、冲洗顶替效率低等难题，在四川、塔里木、准噶尔、渤海湾、柴达木等盆地重点区域重点井规模应用 1000 多井次，为深层复杂井眼、长封固段、油基钻井液固井等提高顶替效率和固井质量提供了工程技术支撑。

2　深井超深井固井工艺技术

2.1　窄密度窗口精细控压固井工艺技术

精细控压固井技术是在精细控压钻井技术基础上提出来的，其基本原理是借助精细控压装置，通过节流产生的井口回压或直接在井口施加补偿压力，确保整个固井施工过程井筒压力介于地层孔隙压力与地层漏失压力之间，实现固井施工的“三压稳”原则。在固井施工前采用控压循环降密度方案，主动降低静液柱压力，使静液柱压力欠平衡，为控压固井创造密度窗口；固井施工过程中结合固井模拟软件和施工参数，计算环空流动摩阻和采取井口补偿压力，确保井筒动态压力介于地层孔隙压力与地层漏失压力之间；固井施工结束后，继续施加一定的补偿压力，提高气层压稳系数，防止水泥浆失重造成候凝期间环空窜流。

精细控压固井技术实现了窄密度窗口条件下气层压稳和漏层防漏，结合软件模拟和施工参数优化，在不牺牲排量的情况下实现了固井施工全过程压稳和防漏，提高了顶替效率，确保了窄密度窗口条件下的一次性正注施工，达到安全施工和确保固井质量的目的。

2.2　井口逐级憋压技术

固井施工结束采取井口环空憋压是补偿候凝期间水泥浆“失重”降低的液柱压力、提高气层压稳系数的常用技术措施，但一次性环空憋压值过高可能发生井漏，而环空憋压值过低则无法有效补偿水泥浆“失重”，候凝期间存在气层失稳。基于水泥石强度发展时间确定井口逐级憋压时间和憋压值，有效克服了一次性环空憋压的弊端，又实现了候凝期间全过程压稳。井口逐级憋压一般分 3 个阶段：①固井施工结束后，将固井施工过程中的环空摩阻作为第 1 阶段的憋压值，控制憋入量小于 0.5m^3；②根据快干循环温度条件下水泥石强度发展时间，确定第 2 阶段的憋压时间，快干循环温度对应井深至井底失重压力附加环空摩阻作为第 2 阶段的环空憋压值，控制总憋入量小于 1.0m^3；③根据缓凝水泥浆底部温度条件下水泥石强度发展时间，确定第 3 阶段的憋压时间，快干封固段失重压力附加环空摩阻作为第 3 阶段的环空憋压值，控制总憋入量小于 1.0m^3。

泸州深层页岩气生产套管固井地层承压能力较高，一般采取一次性憋压 10~15MPa；对于易漏失井或地层承压不高的井，宜采用逐级憋压技术措施，经过实践检验，采取逐级憋压技术措施，可实现易漏失井或地层承压不高的井井口憋压至 8~12MPa，2022 年实施的铁山坡 5 井次 Φ273.05mm+Φ282.58mm 技术套管固井质量平均合格率 98.1%。

2.3 预应力固井工艺技术

套管内外压力变化、水泥石自身体积收缩、温度变化都会使套管-水泥环-地层之间产生微间隙，并形成窜气通道，导致环空带压。为解决水泥与套管、水泥与地层的密封问题，从套管、地层应力应变特性出发，采用预应力固井技术，通过增加套管内外压差，使得套管在候凝过程中处于挤压状态并产生向内的应变，在水泥石发生径向体积收缩时，释放弹性能，弥补体积收缩产生的微间隙，使地层-水泥环-套管结合更紧密，避免产生微环隙，保障水泥环密封完整性。页岩气水平井固井一般采用预应力固井技术，通过降低套管内顶替液液柱压力和环空憋压候凝的方式来实现。固井时，采用清水或低密度液体作为顶替液，套管形变量大幅减小，有利于后期压裂过程中提高套管的管柱完整性。同时降低了由于套管径向伸缩或扩张产生微间隙的可能性，进一步提高二界面的胶结质量。预应力固井导致施工压力高，需配套高压力级别的固井装备及附件。

结合预应力固井技术，配套高强韧性水泥技术和驱油型抗污染冲洗液技术，提高了冲洗顶替效率和界面胶结质量，保障了水泥环密封完整性。2021 年中石油工程院实施的 4 井次泸州深层页岩气生产套管固井质量平均合格率 97.1%，水平段合格率高达 99.9%。

3 典型深井超深井固井案例

3.1 蓬深 6 井

蓬深 6 井是西南油气田分公司部署在四川盆地川中地区沧一段斜坡带构造的一口重点风险探井，设计井深 9000m，实际完钻井深 9026m，创亚洲最深直井纪录。该井六开 Φ127mm 尾管固井面临井深（9026m）、高温（197℃）、高压（128MPa）、环空间隙小（重合段环容 5.6L/m）、封固段长 1446m、井径不规则（8091~8100m 井径扩大率 111.6%）、油基钻井液与水泥浆相容性差等多项技术难题，在优选应用了抗高温水泥浆体系和高温高效驱油型抗污染冲洗隔离液体系后，固井施工顺利，固井质量合格率 99.8%。蓬深 6 井整井固井成功实施，为四川盆地万米科探井固井提供了重要借鉴。

3.2 红星 1 井

红星 1 井是中国石油部署在四川盆地川西北部第一口重点风险探井，采用“八开八完”井身结构，也是国内首口“八开八完”井。该井七开 Φ168.28mm 尾管下深 7678m，固井面临井深、漏失风险大（漏失层 31 个）、过路气层多（63 个）、环空间隙小、安全密度窗口窄、封固段长、油基钻井液污染严重等众多难题，固井难度大。鉴于此，采用精细控压平衡法固井工艺，优化防漏防窜浆柱结构，使用两凝抗高温韧性水泥浆体系和高效驱油型抗污染冲洗隔离液，利用 AnyCem 固井软件模拟优化施工参数，实现了窄密度窗口下长封固段水泥浆一次上返，固井质量合格率 99.1%。八开 Φ114.3mm 尾管固井面临井深（7779m）、高温（160℃）、高压（112MPa）、小间隙（16.9mm）、油基钻井液污染大等问题，采用高温韧性水泥浆体系和高温高效驱油型抗污染冲洗隔离液，固井施工顺利，固井质量合格率 94.8%。红星 1 井固井的成功实施，为该井实现重大勘探（日产气 $12.66\times10^4m^3$）和工程突破提供了技术支撑，为川渝地区万米深井钻探固井提供了宝贵经验。

3.3 千探 1 井

千米桥潜山凝析气田已探明天然气储量几百亿立方米，是迄今渤海湾油气区储量规模最大的凝析气藏。其中，千探 1 井是大港油田部署在千米桥潜山板深 4 背斜高点的一口重点风险探井，完钻井深 6070m，井底温度 213℃，该井

Φ139.7mm 尾管固井一次封固段长 1563m，上下温差 63℃。超高温及大温差条件下，水泥浆沉降稳定性及水泥石顶部强度不易保证，底部水泥石存在高温强度衰退风险，对固井施工安全及固井质量提出严峻挑战。鉴于此，中石油工程院依托自主研发的超高温缓凝剂、降失水剂、水泥石强度衰退抑制剂等关键材料，构建了综合性能良好的超高温水泥浆体系，底部水泥石 48h 抗压强度 51.4MPa，14d 强度 58.2MPa，顶部 144℃ 水泥石 48h 抗压强度 28.4MPa，满足深井超深井固井作业及水泥环长期密封完整性要求。超高温水泥浆体系在千探 1 井 Φ139.7mm 尾管固井效果显著，创大港油田井深最深、温度最高等固井纪录，为该区块深层超深层勘探开发提供了工程技术支撑。

4　结论与建议

我国深井超深井固井技术快速发展，在抗高温缓凝剂、降失水剂、稳定剂、水泥石强度衰退抑制剂等关键外加剂，高温大温差水泥浆、超高温水泥浆、韧性水泥浆、高密度/超高密度水泥浆、前置液等工作液体系等方面均取得突破，并形成窄密度窗口精细控压固井、井口逐级憋压、预应力固井等配套工艺技术，保障了深井超深井安全作业、固井质量和有效密封，支撑了深层超深层油气开发迈上 9000m 新台阶，并向万米特深井迈进，对提升我国固井技术水平、服务保障能力及市场竞争力发挥重要作用。

未来，深层超深层仍是我国油气勘探开发的重点，但勘探开发目标日趋复杂，固井难度日益增加，基于安全固井和全生命周期高效密封的深井超深井固井技术研究意义重大。超深超高温地质条件严苛，井身结构复杂，工程技术难度大，对固井液抗高温综合性能及配套固井工艺等提出严峻挑战，仍需深入研究和持续攻关，以提高深井超深井固井保障能力，支撑深层超深层油气安全效益开发。综合深井超深井固井关键技术进展，提出下步攻关建议：

（1）强化固井基础理论研究，提升超深井固井理论水平。当前，200℃以上聚合物外加剂作用机理仍属空白，水泥浆（石）稳定机理研究不完善，超深井井筒密封完整性机理研究不深入等，亟需建立超高温下材料微观结构监测方法和水泥石耐高温组分定量化控制分析手段，对解决超高温水泥浆体系综合性能恶化具有重要意义，为抗温 240℃以上固井水泥浆关键新材料研发提供理论支撑。

（2）强化超高温固井材料研究，提升超深井固井服务保障能力。进一步提升固井关键材料的抗温能力、协同效应，开展综合性能稳定且抗温 240℃以上的固井工作液关键新材料研究，研发多功能改性超高温固井外加剂系列，进一步完善高性能抗超高温水泥浆、高强度韧性水泥浆、高温大温差水泥浆、超高密度水泥浆及抗高温前置液等特色体系，配套超深井、特深井固井工艺技术，以满足深层超深层油气勘探开发及万米科探井顺利建井的要求。

参　考　文　献

[1] 赵文智，窦立荣．中国陆上剩余油气资源潜力及其分布和勘探对策[J]．石油勘探与开发，2001，28(1)：1-5.

[2] 李阳，薛兆杰，程喆，等．中国深层油气勘探开发进展与发展方向[J]．中国石油勘探，2020，25(1)：45-57.

[3] 汪海阁，黄洪春，毕文欣，等．深井超深井油气钻井技术进展与展望[J]．天然气与工业，2021，41(8)：163-177.

[4] 张锦宏，周爱照，成海，等．中国石化石油工程技术新进展与展望[J]．石油钻探技术，2023，doi：10.11911/syztjs.2023021.

[5] 齐奉忠，刘硕琼，沈吉云，等．中国石油固井技术进展及面临的问题[J]．石油科技论坛，2013，32(4)：5-8.

[6] 于永金，丁志伟，张弛，等．抗循环温度 210℃超高温固井水泥浆[J]．钻井液与完井液，2019，36(3)：349-354.

[7] 刘崇建，黄柏宗，徐同台，等．油气井注水泥理论与应用[M]．北京：石油工业出版社，2001.

[8] 卢海川．新型抗高温固井降失水剂的研制[D]．天津：天津大学，2012.

[9] 姜晓超．耐 200℃油井水泥浆的研制[D]．长春：吉林大学，2012.

[10] 邹建龙，屈建省，吕光明，等．新型固井降失水剂 BXF-200L 的研制与应用[J]．钻井液与完井液，2005，22(2)：20-23.

[11] 于永金，刘硕琼，刘丽雯，等．高温水泥浆降失水剂 DRF-120L 的制备及评价[J]．石油钻采工艺，2011，33(3)：24-27.

[12] 夏修建，于永金，靳建洲，等．耐高温抗盐固井降失水剂的制备及性能研究[J]．钻井液与完井液，

2019, 36(5): 610-616.

[13] Xia X, Guo J, Feng Y, et al. Hydrophobic associated polymer "grafted onto" nanosilica as a multi-functional fluid loss agent for oil well cement under ultrahigh temperature [J]. Rsc Advances, 2016, 6 (94): 91728-91740.

[14] Zhang H, Hu M, Li P, et al. Covalently bonded AMPS-based copolymer-C-S-H hybrid as a fluid loss additive for oilwell saline cement slurry in UHT environment [J]. Construction and Building Materials, 2023, 378: 131177.

[15] Mao H, Qiu Z, Shen Z, et al. Hydrophobic associated polymer based silica nanoparticles composite with core-shell structure as a filtrate reducer for drilling fluid at ultra-high temperature[J]. Journal of Petroleum Science and Engineering, 2015, 129: 1-14.

[16] 邹建龙，屈建省，许涌深，等．油井水泥缓凝剂研究进展[J]．油田化学，2008，25(4)：386-390.

[17] 夏修建．新型耐高温油井水泥缓凝剂的研制[D]．天津大学，2013.

[18] Bray W S. Method of cementing using polymeric retarder: US, US8096359[P].

[19] 郭锦棠，夏修建，刘硕琼，等．适用于长封固段固井的新型高温缓凝剂 HTR-300L[J]．石油勘探与开发，2013，40(5)：611-615.

[20] 夏修建，于永金，陈洲洋，等．一种新型超高温固井水泥浆缓凝剂[J]．天然气工业，2021，41(9)：98-104.

[21] 于永金，薛毓铖，夏修建，等．一种抗 240℃超高温固井缓凝剂的研发与评价[J]．天然气工业，2023，43(3)：107-112.

[22] 卢海川，朱海金，李宗要，等．水泥浆悬浮剂研究进展[J]．油田化学，2014，31(2)：307-311.

[23] Brothers L E. Composition and method for inhibiting thermal thinning of cement: US, US 5135577[P].

[24] Reddy B R, Rilley W D. High temperature viscosifying andfluid loss controlling additives for well cements, well cementcomposition and methods: US, US 6770604[P].

[25] 罗敏，黄盛，何旭晟，等．耐 200℃固井水泥用悬浮剂的制备与性能表征[J]．钻井液与完井液，2022，39(4)：472-480.

[26] 王成文，王桓，薛毓铖，等．高密度水泥浆高温沉降稳定调控热增黏聚合物研制与性能[J]．石油学报，2020，41(11)：1416-1424.

[27] Isu N, Teramura S, Ishida H, et al. Influence of quartz particle size on the chemical and mechanical properties of autoclaved aerated concrete (II) fracture toughness, strength and micropore [J]. Cement and Concrete Research, 1995, 25(2): 249-254.

[28] Bezerra U T, Martinelli A E, Melo D M A, et al. The strength retrogression of special class Portland oilwell cement[J]. Cermica, 2011, 57(342): 150-154.

[29] 邱燮和，王良才，郭广平．Microblock 液硅的评价及在中国油田的应用[J]．钻井液与完井液，2010，27(4)：68-70.

[30] Barlet-Gouedard V, Cambus C, Danican S, et al. Cement compositions for high temperature applications: US, US7459019B[P].

[31] 周崇峰，费中明，李德伟，等．一种新型超高温固井水泥石抗强度衰退材料[J]．钻井液与完井液，2022，39(1)：71-75.

[32] 汪海阁，葛云华，石林．深井超深井钻完井技术现状、挑战和“十三五”发展方向[J]．天然气工业，2017，37(4)：1-8.

[33] 邓虎，贾利春．四川盆地深井超深井钻井关键技术与展望[J]．天然气工业，2022，42(12)：82-94.

[34] 齐奉忠，于永金，刘斌辉，等．长封固段大温差固井技术研究与实践[J]．石油科技论坛，2017，36(6)：32-36.

[35] 靳建洲，于永金，刘硕琼，等．高温大温差水泥浆缓凝剂 DRH-200L 的研究[C]．北京：石油工业出版社，2010.

[36] 刘会斌，李建华，庞合善，等．青海共和盆地干热岩 GR1 井超高温固井水泥浆技术[J]．钻井液与完井液，2020，37(2)：202-208.

[37] 李韶利，宋韶光．松科 2 井超高温水泥浆固井技术[J]．钻井液与完井液，2018，35(2)：92-97.

[38] Tang M, Li J Q, Liu H L, et al. Basalt fiber reinforce cement-based composite materials[J]. Advance Materials Research, 2012, 1495(751): 1837-1842.

[39] 李明，刘萌，杨元意，等．碳酸钙晶须与碳纤维混杂增强油井水泥石力学性能[J]．石油勘探与开发，2015，42(1)：94-100.

[40] 李斐．抗高温弹韧性水泥浆体系优化研究[J]．钻井液与完井液，2021，38(5)：623-627.

[41] 李海龙．土库曼斯坦尤拉屯地区完井水泥浆体系研究与应用[D]．北京：中国石油大学(北京)，2010.

[42] 谭春勤，周仕明，王其春．高性能超高密度水泥浆技术研究与应用[J]．石油天然气学报，2013，35(11)：98-100、119.

[43] Lichinga K N, Maagi M T, Ntawanga A C, et al. A novel preflush to improve shear bond strength at cement-formation interface and zonal isolation [J]. Journal of Petroleum Science and Engineering, 2020

(195)：107821.
[44] 胡志强．贝克休斯 SealBond 固井隔离液[J]．石油钻探技术，2020，48(4)：138.
[45] 涂思琦，谢飞燕，敖康伟，等．一种适用于长宁页岩气井的高效洗油隔离液[J]．钻井液与完井液，2022，39(1)：82-86.
[46] 郭建华，郑有成，李维，等．窄压力窗口井段精细控压压力平衡法固井设计方法与应用[J]．天然气工业，2019，39(11)：86-91.
[47] 石蕊，徐璧华，蔡翔宇，等．精细控压固井中的控压降密度方法[J]．钻采工艺，2019，42(5)：35-38.
[48] 席岩，李方园，王松，等．利用预应力固井方法预防水泥环微环隙研究[J]．特种油气藏，2021，28(6)：144-150.
[49] 李德旗，张华，郭玉超，等．气井生产期间井筒内温度变化对水泥环密封完整性影响的研究及应用[J]．钻采工艺，2020，43(1)：24-26.

深井超深井井筒连续波高速数据传输技术研究与思考

李振宝[1]　伊　明[1,2]　张胜鹏[1]　孟　滢[1]

（1. 中国石油集团西部钻探工程有限公司工程技术研究院；2. 长江大学石油工程学院）

摘　要　针对深井超深井井筒参数测量信号高速传输问题，阐述了技术的发展现状。根据深井超深井信号传输量大、传输速率高的需求，指出连续波高速脉冲传输技术是未来高速传输技术的发展方向；分析了国内外高速连续波泥浆脉冲传输系统技术现状，指出了国内外技术差距并提出了一种连续波泥浆脉冲传输系统的整体结构；结合井下系统的技术现状，提出了深井超深井连续波脉冲发生器定转子结构设计原则及编解码算法；根据地面系统的技术难点，指出自适应信号消噪算法与自适应均衡器是未来深井超深井地面压力信号消噪与信道均衡的发展趋势；总结了本文所提出的技术方案，预期深井超深井数据传输速率可达 10bit/s，提出了深井超深井井筒高速数据传输技术的诸多挑战和发展趋势，为井筒高速脉冲传输技术研究与系统研制提供参考和借鉴。

关键词　深井超深井；高速脉冲传输；连续波；自适应信号处理；脉冲发生器

深层超深层油气勘探开发是“十四五”及今后寻找大油气田、开拓油气增储上产新领域的重点战略方向。据预测，我国深层石油和天然气储量分别占国内油、气总量的 25% 和 23%。近 3 年，勘探在塔里木库车山前+台盆区、准噶尔南缘、川渝深层、柴达木阿尔金山前等 7000～8000m 以深层获重大油气发现，西部四大盆地深层油气储量发现快速增长，已成为国内油气资源重要战略接替区。

随着工程技术的不断进步，针对浅层已基本形成全产业链与系列工程技术利器，但针对深层超深层钻井，还存在钻井效率低下、事故复杂频发等难题。当前，井筒信息传输一般采用泥浆脉冲数据传输（Mud Pulse Telemetry，MPT）技术，与其他数据传输技术相比，因其可靠性、经济性，应用最为广泛。但是该技术信号传输速率仅可达 0.5bit/s，且传输速率受井深影响进一步变慢，无法满足日益增加的井下信息测量需求，成为目前制约井筒测量技术发展和应用的瓶颈。

MPT 技术以钻井液作为传输介质，在井下安装节流装置，通过一系列编码方式产生钻井液压力波动并传播至地面高压管路，实现井下数据的上传。按照压力脉冲信号的发生机理，可以将泥浆脉冲信号发生器分为负脉冲、正脉冲和连续波泥浆脉冲信号发生器。连续波泥浆脉冲信号传输技术在数据传输速率方面优势明显，是目前国内外相关机构和企业的重点研发内容，也是最适应深井超深井数据传输的技术手段。

1　深井超深井高速脉冲传输系统结构

20 世纪 70 年代初，Mobil 率先研制出连续波 MPT 系统，现场试验数据传输速率达到了 3bit/s。1993 年，斯伦贝谢推出 PowerPulse 旋转阀式连续波脉冲发生器，该脉冲发生器在 10000m 的超深井数据传输速率最高可达 16bit/s，2008 年，该公司又推出了 DigiScope 连续波脉冲发生器，数据传输速率最高可达 36bit/s。贝克休斯的连续波脉冲发生器采用摆动阀式定转子结构设计，采用“摆动-停止-摆动”的转子运动方式，能够有效避免转阀的阻塞问题，同时也适用更多的编解码算法，该连续波脉冲传输系统在 6400m 深井数据传输速率达到了 20bit/s。

国内连续波高速传输系统的研发目前还处于吸收和引进国外技术阶段，尚未形成成熟产品，但也进行了大量的研究工作。2008 年，中国石油集团钻井工程技术研究院的苏义脑等人开发的连续波高速脉冲传输系统在实验环境下的数据传输速率可达 10bit/s。2016 年 10 月，中海油开发的连续波脉冲发生器完成了实井测试，在 3016m 井深条件下数据传输速率达到了 12bit/s。

根据现有正脉冲泥浆脉冲传输系统结构，提出了一种连续波泥浆脉冲传输系统整体结构如图1所示，由井下系统、泥浆信道和地面信号处理系统组成。井下系统包括发电机/电池、整流稳压电路、数据采集系统、连续波脉冲发生器等，钻柱中的泥浆作为整个系统的信息传输通道，地面系统包括地面传感器数据采集网络、信号处理算法、地面解码软件等。

2　井下系统相关技术现状与技术难点

井下系统主要由供电系统、数据采集系统、泥浆脉冲发生器等组成。数据采集系统完成数据采集后，将测量数据进行压缩并格式化，通过控制连续波泥浆脉冲发生器转子运动完成数据编码和调制，连续波脉冲发生器通过改变定转子之间的相对位置调节节流孔面积大小，形成连续压力波脉冲信号并将测量数据经过泥浆信道传输至地面。

连续波泥浆脉冲发生器的信号发生原理如图2所示，通过转子不断旋转，使泥浆的过流面积发生连续变化，形成连续压力脉冲信号。

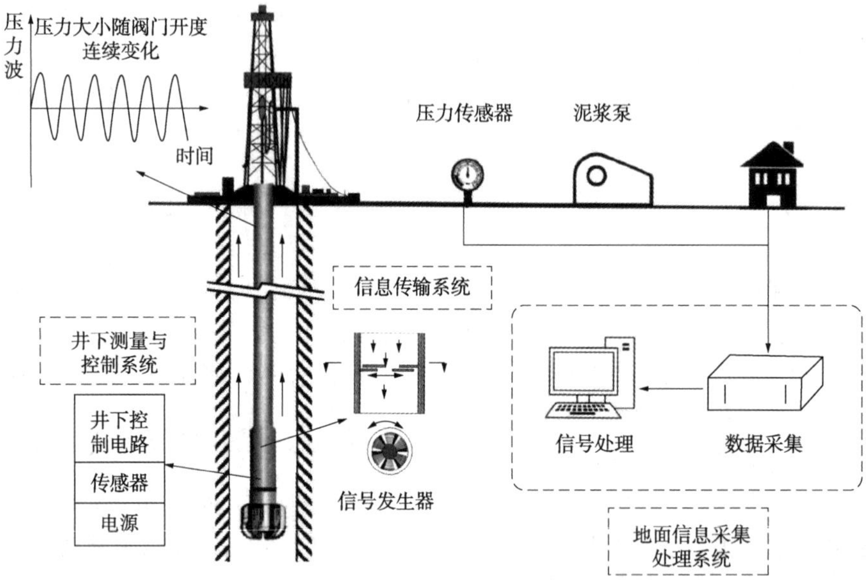

图1　连续波泥浆脉冲传输系统整体结构

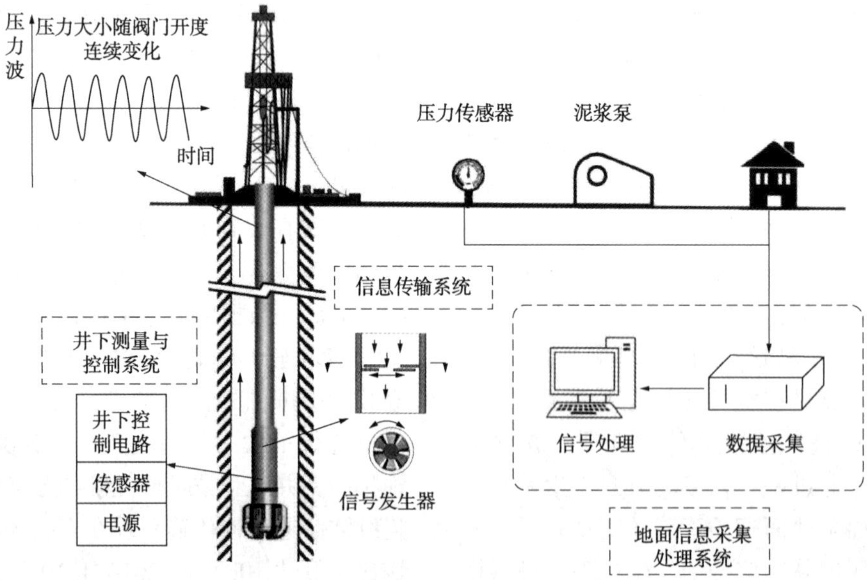

图2　连续波泥浆脉冲信号发生原理示意图

2.1 定转子阀口结构设计

定转子结构设计与优化研究内容主要包括叶片形状、个数、定转子间隙和倾角等参数对水力特性和压力场的影响。2011 年，中海油王智明等人对扇形阀口、矩形阀口和三角形阀口进行了三维流场分析，得出转子阀口设计原则：三角形阀口形状的转子受力较好，压力波更接近于正弦波；应尽可能减小转子叶片厚度以减小其所受转矩；转子叶片选择 4 较为合适。2018 年，中国石油大学的鄢志丹等人在三角形阀口结构的基础上优化设计了圆弧三角形阀口结构，通过计算流体力学仿真和地面水力实验均得到了与正弦高度相似的压力波信号。

目前连续波信号发生器的定转子设计原则主要是依据薄壁小孔节流原理。如果假设把钻井液看作是定常流动不可压缩的流体，当钻井液的流量和密度不变时，根据薄壁小孔节流原理可得阀口变化前后压差为：

$$\Delta p(t)=\frac{\rho Q^2}{2{C_d}^2}\frac{1}{A(t)^2} \tag{1}$$

式中：ρ 为钻井液密度；Q 为流过阀口的钻井液流量；C_d 为阀口的流量系数，一般取 0.6～0.8；$A(t)$ 为阀口的通流面积；$\Delta p(t)$ 为阀口前后压差。

期望泥浆脉冲器产生的压力波为标准正弦信号压差 $\Delta p_0(t)$，因此可以得到：

$$\Delta p_0(t)=\frac{\Delta p_{\max}-\Delta p_{\min}}{2}\sin\left(n\omega t-\frac{\pi}{2}\right)+\frac{\Delta p_{\max}+\Delta p_{\min}}{2} \tag{2}$$

式中，ω 为转子的角速度；$\Delta p_{\max}$ 和 $\Delta p_{\min}$ 分别是标准正弦信号 $\Delta p_0(t)$ 的最大值和最小值。

结合式(1)和式(2)，可以得到转阀的流通面积 $A(t)$ 可以表示为：

$$A(t)=\frac{Q}{C_d}\sqrt{\frac{\rho_m}{(\Delta p_{\max}-\Delta p_{\min})\sin\left(n\omega t-\frac{\pi}{2}\right)+(\Delta p_{\max}+\Delta p_{\min})}} \tag{3}$$

设计时定子、转子结构时定子外径一般要大于转子外径，因此当转阀完全关闭时存在最小过流面积 $A_{\min}$，假设阀口过流面积为 $A_1(t)$，则转子在旋转时的总的过流面积 $A(t)$ 为：

$$A(t)=A_1(t)+A_{\min} \tag{4}$$

用标准正弦信号压差 $\Delta p_0(t)$ 和理论信号压差 $\Delta p(t)$ 的相关系数 ρ 作为评判转子结构设计好坏指标：

$$\rho=\frac{\int_0^T \Delta p(t)\times\Delta p_0(t)dt}{\sqrt{\int_0^T \Delta p^2(t)\Delta dt}\times\sqrt{\int_0^T {\Delta p_0}^2(t)\Delta dt}} \tag{5}$$

因此，通过设计定转子结构得到阀口过流面积为 $A_1(t)$，使得式(5)中 ρ 接近 1 时，说明定转子结构计设合理，可以得到近似正弦信号的连续波脉冲信号。

2.2 连续波脉冲编解码算法

连续波脉冲器常用的信息编码方式主要有二进制码和多进制码。二进制码有相移键控(Phase Shift Keying，PSK)、频移键控(Frequency Shift Keying，FSK)、幅移键控(Amplitude Shift Keying，ASK)等多种调制方式，与 PSK 相比 FSK 编码方式对电机控制精度要求较低且更易于实现，但是其占用带宽较高，在深井超深井条件下随着传输速率的提高，其信号衰减更为严重，因此二进制编码方式中，PSK 更具有优势且抗噪声干扰能力更强。国外先进的连续波脉冲器如斯伦贝谢、贝克休斯等大多采用更适应深井超深井数据传输的正交相移键控(Quadrature Phase Shift Keying，QPSK)多进制编码调制方式，可以增加码元过渡时间并提高功率有效性和带宽利用率，其调制原理框图如图 3 所示。

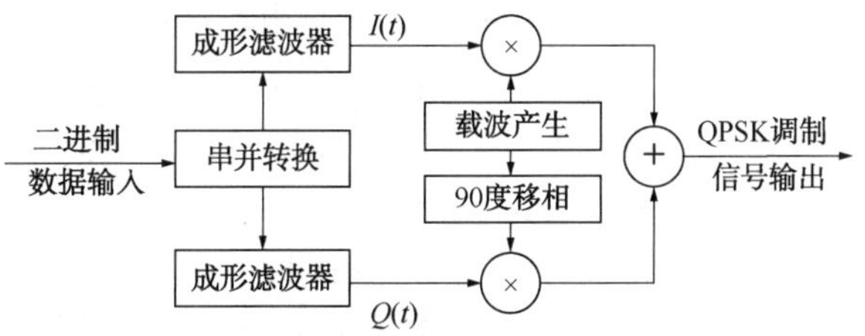

图 3　QPSK 调制原理框图

综上，深井超深井高速脉冲传输技术井下系统的技术难点主要有三点：第一，如何通过连续波脉冲器定转子阀口结构设计使其生成的连续压力脉冲近似于正弦信号；第二，如何通过设计有效的抗大负载扰动电机控制算法使连续波脉冲器转子具有较强的抗负载扰动和动态跟踪性能；第三，如何设计连续波脉冲器的编解码和调制算法使其在低功耗条件下承载更多的数据信息。

3　地面系统相关技术现状与技术难点

地面解码系统主要由数据采集、信号处理、解码软件等部分组成。首先通过安装在立管上的压力传感器采集地面泥浆压力波信号，然后对采集到的压力信号进行信号消噪、滤波、补偿失真等处理，随后对压力信号进行数据解调、同步和解码，最后经过校验、解析和解压缩后还原出井下数据。地面解码系统的主要难点在于信号的消噪和信道均衡。

3.1　泥浆压力脉冲信号消噪技术

目前国内外针对泥浆脉冲信号消噪问题主要有两个研究方向：第一是基于双压力传感器的泵噪声滤除技术；第二是基于自适应滤波手段的信号分解消噪算法。理论上，针对地面泵噪声信号消除问题，通过在地面泥浆管路上增加双压力传感器，使用延迟差分算法能够有效消除泵噪声，但是由于双压力传感器安装时对传感器间距有一定要求，大多数井场无法满足多压力传感器安装条件，导致其应用推广受限。

自适应滤波器可自动调整滤波系数跟踪有用信号实现最优滤波，无需预先提取噪声特征，可动态适应于各种条件下的泥浆脉冲信号去噪，并规避泥浆泵工况变化造成的噪声干扰。目前自适应信号消噪算法主要分为时域自适应信号分解消噪算法和频域自适应信号分解消噪算法，其中时域自适应信号分解消噪算法主要有集合经验模态分解（Ensemble Empirical Mode Decomposition，EEMD）、自适应局部迭代滤波（Adaptive Local Iterative Filtering，ALIF）等，频域自适应信号分解消噪算法主要有经验小波变换（Empirical Wavelet Transform，EWT）、变分模态分解（Variational Mode Decomposition，VMD）等。

在实际应用中，由于 EMD 和 EEMD 算法在信号分解过程中无法指定分解固有模态分量数量，且存在模态混叠现象，因此其对信噪比提升效果有限。而 ALIF 对正弦信号、非平稳信号的消噪效果较好，能够有效改善端点效应，具有较强的自适应性。EWT 算法由于在信号分解消噪过程中易出现过分解问题，导致模态分解结果不够理想，而 VMD 算法在选择合适的模态数量后，可以得到理想的分解消噪结果。

针对深井超深井地面压力波脉冲信号衰减严重、信噪比低等问题，通过引入 ALIF、VMD 等自适应信号分解消噪算法可以有效滤除泥浆压力信号中的噪声成分，同时避免衰减有用信号，在深井超深井地面泥浆压力脉冲信号消噪方面具有巨大推广应用价值。

3.2　泥浆脉冲信号信道均衡技术

在实际钻井过程中，由于钻柱接头、仪器安装等原因，会导致泥浆信道中压力波信号发生反射现象，且反射量的大小与管道内径的变换量相关，深井超深井由于钻柱较长，会存在较大的时延扩展和多次反射叠加，导致严重的信道失真和码间干扰，因此需要对信道加以补偿，降低误码率。

自适应均衡技术对随机性和时变性泥浆脉冲信道具有更好的应用效果，包括训练过程和跟踪过程。在训练过程中，自适应均衡器根据训练样本及其标签以检测误码率最小为目标，对滤波器参数进行优化，通过对自适应滤波器进行训练，可以显著提高自适应滤波器的性能。

在深井超深井信道畸变较大的场合，自适应滤波器性能无法满足数据高速传输的需求。判决反馈均衡器（Decision Feedback Equalizer，DFE）可以从当前状态中减去由先前符号带来的时延干扰，在严重畸变的泥浆信道上有优异的解码性能，同时具有受定时误差和噪声影响小等优点，是目前适用于深井超深井条件下的自适应均衡器。

4　结论

深井超深井井筒高速传输技术涉及到机械、电子、流体力学、控制技术、通讯技术、钻井技术等多学科领域，是一项多学科综合性交叉课题。采用本文所提出的连续波脉冲器设计方法、QPSK 编解码算法及自适应地面信号分解消噪和信道均衡算法，预期深井超深井数据传输速率可达 10bit/s，但是深井超深井井筒高速数据传输技术仍面临诸多挑战，主要有以下三个方面：

（1）深井超深井连续波脉冲发生器转子运动控制优化与节能研究，如抗大负载扰动电机控制算法研究，低功耗信号编码与数据压缩技术等；

（2）深井超深井地面极低信噪比泥浆压力波信号的高效消噪与解码算法研究，如自适应泥浆压力波信号消噪算法研究、复杂信道畸变信号的均衡技术、高精度动态压力传感器技术等；

（3）适应深井超深井连续波信号发生器的可靠性与经济性研究，如耐高压高速旋转阀内外压力平衡结构、耐高温高压承压结构材料优选、井下工具仪器的抗冲蚀抗振动设计等。

参考文献

[1] 乔宗超．深井高温 MWD 系统误差修正算法研究及实现［D］．广州：广东工业大学信息工程学院，2017.

[2] 贾梦之，耿艳峰，闫宏亮，等．高速泥浆脉冲数据传输技术综述[J]．仪器仪表学报，2018，39(12)：160-170.

[3] Antunes PD，Gonzalez FOC，Yamachita RA，et al. A review of telemetry data transmission in unconventional petroleum environments focused on information density and reliability[J]. Journal of Software Engineering and Applications，2015，8(9)：455-462.

[4] Cooper P，Santos LSB. New mud - pulse telemetry system delivers improved drilling dynamics and formation evaluation data[C]. SPE Russian Petroleum Technology Conference，2015.

[5] Su Y N，Sheng L M，Li L，et al. Strategies in high data-rate MWD mud pulse telemetry [J]. Journal of Sustainable Energy Engineering，2014，2(3)：269-319.

[6] Sitka M A，Sherrill K，Winslow D. Mud powered inertia drive oscillating pulser：US，US 9000939 B2 [P]. 2015.

[7] Barbely J R. Mud-pulse telemetry system including a pulser for transmitting information along a drill string：US，US 20180128099 A1[P]. 2018.

[8] Burgess D E. Rotary pulser and method for transmitting information to the surface from a drill string down hole in a well：US，US 9238965 B2[P]. 2016.

[9] Klotz C，Bond P R，Wassermann I，et al. A new mud pulse telemetry system for enhanced MWD/LWD applications [C]. IADC/SPE Drilling Conference，2008：1-5.

[10] 苏义脑，李林，石荣，等．连续波压力脉冲发生器：中国，CN201221355Y[P]. 2009-04-15.

[11] 张祝军．摆动式连续波泥浆脉冲通信系统中的信道特性与消噪技术研究[D]．杭州：浙江大学 海洋学院，2018.

[12] Yan Z D，Geng Y F，Wei C M，et al. Design of a continuous wave mud pulse generator for data transmission by fluid pressure fluctuation[J]. Flow Measurement and Instrumentation，2018，59(3)：28-36.

[13] Yan Z D，Wei C M，Geng Y F，et al. Design of a rotary valve orifice for a continuous wave mud pulse generator[J]. Precision Engineering，2015，41(7)：111-118.

[14] Namuq M A，Reich M，Al-zoubi A. Numerical simulation and modeling of a laboratory MWD mud siren pressure pulse propagation in fluid filled pipe[J]. Oil Gas European Magazine，2012，38(3)：125-130.

[15] 王智明，肖俊远，管志军．基于 CFD 的旋转阀泥浆脉冲器转子结构参数研究[J]．设计与研究，2011，6(205)，3-4+26.

[16] Chin W，Su Y N，Sheng L M，et al. High-data-rate MWD system for very deep wells [J]. Well Logging Technology，2014，38(6)：713-721.

[17] 刘新平．DSP 控制连续波信号发生器机理与风洞模拟试验研究[D]．青岛：中国石油大学，2009.

[18] 樊昌信，曹丽娜．通信原理[M]．第 7 版．北京：国防工业出版社，2012.

[19] Li Z B，Jiang W L，Zhang S，et al. Hydraulic pump fault diagnosis method based on MEEMD and WKELM [J]. Sensors，2021，21，2599.

[20] 王腾．自适应信号分解算法对比研究及在液压泵故障诊断中的应用[D]．秦皇岛：燕山大学机械工程学院，2021.

[21] 边海龙，苏义脑，李永威，等．基于时延差分的连续波随钻测量信号提取算法[J]．电子测量与仪器学报，2015，29(5)：669-675.

[22] Barak E. Mud pulse telemetry preamble for sequence detection and channel estimation：WO，WO 2017062009 A1[P]. 2017.

四川盆地钻井远程作业支持的实践与思考

王汉卿　李昱垚　睢　圣

（中石化西南石油工程有限公司）

摘　要　钻井行业正在经历自动化提升、数字化转型、智能化发展的重大变革时期。在数字化变革背景下，中石化西南石油工程公司整合内外部资源，搭建集数据资源（地质-工程数据）、算法（钻井工程全过程建模系统）、算力（超融合）、通讯（多链路聚合）、多学科跨部门专家团队（大钻井专业、管理部门、技术部门）于一体的钻井远程作业支持中心（Drilling Operation Support Center），形成钻前方案设计-钻中监测优化-钻后总结评估的钻完井全生命周期技术支撑运行模式，实现单井全流程管控；建立专家-现场-决策-执行机制，提升专家团队运行效率，完善技术管理流程，实现多井协同管理与重点井支持工作。经过2年的建设与应用，DOSC已完成9口井的施工远程决策及钻后分析，助力4口彭州海相超深水平井衬管完全到位，节约钻机日费2000万元，新场区块试验井平均钻井周期同比缩短16%，二开大位移井段钻井周期同比缩短26%。

关键词　数字化转型；远程支持；专家协同决策；钻井工程；提速提效

深地、深海、非常规油气资源是未来油气储量与产量新的增长点，随着油气勘探开发向更深层、低品位、难开采的领域进军，越来越多超深井、长水平井、大位移井等投入生产，复杂的地质条件与工程难题对钻井技术提出了更严苛的要求。然而传统钻井作业环境恶劣偏远，作业环节高风险、高难度、长周期，高度依赖作业人员经验，缺乏对大量钻井数据的快速处理与智能分析，专家支持力量分散、专业技术人员接替力量不足，因此钻井行业亟需通过技术革新来提质提效，保障人员与设备安全。随着大数据、物联网、人工智能、云计算的高速发展，以新一代信息技术为基础的钻井作业远程支持中心为钻井数据可视化、数据信息挖掘、方案实施优化、专家力量集中、风险预警预测、远程决策诊断提供了有效途径，是提高钻井复杂故障的处理时效，提高专家决策的及时性和科学性，促进区块的提速提效，实现数字化转型的有力手段。

1　国内外钻井远程作业支持中心实践

近年来，斯伦贝谢、壳牌、哈里伯顿等国际油公司、油服公司纷纷建立集工程数据采集、数据管理、工程设计、施工监督和生产指挥于一体的工程技术信息远程传输与专家诊断系统，逐步形成集钻前设计、钻中监测、钻后评估、远程决策、模拟培训与一体的共享、实时、优化、协同平台。贝克休斯公司基于工业互联网平台Predix、SCADA Drill远程控制平台，具备数据远程传输、大数据分析、风险预测、方案模拟优化和智能决策等功能，在全球建立35个技术支持中心。挪威eDrilling公司钻井仿真系统可完成地层模拟、水力学计算、管柱力学计算、井壁稳定性分析等功能，实现钻前-钻中-钻后的一体化分析决策功能。壳牌公司自2002年起先后在北美、亚洲、欧洲等区域建立6个钻井自动化和远程技术中心（Drilling Automation and Remote Technology，简称DART），集中专家力量，实现多人对多井全天候监控与优化，在深水和页岩气领域取得了较好的应用成果。斯伦贝谢公司基于“井工厂”发展战略，建设DELFI平台，提供钻完井各类专业功能接口，依托勘探钻井生产一体化的软件应用平台，整合勘探开发软件平台（Petrel）、井筒解释工具（Techlog）、生产运营软件平台（Avocet）、勘探开发知识库（Studio）（图1），实现勘探、开发、钻井、生产工作流程一体化，同时通过井场物联网建设实现数据汇聚，在设备故障预判、生产优化等方面开展应用，在全球建立了38个作业支持中心（Operation Support Center，简称OSC），可实现钻井数据实时监测、跨专业协同工作和远程作业管理，优化了钻井作业流程，降低了安全风险。哈里伯顿公司建立全球支持的远程作业支持中心（Real Time

Operation Center，简称 RTOC），能够在 RTOC 对作业现场提供远程支持和决策。目前已在全球建立了 21 个实时作业支持中心，17 个远程作业决策中心为其全球业务提供服务，上万口井得到使用。实时作业支持中心平均每天对 147 个作业进行监测，远程作业决策中心监测了 74% 的 MWD/LWD 作业施工。

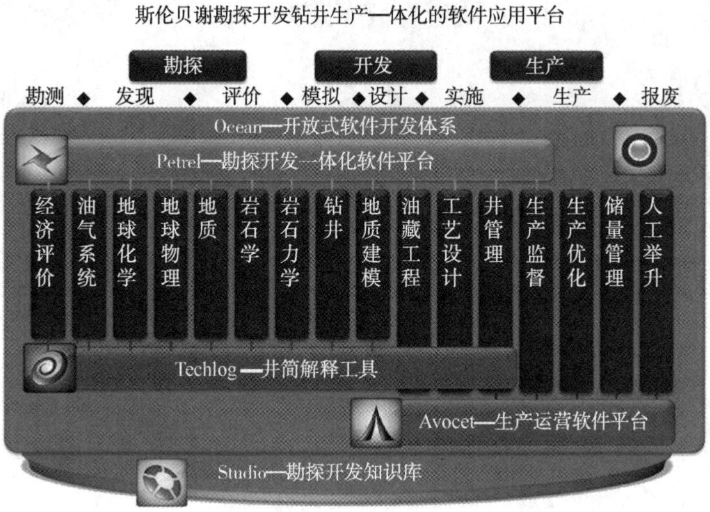

图 1　斯伦贝谢勘探开发钻井生产一体化软件应用平台

国内石油公司也纷纷开展远程决策支持中心的试建设。中石油自 2014 年起开始建设基于工程技术物联网的多级远程技术支持中心，先后完成 39 个钻井远程支持中心，其中川庆钻探基于 EISS 系统建立远程技术作业平台，以生产调度为主，应急远程指挥为辅，可实现钻参数可视化、专家远程诊断指导；长城钻探研发集数据采集、远程控制、专家决策于一体的 GW-RSL 远程录井系统；西部钻探、渤海钻探以生产指挥为主，复杂井支持为辅，配备全套工作流程。中石化提出建设“钻井数据中心、钻井生产运营组织中心、钻井技术决策咨询中心”的数字化钻井施工模式，开发了数据采集、传输、辅助决策等功能的系列软件产品。2011 年中石化石油工程技术研究院基于 DrillAdviser 钻井工程决策支持系统构建钻井决策支持中心，自 2012 年起在元坝、顺北、伊朗等 50 多口重点井进行应用。2017，石化油服基于石化智云，采用“平台+数据+应用”的云架构模式，开发集井筒业务、物探生产管理、工程项目、人力资源、装备数字化、决策分析为一体的 SICP 云平台，正进展至一体化石油工程数据资源中心搭建阶段。

综合来看，国内钻井远程决策支持中心的建设和推广应用较国外还存在较大差距，开采技术工程数智化应用、平台化支持处于初期阶段，国外行业专业软件呈垄断地位，自主研发可实现商业化应用的工程软件仍然较少，因此，未来在统一数据平台的搭建、区域数据的共享、专家力量的协调与管理、多专业精准工程计算软件开发与云平台构建等方面仍需加大建设力度。

2　西南工程 DOSC 运行框架

为解决复杂井钻完井过程中面临的各项挑战，规避由人的因素造成的经验性损失，最大化专家协同力量，促进区域提速降本，西南工程依托中石化酸性气技术中心，基于高效全自动监控支持的钻井工程全过程建模系统，借助石化局域网部署，实现钻井、录井等数据的实时传输，同步实现钻井数据可视化监测，建立西南工程钻井作业技术支持中心（Drilling Operation Support Center，简称 DOSC）。该中心通过实时接收现场作业数据，实现对钻井多源数据的全面捕捉、集中处理、整体展示，完成数据流的实时计算分析。通过后台多专业技术团队基于工程建模系统监测诊断、专家经验、案例库闭环持续优化工程分析与预警预测，与现场技术人员形成联动机制，同步反馈分析结果至钻井现场，辅助指导运营决策，及时处理工程难点。作业完成后对生产流程进行全面总结优化，明确单井及区域提速提质方向（图 2）。全方位介入钻井设计-施工优化-完井作业的全生命周期，实现从“经验钻井”到“科学钻井的转变”，随钻跟踪优化，及时解决实钻过程中的复杂故障，提升专家团队决策的科学性，不断提高钻井效率，降低施工成本。目前DOSC运行的核心要素包括：数据资源、钻井工程全过程建模系统、技术人员。

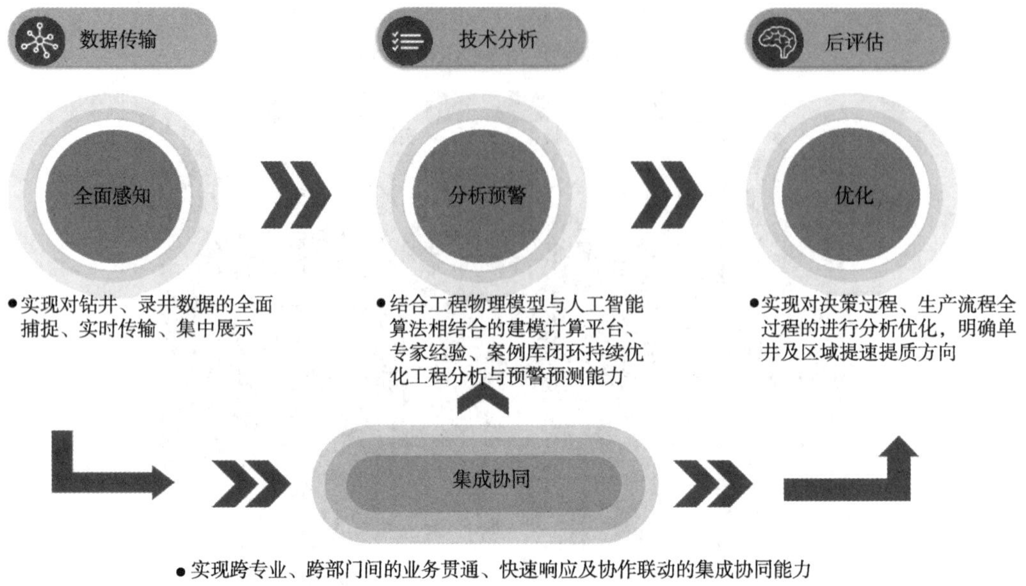

图2　DOSC运行框架

2.1　核心要素

数据资源是DOSC运行的基础。在不同的施工阶段获取不同的数据，钻前数据主要取得目标井地层剖面、测井、岩性等地质数据，邻井井史、录井等工程数据；钻中数据主要取得钻井参数、LWD/MWD、钻井液、录井等实时数据，钻后数据主要取得钻测录固技术总结、生产时效、关键流程等总结分析数据。数据的传输依托西南工程信息与数字化技术支持中心建设，实现与中石化勘探开发业务协同平台(简称EPBP)数据库互通共享，搭建DOSC数据运用的底层物理基础。以此数据资源为基础，采用数据服务的方式大规模接入数十口井数据，通过钻井实时优化软件全自动实现实时钻井工程建模及分析，提高数值模拟计算与人工拟合的精度。打破单井数据孤岛，建立以工程目的为出发点的区块数据资源库，辐射整个川渝工区(图3)。

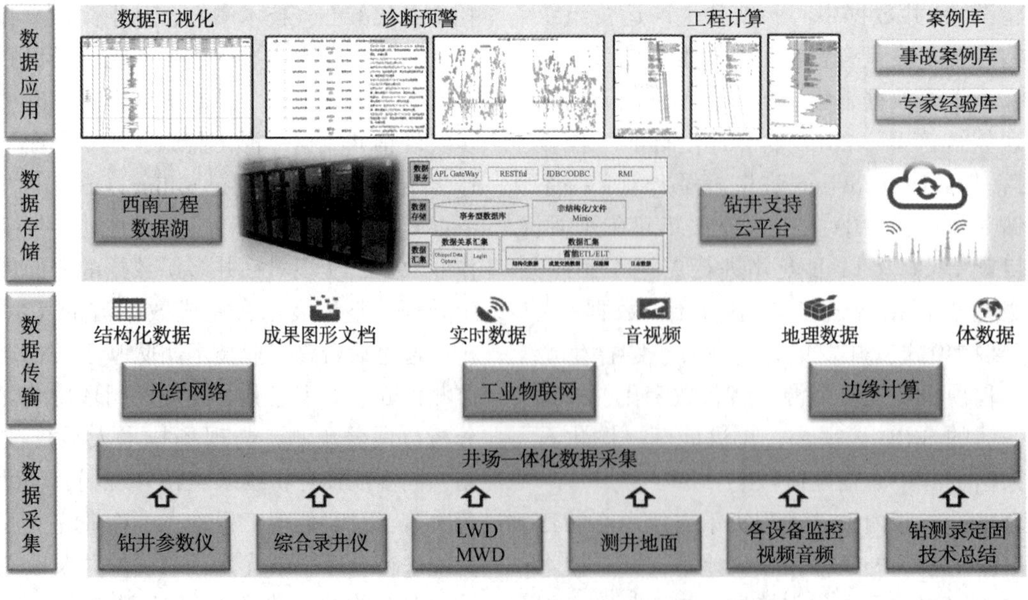

图3　DOSC数据应用示意图

钻井工程全过程建模系统是 DOSC 服务的手段。该系统利用互联网、大数据及云计算等 IT 手段，建立基于物理计算模型与人工智能算法相结合的钻井全过程建模系统，提供钻前方案设计、钻中监测优化、钻后总结评估的全生命周期作业参谋。包含钻前设计、钻中优化、钻后评估三大模块。钻前模块主要根据钻前数据开展地质力学及压力剖面建模，为井身结构设计、钻井液密度选择、钻头钻具优化提供数据支持。钻中模块具备水力学计算、钻柱力学计算、井眼清洁分析、钻井参数实时优化等模型，可进行数据监控、可视化与分析对比，引导钻井施工最优化方向靠近。钻后模块利用数据可视化、数据流处理等方法，完成技术总结、时效分析与关键流程拆分，明确单井及区域提速方向。

技术人员是 DOSC 构建的核心。各专业的技术人员通过对回传数据、建模系统的计算结果进行分析应用，跨专业、跨部门进行业务贯通与协作联动，实现不同专业、不同区域的集成协同作业，达到资源的最优化利用。为了确保工程实践的快速响应与决策，配备专家决策组、建模分析组、现场作业组。专家决策组涵盖各二级单位专家与技术部门负责人，有效改善专家驻井指导覆盖面有限，对区域井支撑不足的现状，避免专家力量分散。建模分析组涵盖地质、钻井、钻井液、控压等分专业技术人员，完成地质-工程一体化建模分析，同时配备 IT 技术支持人员，确保系统顺利运行。现场作业组涵盖重点井巡井人员、生产值班人员，及时跟进现场作业进度，确保决策在现场的落地实施。

2.2 运行模式

为了逐步实现由单人单井、多人单井的支撑模式向单人多井、多人多井的转变，DOSC 协同公司内外资源建立钻完井全生命周期技术支撑模式，实现单井全流程管控。集中公司专家力量，建立专家-现场-决策-执行机制，提升专家团队运行效率，完善技术管理流程，实现多井协同管理与重点井支持工作。

技术支撑模式主要参照国外远程作业中心，按作业流程开展钻前方案分析、钻中监测优化、钻后系统评估的形式。

(1) 钻前方案分析主要完成地质-工程一体化建模及方案模拟，为参与论证的专家提供多方案快速分析和数据可视化的基础。主要从以下几个方面展开论证：地质力学、压力剖面、井眼轨迹、钻具组合、钻井液、控压(主要针对窄密度窗口施工井)、井下安全(设备与压力安全)。并进行分开次、分工况的钻进模拟计算。西南工程 DOSC 经过将近 2 年的建设，目前已经形成 2 个工区 9 口井的地质模型与工程方案数据库的建立。为该区块的数字化方案论证奠定了基础。

(2) 钻中监测优化主要依托工程数据的实时传输与可视化，采取 24 小时盯盘的手段，监测分析钻井数据，及时识别参数异常。每天完成正钻井的摩阻、扭矩、钻柱受力、ECD、环空返速、井眼清洁状况、钻压传递、最优机械比能等模拟计算，形成对每日的工作分析总结，并提出相应的优化方案。

(3) 钻后系统评估主要以日报为基础，全井完钻后，分开次整理技术、操作亮点，规范化单项作业程序、起下钻作业程序、划眼作业程序等形成区域推荐作法，并参照执行。同时分析辅助作业效率和关键指标，对各工况的作业时间进行统计分析，比如“接单根”工序、起下钻速度等工况进行统计，可分趟钻统计、开次统计、全井统计，明确花费时间较多的，寻找耗时较多的原因，形成标准的做法，继而为单井-区块提速指明方向。

专家-现场决策-执行机制包含专家决策层、优化建议层、现场执行层。汇聚专家力量，建立技术管理部门联动决策机制，组建专家决策层，集中在重点井的实时跟踪、风险预警、专家支持等工作，对重点作业环节下达重要指示。建立晨会汇报机制，解决技术分析与技术管理相互脱节的问题。其次拓宽分析人员专业范畴，形成“大钻井”合作体系，负责钻前-钻中-钻后的多模块建模分析工作，为钻井决策提供第一手分析资料。现场执行层涵盖 DOSC 现场作业组及井队技术人员。DOSC 现场作业组参照巡井路线，及时上报复杂异常，并监督专家组决策的有效执行，同时完成对井队技术人员系统的科学钻井体系的培训与宣贯。此管理和运行模式可以充分挖掘钻井数据的内在联系，提高数据利用率，同时将有限的专家尽可能覆盖到全工区，发挥专家组的经验和技术，提高专家的工作效率。有效提高钻井决策的及时性和科学性，促进区块的提速提效。

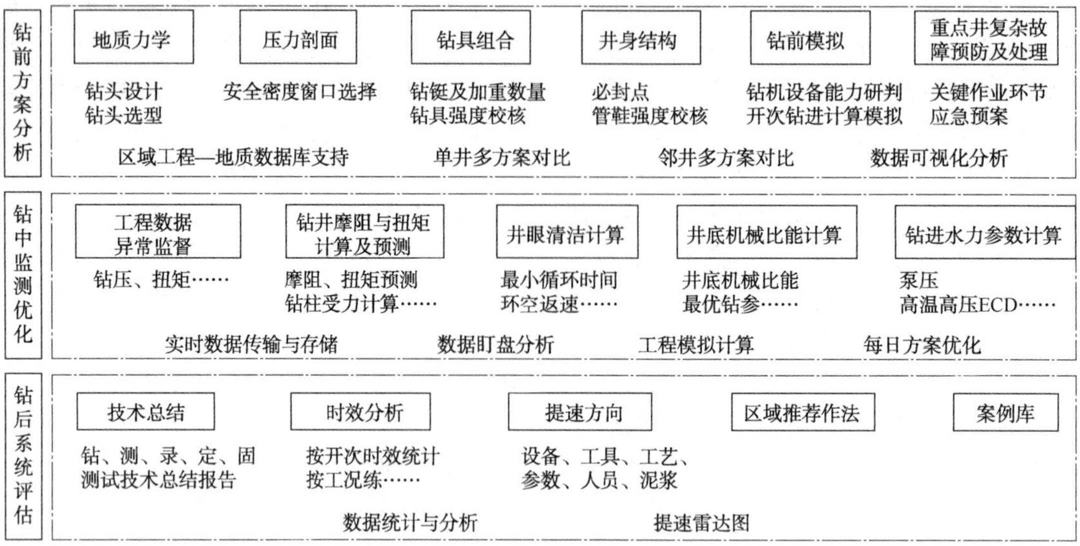

图 4　DOSC 技术内容及形式

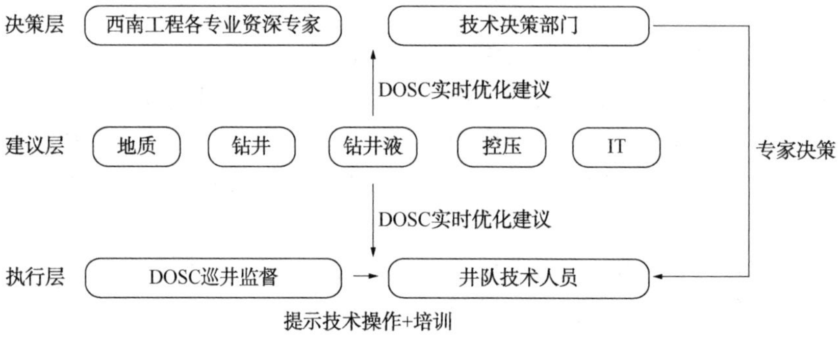

图 5　DOSC 决策-执行流程

3　西南工程 DOSC 应用实践

西南工程经过 2 年的储备与建设，目前 DOSC 已完成 9 口井的施工远程决策及钻后支持，在提速提效与降低复杂故障率取得了显著的成果。

PZ56 平台超深长水平酸性气井，平均井深 7712m，垂深均超过 5700m，水平位移在 2200-3300m 左右，在全球范围内属于高难度的井。自前期 PZ6-6D 超深长水平井衬管下入遇阻以来，DOSC 积极介入，通过局域网布置，将前期钻进秒数据回传至后台基地，与现场随时进行联动，分析衬管遇阻的主要原因为井眼清洁不足，针对后续 4 口井衬管安全到位难度大、小井眼长水平段钻进过程岩屑难以清除、井壁周期性垮塌的问题，跟踪分析通井情况，计算通井摩阻，找准井眼清洁判定指标，针对 4 口井的井况特点“一井一策”制定通井循环方案 10 余份；最终后续 4 口井衬管完全到位，其中 PZ5-1D 创川西衬管下深最深 8100m 纪录，节约钻机日费 2000 万元。钻后根据 4 口井的通井情况，总结技术方案，形成具有区域推广应用价值推荐作法，后续在 PZ6-5D 与 MJ1-1 持续应用，确保此类超深长水平井完井套管的安全下入。

表 1　现场应用井情况统计

井号	井深/m	水平段长/m	三扶摩阻系数	下套管摩阻系数	现场施工
PZ6-3D	7456	1443	0.12~0.15	0.15	顺利下深 7270m
PZ6-1D	7707	1636	0.08	0.1	顺利下深 7687m
PZ5-1D	8208	1806	0.1	0.2	顺利下深 8100m
PZ5-3D	7456	1081	0.13	0.2-0.25	顺利下深 7380m

川西新场须家河储层是西南油气分公司与西南工程公司难动用储量合作开的先期试验领地，第一批次主要部署三开制大位移定向井井身结构，造斜段及目的层均钻遇须家河组难钻地层，主要存在长斜井段钻进受轨迹影响，侧向力大，后期钻进扭矩耗散严重；地层失稳普遍存在，钻进及下套管井眼清洁要求高；定向效率低，轨迹难控制；钻头与地层适配性不佳等问题，导致该区块前期井复杂故障率高，超周期现象明显。基于此，DOSC 提供钻前方案设计、钻中监测优化、钻后总结评估的全生命周期作业支持。钻前构建地质-工程一体化模型，建立以 X207、XS202 为代表的新场构造、合兴场构造精细地质模型，以及前期施工井的钻头+钻具组合工程方案数据库，从井身结构设计、井眼轨迹优化、钻头定制化设计、钻具组合优化、钻前方案模拟等 5 个方面完成 4 口井的施工方案优化，为须家河二段定制化钻头的设计与选型奠定了数据基础。钻中根据回传数据，建模分析团队实时跟踪分析，专家团队及时决策，优化水力参数，基于机械比能实时优化钻井参数，通过 VEM 综合应力计算进行钻具风险预警，实时计算高温高压井底 ECD 确保井下压力安全。X207 钻进过程中，通过精确地质建模建立三压力剖面，确立安全密度窗口，实钻过程中通过实时井底 ECD 计算，井深 3789、4320、4501m 提示漏失风险，及时提示增加钻井液随钻封堵能力，避免大型漏失的发生；XS202 须四段 3849.5m～3908.5m，通过实时钻井参数调整优化，机械钻速由 3.4m/h 提升至 10m/h；XS201-1 长稳斜段钻进过程中，受轨迹影响后期钻井扭矩较高，为保证下部井段的平稳钻进，优化底部 1500m 井段 5.5 寸钻杆为 5 寸钻杆，二开长稳斜钻进后期钻进扭矩较邻井减少 5kN·m；XS202-1 采取"钻头设计-轨迹优化-钻参调控"软硬精益融和技术，完成须家河组单趟进尺 756m，平均机械钻速 6.02m/h，创工区须家河组同井眼斜井段单趟进尺最多，机械钻速最快双纪录。钻后系统总结施工亮点工程，进行单井/区块的时效分析，形成新场须二气藏优化施工作法，明确下步钻头、钻具组合、人员操作的提速方向。DOSC 远程支持后，试验井平均钻井周期同比缩短 16%，大位移二开造斜稳斜井段钻井周期同比缩短 26%。

X8-5H 为西南油气分公司首口自主日费制示范井，DOSC 基于高温高压水力学计算统筹控压钻井与钻井液技术，进一步控制钻井液成本，实现全面提速，创多项纪录。一开形成强参数降压持一趟钻技术，采用激进参数配合无土相钻井液体系，减轻大井眼优快钻进过程中的井底压持效应；根据实时工程参数及时提示重稠浆携砂，克服由设备功率不足引起的环空井眼清洁问题；通过持续的钻井参数实时优化，实现"一段一案"钻参调配方案，助力一开 φ444.5mm 井眼 1 趟钻完钻，创工区同尺寸井眼单趟钻进尺最高、趟钻最少纪录。二开形成"地质工程一体化"智慧钻井技术，实时计算井下 ECD，精确调控钻井液密度及井口回压，释放过路气层；基于控制井筒压力微平衡的调控起下钻工序，随钻提供钻井液密度、重浆帽、起钻方式方案指导，较常规起钻单趟平均节约 13.6h，共计节约钻井液成本 100 余万元。有效解决二开多压力体系喷漏同存钻井难题，实现二开 0 故障完钻。

表 2　新场区块现场应用井情况统计

应用井		钻井周期	二开周期（造斜稳斜井段）
应用前	X8-3	169.08	80.93
	XS101-1	201.63	94.13
	XS201	174.08	33.13
	X205	151.73	83.6
平均		174.13	72.775
应用后	X207	114.88	49.53
	XS202	185.23	86.44
	X8-5	117	16.73
	XS201-1	168.62	62.5
平均		146.43	53.8

4　结语

大数据、物联网、人工智能、云计算等新一代信息技术的高速发展正在对世界油气工业产生深刻影响，钻井行业正在经历自动化提升、数字化转型、智能化发展的重大变革时期。钻井远程作业支持中心集数据（勘探开发数据）、算法（大型工业模拟软件、人工智能算法）、算力（边缘计算+云服务）、通讯（互联网、物联网、北斗）、多学科跨部门专家团队（大钻井专业、管理部门、技术部门）于一体的综合平台，成为现代化钻井的重要载体。目前，国内钻完井全业务链的数字化智能化的转型发展处于起步阶段，在统一数据平台的构建与共享、智能设备、智能井下工具、大型商业化建模软件、预警预测算法等核心技术攻关方面仍需加大研究力度。同时应加强与多学科跨部门的协同作用，地质-工程一体化、工具-工程分析软硬一体化、技术管理-技术发展一体化，最终实现远程智能作业平台配套技术，大大解放人力，大幅提升作业效率与作业安全。

参 考 文 献

[1] 赵彤，葛云华，周波，等．钻井业务物联网远程决策支持系统的现状与发展[J]．国际石油经济，2019，27(11)：93-97.

[2] 徐术国，樊洪海，李昌盛，等．钻井远程实时决策系统的开发与应用[J]．价值工程，2015，34(22)：70-72. DOI：10.14018/j.cnki.cn13-1085/n.2015.22.025.

[3] 王敏生，光新军．智能钻井技术现状与发展方向[J]．石油学报，2020，41(04)：505-512.

[4] 闫铁，许瑞，刘维凯等．中国智能化钻井技术研究发展[J]．东北石油大学学报，2020，44(04)：15-21+6.

[5] Mayani M G, Rommetveit R, Helgeland S, et al. Advanced real-time monitoring provides early detection and prevention of costly well problems[C]//SPE/IADC International Drilling Conference and Exhibition. OnePetro, 2019.

[6] 曾涛，刘晗光，高坚．斯伦贝谢公司数字化转型的经验与启示[J]．国际石油经济，2021，29(1)：94-99.

[7] 崔奕，汪海阁，丁燕等．碳中和愿景下油气钻井的数字化、智能化转型之路[J]．石油钻采工艺，2022，44(06)：769-776. DOI：10.13639/j.odpt.2022.06.017.

[8] 葛云华，周波，张彦龙．基于物联网的钻井远程支持系统应用现状及发展方向[J]．石油科技论坛，2019，38(02)：45-51.

[9] 肖莉，杨传书，赵金海，等．钻井工程决策支持系统关键技术[J]．石油钻探技术，2015，43(02)：38-43.

压后快速转抽技术研究与应用
——以东营凹陷 lx854 井为例

刘小亮　贵国晶　曹卫东

（中国石化胜利油田分公司）

摘　要　随着勘探工作向着深层开展，井筒压裂技术的大量应用，面对部分常压地层、高虑失地层，压后配套形成了目前的连续油管循环压井然后上作业下泵的工艺模式。这种方式不但要动用压井液，产生较多的施工废液，还面临着因转作业要经过立井架、换装井口及防喷器组、开工验收等周期较长的过程，容易在空井筒状态下，油气侵入井筒，加大了后续下泵抽管柱时井喷井涌的风险。如采用连续油管探冲砂后，直接打空心桥塞临时封闭已射开的产层，然后下生产管柱底带捞桥塞工具，采用套管打压的方式打开打压塞沟通产层，实现泵抽排液，可以大大提高施工的时效性、安全性。降低和避免储层及环境污染的风险。

关键词　压井液；连续油管；打桥塞；下泵

1　背景

近年来，随着勘探工作向着更深、更精细方向发展，深层及超深层地层受制于物性等因素影响，自然产能往往不太理想，需要进行压裂或者酸化改造。为确保施工安全，常规油管压裂，受制于摩阻等因素，往往通过降低施工排量来实现，改造效果较差。为了充分改造储层，取得突破，发展了空井筒压裂在线混配压裂液工艺。实现了排量及液量的突破，深层改造取得了较好的效果。

胜利油田所属区块的地层多为低孔-低渗透储层，近年来，探井套管分段压裂改造技术被广泛应用于油田的勘探开发。对于部分常压及高虑失地层，存在压后放喷时间短，出油慢，稳产难的特点。当压后放喷达不到预期压裂效果时，常需要下泵进行排液。

1.1　传统工艺介绍

因进行了压裂改造，转抽前地层压力下降虽然较快，但低液量溢流时间较长，放喷效率较低。受制于井内无管柱及安全环保方面的要求，按照传统做法，通常是采用放喷排液的方式将井筒压力降低后，关井，测地层压力，根据关井压力选取一定密度的压井液压井，稳定后下入泵抽管柱，替出井内压井液后泵抽排液。

1.2　工艺缺点

深层地层存在高压低渗的特点，压裂放喷后，井口存在一定的压力，在作业之前，压井是有效控制地层压力的方法之一，但这一方式存在着诸多的弊端：大量压井液进入地层易对油气层造成污染，影响后期的试油、试采、资料录取，从而影响对油气藏做出正确评价，进而影响油气层采收率；排出地面的大量压井废液对环境造成污染，需净化处理，治理成本高；压井完成至下泵之间的准备时间较长且井筒无放喷管柱，存在一定的井控风险；压井液在长时间作业过程中受气侵或油侵，密度降低，发生井喷的危险性大；可能需要重复压井和放喷，工序复杂，费用昂贵。

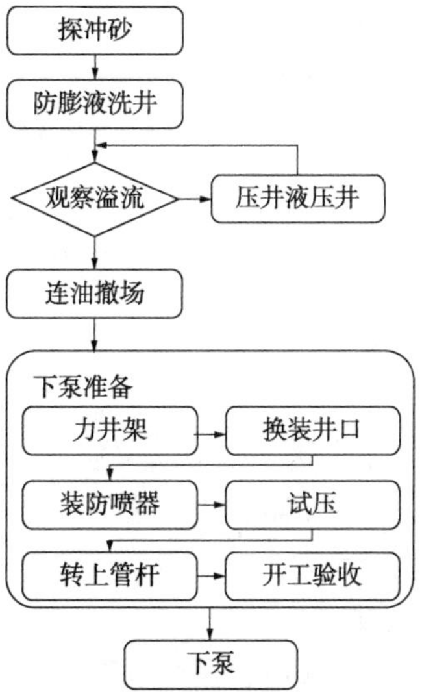

图 1　压裂后转抽工艺流程图

2　快速转抽技术方案

2.1　不压井工艺的优势

鉴于以上问题，按照井控安全、经济高效、储层无伤害发展方向的客观需求，需要研制一种以井下控制为主的不压井下泵作业技术。

即连续油管输送或泵送桥塞封闭已射开储层，控制地层压力，再进行下泵作业。

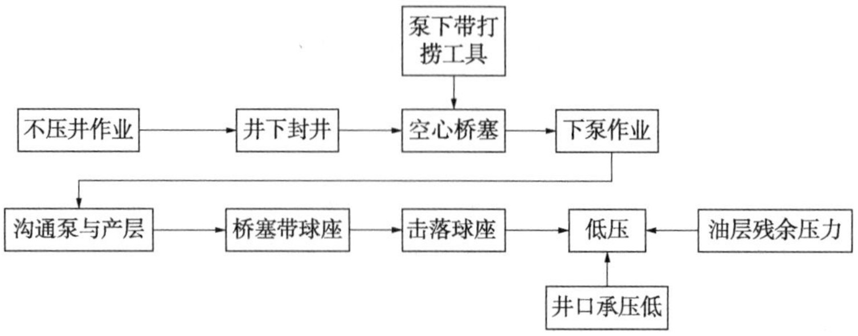

图2　不压井打桥塞下泵工艺流程图

采用井口带压作业方式，无压井液进入地层，有效避免了上述一系列因采用压井液压井造成的不利因素：

- 有效避免了压井液漏失污染地层的风险；
- 保护环境，避免了压井液对地面的污染，符合 HSE 要求，具有良好的社会效益；
- 避免后续施工中出现重复压井或放喷，节约压井成本；
- 降低后续施工过程中的井控风险；
- 有效降低了放空残余压裂的放喷时间，提高试油时效。

2.2　不压井工艺的可行性分析

近年来随着连续油管在勘探中的大量使用，常规连续油管具有耐压 60MPa 的作业能力，能够满足正常转抽井打桥塞要求。且前期已经实现压后连续油管带压压井。

同时针对高压低渗储层，考虑后期转抽时间较长，目前桥塞能够实现 70MPa 密封，对常规封层具有较好的效果。综上，不压井下泵工具满足条件。

3　不压井下泵管柱结构及工作原理

3.1　管柱结构

井下可控不压井装置由空心桥塞和打压塞组成，连续油管输送空心桥塞+打压塞到预定位置，加压完成封隔器座封和丢手，之后起出连续油管，下生产管柱。

3.2　工作原理

压裂改造完成后，通过放喷排液井口压力降至一定值(不大于 5MPa)后，连续油管先进行下泵前期井筒处理(钻塞、探冲砂、洗井)。由连续油管输送井下封闭装置(可捞空心桥塞+打压塞)至需暂时封闭的产层上部位置，通过地面控制完成桥塞座封、丢手，装置上部与井口连通，实现井口不带压。

起出连续油管后，按照下泵设计要求下入泵抽管柱及杆柱并试压、试抽合格后，环空打压 7MPa±2MPa，剪断打压塞销钉，打开井内流体流动通道，即可实现泵抽排液。

4　关键技术

4.1　井下控制装置

打桥塞管柱的井下部分由桥塞和打压塞组成。桥塞应具备打压座封及丢手、具有一定的承压耐温能力、沟通泵与油层的通道、起泵管柱可实现解封并打捞、可钻磨解除等功能。经研究，选用一种空心桥塞，带球座及打压塞的桥塞密封工具，既能实现临时封闭油层，又能通过地面加压实现上下贯通。空心桥塞的参数如表1。

表1　空心桥塞性能参数

项目名称	技术参数
耐压/MPa	25
耐温/℃	120
钢体外径/mm	114
内径/mm	60
丢手压力/MPa	22±2
解封载荷/kN	80±20
对接扣型	$2\frac{7}{8}$TBG

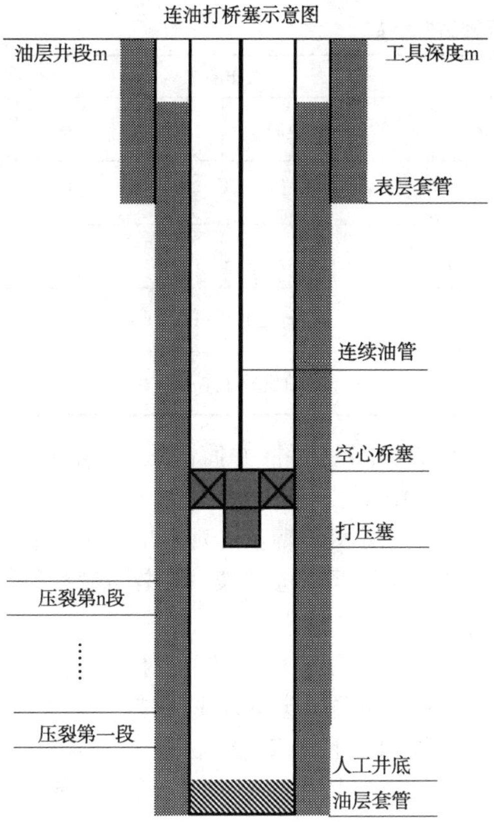

图 3　打桥塞和下泵管柱结构示意图

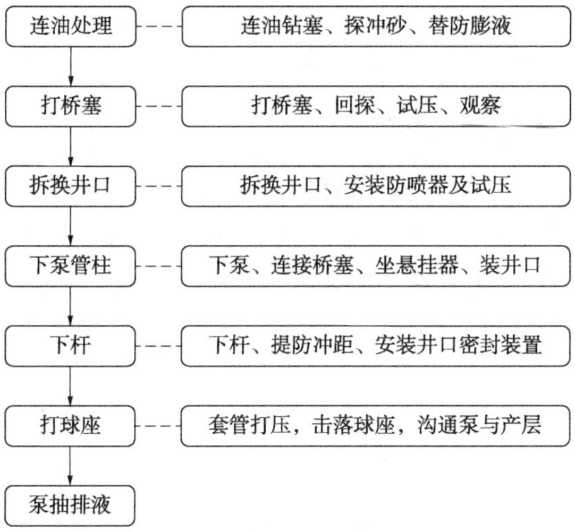

图 4　打桥塞下泵工艺流程图

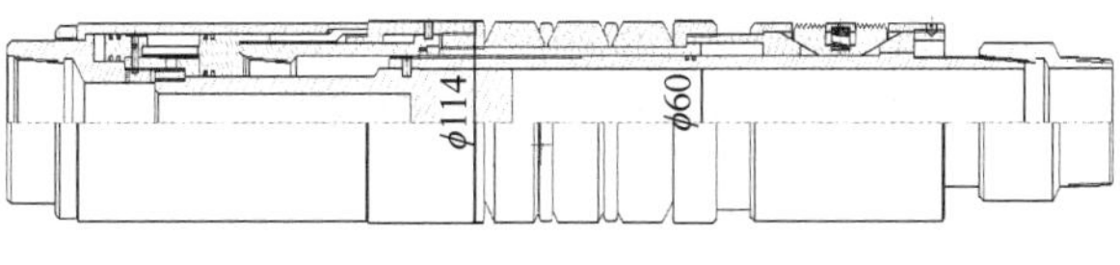

图 5　空心桥塞结构图

桥塞座封后，下入泵管柱及抽油杆，试抽憋压合格后，环空打压，当桥塞上部液柱压力高于桥塞下部压力 6~8MPa，打压塞销钉被剪断，空心桥塞实现上下贯通生产通道。打压塞性能参数见表 2。

表 2　打压塞性能参数

项目名称	技术参数
耐压/MPa	70
耐温/℃	120
钢体最大外径/mm	89
内径/mm	60
球座击落压力/MPa	7±2

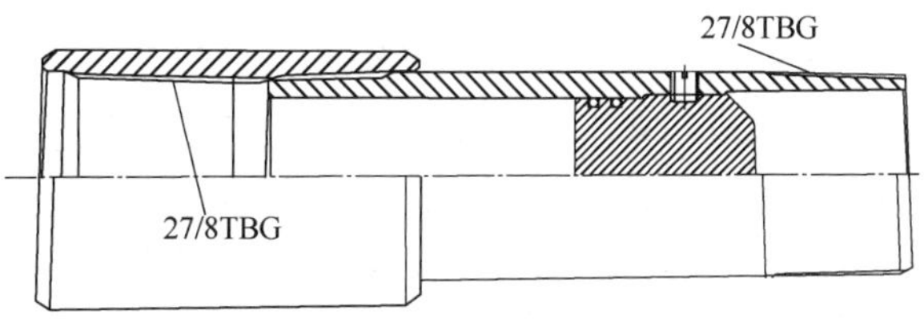

图 6　打压塞结构图

4.2　井口密封装置

在封隔器封闭产层的前提下下入生产管柱后，要实现泵抽排液，需要从井口进行套管打压，打开打压塞，实现泵与产层贯通通道，进行泵抽排液。打压过程中需要保证管柱密封，无压力泄露，现场采用固定式光杆密封盒对抽油杆进行密闭。光杆密封盒参数见表 3。

表 3　固定式光杆密封盒参数

工具图示	项目名称	技术参数					
	适用光杆直径/mm	28	32	34	36	38	42
	额定工作压力/MPa	8					
	额定静密封压力/MPa	20					
	工作温度/℃	普通油井-18-80					
		稠油热采油井-18-180					

打压球座时压力预测 P 密>P 井>P 球+P 地-P 液

P 地：地层压力；

P 球：球座击落压力；

P 液：桥塞上液柱压力；

P 井：打压球座井口施加压力；

P 密：光杆密封盒密封压力

打压球座时，由于井压的作用，抽油杆柱会顶出，造成安全事故，因此，起下抽油杆须按要求安装使用抽油杆防喷器。现场常用抽油杆放喷器参数见表 4。

表 4　抽油杆防喷器参数

工具图示	项目名称	技术参数
	型号	SF6. 5-21
	额定工作压力	20. 7MPa(3000Psi)
	公称通径	65mm

5　现场应用情况

该项工艺首次在胜利 LX854 井实施，并取得了一次成功。本井试油层为沙四上纯下细砂岩储层，采用空井筒压裂工艺对本层进行了压裂，压裂后井口压力降低较快，采用 3mm 油嘴控制，井口压力 6MPa，为落实地层真实产能情况，选取该工艺。施工过程简介：

第一步连续油管下空心桥塞至 2250. 00m，打压 29MPa 丢手。井筒试压 2. 5MPa，30min 升至 3. 0MPa。回探 3 次位置不变。

第二步井筒灌满，观察出口无显示，连油拆卸设备，撤场。立井架、安装防喷器和防喷管汇并试压。

第三步下 73mm 平式内衬油管+油管锚+44mm 强制关闭防腐斜井泵+打捞工具。

第四步下柱塞+抽油杆，试抽合格。

第五步套管打压 9MPa 压力突降，剪断打压塞销钉。

第六步开抽，冲程 6m，冲次 1 次/分钟，油压 1. 8~1. 6MPa，出口水 0. 45 立方米，油 7. 67 立方米，综合含水 8. 78%。

6　结论与建议

该项工艺与常规压井后作业相比，减少了压井作业时间，压裂后转抽平均单井的施工周期缩短了 10 天左右，单井可节约压井液 100 方左右，施工结束后能迅速实现泵抽排液，节约成本。该工艺不仅保护了油气层不被污染，有助于降低后期开采难度，并且能有效减少污染废液的排放，真正实现了清洁生产。

参　考　文　献

[1] 周小林. 压裂投产不压井作业一体化管柱. [J]. 钻采工艺，2020 年 7 月.

[2] Q/SH 1020 2398—2015，光杆密封盒[S].

页岩气水平井压裂过程中环空带压研究综述

钟文力

（中石化西南石油工程有限公司）

摘　要　针对页岩气水平井多级压裂过程中出现的环空带压问题，考虑页岩地层各相异性以及压裂过程中的热-流-固耦合作用，运用数值模拟分析方法，计算了压裂过程中水泥环径向和切向应力瞬态变化，并利用Mohr-Coulomb准则对于水泥环密封失效进行了判定；在开展循环载荷作用下全尺寸水泥环界面胶结失效试验的基础上，基于Cohesive黏弹性单元建立全井筒不同开次水泥环累积塑性变形数值模型，分析结果与试验结果较为一致，并且量化了压裂次数与微环隙演变的关系。研究结果表明：压裂过程中的热-流-固耦合作用提升了水泥环切向应力，易导致水泥环出现拉伸破坏；多级压裂的加卸载作用容易导致套管-水泥环界面出现累积塑性变形，进而导致微环隙出现形成气体上窜的通道。降低井筒内压、降低水泥环弹性模量、提高泊松比有助于降低水泥环切向应力，缩短水泥环失效时间，同时也可以降低微环隙产生的风险；采用预应力固井方式或者使用套管外防气窜装置同样有利于水泥环完整性的保护。研究成果可为压裂过程中水泥环密封完整性设计及控制提供参考，具有重要理论和工程意义。

关键词　环空带压；热-流-固耦合；循环载荷；微环隙

环空带压已经成为当前世界页岩气开发过程中不容忽视的问题，美国奥克拉荷马中部、中国四川盆地等多个页岩气田都出现了多级压裂过程中或者压裂后环空带压井比例剧增的情况。针对该问题，国内外学者采用不同方法、开展了一系列研究：谭春勤、丁士东等较早开展了相关理论分析和现场实践，指出页岩气井压裂容易导致水泥环密封完整性失效，采用弹韧性水泥有利于完整性的保护；刘洋等考虑水泥环初始应力状态及井内压力变化特点，建立了井筒组合体力学模型，指出压裂过程中的高内压容易导致水泥环拉伸破坏；Guo等建立了压裂过程中水泥环密封失效预测模型，指出套管高内压诱发的径向裂纹为气窜提供了通道；刘奎、高德利等通过建立稳态温度-压力耦合力学模型，指出井深较深处的一界面(套管-水泥环)、二界面(水泥环-地层)是水泥环封隔失效的风险点；席岩等建立了井筒组合体瞬态温度-压力耦合力学模型，采用摩尔-库伦准则水泥环完整性进行了判定，指出瞬态温度-压力作用是导致水泥环拉伸破坏进而诱发环空带压的主要原因；Liu等等对压裂过程中的弹性变形阶段、塑性变形阶段、变形恢复阶段和微环隙阶段进行了分析，指出压裂过程中一、二界面存在出现微环隙的风险；张林海、陶谦等等利用全尺寸水泥环密封能力评价装置开展物理模拟试验，结果表明压裂过程中一界面容易出现塑性变形，交变压力作用下的累积变形是形成微环隙的主要原因，周战云等研发了管外防气窜装置，用以预防一界面微环隙的产生；Landry、Kim等建立3维数值模型分析指出，压裂液在二界面会出现窜流，降低水泥环封固作用。基于以上分析可知，前人分析了页岩气井压裂过程中压力、温度等不同因素对水泥环应力-应变的影响，研究了导致水泥环密封完整性失效的不同原因，但是目前尚无一致结论。

基于对中国页岩气井压裂过程中环空带压问题的分析，明确了环空带压气体来源。然后考虑页岩地层各相异性以及压裂过程中的热-流-固耦合作用，运用数值模拟分析方法，计算了压裂过程中水泥环径向和切向应力瞬态变化，并利用Mohr-Coulomb准则对于水泥环密封失效进行了判定。除此之外，在开展循环载荷作用下全尺寸水泥环界面胶结失效试验的基础上，基于Cohesive黏弹性单元建立全井筒塑性累积变形模型，建立了值不同开次水泥环累积塑性变形数值模型，分析结果与试验结果较为一致，并且量化了压裂次数与微环隙演变的关系。研究成果回顾了页岩气水平井压裂过程中水泥环密封完整性失效的理论和实践分析，明确了导致水泥环环空带压的的主要原因，可为页岩气井压裂过程中水泥环完整性的设计、控制提供有效参考。

1　页岩气水平井环空带压问题

环空带压是油气开发过程中遇到的常见问题，不仅严重影响天然气井产量、降低采收率，而且对油气井安全开采构成威胁，且治理成本高、成功率低。现场统计数据表明，美国伍德福德、中国威远以及涪陵等多个地区页岩气井环空带压通常出现在单次或者多次压裂后，且发生概率较高。以深层页岩气开发区块威荣地区为例（页岩气井垂深>3500m），截至到2018年5月已压裂页岩气井6口，4口出现了显著的环空带压问题。

为进一步分析页岩气水平井环空带压问题，采用$\delta^{13}C_{PDB}$同位素测定和评价方法分析法对气源进行分析。该方法主要是基于样品中甲烷的$\delta^{13}C$值判别样品的来源，样品分别取自多口井的产层、B环空、C环空。测量结果表明，来自于B环空的气体$\delta^{13}C$值（-31.49‰）与产层$\delta^{13}C$值（-31.52‰）较为接近，而C环空$\delta^{13}C$值（-52.08‰）则差距较大。该结果充分说明B环空气体主要来自于储层，C环空气体来源于浅层气，因此分析B环空水泥环密封失效机理并且加以控制显得尤为重要。

2　多级压裂过程中水泥环应力状态分析

2.1　储层各向异性对水泥环应力的影响

水泥环应力状态是判断水泥环密封完整性的标准。为计算水泥环应力，前人以拉梅公式为基础建立了井筒组合体力学模型，计算了常规油气井均匀地应力条件下水泥环径向和周向应力，并且可以采用Mohr-Coulomb、Drucker-Prager等判别准则对水泥环是否会出现裂纹进行判断。但是该方法建模过程中通常将地层看成各向同性体，这与页岩储层明显的层理性地质特征不符。页岩储层层理性使得页岩具有横贯各向同性特征，是各向异性的一种特殊情况，在计算过程中需要予以考虑。

为更加准确地反映水泥环井下受力状态，基于力学试验测量垂直和水平于页岩层理方向的力学特性，结果表明页岩的弹性模量、泊松比、抗压强度等参数均具有较为显著的各向异性。基于前人通过试验所得到的水平和垂直层理面的剪切模量的计算公式，进而得到横观各向同性条件下5个独立弹性各向异性参数，建立相应的数值模型进行计算分析。计算结果表明：页岩各向异性提升了水泥环应力，提升幅值约为5%，其中弹性模量各向异性相对泊松比各向异性更为敏感。由此也可以看出，各向异性并不是导致水泥环密封失效的主要原因。

2.2　储层各向异性对水泥环应力的影响

压裂过程中水泥环除受套管内压和地应力的双重压迫，与此同时井筒组合体和压裂液之间一直在进行热交换，水泥环温度时刻在改变，使得水泥环同时刻不同位置、同位置不同时刻应力不同。笔者以水平段跟端为研究对象，建立压裂过程中井筒温度场模型并对比商业软件计算结果，在两者计算结果较为一致的基础上，采用间接耦合方法将井筒温度场赋予数值模型，计算瞬态温度-压力耦合作用下水泥环内壁应力动态变化，如图1(a)所示。结果表明，热-流-固耦合作用使得径向、切向应力呈动态变化，并且降低了径向应力，显著提升了水泥环切向应力，且考虑热-流-固耦合作用时切向应力已经超过了水泥石的抗拉强度，导致水泥环出现拉破坏。

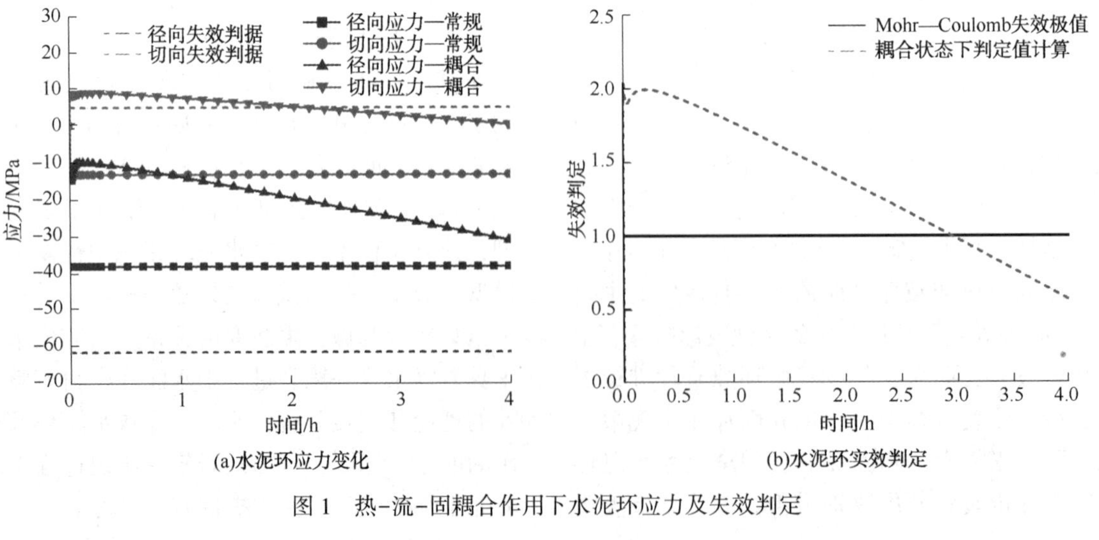

(a)水泥环应力变化　　(b)水泥环实效判定

图1　热-流-固耦合作用下水泥环应力及失效判定

依照 Mohr-Coulomb 破坏准则对水泥环完整性进行判定，结果表明计算值在压裂前 3 小时内超过了判定值，是水泥环密封完整性失效的“风险段”，在该时间段内水泥环切向应力已经超过了水泥环抗拉强度，说明水泥环出现了拉伸破坏，如图 1(b)所示。基于对井筒内压、压裂液初始温度、水泥环弹性模量、泊松比、内摩擦角对水泥环影响应力的分析，如 2 所示。改变压裂液初始温度、降低压裂液排量对水泥环完整性影响较小。降低井筒内压、降低水泥环弹性模量、提高泊松比有助于降低水泥环切向应力，缩短水泥环失效时间，可以有效改善压裂过程中水泥环失效问题。除此之外，采用预应力方式固井也可以有效缓解拉伸破坏带来的风险。

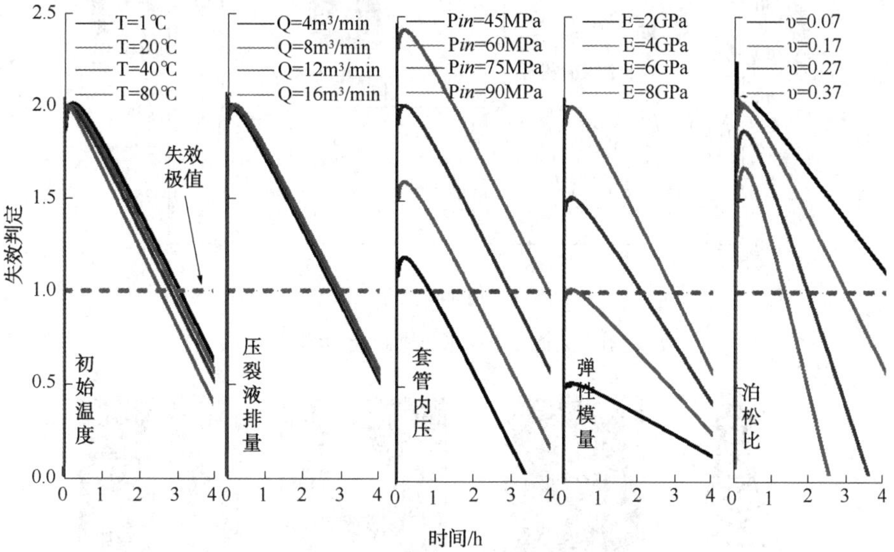

图 2　不同因素对水泥环完整性影响判定

3　全井筒套管-水泥环界面胶结失效分析

3.1　基全尺寸水泥环试验的界面胶结失效

多级压裂过程中，套管内压频繁升高、降低，水泥环与套管、地层的胶结失效也会导致环空带压。刘仍光、陶谦等利用全尺寸水泥环密封完整性评价装置开展试验，结果表明循环载荷作用下水泥环内侧除了发生弹性变形还产生了塑性变形；Carpenter、Boukhelifa 等也开展了类似试验，并且指出高压差下水泥环产生的周向裂纹与轴向缝隙相互沟通是导致水泥环密封完整性失效的主要原因。针对此，采用全尺寸水泥环密封能力评价装置开展物理模拟试验。该装置基本原理为：利用套管(外径 139mm，钢级 P110)、水泥环(壁厚 26.7mm)和外筒(外径 244.5mm，钢级 N80)模拟套管-水泥环-地层组合体，然后通过套管内加卸载方式模拟多级压裂过程，装置机理如图 3 所示。

在套管内施加 70MPa 内压用以模拟压裂施工，然后卸载至 0MPa 模拟卸压，试验结果如图 3 所示。循环加卸载过程中，第 14 个循环后一界面出现气体，且随着后续循环次数的增加，气体泄漏量不断增大。而在整个循环加卸载过程中，二界面始终保持完整，并无气体泄漏。与此同时，基于该试验还可以看出，两界面没有出现窜通，间接水泥环本体并没有出现破坏。由此可以判断出，页岩气井多级压裂过程中，循环加卸载条件下一界面所产生的微环隙是导致环空带压的主要原因。

3.2　基于累积塑性变形的全井筒界面胶结失效分析

虽然物理模型可以对于水泥环胶结失效进行模拟，但是鉴于水泥环一界面胶结失效处于微米级，因此难以对于模拟结果进行量化。为进一步分析胶结失效形成气体上窜通道的可能性，对于全井筒一界面累积塑性变形情况进行分析。目前三开井身结构是页岩井广泛使用的井身结构，分别选取页岩气井一开、二开、三开不同位置作为研究对象，建立相应三维数值模型，如图 4 所示。其中一开模型位于直井段，二开模型位于斜井段，三开模型位于水平段。利用 Cohesive 黏弹性单元对该过程进行模拟，循环加卸载过程中，水泥环界面先发生弹性变形，发生塑性变形并在循环加卸载过程中产生累积，当因此产生的界面拉应力超过胶结强度时，胶结面将会逐渐失效，微环隙就会出现。

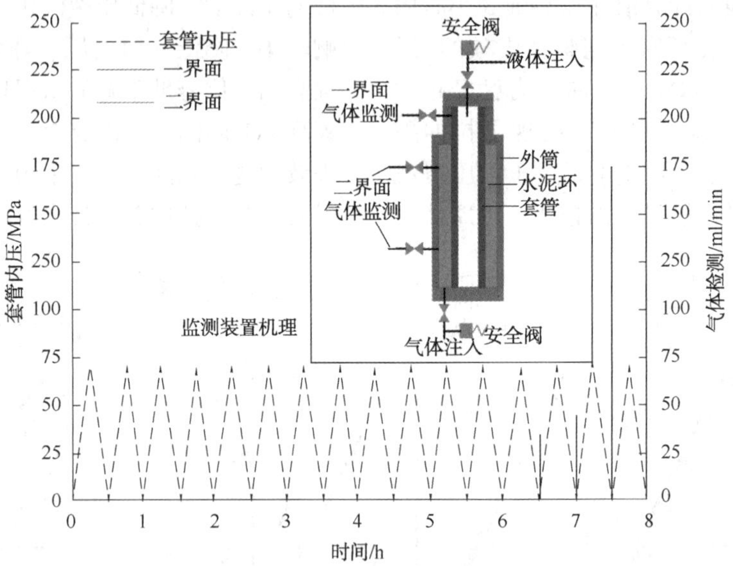

图 3　全尺寸水泥环密封能力测试

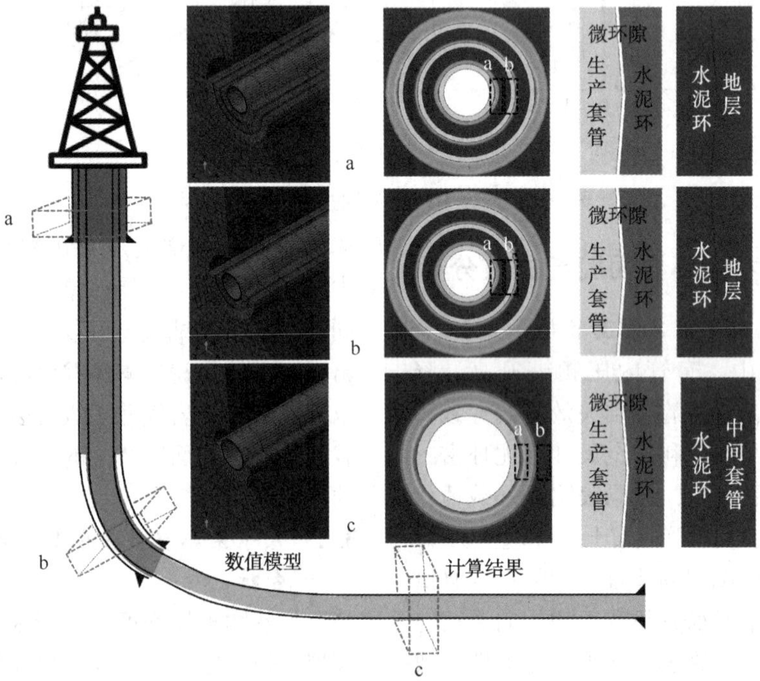

图 4　全井筒界面胶结失效数值模型与计算结果

套管-水泥环界面(一界面)出现明显的微环隙，而水泥环-地层界面(二界面)则依然保持紧密的胶结状态，如图 4 所示。这与全尺寸水泥环密封能力评价装置的试验结果较为一致，由此可知，多级压裂过程中循环加卸载导致一界面出现微环隙气体窜流提供了运移通道，是导致 B 环空出现环空带压的主要原因。图 5 为一开、二开、三开段相应数值模型一界面微环隙产生与演变情况。由该图可知，三开段初始塑性变形最大(79.3μm)，一开段初始塑性变形最小(48.2μm)，主要是因为压裂过程中水平段套管内压最大，因此所产生的初始塑性变形最为显著。初始塑性变形之后，压裂过程中塑性变形增量的规律正好相反，主要是因为直井段地层弹性模量较小，压裂过程中更容易导致水泥环产生塑性变形。

水泥石力学参数可以通过调整配方或者加入不同的弹性颗粒、韧性纤维等材料进行调整。前人研究结果表，水泥环力学参数对于其完整性具有重要影响。基于该模型，分别对水泥环弹性模和泊松比对于微环隙产生和演变的情况进行分析，如图 6 所示。降低水泥环的弹性模量，可以显著降低初始塑性应变值；增大水泥环泊松比，可以有效降低塑性变形增量。两者的耦合作用，有利于降低一界面出现微环隙的风险。降低套管内压同样可以减少水泥环累积塑性变形的风险。除此之外，周战云等研发了套管外防气窜装置，通过在套管外加入超弹性物质橡胶来降低界面累积塑性变形的风险，现场实践证明同样有效。

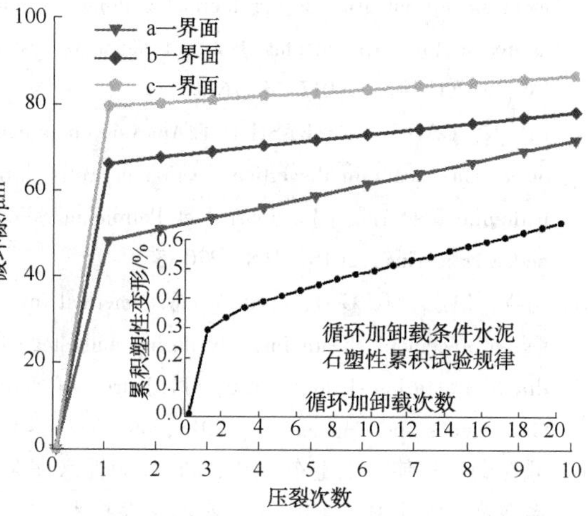

图 5　不同井段一界面微环隙产生与演变情况

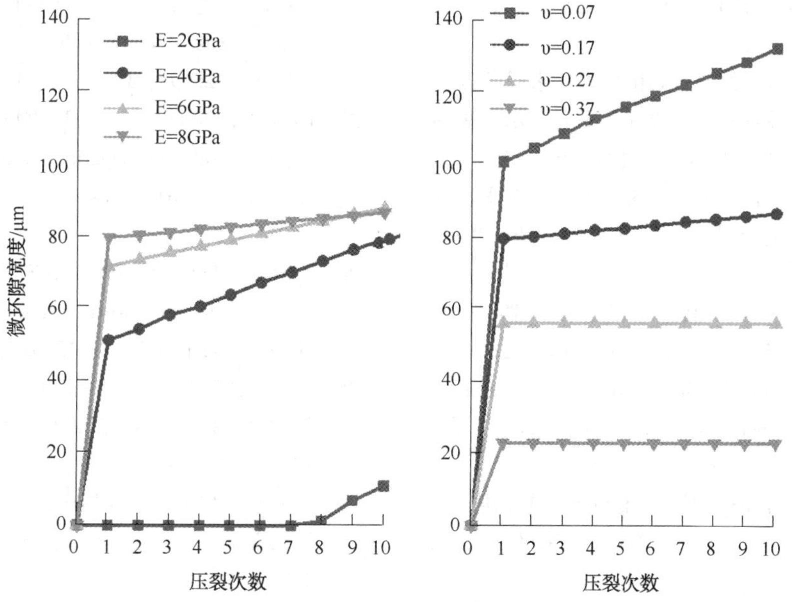

图 6　不同力学参数下微环隙演变情况

4　结论

（1）页岩气井多级压裂是导致环空带压的主要原因。压裂过程中的热-流-固耦合作用提升了水泥环切向应力，易导致水泥环出现拉伸破坏；多级压裂的加卸载作用容易导致套管-水泥环界面出现累积塑性变形，进而导致微环隙出现形成气体上窜的通道。

（2）降低井筒内压、降低水泥环弹性模量、提高泊松比有助于降低水泥环切向应力，缩短水泥环失效时间，同时也可以降低微环隙产生的风险；采用预应力固井方式或者使用套管外防气窜装置同样有利于水泥环完整性的保护。

（3）基于对页岩气井环空带压情况的介绍，回顾了页岩气水平井压裂过程中水泥环密封完整性失效的理论与实践研究，明确了可能导致水泥环密封完整性失效的各类影响因素，研究结果对于页岩气井水泥环密封完整性的保护具有一定借鉴意义。

参　考　文　献

[1] WANG W, DAHI T A. Cement sheath integrity during hydraulic fracturing: an integrated modeling approach [C]. SPE168642, 2014: 1-18.

[2] SHADRAVAN A, EVAN K, ROLANDO L, et al. Utilizing the evolving cement mechanical properties under fatigue to predict cement sheath integrity [C]. SPE175231, 2015: 1-8.

[3] DEA J, SANGESLAND S, TODOROVIC J, et al. Ce-

ment sheath integrity during thermal cycling: a novel approach for experimental tests of cement systems [C]. SPE173871, 2015: 1-16.

[4] LIU K, GAO D L, ARASH D T. Analysis on integrity of cement sheath in thevertical section of wells during hydraulic fracturing [J]. Journal of Petroleum Science and Engineering, 2018, 168: 370-379.

[5] XI Y, LI J, LIU G H, et al. A new numerical investigation of cement sheath integrity during multistage hydraulic fracturing shale gas wells [J]. Journal of Natural Gas Science and Engineering, 2018, 49: 331-341.

[6] 谭春勤，刘伟，丁士东，等. SFP弹韧性水泥浆体系在页岩气井中的应用[J]. 石油钻探技术，2011，39(3)：53-56.

[7] 赵常青，冯彬，刘世彬，等. 四川盆地页岩气井水平井段的固井实践[J]. 天然气工业，2012，32(9)：61-65.

[8] 李伟，王涛，王秀玲，等. 陆相页岩气水平井固井技术—以延长石油延安国家级陆相页岩气示范区为例[J]. 天然气工业，2014，34(12)：106-112.

[9] 刘洋，严海兵，余鑫，等. 井内压力变化对水泥环密封完整性的影响及对策[J]. 天然气工业，2014，34(4)：95-98.

[10] GUO B Y, SHAN L Q, JIANG S X, et al. The maximum permissible fracturing pressure in shale gas wells for wellbore cement sheath integrity [J]. Journal of Natural Gas Science and Engineering, 2018, 56: 324-332.

[11] 刘奎，高德利，曾静，等. 温度与压力作用下页岩气井环空带压力学分析[J]. 石油钻探技术，2017，45(3)：8-14.

[12] 席岩，李军，柳贡慧，等. 瞬态力-热耦合作用下水泥环完整性分析[J]. 石油钻采工艺，2017，39(4)：417-423.

[13] 刘硕琼，李德旗，袁进平，等. 页岩气井水泥环完整性研究[J]. 天然气工业，2017，37(7)：76-82.

[14] LIU S Q, LI D Q, YUAN J P, et al. Cement sheath integrity of shale gas wells: A case study from the Sichuan Basin [J]. Natural Gas Industry B, 2018, 5(1): 22-28.

[15] 张林海，陶谦，周仕明，等. 模拟压裂作用对水泥环密封性破坏及改善研究[J]. 科学技术与工程，2017，17(13)：168-172.

[16] 陶谦，刘仍光，周仕明，等. 固井水泥石徐变实验与分析 [J]. 钻采工艺，2016，39(6)：5-6.

[17] 周战云，郭子文，李社坤，等. 套管外防气窜装置的研制 [J]. 石油钻探技术，2018，46 (5)：57-62.

[18] LANDRY G, WELTY R D, THOMAS M, et al. Bridging the gap : an integrated approach to solving sustained casing pressure in the Cana Woodford shale [C]. SPE 174525, 2015: 1-31.

[19] KIM J, MORIDIS G J, MARTINEZ E R. Investigation of possible wellbore cement failures during hydraulic fracturing operations [J]. Journal of Petroleum Science and Engineering, 2016, 139: 254-263.

[20] WANG W, DAHI T A. Impact of hydraulic fracturing on cement sheath integrity - A modelling approach [J]. Journal of Natural Gas Science and Engineering, 2017(44): 265-277.

[21] DRECQ P, PARCEVAUX P A. A single technique solves gas migration problems across a wide range of conditions [C]. SPE 17629, 1988: 1-10.

[22] JACKSON P B, MURPHEY C E. Effect of casing pressure on gas flow through a sheath of set cement [C]. SPE 25698, 1993: 1-10.

[23] DE B G, SISO C, REINHEIMER D. Flexible cement improves wellbore integrity for steam assisted gravity drainage (SAGD) wells [C]. SPE 117859, 2008: 1-21.

[24] TEODORIU C, UGWU I., SCHUBERT J. Estimation of casing-cement-formation interaction using a new analytical model [C]. SPE 131335, 2010: 1-13.

[25] 陶谦，陈星星. 四川盆地页岩气水平井B环空带压原因分析与对策[J]. 石油钻采工艺，2017，39(5)：588-593.

[26] 殷有泉，蔡永恩，陈朝伟，等. 非均匀地应力场中套管载荷的理论解 [J]. 石油学报，2006，27(4)：133-138.

[27] 李军，陈勉，柳贡慧，等. 套管、水泥环及井壁围岩组合体的弹塑性分析 [J]. 石油学报，2005，26(6)：99-103.

[28] 陈朝伟，蔡永恩. 套管—地层系统套管载荷的弹塑性理论分析 [J]. 石油勘探与开发，2009，36(2)：242-246.

[29] 沈观林，胡更开. 复合材料力学 [M]. 北京：清华大学出版社，2006：65-132.

[30] 衡帅，杨春和，张保平，等. 页岩各向异性特征的试验研究 [J]. 岩土力学，2015，36(3)：609-616.

[31] 李玉梅，柳贡慧，李军，等. 基于页岩各向异性的裂缝起裂数值模拟分析 [J]. 断块油气田，2016，23(3)：380-385.

[32] SUGDEN C., RING G. A., CHAMBERS M. R., et al. Special considerations in the design optimization of high rate, multistage fractured shale wells [C].

SPE151470, 2012: 1-20.

[33] 施士昇. 混凝土的抗剪强度、剪切模量和弹性模量[J]. 土木工程学报, 1999, 32(2): 47-52.

[34] GOODWIN K J, CROOK R J. Cement sheath stress failure [J]. SPE Drilling Engineering, 1992, 7(4): 291-296.

[35] JELENA T, KAMILA G, ALEXANDRE L, et al. Integrity of downscaled well models subject to cooling [C]. SPE180052, 2016: 1-15.

[36] LADVA H K J, CRASTER B, JONES T G J, et al. The cementto formation interface in zonal isolation [J]. SPE Drilling & Completion, 2005, 20 (3): 186-197.

[37] UGWU I. Cement fatigue and well integrity with application to life of well prediction [D]. Texas: Texas A&M University. 2008: 10-26.

[38] LECAMPION B, PRIOUL R. Competition between transverse and axial hydraulic fractures in horizontal wells [C]. SPE 163848. 2013: 1-13.

[39] ZHANG Z, WANG H. Effect of thermal expansion annulus pressure on cement sheath mechanical integrity in HPHT gas wells [J]. Applied Thermal Engineering, 2017, 118: 600-611.

[40] RAOOF G, BRENT A, NIKOO F. A thermo-poroelastic analytical approach to evaluate cement sheath integrity in deep vertical wells [J]. Journal of Petroleum Science and Engineering, 2016, 147: 536-546.

[41] JESUS D A, SIGBJØRN S. Cement sheath failure mechanisms: numerical estimates to design for long-term well integrity [J]. Journal of Petroleum Science and Engineering, 2016, 147: 682-698.

[42] 刘仍光, 张林海, 陶谦, 等. 循环应力作用下水泥环密封性实验研究 [J]. 钻井液与完井液, 2016, 33(4): 74-78.

[43] CARPENTER R B, BRADY J L, BLOUNT CG. The effects of temperature and cement admixes on bond strength [J]. Journal of Petroleum Technology, 1992, 44(8): 936-941.

[44] BOUKHELIFA L, MORONI N, JAMES S G, et al. Evaluation of cement systems for oil and gas well zonal isolation in a full - scale annular geometry [J]. Spe Drilling & Completion, 2013, 20 (1): 44-53.

[45] LI Z, ZHANG K, GUO X, et al. Study of the failure mechanisms of a cement sheath based on an equivalent physical experiment [J]. Journal of Natural Gas Science and Engineering, 2016, 31: 331-339.

[46] ALBAWI A, TORSÆTER M, Andrade J D, et al. Experimental set-up for testing cement sheath integrity in arctic wells [C]. OTC24587, 2014: 1-11.

[47] ARASH S, JEROME S, MAHMOOD A, et al. Using fatigue-failure envelope for cement-sheath-integrity evaluation [C]. SPE168321, 2014: 1-8.

[48] 初纬, 沈吉云, 杨云飞, 等. 连续变化内压下套管-水泥环-围岩组合体微环隙计算[J]. 石油勘探与开发, 2015, 42(3): 379-385.

[49] 刘洋. 水平井压裂二界面脱黏力学模型研究 [D]. 大庆: 东北石油大学. 2017: 3-27.

[50] 徐璧华, 卢翔, 谢应权. 胶结高温高压下油井水泥环胶结强度测试新方法 [J]. 天然气工业, 2016, 36(11): 65-69.

[51] 周战云, 郭子文, 李社坤, 等. 套管外防气窜装置的研制[J]. 石油钻探技术, 2018, 46 (4): 1-12.

自动垂直钻井技术研发进展及其在超深井中的应用

陈新勇[1]　宋维强[2]　陈奇涛[1]　徐明磊[1]　杜玉昆[3]　杨　恺[1]

[1. 中国石油渤海钻探工程技术研究院; 2. 山东科技大学能源与矿业工程学院;
3. 中国石油大学(华东)石油工程学院]

摘　要　自动垂直钻井工具利用水力能量实现防斜打快，在深部高陡地层应用前景广阔。在详细阐述国内外各类自动垂直钻井系统工作原理和规格型号的基础上，将其划分为旋转推靠类和滑动推靠类；进而分析和介绍了各类型钻具的技术优势及适用范围，结合垂钻系统在国内的最新应用进展及典型案例分析，对垂钻技术未来的发展方向进行了预测。研究认为：现有垂钻技术已可较好地满足中深层高陡层段快速钻进的技术需求，可在无线信息传输稳定性、推靠机构耐磨蚀等方面进一步完善；针对超深井防斜打快的技术需求，亟需研发小型化(适用于小井眼)、耐高温高压的新型号垂钻系统，以填补细分市场的空白；国内自主研发的垂钻系统业已取得长足进展，在实现防斜打快技术目标前提下，在耐温等关键指标方面甚至超过国外产品。研究成果可为钻井公司结合工程地质条件优选垂钻系统提供支撑。

关键词　垂直钻井；水力能量；适用范围；耐温耐压；研发进展

自动垂直钻井工具系统利用水力能量实现主动防斜纠斜，同时能够解放钻井参数实现钻井提速，在高陡构造钻井实践中应用广泛。近年来，国内外垂钻系统在序列化研发和应用取得长足进步，适时归纳垂钻序列的适用条件并总结现场应用经验，可为施工单位针对具体工程地质条件优选钻具提供便利。

垂钻系统通过向井筒高边伸出推靠机构获得反作用力实现纠斜。根据垂钻系统在钻井过程中的导向方式，可将其划分为两类：一是旋转推靠类钻具，例如Schlumberger公司的Pover V系统，即纠斜导向钻进时转盘开动，垂钻系统随钻具旋转；二是滑动推靠类钻具，例如Baker Hughes公司的Verti Trak系统，即钻进时转盘和钻具不旋转。两类工具的优势特点和适用条件各有针对性。

1　工作原理及技术特点

1.1　旋转推靠类垂钻系统

以Power V系统为例介绍旋转推靠类垂钻系统的工作原理。2002年，Schlumberger公司在其PowerDrive旋转导向系统基础上发展了Power V垂钻系统。Power V系统主要由测控系统(感知井斜和方位、控制偏置机构的运行)、推靠机构(执行控斜指令，提供纠斜力)、加长短节(钻井液导流，为推靠机构提供动力)组成，结构原理如图1所示。测控系统感知井斜后，将上盘阀开口固定在井筒高边，即上盘阀不随工具的旋转而旋转；下盘阀三个阀孔与偏置机构的三个伸缩块联通，并随钻具旋转；最终只有旋转至井壁高边位置的伸缩块处于伸出状态，支撑井壁获得纠斜力。该类钻具的特点是可以划眼(限制使用时间)，所有部件旋转，可有效降低卡钻风险；自动闭环控制防斜和纠斜，彻底解放钻井参数。

1.2　滑动推靠类垂钻系统

以BH-VDT系统为例介绍滑动推靠类垂钻系统的工作原理。BH-VDT系列垂直钻井工具由渤海钻探于2005年开始在德国smart drilling公司技术支持下开展研究，历经引进和自主国产化及自主研发阶段，经过数次改进，目前研发了BH-VDT3000、BH-VDT4000、BH-VDT5000、BH-VDT6000系列工具，可应用215.9mm-660.4mm范围内的井眼。其工作原理与VertiTrak类似，井下测斜系统在井下可不旋转或缓慢旋转，控制系统发送指令指挥井斜高边方向的活塞将推靠翼推出，推靠翼推靠井壁产生反作用力纠斜。具有独立的液压驱动系统，连续的井斜控制不受钻井参数和地层特性影响。

该垂钻工具由8大系统组成，机械系统、软件系统、电路控制系统、电源供电系统、电子测量系统、高压密封系统、信号上传系统和液压执行系统，如图2。其中机械系统的功能为在承载其他系统的前提下保证在井下安全工作，其承载着电源电路、脉冲器、测量传感器、控制中心及纠斜推靠翼等所有液压电子及机械部件，是其他七大系统的“骨骼”。

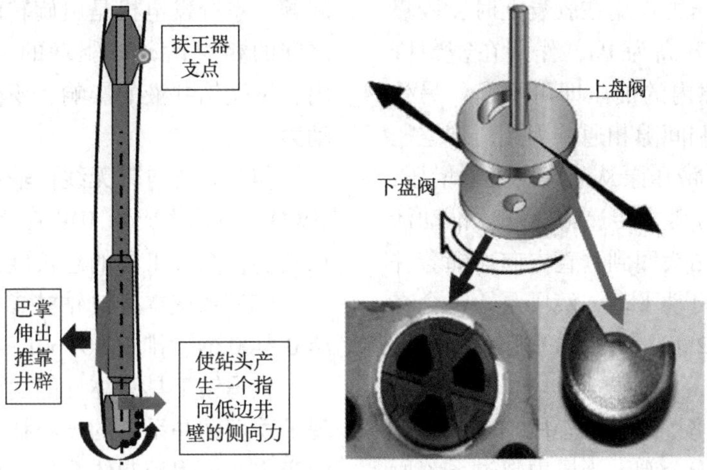

图 1　Power V 垂钻系统工作原理图及导流机构原理图

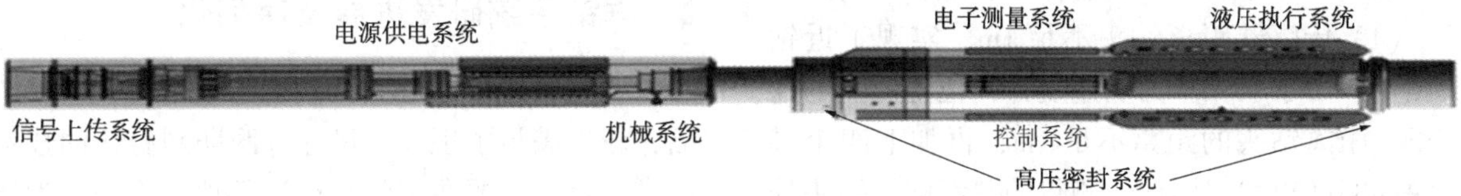

图 2　渤海钻探 BH-VDT 系统组成及结构示意图

在工具的一个导向块内放有三个重力加速度计，即 X、Y 和 Z 三轴加速度计。X 轴重力加速度计不测井斜，只是与 Y 和 Z 轴一起确定四个液缸的相应位置，Y 轴和 Z 轴的两个重力加速度计测量井斜，两轴共有四个方向，即 Y 轴的正方向和负方向；Z 轴的正方向和负方向，这四个方向与四个导向块相对应，当 Y 和 Z 轴处于水平时，其角度均为 0°。当井眼发生倾斜时，Y 轴和 Z 轴的正方向就与水平方向产生角度，这时与正方向相对应的导向块就会伸出，支撑到井壁上，推动钻头回到垂直方向(有时只有一个导向块伸出，有时两个导向块伸出，最多两个导向块伸出，与伸出的导向块相反方向的导向块不伸出)。

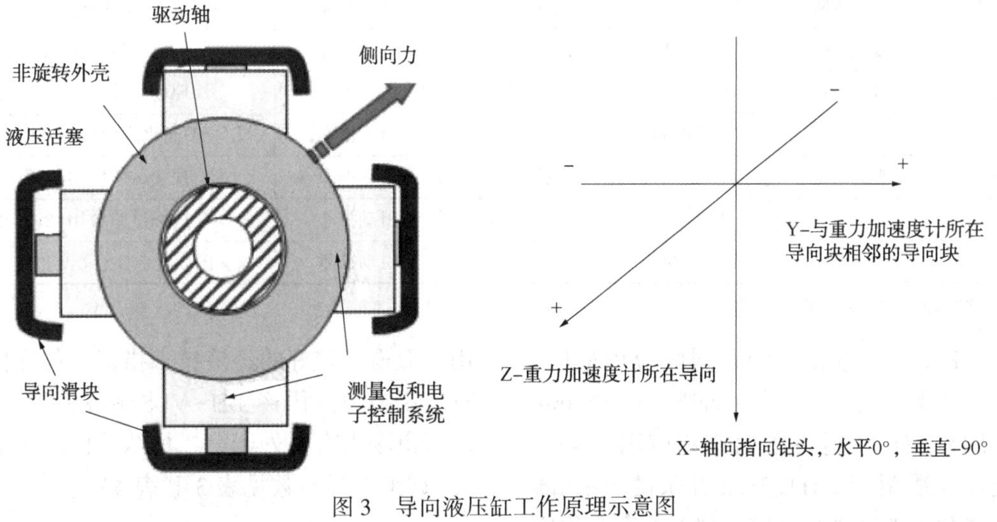

图 3　导向液压缸工作原理示意图

在驱动轴和腔室的内侧的间隙内充满油，随着井深的增加，环空压力 Pa 也在增加，环空压力 Pa 一方面作用在密封圈的外面，另一方面作用在胶囊上。当环空压力作用在胶囊上时，胶囊变形，间隙内的油压升高为 Pa，作用在密封圈外面的压力 Pa 由间隙内的油压即可平衡；另一方面，腔室内的油罐和间隙相通。因此，环空压力 Pa 也会传给油罐，液压泵从油罐内吸油增压，将 P2(=Pa+1～2MPa)压力传递给活塞，推动活塞支撑在井壁上，使钻头回到垂直方向。随着井深增加，这种压力会自动平衡，液压泵始终会在 Pa 的基础上增加 1～2MPa，使活塞能够推动导向块。

液压泵在驱动轴旋转的过程中，始终在工作，但它有一个压力安全阀，当压力超过系统所需压力时，安全阀打开，液压油回到油罐。

BH-VDT 垂钻系统具有以下特点：

(1) 传感器距离钻头不足 1m，实现了近钻头测量。由于三轴重力加速度计，位于外壳的腔室里，距离钻头的距离不足 1m，再加上四个导向块的刚度很大，因此，测得的井斜即为钻头处的井斜，真正实现了近钻头测量。

(2) 系统控制精度高，灵敏度 0.01°。系统的灵敏度为 0.01°，只要井斜角大于 0.01°，系统就开始工作，因此，控制精度很高。

(3) 非钻井液发电，避免了涡轮发电的磨损问题。系统发电机是由旋转的钻柱和静止的外壳之间的相对运动来驱动的，并且是密闭在腔室内，不受钻井液的影响，不会消耗额外的钻井液动力。

(4) 系统自带无线传输系统，不需额外增加 MWD。系统集成了 MWD，因此使系统的结构更加紧凑，系统工具的总长度只有 6m。

(5) 系统本身对钻井参数适用范围较宽(钻压 0-400kN、排量 30-60L/s)。

该垂钻工具总体性能达到国际先进水平，实现了垂直钻井系统的核心技术自主化、加工制造国产化、过程控制体系化、检测维保标准化、工具配套系列化，具备了产业化推广能力。

2 垂钻系统研发进展及序列化

垂钻系统经过多年研发，形成了序列化产品，较好满足了现场各尺寸井眼防斜打快的技术需求，目前主要在南疆盆地深部地层应用。为便于后续推广选用，统计了垂钻工具及技术的研发与应用情况(表 1)。

表 1　垂钻工具系统研发及应用进展

名称	厂家	适用井眼	推靠力	归类	现场应用情况
Pover V	斯伦贝谢	139.7～711.2	钻井液压差	旋转推靠	工业化应用(570 余井次)
ZS-VDS	石大(华东)	215.9～571.5	钻井液压差	旋转推靠	工业化应用(近 60 井次)
捷联式	胜利钻井院	215.9、311.2	钻井液压差	旋转推靠	现场试验应用(10 井次)
CUGB-VDS	地大(北京)	215.9	钻井液压差	旋转推靠	原理样机试制
Verti-Trak	贝克休斯	203.2～711.2	电控液压	滑动推靠	工业化应用
V-Pilot	哈里伯顿	311.2	钻井液压差	滑动推靠	工业化应用
VectorEXAKT	国民油井	406～444.5	电控液压	滑动推靠	现场试验应用(1 井次)
BH-VDT	渤海钻探	311.2～444.5	电控液压	滑动推靠	工业化应用(近 200 井次)
AVDS	西部钻探	311.2、406	电控液压	滑动推靠	现场试验应用(7 井次)
Verti Servo	航天十八所	311.2～444.5	电控液压	滑动推靠	现场试验应用(8 井次)
Scout	斯科特	152.4～444.5	钻井液压差	滑动推靠	国内无应用(北美 850 余趟)

注：统计数据截至 2022 年 2 月。

目前，Power V 垂钻系统在国内应用最广，其详细工具参数如表 2 所示。此外，Verti-trak 垂钻系统同样在国内进行了商业化应用，Scout 垂钻系统以及适用于 φ311.2mm 井眼的 V-Pilot 垂钻工具在北美地区进行了较大规模的商业化应用，取得了较好的经济技术指标，但在国内尚未有应用报道。国产 BH-VDS 和 ZS-VDS 在南疆地区市场占有率处于第二梯队，已取得显著的进展(详细工具参数见表 3 和表 4)。

表 2 Power V 工具序列

工具系列	PowerV 475（国内暂无）	PowerV 675	PowerV 825（国内暂无）	PowerV 900	PowerV 1100
工具外径/mm	Φ120.7	Φ171.5	Φ203.6	Φ228.6 或 Φ244.5	Φ279.4
井眼尺寸/mm	Φ139.7～Φ165.1	Φ215.9～Φ250.8	Φ266.7	Φ304.8～Φ374.7	Φ393.7～Φ469.9 或 Φ508～Φ660.4
最大狗腿度	8°/30m	8°/30m	5°/30m	5°/30m	4°/30m 或 2°/30m
最大扭矩	5420N·m	21700N·m	21700N·m	65000N·m	65000N·m
最大载荷	1500kN	4900kN	4900kN	6200kN	10140kN
最大钻压	223kN	290kN	290kN	290kN	290kN
最高转速	220RPM	220RPM	220RPM	220RPM	220RPM
堵漏剂要求	142.6g/L	142.6g/L	142.6g/L	142.6g/L	142.6g/L
流量范围	7～25L/s	15～60L/s	20～80L/s	20～95L/s	20～95L/s
最高工作温度（国内暂无高温型）	150℃	150℃	150℃	150℃	150℃
	175℃（高温）	175℃（高温）	175℃（高温）	175℃（高温）	175℃（高温）
最大承压	138MPa	138MPa	138MPa	138MPa	138MPa
钻头压降	4.5～5.2MPa	4.5～5.2MPa	4.5～5.2MPa	4.5～5.2MPa	4.5～5.2MPa

表 3 中国石油大学（华东）ZS-VDS 工具序列

工具系列	ZS-VDS-216	ZS-VDS-241	ZS-VDS-311	ZS-VDS-333	ZS-VDS-406	ZS-VDS-445	ZS-VDS-559
名义尺寸	Φ216	Φ241	Φ311	Φ333	Φ406	Φ445	Φ559
井眼尺寸/mm	Φ215.9	Φ241.3	Φ311.2	Φ333.4	Φ406.4	Φ444.5	Φ558.8/Φ571.5
工具长度/m	3.1	3.1	3.1	3.1	3.5	3.5	3.5
工具最大外径/mm	206	231	301	323	396	435	549
巴掌伸出最大外径/mm	231	256	326	348	421	470	574
井斜控制精度/(°)	≤3	≤3	≤3	≤3	≤3	≤3	≤3
纠斜效率/(°/30M)	≈0.5	≈0.5	≈0.5	≈0.5	≈0.5	≈0.5	≈0.5
允许通过的最大狗腿	10°/30m	10°/30m	10°/30m	10°/30m	10°/30m	10°/30m	10°/30m
最大扭矩/(N·m)	30000	30000	44000	44000	65000	65000	75000
最大载荷/t	250	250	300	300	350	350	400
最大钻压/t	25	25	35	35	35	35	40
最大转速/rpm	≤100	≤100	≤100	≤100	≤100	≤100	≤100
最大水力压力/MPa	144	144	144	144	144	144	144
最高工作温度/℃	215	215	215	215	215	215	215
堵漏材料浓度	<140g/L 粒径<500μm	<140g/L 粒径<500μm	<140g/L 粒径<500μm	<140g/L 粒径<500μm	<140g/L 粒径<500μm	<140g/L 粒径<500μm	<140g/L 粒径<500μm
工作流量/(L/s)	25～35	25～35	40～65	40～65	40～65	40～65	45～75
工具压耗/MPa	≤0.5	≤0.5	≤0.5	≤0.5	≤0.5	≤0.5	≤0.5
钻头压降/MPa	4.5～7.5	4.5～7.5	4.5～7.5	4.5～7.5	4.5～7.5	4.5～7.5	4.5～7.5
单只肋板侧向推力/t	≥1.0	≥1.3	≥2.0	≥2.0	≥2.5	≥2.5	≥3.0

表 4　BH-VDT 工具序列(部分)

工具型号	BH-VDT5000	BH-VDT4000
井眼尺寸	406. 4mm, 431. 8mm 444. 5mm, 558. 8mm	311. 2mm, 333. 4mm
井斜控制精度	±0. 1°	±0. 1°
井斜控制范围	≤1°	≤1°
最大钻压	400kN	250kN
最大钻头扭矩	30kN · m	30kN · m
最高工作温度	150℃	150℃
最大工作压力	140MPa	140MPa
系统总长度	6m	5. 7m
最大转数	250rpm	250rpm
流量范围	30~70L/s	40~55L/s

3　垂钻系统典型应用案例及问题反馈

3. 1　高陡构造防斜纠斜

在高陡构造实现防斜打快是垂钻系统的根本功用，现有应用案例表明垂钻系统可适用于地层倾角近乎垂直的井段。某区块二开井段(406. 4mm 井眼)地层倾角 15~80°，前期主要使用 Power V 垂钻系统进行防斜纠斜钻进，井眼质量显著提高；采用 Power V 与常规钻进相比，机速提高 8 倍，周期由 130 余天缩短至 30 天以内，技术经济效益显著。

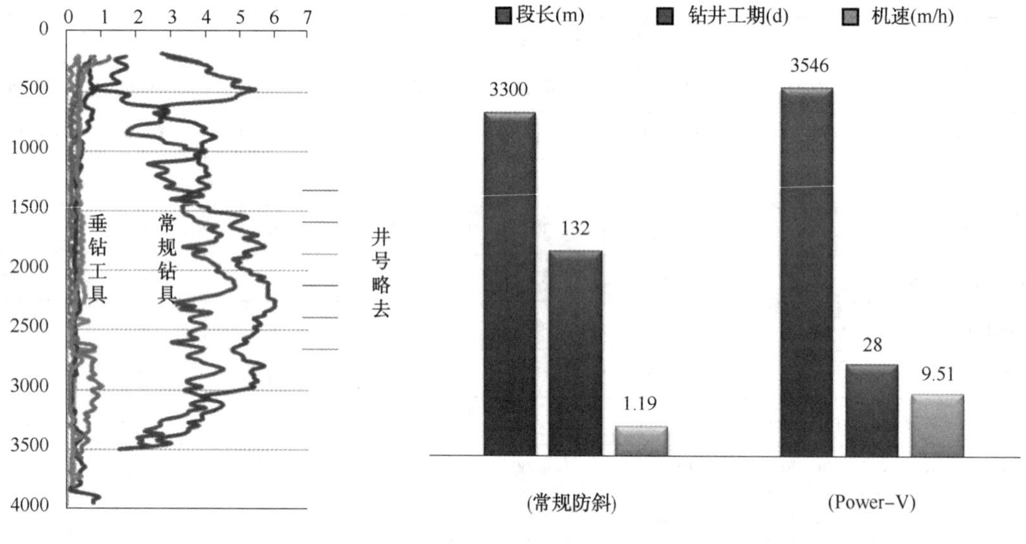

(a)井斜角VS井深　　(b)钻井指标对比

图 4　垂钻系统在高陡构造中的应用指标

针对国外产品使用成本高的问题，近年来南疆地区试验应用了多种具有自主知识产权的国内产品，目前渤钻 BH-VDT 垂钻系统应用量最多，较好实现了防斜纠斜的技术目标。克深 203 井位于库车坳陷克拉苏构造深部区带中段克深 1-2 号构造带，是布置在克深 2 号构造东侧翼部的一口评价井。克深 1-2 号构造带是典型的山前高陡构造，地层倾角在 45°左右，具有可钻性差及自然造斜能力强等特点，容易造成井斜；施工井段地层岩性为含砾细砂岩、粉—细砂岩不等厚互层，局部夹薄层棕色、棕褐色泥岩，地层软硬交错，可钻性差，容易造成机械钻速慢，钻井周期长。

克深 203 井设计井深为 6990m，采用五开井身结构设计。二开设计井眼直径为 444. 5mm，井段 200~1802m。由于地层倾角较大，岩性各向异性，强度软硬交错，极易造成井斜。自井深244m开始使用BH-VDT5000垂直钻井系统，到1802m完成施工任务井段，共使用工具2台套，入井2次，PDC钻头1只，自244m开始，井斜始终控制为0~0.1°，钻至1061m时，因工具失效导致井斜达到1.5°，后起钻更换新的垂直钻井系统，新系统入井后井斜很快降至0.1°以内，直至1802m完成服务井段，井斜始终保持在0.5°以内。

在相同区块，钻压、排量相近的前提下，使用BH-VDT5000垂直钻井系统钻进的克深203井机械钻速较邻井克深204井和克深2井分别提高59.32%和23.34%，充分体现了系统防斜打快的先进性能(如表4)。

表4　BH-VDT与Power-V钻进情况对比

井号	垂钻工具	钻进井段/m	纯钻时间/h	平均机速/(m/h)	钻压/t	排量/(L/s)
克深203	BH-VDT	244~1802	158.6	9.83	12~14	52
克深204	Power-V	238~1802	253.4	6.17	14~16	50
克深2	Power-V	200~1802	200.9	7.97	12~14	55

目前，BH-VDT工具服务市场占有率逐步提高，打破了国外公司技术垄断、市场垄断和价格垄断，使国外产品技术服务价格降低50%以上，为国内油气勘探开发做出了积极贡献。在塔里木油田的现场应用中创造了如下技术指标：①BZ11井创塔里木油田博孜区块砾岩层单趟钻进尺纪录1326米；②西秋1井单趟最长入井时间达到444.5小时；③KeS2-1-14井创最高日进尺纪录742米；④KeS241-J1井刷新塔里木油田克深区块13⅛″井眼单趟钻进尺纪录2381米。

3.2　复杂地层防斜打快

垂钻系统靠伸出推靠机构获取纠斜力，在易缩径井段存在卡钻风险。某井区盐膏层段选用旋转推靠类垂钻工具Power V与油基钻井液配合使用，成功将井斜控制在1°以内，且机速大幅提高近4倍，如图5所示。此外，该区域盐膏层上部曾使用Verti Trak等滑动推靠类垂钻系统，但在盐膏层段为避免卡钻等事故而停止使用。

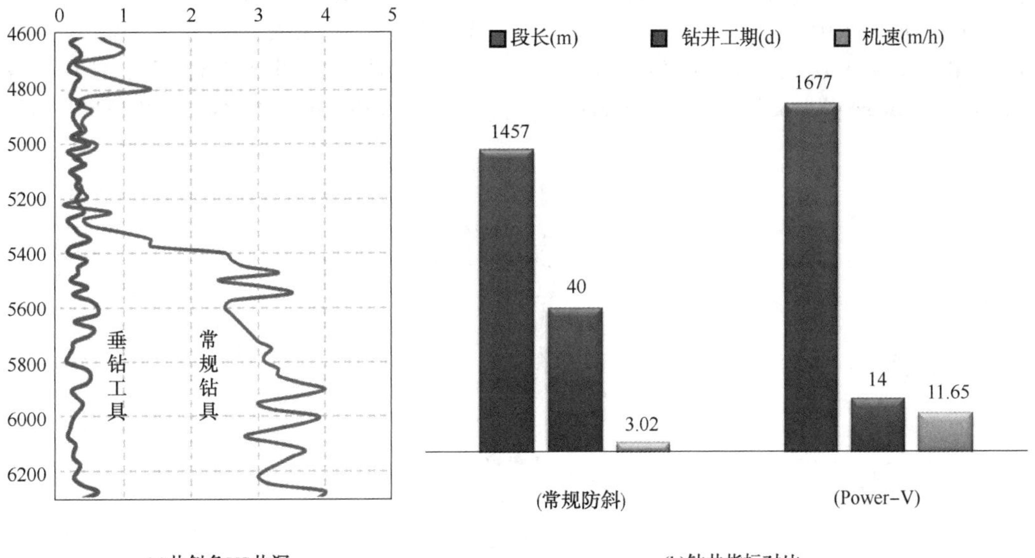

(a)井斜角VS井深　　(b)钻井指标对比

图5　垂钻系统在盐膏层段的应用指标

深部井段，井下信号发生及传输困难，使得难以实时监测井下动态信息；因此纯机械式自动垂钻工具在深部井段具有较大应用潜力。

3.3　深部高温地层防斜打快

目前，从国外引进的垂钻系统标定的最高耐温一般不超过150℃。南疆地区深部地层温度超限。某井采用Power V系统纠斜失效，起钻后装置录得井下最高温度157℃，测控装置烧坏(可能在低于最高温度时即损坏)，因此选用垂钻系统时需严格遵循耐温限制。

中国石油大学(华东)研制的 ZS-VDS 垂钻系统标定的最高耐温超过 200℃，前期在浅部地层较好实现了技术目标，南疆顺南区块深部地层选用该型钻具实现了平稳纠斜，7 口井平均提速 47.5%。其中，最大应用井深 7002m(开次设计井深)，井下温度 166℃，为现有垂钻系统的最大井深和最高耐温的实钻应用记录。

4　结束语

近年来，国内外自动垂直钻井技术及装备进步迅速，已可较好地满足中深层高陡层段快速钻进的技术需求，可在无线信息传输稳定性、推靠机构耐磨蚀等方面进一步完善；针对超深井防斜打快的技术需求，亟需研发小型化(适用于小井眼)、耐高温高压的新型号垂钻系统，以填补细分市场的空白；国内自主研发的垂钻系统业已取得长足进展，在实现防斜打快技术目标前提下，在耐温等关键指标方面甚至超过国外产品。

参　考　文　献

[1] 汪海阁，苏义脑．直井防斜打快理论研究进展[J]．石油学报，2004，25(3)：86-90.

[2] 薛启龙，王瑞和，孙峰，等．捷联式旋转导向井斜方位动态解算方法[J]．中国石油大学学报(自然科学版)，2012，36(3)：93-97.

[3] Ligrone A. The Fastest Way to the Bottom：Straight hole Drilling Device-Drilling Concept，Design Considerations，and Field Experience [J]. SPE Paper 36826，1996：115-126.

[4] 刘白雁，苏义脑，陈新元，等．自动垂直钻井中井斜动态测量理论与实验研究[J]．石油学报，2006，27(4)：105-109.

[5] Barr J D，et al. Steerable Rotary Drilling With an Experimental System [J]. SPE Paper 29382，1995.

[6] 薛启龙，丁青山，黄蕾蕾．旋转导向钻井技术最新进展及发展趋势[J]．石油机械，2013，41(7)：1-6.

[7] 王闻涛，王小通，杨晓勇，等．全旋转推靠式自动垂直钻井工具现场试验分析[J]．石油机械，2015，43(9)：24-27.

[8] 李杰，翟芳芳，袁骐骥．贝克休斯垂直钻井系统在大湾 1 井的应用[J]．天然气技术，2009，3(6)：29-30.

[9] 陈若铭，穆总结，艾才云，等．φ311 垂直钻井系统的研制[J]．石油钻采工艺，2010，32(1)：31-33.

[10] 孙峰，吕官云，马清明．捷联式自动垂直钻井系统[J]．石油学报，2011，32(2)：360-363.

[11] 艾才云，穆总结，宋朝晖，等．φ311 垂直钻井系统的工作原理及现场应用[J]．钻采工艺，2010，34(3)：40-42.

[12] 汝大军，张建庚，周胜鹏，等．BH-VDT5000 垂直钻井系统在克深 203 井的应用[J]．石油钻采工艺，2012，34(4)：1-3.

[13] 滕学清，刘洪涛，李宁，等．塔里木博孜区块超深井自动垂直钻井难点与技术对策[J]．石油钻探技术：DOI：10.11911/syztjs.2020113.

高温小井眼电成像仪器的研制

田海涛　吴学刚

（中石化经纬有限公司江汉测录井分公司）

摘　要　西北油田顺北区块目的层为奥陶系中下统沉积的碳酸盐岩地层，平均深度8000m以上，井眼直径多数为149.2mm或者更小。传统电成像仪器外径为127mm，最小适应井眼为158.75mm。为此，急需研制一种小外径而且耐高温的电成像仪器，解决小井眼目的层无法取得电成像测井资料的难题。研制的高温小井眼电成像仪器外径为90mm，采用梯形灯笼体结构，可以实现下测和上测两种模式。电子线路增加存储模块，配合电池短节可实现无电缆存储式测井。

关键词　电成像测井；高温小井眼；小外径；耐高温；电缆钻具输送

1　引言

随着油气勘探开发难度的不断增大，研究的油气藏分布更加复杂，储集层的地质特征更加多样，埋藏深度也更深。钻井技术也因此获得快速发展的平台，目前，钻探8000m以上的直井、定向井及水平井已经技术已经非常成熟。然而，测井作为油气勘探的“眼睛”，也面临着巨大的挑战。因为随着井眼的不断加深，井底的温度和压力都会越来越高；随着钻井开次的增加，井眼尺寸会越来越小。对测井仪器的耐高温高压性能要求更高；对测井仪器的外径尺寸也要更小；对测井施工工艺也提出了新的要求。高温小井眼仪器在直井的电缆施工中虽然拥有不俗的表现，但是在定向井和水平井的测井施工中却不尽人意，尤其是井况条件无法满足电缆钻具输送测井要求的井(钻具接头处外径与套管之间的环空小于电缆直径的3倍时，进行电缆钻具输送测井时容易损坏电缆造成测井失败或复杂工程故障)。近几年发展起来的存储式测井工艺，实现了无电缆测井的可能。但是，无论是高温小井眼仪器还是存储式测井工艺目前都不能完成电成像测井项目。

2　仪器的优势

传统电成像电缆测井的主要仪器有斯伦贝谢的FMI，哈里伯顿的XRMI以及贝克休斯的STAR等仪器。这些仪器都是175℃耐温，140MPa耐压，外径127mm，最小适应井眼为158.75mm。目前国内用的较多的是哈里伯顿的XRMI以及类似原理的国产仪器。同时这些仪器均为如图1所示的平行四边形结构，打开推靠臂时不能下行，作业方式只能支持上测模式。对于钻输模式作业来说，仪器需要很长时间在高温环境下，上测模式需要仪器完全下到目的层底端才能开始测井，对于高温高压高时长作业来说，成功率更低。

研发的高温小井眼电成像耐温指标提升到了200℃，耐压指标提高到了172MPa，外径缩小到了90mm，有效解决了149.2mm及更小井眼中无法取得电成像资料的难题。外径缩小的同时要保证仪器整体有足够的机械强度，仪器为4条推靠臂和4块极板设计，在149.2mm的井眼中极板覆盖率为54.5%，在120.65mm的井眼中极板覆盖率达67.4%，而哈里伯顿的XRMI在215.9mm的井眼中极板覆盖率也仅为56.2%，因此4块极板的小井眼电成像仪器所测资料能够满足地质解释的需要。4条推靠臂采用了如图2所示的梯形灯笼体结构，可以实现下测模式。在钻输测井工艺中，使用下测模式，在到达目的层底部时已经完成了一次完整测量段的记录，对于测量段长，测量时间长的项目，大大提高了测井成功率。如果将电源短节更换为存储短节，并配合电池短节可以实现无电缆存储式测井。

3　仪器工作原理

电成像的全称叫微电阻率扫描成像，如图3所示，其核心部分包含一套EMEX发射组件，一套信号采集与处理组件，其他为辅助组件。EMEX发射组件在主控模块的控制下可以发射最高25W的4kHz的正弦波。

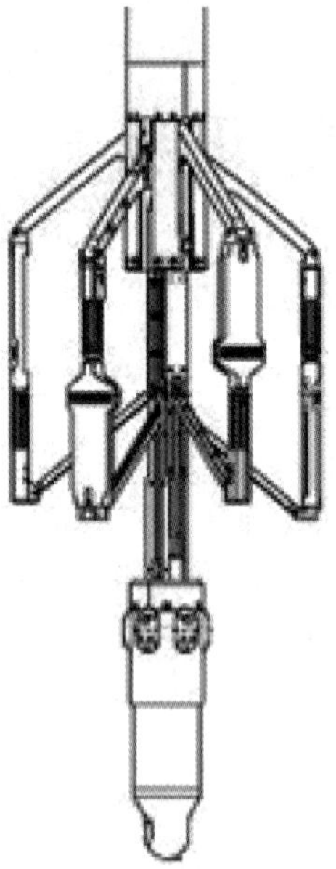

图 1　平行四边形结构的电成像探头

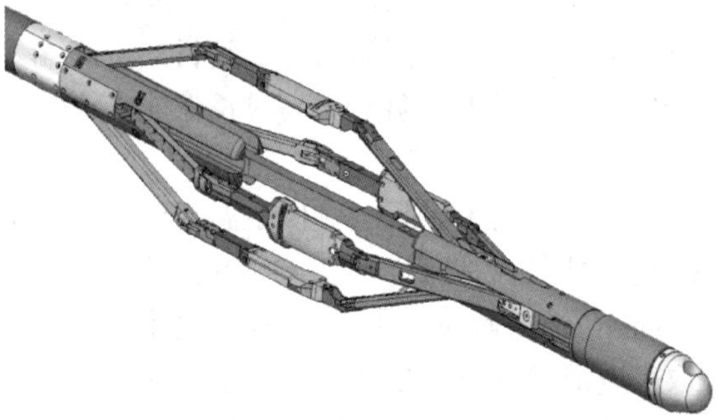

图 2　梯形灯笼体结构的电成像探头

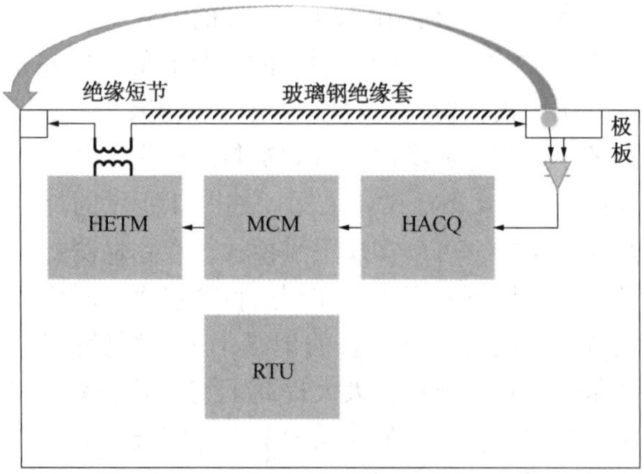

图 3　电成像的工作原理

EMEX 发射信号通过变压器输出，一端连接绝缘短节以上的回路部分，另一端连接极板外壳。开启发射后就会有电流通过被测地层。每个极板上布置有 25 颗直径 5mm 的测量电极。每个测量电极与极板外壳之间有一个电压比较器，监测外壳电压与电极电压的差值，并通过一个采样电阻，将电流发射出去，直到电极电压与外壳电压一致。此时电阻上的电流刚好就是电极发射出去的电流。该信号经过滤波放大之后送入采集电路进行结果计算。通过对发射回路上下两端的电压采集可以得到发射电压，每个电极的电流可以通过采集电路计算得到。通过电压和电流可以得到每个电极扣对应地层的视电阻率。通过对视电阻率大小以伪彩图的形式根据极板的排布方式绘制出来就得到了井眼展开的成像图。

4　仪器构成

电成像仪器的构成主要分为供电短节(电源短节或带电池的存储短节)、主线路和探头三部分。

4.1　供电短节

(1) 电源短节

电缆测井时使用电源短节，如图 4 所示，电源短节包含一个绝缘短节，一组电源变压器，一组功率平衡模块，和一套整流滤波模块。绝缘短节采用陶瓷材料实现上下钢筒的绝缘，内部包含承压连接器以防止绝缘短节损坏后泥浆灌入仪器内部损坏电子线路部分。电源变压器和整流滤波模块给主线路提供低压直流电源以及开关腿所用的辅助电源。功率平衡组件为一组大功率电阻和与外壳可靠导热的铜制散热器，用来平衡功率。哈里伯顿的 XRMI 主电源发射功率很小，为了实现大功率发射采用了辅电通道地面直接供直流电的方式，但是这种方式有个缺点，就是采用直供模式会占用开关腿辅电通道，当遇到井况恶劣需要收腿调整的时候就只能中断发射。所以该电成像采用了主电发射提高发射功率的方式，但是这样带来了一个问题，当地层电阻率波动时，主电负载随之波动会导致缆头电压波动，早期通过培训操作人员进行手动调整主电电压跟踪的方式解决，但是对操作人员要求较高。现在通过这个功率平衡模块，在打开发射前提前占用 30W 的主电功率，并随着发射功率的变化时时调整，确保仪器总功率稳定，这样的好处是开始工作后基本不用管主电电压的调整，只要仪器状态正常即可。

(2) 存储短节

如果使用存储模式测井，需要将电源短节更换成存储短节，并配合电池使用。存储短节包含：主控模块、电池管理模块、马达电逆变模块、以及数据存储模块。

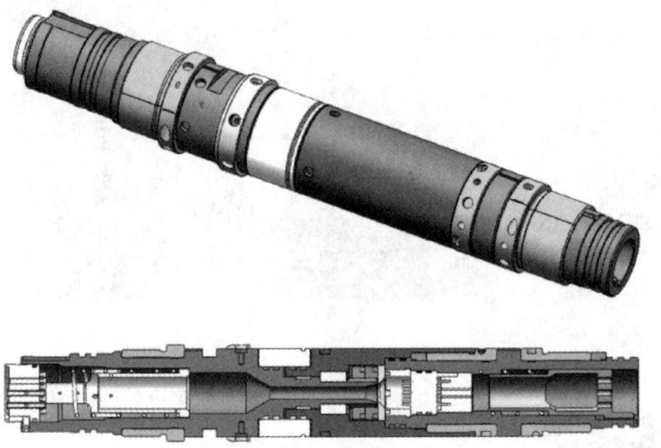

图 4　电源短节的结构

① 主控模块

主控模块结构网络如图 5 所示，其工作原理如下：

1）FPGA 作为主要执行核心，MCU 作为主要决策核心；

2）通讯接口一路 1553 和若干路 485 总线接口；

3）若干路数字输入接口和数字输出接口；

4）加速度、计温度计、泥浆压力等传感器，井下张力部分需要单独设计相应模拟电路，最终通过多路开关进入 ADC 模块，多余通道预留若干模拟输入接口；

5）MCU 单独一路 485 接口用于配置和检查，RTC 外挂到 MCU 上。

② 电池管理模块

电池管理模块主要用于对主电池的管理和辅助电源的产生，主电池进来后经防反接保护后产生一路小功率数字电源给本板控制核心使用，通过欠压保护，过流保护，经开关电源产生一路 15V 电源给本短节的其他模块使用，另有发射电源和仪器电源两路的输出控制以及电压电流监测。

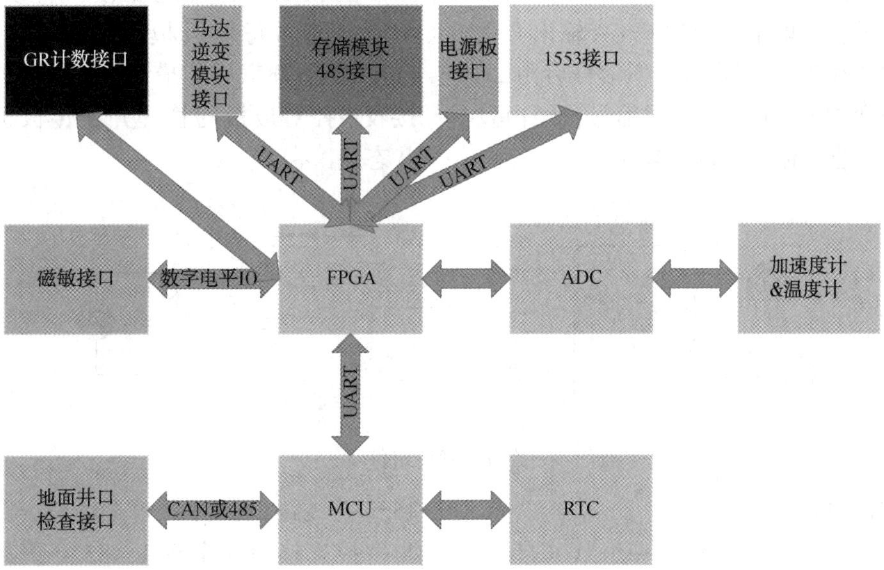

图 5　主控模块结构网络

③ 马达逆变模块

马达逆变模块主要是给探头的 220V 交流马达提供动力电源，通过对电池输入的直流电进行开关逆变波形合成以及变压器的最后升压达到马达所需要的电源。

④ 数据存储模块

如图 6 所示，存储板由两颗高性能 ARM 芯片组成的双 CPU 结构。一颗高温 CPU 在井下高温环境工作，通过高速 485 接收来自主控板的数据，通过低速 485 接收来自主控板的命令，并负责 flash 芯片的写操作与擦除操作；另一颗 CPU 将在地面工作，负责读取 flash 芯片的内容并且通过 TCP/IP 的方式将数据上传给地面系统。CHIP3 是一片铁电存储器，寿命高达 100 万亿次读写的掉电可保存型的存储器，用于保存 flash 芯片的当前存储位置，由于每帧频率很高，直接用 flash 保存这个数据很快会达到 flash 的读写寿命上限，故而选用了这颗铁电存储器来保存需要掉电保存并且刷新频率较高的数据。CHIP1 与 CHIP2 是两片 4GB 容量的 FLASH 存储器，用来存储测井数据。三片芯片通过电子开关分别连接到两颗 CPU，在测井状态下，三颗芯片连接到

TMS570，可以用来保存测井数据和存储器状态，在接入ROP口后，切换到STM32芯片一侧，可以用来读取数据和存储器状态。

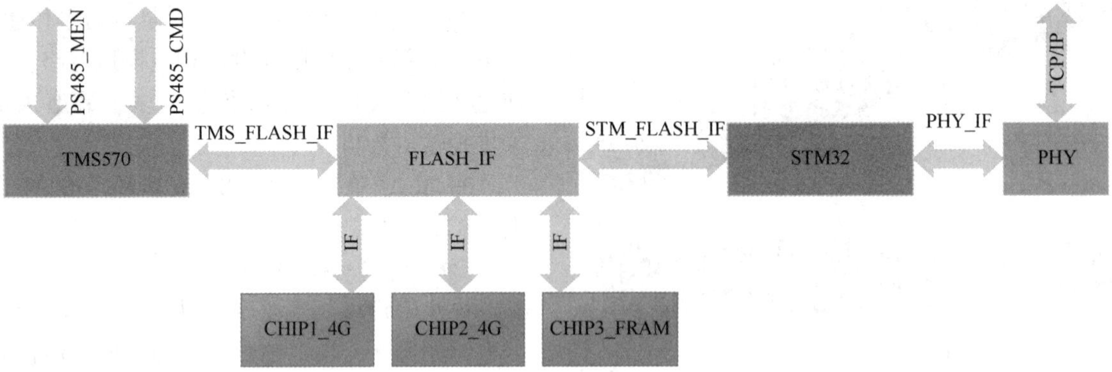

图6　数据存储模块

4.2　主线路

主线路包含发射组件一套，主控模块一套，马达控制板一块，远程通讯单元一块，采集系统一套(三块采集板)，并斜方位传感器一套。

(1) 发射组件

如图7所示，发射组件通过FPGA输出开关波形，经驱动芯片和H桥获得功率信号后由LC滤波器滤波得到4kHz正弦波发射信号，经由发射变压器与地层进行阻抗匹配后输出。

(2) 采集单元

采集单元共两块板，每块板负责管理两块极板，其中电源模块将15V电源转换成±6.3V供给前放板，每路电源带有过流保护功能。采集电路由前级放大，带通滤波，自动增益放大和ADC组成，每块极板对应一路，最终结果在FPGA内计算获得。最终RS485接口与主控相连接收主控对极板的管理并回传极板采集数据及状态。

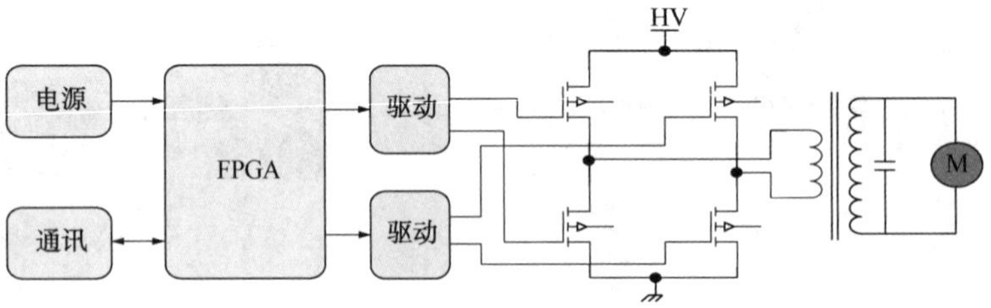

图7　发射组件

(3) 主控模块

如图8所示，主控模块包含一组ADC和多路开关接口的模拟输入通道，5路485总线，和3路通用串口总线。由两颗FPGA作为主控部分。其中模拟输入通道的信号包括，EMEX的发射电压和发射电流监测，井径和极板压力的测量，以及一些电路电源的监测。通用串口包括与导航包的通讯，发射组件的通讯，电源管理模块的通讯。485总线包含三个采集板的通讯，主控板兼容了6块极板版本的仪器，每个通道可以支持两块极板。另外还有两路485与远程通讯单元之间通讯，将数据上传。

(4) 远程通讯单元

如图9所示，远程通讯单元包含一组标准1553总线接口，两个485接口。两路485接口与主控连接组成全双工485通讯接口通讯速率1024000bps，1553总线通讯速率217kbps。FPGA实现1553总线数据的编解码，命令下传，数据打包上传。

4.3　探头

(1) 推靠器

为了实现172MPa的耐压，推靠器整体采用油平衡结构，内部整体处在液压油的保护中，通过平衡活塞确保内外压力相同，同时也保护了以前仪器最容易腐蚀的部件，推靠器柱簧。由于直流有刷电机的碳刷不能在液压油里面工作，而无刷电机控制逻辑复杂不利于紧急收腿等特殊场景的可靠工作。所以这个版本仪器的推靠马达采用的是交流异步电机。同时考虑到电压电流都比较大，温度要达到200℃，取消了之间的电子限位开关，改为机械的扭力限制器限制丝杠两端的行程。极板线束通过外层不锈钢网内层聚四氟乙烯管保护的结构全部保护在液压油里面，确保了极板信号能够可靠传输。

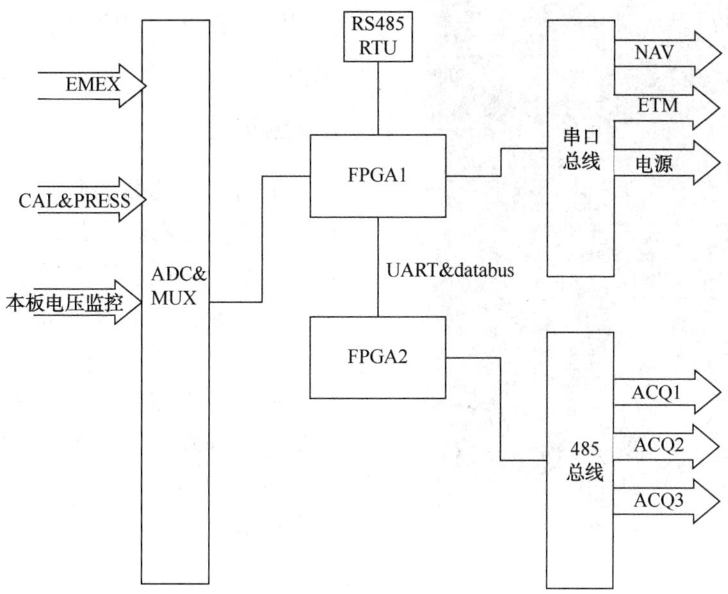

图8 主控模块组成框图

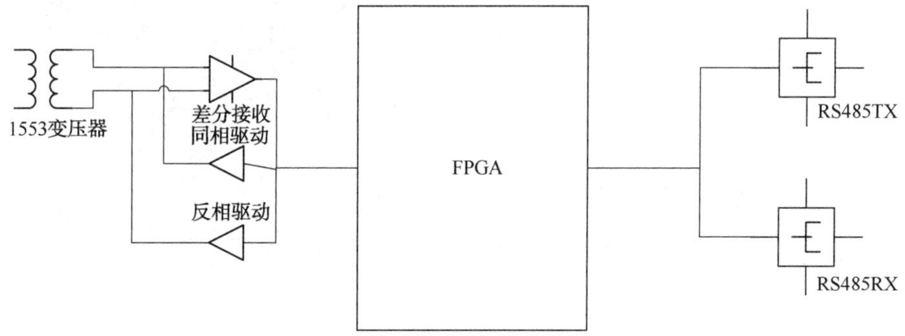

图9 远程通讯单元原理框图

极板的推靠方式没有采用传统的平行四边形结构，而是一个大角度的梯形结构，整体形成了一个灯笼体结构，这种结构的优点是可以实现仪器的下测，但是这种结构会带来一个问题，就是收腿需要的力量很大，为了解决这个问题，我们对这个结构进行了优化，缩短了主臂副臂的长度以减小阻力臂的长度，同时将丝杠换成了效率更高的滚珠丝杠，加上本身扭矩较大的交流马达。最终得到了可以可靠开收腿并能实现下测功能的推靠器。

（2）极板

通过订制的厚膜芯片实现了200℃的高温前放电路（图10右），同时另有175℃版本的更高精度的前放电路（图10左），极板承压则是通过优化的承压柱形状和更高强度材质的选择以及一些特殊设计实现了172MPa的承压。同时由于推靠的灯笼体结构使极板的平面不再始终平行于探头主体，而是可以随着地层形状变化而变化，达到了更好的贴合效果。电成像的原理上探测深度比较浅，所以极板贴靠地层的好坏直接影响最终的成像质量，这一点上也是一个优势。

5 样机测试及资料处理

2021年2月完成了样机的生产，5月完成整体调试，10月在西北油田5X井进行功能性测试。该井钻头尺寸为120.65mm，测量井段长达691m，采用电缆钻具输送测井工艺施工，分别进行了下测和上测两种测量模式，全程仪器工作正常，性能稳定。测井资料由测井解释中心进行数据质量检查，如图11所示，结论为：测井质量合格，可以用于地质解释。对上下测重复性进行对比，如图 12 所示，重复性较好，满足标准规范要求。

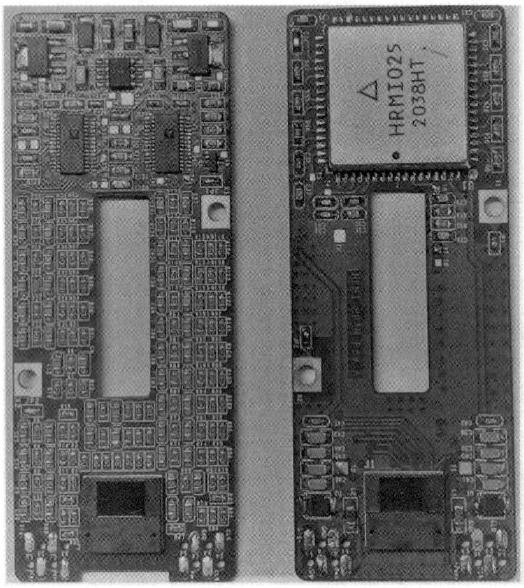

图 10　极板内前放电路

传统的电成像有 6 块极板，相邻极板间的相位为 60°，该小井眼电成像只设计了 4 块极板，相邻极板间的相位为 90°，因此，在不改变原有采集软件算法的基础上需要重新编辑解释模板，并且对极板进行方位校正后，才能获得正确的地质资料。

6　结束语

通过对该仪器的研制、生产及功能性测试，证明该仪器在高温小井眼中使用的可行性和实用性。但是，在性能测试中也暴露出一些问题，还有更多问题需要在实际应用中不断地发现和完善。目前，该仪器的存储功能还在调试阶段，等到存储功能成熟之后，该仪器在应用过程中能适应更多的井眼条件，也将获得更多的电成像测井工作量，为油气勘探开发创造良好的经济效益和社会效益。

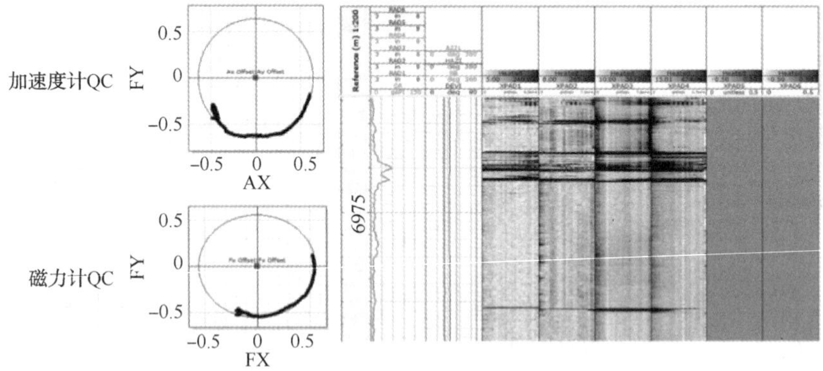

图 11　数据质量检查

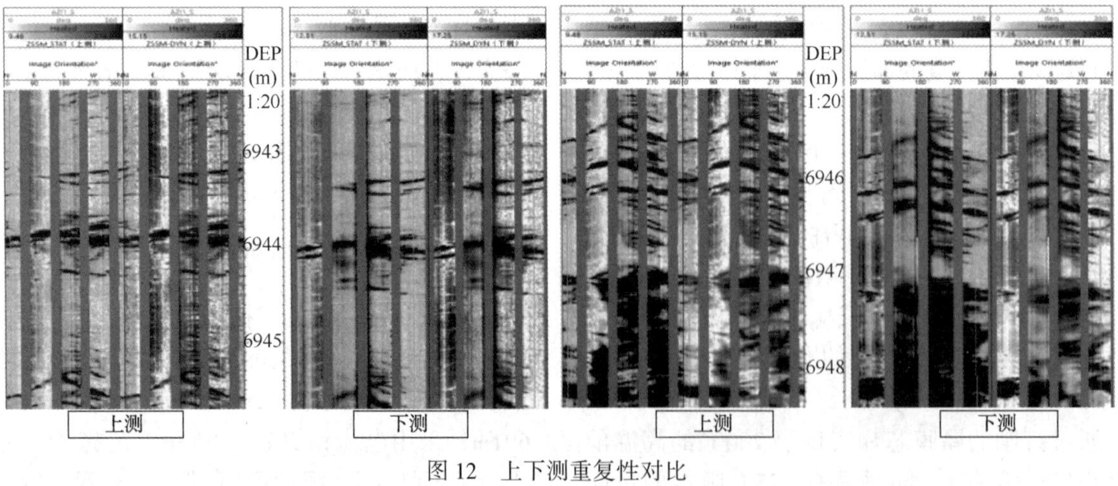

图 12　上下测重复性对比

参 考 文 献

[1] 陈宗琦，刘湘华，白彬珍，易浩．顺北油气田特深井钻井完井技术进展与发展思考[J]．石油钻探技术，2022，50(04)：1-10.

[2] 王蕙，廖胜军，窦锦爱，王芝江，刘耀伟，于增辉，

侯洪为．高覆盖率电成像测井仪推靠器的研制[J]. 石油管材与仪器，2021，7(01)：15-19. DOI：10. 19459/j. cnki. 61-1500/te. 2021. 01. 004.
[3] 孙锋．高温小直径多参数高速遥测仪器研制[J]. 石油管材与仪器，2020，6(01)：24-27. DOI：10. 19459/j. cnki. 61-1500/te. 2020. 01. 006.
[4] 李生荣．适用于小井眼测井和射孔的高性能仪器[J]. 石油仪器，1997(04)：33-36.
[5] 刘国强．非常规油气时代的测井采集技术挑战与对策[J]. 中国石油勘探，2021，26(05)：24-37.
[6] 刘国强．非常规油气时代的测井采集技术挑战与对策[J]. 中国石油勘探，2021，26(05)：24-37.
[7] 周京吾．小井眼随钻超声成像测井仪器电路研制[D]. 电子科技大学，2022. DOI：10. 27005/d. cnki. gdzku. 2022. 004407.
[8] 张中庆，唐伟．油基钻井液环境下电成像仪器对裂缝响应的数值模拟[J]. 中国石油大学学报(自然科学版)，2014，38(05)：82-88.

超深层岩石力学特性与压裂机理研究

杨　阳[1,2,3]　马　啸[1,2,3]　杨福见[1,2,3]　乔梓琮[1,2,3]　胡大伟[1,2,3]　周　辉[1,2,3]

(1. 中国科学院武汉岩土力学研究所；2. 岩土力学与工程国家重点实验室；3. 中国科学院大学工程科学学院)

摘　要　超深层储层处于高温高应力环境，岩石力学行为从中浅层的线性转变为非线性，基于中浅层的岩石力学理论难以适用于超深层油气开发工程。自主研发了超高温超高应力岩石真三轴压缩和水力压裂试验系统，最大水平和竖向应力可达 200 和 1000MPa，最高温度可达 400℃，最大注入压力 140MPa，可准确模拟超深层储层三维高应力、高温的原位环境以及水力压裂工程扰动。首先，开展了超深层储层原位环境下的岩石真三轴压缩试验，研究了不同温度下花岗岩力学特性随中间主应力的变化特征，并揭示了温度对岩石变形破坏机理的影响规律。然后，开展了不同真三轴应力状态下实时高温(最高 300℃)水力压裂试验，并采用光学显微镜、核磁共振技术与 CT 扫描等观测技术，从微观到宏观研究了压裂后试样的孔隙和裂缝分布特征，并揭示了高温和高应力下压裂机理的转换机制。相关结果可为超深层油气开发井壁稳定性分析、压裂工艺优化提供理论依据。

关键词　超深层；高温高应力；真三轴；水力压裂；剪切破坏；压裂机理

1　引言

我国高度重视能源安全问题，先后明确提出了能源革命战略、“向地球深部进军”。经过几十年的开采，油气开采由中浅层转向深层和超深层，塔里木油田 2014 年探井平均深度达到 6780m。我国深层/超深层(深度大于 4500m)新增石油、天然气探明储量分别占全国新增石油、天然气探明储量的 15%和 37%。此外，深部地热能可开采热量极大，具有极大的开发潜能，我国的深部地热能资源高达 7.0×10^{18}kW・h，按照 2%的开采系数计算，可开采热量大致相当于我国 2013 年能源总消耗量的 4500 倍；且随着技术的进步，可开采量可能增长 10 倍甚至更多，深部地热能将是未来能源结构中重要的一部分。由此可见，大力开发深部油气、地热等深层超深层能源是我国能源安全的重要保障。

超深层油气和深部地热能储层具有高应力、低渗透和致密的共同特点，例如：塔里木油田克深、大北气藏储层埋深 6500-8038m，最小水平主应力 130～140MPa，最大水平主应力 160～180MPa，孔隙度 3%～13%，渗透率 0.1～0.01mD，为特低渗储层；最近几年，我国新增油气储量中低渗透油气藏占 70%以上，渗透率为 0.1～10mD 的特低渗油气储量占比约 46%。深部地热能主要以干热岩为主，赋存于各种变质岩或结晶岩类岩体中，较常见的岩石有黑云母片麻岩、花岗岩、花岗闪长岩等，这类高温岩体的孔隙度和渗透率均极低。理论和实践证明，上述低渗透和致密的超深层能源一般都需要进行针对性的压裂改造才能获得经济开发效益。水力压裂作为一种高效的储层增产工艺技术，已广泛应用于上述深部能源的储层改造中，并取得了显著效果。按照我国现有的油气探明储量估算，每提高 1%的采收率，相当于找到一个数亿吨级探明储量的新油田。但是，在超深层高高温高应力的复杂环境下，岩石可能从弹脆性转变成延塑性，岩石力学性质的转变，使得超深层储层压裂过程中，岩石可能出现大范围塑性变形，基于线弹性断裂力学的水力裂缝扩展理论与方法不再适用，亟需针对超深层高温高应力的特点发展超深层储层水力压裂理论和技术。

然而，受限于试验仪器，未能获得反映超深层储层高温三维高应力环境的试验数据，对于超深层岩石力学特性，尤其是实时高温与真三轴应力状态下岩石的破裂机制尚不清楚，难以建立针对超深层岩石力学非线性行为的强度准则。此外，同时考虑高地应力与实时高温的水力压裂试验较少，超深层储层岩石水力压裂机理不清楚，目前的水力压裂数值模拟大多沿用中浅部的线弹性断裂力学理论，严重阻碍了适用于超深层的水力压裂理论和技术的发展。为此，自主研发了超高温超高应力岩石真三轴压缩和水力压裂试验仪，最大水平和竖向应力可达 200 和 1000MPa，最高温度可达 400℃，最大注入压力 140MPa，可准确模拟超深层储层三维高应力、高温的原位环境以及水力压裂工程扰动。首先，开展了超深层储层原位环境下的岩石真三轴压缩试验；然后，开展了不同真三轴应力状态下实时高温(最高 300℃)水力压裂试验，并采用光学显微镜、核磁共振技术与 CT 扫描等观测技术揭示了超深层水力压裂的转换机理。

2 超高温超高应力岩石真三轴压缩和水力压裂试验系统

超高温超高应力岩石真三轴压缩和水力压裂试验系统如下所示，该系统主要由以下 3 个子系统构成：全刚性力学加载系统、高温温控系统和伺服控制与数据采集系统。系统主要技术参数如下：

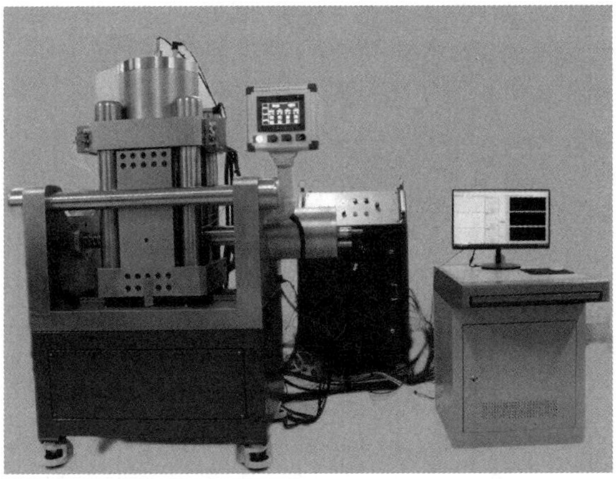

图 1 超高温超高应力岩石真三轴压缩和水力压裂试验系统

① 竖向应力(σ_1)：1000MPa

② 水平应力(σ_2 和 σ_3)：200MPa

③ 最高温度：400℃

④ 应力控制精度：<0.01MPa

⑤ 试样尺寸：50mm×50mm×100mm

⑥ 加载控制方式：三个方向应力和位移独立伺服控制

⑦ 位移传感器精度：0.2μm

⑧ 最大注入压力：140MPa

试验系统的主要特点：可真实模拟岩石在超深层高温和三维高应力下耦合环境，对标准岩石试样(50mm×50mm×100mm)最高可在 400℃高温下进行单轴、常规三轴、真三轴、水力/CO_2 压裂等多种试验；三个方向(σ_1、σ_2、σ_3)独立加载控制；采用由六回路可拆卸式柔性加热构件和气凝胶保温套组成高温温控系统，通过温控箱对每一回路进行单独温度监控，可实现对岩样的实时加热和监控；热塑模具钢和水冷循环系统可保证高温下试验系统的整体刚度与工作稳定性，高精度闭环伺服控制系统和磁制位移传感器，可在实时高温下实现多种应力路径和水力/CO_2 压裂试验中 3 个方向位移与压力的精准伺服监测。

3 超高温超高应力岩石真三轴压缩试验与力学特性

根据超深层储层的温度和应力环境，开展了不同温度和三维应力下的真三轴试验，根据许多其他学者进行的考虑中主应力效应的真三轴破坏实验，共设置五组温度变量(RT、100、200、300 与 400℃)，在每组温度变量下进行相同应力路径与应力变量下的真三轴压缩试验，应力变量设置如下表。

表 1 试验应力变量设置

σ_3/MPa	σ_2/MPa	σ_3/MPa	σ_2/MPa	σ_3/MPa	σ_2/MPa
20	20	40	40	60	60
	40		60		80
	60		80		100
	100		120		140

花岗岩在不同 σ_2 和温度下的应力-应变曲线如下图所示。在本文中，由于采用压正拉负，应变增加表示压缩，应变减小表示膨胀。结果表明，在(σ_1-σ_3)-ε_1 的应力-应变曲线中，达到峰值强度(σ_p)后应力应变曲线迅速下降，基本没有明显前兆，随后出现应力平台。应力-应变曲线表明，花岗岩的脆性较强，温度诱发的脆性-延性转变较小，仅在 σ_3=60MPa 时，表现出了少许延性。花岗岩在真三轴应力状态下的变形，受 σ_2 和温度的影响，σ_2 方向和 σ_3 方向有明显的差异。σ_2 对花岗岩变形特征的影响主要体现在 ε_2 中。初始加载阶段 σ_2 与 σ_1 值同时增大，应力应变曲线仍在很大程度上呈线性，且 ε_1 和 ε_2 方向的应力应变曲线基本一致。同时，ε_1 和 ε_2 呈上升趋势，表明 ε_1 和 ε_2 方向的试样处于压缩状态。而 ε_3 方向的试样由于 ε_3 应变负增长而出现膨胀。σ_1 加载阶段，ε_1 方向试样呈压缩状态，ε_2 和 ε_3 方向试样呈膨胀状态。当 σ_2

$=\sigma_3$ 时，ε_2 与 ε_3 随 σ_1 的发展趋势相似。在 σ_1 达到 σ_p 前，ε_2 与 ε_2 随 σ_1 的增大而缓慢增大，在到达 σ_p 后，ε_1 随 σ_1 的减小而迅速减小。随着 σ_2 的增加，高 σ_2 约束下的 ε_2 只以较低的速率增加，并在峰后阶段表现出拉伸-压缩转变。在所有 σ_3 下，当 $\sigma_2-\sigma_3=20$MPa 时，峰后的 ε_2 几乎不变。随着 $\sigma_2-\sigma_3$ 增加，ε_2 出现拉伸-压缩转变拐点。在拐点之前，由于试样的膨胀，ε_2 的增量为负。在拐点之后，ε_2 的增量为正。这主要是由于试样破坏后在高的约束下，σ_2 方向的变形能力大幅减弱。因此，高 σ_2 下变形性的各向异性表明，ε_3 方向是破裂时裂纹主要发展方向。

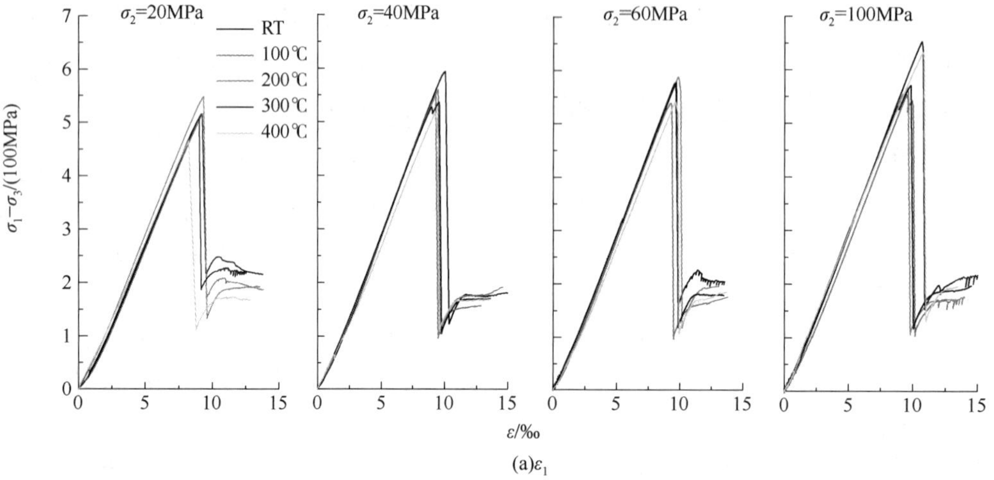

(a)ε_1

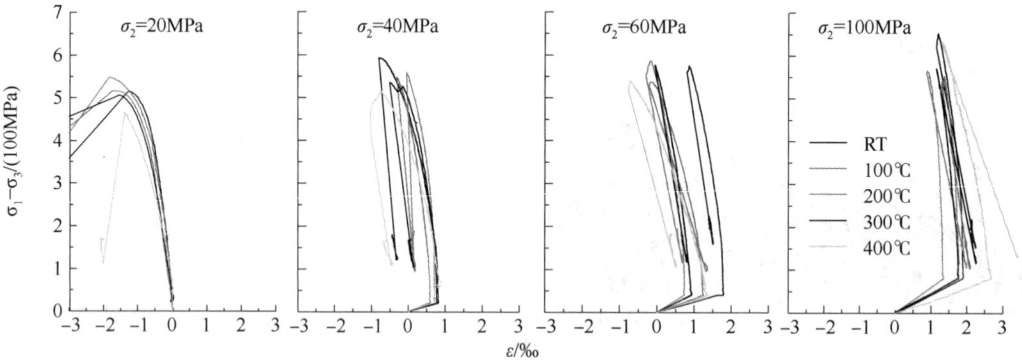

(b)ε_2

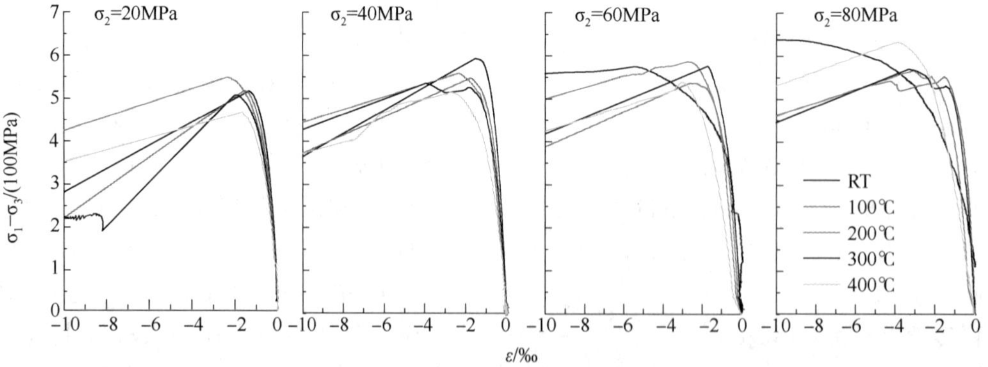

(c)ε_3

图 2　$\sigma_3=20$MPa 时实时高温真三轴试验的应力应变曲线

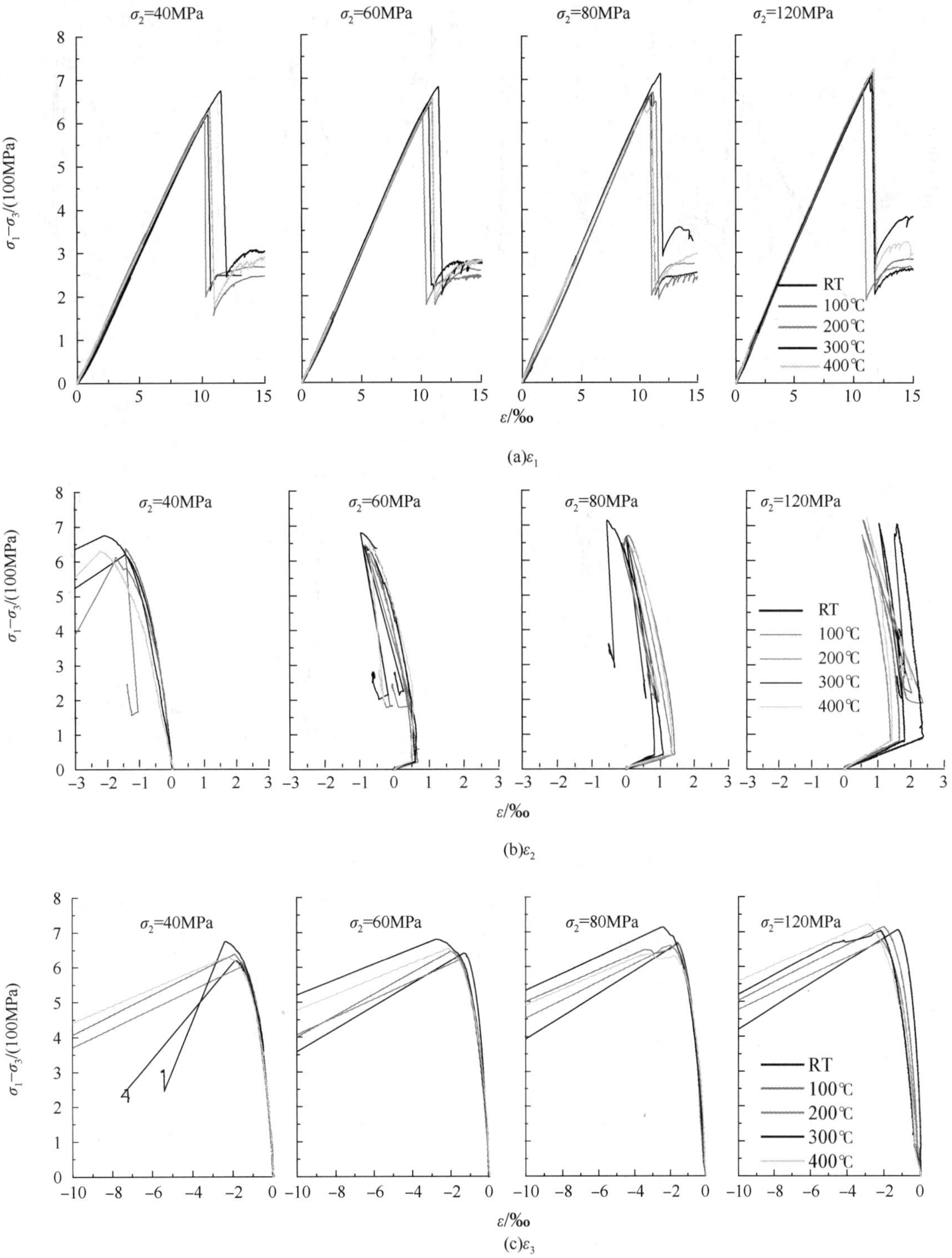

图 3　$\sigma_3=40\text{MPa}$ 时实时高温真三轴试验的应力应变曲线

图 5 给出了岩样破坏之后的照片，宏观破坏特征以 V 型、Y 型与 N 剪切破坏为主。在温度小于 300℃时，破坏角 θ 在 75°左右，为剪切破坏特征。而当温度较高时，易诱发 $\theta>80°$ 的拉伸裂缝，破坏模式为拉伸－剪切破坏。300℃与 400℃下花岗岩宏观破坏特征以剪切－拉伸破坏模式为主，σ_2 对花岗岩的宏观破坏特征影响不大。花岗岩宏观破坏特征随温度演化的总体趋势由剪切破坏为主转变为以拉伸－剪切破坏为主。利用 SEM 对花岗岩试样的微观破坏特征进行分析（图 6），发现在室温低应力下云母主要为脆性撕裂，而在高温高应力下云母出现增韧行为，发生扭曲变形，造成花岗岩力学性能随温度和应力升高而增强。

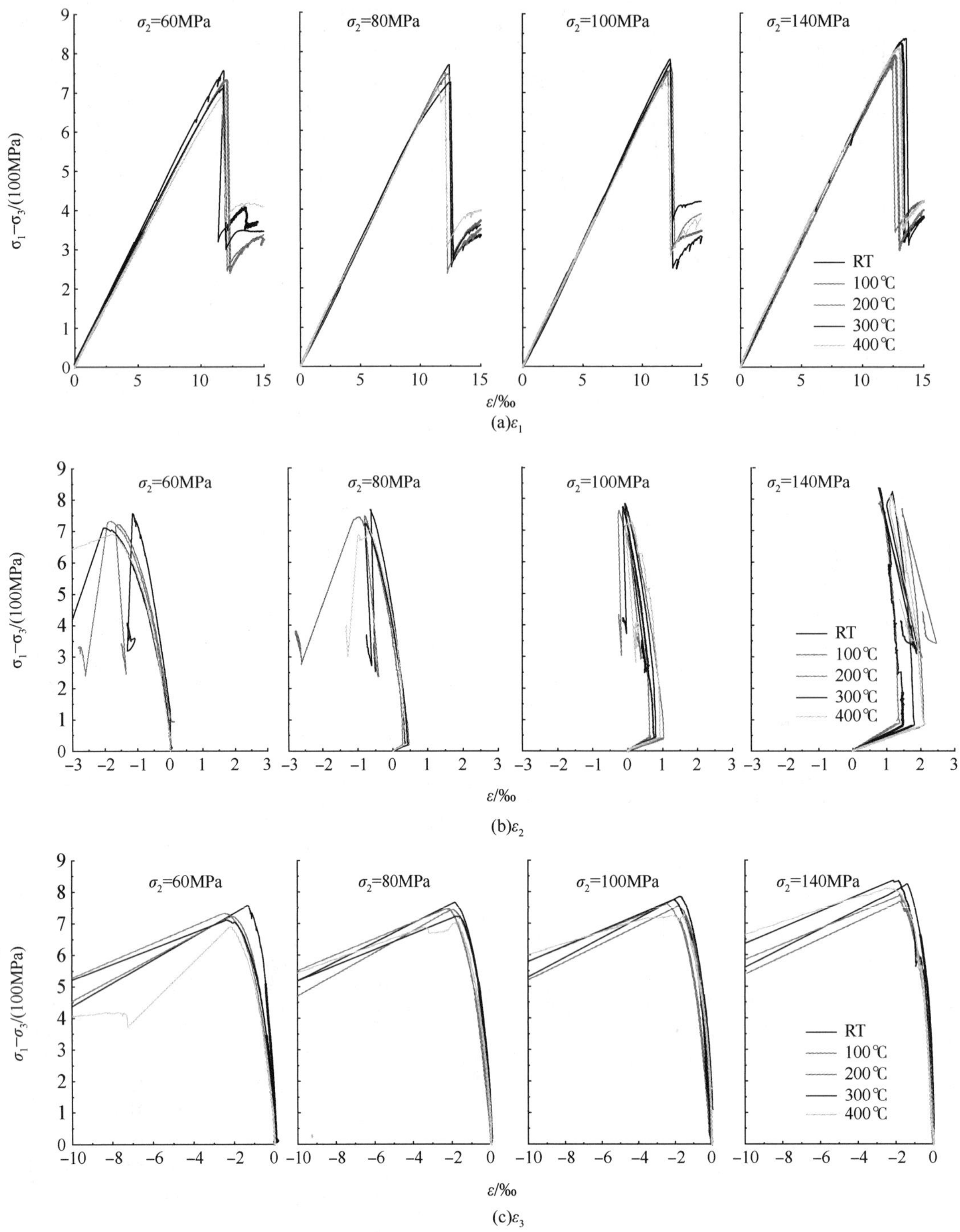

图 4　$\sigma_3=60$MPa 时实时高温真三轴试验的应力应变曲线

4　超高温超高应力岩石真三轴水力压裂试验

为了研究三维应力与温度对花岗岩水力压裂机理的影响，设置试验温度为 RT、100、200 与 300℃。每个试验温度均设置三种应力状态，即 $\sigma_h/\sigma_H/\sigma_v$ 为 60/40/20MPa、80/60/40MPa 与 100/80/60MPa，具有相同的最大水平应力差 20MPa。

图 7 给出了压裂曲线的形态特征，可以发现，在相同的应力条件下，起裂压力均随着温度升高而降低；随着应力的升高，起裂压力也随着升高，但在较高的温度条件下，升高的幅度明显减弱。

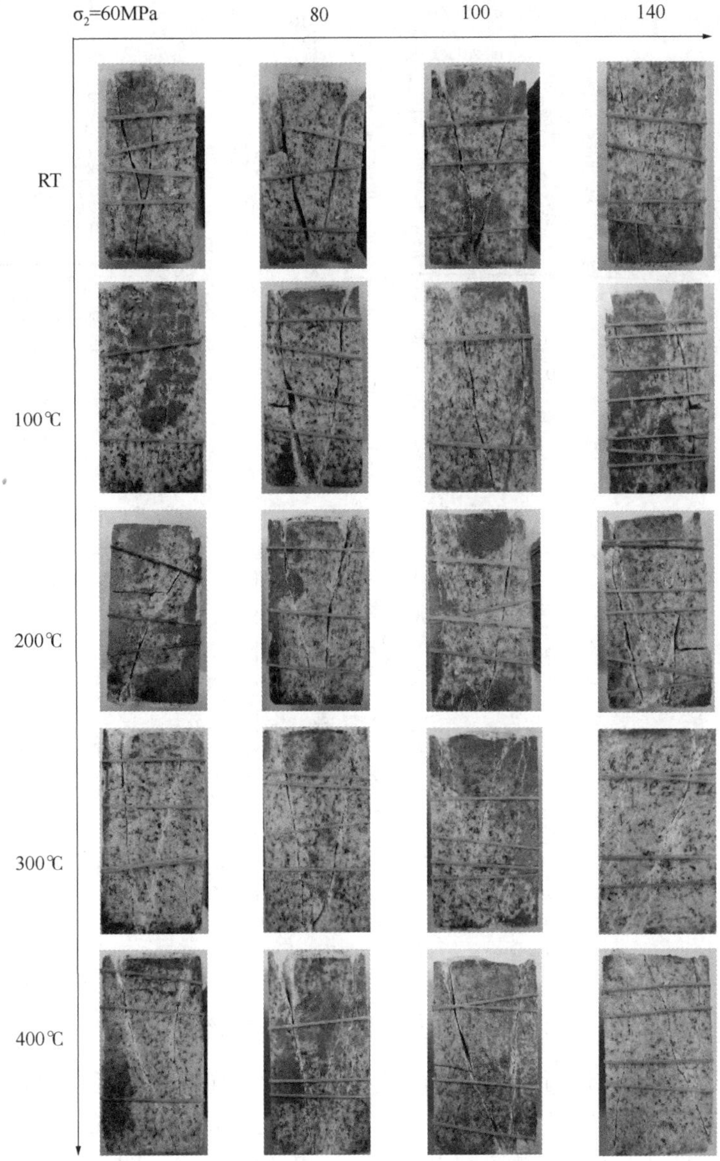

(c)

图5　试样宏观破裂形态

图6　超高温超高应力岩石真三轴压缩和水力压裂试验系统

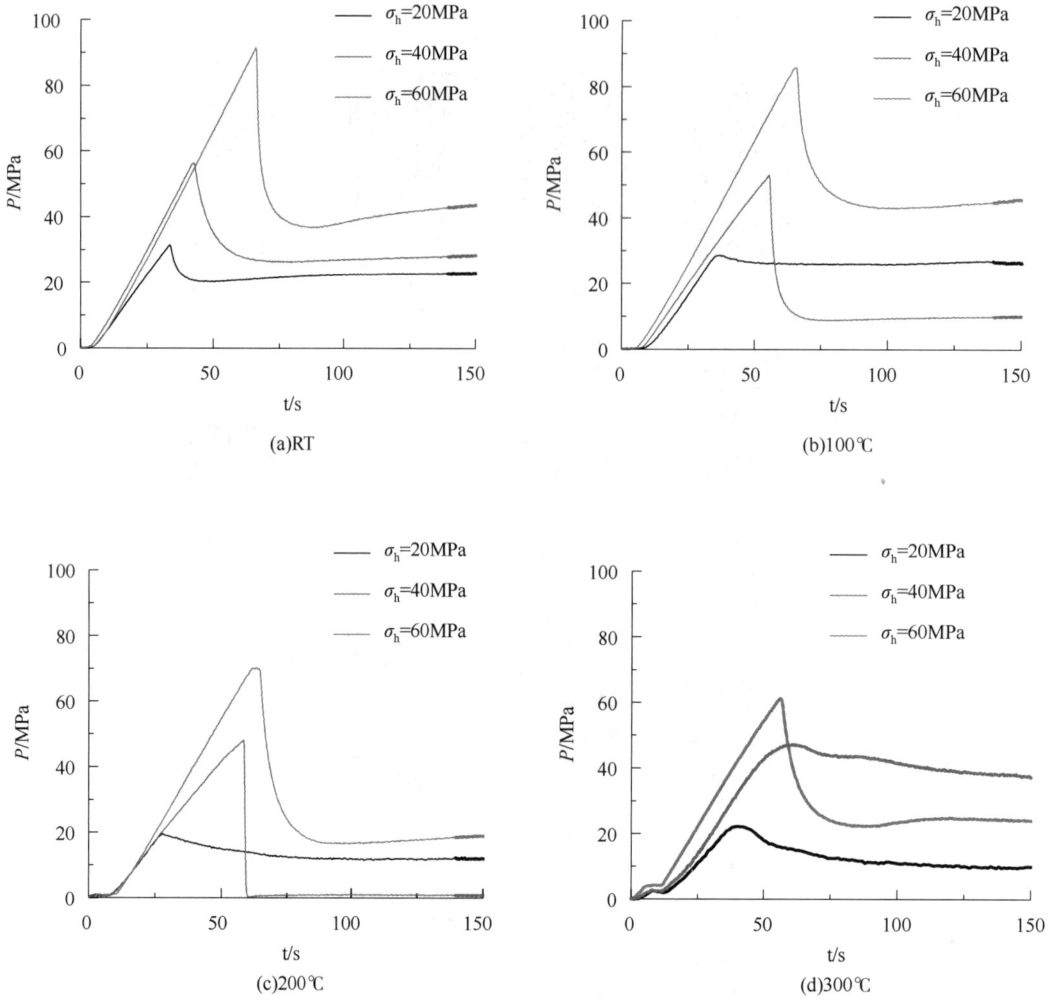

图7　实时高温水力压裂试验曲线

在试验前后对花岗岩试样进行核磁共振扫描，不同温度下压裂后花岗岩试样的孔径分布和孔隙度变化进行分析。图8总结了宏观裂缝和微裂缝随温度的变化规律。在RT与300℃下下微孔/裂隙仅占总孔隙度的小部分，表明微裂缝的体积在RT与300℃下水力压裂总体积中非常有限。随着温度升高，花岗岩试样宏观/孔裂隙体积有增长的趋势，在所有应力状态下，300℃的宏观/孔裂缝体积比室温下的都高。图9给出了不同温度下压裂后花岗岩试样的孔隙度。压裂前完整样品孔隙度为0.33%，压裂后孔隙度明显升高。孔隙度随着温度升高有上升的趋势。当σ_h=20和40MPa时，压裂后花岗岩试样最大与最小的孔隙度差异分别为0.37%和0.26%。由图5.18(b)所示，不同温度下应力对压裂后花岗岩孔隙度的影响趋势不同。在RT下，压裂后的孔隙度随着应力升高而增加。孔隙度随着地应力当σ_h=60MPa时，孔隙度差异仅为0.13%。由压裂后试样的孔隙度在RT和100℃下差异仅为0.08与0.09%，但在200与300℃下分别为0.21与0.18%。这说明温度越高，应力对水力裂缝形成影响越大。

5　结论

自主研发了超高温超高应力岩石真三轴压缩和水力压裂试验系统，开展了超深层储层原位环境下的岩石真三轴压缩试验与水力压裂实验。通过分析试验结果，研究了超深层储层原位环境下岩石力学特性与压裂破坏机理。总结如下：

（1）在真三轴应力状态下花岗岩的力学特性随温度的演化是非线性的，因此温度阈值在真三轴应力状态下不适用。不同温度下岩石峰值强度随σ_2的增长速度不一样。σ_2较低时强度门槛值随温度增加而降低，而高σ_2下，强度门槛值随温度增加而增加。

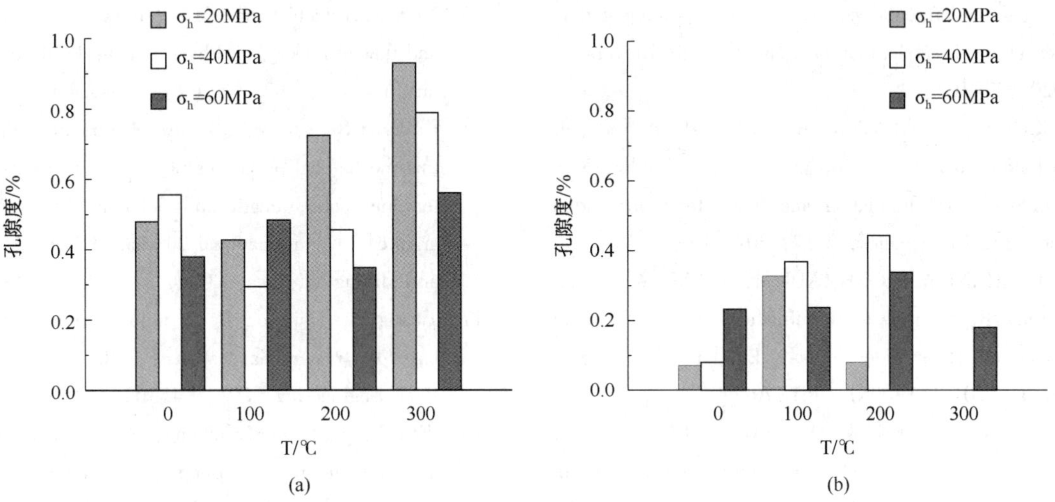

图 8　压裂后花岗岩

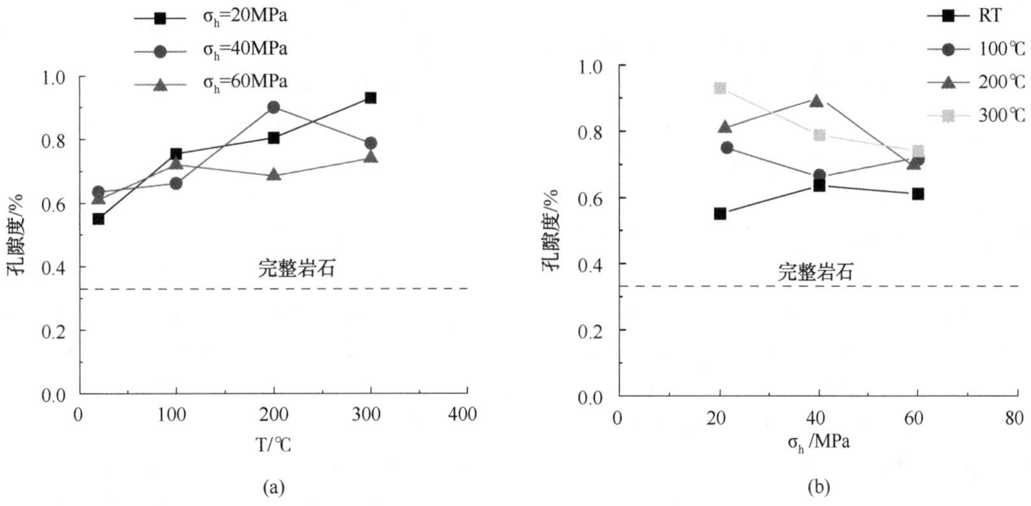

图 9　压裂后花岗岩孔隙度随

(2) 随着温度的升高，花岗岩在真三轴应力状态下宏观断裂特征发生显著变化。花岗岩宏观破坏特征随温度演化的总体趋势由剪切破坏为主转变为以拉伸-剪切破坏为主。相应地，花岗岩细观破坏特征的断裂机制也随温度由剪切向拉伸转变。

(3) 在相同的应力条件下，起裂压力均随着温度升高而降低；随着应力的升高，起裂压力也随着升高，但在较高的温度条件下，升高的幅度明显减弱。

(4) 核磁扫描结果显示，RT 激活的水力裂缝以宏观孔/裂缝为主，而高温下可以同时观察到宏观与微孔/裂缝。孔隙度随着温度升高有上升的趋势。随着应力增加，200 与 300℃ 下压裂激活的宏观孔/裂缝逐渐减小，而 RT 与 100℃ 下压裂激活的宏观/孔裂受地应力影响较小。

参　考　文　献

[1] Cao Yingchang, Yuan Guanghui, Yang Haijun, et al. Current status of deep to ultra deep clastic rock oil and gas exploration in oil and gas bearing basins and research progress on the genesis of high - quality reservoirs [J]. Journal of Petroleum, 2022, 43(01): 112-140.

[2] Wang Guiling, Liu Yanguang, Zhu Xi et al. Current Situation and Development Trends of Geothermal Resources in China [J]. Geoscience Frontiers, 2020, 27 (01): 1-9. DOI: 10. 13745/j. esf. 2020. 1. 1.

[3] LEI Z, ZHANG Y, YU Z, et al. Exploratory research into the enhanced geothermal system power generation project: The Qiabuqia geothermal field, Northwest China [J]. Renewable Energy, 2019, 139: 52-70.

[4] LI B, DING Q-F, XU N-W, et al. Mechanical re-

sponse and stability analysis of rock mass in high geostress underground powerhouse caverns subjected to excavation [J]. Journal of Central South University, 2020, 27(10): 2971-84.

[5] SCHILL E, GENTER A, CUENOT N, et al. Hydraulic performance history at the Soultz EGS reservoirs from stimulation and long-term circulation tests [J]. Geothermics, 2017, 70: 110-24.

[6] TALEGHANI A D, AHMADI M, WANG W, et al. Thermal Reactivation of Microfractures and Its Potential Impact on Hydraulic-Fracture Efficiency [J]. SPE Journal, 2014, 19(05): 761-70.

[7] WATANABE N, EGAWA M, SAKAGUCHI K, et al. Hydraulic fracturing and permeability enhancement in granite from subcritical/brittle to supercritical/ductile conditions [J]. Geophysical Research Letters, 2017, 44(11): 5468-75.

[8] YANG R, HONG C, LIU W, et al. Non-contaminating cryogenic fluid access to high-temperature resources: Liquid nitrogen fracturing in a lab-scale Enhanced Geothermal System [J]. Renewable Energy, 2021, 165: 125-38.

[9] SPEIGHT J G. Oil and Gas Production [M]. Handbook of Hydraulic Fracturing. 2016: 55-89.

[10] MA X, WANG G, HU D, et al. Mechanical properties of granite under real-time high temperature and three-dimensional stress [J]. International Journal of Rock Mechanics and Mining Sciences, 2020, 136: 104521.

[11] Singh M, Raj A, Singh B. Modified Mohr-Coulomb criterion for non-linear triaxial and polyaxial strength of intact rocks [J]. International Journal of Rock Mechanics and Mining Sciences, 2011, 48(4): 546-555.

[12] Al-Ajmi A M, Zimmerman R W. Relation between the Mogi and the Coulomb failure criteria[J]. International Journal of Rock Mechanics and Mining Sciences, 2005, 42(3): 431-439.

[13] Bai Q, Tibbo M, Nasseri M H B 等. True Triaxial experimental investigation of rock response around the mine-by tunnel under an in situ 3d stress path[J]. Rock Mechanics and Rock Engineering, 2019, 52(10): 3971-3986.

[14] Mogi K. Fracture and flow of rocks under high triaxial compression [J]. Journal of Geophysical Research, 1971, 76(5): 1255-1269.

[15] Mogi K. Effect of the triaxial stress system on fracture and flow of rocks[J]. Physics of the Earth and Planetary Interiors, 1972, 5(C): 318-324.

[16] Haimson B, Chang C. A new true triaxial cell for testing mechanical properties of rock, and its use to determine rock strength and deformability of Westerly granite[J]. International Journal of Rock Mechanics and Mining Sciences, 2000, 37(1-2): 285-296.

[17] Chang C, Haimson B. A failure criterion for rocks based on true triaxial testing[J]. Rock Mechanics and Rock Engineering, 2012, 45(6): 1007-1010.

[18] Fan Erping, Tang Shuheng, Zhang Chenglong, etc Scanning electron microscopy pore characteristics of the Lower Paleozoic black shale in northwestern Hunan [J]. Journal of Paleogeography, 2014, 16(01): 133-142.

[19] Wanniarachchi W A M, Ranjith P G, Perera M S A, et al. Investigation of effects of fracturing fluid on hydraulic fracturing and fracture permeability of reservoir rocks: An experimental study using water and foam fracturing [J]. Engineering Fracture Mechanics, 2018, 194: 117-135.

[20] Wanniarachchi W, Gamage R, Perera M, et al. Investigation of depth and injection pressure effects on breakdown pressure and fracture permeability of shale reservoirs: an experimental study [J]. Applied Sciences, 2017, 7(7).

[21] Ma Dongdong, Luo Yujie, Hu Dawei, etc A study on the mechanism of the influence of particle size sorting and confining pressure on hydraulic fracturing fracture of sandy conglomerate [J]. Journal of Rock Mechanics and Engineering, 2020: 1-10.

[22] Wu Zhijun, Lu Huai, Weng Lei, etc Research on the seepage characteristics of fractured sandstone based on real-time nuclear magnetic resonance imaging technology [J]. Journal of Rock Mechanics and Engineering, 2021, 40(02): 263-275.

[23] Weng L, Wu Z, Li X. Mesodamage Characteristics of rock with a pre-cut opening under combined static-dynamic loads: a nuclear magnetic resonance (NMR) investigation[J]. Rock Mechanics and Rock Engineering, 2018, 51(8): 2339-2354.

起伏型地层水平段轨迹控制方法研究与应用

赵红燕[1] 饶海涛[2] 项克伟[3] 邹筱春[1] 石元会[1]

（1. 中石化经纬有限公司江汉测录井分公司；2. 中石化经纬有限公司；
3. 中石化经纬有限公司中原测控公司）

摘　要　随着页岩气开发的进一步深入，水平段各种复杂储层形态不断出现，大大制约着钻井工程施工进度和储层的有效钻遇率，水平段轨迹优化控制作为地质导向的核心技术之一，变的更加急迫和需要。为充分发挥地质+工程的作用，在研究起伏型地层地质特征和轨迹优化相结合的基础上，提出通过在目的层顶界面和底界面的起伏变化点处设置标识点，结合入靶点和出靶点形成最优的轨迹控制路径，配合相应公式获得轨迹到达入靶点井斜角和每个分段中前一点到达后一点所需的井斜角，实现对连续起伏型储层水平段地质导向轨迹控制。50口井应用试验表明地质导向效果良好。该方法可为国内其他页岩气探区起伏型地层水平段轨迹控制提供重要的借鉴和指导。

关键词　水平井；地质导向；连续起伏型；轨迹控制

0　技术背景

水平段轨迹优化控制方法主要是根据物探、测井、录井等资料，建立油气藏的地质模型，在钻遇过程中实时修正模型，确保井眼轨迹控制和目的层钻遇的最优化；当地层倾角发生变化时，根据地层的变化趋势和规律对实钻井斜角进行调整，井斜角的调整应考虑井斜角与地层倾角之间的匹配关系。

随着页岩气开发的进一步深入，钻遇目的层由以往简单储层形态到各种复杂储层形态的出现，大大制约着钻井工程施工进度和水平段储层的有效钻遇率。对于目的层产状变化较大的水平段地质导向通常采用的方法是增加控制点，将地层分解为多个单斜段，利用钻时、气测、随钻方位伽马等资料监测水平段钻头所在目的层中的位置，依据地层倾角分段调整。这种方法在实钻追踪控制过程中，当钻遇地层产状变化较多的连续起伏储层，往往容易出现井斜角调整频次多、调整辐度大，导致轨迹不圆滑、钻出目的层等一系列地质和工程风险。因此，迫切需要建立一种操作性强，易于现场普遍推广应用的连续页岩气储层水平段地质导向轨迹控制方法，达到助力钻井提速提效的目的。

本文探讨的起伏型地层是指同一地层界面地层变化成波浪型，起伏角度明显，形如“M”、“W”、“V”或反“V”型的对称或非对称、连续或非连续地层。

1　解决思路

研究团队通过研究大量起伏型地层的地质导向成功和失败的典型案例，分析地质导向指令的针对性、合理性、穿层的效果和轨迹的圆滑度，提出在目的层顶界面和底界面的起伏变化点处设置标识点，结合入靶点和出靶点形成最优的轨迹控制路径，配合相应公式获得轨迹到达入靶点井斜角和每个分段中前一点到达后一点所需的井斜角，实现对连续起伏型储层水平段轨迹控制。其目的是控制方法简单、优化工程曲率、轨迹调整频次少、钻井路线短、提高钻井质量和时效。水平段连续起伏型地层水平段轨迹控制方法工作流程图见图1。

2　具体实现方法

2.1　资料准备阶段

（1）收集待导向井目的层的构造属性体和设计靶点数据，获取待导向井目的层的精细解释信息；

（2）收集待导向水平井所在区域标准井、已钻直井和邻井地质资料，获取待导向井目的层综合属性信息；

（3）依据待导向井目的层的构造数据和属性信息建立地质导向模型。

依据待导向井的水平段地震剖面图和地质导

向模型，判断储层的起伏组合形态是否满足连续起伏型储层的变化特点，连续起伏型储层的变化特点为“上倾”段和“下倾”段连续交替出现；若不满足，则按常规水平段井眼轨迹控制。

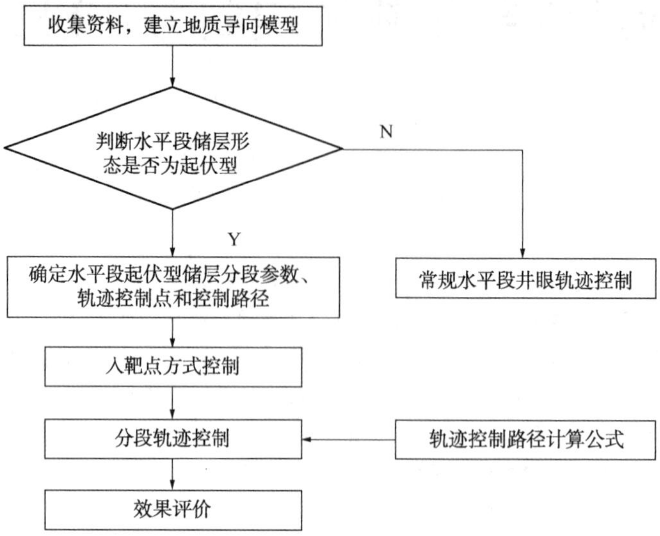

图 1　起伏型地层水平段轨迹控制方法工作流程图

2.2 确定轨迹分段控制路径

（1）确定分段参数。依据连续起伏型储层的变化特点，结合导向井的水平段地震剖面图和地质导向模型，将目的层水平段同一顶界面入靶点表示为 A1、中间起伏变化点依次表示为 A2、A3、……AN-1、出靶点表示 AN；将目的层水平段同一底界面入靶点表示为 B1、中间起伏变化点依次表示为 B2、B3、……BN-1、出靶点表示为 BN，其中，N 为大于 2 的任意整数。

（2）确定轨迹控制点。据待导向井水平段地震剖面图和地层导向模型分别确定顶界面或底界面上相邻两点之间的分段视水平位移差 L、分段高程差 h、分段地层倾角 α 的数据。

（3）确定轨迹控制路径。当连续起伏型储层为的第一段为“上倾”段时，则以 A1 作为入靶点，水平段轨迹控制路径为 A1、B2、A3、B4……，直至到出靶点 AN 或 BN；当连续起伏型储层为的第一段为“下倾”段时，则以 B1 作为入靶点，水平段轨迹控制路径为 B1、A2、B3、A4…… 直至到出靶点 AN 或 BN；M 型地层按“A1-B2-A3-B4-A5”标记的路径，分 A1B2、B2A3、A3B4、B4A5 共 4 段依次控制水平段轨迹(图 2)、W 型地层按“B1-A2-B3-A4-B5”标记的路径，分 B1A2、A2B3、B3A4、A4B5 共 4 段依次控制水平段轨迹(见图 3)。

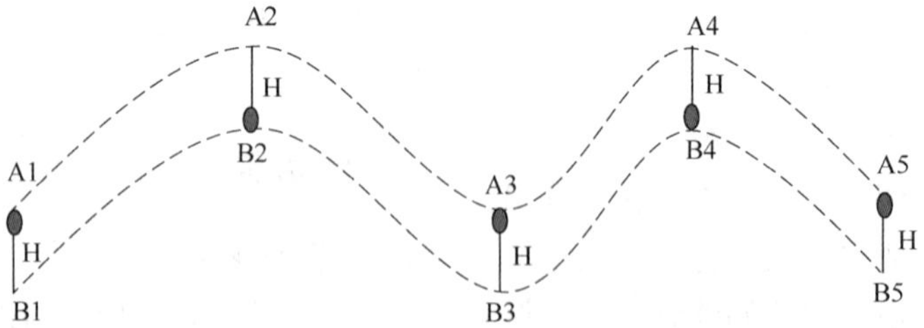

图 2　M 型地层轨迹分段控制方案

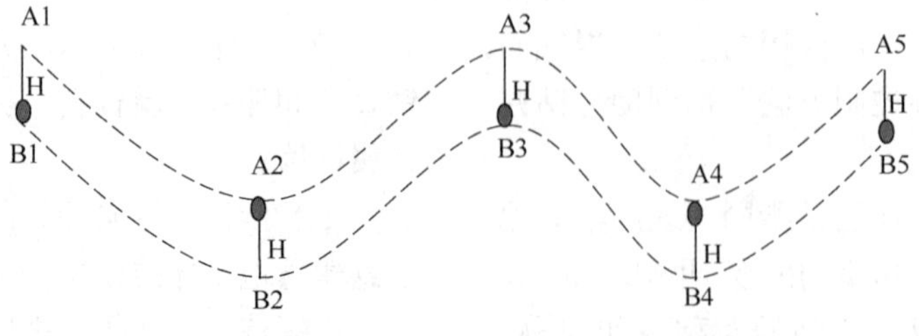

图 3　W 型地层轨迹分段控制方案

2.3 入靶井斜控制

入靶控制应依据目的层产状变化，利用入靶前地层标志层、厚度、地层倾角变化等特征，合理使用靶前距，分段控制造斜率，实现垂深、层位、靶前距、井斜、方位“五位一体”目标，达到精确入靶的目的。入靶井斜计算公式为：

$$\gamma 0^0 = 90 - \alpha 1 - \beta$$

式中：$\alpha 1$ 为入靶点地层倾角，其中下倾为+，上倾为-，(°)；β 为轨迹方向与目的层水平段地层下切夹角，β 范围为 1°～3°(经验常数)；$\gamma 0^0$ 为到达入靶点井斜角，(°)。

2.4 分段轨迹控制

从入靶点起，前后相邻两点为一个分段，对每个分段依次进行轨迹角度控制，直至到达出靶点。M 型地层轨迹控制路径公式计算模型示意图(见图 4)，每个分段中，从前一点到达后一点所需的井斜角 γ^0 计算公式：

$$h = \tan\alpha * L$$

$$d = h - H$$

$$\gamma^1 = \arctan(d/L)$$

$$\gamma^0 = 90 - \gamma^1$$

式中，h 为目的层同一界面上前后相邻两点的高程差，m；α 为分段地层倾角，(°)；L 为分段视水平位移差，m；d 为水平段轨迹控制路径上相邻两点的高程差，m；H 为目的层厚度，m；γ^1 为消除水平段轨迹控制路径上相邻两点间同一地层界限高程差所需度数(地层下倾为+，上倾为-)，(°)；γ^0 为到达后一点处的井斜角，(°)。

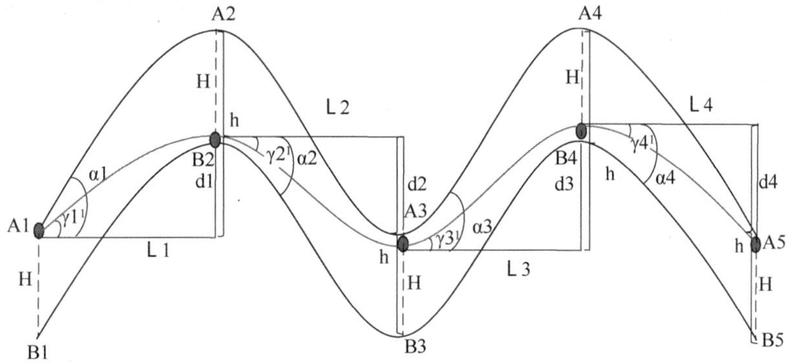

图 4　M 型地层轨迹控制路径公式计算模型示意图图

计算方法适用于目的层同一界面上相邻两变化点高程差 h/目的层厚度 $H \geq 1$ 且 ≤ 10 的对称或非对称、连续或非连续“M”、“W”、“V”或反“V”型起伏地层。水平段轨迹效果评价依据地质设计中井身质量靶体考核范围指标和全角变化率考核指标执行。

3　应用实例分析

该方法在中扬子地区页岩气井应用 50 余口井，克服了起伏型地层水平段轨迹控制难度大，井眼欠圆滑的问题，实现目的层平均钻遇率 90%，提高定向效率 40%以上，大大提高了钻井时效，地质导向效果明显。

B2-SX 井水平段为连续起伏型储层，目的层厚度 5.6m，分段水平位移差在 312.0～516.0m 之间，地层倾角在上倾 5°-下倾 3°变化，应用本方法轨迹调整 25 次，实现实钻水平段长 2752.0m、储层钻遇率 100%，全角变化率 0～0.51°/30m、平均 0.10°/30m，轨迹控制圆滑，工程易于实现(图 5)。

4　结论

(1) 文中提出的起伏型地层水平段地质导向控制路径方法经实践检验方案合理，可操作性强。

(2) 建立的起伏型地层水平段地质导向控制方法简单、轨迹调整频次少、钻井路线短、提高钻井质量和时效方面具有明显优势。

(3) 在目的层同一界面上相邻两变化点高程差 h/目的层厚度 H≥1 且≤10 的条件下，计算模型适用于对称或非对称、连续或非连续“M”、“W”、“V”或反“V”型起伏地层。

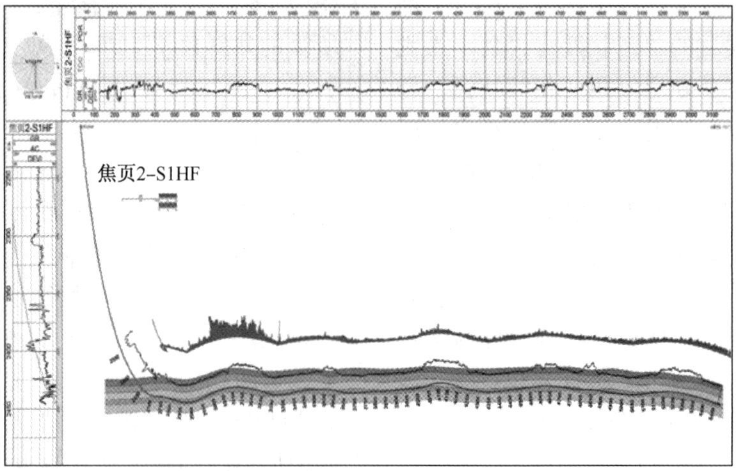

图 5　B2-SXHF 井水平段连续起伏型地层轨迹穿层示意图

参 考 文 献

[1] 赵红燕，周涛，叶应贵，等．涪陵中深页岩气水平井快速地质导向方法[J]．录井工程，2017，28(2)：29-32.

[2] 李增科，冯爱国，任元，等．页岩气水平井地质导向标志层确定方法及应用[J]．科学技术与工程，2015，339(14)：148-151.

[3] 夏勇，页岩气水平井地质导向入靶控制方法研究[J]．江汉石油职工大学学报，2018，31(5)：32-34.

海上钻井气侵控制技术的研究与应用

于庆河

（中国石油集团海洋工程公司）

摘　要　钻井施工中在处理溢流等井下复杂情况时，钻井液常面临地层非均质性带来的压力窗口窄、高温高压导致的性能恶化、封堵材料效果差等问题，很难高效地一次性形成稳固封堵与阻缓区，循环排气时间长，盲目提高密度易造成储层污染甚至井漏。针对区块特点，开展海上封裂缝阻缓气侵的研究，研选出抗高温、高效封堵、加强滤饼微纳米孔隙的致密韧性的处理剂，形成阻缓气侵的体系方案，配合阻缓段塞减缓气侵上窜时间，减少处理气侵的时间。为井控安全和钻井提质增效提供保障。

关键词　封缝阻气；阻缓段塞；压稳封控；阻缓气侵

阻缓置换气侵的关键在于钻遇高孔隙度或微裂缝后，快速在孔隙内形成致密且滤失量较小的封堵层，阻止井筒内钻井液进入地层孔隙空间挤压裂缝内气体，实现有效的封堵，再配制具有一定表面张力和黏滞性的阻缓段塞来阻缓气液置换和油气上窜速度。

井壁形成致密的滤饼提高井壁承压，但滤饼封堵区内仍分布有大量的纳微米级孔隙，引用纳米材料可有效提高泥饼封堵区的致密程度，进一步提高封堵的效果。基于探区有高温高压的情况，优选材料应具有一定的化学活性，颗粒微细均匀，能够很好地分散于钻井液体系中，易进入泥饼表面的纳微米孔隙进行填充。

1　阻缓气侵体系的技术需求与难点

（1）目前国内起下钻等工况预防气窜的常用方法主要是冻胶阀和高浓度膨润土浆技术。冻胶阀施工结束后需要进行化学破胶，易对钻井液造成污染，破坏体系稳定性。此外，受限于化学交联剂抗温能力不足，冻胶阀适合在温度不高的井段使用，高浓度膨润土浆，以黄原胶作为增黏聚合物，抗温性和稳定性亦不适用于高温高压井下环境。

（2）地层的非均质性和高温高压特征导致地层有差异，难以有效封堵并阻止气体进入井筒。解决裂缝及孔隙性油气藏气侵难题，实现有效压稳气层，需要一种具有高温触变性的聚合物液相阻缓塞，该聚合物阻缓塞需要满足海上抗温性能适应海水基钻井液，在井底长时间静止后，仍有较强的凝胶强度，保障后续完井作业。

（3）阻缓气侵体系需克服高温条件下钻井液流变性变差，增稠、悬浮性能减弱、部分封堵材料在高温中效果减弱，储层孔缝分布复杂等情况。

2　处理剂的优选

2.1　影响阻缓气侵能力的钻井液因素

（1）钻井液黏度。实验中其他条件相同下高黏液体中氮气泡上窜速度慢。

（2）钻井液的凝胶强度也是决定气泡运移速度的主要因素之一，实验数据见表1。

表1　钻井液的凝胶强度测试

测试钻井液	$\Phi600$	$\Phi300$	$\Phi200$	$\Phi100$	$\Phi6$	$\Phi3$	AV/mPa·s	凝胶强度/Pa	上窜速度/(mm/s)
清水	2	1	0	0	0	0	1	0	37.5
聚合物钻井液	45	30	24	23	4	2	22.5	1	3
低浓度稠塞	23	23	23	23	22	22	11.5	8	0

注：利用中空小球模拟气泡密度0.4g/cm³，小球颗粒半径0.5mm，AV：表观黏度。

（3）钻井液表面张力的影响。实验发现表面张力越小，气泡上窜速度越小。

气泡在上升过程中，表面张力主要影响气泡的形状，表面张力越大，气泡接近球体，气泡上浮所受的阻力越小，气泡上升越快。

2.2 根据海上特点优选封缝阻气体系的关键处理剂

针对海上钻井应用的海水基体系，满足抗高温的同时高效封堵地层孔隙、强化泥饼微纳米孔隙的封堵性，阻缓扩散气侵时间，再配合气滞塞保证井下安全、减少节流循环时间、延长安全作业时间。关键处理剂的研选包括抗高温抗盐降滤失剂、高效封堵性材料、增黏提切剂。

实验通过对比纳米聚酯、双亲型承压剂、PB 封闭剂、裂缝剂、油溶暂堵剂等材料与钻井液体系的配伍性，将材料进行优选。实验基浆 A：400mL 海水+0.3%片碱+0.2%纯碱+4%抗盐土+4%白沥青+4%聚合醇+30%有机盐+3%carb+重晶石（1.80g/cm^3）。配方 1#：A + 1.5% Redu200+2% BDF-300S+1.5%NP-1。配方 2#：A+1.5%Redu200+2%Redu2+2%防塌剂。配方 3#：A+1.5%Redu200+2%Redu2+1.5%OSI。配方 4#：A+1.5%Redu200+2%Redu2+1.5%PB。配方 5#：A+1.5%Redu200+2%Redu2+1.5%双亲型承压剂。配方 6#：A + 1.5% Redu200 + 2% Redu2 + 1.5% 裂缝剂。配方 7#：A + + 1.5% Redu200+2%DSP-1+1%NP-1，实验性能参数见表 2。

表 2　实验配方对应实验数据

性能	Φ600	Φ300	Φ200	Φ100	Φ6	Φ3	Gel10″/Pa	Gel10′/Pa	密度/(g/cm^3)	HTHP 200℃/mL	API/mL
1#	117	78	59	34	6	4	4	2	1.8	14	2
2#	72	40	28	16	1	1	0.5	0.5	1.8	20	3
3#	188	105	75	42	4	3	1.5	5.5	1.8	10	3
4#	114	68	50	30	6	5	2	5	1.8	18	2
5#	268	164	122	76	21	18	7	13.5	1.8	9	1
6#	170	97	71	43	9	8	3.5	7	1.8	18	1
7#	129	81	49	31	7	4	4.5	2	1.8	12	1

注：API：中压失水，实验条件 200℃，高温热滚 16h，HTHP：高温高压失水，Gel10″：初切力，Gel10′：10 终切。

（1）抗高温抗盐降滤失剂的研选

表 3　高温降滤失剂 BDF-300S 基本性能

BDF-300S	外观	细度(0.9mm 筛余)/%	水分/%	200℃×16h 高温老化后中压滤失量/mL		
				淡水浆	饱和盐水浆	复合盐水浆
指标要求	白色粉末	≤10.0	≤10.0	≤10.0	≤13.0	≤14.0
测试结果	白色粉末	0.2	4.2	2.8	3.9	4.1

注：1000mL 水中加入 1.6gNa_2CO_3 和 40g 钻井液试验配浆用膨润土，高速搅拌 20min，在室温下养护 24h 待用，测试加入 2% 样品。

高温降滤失剂 BDF-300S 在淡水浆、饱和盐水浆、复合盐水浆中 200℃×16h 高温老化后，中压滤失量小于 5mL，具有良好的抗温抗盐钙、控失水性能。

① 抗高温抗盐降滤失剂在有机盐中性能评价

表 4　有机盐水基浆加入 BDF-300S 后的性能测试

BDF-300S 加量/%	测试条件	AV/(mPa·s)	PV/(mPa·s)	YP/Pa	API/mL	HTHP/mL
0	室温	13	8	5	112.0	>200
	200℃老化	12	8	4	189.0	>200
1.0	室温	22	14	8	8.0	—
	180℃老化	15	11	4	12.5	130
	200℃老化	11	8	3	14.0	142

续表

BDF-300S 加量/%	测试条件	AV/(mPa·s)	PV/(mPa·s)	YP/Pa	API/mL	HTHP/mL
2.0	室温	35	24	11	5.2	—
	180℃老化	18	12	6	4.6	20.0
	200℃老化	16	11	5	4.5	22.0

注：有机盐水基浆配方：400mL 蒸馏水+0.5g 碳酸钠+4%钻井液试验配浆用膨润土+70g(weigh2)，AV：表观黏度，YP：动切力，PV：塑性黏度，API：中压失水，HTHP：高温高压失水。

200℃高温老化后，不含钙镁离子有机盐水浆中压滤失量控制小于 5.0mL，高温高压滤失量 21.0mL。

200℃高温老化后，含钙镁离子有机盐水浆中压滤失量 5.0mL，高温高压滤失 51.0mL。

② 抗高温抗盐降滤失剂与国内外产品实验对比性分析

表 5　有机盐复合盐水基浆加入 BDF-300S 后的性能测试

BDF-300S 加量/%	测试条件	AV/(mPa·s)	PV/(mPa·s)	YP/Pa	API/mL	HTHP/mL
0	室温	13	8	5	124.0	>200
	200℃老化	15	10	5	230.0	>200
1.0	室温	18	12	6	18.0	—
	180℃老化	10	9	1	14.6	156
	200℃老化	9	8	1	16.0	160
2.0	室温	25	18	7	6.0	—
	180℃老化	18	15	3	5.0	38.0
	200℃老化	11	9	2	5.0	51.0

注：有机盐复合盐水基浆配方：350mL 蒸馏水+0.56g 无水碳酸钠+14g 钻井液试验配浆用膨润土+16gNacl+2.0g $CaCl_2$+5.20g $MgCl_2\cdot6H_2O$+70g(weigh2)。

表 6　国内外降滤失剂实验性能对比分析

基浆	降滤失剂	AV/(mPa·s)	API/mL	HTHP/mL	颜色	气味
有机盐水浆	BDF-300S	16.0	4.5	24.0	正常	无
	DFl-160	10.0	5.0	26.0	灰褐	有
	HYl-180	14.0	6.0	24.0	灰	有
	DRISCAl	14.0	11.0	22.0	正常	无
有机盐复合盐水浆	BDF-300S	11.0	5.0	44.0	正常	无
	DFl-160	8.0	80.0	>200	灰褐	有
	HYl-180	6.0	56.0	>200	灰色	有
	DRISCAl	10.0	34.0	62.0	正常	无
无土相有机盐钻井液	BDF-300S	21.0	12.0	>200	正常	无
	DFl-160	22.0	全失	全失	正常	有
	HYl-180	25.0	25.0	全失	正常	有
	DRISCAl	40.0	全失	全失	正常	无

BDF-300S 在有机盐钻井液中的控失水性能和配伍性良好，老化后基浆颜色正常，无刺激性气味。同时也对比了有机盐含量在 30%以下时，黏度随着温度升高而下降，当有机盐含量在 30%以上时，老化后的黏度几乎没有损失，反而升高。

表 7　BDF-300S 在不同含量有机盐水溶液中高温热滚后的黏度

Weigh2 加量/%	密度/(g/cm³)	测试条件	AV/(mPa·s)	黏度保留率/%
0	1.02	室温	70	—
		210℃老化	5.0	7.1
10	1.08	室温	32.5	—
		210℃老化	8.5	26.2
20	1.12	室温	32.5	—
		210℃老化	18.0	55.4
25	1.16	室温	32.5	—
		210℃老化	23.6	72.5
30	1.20	室温	37.5	—
		210℃老化	32.5	86.7
35	1.25	室温	38.0	—
		210℃老化	41.5	109.2
45	1.30	室温	38.5	—
		210℃老化	61.0	158.4

BDF-300S 水溶液黏度随有机盐浓度的增加，高温老化后保留率也逐渐提高，说明此抗温降滤失剂在有机盐中有效提高了抗温性能。

③ 黏度性能评价

通过实验从图 1 可以看出抗温性能评价：BDF-300S 与有机盐有很好的协同效应，有机盐加量 20% 以上时，其使用温度可达到 200℃以上。

由图 2、图 3 实验结果可知增黏效应比 Redu2 大，比 Redu200 小，相同加量时降滤失性能有明显优势，综合考虑材料性价比和易用性，选择 BDF-300S 作为封缝阻缓气侵的增黏降滤失剂。

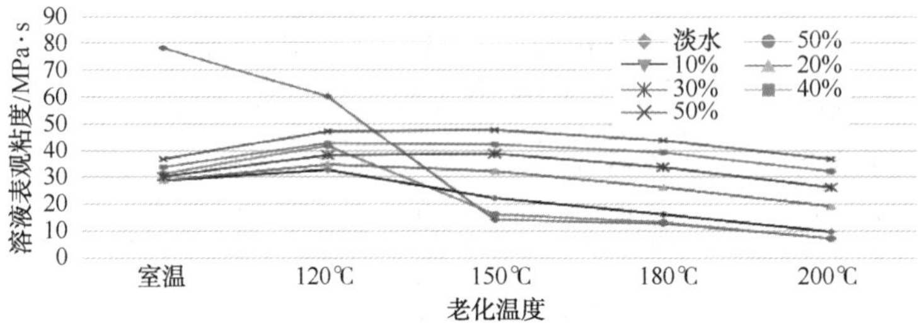

图 1　BDF-300S 抗温性能评价实验结果

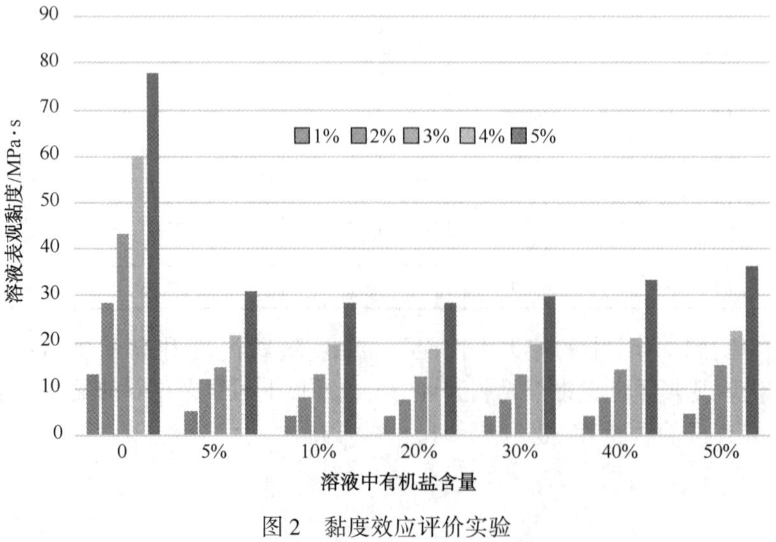

图 2　黏度效应评价实验

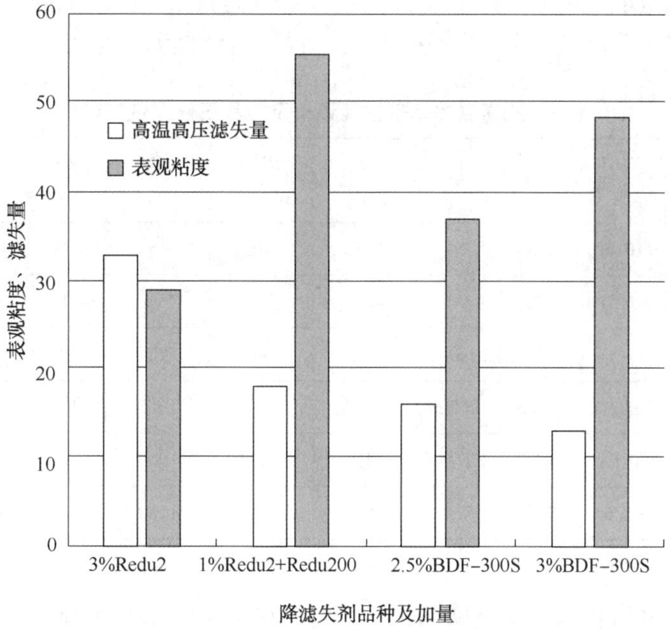

图 3　与同类产品比对实验

（2）高效封堵性材料的研选

通过实验结果对比，选用纳米聚酯 NP-1 作为高效封堵材料，该材料是由烷基磺酸盐、烷基酯、交联剂等聚合成的多元聚合物，通过特种工艺加工而成的纳米级封堵材料。其分子链上带有多种吸附基团，能牢固地吸附在泥页岩表面，其粒径尺寸易于封堵地层的孔隙和层理，阻止水及钻井液对地层的渗透水化，也能起到稳定井壁的作用。

NP-1 具有优良的纳米封堵能力。室内通过透水实验考察了 3%加量的 NP-1 的封堵能力。实验方法使用 API 滤失形成的滤饼，压差 0.69MPa，检测泥饼外观及透水量。实验泥饼透水后外观透水降低率为零泥饼裂痕明显，加入 3%的纳米聚酯后泥饼透水后外观透水降低率为 50%，泥饼韧性增加。

① NP-1 抗温性能优异

产品抗温可达 220℃。室内通过检测 NP-1 在不同温度热滚后的 D50 数值，考察 NP-1 的抗温极限。，利用激光粒度分布仪器测试，NP-1 热滚温度在 220℃时，D50 仍然具有较为稳定的数值。实验结果表明，当热滚温度达到 240℃时，NP-1 存在颗粒聚结的风险。

② 封堵效果评价

采用石油大学自制的 SHM-3 型高温高压井壁稳定性模拟实验装置进行压力传递实验，模拟评价 4 种钻井液防塌封堵材料对孔隙的封堵效果，高温高压井壁稳定性模拟实验磺化沥青、纳米 SiO_2 及两种纳米聚酯作用后传递 1MPa 压差较空白岩样所需时间分别延长 0.92、2.30、3.87、4.78 倍，说明测试样品均能不同程度地阻缓孔隙压力传递，其中纳米聚酯 NP-1 具有最优的封堵性能。

（3）抗高温提切剂的研选

针对深井实际情况要求基础抗温能力 200℃，一般聚合物，如 XC、BDV-100S 等均不符合要求将国内外抗温能力较好的流型调节剂进行测试，再考虑材料性价比，选择了 VISCO1 作为抗高温流型调节剂。钻井液用提切剂 VISCO1 是硅酸盐矿物改性产品，在高浓度电解质溶液中可形成结构，提高动、静切力。

① 测试多种钻井液常用土相抗高温后的流变性

实验测试了钻井钠膨润土、抗盐土、VISCO1 在 200℃×16h 高温老化后的流变性能和滤失性能。VISCO1 在高温下具有良好的流变稳定性，但单独产品使用中降失水效果一般，应复配聚合物控制高温高压失水。实验结果表明钻井钠膨润土、普通抗盐土在 200℃×16h 高温老化后，黏度大幅度降低，VISCO1 在高温老化后，仍然具有很高的黏切，基浆黏度没有下降。

② 测试多种钻井液常用土相抗高温后的流变性

海水+0.4%烧碱+0.2%纯碱+4.0%配浆土+

2.0%抗高温降滤失剂 BDF-300S+3%超细碳酸钙+20%有机盐 weigh2+重晶石，钻井液密度：1.80g/cm³，测试常用土相提切剂性能评价及重晶石悬浮性测试见表9。

表9 抗高温提切剂性能评价及重晶石悬浮性测试

钠膨润土 VISCO1	测试条件	六速读数			AV/mPa·s	PV/mPa·s	YP/Pa	Gel/Pa	200℃ HTHP/mL	石粉沉淀
全钠土	室温	110/70	52/30	2/1	55	40	15	1/2	—	无
	200℃×16h	85/51	40/22	2/1	42.5	34	7.5	1/2	29.0	大量沉淀
全 VISCO1	室温	85/51	38/24	6/4	42.5	34	7.5	10/15	—	无
	200℃×16h	125/92	80/65	25/15	62.5	33	29.5	12/20	41.0	无
1∶1	室温	90/64	41/22	7/5	45	26	19.0	8/10	—	无
	200℃×16h	102/68	42/23	7/5	51	34	17.0	9/10	29.0	极少量

注：Gel：静切力(初切力、终切力)。

实验结果表明，钻井液体系中将钠膨润土换成 VISCO1，钻井液 200℃高温老化后的动切力和3、6转度数明显提高，基浆悬浮能力增强，抗温能力提升，有效改善高温钻井液重晶石沉淀现象。

通过化验室大量实验工作及行业内调研情况研选出了高温抗盐降滤失剂，高效封堵性材料、增黏提切剂应用于阻缓气侵的施工现场。

3 阻缓气侵钻井液的体系方案及评价

3.1 阻缓气侵能力的钻井液影响因素分析

通过先期实验，处理机加量优化，构建阻缓气侵钻井液体系与气滞塞体系。

构建阻缓气侵体系 1#：海水+0.5%烧碱+0.1%纯碱+2.0%VISCO1+1.5%抗高温降滤失剂 BDF-300S+2%白沥青+1%/Redu2+1%/Redu200+1.5%纳米聚酯 NP-1+%超细碳酸钙+20%有机盐 weight2+重晶石。

构建抗温 200℃的气滞塞配方 2#：井浆+1% Redu200+1% dsp-1+3%抗高温降滤失剂 BDF-300S+3%纳米聚酯+2%抗高温提切剂。

① 体系现场应用前荧光级别性能对比测试：1#样品荧光级别为3，2#样品荧光级别为1。发光菌测试半数有效浓度 EC50 值：1#样品 12.0×10⁴mg/L，2#样品值为 14.5×104mg/L，生物毒性低，满足一级海域环保要求。

② 评价钻井液体系多种性能，阻缓气侵体系性能测试见表10。

表10 阻缓气侵体系钻井液性能测试

配方	1#		2#		3#		4#	
测试条件	热滚前	热滚后	热滚前	热滚后	热滚前	热滚后	热滚前	热滚后
密度/(g/cm³)	1.30	1.30	1.45	1.45	1.60	1.60	1.80	1.80
600	88	75	107	82	129	96	132	122
300	60	50	75	51	90	60	85	78
200	49	38	60	42	71	45	70	59
100	36	22	42	26	48	29	43	37
6	6	3	8	3	7	3	6	6
3	4	2	5	2	4	2	5	4
Gel10″/Pa	2.5	2	3	2	3	2	2	2
Gel10’/Pa	5.0	3	5.5	4	6	3	4	5
PV/mPa·s	28	25	32	31	39	36	47	44

续表

配方	1#		2#		3#		4#	
测试条件	热滚前	热滚后	热滚前	热滚后	热滚前	热滚后	热滚前	热滚后
YP/Pa	16	13	22	10	26	12	19	17
API/mL	2.0	3.8	2.5	3.1	3.0	3.5	3.1	3.4
HTHP/mL		20		21		17		19

实验数据表明：不同密度钻井液体系200℃老化前后流变性能稳定，中压失水和高温高压失水控制在合理范围内，通过观察测量泥饼致密性、韧性好。

③ 阻缓气侵气滞塞的性能测试

为保证配方2#在现场使用时达到较好的效果，实验室使用BZY系列全自动表面张力仪对该配方气滞塞的流变性进行了测试(表11)。

表11 气滞塞性能测试

实验条件 200℃48h	六速测试		密度/(g/cm³)	静置后FV/s	凝胶强度/Pa	表面张力/(mN/m)
	600/300	6/3				
气滞塞(热滚前)	298/196	112/97	1.80	滴流	41	16.64
气滞塞(热滚后)	98/89	71/65	1.80	滴流	79	20.48

注：FV：漏斗黏度。

利用OFI-1100型高温高压流变仪，模拟井底温度，测出静态高温流变性能，目的是保证起下钻、电测、下套管作业，气滞塞在井底高温条件下长时间处于静止状态，流变性随着时间的变化情况，也是某一温度下的高温热稳定时间，见图4。

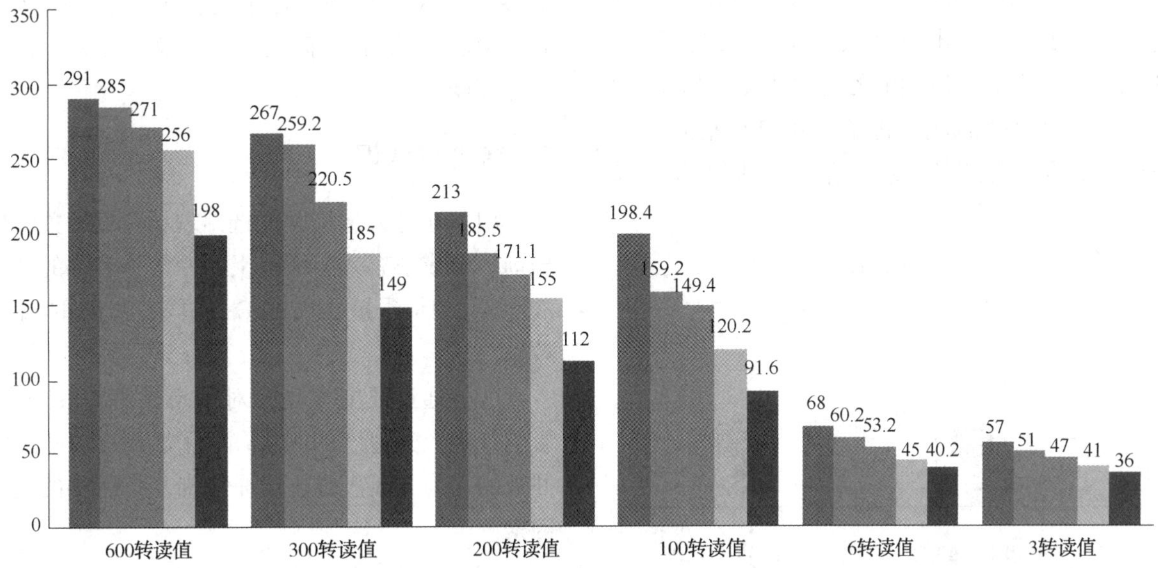

图4 高温热稳定情况

每隔4h测定一次钻井液的全套流变性能。分别测试了高温防塌聚合物钻井液体系在200℃、5.0MPa长时间静止条件下，气滞塞在200℃高温静止24h，600转读值从291下降到198，黏度保留率为68.04%。气滞塞能够满足200℃井下长时间静止24h以上。

4 现场应用情况

应用于海上葵X井三开井段，3800m调整钻井液胶液BDF-300S以胶液形式补入井浆，逐步提高到1%的含量，4562m时逐步补入纳米聚酯材料至1.5%，现场进行钻井液性能调整，调整前后性能对比见表 12。

表 12　现场进行钻井液性能调整

性能	Φ600	Φ300	Φ200	Φ100	Φ6	Φ3	Gel10″/Pa	Gel10′/Pa	密度/(g/cm^3)	HTHP 200℃/mL	API/mL
调整前	114	76	59	34	7	5	3	4.5	1.56	14	2
调整后	72	40	28	16	1	1	0.5	0.5	1.56	10.8	1.8

振动筛处返出少许 3mm 厚片状掉块逐步消失，总体失水情况改善明显，泥饼厚度 1.5mm，有效封堵稳定井壁，避免了井下情况的复杂，同时也预防了辽河区块漏失的情况的发生。

井深 4562m，钻井液密度 1.65g/cm^3，黏度 65s，短起下油气上窜速度 248m/h. 起钻前泵入井底气滞塞 12m^3，钻井液密度 1.65g/cm^3，黏度 300s，顶替到位后起钻，井控观察灌入量正常实测六速 600 转超 300，再次下钻到 3800m 测油气上窜速度 112.8m/h，并且从下钻到底排后效数据来看，全烃值上升速度较快，气体上窜速度降低率大于 50%，表现出对气侵有较好的聚集和阻缓的作用，达到预期目的。

钻进到 5092m,，钻井液密度 1.65g/cm^3，黏度 67s，起钻至 4600m，泵入 4550-4250 井段气滞塞 12m^3，钻井液密度 1.65g/cm^3，黏度 320s，油气上窜速度由之前 268m/h 降低到 112m/h。且垫塞后起钻正常，井控观察灌入量正常，未发生漏失等复杂情况，见使用效果图 5.

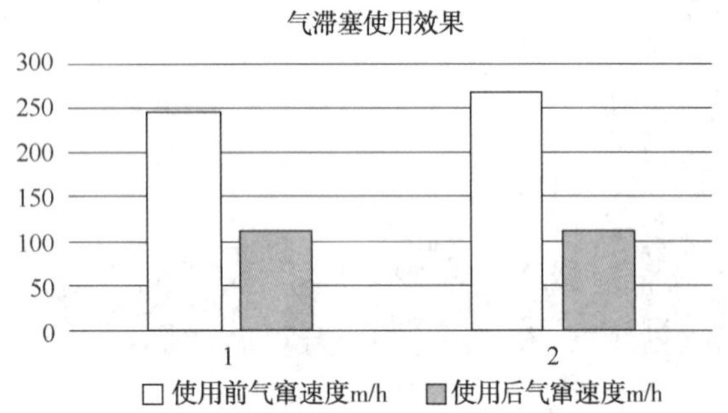

图 5　气滞塞使用效果图

钻进至 5660m 时，电测之前参照气滞塞经验，打气滞塞封闭浆 75m^3，起钻顺利，灌浆量正常，钻输测井下至 5655m 起钻上测至 4800m，总停泵 35 小时，循环排气 2 小时。(后效数据：上窜速度：46.8m/h，上窜高度：1670.09m，最高全烃值 10.17%)，后继续起钻到井口灌浆正常，井眼十分稳定，节约了完井时间保护储层。

现场通过钻井参数和录井数据进行实钻跟踪、使用阻缓塞技术使气窜速度降低率大于 50%，对比节流循环周期，节约循环泥浆时间至少 100 小时以上，有效防止高压低渗地层漏失情况的发生，对标往年区块由于气侵后加重钻井液，导致薄弱地层发生井漏，节约钻井液材料费用 50 万元，节约综合成本 150 万元。为现场施工决策提供数据支持，提高了钻井时效，打造较高的井眼质量，形成自主施工技术，同时达到钻井液降本增效的目的。

该井打破了该区块油田海上钻井最深记录。实现油田海上 8½″井眼最深记录(自 3830m 钻至 5660m，段长 1830m)。实现中石油海上 7″尾管下深最深，段长最长记录(3525.77 ~ 5658.01m)，在试油阶段，气层显示良好，达到甲方预期。

5　结论与认识

(1) 通过大量实验优选出现场应用的关键处理剂，形成了有效阻缓海上深井气体运移的钻井液体系，体系抗温 200℃，具有优良的封堵效果。

(2) 通过研究发现，对于高黏钻井液来说，影响气泡上升速度的因素，除了黏度度以外，钻井液的切力及凝胶强度也是阻滞气体运移的主要因素。

(3) 通过现场应用结果表明，构建的阻缓海上气侵体系与海上气滞塞钻井液具有较好的封堵阻气能力，气窜速度降低率大于 50%，提高了施工效率与安全。

参 考 文 献

[1] 王在明，朱宽亮，冯京海，等．高温冻胶阀的研制与现场试验[J]．石油钻探技术，2015，43(4)：

78-82.
[2] 刘德基，廖锐全，张慢来，等．冻胶阀技术及应用[J]. 钻采工艺，2013，36(2)：28-29.
[3] 程文，周孝德，郭瑾珑，等．水中气泡上升速度的实验研究[J]．西安理工大学学报，2000(1)：57-60.
[4] 刘建军，刘晓栋，马学勤，等．抗高温耐盐增黏剂及其无固相钻井液体系研究[J]. 钻井液与完井液，2016，33(2)：5-11.
[5] 柴龙，林永学，金军斌，等．塔河油田外围高温高压井气滞塞防气窜技术[J]. 石油钻探技术，2018，46(5)：40-45.

深井超深井钻井关键装备配套及应用

高　峰

（中国石化石油工程技术服务股份有限公司）

摘　要　深井超深井钻井和非常规成为我国油气勘探开发的重要增储上产领域，深部油气资源勘探开发是各石油公司提升企业竞争力的关键，我国深井超深井配套钻井关键装备发展迅速，文章对一键式人机交互自动化钻机、地面管柱自动化装置、高压钻井泵、交流变频直驱顶驱等成果进行了调研，分析了其在钻井中的重要作用，并对自动化智能化钻井装备、数字孪生等未来攻关方向提出了建议，为油气勘探不断突破、开发高质量发展和工程技术业务提速提质提产提效提供了持续的装备保障。

关键词　深井超深井；自动化钻机；高压钻井泵；一键式；管柱自动化

随着中国国民经济的快速发展，油气资源的供需形势日趋严峻，油气进口量逐年增加，迫切需要拓宽国内油气勘探开发领域，深井超深井钻完井面临着深(埋藏深)、陡(地层倾角大)、窄(压力窗口窄)、厚(砾石层、盐层等复杂层段厚)、难(复杂多压力系统、事故复杂多、可钻性差等)、高(高温、高压、高腐蚀性)等的难题，对配套装备和工具提出了严峻挑战。

近年来中石化通过持续攻关，在深井超深井钻井装备方面取得了很大的突破和进展，实现了实质性进展，在一键式人机交互自动化钻机、地面管柱自动化装置、高压钻井泵、交流变频直驱顶驱等方面成果显著，但是在自动化智能化装备、数字孪生等方面仍需攻关突破。

1　深井超深井钻井装备配套现状

1.1　一键式人机交互自动化钻机

在国家级页岩油示范区胜利油田牛页一区，4台新型自动化钻机满足了页岩油气、超深油气藏等各种复杂油气藏的勘探开发需求。中国石化首部“一键式”人机7000米自动化钻机，实现油气勘探开发钻井作业关键设备和工艺流程一键式作业；建立根、起下钻、甩钻等作业及管柱对扣、清扣、涂抹丝扣油等操作全面自动化；建立根与钻井作业同步进行，具有自动化程度高、作业效率高、安全水平高、操控性能优的显著特点。该钻机已完钻2口井，累计进尺超15000米，创造该区块4项钻井纪录。实现了钻井作业“两把座椅控全程”，井队人员配置减少1/3，劳动强度降低90%，起下钻速度提高25%，本质安全水平大幅提升(图1)。

图1

集成控制系统采用“功能复用、一键多能、人机交互”设计理念，实现对钻机各设备全集成化操作、信息统一管理、工序动态衔接及智能化安全管控。

动力排管架采用液压同步控制技术，可满足多层钻具排放及倒运，实现堆场钻具输送与回收作业的无人化和自动化，大大降低场地工的劳动强度。

堆场管柱吊运装置是一种新型的地面管柱处理自动化设备，可完成钻具在地面排管区到猫道间的自动化输送作业。最大可摆放6层钻具，特别适合于井场作业面积受限区域，实现管柱非滚动输送，解决了井队现场人工辅助作业劳动强度大、安全性差等问题。

动力猫道采用电液控制及自动化远程操作技术，实现钻具输送作业的自动化，可解决井队现场钻具输送依靠人工或吊车辅助效率低、安全性差等问题，尤其是下套管、上钻铤、甩钻具等作业。

铁钻工可在井口及鼠洞位置实现钻具的自动上、卸扣作业，同时集成了对扣、涂抹丝扣油及泥浆防喷等辅助功能。解决了建立根、起下钻过程中钻具上卸扣等作业需人工辅助，自动化程度低，井口作业风险大等问题。

扶管机械手采用下沉或 L 型偏移，非工作时可完全避让立根台通道。通过远程控制实现一键自动精准排放，解决井队现场立根及甩单根依靠人力推扶作业问题，大大降低人工作业劳动强度。

图 2

二层台排管装置可解决井队现场起下钻过程中立根上端推扶靠人力作业问题，将二层台井架工下放到司钻房，作业环境大大改善，实现二层台无人化，彻底降低高空作业风险。

1.2　交流变频直驱顶驱装置

交流变频直驱顶驱使顶驱的“专业化、机械化、标准化、信息化”能力全面提升，实现不同工况顶驱“一键式”控制。能够配套自动化钻机，具备多项自动化创新功能：控制系统钻井操作自动化，顶驱电机高精度控制，顶驱预防性维护维修，主电机相变散热、大幅降低噪音等，实现主轴带载旋转定位误差≤1°，在黏滑工况下扭矩波动减小 30%，滑动定向工况下托压减小 50%，顶驱故障率降低 30%，已成功应用于现场作业。

1.3　新型游吊系统

钻机和四单根立柱钻机的新型游吊系统既能明显降低快绳拉力，减小绞车的作业负载与功率，又可大幅提高起升钻具时的安全系数，与常规钻机的游吊系统相比，都有不同程度的优化和改进。

1.4　大功率高压钻井泵

四单根立柱钻机配备了新型大功率、大排量和高压力 F-1600H 或 F-2200 型钻井泵，其额定压力可 52MPa，不仅能满足超深井钻井过程中井下高压工具、钻头的作业要求，而且还有利于钻头破碎岩石，延长钻头的使用寿命、增加进尺数。新型高压钻井泵，将全球 52 兆帕的最大工作压力提高到了 70 兆帕，全球首创的设计技术也让它成为宝石机械科技创新产品的代表作之一。

1.5　一体式钻井绞车

为满足超深井钻机快速搬家的要求，分析了绞车的关键技术及主要承载件受力情况，完成出厂及现场试验。该绞车结构紧凑、尺寸小、质量轻，适用于钻台高位布置，为超深井拖挂钻机的研制奠定了基础，实现了超深井用大功率绞车的一撬式吊装，自动送钻提升载荷大，满足中东地区用户的使用需求；其中集成一体式减速箱的设计和电气控制技术的应用，大大减少了底座管线布置，维护保养更为方便，通过更换侧板和槽体可用直径为 45 和 42mm 两种规格的钻井钢丝绳，增强了滚筒体的通用性；厂内与现场试验结果验证了绞车设计的合理性，可适应海洋、沙漠及寒冷环境下的施工作业。

1.6　精细控压钻井装备

精细控压钻井成套工艺装备研发，包括自动节流、回压补偿、井下随钻测量、监测与控制软件系统。创新形成了多策略、自适应的环空压力闭环监测与优化控制技术，实现了 9 种工况、4 种控制模式和 13 种复杂条件应急转换的精细控制、井底压力控制。

1.7　井下自动化钻井技术

将井下旋转导向钻井系统、地质导向钻井系统、随钻测量、短程通讯系统等井下钻井技术结合在一起，形成由地面司钻集成控制系统、井下测量系统、通讯系统和井下工具等构成的井下闭环钻井技术，在地面自动化钻机的驱动下，井下钻井系统沿着设计的井眼轨迹钻进，利用短程通讯系统将测量的井下工程参数和地质参数实时传送到地面司钻集成控制系统，通过地面工程师分析后及时调整和修正原钻井设计，可使钻头准确钻达目的层。

总体来说，钻机的设计与制造、压力控制装备、顶驱等核心技术达到国际先进，但钻机的自动化、智能化、可运移性等与国外有差距。

2　深井超深井钻完井装备未来发展趋势

深井超深井钻井装备是为了在地下深层开采资源而设计的设备，它的发展趋势将是智能化、自动化、技术创新以及环保性和持续性的方向。通过不断创新和改进，深井超深井钻井装备能够更高效、安全地开采地下资源，并减少对环境的影响，促进可持续发展：

深井超深井钻井装备向不断自动化智能化方向发展，钻机及配套装备向高灵活性、高自动化、高安全性、多样化发展，井口操作向自动化、智能化、远程操控方向发展；井筒工程主体技术会向着钻的更深、更快、更经济、更清洁、更安全和更聪明的方向发展；破岩技术向复合钻头，异形 PDC、自适应钻头、智能钻头以及电动钻具、实时优化、非接触破岩等方向发展；钻井控压向控制压力精度更高、自动化、智能化方向发展；随钻测量朝着高传输速率、耐温高、多参数发展，旋转导向钻井向智能化方向发展，地质导向朝更深、更远地层参数方向发展，逐步取代电缆测井，向测量、测井、录井一体化方向发展；钻井液技术向更高效能、全过程清洁环保、智能、可重复回收利用方向发展；钻井软件向地质工程一体化、实时化、大数据、云计算、可视化、人工智能方向发展；钻井工艺向老井重入、侧钻水平井分支井等应用发展。

未来陆上油气勘探开发的重点依然在深层超深层，智能化、自动化、智慧化是未来科技发展的主要方向，这便要求技术人员依靠互联网、数字信息等现代化科技手段辅助石油钻井装备技术完成一些突破与革新，使油气装备完成现代化的转型与升级，并为日后油田企业的更新换代提供参考与借鉴，围绕深井超深井钻完井将发展一系列新装备、新技术、新工艺、新工具和新材料，围绕高温高压环境、高效率、自主化、环保和深水井等方面将传统技术将与信息化、大数据、智能化技术不断融合发展。

3　结论

文章对一键式人机交互自动化钻机、地面管柱自动化装置、高压钻井泵、交流变频直驱顶驱等成果进行了调研，分析了其在钻井中的重要作用，围绕深井超深井打成打快打好，还需开展深井自动化智能化钻井装备、数字孪生等关键核心技术攻关，实现传统优势技术的迭代升级，提升深井超深井安全优快钻井装备的保障能力。

参考文献

[1] 曾义金，刘建立. 深井超深井钻井技术现状和发展趋势[J]. 石油钻探技术，2005，33(5)：1-5.

[2] 郭旭涛. 智能钻井技术研究现状[J]. 现代工业经济和信息化，2022，12(3)：150-151154.

[3] 刘忠强，薛雅兰，林坤，李勇仁. 深井超深井油气钻井技术进展与展望[J]. 中文科技期刊数据库(文摘版)工程技术，2022(1)：0141-0143.

[4] 周志雄，唐春晓，方太安，吴昌亮. 超深井钻机创新技术及其发展趋势[J]. 石油矿场机械，2018，47(4)：14-18.

[5] 刘清友. 若干智能钻井装备发展现状及应用前景分析——以四川盆地页岩气开发为例[J]. 钻采工艺，2022，45(1)：1-10.

[6] 汪海阁，黄洪春，毕文欣，纪国栋，周波，卓鲁斌. 深井超深井油气钻井技术进展与展望[J]. 天然气工业，2021，41(8)：163-177.

珠江口盆地惠州凹陷惠A构造恩平组构造成因及控圈模式新认识

刘汉卿　罗　明　何　叶

[中海石油(中国)有限公司深圳分公司]

摘　要　珠江口盆地惠州凹陷是中国南海主要含油气凹陷之一，凹陷内油气富集差异明显。研究区惠A构造恩平组地层因含砂率高、断圈侧封效果差，长期以来未引起勘探研究人员重视。基于研究区高精度三维地震资料，对惠A地区断裂体系、火山活动、区域应力场进行了解剖，并讨论了研究区构造形成机制及富砂背景下控圈机制。研究结果表明，研究区发育NE-NEE和NW-NWW两组先存断裂，受区域应力由NW-SE向转变为NS向影响，先存断裂在新生代时期差异活化，形成大型伸展同向断裂带，为研究区恩平组构造主控成因；其次，新生代研究区发育多期火山活动，文昌晚期-恩平期岩浆底侵形成鼻状隆起，奠定了恩平组构造基本形态；最后，从渐新世至中中新世以来区域应力场持续顺时针旋转，在主控断裂东侧发育增压，该增压断裂带与受岩浆底侵的弯曲形变的主断裂共同形成良好侧向封堵。上述认识打破传统研究区富砂背景下恩平组圈闭有效性差的传统观点，形成惠A地区底辟改造型构造成因和控圈新模式，成功指导钻探并获恩平组储量突破，也为其它地区提供了有利借鉴。

关键词　珠江口盆地；先存断裂；恩平组；断圈侧封；岩浆底侵；区域应力

珠江口盆地位于南海北部大陆边缘，整体呈现北东走向特征，从北向南可划分为北部隆起带、北部坳陷带、中央隆起带、南部坳陷带和南部隆起带等5个构造单元，具有南北分带、东西分块构造格局。其中，惠州凹陷位于珠江口盆地珠一坳陷内，其西侧与惠西低凸起相连，东侧与惠陆低凸起相连，南侧与东沙隆起相邻，北连北部隆起带，为珠江口盆地东部地区重要的含油气凹陷(图1)。

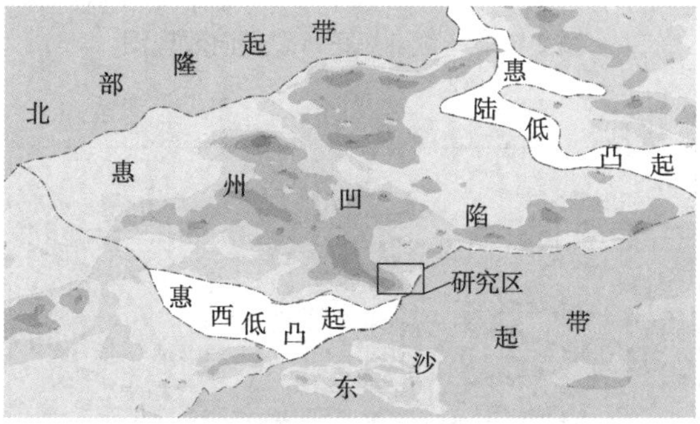

图1　珠江口盆地惠州凹陷及研究区位置图

早期惠州凹陷探明储量以新近系中浅层构造或岩性圈闭为主，具有埋深浅、储层物性好、产能高等特点。然而，近几年随着中浅层构造圈闭勘探程度加深，中浅层圈闭逐渐钻探完毕，且岩性圈闭复杂度越来越高，目标搜索难度也随之加大，因此，挺近深层，拓展古近系、古潜山等领域，对突破惠州凹陷勘探困境，指导下一步勘探方向具有重要意义。通过古近系深入研究，2020年研究人员在惠州21隆起带文昌组取得凝析气的突破，钻遇毛厚超70米的凝析气藏，但可惜的是该气藏流度较低，仅0.03～0.35mD/cp，DST测试产能较低，不具备经济价值，难以动用；此外，通过火山岩初步探索，2021年在惠州27地区钻遇显示高达400m，油层超100m的火山岩油藏，同样地，由于埋深大，该领域同样面临着孔隙度低、渗透率差的问题，虽然有所勘探突破，但产能成为制约上产的新难题，因此，寻找优质储量、盘活低渗储量成为关键点。而恩平组为陆相沉积，以大型河流-浅水辫状河三角洲、滨浅湖、河湖沼泽相沉积为主，地层岩性多呈现砂泥互层特征，相对于文昌组或古潜山具有埋深相对较浅、储层物性相对好的优势。

研究区惠A构造恩平组地层早期按照陡坡伸展型单一成因模式进行地震构造解释，缺乏对其成因机理的认识，且受地震资料处理技术的限制，断裂解释方案不明确。伴随着构造区3口探井在恩平组的钻探失利，基于当前解释方案的大型圈闭已钻探完毕，使得研究区恩平组勘探举步维艰；此外，恩平组整体含砂率偏高，对于断圈构造而言断层两侧往往具有砂砂对接特征，尤其对于物性较好的恩平组上段，圈闭充满度更低，因此，高含砂率恩平组断圈的控圈机制也值得探索。

本文从先存断裂差异活化出发，引入新构造解释理念，结合精细断裂解释明确研究区为拉张转换带背景，断裂差异活化为构造主控成因；其次，基于火山发育期次和区域应力场分析，明确了高含砂率地区圈闭的有效性，从而打破僵局，重新认识研究区构造成因机理及控圈机制，以期为珠江口盆地其它地区的油气勘探提供一定依据。

1　构造成因

1.1　先存断裂体系转换为构造核心成因

多数情况下研究人员根据断裂切割地层的层位，将所有断穿基底的断裂统称为基底断裂。但早期由于受限于地震资料采集、处理技术的限制，基底以下断裂成像不清，且将断穿基底的断裂统一认为是向下断穿基底的新生代断裂，暂无对先存断裂的研究。随着研究人员对珠江口盆地的形成和演化过程的研究程度不断加深，认为在中生代燕山期珠江口盆地处于异常活跃的状态，从而形成了广泛分布的先存断裂，且先存构造对裂陷盆地形成演化的制约已经成为世界范围裂谷盆地研究的热点，如泰国 Mergui 盆地的研究等。同时，伴随着深层、超深层地震资料处理技术的不断发展，地震剖面上基底以下成像品质得到提升，为研究区先存断裂的研究提供了可靠依据。

珠一坳陷基底先存形成于前新生代复杂构造背景，新生代以来经历了同裂陷期的多幕裂陷作用以及拗陷期新构造作用的叠加改造。基底内部发育 NE-NEE 和 NW-NWW 两组不同走向的前新生代挤压构造体系(图 2)，不同走向体系形成于不同期次的挤压构造作用。

在裂陷期拉张背景下，区域应力场由 NW 向 SN 向顺时针偏转，从而导致先存断裂差异活化(图 3)，研究区位于断裂差异活化引起的断裂转换带处，先存断裂体系的转换决定了该区构造类型为拉张转换带圈闭。前人研究时因对基底以下地震成像关注度低，中生代断裂未引起重视，随着区域应力场研究的深入和地震资料成像深度和精度的不断提高，传统解释方案也逐渐被改变。原始解释方案较为单一，将 NW 向断裂 F2 皆解释为南侧控洼断裂 F1 的伴生断裂(图 4)，因而断裂组合也未考虑区域应力场背景，认为恩平组时期为陡坡带沉积；此外，由于地震资料精度低，局部微小断裂刻画不够精细。而基于先存断裂体系分析，随着区域应力场的旋转，NE-NEE 向先存断裂先行活化，而后 NW-NWW 向断裂被激活，重新认识了该区断裂发育先后顺序及断裂组合模式(图 5)，从而明确了构造主控成因。

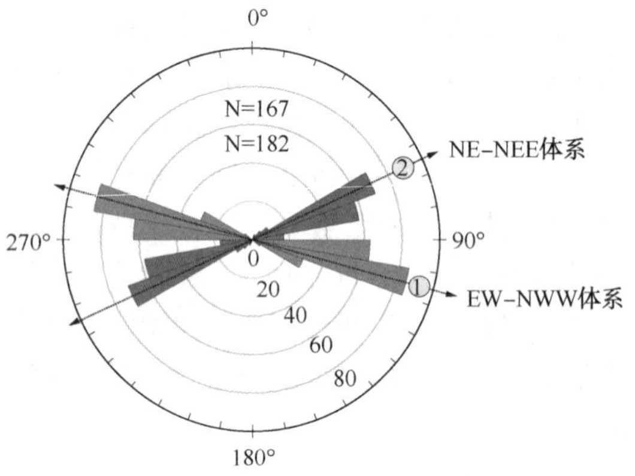

图 2　珠一坳陷基底断裂走向玫瑰图

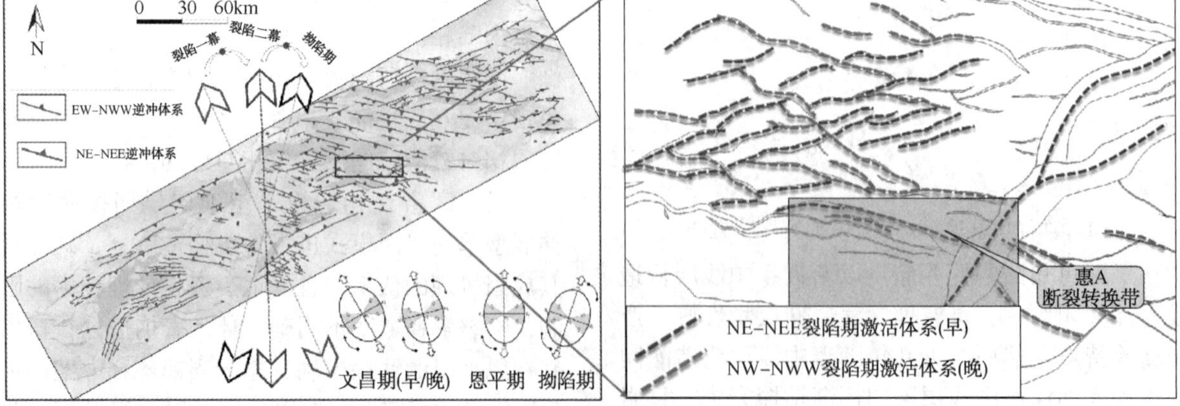

图 3　珠江口盆地珠一凹陷先存断裂分布图

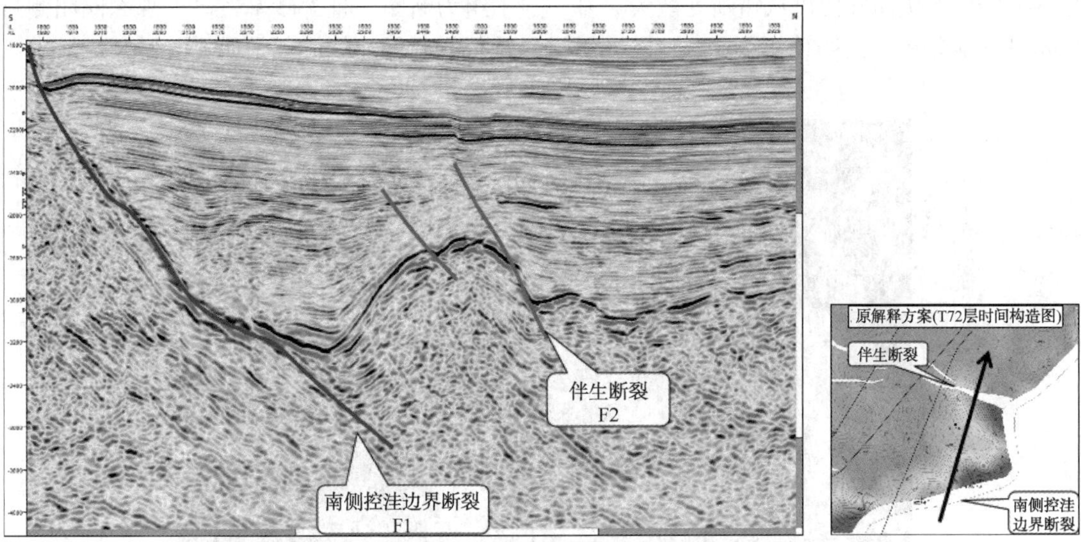

图4　研究区原始地震解释方案及断裂组合

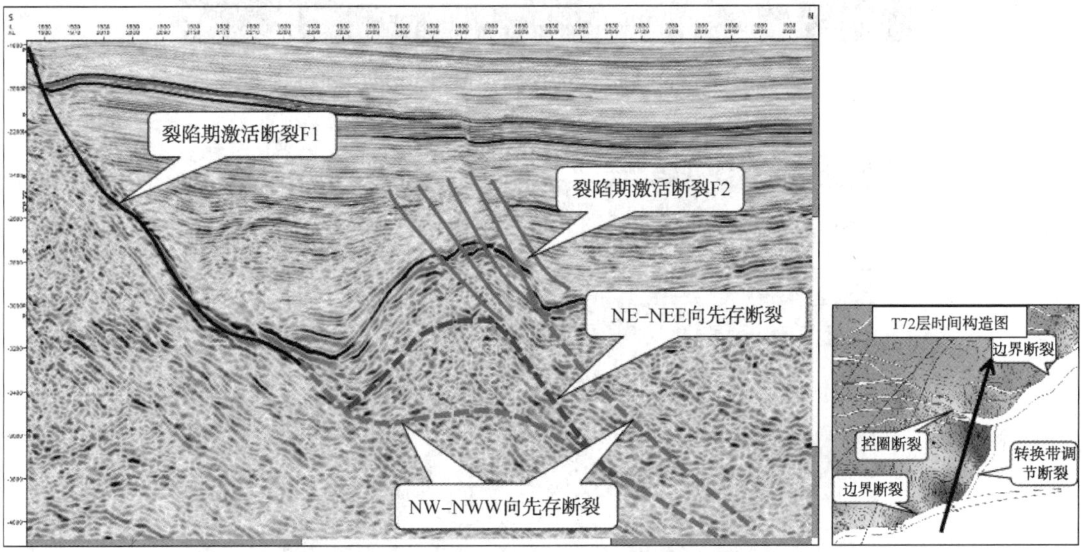

图5　研究区基于先存断裂分析后地震解释方案及断裂组合

1.2　岩浆底侵造就鼻状隆起

随着钻井数量的逐步增加，借助测井相、地震相、锆石定年等手段，惠州21/27地区自下而上依次为中生代侵入岩、新生代火山岩基底、新生代裂陷期文昌组和恩平组、裂陷后期珠海组、珠江组、韩江组、粤海组和万山组等地层。

区域研究表明，古新世裂陷初期，惠州21/27地区火山活动频发、分布范围广，基底古潜山具有中生代花岗岩与新生代火山岩的"双层结构"，且HZ27-B、HZ21-A、HZ27-A等井分别钻遇基底地层，岩性为厚度超百米安山岩或粗安岩(图6)。此外，在地震剖面上可发现，进入强裂陷期后，在上文昌组T80和上恩平组T70时期受惠州运动控制，地层表现出遭受抬升剥蚀或上超特征，说明该时期发育岩浆多期底侵，导致惠A构造发生断块旋转，形成向东沙隆起翘倾的鼻状隆起构造(图7)。

基于以上两点新认识，明确了惠A构造的成因机理为受岩浆底侵改造的拉张转换带构造。

2　圈闭侧封条件分析

圈闭是油气聚集的基本地质单元，而断裂的存在及活动对圈闭的形成、发育等具有一定控制作用，断层封闭性是形成油气藏及控制油气藏规模的重要因素。对于断圈而言，尤其是高含砂率地层，断层对盖层的破坏作用程度主要取决于断距和盖层厚度之间的相对大小，如果断距大于盖层厚度，盖层被断裂完全错开，使盖层失去空间分布的连续性，下伏油气便可从错断处散失。基于构造成因机制分析，已明确惠州27-5地区恩平组为断圈，且含砂率较高，那么圈闭侧封效果是否能确保油气成藏是研究关键。

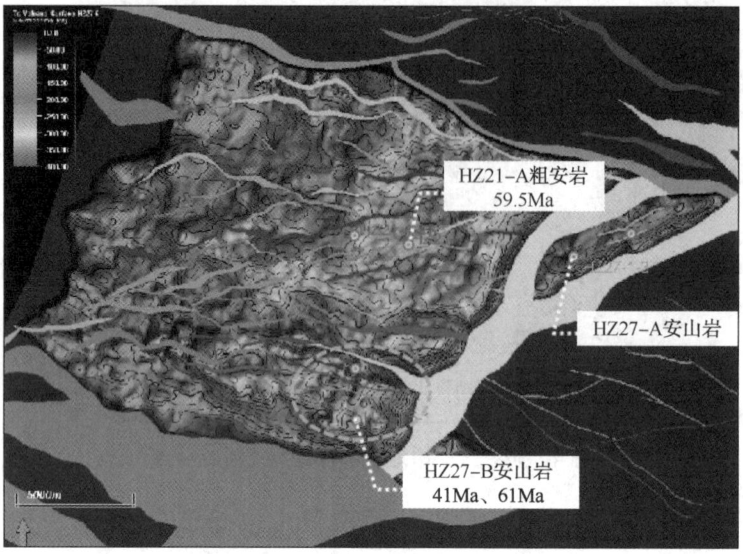

图6　研究区古新世火山岩厚度叠合裂陷期断层展布图

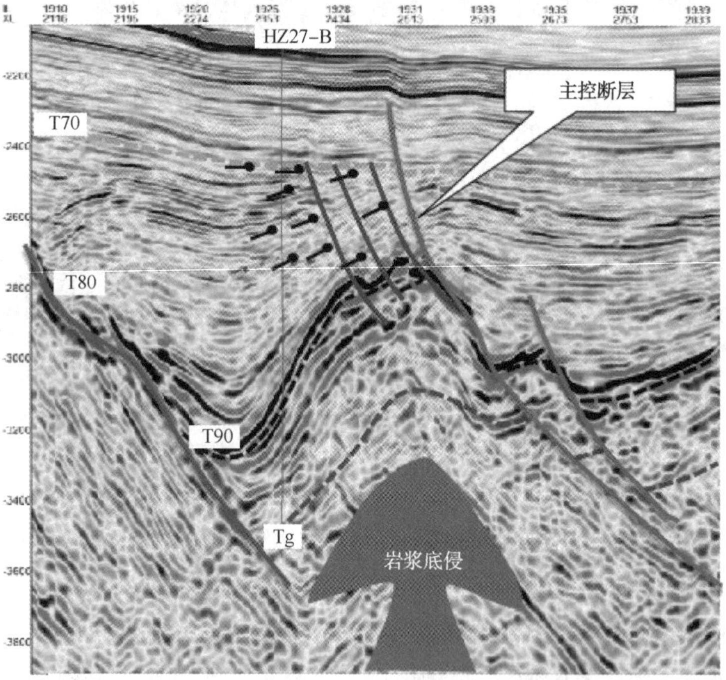

图7　研究区地震剖面存在多期地层剥蚀特征

2.1　底侵断面增压

由于惠A地区恩平组时期多为辫状河三角洲沉积，物源来自东沙隆起，含砂率高，对于断圈而言侧封能力差，无法形成有效圈闭。但通过精细研究已明确该地区在新生代强裂陷期发育多期岩浆底侵，在地震剖面上表现为主控断裂形变特征(图8)，从板式正断层弯曲形变为座椅式断层(图9)。在此基础上，通过建立断面增压半定量评价法，分析发现相对于板式断裂，弯曲断面显著增压，有利于断圈侧封成藏。

2.2　张扭应力增压

此外，受现今NE向拉张应力场控制，珠江口盆地在右行张扭应力场作用下发育EW/NEE向伸展-走滑断层，进而可与现今拉张方向在斜交区产生局部增压(图10)，进一步有效提高了圈闭侧封能力。

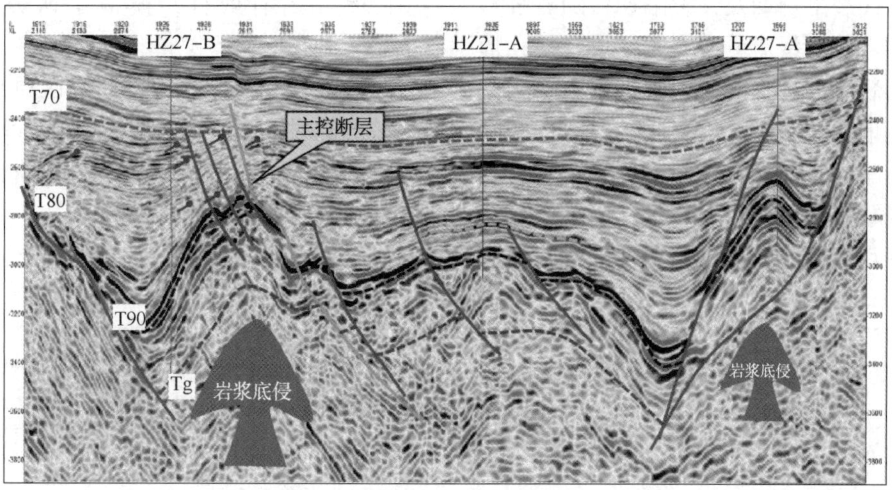

图8　研究区主控断裂受岩浆底侵弯曲形变

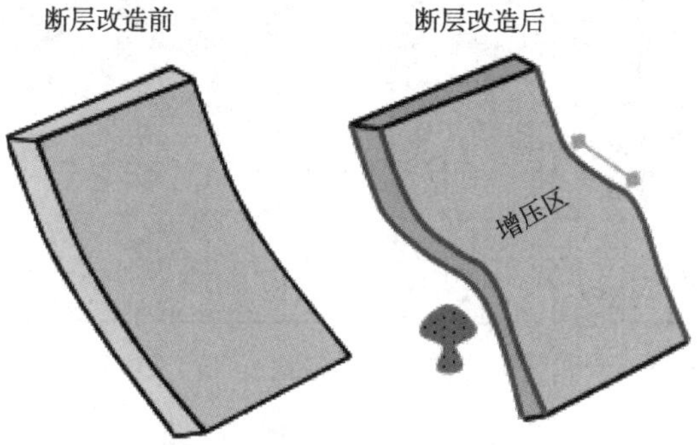

图9　主控断裂弯曲形变示意图

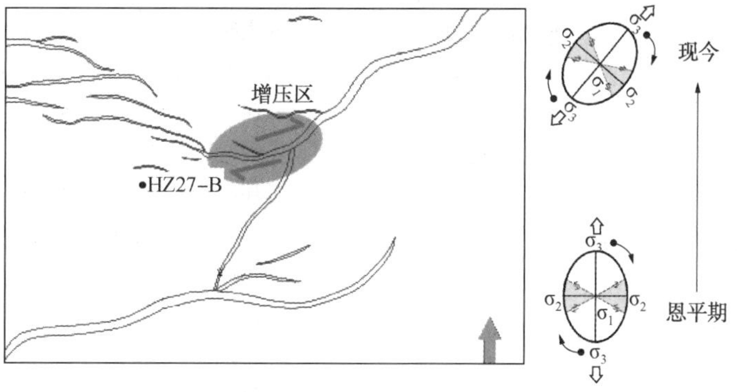

图10　研究区T70时期断裂平面展布图

其中，底侵断面增压特征在研究区及西侧构造得到了验证。位于惠A构造西侧的HZ27-D井(图11a)，相对于主区而言，理论上讲更靠近烃源岩，成藏条件更为有利，但该构造控圈断裂为板式正断层，封堵效果较差，虽然油气显示超200米，但油层厚度不足10m。研究区由于岩浆底侵造成的断面倾角变缓，呈座椅式正断层(图11b)，断面压力增强，从而更有利于油气富集成藏，侧面证实了研究区断圈的控圈机制，这一研究认识也有效推动了惠A构造恩平组的勘探，并获得规模性商业突破。

3　结论

(1) 基于NE-NEE和NW-NWW两组先存断裂分析，明确了惠A研究区位于先存断裂转换带，先存断裂体系转换是决定该构造的主要因素，且在裂陷期拉张背景下的差异活化，为研究区控圈断裂的主控成因，从而明确了构造成因机理，扭转了研究区恩平组勘探困境。

（2）新生代裂陷初期及强裂陷期伴随着强烈的岩浆活动，岩浆底侵造就研究区断块旋转，形成向东沙隆起翘倾的鼻状隆起地貌，基本奠定现今恩平组构造形态。同时，岩浆底侵导致控圈断裂弯曲形变为座椅式断裂，断面增压显著，有利于断圈侧封成藏。

（3）结合现今 NE 向区域应力场分析，与现今拉张方向斜交区段产生局部增压，进一步提高了圈闭侧封有效性，摸清了研究区圈闭控圈机制。

以上研究认识在推动研究区恩平组勘探取得突破的同时，也为富洼周边高含砂率地区寻找断裂控圈或应力封堵背景的评价思路，具有十分重要的借鉴意义。

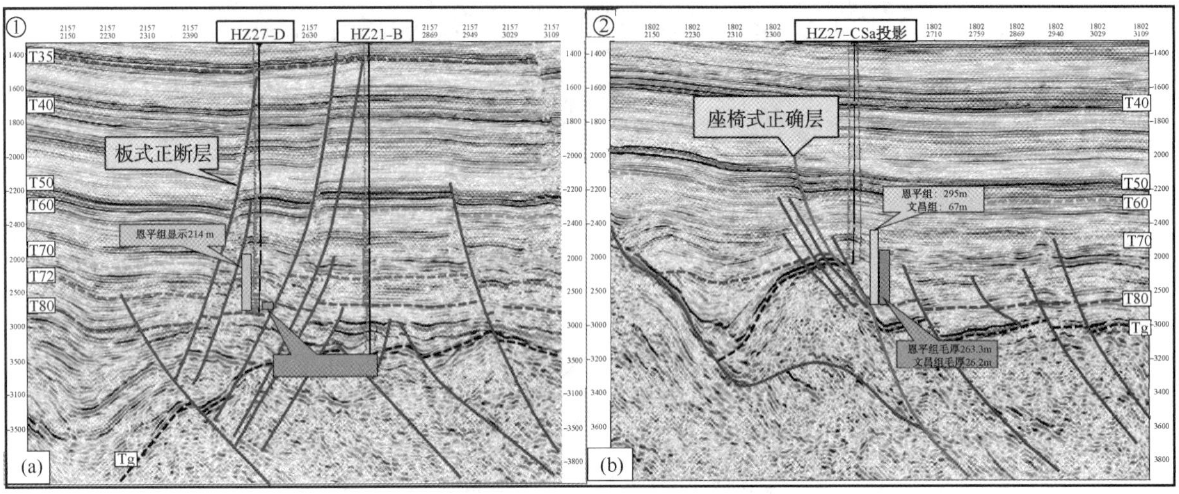

图 11　研究区构造与西侧构造地震剖面及断层对比图

参 考 文 献

[1] 陈汉宗，吴湘杰，周蒂，等. 珠江口盆地中新生代主要断裂特征和动力背景分析[J]. 热带海洋学报，2005，24(2)：52-61.

[2] 孙晓猛，张旭庆，张功成，等. 南海北部新生代盆地基底结构及构造属性[J]. 中国科学(D 辑：地球科学)，2014，44(6)：1312-1323.

[3] Morley C K. The widespread occurrence of low-angle normal faults in a rift setting: Review of examples from Thailand, and implications for their origin and evolution [J]. Earth - Science Reviews, 2014, 133 (2): 18-42.

[4] 鲁宝亮，王璞珺，张功成，等. 南海区域断裂特征及其基底构造格局[J]. 地球物理学进展，2015，30(4)：1544-1553.

[5] 王绪诚，杜家元，张琴，等. 惠西南地区古近系转换带型源-汇系统研究及其勘探意义[J]. 2020，32(5)：44-53.

[6] 田立新，刘杰，张向涛，等. 珠江口盆地惠州 26-6 大中型泛潜山油气田勘探发现及成藏模式[J]. 中国海上油气，2020，32(4)：1-11.

[7] 贾培蒙，张向涛，陈维涛，等. 珠江口盆地惠州凹陷惠州 21 古潜山的形成演化及其对深层油气成藏的控制[J]. 海洋地质前沿，2021，37(12)：27-37.

[8] 吴婷婷，张丽丽，吴哲，等. 珠江口盆地前新生代先存断裂特征及动力背景--以惠州凹陷和番禺 4 洼为例[J]. 海洋地质前沿，2022，38(6)：54-62.

[9] 王绪诚，陈维涛，何叶，等. 珠江口盆地惠西南地区古新世火山机构对有利储层的控制作用[J]. 石油实验地质，2022，44(3)：466-475.

[10] 彭光荣，王绪诚，陈维涛，等. 珠江口盆地惠州 26 洼东南缘古近系恩平组 上段断-拗转换期源-汇系统及勘探意义[J]. 石油与天然气地质，2023，44(3)：613-625.

[11] 刘露，孙永河，陈昌，等. 南堡凹陷 4 号构造带断裂活化及其对油气成藏的控制作用[J]. 石油勘探与开发，2022，45(4)：716-727.

多级射孔多簇电子选发系统的研究与应用

盛江飞　张志华　李欢　张俊鹏　董明达　曹红海

（中石化经纬有限公司江汉测录井分公司）

摘　要　为了克服非常规油气井“密切割”多级射孔工艺对更多簇数的技术需要，研发了多级射孔多簇电子选发系统，提出并解决了应答电路等的核心技术问题，成功实现了8簇以上的泵送多级射孔施工，保证了安全施工和起爆的成功率，为多簇射孔施工设计与作业提供了良好借鉴。

关键词　传输射孔；多簇射孔；电子选发；起爆装置；电子开关

近年来，高密度、密切割压裂工艺下的多簇射孔是当今多级射孔的主流，原有电子选发系统只能实现5簇电子选发模块的通信检测和点火，无法满足目前压裂施工“密切割”设计对射孔提出更多簇数的要求。

在涪陵、威远、泸州等页岩气探区，由于生产需要，在井下射孔簇数由5增加到20后，出现了通信检测时间长、大斜度井段拖动射孔施工风险大、系统自检功能缺失等问题。通过对原电子选发系统的软件和硬件进行优化与改进，增加电子选发系统的簇数上限、提高通信检测效率、设计系统自检功能，进一步满足实际施工需求、增加容错率，提升多级射孔工艺的整体技术服务能力，是目前和今后一个时期非常规多级射孔技术的主要攻关方向。

1　多簇电子选发系统技术特点

（1）增加通信检测和点火的簇数上限。系统最大可实现20簇电子选发模块的通信检测和点火，在原控制面板限流保护电路上进行调整改进，保证通信电流安全稳定的前提下增加了簇数上限。

（2）优化软件通信检测功能。通信模块点火时间由15s缩减至8s，同时提升了点火完成后软件的运算效率，现场操作中每次点火操作时间能减少1min20s以上，应用在大斜度井段拖动射孔中能减小施工风险，提高容错率。

（3）增加了系统自检报警功能。系统自检核对最后一级选发模块的ID，系统默认首次通信检测比预制簇数多1簇，若ID或检测簇数检查出错，系统提示报警，不允许操作点火，避免了人为操作失误。

（4）优化了系统软件的操作界面。增加提示绝缘、短路等错误功能提示，检查模块的图形显示由水平更改为垂直，直观显示切合操作人员习惯。

2　主要研究内容

多级电子选发模块软硬件改动包括：更改软件后台效率，缩短单发操作时间，缩短点火时间至5秒，增加系统自检功能，如下级探测（修改通信协议），增加短路提示，绝缘检测。

2.1　多级选发模块通信原理

多级选发系统通信采用单芯电缆通信、直流半双工通信模式，分为多级选发控制仪下发控制命令和选发模块上传应答数据。其中下发命令采用双电平电压调制，上传数据采用电流调制（图1）。

2.2　难点及解决方式

（1）每增加一级模块，下发指令受选发模块检波电路输入阻抗、输入电容影响，井下模块的收到下发电压信号差值就要小一些。

解决办法是，适当提高多级选发控制仪输出工作电平的幅值，加大通信高电压与工作电平之间的电压差值（图2）。

（2）存在检测范围越限的问题。模块连接越多，多级选发控制仪电流检波电路的动态检测范围越大，检测范围越限的问题越多。

解决办法是，调整应答电流采集方式。根据前面多级选发控制仪最低工作电压的计算，20级模块通信时，电缆上最大的电流可达78.9mA，原5级模块采样电路超过单片机采样电压 3.3V，不再合适；电缆电流为 78.9mA 时（图 3），RT5 最大输出电压 Vmax≈4V。

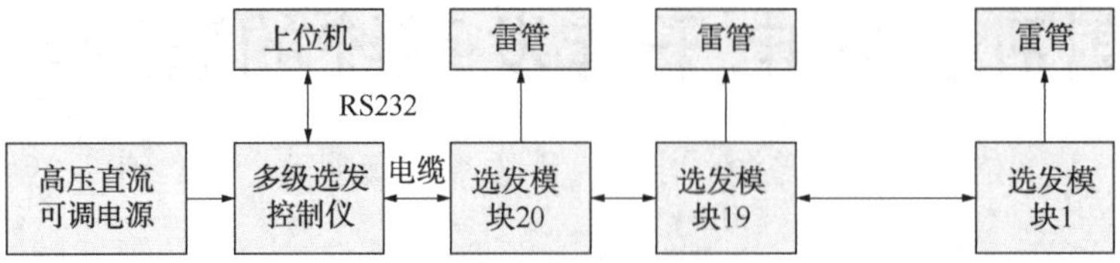

图 1　系统连接示意图

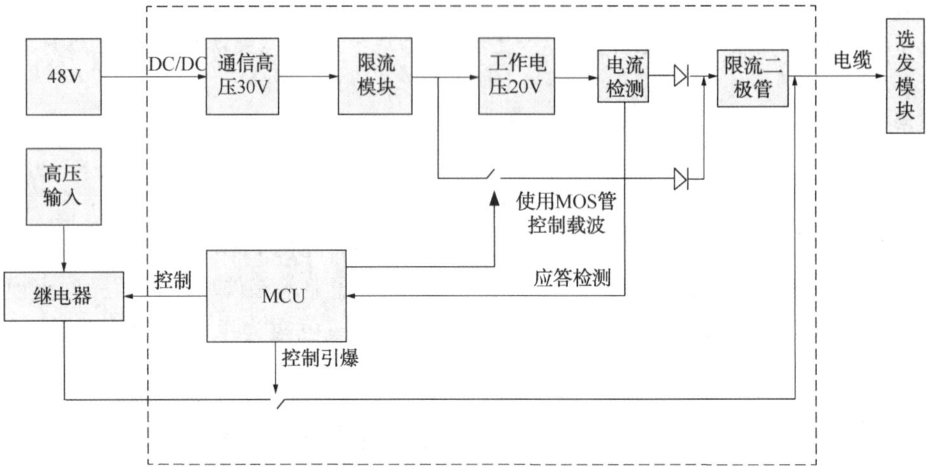

图 2　2 级控制仪原理框图

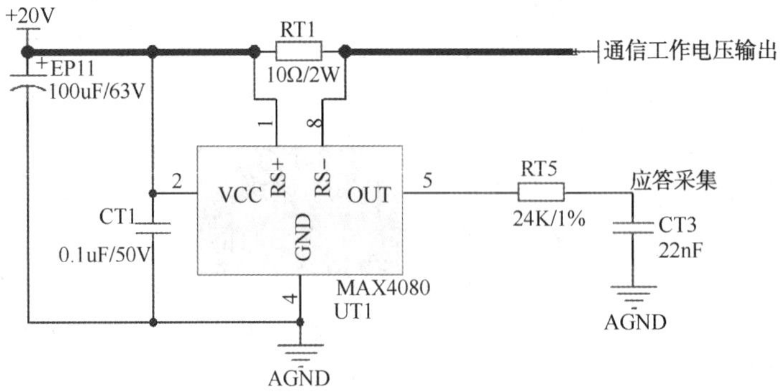

图 3　应答电流采集电路

因模块增多，应答电流采集电路采集最后一个模块时已经超过单片机最大采集电压 3.3V，会出现应答削峰情况，导致通信失败。为此重新设计应答电流采集电路，消除模块增多、静态电流变大的影响，通过隔直电容 CT2、CT4 仅采集应答产生的 30mA 交流信号（此处不宜通过减小 RT1 值解决问题，会影响单片机采集应答信号的信噪比）。

（3）原 5 级系统的选发模块应答电路结构简单、电路可靠，但电缆适应性较差，当电缆为 80 欧姆时，应答电流约等于 29.6mA。当电缆电阻为 50 欧姆时，应答电流约等于 31.1mA。

上述 1.5mA 理论差值已占应答 0 和 1 判断阈值的 15%（总值为 10mA），相当于新旧电缆上应答解码性能存在 15% 差别，如果算上滑环电阻、射孔枪与枪之间的触点接触电阻，性能差别更大。

另外模块连接过多后，随着单个模块压降累积，靠桥塞的模块输入电压小于 20V，也会造成应答电流偏小、应答解码误码率高的问题。

为解决模块增多导致应答电流不稳定的问题，在 20 级系统中，将选发模块应答由电缆上直接应答改为系统 12V 稳压端应答，不受电缆电阻等外界因素影响，只要模块输入端电压大于 15V 即可稳定产生 30mA 的应答电流，井上多级选发控制仪解码性能稳定，通信良好，已大批量应用。

2.3 线缆电阻计算

进入点火流程后，多级选发控制仪采集输出端(电缆)上的电压电流，根据欧姆定律得出大概的R点火回路总电阻为：R点火回路总电阻=V起爆电压/I电缆。

忽略CCL、选发模块接通下级导通压降，则选发模块所接的雷管电阻为：R雷管电阻=R点火回路总电阻-R电缆电阻。

R雷管电阻标称值为56Ω。上述计算出的R雷管电阻应大致与标称值相当；当计算出的值与标称值相差过大时，说明线路或模块可能出现了模块绿线未接好或模块绿线接通MOS可能失效、射孔枪间接触电阻过大、滑环电阻过大等问题。

3 生产应用效果

近三年来，在涪陵、威远、泸州等页岩气探区成功应用300余口井。在JY4-3HF井、JYD井完成1桥9簇射孔施工，创工区一趟入井完成簇数最多记录；在YS112全井采用1桥15簇泵送射孔施工中，创造了单段15簇全国施工最多簇数纪录。

随着压裂工艺中“密切割”压裂改造技术的推行，8簇以上的射孔施工将越来越多，该技术应用前景广阔。

4 结论

(1) 多簇电子选发系统实时监控选发和雷管的工作状态，最大40级，增加了一次入井的射孔簇数上限，提高作业效率。可配套地面检测仪，检查线路连接，增加了系统的安全性和稳定性。

(2) 实时生成电压电流曲线，可判断电雷管是否正常点火，点火需要弹出窗口确认，直观、简便。可选择任意枪进行点火，跳枪操作需要在弹出窗口确认，避免误操作。

(3) 随着页岩气开发不断推进，需要更多簇的射孔技术，多簇电子选发系统针对实际需要和使用条件，通过理论和实际相结合，重点解决了应答电路的核心问题，成功实现8簇以上的泵送射孔施工，极大地提高了江汉射孔的技术水平，该技术必将广泛应用于页岩气大规模开发建设中。

参考文献

[1] 马友龙. 电缆传输分级选发安全射孔系统[J]. 油气井测试，2018，27(04)：21-26+48.

[2] 周璐，文小娟，聂建群等. 页岩气井多级射孔作业标准化的思考与实践[J]. 江汉石油职工大学学报，2015，28(06)：39-40+67.

[3] 聂建群. 涪陵页岩气田泵送桥塞及多级射孔联作技术难点及对策[J]. 江汉石油职工大学学报，2020，33(05)：14-16.

[4] 崔志勇. 分簇式射孔技术在现场施工的应用分析[J]. 中国石油和化工标准与质量，2023，43(01)：172-174.

[5] 马英文，付团辉，吴泽林，等. 渤中34-2/4油田外置式复合射孔技术[J]. 油气井测试，2018，27(1)：31-36.

[6] 于秋来. 分簇射孔安全释放技术[J]. 油气井测试，2020，29(06)：22-26.

南海东部海域惠州区块新生界古潜山钻井提速实践与认识

杜庆杰　鲁　毅

[中海石油(中国)有限公司深圳分公司]

摘　要　南海东部海域惠州区块新生界潜山储层埋藏深、岩石抗压强度高、研磨性强，地层可钻性极差，严重制约钻井效率。开展了古潜山岩石抗压强度和可钻性研究，根据地层岩石特征，优选并试验了旋转切削齿 PDC 钻头、异型齿+一体化复合冲击器及控压钻井辅助技术等措施方案。现场试验应用结果表明：旋转切削齿 PDC 钻头、异型齿+一体化复合冲击器较区块潜山平均机械钻速分别提高 33%和 92%；控压钻井辅助技术可有效降低井底压持效应，间接提高机械钻速；该区块 7 井在综合运用古潜山提速技术基础上，平均机械钻速较前期完成井提升 80%，对加快惠州区块天然气勘探开发和产能建设具有重要借鉴意义。

关键词　新生界；潜山地层；可钻性；高效破岩；钻井提速

惠州区块古潜山埋深在 3450~4320m，火成岩岩性主要为闪长岩和花岗岩(见图 1)，其次为火山角砾岩和火山碎屑岩，发育少量的花岗闪长岩和蚀变安山岩，工程地质条件十分复杂，该区块古潜山岩石抗压强度高、研磨性强，可钻性极差，导致机械钻速慢、建井周期长，成本居高不下，严重制约天然气勘探开发进程。

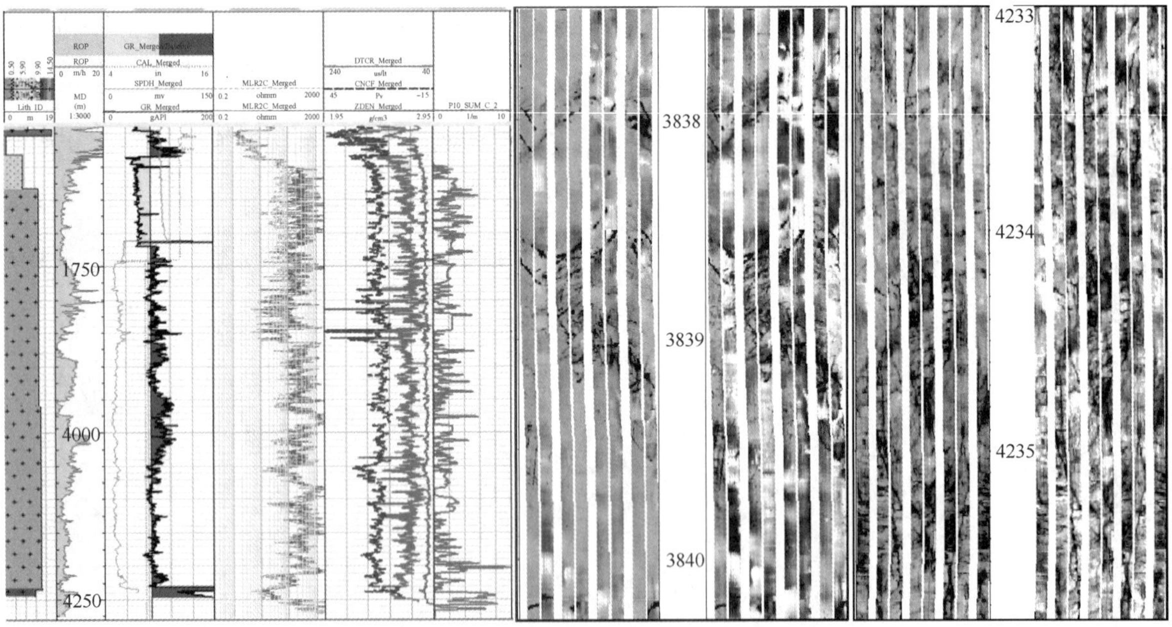

图 1　惠州区块古潜山地层岩性分析

针对惠州区块地层岩石特征和钻井技术难点，本文通过优选试验不同提速技术方案，开展古潜山钻井提速技术研究，为区域勘探开发钻井提速提效和油气增储上产提供技术支持。

1　潜山提速难点

1.1　地层可钻性极差

惠州区块火成岩地层主要为蚀变闪长岩、花岗岩和安山岩等，属于极硬地层，可钻性极差、研磨性强，该区块目前钻遇古潜山地层探井共计5口，单只钻头平均进尺为82.6m、平均机械钻速3.3m/h。常规钻井工艺技术在该区块应用，机械钻速慢、钻井周期长，这既是制约钻井提速的重要客观因素，也是关键环节。

1.2 钻头无规则振动

PDC钻头的井下运动是极其无序的，包括横向、纵向和扭向振动及这3种振动的组合，导致能量耗散钻头无法在井底形成稳定持续的钻压。同时，井下振动会损坏单个PDC切削齿，导致钻头寿命降低，引起扭矩波动干扰定向控制和随钻测井(LWD)信号，以及产生不规则井眼降低井身质量。

1.3 钻井液压持效应

井底的岩石主要受静液柱压力和孔隙压力的双重作用，当静液柱压力大于孔隙压力时，岩屑往往被很大的压差压在井底，这种现象被称为“压持效应”。钻井液密度越大，“压持效应”越明显，导致井底岩屑重复破碎和切削，钻头吃入困难，从而导致机械钻速降低。对于低渗透性地层和非渗透性地层，钻井液不能及时进入钻头破碎形成的裂纹，导致裂纹内压力极低，此时压差近似为井底压力，压持效应更加明显。

2 潜山地层特征研究

利用测井参数反演，结合室内实验数据，获取了岩石抗压强度、可钻性级值等岩石力学参数(见表1)。由地层岩石强度、可钻性级值数据可知，惠州区块古潜山岩石强度高、可钻性级值高、研磨性强。本区块地层可钻性级值接近10，根据岩石可钻性测定及分级方法，可钻性级值大于10的地层已不适合采用传统固定平面齿PDC钻头。通过钻井工程地层特性研究，为钻头个性化设计和钻井工艺优选提供参考。

表1　新生界岩石力学参数及地层特性

地层	抗压强度	可钻性级值	硬度分级	内摩擦角	地层特性
新生界古潜山	100~280MPa，部分钍含量较高的未风化母岩强度超过300MPa	9.56	硬-坚硬	42.5°	蚀变闪长岩、花岗岩和安山岩等

3 潜山提速技术试验与应用

3.1 提速理论与思路

影响钻井提速的因素众多且复杂多变，主要包括地层条件、人为因素和技术水平，而地层条件、人为因素属不可控及影响较小因素，提速的关键环节仍为提升技术水平，提速技术主要包括直接提速与间接提速两个方面。针对潜山硬地层，高效钻头是破岩最直接的手段，而与此同时，PDC钻头最主要的破岩能量是钻头扭矩，当钻头钻进相同岩性地层时，钻压的波动易造成钻柱扭矩波动，因此，如何优选高效钻头，并降低钻压波动频率与幅度，是提高机械钻速的核心；间接提速主要为降低钻井液压实效应。基于这一理论，本文制定了深部潜山硬地层提速技术优选思路。

(1) 充分考虑本区块岩石力学参数，结合类似地层岩性选用的钻头使用效果，综合分析，选择适用于本区块的钻头，确保钻头能够对地层有效破岩。

(2) 充分考虑本区块岩石力学参数，结合类似地层岩性选用的冲击类工具使用效果，综合分析，选择适用于本区块的冲击类工具，确保钻柱能够给钻头提供持续稳定的扭矩。

(3) 优选可降低井底压实效应的工艺或技术，实现间接提速。

(4) 形成适用于本区块的深部潜山硬地层提速技术。

3.2 旋转切削齿PDC钻头提速技术

常规PDC钻头是通过焊接技术使得PDC切削齿与齿穴结合牢固，此种技术将会带来以下两方面的问题：(1)切削片利用率低。常规PDC钻头在钻进过程中，仅有相对较小部分的PDC切削片参与切削地层，在大多数情况下，仅有10%~40%的切削片被用于实际的切削，剩余的60%~90%被锁定在钻头体中，切削过程中未被使用(图2)。(2)摩擦热聚集加快切削齿磨损。PDC切削齿在与地层接触切削过程中，磨损平面会产生高的摩擦热，从而破坏金刚石共价键，因此，温度升高会加速切削片的磨损，并导致更多的磨损。

图 2　常规 PDC 切削齿利用率

旋转齿钻头组成部件包括碳化钨套筒、PDC 切削片以及连接轴承(图 3)。PDC 切削片通过轴承与套筒密封相连，焊接在钻头本体上，其中，切削片与套筒间存在一定间隙以保证切削片可以自由旋转。为了保证钻头抗研磨性和抗冲击性，以部分 360°旋转切削齿取代常规 PDC 钻头鼻、肩部高磨损区域。当切削齿剪切地层时，在切削片边缘会由于侧倾角而产生一个侧向切力，而使得切削齿能够完全旋转，切削齿具备更长的切削边缘，增加切削齿的利用率，避免出现局部严重磨损而降低钻头切削效率。因此，适当的侧倾角及分布位置是实现旋转和提高切削效率的关键。

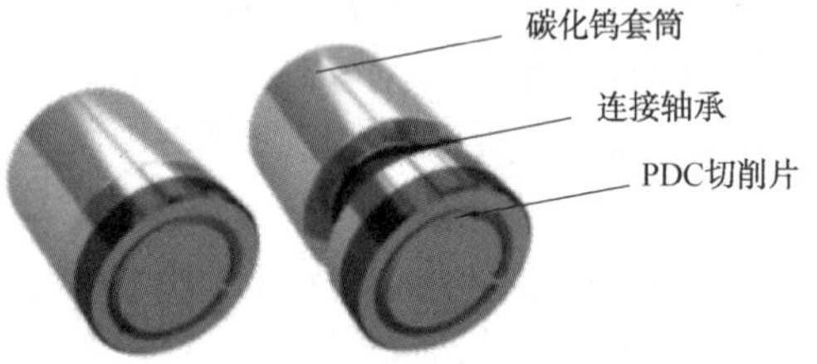

图 3　旋转齿的组成

旋转切削齿 PDC 钻头在南海东部海域惠州区块新生界古潜山地层 1 口探井进行了现场应用，单只钻头进尺 155m、机械钻速 4.4m/h，在地层条件相近的情况下，旋转切削齿 PDC 钻头进尺和机械钻速较区块单只钻头平均进尺 82.6m、平均机械钻速 3.3m/h 分别提升 87.7%和 33.3%，总体提速效果良好。现场应用表明，旋转切削齿 PDC 钻头兼具攻击性和耐磨性，能够解决强研磨性地层常规固定切削齿 PDC 钻头磨损严重而导致机械钻速低、单只钻头进尺短的问题。

3.3　异型齿+一体化复合冲击器提速技术

针对南海东部海域惠州区块古潜山难钻地层岩石强度高、研磨性较强、对钻头磨损及冲击破坏大、可钻性差的难题，从提高钻头的冲击性和抗研磨性出发，优选异型齿+一体化复合冲击器提速技术方案。

钻头受压吃入地层之初，岩石未破坏，钻头运动受阻，钻具受扭；岩石破坏后，钻具扭矩释放，钻头加速运动，若地层非均质，对 PDC 钻头复合片产生正向冲击造成钻头崩齿，继而引起钻头复合片的快速破坏，复合片切削部位受撞击剥落影响切削效率及寿命，使机械钻速急剧下降。一体化复合冲击器可消除了钻头破岩时可能出现的多种有害振动，将钻井液的流体能量转换成高频、均匀稳定的机械冲击能量并直接传递给 PDC 钻头，使钻头在井底运动保持连续性。

一体化复合冲击工具将钻头和冲击器融为一体，将钻井液水力能量转化为脉冲冲击能量，按照周向和轴向 4∶1 的比例分配，形成复合冲击。该工具可配合旋转导向使用，适用于抗压强度 56~210MPa 地层，通过改变破岩机理提高机械钻速。

复合冲击器所带的 8.5in 钻头是 6 刀翼 13mm 齿复合冲击器专用钻头，采用双排齿设计。主切削齿采用斧型齿，增强抗冲击和抗压能力；后排带锥形及圆形切削齿，锥形齿使点载荷集中，减少扭矩波动同时增加钻头稳定性，化解有害振动，延长钻头寿命增加单只钻头进尺；后排圆形齿增强切削功能，保持钻头攻击性；钻头冠部设计较常规 PDC 钻头更扁平，以提高钻头冠部的布齿密度。

异型齿+一体化复合冲击器提速技术在南海东部海域惠州区块新生界古潜山地层 3 口探井进行了现场应用，经优化改进，在惠州 A4 井得到良好提速效果，该井应用 2 只钻头钻进深度 3838~4367m，并从 4134m 进入古潜山地层，钻头使用记录如表 2 所示，古潜山地层机械钻速与邻井惠州 A1 井对比结果如表 3 所示。惠州 A4 井 2 只钻头完成火成岩地层 233m 进尺，平均单只钻头进尺 116.5m、平均机械钻速 6.35m/h，单只钻头进尺及机械钻速较区块平均水平分别提升 41.0%和 92.4%，通过异型齿+一体化复合冲击器提速技术有效解决古潜山硬地层复合片早期破坏的难题，出井钻头仅轻微磨损，如图 4 所示。

表 2　惠州 A4 井 8.5in 井段钻头使用记录

井段	钻头 1	钻头 2
井段/m	4134~4250	4250~4367
进尺/m	116	117
钻速(m/h)	7.18	5.7
钻头磨损评价	2-2-WT-A-X-1/16-NO-PR	3-3-WT-A-X-1/16-NO-TD

表 3　不同岩性段长及平均机械钻速

井号	岩性	井段/m	进尺/m	钻速(m/h)
A1	闪长岩	3744.3~4230	485.7	3.56
A1	花岗岩	4230~4276	46	3.71
A4	闪长岩	4134~4298	164	6.71
A4	花岗岩	4298~4367	69	6.26

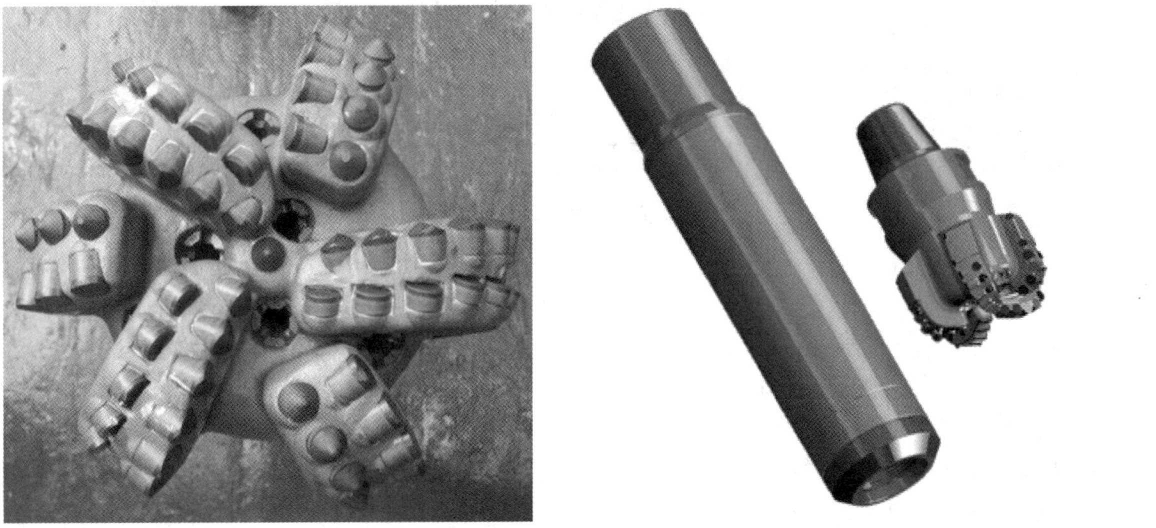

图 4　一体化复合冲击器出井钻头

3.4　控压钻井辅助提速技术

精细控压钻井系统主要由旋转控制头、节流控制撬、质量流量计和数据采集和控制统四部分组成。由于潜山地层无法预测地层压力，钻井作业风险较高，精细控压钻井系统能动态监测井底压力，在发现溢流或漏失后，能通过调节回压迅速控制井口，保证井控安全；必要时可以进行带压钻进和起下钻，实现近平衡钻井，减小井底压力波动，保证“窄压力窗口”地层作业安全同时，减小储层伤害，最大限度地释放地层潜能，提高勘探评价精度，提高机械钻速，有效降低井漏、压差卡钻等复杂情况的发生。

已探明新生界潜山地层压力资料表明，惠州区块古潜山地层压力系数为1.027~1.076，为防止井下发生溢流等复杂事故，一般会采用高于地层压力系数的钻井液进行作业。惠州区块前6口探井古潜山地层钻进采用钻井液比重为1.13sg，A7井采用精细控压钻井技术将钻井液比重由1.13sg降低至1.05sg，减少约5Mpa井底压持力，本井古潜山井段机械钻速为3.88m/h，较区块平均机械钻速3.3m/h提升17.6%。

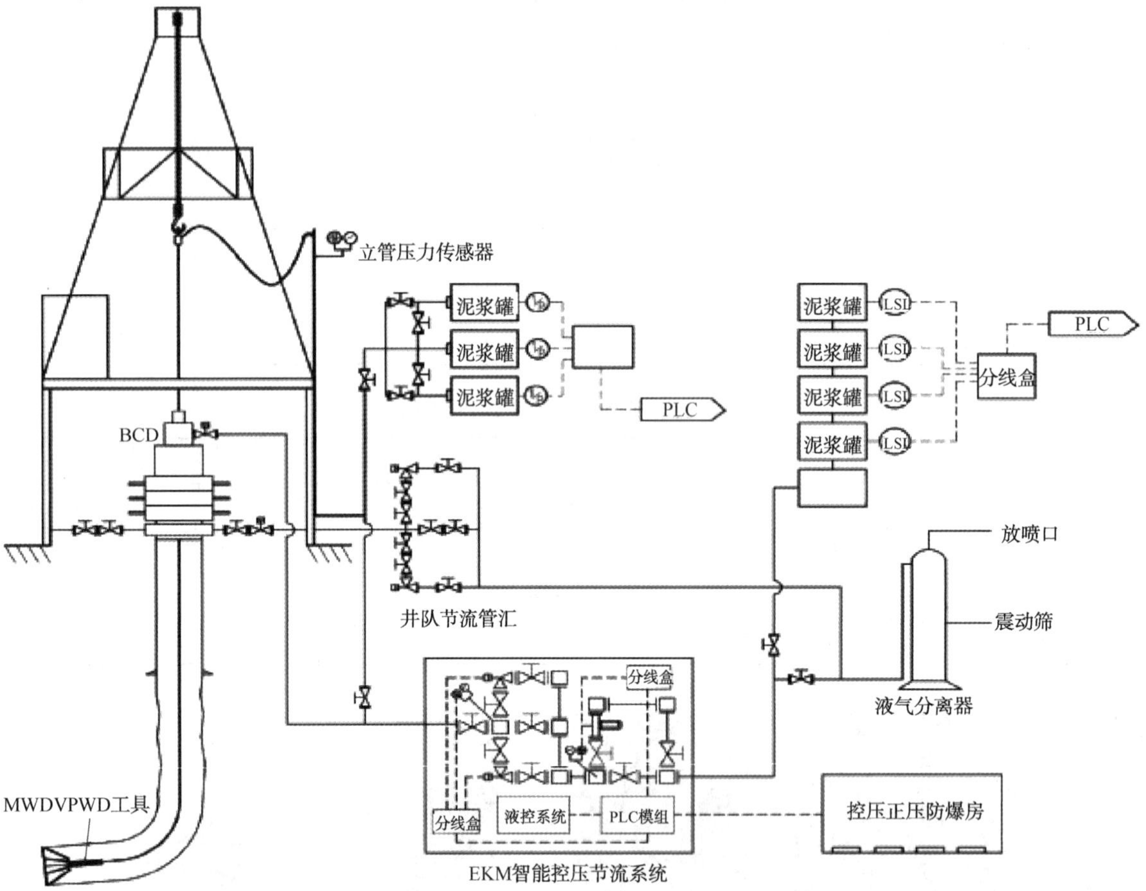

图5　精细控压钻井设备连接示意图

4　结论与认识

（1）在对已钻井地层岩石力学参数结合钻头磨损、地层岩性等因素分析基础上，优选并试验了与新生界古潜山地层较为匹配的旋转切削齿PDC钻头、异型齿+一体化复合冲击器及控压钻井辅助技术等措施方案，取得了良好提速效果，初步形成惠州区块深部潜山硬地层提速技术。

（2）异型齿+一体化复合冲击器提速技术在使用优化基础上，大幅提高机械钻速和钻头寿命，表现稳定，为古潜山地层提速提供重要借鉴，具有推广应用价值；旋转切削齿PDC钻头及精细控压钻井辅助技术提速理念与效果良好，但由于样本量太小，且旋转切削齿PDC钻头存在掉齿现象，其提速适用性有待进一步检验。

（3）惠州区块在上述提速成效显著技术基础上，还开展了牙轮-PDC复合钻头、尖圆齿钻头、扭力冲击器等多种提速方案试验，由于岩性复杂多样，且横纵向分布无规律，相关提速工具/钻头在古潜山地层表现较不稳定，需在前期提速试验基础上，继续尝试引入新技术新工艺。

参考文献

[1] 刘小刚，邓建明. 提高渤海中深层机械钻速技术应用[J]. 石油钻采工艺，2018，40(6)：706-710.

[2] 薛懿伟，陈立强，徐鲲，等. 渤中19-6大气田深部潜山硬地层钻井提速技术研究与应用[J]. 中国海上油气，2020，32(4)：140-146.

[3] 李立昌，王东明，徐明磊，等. 饶阳凹陷深潜山提速难点与对策[J]. 石油钻采工艺，2009，31(增刊

2)：9-12.
[4] 滕学清，崔龙连，李宁，等. 库车山前超深井储层钻井提速技术研究与应用[J]. 石油机械，2017，45(12)：1-6.
[5] 于洋，南玉民，李双贵，等. 顺北油田古生界钻井提速技术[J]. 断块油气田，2019，26(6)：780-783.
[6] 赵志国，白彬珍，何世明，等. 顺北油田超深井优快钻井技术[J]. 石油钻探技术，2017，45(6)：8-13.
[7] 林四元，李中，黄熠，等. 南海文昌区块深部地层旋转切削齿 PDC 钻头提速技术[J]. 石油钻探技术，2017，45(6)：65-69.
[8] 石建刚，武兴勇，党文辉，等. 新型旋转 PDC 切削齿钻头技术研究与应用[J]. 石油机械，2016，44(2)：6-10.
[9] 薛亮，张伟国，肖夏，等. 新型钻井提速技术在南海东部古近系地层应用[J]. 海洋石油，2021，41(1)：73-77.
[10] 游尧，姜韡，田峥，等. PDC 钻头旋转齿技术在南海东部西江区块深部地层应用[J]. 海洋石油，2020，40(1)：79-83.
[11] 张伟国，严德，陈彬，等. 惠州区块深层火成岩地层钻井提速技术[J]. 石油钻采工艺，2020，42(5)：583-586.
[12] 韩烈祥. 川渝地区超深井钻完井技术新进展[J]. 石油钻采工艺，2019，41(5)：555-561.
[13] 李美求，李嘉文，李宁，等. 周向冲击扭矩作用下 PDC 钻头的黏滑振动分析[J]. 石油钻采工艺，2018，40(3)：287-292.
[14] 孙金声，杨宇平，安树明，等. 提高机械钻速的钻井液理论与技术研究[J]. 钻井液与完井液，2009，26(2)：1-6.
[15] 靳楠，隋成龙，刘晓民. 精细控压钻井技术在渤海油田的应用实践[J]. 工程技术，2023，NO. 4(上)：74-77.
[16] 张磊，霍宏博，李治衡，等. 两种提速工具在渤海油田某深井的应用评价[J]. 石油工业技术监督，2020，36(4)：1-3.
[17] 张海山，葛俊瑞，杨进，等. 扭力冲击器在海上深部地层的提速效果评价[J]. 断块油气田，2014，21(2)：249-251.

深层、非常规油气保压取心研究应用进展及展望

苏　洋　孙立伟　孙少亮　罗　军　徐维首　刘浩鸿

（中国石油集团长城钻探工程有限公司）

摘　要　深层、非常规油气成藏机理、评价方法不同于常规油气资源，采用常规取心获取的岩心在天然气储量计算过程中需估算损失气量，导致其数据可信度不高。保压取心技术能有效解决目前损失气量无法准确计量的问题，但受制于深地高温高压复杂环境限制，限制了在深层油气领域的拓展和应用。为此开展了针对深层、非常规油气的保压取心工具和工艺研究，进一步提升了工具的保压能力、安全性和可靠性，并结合我国深层油气储层特点，在保压取心技术发展方向上科学规划，提出“油藏保温保压，气藏控压保气”的差异化发展理念，制定了“保压为技术手段，保油保气为目的”的工程应用目标，在陆地深层油气开展试验应用13口井，整体保压成功率达到91%，含气量测试准确度提高20%以上。为了给我国保压取心技术研究、测试配套建设及相关标准制定提供参考和指导，归纳总结了国内外在保压取心技术方面所取得的进展，并对相关技术未来的发展趋势进行了展望。

关键词　深层、非常规油气；页岩气、保压取心；含气量

深层、非常规油气成藏机理、赋存形态及开发技术不同于常规油气资源，勘探开发过程中往往需要对储层物性、含油气性和储集性进行精细评价。到目前为止，尽管探测地下地质情况的各种新技术、新方法不断出现，但是通过钻取地层岩心来进行储层性质研究、探明资源储量仍是最直观和必不可少的手段，是各种间接探测方法所不能代替的。常规取心获取的岩心存在油气组分损失严重，孔渗饱测试数据失真等问题，基于常规取心技术建立的地质评价方法和储量计算方式已经难以适用于煤层气、页岩气等非常规油气资源。以页岩气为例，页岩岩心钻取和起下钻时间周期较长，不可避免地导致了损失气量的增大，损失气的比例可以占到总含气量的40%～80%，损失气量的精确计算已成为确定页岩总含气量的重点和难点。

保压取心技术是利用保压取心工具获取岩心，在井底压力条件下将岩心密封在保压内筒当中，保持岩心内流体不散失的一种特殊、高技术壁垒的钻井取心技术，该技术能最大限度的减少岩心中油气等组分的损失和孔隙结构变化，具有“保油、保气”的技术优势，能真实反映储层物性、力学性能及流体分布规律。近年来，长城钻探公司研制的60MPa保压取心工具广泛应用于3500m以浅各类油气储层评价工作当中，为中浅-中深层油气地质综合研究、选区评价、开发靶体优选及储量计算等方面提供了重要技术支持。但是，随着勘探开发的持续推进，油气勘探目的层由中浅层向深层和超深层、资源类型由常规向非常规快速延伸，埋深3500～4500m的深层页岩油气成为我国油气上产重要勘探领域，川南深层页岩气储层压力普遍达到80～100MPa，渤海湾盆地页岩油储层温度超过150℃，万米超深层甚至达到240℃/140MPa的苛刻环境，现有保压取心技术已经难以满足上述高温、高压复杂环境取心作业需求，亟需更新换代。

1　深地保压取心面临的挑战

1.1　深层油气井高温高压条件下取心作业难度大，深地保压取心为世界空白

国外早在上世纪中旬开发出了PCB、PTCS、APC等多种保压取心工具用于海底岩心样品采集和天然气水合物取样，在全球探明了大量可燃冰赋存区，同时也证实了保压取心技术对于保持岩心地层原始状态具有显著效果，是一种可以用于地层原始资料获取的有效方法。但国外保压取心工具以海域应用为主，其工作环境为海洋低温环境，且海水密度相对较低，介质较为纯净，设计工作压力一般不大于35MPa，因此国外主流取心工具并不适用于我国陆地深层保压取心，也没有可借鉴实例。

陆地深井取心环境较海域更为复杂，四川盆

地4000m以深龙马溪组页岩气井钻井液密度介于2.0~2.5之间，固相含量达到40%，给密封阀和控制机构的有效执行带来巨大挑战，目前我国主流保压取心工具设计工作压力为60MPa，而深层超深层储层压力可达100MPa以上，远远超出取心工具设计工作压力，并且在陆地深层高温环境下，金属材料机械性能衰减，橡胶等密封材料失效，保压密封效果难以保证。

1.2 保压取心系统多场耦合温度压力变化规律缺乏系统性研究，地面处理安全风险高

保压系统在井底获取岩心，投球到起钻过程中，取心筒内有岩心、钻井液和一定的气体，筒内外压力、温度相同，处于平衡状态。取心筒从井底到地面过程中，筒外压力减小至大气压，筒内温度减小至大气温度，在这个过程中取心筒、岩心会发生体积变形，从而筒内钻井液、气体所占体积也会发生变化，加之筒内钻井液和气体随压力温度均发生变化，故使得保压取心筒系统整个变化过程十分复杂，属于气、液、固三相的热-固-相态耦合变化研究领域。到达地面后，大气环境的温度压力与取心筒内压力变化关系也受到诸多因素影响，涉及取心筒体积变形、岩心体积变形、气体体积变形以及钻井液体积变形影响。而取心筒体积变形量又与取心筒的热膨胀系数、壁厚、弹性模量等有关；岩心的体积变形量与岩石的孔隙度、弹性模量、泊松比等有关；气体体积变形量与气体相对分子质量、相对密度、相态变化等有关；钻井液体积变形量与其膨胀系数、压缩系数等有关，目前还没有开展系统性的研究，无法预测取心筒内油气相态及压力变化。

2 保压取心研究进展

2.1 保压取心国内外发展现状

保压取心是目前保存储层流体的最重要手段，基于保压取心的现场含气量测试技术基本实现了对原位含气量的高精度测试。随着测试技术的进步，保压取心可以获取更多的原始地层信息，因此研究仍在深入。目前保压取心技术作为一项技术平台，形成了不同领域的发展方向和技术路线。如我国广州海洋地质调查局、中石化胜利钻井院和国外等公司开发的保压取心工具主要用于海域天然气水合物取心，其作业环境为海洋低温条件，以绳索式为主，注重低温保持和快速获取。中石油长城钻探、川庆钻探、大庆钻探开发的保压取心工具主要用于陆地石油与天然气勘探，其作业环境为陆地深层高温高压，甚至超高温超高压，以起钻式为主，注重“保油、保气”，弱化了“保温、保压”，以实现深层油气井储量评价。另外还有谢和平院士及深圳大学开发的保压取心工具主要用于构建深部原位岩石力学研究，因此提出了“保压、保温、保质、保光、保湿”五保取心构想，以达到真实原位应力与赋存环境构建，为岩石力学研究建立基础。

长城钻探公司较早在陆地保压取心技术领域进行规划和布局，通过结合我国深层非常规油气储层特点和精细评价需求，提出了“油藏保温保压，气藏控压保气”的差异化发展理念，确立了“保压为技术手段，保油保气为目的”的生产应用目标，制定了适用于我国陆地深层非常规油气的保压取心技术发展路线，在高温高压环境保压密封、适应能力等方面实现关键技术突破，从“十二五”至“十四五”期间先后完成了20MPa、60MPa、80MPa三代保压取心工具研制和定型。在页岩油、页岩气、煤层气、致密气、CCUS等领域均实现工业化应用，在大庆古龙页岩油、胜利页岩油、四川盆地海相页岩气、鄂尔多斯盆地海陆项页岩气及煤层气、涪陵陆相凝析油气、延长致密砂岩气等领域均取得勘探突破，累计实施保压取心近100口井，引领了国内陆地保压取心技术的发展。

2.2 陆地深层保压取心工具

目前陆地深层保压取心工具主要以长城钻探GW系列80MPa保压取心工具为代表，其设计工作压力为国内外最高，该工具主要由差动总成、测量总成、保压内筒总成、球阀密封装置、外筒和取心钻头等组成，如图1所示。其工作原理是：外筒与取心钻头连接，传递钻压和扭矩。保压内筒下端连接球阀密封装置，上部依次连接测量总成、差动总成。取心钻进时，球阀处于打开状态，岩心通过球阀进入保压内筒。钻取完岩心后，通过投入钢球，坐落在差动总成球座并造成压力上升，利用液压作用剪断差动总成销钉使内外筒进行差动，在此过程中，球阀密封装置被关闭，完成内筒的保压密封。测量总成可以对内筒中的温度和压力进行连续测量和存储，通过细小的趋势变化可以更加详细的了解岩心样本在起钻过程中油气成分的挥发分解过程。GW-CP保压取心工具主要参数为：工具外径194mm，取

心钻头尺寸 215.9mm；岩心直径 80mm，额定保压 80MPa；割心方式为液力加压和自锁式割心相结合，采用钻具起下作业方式。

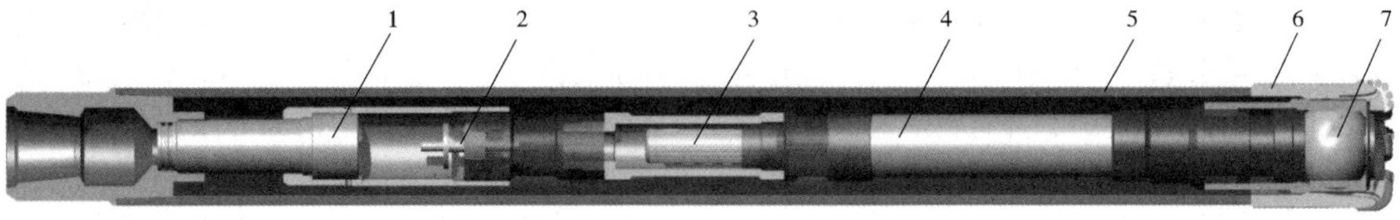

图 1 保压取心工具结构图

1—差动总成；2—上部密封机构；3—测量总成；4—保压内筒总成；5—外筒；6—取心钻头；7—球阀密封装置

80MPa 保压取心工具以超高压球阀密封技术作为重点攻关对象，设计采用主、被动密封结合方式进行保压密封，优选高强度合金材料，攻克高强度梯形螺纹内筒设计，实现取心工具 80-100MPa 稳定密封；采用抗高温密封填料硫化处理技术形成一体式高硬度密封面，耐温达到 170℃，解决了高激动压力下密封元件贴合不严和抗高温性能差的技术难题。同时，研发了基于外筒不动，内筒上移的双级同步差动机构，采用反向抬升设计，确保取心工具差动过程中不受井壁摩阻影响，割心动作和球阀旋转有序启闭，适用于大斜度井、水平井等复杂结构井取心作业，应用范围和适应能力得到显著提升。

2.3 现场测试技术

保压取心作业完成后，保压岩心的现场处理与测试，是获取地层相关参数，进行储层评价与预测的关键。针对不同油气藏地质特点和测试需要，目前主要采用 2 种类型的处理方法：保压和非保压岩心处理。其基本原则是：尽可能快速地完成现场保压岩心的相关操作，以避免或减少外界温压条件的变化对岩心产生影响。工作过程中涉及包括压力测试、带压解吸、带压转移、对岩心进行冷冻、切割、分析化验等功能在内的一整套专用地面处理设备及工艺。对于常规油藏和页岩油藏，包括高含水、长期开发的老油田，一般采用非保压岩心处理方法：利用超低温快速冷冻来消除内筒压力。保压内筒处于带压状态时，要取出岩心而不能让岩心中的油气水损失，必须将岩心流体固化在岩心中。超低温快速冷冻是利用液氮(常压下温度为-196℃)对保压内筒和岩心同时进行冷冻，冷冻后内筒压力消除，岩心油气水组分完全保留，然后对岩心进行切割、取样、存储和化验分析(图 3)。在该领域大庆油田勘探开发研究院、东北石油大学较早开展系统性研究及，形成的低温保压取心实验技术采用超低温冷冻法开展实验，可以保持岩心在处理过程中气液相流体不散失，可基于保压岩心获得多项分析参数，是国内唯一开展过实际应用的低温保压取心技术。

图 2 保压内筒液氮冷冻

对于煤层气和页岩气藏，含气量和临界解吸压力是地质评价的重要指标。对于这类气藏，一般采用保压岩心处理方法。GW-CP 保压取心工具专门设计了可用于气体解吸的保压内筒，内筒具有多功能接口，到达地面后可不将岩心取出，直接进行带压测试、游离气收集、吸附气解吸以及地层压力下临界解吸压力特征观测，以达到定量分析的目的。为了实现页岩气保压取心和含气量测试的有机结合，国家页岩气研发中心、西南油气田等单位还自主研发了保压取心现场含气量装置，通过不断优化测试方法和技术，取得了较好的应用效果。保压取心与常规取心的不同之处主要有两点：(1)取心筒内含有高压气体，气体需减压后进入计量装置；(2)取心筒内存有大量泥浆，气体释放时，泥浆会同时喷出。因此，针对这两项特点进行了设备研制，设备构成及测试流程如图 3 所示。

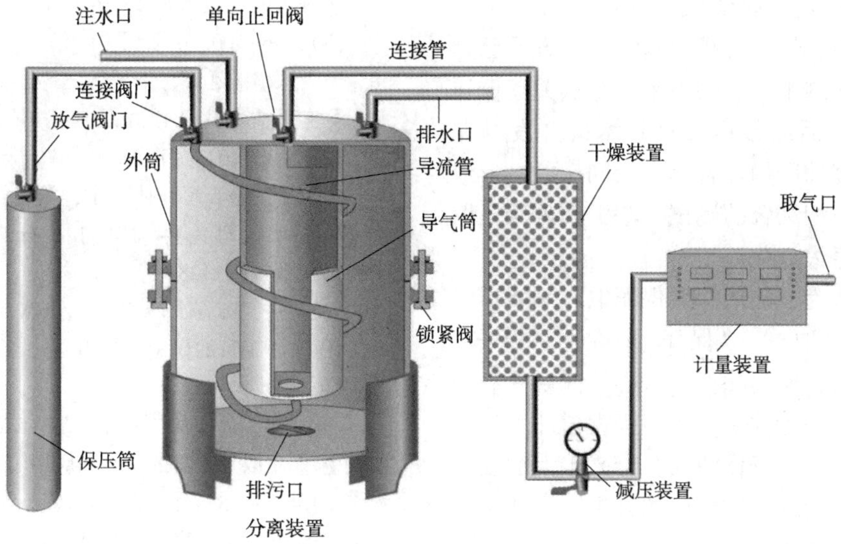

图 3　页岩气保压取心现场含气量测试设备

3　现场应用情况

2021 年以来，为加速川渝地区深层页岩气勘探开发，长城钻探公司在西南油田气泸 203 井区开展了 L203H91－1 井页岩气保压取心施工。该井钻井液密度 2.35g/cm^3，保压取心井段垂深 3700m，井底温度 100℃，属于国内第一口深层页岩气保压取心井。由于设计采用了高强度保压内筒及耐高温密封材料，经受住了井底高温高压环境的考验，4 次保压取心均未发生油气泄露。钢球落座后，差动机构在井下运行安全稳定，均一次性差动到位，确保了球阀成功关闭。地面利用保压内筒进行了页岩气收集和测试，测得页岩总气量介于 5.5~7.5m^3/t，为科学评估泸 203 井区深层页岩气资源量发挥了重要作用。

2022 年，长城钻探公司率先在浙江油田大安 1 井、大安 101 井、西南油气田泸 214 井实施了 100MPa 以上储层保压取心现场应用。其中大安 1 井、泸 214 井均在龙马溪组页岩气储层实测到超过 15m^3/t 的高含气量数据，刷新四川盆地龙马溪储层页岩气含气量测试记录，奠定了四川盆地深部页岩气先导试验方案信心。

在累积了大量超深层保压取心经验的基础上，2023 年在长庆油田鄂尔多斯盆地、吐哈油田实施 5000 米以深煤层气及页岩气保压取心应用 2 口井，均取得成功。截至目前，长城钻探公司在渤海湾盆地陆相页岩油、鄂尔多斯盆地陆相页岩气、四川盆地海相页岩气 4000m 以深储层累计试验应用 13 口井，最高应用储层温度 175℃，最大应用井深 5160m，最高应用储层压力 110MPa，接连取得多个深层油气区块资源潜力勘探突破，充分证明了保压取心技术的先进性和实用性，创造了国内外保压取心应用储层压力最高、应用井深最深等纪录，且整体成功率达到 91%。

图 4　页岩气保压取心地面含气量测试

4　结论与建议

随着我国深层、非常规油气投资规模和勘探力度的不断增加，对地质评价工作也在不断深入。保压取心技术已经成为油田开发设计中一种可靠、准确的地层原始资料采集利器，是科学评估深层油气资源量的有效技术措施。在此，对保压取心技术今后的研究方向和推广应用提出几点看法和建议。

（1）我国保压取心技术目前已形成了用于陆地油气勘探和海域天然气水合物探勘的两大技术类别，整体技术与国外已无明显差距，在陆地非常规油气勘探的应用规模较国外已具有一定优势，在保压能力、岩心直径等技术指标方面已达到或超过国际先进水平。接下来应重点关注保压岩心地面处理及后续带压测试技术的开发与完善，与地质研究部门加强合作，共同探索，形成多学科、多手段相结合的测试方法，实现保压取心技术应用价值最大化。

（2）笔者认为，陆地深层保压取心不同于海域天然气水合物取样，“保压”只是技术手段，而不是最终目的，应消除保压取心认知误区。一味追求地面压力保持效果，不但极大增加了工具开发成本，也会给现场作业人员带来极大的安全风险，且不利于后续测试试验的开展。深地保压取心作业应根据地质需求、作业环境、测试条件科学合理的开展工程应用，弱化“保压率”概念，建立更为先进、科学的评判手段。

（3）储层数字化、精细化评价是解决地质研究难点、卡点的重要手段之一，随着保压取心技术研究的不断加大和深入，今后深地保压取心的方式将从加压转变为控压，测试内容将从油气性定量评价拓展至物性、相态、渗流的动态评价，测试方法也将与 CT、核磁等无损带压测试手段相结合，最终推动我国保压取心技术从借鉴走向引领，为我国深地资源高效勘探开发提供有力技术保障。

参 考 文 献

[1] 王红岩，周尚文，刘德勋，等. 页岩气地质评价关键实验技术的进展与展望[J]. 天然气工业，2019，40(6)：1-17.

[2] 董大忠，王玉满，黄旭楠，等. 中国页岩气地质特征、资源评价方法及关键参数[J]. 天然气地球科学，2016，27(9)：1583-1601.

[3] 李阳，薛兆杰，程喆，等. 中国深层油气勘探开发进展与发展方向[J]. 中国石油勘探，2020，25(1)：45-57.

[4] 朱庆忠，苏雪峰，杨立文，等. GW-CP194-80M 型煤层气双保压取心工具研制及现场试验[J]. 特种油气藏，2020，27(5)：139-144.

[5] 朱庆忠，杨延辉，陈龙伟，等. 我国高阶煤层气开发中存在的问题及解决对策[J]. 中国煤层气，2017，14(1)：3-6.

[6] 赵贤正，朱庆忠，孙粉锦，等. 沁水盆地高阶煤层气勘探开发实践与思考[J]. 煤炭学报，2015，40(9)：2131-2136.

[7] 朱庆忠，杨延辉，左银卿，等. 中国煤层气开发存在的问题及破解思路[J]. 天然气工业，2018，38(4)：96-100.

[8] 朱庆忠，杨延辉，王玉婷，等. 高阶煤层气高效开发工程技术优选模式及其应用[J]. 天然气工业，2017，37(10)：27-34.

[9] 李相方，蒲云超，孙长宇，等. 煤层气与页岩气吸附/解吸的理论再认识[J]. 石油学报，2006，34(4)：1113-1128.

[10] 杨立文，苏洋，罗军，等. GW-CP194-80A 型保压取心工具的研制与应用[J]. 天然气工业，2020，40(4)：91-96.

[11] 杨立文，孙文涛，罗军，等. GWY194-70BB 型保温保压取心工具的研制和应用[J]. 石油钻采工艺，2014，36(5)：58-61.

[12] 张洪君，刘春来，王晓舟，等. 深层保压密闭取心技术在徐深 12 井的应用[J]. 石油钻探技术，2007，29(4)：110-114.

[13] 罗军. 保温保压取心工具球阀工作力学的有限元分析[J]. 石油机械，2014，42(7)：16-19.

[14] 罗军. 保压密闭取心技术在延页 27 井的应用[J]. 钻采工艺，2015，38(5)：113-114.

[15] 马力宁，李江涛，华锐湘，等. 保压取心储层流体饱和度分析方法-以柴达木盆地台南气田第四系生物成因气藏为例[J]. 天然气工业，2016，36(1)：76-80.

[16] 巢华庆，黄福堂，聂锐利，等. 保压岩心油气水饱和度分析及脱气校正方法研究[J]. 石油勘探与开发，1995，22(6)：73-77.

[17] 袭杰，王晓舟，杨永祥，等. 保压取心技术在吐哈油田陵检 14-241 井的应用[J]. 石油钻探技术，2003，31(3)：19-21.

[18] 张斌成，谢治国，刘英，等. 吐哈保压密闭取心饱和度应用及水淹识别方法[J]. 吐哈油气，2005，10(2)：152-155.

[19] 王韧，张凌，孙慧翠，等. 海洋天然气水合物岩心处理关键技术进展[J]. 地质科技情报，2017，36(2)：249-257.

[20] 白玉湖，李清平. 天然气水合物取样技术及装置进展[J]. 石油钻探技术，2010，38(6)：116-123.

[21] 张伟，梁金强，陆敬安，等. 中国南海北部神狐海域高饱和度天然气水合物成藏特征及机制[J]. 石油勘探与开发，2017，44(5)：670-680.

[22] 任红，裴学良，吴仲华，等. 天然气水合物保温保压取心工具研制及现场试验[J]. 石油钻探技术，2018，46(3)：44-48.

[23] 李相方，蒲云超，孙长宇，等. 煤层气与页岩气吸附/解吸的理论再认识[J]. 石油学报，2006，34(4)：1113-1128.

[24] 张晓明，石万忠，徐清海，等. 四川盆地焦石坝地区页岩气储层特征及控制因素[J]. 石油学报，2015，36(8)：926-953.

[25] 刘刚，赵谦平，高潮，等. 提高页岩含气量测试中损失气量计算精度的解吸临界时间点法[J]. 天然气工业，2019，39(2)：71-75.

[26] 孙龙德，刘合，何文渊，等. 大庆古龙页岩油重大科学问题与研究路径探析，石油勘探与开发，2021，48(3)：453-463.

[27] 徐庆龙，何云俊，张晔等. 合川须二致密砂岩气藏开发潜力评价研究，2018 年全国天然气学术年会论文集，2018.

[28] 赵正望，李楠，刘敏等. 四川盆地须家河组致密气藏天然气富集高产成因术[J]. 天然气勘探与开发，2020，42(2)：39-46.

[29] 俞巨锋，王洪辉，段新国等. 合川区块须家河组二段储层微观非均质性及其成因分析[J]. 长江大学学报(自科版)，2014，11(2)：65-68.

[30] 王骕，刘宝昌. 表镶大颗粒人造金刚石钻头受力及水力学数值模拟研究[J]. 探矿工程(岩土钻掘工程)，2016，43(8)：64-68. PH

[31] 乔领良，胡大梁，肖国益. 元坝陆相高压致密强研磨性地层钻井提速技术[J]. 石油钻探技术，2015，43(5)：44-48.

[32] 夏爽. 川西地区须家河组钻头个性化研究，西南石油大学，2017.

[33] 郭旭升，胡东风，黄仁春，等. 四川盆地深层—超深层天然气勘探进展与展望[J]. 天然气工业，2020，40(5)：1-14.

[34] 郭旭升，胡东风，李宇平，等. 陆上超深层油气勘探理论进展与关键技术[J]. Engineering，2019，5(3)：458-470.

超深碳酸盐岩储层酸压工艺技术研究

郭粉娟　肖　兵　邱　伟　谢　娟　王雪婷　董永刚

（中石化中原石油工程有限公司井下特种作业公司）

摘　要　万米深井储层具有超深、高温和高破裂压力等特点，酸压改造时存在酸蚀裂缝短、导流能力递减快等问题，为此，提出了应用深穿透酸压技术对超深碳酸盐岩储层进行改造的技术思路，并进行了技术攻关研究。合成了耐高温、低粘弹性稠化剂，研选配套的高温缓蚀剂，开发了200℃胶凝酸体系，并通过室内工艺技术研究，采用雷诺数相似原理，进行了现场应用技术研究。研究发现，采用“压裂液+胶凝酸”二级交替注入，可以有效避免裂缝表面出现均匀刻蚀的现象，在高闭合压力下可保持良好的长期酸蚀裂缝导流能力，且通过雷诺数相似完成排量转化后，现场最佳注酸规模500~700m^3，最佳注酸排量6~8m^3/min(3½″油管注入)、8~10m^3/min(4½″油管注入)。研究认为，该200℃胶凝酸体系及工艺技术，可极大改善超深碳酸盐岩酸压效果，更适用于万米深井储层改造，可为国内类似储层的酸压改造提供借鉴。

关键词　碳酸盐岩储层；非均匀刻蚀；导流能力；深穿透；酸化压裂；胶凝酸

在世界范围内，碳酸盐岩中的油气储量约占油气总储量的38%，中国至少有300×10^8t的海相碳酸盐岩油气资源，油藏条件却非常复杂。随着深地工程加速推进，井温大于200℃、埋深>8000m，破裂压力>170MPa的储层不断被发现，油气开发难度日益增大，如中石化西北局顺科1（10120m，223℃），元深1（206℃），中石油四川盆地川科1（10520m，224℃），酸压改造难度极大。

影响酸压改造效果的关键因素是酸蚀裂缝的有效长度和酸压后酸蚀裂缝的导流能力，也是储集层酸压改造能否增产的关键。目前超深碳酸盐岩储层酸压改造主要技术难点为：

（1）储层埋藏深、破裂压力梯度高导致井口施工压力高，排量受限，造成裂缝起裂及延伸难度大。

（2）地层温度高导致酸岩反应速率快，滤失增大，难以实现深穿透。

（3）高温、高闭合应力下导流能力低、作用距离短，现有的酸压工艺技术难以实现较长的酸蚀裂缝和高导流能力的改造目标。

针对上述难题，为提高超深碳酸盐岩储层深度酸压效果，笔者研制开发了耐温200℃胶凝酸，开展了非均匀刻蚀高导流酸压工艺研究，以及现场施工参数优化研究，形成一套超深碳酸盐岩储层酸压改造工艺技术，可极大改善万米深井超深碳酸盐岩酸压效果。

1　体系配方形成

常规胶凝酸体系为提高其耐温性，会提高稠化剂加量，但却存在高浓度下泵送困难、摩阻高等问题。本文研制了耐温、抗盐、增黏性于一体的胶凝酸稠化剂，优选辅助添加剂，形成了200℃延缓胶凝酸体系：20% HCl+0.8%稠化剂+6.0%缓蚀剂+1.0%助排剂+1.0%铁离子稳定剂。该胶凝酸基液粘度42mPa·s；高温高压动态腐蚀速率（20HCl%，200℃，16MPa，60r/min，4h）81.5g/(m^2.h)；抗温耐剪切能力（170s^{-1}、2h，200℃）38.5mPa·s，缓速率（与空白盐酸相比）94%。

2　非均匀刻蚀高导流酸压工艺研究

超深碳酸盐岩储层闭合应力高，裂缝闭合快，因此需要新的工艺提高酸蚀缝长和裂缝导流能力双重改造效果，以提高单井产能，最终到达提单井开发效益。针对超深碳酸盐岩进行非均匀酸蚀工艺研究，高排量泵入高粘前置液压开储层，并高排量泵入压裂液冷却地层来延缓酸岩反应速率，然后通过多级交替注入压裂液+酸液组合来降低酸液滤失，增加酸蚀作用距离，在裂缝表面形成非均匀的刻蚀形态，在高闭合压力下更好的支撑酸蚀裂缝，获得较好的酸蚀裂缝长期导流能力。

2.1 试验方法

室内采用奥陶系鹰山组灰岩标准岩板，开展了200℃胶凝酸体系在不同注入排量、不同酸液规模及不同交替注入级数下，酸液刻蚀、酸蚀裂缝导流能力试验及酸液有效作用距离测算。具体试验参数为：

（1）实验采用规则岩板，借鉴中国石油天然气行业标准 SY/T 6302—2019《压裂支撑剂导流能力测试方法》，切割一对尺寸为 API 反应室（长×宽×厚＝17.78cm×3.81cm×2～3cm）灰岩岩板；

（2）酸液体系为200℃胶凝酸，压裂液为240℃高温压裂液，具体配方如下：

胶凝酸：20% HCl+0.8%稠化剂 1#+6.0%缓蚀剂+1.0%助排剂+1.0%铁离子稳定剂+1.0%交联剂

240℃压裂液：0.80%聚合物稠化剂+0.8%温控交联剂+1%耐温增强剂+

0.5%粘土稳定剂+0.5%助排剂+0.1%破乳剂

（3）采用岩板高温刻蚀装置进行酸液刻蚀试验，试验温度200℃，模拟缝宽1mm，注酸规模1.0L、1.5L、2.0L，注酸排量60、80、100mL/min（分别对应现场施工排量4、6、8m³/min），压裂液与酸液交替注入级数分别为一、二、三、六级。刻蚀后的裂缝形态采用三位激光扫描仪进行扫描，表征参数有刻蚀体积、表面粗糙度系数（JRC）、最大峰谷距等。

（4）采用导流能力评价装置对酸蚀裂缝导流能力进行测试，驱替介质为清水，以1MPa为步长逐级加大闭合压力至60MPa，每一级闭合压力采集10～20个数据点，选取排量和压差稳定点下的导流能力值；

2.2 注入排量优化

针对200℃胶凝酸，进行了变排量（60mL/min、80mL/min、100mL/min，分别对应现场排量为4、6、8m³/min）刻蚀实验，注酸规模为2L。随着排量增大，刻蚀体积越小，裂缝刻蚀表面非均质性减弱，实验结果见表1，刻蚀形态表征见图1。

表1 不同注入排量岩板刻蚀实验结果

注入排量/（mL/min）	60	80	100
刻蚀体积/cm³	24.07017	22.1515	8.90529
粗糙度系数 JRC	71	60	54
岩板刻蚀后扫描图	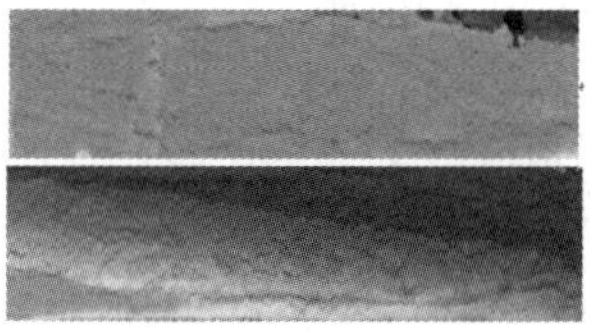	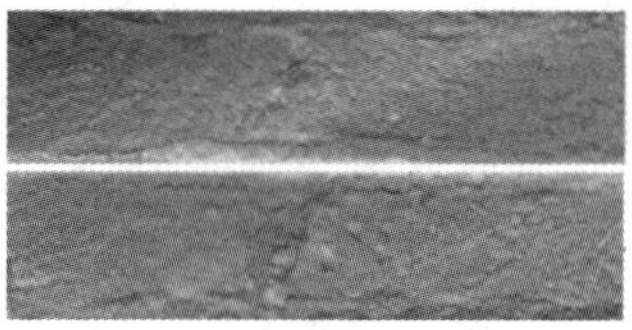	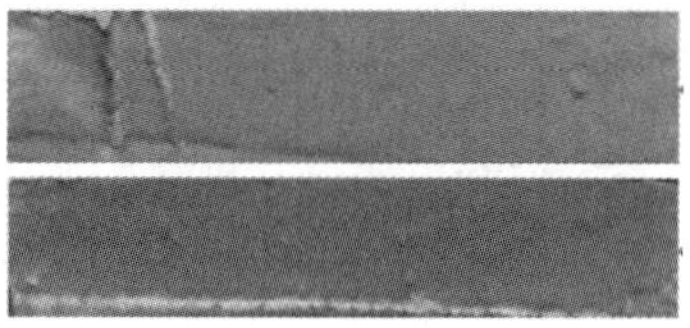

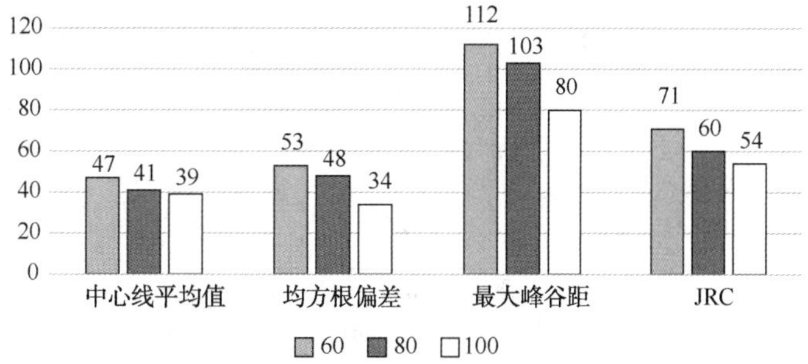

图1 不同排量刻蚀表征对比

从酸蚀裂缝导流能力实验结果（见图2）可知，酸蚀裂缝导流能力随闭合压力增大而减小，闭合压力5到60MPa，导流能力下降程度大于95%，小排量导流能力均高于大排量导流能力，在高闭合压力时（大于30MPa）时，小排量导流能力具有优势。

从胶凝酸在不同排量下的有效作用距离测算(见图3)可知，注酸排量越大酸液有效距离越长，这是由于排量越大，相同规模下酸岩接触时间越短，有效距离越长。若意在增加酸液有效作用距离、构建裂缝远端导流能力，则推荐采用大排量注入酸液。

兼顾酸液有效作用距离及酸蚀裂缝导流能力，推荐室内实验最优注入排量为80mL/min(见图4)。

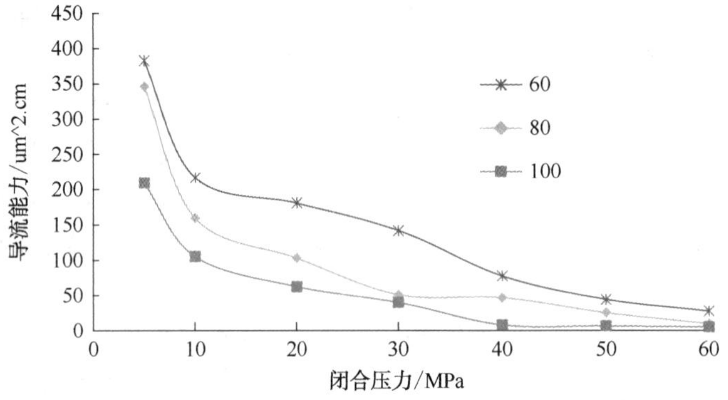

图2 不同排量刻蚀导流能力对比

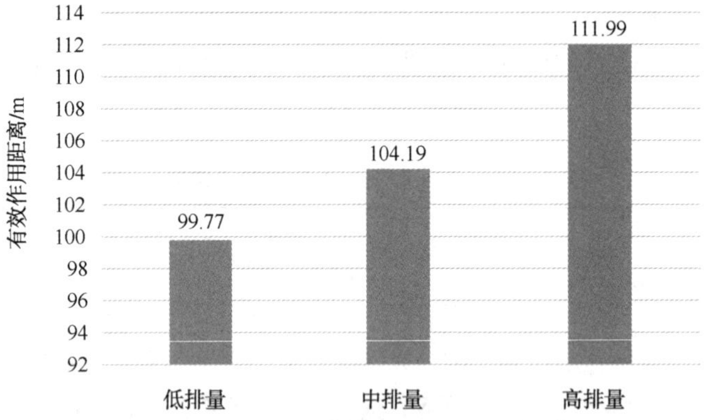

图3 胶凝酸在不同排量下的有效作用距离

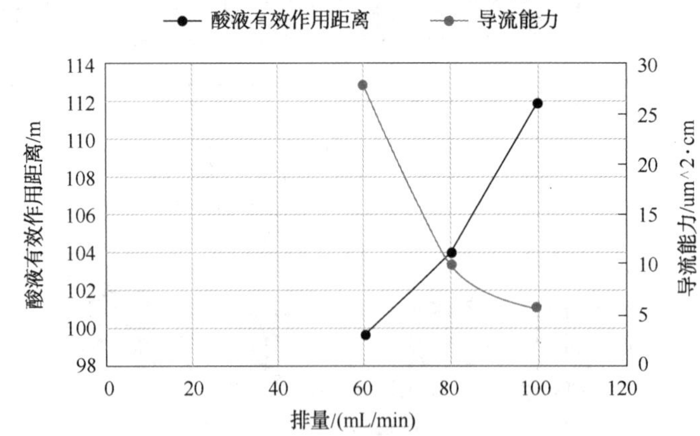

图4 胶凝酸在不同排量有效作用距离与导流能力关系

2.3 注入规模优化

根据变排量实验结果，针对200℃胶凝酸采用不同规模1L、1.5及2.0L，进行了排量60mL/min刻蚀实验，实验结果见表2。用酸规模增加，酸蚀裂缝表面粗糙程度JRC等参数均明显增大，更有利于有效作用距离的提高。

表 2　不同注入规模岩板刻蚀实验结果(实验排量 60ml/min)

注入规模/L	1.0	1.5	2.0
刻蚀体积/cm³	15.0924	20.9886	24.07017
粗糙度系数 JRC	49	57	71
岩板刻蚀后扫描图	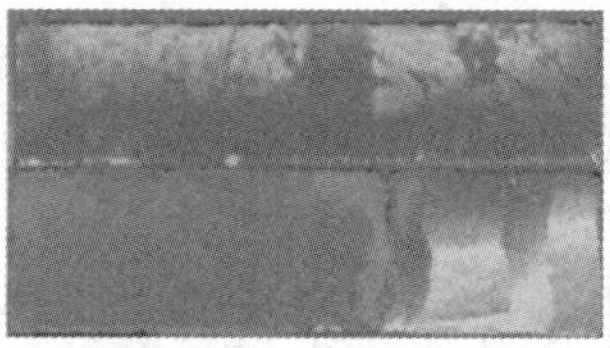		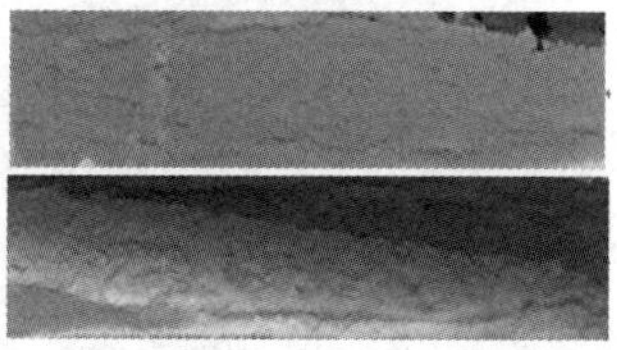

随规模增大，酸蚀裂缝表面粗糙程度具有增大趋势，因此导流能力也有所增大。酸蚀裂缝导流能力随闭合压力增大而减小，闭合压力 5 到 60MPa，导流能力下降程度大于 95%。大规模导流能力均高于小规模导流能力，在高闭合压力时(大于 30MPa)时，规模增大导流能力仍具有优势，但增幅一般。

胶凝酸变规模注入后，导流能力和有效作用距离变化趋势见图 6，综合最优注入规模为 2L。

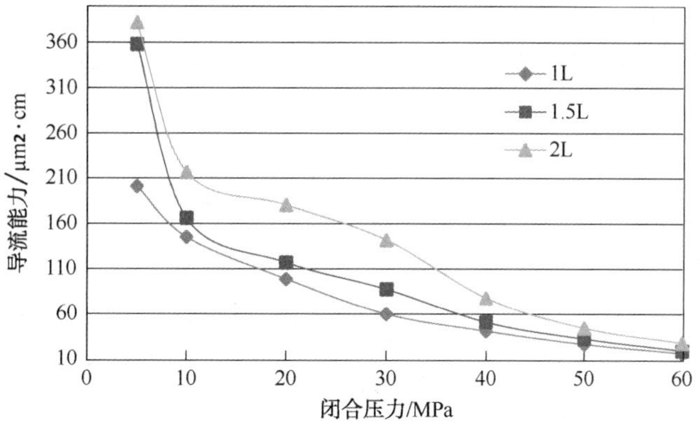

图 5　胶凝酸变规模注入不同闭合压力下导流能力变化

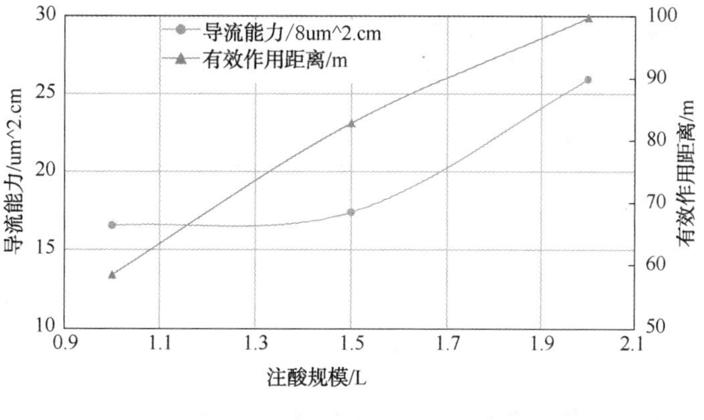

图 6　胶凝酸变规模注入导流能力和有效作用距离变化趋势图

2.4　注入方式优化

为了解 200℃胶凝酸不同注入方式对于碳酸盐岩酸蚀裂缝形态的影响，对比不同注酸方式下裂缝刻蚀形态及短期导流能力，来选择最优的压裂液、酸液交替注入级数。

(1) 压裂液+胶凝酸(一级)

针对前置液酸压压裂液+胶凝酸一级交替注入，进行了变排量(60mL/min、80mL/min、100mL/min)刻蚀实验，随着排量增大，刻蚀体积越小，裂缝刻蚀表面非均质性减弱，刻蚀缝宽分布向“少阶梯、长阶段”的特征过渡。相同酸液规模下，减小排量，能增大酸液岩石接触时间，使刻蚀体积增大。结果见表3。

表3　压裂液+胶凝酸(一级)岩板刻蚀实验结果

注入排量/(mL/min)	60	80	100
刻蚀体积/cm^3	16.40951	14.83462	9.22386
粗糙度系数 JRC	58	55	51
岩板刻蚀后扫描图	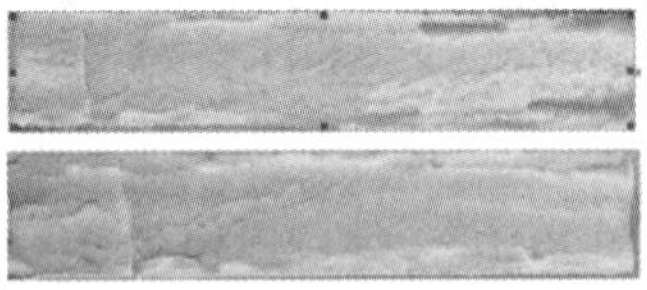	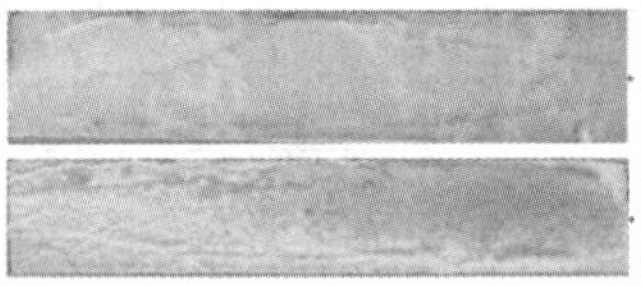	

酸蚀裂缝导流能力随闭合压力增大而减小，闭合压力5到60MPa，导流能力下降程度大于95%，小排量导流能力均高于大排量导流能力，在高闭合压力时(大于30MPa)时，不同排量前置液酸压导流能力相差不大。

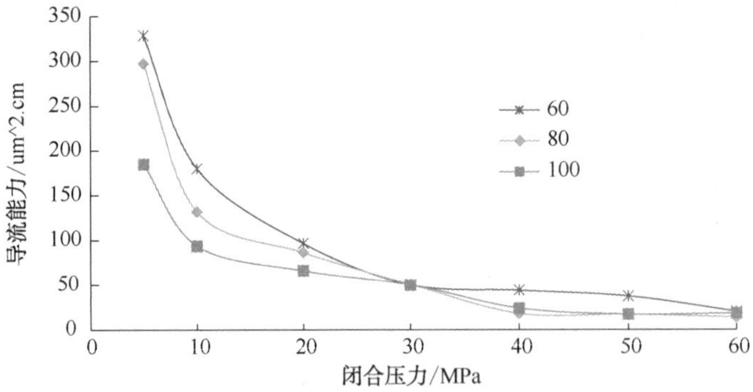

图7　压裂液+胶凝酸(一级)注入不同闭合压力下导流能力变化

(2) 压裂液+胶凝酸(二级)

针对前置液酸压压裂液+胶凝酸二级交替注入，进行了变排量(60mL/min、80mL/min、100mL/min)刻蚀实验。随排量增大，刻蚀缝宽分布较越均匀，各项刻蚀参数均下降，结果见表4。

表4　压裂液+胶凝酸(二级)岩板刻蚀实验结果

注入排量/(mL/min)	60	80	100
刻蚀体积/cm^3	20.55671	12.08397	8.8848
粗糙度系数 JRC	62	60	54
岩板刻蚀后扫描图	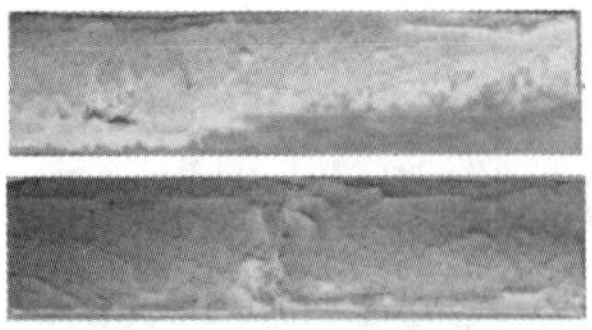	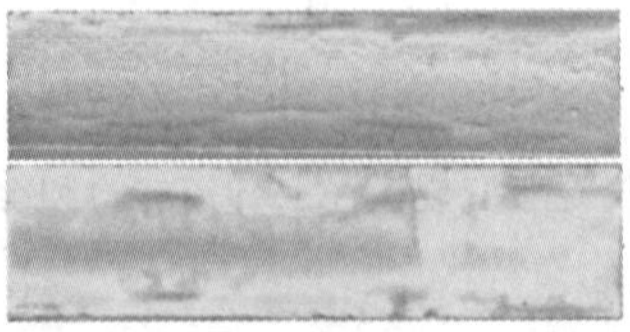	

酸蚀裂缝导流能力随闭合压力增大而减小，闭合压力5到60MPa，导流能力下降程度大于95%，小排量导流能力均高于大排量导流能力，在高闭合压力时(大于30MPa)时，小排量刻蚀

导流能力最高。

(3) 压裂液+胶凝酸(三级)

针对前置液酸压压裂液+胶凝酸三级交替注入，进行了变排量(60mL/min、80mL/min、100mL/min)刻蚀实验。随着排量的增大，刻蚀体积减小，裂缝刻蚀表面非均质性减弱，JRC数值从51降到43，刻蚀缝宽分布图向“少阶梯、长阶段”的特征过渡。结果见表5。

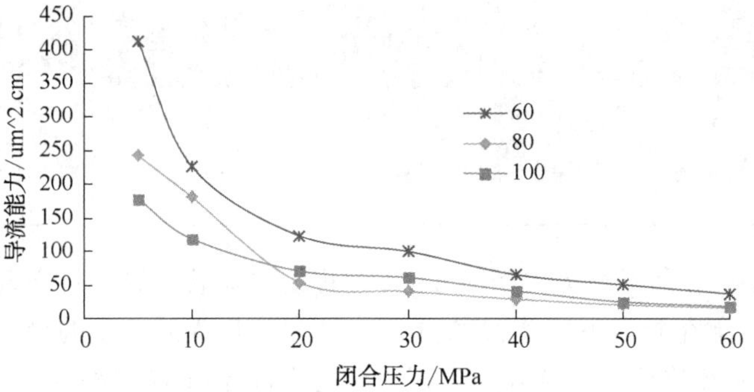

图8　压裂液+胶凝酸(二级)注入不同闭合压力下导流能力变化

表5　压裂液+胶凝酸(三级)岩板刻蚀实验结果

注入排量/(mL/min)	60	80	100
刻蚀体积/cm^3	13.47115	10.8431	7.8244
粗糙度系数 JRC	51	47	43
岩板刻蚀后扫描图		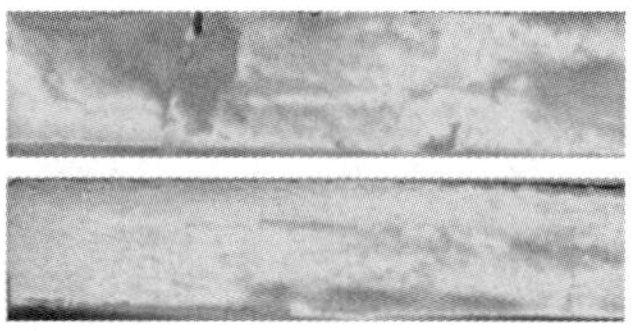	

酸蚀裂缝导流能力随闭合压力增大而减小，闭合压力5到60MPa，导流能力下降程度大于95%，在低闭合压力时，小排量最明显优势，在高闭合压力时(大于40MPa)时，导流能力差距不大。

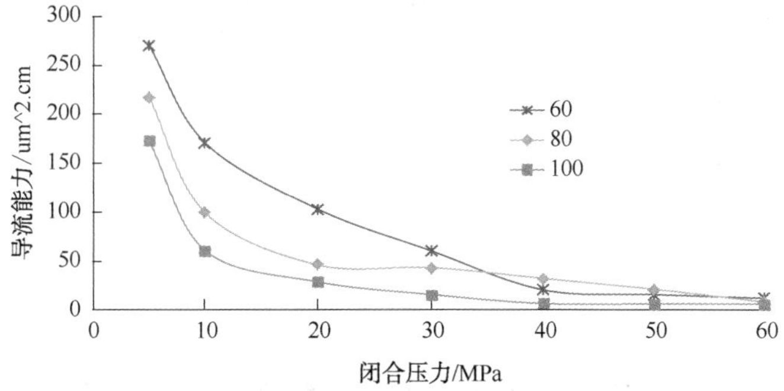

图9　压裂液+胶凝酸(三级)注入不同闭合压力下导流能力变化

(4) 压裂液+胶凝酸(六级)

针对前置液酸压压裂液+胶凝酸六级交替注入，进行了变排量(60mL/min、80mL/min、100mL/min)刻蚀实验。随着排量增大，刻蚀体积越小，裂缝刻蚀表面非均质性减弱。相比前置液+胶凝酸一、二、三级交替，六级交替每单级酸液量减少更大，后续压裂液更加频繁覆膜于岩板，加之酸液被压裂液稀释和混溶带增加，导致刻蚀体积减少，刻蚀粗糙程度更低。结果见表6。

表 6　压裂液+胶凝酸(六级)岩板刻蚀实验结果

注入排量/(mL/min)	60	80	100
刻蚀体积/cm^3	10.18146	9.92391	5.4974
粗糙度系数 JRC	50	41	34
岩板刻蚀后扫描图	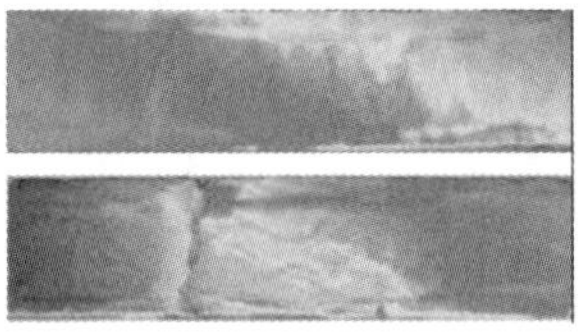	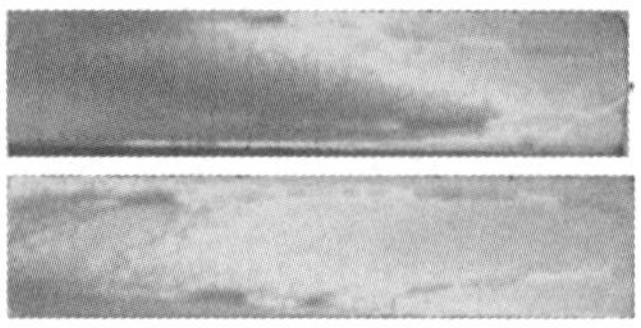	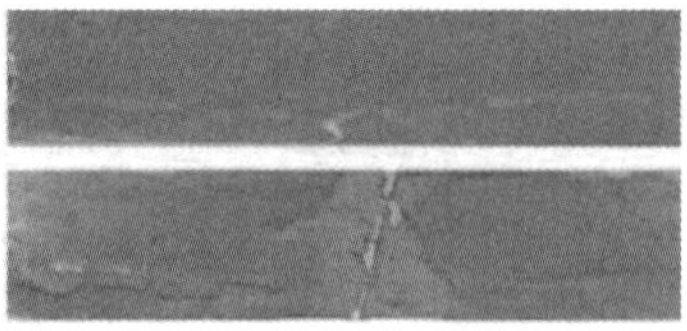

酸蚀裂缝导流能力随闭合压力增大而减小，闭合压力 5 到 60MPa，导流能力下降程度大于 97%，六级交替整体粗糙参数较小，导流能力相差不大。

综合一、二、三和六级交替注入的实验结果可知，相同液性、不同交替方式刻蚀形态、刻蚀程度呈显著差异，且交替级数与粗糙度、刻蚀体积呈先增大后减小的趋势，即交替注入酸压刻蚀能力优于前置液酸压，但并非交替级数越多越好，存在一个最佳交替级数。由图 11 可知，有效闭合压力 60MPa 下，二级交替酸蚀裂缝导流能力最高。

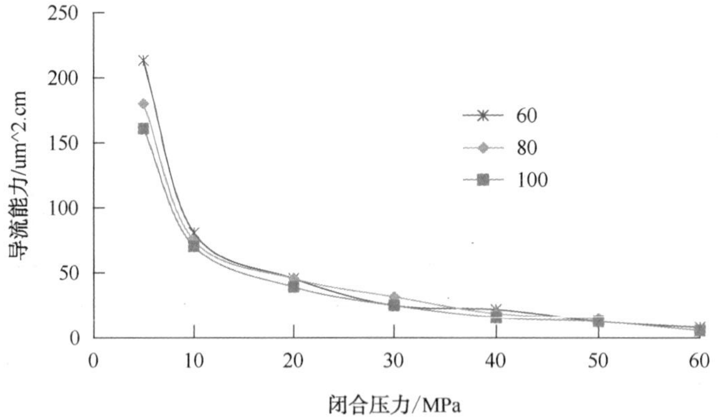

图 10　压裂液+胶凝酸(六级)注入不同闭合压力下导流能力变化

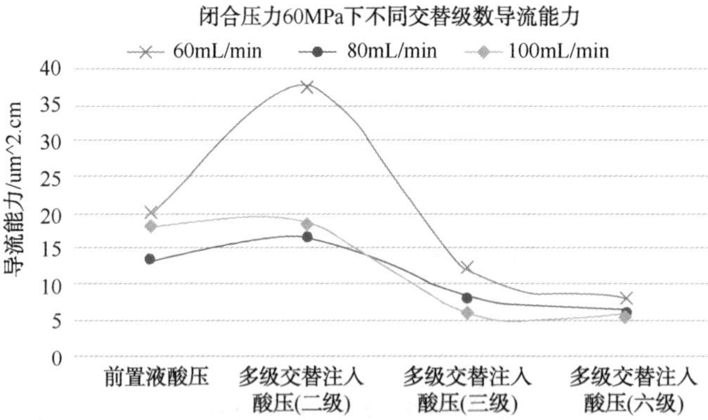

图 11　闭合压力 60MPa 下不同交替级数导流能力

不同交替级数有效作用距离如图 12 所示。实验过程中发现交替级数越高，酸液反应间断增大，加之前置液覆膜影响，使得反应速度降低，有效距离增大。六级交替有效作用距离可达前置液酸压的 1.24 倍。即不同交替级数下有效作用距离的大小排序为六级交替>三级交替>二级交替>前置液酸压。

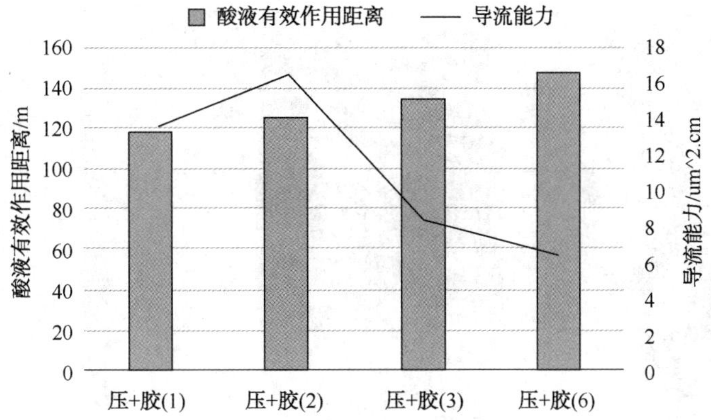

图 12 不同酸压工艺有效作用距离

从有效作用距离的角度考量：六级交替>三级交替>二级交替>前置液酸压。但高级数下的导流能力相较低级数有所下降，实验数据表明：二级>前置液酸压>三级>六级。实验条件“压裂液+胶凝酸”二级交替酸压工艺效果更好。

综上，追求造高导流能力裂缝时，推荐采用低排量注入酸液；若意在增加酸液有效作用距离、构建裂缝远端导流能力，则推荐采用大排量注入酸液；兼顾酸液有效作用距离及酸蚀裂缝导流能力，推荐采用二级交替注入酸压(压裂液+胶凝酸)工艺。

3 现场应用技术研究

根据实验研究结果，采用压裂液+胶凝酸组合进行多级交替注入工艺，当注酸级数为 2 级，可以有效避免裂缝表面出现均匀刻蚀的现象，在高闭合压力下可保持良好的酸蚀裂缝导流能力。通过雷诺数相似完成的排量转化后，推荐的注酸参数见表 7。

表 7 现场施工参数推荐表

注入方式	实验最佳酸液注入量/L	实验最佳注入排量/(mL/min)	现场最佳注酸规模/m^3	现场最佳注酸排量/(m^3/min)
压裂液+胶凝酸分 2 级注入	1.5~2.0	80	500~700	6~8(3½″油管注入) 8~10(4½″油管注入)

3.1 现场施工排量与规模优化

断溶体油藏压后模拟显示缝高、缝长基本同步扩展，且缝高更容易向上扩展，导致上缝高>下缝高，纵向深部沟通有一定难度；长裸眼井酸压改造滤失大、液体效率低，统计和模拟显示笼统酸压极限沟通范围 60~80m 左右。地震串珠与断裂叠合表明，放空漏失与断面及其破碎带发育叠合程度高，改造前首先必须注酸进行井筒预处理，参考满深区块成功经验可适当加大预处理酸用量，解除漏失污染，疏通释放吸液段；针对钻井漏失小(<400 方)、井储连通弱，应根据地质需求沟通距离优化压裂液规模，大排量注压裂液提升缝长、缝高，进一步压开储层实现远距离/深部沟通。以 SB2 井为例，进行现场施工参数优化。

结合钻井漏失、测录井及地质资料分析认为：SB2 井位于顺北 4 条带南段弱压扭段，储层以断面+破碎带为主；串珠异常体纵向展布明显，且横向空间展布范围大，纵向沟通深部串珠异常体距离裸眼段地层 60m 左右。

根据排量优化模拟，设计采用酸液用量 600m^3，设计优化施工排量 10m^3/min 以上，可形成 60m 的下缝高，满足向下扩展缝高沟通范围需求。

根据压裂造缝扩展范围，在排量 10m^3/min±条件下，酸液用量优化为 600m^3，有效酸蚀下缝高 60m。

3.2 交替级数优化

通过压裂软件模拟得到，当交替级数大于 2 级后，酸蚀缝长增加幅度变缓，酸蚀裂缝导流能力大幅降低，推荐 2 级交替注入。

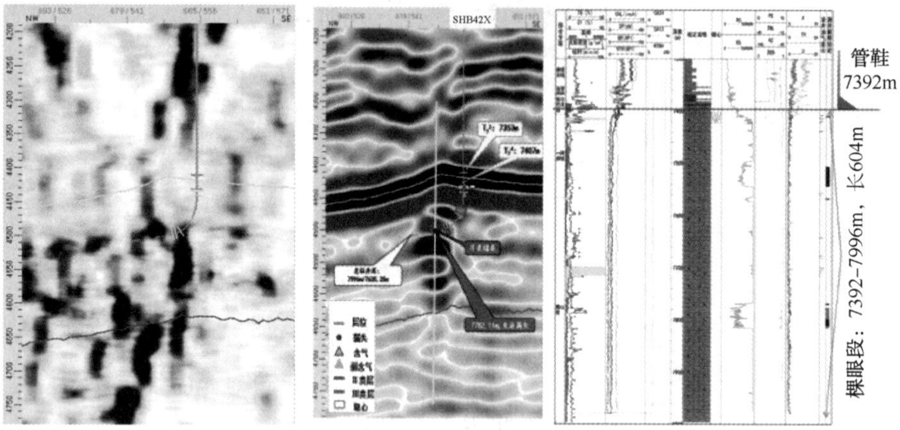

图 13　SB2 井储集体发育情况

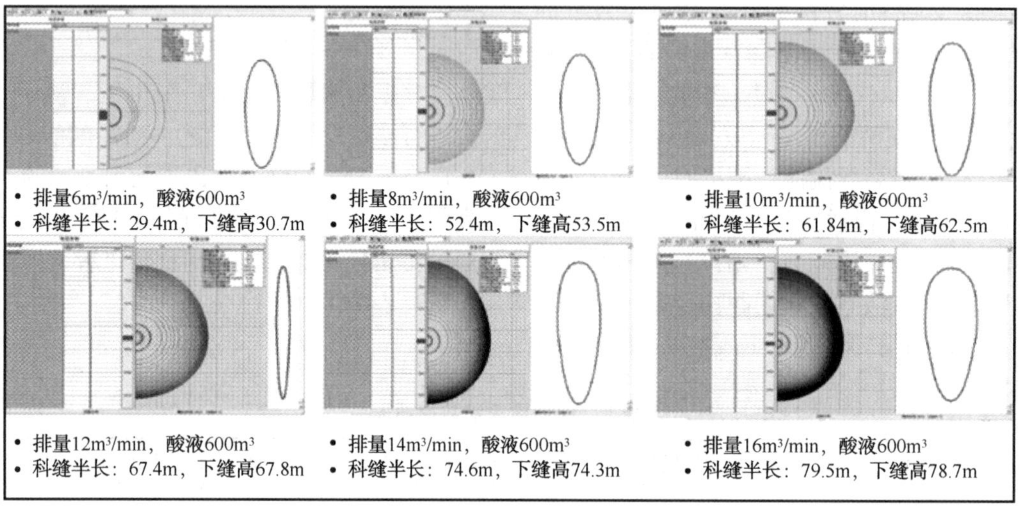

图 14　不同施工排量下裂缝几何尺寸模拟图

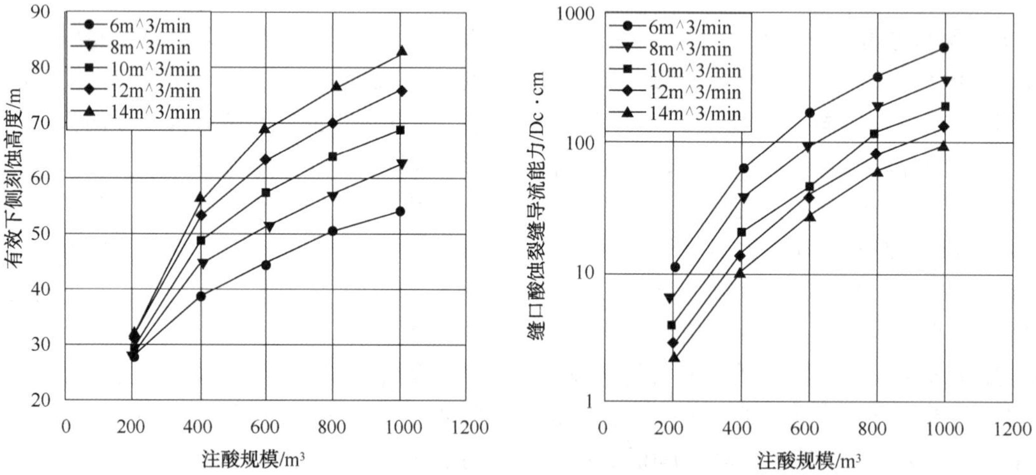

图 15　酸液用量模拟图

3.3　压裂液与酸液比例优化

为了确定交压裂液和酸液的最佳体积比，模拟了 5 种不同体积比例(1∶1、1∶2、2∶3、3∶4、4∶3)和 6 种不同酸液施工规模(360、420、480、540、600、660m^3)下产生的酸蚀裂缝长度、导流能力的关系。优化结果表明，压裂液和胶凝酸的最佳体积比为 1∶2。

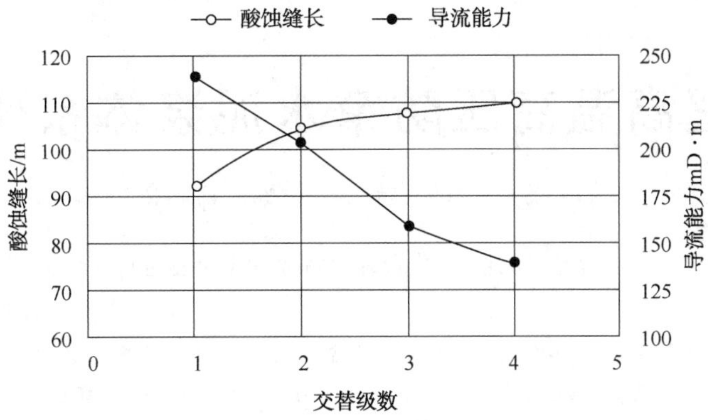

图 16　不同交替级数下的裂缝长及导流能力

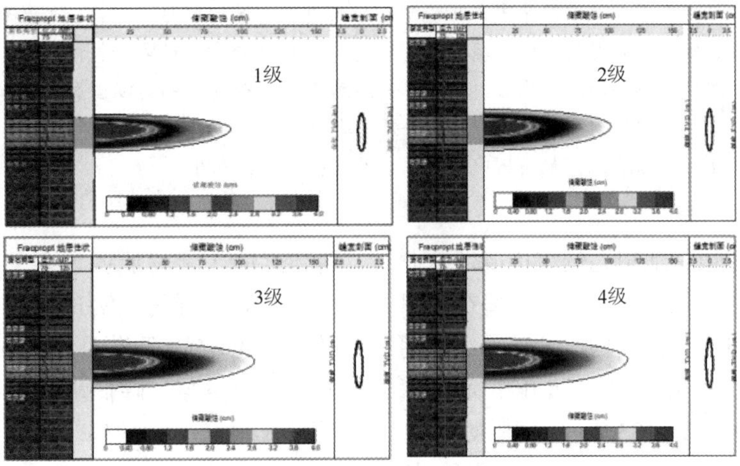

图 17　不同交替级数下的裂缝模拟图

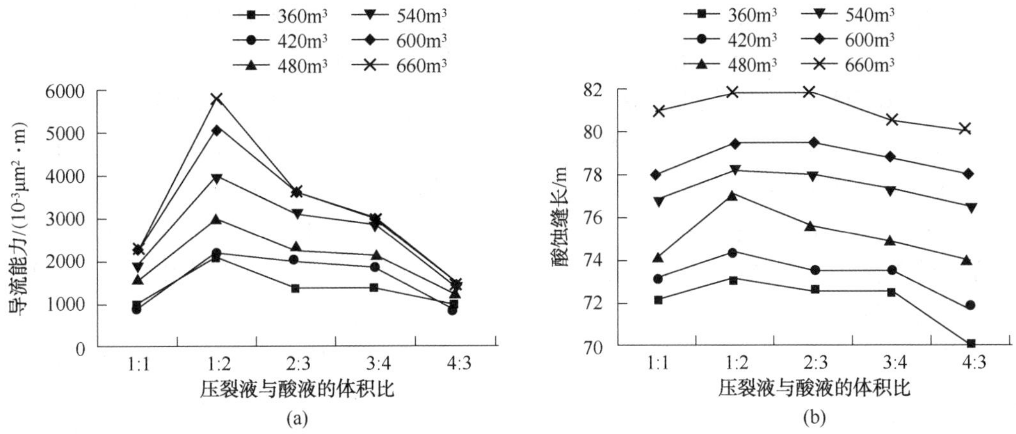

图 18　不同总液量情况下酸蚀缝长、导流能力与压裂液与胶凝酸体积比的关系

5　结论

（1）针对万米深井碳酸盐岩储层酸压改造存在的难题，研制了耐温 200℃ 的胶凝酸体系，开展了非均匀刻蚀高导流酸压工艺研究及现场应用技术研究，形成了适合该储层的深度酸压技术。

（2）兼顾有效作用距离与裂缝导流能力，推荐“压裂液+胶凝酸”二级交替注入酸压工艺，得到现场最佳注酸规模 500～700m^3，现场最佳注酸排量 6～8m^3/min（3½″油管注入）、8～10m^3/min（4½″油管注入）。

元深1井超高温高压防窜水泥浆体系研究与应用

王秀玲　刘　丽　陈　菊　韩旷怡

（中石化中原石油工程有限公司固井公司）

摘　要　元深1井完钻井深8866m，是目前四川盆地最深探井，其中四开钻深8140m，钻井液密度2.15g/cm³，高压气层活跃且富含H_2S、CO_2，井底静止温度183℃，压力175MPa，水泥浆须抗高温、超高压、防气窜、耐腐蚀；五开钻深8866m，井底静止温度210℃，井底压力145MPa，水泥浆须耐超高温、高压。为此，优选加重材料及石英砂粒径，通过颗粒级配实现紧密堆积；优选石英砂种类及加量，实现顶部及底部的强度长期稳定发展；注重浆体流态及稳定，加入高温悬浮材料与多重粒径外掺料实现浆体的稳定与流动性兼顾，复合降失水剂与聚合物类缓凝剂消除高温稠化试验中的鼓包和包芯现象，胶乳填充颗粒空隙，降低渗透率，提高防窜和耐腐蚀能力，形成了高温加重防窜耐腐蚀和超高温胶乳防窜水泥浆体系，用于元深1井四开及五开固井，现场施工顺利，固井质量合格。

关键词　元深1井；超高温；超高压；防窜；水泥浆；四开；五开

元深1井位于四川盆地川北低缓构造带九龙山背斜南西翼，是中石化勘探分公司部署在四川盆地川北坳陷的一口五开次结构风险探井，采用尾管悬挂+套管回接固井工艺，四开中完井深8140m，井底静止温度183℃，钻井液密度2.15g/cm³，井底压力175MPa，气层段长964.5m，气层活跃，含H_2S及CO_2，钻进过程中2次失返性漏失；五开完钻井深：8866m，井底静止温度210℃，钻井液密度1.60g/cm³，钻遇11层含气层后效全烃显示最大72.1%，且含CO_2，气层顶部位置距离上层套管近（8140～8457mm，仅317m），若不能有效压稳地层，极易发生环空气窜。为此优选加重材料、高温防衰退材料、防窜材料及其它外加剂，研发了高温加重防窜耐腐蚀水泥浆体系和超高温防窜耐腐蚀水泥浆体系，抗温达210℃，各项性能优良好，成功用于四开及五开尾管固井。

1　高温加重防窜耐腐蚀水泥浆体系

元深1井四开井底温度为183℃，井底压力为175MPa，加之气层活跃且含H_2S和CO_2，要求水泥浆不仅能满足高温高压下的稠化时间和高温下水泥石强度持续发展，还需具备良好的防气窜和耐腐蚀能力，为此，通过优化加重材料和石英砂种类及粒径，加入高温悬浮材料，实现加重水泥浆浆体的稳定和高温下水泥石长期强度的正常发展；加入复合降失水剂与聚合物类高温缓凝剂，实现高温高压下足够的稠化时间和正常的稠化曲线；加入改性丁苯胶乳，填充颗粒空隙，降低水泥石渗透率，提高防窜及耐腐能力。

1.1　粒径分析

由斯托克斯定律可知：加重剂的自身密度越高，其颗粒在水泥架体系中越容易发生沉降，导致体系稳定性变差。加重剂密度与粒径大小成反比，密度越大，颗粒应越细。为此，选择较小粒径的加重材料。由于元深1井四开水泥浆密度为2.25g/cm³和2.10g/cm³，为避免加重材料与水泥密度相差过多造成沉降，选择密度为5.05g/cm³的铁粉作为加重剂，并优化粒径大小及分布，选择200/300目且分布范围窄的铁粉。

对JHG级水泥、200目/300目5.05铁粉、120目/200目石英砂进行粒径分析。

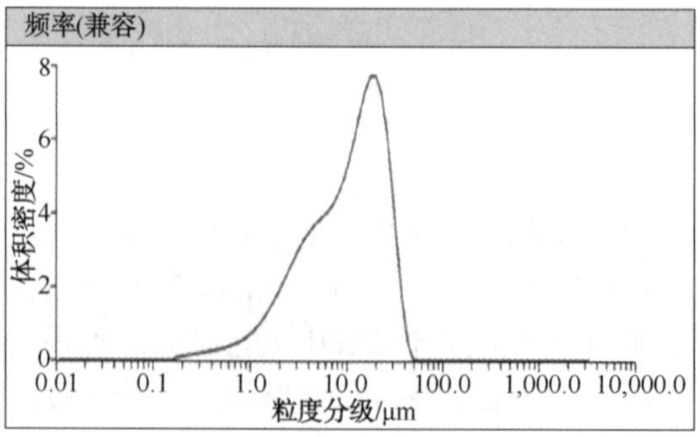

图1　JHG级水泥粒度分布

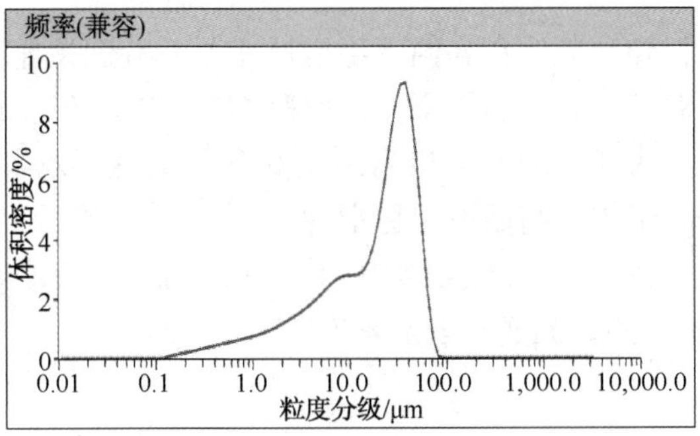

图 2　200 目铁粉粒度分布

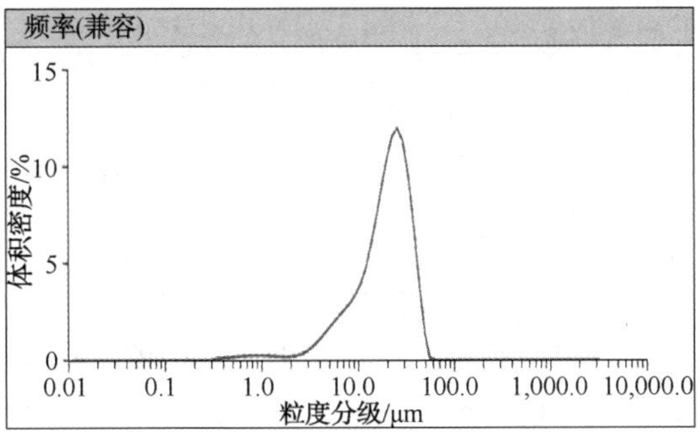

图 3　300 目铁粉粒度分布

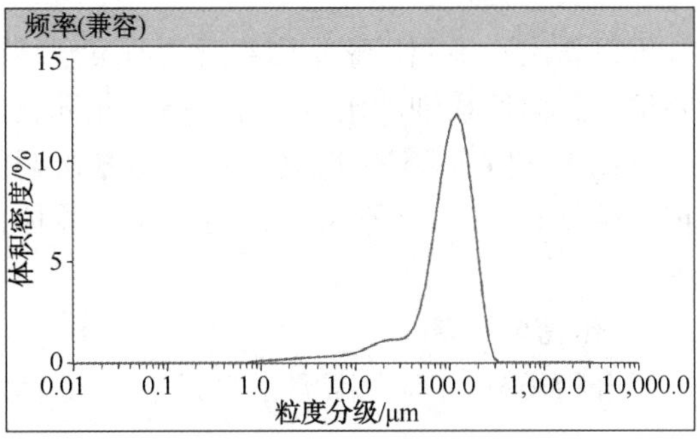

图 4　120 目石英砂粒度分布

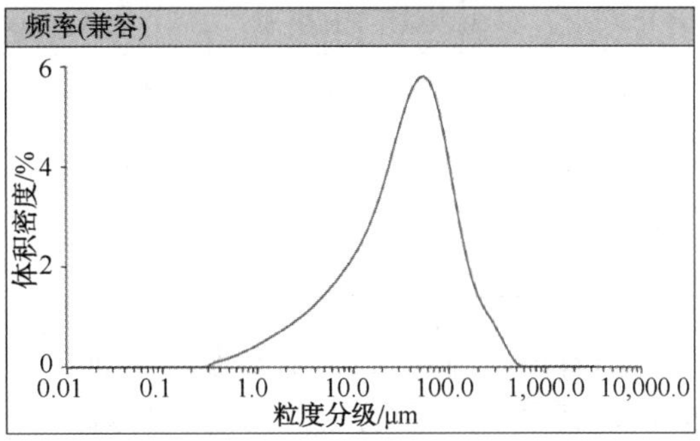

图 5　200 目石英砂粒度分布

表 1　不同材料粒径分布

材料名称	Dv(10)/μm	Dv(50)/μm	Dv(90)/μm	D(4, 3)/μm
JHG 水泥	2.140	11.046	26.286	12.745
200 目 $\rho_{5.05}$ 铁矿粉	2.157	22.722	47.571	23.573
300 目 $\rho_{5.05}$ 铁矿粉	6.448	20.480	35.542	20.881
120 目石英砂	27.9	103	180	106
200 目石英砂	4.56	37.9	129	57.1

从粒径分析结果可以看出，各材料平均粒径有所差别，且分布范围窄，选择 200、300 目铁粉及 200 目砂，以石英砂颗粒作为骨架，水泥及加重剂颗粒作为填充，形成颗粒级配，达到紧密堆积的目的，从而降低水泥石渗透率，提高耐腐蚀能力。

1.2　高温防衰退剂

目前业内均以石英砂作为水泥石的高温防衰退剂，以降低 C/S 比，减少水化硅酸钙的形成，加量在 35%～40%，超高温下加量为 50% 以上。作为一种外掺料，石英砂更被重视的是粒径和 SiO_2 含量，只要达标即被视同无差别使用。但在元深 1 井的试验过程中，发现不同来源的石英砂对抗压强度影响极大，同样的加量强度值差别可达 3 倍以上。为此，在粒径分析的基础上，对石英砂进行了化学组份及 185℃下抗压强度的对比。

表 2　石英砂组份分析及强度

编号	目数	供货厂家	含量/%					抗压强度/MPa/185℃21MPa48h
			SiO_2	Al_2O_3	Fe_2O_3	CaO	MgO	
1	120	A 厂	96.18	1.96	0.09	0	0.22	11.7
2	200	A 厂	91.26	3.75	0.43	0.3	0.32	30.1
3	120	B 厂	90.69	4.23	0.64	0.42	0.54	2.6
4	200	B 厂	94.36	1.96	1.28	0.51	0.22	3.6
5	120	C 厂	95.35	1.69	0.86	0.15	0.32	3.1

可以看出，不同厂家不同细度的石英砂结果相差很大，同厂家细砂比粗砂强度高，相同目数A厂家比B和C厂家强度高，且相距甚多，故根据试验结果选择2#石英砂作为元深1井体系用砂。

1.3 浆体稳定材料

聚合物类外加剂在高温下会发生热稀释现象，导致浆体在高温下稳定性变差，特别是加重水泥浆，在升至高温的过程中易产生沉降、包芯，为此，加入进口耐高温高分子类悬浮材料，提高浆体在高温下的稳定性。

在ρ2.25水泥浆中加入0.8%高温悬浮剂XFJ，测试流变及上下密度差。

表3　高温悬浮剂XFJ对水泥浆性能的影响

序号	高温悬浮剂加量/%	Φ3/Φ6/Φ100/Φ200/Φ300/Φ600	上下密度差/(g/cm^3)
1	0	冷：-/261/178/100/9/7 热：-/243/165/83/7/5	0.08
2	0.8	冷：-/270/191/105/10/8 热：-/290/205/116/13/9	0.03

可以看出，加入0.8%的高温悬浮剂后，能有效改善高温下热稀释现象，提高浆体稳定性，且对冷浆流变影响不大。

1.4 降失水剂、缓凝剂优选

目前业内公认最佳的高温降失水剂为AMPS多元共聚物类降失水剂，抗温达273℃，并能改善浆体流变，同时兼具稳定性，目前生产厂家和型号较多，并各有偏重，对浆体的影响而言可分为稳定型、分散型及均衡型，通常高温体系采用单一降失水剂即可将滤失量控制在50mL以内。同样，聚合物类高温缓凝剂可有效延长高温下水泥水化时间，且对其它性能无不良影响，同时加量不敏感，是高温体系的首选。近年来由于水泥的变化，使得150℃以上的高温稠化越来越难调，试验中极易出现鼓包、包芯，甚至闪凝现象，特别是加重体系，在高压情况下更明显，典型曲线如图6所示。

通过大量试验，发现将稳定型固体降失水剂JSS-1与均衡型液体降失水剂JSS-2复配，配合聚合物类缓凝剂HNJ-1，可有效消除鼓包和包芯，曲线见图7。

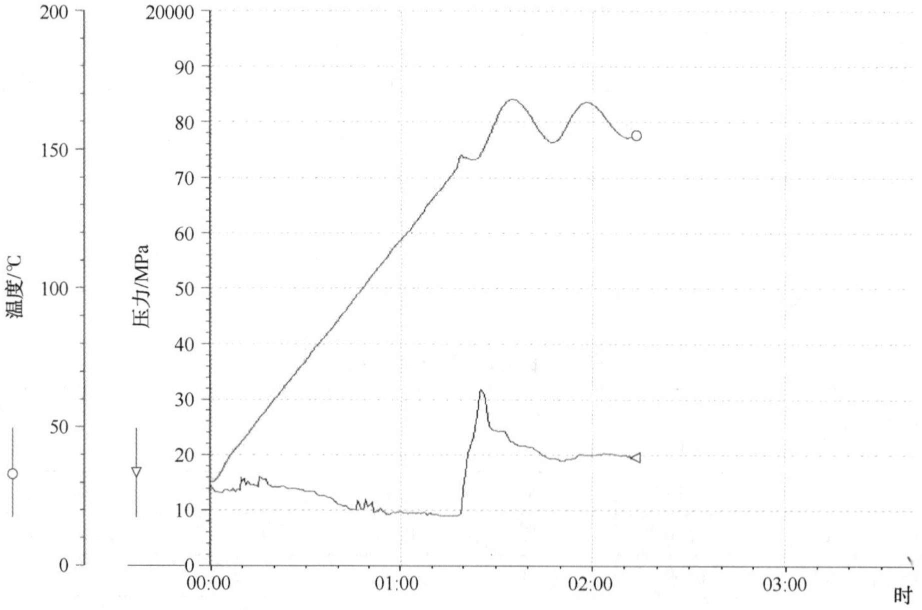

图6　高温稠化曲线(鼓包，拆出包芯)

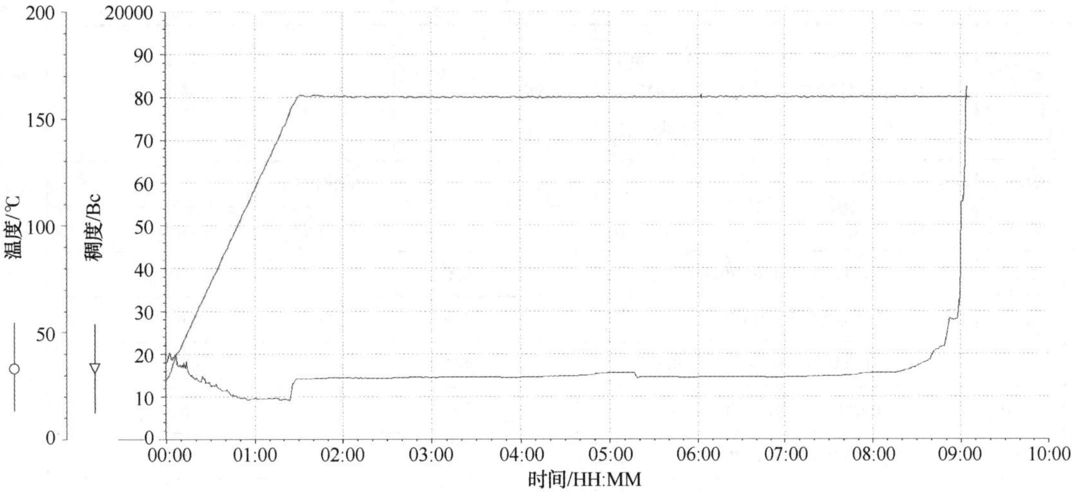

图 7　改善后的高温稠化曲线

1.5　防气窜和耐腐蚀材料

增加液相粘度、减少颗粒空隙、提高水泥石致密性可有效防止环空气体进入浆体内，阻止酸性气体进入水泥环内部，提高防窜和耐腐蚀能力。液体丁苯胶乳是目前最常用的防窜和耐腐材料，水泥水化过程中，胶乳中的微粒聚集并最终形成聚合物薄膜包裹在 C-S-H 凝胶表面，同时还可填充颗粒空隙形成桥接，降低孔隙度，提高水泥石的致密性。但在高温下存在热稀释和二次胶联现象，造成浆体高温沉降和超缓凝。为此，对液体丁苯胶乳二次改性，引入离子型基团，消除部分双键，增加其化学稳定性，防止热稀释和高温下二次聚合、交联，保证了性能的稳定。

改性后，胶乳中聚合物胶粒被乳化剂包裹成球形颗粒，稳定地分散在水泥浆中，对水泥浆体系具有分散和润滑作用，水泥浆流动性好；其化学稳定性好，经高温后水泥浆流变参数基本不变，消除了热稀释、胶乳二次交联。

表 4　加入胶乳 JR 的水泥浆流变性能

	六速读数	n 值	K 值
冷浆	6/9/80/145/215/-	0.9	0.4
热浆	9/11/94/161/227/-	0.8	0.8

可以看出，加入胶乳的水泥浆不管冷浆还是热浆，流变性能都很好，同时热稳定性良好，热浆与冷浆的流变读数相近，稍稍增大，未出现热稀释现象。

1.6　性能评价

将加重剂 TF1、TF2、石英砂 GS、降失水剂 JSS-1 和 JSS-2、改性胶乳 JR、高温缓凝剂 HNJ-1 及分散剂 FSJ 加入 JHG 级水泥中，形成高温加重防窜耐腐蚀水泥浆体系，按元深 1 井四开试验条件对其进行性能评价，包括失水、流变、稳定性、稠化、抗压强度、渗透率及防窜性能，循环温度取 160℃，试验压力 175MPa，升温时间 90min，静止温度底部取 185℃，顶部取 140℃，领、尾浆密度分别为 2.25、2.10g/cm³。

表 5　高温加重防窜耐腐蚀水泥浆体系性能

体系	密度/(g/cm³)	六速粘度计读数	API 失水/mL 175℃6.9MPa 30min	上下密度差/(g/cm³)	游离液/mL	SPN	抗压强度/MPa	渗透率/mD
领浆	2.25	-/-/235/121/8/5 -/240/167/88/6/3	22	0.03	0	0.939	18.5/140℃、21MPa、72h	0.0223
尾浆	2.10	-/268/194/111/9/5 -/206/146/80/6/3	24	0.01	0	1.091	21.6/185℃、21MPa、48h 22.4/185℃、21MPa、168h	0.0278

续表

体系	密度/(g/cm³)	六速粘度计读数	API 失水/mL 175℃6.9MPa 30min	上下密度差/(g/cm³)	游离液/mL	SPN	抗压强度/MPa	渗透率/mD
序号	密度/(g/cm³)	稠化实验验条件		稠化时间				初始稠度 BC
				40BC			100BC	
1	2.25	160℃×175MPa×90min		450			460	20
2	2.28	165℃×175MPa×90min		399			410	20
3	2.25	165℃×175MPa×90min/停机 60min		441			456	24
4	2.10	160℃×175MPa×90min		253			261	20
5	2.13	175℃×175MPa×90min		170			183	21
6	2.10	160℃×175MPa×90min/停机 60min		269			278	26

典型稠化曲线见图 8。

另进行了气窜性能评价。

由水泥浆空隙压力曲线可知，注气开始后，空隙压力缓慢降低至 2.65MPa，后期平稳于 2.65MPa，表明该水泥浆体系未发生气窜。

由注气流量曲线可知，注气开始后，持续有少量的气体注入，可能是水泥浆体系凝固后体积变小引起的气体注入，但结合压力曲线可知，水泥石空隙压力保持平稳，表明该浆体未发生气窜，浆体防气窜性能较好。

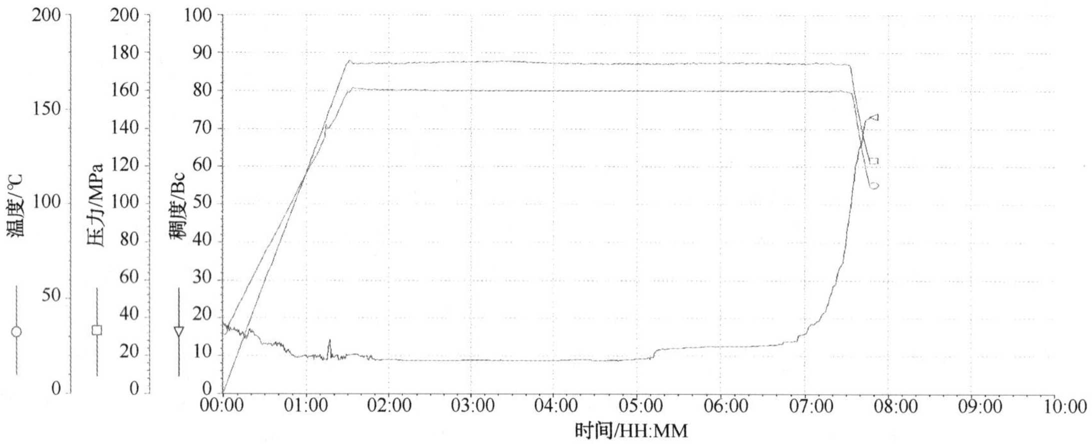

图 8　1#稠化曲线

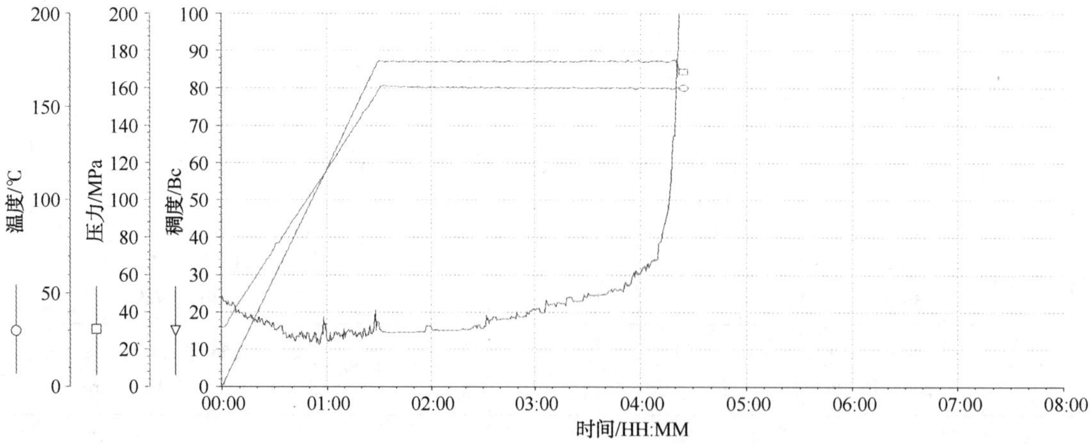

图 9　4#稠化曲线

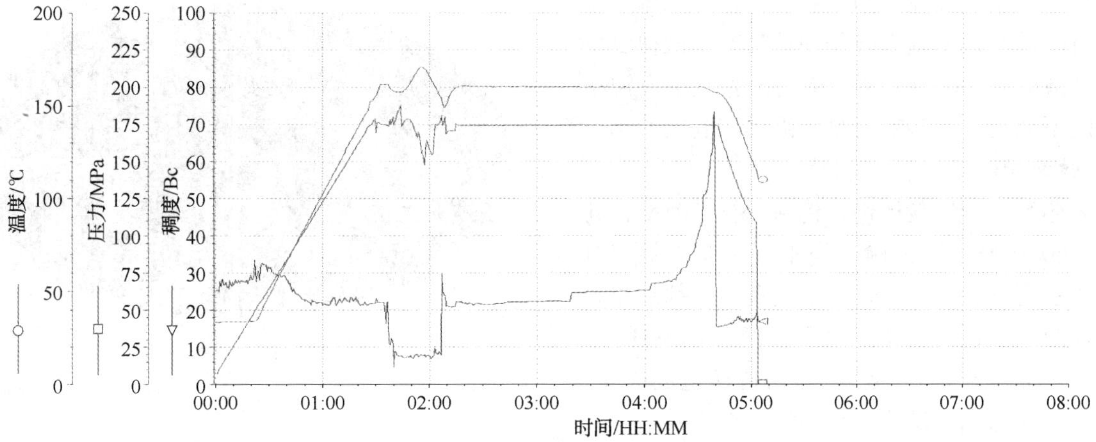

图10　6#稠化曲线(停机试验)

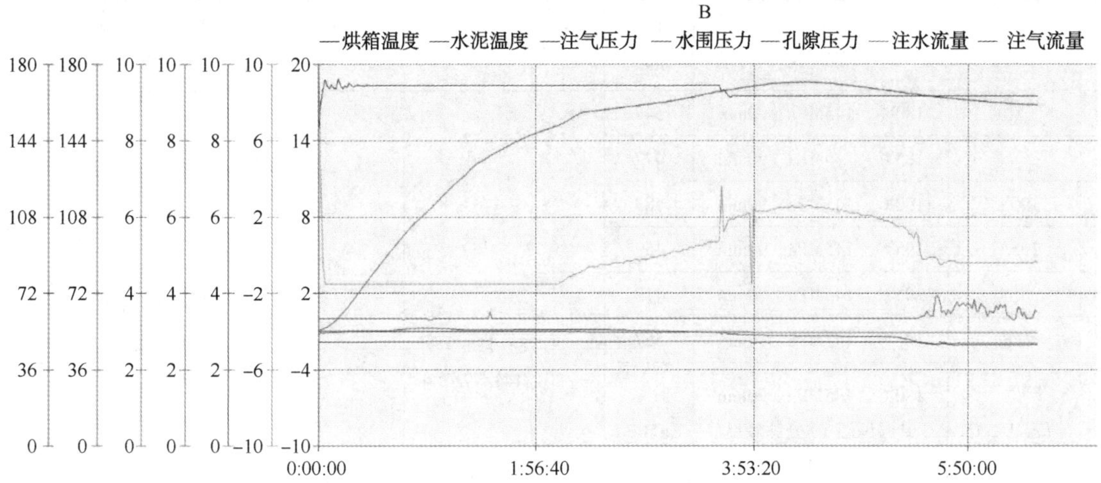

图11　水泥浆气窜性能

从性能评价可以看出，该体系对温度和密度不敏感，在160~175℃、175MPa下稠化时间可调，曲线正常，停机后未发生沉降，浆体稳定性好，顶部底部强度均大于14MPa，渗透率小于0.05mD，防气窜性能良好，能够满足固井需要。

2　超高温胶乳防窜水泥浆体系

元深1井五开完钻井深8866m，井底静止温度205℃，试验温度195℃，压力145MPa，升温时间90min，采用常规密度双凝超高温胶乳防窜水泥浆体系，密度1.87g/cm³，为保证施工安全，稠化时间要求领浆500~600min，尾浆340~420min。

所用降失水剂、缓凝剂、分散剂、石英砂种类与四开相同，为避免液体胶乳所含乳化剂高温下超缓凝，使用固体胶乳粉代替液体胶乳。

2.1　石英砂比例确定

将30%~60%的200目砂加入水泥浆中，分别在200℃、21MPa下养护48h和7d，评价不同比例砂对强度的影响。

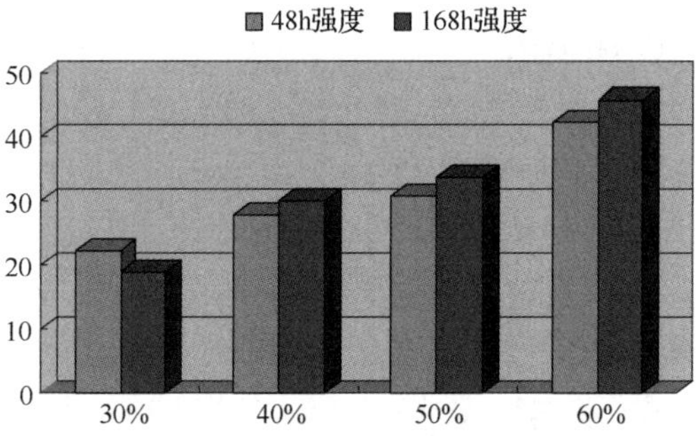

图12　不同比例加砂水泥石强度

(200℃、21MPa、48/168h)

可以看出，当石英砂加量在40%以上时，200℃下水泥石强度持续发展，40%~50%加量时强度适中，60%加量时强度过高，水泥石脆性大，为此，将砂加量定为50%。

2.2　胶乳优选

虽对胶乳进行了改性，但在超高温下依然会

发生稀释及二次交联，为此，以丁二烯和苯乙烯为原材料，经过低温聚合处理后喷雾干燥得到的改性乳液粉末JRS，不含乳化剂，避免了高温下的性能不稳定，其有效含量为液体胶乳的两倍。

2.3 性能评价

对体系进行性能评价，包括180~205℃稠化试验、60分钟停机试验、失水、流变、稳定性及抗压强度试验，试验过程中发现缓凝剂加量很小，仅为2.0%~2.6%，远低于四开体系用量，为防止顶部出现倒挂，影响压力传递造成失重，又进行了降温稠化试验，具体结果见表6。

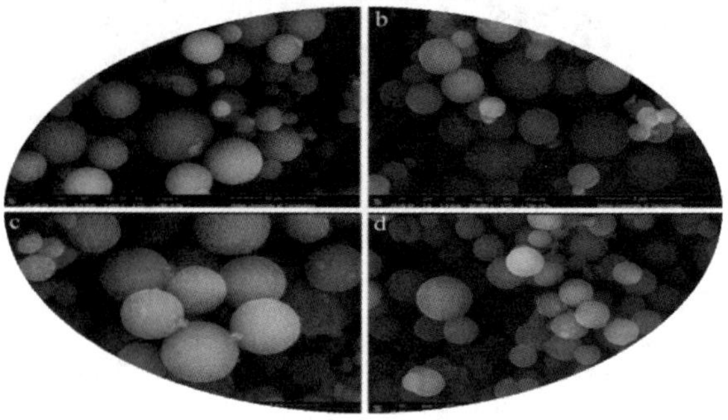

图13 胶乳粉状颗粒(微观)

表6 超高温胶乳防窜水泥浆体系性能

序号	项目	试验条件	TT/min	流变	失水/mL	稳定性/(g/cm³)	抗压强度/MPa
1	正常点	180℃、145MPa、90min	547	-/-/288/155/9/5 -/201/141/77/7/4	32	0.01	32.1/180℃、21MPa、48h 30.7/205℃、21MPa、48h 28.9/205℃、21MPa、7d
2	双高	185℃、145MPa、90min	447				
3	190℃	190℃、145MPa、90min	483				
4	195℃	195℃、145MPa、90min	459				
5	205℃	205℃、145MPa、90min	413				
6	停机	180℃、145MPa、90min	567				
7	降温155℃	180℃、145MPa、90min 升温恒温10分钟降温 155℃、120Mpa、90min	>500				
8	降温140℃	180℃、145MPa、90min 升温恒温10分钟降温 140℃、120MPa、90min	>500				

典型曲线：

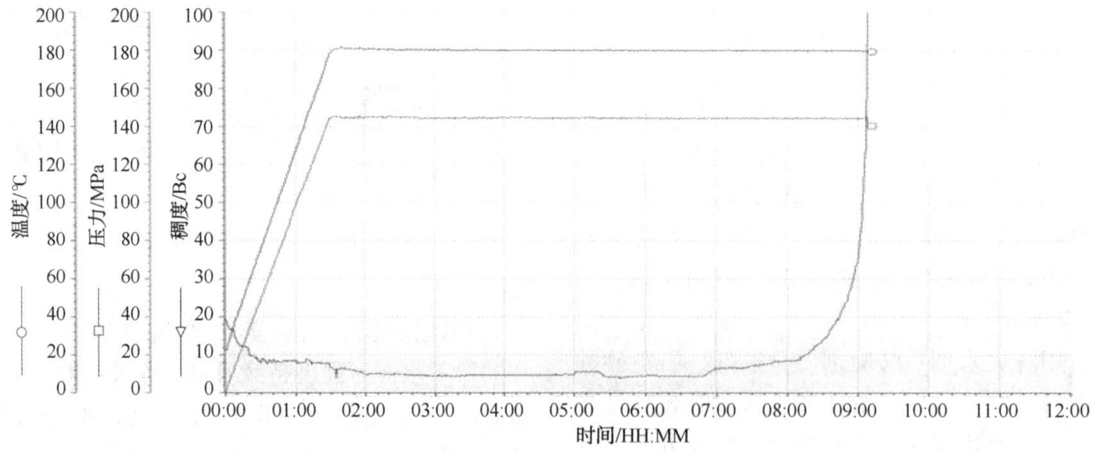

图14 1#稠化曲线

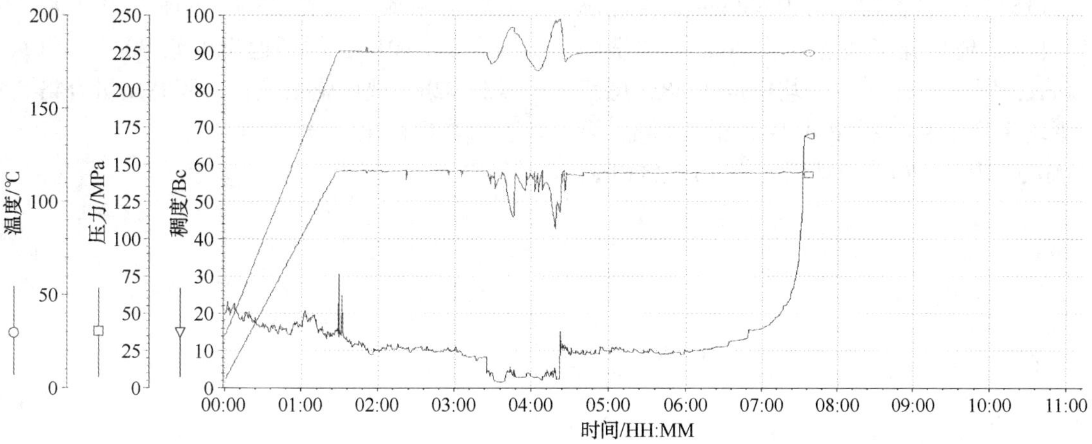

图15　6#稠化曲线

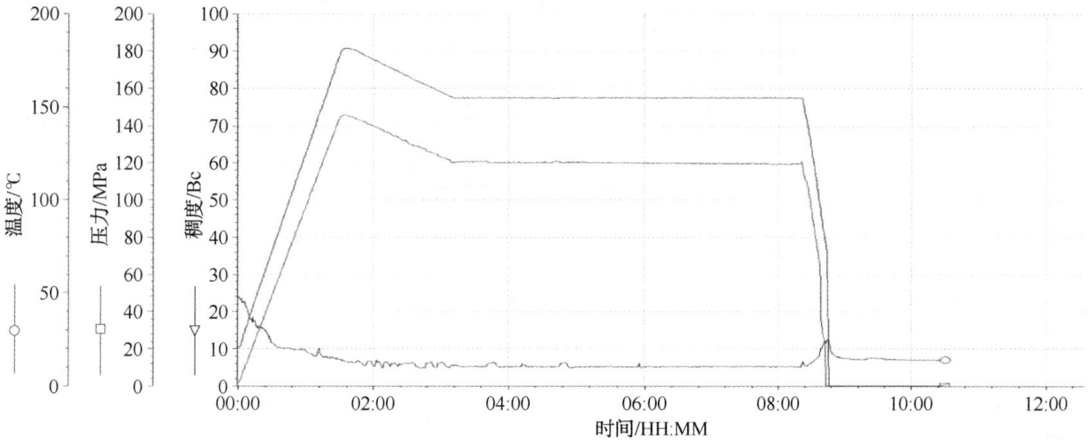

图16　7#稠化曲线

可以看出，超高温胶乳防窜水泥浆体系在180℃～205℃稠化时间可调，返至上部不会出现稠化时间倒挂，浆体稳定，停机试验正常，超高温下水泥石强度发展正常，满足元深1井五开固井需要。

3　现场应用

3.1　四开尾管固井

元深1井四开241.3mm钻头下入206.4mm尾管，井深8140m，平均井径246.297mm，平均环容14.18L/m，悬挂器位置6622.609～6627.539m，气顶位置6820m，气底7784.5m，采用ρ2.25+ρ2.25+ρ2.10双密度三凝高温加重防窜耐腐蚀水泥浆体系，三凝界面分别为6800、7550m，对大样进行了正常点、密度温度双高点、温度低点、交叉、停机、污染等试验，试验温度160～175℃，试验压力175MPa，领浆TT420－460min，中间浆TT266－351min，尾浆TT182-278min，各类污染大于360min，失水30/30/32mL，上下密度差0.03、0.03、0.01g/cm^3，性能满足设计要求。现场施工注先导浆20m^3，冲洗隔离液18m^3，领浆14m^3，中间浆14m^3，尾浆14m^3，排量1.1～0.8m^3/min，泵压10～9MPa，替浆100.9m^3，碰压压力16～19MPa，放回水断流，节流循环憋压候凝72h。现场施工正常，固井质量合格。

3.2　五开尾管固井

165.1mm钻头下入139.7mm尾管，井深8866m，平均井径176.63mm，平均环容9.17L/m，悬挂器位置7983.239～7989.959m，气顶位置8457m，气底8786m，采用$\rho_{1.87}$单密度双凝超高温胶乳防窜水泥浆体系，双凝界面为8350m，对大样进行了正常点、密度温度双高点、温度低点、停机、污染等各类试验，试验温度190℃，试验压力145MPa，领浆TT530min，尾浆TT395min，失水48/46mL，另进行了195、205、210的极限温度高点试验，TT分别在384～462min(领浆)、305～342min(尾浆)，温度低点

155℃，TT>500，各类污染大于480min，性能满足设计要求。现场施工注先导浆$30m^3$，冲洗隔离液$20m^3$，领浆$10.5m^3$，平均密度1.88，尾浆$7m^3$，平均密度1.90，排量$0.4\sim0.6m^3/min$，泵压5-3MPa，替浆$70m^3$，碰压压力15～23MPa，放回水断流，起钻25柱循环排量$1.8m^3/min$，压力27.5MPa，循环返出混浆80方，继续循环候凝72h。现场施工正常，固井质量合格。

典型稠化曲线：

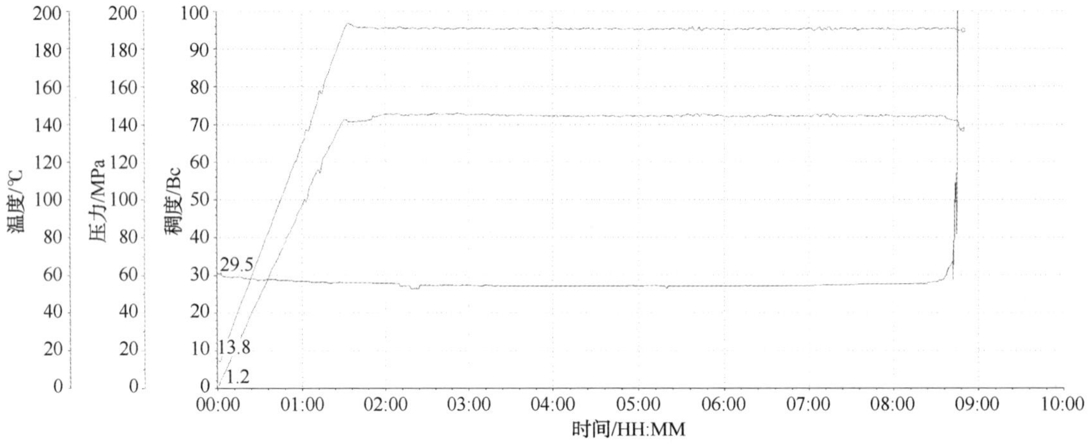

图17　领浆大样正常点稠化曲线

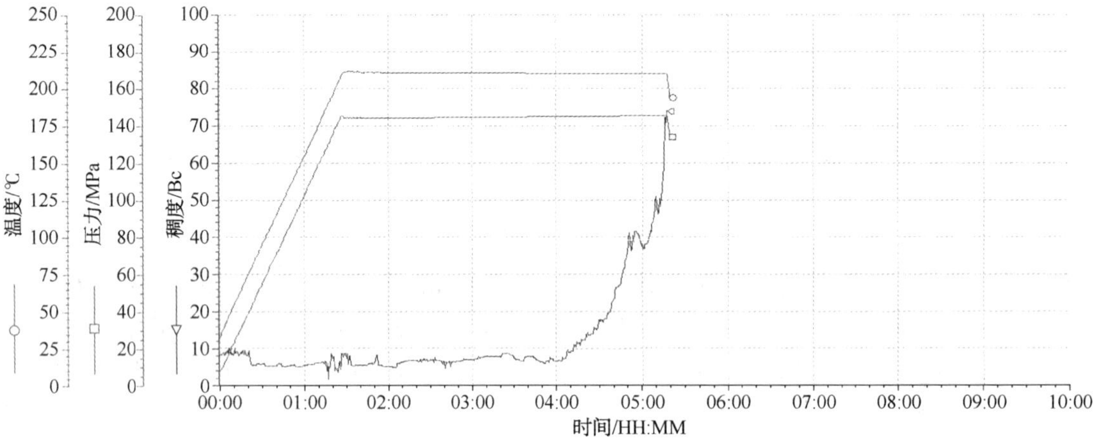

图18　尾浆大样210℃稠化曲线

4　认识及结论

（1）加重剂优选粒径细、分布范围窄的材料，高温加重体系的设计重在平衡与协调，浆体的流态与稳定性直接影响稠化曲线正常与否。

（2）石英砂的种类对高温水泥石影响巨大，超高温体系需首先优选石英砂，方能保证水泥石强度。

（3）高温降失水剂复合使用不仅能有效控制失水，更重要的是能消除升温过程中的鼓包和包芯，提高试验的可重复性。

（4）高温加重防窜耐腐蚀水泥浆体系和超高温防窜水泥浆体系用于元深1井四开、五开尾管固井，最高试验温度210℃，稠化时间可调，对温度、密度不过于敏感，无温度倒挂现象，失水小于50mL，流变与稳定性兼顾，顶部与底部强度正常发展，防气窜性能良好。

参考文献

[1] 刘崇建，黄柏宗，徐同台，等．油气井注水泥理论与应用．石油工业出版社：33-34.

[2] 熊生春，何英，徐依吉，等．丁苯胶乳对固井水泥而性能的影响[J]．西南石油大学学报自然科学版，2008，30(2)：116-120.

抗高温强封堵疏水型钻井液体系研究与应用

孙立伟　王晓军　朱春光　景烨琦　孙云超　戴运才　任　艳　鲁政权　闻　丽

（中国石油集团长城钻探工程有限公司）

摘　要　针对常规水基钻井液防塌效果及抗温性能难以满足复杂深井勘探开发需要的难题，在抗高温表面水化抑制剂和纳米封堵剂研制的基础上，通过其他处理剂的优选和配比优化，最终建立了密度达 2.0g/cm³ 抗高温强封堵疏水型水基钻井液体系。室内评价表明，该钻井液体系抗温达 220℃，96h 静置上下密度差仅为 0.02g/cm³，抗膨润土污染 3%以上，抗氯化钙污染 0.6%以上，润滑性能与抑制性能仅次于油基钻井液，致密砂岩封堵率达到了 85.6%。现场应用效果表明，该钻井液体系在高温深井中仍然保持良好的携岩性，井壁稳定性突出，润滑减阻性能优异，为复杂地层深井超深井的勘探开发提供了技术保障。

关键词　抗高温；防塌性能；纳米封堵剂；表面水化抑制剂；封堵率

伴随油气勘探技术的快速发展和开发进程不断加快，勘探开发的重点已经由中浅层向深层、超深层发展，受埋深及沉积环境影响，深部地层岩性复杂多变，井壁失稳问题异常突出。油基钻井液凭借着良好的高温稳定性和强抑制性是复杂深井施工的首选，但在环境保护及钻井液综合成本控制压力下，其推广应用规模受到限制，因此，研究抗高温水基钻井液技术对加快深部地层石油天然气资源勘探和开发具有重要意义。水基钻井液的抑制性能及封堵性能决定着防塌效果，也是制约深井超深井钻井成功与否的关键因素，本文在对抗高温抑制剂和封堵剂两种核心防塌剂研制评价的基础上，通过其他常规抗高温处理剂的优选，最终形成了抗高温强封堵疏水型水基钻井液体系，并对其性能和应用效果进行了详细介绍。

1　抗高温表面水化抑制剂的研制及评价

黏土矿物水化有渗透水化和表面水化两种形式，通过向钻井液中添加有机盐或者无机盐来压缩粘土颗粒表面扩散双电层，并调整矿化度使钻井液中的自由水与黏土矿物中的水化水处于活度平衡状态，可基本解决泥页岩渗透水化引起的膨胀分散；而表面水化的水化势极大，遇水极易发生，常规抑制剂受限于分子结构和分子量，很难控制表面水化作用。笔者研发了一种能够较好控制黏土表面水化的抑制剂，并在对其结构表征的基础上进行了作用机理深入分析。

1.1　抗高温表面水化抑制剂的制备

根据蒙脱石晶层间距和插层吸附抑制机理研究分析得出，为最大程度地拉紧相邻晶层，抗高温抗高温表面水化抑制剂分子量不能太大，而且分子结构需是二维的平面结构；为了提高高温稳定性和耐盐性，分子结构上需要具有耐温基团。

在 N_2 保护下向圆底烧瓶中按照一定顺序先后加入四氢呋喃、四乙烯五胺和吩噻嗪，在设计温度下反应一定时间后加入 1，3 丙磺酸内脂，即得抗高温表面水化抑制剂 GW-INH。

1.2　抗高温表面水化抑制剂的评价

1.2.1　傅里叶红外光谱测试

取少量抗高温表面水化抑制剂置于金刚石 ATR 模块中，波数范围 4000～400cm⁻¹，扫描次数 32，分辨率 4cm⁻¹，采用 Thermo Scientific Nicolet iS20 型红外光谱仪测定抗高温表面水化抑制剂的红外光谱图，测试结果如图 1 所示。

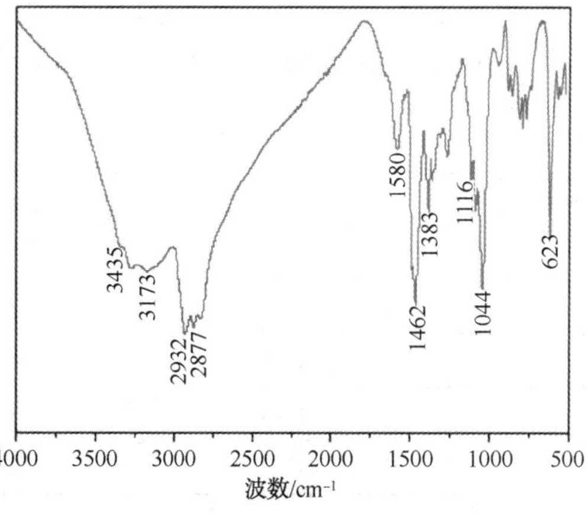

图 1　抗高温表面水化抑制剂的红外光谱图

从图 1 中可以看出，3435cm^{-1}处的吸收峰为 - NH_2 的伸缩振动吸收峰，2932cm^{-1} 和 2877cm^{-1}处的吸收峰是 - CH_3 的振动吸收峰，1580cm^{-1} 为 - NH_2 的弯曲振动峰，1462cm^{-1} 为 -CH_3的不对称伸缩振动峰，1383cm^{-1}为-OH 的面内弯曲振动峰，1116cm^{-1}为 C-N 的伸缩振动吸收峰，1044cm^{-1}归因于 C-N 的不对称伸缩振动吸收峰，623cm^{-1}附近的吸收峰为-SO_3的特征峰。因此推测抗高温表面水化抑制剂中含有伯胺基、叔胺基、醇基、磺酸基及长链疏水基。

1.2.2　热重测试

取少量抗高温表面水化抑制剂置于坩埚中，采用 NETZSCH STA 449F5 型热重测试仪测定抗高温表面水化抑制剂的热稳定性。测试条件为 N_2 氛围，升温速度为 10℃/min，温度范围为 30~600℃。热失重曲线如图 2 所示。

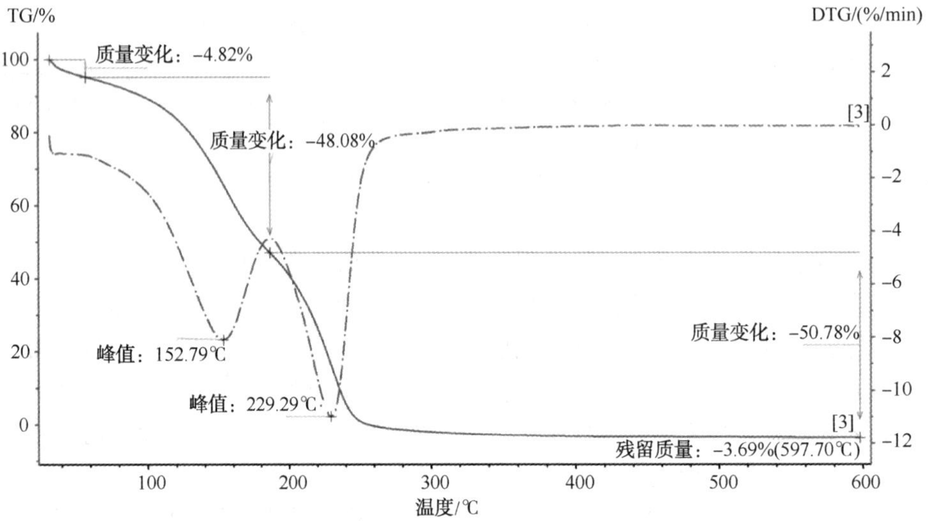

图 2　抗高温表面水化抑制剂的热失重曲线

从图 2 中可以看出，室温至 100℃的热失重约为 7.57%，是少量的吸附水蒸发所致。100℃~190℃的热失重可归因于所测样品的部分链段分解。200℃左右观察到热失重曲线急剧下降，说明所测样品的骨架发生了热分解。因此，所测抗高温表面水化抑制剂具有较好的热稳定性，190℃以下聚合物骨架结构不会发生热分解。

1.2.3　降低比亲水量性能测试

将泥页岩粉碎过 100 目，并在 105℃下烘干备用。利用抽真空干燥器装置测定恒温饱和水蒸气压条件下的平衡吸水量，求得单位质量岩样的吸水量，除以比表面积便可得比亲水量。在泥页岩悬浮液中分别加入不同浓度抗高温表面水化抑制剂，搅拌 30min，密闭静置 24h 后离心分离，倾倒掉上层清液，取下部沉淀于 105℃下烘干，研磨过 200 目，再次进行比亲水量测试，对比不同浓度抗高温表面水化抑制剂作用后泥页岩比亲水量的变化。实验结果如表 1 所示，其中，S_w—比亲(吸)水量，g/cm^2；W_2—干燥器内放蒸馏水时的平衡称重，g；W_1—干燥器内放浓 H_2SO_4时的平衡称重，g；W_0—铝盒重，g；SS-岩样比表面积，m^2/g。

表 1　泥页岩比亲水量实验结果

抑制剂浓度(%)	W_0(g)	W_1(g)	W_2(g)	SS(m^2/g)	S_w(10^{-7}g/cm^2)
0	13.215	14.198	14.413	58.664	3.728
0.5	13.116	14.023	14.138	58.027	2.185
1	12.947	13.848	13.937	58.513	1.688
2	12.869	13.757	13.784	57.107	0.532
3	13.210	14.013	14.026	57.658	0.281

由表 1 所示，空白泥页岩比亲水量高达 $3.728\times10^{-7}g/cm^2$，与浓度为 3%的抗高温表面水化抑制剂作用后，泥页岩比亲水量降低率高达 92.5%。因此，抗高温表面水化抑制剂能有效降低泥页岩的比亲水量，从而抑制表面水化作用。

1.2.4　抑制自吸性能测试

将泥页岩样品放置于 105℃烘箱中干燥 12 小时，待其质量稳定后，记录泥页岩样品的初始质量；然后，将泥页岩悬挂在天平上，保持泥页岩下端浸入不同浓度的抗高温表面水化抑制剂溶液的液面 1mm，并将天平清零；最后，开启数据采集软件，记录泥页岩质量随时间的变化曲线，测试结果如图 3 所示。

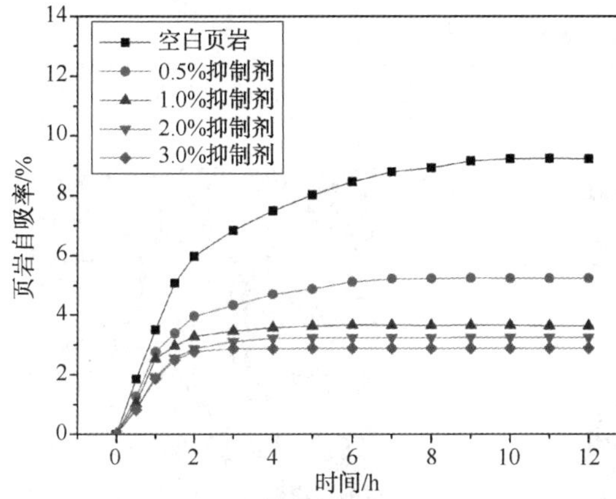

图 3　泥页岩自吸实验结果

从图 12 中可以看出，空白泥页岩自吸水能力较强，总吸水量高达 9.24%；将其置于不同浓度的抑制剂溶液中，泥页岩的自吸水能力显著降低，吸水速率趋于平缓。在浓度为 1%的抗高温表面水化抑制剂溶液中，泥页岩总吸水量仅为 3.63%。因此，抗高温表面水化抑制剂能显著降低泥页岩的自吸能力，可提高泥泥页岩地层的井壁稳定性。

2　纳米封堵剂的制备及评价

井壁失稳地层中炭质泥岩、脆性玄武岩、蚀变玄武岩和煤层，微纳米级孔缝发育，如钻井液封堵性能不足，微裂缝会在钻井液压差作用下迅速延展，水相会沿着微裂缝侵入到地层内部。进入泥页岩内部的水相，一方面导致黏土矿物水化膨胀，产生水化应力，降低泥页岩胶结强度；另一方面使地层孔隙压力持续增加，井筒有效支撑应力不断减小，最终引起岩石破坏，导致分散剥落掉块。

2.1　纳米封堵剂的制备

裂缝或孔洞的粘土表面带有负电荷，如果在钻井液浆中加入带正电荷的化学剂，与地层接触后，带正电荷的化学剂与带负电荷的粘土矿物之间，由于存在正负电荷的吸引作用，快速结合交联，使其在漏失裂缝的端面形成静电吸附滞留层，增大流动阻力，扩大堵漏浆的波及面积，就能较大程度地提高对漏失层的封堵率。而常规的纳米封堵材料表面均为水润湿，表面张力大，在水基钻井液中容易发生团聚，因此需要对优选的纳米封堵剂进行表面改性，保证钻井液悬浮稳定性及良好的流变性。

将一种带永久正电荷 Al-Fe-Mg 纳米材料与去离子水加入到三口烧瓶中，调节浆料 pH 值，加热至设定温度后，保温一定时间，然后加入一定比例的两性离子聚合物，在一定转速下反应，抽滤，烘干，研磨后制得改性纳米封堵剂。

2.2　纳米封堵剂的评价

2.2.1　粒径分布测试

取少量纳米封堵剂用去离子水稀释后滴入样品池中，超声分散 30min 后，采用 Mastersizer 3000 型纳米粒度仪测试其粒度分布特征。测试结果如图 4 所示。

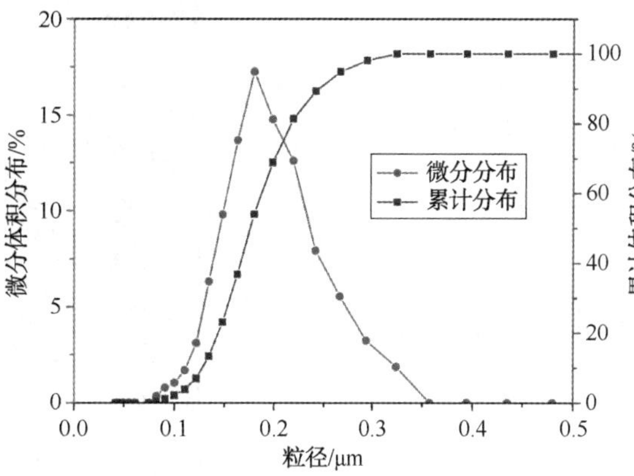

图 4　纳米封堵剂的粒径分布

从图 4 中可以看出，纳米封堵剂的粒径分布在 80nm～350nm 之间，其中中值粒径（D_{50}值）为 170nm。

2.2.2　热重测试

将纳米封堵剂离心沉淀后，置于真空干燥箱中烘干并研磨成粉。取少量纳米封堵剂置于坩埚中，采用 NETZSCH STA 449F5 型热重测试仪测定纳米封堵剂的热稳定性。测试条件为 N_2 氛围，升温速度为 10℃/min，温度范围为 30～600℃。

热失重曲线如图 5 所示。

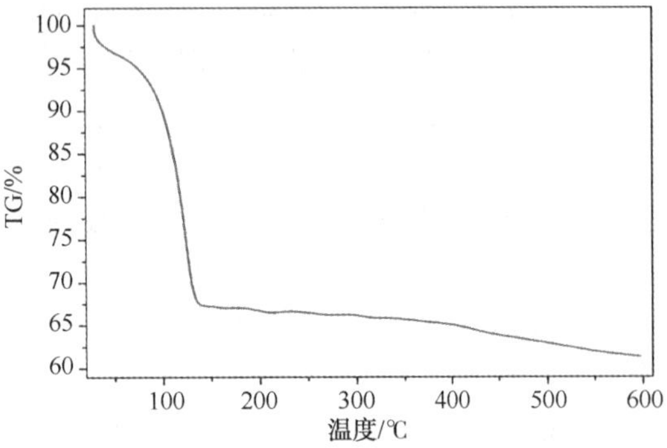

图 5　纳米封堵剂的热失重曲线

从图 5 中可以看出，室温至 120℃ 的热失重可能是少量的吸附水和溶剂受热蒸发所致。纳米封堵剂分子链起始分解温度为 265℃，600℃ 后样品重量仍残留 61.36%，热稳定性较好说明纳米封堵剂具有良好的高温稳定性。

2.2.3　微孔滤膜封堵性能测试

常规钻井液滤失实验所采用的滤纸孔径较大（快速：孔径为 80～120μm，中速：孔径为 30～50μm，慢速：孔径为 1～3μm），难以评价钻井液体系对页岩微纳米孔缝的封堵性能。采用纳米微孔滤膜(150nm)，评价纳米封堵剂对微孔滤膜的封堵性能，测试中所用的基浆为钠膨润土浆。在 4%基浆中分别加入 0，1%，2%，3%的纳米封堵剂，150℃/16h 老化前后，分别测试实验浆的纳米微孔滤膜滤失量，实验结果如表 2 所示。

表 2　不同钻井液老化前后滤失量及滤饼照片

序号	实验浆	老化前滤失量/mL 及滤饼照片		老化后滤失量/mL 及滤饼照片	
1	4%基浆	32.0	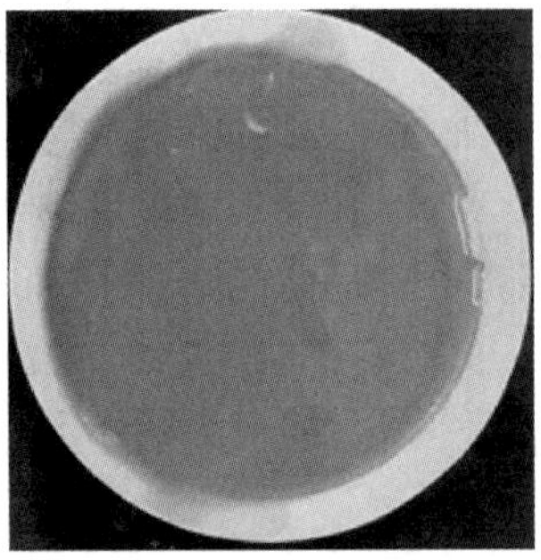	35.0	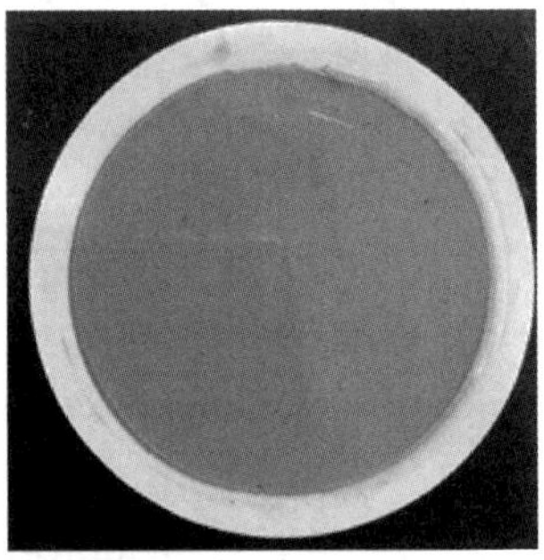
2	4%基浆+ 1%纳米封堵剂	30.0	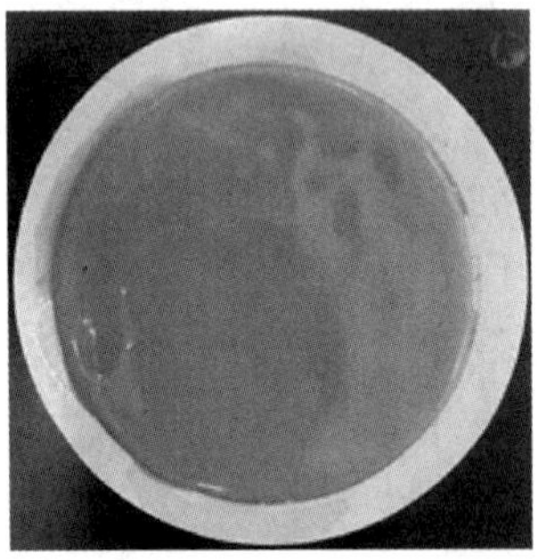	31.2	
3	4%基浆+ 2%纳米封堵剂	28.6	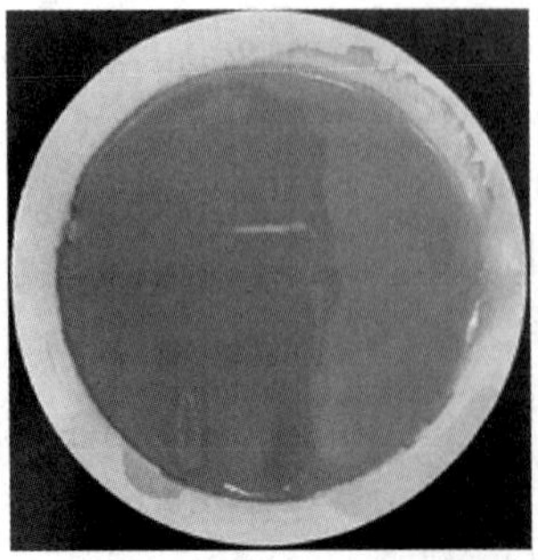	30.0	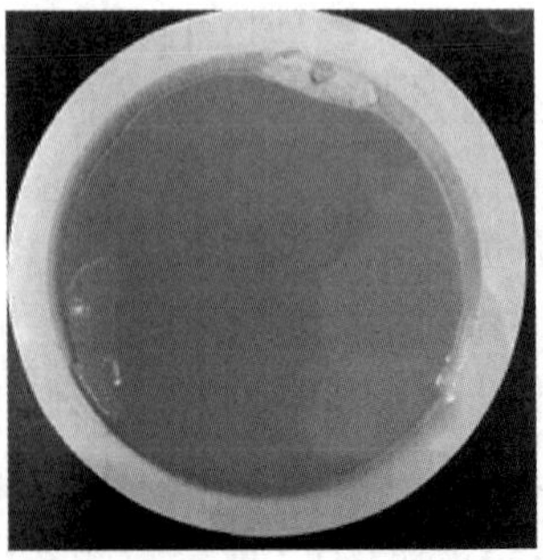

续表

序号	实验浆	老化前滤失量/mL 及滤饼照片		老化后滤失量/mL 及滤饼照片	
4	4%基浆+3%纳米封堵剂	27.4	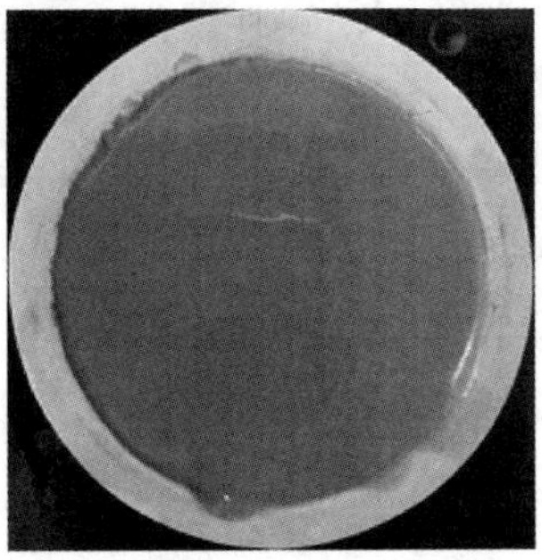	28.6	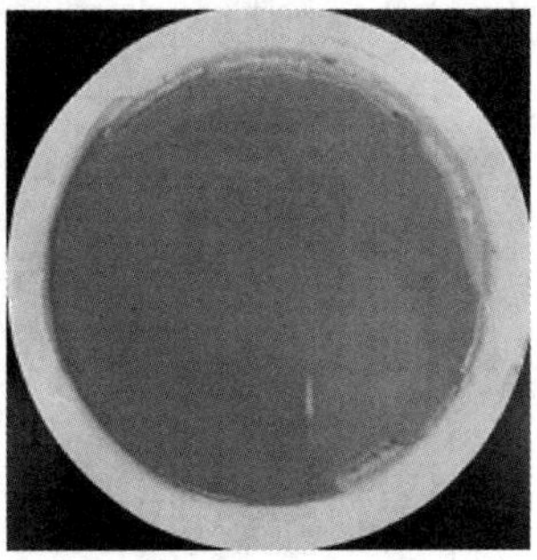

由表 2 所见，随着纳米封堵剂加量的增加，老化后基浆的滤失量呈降低趋势，泥饼变得更加致密，3%的纳米封堵剂可使基浆的滤失量降低 18.29%。可见，在测试条件下，纳米封堵剂具有较好的封堵防塌性能。

2.2.4 砂盘渗透性封堵性能测试

砂盘渗透性封堵实验(PPA)是一种改进的高温高压 HTHP 失水实验，通过使用不同规格的砂盘介质进行钻井液的封堵性能评价，常规的测试条件为 7MPa/30min。选择渗透率为 10μm^2 砂盘作为渗滤介质，利用砂盘渗透性封堵 PPA 实验，评价纳米封堵剂的砂盘封堵性能，实验结果如表 3 所示。

表 3　不同钻井液 PPA 测试结果

序号	测试样品	FL_{PPA}/mL	瞬时失水/mL
1	钻井液基液	94.4	11.2
2	钻井液基液+1%纳米封堵剂	79.2	9.8
3	钻井液基液+3%纳米封堵剂	51.6	7.4

注：钻井液基液配方为：4%膨润土浆+1%PAC-LV+0.2%XC

由表 3 所见，单纯采用纳米封堵剂就能显著降低钻井液基液的 PPA 滤失量，纳米封堵剂加量达到 3%时，基浆的滤失量降低了 45.34%。因此在压差作用下，纳米封堵剂能够填充和封堵砂盘表面的孔喉，形成有效的物理封堵层，若同时复配其他微米级封堵材料，可使钻井液具有较强的封堵防塌性能。

3 抗高温强封堵疏水型水基钻井液体系建立及评价

室内在对核心处理剂研制的基础上，通过其他处理剂的优选和加量配比的优化，最终形成了密度达 2.0g/cm^3，抗温 220℃以上的强封堵疏水型水基钻井液体系，其基本配方为：

1%~2%膨润土+0.1%~0.2%烧碱+0.2%~0.3%纯碱+2.0%~3.0%抗温抗盐降滤失剂+0.5%~1.0%低粘聚阴离子纤维素+0.5%~1.0%表面水化抑制剂+0.5%~1%纳米封堵剂+1%~2%乳化石蜡+2%~3%超细钙+0%~5.0%高效润滑剂+0.1%~0.3%流型调节剂+3%~5%甲酸钠+6%~8%氯化钾+重晶石。

3.1 基本性能

室内测试抗高温防塌水基钻井液老化前后的基本性能，结果见表 4。

表 4　抗高温防塌水基钻井液基本性能

密度/(g/cm^3)	热滚条件	塑性黏度/(mPa·s)	动切力/Pa	静切力/Pa		n	K/(mPa·s^n)	API 滤失量/mL	HTHP 滤失量/mL
				10s	10min				
1.20	老化前	18	6.0	1.5	3.0	0.68	223	2.4	—
	老化后	17	6.0	1.5	3.0	0.67	233	2.2	6.2
1.40	老化前	25	8.0	2.0	5.0	0.69	289	2.4	—
	老化后	24	7.5	2.0	4.0	0.69	266	2.6	6.4

续表

密度/(g/cm³)	热滚条件	塑性黏度/(mPa·s)	动切力/Pa	静切力/Pa		n	K/(mPa·sⁿ)	API滤失量/mL	HTHP滤失量/mL
				10s	10min				
1.60	老化前	28	9.5	2.5	6.0	0.67	358	2.2	—
	老化后	26	9.0	2.0	5.5	0.67	345	2.4	6.8
1.80	老化前	35	11.5	2.5	7.0	0.68	424	2.0	—
	老化后	45	12	2.0	6.5	0.72	385	2.2	7.2
2.0	老化前	32	13	3.5	9.0	0.63	569	1.6	—
	老化后	40	9	1.5	4.5	0.76	264	1.8	9.0

注：老化条件为220℃下滚动16h，测试条件为室温20℃。

由表4可见，抗高温防塌水基钻井液老化前后黏度和切力适中，触变性强，滤失量低，而且流变性不随密度变化发生较大波动。

3.2 抗温性能评价

测试2.0g/cm³的抗高温防塌水基钻井液在不同温度老化前后的流变性和失水造壁性能。

从图6中可以看到，在220℃温度范围内，密度为2.0g/cm³的高密度防塌水基钻井液始终保持适中的黏切和较低的高温高压滤失量，说明该钻井液有良好的高温稳定性，能够满足辽河油区深井钻井液抗温要求。其原因是配方中开发和优选的处理剂均具有良好的抗温抗盐性能，有机盐甲酸钠的加入也能有效提高体系的抗高温能力。

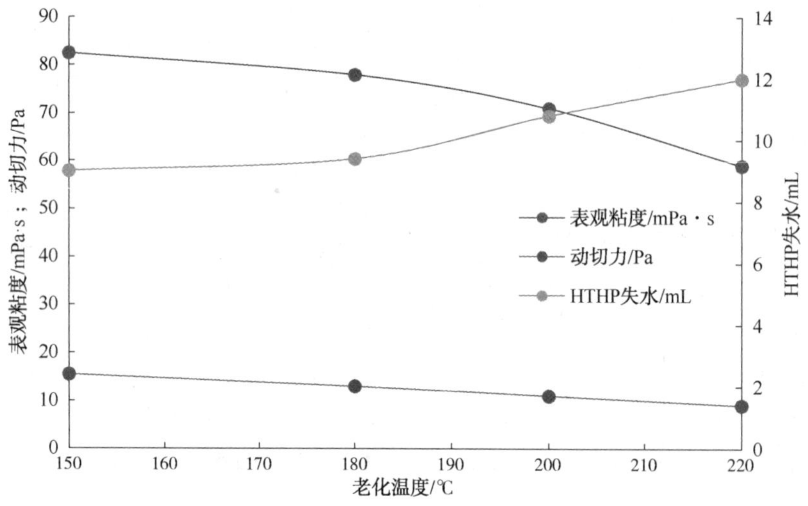

图6 防塌水基钻井液抗温性能评价

3.3 沉降稳定性能评价

高温下钻井液的沉降稳定性对于高密度钻井液而言是一个比较重要的技术指标，主要是衡量现场停泵后钻井液静止状态下加重材料的沉降速度。首先将2.0g/cm³的抗高温防塌水基钻井液220℃温度下热滚16h，取出冷却至室温，高速搅拌30min后倒入1000mL的量筒中，分别静置24h、48h、72h、96h，测量量筒内上、下钻井液的密度。

由表5可见，抗高温防塌水基钻井液老化后静置4天，其上下密度基本无差异，高效润滑剂析出并未影响钻井液的沉降稳定性。

表5 抗高温防塌水基钻井液沉降稳定性能评价

静置时间/h	上部密度/(g/cm³)	下部密度/(g/cm³)	密度差/(g/cm³)
24	2.0	2.0	0
48	2.0	2.0	0
72	1.99	2.01	0.02
96	1.99	2.01	0.02

3.4 抗土污染性能评价

分别向 2.0g/cm^3 的抗高温防塌水基钻井液中添加不同加量的膨润土粉，测试在 220℃ 高温老化后的流变性和失水造壁性能。

从图 7 可以看出，随土粉加量增大，防塌水基钻井液的塑性黏度、动切力和滤失量整体有上升趋势，加入质量分数 3%的土粉后，其黏切和滤失量仍能满足施工要求，说明该钻井液具有较好的抗高黏钻屑污染性能。现场施工中通过定期补充包被剂，其抗钻屑污染性能还会有所提高。其主要原因是该钻井液体系具有极强的抑制性，混入钻井液中的膨润土水化程度小，不会对钻井液性能产生波动性影响。

3.5 抗钙污染性能评价

分别向 2.0g/cm^3 的抗高温防塌水基钻井液中添加不同加量的 $CaCl_2$，测试在 220℃ 高温老化前后的流变性和失水造壁性能。

从图 8 中可以看出，随着钙离子浓度增加，流变性基本无变化，滤失量增加幅度极小，说明该钻井液具有良好的抗钙污染性能。现场施工中，小部分水泥及混浆进罐后并不会导致钻井液性能发生波动。

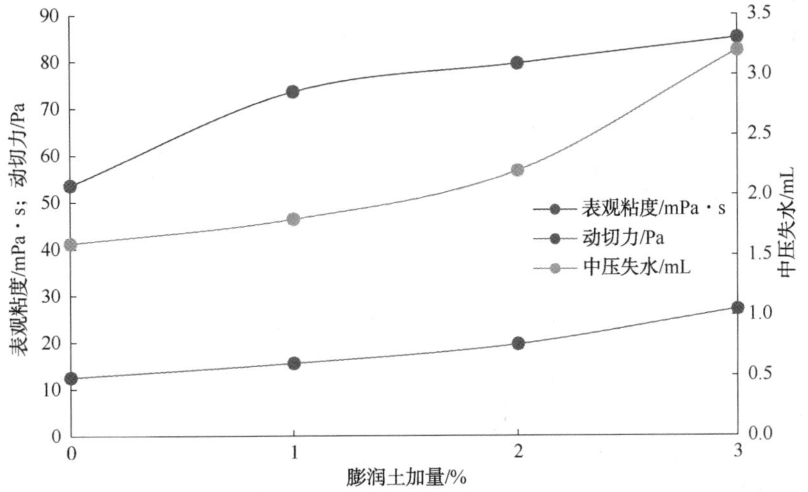

图 7　抗高温防塌水基钻井液抗土污染性能评价

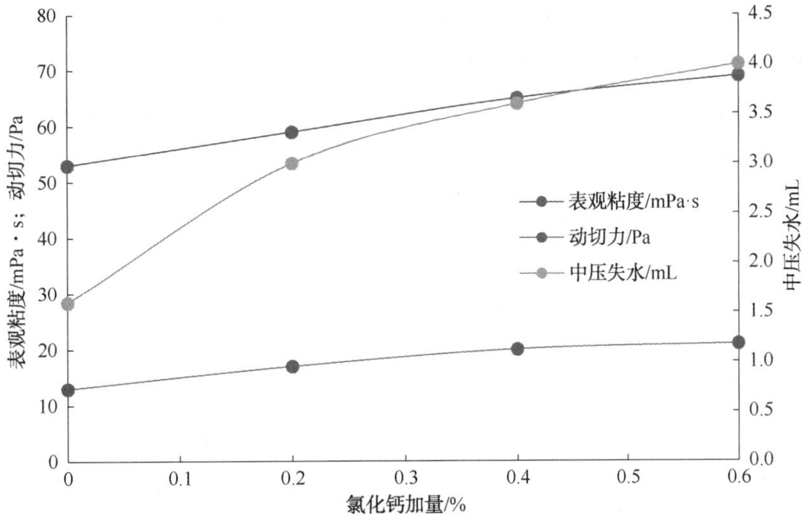

图 8　抗高温防塌水基钻井液抗钙污染性能评价

3.6 润滑减摩阻性能评价

采用 TC-EP-2A 极压润滑仪和 NZ-3 泥饼粘滞系数测定仪，室温下测试对比 2.0g/cm^3 的抗高温防塌水基钻井液、被污染的抗高温防塌水基钻井液（高效润滑剂加量 5%）和油水比为 85∶15 的油基钻井液在 220℃ 老化后的极压润滑系数和泥饼粘滞系数。

表 6　抗高温防塌水基钻井液润滑性能评价

测试对象	热滚条件	极压润滑系数	泥饼粘滞系数
抗高温防塌水基钻井液	220℃滚后	0.0774	0.1051
防塌水基+3%膨润土		0.1608	0.1228
防塌水基+0.6% $CaCl_2$		0.1690	0.1405
85：15 油基钻井液		0.0704	0.1459

由表 6 可见，凭借高效润滑剂优异的油膜强度和承载能力，抗高温防塌水基钻井液具有较低的极压润滑系数和粘滞系数，其润滑性能与油基钻井液相当。

3.7　抑制水化膨胀性能评价

采用页岩膨胀仪测试页岩在上述三种钻井液中的线性膨胀率，结果如图 9 所示。

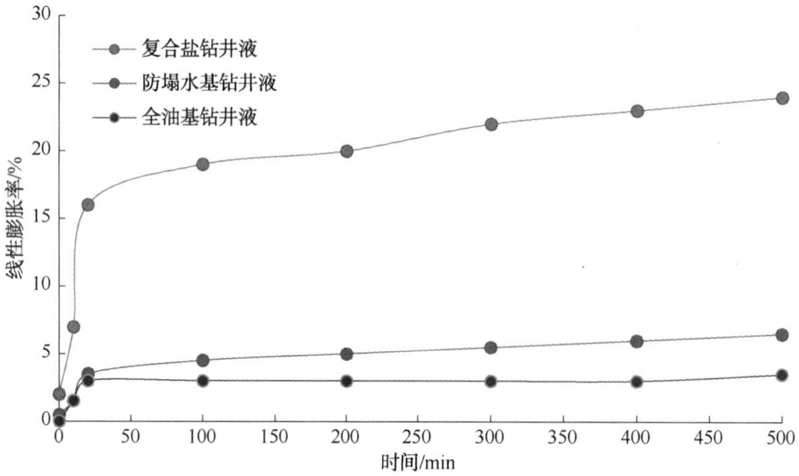

图 9　页岩在不同钻井液中的膨胀率曲线

从图 9 中可以看出，泥页岩在抗高温防塌水基钻井液中的膨胀率远高于常规复合盐水钻井液，与其在油基钻井液中的膨胀率相差不太大，说明其抑制页岩水化膨胀的能力接近于油基钻井液。常规复合盐水钻井液其抑制机理主要是通过多种阳离子压缩扩散双电层作用，防塌水基钻井液同时强化对渗透水化和表面水化的控制，能够最大限度地降低粘度片层的晶格膨胀。

3.8　封堵性能评价

配制模拟地层水；苏里格盒 8 段致密砂岩岩心(3885m～3890m)50℃烘烤 48h，称量岩心长度、直径、干重；测量样品孔渗；抽空饱和模拟地层水。

岩心驱替试验：恒压 30MPa 正向驱替模拟地层水，待出口端流量稳定，计算岩心水驱渗透率，反向驱替钻井液试剂，待 10 倍～15 倍孔隙体积后，计算岩心渗透率，再次正向驱替模拟地层水，通过计算判断岩心经钻井液驱替后岩心伤害情况。

表 7　岩心驱替过程及结果

Ki/mD	流动介质名称	矿化度/(mg/L)	压力/mPa	累计注入倍数	Kn/mD	Kn/Ki/mD	(Ki-Kn)/Ki/%
0.00188	模拟地层水	50000	30	0.0	0.00188	100.0	/
0.00188	封堵剂泥浆	/	30	12.5	0.00188	100.0	0.0
0.00188	模拟地层水	50000	30	23.2	0.000518	27.6	72.4
0.00188	模拟地层水	50000	30	28.5	0.000234	12.5	87.5
0.00188	模拟地层水	50000	30	32.5	0.000206	10.9	89.1
0.00188	模拟地层水	50000	30	35.6	0.000271	14.4	85.6

从表 7 中可以看出，经钻井液驱替封堵再进行模拟地层水驱替后效果可以得出，抗高温防塌水基钻井液对致密砂岩的渗透率损害率达到了 85.6%。因此，自主研发的纳米封堵剂，复配其他封堵材料能够对地层孔缝进行有效封堵，可以实现稳固井壁和降低井漏的目的。

4　现场应用

ZP-2井是一口鄂尔多斯盆地天环坳陷西翼的一口预探井，完钻井深6436m，完钻垂深5968m，井底温度达到206℃。该井乌拉力克组上部为典型的硬脆炭质泥岩地层，层理、微裂缝发育(裂缝宽度为120nm～760nm)，为钻井液及滤液侵入提供了天然通道；岩石表面比亲水量较大(均值$2.059\times10^{-7}g/cm^2$。)，水化膜短程斥力将导致水化界面变形或破裂，促使微裂缝开裂、延伸、相互贯通，最终容易沿层理、微裂缝等力学弱面发生剪切破坏。

该井四开采用抗高温强封堵疏水型水基钻井液体系，钻进至5280m后逐步补充抗高温表面水化抑制剂，降低岩石表面张力和比亲水量，减弱水化膜短程斥力和自吸作用，并加入一定量的纳米封堵剂，提高体系对微纳米孔缝的封堵能力，减少压力传递。现场使用效果可以看出，抗高温防塌钻井液体系流变性稳定，井眼净化能力强，沉降稳定性好，起下钻及完井电测均一次到底；防塌效果突出，未出现井壁掉块和划眼复杂，井径规则，没有缩径和大肚子井段，四开(钻头尺寸152.4mm)井径平均扩大率仅为8.57%；润滑减阻性能优异，为顺利入靶，四开轨迹控制难度大，同时由于地层倾角原因，复合钻进掉井斜严重，定向工作量繁重。抗高温防塌钻井液体系优异的润滑减阻性能保证定向过程中无摩阻托压现象，钻压传递顺畅，起出钻头无任何泥包迹象，磨损程度低，极大地缓解了深层定向托压严重导致钻时慢，粘卡风险高及泥岩段钻头泥包等问题。

5　结论

(1)自主研发的表面水化抑制剂能够大幅度降低比亲水量和显著降低泥页岩的自吸能力，研发的纳米封堵剂的粒径分布在80nm～350nm之间，能够有效降低钻井液基液的微孔滤膜滤失量和陶瓷砂盘滤失量；

(2)研发的抗高温强封堵疏水型水基钻井液体系，抗温达到220℃，96h静置上下密度差仅为$0.02g/cm^3$，抗膨润土污染3%以上，抗氯化钙污染0.6%以上，润滑性能与抑制性能仅次于油基钻井液，致密砂岩封堵率达到了85.6%；

(3)抗高温防塌钻井液体系在高温深井中仍然保持良好的携岩性，井壁稳定性突出，润滑减阻性能优异，为复杂地层深井超深井的勘探开发提供了技术保障。

参 考 文 献

[1] 李建成，关键，王晓军，等. 苏53区块全油基钻井液的研究与应用[J]. 石油钻探技术，2014，42(5)：62-67.

[2] 何涛，李茂森，杨兰平，等. 油基钻井液在威远地区油页岩气水平井中的应用[J]. 钻井液与完井液，2012，29(3)：1-5.

[3] 朱金智，游利军，李家学，等. 油基钻井液对超深裂缝性致密砂岩气藏的保护能力评价[J]. 天然气工业，2017，37(2)：62-68.

[4] 王晓军. 新型低固相油基钻井液研制及性能评价[J]. 断块油气田，2017，24(3)：421-425.

[5] 王晓军，白冬青，孙云超，等. 页岩气井强化封堵全油基钻井液体系——以长宁—威远国家级页岩气示范区威远区块为例[J]. 天然气工业，2020，40(6)：107-114.

[6] 杨泽星，孙金声. 高温(220℃)高密度($2.3g/cm^3$)水基钻井液技术研究[J]. 钻井液与完井夜，2007，24(5)：15-17.

[7] 刘四海，蔡利山. 深井超深井钻探工艺技术[J]. 钻井液与完井液，2002，19(6)：116-121.

[8] 张毅，李竞，熊雄，等. 莫深1井抗高温高密度KDF水基钻井液室内研究[J]. 钻井液与完井液，2007，24(2)：8-10.

[9] 苏俊霖，董汶鑫，罗平亚，等. 基于低场核磁共振技术的黏土表面水化水定量测试与分析[J]. 石油学报，2019，40(4)：468-474.

[10] 中国石油集团长城钻探工程有限公司. 一种抗高温插层吸附抑制剂：中国，201810566560.1[P]. 2020-09-22.

[11] 白小东，蒲晓林. 有机/无机复合纳米水基钻井液体系研究[J]. 石油钻探技术，2010，38(2)：47-50.

[12] 陈二丁，周辉. 成膜强抑制纳米封堵钻井液的研究[J]. 钻井液与完井液，2011，28(3)：39-41.

[13] 王晓军，余婧，孙云超，等. 适用于连续管钻井的无固相卤水钻井液体系[J]. 石油勘探与开发，2018，45(3)：507-512.

[14] 吴爽. 辽河油田无固相强抑制水基钻井液技术[J]. 石油钻探技术，2017，45(6)：42-48.

[15] 徐建根. 页岩气地层水基钻井液稳定井壁技术研究[D]. 青岛：中国石油大学(华东)，2019.

[16] 唐文泉，王晓军，王成彪，等. 抗温高强度交联堵漏配方研究与应用[J]. 科学技术与工程，2016，16(23)：161-165.

开井后井筒内的水击压力波动变化特征研究

郭修成

（中国石油集团长城钻探工程有限公司工程技术研究院）

摘　要　在油气井现场进行开井作业时，会引起管柱大幅受迫振动，前期生产中开井操作对油管柱的使用寿命非常重要。本文充分考虑气井井下复杂工况及井口阀开启过程这一动态边界条件，建立阀开启过程的水击效应非线性数学模型，模拟了不同参数对开阀井口压力及速度变化的影响。研究表明：开井后，产生瞬间的压力波动，并由关井静压逐渐下降，直到达到稳定的流动压力。由于阀门不断开启的过程中，管柱内流体的过流断面面积逐渐增加，所以流动速度不断增大。井口全部打开后，过流断面面积不再增加，故速度不会发生大的变化。开井时间越短，井口压力释放越快，压力脉动衰减越迅速。由于井内的天然气流动速度，只与产量和油管横截面积有关，所以开井时间的不同仅影响达到稳定流速的时间，并不影响稳定流速的大小。阀门开启系数越小，流速增加越快，故压力降低越快。在没有完全开井前，同一时间下阀门系数为 0.5 时所对应的流速最大。随着产量的增加，波动压力先增大后减小，流体流速越快。产量为 80 万方/天时，流体稳定流速最高，约为 2.06m/s。

关键词　开井；水击压力；阀门开启系数；产量

我国的深层超深层油气资源基础雄厚，占比55%左右，已成为油气增储上产、效益增长的主体，是油气资源可持续发展的重要战略领域之一。随着勘探开发的不断深入，面临井眼较深、极端高温、极端高压等恶劣井况，开采难度不断增大，对井筒完整性提出了更高的要求。在开采过程中，受地质条件和油管管材等因素影响，单井产量随时间一直波动，且常面临开关井工况。在油气井现场进行开井作业时，会引起管柱大幅受迫振动。这是因为管柱内压瞬时变化引起的受迫振动，对管柱本身产生较大的冲击，这种现象便是油气井因开井而产生的水击效应。

从十九世纪中叶以来，流体的非定常流动一直是学者们研究的热点课题。在定常流中，任一点的参数不随时间而变化；而在非定常流中，任一点的参数均是时间的函数，随着时间变化而变化。当外部的边界条件发生变化时，管道中的定常流也会随之发生变化，表现为流体的流速及压力骤然改变而引起动量转换。这一现象的发生时间一般很短，所以称之为瞬变流动，也称为水击。目前，关于水击问题最具有代表性的著作，是美国水力学家 Streeter 教授撰写的《瞬变流》。该专著系统的阐述了水击的种类、机理及推导过程，模型的适用条件和相应的求解方法等，现在普遍被采用求解水击过程的特征线法（Method of Characteristics），就是在该专著中首次被提出。

水击是一种波动，出现这种波动的基本条件是有压管流中波源和传播介质的存在。在有压管路中，由于流速的剧烈变化和流体的惯性，引起一系列急骤的压力与密度变化。它们综合作用的结果，在物理现象中就表现为快速传播的水击波。开井过程中，井口产生瞬间压力波动使油管柱受到附加冲击载荷，严重时造成油管断裂。例如，新 851 井在开采过程中，由于疏通地面被堵塞闸阀的瞬间，造成压力波动，使得井口装置及井下管柱发生剧烈振动，引发已被腐蚀的油管断裂脱落。因此，在关井一段时间后开井对油管柱相当危险，极易造成事故，影响到井筒的完整性及安全生产。

本文充分考虑气井井下复杂工况及井口阀开启过程这一动态边界条件，建立阀开启过程的水击效应非线性数学模型。基于特征线法及有限差分法利用编程进行数值求解，得出阀门打开后井口压力及速度的变化情况，分析开井过程中不同开井时间 T_{st}、阀门开启系数 c_{st} 和产量 Q_g 对井口压力及速度的影响，寻找降低井筒波动压力、提高井筒完整性的途径。

1　气井开井水击效应数值模型

1.1　气井开井压力波传递过程

井口阀门开启前，油管内的天然气是不流动

的。在阀门开启的瞬间，井筒内紧贴阀门的一段高度为Δz的微元流体会率先开始运动，速度由零开始增加。同时，井口压力得到释放，由静压开始下降。下一段流体紧接着开始运动，速度增加，压力下降，从而形成减压波面向井底传播，如图1所示。当减压波面传播到井底时，井筒内原有的天然气全部流出井筒，井筒内压力低于井底，井底流体被压入井筒，压力开始增加。当开井达到一定时间后，气井进入稳定生产阶段。

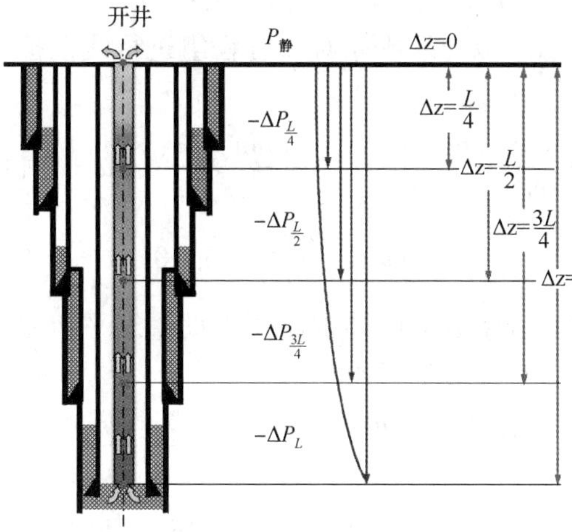

图1　气井开井过程中压力波传递示意

研究气井开井过程的基础模型是“水库-管道-阀门”模型，数学描述是瞬变流动基本微分方程组，即分别根据质量守恒定律及动量守恒定律得出的连续性方程和运动方程。基础模型以水平管道单相流为研究对象，研究方向局限且工况单一，针对气井开井过程不具有直接迁移使用性。气井管柱内流动着高温高压多相流体，流速较快，井下环境复杂多变，多种因素共同影响着气井的开井过程。该过程需要考虑多相流，引入多相流会涉及到油管内流动介质相间的相互作用，介质物性随体积比、密度比、温度等参数的变化以及各物性之间变化的临界值降低等因素，综合考虑在流型转变、相间质量、动量和能量传递等方面的复杂性，使瞬变流过程的分析变得非常复杂。为了便于计算，需要对模型做如下假设：

（1）管柱为等直径圆管，管柱内的流动介质与油管壁均为线弹性体，各向同性，弹性模量恒定；

（2）管柱外流体压力恒定，管柱外壁的粘滞力忽略不计，且不考虑管柱摩擦及碰撞导致的结构阻尼；

（3）忽略流体与管柱的径向运动；

（4）摩阻公式沿用井筒恒定流的公式。

1.2　气井开井水击效应数值模型的建立

如图2所示，于井筒内取一有限长度的天然气微团作为研究对象，长度为dz，微团进口截面节点为j，出口截面节点为j+1。根据质量守恒定律，在dt时间内，通过截面流进微团的净质量，等于同时段内微团的质量增量。

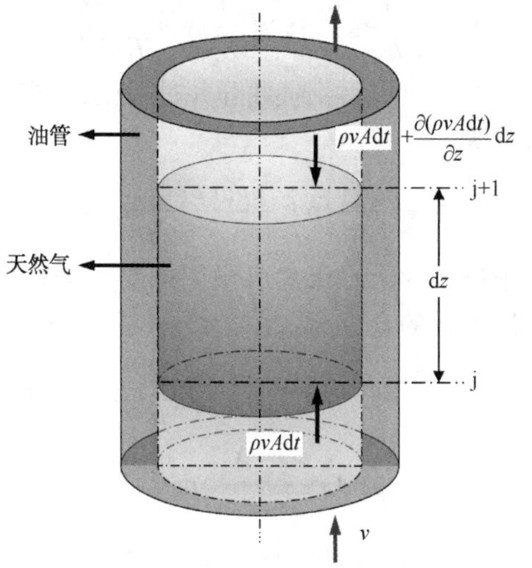

图2　井筒内天然气微团的流入与流出

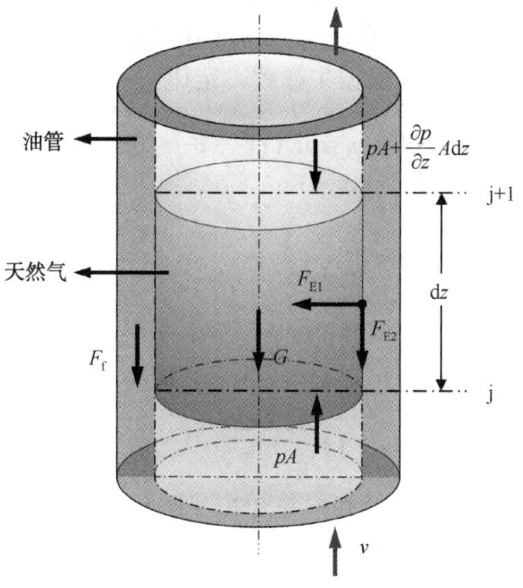

图3　井筒内天然气微团受力分析

根据所取天然气微团在dt时间段内的质量守恒关系，有：

$$\rho Av\mathrm{d}t+\rho A\mathrm{d}z=\left[\rho Av\mathrm{d}t+\frac{\partial(\rho Av\mathrm{d}t)}{\partial z}\mathrm{d}z\right]+\left(\rho A\mathrm{d}z+\frac{\partial(\rho A\mathrm{d}z)}{\partial t}\mathrm{d}t\right) \tag{1}$$

在计算沿程摩擦阻力时，摩阻项需通过范宁

摩阻公式进行计算。故水击压力的形式可以定义为：

$$dp=\frac{a}{A}d(\rho Av)-\frac{\rho\lambda v|v|}{2D}dz \quad (2)$$

其中 λ 为井筒沿程摩阻系数，a 是气液两相流条件下的压力波速，定义为：

$$a=\left[\frac{\frac{1}{\rho}}{\left(\frac{1}{E_L}(1-X_g)+\frac{1}{E_g}X_g+\frac{D}{E_p\delta}\right)}\right]^{\frac{1}{2}} \quad (3)$$

由此，可以得到气井开井过程压力波动的连续方程为：

$$\frac{\partial p}{\partial t}+v\frac{\partial p}{\partial z}+\rho a^2\frac{\partial v}{\partial z}+\frac{\rho\lambda v^2|v|}{2D}=0 \quad (4)$$

根据图 3 所示天然气微团的受力分析可知，该微团所受的合力为：

$$\begin{aligned}F_z=&pA+(p+\frac{\partial p}{\partial z}\frac{dz}{2})\frac{\partial A}{\partial z}dz\cdot\cos\theta+\\&\rho g(A+\frac{\partial A}{\partial z}\frac{dz}{2})dz\cdot\sin\varphi-\\&\left[pA+\frac{\partial(pA)}{\partial z}dz\right]-\frac{\rho\lambda v|v|}{2D}Adz\end{aligned} \quad (5)$$

其中 θ 为井筒侧壁与轴线的夹角，φ 为井筒轴线与水平面的夹角。当气井为垂直井时，$\theta=0°$，$\varphi=90°$。根据牛顿第二定律：

$$F_z=m_z\cdot a_z=\rho\left(A+\frac{\partial A}{\partial z}\frac{dz}{2}\right)dz\cdot\frac{dv}{dt} \quad (6)$$

展开可得：

$$\begin{aligned}&pA+(p+\frac{\partial p}{\partial z}\frac{dz}{2})\frac{\partial A}{\partial z}dz+\rho g(A+\frac{\partial A}{\partial z}\frac{dz}{2})dz-\\&\left[pA+\frac{\partial(pA)}{\partial z}dz\right]-\frac{\rho\lambda v|v|}{2D}Adz\\&=\rho(A+\frac{\partial A}{\partial z}\frac{dz}{2})dz\cdot\frac{dv}{dt}\end{aligned} \quad (7)$$

由此可以得到气井开井过程流体瞬变流动的运动方程为：

$$\frac{1}{\rho}\frac{\partial p}{\partial z}+\frac{\partial v}{\partial t}+v\frac{\partial v}{\partial z}+\frac{\lambda v|v|}{2D}-g=0 \quad (8)$$

2　模型求解与边界条件

气井开井水击效应模型是一对拟线性双曲偏微分方程，属于弹性瞬变流问题，解析法不再适用。特征线法对方程本身的要求较低，可以不对方程做较多简化，通过计算机模拟计算代替实际的模型实验，且不受到管路复杂条件的限制，更有利于达到对工程问题进行研究的目的，且在有限差分法中具有较高的精度。故本文采用特征线法对气井开井水击效应模型进行求解。

2.1　特征方程离散

前文得出了气井开井过程瞬变流动的方程组为：

$$\begin{cases}\frac{\partial p}{\partial t}+v\frac{\partial p}{\partial z}+\rho a^2\frac{\partial v}{\partial z}+\frac{\rho_m\lambda v^2|v|}{2D}=0\\\frac{1}{\rho}\frac{\partial p}{\partial z}+\frac{\partial v}{\partial t}+v\frac{\partial v}{\partial z}+\frac{\lambda v|v|}{2D}-g=0\end{cases} \quad (9)$$

引入拟合系数 η 对该方程组进行线性拟合，可得：

$$\begin{aligned}&\eta\left[\frac{\partial p}{\partial t}+\frac{\partial p}{\partial z}(\frac{1}{\eta\rho}+v)\right]+\left[\frac{\partial v}{\partial t}+\frac{\partial v}{\partial z}(\eta\rho a^2+v)\right]+\\&(\eta\rho v+1)\frac{\lambda v|v|}{2D}-g=0\end{aligned} \quad (10)$$

拟合系数 η 的确定需要借助量纲平衡原理。整理方程左边量纲如下：

$$\begin{aligned}&\left[M_\xi\frac{kg}{m\cdot s^3}+\frac{m}{s^2}\right]+\left[\frac{m}{s^2}+M_\xi\frac{kg}{m\cdot s^3}+\frac{m}{s^2}\right]+\\&M_\xi\frac{kg}{m\cdot s^3}+\frac{m}{s^2}-\frac{m}{s^2}=0\end{aligned} \quad (11)$$

其中，M_η 表示拟合系数 η 的量纲。由此可得，M_η 应为 $[(kg/m^3)\times(m/s)]^{-1}$。

结合拟合系数 η 的量纲，可得：

$$\eta=\pm\frac{1}{\rho a} \quad (12)$$

由此可以确定特征线的表达形式为：

$$\frac{dz}{dt}=v\pm a \quad (13)$$

两条特征线反应不同的压力波传播规律，结合相应的常微分方程，可以得到描述气井开井过程水击效应的特征方程组为：

$$\begin{cases}\frac{dv}{dt}+\frac{1}{\rho a}\frac{dp}{dt}+(\frac{v}{a}+1)\frac{\lambda v|v|}{2D}-g=0\\\frac{dz}{dt}=v+a\end{cases} \quad (14)$$

$$\begin{cases}\frac{dv}{dt}-\frac{1}{\rho a}\frac{dp}{dt}+(-\frac{v}{a}+1)\frac{\lambda v|v|}{2D}-g=0\\\frac{dz}{dt}=v-a\end{cases} \quad (15)$$

将井深和时间进行离散，对特征方程式(14)和式(15)进行差分可得：

$$\frac{v_j^i-v_{j-1}^{i-1}}{\Delta t}+\frac{1}{\rho a}\frac{p_j^i-p_{j-1}^{i-1}}{\Delta t}+$$

$$\left(1+\frac{v_{j-1}^{i-1}}{a}\right)\frac{\lambda v_{j-1}^{i-1}|v_{j-1}^{i-1}|}{2D}-g=0 \tag{16}$$

$$\frac{v_j^i-v_{j+1}^{i-1}}{\Delta t}-\frac{1}{\rho a}\frac{p_j^i-p_{j+1}^{i-1}}{\Delta t}-\left(1-\frac{v_{j+1}^{i-1}}{a}\right)\frac{\lambda v_{j+1}^{i-1}|v_{j+1}^{i-1}|}{2D}-g=0 \tag{17}$$

联立求解上面两个方程，可得 i 时刻、任意节点 j 横截面的压力和流速。在气井开井瞬变流动过程的求解中，井筒每一节点的压力值 p 和流速值 v 的初始值均已知。需先计算经过时间间隔 Δt 后各节点的 p 和 v，再计算下一时刻各节点的 p 和 v，一直迭代进行，直到达到需要计算的时刻为止。

$$p_j^i=\frac{1}{2}[\rho a(v_{j-1}^{i-1}+v_{j+1}^{i-1})+(p_{j-1}^{i-1}-p_{j1}^{i-1})]-\frac{\lambda\rho\Delta t}{4D}\begin{bmatrix}v_{j-1}^{i-1}|v_{j-1}^{i-1}|(a+v_{j-1}^{i-1})-\\ v_{j+1}^{i-1}|v_{j+1}^{i-1}|(a-v_{j+1}^{i-1})\end{bmatrix} \tag{18}$$

$$u_j^i=\frac{1}{2}\left[(v_{j-1}^{i-1}+v_{j+1}^{i-1})+\frac{1}{\rho a}(p_{j-1}^{i-1}-p_{j+1}^{i-1})\right]-\frac{\lambda\Delta t}{4aD}\begin{bmatrix}v_{j-1}^{i-1}|v_{j-1}^{i-1}|(a+v_{j-1}^{i-1})-\\ v_{j+1}^{i-1}|v_{j+1}^{i-1}|(a-v_{j+1}^{i-1})\end{bmatrix}+g\Delta t \tag{19}$$

2.2 边界条件

在计算井口参数时，井底节点 j = N+1，因此只能沿特征线向 $-L$ 方向（N～1）差分。在井口阀门未开启时，井口流速为 0，则代入式(17)可得井口压力：

$$p_{N+1}^i=p_N^{i-1}+\rho a v_N^{i-1}-(a+v_N^{i-1})\frac{\lambda\rho\Delta t v_N^{i-1}|v_N^{i-1}|}{2D}+\rho ag\Delta t \tag{20}$$

计算井底参数时，井底节点 j = 1，因此只能沿特征线向 L 方向（2～N+1）差分。在已知井底压力的条件下，代入式(16)可得井底流体流速：

$$v_1^i=v_2^{i-1}+\frac{1}{\rho a}(p_b-p_2^{i-1})-\left(1-\frac{v_2^{i-1}}{a}\right)\frac{\lambda\Delta t\, v_2^{i-1}|v_2^{i-1}|}{2D}+g\Delta t \tag{21}$$

3 压力波动的特性分析

3.1 基础信息

定义阀门按照时间函数 $\tau(t)$ 打开，$\tau(t)$ 满足如下函数形式

$$\tau(t)=\begin{cases}\left(\dfrac{t}{T_{st}}\right)^{c_{st}}, & t\leq T_{st}\\ 1, & t>T_{st}\end{cases} \tag{22}$$

其中 c_{st} 为阀门开启系数，当 c_{st} = 1 时为线性关阀；T_{st} 为开阀所用时间。

本文以 M 井为例，模拟阀门开启过程中井口的压力波动及速度变化情况，分别分析不同的开井时间 T_{st}、阀门开启系数 c_{st} 和单井产量 Q_g 对井口压力及速度的影响。气井的物理及生产参数数据见表 1～表 3。

表 1　M 井油管柱参数表

外径 mm	壁厚 mm	下深 m	线重 kg/m	段重 kg	钢级
114.3	12.7	700	32	22400	HP2-13Cr110
114.3	9.65	1500	25.3	20240	HP2-13Cr110
114.3	8.56	2100	22.32	13392	HP2-13Cr110
88.9	9.52	2700	18.9	11340	HP2-13Cr110
88.9	7.34	3300	15.18	9108	BT-S13Cr110
88.9	6.45	6250(封隔器)	13.69	44781	BT-S13Cr110

表 2　M 井油层套管参数表

尺寸/mm	壁厚/mm	内径/mm	钢级	数量/根	长度/m	下入深度/m	抗内压/MPa	抗外挤/MPa
232.5	16.75	215.75	TP140V	19	200	0.00～207.32	122	115
196.85	12.7	184.15	TP140V	536	6000	207.32～6097.26	105	90
139.7	12.09	115.52	TP140V	84	6097.26	6097.32～7045.00	145.97	152.66

表 3　M 井物理及生产参数

参数	数值	参数	数值
气层压力/MPa	97	关井静压/MPa	76
井深/m	5600	天然气比重	0.6
油管外径/mm	88.9	油管壁厚/mm	11.78
油管弹模/GPa	207	油管密度/(kg/m^3)	7800
气层温度/℃	124	管材泊松比	0.3

3.2　压力波动特性分析

令阀门完全开启，开阀时间为 10s，开启系数为 1.0(线性开阀)。如图 4 所示为 M 井在开井过程中，井口压力及速度的变化情况。由图可知，阀门打开前，管内天然气保持静止，存在一定压力。开阀后，井口速度开始增加，井口压力得到释放，产生瞬间的压力波动，并由关井静压逐渐下降，直到达到稳定的流动压力。在阀门不断开启的 10s 内，管柱内流体的过流断面面积逐渐增加，故流动速度不断增大。达到 10s 后，过流断面面积不再增加，故速度不会发生大的变化。设置了 10s、20s、30s、40s 和 50s 共 5 个开井时间，分别模拟了在这 5 个时间下开井，井口压力及流体流速的变化情况，如图 5 所示。

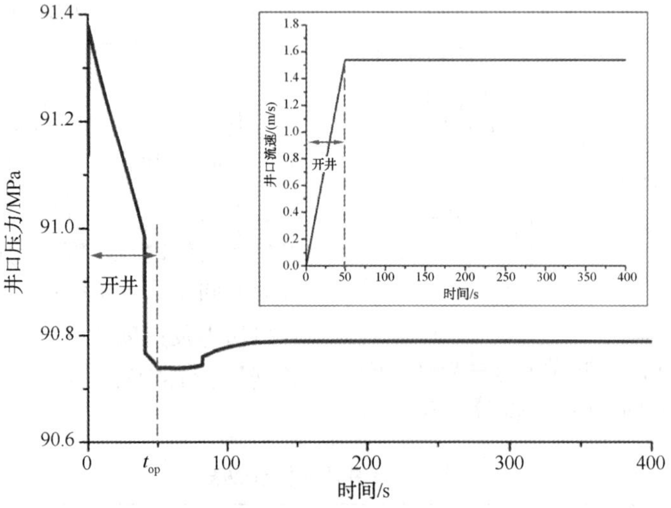

图 4　M 井开井井口压力及速度变化

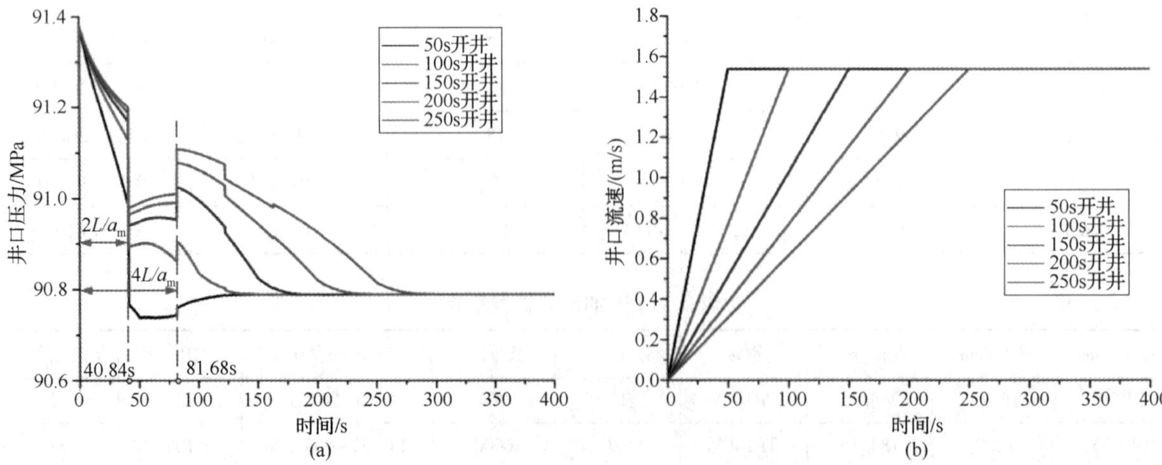

图 5　M 井不同开井时间对井口压力和流速的影响

由图可知，开井时间越短，井口压力释放越快，压力脉动衰减越迅速。开井时间越长，压力波动持续越久。开井时间越短，井口压力及速度也会更快的达到稳定。因为管柱内的天然气流动速度，只与产量和管柱横截面积有关，故开井时间的不同仅影响达到稳定流速的时间，并不影响稳定流速的大小。

阀门开启系数是模拟油管内水击效应一个重要的参数。故本文设置了 0.5、1.0、1.5 和 2.0 共 4 个阀门开启系数，分别模拟了在这 4 个开启系数下开井(开井时间为 10s)，井口压力及速度的变化情况，如图 6 所示。

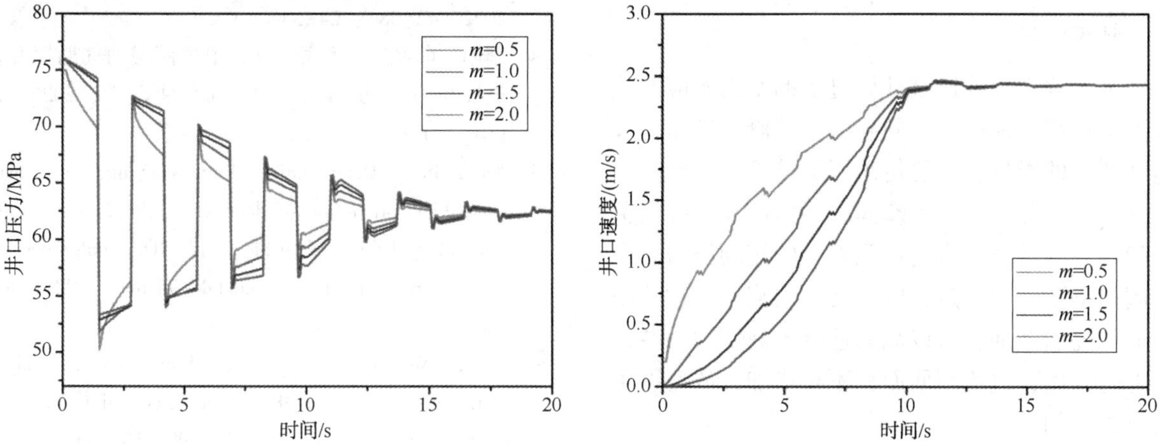

图 6 M 井不同开阀系数对井口压力及流体流速的影响

由图 6(a)可知，由于开井时间不变，故阀门开启系数的不同并不影响压力波的传播周期。阀门打开瞬间，当开启系数 $c_{st}=0.5$ 时，井口压力下降最快，谷值最低，且到达谷值后压力回升也最快。这是由于在开井过程中，当开井时间不变时，阀门开启系数与前文定义的时间函数成指数关系。阀门开启系数越小，时间函数值越小。该函数可以看作是开井过程中的管道开度，开度越小，流速增加越快，故压力降低越快。由图 6(b)不同开启系数下井口速度的变化情况也可以看出，在没有完全开井前，同一时间下 $c_{st}=0.5$ 所对应的流速最大。

气井产量对开井过程也有影响，本文设置了 $40\times10^4m^3/D$、$50\times10^4m^3/D$、$60\times10^4m^3/D$、$70\times10^4m^3/D$ 和 $80\times10^4m^3/D$ 共 5 个产量，分别模拟了在这 5 个产量下开井(开井时间为 10s)，井口压力及速度的变化情况，如图 7 所示。由图可知，随着产量的增加，波动压力先增大后减小。在模拟的这 5 个产量中，产量为 $80\times10^4m^3/D$ 时，最终稳定平衡压力最低，约为 90.5MPa；产量为 $40\times10^4m^3/D$ 时，最终稳定平衡压力最高，约为 91MPa。当管柱横截面积不变时，产量越高，流体流速越快。产量为 $80\times10^4m^3/D$ 时，流体稳定流速最高，约为 2.06m/s；产量为 $40\times10^4m^3/D$ 时，流体稳定流速最低，约为 1.01m/s。

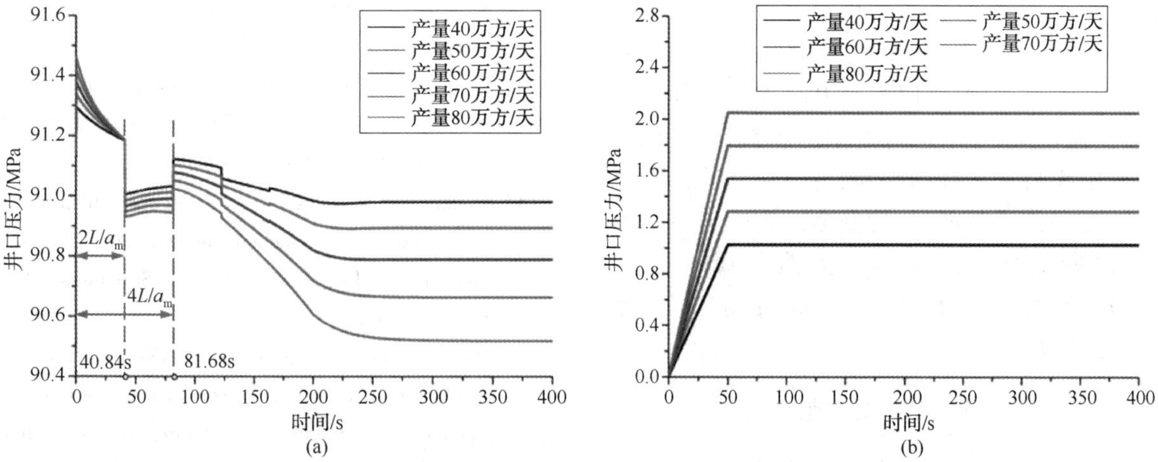

图 7 M 井不同产量对井口压力和流速的影响

对于刚开始投入生产的气井来说，前期产量较大，每次开井对油管柱的破坏也很大。长期开采以后，油管柱一直处在井下极其恶劣的环境中，弯曲、变形、腐蚀等综合作用，开关井极其容易造成油管柱断裂、穿孔，因此前期生产中开关井操作对油管柱的使用寿命很重要。

4　结论

本文建立了井口阀开启过程的水击效应非线性数学模型，模拟了不同参数对开阀井口压力及速度变化的影响，主要得出以下结论：

（1）开井后，产生瞬间的压力波动，并由关井静压逐渐下降，直到达到稳定的流动压力。由于阀门不断开启的过程中，管柱内流体的过流断面面积逐渐增加，所以流动速度不断增大。井口全部打开后，过流断面面积不再增加，故速度不会发生大的变化。

（2）开井时间越短，井口压力释放越快，压力脉动衰减越迅速。由于井内的天然气流动速度，只与产量和油管横截面积有关，所以开井时间的不同仅影响达到稳定流速的时间，并不影响稳定流速的大小。

（3）阀门开启系数越小，流速增加越快，故压力降低越快。在没有完全开井前，同一时间下 $c_{st}=0.5$ 所对应的流速最大。

（4）随着产量的增加，波动压力先增大后减小。流体流速越快。产量为 $80\times10^4 m^3/D$ 时，流体稳定流速最高，约为 2.06m/s。

符　号　说　明

a—油管内压力波速，m/s；A—油管的横截面积，m^2；p—油管内压强，MPa；v—油管内流速，m/s；ρ—管内流体密度，kg/m^3；D—油管外径，mm；E_p—油管弹模，MPa；E_L—液体弹模，MPa；E_g—气体弹模，MPa；X_g—气体百分含量，无量纲；θ—井筒侧壁与轴线的夹角，°；φ—管轴线与水平线的夹角，°；λ—井筒沿程摩阻系数，无量纲；δ—油管壁厚，mm；F_z—天然气微团所受合力，N；m_z—天然气微团质量，kg；a_z—天然气微团加速度，m/s；η—拟合系数，无量纲。

参　考　文　献

[1] 姚根顺，伍贤柱，孙赞东，等. 中国陆上深层油气勘探开发关键技术现状及展望[J]. 天然气地球科学，2017，28(08)：1154-1164.

[2] Guo X，Hu D，Li Y，et al. Theoretical Progress and Key Technologies of Onshore Ultra-Deep Oil/Gas Exploration[J]. Engineering，2019，5(03)：233-258.

[3] 何骁，陈更生，吴建发，等. 四川盆地南部地区深层页岩气勘探开发新进展与挑战[J]. 天然气工业，2022，42(08)：24-34.

[4] 李阳，薛兆杰，程喆，等. 中国深层油气勘探开发进展与发展方向[J]. 中国石油勘探，2020，25(01)：45-57.

[5] Xiong Jian，Deng Jiajie，Wang Haiying，etal. Sand production prediction of deep gas wells in Bashijiqike Formation of the Keshen block[J]. IOP Conference Series：Earth and Environmental Science，2021，861(6).

[6] Lin T，Mou Y，Lian Z，et al. Finite element analysis of fracture of a ram BOP for deep gas wells[J]. Engineering Failure Analysis，2019，98：109-117.

[7] Shuang Ai，Linsong Cheng，Shijun Huang，et al. A critical production model for deep HT/HP gas wells[J]. Journal of Natural Gas Science and Engineering，2015，22.

[8] 张洪宁，张波，陆努，等. 产量对气井持续油套环空压力的调控机理与效果评价研究[J]. 中国安全生产科学技术，2022，18(06)：162-166.

[9] Zhang Z，Wang J，Luo M，et al. Effect of instantaneous shut-in on well bore integrity and safety of gas wells[J]. Journal of Petroleum Science and Engineering 193(2020)107-123.

[10] Zhang Z，Wang J，Li Y，et al. Effects of instantaneous shut-in of a high production gas well on fluid flow in tubing[J]. Petroleum Exploration and Development，2020，47(3)：1-8.

[11] 窦益华，王蕾琦，刘金川. 开关井工况下完井管柱振动安全性分析[J]. 石油矿场机械，2015，44(10)：11-15.

[12] 吴航空，王丁喜，黄秀全. 时频域混合方法在非定常流计算中的对比研究[J]. 工程热物理学报，2021，42(11)：2824-2833.

[13] Riedelmeier S，Becker S，E Schlücker. Identification of the strength of junction coupling effects in water hammer[J]. Journal of Fluids and Structures，2017，68：224-244.

[14] Feng Q，Yan B，Chen P，et al. Failure analysis and simulation model of pinhole corrosion of the refined oil pipeline [J]. Engineering Failure Analysis，2019，106：104177.

[15] Jin Y, Chen K P, Chen M, et al. Short - time pressure response during the start-up of a constant-rate production of a high pressure gas well[J]. Physics of Fluids, 2011, 23(4): 752.

[16] Mou Y., Lian Z, Sang P, et al. Study on water hammer effect on defective tubing failure in high pressure deep gas well[J]. Engineering Failure Analysis, 2019, 106, 104154.

[17] Mahmoodi M, Rezaei N, Zendehboudi S, et al. Fluid dynamic modeling of multiphase flow in heterogeneous porous media with matrix, fracture, and skin [J]. Journal of Hydrology, 2019, 583: 124510.

[18] Jin H, Chen X, Ou G, et al. Potential failure analysis and prediction of multiphase flow corrosion thinning behavior in the reaction effluent air cooler system[J]. Engineering Failure Analysis, 109.

[19] Zhang Z, Wang J, Li Y, et al. Research on the Influence of Production Fluctuation of High-Production Gas Well on Service Security of Tubing String[J]. Oil & Gas Science and Technology-Revue d'IFP Energies nouvelles, 2021, 76.

川东北 8000m 以深井试油测试工程技术路线探索

廖碧超　于　洋　袁侦献　宋永芳　陈卓冉　杨　波

（中原石油工程有限公司井下特种作业公司）

摘　要　四川盆地川东北地区 8000m 以深井试油测试工程技术已经取得了重要进展，但是仍然面临诸多挑战，需要持续开展攻关研究，优化工程技术路线。文章回顾了中国石化四川盆地川东北地区 8000m 以深井试油测试工程技术探索实践情况，梳理了川东北 8000m 以深井试油测试面临的测试工艺、测试工具和管柱、测试工作液、高温高压射孔、储层改造、储层暂闭、狭小空间测试操作等 7 个方面挑战，进行了 8000 以深井试油测试工程技术路线的优化探索，为今后四川盆地 8000m 以深的超深井、9000 米以深的特深井以及万米深井试油测试提供技术思路和实践经验。

关键词　川东北；超深井；试油测试；工程技术路线；探索

四川盆地满盆含气，天然气资源量达 39.94 $\times 10^{12}m^3$，在盆地内已发现 29 套含工业油气层系，200 多个气田(藏)及含气构造。在我国油气上游业务实践中，一般将埋深超过 6000 米的地层称为超深层，相比中浅层，超深层具有温度高、压力大、油气成熟度高和近源成藏等特点，以大型碳酸盐岩油气藏为主，资源量丰富、但勘探程度低。

超深层油气是加大中国勘探开发力度、保障国家能源安全的现实领域，随着勘探不断向 8000m 以深超深层推进，新气藏气水关系更为复杂，资源品质劣质化趋势加剧；新勘探区块存在多压力系统、漏喷同存等现象，井下环境恶劣，储层改造精准控制技术需求迫切；200℃ 以上超高温和 140MPa 以上地层压力给装备和工具带来新的挑战，以往试油测试技术模式适用性差，工程技术路线和体系再次面临新的考验。

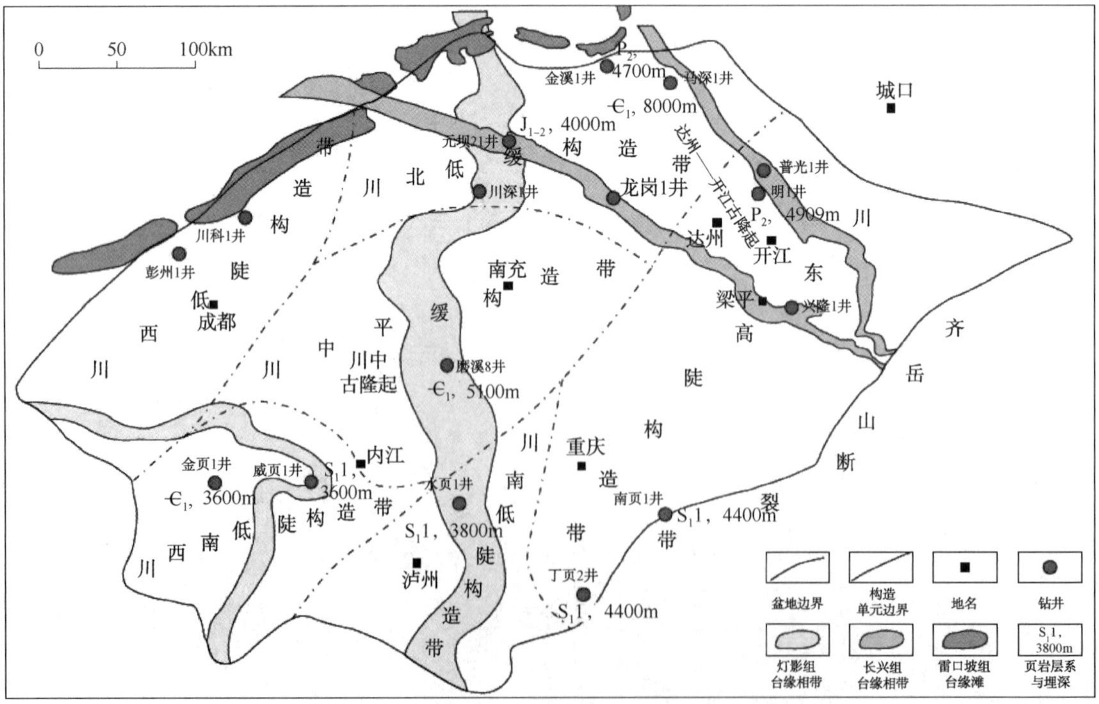

图 1　四川盆地深层天然气主要勘探方向示意图

本文回顾了中国石化四川盆地川东北地区 8000m 以深井试油测试的探索实践情况；分析了 3 口典型井 MS1 井、CS1 井、RT1 井试油测试工程技术实施情况，总结了经验教训；梳理了川东北 8000m 以深井试油测试面临的 7 个方面挑战；进行了 8000m 以深井试油测试工程技术路线的思考探索；为今后 8000m 以深的超深井、9000 米以深的特深井以及万米深井试油测试提供工程技术思路借鉴。

1　中国石化川东北 8000m 以深井试油测试回顾

四川盆地川东北地区 8000m 以深井试油测试难度大，面临高温高压和复杂介质带来的多重挑战，技术需求多，安全风险高，工程技术路线选择越来越艰难。现实情况是：接近 200 摄氏度的超高温和 140 兆帕以上的超高压使地层发生改变，对测试装备和工具、电子元器件、井筒工作流体的性能与质量提出更高要求；地层中充斥的二氧化碳、硫化氢等酸性腐蚀性气体，提高了井下工具、仪器的失效率；有些井压力窗口窄，在多压力体系共同的影响下极易出现漏失、流体入侵等异常情况，给设备和人员带来安全风险。

2017—2023 年，中国石化在川东北元坝、通南巴区域灯影组实施了 3 口 8000m 以深井的试油测试，在测试工艺、测试工具、测试管柱结构、高温高压射孔、储层改造等方面进行了有效的工程技术探索。

1.1　MS1 井

测试层位和井段：灯影组四段，8050~8112m。

测试工艺：清水环境下 TCP 射孔－酸压－APR 测试三联作。

测试情况：采用 CHAMP 机械封隔器，储层改造入地酸量 183.5m^3，采用连续油管及膜制氮车气举(深度 5200-5500m)，累计排液 393.8m^3；天然气产量：0.0529~1.036m^3/d，折算日产水 132m^3/d；测试地层温度：178.84℃(温度梯度 2.01℃/100m,)；地层压力 86.18MPa(压力系数：1.09)；测试结论：气水同层。

出现的问题：操作 OMNI 阀时射孔枪意外起爆，射孔枪连接油管短节挤扁。胶筒碳化损坏、部分卡瓦落井。测试泥浆在井筒内长时间静止，出现板结、老化现象，刮削时遇阻、堵塞 RD 循环阀传压通道。

出现的问题：机械封隔器在高温环境中性能不稳定；入井短节强度余量不足，降低管柱安全性；测试泥浆高温稳定性差。

需要改进的方面：优选液压永久封隔器，封隔器胶筒采用 AFLAS 材质，耐温 232℃。管柱设计时进行全工况力学分析，确保管柱强度在射孔、试挤、酸压、求产等正常工况以及极端条件下的安全性。对测试泥浆做高温性能实验，并通过入井循环+静止来调配和验证泥浆性能，确保性能满足测试要求。

1.2　CS1 井

测试层位和井段：灯影组，8149~8222.6m。

测试工艺：清水环境下 TCP 射孔－酸压－APR 测试三联作。

测试情况：采用 RTTS 机械封隔器，储层改造累计入地液量 220.1m^3，排量 0.5~1.22m^3/min，施工压力 80~112MPa，停泵压力 86.8MPa，入地酸液 175m^3 时封隔器胶皮窜漏；解封时，上提管柱悬重至 166T 时，管柱从井口旋塞阀上部丝扣处断脱。

出现的问题：射孔爆轰导致封隔器失稳，酸压期间多次导致封隔器失封；上部管柱的配套工具强度低于井内管柱，导致地面断脱。

需要改进的方面：优化测试工艺，采用先 TCP 射孔再酸压+APR 测试两联作工艺，避免小套管中射孔时产生的爆轰力对封隔器的影响。采用性能更加稳定的液压永久封隔器。管柱结构存在的薄弱点要考虑齐全并且消除，使用的变扣短节、内防喷工具、顶驱方保接头等强度要满足要求。

1.3　RT1 井

测试层位和井段：灯影组四段，8122.0~8155.0m。

测试工艺：先 TCP 射孔再酸压+APR 测试两联作。

出现的问题：射孔时，压力延时起爆器失效；测试工具中大直径工具进入长井段的小套管后，油管内出现反向返浆。

需要改进的方面：高温高压射孔，射孔器材，射孔枪、射孔弹、起爆器等要进行全系列二维环境的耐温耐压实验。测试工作液(泥浆)，入井前要进行全井筒环境下的高温高压模拟实验，确保入井后具有良好的流动性和沉降稳定性。

2　川东北 8000m 以深井试油测试面临的挑战

2.1　高温高压+小井眼带来的测试工具挑战

（1）高温高压对测试工具各项技术参数的稳定性有很大影响。地层温度超过 200℃，工具橡胶密封件等橡胶制品在高温高压环境下易老化、抗疲劳性能减退、对寿命有很大影响。

（2）高温高压对井下压力计电子元件、电池及抗压壳体有很大影响。目前国内外应用成熟的井下压力计为耐压 210MPa、耐温 200℃，超过额定温度安全工作值，极有可能出现录取井下数据不完善的情况。国内外更高级别的电子压力计（耐压 241MPa、耐温 230℃）尚处于研发实验阶段，暂无成功运用案例。

（3）测试工具外径与套管间隙较小，受尺寸限制，各种施工参数也更易达到或超过工具强度极限。

（4）超深井受井身轨迹影响，起下摩阻不稳定性影响井下情况判断。

2.2　井深+多工况带来的测试管柱挑战

超深、高温、高压条件下管柱选择范围小，全工况力学分析计算可靠性不足，在超深、高温、高压井况下完成坐封、酸压、测试以及环空阀件开启等工序，测试管柱安全面临极大的挑战。管柱扣型多样，在高温高压、多工况下受力复杂，产生管柱窜漏、变形、断脱等复杂情况几率增加。

2.3　高温高压带来的测试工作液挑战

碱性环境+200℃条件，目普遍存在水基钻井液高温流变性失稳和加重剂沉淀的技术难题，而无固相压井液缓蚀剂选择受限。

2.4　高温高压带来的射孔挑战

（1）超高井温：井底温度超过 200℃，目前国内超过此温度的射孔施工案例很少，基本没有经验可借鉴。超高温炸药感度低、猛度低可靠性差-不爆、断爆的风险高。射孔作业周期加长，超高温炸药无 120h 以上的耐温技术指标-自爆风险高。射孔器材长时间处于超高温环境中，对射孔弹、压力起爆器、导爆索的稳定性影响极大，可能造成射孔弹和压力起爆器失效和导爆索中断等风险。高温密封可靠性降低-密封失效、枪身进水起爆失败。高温环境中泥浆性能不稳定-堵塞起爆器压力通道起爆失败。

（2）超高压力：井深 8000m，预计射孔液静液柱压力 120MPa、井底起爆总压力最高可达 150MPa，射孔震动、储层物性和固井质量-静液柱与爆轰压力叠加，增大枪身挤扁、套管变形风险。射孔器材的承压-导致枪身挤扁、进水、泥浆沉淀、密度差-造成起爆压力的设计误差，导致误射孔。

2.5　井深+高温高压带来的储层改造挑战

（1）温度高达 200℃，高温下酸岩反应速率快，酸液有效作用距离短，难以实现深穿透酸压目的；对历史同类井灯影组酸压施工情况统计对比，酸压施工普遍存在泵压高、排量小、时间长的问题，管柱及工具在高温状态下长时间接触酸液导致腐蚀加剧，可能导致管柱断脱。

（2）储层致密，存在射孔穿透深度小，不能为后期酸压改造提供有效的流动通道；埋藏深、储层应力高，存在注酸困难或泵注时间地质风险。

（3）地层破裂压力高施工压力高、排量小、施工时间长，地面设备在长时间高压下工作易出现疲劳。酸液腐蚀、压力波动以及迂回管汇转折引起的拉压应力作用，易于发生酸蚀、冲蚀和应力腐蚀等，加剧弯头、变径区域和连接部位的应力集中程度，在反复动态应力作用下，诱发疲劳裂纹或应力腐蚀裂纹，易导致接头处刺漏或高压弯头拐角处穿孔甚至爆裂、崩飞的工程和施工风险。

表 1　川东北 8000m 以深超深井储层改造参数统计表

井号	井深/m	入井总液量/m^3	施工泵压/MPa	排量/m^3/min	时长/h
CS1 井	8149~8222.6	220.1	109~112	0.5~1.22	4.5
MS1 井	8050~8112	183.5	60~91	1.0~3.7	4
RT1 井	8122.0~8155.0	640	97.5~104.9	1.0~2.8	6

2.6　井深+高温+小井眼带来的储层暂闭挑战

（1）井深、顶替量大，计量不准可能造成“插旗杆”。

（2）井底温度高，对水泥浆各项性能要求

高，同时高温易造成水泥石强度衰减，影响水泥塞封固质量。高温条件下注水泥塞，若水泥浆稠化时间突变，易造成井下复杂。

(3) 小套管段长、环空间隙小，驱替效果难以保证，易造成混浆段长，注水泥塞失败。水泥浆运移段长，水泥浆在运移过程中易与钻杆内外的隔离液和压井液形成混浆，影响施工安全和水泥石强度的发展，继而影响水泥塞质量。

2.7 超深小井眼+狭小空间带来的测试挑战

小直径套管内的狭小空间测试，一是测试工具与套管环空间隙小，即使套管轻微变形，也可能导致测试管柱遇卡。二是下测试管柱时，压井液从油管反向返出，会造成溢流的假象和大大增加下管柱时间。三是小尺寸油管段长、过流面积小，酸压施工摩阻高、泵压高、排量受限，存在改造规模小、改造范围小、后期改造效果受限。四是小尺寸油管段长、井口参数传递到井底后失真，影响现场操作判断。五是测试期间处理井筒，在小套管内长期作业，对套管的损坏程度没有有效的评估手段。

3 试油测试工程技术路线

针对川东北 8000m 以深井试油测试过程中面临的众多挑战和技术难题，要实现精准高效测试和工程技术突破，需要在基础理论和实践经验不断突破的基础上，创新工程技术路线，研发关键材料和工具装备，采取理论联系实际+实验联系现场的方法，系统探索技术路线。

3.1 测试工艺优化论证思路及关键点

近 10 年中国石化川东北超深井试油气一次成功率偏低主要原因是井深增加、井下测试工艺和测试工具不适应，其中温度和压力是决定性因素。

近年来川东北超深井测试三联作和两联作工艺还存在学术争论，主要是三方面的认识不同，一是看待问题的出发点不同：三联作主要考虑井控安全，两联作主要考虑较大故障复杂的预防。二是利弊评估停留在感性和实践认识，没有量化性的评估手段：三联作射孔对管柱和封隔器影响较大、射孔后爆轰力不清，管柱遇卡后处理封隔器及射孔枪难度大，但其功能完善、利于测试阀件操作、对管柱强度要求相对较低。三是无法有效评估射孔爆轰效应带来的管柱、封隔器失封和套变、枪变形大小；无法有效评估阀件受冲蚀和活塞效应、温度效应、鼓胀效应、螺旋弯曲效应带来的管柱变形等故障风险大小。

基于“井控安全+硫化氢防控+深度储层改造”的要求，川东北 8000m 以深的超深井试油测试主要考虑以下两种工艺：RDS 阀+RD 阀+永久封封隔器、DB 阀+DBE 阀+机械封封隔器。对 RDS 阀+RD 阀和 DB 阀+DBE 阀两种工艺进行对比，分析各自的优缺点。8000m 以深超深井一般套管内径小，导致选用的测试工具通径小，若储层改造过长，DB 阀阀座冲蚀损坏的风险远大于常规 RD 阀，综合评估，采用常规 RDS 阀+RD 阀+永久封测试工艺比较合适。

表 2　超深井测试工艺对比

效果对比	RDS 阀+RD 阀	DB 阀+DBE 阀
套管损伤风险	环空打高压操作阀件，存在套管损伤风险。	油管投球打压，并且可通过调整销钉数量来调整操作压力，不会对套管产生影响。
阀件损伤风险	环空打压操作 RD 阀，用双超测试工具时，空气室承压可控制在极限强度的 80%以内，避免阀件损伤。	3⅜″DB 阀球座内径小(38mm)，酸压时球座有被冲刷变形风险。
阀件误操作风险	RDS 阀、RD 阀高 K 值破裂盘之间操作压力窗口窄，若压力控制不当，存在误操作风险。	3⅜″DB 阀球座内径小(38mm)，在长时间的酸压改造期间因节流作用易造成销钉疲劳，存在阀件误操作风险。
阀件无法正常操作风险	套管环空小，循环泵压高、排量小，顶替效果不佳，同时 200℃地层高温影响泥浆性能，若环空泥浆沉淀，有阀件打不开的风险。	若油管内壁不干净，球无法入座，存在阀件无法正常操作的风险，可通过油管泵液顶球的方式尝试送球入座。 3⅜″DB 阀球座内径小(38mm)，若酸压时 DB 阀球座被冲刷变形，存在阀件无法正常开启风险。

续表

效果对比	RDS 阀+RD 阀	DB 阀+DBE 阀
关压恢	井下关井，测压力恢复时间短井底多相介质时取资料更准确，分析资料更容易。	地面关井，测压力恢复时间长，油管内存在多相介质时分析资料难。
耐温性	温度 200℃，3⅞″加强型测试工具耐温 204℃，3⅞″双超测试工具耐温 232℃，使用 3⅞″双超测试工具可避免密封失效风险。	使用 3⅞″双超测试工具可降低密封失效风险。

3.2 高性能测试工具选型及管柱优化

8000m 以深井高温、高压完井测试工具选择难度大。部分气地层温度压力接近或超过目前完井测试工具及附件的耐温及耐压极限；另外，高温、高压差会造成通过环空压力控制的工具操作较为困难，大大降低作业成功率。目前，对于井深大于 8000m、温度 200℃、压力 105MPa 之内的油气井国际上成功案例都非常罕见，超深、高温、高压井的测试技术已经成为国际性的技术难题。

在川东北地区试油气测试实践中常常遇到以下问题：

（1）在常规 APR 测试管柱中通常使用 OMNI 阀作为替液阀或循环阀，但在实际操作中遇到过井筒内污物沉淀堵塞传压孔或井下温度变化等一系列因素，导致低替完成后 OMNI 阀不能正常关闭的问题。

（2）改造施工泵压较高(酸化时井底绝对施工压力普遍 150~170MPa，最高无排量泵压达到 180MPa)，为满足施工需要，只能选用抗内压强度较高的循环阀，但其通径仅为 38mm。不仅增加了管柱摩阻，消耗井口泵压，而且在后期放喷测试、压井堵漏期间容易造成管柱堵塞。

（3）根据井筒完整性要求，管柱中必须下入带有井下关断功能的 RDS 阀作为第一道井控屏障。而常规 APR 测试管柱组合通常还带有 RD 循环阀，作为测试后期压井用循环阀。然而，受到酸化泵压和套管最高承压压力限制，多级破裂盘操作压力窗口较窄，存在设置困难的问题。

川东北 8000m 以深井试油测试，测试工具选择要考虑工具性能可靠性；耐高温、耐大压差、耐 H_2S 腐蚀，必须采用双超加强型测试工具，耐温 230℃、耐压差 105MPa，空气腔耐压 250MPa。鉴于国内外 OMNI 阀应用实践情况、工具功能、操作复杂性以及其耐温耐压等级现状，不建议使用。

测试管柱异常是近几年的焦点问题，容易引起较大的故障复杂。超深高温高压油气井管柱需承受高温、高压、振动、改造等工况，受力状态复杂、安全性要求高。高温下管柱屈服强度降低幅度大，在射孔、改造、求产等工况交变载荷作用下管柱失效风险高；测试管柱在高温高压环境中窜漏多。

8000m 以深井测试优化一要考虑管柱测试联作工艺的自限性：射孔测试联作无法有效解决爆轰效应带来的管柱、封隔器失封和套变、枪变形等复杂故障。

改造测试联作无法有效解决测试阀件受冲蚀和活塞效应、温度效应、鼓胀效应、螺旋弯曲效应带来的管柱变形。井口和底部封隔器两端约束下条件下多工况的管柱受力分析极其困难。二要考虑地层和井筒条件的局限性：超深高温高压的环境和井筒条件，对测试管柱和测试工具考验极大。三要计算全工况下的鼓胀效应、温度效应、螺旋屈曲效应、轴力效应载荷以及局部形变，开展管柱强度校核，保证井下管柱安全。

3.3 入井液体选型攻关

对比钻井泥浆，试油泥浆面临作业程序复杂、静止时间长、井底温度高的难点，高温条件下沉降明显，导致井下事故频发。

抗高温高密度泥浆方面：川东北地区没有解决好长时间的高温稳定性和良好流变性的问题，导致高温固化、加重剂沉淀、处理剂高温交联和分解、无法有效传压等时常发生。要加强全井筒不同温度剖面下的流变稳定性评价、长期高温沉降稳定性和传压实验。

无固相工作液方面：川东北探井 2023 年才开始探索，需要评价射孔后压井液与地层接触是否造成储层污染、评价压井液与入井管材长时间接触是否造成入井管材腐蚀；密度 1.5~2.0g/cm^3

的无固相压井液还需要攻关。

3.4 高温高压射孔选型攻关

高温高压超深井射孔异常极易带来较大测试故障需要考虑的影响因素多，方式选择困难。三联作射孔对管柱的影响大，出现故障复杂几率大，处理难度大。

爆轰力计算困难，理论计算对实际应用的指导性不强。研究发现射孔爆轰是测试管柱卡钻事故的主要因素，爆轰力的大小与射孔段的长度、封隔器以下密闭空间大小、井底静压值均有明显的相关性。

应对 8000m 以深超深井射孔需要考虑：(1)压力因素：主要是射孔枪和起爆器的承压性能、起下射孔测试联作管柱的激动压力对起爆器的影响、管柱在循环或相关作业时的操作压力变化对射孔的影响、可能的异常动作引起的异常压力变化对射孔的影响。(2)温度因素：火工器材的耐温性能。(3)泥浆因素：泥浆性能对射孔起爆器的影响。(4)减震措施：射孔瞬间对封隔器的冲击，射孔瞬间产生的冲击震动对联作管柱的影响不容忽视，其主要影响对象是封隔器。一旦射孔后封隔器失封，将会对后面的工作造成很多困难。

4 结论

(1) 超深井试油测试涉及 3 大系列 8 项关键技术：工艺(井下测试、地面测试、射孔、储层改造)、管柱和工具、液体(试油液和改造液)；7 个核心点：管柱全过程工况分析、工具部件受力分析、密封材质优选与保障、射孔爆轰力模拟计算、耐高温高密度泥浆、耐高温酸液体系、准备与过程控制。

(2) 川东北 8000m 以深超深井试油测试是一个系统工程，每一个环节都是联锁点和关键点，工程技术路线选择和考虑必须是系统的，要系统研究高温、高压、高含硫化氢和狭小空间带来的工程施工难题。从地面装备、流程、井口，到井筒管柱工具、工作液体系，再到施工操作，均要强化入井工具、材料的质量评价，落实质量标准。

(3) 通过对同类井施工经验、典型案例的梳理分析，找出施工难点、风险及应对措施，为优化方案和储备地面装备、井下工具、管材提供技术支撑，同时降低由于超深、超高温、超长小井眼给本井测试带来的不可控风险。

(4) 8000m 以深井试油测试，一般温、压双超，需要开展高温高压二维实验，进行高温高压封隔器、测试阀件的实验和系统评价；无固相压井液、泥浆、隔离液的耐高温性能及配伍性实验；耐高温缓蚀实验；高温高压环境下射孔器材的实验、评估、选型，且要遵循实验与现场结合的原则。

CO_2 少水压裂工艺在 D 区块初步应用

王　涛[1]　孙龙飞[2]

(1. 中国石油长城钻探工程有限公司工程技术研究院；2. 中石油煤层气有限责任公司)

摘　要　D 区块内三、四类储层经济可采储量占比 57.9%，可开发储量潜力巨大。针对 D 区块三类致密砂岩储层存在的泥质含量高、孔吼结构细小、储层压力系数低的问题，采用 CO_2 少水压裂工艺有针对性地对储层进行压裂改造。该工艺在 DH1 井进行了试验性应用，共加砂 54.0m^3，高于该区块同类储层水力压裂平均加砂规模 42.9%，该井初期投产结果表明采用本技术能够有效提升单井产量，能够最大限度发挥储层潜力，具备较高的推广价值。

关键词　CO_2；少水压裂；致密砂岩；三类储层；初步应用

D 区块位于鄂尔多斯盆地，区块内非主力产层(三、四类致密砂岩储层)经济可采储量占比 57.9%，可开发储量潜力巨大。D 区块三类储层指压后产出气量最多能够到达 3000m^3/d 的储层，H8 段为三类致密砂岩储层，总体呈现孔隙度低，渗透率低，储层压力系数低，含气饱和度低，泥质含量高等特点。常规水力压裂方法应用于该区块三类储层常常无法达到预期效果，表现为压裂液返排率低，加砂量少的特点。

CO_2 作为压裂介质具有诸多优点。液态 CO_2 高压泵入储层，能够造复杂裂缝，大幅增加致密储层的连通性。液态 CO_2 具有较高的膨胀比，汽化后提升储层压力，通过合理安排注入段塞，能有效提升返排率。目前 CO_2 压裂方法主要有 CO_2 干法压裂、CO_2 泡沫压裂等。CO_2 干法压裂采用 100%液态二氧化碳作为压裂介质，对储层没有二次伤害，但该方法受混砂设备限制，施工成本过高，大规模推广存在门槛。CO_2 泡沫压裂采用液态二氧化碳与泡沫液共同作为压裂液，其携砂性能较 CO_2 干法压裂有所提高，但也无法达到常规水力压裂加砂规模。如何既能够减少水的使用又能保持加砂规模成为提升 CO_2 压裂效果的主要研究方向。

1　技术思路

D 区块三类致密砂岩储层开发主要存在以下三方面问题，一是储层压力系数低，H8 段储层压力系数普遍小于 0.5MPa/100m；二是储层孔隙以次生溶蚀孔为主，孔吼半径小，为 0.01～1μm；易发生储层水锁伤害；三是泥质含量高，黏土矿物类型多，易造成储层水敏伤害。针对上述问题，采用 CO_2 少水压裂工艺能够较好地解决。CO_2 少水压裂工艺是先向储层中注入不返排酸进行精细酸化，预先处理储层，再通过注入 CO_2 少水压裂液体系携砂液，达到制造复杂缝并填砂的目的。

（1）注入不返排酸精细酸化。不返排酸体系是根据储层堵塞物从中心向外延溶蚀的顺序排列酸液，根据储层堵塞物总量及堵塞类型设计酸液浓度和用量，同时使用好各种抑制剂，从而达到无二次沉淀的精细酸化体系。由于 H8 段储层孔隙中泥质含量高，注入 CO_2 少水压裂液体系先注入不返排酸体系，对孔隙填隙物伊/蒙混层、高岭石等进行溶蚀，解除近井地带堵塞，同时体系中的缩膨剂预防后续产生的黏土膨胀，抑制黏土运移对后续生产的不力影响。不返排酸的注入还能降低起裂压力，进而降低整个施工过程压力。

（2）CO_2 少水压裂体系。该体系采用水基增稠剂和 CO_2 增稠减阻剂与水形成的交联体系结合液态 CO_2 共同作为携砂液体系。CO_2 少水压裂体系具有诸多优点。首先，液态 CO_2 注入储层能够补充储层能量，再通过合理排列注入段塞，能够提高压裂液返排率；第二，CO_2 少水压裂体系一定程度上减少了水的引入，储层伤害程度小；第三，该体系造缝兼具水基压裂液的刚性裂缝和液态 CO_2 前端汽化破岩的复杂微小裂缝的特点，裂缝复杂程度高。

2　CO_2 少水压裂工艺

2.1　CO_2 少水压裂液体系

压裂液工作性能是 CO_2 少水压裂工艺能够成功与否实施的关键。CO_2 少水压裂液体系由水基增稠剂与 CO_2 增稠减阻剂组成。水基增稠剂是实现 CO_2 少水压裂必不可少的药剂之一，它与水混合后能够形成一种乳液型自交联压裂液，具有增粘速度快，在液态 CO_2 中分散性好，携砂性能优异等特点。CO_2 增稠减阻剂能够增加液态 CO_2 粘度并降低管路摩阻，在有效提升泵送效率的同时，显著降低施工中井口压力，降低施工风险。

2.1.1　水基增稠剂和 CO_2 增稠减阻剂

水基增稠剂是通过优选粘弹性聚合物基增稠剂，靠聚合物分子间的多元缔合作用形成稀溶液中的较强的空间网状结构，无需外加交联剂就可形成低粘度高携砂的粘弹性液体。水基增稠剂加入水中溶解快速，成胶均匀，应用温度范围广，20~160℃均可使用，具备一定的降摩阻性能。1.5%水基增稠剂溶液粘度高于 50mPa·s，静态悬砂性能大于 30min，120℃下剪切 90min 粘度仍高于 50mPa·s，能够满足现场施工对携砂性能需求。其形成的溶液具有破胶容易，无残胶，悬浮携砂能力强等优点，通过改变浓度就可以调节携砂性能，可以作为优良的携砂液替代冻胶，压后返排时无残胶。

CO_2 增稠减阻剂采用亲二氧化碳单体在特殊溶剂中进行共聚合成得到，属于线性嵌段共聚物。其分散于液体 CO_2 后在特殊表面活性剂的协助下发生 CO_2 溶剂化，大幅度增强内摩擦力，这也是增大液体 CO_2 粘度的基础。CO_2 增稠减阻剂具有溶解速度快，提升粘度高，减阻性能好的特点，其形成的溶液为非牛顿流体，动态携砂能力良好。

2.1.2　CO_2 少水压裂液体系

CO_2 少水压裂液体系是通过液态 CO_2、水基增稠剂和 CO_2 增稠减阻剂与水混合共同组成的。体系中水的比例具体受口井井深、压裂层数、地层压力系数、携砂性能等诸多因素限制。在现场实施过程中，需要动态调整水基增稠剂与液态 CO_2 实际注入比例，实现压裂总体用水量在 10%~60%范围内动态调整。相对于同等加砂规模的常规水力压裂，CO_2 少水压裂实际进入储层水量相对更少。

2.2　注入工艺

CO_2 少水压裂注入工艺分为两个部分，一部分为水力端注入设备，负责注入不返排酸及后续的 CO_2 少水压裂液体系，井筒实际砂比以工程设计为依据，以现场实际施工作动态调整；另一部分为 CO_2 端注入设备，负责注入液态 CO_2。两种流体在井口混合进入井筒。

2.3　压裂参数优化

2.3.1　DH1 井基本情况

为探究 D 区块 H8 段三类储层真实开发潜能，给后续 D 区块三类储层开发决策提供依据，决定对 DH1 井 H8 段两个小层实施 CO_2 少水压裂工艺。1 号小层井深 2029.0~2031.3m，厚度 2.3m，平均泥质含量 10.16%，平均孔隙度 10.97%，平均含气饱和度 57.02%。2 号小层井深 2038.6~2041.1m，厚度 2.5m，平均泥质含量 13.40%，平均孔隙度 9.03%，平均含气饱和度 48.57%。

2.3.2　DH1 井压裂工艺

（1）完井工艺。综合考虑结合层位投产过程与施工安全，压裂前井筒采用下桥塞的方法实现 H8 段两小层与原生产层位分隔。选用 60.3mm，N80 油管和原井套管作为压裂管柱，采用环空压裂方法压裂。环空压裂方法能够规避压裂返排后与该井投产前的压井作业造成的压裂后的储层伤害，同时还能降低开发成本。

（2）压裂工艺。第一阶段先向储层中注入不返排酸预处理目的层位，防止储层黏土膨胀并扩大孔吼尺寸。第二阶段注入前置液，先注入一定量的液态 CO_2 段塞，为压后返排阶段提供能量；再注入水基增稠剂和 CO_2 增稠减阻剂携砂液与液态 CO_2 起到打磨炮眼和观察储层压力的作用。第三阶段注入携砂液，注入 CO_2 少水压裂液体系携砂，逐步提高砂比直至施工完成。

2.3.3　压裂参数优化

（1）不返排酸用量优化

根据 DH1 井两个小层岩心溶解实验得到的矿物溶蚀质量比（如表 1 所示），取该区块综合解堵作用半径 6m，综合计算得出不返排酸总量为 $49.3m^3$ 取不返排酸用量 $50m^3$。

表 1　H8 段溶剂与对应矿物溶蚀质量比

粘土比例	伊/蒙混层	高岭石	绿泥石	方解石
比例(%)	4.5：1	8：1	4：1	1.4：1

（2）CO_2 用量优化

通过建立单井模型，模拟 CO_2 用量分别为 350m^3，400m^3，450m^3，500m^3；改造体积分别为 15.12×10^4m^3，19.34×10^4m^3，23.15×10^4m^3，25.11×10^4m^3。在 CO_2 用量为 450m^3 以内，随着 CO_2 用量的增加，改造体积也随之增大；CO_2 用量高于 450m^3，随着 CO_2 用量的增加，改造体积增加幅度变小。因此取 CO_2 用量为 450m^3。

（3）CO_2 施工排量优化

H8 段采用 Φ60.3mm N80 油管和 Φ139.7mm N80 套管环空注入，计算不同排量下井口压力，排量 2.5~5m^3/min，井口压力预测为 30.1~41.3MPa。

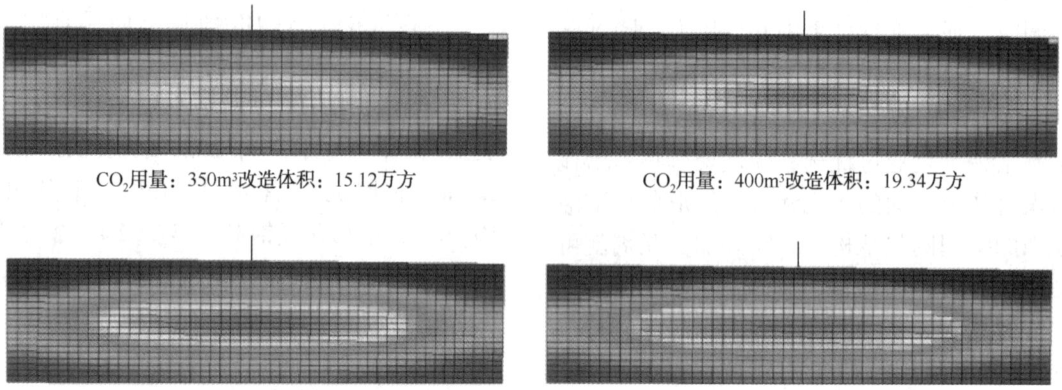
CO_2用量：350m³改造体积：15.12万方　　CO_2用量：400m³改造体积：19.34万方
CO_2用量：450m³改造体积：23.15万方　　CO_2用量：500m³改造体积：25.11万方

图 1　模拟不同 CO_2 用量改造体积

表 2　DH1 井口压力预测

排量			m^3/min	2.5	3	3.5	4	4.5	5
管柱摩阻			MPa/1000	2.6	3.2	3.7	4.3	5.1	6.1
破裂梯度/(MPa/m)	井底破裂压力/MPa	静液柱压力/MPa	近井摩阻/MPa	井口压力/MPa					
0.02	40	21.2	5	30.1	31.3	32.3	33.5	35.2	37.2
0.021	42	21.2	5	32.1	33.3	34.4	35.6	37.2	39.3
0.022	44	21.2	5	34.2	35.4	36.4	37.6	39.3	41.3

（4）DH1 井 CO_2 少水压裂施工程序

CO_2 少水压裂施工程序分为前置处理液阶段、前置液阶段和携砂液阶段。前置处理液为不返排酸 50m^3，根据 DH1 井储层由多种酸液复配而成，主要处理近井地带储层。前置液阶段先注入 80m^3 液态 CO_2，后配置 68.7m^3CO_2 少水压裂压裂液体系携带小粒径砂注入井筒，同时注入 103m^3 液态 CO_2；携砂液阶段配置 275m^3CO_2 少水压裂压裂液体系携 30/50 目石英砂注入井筒，同时注入 103m^3 液态 CO_2。

（5）裂缝形态模拟

通过 FracproPT 对裂缝进行模拟，模拟形态及结果见图 2。DH1 井动态缝长 135.2m，有效支撑缝长 128.4m，动态缝高 64.8m，支撑缝高 61.4m，导流能力 352mD·m，支撑缝宽 3.5mm。

3　实施效果

3.1　压裂情况

DH1 井采用环空注入压裂液的方法，施工压力 20.0~35.3MPa，停泵压力 14.7MPa，水力端施工排量 2.0~3.6m^3/min，二氧化碳端施工排量 5.0~1.8m^3/min 注入不返排酸 46.2m^3，加砂量 54.0m^3，加砂规模达到设计要求，高于该区块总体加砂规模 42.9%。液态二氧化碳

443.0m³，入井总液量 542.9m³。

3.2 返排放喷情况

压裂后 40 小时开始放喷返排，油套压从 10.0MPa 逐步下降，返排 120 小时后关井，进入关放排液阶段，共计关放排液 4 次，累计排液 121 方，返排率 23%。采用"一点法"测试求产，最终测得无阻流量 $1.7\times10^4m^3/d$。

3.3 投产效果

DH1 井投产后峰值产量 12701m³/d，生产 31 天内日均产量 5644m³/d，对比三口 H8 段采用水力压裂的邻井投产后 30 天内的生产曲线，采用 CO_2 少水压裂工艺的 DH1 井同期产量水平高于常规水力压力对比井；对比三口 H8 段采用水力压裂的邻井投产后 180 天内的生产曲线，DH1 井总体生产情况平稳，产量相对稳定。

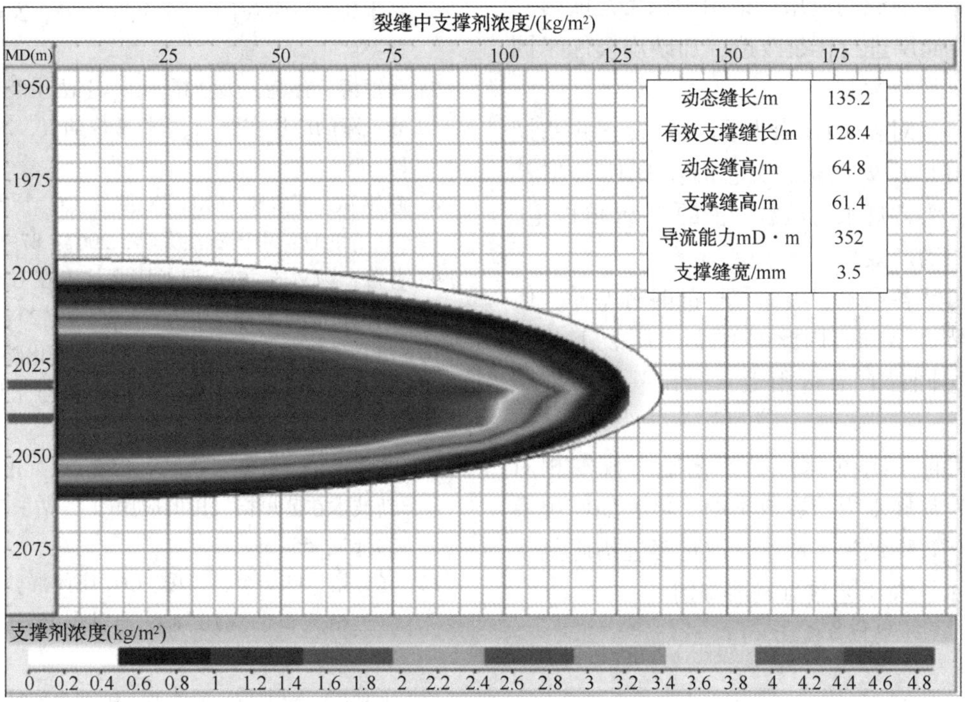

图 2　FracproPT 模拟 DH1 井裂缝情况

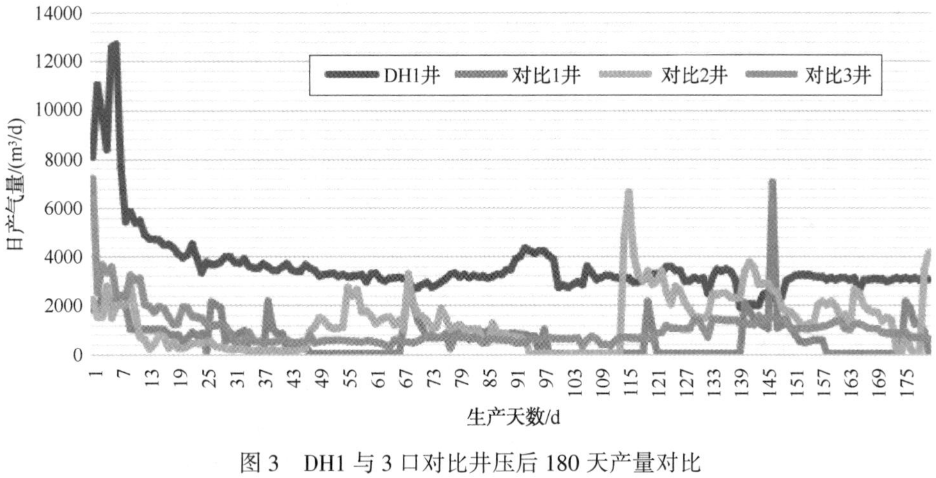

图 3　DH1 与 3 口对比井压后 180 天产量对比

DH1 与 3 口对比井 30 天/180 天日均产量见表 3，DH1 井投产后 30 天日均产量是对比 3 井产量的 2.65 倍，180 天日均产量是对比 2 井产量的 2.70 倍。投产后 180 天平均日产量 35970m³/d，日产较为平稳，这表明 CO_2 少水压裂工艺能够有效提升 D 区块三类储层的开发效果。

表3　DH1与3口对比井30天/180天日均产量对比

井号	DH1	对比1	对比2	对比3
30天日均产量/(m^3/d)	5645	1233	918	2126
180天日均产量/(m^3/d)	3590	610	1326	1009

4　结论

（1）CO_2少水压裂工艺在DH1井H8段三类致密砂岩储层的成功应用，证明了该工艺能够对D区块三类储层进行压裂改造，加砂规模优于同层位水力压裂开发井。

（2）通过对比DH1井与同层位其它井初期产能，采用CO_2少水压裂工艺的在DH1井增产效果明显，为常规水力压裂产能的2.65倍以上，具有一定的增产效果。

（3）虽然各层段三类储层标准略有差异，但总体储层特点雷同，因此CO_2少水压裂工艺对于三类储层同样具有适用性，存在一定的推广价值。

（4）目前CO_2少水压裂工艺施工成本相对较高，约为常规水力压裂成本的2倍，如何规模化应用、有效降低施工成本，改进工艺措施是下步CO_2少水压裂工艺重点发展方向。

参考文献

[1] 王满学，何娜. 液态CO_2干法加砂压裂增稠剂技术现状及展望[J]. 石油与天然气化工，2017，46(4)：57-62.

[2] 韩烈祥. CO_2干法加砂压裂技术试验成功[J]. 钻采工艺，2013，36(5)：99.

[3] 罗成. 准干法压裂技术研究与应用[J]. 石油与天然气化工，2021. 50(2)：83-87.

[4] 刘刚，白小丹，马中国. 常压混砂准干法压裂技术的研究与应用[J]. 钻井液与完井液，2021，38(3)：375-379.

[5] 刘合，王峰，张劲，等. 二氧化碳干法压裂技术——应用现状与发展趋势[J]. 石油勘探与开发，2014，41(4)：466-471.

[6] 宋振云，苏伟东，杨延增，等. CO_2干法加砂压裂技术研究与实践[J]. 天然气工业，2014，34(6)：55-59.

[7] 张军涛，孙晓，吴金桥. CO_2干法压裂新技术在页岩气藏的应用实践[J]. 非常规油气，2018，5(5)：87-90.

[8] 赵维斌. 苏里格气田砂岩储层CO_2压裂技术研究[D]. 北京：中国石油大学，2007：87-90.

[9] 曹蕾，汤文芝. CO_2混相压裂技术在G区块的应用[J]. 石油与天然气化工，2020. 49(2)：69-72.

[10] 田磊，何建军，杨振周，等. 二氧化碳蓄能压裂技术在吉林油田的应用[J]. 钻井液与完井液，2015，32(6)：78-80.

[11] 苏伟东，宋振云，马得华，等. 二氧化碳干法压裂新技术在苏里格气田的应用[J]. 钻采工艺，2014，34(6)：55-59.

[12] 杨延增，叶文勇，聂俊. CO_2密闭混砂装置在长庆苏里格气田的应用[J]. 石油科技论坛，2017增刊：148-150.

[13] 王香增，吴金桥，张军涛. 陆相页岩气层的CO_2压裂技术应用探讨[J]. 天然气工业，2014，34(1)：64-67.

深层超深层用油基钻井液技术研究及在库车山前的应用

高文龙　杨　鹏　李复兴　程　东　洪　伟　马　俊

（中国石油集团长城钻探工程有限公司）

摘　要　为了满足塔里木油田库车山前深井超深井钻井需求，在自主研发抗高温油基提切剂基础上，构建了抗高温高密度油基钻井液体系，并对其性能进行了室内评价，实验结果表明自主研发的抗高温高密度油基钻井液体系抗温最高可达250℃，密度最高可达2.6g/cm^3，抗岩屑容量限达15%，抗水泥石粉容量限达15%，抗盐水侵容量限达50%，未破乳，无沉降，体系具有良好的沉降稳定性、乳化稳定性及封堵防塌性能，流变性易于调整，可满足深层超深层MDT电测要求。该技术在塔里木库车山前深层、超深层进行了应用，有效解决深层盐膏层段恶性卡钻及井壁失稳难题。抗高温高密度油基钻井液技术为深层超深层及非常规油气资源安全高效开发提供了技术支撑。

关键词　油基钻井液；高密度；高温；盐水侵；超深层；巨厚盐膏层

我国陆上油、气勘探开发逐步向深层、超深层及非常规油气藏方向发展，钻遇高温、高压地层及异常复杂地层逐渐增多。塔里木油田库车山前面临地层温度高、地层压力高、存在大段泥岩、盐膏层埋藏深且厚、盐膏层中存在高压盐水层等复杂条件，具有抗高温、高密度、强抑制、抗污染特性的油基钻井液技术被普遍应用。根据该地区地层条件要求，应用的油基钻井液应具有抗高温稳定性、高密度条件下性能稳定、较好的沉降稳定性及较高的盐水容量限。为保障库车山前深井、超深井钻井施工顺利，形成了抗高温高密度油基钻井液技术并在库车山前地区进行了现场应用，结果表明研发的抗高温高密度油基钻井液可满足该地区深井超深井施工要求，现场应用效果较好。

1　技术难点和解决思路

1.1　库车山前存在巨厚盐膏层、层间高压盐水发育，对油基钻井液密度及稳定性提出更高要求

库车山前部分地区存在巨厚膏盐岩层。在密度不能平衡地层应力及钻井液性能较差条件下，厚层盐膏层易发蠕变，造成缩径甚至发生卡钻等井下复杂；巨厚膏盐岩层局部蕴含异常高压盐水层，易造成钻井液盐水侵，甚至发生溢流等风险。针对该区块巨厚膏盐岩层和高压盐水层问题，主要技术措施为：①确定合适的体系密度以平衡井下巨厚膏盐岩层和异常高压盐水层压力，同时调整好钻井液性能，并预防井漏的发生；②提高油基钻井液体系乳化稳定性能及盐水侵容量限，防止盐水侵入后钻井液破乳及沉降造成井下复杂。

1.2　高密度、高温条件下油基钻井液沉降稳定性和流变性能调控困难

为提升高密度油基钻井液的沉降稳定性能，通常采取增加有机土加量来维持钻井液体系的粘切，但在高温、高密度条件下，提高有机土加量会导致钻井液固相含量过高、老化后静切力高、流变性调控困难等问题，更不利于储层保护。在深井、超深井应用中，因井底温度高，更易产生高温增稠、静切力过高等现象，造成憋泵、激动压力大易发井漏、电测阻卡等井下复杂。高密度条件下 φ3 读数低，高温下沉降稳定性能差及流变性调控难是高密度油基钻井液技术需要解决的关键技术难题。

针对以上技术难点，本文在研制处理剂、体系配方优化，高密度钻井液流变性调控、抗高温沉降稳定性、抗盐水侵和微裂缝封堵等方面开展研究工作，研制出抗高温油基提切剂、小分子聚合物降滤失剂，针对性的优选纳微米封堵剂，形成抗盐抗高温高密度油基钻井液技术，具有抗高温、高密度、高抗盐和强抑制等特点。并顺利完

成库车山前地区 DB-X 井、BZ-X 井盐膏层、目的层钻进，应用效果良好。

2 抗高温油基提切剂的研制

在油基钻井液中加入提切类材料可以起到提高钻井液体系切力的作用。加入提切剂后可提高油基钻井液体系的动切力及初、终切，提高体系的静态固相悬浮性能和动态岩屑携带性能。

抗高温油基提切剂的合成：在四口烧瓶中，加入适量烯烃类单体与有机酸酐类单体以及催化剂，开动搅拌器，升温到 110℃，以一定的的速度通入反应气体。反应达到预定的时间后，停止通气，继续搅拌 30min，降温至 90℃以下，过滤得到白色固体。用溶剂溶解所得粉末，加热回流 2h。过滤，在冷水中冷却成粒、干燥、粉碎，即可得白色超细颗粒固体。

研制出的聚合物类抗高温油基提切剂为白色固体颗粒，其作用机理是聚合物分子链的舒展缔合或其吸附在固相颗粒表面，增强钻井液体系空间网架结构，从而增强了油基钻井液的结构强度，起到了提高切力和稳定油基钻井液的作用。

XRD(见图 1)测试为非晶体聚合物，分散性能好，不易结块。热重分析实验(见图 2)表明，在 300℃以下时抗高温提切剂的质量损失仅有 1.4%，抗高温提切剂分子链起始分解温度为 400℃，热稳定性较好。抗高温油基提切剂在基础油中经 220℃、230℃(见表 1)高温老化后，AV、YP 以及 Ø3 读值都没有显著的改变，说明抗高温提切剂具有良好的热稳定性。

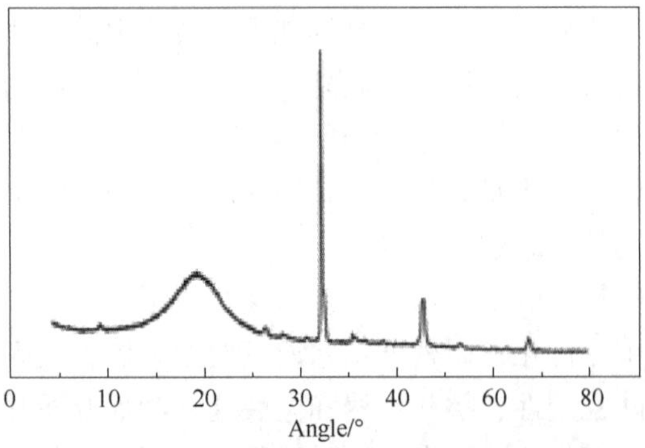

图 1 XRD 测试图

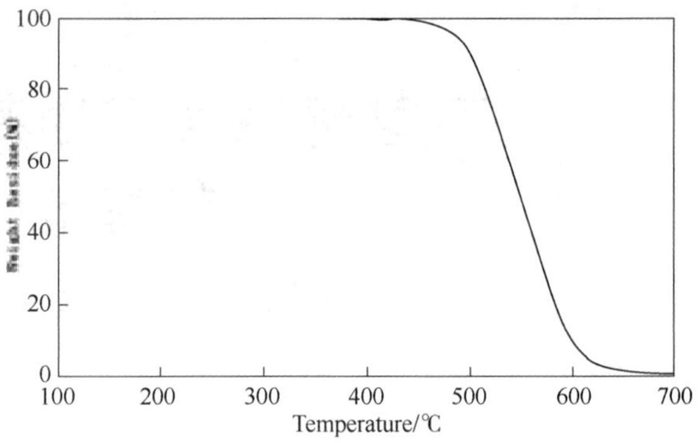

图 2 热重分析图

表 1 抗高温油基提切剂性能评价

配方	测试条件	AV/mPa·s	PV/mPa·s	YP/Pa	初切/终切/Pa
基础油+1%提切剂	常温	16.5	11	5.5	4.5/6
	220℃/16h	15.5	10	5.5	4.5/6
	230℃/16h	14	9	5	4/5.5
基础油+2%提切剂	常温	24	12	12	10/13
	220℃/16h	23.5	12	11.5	9/11
	230℃/16h	22	12	10	8/10

3 抗高温高密度油基钻井液配方建立及性能评价

抗高温高密度油基钻井液以少量有机土+抗高温油基提切剂作为基础增粘、提切处理剂，以达到高密度条件下的悬浮性能，满足高温高密度条件下流变性能要求；优选抗高温高效乳化剂提高体系盐水污染容量限，以达到一旦发生盐水侵，也要保证体系性能的基本稳定；以沥青+有机褐煤+小分子聚合物降滤失剂组合降低体系高温高压滤失量和强化泥饼质量，同时改善流变性能；选用润湿剂改善体系高密度条件下的固相润湿效果；选用纳微米封堵剂+超细钙为主要封堵材料，提高体系的封堵防塌性能。

以 0#柴油为基础油，通过大量室内评价，确定每种处理剂对体系配方的影响，形成了最终配方：柴油+4%-5%抗高温乳化剂+$CaCl_2$水溶液($CaCl_2$浓度为 30%-40%)+1.5%有机土+0.5%抗高温提切剂+2%CaO+3%超细钙+2%沥青+2%有机褐煤+0.4%小分子聚合物降滤失剂+0.8%-1%润湿剂+2%纳微米封堵剂+重晶石(油水比为 85：15-80：20)，基本性能见表 2。

表2 抗高温油基钻井液不同密度下基本性能

D/(g/cm³)	油水比	测试条件	PV/mPa·s	YP/Pa	初切/终切/Pa	FL_{HTHP}/mL	破乳电压/V
2.0	80：20	常温	58	8	6/8	2.8	1432
		250℃/16h	50	7	5/7		1284
2.2	80：20	常温	71	10	8/11	3.6	1324
		250℃/16h	65	8	5/7		1106
2.6	85：15	常温	80	16	12/17	4.8	1478
		250℃/16h	63	6	6/8		860

3.1 抗温稳定性评价

配制密度2.6g/cm³高密度油基钻井液，对其进行抗温性能评价(见表3)，实验结果表明在250℃下油基钻井液体系流变性能优良，高温高压失水量较低，性能稳定，该体系可抗250℃高温。

表3 抗高温高密度油基钻井液抗温性能评价

温度/℃	AV/mPa·s	PV/mPa·s	YP/Pa	破乳电压/V	FL_{HTHP}/mL
50	96	80	16	1568	-
150	86	72	14	1504	1.6
200	76	65	11	1164	2.6
220	72	61	11	1086	3.4
250	69	63	6	860	4.8

3.2 抗污染性评价

考察体系在不同浓度岩屑、水泥石粉和盐水污染下的流变性、破乳电压以及沉降稳定性，油水比为85：15。实验结果见表4、表5、表6，结果表明，油基钻井液体系具有良好的抗污染能力，加入15%岩屑后流变性可控。抗水泥石粉容量限达15%。高密度油基钻井液随着盐水侵增多，体系的塑粘、动切力、初终切等数值增加，滤失量增大，电稳定性有所下降，当盐水侵体积百分数达到50%时，体系的各项性能均相对比较稳定，且静止6h后未发生沉淀、破乳现象，破乳电压超过400V，说明该体系具有良好的抗盐水污染能力，抗盐水侵容量限达50%。

表4 抗高温高密度油基钻井液抗岩屑污染性能评价

编号	D/(g/cm³)	污染加量 老化条件	PV/ mPa·s	YP/ Pa	初切/终切/ Pa	FL_{HTHP}/ mL	电稳定性/ V
1	2.46	15%岩屑 200℃、16h	90	10	11/13	2.6	850
2	2.49	20%岩屑 200℃、16h	105	11	12/15	2.6	815

表5 抗高温高密度油基钻井液抗水泥石粉污染性能评价

编号	污染加量 老化条件	PV/mPa·s	YP/Pa	初切/终切/Pa	FL_{HTHP}/mL	电稳定性/V
1	10%水泥石粉 200℃、16h	92	8	3/6	1.6	832
2	15%水泥石粉 200℃、16h	109	7	4/6	2.2	810

表 6　抗高温高密度油基钻井液抗盐水污染性能评价

编号	盐水浓度/%	D/(g/cm^3)	PV/mPa·s	YP/Pa	初切/终切/Pa	电稳定性/V	油水比	静置 6h 现象
1	基础配方	2.4	75	8	3/5	1180	85：15	无沉淀，未破乳
2	基础配方+30%盐水	2.04	90	27	11/13	659	52：48	无沉淀，未破乳
3	基础配方+40%盐水	1.97	95	32	12/15	516	45：55	无沉淀，未破乳
4	基础配方+50%盐水	1.91	105	36	13/16	408	33：67	无沉淀，未破乳

模拟地层盐水：清水+18% NaCl+10% $CaCl_2$

3.3　沉降稳定性评价

钻井液体系的沉降稳定性能直接影响其携带、悬浮加重材料以及岩屑的能力，如果沉降稳定性较差，完井试油过程中易发生重晶石沉降导致测试失败，同时加重材料和岩屑快速沉降易导致卡钻等井下事故发生。将抗高温高密度油基钻井液在 180℃ 高温下分别静置 5 天、10 天和 15 天，测试其沉降稳定性能。实验结果表明(见表 7)，经过 180℃ ＊15 天沉降实验，其流变性较好，沉降稳定性较好，可以满足现场试油要求。

表 7　抗高温高密度油基钻井液沉降稳定性能评价

D/(g/cm^3)	老化条件	PV/mPa·s	YP/Pa	初切/终切	电稳定性/V	现象描述
2.6	180℃×5 天静置	47.5	19	12/13.5	506	①罐面析出液体 1cm，②玻璃棒自由下落 6cm 后轻轻下插到底
2.6	180℃×10 天静置	39.5	23	10/14	430	①罐面析出液体 3cm，②玻璃棒自由下落 4cm 后轻轻下插到底
2.6	180℃×15 天静置	36.5	24	12/15	412	①罐面析出液体 3cm，②玻璃棒自由下落 4cm 后轻轻下插到底

3.4　防塌性能评价

利用取自目标区块的的泥岩岩屑(库车山前库姆格列木群泥岩段)，在温度为 180℃ 条件下，利用 40 目分选筛测试岩屑的一次回收率和二次回收率，实验结果见表 8。

表 8　防塌性能评价数据

钻井液体系	一次回收率/%	二次回收率/%
清水	64.6	53.4
低成本低油水比油基钻井液	97.8	96.3

由表 8 可以看出泥岩岩屑在清水中的回收率在 50%以上；抗高温高密度油基钻井液具有较强的防塌抑制性，一次回收率和二次回收率分别达到了 97.8%和 96.3%，在力学稳定条件下可提高井壁稳定能力。

3.5　封堵性能评价

根据目标区地层特点，室内采用孔隙直径为 10μm 陶瓷砂盘，在 180℃×10MPa 条件下，记录添加纳微米封堵剂前后的的累积滤失量(见表 9)。

表 9　添加纳微米封堵剂前后 PPA 滤失量对比数据

时间/min	PPA 滤失量/mL	
	基础配方	封堵配方
0	2.2	0.8
10	11.6	2.6
20	14.4	4.6
30	16.2	5.8

由表 9 可以看出，体系中添加纳微米封堵剂后砂盘滤失量降低幅度较大，说明体系能够对微孔、微裂缝实现有效封堵。

4　现场应用

抗高温高密度油基钻井液技术在库车山前 DB-X 井、BZ-X 井等深层、超深层进行了应用。

其中BZ-X井是位于库车坳陷克拉苏构造带的一口预探井。其四开钻遇库姆格列木群膏泥岩段，地质条件复杂，普遍为高压-超高压，局部存在高压盐水层、漏层。统计邻井作业情况，多发泥岩段井壁失稳、膏盐层缩径甚至卡钻、高压盐水侵入井筒导致钻井液性能不稳定、井下循环当量密度过高易发漏失等复杂情况。为安全高效完成四开、五开作业，在四开井段241.3mm(7652m~8005m)和五开井段168.3mm(8005m~8235m)使用自主研发的抗高温高密度油基钻井液来减少井下复杂。表10为BZ-X井钻进过程中油基钻井液性能，可以看出，最高密度为2.27g/cm^{3}钻井液具有良好的失水造壁性、流变性以及乳化稳定性。

该井在五开168.3mm井段进行MDT电测，因仪器需要长时间与井壁接触，易导致仪器黏卡。为满足MDT电测要求，调整了油基钻井液性能，180℃高温高压滤失量控制在0.6mL左右，滤饼厚度<0.8mm，薄而致密。MDT测试过程中，仪器与井壁紧密接触长达10h，起仪器时没有黏卡现象，MDT测试顺利完成。

表10 抗高温高密度油基钻井液现场基本性能

性能井深/m	D/(g/cm^3)	PV/mPa·s	YP/Pa	初切/终切/Pa	FL_{HTHP}/mL	ES/v
7660	2.25	63	8	6/10	3.6	933
7718	2.25	62	8.5	6/10	3.2	1030
7781	2.25	60	7.5	5/9	3.0	970
7839	2.25	47	7.5	4.5/8	2.6	1139
7912	2.25	47	4.5	7/3	2.2	1203
7983	2.25	51	6	3.5/8	2.0	1248
8005	2.27	54	5	4.5/3.5	2.2	1282

BZ-X井抗高温高密度油基钻井液性能在高密度条件下表现稳定，封堵防塌性能良好，抗盐能力突出，具有较强的抗污染能力，成功保障了BZ-X井钻井顺利进行，未发生因钻井液原因造成的复杂情况。现场应用结果表明，抗盐抗高温高密度油基钻井液体系可有效解决库车山前深部大段盐层恶性阻卡、井壁失稳及井漏等难题。BZ-X井完钻井深8235m，为当时塔里木油田库车山前地区最深井，同时也创中国石油国内油基钻井液现场应用最深记录。

5 结论

(1) 自主研发的抗高温油基提切剂抗温可达230℃，可有效提高体系切力值；自主研发的小分子聚合物降滤失剂抗温可达220℃，加入后高温高压滤失量显著降低，流变性能基本不变。

(2) 以自主研发的关键处理剂为基础，建立了抗高温高密度油基钻井液体系，抗温能力达250℃，最高密度达2.6g/cm^3，抗岩屑容量限达15%，抗水泥石粉容量限达15%，抗盐水侵容量限达50%。

(3) 抗高温高密度油基钻井液技术可有效解决深井、超深井盐膏层段恶性阻卡与井壁失稳等难题，钻井提速效果显著，为深层、超深层及非常规油气资源安全高效开发提供了技术支撑。

参考文献

[1] 鄢捷年著. 钻井液工艺学[M]. 山东：中国石油大学出版社，2012.
[2] 高远文，李建成著. 油基钻井液技术[M]. 北京：团结出版社，2018.
[3] 周健，贾红军，刘永旺，等. 库车山前超深超高压盐水层安全钻井技术探索[J]. 钻井液与完井液，2017，34(01)：54-59.
[4] 赵文，孙强，张恒. 抗高温高密度油基钻井液在塔里木油田大北12X井的应用，钻井液与完井液，2020，37(06)：709-714.
[5] 尹达，吴晓花，刘锋报，等. 抗160℃超高密度柴油基钻井液体系[J]. 钻井液与完井液，2019，36(3)：280-285.
[6] 尹达，叶艳，李磊，等. 塔里木山前构造克深7井盐间高压盐水处理技术[J]. 钻井液与完井液，2012，29(5)：6-9.
[7] 黄宁，吕开河，孙金声，等. 油基钻井液提切剂研

究现状与发展趋势[J]. 钻井液与完井液，2022，39(4)：397-404.

[8] 孙金声，黄贤斌，蒋官澄，等. 无土相油基钻井液关键处理剂研制及体系性能评价[J]. 石油勘探与开发，2018，45(4)：713-718.

[9] 李建成，杨鹏，关键，等. 新型全油基钻井液体系[J]. 石油勘探与开发，2014，41(4)：490-496.

[10] 高远文，杨鹏，李建成，等. 高温高密度全白油基钻井液体系室内研究[J]. 钻采工艺，2016，39(6)：88-90

[11] 潘谊党，于培志. 密度对油基钻井液性能的影响[J]. 钻井液与完井液，2019，36(3)：273-278.

[12] 王中华. 国内油基钻井液研究与应用综述[J]. 中外能源，2022，27(8)：29-36.

CQ-RP160 高温深井温敏缓交联压裂液

王所良[1,2]　陈　平[1,2]　徐　洋[1,2]　许朝阳[1,2]　李　勇[1,2]　王　坤[1,2]
邹鸿江[1,2]　陈迎花[1,2]　武　龙[1,2]

（1. 中国石油集团川庆钻探工程有限公司钻采工程技术研究院；2. 低渗透油气田勘探开发国家工程实验室）

摘　要　针对长庆油田深层致密气储层埋藏深（>4500m）、有效储层薄（4.8~5.2.m）、压力系数低（0.72~0.78）、压后返排困难等技术难点，以提高压裂液耐温性能、降低施工摩阻、降低储层伤害为目标，研发基于一体化耐高温160℃的聚合物压裂液体系，液态稠化剂35s速溶，聚合物温敏交联触发温度51~59℃，摩阻降低率63.5%，添加浓度为0.02~0.03%过硫酸铵，95℃下2h彻底破胶，破胶液粘度<5mPa·s，破胶液无残渣，表面张力28.2mN/m，气-破胶液-玻璃片三相接触角为5~9°，岩心伤害率12.54%，现场可采用在线直接混配模式进行施工，提速提效，该技术可为深层致密气井压裂施工提供技术方案。

关键词　压裂液；聚合物；稠化剂；高温；深井；

随着我国勘探开发技术的不断进步，储层动用下限不断向纵深发展，长庆油田针对鄂尔多斯盆地西部高温深层致密气开发不断进步，其中青石茆气田、庆阳气田是近年来勘探的重点区域。自2012年起，落实了李4、苏307两个含气富集区，形成新的储量接替领域，由于青石茆气田南部气藏埋深大，气藏主力气层埋深平均4000m，温度平均128.2℃，储层相对致密，物性较差，气层平均孔隙度6.5%、渗透率0.53mD，探井区块目前累积产气$2556\times10^4m^3$，具备效益开发潜力及建产资源基础。庆阳气田埋藏深度>4000m、砂体平均厚度为5.7m，气田已建成$7\times10^8m^3$的井口生产能，通过技术进步、降本增效可规模上产。由于深层致密砂岩气藏地质条件复杂，增产改造面临施工压力异常高、甚至压不开、对压裂液性能要求高、增产增效难度大等一系列难题。为实现该类储层高效压裂改造，适合储层特征的压裂液体系优化十分必要。本文针对长庆油田深层致密气储层的地质特征，通过室内实验，形成了一套针对长庆深层致密气压裂用的CQ-RP160温敏缓交联压裂液技术，解决了部分地区的压裂难题，同时为超深、超高温井的压裂提供了技术思路。

1　实验部分

1.1　材料与仪器

聚合物悬浮乳液稠化剂G563、有机锆复合交联剂G564，工业品，川庆钻探工程有限公司钻采工程技术研究院；过硫酸铵，工业品，陕西宝化科技有限责任公司。

DSA100接触角测定仪，德国KRUSS公司；RS6000模块化旋转流变仪，德国HAKKE公司；K100表/界面张力测量仪，德国KRUSS公司；高温高压岩心流动试验仪，美国TEMCO公司。

1.2　试验方法

（1）压裂液配制：取一定量配液水加入搅拌器中，在转速为1500±100r/min，按比例添加0.8%~1.2%聚合物悬浮乳液稠化剂G563，同时加入0.3%~0.5%有机锆复合交联剂G564，搅拌30s~40s，即可得到CQ-RP160压裂液。

（2）压裂液性能评价：依据石油天然气行业标准SY/T 7627—2021《水基压裂液技术要求》，对该压裂液体系进行性能评价。

（3）压裂液耐高剪切性能评价：测试程序为前1min内剪切速率为$170s^{-1}$，然后压裂液在剪切速率由$500s^{-1}$条件下高速剪切1min，模拟压裂液经过射孔孔眼的高剪切环境，最后剪切速率保持在$170s^{-1}$，整个过程中控制升温速率为5℃/min左右。

（4）空气-破胶液-玻璃片三相接触角测试

将表面亲水的玻璃片放入压裂液中，加入破胶剂破胶在95℃下静置破胶，然后冷却至室温，采用气泡上浮捕捉法，测试气泡在玻璃片表面的接触角。

2 结果与讨论

储层温度(120~160℃)下推荐的 CQ-RP160 压裂液体系配方为：0.8%~1.2%聚合物悬浮乳液稠化剂 G563+0.3~0.5%有机锆复合交联剂 G564+0.02~0.03%破胶剂。

2.1 压裂液速溶增粘性能

压裂液稠化剂在水中的速溶增粘性能是压裂液体系的重要参数，是压裂施工提速提效的关键。采用压裂液交联时间测试方法，评价了 CQ-RP160 压裂液稠化剂在水中增粘性能以及表观黏度与稠化剂浓度的关系，结果如下：

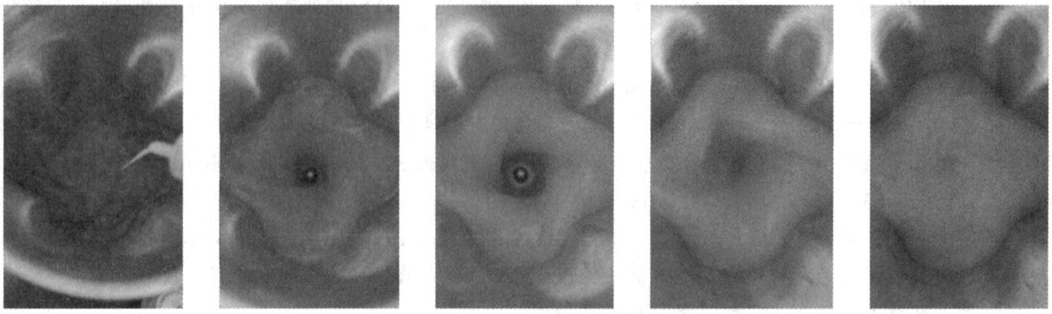

1s…………10s…………20s…………30s…………35s

图 1　压裂液体系增粘速率

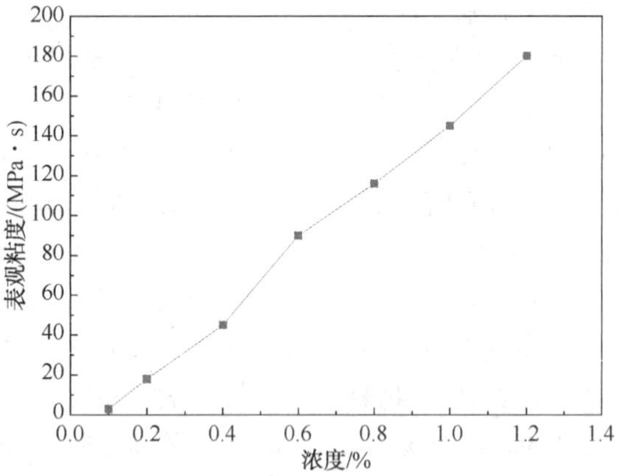

图 2　压裂液表观黏度与浓度的关系

在高速搅拌下，浓度为 0.8%的稠化剂遇水 35s 后，液体表面微微凸起，展现了良好的增粘速率，3min 时的表观黏度可以达到 115mPa · s。压裂液表观黏度随着稠化剂浓度的增加而增大，因此，压裂液体系粘度根据稠化剂浓度可以是及时调整，满足一体化变粘施工需求。

2.2 温敏缓交联特性

针对高温深井压裂液对降低施工摩阻的需求高，开发了温敏缓释型有机锆复合交联剂。该交联剂在常温条件下与聚合物稠化剂不发生反应，因此可以避免地面高剪切对压裂液粘度的损失，当温度逐渐升高至一定温度后，触发交联，保障了压裂液高温下的高粘度，因此提高了压裂液体系的耐温性能，可以有效保障高温深井压裂施工的正常进行。

2.2.1 温度触发点测试

按配方 0.8%稠化剂+0.3%交联剂配制压裂液体系。采用流变仪测试压裂液在升温过程中的粘度变化，评价交联剂的温敏特性，结果如下：

由于压裂液在常温非交联条件下的表观黏度为 100~120mPa · s，因此非交联条件下仍有很高的携砂性能。采用流变仪，在恒剪切条件下不断升高温度，通过测试粘度值的突变，确定该温敏缓交联压裂液的交联触发温度。

分析压裂液粘度变化曲线，对低温平滑处做直线延长线，对粘度陡增处做切线，两条直线的交点处的粘度值对应的温度点，即为压裂液体系的温度触发交联点，测试的体系的温度触发点为 51℃。温度触发点随着体系组成的变化而变化，综合测试结果显示，该压裂液体系的温敏交联触发温度 51~59℃

2.2.2 摩阻性能测试

在室温条件下测试了压裂液体系的降摩阻效果，排量 53L/min，管路直径 $\Phi=12.7$mm。CQ-RP160 压裂液降阻率为 63.5%，相对于常规的聚合物预交联冻胶压裂液体系，采用温控缓交联技术，压裂液降阻率提高 21.4%，可以有效降低施工压力，同时提高施工排量，保障压裂施工实施效果。

2.3 耐温耐剪切性能

按配方 1.0%稠化剂+0.5%交联剂配制压裂液体系。采用流变仪评价压裂液体系在高温条件下的耐温耐剪切性能，结果如下：

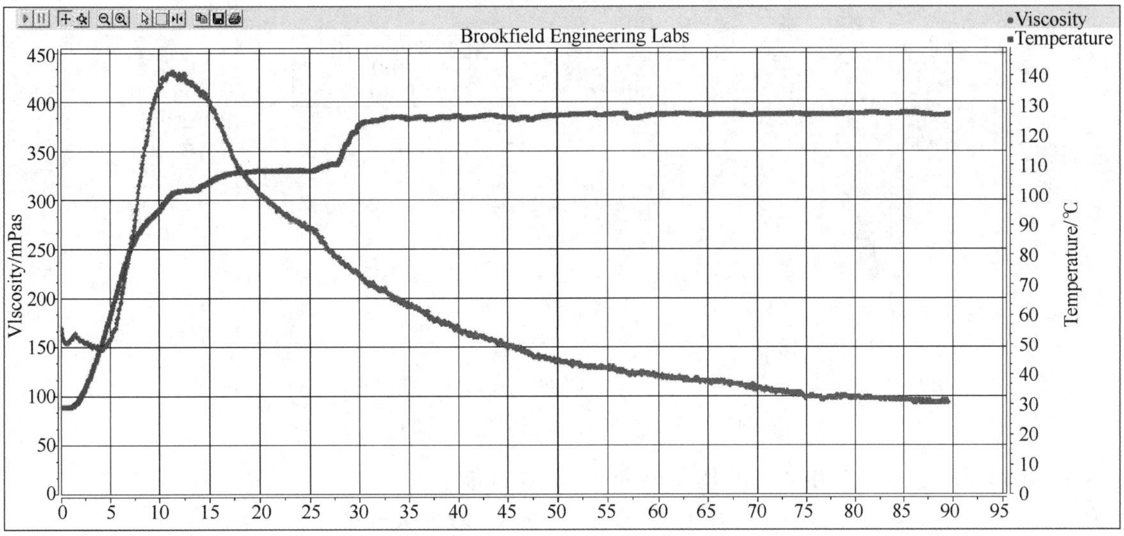

图 3　压裂液表观黏度与温度的关系

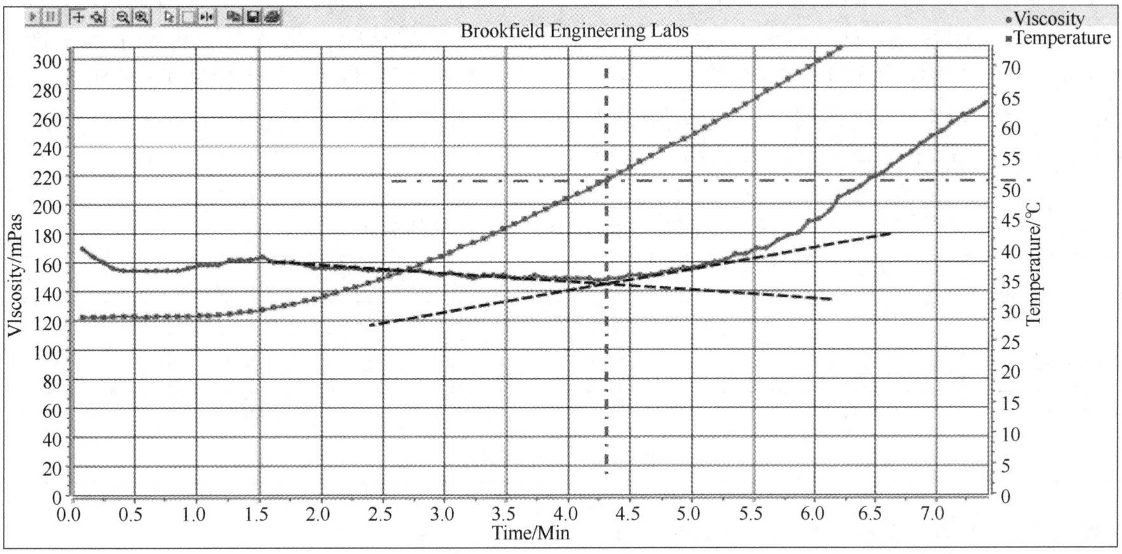

图 4　温度压裂液温度出发点的确定

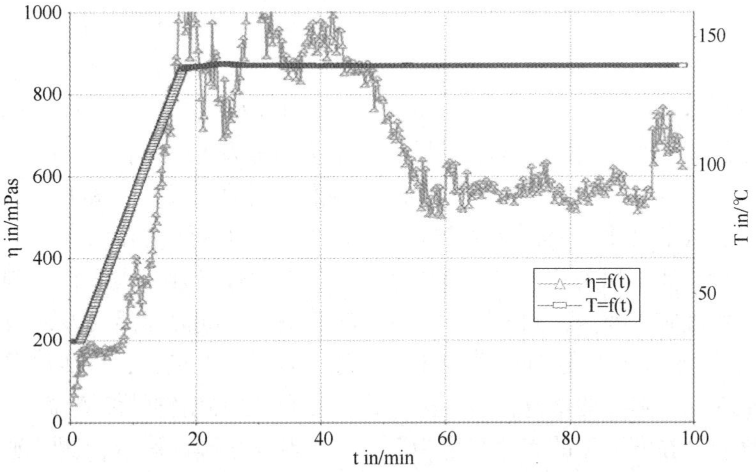

图 5　压裂液耐温耐剪切性能（140℃）

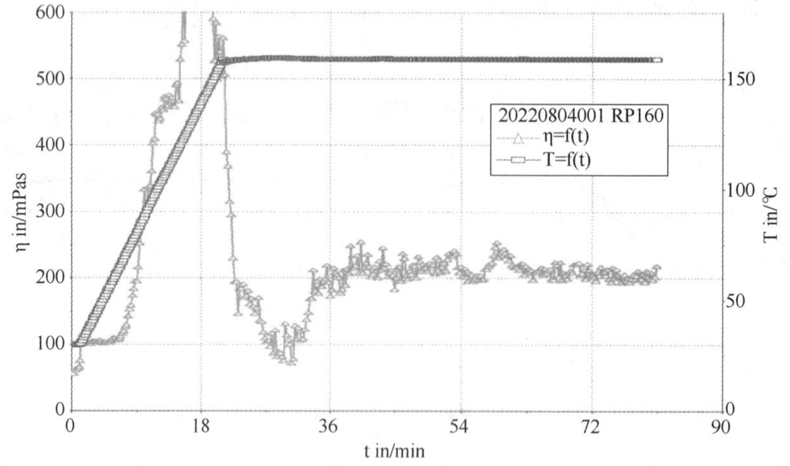

图 6　压裂液耐温耐剪切性能(160℃)

CQ-RP160 压裂液在 $500s^{-1}$ 高剪切条件下，粘度为 40~60mPa·s；剪切速率恢复至 $170s^{-1}$ 后，压裂液粘度为 100~160mPa·s，表现出明显的非牛顿流体特性。经过 $500s^{-1}$ 高剪切 1min 后，粘度未发生明显的变化，显示出良好的耐高剪切性能。压裂液在 140℃下，表观黏度保持在 500mPa·s 左右；在 160℃条件下，表观黏度保持在 210mPa·s 左右，显示出良好的耐温耐剪切性能。

2.4　破胶液性能

2.4.1　破胶时间评价

向压裂液中加入不同浓度的破胶剂，压裂液在 95℃静置破胶，测试不同时刻下压裂液的粘度，评价破胶性能及优化破胶剂用量。结果如下：

表 1　压裂液的破胶液粘度与时间的关系

破胶剂浓度/%	时间/min，粘度/(mPa·s)				
	30	60	90	120	150
0.01%	/	20.87	17.69	12.33	11.53
0.02%	21.39	16.98	10.23	7.42	4.98
0.03%	19.55	10.72	7.63	4.86	3.62

破胶剂浓度为 0.03%，95℃下 120min 后，压裂液的粘度即可降低至 5mPa·s 以下，满足压后快速破胶的技术要求。

2.4.2　破胶液评价

按照行业标准，测试了破胶液残渣含量、表面张力，由于未检测到压裂液残渣含量，因此采用纳米粒度仪测试了破胶液粒径分布，结果如下：

该压裂液体系为合成聚合物，聚合物完全水解，不含水不溶物。压裂液中加入破胶剂后，压裂液破胶彻底，无残留破胶液残渣，测试破胶液粒径中值为 1021nm，破胶液粒径分布在微纳米级别，可以有效降低对储层造成的堵塞伤害。采用表张力仪器测试破胶液在室温下的表面张力为 28.2mN/m，可以有效降低毛管力，提高返排效果。

2.4.3　破胶液接触角测试

为了表征破胶液在岩石表面的润湿改变情况，采用接触角测定仪器评价了空气-破胶液-玻璃片三相接触角，结果如下：

在 120s 初始条件下，气-破胶液-玻璃片三相接触角为 12.5°左右，随着玻璃片在破胶液中浸泡时间的延长，三相接触角出现明显的降低，在 2880s 时接触角降低至 4.4°左右，表明玻璃表面的亲水性增强。表明稠化剂中的油相未在岩石表面吸附，同时压后要及时放喷，防止破胶液与地层岩石长期接触，造成更严重的水锁伤害。

2.4.4　岩心伤害性能测试

制备压裂破胶液，测试破胶液对岩心基质渗透率损害情况，结果如下：

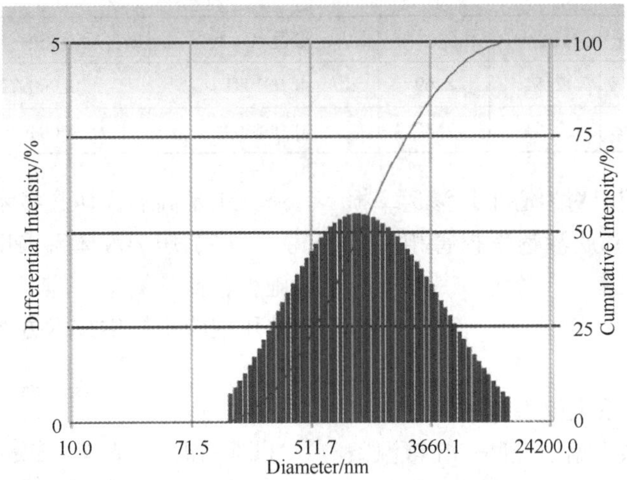

图 7　破胶液粒径测试

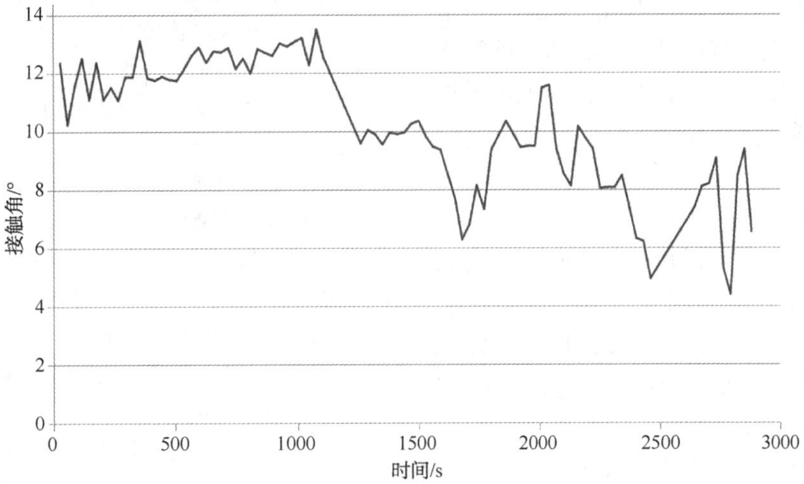

图 8　空气-破胶液-玻璃片三相接触角与时间的关系

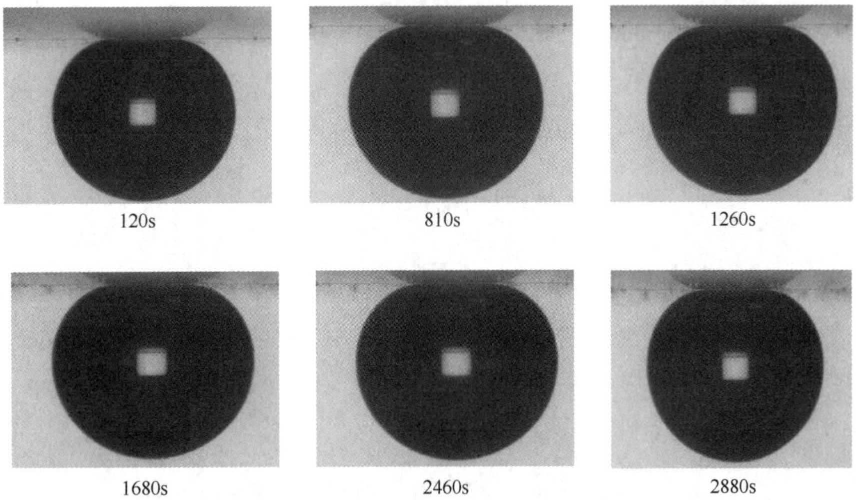

图 9　空气-破胶液-玻璃片三相接触角

表 3 岩心基质渗透率损害性能

标号	孔隙体积/mL	长度/cm	直径/cm	孔隙度/%	损害前渗透率/$\times10^{-3}$um^2	损害后渗透率/$\times10^{-3}$um^2	岩心渗透率损害率/%
44	1. 322	3. 006	2. 54	8. 69	0. 001091	0. 0009724	10. 87
5	1. 329	3. 336	2. 54	7. 87	0. 005409	0. 0046405	14. 21

评价结果可知，破胶液对岩心平均渗透率损害率为 12. 54%，对岩心基质渗透率损害相对较小，有效提高压裂改造效果。

3 现场试验设计

CQ-RP160 压裂液体系主要由液体稠化剂以及交联剂组成，整个体系为温敏交联，在常温条件下稠化剂与交联剂不发生化学反应，交联剂的存在又不会影响聚合物稠化剂的溶解性能。因此，在配液过程中可以直接添加在一起，以提高施工效率。现场施工不增加现有施工工序、不增加施工设备，与目前常规一体化变粘压裂液配液及施工方式相同，现场采用在线直接混配模式进行施工，操作简单，施工快捷。

4 结论

（1）室内建立了一套适用于长庆致密气高温深井用的 CQ-RP160 高温深井温敏缓交联压裂液体系，配方为：0. 8%～1. 2%聚合物悬浮乳液稠化剂 G563+0. 3%～0. 5%有机锆复合交联剂 G564+0. 02%～0. 03%破胶剂。

（2）CQ-RP160 高温深井温敏缓交联压裂液的交联触发温度 51～59℃，液态稠化剂 35s 速溶，体系耐温 160℃，压裂液彻底破胶，无残渣，满足高温深压裂技术需求；

（3）压裂液体系采用在线直接混配模式进行施工，操作简单，施工快捷，为长庆深层致密气井压裂施工提供技术方案。

参 考 文 献

[1] 余浩杰，王振嘉，李进步，et al. 鄂尔多斯盆地长庆气区复杂致密砂岩气藏开发关键技术进展及攻关方向[J]. 石油学报，2023，44(04)：698-711.

[2] 王宝峰，陈作，吴春方，et al. 深层致密砂岩气藏中高温压裂液开发及应用[J]. 精细石油化工，2019，36(01)：10-15.

[3] 许可，卢拥军，徐敏杰，et al. 超高温(270℃)储层改造液体技术研究与应用[J]. 2019 油气田勘探与开发国际会议，2019.

[4] 戴秀兰，刘通义，俊魏. 一种延迟交联的抗高温加重胍胶压裂液的研究[J]. 西南石油大学学报(自然科学版)，2020，http：//kns. cnki. net/kcms/detail/51. 1718. TE. 20200528. 0945. 014. html.

[5] 勒宝军，刑景宝，郑锋辉，et al. 压裂液降低水锁伤害在大牛地气田的应用[J]. 钻采工艺，2012，35(2)：99-100.

[6] 吴文刚，刘友权，易大森，et al. 压裂液连续混配技术及在“工厂化”压裂中的应用[J]. 石油与天然气化工，2016，45(3)：57-61.

页岩油长水平段高效冲砂技术应用及研究

聂 俊[123] 胡东锋[123] 刘环宇[4] 田伟东[4] 马学如[5]

(1. 川庆钻探工程有限公司钻采工程技术研究院；2. 低渗透油气田勘探开发国家工程实验室；
3. 中国石油天然气集团公司油气藏改造重点实验室-二氧化碳压裂增产研究室；
4. 长庆油田页岩油开发分公司；5. 川庆钻探工程有限公司长庆固井公司)

摘 要 随着长庆油田页岩油开采进入加速期，水平井应用规模的不断增加和储层改造规模不断加大，在开发过程中逐渐出现部分水平井产量与储层钻遇率和改造规模不匹配等问题，分析是由于井筒出砂结垢堵塞产液通道，严重影响油井正常生产。针对常规冲砂方式效率低，漏失量大、砂床胶结段不易冲散，冲砂过程中管柱易砂堵同时造成地层二次污染问题，分析了氮气泡沫冲砂液低伤害高携砂性能的液体体系。为提高页岩油长水平段冲砂效率，开展了连续油管在不同水平井施工工况下氮气泡沫强力冲砂技术携砂、管柱摩阻适应性研究，优选高效冲砂参数，配套了冲-磨钻一体化氮气泡沫强力冲砂洗井工艺技术，提高了连续油管氮气泡沫冲砂施工效果，该技术在页岩油后期的开发及改造当中能达到持续稳产和效益挖潜的目的，具有广阔的应用前景。

关键词 氮气泡沫；冲砂；连续油管；水平井

1 前言

中国页岩油资源丰富，随着2019年，在鄂尔多斯盆地发现10亿吨级非常规页岩油庆城大油田，建立页岩油开发示范基地，水平井体积压裂开发规模不断加大，在储层改造过程中逐渐出现部分水平井产量与储层钻遇率和改造规模不匹配等问题，水平井出砂问题越来越严重，加之水平井特殊的井深结构特殊，尤其是低压储层漏失等因素的影响。传统的冲砂方式效率低，漏失量大、砂床胶结段不易冲散，冲砂过程中管柱易砂堵，同时造成地层二次污染。给水平井水平段冲砂、井筒内胶结物处理、桥塞钻磨等带来了很多困难。针对水平井冲砂存在的问题，各油田设计配套了高效冲砂液体及冲砂工艺，在一定程度解决掉了水平井冲砂难度大的问题。但对于长水平井井筒冲砂问题高效处理还缺乏较好的解决办法，为此进行了长水平段连续油管强力冲砂工艺适应性研究，开展了“连续油管氮气泡沫强力冲砂”一体化处理工艺，进一步发挥油井潜力，取得了较好效果。

2 出砂分析及清砂现状

2.1 出砂分析

目前长庆页岩油水平井主要目的层为长7层，完井方式主要是水力泵送桥塞分段多簇压裂为主，随着水平段长增加，压裂段数增多，支撑剂运移规律更加复杂，压裂参数与储层匹配性不足，井间段间压窜，平均水平段达到1700米，人工井底平均深度3800米，改造规模约为3300方/井次，长庆页岩油水平井井筒出砂总体可以划分为压后放喷出砂、排液阶段出砂、生产过程出砂三个阶段，分析认为是在压后放喷及生产过程中以射孔孔眼为吐砂口，裂缝内支撑剂返吐，在水平井段井筒堆积，沿水平段呈现出“单个砂丘”前后串接的波浪状长“砂床”(图1)，造成产液通道堵塞，严重时出现局部通道堵塞。

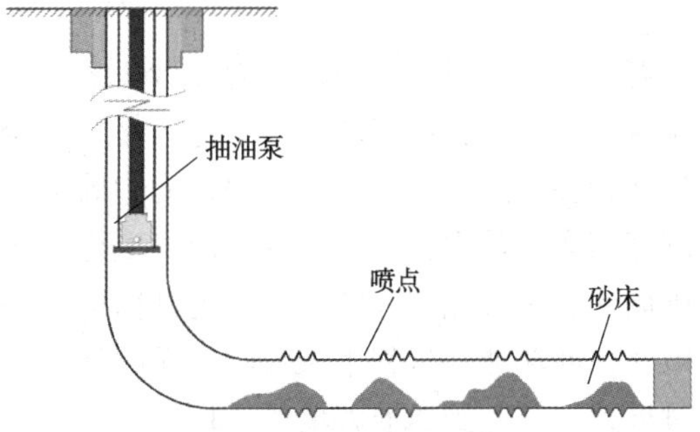

图1 水平井段“砂床”

对长庆油田页岩油62口井进行出砂统计，不同年度投产水平井均有砂子返出，平均出砂超过$6m^3$，井筒内形成胶结物现象的井占比达到51%，分析发现，生产时间越长，形成的胶结块越大，经分析，胶结块主要成分为 $FeCO_3$、$CaCO_3$，形成的这些胶结快质地硬，附着在水平段油管内壁，很难清理，这对井筒清洁提出了更高的要求。

2.2　清砂现状

由于长庆页岩油井水平段长，普通油管冲砂效率低，一般采油连续油管进行冲砂或者钻磨，统计了页岩油连续油管冲磨井共 68 口，其井深选择 3300m 至 4000m 之间，应用常规冲砂液进行冲砂钻磨，统计结果显示，当井口剩余压力大于 6Mpa、或冲开地层后喷势大、即返排量增值大于 150L/min，合计出口排量大于 550L/min 以上者，大部分可冲磨至 3600m 上下达完井标准。极个别井通过加减阻剂、井底振荡器、注入头下推力等使用凑效，采用长起-短起循环回拖现场操作得当、准确把控可清理含砂液柱临界高度，及时将悬砂清除出井筒者，可冲磨至达 4000m 左右。清理过程遇到的情况可以总结为以下三种，第一种为冲磨前井口压力小于 3MPa 或为零，或无持续返排增值，冲至 3500m 左右进尺缓慢或无进尺。其二、井筒喷势过大，返排量增值持续大于 400L/min，管柱处于中和点后被大喷势举升而无进尺。其三、冲磨过程中发生复杂无法再继续冲磨者。

针对页岩油水平井井段出砂严重、连续油管冲磨异常的问题，需要解决冲砂液这一关键问题，常规冲砂液冲砂工艺存在着循环漏失严重、管柱下入遇阻频繁、冲砂效率低下、砂床胶结段不易冲散、易造成地层二次污染等问题，研发出了氮气泡沫冲砂液。该泡沫流体一种可压缩非牛顿流体，由不溶性或微溶性的氮气分散于液相混合流体中所形成的分散体系，流变实验显示 $170S^{-1}$剪切速率下，25℃，2500s 时间，泡沫粘度>140mPa·s，表观粘度及携带能力强，在井筒压力及温度影响下的泡沫稳定性好，泡沫流体密度低 0.1~0.9g/cm^3。

3　连续油管氮气泡沫冲砂技术

连续油管氮气泡沫冲砂，即把连续油管从生产油管柱下入井内，使用正冲方式，由专用氮气泡沫发生器将氮气和冲砂液均匀混合，形成高纯度氮气泡沫冲砂液，用泵车或水泥车泵入井底，将堵在生产油管中的砂子、泥浆和其他岩屑冲洗出来，达到冲洗目的(图 2)，3000m 井深预计施工压力大约 25MPa。

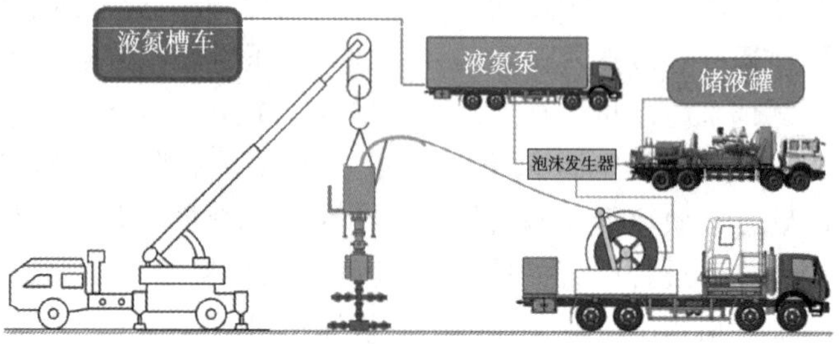

图 2　连续油管氮气泡沫冲砂

对于长水平段应用连续油管冲砂工艺后，由于无接单根步骤，可实现不停泵连续循环，避免了光油管冲砂过程中由于接单根过程中砂子的二次沉降问题，其次，利用氮气泡沫密度低可实现负压循环、携带能力强的特性，把井筒中的砂冲出地面，泡沫冲砂过程中长时间负压循环，还能够对近井地带起到疏通解堵的作用，达到冲洗解堵双重功效，氮气泡沫膨胀性能为返排提供能量，泡沫液相成分少，对地层造成的伤害也较小，从而解除近井地带堵塞的问题，缩短作业时间，有效提高油气井产能。

针对长庆页岩油区域使用水基冲砂液无法正常建立循环，漏失量大的问题，采用氮气泡沫冲砂技术，对比使用常规水基冲砂工艺的井，氮气泡沫冲砂井平均日增油 3.57t，相比常规冲砂洗井提高了 86.2%；平均产能恢复率 80.6%，相比常规冲砂洗井提高了 79.6%；且持续稳产有效期更长。

3.1　应用现状

连续油管冲砂在长庆页岩油现场应用过程中也存在一定的局限，主要由于连续油管管径较小下入深度受限，发生砂卡等井下事故后，相对常规油管不能倒扣、不能有效活动、不能交替正反冲，处理难度大后果惨重。所以需要针对连续油管氮气泡沫冲砂工艺在不同井况下的排量及下入能力进行研究。

3.2 水力学计算

3.2.1 冲砂液排量计算

对于连续油管氮气泡沫冲砂工艺，冲砂过程采用正冲方式，为将砂子带出地面，反排液上返速度应满足：

$$V_1>2V_2 \tag{3-1}$$

式中，V_1为冲砂液上返速度，m/s；V_2为砂子的沉降速度，m/s，与粒径、砂粒密度、液体密度、雷诺数成函数相关。

得出不同环空面积下最低临界上返所需排量：

$$Q_{\min}=60V_1\times A \tag{3-2}$$

式中，$Q_{\min}$为冲砂要求的最低排量，m³/min；A为冲砂液上返流动的截面积，在这里为连续油管与油管形成的环形空间截面积，m³。

泡沫流体携带固体颗粒的能力强。泡沫流体主要依靠粘度减小砂子的沉降速度，泡沫流体中砂子被气泡承托着，并且气泡和气泡之间的相互作用夹持着砂子。只有当砂子下面的气泡被挤出一条通道或变形的时候，砂子才会下沉，并且由于气泡面存在弹性，砂子很难使气泡变形或破裂。当有足够的气泡存在时，砂子在泡沫中的沉降速度非常缓慢(图3)，由式子(3-2)可知，采用氮气泡沫液冲砂所需的最小排量会低得多。直径为2mm的大砂粒在质量分数为85%的泡沫中，自由沉降速度力0.0015m/s，基本上可以忽略不计，携砂问题不是主要矛盾，重点应该考虑低密度冲砂液的配置，防止在冲砂过程中大量漏失后，砂子沉降将连续油管卡在井内的情况出现。

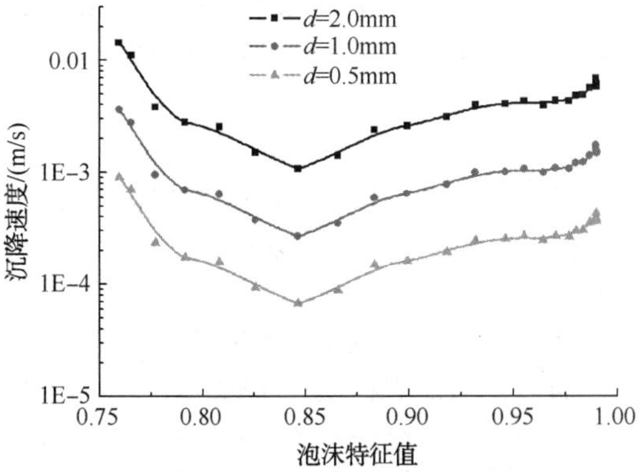

图3 砂子在不同泡沫特征值下沉降情况

3.2.2 冲砂液摩阻计算

由于冲砂过程中，氮气泡沫在连续油管内下落及连续油管与油管之间上返流动过程中与管柱摩擦，表现在冲砂液上就是压力的损失：

$$\Delta P=\Delta P_1+\Delta P_2 \tag{3-3}$$

$$\Delta P_1=32\upsilon V\lambda/d \tag{3-4}$$

$$\Delta P_2=\xi V^2\rho/2 \tag{3-5}$$

式中，ΔP为冲砂液在井筒内总摩阻，MPa；ΔP_1为沿程压力损失，MPa；ΔP_2为局部压力损失，MPa，指因管道内局部障碍造成流体的方向和速度发生突然变化而引起的压力损失；υ为局部阻力系数；ρ为冲砂液密度，kg/m³；V为冲砂液平均流速，m/s。

3.2.3 管柱自锁计算

在页岩油水平井进行氮气泡沫冲砂时，连续油管会产生螺旋屈曲(图4)，连续油管作业管柱螺旋屈曲的发生及其产生的摩阻的增加规律随水平井井段的不同而变化，螺旋屈曲从推进顶端开始，在垂直井段中，螺旋屈曲开始于底端造斜点，管柱下压力传递到垂直井段底端的压缩载荷是有限的，当下压力不能将连续油管作业管柱进一步推入井眼，就会产生自锁现象，材曲线内侧的最大压应力是：

$$\sigma_{max}=\frac{F}{A_s}+\frac{r_0r_cF}{4EI} \tag{3-6}$$

$$F_y=\frac{[\sigma]}{\dfrac{1}{A_s}+\dfrac{r_0r_c}{4EI}} \tag{3-7}$$

式中，F为连续油管轴向力，KN；r_0为连续油管外半径，m；E为杨氏模量；I为连续油管管柱截面惯性矩，m⁴；r_c为连续油管和油管径向间隙，m；F_y为使管材产生永久变形(屈服)的最大压缩载荷，KN。

以现场2in连续油管应用为例，滚筒缠长5000m，纲级CT90，施工最大额定排量450L/min，重量5.16kg/m，内容1.4L/m，外容10.1L/m，某井垂深2360m、造斜段350m，在水平井段应用连续油管冲砂时，在井深3600m出产生自锁，即在水平段1240m处时无进尺，注入头下压力取3t，计算得到水平段摩擦阻力梯度为10t/km。

由于作业环境和道路运输的影响，目前长庆页岩油主要采用的还是2in连续油管进行冲砂洗井，水平段作业长度一般限于1500m以内，为了提升连续油管下深，可从降低摩擦力这个角度来实现，比如在冲砂液中加注金属降阻剂，金属降阻剂体系一般在较低的浓度下就能实现良好的降阻效果；通过安装水力振荡器，使管柱产生轴向振动来减小摩擦力。另外可从设备及管柱本身来探索解决办法，比如2-3/8in连续油管+油管组合管柱、以及变壁厚连续油管等，是解决运输和长水乎段（大于1500m）下入难题，实现长水平段氮气泡沫冲砂的研究方向。

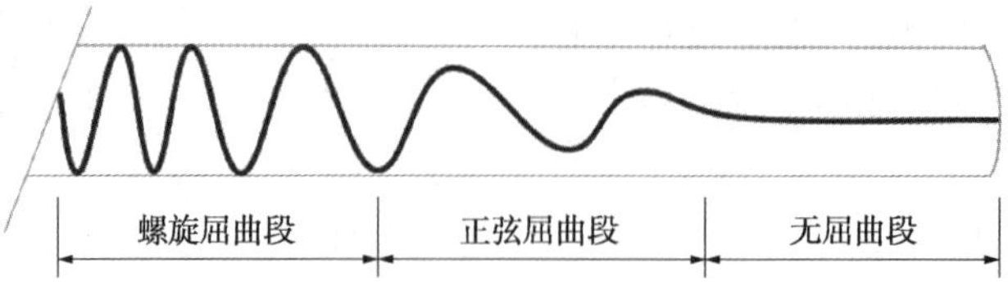

图4　连续油管在长水平段内螺旋屈曲

3.3　连续油管氮气泡沫冲-磨钻一体化工艺

对于连续油管氮气泡沫冲砂工艺，由于氮气泡沫稳定性好，携砂性能强，在进行胶结严重井的冲砂时，可使用连续油管+外卡瓦抗钮钜连接头+双瓣式单流阀+液压安全丢手+螺杆马达+磨鞋的钻具组合，实现一趟管柱探砂面、冲砂、磨钻、解卡施工作业，既可完成油井的钻铣冲砂作业，避免频繁更换钻磨钻具，施工周期较长的问题，还可以保证施工过程整个井筒的。工具串入井方式与普通螺杆钻类似，在冲磨施工过程中，注意氮气的稳定连续供应，以保证井筒内氮气泡沫冲砂液的连续循环，需要严格掌控下冲进尺，以2m/min的速度下放连续油管磨钻，加压控制在5~10kN。每下入50m停止，冲洗10min后短起20m，磨钻过程中密切关注悬重变化和泵压变化，加压控制在10kN以内。随冲磨下井深度、含砂液注增加，上举所克服的阻力增加影响上返排量，钻磨期间密切注意泵压的变化，及时录取钻磨洗井过程中泵入排量、井口返水量、冲出砂量以及地层漏失情况。

4　结论

（1）连续油管氮气泡沫强力冲砂工艺可实现低密度、负压循环冲砂，利用其携砂能力强，不停泵连续循环等特点，大大提高页岩油水平井的冲砂效率。

（2）针对长水平段井氮气泡沫冲砂，排量问题不是主要矛盾，主要应该考虑低密度泡沫液的配置，防止冲砂液大量漏失，出现的井下砂卡现象。

（3）在长水平段氮气泡沫冲砂时，可通过在工具串上增加水力振荡器、冲砂液添加剂（清洁冲砂液、金属减阻剂），来增加连续油管在水平段的下入深度，但依然建议水平段长度不要超过1500m。

（4）连续油管氮气泡沫冲-磨钻一体化工艺能实现一趟管柱冲砂、磨钻作业，解决频繁更换钻磨钻具问题，提高冲磨效率，保证泡沫冲砂液的连续循环。

参　考　文　献

[1] 徐庆祥，王绍达，张苏杰，等. 油气井压裂后出砂原因分析及控制措施[J]. 中国石油和化工标准与质量，2021(041-019).

[2] 张矿生，唐梅荣，陶亮，等. 庆城油田页岩油水平井压增渗一体化体积压裂技术[J]. 石油钻探技术，2022(002)：050.

[3] 张好林，李根生，黄中伟，等. 水平井冲砂洗井技术进展评述[J]. 石油机械，2014，42(3)：6.

[4] 唐亮. 压裂井出砂原因分析及防治对策研究[J]. 石油化工应用，2015，34(7)：4.

[5] 宁波. 压裂防砂后防止支撑剂回流的研究与运用[C]//中国石油学会. 中国石油学会，2012.

[6] 温亚魁. 长庆油田水平井分段压裂改造工艺技术研究[D]. 中国石油大学(北京).

[7] 张康卫，李宾飞，袁龙，等. 低压漏失井氮气泡沫连续冲砂技术[J]. 石油学报，2016，37(B12)：9.

[8] 张朔，王方祥，刘德正，等. 连续油管冲砂洗井技术在水平井中的应用[J]. 石油化工应用，2018，37(10)：4.

[9] 王新强，鲁明春，包俊清，等. 连续油管氮气泡沫冲砂工艺在涩北气田的成功应用[J]. 焊管，2013，36(5).

[10] 何东升，徐克彬. 连续油管在水平井中作业的力学分析[J]. 石油钻采工艺，1999，21(3)：4.

[11] 岳欠杯，刘巨保，付茂青. 井筒内受压杆管后屈曲能量法分析与实验研究[J]. 力学与实践，2015，37(6)：7.

四川盆地复杂深层-超深层录井随钻评价自动化研发和实践

赵 磊[1,2] 罗谋兵[1] 雷 银[3] 杨 琳[1,2] 尹 平[1] 唐正东[1] 唐 谢[1]
李 波[1] 阮 聪[1] 梁 霄[1,2] 朱茜霞[1] 曹 雯[1] 何 硕[1] 付 晓[1]

（1. 中国石油集团川庆钻探工程有限公司地质勘探开发研究院；2. 成都理工大学油气藏地质及开发工程全国重点实验室；3. 中国石油天然气股份有限公司西南油气田分公司工程技术研究院）

摘 要 针对深层-超深层钻探层多、不确定性强、储层和流体情况复杂的实际问题，川庆钻探工程有限公司和西南油气田分公司自 2013 年起合作开展了录井参数预处理和校正、储层和流体解释评价方法和软硬件融合集成研究、实践与应用，取得了深井钻探录井关键参数处理解释自动化的突破性进展，并开发形成天然气录井解释平台，推动了深层-超深层录井技术从传统时间-深度域扩展到频域，自 2014 年以来在高石梯-磨溪构造深井和双鱼石构造超深井累计开展了 80 余井应用，整体储层和流体评价符合率较技术应用前提升 20%以上，攻克了 8000 米级超深层录井评价难题，保障了深井钻探安全效益实施，提升了深层录井评价标准化、信息化和自动化水平，为万米级超深层录井实践奠定了理论和方法基础。

关键词 超深层录井；万米级深井；录井数据预处理；录井解释评价；自动化

四川盆地是典型的克拉通含油气叠合盆地，近年来尤以埋藏深、流体赋存条件复杂的双鱼石构造栖霞组、高石梯-磨溪构造龙王庙组和灯影组等深层天然气勘探取得突破性进展，但总体来说应用传统方法开展复杂强不确定性地质体随钻评价仍属于行业难题。且随着钻井工具工艺的进一步优化，钻进时效不断刷新纪录，快钻时、复杂不确定性的地质条件使现场录井评价工作面临前所未有的挑战。自 2012 年川中地区发现了国内最大的单体碳酸盐岩气藏以来，四川盆地复杂深层录井解释技术伴随着勘探开发进程不断深入从研发、开成、完善经历了一系列技术改进，但也在实践中发现了典型难点和卡点：一是常规直观判别法技术性强、依赖现场经验，识别规则冗繁、难以迅速推广和快速部署；二是业内常用的气测三角图版，判断项目繁多、不适用于复杂深层录井流体识别，且由于是统计图版受限于样本数难以在新工区和新地层推广。

为解决上述难题，中国石油集团驻川机构川庆钻探工程有限公司和西南油气田分公司统筹成立一体化研发团队开展技术攻关和研发。通过录井关键信息归集和信息化，推动录井资料数据利用水平提升和技术进步。录井资料质量监控方面，项目组及时收集单井测井、录井资料，对单井现场录井资料进行整理，对录井资料可能存在的问题进行归纳总结；录井解释评价方面，运用录井解释技术，结合测井解释成果，综合参考区域地质特征、油气水物理化学性质及储层物性特征，对单井重点层位进行解释评价，此外，完成单井录井解释评价，使用的数据包括综合录井、轻烃分析、元素录井、地化分析、红外线光谱、核磁录井等数据，在完成录井解释的基础上，结合测井解释成果、区域地质认识、分析化验资料完成储层、流体性质综合解释；团队在完成单井综合解释后，结合单井钻探目的，提出试气建议层位及施工地质提示，应要求参加各级试气讨论会。通过技术研发和产业化应用，实现技术逐步迭代升级、构建形成了适用于深层-超深层录井储层和流体快速评价的技术体系，并开发了配套软件系统，基本实现了关键录井参数和解释评价的信息化和自动化。

1 关键录井参数预处理建模

1.1 钻时参数预处理建模

钻时是最重要的地质工程参数之一，能够判断工程异常、地质异常，对于油气储层发现和工程事故预测和检测都有重要意义，但目前由于人工操作和其他地面工程原因，钻压的不稳定不均匀和转速的不平衡，导致钻时出现异常波动和跳跃情况，给储层发现和工程判断造成了较大的影响，本方法利用现有工程技术和设备条件，在不加装其他设备的情况下，通过对包括但不限于录井探头采集的工程参数钻压和钻速以及原始钻时，对原始钻时进行校正，钻时等数量级校正的生产需求迫切。

研发团队提出基于功率指数的钻时校正方法，即通过分析钻头钻齿做功的功率情况，建立基于工程参数和地质参数的钻时综合表征形式，首先，将钻时影响因素确定为钻压、钻头情况、地层情况和钻井液情况四项工程地质参数，即表征如下：

钻时∝(钻压、钻头、地层、钻井液)

考虑到在某一井段钻井液的调整和变化是较少的，且钻头新度、钻头类型假设不发生改变，因此可以简化为如下关系：

钻时∝(钻压、钻头直径、地层)

工程参数通常互相关联、相互影响和作用，如现场经验表明，钻压(WOB)提高，则钻时加快，反之，钻时显著下降，在忽略其他类似影响因素或其他干扰因素难以量化的情形下，可以将一部分作为校正因子引入录井解释，提升工程参数的利用水平(图1)。

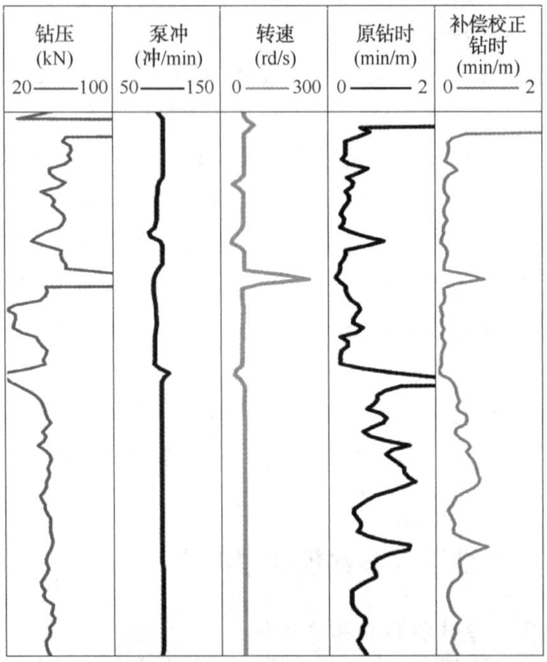

图1　补偿-校正钻时提取有用地质信息

设钻压为 WOB，钻速 RPM 为 rpm，待校正钻时为 ROP，钻头直径为 d，校正后的等效钻时为 ROP_a，平均功率指数为 P_a 待校正钻时对应井深功率指数为 P。

$$ROP_a = ROP \times \frac{P - P_{min}}{P_a - P_{min}}$$

其中，功率指数 P 计算方式为：

$$P = \prod_{i=1}^{r} \left[(\pi d)^2 + \left(\frac{1}{rpm} \right)^2 \right]^{\frac{1}{2}} \times \frac{WOB}{\frac{\pi d^2}{4}} \times i$$

其中，d 为钻头直径，单位 cm，rpm 为转速，单位 r/min，WOB 为钻压，单位 kN。

P_a 计算方式同上，为待校正层位功率指数的平均值。

$$P_a = \frac{\sum_{i=1}^{m} P}{m}$$

$$P_{min} = min(P_i)$$

1.2　、录井气测预处理建模

由于采集周期长、受控因素复杂，录井参数蕴藏的大量有用地质信息隐含在庞杂的干扰项中，对其进行分析利用造成了较大困难，因此考虑将现有烃值校正技术改进。按照气体进入钻井液体系机理差异，本项目将气测曲线组成可分为岩屑(破碎)气、单根(后效)气、背景气测(气测基值)、显示(异常)气和围岩(交换)气；为祛除单根气和背景气测等非地质因素干扰、提取有用地质信息，提出基于时间序列分析的面向计算机自动处理的录井气测数据预处理方法。

设钻杆单根长度区间为[8，10]，则 T 单根 $\in$[8，10]，f 单根>0.125；以此为截止频率 ft，

$$a = ft/2\pi n = 0.1989$$

则可用迭代公式计算

$$Y_i = aX_i + (1-a)Y_{i-1}$$

式中，Yi 为当前井深 i 点校正值；Xi-为当前井深 i 点读值；Y_{i-1} 为当前井深 i 点读值；a 为系数；n 为采集间距，m。

若有完整管串表则上式则改为：

$$Y_i = a_i X_i + (1-a_i)Y_{i-1}$$

其中，a_i 与单根长度有关。采用上述低通滤波算法校正气测值，使单根气及频率高于单根气的权重较低或干扰数据大部分被剔除，实现一定程度上的去单根效应和去噪、降噪。

通过对高磨地部分井进行试验，对关注度和气井录井解释依赖程度较高的气测甲烷组分进行原始参数校正，对于烃值包络校准，待处理井段

原始甲烷组分出现多处不正常落峰，推测可能为脱气效率异常或者排量突然变化所致，并不能真实表征地层流体特征；而对于高频干扰降噪，受单根峰影响，烃值曲线会出现近周期的快起快落状尖峰，通过预处理技术对甲烷原始数据进行校正处理后，在较好保持变化特征和细节的前提下，通过该技术手段能够有效消除甲烷组分数据中的异常落峰和高峰。

2　录井储层和流体解释评价技术

2.1　基于钻井液录井的储层和流体技术–ST技术

该技术的构思、研发和成熟并非偶然，本着“先观察猜想、后建模验证”的研发策略，发明人长期观测分析了气井测试放喷时的现象：在大量天然气经环空及地面管线返出地面过程中即使是温暖的春季也存在着管线快速蒙霜甚至结冰的现象；研发人员首先提出根据管线结冰的宏观现象建立形成判断出口天然气含量的数学模型；随后，经整理和调研分析证实录井仪器采集的电导率和温度参数存在一定相关性，由此，先行探索建立一种基于不被重视的电导率和温度参数的新型储层和流体评价模型；针对电导率、温度参数录取时间跨度大、影响因素复杂的问题，引入“微变化率”，确保计算数据的横向可对比性；并据此分别计算代表电导率变化系数的S指数、表征温度变化系数的T指数、表征气测轻组分变化系数的DH指数和表征气测重组分变化的DO指数；电导率升则温度降、电导率升则气测降、温度降则气测升和气测轻组分升则重组分降低。

图2　现场观测到放喷管线结冰现象启发了ST技术研发

2.2　气测频谱分析技术

气测是能表征储层含气性的关键录井参数，但受限于传统技术思想，对于录井气测的分析利用局限在显示段或异常段，缺乏整体和层段级的认识。具体而言，对于录井气测值业内通常局限在时间–深度域内，采用目视观察法进行整体趋势观察，或就单点进行数据处理和分析，在大井段整体分析领域尚无有效、实用的技术手段公开或者申请专利。过去较为传统的处理思想是：“有异常响应或者录井气测显示才局部处理，对于没有异常的井段则不处理”，为避免录井评价落入“管中窥豹”的局限，川庆公司研究团队开发了录井气测频谱分析技术，主要用于待解释层和显示段的整体分析。

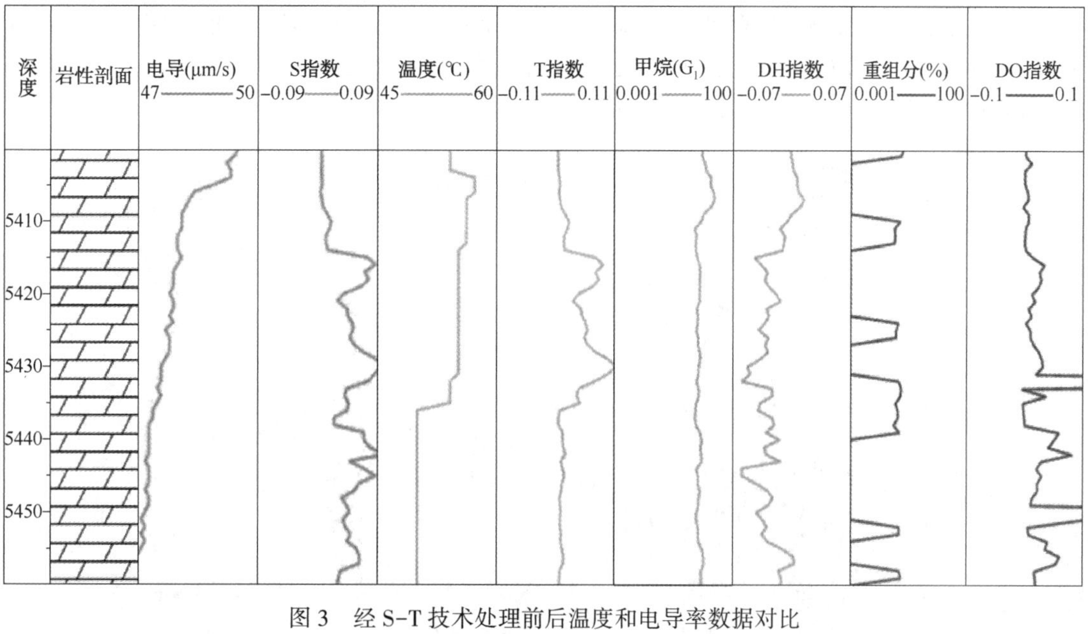

图3　经S–T技术处理前后温度和电导率数据对比

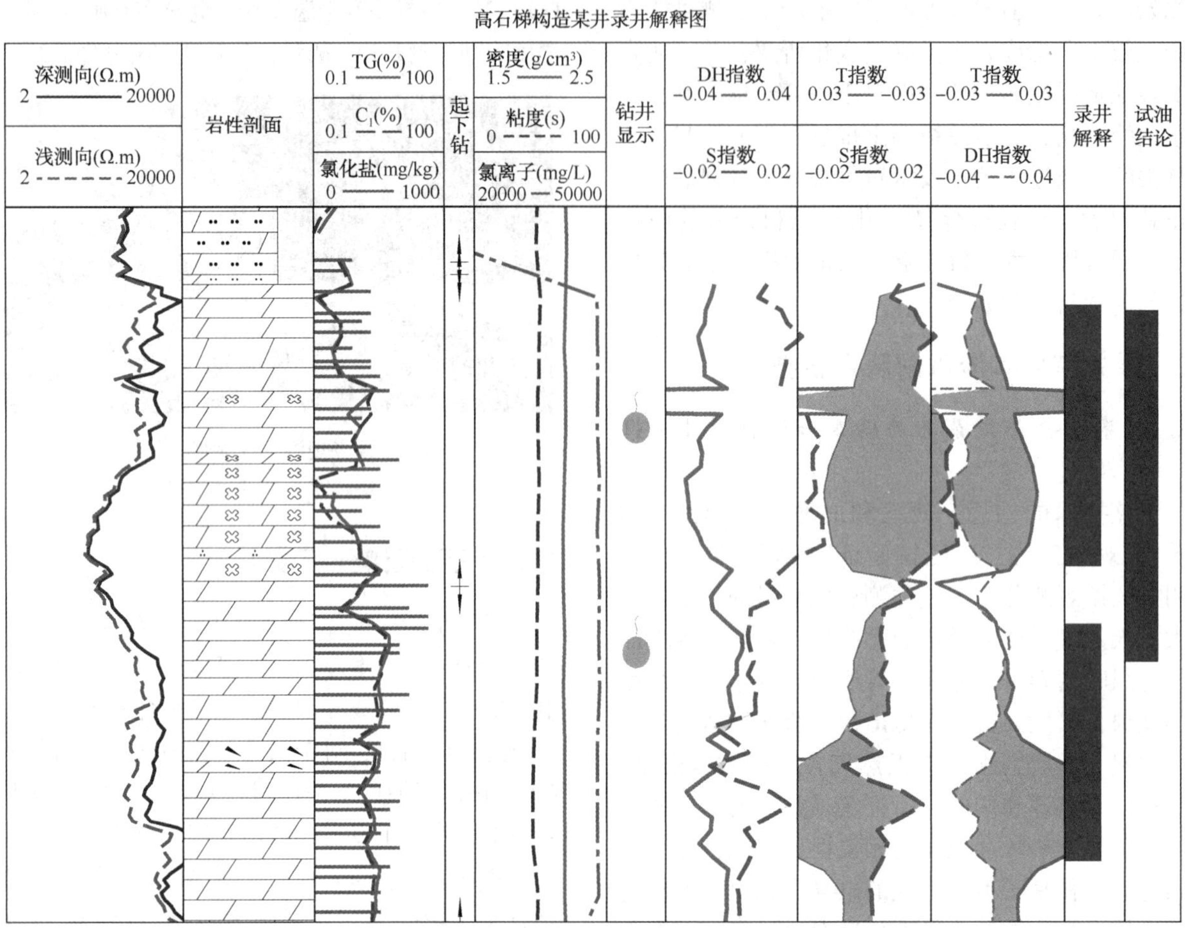

图 4　ST 方法正确识别高石梯某井低阻水层，经测日产水超百方

首先将录井气测数据绘制频谱分析图，设定钻杆长度范围(T_a，T_b)作为单根后效峰的特征周期，反算对应的频率区间(f_a，f_b)，以频率 fa 作为起始频率和分界频率将功率谱图分为显示峰、非显示峰两个区间。其中，显示峰的频率区间为(0，f_a)，非显示峰的频率区间为(f_a，∞)；在此基础上，将非显示峰进一步划分为单根峰、迟滞峰和其他峰三个区间，对应频率区间分别为(f_a，f_b)、(f_b、n)、(n，∞)，其中，n = 3.5min/ROP(平均)，选取 3.5min 的主要原因为 3.5min 是通常的管路延迟时间，也可以作为迟到获得滞后气测值与气测仪器管理内部延时和高频扰动的分界点。由此将功率谱图分为显示峰区间、非显示峰区间(单根峰区间、迟滞峰区间和其他峰区间(图 5)。

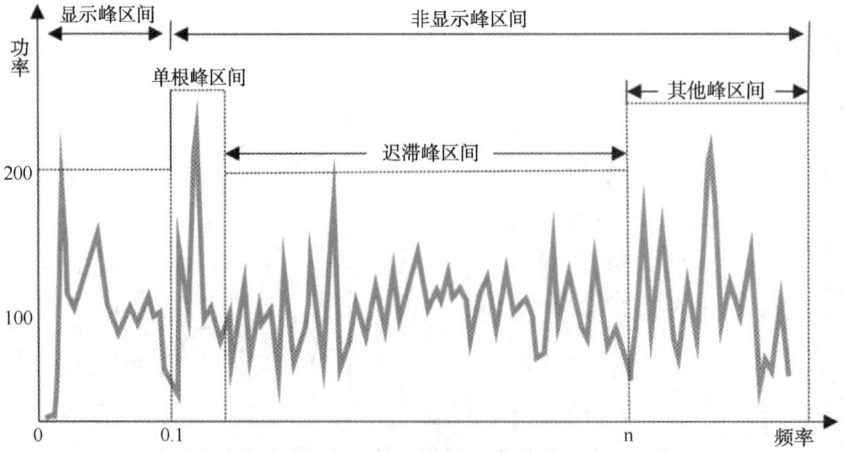

图 5　录井气测功率谱分析图

计算等效识别法的核心参数-录井气测功率谱等效识别指数 *Figures*(f)，以下简称 $F(f)$，其计算方式如下：

$$F(f)=\frac{\sum P'_x\cdot f'_x}{\sum P'_d\cdot f'_d}\cdot\frac{Max(P_x)-Max(P_c)\cdot\dfrac{f_c-f_x}{f_c}+Max(P_d)\cdot\dfrac{f_x}{f_d}}{f_d-f_c}$$

其中P'_x、f'_x分别为显示峰区间功率值及其对应频率值；P'_d及f'_d分别为单根峰区间最大功率值及其对应频率；，$\sum P'_x\cdot f'_x$为显示峰区间内所有功率值及其对应频率值的乘积和；$\sum P'_d\cdot f'_d$为单根峰区间内所有功率值及其对应频率值的乘积和；$Max(P_x)$为显示峰区间功率最大值、f_x为显示峰区间功率最大值对应频率值，$Max(P_c)$为迟滞峰区间功率最大值、f_c为显示峰区间功率最大值对应频率值，$Max(P_d)$为单根峰区间功率最大值，f_d为显示峰区间功率最大值对应频率值。

录井气测功率谱等效识别指数判定流体性质判别方案分为描述形态分析法和数值计算法两种。描述形态分析，即是通过对分区完毕的功率谱图进行功率值大小、显示峰和非显示峰（包括单根峰、迟滞峰和其他峰的）的功率最大值和峰面积进行观测和判定。其判定规则如下：气层，显示峰区间功率最大值超过 100，部分达 200 以上；显示峰区间功率和优势明显，非显示峰区间功率和远远低于显示峰区间；气水同层，显示峰功率最大值远远高于或者较为接近非显示峰，但功率值较低，通常小于 100；水层，显示峰功率值低于或者不显著高于 10，总功率值小于非显示峰，显示峰和非显示峰最大功率较为接近，不存在数量级差值；干层，显示峰功率最大值低于非显示峰，或总功率值低于非显示峰，功率强度也较低通常低于 1。而数值分析法则是根据观察、总结早期典型井功率谱图的响应特征，建立基于录井气测功率谱等效识别指数$F_{(f)}$数值区间的判别模式，气层，等效指数 ∈［1000，∞）；气水同层，等效指数 ∈［100，1000）；水层，等效指数 ∈［10，100）；干层，等效指数 ∈［-∞，10）；后续生产实践中，应用该模型分析 SX3、SX9 等典型深部地层气测数据，量化评价结论与测试结论基本一致（图 6）。

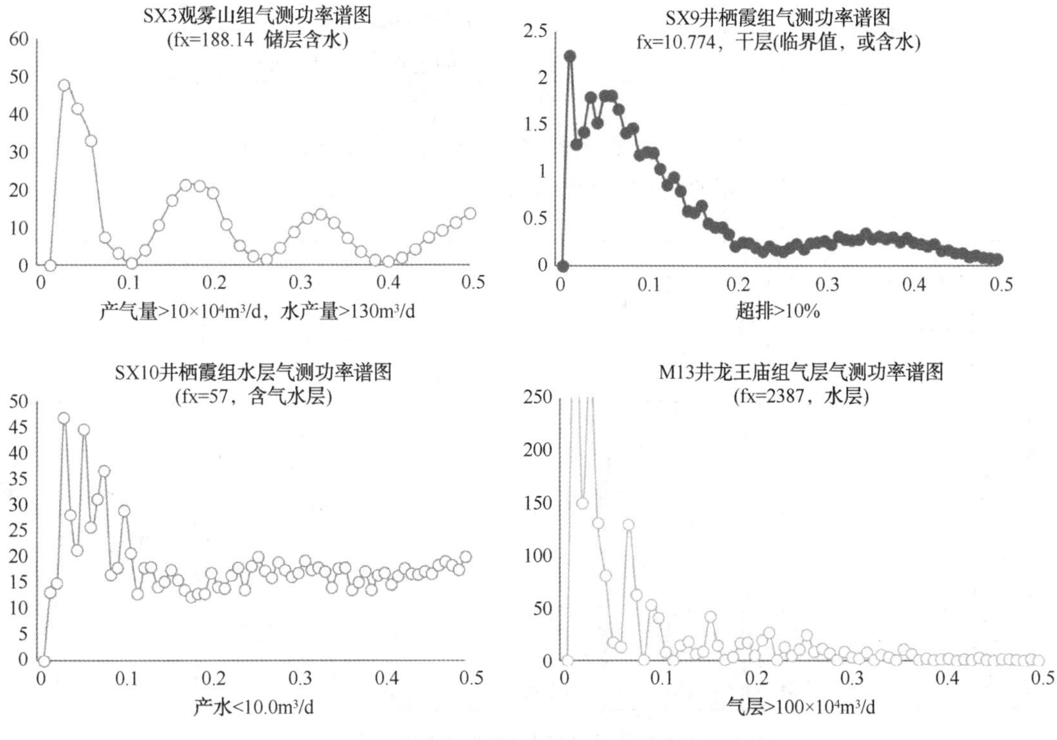

图 6　四川盆地典型井深层气测录井频谱分析实例

3　解释评价标准化和自动化实现

在自动解释模块的研发、试验和应用过程中，梳理了储层和流体解释方面的一些问题，并及时进行了思路调整、算法改进和代码重写，清理了包括逻辑、应用、界面和成效方面的一系列已知 BUG，为自动解释的应用创造了条件(图 7)。以磨溪地区某井为例，该井系磨溪主体构造北缘斜坡带上一口探边井，位于四川盆地乐山—龙女寺古隆起磨溪主体构造以北坡折带，龙王庙组顶界深度 4905.10m，实钻采用密度 2.13g/cm^3 钻井液钻至井深 4941.09m 开始取心作业，利用 S-T 交会法根据其 S-T 道交会显著、指示含水可能性较大的情形下，判定改进龙王庙组上部即钻遇水层，后经测本井龙王庙组日产水超过 600m^3/d(图 8)。

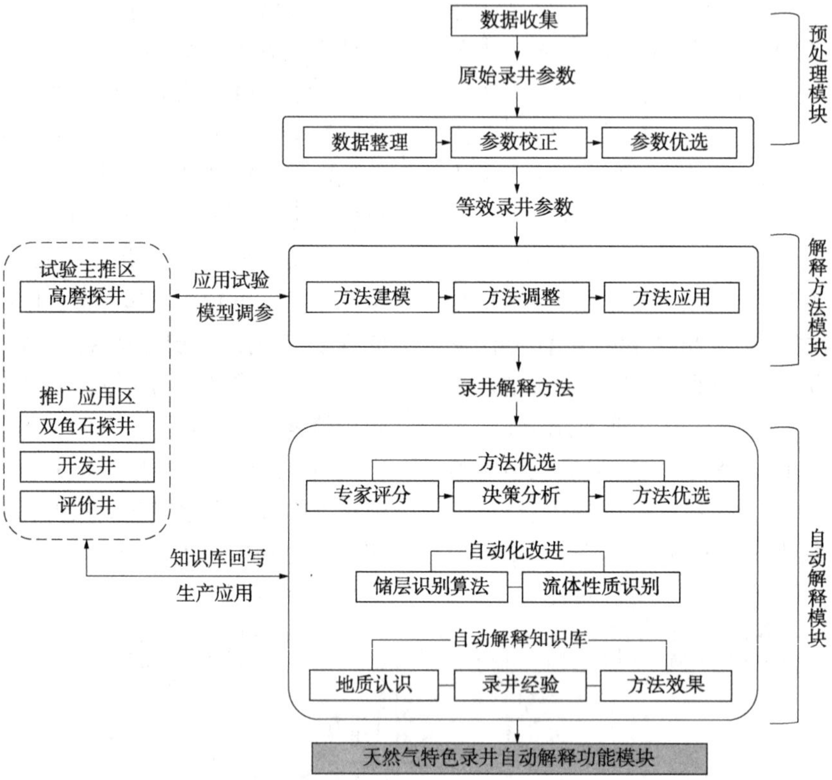

图 7　标准深层碳酸盐岩天然气录井自动解释流程图

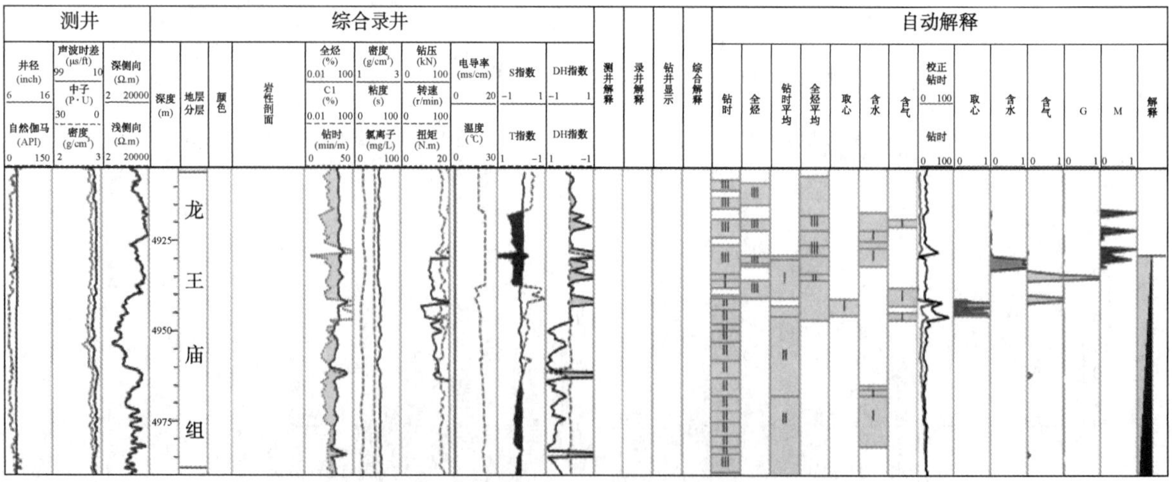

图 8　磨溪构造某井录井软件自动解释效果图

4 结束语

为解决四川盆地深层-超深层录井储层和流体识别难题，中国石油集团驻川单位在高石梯-磨溪和双鱼石构造开展了十余年解释评价研究，针对干扰因素多、获取高质量数据难的问题，研发适用于深井钻探工况的关键录井参数预处理和校正技术，通过软件平台 CQ-GRI 实现了自动校正；针对复杂深层碳酸盐岩非均质性和不确定性强的评价难题，研发具有四川盆地特点的系列曲线-图版和频谱解释技术，将录井评价从传统的时深域扩展到了频域，并依托软件系统实现了一键评价和一键成图；通过标准化、信息化和自动化的系列技术研发和应用，平均解释符合率从 2009 年的 55% 稳步提升至 2022 年的 87.8%（图 9），为突破万米级录井采集和处理解释技术瓶颈、保障深地钻井安全效益实施奠定了坚实的地质工程方法论基础。

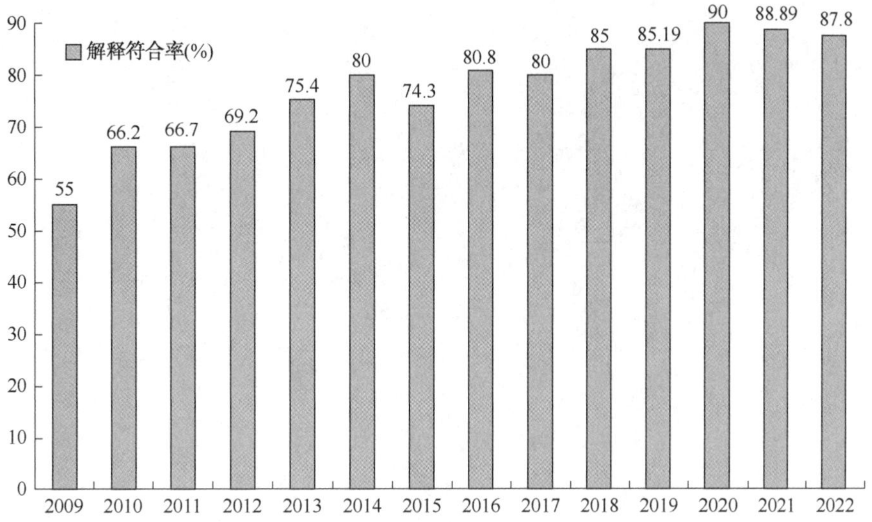

图 9　2009—2022 年四川盆地探井储层及流体录井解释符合率统计表

参 考 文 献

[1] 张可操，曹凤俊. 深层天然气井气水层录井解释评价方法探讨[J]. 石油天然气学报，2005.

[2] 鲍云杰，刘金玲. 深层气测录井存在的问题与发展方向[J]. 大庆石油地质与开发，2001，20(5)：2. DOI：10. 3969/j. issn. 1000-3754. 2001. 05. 006.

[3] 廖静，徐海春. 气测综合曲线分析法在南海琼东南盆地的应用[J]. 录井工程，2013，24(3)：6. DOI：10. 3969/j. issn. 1672-9803. 2013. 03. 002.

[4] 王志战，许小琼. 储层含水性与有效性的录井识别方法——以东营凹陷北部陡坡带为例[J]. 油气地质与采收率，2010(2)：4. DOI：10. 3969/j. issn. 1009-9603. 2010. 02. 019.

[5] 黄小刚. 气测录井甲烷校正法与气测解释方法选择原则[J]. 录井工程，2007，18(4)：5. DOI：10. 3969/j. issn. 1672-9803. 2007. 04. 001.

[6] 王振平. 利用气测录井技术评价解释泌阳凹陷安棚深层系储层流体性质[D]. 石油大学(北京)中国石油大学(北京)，2002.

[7] 李敏佳. 录井资料对油气水层的特征解释与应用研究[J]. 中国科技博览，2015(14)：1.

[8] 吴志超，陈恭洋. 利用综合录井色谱气测信息解释油气层[J]. 石油天然气学报，2004(S1)：2. DOI：CNKI：SUN：JHSX. 0. 2004-S1-017.

[9] 王建飞. 济阳坳陷深层气层录井评价技术研究[D]. 中国海洋大学，2009. DOI：10. 7666/d. y1502564.

[10] 胡红，李强，樊红乔. 录井神经网络油气层解释模型研究[J]. 油气地质与采收率，2003，10(2)：3. DOI：10. 3969/j. issn. 1009-9603. 2003. 02. 013.

[11] 赵洪权，彭澜. 提高升平—汪家屯地区深层解释符合率[J]. 石油工业技术监督，1998，14(9)：3. DOI：CNKI：SUN：SYJD. 0. 1998-09-015.

[12] 李进兴，雷军，候向辉. 气测综合解释方法在塔里木盆地应用探讨[J]. 录井工程，2003(2). DOI：ConferenceArticle/5aa549ecc095d72220d88a36.

[13] 翟希忠. 综合录井参数在欠平衡井气层解释评价中的应用[J]. 录井工程，2007，18(4)：4. DOI：10. 3969/j. issn. 1672-9803. 2007. 04. 016.

[14] 慈兴华. 油气层录井综合解释与评价技术新进展——以深层砂砾岩体油气层为例[C]//中国石油工业录井技术交流会. 中国石油天然气集团工程公司；中国石油化工集团公司，2011.

[15] 张可操. 综合录井参数在深层气井录井解释中的应

用[J]. 大庆石油地质与开发，2005，24(B08)：3. DOI：10. 3969/j. issn. 1000-3754. 2005. z1. 022.
[16] 谭茂金，白洋，张海涛，等. 井筒数据集成学习智能解释方法及应用展望[J]. [2023-08-21].
[17] 任光军. 关于气测录井数据的应用探讨[J]. 录井技术，2003（03）：8 - 15. DOI：CNKI：SUN：LJGZ. 0. 2003-03-001.
[18] 张可操，曹凤俊，ZHANG，等. 深层天然气井气水层录井解释评价方法探讨[J]. 石油天然气学报（江汉石油学院学报），2005. DOI：CNKI：SUN：JHSX. 0. 2005-S5-014.
[19] 王研. 气测录井技术在深层气层评价中的应用研究[D]. 大庆石油学院，2008.
[20] 王义章. 综合录井参数在深层气井录井解释中的应用[J]. 中国石油和化工标准与质量，2014，000（023）：248 - 248. DOI：10. 3969/j. issn. 1673 - 4076. 2014. 23. 214.
[21] 柳绿，王研，李爱梅，等. 深层气井气测录井资料校正处理及其解释评价[J]. 录井工程，2008，19（3）：4. DOI：10. 3969/j. issn. 1672-9803. 2008. 03. 010.

准噶尔盆地南缘地区7500米超深井压裂实践与认识

赵春艳 陈蓓蓓 孔明炜 翟怀建 杨晓儒

（中国石油天然气有限公司新疆油田分公司）

摘　要　南缘中段下组合储层具有“一深三高”特征：埋藏深(>7500m)，高温(>150℃)、高压(>140MPa)，压裂时存在施工压力高，压裂工具、入井材料优选、安全加砂难度大等难点。通过对目标井的地质分析和储层评价，针对该井的压裂改造难点，提出来针对性的压裂改造思路并进行现场施工。研究提出采用大通径压裂管柱组合环空控压技术，研发耐高温加重压裂液体，优选支撑剂粒径组合，确保安全加砂成功。现场实践应用表明，南缘成功实现了7500m以深超深储层的压裂改造，入井砂量50m³，对该区块同类储层的压裂改造具有指导和借鉴意义。

关键词

准噶尔盆地南缘大型背斜集中发育，纵向发育三套成藏组合，其中下组合是近几年勘探寻找大中型油气田的重要领域。南缘下组合储层物性较差，基质孔隙度极低，局部地区发育天然裂缝，为低孔特低渗储集层，部分井射孔后无自然产能，需要压裂改造提高产能。与西段相比，南缘中段下组合埋藏更深(>7500m)，温度更高(>150℃)，地层压力更高(>140MPa)，给压裂改造带来诸多挑战：

(1) 储层埋藏深、闭合应力大，施工泵压极高，安全作业空间小，砂堵风险大，压裂规模受限。

(2) 地层高温容易使压裂液破胶，导致压裂液携砂性能变差，增大加砂风险，压裂液需具有较强的耐高温性能。

(3) 储层厚度大，笼统压裂改造不充分，分压技术不成熟。机械分层安全性差，费用高；暂堵分层对暂堵材料要求高，有效性难以评价。

近年来，针对南缘下组合勘探领域储层改造面临的地质工程难点，从管柱组合、工具材料、泵注工艺等方面开展了攻关研究和现场实践，初步形成“大通径管柱+耐高温加重压裂液+小粒径/低砂比加砂”工艺，可满足7500m超深层压裂改造需求。

1　压裂配套技术

1.1　大通径组合油管环空控压压裂技术

储层埋藏深，施工排量受限，主要通过预测不同排量下的井口施工压力优选施工排量，而管柱沿程摩阻是影响施工压力的重要因素。从图1可看出，若采用常规尺寸油管，在限压124MPa(井口140MPa)情况下，最大排量为2.5m³/min，而采用大通径组合油管，施工排量可提升至3.5m³/min。应用Wellcat软件进行全井管柱的三轴安全系数校核，射孔、破堵、压裂、试产等全工况下，油管三轴安全系数最小为1.83(>1.50)，均在油管安全系数包络图以内，满足安全试油要求(图2)。

采用光油管压裂时的环空压力值约为95MPa，套管允许的限压值105MPa，套管安全窗口仅10MPa。若施工出现异常，套管超压风险极大。针对油管压裂时套管承压超限风险，通过环空液体加重的方式增大套管顶部安全窗口；综合考虑降压效果、加重剂成本，优选1.20g/cm³加重液，套管压力安全窗口由10MPa提升至25MPa(图3)，有效降低套管超压风险。

因此大通径组合油管+环空控压压裂方式，可降低管柱沿程摩阻，有效提升施工排量，实现射孔-测试-压裂一体化试油工艺，同时削减封隔器埋卡管柱风险。

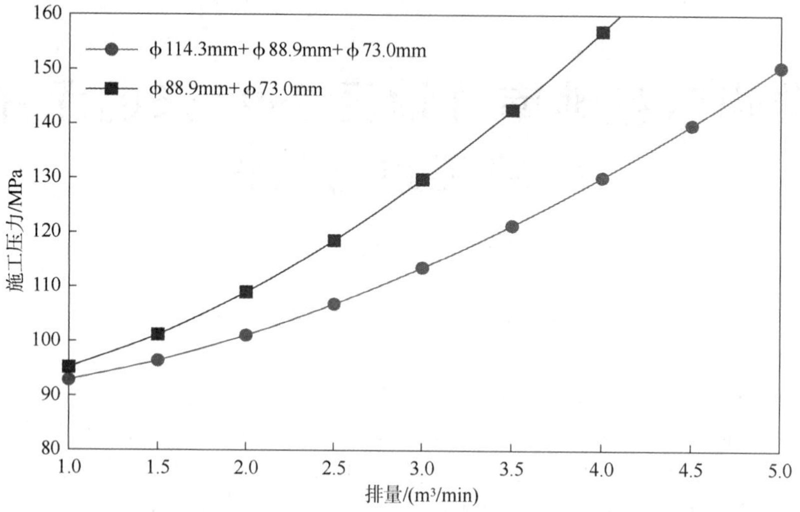

图 1　不同尺寸压裂管柱、不同排量的施工压力预测

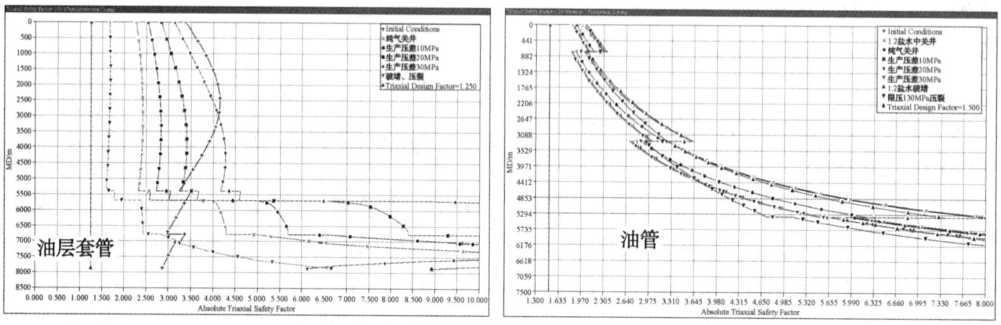

图 2　NY1 井全工况管柱三轴安全系数校核成果图

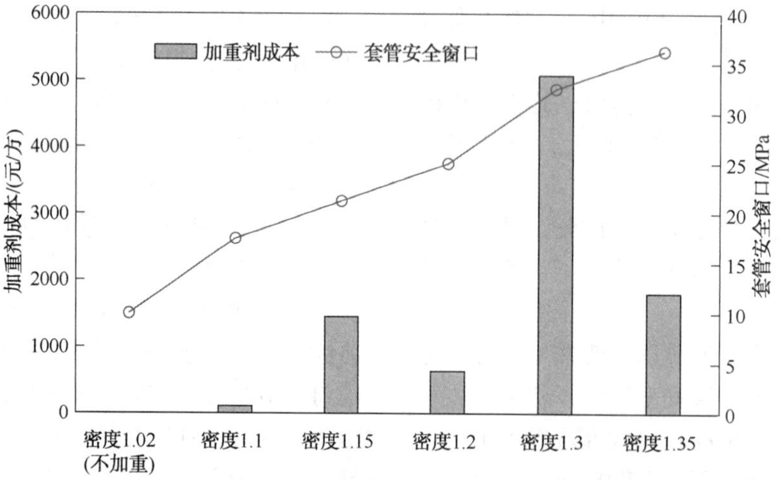

图 3　不同类型加重液套管安全窗口值及成本对比

1.2　压裂材料优选

（1）应用不同密度压裂液组合

提高工作液密度，增大静液柱压力可以有效降低井口泵压。通过自主研发及综合评价，最终选择两种无机盐复配为加重剂，以胍胶压裂液为载体。该体系耐温性能达 170℃，现场应用加重密度达 1.20g/cm³。

在压裂施工刚开始阶段，考虑地层破裂压力高，采用加重压裂液增大静液柱压力，理论上可有效降低井口破裂压力(>10MPa)；待地层破裂后，采用常规密度压裂液进行造缝和携砂(图 4)；随着地层砂量的增加，缝内净压力会逐渐增大导致施工压力上升，因此，在顶替阶段，为防止井口压力爬升超过限压，采用加重压裂液进行顶替。应用不同密度压裂液组合，与全程采用加重压裂液相比，压裂材料成本可降低 70%左右。

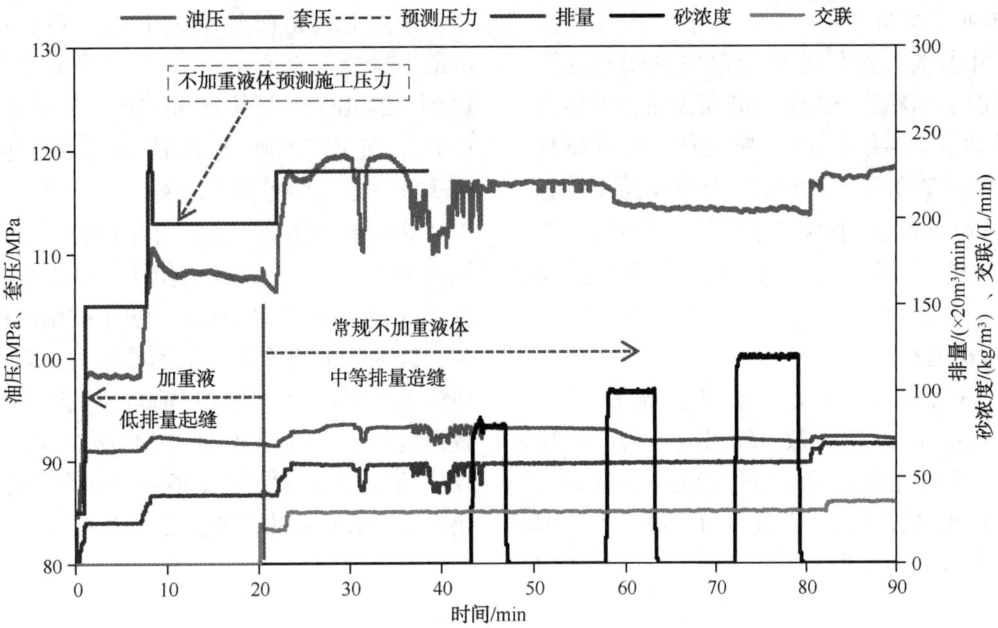

图 4　前置加重降破泵注曲线图

（2）优选支撑剂粒径组合

南缘下组合储层闭合应力高，考虑枯竭试产后期作用在支撑剂上的闭合应力接近 100MPa，需采用承压能力 103MPa 高强度陶粒；结合支撑剂不同闭合应力下的短期导流能力测试结果（图 3），以及南缘地区裂缝宽度预测成果图（图 4），推荐采用中小支撑剂粒径组合，铺砂浓度达 5kg/m^2，保障裂缝有效导流能力和加砂作业安全，同时为防止停泵后支撑剂回流，可适当尾追 10%左右 30/50 目覆膜陶粒。

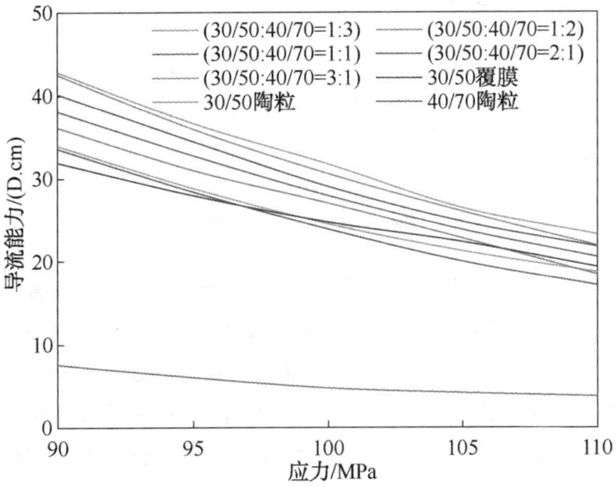

图 5　不同粒径组合 103MPa 陶粒短期导流能力测试成果（5.0kg/m^2）

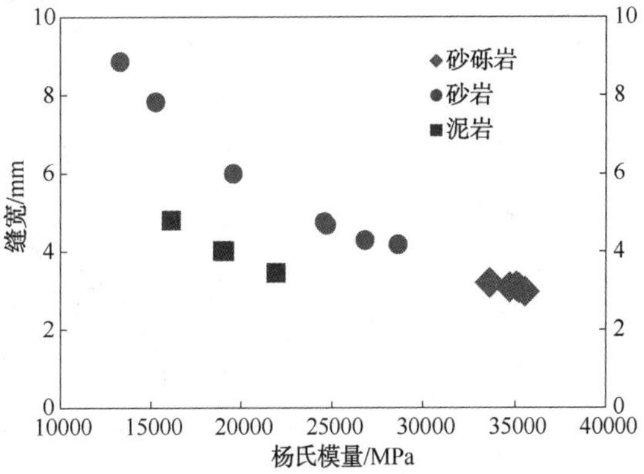

图 6　南缘深井不同岩性裂缝宽度预测成果图

1.3　超深井组合油管安全泵注工艺

为实现超深层规模、安全加砂，提出在前置液阶段采用“多段塞打磨+高浓度砂塞预判”设计理念，其主要目的是通过段塞打磨完善近井区域，并通过 4～5m^3 高浓度的砂塞预判断地层对砂浓度的敏感性，进而为主加砂压裂时的砂浓度设置提供参考，降低砂堵风险。主加砂阶段采用低砂比、小增幅的泵注方式，控制平均砂比<15%。

2　现场压裂实践

截止目前南缘超深井压裂实施 6 井次，压裂最大深度 7540m，最高压力 129MPa，单层压裂施工排量 2.5～4.5m³/min，单层最大加砂量 60m³，工艺成功率 100%。下面以一口井为例阐上述配套技术的具体应用情况。

2.1　目标井基本概况

NY1 井本次改造目的层为白垩系清水河组（K_1q），储层埋深超 7500m，跨度 35m。岩性为泥质细砂岩、粉-细砂岩、细砂岩，基质物性差，部分发育高角度天然裂缝，计算储层平均杨氏模量 55.6GPa，最小水平主应力 155MPa，射孔后自然产能很低，需要压裂改造提高储层产能。

2.2　压裂改造思路

本井射孔后采用盐水破堵，破开压力 75.3MPa，关井压力扩散 100 分钟，压降仅 2.51MPa，反映近井筒附近可能存在泥浆污染，未能建立有效渗流通道，导致压力扩散缓慢。因此，改造思路采用冻胶多段塞压裂工艺，形成较长的人工裂缝，沟通远端储层，增大泄油面积。同时配套超深井压裂工艺技术系列。

2.3　现场压裂实践

采用上述超深井压裂工艺，NY1 井清水河组最大排量 3.5m³/min，现场压裂最高井口泵压达到 124MPa，入井砂量 50m³，工艺符合率 100%，实现 7500 米超深井安全规模改造（图 7）；施工期间套压缓慢上涨 12MPa，反映人工裂缝扩展整体受控，结合压后分析反演人工缝长约 139m，缝高 27m，达到了设计预期。压裂后压降速度 0.19MPa/min，快于破堵时的压降速度，认为人工裂缝沟通了远端的天然裂缝，有效释放了气层产能。该井压前自喷试产仅见油花和微量气体，压后试油日产油 62.29 吨，日产气 32 万方，充分证实了储层的含油气性，也表明此次压裂改造取得了良好的提产效果。

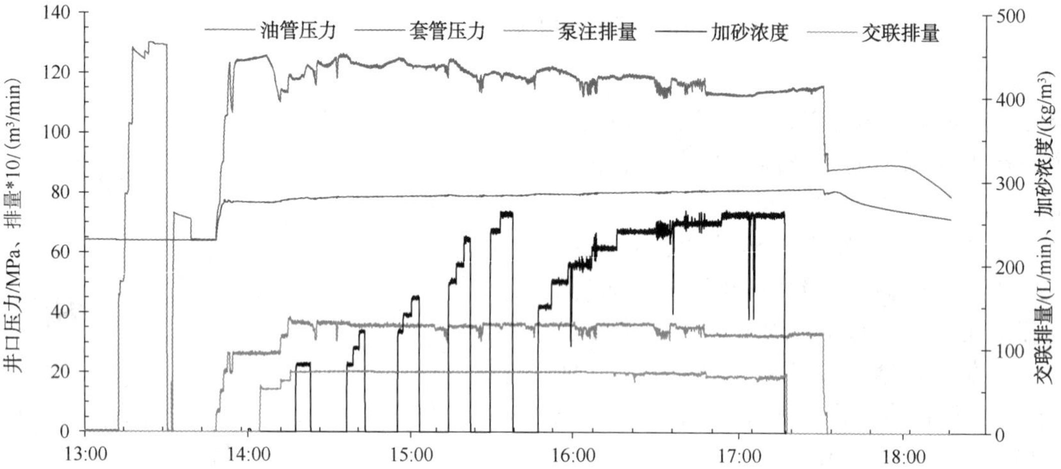

图 7　NY1 井清水河组压裂施工曲线图

3　结论与认识

（1）NY1 井压后增产效果显著，充分表明采用“大通径管柱+耐高温加重压裂液+小粒径/低砂比加砂”工艺，可以满足南缘下组合 7500m 深井压裂改造。

（2）现场施工排量仅 3.5m³/min，限制了储层改造工艺的拓展空间，且地面设备也达到了最大允许工作压力，富余的处理复杂的压力空间有限。

（3）目前 7500 米超深领域仅仅是实现了“压成”的初步目标，如何实现从“压成”到“压好”的转变，储层改造技术仍面临极大的挑战：一是厚层精细分层改造工艺技术待攻关实践；二是低成本、高密度、低摩阻加重压裂液体系亟待攻关试验。

参 考 文 献

［1］文贤利，孔明炜，罗垚，等. 准噶尔盆地南缘高温高压高闭合应力致密储层改造技术研究及应用［J］. 新疆石油天然气，2021，17(04)：15-20.

［2］冯虎，徐志强，徐延涛. 塔里木油田超深超高压气藏的成功改造［J］. 断块油气田，2014，21(06)：819-822.

［3］车明光，王永辉，彭建新，等. 深层—超深层裂缝性致密砂岩气藏加砂压裂技术——以塔里木盆地大北、克深气藏为例［J］. 天然气工业，2018，38

(08)：63-68.
[4] 许可，侯宗锋，翁定为，等. 耐高温压裂液及其添加剂研究进展[J]. 当代化工，2022，51(04)：936-940+974.
[5] 李杨，郭建春，王世彬，等. 耐高温压裂液研究现状与发展趋势[J]. 现代化工，2019，39(S1)：95-98.
[6] 田浩廷. 超深井压裂工艺技术研究[D]. 东北石油大学，2017.
[7] 唐洪俊，刘洪，熊继有. 高压深层低渗透储层改造技术的研究与应用[J]. 天然气工业，2005(12)：97-99+6+5.
[8] 王宝峰，陈作，吴春方，等. 深层致密砂岩气藏中高温压裂液开发及应用[J]. 精细石油化工，2019，36(01)：10-14.
[9] 肖博，张士诚，肖青香，等. 耐高温压裂液配方优选与评价[J]. 西安石油大学学报(自然科学版)，2014，29(01)：80-84+9.
[10] 辛军，郭建春. 控制支撑剂回流技术新进展[J]. 断块油气田，2008，15(5)：99-102.

基于电磁式声波发射器的环空液面连续监测技术研究

冯胤翔　魏　强　段慕白

（中国石油集团川庆钻探工程公司钻采工程技术研究院）

摘　要　钻井溢漏时，环空液面监测技术能迅速、准确地确定液面的变化趋势和泥浆漏失或油气上升运移的情况，以便及时有效采取的对应措施。目前现场主要采用回声式测距仪，使用高压气枪产生探测声波，高压气体依靠氮气瓶存储，用完需要及时进行补充，无法实现连续监测。本文从环空声波传播特性研究入手，研发了一套基于电磁式声波发射器的环空液面连续监测系统，并通过试验验证了该方法的可行性，解决了现有手段无法实现环空液面自动连续监测的问题。

关键词　环空声学；环空液面；连续监测；电磁式；声波发射器

近年来，川渝地区的深井超深井越来越多，窄安全密度窗口频繁出现，控压钻井面对各种漏喷复杂，压力巨大。目前，控压钻井在正常钻进、停泵接单根、起下钻过程中，都能够通过套压精确控制井筒压力，确保井筒不漏不溢，但在出现恶性井漏或重浆帽起下钻时，液面不在井口，控压钻井失去了控制手段。如果此时，井内漏转溢，则会发生比较严重的井控事件。

液面监测技术广泛应用于油田勘探开发中。在油田开发中，环空液面监测能判断井下液面位置，为下一步的油田开发生产作业提供可靠的指导。溢漏后，井队和专家需要迅速、准确地确定液面的变化趋势和泥浆漏失或油气上升运移的情况，以便及时有效采取的对应措施，保护人员、资产的安全。环空液面的动态监测及溢流、漏失模型是预防钻井溢漏事故发生的首要技术手段。此前采用的浮筒法具有测量准确成本低廉的优点，但是该方法操作复杂，连续性差，且水位传感器容易在环空受阻造成上提下放困难，同时由于电缆长度有限，不适用液面较深的情况。目前，钻井现场主要采用回声式测距仪进行环空液面测距，但由于是使用高压气枪作为声源，氮气瓶只能存储少量的气体，用完后必须进行补充，无法做到钻井工程中的连续测量，容易造成在发生井控问题时，没有具体的环空液面数据，导致钻井风险预警效果不佳；且需人工手动进行测量，气压较大存在人员安全风险，需要专业人员操作。

针对上述不足，研制了一种基于电磁式声波发射器的环空液面连续监测仪，能够实时掌握环空液面变化趋势，确保发生恶性井漏工况下的停泵、起下钻、堵漏等各种作业期间井控安全。

1　环空声传播特性研究

声波是一种机械波，声波的产生是由声源振动引起的，声波的传递过程不是物质的传递，而是介质在一点来回做简谐运动，声波的传播实际上是能量在介质中的传递，因此声波在传播过程中会发生反射、衰减等现象。

1.1　声波在环空的衰减特性

在理想状态下，声波在传播过程的能量恒定不变，但在实际情况中，声波在传播过程中会逐渐衰减。声波的衰减主要分为两种：黏滞衰减和热传递衰减，声波的黏滞衰减可通过声场中任意点的位移ξ求解一维粘性波动方程来获得：

$$\xi = Ae^{-\alpha_{\eta}x}\sin\left(\omega t-\frac{x}{c}\right)+Be^{-\alpha_{\eta}x}\sin\left(\omega t+\frac{x}{c}\right) \quad (1)$$

式中，c为声传播速度，m/s；ω为角频率，rad/s；$A\,e^{-\alpha_{\eta}x}$为声波的振幅，dB；$e^{-\alpha_{\eta}x}$为声波的衰减系数，$e^{-\alpha_{\eta}x}\sin\left(\omega t+\frac{x}{c}\right)$表示声波沿负方向传播。$\alpha_{\eta}$为声波黏滞衰减物理量，其表达式为：

$$\alpha_{\eta}=\frac{\omega^{2}\eta}{2\rho_{0}c^{3}}=\frac{2\omega^{2}}{3\rho_{0}c^{3}}\eta' \quad (2)$$

式中，η为黏度，PA·S。

第二种为热传递衰减。热传递的衰减系

数为：

$$\alpha_\chi=\frac{\chi\omega^2(\gamma-1)}{2\rho_0c_0^3C_0}=\frac{\chi\omega^2\eta}{2\rho_0c_0^3}(\frac{1}{C_v}-\frac{1}{C_p}) \quad (3)$$

式中，χ 为热传导系数，W/(m·K)；C_v为定容比热容，J/(kg·K)；C_p为定压比热容，J/(kg·K)。

环空声衰减是黏滞衰减和热传导衰减之和：

$$\alpha=\frac{\omega^2}{2\rho_0c_0^3}\left[\eta+\chi\left(\frac{1}{C_v}-\frac{1}{C_p}\right)\right] \quad (4)$$

由(4)可得，声波总的衰减系数与声波频率的平方成正比。因此，在固定介质中，低频声波随距离的增加衰减更慢，高频声波衰减更快。

1.2 环空声学有限元仿真

COMSOL有限元分析软件有良好多物理场耦合计算能力，为了分析环空声波的传播特性，选取COMSOL多物理场有限元软件中的压力声学模块，构建环空几何模型，分析不同频率的入射声波衰减情况，压力声学控制方程：

$$\frac{1}{\rho c^2}\frac{\partial^2 p_t}{\partial t^2}+\nabla\cdot\left(-\frac{1}{\rho}(\nabla p_t-q_d\right)+\frac{\delta}{pc^2}\frac{\partial\nabla p_t}{\partial t})=Q_m$$

$$\delta=\frac{1}{\rho}\left(\frac{4\mu}{3}+\mu_B+\frac{(\gamma-1)k}{C_p}\right) \quad (5)$$

$$p_t=p+p_b$$

边界条件：

$$-n\cdot\left(-\frac{1}{\rho}(\nabla p_t-q_d)\right)=0 \quad (6)$$

式中，c 为声速，m/s；ρ 为密度，kg/m^3；C_p为恒压热容，J/(kg·K)；γ 为比热率；^{K}为导热系数，$W/(m\cdot K)$；μ 为动力粘度，Pa·s；μ_B为本体粘度，Pa·s；^P_t为源节点声压；采用自定义平面波辐射声源。

将管道顶端设置为声压源，入射声强110dB，管道底部设置为阻抗为1.5×10^6Pas/m的水，其余环形空间设置为空气，空气与套管、钻杆接触部分设置为硬边界条件：

$$\left(-\frac{1}{\rho}(\nabla p_t-q_d)\right)=0 \quad (7)$$

式中，ρ 为媒质的密度，q_d为环隙里的背景声压，p_t为总声压场，套管环形空间的声压场 $p(X,t)$通过标量波方程求解p_t来确定。

由于模型太长，此处截取接箍部分作为展示，如图1所示。

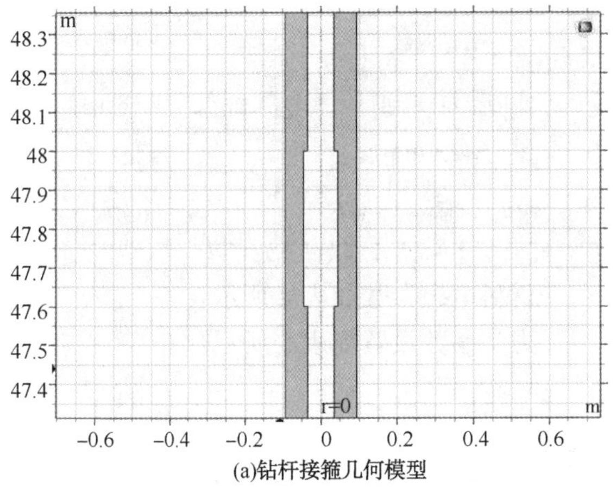

(a)钻杆接箍几何模型

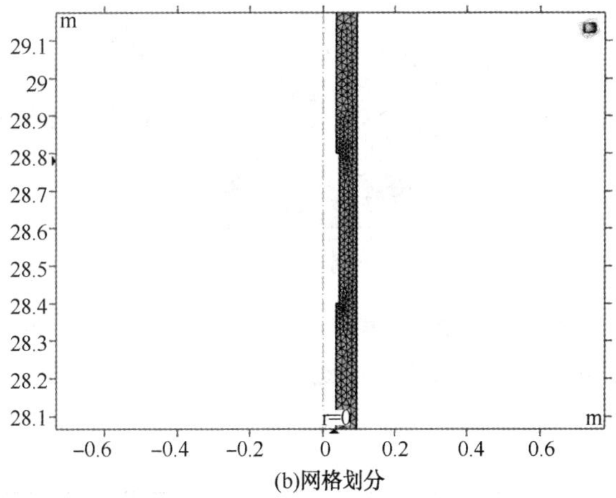

(b)网格划分

图1　环空几何部分模型设置

仿真结果如图2所示，可以看出声损耗随声波频率增加而增加，钻杆会增大声损耗，在80~300Hz段声衰减增大较多原因是由于钻杆接箍的存在，使声波反射，在纵向上产生了驻波。以环空液面深度500m为例，当声波频率为20Hz时，声波大致衰减40dB，当声波频率为500Hz时，声波衰减60dB。因此在设计声波发射器时，要尽可能的提高其低频性能。

2 环空液面连续监测系统

现场使用的环空液面检测仪主要采用高压气枪瞬间释放一个瞬时的脉冲波，这种方式具有能量大、发生时间短的优点，但是同时也有操作危险、不能多次测量、不能连续测量的缺点。电磁式扬声器具有可调频、可连续多次发声、操作安全的优点，因此本研究采用低频电磁式声波发射器作为环空液面监测系统的发声源。

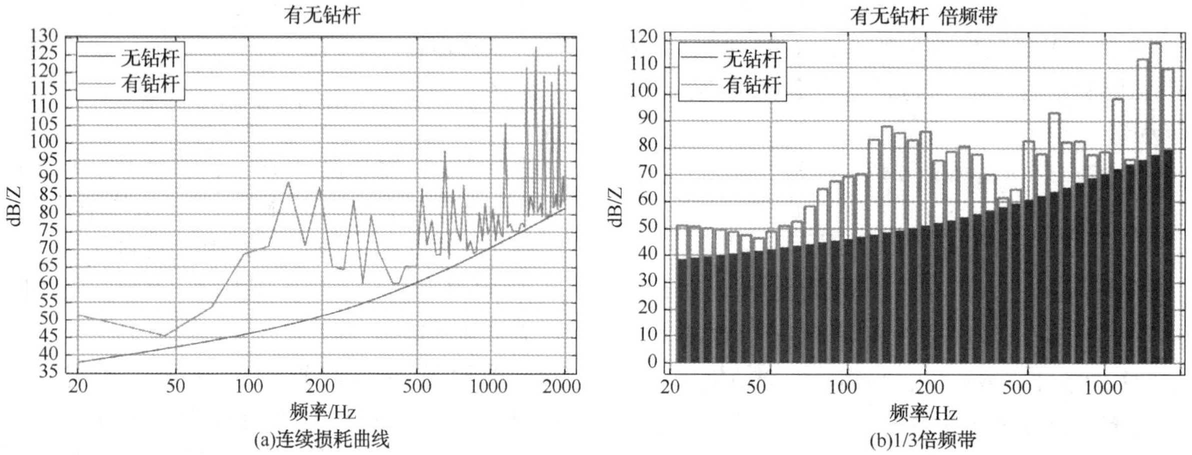

(a)连续损耗曲线　　(b)1/3倍频带

图 2　声波衰减曲线

2.1　电磁式声波发射器

电磁式声波发射器的组成是由支撑系统、磁路系统、振动系统三个部分组成。声波发射器的下部是由永磁体构成，当电流通过音圈时，音圈中的软铁材料会因电磁感应原理被电流舌簧磁化，因电流的变化而达到与下方的永磁体相互吸引或排斥，从而迫使振膜发生振动产生声波。电磁式声波发射器的结构如图 3 所示。

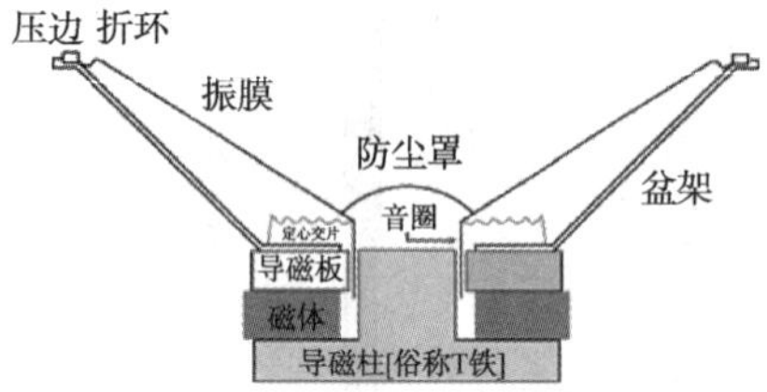

图 3　电磁式声波发射器

频响特性是指：当输入恒定电压信号、不同频率的声波信号时，电磁式声波发射器产生的声压随输入的频率变化而发生的增大或衰减、相位随频率变化而变化的现象。为增强电磁式声波发射器的低频响应，采用了增大振膜面积、增加磁体磁性和音圈匝数的方法，为验证其低频性能，采用 COMSOL 对其进行模拟分析。

COMSOL 模型参数设置如表 1 所示：

表 1　模型参数设置

名称	值
音圈匝数	150 匝
音圈导线截面积	2.4e−8[m^2]
音圈电阻值	8Ω
永磁体剩余磁通密度	0.6T

材料电磁参数如表 2 所示：

力学参数设置如表 3 所示：

表 2　材料电磁参数

材料	电导率[$S\cdot m^{-1}$]	相对磁导率	相对介电常数
空气	1	1	1
音圈	4.6e7	1	1
导磁材料	1.2e7	500	1
振膜	1	1	1
支架	0	1	1
玻纤	0	1	1

表 3　材料力学参数

材料	密度/(kg/m^3)	杨氏模量/Pa	泊松比	瑞丽阻尼参数	各向同性化损耗因子
音圈	4500	110e9	0.35	—	0.05
振膜	1200	2e9	0.42	3.7e-5	0.04
支架	650	0.58e9	0.3	—	—
玻纤	2000	70e9	0.33	—	0.04
挂耳	67	5e6	0.4	—	—

在 COMSOL 中对电磁式扬声器进行二维建模，模型最外面一层为完美匹配层，它能够吸收入射波不形成反射，从而不影响空气域内的声波。二维模型及网格划分如图 4 所示：

发声器不同频率下的总声压场云图如图 5 所示，扬声器的总声压场主要集中在振膜附近，随着距离的增加，声压场衰减迅速。不同频率下对应总的声压场不同，当频率为 300Hz 时发声器的总声压场最大。

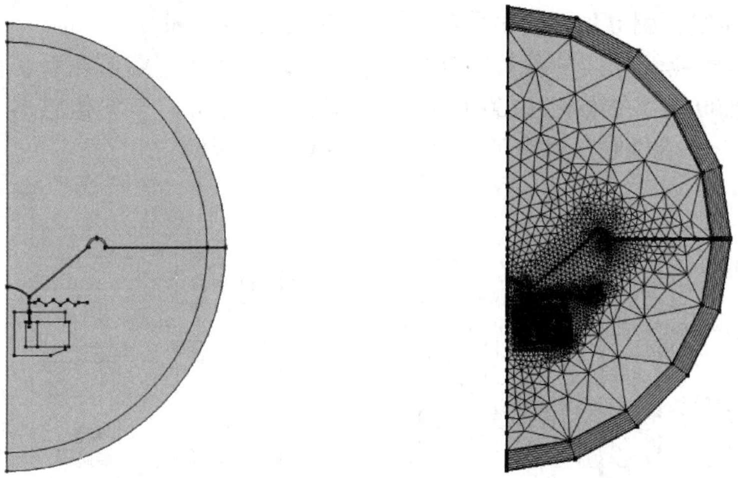

图 4　发声器二维模型及网格划分

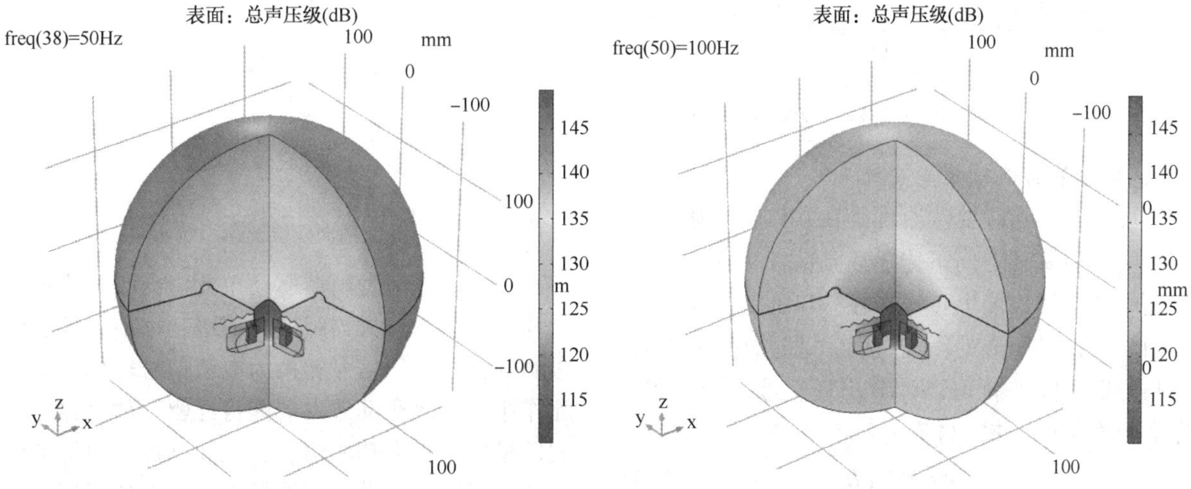

(a)50Hz声波发射器的总声压场　　(b)100Hz声波发射器的总声压场

图 5　不同频率下声波发射器的总声压场

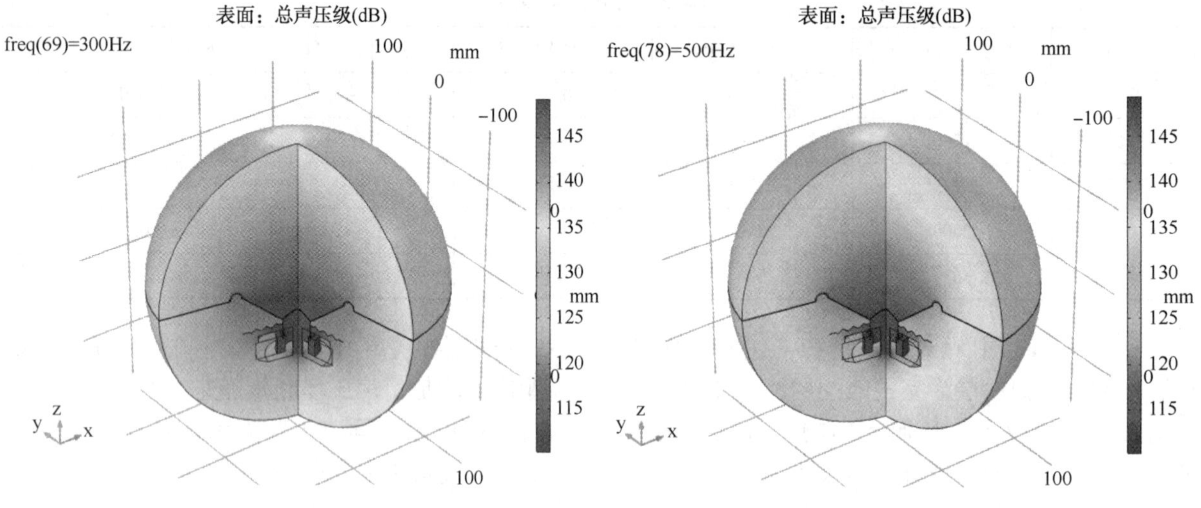

(c)300Hz声波发射器的总声压场　　　　(d)500Hz声波发射器的总声压场

图5　不同频率下声波发射器的总声压场(续)

发声器的响频曲线如图6所示，由曲线可知，该发声器的低频响应较好，在频率为20Hz时，声压级能够达到90dB，在频率为100Hz时，声压级能够达到110dB，在300Hz时声压级达到最大，为120dB。

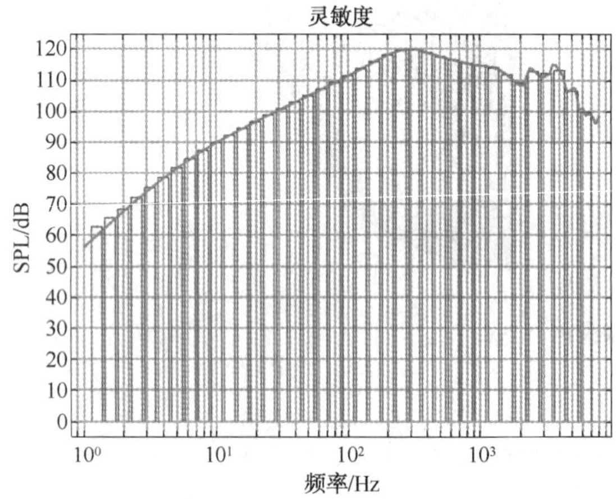

图6　电磁式声波发射器的响频特性

2.2　环空液面连续监测系统

环空液面连续监测原理是在井口发出脉冲声波，声波沿着环空向下传播遇到钻杆接箍和环空液面时会有回波向上传输，在井口的监测仪监测到回波并记录相应的回波时间，通过计算回波时间与发射时间差就可以计算出环空液面的位置。环空液面可由公式(8)确定：

$$D_e = L \cdot L_e / L_0 \tag{8}$$

式中，D_e为环空液面深度，m；L为环空液面回波与井口波的距离，m；L_e为某一钻杆接箍波与井口波的距离，m；L_0为产生回波的接箍到井口的距离，m。

环空液面连续监测系统由电磁式声波发射器、驱动单元、声波传感器、pc组成，系统构示意图7所示。

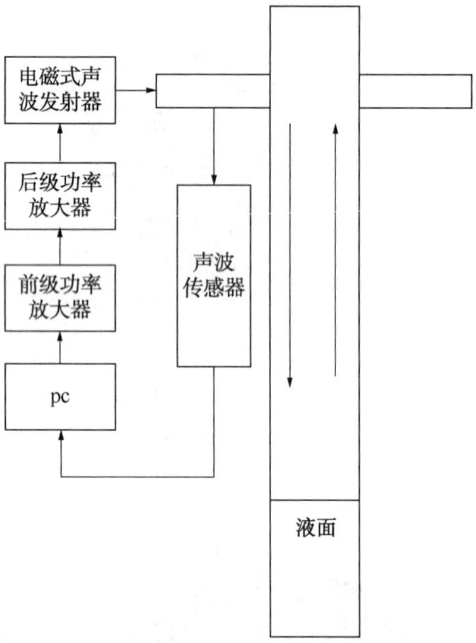

图7　环空液面连续监测系统示意图

其中，声波发射器驱动单元由前级功率放大器和后级功率放大器组成，前级功率放大器能将微弱的输入电压信号转换为电流信号输出，起匹配作用。后级驱动放大器能将经驱动放大器输入的信号放大为大功率信号，从而满足发声器的驱动电压要求，带动发声器发声。声波传感器能够将将声信号转换为电信号，再将电信号输出给计算机分析进行实时分析。环空液面连续监测装置组成如图8所示。

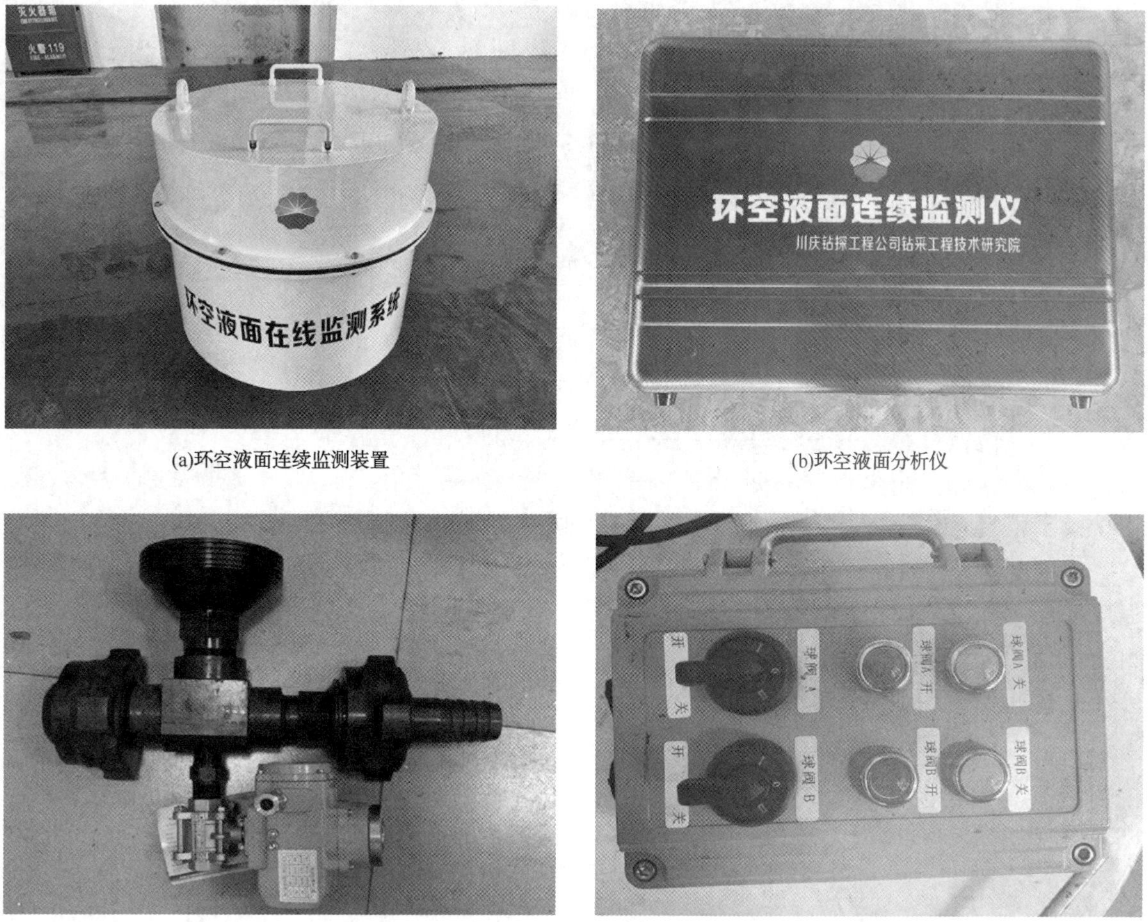

(a)环空液面连续监测装置　　(b)环空液面分析仪

(c)环空液面连接三通　　(d)远程控制装置

图 8　环空液面连续监测装置组成

3　环空液面连续监测试验

环空液面连续监测试验在 X 试 1 井进行，该井完钻层位为天马山组，完钻井深 708m(直井)，下入 Φ244.5mm 套管至井深 615.26m 处固井。

3.1　试验步骤

①连接钻头、止回阀及钻铤，②连接声波发射器、接收器、连接三通和管线等，③下入钻具至井底，④打开泥浆泵从钻具水眼灌满钻井液，⑤起钻，记录起出钻柱数量，利用钻柱排空体积计算理论环空液面高度，⑥利用环空液面连续监测装置测量环空液面高度。环空液面连续监测装置安装如图 9 所示。

3.2　试验结果

本文所设计的环空液面连续监测软件具有声波调频调幅、发声间隔设置、声波图谱显示、液位自动记录等功能，会自动识别声波发射点和液面回波点，并计算环空液面高度。起出一柱钻柱后坐卡，发射探测声波测量环空液面高度，当起钻至 540m 坐卡后，连续发射探测频率为 100Hz 的声波，环空液面连续监测软件如图 10 所示，测得环空液面深度为 83.6m，理论环空液面高度为 83.2m，误差 0.5%。

图 9　环空液面连续监测装置安装图

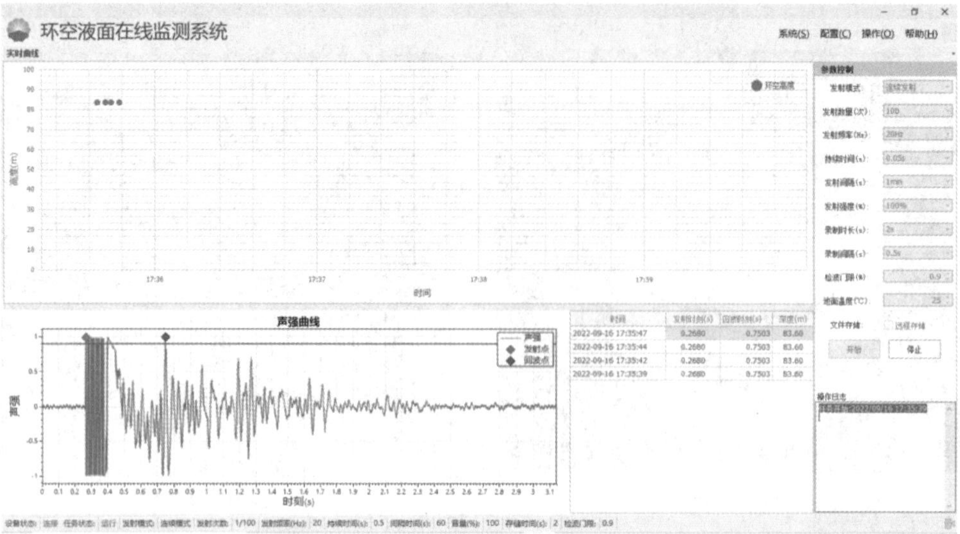

图 10　环空液面连续监测软件

连续起出钻柱，直至钻头位置为 220m 时，钻头与液面分离，液面位置不再改变，每起出一柱测量一次环空液面高度，实测液高与理论液高对比分析图如图 11 所示，误差均小于 2%。

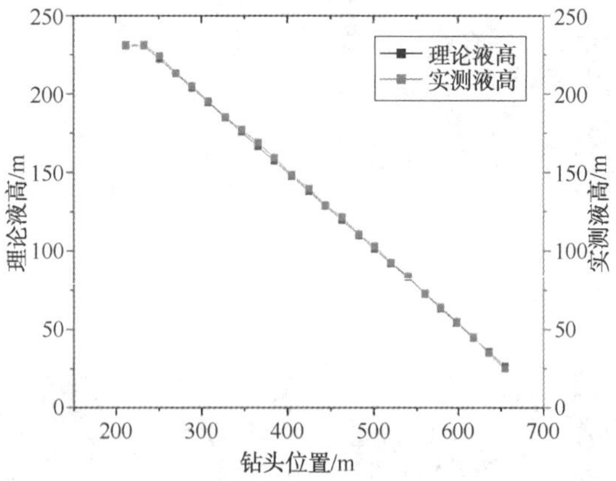

图 11　不同环空液面高度实测对比

4　结论与认识

（1）声衰减随声波频率增大而增大，当环空高度为 500m 时，声波频率选择 20～500Hz，声波衰减 40～60dB。

（2）利用电磁式声波发射器作为发声源能够实现环空液面的连续测量，在研制发声器时应尽可能的提高其低频响应特性。

（3）所研制的环空液面连续监测系统具有调频调幅、自动识别等功能，能够实现环空液面的自动准确测量，实测液位与理论液位误差小于 2%。

参 考 文 献

[1] 晏凌，吴会胜，晏琰. 精细控压钻井技术在喷漏同存复杂井中的应用[J]. 天然气工业，2015，(2)：59-63.

[2] 万昕，左星，王佩珊，江迎军，邓鹏，彭茂桓. 浅谈漏喷同存复杂地层的技术对策[J]. 钻采工艺，2018，第 41 卷(4)：34-36，47，7.

[3] 胡畔，肖河川，李伟成. 基于环空液面监测系统的自动在线监测研究[J]. 钻采工艺，2016，39(06)：66-68+5.

[4] 冉超. 复杂管柱声场下的油井动液面深度测量方法研究[D]. 重庆邮电大学，2021.

[5] 周昕. 抽油井动液面在线测试技术的应用[D]. 西安石油大学，2015.

[6] 冯涛. 基于油套环空声学特性的油井动液面监测技术研究[D]. 山东：山东科技大学，2015.

[7] 林惟锓，黄亮，蔡茂林. 气动管道中压力波的传播特性分析[J]. 北京航空航天大学学报，2011，37(5)：600-604.

[8] 王轲，刘彦萍，田豆，王鹏飞，任垚煜. COMSOL 在动液面声波反射特性研究中的应用[J]. 计算机时代，2019(10)：57-60.

[9] 张平柯. 扬声器的位移共振与速度共振[J]. 中南大学学报（自然科学版），2013，第 44 卷（12）：4930-4935.

[10] 陈睿，沈勇，冯雪磊. 直接辐射式扬声器系统的低频效率计算公式[J]. 应用声学，2022，第 41 卷(6)：860-866.

[11] 殷昊，刘伟，冯秀娟，庞新良. 扬声器激励次声频校正器的设计和性能分析[J]. 应用声学，2023，第 42 卷(2)：304-311.

[12] 郭庆，张文斌，景亚鹏，覃畅，苏海涛. 电动扬声器智能检测与自动分类系统的设计[J]. 仪表技术与传感器，2021(01)：48-52.

高温海水基可在线混配一体化压裂液研究

王家航[1] 邱 康[1] 李 乾[1] 闫 秀[2]

(1. 中国石油化工股份有限公司上海海洋油气分公司；
2. 中石化江汉石油工程有限公司页岩气开采技术服务公司)

摘 要 针对海上高温储层采用海水进行压裂液配置的需求，优选了FLICK-2耐盐型稠化剂、耐高温交联剂、多功能复合增效剂、破胶剂4种添加剂，形成了耐温高达175℃，可用60000mg/L以内海水在线混配的一体化压裂液体系。当前陆上应用情况表明，该体系流变性、减阻率等各项性能均满足现场施工要求，具有良好的推广价值。

关键词 耐盐型稠化剂；抗高温；快速混配；一体化压裂液；性能评价

近年来海上油气勘探开发力度逐渐增大，开发不断向纵深发展，部分储层温度超过170℃，目前淡水基压裂液体系适用温度可达180℃，但海上压裂受平台条件限制，泥浆池体积普遍无法满足大规模压裂施工的需求。采用淡水基压裂液通常需要在陆地上配置后，打入拖轮水舱内，再利用拖轮向平台缓冲罐供液，整个作业周期长，经济性差。海水基压裂液体系能够直接使用海水进行配液，提高作业效率。然而目前海水基压裂液体系耐温性普遍不超过160℃，且天然海水中钙镁离子含量高，会使聚合物稠化剂分子链蜷缩，影响其增粘、交联及耐温性能。

本研究研发了一种天然海水基一体化压裂液体系，该压裂液体系与胍胶压裂液相比具有配方简单、压裂施工设备占地面积小等优势，同时可实时调整液体性能，适用复杂工艺条件。添加剂仅包含稠化剂、交联剂、复合增效剂、破胶剂4种，并且稠化剂在海水中速溶，30s内起黏，可简化压裂施工的配液程序。同时无需提前配制基液，降低了由于施工时间过长导致的液体性能变化，实现零液体富余，适用于海上平台压裂施工。各添加剂直接泵注至混砂撬，按照对应的排量精确调整泵排量即可完成滑溜水、线性胶、冻胶的切换，可根据砂比快速调整加砂量，满足复杂大规模压裂、体积改造压裂、过筛管压裂、暂堵压裂过程中不同施工阶段对液体性能的不同需求。

1 实验试剂及海水样离子分析

1.1 实验药品及仪器

实验药品：过硫酸铵、亚硫酸氢钠、氢氧化钠、耐盐降阻剂、交联剂、多功能复合增效剂、过滤海水(取自东海海域)、不同矿化度模拟水(实验室配制)。

实验仪器：电热干燥箱、数显恒温水浴锅、压裂液摩阻测试仪、高温流变仪(密闭圆筒系统、PZ38转子)、高温高压滤失仪、离心机、表面张力仪、界面张力仪、旋转黏度计、傅立叶变换红外分析光谱仪、精密电子天平、吴茵混调器。

1.2 海水样离子分析

参照评价标准SY/T 5523—2016《油田水分析方法》对海水水样中的离子含量进行滴定分析，实验结果见表1。由实验结果可以看出两种海水水样矿化度在33000ppm左右，其中Ca^{2+}、Mg^{2+}含量较高，二价离子是影响压裂液性能的主要因素，因此海水基压裂液用添加剂围绕其抗温抗盐性进行评价优选。

表1 海水水样离子含量分析

水样	离子含量/(mg/L)					矿化度/mg/L
	Ca^{2+}	Mg^{2+}	SO_4^{2-}	Cl^-	HCO_3^-	
1号海水样	450.90	1276.28	2161.35	19408.88	186.16	34357.34
2号海水样	375.75	1397.83	2041.28	19054.38	171.84	33496.88

1　压裂液添加剂优选

参考石油天然气行业标准 SY/T 5107—2016《水基压裂液性能评价方法》，针对海水矿化度高导致的稠化剂增粘、储层温度高引起的交联、低渗储层易水锁等问题，通过优选耐盐型稠化剂、耐高温交联剂、多功能复合增效剂，提升压裂液耐温耐剪切性能，减少水锁伤害，降低入井流体对储层伤害，保障气井返排能力。

1.1　耐盐型乳液稠化剂优选

（1）稠化剂优选

根据乳液型稠化剂增粘、降阻及耐盐机理，首先通过测定不同加量 W/O 型乳液稠化剂和悬浮乳液稠化剂表观粘度、减阻率、耐盐等性能（见表 2），优选出在清水和盐水中性能优异的稠化剂。研究结果表明，悬浮乳液稠化剂增黏性、耐盐性均优于 W/O 型乳液稠化剂，其中悬浮乳液稠化剂 FLICK-2 的增黏、耐盐及降阻性最优，即在自来水中 0.1% 加量黏度为 9mPa·s，0.05%加量在自来水中降阻率达到 75.2%，在 20000ppm 盐水中，0.5%加量黏度为 30mPa·s。因此最终选用 FLICK-2 作为海水基可在线混配一体化压裂液用稠化剂。

表 2　不同稠化剂增黏、耐盐及降阻性能表

序号	名称	类型	加量/%	黏度/mPa·s	加量/%	自来水中黏度/mPa·s	加量%	黏度/mPa·s	降阻率/%（0.05%加量）	20000ppm 盐水黏度/mPa·s(0.5%加量)
1	NY	W/O	0.1	9	0.3	30	0.5	60	74.0	12
2	BD	W/O	0.1	1.38	0.3	6	0.5	12	72.5	3
3	DS	W/O	0.1	1.13	0.3	4.5	0.5	12	70.1	3
4	FY	W/O	0.1	1.51	0.3	12	0.5	24	68.5	3
5	BJXT	W/O	0.1	1.59	0.3	15	0.5	21	71.5	3
6	FLICK-2	悬浮液	0.1	9	0.3	24	0.5	57	75.2	30
7	JBT	悬浮液	0.1	6	0.3	18	0.5	42	73.8	21
8	SEW	悬浮液	0.1	7.5	0.3	21	0.5	45	70.8	18
9	JZ	悬浮液	0.1	10.5	0.3	27	0.5	60	70.9	24
10	AIS	悬浮液	0.1	7.5	0.3	21	0.5	45	73.6	18

（2）FLICK-2 稠化剂性能评价

①增粘及耐盐性能评价

采用品氏黏度计和六速旋转黏度计分别测定了 FLICK-2 在自来水和海水里的增黏性能。由实验结果（表 3）可以看出，随着 FLICK-2 加量的增加，液体表观黏度增加，因此可根据现场液体性能需求调整稠化剂加量。在自来水中，当加量为 0.05%~0.1%时可用于常规滑溜水，加量为 0.12%~0.2%可用于高粘滑溜水，加量为 0.25%~0.5%可用于线性胶及胶液。在海水中当加量为 0.1%~0.4%时可用于常规海水基滑溜水，加量为 0.5%~0.8%可用于高粘海水基滑溜水，加量为 1.0%~2.0%可用于海水基线性胶及海水基胶液。

表 3　不同 FLICK-2 稠化剂浓度配制的液体黏度

配液水	不同稠化剂加量%下液体表观黏度/mPa·s															
自来水	浓度/%	0.05	0.06	0.07	0.08	0.1	0.12	0.15	0.18	0.2	0.25	0.3	0.35	0.4	0.45	0.5
	黏度/mPa·s	2.38	4.5	6	7.5	9	12	15	18	19.5	21	24	28.5	33	39	57
海水	浓度/%	0.1	0.15	0.2	0.3	0.4	0.5	0.6	0.8	1.0	1.2	1.4	1.6	1.8	1.85	2
	黏度/mPa·s	3	4.5	6	9	10.5	12	15	24	37.5	45	54	69	90	93	117

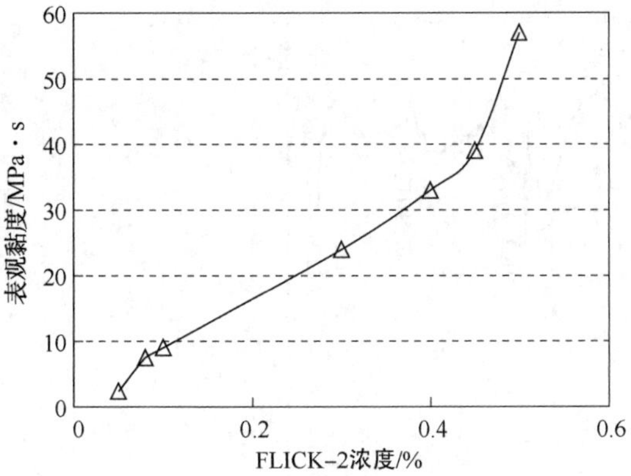

图 1　FLICK-2 稠化剂在自来水里的增黏曲线图

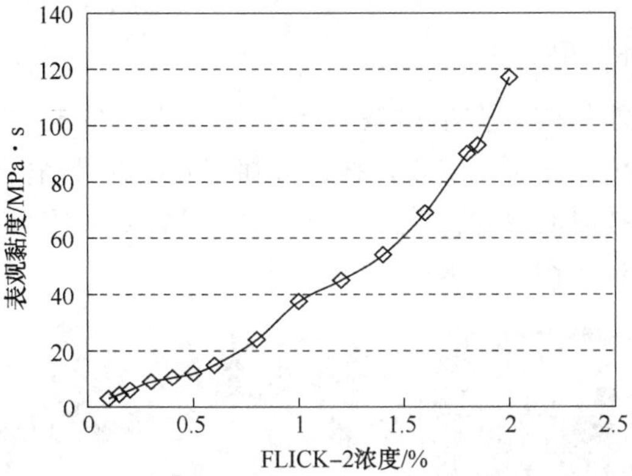

图 2　FLICK-2 稠化剂在海水里的增黏曲线图

② 降阻性能评价

压裂液在一定速率下流经一定长度和直径的管路时都会产生一定的压差，根据压裂液与自来水压差的差值和自来水压差的比值来计算压裂液的降阻率。由于室内摩阻仪排量有限，交联液无法测量，因此通过测量基液降阻率表征压裂液降阻性能。本实验所采用的摩阻仪：管径 4.6mm，最高剪切速率 12000s^{-1}，最大排量 7L/min。

为了节约实验室用天然海水用量，本实验使用矿化度为 60000mg/L 的盐水（盐水组成为 3% NaCl+2.9% KCl+0.05% $MgCl_2$+0.05% $CaCl_2$）配制不同浓度稠化剂的溶液，按照上述步骤测试其在测试排量为 6.8L/min 时降阻率，实验数据见图 3。由实验结果可以看出，随着稠化剂浓度的增加，降阻率降低，因为室内摩阻仪管径较小，随着稠化剂浓度增加液体表观黏度增加，液体在管径中流动性变差，导致摩阻增加。当稠化剂浓度小于 0.3%时，降阻率均大于 70%，表现出良好的降阻效果。

③ FLICK-2 稠化剂微观结构分析

用乙醇将 FLICK-2 提纯后烘干，使用溴化钾压片法进行红外光谱分析，红外光谱结果见图 4。通过对 FLICK-2 乳液稠化剂特征吸收峰进行分析，1670cm^{-1} ~ 1620cm^{-1}，以及 3075 ~ 3090cm^{-1}无吸收峰，证明物质中不存在双键，反应物反应完全；3471m^{-1}和 3423cm^{-1}附近为酰胺基中-NH_2的两个吸收峰，1700cm^{-1}附近为酰胺基中羰基吸收峰，3559cm^{-1}附近 C-N 吸收峰。1042cm^{-1}附近为 C-O-C 吸收峰；1172cm^{-1}处为 C-C 伸缩振动吸收峰。1625cm^{-1}为 N-H 面内弯曲吸收峰；3237cm^{-1}为 N-H 对称吸收峰；2934cm^{-1}为 C-H 伸缩吸收峰；632cm^{-1}处为磺酸基团吸收峰。

通过分析可知聚合物主链为丙稀酯胺单体，该单体反应活性高，具有良好的可聚合性、热稳定性、增粘性、耐高温性能；分子链上的磺酸基团可显著提高聚合物抗盐性。

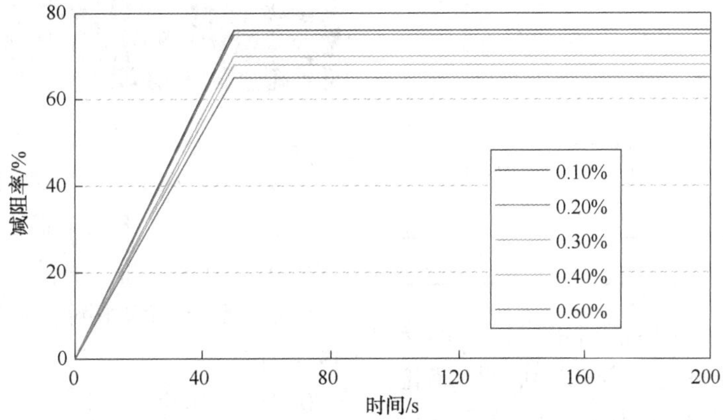

图 3　FLICK-2 稠化剂在 60000ppm 的矿化水中的降阻率

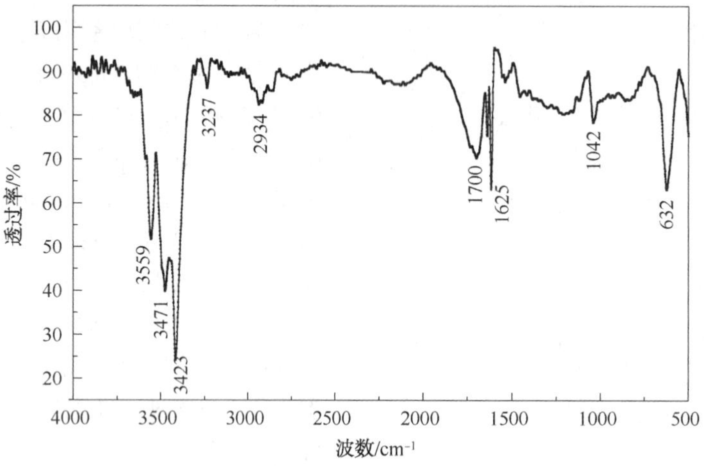

图 4　FLICK-2 红外光谱图

1.2　耐高温交联剂优选

（1）交联时间和挑挂性能

通过对 FLICK-2 乳液稠化剂进行微观结构分析，可交联基团有酰胺基、羧基和羧酸根离子，因此选用有机锆类交联剂。锆类既可以与酰胺基也可以与酰胺基水解后形成的羧基交联，同时可以抗高温。该类型交联剂以 Zr^{4+} 为中心体，以聚丙烯酸胺类聚合物分子链上的酰胺基、羧基和羧酸根离子为配体，通过形成多核羟桥络离子结构，实现相互交联。

表 4　不同交联剂交联性能表
（以 0.45%稠化剂+0.25%交联剂为例）

序号	交联剂名称	交联温度℃	挑挂时间 min
1	WN	室温	不可挑挂
2	WN	50	15
3	WN	90	2.5
4	SDL	室温	不可挑挂
5	SDL	50	3
6	SDL	90	2
7	LP	室温	不可挑挂
8	LP	50	3
9	LP	90	2

通过交联时间和挑挂性能初步优选出可与 FLICK-2 稠化剂交联的交联剂（以 0.45%稠化剂+0.25%交联剂在自来水中交联性能为例）。由表 4 中数据可以看出，三种交联剂均可与 FLICK-2 稠化剂交联。交联剂 SDL 与 LP 的交联性能相似，在室温条件下不可挑挂，在 50℃及以上温度可以实现挑挂，且随着温度的升高交联挑挂时间变短。交联剂 WN 在 90℃以上才可以与稠化剂 FLICK-2 交联挑挂。

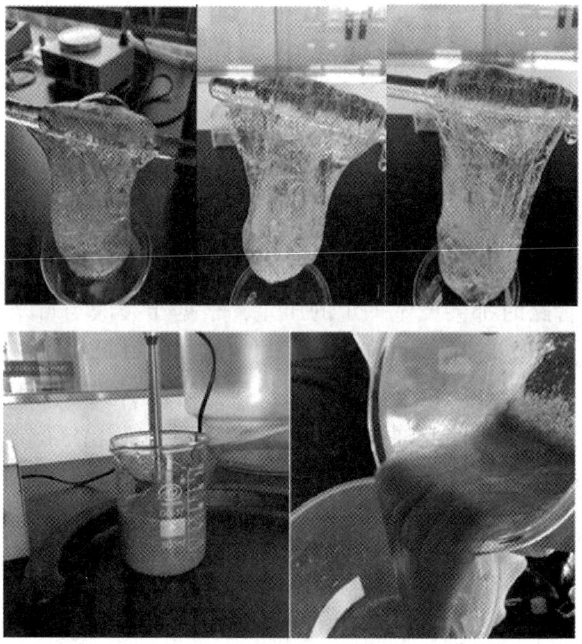

图 5　交联挑挂性及携砂性能示意图

② 交联冻胶耐温耐剪切性

为了进一步优选出适应 FLICK-2 稠化剂的交联剂，分别评价三种交联剂与稠化剂 FLICK-2 交联冻胶在海水中耐温耐剪切性，在稠化剂浓度为 1.85%，交联剂加量 0.85%，在 175℃、$170s^{-1}$的剪切速率条件下，SDL 交联剂表现出更好的耐温耐剪切性，剪切 1h 后黏度>80mPa·s；因此优选 SDL 作为稠化剂 FLICK-2 的交联剂。

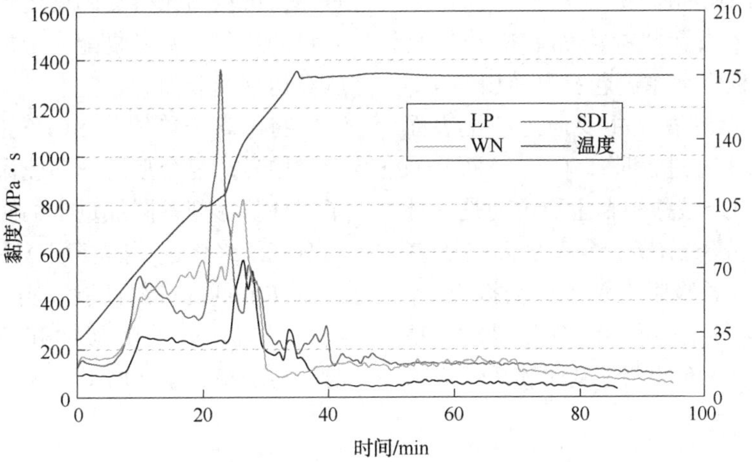

图 6　加入不同交联压裂液的耐温耐剪切曲线

③ 交联剂 SDL 使用浓度优化

使用海水配制稠化剂浓度为 1.85%的溶液，加入不同浓度的交联剂 SDL，搅拌均匀后置于 50℃水浴锅中恒温放置，观察其交联时间及交联强度，测试交联后冻胶的表观黏度。实验数据见表5，由表中实验数据可以看出，随着交联剂 SDL 加量增加，交联时间减短，交联后的表观黏度增大，当加量为 1%时，出现了过交联现象，综合交联时间考虑，最终选用的用于配制适用于 175℃储层用海水基压裂液的交联剂 SDL 用量为 0.85%。

表 5　SDL 不同加量的交联情况表

SDL 加量/%	交联时间/min	交联后表观黏度/mPa·s	交联强度
0.65	8.5	351	弱
0.75	6.8	465	强
0.85	3	816	强
1	1	1341	液体变脆

1.3　复合添加剂配方

（1）助排剂优选

由于非常规储层具有非均质性强，孔渗物性极差等特点，压裂过程中沁入储层的大量压裂液由于吸附滞留效应或液相的聚集效应造成返排缓慢或返排困难，增大了对储层的二次伤害，降低压裂作业效果并最终影响储层产能。因此，必须在压裂液中加入助排剂以降其表面张力，改变储层润湿性，改变压裂液在地层中的气液驱替特性，使工作液均匀连续排出，有效提高岩心的渗透率。

目前用于压裂液助排剂的主要物质为氟碳表面活性剂，表面张力一般低于 28mN/m，但与聚合物配伍性差。通过测试不同的助排功能添加剂加量为 0.1%时、25℃分别在自来水和 60000mg/L 的盐水中的表界面张力，优选出于稠化剂 FLICK-2 配伍的助排剂。通过表 6 实验数据可以看出，FDS-239 降低表界面张力能力最优，其在自来水中可将表界面张力降低至 21.5mN/m 和 0.8mN/m，在盐水中可将表界面张力降低至 23.8mN/m 和 1.0mN/m，表现出良好的表面活性和抗盐性，因此选用 FDS-239 为本压裂液体系用复合添加剂中的助排剂。

表 6　不同助排功能添加剂性能评价

序号	名称	加量/%	自来水(mN/m)		60000mg/L 盐水 25℃(mN/m)	
			表面张力	界面张力	表面张力	界面张力
1	FCL-562	0.1	23.0	1.5	24.5	1.6
2	FDS-230	0.1	23.8	1.8	24.6	2.0
3	FDS-239	0.1	21.5	0.8	23.8	1.0
4	FDS-713	0.1	24.0	1.2	28.1	1.5
5	FDS-816	0.1	23.8	1.1	27.3	1.1

（2）防膨功能添加剂研选

粘土稳定剂主要有无机盐类和有机季铵盐类，无机盐类粘土稳定剂主要包括如 KCl、NH_4Cl、$CaCl_2$、$MgCl_2$，无机盐类主要通过粘土表面扩散双电层厚度缩小，进而降低粘土表面 Zeta 电位来起作用；有机季铵盐类粘土稳定剂是一种有机阳离子单体，分子链节含有多个阳离子基团，能以网络形式强力吸附在粘土的交换点上，并通过分子间力和氧键力等作用，牢固吸附在粘土表面。有机阳离子含有的离子基团和活性吸附基团，可提高无机盐的粘土膨胀控制能力并阻止微粒的迁移，两者复配表现出更优的防止粘土膨胀和运移的能力。

将阳离子单体与 KCl 复配形成了 A、B、C 三种型号的复合型防膨功能添加剂，并分别测试了三种防膨剂不同加量下的防膨率，通过防膨率的测试最终优选了防膨剂 A 和 B；进一步测试 A 和 B 防膨剂的抗温性能。实验结果见图 7，防膨剂 B 具有较好的防膨性和抗温性，加量 0.1% 时，防膨率大于 70%。

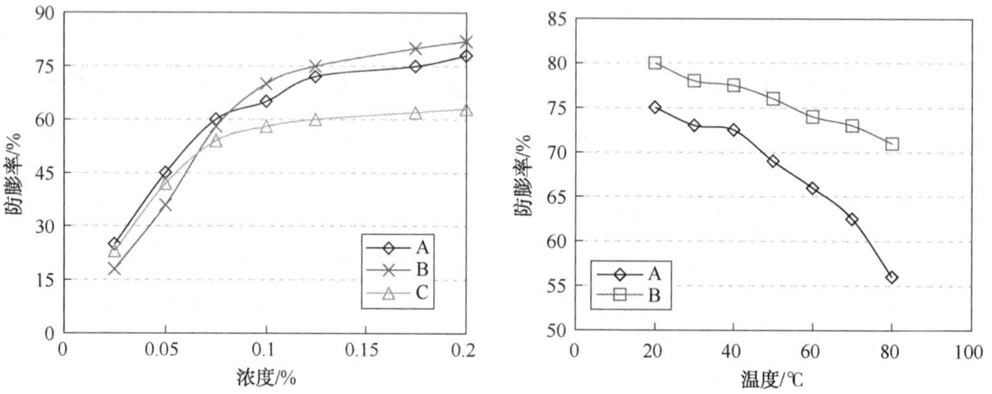

图 7　聚合物防膨剂参数测试结果

同时测试了防膨剂 B 与稠化剂的配伍性，调整防膨剂加量，测试聚合物溶液加入防膨剂前后的表观黏度，实验数据见表 7，由实验数据可知防膨剂 B 与聚合物具有良好的配伍性，随着 B 用量的增加，防膨率增加，降黏率略有增加，当加量为 0.1% 时，防膨率为 70.9%，降黏率小于 5%。

表 7　防膨率及液体性能随防膨剂 B 加量的变化情况

B 加量/%	防膨率/%	加入前黏度/mPa·s	加入后黏度/mPa·s	降黏率/%
0.05	36	57	57	0
0.075	58	57	56.4	1.05
0.1	70.9	57	54.3	4.7
0.2	82	57	53.7	5.8
0.25	93	57	51.9	8.9

注：FLICK-2 稠化剂用量 0.5%

（3）杀菌功能添加剂研选

油田水中常见的细菌为腐生菌、硫酸盐还原菌以及铁细菌，采用绝迹稀释法进行测定（参照标准 SY/T 0532—2012 油田注入水细菌分析方法—绝迹稀释法）。本研究选择常用的 1277、戊二醛、异噻唑啉酮 ABS 等物质作为杀菌剂，以杀菌剂 0.1% 加量为例，评价杀菌性能。从表 8 可以看出杀菌剂 ABS、1227 和 THPS 表现出优异的杀菌性能，针对细菌浓度为 $10^4 \sim 10^5$ 个/mL 腐生菌、铁细菌和硫酸盐还原菌，杀菌率可以达到 100%。

表 8　杀菌剂性能评价表

日期	2022.3.11	水样	现场污水(2022.2.27)
杀菌剂	腐生菌(TGB) 10^4~10^5个/mL	铁细菌(FB) 10^4~10^5个/mL	硫酸盐还原菌(SRB) 10^4~10^5个/mL
25%ABS	√	√	√
10% BIT	×	×	×
25% 1227	√	√	√
40% THPS	√	√	×
14% NaClO	√	√	×
10% DBNPA	×	√	×
25% PHMG	√	√	√
25% 戊二醛	×	√	×
30% 有机溴	×	√	×
75% 三嗪类	√	√	×
98% 杂环化合物	√	√	×
40% 甲醛	×	√	×

分别评价 ABS、1227 和 THPS 等杀菌剂与稠化剂 FLICK-2 及交联剂的配伍性，见表 9，从实验结果可以看出杀菌剂 ABS 与稠化剂 FLICK-2 和交联剂均具有较好的配伍性，因此选择 ABS 作为复合增效剂的杀菌成份。

表 9　杀菌剂与其他添加剂的配伍性

杀菌剂类别	与稠化剂配伍性	与交联剂配伍性
25%ABS	配伍性好	配伍性好
25% 1227	产生絮状沉淀，黏度下降	配伍性好
40% THPS	黏度下降	配伍性好

(4) 复合增效剂配方研究

为了简化添加剂种类及施工流程，将上述研究的助排功能添加剂 FDS-239、防膨功能添加剂 FLYF、杀菌功能添加剂 ABS 按不同比例进行混合，采用互溶剂增加其稳定性。实验结果见表 10，助排功能添加剂 FDS-239、防膨功能添加剂 FLYF 与杀菌功能添加剂 ABS 在互溶剂加量大于 3%时，配伍性良好。因此结合各添加剂优选的加量，最终选用的复合增效剂配方为 49%FDS-239+39%防膨功能添加剂+9%杀菌功能添加剂+3%互溶剂，加量为 0.2%。

表 10　不同配方配伍性实验

序号	助排功能添加剂/%	防膨功能添加剂/%	杀菌功能添加剂/%	互溶剂/%	放置 1day	放置 60day
1#	49.5(FDS-239)	40	9.5	1	配伍	部分析出
2#	49(FDS-239)	39	9	3	配伍	配伍
3#	47(FDS-239)	39	9	5	配伍	配伍
4#	39.5(FDS-239)	49.5	10	1	配伍	部分析出
5#	39(FDS-239)	49	9	3	配伍	配伍
6#	39(FDS-239)	47	9	5	配伍	配伍
7#	59.5(FDS-239)	30	9.5	1	配伍	部分析出
8#	59(FDS-239)	29	9	3	配伍	配伍
9#	57(FDS-239)	29	9	5	配伍	配伍

(4) 复合增效剂配方研究

为了简化添加剂种类及施工流程，将上述研究的助排功能添加剂 FDS-239、防膨功能添加剂 FLYF、杀菌功能添加剂 ABS 按不同比例进行混合，采用互溶剂增加其稳定性。实验结果见表10，助排功能添加剂 FDS-239、防膨功能添加剂 FLYF 与杀菌功能添加剂 ABS 在互溶剂加量大于3%时，配伍性良好。因此结合各添加剂优选的加量，最终选用的复合增效剂配方为 49%FDS-239+39%防膨功能添加剂+9%杀菌功能添加剂+3%互溶剂，加量为 0.2%。

1.4 破胶剂优选

破胶剂是一种在一定条件下可以释放出氧化性自由基的化学剂。自由基进攻高分子链，通过链式反应使高分子链断裂，从而彻底降粘。FLICK-2 聚合物结构简单，使用常规的过硫酸铵(APS)破胶剂就能使其完全破胶。下面测试压裂液在加入不同破胶剂、175℃下破胶情况，其实验结果见表 11。可以看出胶囊破胶剂破胶慢，2h 还未完全破胶，而 APS 的破胶速率存在一定的不可控性，对于高温深井，为防止破胶太快，影响液体携砂性能，因此压裂液体系选择将胶囊破胶剂和 APS 组合使用。

表 11　不同破胶剂加量破胶性能测试结果

序号	温度/℃	APS 加量/%	胶囊破胶剂加量/%	破胶液黏度/mPa·s				破胶液各项性能			
				30min	60min	90min	120min	残渣含量/(mg/L)	表面张力/(mN/m)	界面张力/(mN/m)	膨胀体积/mL
1	175	/	0.005	不破	不破	不破	不破	/	/	/	/
2		/	0.01	不破	不破	不破	>5	/	/	/	/
3		/	0.02	不破	不破	破	>5	/	/	/	/
4		/	0.03	不破	不破	破	3.1	98	27.5	1.2	1.2
5		0.005	/	不破	不破	破	3.4	87	26.8	0.8	1.5
6		0.01	/	不破	12	9	2.1	88	27.8	1.1	1.5
7		0.02	/	不破	9	6	1.8	50	26.9	0.8	1.3
8		0.03	/	24	6	3	1.5	62	27.2	0.9	1.3

2 配方研究及性能评价

2.1 配方研究

通过对 FLICK-2 乳液稠化剂、交联剂及复合增效剂配伍性评价及配方研究，形成了适应 60000mg/L 矿化水的压裂液配方体系，如下：

低粘滑溜水配方为：0.1-0.4% FLICK-2 稠化剂+0.2%复合增效剂+0.5%破乳剂 YT+0.005-0.01%破胶剂；

高粘滑溜水配方为：0.5-0.8% FLICK-2 稠化剂+0.2%复合增效剂+0.5%破乳剂 YT+0.01-0.02%破胶剂；

冻胶配方为：1.85% FLICK-2 稠化剂+0.85%交联剂+0.2%复合增效剂+0.5%破乳剂 YT+0.01-0.03 破胶剂(胶囊破胶剂与 APS 组合加入，加量根据现场施工要求调整)。

2.2 性能评价

(1) 耐温耐剪切性能

耐温耐剪切性能测试方法：用 MARS 60 高温流变仪测定压裂液在测试温度条件下的粘温曲线，选用 PZ38 的转子，设定剪切速率为 $170s^{-1}$，在 175℃条件下剪切 120min。耐温耐剪切曲线见图 8。由耐温耐剪切实验结果可以看出，FLICK-2 压裂液不似普通聚合物溶液，在剪切过程中表观黏度主要依赖于高分子链的尺寸，聚合物链发生断裂后，溶液黏度会大幅度下降且不能恢复。本压裂液体系的结构是靠分子链间的相互作用，因而对剪切的时间敏感性不强。体系的结构强度与温度、剪切速率有关，但一旦这两个因素恒定后，体系强度与时间无关。在 175℃ 恒温、$170s^{-1}$的恒剪切条件下，经过 120 分钟的剪切仍稳定在 50mPa·s 以上，压裂液表现出了良好的剪切稳定性和耐温耐剪切性能。

(2) 悬砂性能

在室温和 90℃条件下，40%(体积比)30/50 目陶粒静置 2h 几乎无沉降。

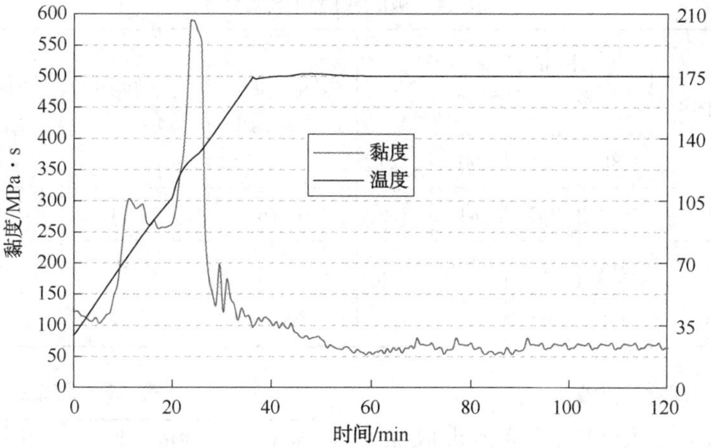

图 8　175℃耐温耐剪切测试曲线

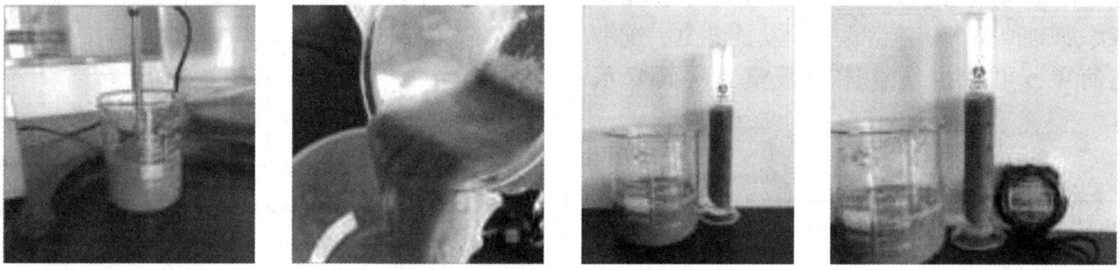

搅拌　动态携砂　0h　2h

图 9　悬砂性能评价

表 12　30/50 目陶粒沉降速率

次数	1	2	3	4	5	6	平均值
沉降速率(cm/min)25℃	0.044	0.048	0.051	0.047	0.047	0.046	0.0472
沉降速率(cm/min)90℃	0.091	0.093	0.088	0.089	0.091	0.092	0.0907

(3) 滤失性

压裂液的滤失性能是衡量压裂液效率的一项指标，以压裂液滤失系数 Cw 表示，其测定标准参照 SY/T5107—2016 水基压裂液性能评价标准来进行测定。测试实验结果见表，从表中可以看出：120℃和 175℃压裂液的滤失系数分别为 $0.14\times10^{-3}\,m/min^{1/2}$ 和 $0.21\times10^{-3}\,m/min^{1/2}$，该压裂液不具备造壁性，但针对岩心仍然具有较低的滤失系数，低于行业标准 $1\times10^{-3}m/min^{1/2}$。

(4) 破胶性

如表 14 所示，通过组合加入胶囊破胶剂和过硫酸铵，可以保证液体在 2h 内彻底破胶，破胶时间可以通过调节两种破胶剂的加量来控制。压裂液残渣含量低至 49.78mg/L，对地层伤害小；表界面张力低于行业标准，最低分别为 26.89mN/m、0.79mN/m，利于压裂液返排；因海水中含有大量的无机盐，对防膨效果有所提高，破胶液最终防膨率均大于 80%。

表 13　120℃和 175℃静态滤失测试结果

测试温度/℃	滤失面积/(A/cm^2)	不同时间(min)下的累计滤失量(mL)						滤失系数/$m/min^{1/2}$
		1	4	9	16	25	36	
120	5.0645	1.2	2	2.8	3.8	4.6	5.6	0.14×10^{-3}
175	5.0805	1.3	2.4	4.4	5.1	6.5	7.8	0.21×10^{-3}

注：120℃测试配方：海水+0.8%FLICK-2 稠化剂+0.15%交联剂+0.2%复合增效剂

175℃测试配方：海水+1.85% FLICK-2 稠化剂+0.35%交联剂+0.2%复合增效剂

表 14　破胶实验数据结果

胶囊破胶剂加量/%	APS 加量/%	不同时间(min)下破胶液黏度/mPa·s				残渣含量/(mg/L)	表面张力/(mN/m)	界面张力/(mN/m)	防膨率/%
		30	60	90	120				
0.01	0.01	627	153	84	3.6	64.36	27.24	0.8	89.6
	0.03	316	182	36	2.1	53.43	26.89	0.82	89.5
	0.05	291	90	3	1.8	49.78	28.67	0.79	88.2

(5) 与现有速溶瓜胶压裂液对比

FLICK-2 一体化压裂液与现有速溶瓜胶压裂液均可以满足海水配制要求，耐温、携砂及价格等指标相当(见表 15)，但 FLICK-2 一体化压裂液添加剂种类少、速溶性好、功能齐全、配液工艺简单，可减少缓存罐的数量，从而降低成本。

表 15　压裂液性能对比

压裂液类型	耐盐速溶瓜胶压裂液	一体化压裂液
稠化剂类型	羟丙基瓜胶	改性聚丙烯酰胺
添加剂种类	7~8	4
耐性性	耐盐 30000mg/L	耐盐 60000mg/L
适用储层温度(℃)	60~180	60~180
交联时间 s	60~300	60~300
伤害率%	≤30	≤20
携砂性%	>40	>40
残渣含量(mg/L)	348	52
溶解时间 min	3~5	0.5
材料费(元/方)	300~600	300~600

3　现场应用

自 2019 年以来，该 FLICK-2 一体化压裂液体系在正安、宜昌、长宁、涪陵、陕西西部、湖南、郑州等地区共计应用 36 余井次，总用量 150 余万方；具有利于返排水配制、降阻率高更适用于深层等特点。例如对于长宁 H22 平台，水质固含量、细菌及矿化度高，最高矿化度达 60000mg/L；粉末降阻剂预混配，3h 后压裂液直接失效。FLICK-2 压裂液线性胶最高粘度达 30mPa·s，最高降阻率达 79%。

表 16　现场应用统计表

序号	应用井号	用量/万方	最高砂比/%
1	EYC-2 井	0.18	20
2	EYC-3 井	1.21	20
3	ZDY-1HF 井	4.0	22
4	SZY-1HF 井	3.15	22
5	CN-H22A 平台	10.58	22
6	JY-106 平台	7.46	22
7	JY-107 平台	20.83	22
8	AY-1 平台	3.19	20
9	EXY-1HF 井	4.1	/
10	XXY-1 井	0.46	25
11	XY-L1HF 井	6.2	22
合计		61	

4　结论

(1) 针对海上平台空间小，储层温度高、海水矿物度高等特点，研发了可用海水在线混配的一体化压裂液体系，添加剂类型仅包括 FLICK-2 耐盐型稠化剂、交联剂、复合增效剂、破胶剂 4 种，简化了压裂施工过程中的配液程序。

(2) FLICK-2 压裂液体系可通过调节添加剂加量，实现滑溜水、线性胶、冻胶的切换，满足储层温度 175℃以内，60000mg/L 海水配液的要求。

(3) 陆上现场应用结果表明，该体系耐盐性强，减阻率高，实现了现场快速配置压裂施工要求，具备良好的应用价值，可推广至海上压裂施工。

参　考　文　献

[1] 范美玲，王磊，李敬等. 耐高温低伤害清洁水性稠化剂的制备及性能[J]. 精细化工，2023，40(03)：

680-688. DOI：10. 13550/j. jxhg. 20220647.
[2] 李小凡，刘贺，江安，陈民锋. 超高温有机硼交联剂的研究与应用[J]. 油田化学，2012，29(01)：80-82+115. DOI：10. 19346/j. cnki. 1000-4092. 2012. 01. 018.
[3] 潘一，夏晨，杨双春等. 耐高温水基压裂液研究进展[J]. 化工进展，2019，38(04)：1913-1920. DOI：10. 16085/j. issn. 1000-6613. 2018-1465.
[4] 易辉永，王世彬，赵占江等. 耐盐、耐高温水基压裂液研制[J]. 应用化工，2020，49(S2)：69-74. DOI：10. 16581/j. cnki. issn1671-3206. 2020. s2. 026.
[5] 赵健，鲍文辉，郭布民等. 水基植物胶压裂液用交联剂的研究进展[J]. 石油化工应用，2022，41(06)：1-5+10.
[6] 鲍文辉，王杏尊，郭布民，陈磊，刘华超，李梦. 高温海水基压裂液研究及应用[J]. 断块油气田，2017，24(03)：434-436.
[7] 孙立田，罗彤彤，陈雁南等. 一种耐高温海水基速溶压裂液体系研究[J]. 石油化工应用，2018，37(06)：37-41.
[8] 王所良，陈迎花，许伟星. 耐高温海水基植物胶压裂液性能研究[J]. 长江大学学报(自科版)，2018，15(11)：56-59+7. DOI：10. 16772/j. cnki. 1673-1409. 2018. 11. 012.
[9] 徐斌. 耐高温高矿化度海水基压裂液体系研究及应用[J]. 精细石油化工，2021，38(01)：12-17.
[10] 张大年，赵崇镇，范凌霄等. 海水基植物胶压裂液体系快速制备及性能评价[J]. 中国海上油气，2016，28(06)：95-98.

东海深层大位移井井漏特征分析及风险识别研究

熊振宇　陈进程　汪珂欣

（中国石油化工股份有限公司上海海洋油气分公司）

摘　要　东海西湖油气田岩性复杂、断裂发育，大位移井垂深较深，深部平湖组地层孔隙压力高，安全泥浆密度窗口窄，钻井过程中易发生漏失，严重制约了西湖油气田滚动扩储增产进程。研究表明，西湖油气田大位移井漏失以断层裂缝性漏失和衰竭压力地层漏失为主。本研究基于叠后三维地震与测井数据综合评估，采用井震融合技术，形成了一种多因素控制的东海大位移井井漏风险预测评价方法。该方法可以预测井漏风险等级，为钻井过程中的防漏和堵漏工作提供技术支持。

关键词　西湖油气田；深层；大位移井；井漏特征；风险识别研究；井漏风险预测评价

1　前言

西湖凹陷处于东海陆架盆地东部坳陷中北部，属陆缘裂谷盆地，水深范围 80~120 米，主要勘探开发区域集中在保俶构造带、三潭深凹和中央背斜带。随着海洋油气勘探开发范围的进一步拓展延伸，亟需提高海洋平台的开发动用范围。大位移井能较大范围地控制含油面积，开发相同面积的油田可以大量减少陆地及海上钻井的平台数量，极大地节约开发成本，提高开发效率。东海大位移井在作业过程中，由于其横向延伸的特点，钻遇地层特征复杂多变，尤其遭遇渗透性、裂缝性地层越来越多。在渗透性、裂缝性发育地层中钻进，由于井壁承压能力弱，钻井施工过程中的压力激动等频繁引发井漏事故，给现场施工及成本控制带来极大问题。

井眼漏失问题在防治和处理方面已经吸引了国内外研究者的广泛关注。对于井漏问题的研究主要可以分为三个重要领域：理论与数值模型研究、漏失风险诊断及评估、漏失事故预防与处理措施。在理论与数值模型研究方面，研究者采用数学理论模型和数值模拟方法对裂缝尺寸、地层漏失破裂压力、漏失速度以及累积漏失量等方面进行深入探讨。针对漏失层段的辨识和风险评估，近年来研究者尝试利用地震技术，如相干体、地震属性分析以及频谱分析等方法来分析井漏问题，并预测漏失性地层。在漏失事故预防和处理方面，主要依靠设计合理的井身结构、减少钻井液动态压力、提高地层承压能力等措施来降低井漏风险，通过加入堵漏材料和注水泥浆来处理井漏复杂情况。然而，在实际工程应用中，数学模型仍存在较大差距，而井漏事故后期处理成本相对较高。因此，在勘探开发初期，预测和评估地层漏失风险显得尤为重要，以便尽早制定和实施井漏预防措施。

2　东海大位移井漏失机理分析

从异常压力纵向分布来看，保俶构造带从 3300m 开始出现异常压力，出现异常压力层位为平湖组及以下地层，地层压力一般不超过 1.6sg。三潭深凹和中央背斜带分别从 3800m、4000m 开始出现异常压力，层位为花港组下段，地层压力一般不超过 1.5sg；从破裂压力纵向分布规律来看，西湖作业区漏失、破裂压力一般较高，根据地漏试验实测值，花港组破裂压力一般为 1.65~1.75sg，平湖组破裂压力一般在 1.75 以上。

综上所述，按照大于坍塌压力小于漏失压力的原则计算，东海西湖作业区安全密度窗口一般大于 0.3sg，安全泥浆密度窗口一般比较宽裕。但大位移井在钻进过程中，井眼轨迹难以避免穿越断层、破碎带、压力衰竭地层等复杂地层，且具有循环压耗高的特点，东海西湖凹陷近 3 年 50%的大位移井发生漏失，需要首先对其漏失机理作深入分析。

2.1　钻遇裂缝发育地层

东海陆架盆地位于太平洋板块、欧亚板块和

菲律宾板块交汇区，构造活动丰富。盆地的演化和形成过程中产生了复杂的断裂系统。从横向分布来看，西湖凹陷断裂走向主要与构造走向一致，呈北东和北北东方向，斜坡带和西次凹主要发育张性正断层，中央背斜带形成一系列高角度逆断层。纵向分布方面，下部断裂带(T30以下)广泛发育，多为同向断阶，而上部断层分布较少，主要与边界控盆大断裂正、反向伴生断裂组合。根据同沉积断层发育规模的差异，可将断层划分为3个级别，分别控制凹陷格局、斜坡特征及砂体展布3个层次，其中斜坡带多为主干断层及其响应的上盘低级别断层组合而成的“Y”型断层。相对于普通地层，断层破碎带内岩体连续性较差，孔裂隙明显发育，强度较低。在钻井施工过程中，三向应力状态下的断层破碎带围岩在流固耦合作用下发生颗粒流失，进而诱发断层带破碎岩石结构失稳，最终可能导致井漏或井塌等复杂情况。如表1所示，TA5、TA9、NA11井就是典型的钻遇裂缝发育地层所导致的漏失。TA9井在H2层附近(4200m~4280m)钻遇F2断层，9⅝″套管下到位后固井前循环期间发生漏失。

表1　钻遇裂缝发育地层漏失案例

井名	漏失层位	漏失井深	漏失速度	漏失工况
TA5	龙井组	3494m	$7m^3/h$	二开钻进
	龙井组	3542.4m	$8m^3/h$	二开钻进
	龙井组-花港组	4006m	$6m^3/h$	二开下套管
	龙井组-花港组	4006m	$39m^3/h$	二开固井前循环
TA9	花港组	5775m	$48m^3/h$	二开固井前循环
NA11	花港组-平湖组	5539m	$20m^3/h$	二开中完起钻

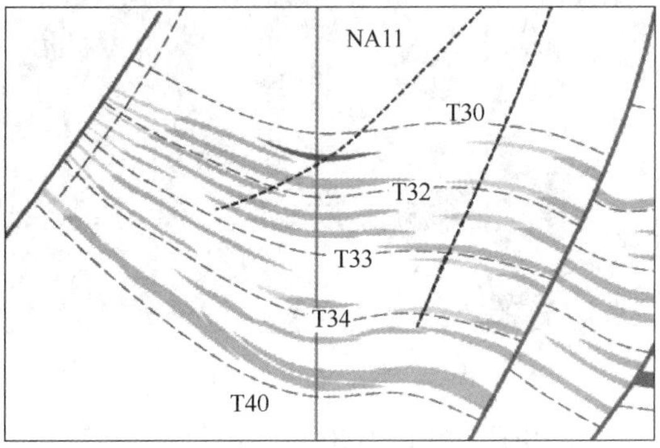

图1　NA11井过断层剖面井位图

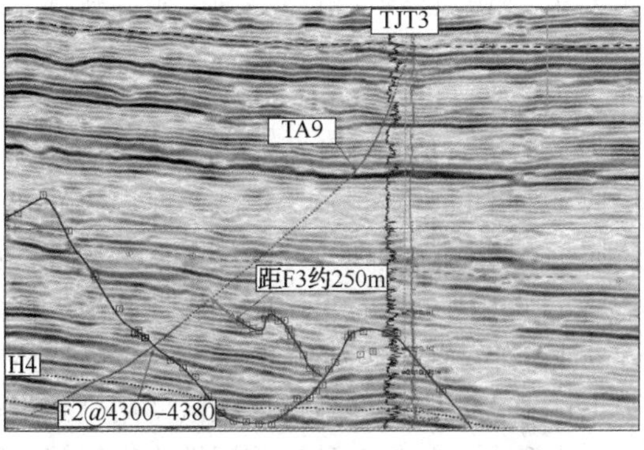

图2　TA9井过断层剖面井位图

2.2　钻遇压力衰竭地层

油气田开采过程中，烃类流体不断从储层中采出，油藏内部的孔隙压力降低，若外界没有任何补给压力，地层压力不可避免的发生衰竭，地层坍塌压力、破裂压力随之发生改变，增加了井漏、井塌等井下复杂情况风险。西湖油气田以气田为主，目前大部分已投产气井目的层均出现不同程度的地层压力衰竭，最大压力衰竭程度超过50%。部分井区进入开发中后期后，受海上平台空间、井槽数量等条件限制，现多采用“外挂井槽+大位移井”或“老井侧钻+大位移井”的模式挖潜平台周边剩余油气。由于滚动增产扩储的需要，部分大位移井井眼轨迹穿过压力衰竭储层，存在漏失风险。如表2所示，CB7、SA4井就是典型的钻遇压力衰竭地层所导致的漏失。CB7井完钻后复测至6228m发生漏失，此时钻头ECD1.40sg，判断上部压力衰竭地层发生漏失；SA4井在三开钻进至4316.71m时发生漏失，此时钻头ECD1.77sg，判断上部压力衰竭地层发生漏失。

表2　钻遇压力衰竭地层漏失案例

井名	漏失层位	漏失井深	漏失速度	漏失工况
CB7	花港组	6436m	$5m^3/h$	测井
SA4	平湖组	4316.71m	$24m^3/h$	三开钻进

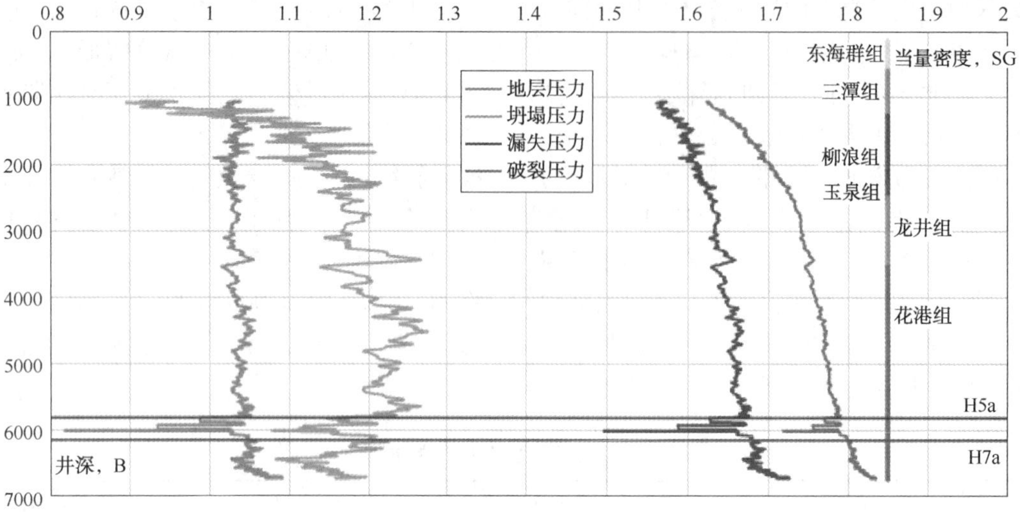

图 3　CB7 井四压力剖面图

3　易漏失层位风险识别方法

3.1　基于地震属性的井漏风险预测

地震相干属性是地震断裂预测中最常用的属性，对全频带地震数据提取相干属性可有效预测工区内大断裂，首先根据井轨迹的空间分布，抽取包含井轨迹的局部地震数据，然后按照井轨迹的平面分布抽取目标地震剖面进行地震断裂属性的质控，如图 4、图 5 所示。

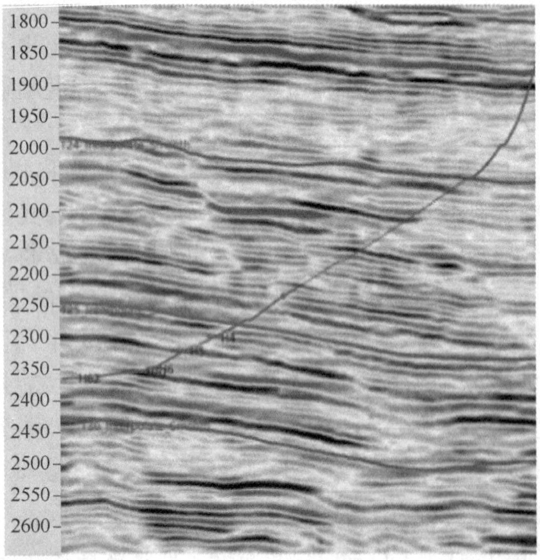

图 4　井轨迹所在的目标地震剖面

在钻井过程中不仅关心井轨迹上存在的大断裂，也关心井轨迹上存在的各种尺度断裂，对地震数据进行分频并提取相干属性，可观察到不同尺度的裂缝信息，如图 6 所示。从图 6 可以看出，低频相干属性主要反映井轨迹上大尺度裂

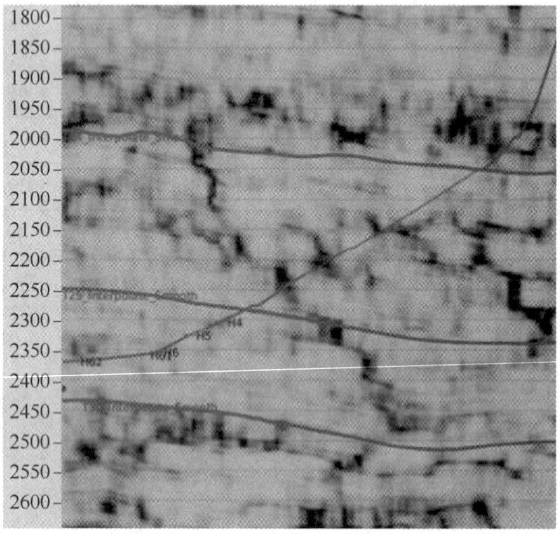

图 5　全频带相干属性

缝，高频相干属性可看出一些小尺度裂缝。对比低频相干属性和全频带相干属性，发现在该区域全频带相干属性已经能够较好地表示井轨迹上裂缝信息，因此在本次应用中采用全频带相干属性。

为了更可靠地预测出井轨迹上的断裂属性，还提取了对小尺度断裂较为敏感的曲率属性和蚂蚁体属性、断裂连续性较好的最大似然属性，如图 7 所示。由图可以看出，曲率属性和最大似然属性对 F2 断裂有很好地预测效果，而蚂蚁体在该数据体上表现不佳。建议该工区使用全频带相干、曲率和最大似然三种地震属性进行后续风险评估依据。

应用效果：

东海某大位移井设计轨迹钻遇断层及其破碎

带区域，综合评价各种断裂属性在该区域的表现，优选出全频带相干属性、曲率属性和最大似然属性来对井轨迹上的断裂风险进行综合预测。对三种属性进行融合，得到综合地震断裂属性图，如图 8 所示。

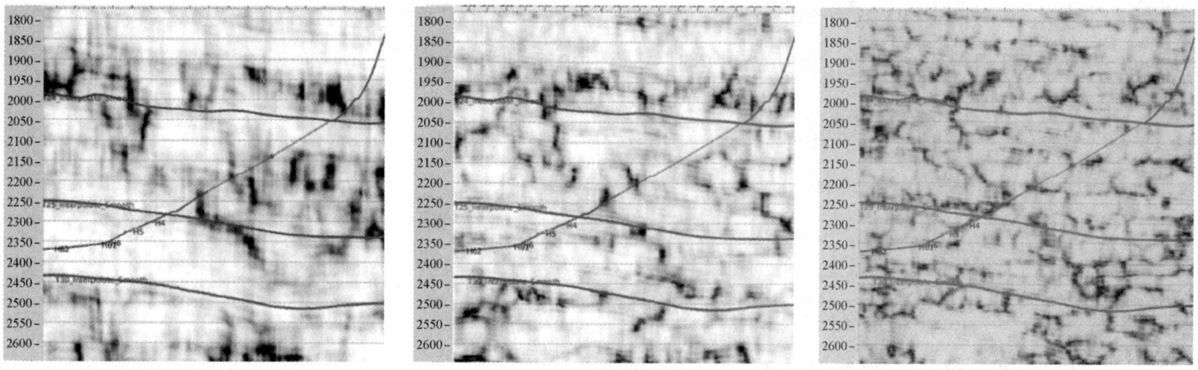

15Hz相干属性　　30Hz相干属性　　60Hz相干属性

图 6　频率的相干属性

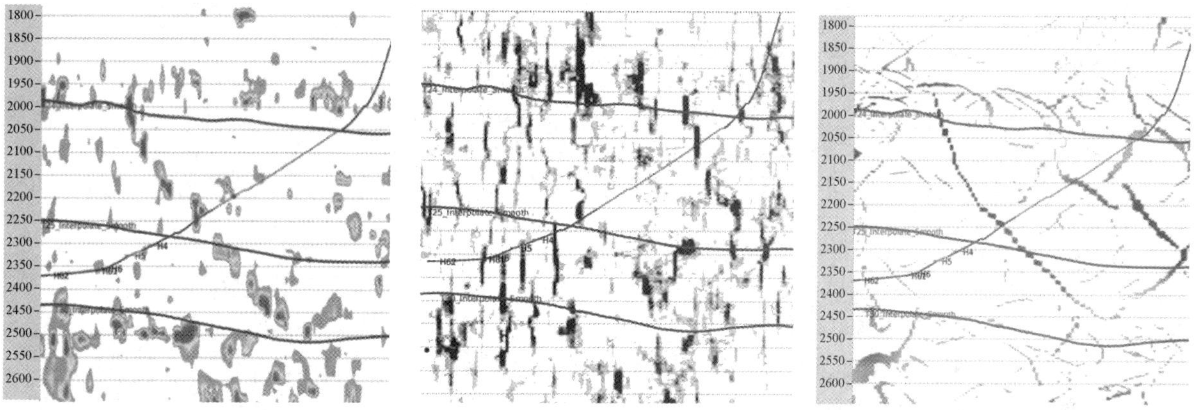

曲率属性　　蚂蚁体属性　　最大似然属性

图 7　地震断裂属性

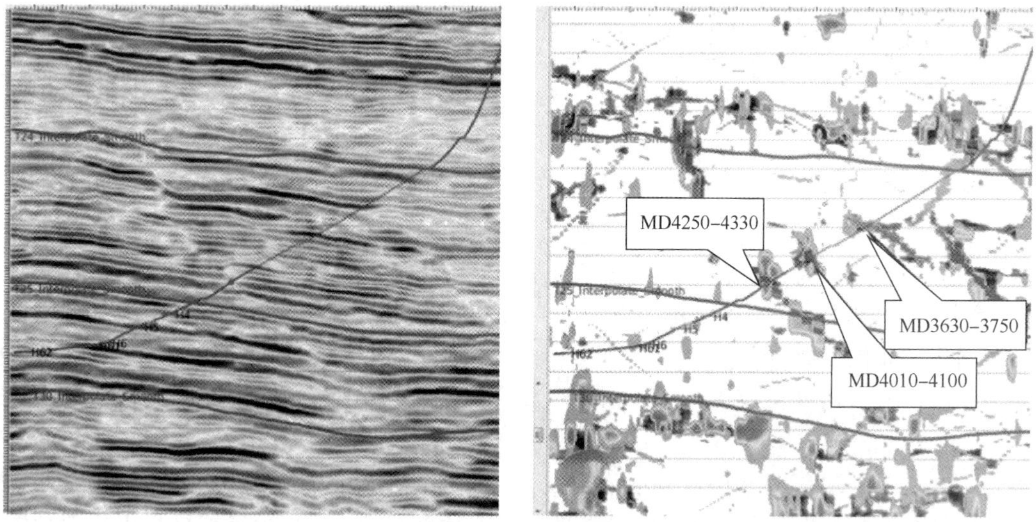

图 8　综合地震断裂属性图

在井轨迹上分析断裂的空间分布，预测了 6 段风险段，并根据不同断裂属性对断裂尺度的反映，区分了不同风险段的风险等级，如表 3 所示。实钻过程中在井段 3640m～3970m，均有均有不同程度遇阻，蹩扭蹩泵现象。除岩性与泥浆密度诱因外，可能与F2断层上部发育的两段小断裂直接相关，与F2断层相关性不强。固井循环期间在4266m发生失返性漏失，与F2断层预测位置高度一一致，可以判断为钻遇F2断层引起。

表3　预测风险段

风险段(米)	风险等级
MD3630-3750	中
MD4010-4100	中
MD4250-4330	高

3.2　衰竭压力地层破裂压力预测模型

假设目标地层埋藏足够深，且地层高度有限，地层横向无限延伸，可得：地层压力变化只引起垂向应变的改变，而不引起水平应变的改变；只引起水平应力的改变，而不引起垂向地应力的改变，经过一段时间开采地层压力发生衰竭至 p_p'，此时三向地应力为 $\{\sigma_v', \sigma_H', \sigma_h'\}$，发生地层压力衰竭后的应力-应变关系为：

$$\begin{cases}\varepsilon_v' = \dfrac{1}{E}[(\sigma_v'-\alpha p_p') - (\sigma_H'+\sigma_h'-2\alpha p_p')\nu] \\ \varepsilon_H' = \dfrac{1}{E}[(\sigma_H'-\alpha p_p') - (\sigma_v'+\sigma_h'-2\alpha p_p')\nu] \\ \varepsilon_h' = \dfrac{1}{E}[(\sigma_h'-\alpha p_p') - (\sigma_v'+\sigma_H'-2\alpha p_p')\nu]\end{cases} \quad (1)$$

解得：

$$\Delta\sigma_H = \Delta\sigma_h = \alpha\frac{1-2\nu}{1-\nu}\Delta p_p \quad (2)$$

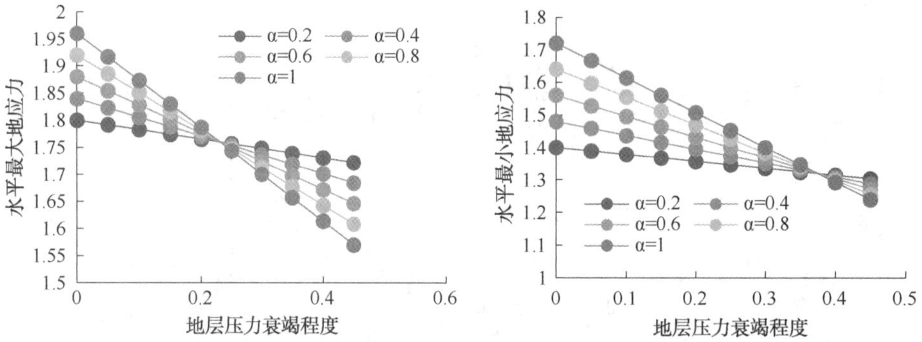

图9　不同有效应力系数α下水平地应力与地层压力衰竭程度关系对应图

水平地应力的大小受孔隙压力控制，地层压力衰竭引起垂向应变的改变，导致水平地应力减小。地层压力衰竭情况下，各向水平地应力减小程度相同，且仅受到有效应力系数α和泊松比v的控制。平北地区衰竭地层为砂岩地层，有效应力系数一般取0.9~0.95，地层压力衰竭对地应力影响较大。

在定向井情况下，坍塌压力和破裂压力由三向主应力状态和摩尔-库伦准则共同决定。定向井的坍塌压力，破裂压力为三向地应力、岩石力学强度(内摩擦角和粘聚力)、地层压力、以及井斜角和井斜方位角的函数。即：

$$p_{r,f} = F(\sigma_v, \sigma_H, \sigma_h, \varphi, CS, P_p, \alpha, \Omega, \Psi) \quad (3)$$

式中，p_r，p_f 为坍塌压力，破裂压力；σ_v，σ_H，σ_h 为垂向地应力，水平最大地应力，水平最小地应力；φ 为内摩擦角；C_0 为内粘聚力；P_p 为地层压力；α 为有效应力系数；Ω，Ψ 为井斜方位角，井斜角。

在衰竭压力地层情况下，地层压力的改变造成三向地应力同时发生变化，最终引起坍塌压力和破裂压力的改变。此时，坍塌压力和破裂压力为：

$$p_{r,f}' = F(\sigma_v, \sigma_H-\Delta\sigma_H, \sigma_h-\Delta\sigma_h, \varphi', CS', P_p-\Delta P_p, \alpha, \Omega, \Psi) \quad (4)$$

应用效果：

东海西湖凹陷西斜坡带K气田于2015年投产，经过几年的开采，该气田已呈现不同程度的地层压力衰竭。A1H井2015年投入生产，储层p2a段压力衰竭至0.74sg，A4H井为2022年新增加的调整井，两口井相距较近且钻遇p2a层。

K气田位于东海西湖凹陷，根据公式2计算出地层压力衰竭至0.74sg后的地应力。A4H井钻遇衰竭地层井段为定向井，采用定向井井壁应力分析方法，根据公式4计算出压力衰竭后的地层坍塌、漏失、破裂压力。结合计算得到的坍塌、漏失、破裂压力，得到A4H井的安全钻井液密度窗口范围，见图11。平湖组p2a地层压力衰竭导致坍塌压力，漏失压力，破裂压力同时降低；地层压力的衰竭实质上导致了二开钻井液密度窗口允值的降低。平湖组顶(p2a)应注意采取防漏措施。

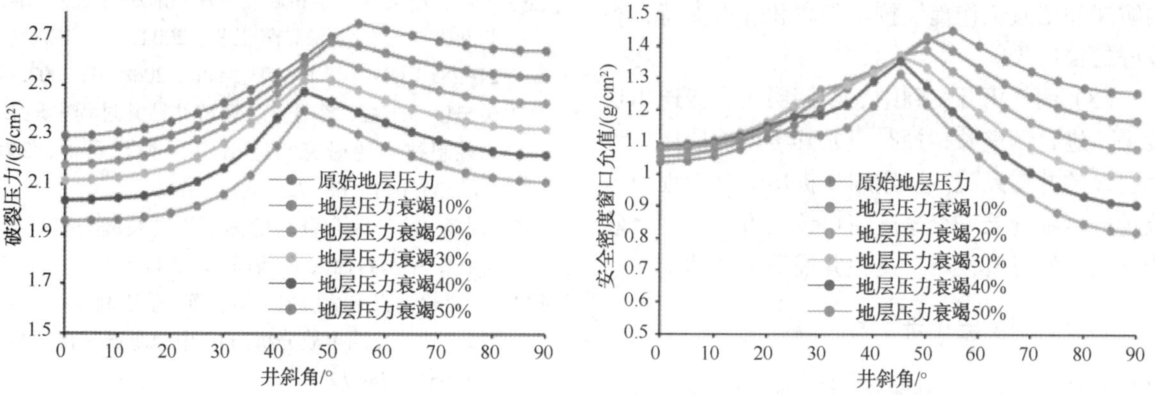

图 10　沿 N20°E 方位压力衰竭后的破裂压力和安全密度窗口变化图

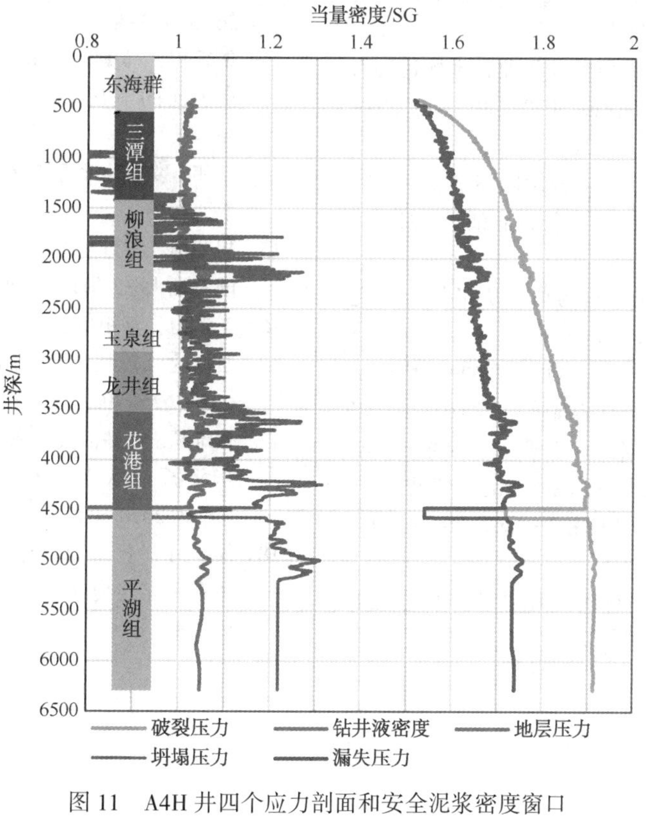

图 11　A4H 井四个应力剖面和安全泥浆密度窗口

4　结论

本文对东海大位移井漏失机理进行了深入分析，提出了裂缝发育地层基于地震属性的井漏风险预测方法，建立了衰竭压力地层破裂压力预测模型，形成了一种多因素控制的东海大位移井井漏风险预测评价方法。通过东海某大位移井设计轨迹与实际钻遇断层对比以及在东海 K 气田 A4H 井的应用表明：

（1）基于地层属性的井漏风险预测方法能够为东海西湖作业区钻遇裂缝发育地层提供轨迹设计依据，优选使用全频带相干属性、曲率属性和最大似然属性来对井轨迹上的断裂风险进行综合预测，可以预测井漏风险等级；建立的衰竭压力地层破裂压力预测模型能够计算出东海西湖作业区压力衰竭后的地层坍塌、漏失、破裂压力，可以得到作业井的安全钻井液密度窗口范围。

（2）目前以井震融合技术形成的一种多因素

控制的东海大位移井井漏风险预测评价方法，有效地提高了西湖作业区井漏风险等级的预测精确度，为轨迹优化提供了设计依据，为钻井过程中的防漏和堵漏工作提供技术参数和理论支持，有较好的推广价值。

（3）油气田开发到中后期储层压力普遍出现衰竭，进行调整井钻探时应尤其考虑地层压力衰竭引发的井漏风险。应用本文提出的基于地应力分析的衰竭地层安全密度窗口预测方法，可有效指导钻井液密度设计，避免井漏等复杂情况。

参 考 文 献

[1] 赵志兴，徐国盛，赵林海，等. 西湖凹陷西部斜坡带花港组、平湖组储层裂缝发育特征及有效裂缝测井识别[J]. 成都理工大学学报(自然科学版)，2021，48(03)：337-346.

[2] 刘永刚，肖兰兰. 东海大位移井作业技术探讨[J]. 中国石油和化工标准与质量，2020，40(14)：234-235+238.

[3] 朱宝衡，谢春雨，刘苗，等. 西湖凹陷平北地区断裂特征及控沉、控圈分析[J]. 海洋石油，2022，42(03)：1-10.

[4] 彭浩. 裂缝性地层井漏分析与堵漏决策优化研究[D]. 西南石油大学，2016.

[5] 李辉，谭忠健，邓津辉，等. 渤海钻井井漏特征及预测技术研究[C]//中国石油新疆油田分公司(新疆砾岩油藏实验室)，西安石油大学，陕西省石油学会. 2022 油气田勘探与开发国际会议论文集Ⅱ. [出版者不详]，2022：10. DOI：10. 26914/c. cnkihy. 2022. 060731.

[6] 魏斯壮. 钻井工程中井漏预防与堵漏技术的应用[J]. 化工管理，2019，No. 542(35)：175.

[7] 廖炜，褚江峰，刘梦宜，等. 钻井工程中井漏预防及堵漏技术策略研究[J]. 石化技术，2021，28(06)：112-113.

[8] 金衍，卢运虎，李再均. 一种井漏层位钻前风险预测新方法[J]. 石油钻采工艺，2008，No. 177(03)：24-28. DOI：10. 13639/j. odpt. 2008. 03. 007.

[9] 吴忠臣，于虹，李小冯. 调整井钻井过程中地层压力控制技术的研究与应用[J]. 海洋石油，2007，No. 135(04)：68-72.

[10] 周杨. 基于综合资料的漏层识别及漏失机理研究[D]. 中国石油大学(华东)，2017.

[11] 魏嘉怡，张来斌，郑文培，等. 基于蝴蝶结模型的海上钻井井漏事故分析[J]. 中国海洋平台，2017，32(06)：74-79.

[12] 赵建，李晶，王国震，等. 压力衰竭砂岩地层井漏机理及控制技术[J]. 录井工程，2015，26(01)：26-30+85-86.

[13] 朱睿哲，马美媛，孙莉，等. 地震属性在海底扇储层表征的应用[J]. 海洋石油，2016，36(03)：36-42.

[14] 李伟. 裂缝性地层堵漏技术研究[D]. 西南石油大学，2013.

[15] 胡莎莎. 压力衰竭地层井漏预测技术研究[D]. 中国石油大学(华东)，2013.

[16] 王孝山，毛祖臣，方华良，等. 南黄海海域钻井地质风险分析及应对措施[J]. 海洋石油，2019，39(03)：75-79.

[17] 孔维超. 钻井液安全密度窗口防堵漏技术研究[D]. 东北石油大学，2020. DOI：10. 26995/d. cnki. gdqsc. 2020. 000296.

[18] 侯华丹，于雷. 基于弹性网眼体的油基钻井液堵漏体系研究与应用[J]. 海洋石油，2023，43(01)：55-58.

冲旋步进钻井提速方法的井底裂纹拓展特性

刘永旺[1,2]　刘嘉雄[1,2]　管志川[1,2]　华　健[1,2]　李鑫龙[1,2]　李　坤[1,2]

[1. 深层油气全国重点实验室　中国石油大学(华东);
2. 中国石油大学(华东)石油工程学院]

摘　要　针对深部地层井底岩石硬度高、强度大和应力集中现象导致的岩石可钻性差、破岩效率低和使用寿命短这一问题，提出结合旋冲钻井和差压步进破岩方法的冲旋步进钻井提速新思路。本文采用有限元-离散元(FDEM)方法建立了球齿冲击三维薄板模型，开展了球齿在不同冲击能量、冲击位置、岩石种类等条件下的冲击破岩过程模拟，获得了阶梯型井底岩石在冲击作用下的裂纹扩展规律。结果表明：由于阶梯面的存在，球齿在冲击作用下对阶梯型井底造成的预损伤区域比常规井底更大，冲击位置靠近阶梯面裂纹扩展效果更好；双球齿冲击阶梯井底容易形成较大范围的岩石破碎区，降低破碎阶梯井底地层岩石的难度；球齿冲击过程中对青砂岩造成的预损伤区域比花岗岩大，在冲击能量相同的情况下球齿冲击破碎花岗岩更为困难。利用冲旋步进钻井方法理论上可以进一步提高难钻地层钻井速度，但具体效果需要经现场试验及优化。

关键词　冲旋步进钻井方法；阶梯井底；差压步进钻头；旋冲钻井；有限-离散元耦合(FDEM)；裂纹扩展

深层超深层油气资源高效开发已成为中国能源接替领域重要的研究方向，地层坚硬可钻性差、机械钻速低、钻井周期长是目前提高钻井速度面临的挑战之一。近几年来，多数针对深部地层提速方法聚焦于提高钻压、转速和扭矩等井下钻井参数以及改善钻头材料性能等。为了提高机械钻速，目前采用的方法包括：提升整体钻井参数(如钻压、转速、泵压等)、强化瞬时钻井参数(如旋冲工具、扭冲工具、复合冲击工具等)、延长破岩工具使用寿命(如 PDC 切削齿、PDC 齿脱钴、异型齿等)及稳定破岩钻进过程(减振工具、双摆钻具、恒扭矩工具等)，其中旋冲钻井破岩方式具有提速效果显著、软硬地层破岩效果良好等优点，是提高钻头破岩效率和机械钻速的有效途径之一。2015 年，中国石油大学(华东)刘永旺教授、管志川教授提出弱化地层抗钻特性来提高钻井速度的差压步进钻进方法，并研发了差压步进式钻头，开展了室内及现场试验，提速效果显著，但能否在差压步进钻进基础上再次提高钻速，值得深入研究。为此，结合旋冲钻井破岩方式及差压步进钻进方法，提出了冲旋步进钻井提速方法，拟通过开展冲旋步进钻井工况下井底裂纹拓展研究，论证其提速可行性，为深部难钻地层钻井速度的提升提供新的思路。

1　冲旋步进钻井提速方法

差压步进钻头能通过形成阶梯型井底来释放井底部分原地应力、弱化地层抗钻特性且集中钻压强化钻头攻击能力来提高钻进速度；旋冲钻井可以通过增加钻头破岩能量、改变钻头破岩方式的特点来提高破岩能力、提高钻进速度。基于上述观点，中国石油大学(华东)提出了冲旋步进卸荷破岩的理念，提出将旋冲破岩和差压步进钻进的理念相结合，在差压步进钻头上施加冲击载荷，既能发挥旋冲钻井提速的优点，又能利用差压步进式破岩的特点合理调节钻压和转速。如图 1所示。

当差压式钻头旋转钻进时，能够破碎岩石形成阶梯型井底，领眼钻头钻进使得领扩眼交接处岩石形成阶梯面，阶梯面附近岩石在破碎过程中受到地层岩石束缚较少，能显著降低扩眼钻头处岩石应力，提高破岩效率；当对钻头施加冲击载荷时，一方面冲击载荷增加了钻头破碎井底岩石的能量，另一方面冲击载荷下差压式钻头钻进时由于阶梯面的存在，切削齿冲击岩石时旋冲钻进应力波和阶梯面反射的应力波在岩石内部交汇重叠，形成裂纹的扩展和交汇，降低地层岩石的抗钻能力。

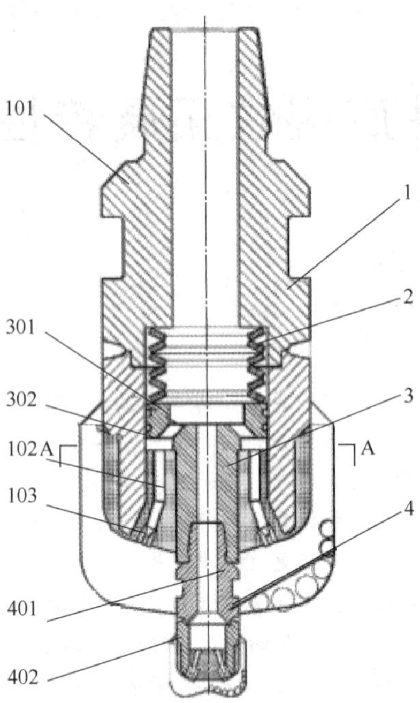

图 1　中心差压式钻头结构图

1—扩眼钻头；2—弹性元件；3—传动总成；
4—领眼钻头；101—扩眼钻头接头；
102—扩眼钻头冠部；103 扩眼钻头喷嘴；
301—分流盘；302—整流腔；
401—领眼钻头接头；402—领眼钻头冠部

为了研究在冲击作用下差压步进钻头破碎地层岩石的裂纹拓展规律，本文采用 FDEM 方法建立球齿冲击三维薄板简化模型，以准确模拟切削齿在冲击载荷下的动态破岩过程，研究不同冲击位置、冲击能量、岩石种类等因素对冲击破岩行为的影响规律，并基于 FDEM 方法的裂纹扩展数据来探索阶梯型井底岩石在冲击作用下的破岩规律。

本研究为深地机械钻速提高提出了一种技术思路，阐述了冲击作用下差压步进钻头破碎地层岩石的裂纹拓展规律，对进一步提高破岩效率和深入理解该方法具有重要意义。

2　球齿冲击三维薄板破岩特性研究

进行冲击破岩的数值模拟需要准确获取地层岩石的破裂过程和裂纹拓展数据，有限元法(FEM)适用于弹塑性变形等连续力学问题，却无法模拟岩石破碎过程中裂纹动态的萌生扩展过程；离散元法(DEM)能够表征岩石细观结构及演化过程，适用于不连续介质问题，却没有考虑弹塑性变形等连续性问题。而上世纪 90 年代 Munjiza 等提出有限-离散元法(FDEM)既可以模拟岩石的弹塑性变形等连续力学问题，也可以模拟地层岩石的损伤破裂、裂纹扩展等非连续变形行为。近年来，许多学者致力于 FDEM 法的研究与工程应用，D Wei 等人验证了其有效性。在破岩方面，Li Yang、Maria C、黄安龙等人探讨了 FDEM 方法模拟 PDC 齿破岩的可靠性，有效证明了该方法可以捕捉到切削过程中的裂纹萌生、扩展、分枝、合并以及碎片间的接触。在冲击破岩方面，刘洋、程树范等人采用该方法模拟了机械的冲击破岩过程，有效证明了其模拟冲击破岩的可靠性。基于此，本文采用 FDEM 方法研究球齿冲击差压式井底裂纹扩展规律。

2.1　球齿冲击地层岩石简化模型建立

由于全尺寸差压步进钻头冲击破碎地层岩石模型设置复杂、计算量过大，为了节约计算时间和精度并便于观察裂纹，将地层岩石模型简化为有厚度的三维薄板，切削齿选择为球齿。如图 2 所示，建立了球齿冲击地层岩石的数值计算模型；岩石尺寸为 600 * 600 * 0.5mm 的薄板，阶梯井底领眼钻头钻进区域直径为 155.6mm，扩眼钻头钻进区域直径为 311.2mm，对岩石部件采用楔形网格划分，其中扩眼钻头钻进区域与井壁交接处 155mm * 130mm 进行网格加密，采用 0.5mm 的楔形网格 C3D6 单元，结点总数 264946，单元总数 123536，共划分基体单元 63122 个，在基体单元之间插入三维粘结单元 COH3D8 共 62087 个，其他部位选择楔形网格 C3D6 单元，结点总数共 23980 个，基体单元总数为 22961 个。由于岩石为独立网格部件，需要对网格结点进行固定，球齿的尺寸为 16 * 20 * 0.5mm。

对三维薄板边界处设置固定边框部件，对固定边框施加完全约束，边框采用 0.5mm 的 C3D6 网格，结点总数 21630，单元总数 14416。此外，围压通过两侧的边框部件施加到地层岩石上，岩石材料参数选择青砂岩和花岗岩，其中球齿的材料参数如表 1 所示：

表 1　球齿的材料参数

密度/(g/c m^3)	弹性模量/GPa	泊松比
15.4	890	0.077

以下为地层岩石的岩石力学参数，如表 2 所示：

采用 Abaqus 的动力 explicit 求解器，球齿与岩石之间采用面和面的通用接触，切向采用罚摩擦接触，取摩擦系数为 0.4，法向作用选择硬接触。由于实际工况中冲击作用发生在瞬时之间，分析步大小设置为 0.0004s，以预定义场的形式给切削齿施加一个初速度来冲击岩石，当切削齿冲击岩石时冲击能量耗尽且岩石裂纹停止扩展时冲击过程结束，为了节约计算时间，切削齿在冲击作用发生前与井底岩石的距离为 0.1mm，为了便于观察单齿冲击作用下裂纹扩展情况，岩石基体单元不选择单元删除。

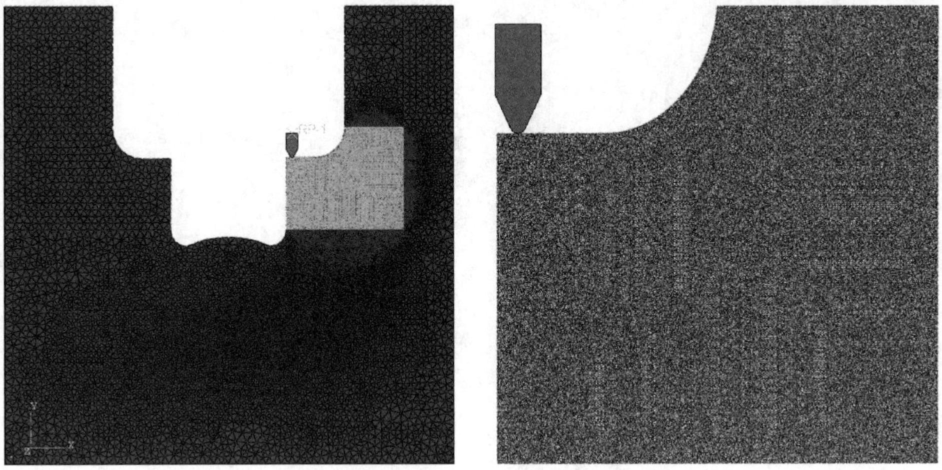

图 2　单齿冲击地层岩石模型和网格局部加密区域示意图

表 2　冲击地层岩石中的岩石力学参数

	基体单元			离散单元	
	砂岩	花岗岩		砂岩	花岗岩
弹性模量/GPa	4.04983	11.81621	法向刚度/(N/mm)	125	1500
泊松比	0.3	0.25	切向刚度/(N/mm)	62.5	610
密度/(g/cm^3)	2.23	2.66	密度/(g/cm^3)	2.23	2.66
抗压强度/MPa	25.542	71.038	抗压强度/MPa	1.631	10.5
粘聚力/MPa	7	36.3	抗剪强度/MPa	7	36.3
内摩擦角/°	27	30	Ⅰ型断裂能/(N/mm^2)	0.02	0.1253
			Ⅱ型断裂能/(N/mm^2)	0.25	0.62648

2.2　常规井与阶梯井冲击作用下裂纹扩展数据对比

阶梯型井眼和常规井眼的区别主要在于领眼钻头钻进形成的阶梯面，在无围压的条件下球齿以 4.5m/s 的初始速度冲击常规 PDC 井底和阶梯井井底距离轴心 90mm 处固定位置(冲击位置距离阶梯面 12.2mm)，为了更加准确的分析球齿冲击常规 PDC 井底和阶梯井底裂纹萌生扩展的差异，图 3 定量统计两种井底裂纹扩展的破裂单元数量、裂纹最大缝宽、裂缝面积和 I 型裂纹占比。

由图 3(a)可以看出，球齿冲击常规 PDC 井底和阶梯型井底过程中破裂单元数量缓慢增长且呈现阶梯型增长，阶梯代表单次冲击作用，破裂单元数量急剧上升表明球齿与较为完整的地层岩石逐渐接触造成岩石体积破碎；在初始冲击时刻阶梯型井底破裂单元数量略低于常规井底，0.25ms 后阶梯型井底破裂单元数量较常规井底更高，0.4ms 时阶梯井底破裂单元数量极大值更高，表明在球齿冲击作用下对阶梯井底地层岩石造成的预损伤区域比常规井底大，造成这种现象的原因可能是由于阶梯面的存在使得冲击作用下阶梯井底地层岩石更容易破碎。

由图 3(b)可以得出，常规井底和阶梯井底最大裂缝宽度随冲击时间呈非线性增长，冲击前期常规井底和阶梯井底的最大缝宽长度相差不大，但 0.15ms 后阶梯井底的最大缝宽较常规井底多；由图3(c)可以得出，冲击前期常规井底和阶梯井底的裂缝体积相差不大，在0.14ms后阶梯井底的裂缝体积远大于常规井底；由图3(d)可知，初始阶段常规井底和阶梯井底的I型张拉破碎裂纹占比波动较大，此时是应力波作用阶段，随着冲击时间的增加两种井底的I型裂纹占比呈交错增长趋势，说明球齿冲击常规井底和阶梯井底时张拉破碎比例相近。

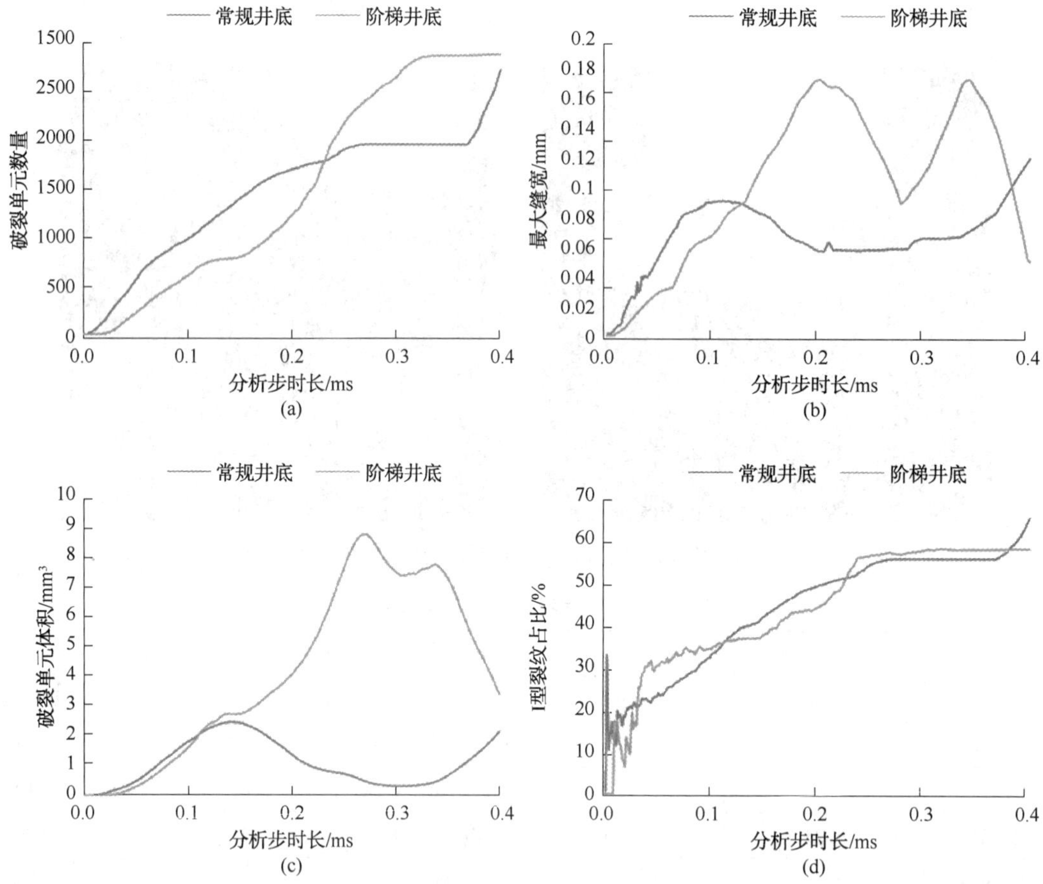

图3　球齿冲击常规井底和阶梯井底裂纹扩展数据

2.3　球齿冲击阶梯井底不同位置时作用下裂纹扩展研究

为了研究球齿在不同冲击位置(距离阶梯面6mm、26mm、46mm)时冲击阶梯井底的裂纹扩展特征，球齿冲击阶梯井底过程中裂纹的扩展情况如图4、图5、图6所示：

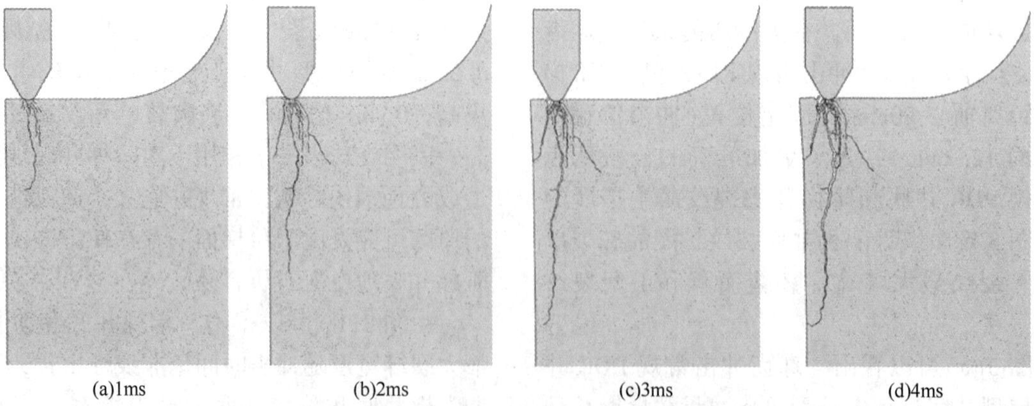

图4　单球齿以4.5m/s速度冲击阶梯井(距离阶梯面6mm)

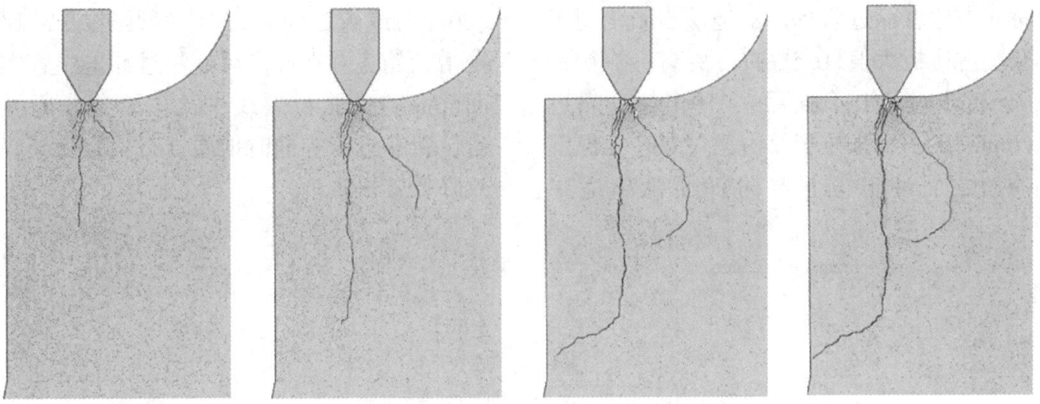

(a)1ms　(b)2ms　(c)3ms　(d)4ms

图 5　单球齿以 4.5m/s 速度冲击阶梯井(距离阶梯面 26mm)

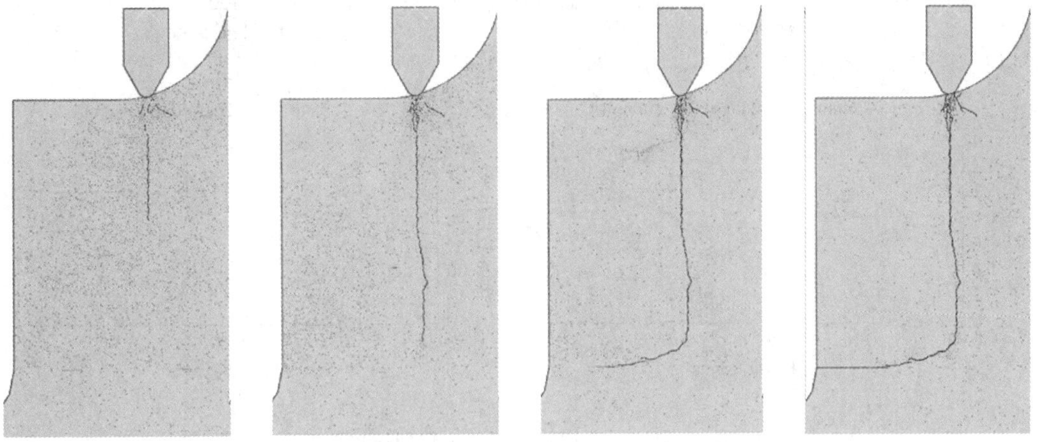

(a)1ms　(b)2ms　(c)3ms　(d)4ms

图 6　单球齿以 4.5m/s 速度冲击阶梯井(距离阶梯面 46mm)

球齿冲击阶梯井底时由于边界效应的存在，初始时刻主裂纹沿着球齿冲击位置正下方萌生，最终倾向于沿着靠近阶梯面的方向扩展，当裂纹尖端扩展至阶梯面时，可能是由于冲击能量趋于耗尽，裂纹扩展速度逐渐缓慢；当冲击位置距离阶梯面较近时(6mm)，主裂纹表现为朝着球齿左下方、右下方和齿下区域萌生扩展(图 4)并较快与阶梯面贯通，同时在冲击位置附近形成数量较多的径向裂纹和诸多细小的微裂纹；当冲击位置与阶梯面距离适中(26mm)时，主裂纹表现为朝着球齿冲击位置齿下区域和右下方萌生扩展(图 5)，齿下区域扩展的主裂纹在齿下区域约 60mm 处沿左下方 60°与阶梯面交汇贯通；当球齿冲击位置距离阶梯面较远(46mm)时，主裂纹沿齿下区域扩展约 70mm 时仍朝向阶梯面方向扩展(图 6)，裂纹转角近乎 90°。

球齿冲击阶梯井底不同位置(距离阶梯面 6mm、26mm、46mm)时裂纹扩展数据如图 7 所示。由图 7(a)可以看出，冲击位置靠近阶梯面(距离阶梯面 6mm)和远离阶梯面(距离阶梯面 46mm)时，破裂单元数量的变化规律和大小基本一致，冲击位置适中(距离阶梯面 26mm)时破裂单元数量较其他两者更高，说明冲击位置与阶梯面距离适中时较冲击位置较近或较远时能产生更多的微裂纹；由图 7(b)可以看出，随着冲击位置与阶梯面的距离增加，裂纹体积减小，结合图 4、图 5、图 6 可知，球齿与岩石接触区域的粉末状颗粒数量也在减少，说明在冲击能量相同的情况下，冲击位置距离阶梯面越近越容易破碎岩石；对比图 4(d)、图 5(d)、图 6(d)可知，冲击位置靠近阶梯面时球齿冲击区域正下方的裂纹分布越密集，诸多细小的微裂纹相互贯通，将阶梯面被剥落的大块岩屑破碎为小块岩屑，有利于降低破碎岩石难度。

由图 7(c)可知，随着冲击位置与阶梯面距离的增加，裂纹的最大缝宽在相同的分析步时间依次降低，球齿冲击使得靠近阶梯面位置的地层岩石更容易破碎；由图 7(d)可知，球齿冲击初始阶段时冲击位置靠近阶梯面的地层岩石Ⅰ型张拉破碎裂纹占比极大值(0.5左右)更高；除初始时刻外(分析步时长0.1ms后)，冲击位置靠近阶梯面(6mm)的Ⅰ型张拉裂纹占比一致趋于稳定(0.5左右)，而冲击位置与阶梯面距离适中(26mm)或较远(46mm)时Ⅰ型张拉裂纹比例呈缓慢增长趋势并在冲击后期超过冲击位置靠近阶梯面(6mm)的张拉裂纹占比；综合分析可得，冲击位置靠近阶梯面时地层岩石更容易破碎，能有效降低破岩难度。

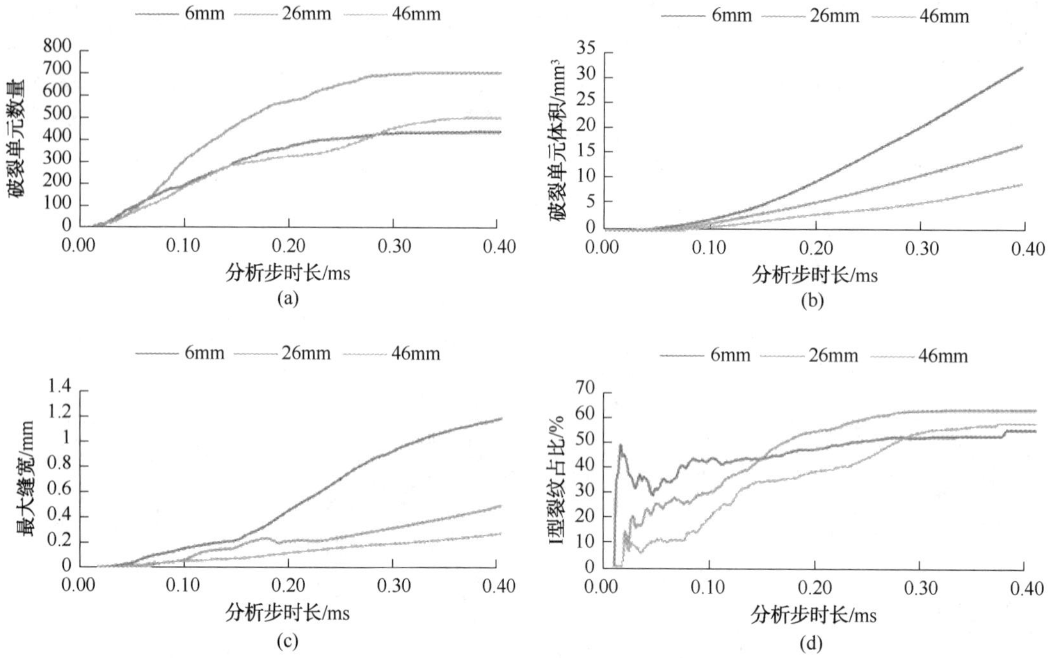

图7　球齿冲击阶梯井底不同位置裂纹扩展数据

2.4　球齿以不同能量冲击阶梯井底裂纹拓展研究

由图8(a)可得，当球齿以不同初始冲击速度(4.5m/s、6m/s、7.5m/s、9m/s)冲击阶梯井底(距离阶梯面10mm)时，随着冲击能量的增加，阶梯井底破裂单元数量仍呈阶梯型增长趋势，区别在于冲击能量越大时阶梯高度越高，裂纹扩展效果越好；由8(b)可得，冲击能量越高，破裂单元体积越大，且整体呈现线性增长趋势；由图8(a)、8(b)得出，冲击能量越高，破裂单元数量和裂缝体积越大，意味着对阶梯井底岩石造成的预损伤区域越大，有利于提高破岩效率。由8(c)可得，阶梯井底的裂缝面积也呈现阶梯型增长的趋势，其规律与破裂的离散单元数量增长规律一致；由8(d)可得，冲击能量越高，阶梯井底Ⅰ型张拉裂纹占比也越高，初始冲击时刻Ⅰ型张拉裂纹占比急速上升又迅速下降，在随后的冲击时间内，Ⅰ型裂纹的占比复杂多变，但整体呈现上升趋势，可见冲击能量越高，阶梯井底Ⅰ型张拉裂纹占比也越高。

2.5　双球齿冲击阶梯井底过程应力波扩展规律

为了研究双球齿在冲击阶梯井底时的应力波传递规律，双球齿冲击阶梯井底过程裂纹萌生扩展应力波示意图如图9所示：

从图9可以看出，球齿冲击地层岩石过程中率先在齿尖处产生应力集中并产生应力波向四周传递，岩石内部同时存在压应力和拉应力的作用，岩石呈现为拉伸和剪切的混合开裂，随着球齿的持续冲击，齿下区域的岩石持续向下挤压，与已破碎区域的岩石形成位移差，导致了裂纹的扩展；双球齿以4.5m/s的速度冲击阶梯井底(球齿冲击位置分别距离阶梯面6mm和26mm)，初始时刻球齿的应力波以各自冲击位置以半圆形向外扩散，距离阶梯面较近的球齿(6mm)应力波逐渐沿着阶梯面传播，距离阶梯面较远的球齿(26mm)应力波逐渐沿着左下方传递，在0.06ms时(图b)两股应力波交汇并继续沿着阶梯面方向传递；形成这种现象的原因是左侧球齿冲击位置与阶梯面距离太短，应力波很快传递到阶梯面上并反射使得岩石内部形成拉伸破坏，当应力波反射到双球齿中间区域正下方时，与双球齿裂纹扩展过程中萌生的诸多微裂纹贯通，形成长裂纹；同时冲击破岩能量相较于常规井底更加集中，长裂纹与右侧球齿冲击形成的主裂纹之间的微裂纹进一步贯通，原本难以剥落的大块岩石内部容易形成较大范围的岩石破碎区，降低破碎阶梯井底地层岩石的难度。

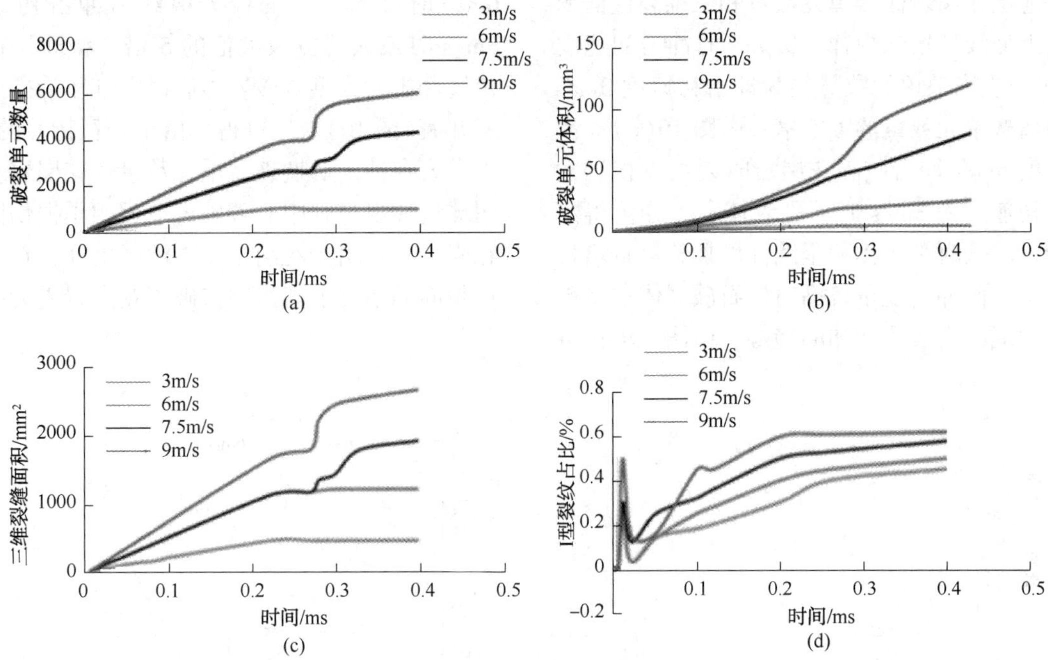

图 8　球齿以不同能量冲击阶梯井底时裂纹扩展数据

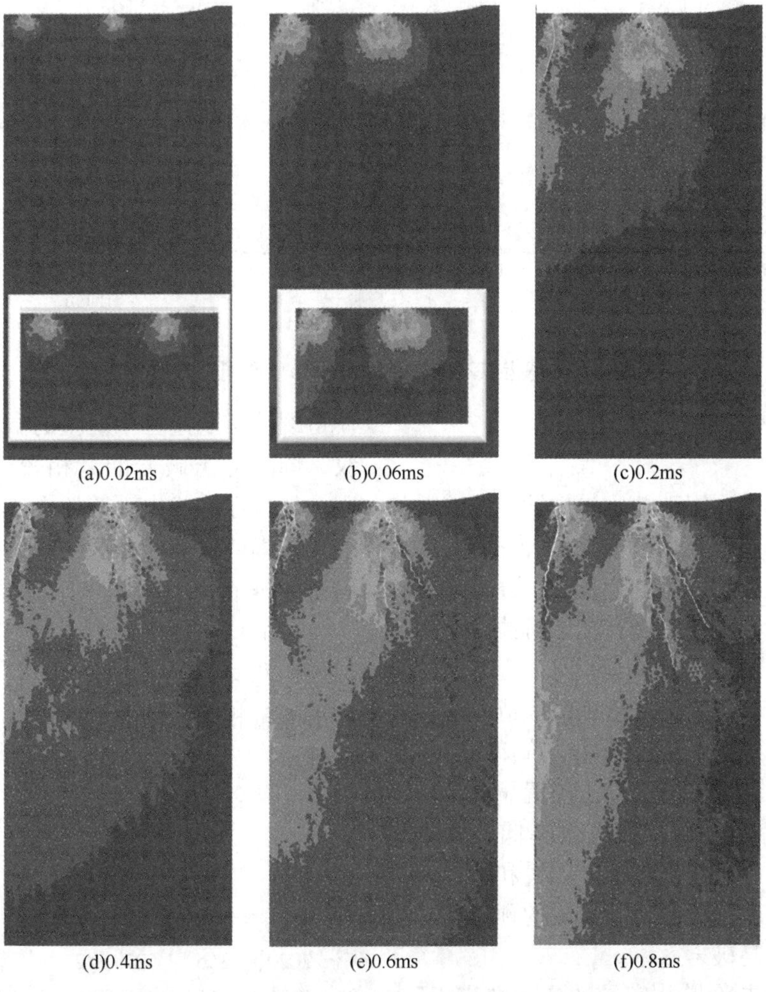

图 9　双球齿冲击阶梯井底过程裂纹萌生扩展应力波示意图

2.6　球齿冲击阶梯型花岗岩井底裂纹拓展研究

由图10(a)和图10(d)可以看出，冲击能量不同时地层花岗岩破碎单元数量和三维裂缝面积均呈现近似线性增长规律，0.4ms时冲击初速度6m/s时破裂离散单元数量约为冲击初速度3m/s的破裂离散单元数量的1.5倍；由图10(c)球齿以初速度6m/s冲击破碎花岗岩时裂纹体积远大于冲击初速度为3m/s时的裂纹体积，分析得出冲击能量较低时裂纹体积呈线性增加趋势且增长较为缓慢，而冲击能量较高时岩石破裂体积呈现先增大后减小再缓慢增加的趋势；由图10(c)可知冲击能量不同时球齿冲击阶梯型花岗岩井底裂纹最大缝宽变化趋势大体一致，但冲击初速度为6m/s时最大缝宽的极大值约为冲击初速度为3m/s时最大缝宽极大值的5倍；将球齿在相同位置冲击阶梯型青砂岩井底(图3)和阶梯型花岗岩井底(图10)对比可得，由于岩石特性的差异，青砂岩在冲击后期破裂单元数量较花岗岩多，表明球齿冲击过程中对青砂岩造成的预损伤区域比花岗岩大；由于花岗岩比青砂岩更硬，在冲击能量相同的情况下球齿冲击破碎花岗岩更为困难。

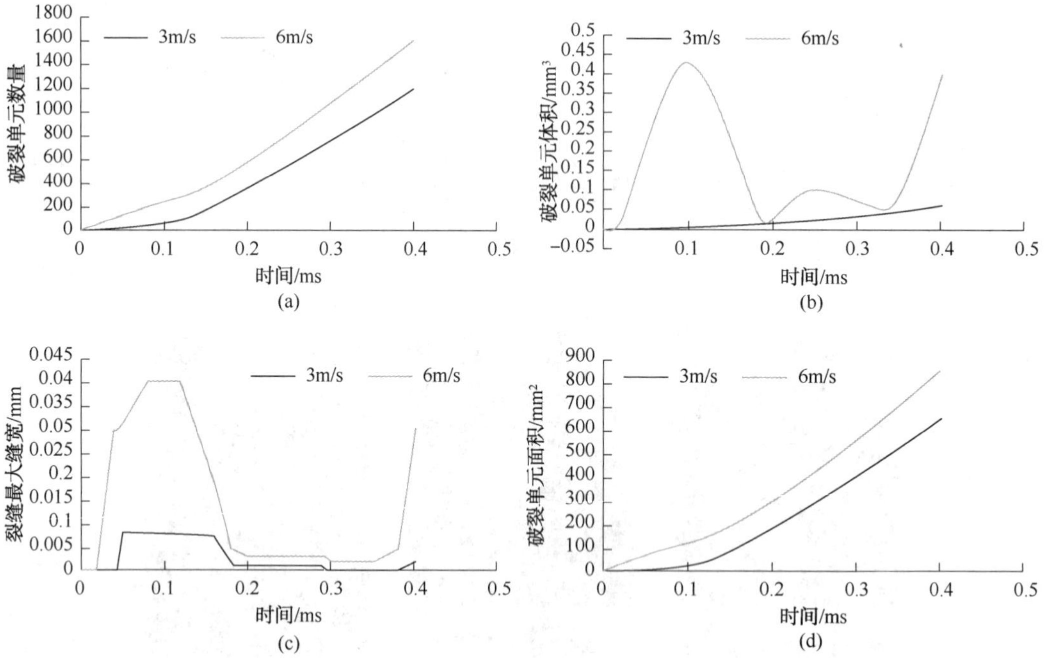

图10　球齿以不同能量冲击阶梯型花岗岩井底

3　结论

为了研究在冲击作用下差压步进钻头破碎地层岩石的裂纹拓展规律，本文采用有限元-离散元(FDEM)方法建立了球齿冲击地层岩石三维薄板模型，获得了阶梯型井底岩石在球齿冲击作用下的裂纹扩展规律。

(1) 球齿在冲击作用下对阶梯井底造成的预损伤区域比常规井底更大；球齿冲击阶梯井底不同位置时裂纹扩展情况不同，冲击位置靠近阶梯面时地层岩石更容易破碎，能有效降低破岩难度；冲击能量越高，地层破裂单元数量和裂缝体积越大，意味着对阶梯井底岩石造成的预损伤区域越大，有利于提高破岩效率。

(2) 双球齿冲击阶梯井底导致应力波交汇，使得裂纹扩展过程中萌生的微裂纹贯通形成长裂纹，同时冲击破岩能量相较于常规井底更加集中，使得原本难以剥落的大块岩石内部容易形成较大范围的岩石破碎区，降低破碎阶梯井底地层岩石的难度；

(3) 球齿冲击过程中对青砂岩造成的预损伤区域比花岗岩大；由于花岗岩比青砂岩更硬，在冲击能量相同的情况下球齿冲击破碎花岗岩更为困难。

参 考 文 献

[1] 苏义脑，路保平，刘岩生，等. 中国陆上深井超深井钻完井技术现状及攻关建议[J]. 石油钻采工艺，2020，42(5)：527-542.
[2] 汪海阁，葛云华，石林. 深井超深井钻完井技术现

状、挑战和“十三五”发展方向[J]. 天然气工业，2017，37(4)：1-8.
[3] 沈忠厚. 现代钻井技术发展趋势[J]. 石油勘探与开发. 2005，32(1)：89-91.
[4] 高德利. 油气钻井技术展望[J]. 石油大学学报(自然科学版). 2003，27(1)：29-32.
[5] 胡书勇，张烈辉，寥清碧. 现代钻井技术的发展与油气勘探开发的未来[J]. 天然气工业. 2005，25(2)：93-96.
[6] 路保平. 中国石化石油工程技术新进展与发展建议[J]. 石油钻探技术，2021，49(1)：1-10.
[7] 马永生，蔡勋育，赵培荣. 石油工程技术对油气勘探的支撑与未来攻关方向思考：以中国石化油气勘探为例[J]. 石油钻探技术，2016，44(2)：1-9.
[8] 丁士东，赵向阳. 中国石化重点探区钻井完井技术新进展与发展建议[J]. 石油钻探技术，2020，48(4)：11-20.
[9] 张锦宏. 中国石化石油工程技术现状及发展建议[J]. 石油钻探技术，2019，47(3)：9-17.
[10] 王敏生，光新军. 智能钻井技术现状与发展方向[J]. 石油学报，2020，43(4)：505-512.
[11] 陈庭根，管志川. 钻井工程理论与技术(第二版)[M]. 东营：中国石油大学出版社. 2017.
[12] 刘永旺，管志川，张洪宁，等. 一种转化钻柱振动能量的井底高压喷射钻井装置[J]. 天然气工业，2017，37(9)：91-96.
[13] LIUYongwang，GUAN Zhichuan，ZHANG Hongning，et al. A bottom hole high pressure jet drilling device for converting drill string vibration energy[J]. Natural gas industry，2017，37(9)：91-96.
[14] 刘永旺，管志川，张洪宁，等. 基于钻柱振动的井下提速技术研究现状及展望[J]. 中国海上油气，2017，29(4)：131-137.
[15] LIUYongwang，GUAN Zhichuan，ZHANG Hongning，et al. Research status and Prospect of downhole speed-up technology based on drill string vibration[J]. China offshore oil and gas，2017，29(4)：131-137.
[16] 李明谦，黄继庆. 螺杆钻具的应用现状及未来发展建议[J]. 石油机械. 2006，34(5)：73-76.
[17] LI Ming Qian，HUANG Ji Qing. Application status and future development suggestions of screw drill[J]. Petroleum machinery. 2006，34(5)：73-76.
[18] 张东海，熊立新，刘晏华. 螺杆钻具的应用现状及发展方向[J]. 断块油气田. 2000，6(4)：47-50.
[19] ZHANG Donghai，XIONG Lixin，LIU Yanhua. Application status and development direction of screw drill[J]. Fault block oil and gas fields. 2000，6(4)：47-50.
[20] 李昱，张海滨. 液动冲击旋转钻井技术及其发展趋势[J]. 石油矿场机械. 2006，35(3)：107-109.
[21] LI Yu，ZHANGHaibin. Hydrodynamic percussive rotary drilling technology and its development trend[J]. Petroleum field machinery. 2006，35(3)：107-109.
[22] 菅志军，张玉霖，王茂森 等. 冲击旋转钻进技术新发展[J]. 地质与勘探. 2003，39(3)：78-83.
[23] KAN Zhijun，ZHANG Yulin，WANGMaosen，et al. New development of percussive rotary drilling technology[J]. Geology and exploration. 2003，39(3)：78-83.
[24] 郑瑞强. 液动旋冲工具的研制[J]. 石油机械，2017，45(1)：4. DOI：10. 16082/j. cnki. issn. 1001-4578. 2017. 01. 007.
[25] 李玮，高海舰，邱晓宁，等. 复合式扭转冲击工具及其现场应用[C]//2017 年度钻井技术研讨会暨第十七届石油钻井院(所)长会议. 中国石油学会，2017.
[26] 刘书斌，倪红坚，张恒. 轴扭复合冲击工具的研制与应用[J]. 石油钻探技术，2020，48(5)：8. DOI：10. 11911/syztjs. 2020072.
[27] 周丽巧. 概述 PDC 脱钴处理后的性能变化[J]. 科学与信息化，2017(24)：1.
[28] 邹德永. 新型 PDC 钻头切削齿的发展[J]. 石油钻探技术，2003，31(3)：3. DOI：10. 3969/j. issn. 1001-0890. 2003. 03. 002.
[29] 王德贵，朱浩铭，吴小雄，等. 钻柱减振工具研究新进展[J]. 机械工程师，2016(7)：3. DOI：CNKI：SUN：JXGU. 0. 2016-07-081.
[30] 程福山，黄燕琼，程善平，等. 双摆钻具提速原理分析及应用研究[J]. 天然气技术与经济，2015，9(5)：3. DOI：10. 3969/j. issn. 2095-1132. 2015. 05. 012.
[31] 田家林，张堂佳，程文明，等. 新型恒扭矩工具动力学模型与降黏机理研究[J]. 振动与冲击，2018，37(19)：8. DOI：10. 13465/j. cnki. jvs. 2018. 19. 015.
[32] 祝效华，刘伟吉. 旋冲钻井技术的破岩及提速机理[J]. 石油学报，2018(2)：7. DOI：10. 7623/syxb201802010.
[33] 刘永旺，魏森，管志川等. 井底冲旋步进联合卸荷破岩高效钻井系统及方法[P]. 山东省：CN113027331B，2022-02-18.
[34] 管志川，刘永旺，李敬皎. 中心差压式钻头：201610790611. 5[P]. 2015-11-17.
[35] Bathe K. Finite Element Method[M]. John Wiley & Sons，Inc. 2000.

[36] Yu, A. B. Discrete element method[J]. Engineering Computations, 2004, 21(2/3/4): 205-214.

[37] Munjiza A. The combined finite - discrete element method[M]. 2004.

[38] D Wei, Zhao B, D Dias-Da-Costa, et al. An FDEM study of particle breakage under rotational point loading [J]. Engineering Fracture Mechanics, 2019, 212: 221-237.

[39] 严成增. FDEM-TM 方法模拟岩石热破裂[J]. 岩土工程学报, 2018.

[40] 邓鹏海. 深部软弱地层 TBM 掘进挤压变形卡机及防控过程 FDEM 数值模拟研究[D]. 武汉大学. 2019.

[41] Mojtaba Mohammadnejad a b; Sevda Dehkhoda b c; Daisuke Fukuda a d. et. al. GPGPU-parallelised hybrid finite-discrete element modelling of rock chipping and fragmentation process in mechanical cutting[J]. Journal of Rock Mechanics and Geotechnical Engineering, 2020, Vol. 12(2): 310-325.

[42] Li, Yang; Chen, Zhijie; Ye, Yiheng. et. al. Combined finite-discrete element method for modeling the interaction between single PDC cutter and brittle rock [J]. Journal of Petroleum Science & Engineering, 2021, Vol. 207.

[43] Anlong Huang; Guo Wei; Yun Zou, et al. Numerical simulation of rock breaking by PDC cutter with finite-discrete - infinite element method [J]. Geoenergy Science and Engineering, 2023, Vol. 225: 211725. https: //doi. org/10. 1016/j. geoen. 2023. 211725.

[44] 刘洋, 吴志军, 储昭飞. 基于 FDEM 的围压条件下机械冲击破岩机理研究[J]. 中南大学学报(自然科学版), 2023, 第 54 卷(3): 866-879.

[45] Liu Yang, Wu Zhijun, Chu Zhaofei. Rock breaking mechanism with mechanical impact under confining pressure based on FDEM[J] Journal of Central South University(Science and Technology), 2023, 第 54 卷(3): 866-879.

[46] 程树范, 高睿, 曾亚武等. 冲击作用下煤岩动态破坏机理的 FDEM 模拟研究[J]. 振动与冲击, 2022, 41(19): 136-143. DOI: 10. 13.